식물생리학

Introduction to Plant Physiology

식물생리학

W. G. 홉킨스 지음
권덕기 · 박연일 · 전성수 · 진창덕 · 홍영남 옮김

을유문화사

Introduction to Plant Physiology, 2e / William G. Hopkins

ISBN 89-324-5075-7

서 문

Introduction to Plant Physiology 2판은 1판과 같이 식물생리학을 처음 배우는 학부생을 위한 교재로 만들어진 것이다. 이 책의 목적은 학생들에게 역사적인 유래와 현대적인 접근방법의 틀 속에서 식물생리학의 기본 개념을 서술형식으로 소개하는 데 있다. 주제는 식물체 전체에 대한 생리학이며, 식물이 어떻게 살아가는가를 이해하기 위한 전통적인 생리 · 생화학적 방법과 환경생리학과 함께 현대의 분자적 접근방법이 혼합되어 있다.

이 교재는 식물학(또는 식물학 부분이 강조된 생물학)과 화학을 이미 배운 학생들을 대상으로 썼다. 이 책은 일반 학생들에게는 1학기 과정의 식물생리학이며 고급식물생리학, 환경식물생리학 또는 식물생리생태학에 관심이 많은 학생들에게는 소개서로서 적당하다.

구성은 1판과 같다. 1장은 앞으로 논의될 내용을 이해하기 위한 기초지식을 제공하는 식물학과 세포생물학의 용어를 다루고 있으며, 주로 소개와 복습으로 되어 있다. 2장부터 시작되는 1부는 식물체와 식물세포의 수분관계와 무기영양소의 획득을 다룬다. 뿌리와 뿌리-토양의 상호작용의 중요성이 1부의 주요한 주제이다. 질소동화는 독립된 하나의 장(6장)에서 다룬다. 7장부터 시작되는 2부는 에너지 변환과 탄소대사 등 잘 알려진 주제를 포함하고 있다. 탄소대사에 대한 개략적인 것을 제시하면서 광합성 경로와 호흡경로를 각각 적당한 수준에서 자세하게 제시하였다. 이 부분에는 광합성 기구로서의 잎과 체관부에서의 탄소이동에 대한 논의와 식물의 생산성을 결정하는 데 있어서 광합성과 호흡 및 동화산물의 이동양상의 다양한 역할들에 대해 요약한 장을 포함하고 있다. 15장부터 시작되는 3부의 초점은 식물발달과 그것의 조절에 있다. 이 부분은 식물발달의 양상들과 세포확장에 대한 기본적인 면들에 관한 일반적인 검토로부터 시작된다. 식물 호르몬들에 대해서는 두 개의 장에서 다룬다. 첫번째 장은 식물에 있어서 호르몬의 개념과 호르몬 작용의 원리에 대해 설명하고, 두번째 장에서는 이러한 원리를 바탕으로 하여 호르몬 작용의 생화학과 메커니즘에 대해 논의한다. 광형태발생을 다루는 장에서는 자연환경에서 피토크롬이 어떻게 작용하는가에 대해 논의한다. 22장부터 시작되는 4부는 스트레스하의 식물의 생리를 다루며 식물생리학과 생명공학에 대한 논의로 끝을 맺는다.

2판은 많은 논쟁거리들이 제시하는 바를 분명히 하기 위해 다시 썼다. 같은 이유 때문에 일부의 그림들을 다시 그렸으며, 그림 설명도 다시 작성하였다. 다음의 화제거리(topics)들을 확장하였다.

아쿠아포린(aquaporin)에 대한 논의를 5장에 첨가하였다.

9장에는 광보호(photoprotection)에 있어서 크산토필 회로의 기여를 고려하기 위해 카르테노이드의 역할을 더 자세히 설명하였다.

호르몬 작용, 광주기, 발달의 여러 양상에 대한 연구에 있어서 분자유전학적 접근의 중요성이 3부에 강조되어 있다.

곤충과 질병 스트레스에 관한 새로운 절을 22장에 첨가하였다.

식물생리학에 있어서 생명공학적인 면들이 얼마나 빨리 변하고 있는지와 미래에 있어서 그 잠재력을 보여주기 위해 생명공학 부분을 확대하고 새롭게 하였다.

1판에서 다루지 않았던 2차 대사에 관련된 사항들을 소개하기 위해 새로운 장(14장, 분자와 대사)을 첨가하였다.

이렇게 첨가하였지만, 1판의 철학은 그대로 남아 있다. 아이디어와 실험적 접근에 대해 초점을 맞추었다. 최근 몇 년간 식물생리학 문헌이 빠르게 증가하여 많은 영역에서 최신의 것들을 포함하는 책을 만드는 것은 실질적으로 불가능하다. 따라서, 개념적인 뼈대에 초점을 두는 것이 훨씬 중요하게 되었다. 식물생리학 단학기 과정을 선택하는 학생들에게는 이와 같은 균형 잡힌 접근이 식물생리학 분야에 대해 전반적인 이해를 할 수 있게 해 줄 것이다. 식물생리학을 전공할 학생들에게 이 책은 이 영역이 진보하고 미개척 분야가 확장됨에 따라 생겨날 원리들을 이해하게 해 줄 생리학의 원리에 관한 기초를 제공한다.

이 책에 포함된 것들을 선택한 내 기준은 단순하다. 식물이 마주치는 기본적인 문제들은 무엇인가, 그리고 이런 문제들에 대한 우리들의 이해를 상당히 증진시켜 온 연구들은 무엇인가? 지면의 제약은 관련된 모든 연구들을 인용할 수 없게 했다. 그러므로, 나는 식물생리학적 주제에 관한 넓은 범위의 연구논문, 전체적인 리뷰(review) 그리고 의견들을 반영하고 있는 문헌들을 선택했다. 이야기의 진행을 방해하는 것을 피하고 주제에 대해 이해를 증진하는 데 필수적인 아이디어의 흐름이 차단되지 않도록 본문 안에 인용된 참고문헌들의 수도 제한했다. 각 장에는 흥미를 가진 학생들이 관련되는 일차적인 문헌을 찾을 수 있도록 추천도서의 목록을 포함시켰다. 또한 많은 화제들이 역사적인 시각에서 제공되었다. 나는 개념들이 어디에서 유래되었고, 시간이 지남에 따라 어떻게 개선되었는지 아는 것이 학생들에게 득이 될 것으로 믿는다. 그저 내가 적절한 선택을 했기를 바랄 수밖에 없다.

이 두번째 판을 준비하는 데 있어서 나는 첫번째 판의 성공에 기여한 조언과 비판을 해준 교정자들에게 다시 한 번 사의를 표하는 바이다. Armstrong 주립 대학의 M. S. Brower, 세인트 조셉 대학의 R. E. Cordero, 펜실베니아 주립 대학의 D. Cosgrove, 조지 워싱턴 대학의 R. P. Donaldson, 미들 테네시 주립 대학의 J. D. Dubois, 뉴저지 주립 대학의 R. C. Evans, 윌리암 패터슨 대학의 N. Grant, 유타 밸리 전문 대학의 J. G. Harris, 버몬트 대학의 R. M. Klein, 미드웨스턴 주립 대학의 M. Rincon, 센트럴 플로리다 대학의 H. Sweet 그리고 베일러 대학의 D. E. Wivagg, 그 외에도 수많은 사람들이 첫번째 판을 사용해 본 후 발전적인 조언을 해 주었다. 위 목록에 두번째 판의 초고를 친절히 검토해 준 분들을 추가하고자 한다. 텍사스 공과대학의 A. Scott Holaday, 와이오밍 대학의 Thomas Vogelmann, 훔볼트 주립 대학의 C. James Lovelace, 버지니아 과학기술 전문학교와 주립 대학의 David Orcutt 그리고 애리조나 주립 대학의 Leslie Towill.

Box 15. 1에 있는 Arabidopsis의 그림을 친절히 제공해 준 Marguerite Kane에게 특별히 감사드린다.

나는 관대하게 사진을 제공해 주고 이 책에 그들이 한 일들을 포함시킬 수 있게 허락해 준 많은 동료들에게도 은혜를 입었다. 마지막으로 나는 그들이 알고 있는 것보다 훨씬 더 많이 기여한 학생들에게 계속 은혜를 입고 있다. 끝으로 어떤 누락이나 잘못이 있다면 그것은 물론 나 혼자의 책임이다. 그 결점들이 무엇이든지 간에, 나는 이 책이 학생들에게 처음으로 식물생리학에 대한 흥분과 미스터리, 그리고 도전감을 불러일으키는 길을 열게 되기를 바라마지 않는다.

William G. Hopkins

역자 서문

이 책은 그동안 여러 대학에서 식물생리학 교재로 채택되고 있던 캐나다 West Ontario대학 교수인 William G. Hopkins의 *Introduction to Plant Physiology*(제2판)를 번역한 것이다.

저자는 이 책에서 다루고 있는 중요한 생리학적 개념의 이해를 돕기 위해 생리학 연구를 위한 많은 내용의 아이디어와 이를 밝히기 위한 실험적 접근을 소개하고 있으며, 학부생들의 학습을 위한 교육적 특성을 또한 고려하였다.

식물 생리학에서 다루는 주된 관심 분야는 말할 것도 없이 식물체내에서 나타나는 중요한 생리적 과정들이다. 여기에는 빛에너지와 유기물 저장에너지의 획득을 위한 광합성과 호흡, 질소와 황 등 주요물질의 동화작용, 뿌리에서의 물과 무기물의 흡수, 식물체내 관다발계를 통한 물질수송, 개화와 종자 형성 과정 등으로 크게 구분된다. 이와 같은 과정들은 식물 몸체를 구성하는 세포, 조직, 기관의 구조적 및 기능적 특성과 그리고 물질 구성의 기본 단위가 되는 분자와 이온의 특성을 상호 연계하여 고찰되어야 한다. 식물체내에서 이런 생리과정들은 빛, 중력, 온도 등 외부의 환경요인에 의하여 영향받으면서 일어나는데, 이것이 구체적으로 발현된 결과가 바로 식물의 생장과 발달이다. 그러므로 독자들은 이 책으로부터 어떻게 씨앗이 싹트며, 어떻게 식물이 생장한 후 꽃피고 종자를 맺어 생활사를 마치는지에 대한 대답을 찾을 수 있을 것이다. 또한 생명에 관한 여러 가지 문제를 과학적으로 해결하는 방법이 얼마나 중요한지를 깨닫게 될 것이다. 이 책은 비교적 쉽고 생리적 현상을 논리적으로 명확하게 전개하고 있다.

다만 한 학기 강의 내용으로 인한 편집상의 문제로 원본의 15개 box와 복습문제를 번역에서 제외하였고, 참고문헌은 본문 뒤에 실었다. 이 점에 대해서는 독자들의 양해를 구한다.

역자들은 이 책을 충실히 우리말로 옮겨 독자들의 학습에 도움을 주고자 노력했다. 번역함에 있어 학술용어의 우리말화가 어려웠으나 이를 위해 한국 물리학회에서 발간한 〈물리학 용어집〉, 대한화학회에서 발간한 〈화학 술어집〉, 한국 과학기술단체 총연합회 발간 〈과학기술 용어집〉, 그리고 한국 생물과학협회 발간 〈생물학 사전〉 들을 참조하였다. 독자들은 우리말화 된 용어 중에 생소하게 느끼는 것이 있을지 모르나 그러한 용어에 대해 친근감을 갖기 바란다.

끝으로, 이 책의 출판을 위해 애쓰신 을유문화사 정진숙 회장과 정필영 이사, 그리고 이종태 출판국장에게 이 자리를 빌어 심심한 사의를 표하는 바이다.

2001년 1월

역자 대표 홍 영 남

차 례

서문 · 5
역자 서문 · 7

제1장 서론 : 식물체와 식물 세포의 구성

식물 생리학의 범위 · 17
식물 세포 · 17
생체막 · 19
막 이중층 19
막 단백질 20
세포 소기관 · 21
액포/21
핵/21
소포체와 골지체/21
미토콘드리아/22
색소체/22
미소체/23
리보솜/23
세포 골격 · 24
세포외 기질 · 25
1차 세포벽 25
2차 세포벽 27
원형질 연락사 28
세포와 조직 · 29
표피/30
유조직/30
지지 조직/32
관다발 조직/31
식물 기관 · 31
뿌리/31
줄기/31
잎/32

제2장 식물 세포와 물

물과 수소 결합 · 33
물의 물리 · 화학적 성질 · 35
열성 35
온도와 물리적 상태/35
흡열과 발열/35
융해와 증발수/35
용매인 물 36
물의 응집과 부착 36
물의 이동 · 37
부피 유동 37
확산 37
삼투 현상—물의 확산 · 38
삼투 현상과 화학 퍼텐셜 39
수분 퍼텐셜의 개념 · 41
수분 퍼텐셜의 구성 요소 42
세포와 조직 내에서 물의 이동 · 44
세포벽은 얼마나 탄력이 있는가? · 45

제3장 식물의 수분 관계

증산 · 47
과정 48
증산 측정 49
증산의 구동력 49
증산율에 대한 습도, 온도 그리고 풍속의 영향 51
습도의 효과/51
온도 효과/52
바람의 효과/52
증산의 유효성/53
물수송 통로의 해부학적 구조 · 53
물관부 수액의 상승 · 56
뿌리압 57

모세관 현상에 의한 수분 상승 59
응집력설 59
구동력/59
물기둥의 유지/61
뿌리와 토양, 그리고 물의 흡수 · 63
토양-복합 매체 64
뿌리에서 물의 흡수 · 65
뿌리-숨겨진 반쪽 65
뿌리의 흡수 부위 65
뿌리를 통한 물의 방사 이동 66

제4장 식물과 무기 영양

식물의 미네랄 요구에 대한 연구 · 70
필수 영양소 · 72
유익한 원소들 · 74
나트륨 74
규소 75
코발트 75
셀레늄 75
영양소의 역할과 결핍증상 · 76
질소 77
인 78
칼륨 78
황 79
칼슘 79
마그네슘 79
철 80
붕소 82
구리 83
아연 83
망간 83
몰리브덴 84
염소 84
니켈 84
미량 원소의 독성 · 85

제5장 뿌리와 토양, 그리고 영양소의 흡수

영양소 저장소로서의 토양 · 87
막수송 · 90
단순 확산 90
촉진 확산 91
수송 단백질—운반체와 통로 91
능동 수송 92
이온의 선택적 축적 92
전기 화학적 기울기와 이온의 이동 93
능동 수송과 전기 발생 펌프 95
아쿠아포린 97
뿌리에 의한 이온의 흡수 · 98
확산과 외관상의 자유 공간 98
뿌리를 통한 이온 이동의 방사상 경로 100
뿌리와 미생물과의 상호 작용 · 101
박테리아 102
균근 103

제6장 식물과 질소

질소 순환 · 107
암모니아화 반응, 질산화 반응, 탈질산 반응 108
질소 고정 108
생물학적 질소 고정 · 109
독립 생활을 하는 질소 고정자 109
공생하는 질소 고정자 109
콩과식물의 공생적 질소 고정 · 110
감염과 뿌리혹의 발달 111
초기 단계—이주와 뿌리혹 형성의 개시/111
뿌리털로의 침입과 감염사/113
세균의 방출/114
질소 고정에 대한 생화학 · 114
이질소화 효소 114
질소 고정의 에너지 소비 115
이질소화 효소와 산소 116
이질소화 효소와 수소 생성 117
질소 고정에 대한 유전학 · 117
질소 동화 · 119
암모늄의 동화 119
뿌리혹에서 고정된 질소의 수출 121
질산염의 동화 · 122
질소 순환 125
농업과 생태학적 측면에서 본 질소 영양 · 125

제7장 빛과 색소 : 광생물학 입문

빛의 물리적 성질 · 129

파동현상으로서의 빛 130
입자 흐름으로서의 빛 131
빛에너지의 흡수와 그 운명 · 131
흡수와 작용 스펙트럼 · 133
빛의 측정 · 134
자연광 환경 · 135
광수용체 · 137
엽록소 138
피코빌린 139
카로테노이드 140
크립토크롬 142
자외선-B 수용체 143
플라보노이드 143
베타시아닌 145

제8장 잎과 광합성

조류와 이끼 광합성 · 147
잎에서의 광합성 · 149
잎에서의 빛 흡수 · 150
잎과 가스 교환 · 152
구멍을 통한 확산 154
기공 세포 운동 메커니즘 155
기공 운동의 조절 158
빛과 이산화탄소/158
수분 상태와 온도/159
개일 리듬/160
엽록체 · 160
엽록체의 미세 구조와 생화학적 구획 161
엽록체의 비광합성적 대사 162

제9장 생체 에너지론과 광합성의 광의존적 반응

생체 에너지론—생물에서 에너지 전환 · 166
에너지 보존, 질서와 무질서 166
자유 에너지와 화학 평형 168
산화-환원 반응의 자유 에너지 170
ATP 합성 모델 · 173
광합성에서의 에너지 보존 · 175
산화-환원 반응으로서의 광합성 175
광합성에서의 전자 전달 · 177
광계와 반응 중심 177
광계Ⅱ와 물의 산화 179
시토크롬 복합체와 광계Ⅰ 180
광인산화 · 181
전자 전달 사슬의 측면 이소성 · 182
광수확 복합체와 광합성의 동적 조절 · 183
광합성에서 카로테노이드의 역할 · 185
전자 전달과 잡초 방제 · 187

제10장 광합성 : 탄소 대사

광합성 탄소 환원 회로 · 190
카르복실화 반응 190
PCR 회로에서 에너지 유입 191
3-PGA의 환원/191
수용체 분자의 재생/191
PCR 회로의 에너지론/193
PCR 회로의 활성화와 조절 · 193
자체 촉매 193
Rubisco의 활성도 조절 194
기타 PCR 효소의 조절 195
광호흡과 광합성 탄소산화 회로 · 196
RUBP 산소화 효소와 C_2 글리콜산 경로 197
왜 광호흡인가? 198
C4 증후군 · 199
C4 증후군의 발견과 일반적 원리 200
크란츠(Kranz) 해부학적 구조 202
C4 증후군의 생태적 중요성 · 203
크레슐산 대사 · 205
CAM이 C4 증후군의 한 변이인가? 206
CAM의 생태적 중요성 207
C4 광합성과 CAM의 조절 · 207
광합성 산물의 수출과 저장 · 208
엽록체에서 녹말의 합성 209
설탕 합성 210
3탄당 인산의 운명—설탕 또는 녹말 · 211

제11장 광합성 산물의 전류(轉流)와 분배

광합성 산물의 전류 · 213
체관부 용출액의 조성 215
체관부 조직의 구조 · 216
P-단백질과 칼로오스 217
공급원과 수용부 · 219

체관 수송 메커니즘 · 220
체관부 적재와 하적 · 222
체관부 적재 222
체관부 하적 225
광합성 산물의 배분 · 226
배분 227
잎의 대사와 생체량/227
저장/227
잎으로부터의 수송/228
수용부간의 동화물의 분할 229
생체이물 화합물의 전류 · 231

제12장 세포 호흡 : 광합성 산물로부터 에너지 추출

세포 호흡 : 개괄 · 233
설탕과 녹말의 분해 · 235
α-아밀라아제 235
β-아밀라아제 236
한계 덱스트린 가수분해효소 236
α-글루코시드 가수분해효소 236
녹말 가인산분해효소 236
해당 과정 · 237
해당 과정으로 6탄당 유입 238
과당-1, 6-이인산에서 피루브산으로의 전환 238
산화적 5탄당 인산 경로 · 239
피루브산의 운명 · 239
산화적 호흡 · 240
미토콘드리온 240
시트르산 회로 · 241
NADH와 $FADH_2$의 산화 · 243
양성자 기울기와 ATP 합성 · 244
식물에서 대체 전자 경로 · 246
외재성 NADPH 탈수소 효소 246
로테논-비감수성 NADH 탈수소 효소 246
시안화물-저항성 호흡 247
식물기름, 글리옥실산 회로 및 포도당 신생성 · 248
호흡과 구조 단위 · 249
온전한 식물과 기관에서의 호흡 · 251
호흡률에 영향을 미치는 요인 · 252
빛 252
온도 253
산소 이용도 253

제13장 탄소 동화와 생산력

생산력 · 255
호흡과 탄소 경제 · 256
광합성과 생산력에 영향을 미치는 인자들 · 258
빛 258
유용한 이산화탄소 259
온도 260
토양 수분 퍼텐셜 261
영양분 공급, 병리학 및 오염 물질 262
잎의 요소들 262
세계적 규모의 일차 생산력 · 264

제14장 분자와 물질 대사

일차 물질 대사와 이차 물질 대사 · 267
테르페노이드 · 268
테르펜 생합성 269
테르페노이드와 초식 동물 271
스테로이드와 스테롤 272
폴리테르펜 273
배당체 · 274
사포닌 274
강심 배당체 274
시안 배당체 276
Glucosinolate 277
페놀 화합물 · 278
시킴산 경로 278
단순 페놀 화합물 280
쿠마린 280
리그닌 281
플라보노이드 282
탄닌 282
알칼로이드 · 284

제15장 식물 발달의 양상

생장, 분화, 그리고 발달 · 287
생장과 발달의 조절 · 289
발달에 관한 유전적 조절 290
발달에 대한 호르몬의 조절 292

발달에 대한 환경의 조절 293
식물 발달의 개론 · 294
종자 구조와 발달 294
종자의 발아 294
슈트의 발달 295
뿌리의 발달 299
꽃의 환기 작용과 발달 301
꽃과 열매의 발달 301
세포는 어떻게 생장하나? · 303
생장의 동력학적 분석 · 305
실험실 배양 환경에서의 미생물 생장 305
다세포 생물의 생장 307

제16장 식물 발달에서 호르몬의 역할

식물에서 호르몬의 개념 · 309
식물 호르몬 · 311
옥신 · 311
천연 옥신과 합성 옥신 311
옥신의 생리적 작용 313
세포 생장과 분화/313
슈트와 뿌리의 발달 314
곁눈 생장/314
잎의 탈리/315
뿌리의 신장과 발달/316
꽃과 열매의 발달/316
지베렐린 · 317
지베렐린의 생리적 작용 319
슈트 신장의 조절 319
난쟁이 식물/319
로제트 식물/320
줄기 생장의 억제/321
종자 발아/321
개화/322
시토키닌 · 323
시토키닌의 생리적 역할 324
세포 분열과 형태 발생/324
영양분의 이동과 노쇠/325
시토키닌의 다른 효과들/327
앱시스산 · 327
앱시스산의 생리적 역할 328
에틸렌 · 329
에틸렌의 생리적 역할 329
영양생장 발달/329
열매의 발달/329
개화/330
폴리아민 · 330
예상 식물 호르몬 · 331
기타의 생물학적 활성 물질 · 331

제17장 호르몬의 생화학과 작용 방식

호르몬은 어떻게 작용하나? · 333
식물 호르몬의 사례 · 335
식물에서의 호르몬-결합 단백질 335
옥신-결합 단백질/336
시토키닌-결합 단백질/336
지베렐린 및 앱시스산-결합 단백질/336
식물에서의 2차 신호전달자 337
칼슘/337
Phosphoinositide/338
호르몬과 유전자 작용 339
호르몬의 생합성, 이동 및 대사 · 339
옥신 생합성과 대사 · 339
IAA의 생합성 340
IAA의 접합체 342
IAA 이동 343
IAA의 산화 346
지베렐린의 생합성과 대사 · 437
지베렐린의 생합성 348
지베렐린의 대사와 이동 349
시토키닌의 생합성과 대사 · 349
시토키닌의 생합성 350
시토키닌 대사와 이동 351
앱시스산의 생합성과 대사 · 351
에틸렌의 생합성과 대사 · 354
호르몬 작용의 메커니즘 · 356
옥신과 세포 확장 356
산성 생장설/357
옥신과 유전자 작용/359
줄기 신장에 관한 지베렐린의 조절 360
종자 발아에 대한 지베렐린의 조절 361
시토키닌 작용의 메커니즘 363
앱시스산 작용의 메커니즘 363

제18장 광형태 발생—빛에 대한 반응

광형태 발생 · 366
피토크롬 · 366
암소에서 자란 유식물의 피토크롬 · 369
피토크롬의 화학 · 370
피토크롬의 생리적 효과 · 372
저플루언스 피토크롬 반응 372
종자의 발아/372
유식물 발달/373
생물전기 퍼텐셜과 이온 분포/374
초저플루언스 반응 376
고복사조도 반응 377
녹색 식물의 피토크롬 · 378
자연 조건 아래에서의 피토크롬 · 380
피토크롬의 작용 메커니즘 · 383
피토크롬과 세포막 383
피토크롬과 유전자 작용 384
청색광 방응 · 387
UV-B 반응 · 387

제19장 식물의 운동—공간에서의 적응

굴광성 · 390
굴광성 신호 인지 391
광수용체/391
플루언스 반응 곡선/392
굴광성에서의 신호 전달 393
굴중성 · 397
중력 인지 398
중력 자극 감수성/398
조직의 감수성/399
중력 인지 메커니즘/400
굴중성에서의 신호 전달 401
굴중성의 생장 반응 402
자엽초와 줄기/403
초본 식물의 줄기/403
뿌리/404
굴중성에서 칼슘의 역할 405
무중력에서의 식물 407
경성 운동 · 407
수면 운동 408
감진성 411

제20장 시간의 측정 : 광주기성과 리듬 현상

광주기성 · 413
거대 담배와 9월의 콩 414
광주기 반응 유형 414
임계 낮 길이 415
광주기성 유도 417
암기의 중심적 역할 418
광주기 신호의 인지 419
피토크롬의 역할 420
빛 요구성과 개화 호르몬 420
온도와 광주기성 423
생체 시계 · 423
생체 시계의 언어 425
개일 리듬, 온도 그리고 빛 427
광주기성에서 시간 측정 · 429
광주기성과 리듬에 대한 유전학적 접근 · 432
자연계에서의 광주기성 · 433

제21장 온도와 식물의 발달

식물 환경으로서의 온도 · 435
식물의 생장과 분포에 미치는 온도의 영향 · 436
해안과 사막 436
산의 경사면 438
발달에 미치는 온도의 영향 · 439
온도와 개화 반응 439
춘화의 발생/440
유효 온도/440
자극의 감지/441
춘화 자극의 본성/441
눈의 휴면 442
종자 휴면과 발아 444
온도와 종자의 휴면/446
온도 변화에 대한 반응 446

제22장 식물 스트레스 생리

스트레스란 무엇인가? · 449
스트레스에 대한 식물의 반응 · 450
수분 스트레스 · 451
세포막과 수분 스트레스 452

광합성과 수분 스트레스 453
수분 결핍에 대한 기공의 반응 453
삼투 조절 456
슈트와 뿌리의 생장에 미치는 수분 결핍의 영향 457
엽면적 조절 458

온도 스트레스 · 458
냉해 스트레스 459
결빙 스트레스 460
결빙에 대한 열분석/460
목본 조직에서의 초저온 과냉각/461
목본 조직의 순응/461
초본 조직의 저온 순응/462
고온 스트레스 462
세포막과 물질 대사에 미치는 고온의 영향/463
열 충격 단백질/463

염 스트레스 · 464

곤충과 질병 · 467
과민 반응 468
비병원성 유전자 468
체성 획득 저항성 469
자스몬산 470

환경 오염 물질 · 471
중금속 471
대기 오염 472

제23장 식물생리학과 생명공학

식물 생명공학의 방법 · 475
조직과 세포 배양 476
원형질체와 세포 융합 476
DNA 재조합 476

식물 생명공학의 진보와 잠재력 · 479
미세번식 479
식물 보호 479
제초제 저항성/479
곤충과 질병 저항성/481
식물 물질 대사 482
식물의 생산물 483
연료/483
식용유/483
생분해성 플라스틱/484
그외 산물들/484

참고문헌 · 487

찾아보기 · 507

제 1 장

서론 : 식물체와 식물 세포의 구성

식물생리학의 범위

식물생리학이란 무엇인가? 생리학이란 용어는 본질을 의미하는 그리스어 *physis*와 논리를 의미하는 *logos*로부터 구성된다. 그러므로 문자 그대로 식물생리학은 식물의 본질에 대한 논리 전개를 말한다. 식물생리학은 식물의 모든 본질을 포함하는 실제로 꽤 넓은 영역이다. 식물생리학자들은 제한적이기는 하지만 식물에 대해 기계론적 접근 방법을 전통적으로 취해 왔다. 그 생리학적 원근 화법으로부터 식물은 일차적으로 생화학적 기계로 간주된다. 이 기계는 물리적 환경으로부터 에너지와 간단한 무기 분자들을 취하여 복잡한 화학 구조를 조립하는 데 사용한다. 식물이 그러한 활동을 수행할 수 있게끔 하는 과정들은 바로 그들 스스로가 일으키는 다수의 화학 반응의 총계이다. 바꾸어 말하면 식물이 소유하고 행하는 모든 것은 화학적 · 물리적 과정에 기반을 두고 있다.

식물생리학은 어떻게 식물이 태양 에너지를 탄소 동화에 사용하는가, 그리고 어떻게 탄소를 그들 몸체 구성의 재료로 변환시키는가에 대한 것이다. 그것은 식물이 어떻게 영양소와 물을 얻고 분산시키는가에 대한 것이다. 또한 그것은 어떻게 그들이 자라고 발달하는가, 어떻게 환경에 반응하는가, 어떻게 그들은 스트레스에 대해 반응하는가, 그리고 어떻게 번식하는가에 대한 것이다. 간단히 말해, 식물생리학은 식물의 기능을 연구하는 학문이다. 식물생리학의 과제는 알려진 화학 및 물리 법칙으로 어떻게 식물이 기능하는가를 설명하는 데 있다.

식물 세포

식물의 기능적 기본 단위는 모든 생명체와 마찬가지로 세포이다. 실제로 식물생리학의 많은 연구가 식물 세포의 생리학적 연구이다. 그리고 어떻게 그들의 협동적인 활동이 전 생명체의 생리에 반영되는가이다. 유사한 방식으로 식물의 구성은 그들 개개의 세포수, 형태 그리고 배열을 반영한다. 구성과 기능은 나누어 생각할 수 없다. 그러므로 식물생리학의 연구는 식물 세포와 기본구조 및 체제에 관한 일반적인 개관을 가지고 시작하는 것이 적절하다.

대표적인 식물 세포를 〈그림 1-1〉에서 보여주고 있다. **세포**는 원형질막으로 둘러싸여 있는 원형질이라고 불리우는 화학 물질의 수용액 상태를 말한다. 세포가 포함하고 있는 막과 원형질을 총괄해서 **원형질체**(protoplast)라고 한다. 물론 원형질과 그것을 구성하는 구성 요소 모두는 한 세포의 생활을 영위하기 위해 중요한 역할을 맡고 있다. 그러나 원형질막은 생물적 환경과 무생물적 환경 사이의 경계를 타나내기 때문에 특별히 중요하다. 원형질막은 선택적 투과성을 나타내는데 이는 어떤 물질은 통과하나 다른 물질은 통과할 수 없음을 의미한다. 그래서 원형질막은 세포를 물리적으로 제한할 뿐 아니라 물질의 교환을 통제하고 세포와 그 주위 환경 사이에서 필수적인 차이를 유지하기 위해 일을 한다. 우리가 세포의 횡단면을 전자 현미경으로 검사할 때 전

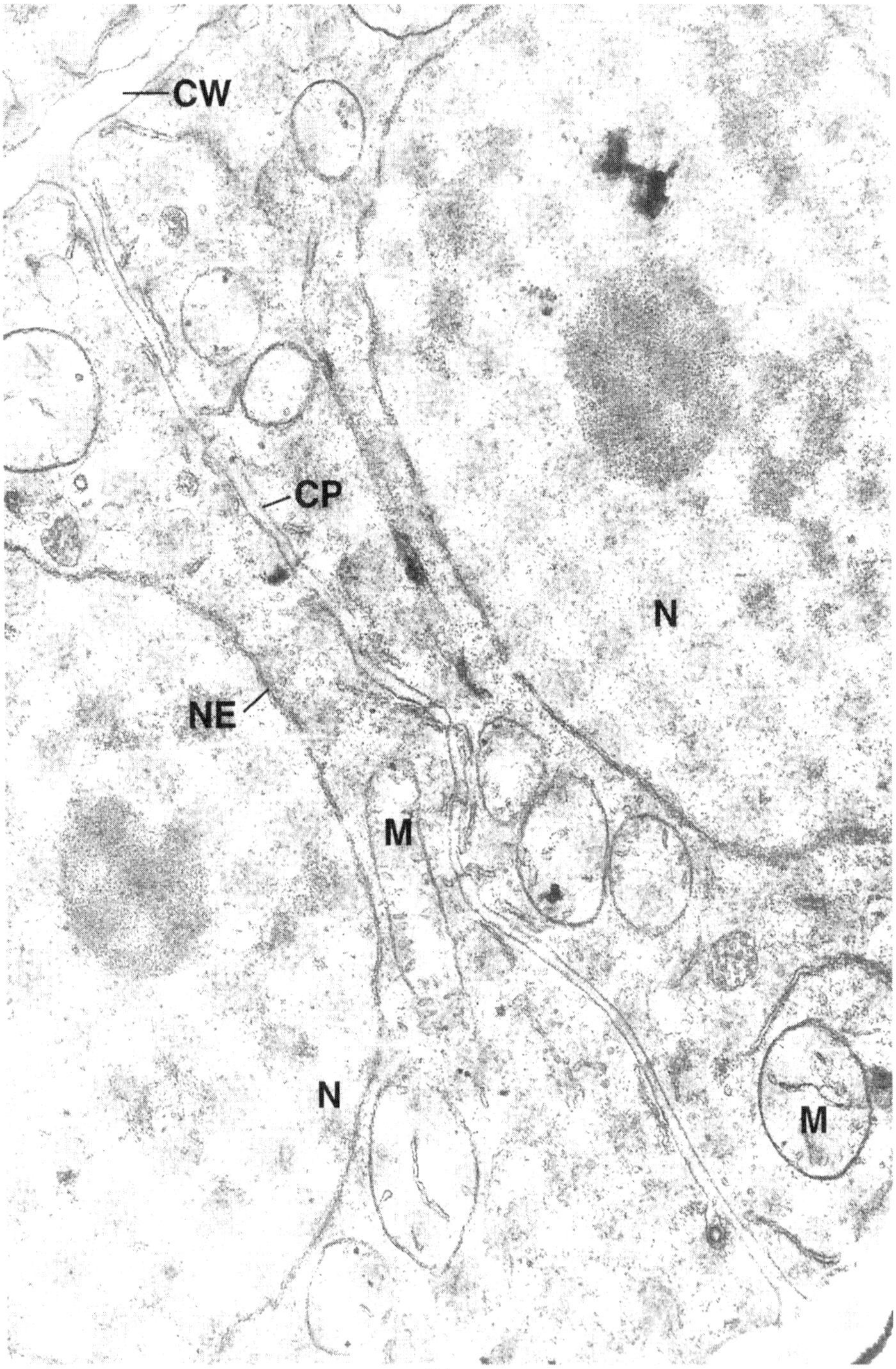

(A)

〈그림 1-1〉 식물 세포

(A) 명아주의 줄기 정단에 있는 두 개의 인접한 분열 세포의 전자 현미경 그림. 최초의 분열 세포가 최근에 분열했다. 새로운 세포벽의 초기 단계에서 세포판이 왼쪽 위로부터 오른쪽 아래로 대각선을 이루며 지나가는 것을 볼 수 있다. 큰 핵과 액포가 없음에 주목하라. M: 미토콘드리아, N: 핵, NE: 핵막, CP: 세포판, CW: 세포벽. (B) 꿀풀과 식물잎의 성숙한 엽육 세포. 큰 중심 액포와 엽록체를 주목하라.

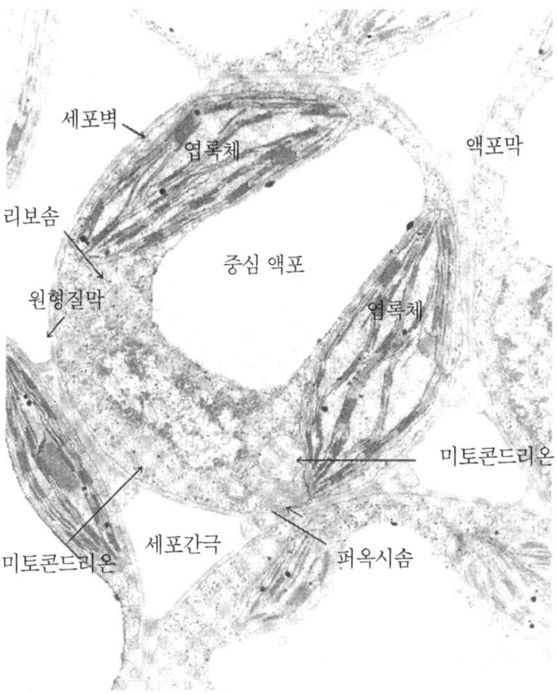

(B) 〈그림 1-1〉 (계속)

자 현미경으로 보여지는 세포의 그림에서 생체막은 뛰어난 하나의 독특한 특징임을 볼 수 있다(그림 1-1). 부가적으로 선택적 투과성 막이 원형질체 전체에 걸쳐서 발견되는데, 이것들은 **세포 소기관**(organelle)으로 불리우는 다양한 세포내 구조물들을 형성한다. 이들 세포 소기관은 주요한 대사 활동을 구획화하는 역할을 담당한다. 마치 자동차 공장이 금속 제작을 위해 페인트 상점, 조립 라인 등을 준비하는 것과 매우 유사한 방법이다. 이들 세포 소기관 중의 하나는 **핵**(nucleus)으로서 유전 정보를 가지고 있으며 세포의 조절 센터이다. 핵을 제외하고 다른 세포 소기관들을 포함한 원형질의 나머지를 **세포질**(cytoplasm)이라고 한다. 세포질의 각기 다른 세포 소기관들은 세포 호흡, 광합성, 단백질 합성, 분비 그리고 그밖에 일을 하는 장소이다. 세포의 형태와 기능에 있어서 많은 변이에도 불구하고, 세포는 같은 기본 계획에 따라 모두 만들어졌고 확실한 본질적인 구조를 포함하고 있어서 매우 비슷하다. 아마도 그들이 생물계와 무생물계 사이의 경계를 결정하기 때문에 그들 구조의 가장 중요한 것은 생체막일 것이다.

생 체 막

생체막은 일차적으로 지질과 단백질로 구성되어 있으며 여기에 약간의 탄수화물이 존재한다. 특이한 지질과 단백질 조성뿐만 아니라 지질과 단백질의 상대적 비율은 막에 따라 매우 다양할지라도, 모든 막에 적용되는 기본적인 구조적 그리고 기능적 개념이 있다.

막 이중층

세포막에서 양적으로 가장 많은 지질은 인지질이다. **인지질**(phospholipid)은 양극성 분자이다. 그들은 두 개의 소수성인 비극성 탄화수소 꼬리와 친수성인 극성 머리 그룹을 가지고 있다. 수용액 상태에서 인지질은 자연스럽게 물에 노출된 친수성 머리와 그 안쪽으로 매몰된 소수성 꼬리를 가진 **이중층**(bilayer)을 형성한다(그림 1-2). 이중층은 비극성인 소수성 그룹이 물과 접촉하기를 기피하고 다만 다른 비극성 그룹과 연합되는 경향이 있기 때문에 **소수성 결합**(hydrophobic bonding)을 형성한다. 이중층 구조는 어떻게 막이 그들의 다양한 기능을 수행하는지에 대한 우리의 이해를 돕는 데 특별히 중요한 두 가지 성질을 제공한다. 그들은 (1) 매우 유동적이고, (2) 대부분의 극성 분자들은 투과할 수 없다는 것이다.

생체막의 인지질 이중층은 이중층에 기계유 정도의 점성도를 주는 높은 비율의 불포화 지방산을 포함하고 있다. 동시에 이중층은 생체막을 위해 매우 안정된 구조적 기초를 형성한다. 이 겉보기에 모순된 속성은 인지질 분자의 탄화수소 꼬리가 물을 배척하고 강한 소수성 상호 작용을 전개하기 때문에 주로 일어난다. 이중층의 한 쪽에서 다른 쪽으로 인지질의 확산이 아주 드물게 일어나는데 이를 **플립플롭**(*flip-flop*)이라고 한다. 플립플롭은 친수성 머리 그룹이 이중층의 소수성 중심에서 쉽게 용해되지 않기 때문에 방해된다. 다른 한편으로 개개의 지질과 다른 소수성 분자들은 매우 빠르게 1초에 1μm만큼 막의 평면상에서 확산할 수 있다. 이 같은 운동을 **측면**

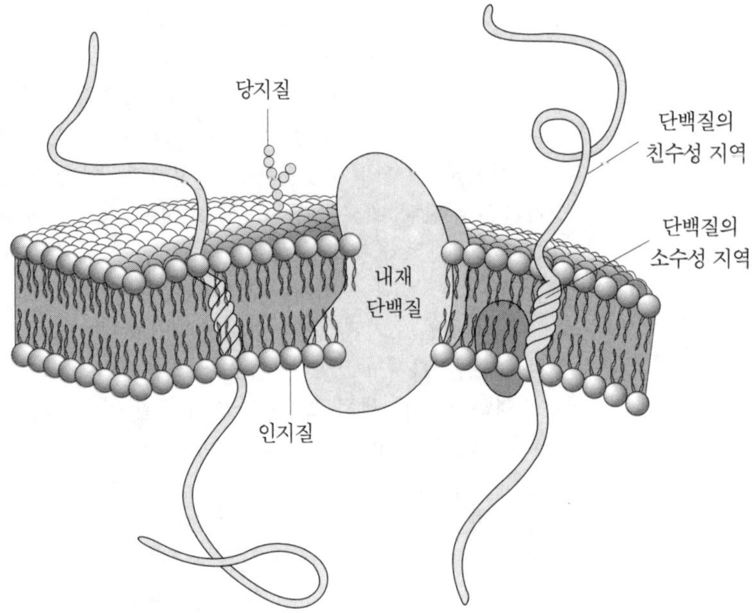

〈그림 1-2〉 생체막에 대한 일반적인 모델
인지질 분자로 구성된 2중층이 보인다. 원은 극성인 인산 머리 부위를 가리키고 파동치는 선은 지방산 꼬리를 가리킨다. 이 모델은 지질 '바다'에 떠다니는 단백질 '빙산'의 모자이크에 비유하여 유동 모자이크설로 알려져 있다.

확산(lateral diffusion)이라고 한다. 그래서 막은 매우 안정한 2차원적 유동체로 행동한다.

이중층 막은 또한 실제로 모든 이온과 세포에서 보통 부닥치는 분자들인 대부분의 극성 또는 하전된 용질은 투과시키지 않는다. 막을 가로질러 확산하기 위해서는 이동될 분자는 지방산 기질에 먼저 용해되어야 하며 극성 또는 전하를 띈 분자들은 쉽게 강한 소수성 환경에서 용해되지 않는다. 이런 법칙에서 세 가지 주목할 만한 예외가 물, 이산화탄소, 그리고 산소인데, 그들의 용해성을 근거로 하여 볼 때 예상되는 것보다 훨씬 빠르게 막을 투과한다. 특히 막을 자유롭게 통과하는 물의 비정상적인 행동은 이제 겨우 이해가 되고 있다(5장 참조).

막 단백질

비록 미토콘드리아 내막과 같이 일부의 막은 더 많은 단백질을 함유하고 있지만 대부분의 막은 무게로 50% 만큼의 단백질을 함유하고 있다. 막 단백질은 이중층 속으로 통합되는가 혹은 다른 친수성 표면에 결합되는가에 따라서 각각 **내재 단백질**(integral protein) 또는 **표면 단백질**(peripheral protein)로 나눌 수 있다(그림 1-2). **고유 단백질**(intrinsic protein)로 알려진 내재 단백질은 단일 단백질 혹은 부수적인 비단백질성 구성 물질을 가진 몇 개의 단백질로 이루어진 큰 복합체로 구성된다. 일부 내재 단백질들은 막의 한쪽으로만 통로를 가지고 있으나 **막횡단 단백질**(transmembrane protein)이라고 불리는 것들은 막의 양 끝을 관통하고 양쪽으로 통로를 가지고 있다. 내재 단백질은 그들이 막지질의 탄화수소 꼬리들과 상호 작용하는 큰 소수성 구역을 가지고 있기 때문에 이중층 속으로 통합될 수 있다. 소수성 구역은 비극성 곁사슬을 가진 아미노산으로 주로 만들어진 단백질 부위이다. 그래서 내재 단백질을 단지 표면 활성제를 사용하거나 막을 분쇄하는 다른 약품을 사용해서 강한 소수성 상호 작용을 방해함으로써 분리할 수 있다. 내재 단백질은 또한 막의 다른 한쪽에서 수용성 환경으로 돌출한 주로 극성 아미노산으로 구성되어 있는 친수성 구역을 포함한다. 다른 한편으로 표면 단백질은 주로 친수성이며 극성 인지질 머리에 느슨하게 결합하고 있다. 표면 단백질은 염용액이나 막의 상호 작용을 없애는 완충 용액을 사용하여 비교적 온화한 과정으로 제거할 수 있다.

내재 막단백질은 그들이 막의 평면에서 공간을 점유하고 있다는 점에서 어느 정도 구조적이지만 동시에 막 이중층과 강하게 상호 작용한다. 그러나 막단백질의 근본 역할은 구조적인 것보다는 오히려 기능적인 데 있다. 막단백질은 막과 연합된 모든 물질 대사 활동에 대해 관련이 있다. 예를 들면, 어떤 막단백질은 효소로 작용하고 다른 몇몇은 막을 가로질러 용질 분자의 선택적 수송을 돕는다. 그리고 다른 것은 에너지 변환에 참가한다. 지질 이중층의 유동성은 단백질이 필요한 상호 작용을 달성하기 위해 측면으로 확산하는 것을 허락하기 때문에 매우 중요하다. 세포에 있는 각기 다른 막의 기능은 매우 다양하다. 그래서 비록 특별한 막은 매우 특징적이긴 하지만, 막조성이 똑같게 다양하다는 사실에 너무 놀랄 필요는 없다.

세포 소기관

세포의 세포질 내부는 다수의 구별된 막으로 한정된 구획화, 즉 **세포 소기관**(cell organelle)으로 조직화되어 있다. 즉, 세포질의 비특이적 부분은 어떠한 세포 소기관도 포함하고 있지 않은 액체 부분으로 **시토졸**(cytosol)이라고 부른다. 시토졸은 다량의 단백질 그리고 다른 용질을 함유하고 있으며 흔히 겔(gel)과 같은 물리적 성질을 띠고 있다.

액포 대부분의 성숙한 고등 식물 세포의 뚜렷한 특징은 크나큰 **중심 액포**(central vacuole)에 있다(그림 1-1). 성숙한 세포에서 **액포**(vacuole)는 세포 부피의 80~90% 이상을 차지하고 있다. 그러한 세포에서 세포질은 다른 모든 세포 소기관과 함께 세포벽으로 눌려 하나의 얇은 필름처럼 보인다. 액포는 하나의 막으로 둘러싸여 있는데 이를 **액포막** 또는 **토노플라스트**(tonoplast)라고 부른다. 액포는 무기 이온, 유기산, 설탕, 효소 그리고 색소를 포함한 이차 대사물 등을 다양하게 함유하고 있다. 액포의 높은 용질의 함유량은 세포 확장을 위해 요구되는 물의 흡수 수단이 된다. 싱싱하고 활발하게 분열하는 세포는 보통 다수의 작은 액포를 함유하고 있다. 세포가 성숙할 때 이들 작은 액포는 융합하고 팽창하여 성숙한 세포 특징의 하나인 큰 액포를 형성한다.

핵 핵은 세포의 정보 센터이다. 그것은 대부분 세포의 유전 물질인 **데옥시리보핵산**(deoxyribonucleic acid, DNA)을 함유하고 있다. DNA는 다음으로 **리보핵산**(ribonucleic acid, RNA) 합성을 위한 정보를 암호화하고 있는 유전자를 포함한다. RNA는 세포질로 나와서 그곳에서 특정 단백질의 합성을 지시한다. 분열을 하지 않는 세포에서 DNA는 하나의 불분명한 엉킴으로 단백질과 함께 흩어져 있다. 이를 **염색질**(chromatin)이라고 한다. 세포 분열 동안 DNA는 짧고 실 모양 구조로 응축되는데 이를 **염색체**(chromosome)라고 한다. 분열하지 않는 세포는 또한 작고 짙게 염색되는 본체를 함유하고 있는데 이를 **인**(nucleolus)이라고 한다. 인은 리보솜 합성을 하는 곳이다. 그들은 세포 분열시 사라진다.

핵은 대개 5~30μm 정도의 직경 크기이며 이중막으로 된 **핵막**(nuclear envelope)으로 둘러싸여 있다. 내·외의 핵막은 한 곳에서 융합되어 **핵공**(nuclear pore)을 이루어 핵으로부터 세포질로 RNA를 내보내기 위한 통로를 제공한다. 대부분의 진핵 세포에서는 핵막은 세포 분열 동안 사라지고 딸세포에서 DNA 주위에 다시 형성된다.

소포체와 골지체 **소포체**(endoplasmic reticulum, ER)와 함께 **골지체**(Golgi Complex)는 지질과 단백질 합성 및 분비와 관련된 막의 정교한 계를 형성한다. 소포체는 핵막의 외막과 연속된 매우 복잡하게 뒤얽힌 막이다(그림 1-3). 횡단면에서 소포체는 이중막으로 둘러싸인 **루멘**(lumen)을 형성하고 있음을 본다. 많은 소포체는 그의 시토졸면에서 리보솜과 결합하는데 리보솜의 과립 형태 때문에 이를 **조면 소포체**(rough ER)라고 부른다. 조면 소포체에서 합성된 단백질은 막을 통해 루멘 속으로 들어간다. 거기서 그들은 **활면 소포체**(smooth ER) 지역 즉, 리보솜이 결여된 소포체 지역으로 이동한다. 소포체에서 단백질은 한번 변형되고 설탕이 첨가된 당단백질을 형성한다. 당단백질은 그 다음 활면 소포체가 출아한 구형의 **수송 소낭**(transport vesicle) 속에 채워진다.

활면 소포체는 또한 지질 생합성과 막형성을 위한 주된 장소이다. 이런 관점에서 흥미있는 사실은 종자에서 발견되는 지질 저장체 또는 **올레오솜**(oleosome)을 둘러싸고 있는 막의 독특한 특징에 있다. 올레오솜은 이중층보다는 오히려 **지질 단일층**(lipid monolayer) 또는 반쪽막으로 구성된 막으로 에워싸여 있다. 단일층의 극성 머

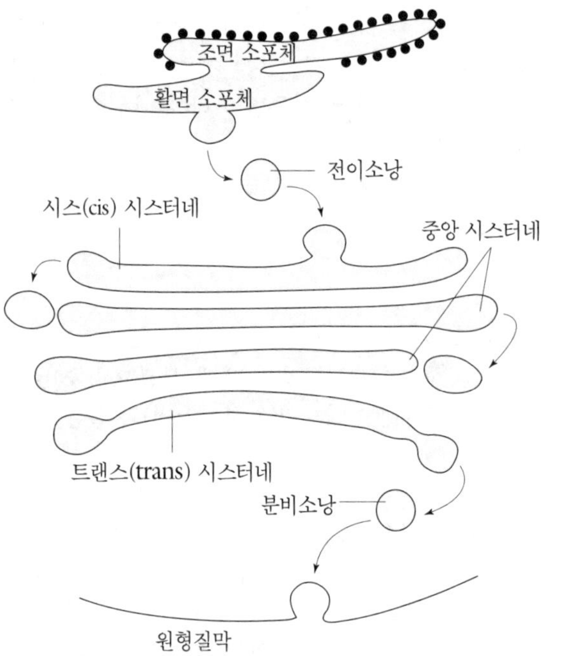

〈그림 1-3〉 소포체와 골지체
전이 소낭과 분비 소낭을 그림으로 설명하고 있다. 소포체에서 합성된 당단백질이 전이 소낭에서 골지체로 운반된다. 전이 소낭은 골지와 융합되고 당단백질은 골지 시스터나의 루멘으로 내놓는다. 당단백질이 시스 시스터나로부터 트랜스 시스터나로 넘어가는 동시에 그들은 변화되고 부가적으로 당그룹이 첨가된다. 그 다음 과정을 거친 당단백질은 골지로부터 싹터서 분리되어 분비 소낭에 꾸려지고 원형질막으로 이동한다.

리 그룹이 수용성 세포질과 면하고 있고 소수성 지방산 꼬리는 저장된 지질에 면하고 있다. 절반으로 이루어진 막의 기원은 소포체에서 올레오솜의 형성을 추적할 수 있다. 올레오솜 형성의 세포학적 연구는 새롭게 합성되는 지질이 이중층의 중앙에 축적되는 것을 보여주며 그래서 올레오솜을 형성하기 위해 잘라질 때까지 이중층의 두 절반이 서로 떨어지도록 진행된다.

골지체는 **시스터네**(cisternae)라고 불리는 납작한 막 주머니의 더미가 겹쳐진 형태로 되어 있다. 그것은 소포체로부터 분리되어 있다(그림 1-3). 골지는 당단백질의 탄수화물(올리고당) 사슬을 조립하고 그것은 소포체로부터 수송 소낭을 통해서 운반하는 과정을 돕고 있다. 수송 소낭막은 골지막과 융합하여 그의 내용물을 골지 시스터네로 옮긴다. 여기서 당사슬은 변형되고 확장되며 다른 당을 첨가한다. 변형된 당단백질은 단백질 저장(**단백질체**; protein body)을 위한 장소와 같은 세포내 장소로 또는 세포 밖으로 내보내기 위해 원형질막으로 그들의 내용물을 옮기는 골지에서 **분비 소낭**(secretory vesicle)으로 떨어진다. 또 다른 식물 세포에서 골지체의 주된 기능은 세포벽 기질을 만드는 다당류 복합체를 합성하는 일이다. 그리고 그것을 분열하거나 자라고 있는 세포에서 벽을 형성하는 장소로 운반한다.

미토콘드리아 **미토콘드리아**(mitochondria)와 엽록체는 식물 세포에서 에너지 변환을 하는 두 세포 소기관이다. 미토콘드리아는 세포의 에너지 대사의 중심부이다. 식물 세포에서 미토콘드리아는 횡단면에서 구형을 이루며 대략 1μm의 직경이다(그림 1-4). 미토콘드리아는 활면 외막에 의하여 경계를 이루고 매우 함입된 내막을 가지고 있다.

미토콘드리아 내막은 약 75%가 단백질로 에너지 변환에 특별한 역할을 반영한다. 미토콘드리아는 당산화 에너지가 ATP의 합성을 유도하는 데 이용되는 과정인 세포 호흡이 일어나는 장소이다. 이때 ATP는 다양한 세포 활동에 이용되는 다른 세포 지역으로 보내진다. 미토콘드리아의 구조와 기능은 12장에서 자세히 다루어질 것이다.

색소체 **색소체**(plastid)는 식물 세포에서 보통 이중막으로 이루어진 소기관이다(그림 1-5). 가장 잘 알려진 것이 **엽록체**(chloroplast)로 광합성을 행하는 광합성 색소를 가지고 있고 잎의 두드러진 녹색을 초래한다. 엽록체는 8장에서 더 다루어질 것이다.

색소체는 분열하는 세포에서 생성되는 작은 소낭체인 **전색소체**(proplastid)로부터 유래된다. 무색의 색소체, 즉, 색소가 없는 색소체를 **백색체**(leucoplast)라고 한다. 백색체는 흔히 전분을 축적하는 장소로 녹말체(amyloplast)라고 한다. 백색체와 엽록체는 흔히 서로 전환할 수 있으며 세포의 생리적 상태와 광조건에 의존한다. **잡색체**(chromoplast)는 엽록소 외의 색소를 함유하고 있다. 토마토 열매나 당근 뿌리의 독특한 색깔은 오렌지색의 카로틴 색소를 가진 잡색체에 기인한다. 잡색체의 색소는 자주 결정 침전물의 형성으로 매우 농축되어 있다.

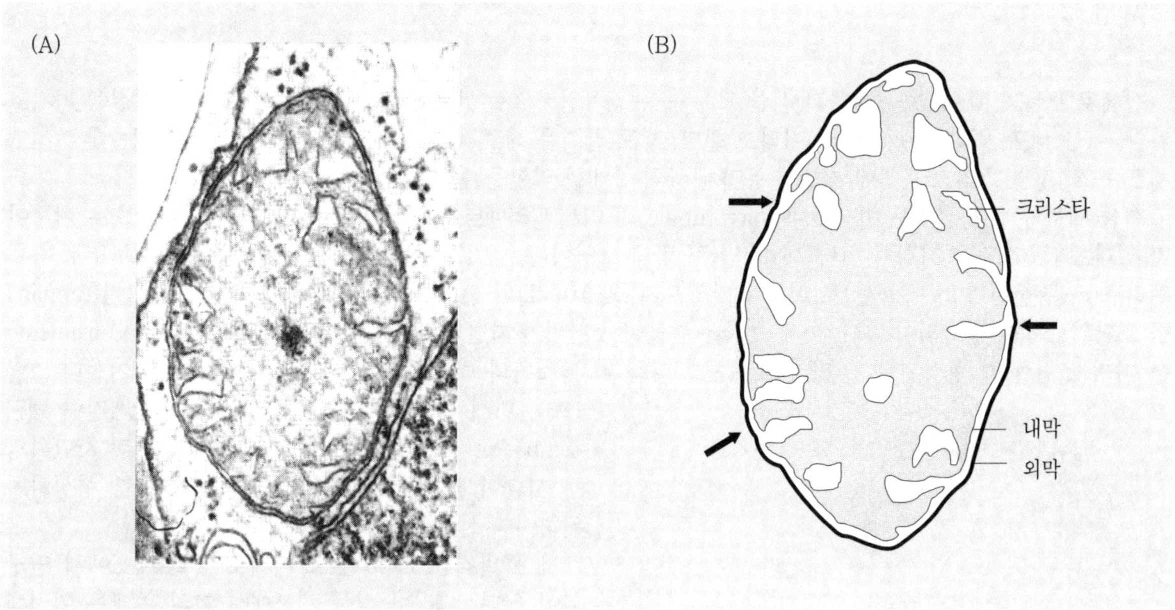

〈그림 1-4〉 미토콘드리온
(A) 옥수수 잎세포의 전자 현미경 사진(×10,000). (B) 가장 중요한 특징을 도식적으로 설명. 크리스타가 내막에 연속적이다(화살표).

미소체 식물 세포는 대략 미토콘드리아 크기(1μm)인 작은 소기관인 **미소체**(microbody)를 가지고 있고 단일막으로 경계를 이루고 있다. 미소체는 특별한 대사 과정에서 특별한 역할을 갖고 있고 보통 특별한 효소에 의해 특징지어진다. **퍼옥시솜**(peroxisome)은 흔히 해로운 대사 부산물을 제거하는 대량의 카탈라아제(catalase)를 갖고 있다. 또 다른 미소체인 **글리옥시솜**(glyoxysome)은 특히 탄소 저장 물질로 지질을 저장하고 있는 종자에서 뚜렷하게 나타난다. 글리옥시솜은 지방산을 **포도당 신생합성**(gluconeogenesis)을 통해 포도당으로 전환시키는 글리옥실산 회로(glyoxylate cycle)의 효소를 가지고 있다. 포도당은 이 경우 생장중인 배(embryo)로 운반되어 탄소와 에너지원으로 이용된다.

리보솜 **리보솜**(ribosome)은 단백질 합성 장소이다. 엄밀히 말하면 리보솜은 막으로 경계를 이루고 있지 않기 때문에 소기관으로 생각하지 않아도 된다. 그러나 세포질과 구별된다는 점과 단백질 합성이라는 중요성 때문에 리보솜은 다른 세포 소기관과 함께 고려하게 된다.

리보솜은 전자 현미경상 작은 과립처럼 보이는(대략 25μm 직경) RNA와 단백질이 집합된 복합체이다. 완전한 리보솜은 인에서 합성된 하나의 큰 소단위 그리고 작은 소단위 한 개가 시토졸에서 조립되어 있다. 어떤 리보솜은 다른 리보솜처럼 소포체와 같은 막에 부착되어 있는 것과는 달리 시토졸에서 유리 상태로 나타난다. 세포는 단백질 양의 요구에 따라 리보솜을 수십만 개까지 함유할 수 있다.

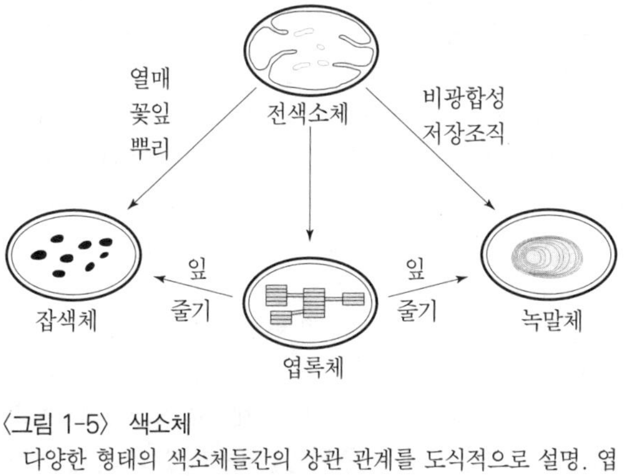

〈그림 1-5〉 색소체
다양한 형태의 색소체들간의 상관 관계를 도식적으로 설명. 엽록체의 구조는 8장에서 설명할 것이다.

세포 골격

실제로 모든 진핵 세포 — 동물과 식물 모두 — 는 3차원적으로 서로 연결된 망으로 된 섬유 단백질을 가지고 있다. 이를 **세포 골격**(cytoskeleton)이라고 한다. 세포 골격은 세포질과 세포 모양의 체제를 결정하는 데 그리고 세포 분열, 생장 그리고 분화에서 생명 유지에 극히 중대한 역할을 한다.

식물 세포의 세포 골격은 **미세 소관**(microtubule)과 **미세 필라멘트**(microfilament)라는 두 가지 요소로 이루어져 있다. 미세 소관은 직경이 대략 24nm인 긴 막대 모양이며, 약 12nm 직경의 속이 빈 원통형의 구조로서 두 펩티드(α-튜불린과 β-튜불린)로 이루어져 있으며, 약 100kD의 분자량을 갖는 구형 단백질인 **튜불린**(tubulin)을 소단위로 하여 집합되어 있다. 미세 소관은 튜불린 소단위가 자발적으로 긴 사슬인 **원필라멘트**(protofilament)를 자기 조립할 때 형성된다. 원필라멘트는 그 다음 미세 소관의 벽을 형성하기 위해 측면으로 늘어선다(그림 1-6). 미세 필라멘트는 단 하나의 구형 단백질인 액틴(actin)으로 구성된 견고한 실 모양이다. 액틴 소단위의 두 사슬이 약 6nm 직경인 미세 필라멘트를 형성하기 위하여 나선형으로 조립된다.

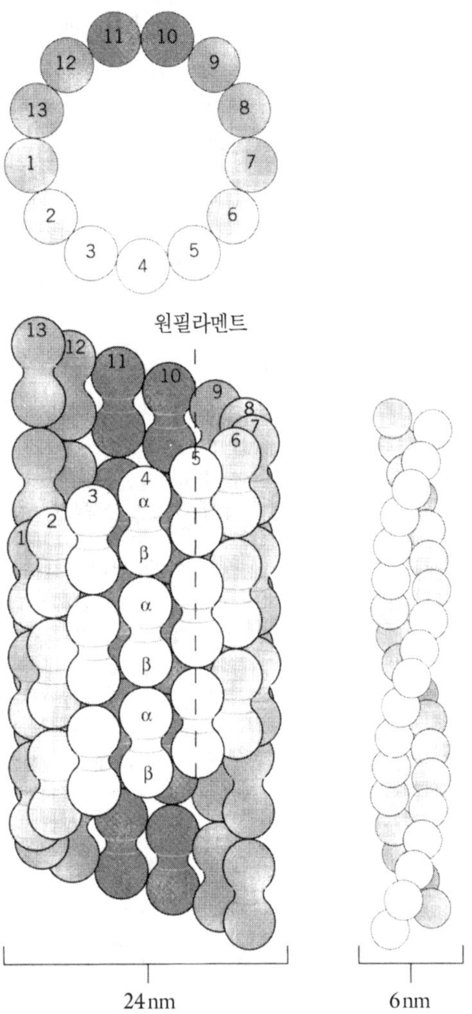

〈그림 1-6〉 미세 소관과 미세 필라멘트

왼쪽 : 횡단면과 종단면에서 본 미세 소관. 수직으로 있는 원필라멘트의 수는 11개에서 15개까지 다양하다. 그러나 보통 여기서 보듯이 13개이다. 원필라멘트는 나선을 형성하기 위한 오프셋이다. 오른쪽 : 미세 필라멘트는 나선을 형성하기 위해 꼬인 구형 단백질의 소단위 두 개가 평행을 이룬 가닥으로 구성된다.

세포 골격은 1960년 초 이래로 동물 세포에서 연구되어 왔다. 그러나 식물 세포에서 그의 존재는 여러해 동안 확실치 않았다. 왜냐하면 세포벽이 원형질체를 지탱하는 것으로 나타났고 식물 세포의 모양을 결정하기 때문에 세포 골격에 대한 필요성을 의문시하지 않았다. 그것은 미세 필라멘트가 분열하지 않는 식물 세포에서 확실하게 증명하기 거의 전 20년 전이었다. 미세 소관과 미세 필라멘트는 전자 현미경하에서 볼 수 있거나 세포벽을 녹여 버리고 원형질막을 제거하고 다른 세포질 구성 물질을 계면 활성제로 제거함으로써 들추어낼 수 있다. 다만 최근에 세번째 세포 골격 요소인 중간 필라멘트(intermediate filament)가 식물 세포에서 발견되었다. 중간 필라멘트는 미세 소관과 미세 필라멘트의 직경에 중간으로 10~15nm의 직경을 가지기 때문에 그렇게 불린다.

세포 골격이라는 용어는 하나의 불행한 선택이다. 왜냐하면 그것은 정적인 기능을 가진 견고한 구조로 함축되기 때문이다. 오히려 세포 골격은 매우 동적이다. 특별히 미세 소관은 연속적으로 조립되고 해체되고 세포 분열, 확장 그리고 분화될 때 재배열된다. 미세 소관은 세포 분열 동안 염색체의 이동에서 중요한 역할을 하는 유사 분열의 방추체를 형성한다. 미세 소관은 또한 딸세포간의 새로운 세포벽의 방향과 위치 그리고 생장하는 세포벽에 셀룰로오스의 침착을 결정한다(다음 절을 보라).

미세 필라멘트는 세포질 유동, 세포질 입자들의 계속적인 흐름 그리고 세포 주위를 도는 세포 소기관의 방향을 통제하기 위해 나타난다. 미세 필라멘트가 뭉치거나 세포질 유동의 방향에 평행으로 묶음을 형성한다. 미세 필라멘트 또한 화분관의 생장에도 관여한다. 화분립이 발아할 때 그것은 꽃의 암술머리 아래로 자라는 작은 관의 신장을 이끈다. 그리고 정자의 핵을 난자로 운반하는 일을 한다. 관의 생장은 정단 부위에서만 일어나며 세포벽의 선구 물질을 함유하는 소낭이 세포질을 통해 미세 소관의 망에 의해 자라는 정단 부위로 인도된다. 자라는 세포의 체계화와 동적인 성질을 종합하는 데 있어서 세포 골격의 중요성은 이제 막 인지되기 시작했다.

세포외 기질

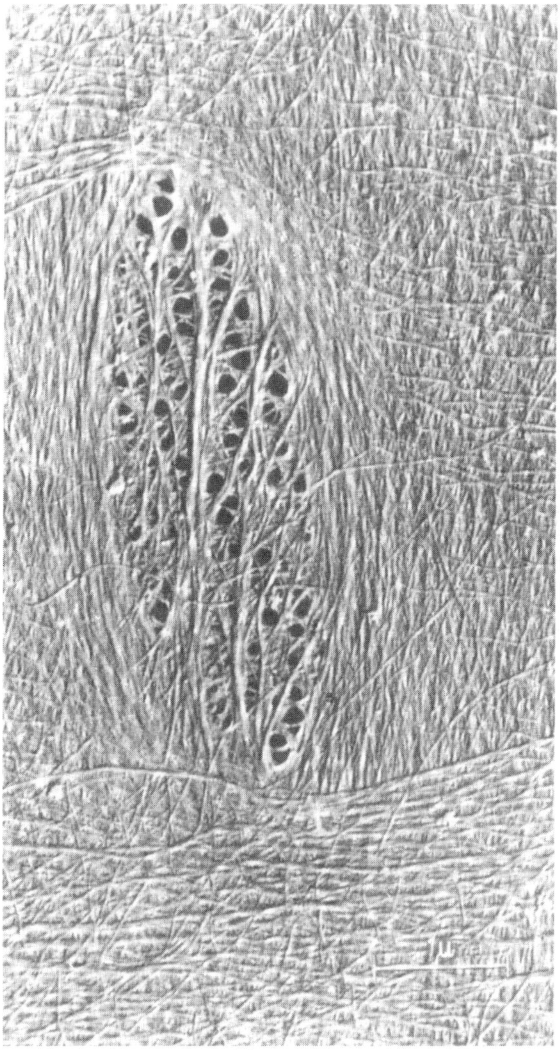

(A)

〈그림 1-7〉 세포벽

(A) 귀리 유식물의 자엽초로부터 유조직 세포의 1차벽에 대한 전자 현미경 사진. 원형질 연락사가 지나간 구멍에 주목하라. (B) 세포벽의 주요한 구조적 구성 물질은 β-1→4로 연결된 포도당 사슬(섬유소)로 구성된 섬유소성 미세 섬유이다. 미세 섬유의 인접 사슬은 분자간 수소 결합에 의해 결합되어 있다.

세포는 세포내 세포질 함유 물질과 체제뿐만 아니라 통틀어 **세포외 기질**(extracellular matrix, ECM)이라 불리는 세포외 물질의 복잡한 혼합물에 의해 특성화된다. ECM 구성물질의 주된 탄수화물과 단백질이 세포내에서 합성되어 그들이 모이는 원형질막을 통해 운반된다. 식물 세포의 경우에는 ECM은 세포벽에 의하여 주로 점유되고 있으며, 이때 세포벽은 아래에 있는 원형질을 보호하고 견고하게 하여 궁극적으로 세포 모양의 유지를 담당하고 있다. 세포벽의 두 가지 형태는 어리고 활발하게 자라고 있는 세포를 둘러싸고 있는 **1차벽**(primary wall)과 세포가 성숙하고 더 이상 자라지 않을 때 쌓아진 **2차벽**(secondary wall)으로 구분된다.

1차 세포벽

1차 세포벽은 단지 수 μm의 두께를 가진 얇은 벽이며 무작위적인 실 모양으로 배열된 포도당의 중합체인 **섬유소**(cellulose)로 구성되어 있다. 섬유소는 하나의 긴 사슬 모양의 **β-1→4-글루칸**(glucan)이다. 즉, 포도당의 첫번째 탄소가 다음 포도당의 4번째 탄소와 연결되어 사슬을 이룬 포도당 분자 사슬이다(그림 1-7). 섬유소 단독 분자는 3,000개 또는 그 이상의 포도당 분자를 가질 수 있다. 세포벽에서 섬유소 분자는 길고 평행으로 배열된 **미세 섬유**(microfibril)로 함께 그룹을 이루고 있다(그림 1-8). 각각의 미세 섬유는 대략 5~12nm의 직경이며 인접한 포도당 단위에 히드록실기(−OH) 사이에 형성되는 수소 결합에 의해 서로 함께 붙들고 있는 대략 50~60개의 섬유소를 함유하고 있다. 이 배열은 미세 섬유에게 결정체 성질과 높은 강도를 준다. 미세 섬유의 인장 강도(끊어짐 없이 인장력을 견디어 내는 능력)는 같은 크기의 강철 철사와 유사하다. 신장하는 세포에서 그들은 생장하는 방향과 평행한 위치를 보이는 경향이 있더라도 1차벽의 미세 섬유의 배열 방향은

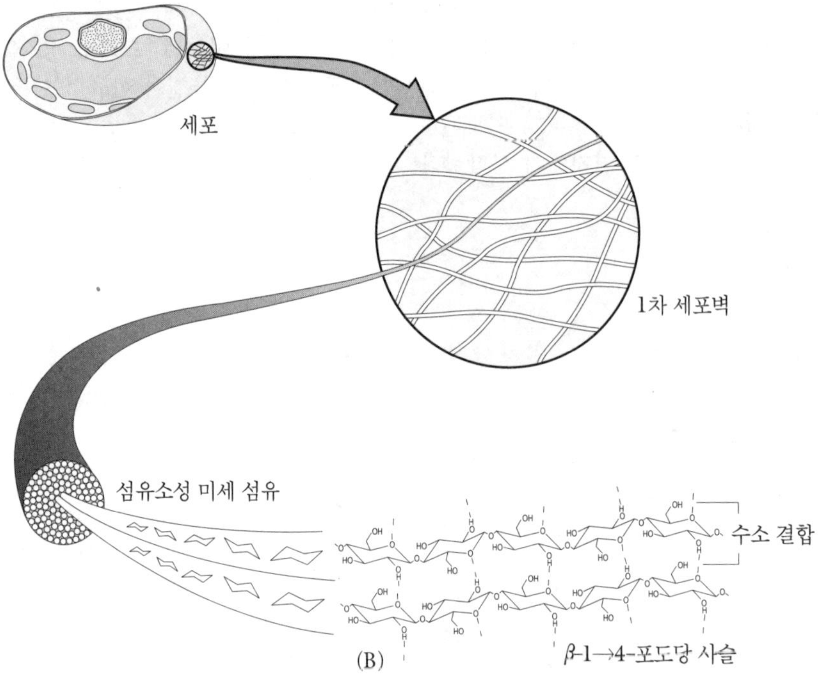

〈그림 1-7〉 (계속)

다소간 무작위적이다.

섬유소성 미세 섬유는 주로 비섬유소성 다당류인 헤미셀룰로오스(hemicellulose)와 펙틴 물질(pectin substance)의 기질 속에 묻혀 있다. 헤미셀룰로오스는 많은 가지를 친 망을 형성하는 당유도체와 당으로 구성된 복잡한 이질성의 혼합물이다. 헤미셀룰로오스는 7.5% NaOH 용액과 같은 묽은 알칼리 용액안으로 추출되는 능력에 의해 일반적으로 그 특성이 정해진다. 일차벽의 35%까지 구성될 수 있는 펙틴 물질은 갈락토오스(galactose)의 산성형인 갈락투론산(galacturonic acid)이 특별히 풍부한 이질성 다당류군이다. 펙틴 물질은 또한 인접 세포의 1차벽과 함께 유지하는 접착제인 중간 라멜라(middle lamella)의 기본 요소이다. 예를 들어 과일이 익으면 연해지는 것은 중간 라멜라의 펙틴 물질이 부분적으로 효소적 분해가 일어나기 때문이다.

세포벽 기질은 전통적으로 구조가 거의 없는 무형의 겔 상태로 생각해 왔다. 이 성질은 젤리 과자를 만들 때

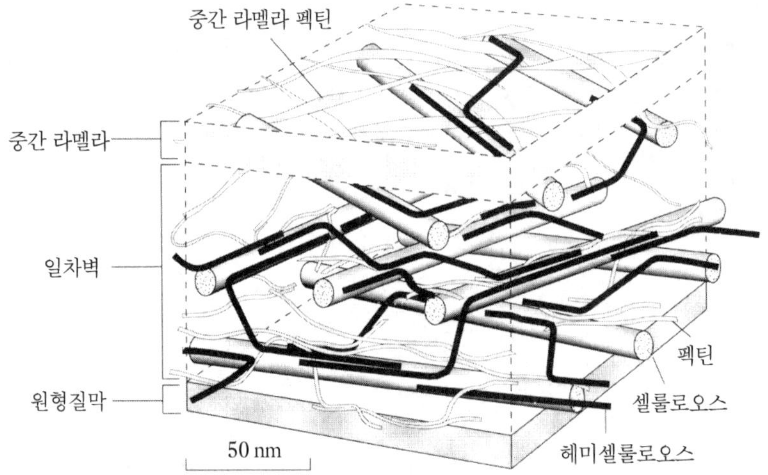

〈그림 1-8〉 섬유소성 미세 섬유 헤미셀룰로오스, 그리고 펙틴 물질이 어떻게 세포벽에 배열될 수 있는가를 설명하는 간단한 모델

익지 않은 과일로부터 추출한 펙틴 물질을 사용하는 예로부터의 습관이 반영되었다. 그러나 최근에 헤미셀룰로오스와 펙틴 물질 모두는 섬유소성 미세 섬유를 덮고 있을 가능성을 보이며 그 섬유소성 미세섬유에 다소간 평행으로 배열되어 있다(그림 1-8).

1차 세포벽은 또한 몹시 높은 함량의 히드록시프롤린이라는 아미노산을 가진 당단백질을 대략 10% 함유하고 있다. 이 히드록시프롤린을 풍부하게 갖고 있는 당단백질을 **익스텐신**(extensin)이라고 한다. 익스텐신에 대한 자세한 기능은 잘 몰라도 그것이 벽에 대한 강도를 더해주고 세포 생장에 관여하는 구조적 망을 형성한다고 생각하고 있다. 프롤린, 글리신 또는 트레오닌이 풍부한 다른 몇몇 세포벽 단백질 그룹이 세포벽 구조에 외면상 복잡성을 가하면서 최근에 더 많이 기술되어 왔다. 세포 분열(세포질 분열)의 마지막 장면 중의 하나가 딸세포 사이의 최초의 격벽인 **세포판**(cell plate)의 형성이다. 세포판은 세포벽 선구 물질을 운반해 주는 골지 소포의 융합에 의해 형성된다. 융합된 막소포는 실제로 딸세포의 원형질을 형성한다. 그리고 그들의 내용물은 새롭게 형성되는 중간 라멜라에 편입된다. 섬유소의 자세한 생합성은 이해되지 않고 있으나 원형질막의 **효소 복합체**(rosette로 불림)가 동시에 섬유소 생합성, 미세 섬유로 섬유소 조립, 그리고 세포의 공간 속으로 미세 섬유의 분출에 대해 관여하고 있다고 믿고 있다(그림 1-9).

헤미셀룰로오스와 펙틴 물질은 매우 수화(水化)되어 있고 섬유소성 미세 섬유간에 강한 교차 결합에도 불구하고 벽은 물과 대부분 용해된 용질의 자유 통로로 가능한 충분한 다공성으로 남아 있다. 벽은 구조적 견고성과 세포 모양을 유지시키는 반면, 세포와 세포의 환경 사이에서 물질 교환을 하는 동안 아무런 특별한 통제를 행사하지 못한다.

2차 세포벽

세포가 확장하는 것을 멈추고 성숙을 시작하면 2차 세포벽이 1차벽의 내부에 축적된다. 2차벽은 1차벽보다 더 두껍고 견고하다. 그들은 45%까지 섬유소, 그보다 좀 적은 헤미셀룰로오스, 그리고 상대적으로 적은 펙틴 물질을 함유하고 있다. 두꺼운 벽을 가진 목질 세포에서 2차벽은 종종 미세 섬유의 배열 방향에 의존하는 두 개의 별개 지역으로 구성되어 있다(그림1-10). 별개의 두 지역에서 미세 섬유는 세포 주위를 나선형으로 위치를 정하게 된다. 1차벽에 인접한 가장 바깥층에서 미세 섬유는 세포의 긴축에 비스듬히 자리잡고 있다. 내층에서는 미세섬유가 거의 긴 축에 평행이다. 대부분의 2차벽은 또한 목질 조직의 건량의 35%만큼의 **리그닌**(lignin)을 포함하고 있다. 리그닌은 섬유소성 미세섬유보다 더 높은 강도를 가지고 있다. 그것은 화학적 분해 없이는 추출이 매우 어렵기 때문에 화학적 연구가 힘들다. 그것은 몇 가지 상대적으로 간단한 페놀알코올 사이의 맞물린 복잡한 체계로 연결 결합이 이루어진 것으로 알고 있다(14장). 섬유소 다음으로 리그닌이 구조적 중요성으로 보아 아마도 가장 중요한 물질 중의 하나이다. 리그닌 속에 묻힌 섬유소의 결합은 목재의 특별한 강도의 원인이 된다.

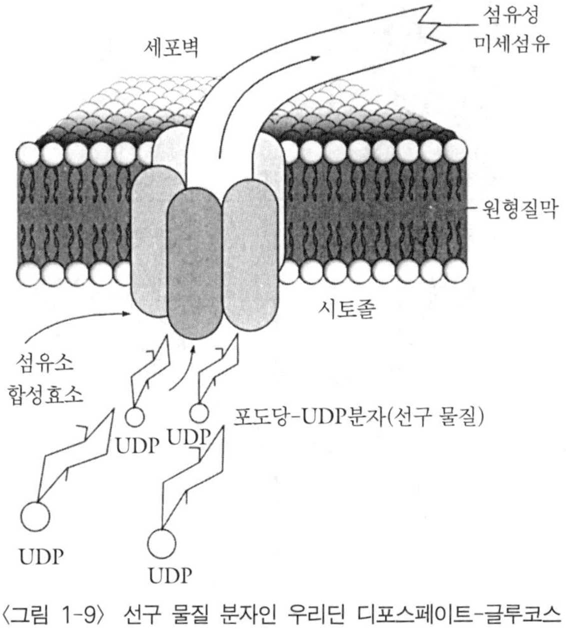

〈그림 1-9〉 선구 물질 분자인 우리딘 디포스페이트-글루코스(UDP-glucose)로부터 섬유소 합성에 대한 모델

UDP-glucose:(1→4)-β-glucan glucosyltransferase로 공식적으로 알려진 효소가 원형질막에 위치하는 것으로 믿고 있으며, 그곳에서 동시에 섬유소 사슬을 합성하여 그것을 미세 필라멘트로 조립하고 미세 필라멘트를 세포벽으로 밀어낸다.

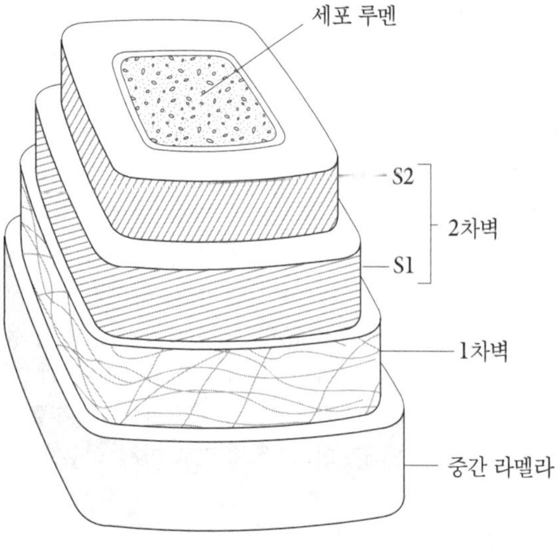

〈그림 1-10〉 1차 및 2차 세포벽에서 섬유소성 미세섬유의 다른 방향

원형질 연락사

세포판이 형성될 때 막 융합이 완전하지 않아서 딸세포 사이에 세포질 연속성이 유지되는 장소가 남는다. 섬유소가 침적되고 벽의 두께가 증가할 때 이 연결 부위는 **원형질 연락사**(plasmodesmata)라고 불리는 막으로 이어진 구획된 통로를 형성한다(그림 1-11). 통로의 윤곽을 그린 막은 인접한 세포의 원형질막의 연속이다. 원형질 연락사의 중앙을 통과하는 제 2의 막으로 이루어진 관상 터널, 즉, 튜브 속의 튜브를 **데스모튜불**(desmotubule)이라고 한다. 데스모튜불은 세포판을 형성하는 동안에 붙들린 소포체의 신장 부분이라고 생각된다. 시토졸의 슬리이브(sleeve)가 데스모튜불과 원형질 연락사 사이 공간을 채운다.

원형질 연락사는 대략 6nm의 직경으로 크지는 않으나 흔히 그 수는 대단하다. 이는 세포벽에서 0.1~10.0μm^{-2} 면적을 차지하는 것으로 예상된다(Robards and Lucas, 1990). 1차 **벽공역**(primary pit field)으로 불리는 거치른 타원형의 지역에 원형질 연락사가 모여 있는 경향이 있을지라도(그림 1-7(A)) 원형질 연락사는 세포 소기관이 세포간에 교환되는 것을 불가능하도록 충분히 작으나 시토졸 슬리이브를 통한 작은 용질 분자의 확산은 가능케 할 정도로 크다. 그래서 원형질 연락사는 막의 한계와 세포의 연속성을 제공한다. 그들의 기능은 의심할 바 없이 동물 세포의 세포간 세포질 교신 수단을 제공하는 단백질로 이어진 간극 연결(gap junction)과 유사하다.

2차벽이 만들어질 때 원형질 연락사는 1차 벽공역 위에서 제외된다. 이로 인해 2차벽에서 **벽공**(pit)으로 남는다. 1차 벽공역의 성격은 벽공이 보통 서로 반대편에 **벽공쌍**(pit-pair)을 형성하는 것이다. 1차벽과 중간 라멜라는 **벽공막**(pit membrane)을 형성할 때 두 세포 사이에 그대로 남는다. 조직의 물 운반 요소와 같은 무거운 2차벽과 성숙기에 원형질이 없는 세포에서는 벽공쌍이 인접한 도관 사이에서 물과 용해된 용질의 흐름에 루트를 제공한다. 물 운반 요소에서 벽공쌍의 역할은 3장에서 논의할 것이다.

원형질 연락사를 통한 이웃 원형질체와의 연결은 식물체를 통하여 **심플라스트**(symplast)라고 부르는 연속

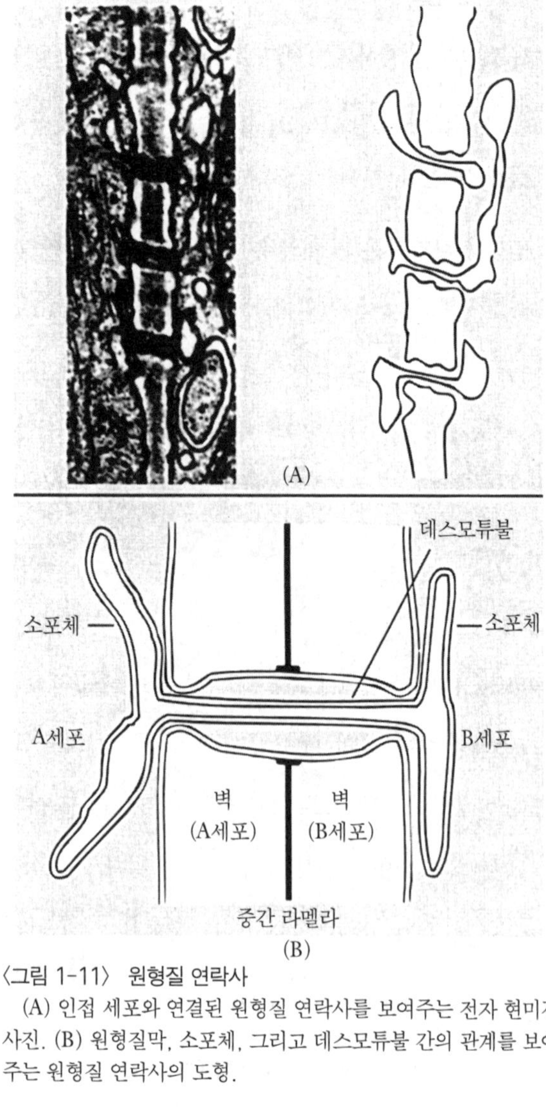

〈그림 1-11〉 원형질 연락사

(A) 인접 세포와 연결된 원형질 연락사를 보여주는 전자 현미경 사진. (B) 원형질막, 소포체, 그리고 데스모튜불 간의 관계를 보여주는 원형질 연락사의 도형.

적인 세포질망을 만든다. 비슷한 뜻으로 **아포플라스트**(apoplast)는 연속적인 비세포질 공간으로 구성된다. 아포플라스트로 세포벽, 세포 간극 그리고 죽은 유관속 조직이 포함된 심플라스트와 아포플라스트에 대한 개념은 특별히 식물체를 통한 물과 용해된 용질의 이동을 생각할 때 사용할 수 있다.

세포와 조직

세포는 생명의 기본 단위일 뿐 아니라 식물체의 형태적 단위의 기초이다. 세포는 또다시 구조 혹은 기능 아니면 둘 모두가 다른 것과 구별되는 그룹으로 조직화된다. 세포의 이들 그룹을 **조직**(tissue)이라고 한다. 일부 조직은 비교적 단순해서, 단지 한 가지 유형의 세포만을 가지고 있는 한편, 또다른 조직은 보다 복잡해서 여러 형태의 세포들로 이루어져 있다.

식물의 구조와 형태가 다양함에도 불구하고 한 개체로서 식물체의 기초적인 구조적 · 기능적 체제를 반영하는 조직의 배열에는 일관성이 있다. 그래서 표피 조직은 어린 식물의 표면 위에 연속적으로 보호 세포층을 제공한다. 영양소와 물을 분배하는 데 관련된 조직은 활발하게 생장하는 부위와 저장 부위를 가진 뿌리와 광합성 조직을 서로 연결하는 응집 체계를 형성한다.

식물은 꽃의 씨방 속에 있는 수정란 또는 **접합자**(zygote)로부터 시작한다. 접합자는 세포 분열과 분화를 통해 하나의 배(embryo)를 발생시킨다(그림 1-12). 배는 미발달된 식물이다. 즉, 그것은 **유근**(radicle) 그리고 **어린싹**(plumule)을 가지고 있고 첫번째 잎과 아마도 몇 개의 다른 것을 위한 원기(primodium, 原基)를 포함하고 있다. 배가 처음 어린 유식물로 발달한 후 성숙한 식물로 될 때, 배의 특성은 **분열 조직**(meristem)이라고 불리는 세포 분열이 계속되는 부위로 존속한다(그림 1-13). 연속적인 세포 분열을 통해 분열 조직은 오래된 세포들이 분화하고 성숙을 시작할 때 식물체에 새로운 세포를 준다. 성숙한 동물의 크기와 형태가 배발생의 초기 단계에서 결정되는 동물과 달리, 분열 조직은 식물에게 그들의 비결정적인 특별한 특징이나 또는 계속적인 개방된 생장을 준다.

두 근본적인 분열 조직은 슈트(shoot)와 뿌리의 정단에 위치하는 **정단 분열 조직**(apical meristem)이다. 1차

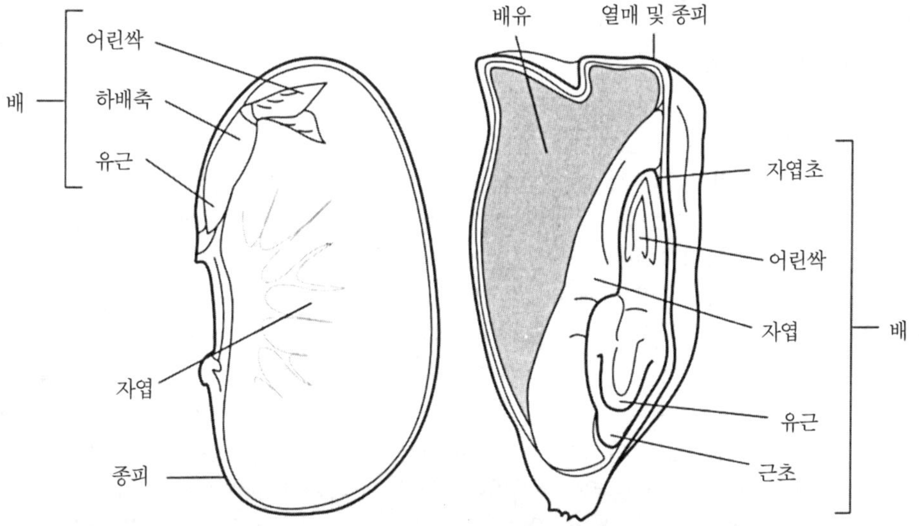

〈그림 1-12〉 덩굴강낭콩의 종자(왼쪽), 그리고 옥수수(오른쪽) 배를 보여주는 외떡잎 식물과 쌍떡잎 식물

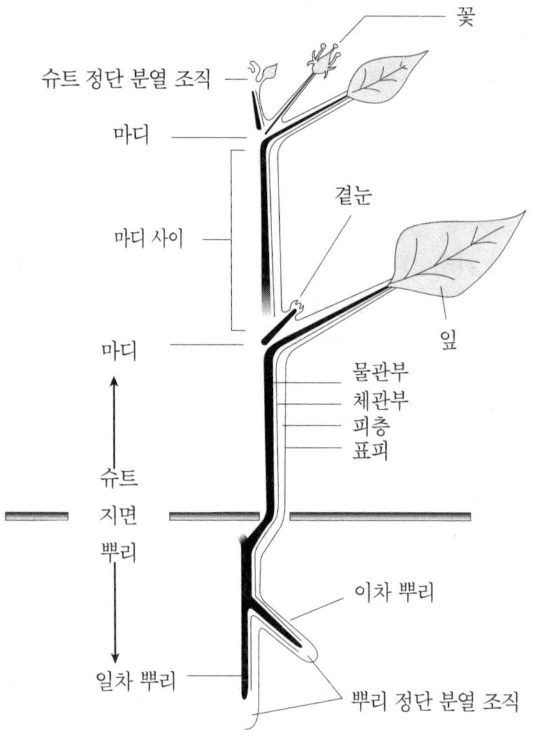

〈그림 1-13〉 주요한 조직과 기관을 보여주는 1차적인 식물체의 일반적인 체제

정단 분열 조직, 마디 그리고 마디 사이의 상대적 위치를 또한 보여주고 있다.

생장(primary growth)이라 불리는 슈트와 뿌리축의 신장은 정단 분열 조직 때문이다. 그리고 이들 분열 조직으로부터 유도된 세포와 조직은 **1차 식물몸체**(primary plant body)를 형성한다. 많은 식물들이 1차 몸체에 첨가되는 새로운 유관속 조직에 의해 줄기와 뿌리의 둘레 치수와 두께의 증가를 받는다. 이 측면 생장을 **2차 생장**(secondary growth)이라고 하며 **관다발 부름켜**(vascular cambium)라고 부르는 **측면 분열 조직**(lateral meristem)에 의해 이루어진다.

표피 **표피**(epidermis)는 1차 식물 몸체의 표면 위에 연속적인 층을 형성하는 표면 조직이다. 표피 세포는 보통 규칙적인 모양이고 서로 매우 단단하게 달라붙어 있으며 그들의 바깥 벽은 왁스성 큐티클로 덮여 있다. 몇몇 표피 세포들은 털 또는 **모상체**(trichome)로 분화된다. 잎에서 표피의 연속성은 잎과 대기 사이에서 CO_2, 물 그리고 산소의 교환이 일어나는 구멍으로 인하여 중단된다. 이들 구멍들은 **공변 세포**(guard cell)라고 불리는 분화된 표피 세포에 의해 둘러싸여 있다. 표피의 근본적인 기능은 기계적 방어와 물 유실을 저지하는 데 있다. 2차 생장하는 어떤 줄기는 코르크를 생성하거나 **코르크 부름켜**(phellogen)로부터 유도된 바깥 표면 위에 **코르크 조직**(phellem)을 생성한다.

유조직 **유조직**(parenchyma) 세포는 줄기와 뿌리의 표층 지역과 잎의 엽육 세포 등 식물 몸체 도처에서 발견되고 유관속 조직에 두루 흩어져 있다. 유조직 세포는 그들이 비록 불규칙적인 모양이나 어떤 경우에는 가늘고 길지라도 다소간 직경이 같은 경향이 있다. 유조직 세포는 때때로 2차벽의 비후와 만나지만 1차벽으로만 둘러싸이게 된다. 유조직 세포는 1차적으로 광합성(이 경우에 그들은 엽록소 조직(*chlorenchyma*)이라고 함), 저장 그리고 상처 치유의 일을 맡고 있다.

지지 조직 대부분의 식물들이 세포벽에 대해 작용하는 유체 정압이나 구조적 지지를 위한 리그닌화된 유관속 조직에 의존한다고 할지라도 근본적으로 강하게 하고 지지하는 요소로써 역할을 하는 몇몇 조직들이 있다. 두 가지 주된 지지 조직이 **후각 조직**(collenchyma)과 **후벽 조직**(sclerenchyma)이다. 후각 조직 세포는 어린 조직의 지지를 위해 분화된 유조직 세포로 생각된다. 그들은 보통 줄기와 잎자루의 피층, 또는 잎의 잎맥을 따라 발견된다. 그리고 두꺼워진 1차벽에 의해 특징지어진다. 다른 한편으로 후벽 조직 세포는 1차 및 2차 조직 모두와 식물 전체에 흩어져 있다. 후벽 조직은 두 가지 형태인 **후벽 세포**(sclerid)와 **섬유**(fiber)로 되어 있다. 후벽 세포는 섬유가 대개 매우 길고 가는 반면에 다면체이거나 분지형을 이루는 경향이 있다. 후벽 세포와 섬유 모두가 심하게 리그닌화된 두꺼운 2차벽을 가지고 있다. 세포의 루멘은 두꺼운 벽으로 인해 매우 줄어들고 보통 성숙기는 원형질체가 없다. 상업적으로 인피 섬유(bast fiber)로 알려진 후벽 조직 섬유는 예로부터 의복을 만드는 데 사용되어 왔다. 아마 식물의 줄기로부터 얻어지는 섬유는 길이가 5cm에 달하며 리그닌이 적거나 아주 없어 섬세한 아마사를 만드는 데 이용된다. 대마 식물의 섬유는 더 많은 리그닌을 함유하고 있어서 결이 거친 천을 만든다. 그들의 뛰어난 강도 때문에 파초과 *Musa textilis*와 용설란속 식물의 잎으로부터 얻어지는 매우 리그

닌화된 섬유는 1차적으로 밧줄(끈과 꼰실)로 사용된다.

관다발 조직 관다발 조직(vascular tissue)은 우선 영양소, 물 그리고 광합성 산물의 분배와 관련이 있다. 관다발 조직은 물과 영양 물질의 흡수를 위해 토양 속에 고정되어 있는 뿌리로부터 광합성 기관(잎)의 공간적 분리를 가능케 하므로 관다발 조직의 기원은 중요한 진화적 진전을 나타냈다. 관다발 조직의 진화는 식물에 의한 육상 서식지의 식민지화에 가장 중요한 요인 중의 하나이다.

관다발 조직은 두 가지 형태가 있다. **물관부**(xylem)와 **체관부**(phloem). 물관부는 1차적으로 물을 끌어들임, 저장 그리고 지지와 관련된 구조 및 기능적 복합 조직이다. 물관부의 가장 특징적인 세포는 주된 수분 통도 요소인 **헛물관**(tracheid)과 **물관절**(vessel member)이다. 헛물관과 물관절은 흔히 심하게 리그닌화된 2차벽을 가지고 있고 성숙기에는 원형질체가 없다. 헛물관과 물관절의 구조와 기능에 대해서는 3장에서 더 논의된다. 또한 물관부 조직은 1차적으로 저장 기능을 하는 유조직과 지지를 맡고 있는 기계적 세포(후벽 세포와 섬유)를 포함하고 있다.

체관부 조직 또한 모두 구조적 · 기능적 복합체이다. 체관부는 광합성 조직이나 저장 조직과 같은 공급원(source)과 활발하게 자라는 부위 및 대사 부위인 수용부(sink) 사이에 1차적으로 유기 분자의 분배와 관련되어 있다. 주된 통도 요소는 **체관 세포**(sieve cell)나, 끝과 끝이 연결된 **체관절**(sieve tube member)의 긴 수직 배열인 **체관**(sieve tube)이다. 체관 세포와 체관절은 성숙기에 핵이 없어지고 매우 변형된 원형질체를 함유한다. 체관부 역시 후벽 세포와 섬유뿐만 아니라 유조직 세포, 분화된 **반세포**(companion cell) 또는 **수송 세포**(transfer cell)를 포함하고 있다. 체관부 조직의 구조와 기능은 11장에서 더 논의된다.

관다발 조직은 1차적이거나 2차적 기원을 갖는다. 즉, 정단 분열 조직(1차 관다발 조직)이거나 관다발 부름켜(2차 관다발 조직)에 기원을 둔다. 줄기와 뿌리의 직경의 증가는 안쪽으로 2차 물관부와 바깥쪽으로 2차 체관부를 만드는 관다발 부름켜에 기인한다. 관다발 부름켜는 나무로부터 나무껍질을 벗길 때 분리되는 층을 말한다.

식물 기관

세포가 별개의 구조와 기능을 가진 조직으로 분류되는 것처럼 조직은 또한 기관으로 분류된다. 식물의 주된 기관은 뿌리, 줄기, 잎, 꽃 그리고 과일이다. 세 가지 주요한 영양 기관인 뿌리, 줄기 그리고 잎을 간략히 기술하려 한다.

뿌리 뿌리의 모형도를 〈그림 1-14〉에 보여 주고 있다. 뿌리의 주요 부위는 **중심주**(stele)라고 하는 유관속 조직의 중앙에 있는 중심 부위이다. 즉, 유조직으로 구성된 피층과 보호 조직인 표피로 둘러싸여 있다. 뿌리의 1차적인 기능은 부착, 저장 그리고 물과 무기 영양 물질의 흡수이다.

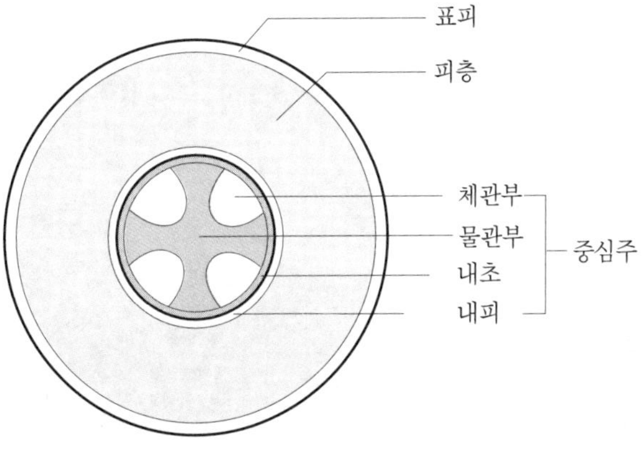

〈그림 1-14〉 전형적인 뿌리의 횡단면을 보여주는 모식도

줄기 줄기 조직의 특수한 배열은 나이 혹은 외떡잎 식물이냐 쌍떡잎 식물이냐에 따라서 매우 다양해 진다(그림 1-15). 외떡잎의 줄기에서는 관다발 조직이 유조직의 중심에 다소간 두루 흩어진 관다발로 배열되어 있다. 이 관다발은 보통 줄기를 지지하는 후벽 조직 섬유의 캡을 포함하고 있다. 어린 쌍떡잎 줄기는 유조직의 중심 속(pith)을 에워싸고 있는 동심원적인 고리모양을 이루는 관다발 조직(물관부와 체관부)과 함께 좀 더 정돈되어 있다. 부수적으로 유조직은 하나 또는 여

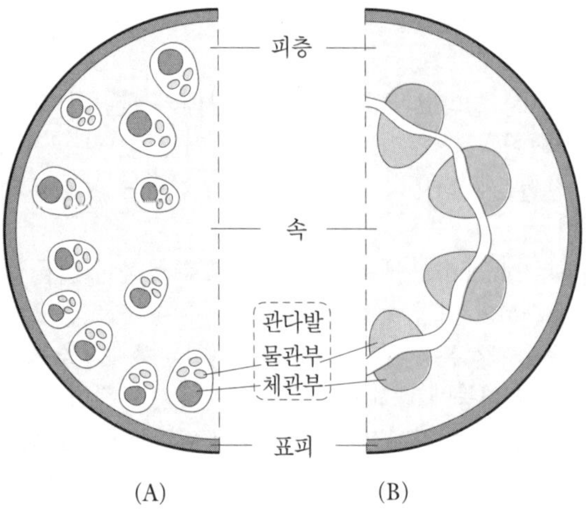

〈그림 1-15〉 외떡잎 줄기(A)와 쌍떡잎 줄기(B)의 횡단면을 보여주는 모식도

러 표피층으로 덮힌 관다발 조직 주위에 피층을 형성한다.

정단 분열 조직은 줄기 조직을 증대할 뿐 아니라 잎, 가지 그리고 다른 부속물의 근원이다. 이들 부속물이 생기는 줄기를 따라 있는 점들을 마디(node)라고 부르며 삽입되어 있는 줄기 부위를 마디 사이(internode)라고 한다. 줄기의 길이 증가는 마디 사이 세포의 신장에 기인한다. 마디 사이의 신장의 정지는 구근과 공통점으로부터 발생하는 모든 잎의 로제트형의 근원이다.

잎 잎은 전형적으로 자루 혹은 **잎자루**(petiole)에 의해 줄기에 붙어 있는 엷은 조각 또는 칼날 모양과 비슷한 구조이다. 잎몸 표면은 상면 표피와 하면 표피로 구성되어 있는데 이것들은 **엽육**(mesophyll)으로 알려진 광합성 유조직을 둘러싸고 있다(그림 1-16). 대부분의 쌍떡잎 잎은 두 가지 형태의 엽육 세포를 가지고 있다. 상면 표피 표면을 향하여 매우 촘촘히 꽉찬 길게 자란 세포층을 이룬 **울타리 조직 엽육 세포**(palisade mesophyll)와 공기로 채워진 공간에 넓은 망을 이루며 엉성하게 짜인 불규칙한 세포 지역을 이루고 있는 **해면 조직 엽육 세포**(spongy mesophyll)가 그것이다.

잎은 또한 줄기의 관다발 조직과 함께 잎자루를 경유해서 연속되어 있는 관다발망을 가지고 있다. 쌍떡잎 잎에서는 관다발은 크기를 작게 하면서 서로 교차하는 잎맥계를 형성하는데, 이로 인해 각 광합성 세포 쪽으로 물과 영양소의 효과적인 배달을 가능케 하며 또한 광합성 산물의 신속한 수송을 가능케 하고 있다. 외떡잎 잎에서는 빽빽이 평행을 이루는 잎맥으로 서로 연결된 체계가 똑같은 목적을 담당한다.

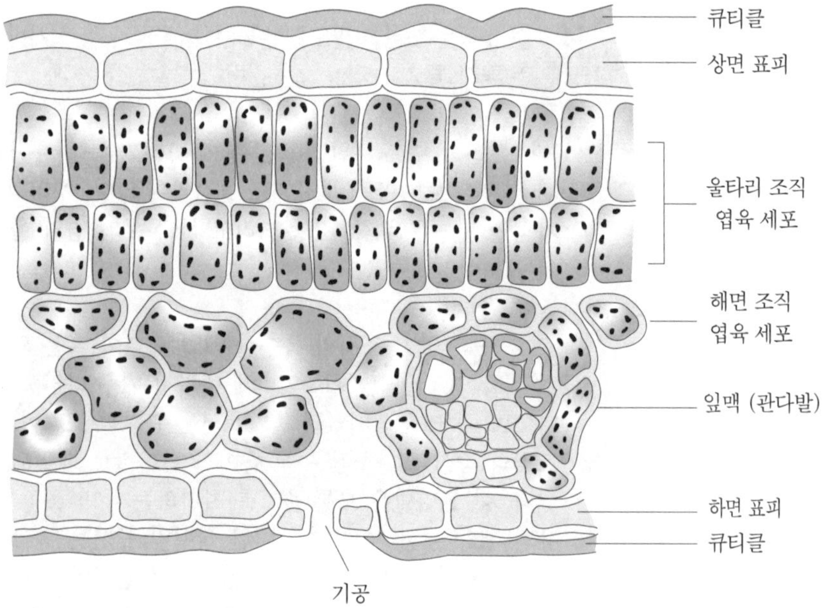

〈그림 1-16〉 전형적인 쌍떡잎 잎의 주요한 형태를 보여주는 횡단 모식도
엽록체가 광합성이 이루어지는 엽육 및 해면 엽육 세포에 위치하고 있다.

제 2 장

식물 세포와 물

우리가 아는 생명체는 물 없이 존재할 수 없다. 물은 대부분의 생물에서 가장 풍부한 구성 성분이다. 실제적인 수분 함량은 조직과 세포 형태에 따라 다양하며 그것은 환경 및 생리 조건에 어느 정도 좌우된다. 물은 전형적으로 비목재화된 식물 부분의 무게의 70% 이상 차지한다. 그러나 식물의 수분 함량은 물질 대사능의 수준, 공기와 토양 주위의 수분 상태 그리고 많은 다른 요인들에 의해서 계속적인 유동 상태 속에 있다. 건조 상태에서 견디는 어떤 식물은 단지 20%의 수분 함량을 경험하고 건조 종자는 5% 정도의 수분을 가지고 있기는 하나 모두 대사적으로 불활성하며 중요한 대사 활성의 재개는 수분 함량이 정상적인 수준으로 회복된 후에야만 가능하다.

물은 식물의 생리에 많은 중요한 역할을 충족시킨다. 물은 물리적 및 화학적 성질 때문에 그 자신의 역할에 유난히 적합하다. 물의 **열성**(thermal property)으로 인하여 물은 대부분의 생물학적 반응이 일어나는 온도 범위에서 액체 상태에 있게 된다. 이것이 중요한 것은 생물 반응의 대부분이 액체 상태에서만 일어날 수 있기 때문이다. 물의 열성은 또한 식물이 너무 빠르게 식거나 가열되지 않고 온도를 유지하도록 온도 조절에 기여한다. 또한 물은 생장을 위해 필요한 무기 영양소와 다른 용질을 흡수하고 분배하기 위해 적합한 매질을 만드는 데 훌륭한 **용매의 성질**(solvent property)을 가지고 있다. 생명을 특징짓는 많은 생화학적 반응이 물에서 일어나며 물은 스스로 수많은 이들 반응의 참여자이다. 가시 광선에 대한 물의 **투명도**(transparency)는 햇빛을 세포의 액상 매질에 투과시킬 수 있으며 그곳에서 광합성을 위한 동력이나 발달을 조절하는 데 이용될 수 있다.

육상 식물에서 물은 매우 역동적 체계의 한 부분이다. 광합성이 활발히 일어나고 있는 식물은 잎 표면으로부터 증발을 통해 계속적인 물 유실을 경험한다. 그러므로 동일한 양의 물을 토양으로부터 받아들이고 잎에서 전개되는 물 부족을 충족시키기 위해서 식물을 통해 물이 이동되어야 한다.

식물을 통한 이러한 물의 연속적 흐름은 이들의 생장과 생존에 매우 중요하다. 세포에 의한 물의 흡수는 압력을 발생시키는데 이를 **팽압**(turgor pressure)이라고 하며 골격계가 없는 식물이 똑바로 서 있기 위해 세포의 팽압을 유지하여야 한다. 다음 장에서 볼 것이지만 세포에 의한 물의 흡수는 또한 세포 확장의 구동력이 된다. 몇 안 되는 식물만이 건조한 상태에서 살 수 있다. 식물과 식물 세포간의 수분 관계는 그들의 생리학을 이해하는 데 기초가 됨은 의심할 여지가 없다.

물과 수소 결합

물은 비슷한 분자 크기를 가진 다른 분자들과 비교할 때 많은 독특한 물리적, 화학적 성질을 가지고 있다. 이들 성질에 관한 단서는 물분자의 구조와 그 구조로부터 얻어지는 분자간의 강한 친화력에 기인한다.

물은 산소 한 원자와 수소 두 원자 사이의 공유 결합으로 이루어진다(그림 2-1). 산소 원자는 강한 **전기 음성**

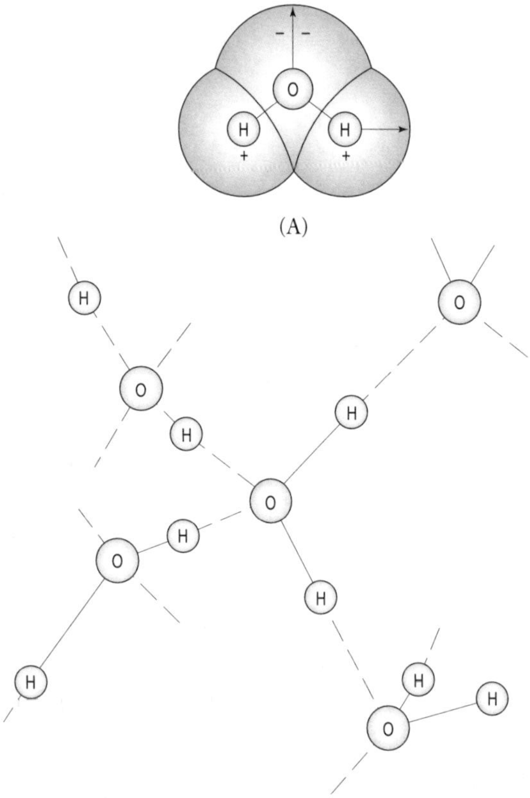

〈그림 2-1〉 (A) 물분자의 도시적 구조. (B) 물분자의 양전하 부분과 음전하 간의 전기적 인력으로 인해 형성된 수소결합(점선)

도(electronegativity)를 가지고, 전자를 끌어당기는 경향을 띤다. 이 강한 전기 음성도의 결과 물분자내에서 산소가 수소로부터 전자를 멀리 벗어나도록 끌어당기는 경향을 갖는다. O−H결합을 만드는 데 공유하고 있는 전자들은 대략 수소보다는 산소핵 쪽에 더 가까이 있다. 그러한 결과로 산소 원자는 부분적으로 음전하를 띠며 이에 상응하는 부분적 양전하를 두 수소 원자가 나누어 갖는다. 이러한 비대칭적 전자의 분포는 물분자를 극성(polar) 분자가 되게 한다. 대체적으로 물은 중성 분자지만 음전하와 양전하로의 분리는 인접한 물분자나 물과 다른 극성 분자들 사이에서 강한 상호 전기적 인력을 발생시킨다. 이러한 인력을 수소 결합(hydrogen bonding)이라고 한다(그림 2-1). 수소 결합 에너지는 대략 20 KJ mol^{-1}이다. 그래서 수소 결합은 대표적으로 수백 KJ mol^{-1}의 값을 갖는 공유 결합이나 이온 결합보다는 약하나 좁은 범위의 과도 인력인 반데르발스 인력(van der Waals force; 약 4 KJ mol^{-1})보다는 강하다. 이러한 수소 결합으로 인하여 물분자와 유사한 분자 크기를 가진 다른 분자들과 비교해 볼 때 많은 독특한 물의 성질을 초래한다(표 2-1).

수소 결합은 또한 물분자간의 상호 작용 외에도 물과 다른 분자간 또는 표면에서 인력을 갖게 하는 원인이다. 예를 들어 수소 결합은 단백질, 핵산 그리고 탄수화물과 같은 생물학적으로 중요한 거대 분자 주위에 형성되는 수화 외피의 근거가 된다. 강한 결합으로 잘 정렬된 물분자층을 결합수(bound water)라 한다. 이때 수화단백질 분자의 무게의 30%에 상당하는 양이 결합수로 추정된다. 결합수는 단백질 분자의 안정성에 중요하다. 왜냐하면 결합수는 단백질을 보호하며 이들이 침강될 만큼 큰 응집체가 형성되는 것을 막아주기 때문이다.

수소 결합이 물의 특성이기는 하지만 물에만 한정된 것은 아니다. 수소 결합은 수소가 전기 음성적인 중심 사이에 발견되는 곳은 어디에서나 생긴다. −OH기로 수소 결합을 이룰 수 있는 알코올, 아미노기($-NH_2$)와 카르복시기(>C=0) 사이의 수소 결합이 구조를 안정시키는 데 도움이 되는 단백질과 핵산과 같은 거대 분자에

〈표 2-1〉 유사한 크기를 가진 다른 분자와 비교한 물의 물리적 특성. 열성은 단위 질량당 에너지로서 정의되기 때문에 표 안의 값들은 그람당 주울(J/g)로 나타냈다.

	분자량 (D)	비열 (J/g/℃)	융해점 (℃)	융해열 (J/g)	비등점 (℃)	증발열 (J/g)
물	18	4.2	0	335	100	2452
황화수소	34	−	−86	70	−61	−
암모니아	17	5.0	−77	452	−33	1234
이산화탄소	44	−	−57	180	−78	301
메탄	16	−	−182	58	−164	556
에탄	30	−	−183	96	−88	523
메탄올	32	2.6	−94	100	65	1226
에탄올	46	2.4	−117	109	78	878

서도 일어난다.

물의 물리 · 화학적 성질

열성

수소 결합으로 인한 물의 열성(thermal property)은 생물학적으로 가장 중요한 것 중의 하나이다. 수소 결합의 비교적 강한 분자간 인력을 끊는 데 요구되는 많은 양의 에너지(즉, 높은 온도)가 이들 성질에 있다고 생각할 수 있다.

온도와 물리적 상태 물의 가장 중요한 특성 중의 하나는 아마도 생명을 유지하는 데 적합한 온도 범위에서 액상이라는 것이다. 끓는점과 녹는점은 일반적으로 분자 크기와 관련이 있는데 분자량이 적으면 큰 분자량을 가진 것보다 낮은 온도에서 물리적 상태가 변화한다. 분자의 크기로만 본다면 물은 지구상 대부분의 지역에서 주로 수증기 상태로 존재하여야 한다. 그러나 물의 끓는점과 녹는점은 크기가 비슷한 다른 분자인 특히 암모니아(NH_3)와 메탄(CH_4)과 비교할 때 훨씬 높은 온도이다(표 2-1). 암모니아와 탄화수소(메탄과 에탄) 같은 분자들은 그들의 상태 변화가 일어나는 데 필요한 에너지가 비교적 적게 드는 약한 반데르발스 인력만으로 결합되어 있다. 그러나 유의할 점은 산소를 주입하면 메탄올과 에탄올 둘 다 비등점이 물에 더 근접한다. 이는 산소가 존재함으로써 수소 결합을 형성할 기회와 극성을 갖게 하기 때문이다.

흡열과 발열 비열(specific heat)이라는 용어는 일정한 온도로 상승하는 데 흡수되는 에너지양이나 기질의 열용량을 기술하는 데 사용한다. 물의 비열은 액체 암모니아를 제외한 어떤 다른 물질보다도 높은 4.184 Jg^{-1} ℃$^{-1}$이다(표 2-1). 매우 잘 정돈된 구조 때문에 액상의 물은 높은 열전도율(thermal conductivity)을 갖는다. 이는 물이 열 적용점으로부터 열을 신속히 전달한다는 것을 의미한다. 높은 비열과 열전도율이 복합되어 물은 큰 온도 증가 없이도 상당한 열에너지를 흡수하고 재분배한다. 주로 물로 구성된 식물 조직은 이러한 특성 때문에 높은 열에 안정성을 갖는다. 생화학 반응에 의해 세포내에서 발생하는 국부적인 과열은 소멸되는데, 왜냐하면 그러한 열은 세포를 통해 신속히 분산되기 때문이다. 따라서 세포 내부 온도에는 심한 변화 없이 상당한 열이 세포와 그 주위 환경 사이에 상호 교환될 수 있다.

융해와 증발수 온도 변화 없이 어떤 물질의 상태 변화나 고체에서 액체 또는 액체에서 기체로 변하는 데는 에너지가 필요하다. 한 물질을 고체에서 액체로 전환하는 데 필요한 에너지를 융해열(heat of fusion)이라 한다. 물의 융해열은 335 Jg^{-1}인데, 이는 0℃에서 얼음 1g을 물 1g으로 전환하는 데 필요한 에너지이다(표 2-1). 몰 단위로 표현하면 물의 융해열은 가장 높은 암모니아 다음으로 높은 값을 가진다. 물의 융해열이 높은 것은 수소 결합과 연계된 강한 분자간 인력보다 더 큰 에너지가 필요하기 때문이다.

얼음의 밀도는 또 다른 하나의 중요한 성질이다. 0℃에서 얼음의 밀도는 액상의 물보다 낮다. 그래서 물은 다른 물질과 달리 고체 상태에서보다 오히려 액체 상태(4℃ 부근)에서 최대 밀도가 된다. 이는 액체 상태에 있는 분자들이 결정 상태인 얼음보다 조밀하게 더 잘 채워져 있기 때문이다. 결론적으로 얼음이 호수나 연못의 바닥에 가라앉지 않고 표면에 뜨는데, 이는 또한 모든 수생 생물의 생존에 매우 중요하다.

수소 결합 때문에 얼음을 녹이는 데 많은 에너지가 필요한 만큼 물이 증발하는 데도 많은 에너지가 필요하다. 물의 증발열(heat of vaporization), 즉 물 1몰을 증기 상태의 물 1몰로 전환하는 데 필요한 에너지는 25℃에서 약 44 $KJmol^{-1}$이다. 이 에너지를 주위 환경으로부터 흡수하여야 하므로 증발열은 증발과 연계되어 냉각 효과를 낸다. 축축한 표면으로부터 증발은 표면을 식히는데, 아주 높은 에너지의 분자들이 낮은 에너지의 분자들을 남겨두고 표면으로부터 빠져나가기 때문이다. 이 결과, 식물은 잎 세포 표면으로부터 물을 증발함으로써 계속

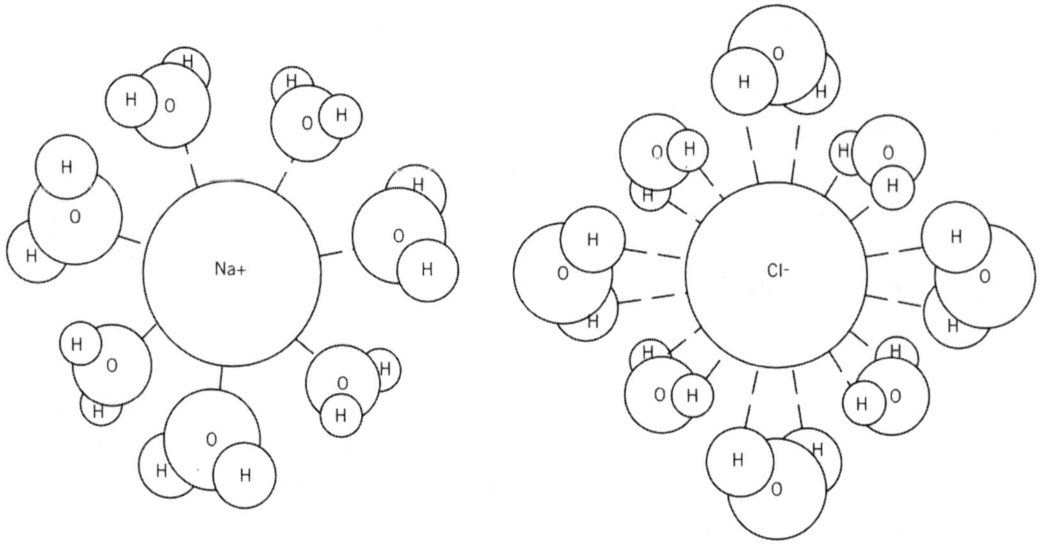

〈그림 2-2〉 물의 용매적 특성
나트륨과 염소 이온 주위를 둘러싸고 있는 물분자는 각 이온을 둘러싸고 있는 공간의 전기장을 차단한다. 이러한 차단 효과는 이온들이 다시 결합하여 결정 구조를 형성할 가능성을 감소시킨다.

열을 잃으며 살아간나. 이 같은 열 손실은 강력한 태양에 노출되는 육상 식물의 잎이 온도 조절을 할 수 있는 중요한 메커니즘이다.

용매인 물

물은 거의 보편적인 용매가 된다. 즉, 많은 물질들이 어떤 다른 일반적인 액체보다 물에서 잘 녹는다.

물의 뛰어난 용매로서의 특성은 물분자의 높은 극성에 기인한다. 방향성을 가진 물분자들로 구성된 **수화 외피**(hydration shell)가 한겹 또는 여러 겹으로 이온이나 분자를 둘러싸므로 전하를 띤 용질 분자나 이온들 간의 전기적 인력을 부분적으로 중화시킨다. 수화 외피는 이온들이 재결합하여 결정 구조를 형성할 가능성을 감소시키므로 물의 용매력이 증가한다(그림 2-2).

분자의 극성은 **유전 상수**(dielectric constant)로 측정된다. 물은 유전 상수가 가장 높다(표 2-2). 알코올의 유전 상수는 약간 낮으며 비극성 유기 용매인 벤젠과 핵산은 매우 낮다. 그래서 물은 전하를 띤 이온이나 분자에 대해서 뛰어난 용매로서 작용한다. 그러나 이러한 분자들은 비극성 유기 액상에는 잘 녹지 않는다. 식물에서 중요한 많은 용질들은 전하를 띠는 반면, 비극성 분자들의 낮은 유전 상수는 왜 전하를 띤 용매들이 세포막 주성분인 비극성, 소수성 지질 부위를 쉽게 통과하지 못하는가를 설명할 수 있게 해 준다(1장).

〈표 2-2〉 25℃에서 일반 용매들의 유전 상수

물	78.4
메탄올	33.6
에탄올	24.3
벤젠	2.3
헥산(hexane)	1.9

물의 응집과 부착

물 분자사이의 강한 상호인력은 밀접하게 관련된 또 다른 중요한 성질을 초래한다.

수소 결합에 따른 물분자간의 강한 상호 인력을 **응집**(cohesion)이라 한다. 이러한 응집력으로 인해 물은 매

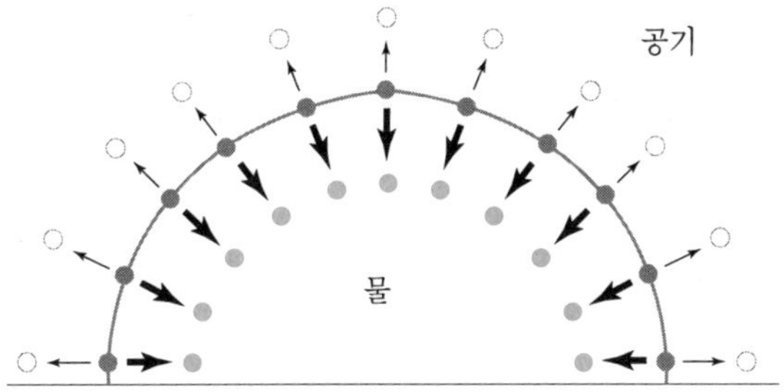

〈그림 2-3〉 물방울이 갖는 표면 장력의 그림 설명
이웃한 물분자 사이의 분자간 인력(굵은 화살)은 물과 공기 간의 인력(얇은 화살)보다 훨씬 크다. 그래서 표면에 있는 물분자들은 부피수 속으로 끌어당겨지는 경향이 있다.

우 높은 **표면 장력**(surface tension)을 갖는데 물과 공기의 경계면에서 아주 뚜렷하다. 표면 장력은 물분자간의 응집력이 물과 공기 간의 상호 작용보다 훨씬 강하기 때문에 일어난다. 이러한 결과, 표면에 있는 물분자들은 부피수(bulk water) 속으로 계속 잡아당겨진다(그림 2-3). 그래서 표면은 수축하는 경향이 있고 마치 탄력 있는 막 같은 양상을 나타낸다. 높은 표면 장력은 물방울을 구형으로 만들며 작은 곤충의 무게도 지탱할 수 있게 한다.

응집은 직접적으로 물의 높은 **인장 강도**(tensile strength) 때문인데, 인장 강도란 어떤 물질의 연속된 기둥이 끊어지지 않고 견딜 수 있는 최대 장력을 말한다. 일반적으로 높은 인장 강도는 금속과 연계되나 물기둥도 상당히 높은 장력 강도(30 MPa)를 갖고 있다.

물분자들이 서로 당기는 것과 같은 힘으로 물은 고형 표면을 당기는데 이러한 과정을 부착(adhesion)이라고 한다. 부착은 물이 작은 직경의 관에서 모세관 상승을 일으키게 하는 중요한 요인이다.

응집, 부착 그리고 인장 강도로 이루어진 이러한 특성은 물이 어떻게 모세관에서 상승하는가를 설명할 수 있게 하며 이러한 요인들은 식물체내에서 연속된 물기둥을 유지하는 데 아주 중요한 것들이다.

물의 이동

식물생리학의 한 목표는 물이 세포 안팎으로의 흐르거나 토양으로부터 식물체를 통해 대기로 흘러갈 때의 물의 동력학을 이해하는 데 있다. 물질이 한 지역에서 다른 지역으로 움직이는 것을 보통 **전류**(translocation)라 한다. 이동 메커니즘은 그 과정에서 대사 에너지가 소모되었는지 안되었는지에 따라 능동적인 것과 수동적인 것으로 구분한다. 때때로 능동과 수동 수송간을 구별하기 어려우나 물의 이동은 분명히 수동 과정이다.

과거에 많은 과학자들이 능동적 요소라고 주장했지만 식물에서 물 이동이 대사 에너지를 직접 소모하는지 입증하지 못하였다. 대부분 물질의 수동 이동은 두 종류의 물리적 과정, 즉 **부피 유동**(bulk flow)이나 **확산**(diffusion)에 의해 일어나는 것으로 여겨진다. 물의 경우, 확산의 특별한 경우인 **삼투 현상**(osmosis)도 고려해야 한다.

부피 유동

부피 유동에 의한 물질의 이동은 압력에 의해 유도된다. 부피 유동은 중력이나 압력과 같은 외적 힘이 가해질 때 일어난다. 그 결과, 기질의 모든 분자들은 한 덩어리로 움직인다. 부피 유동에 의한 물의 이동은 우리가 매일 체험하고 있는 한 현상이다. 개울에 흐르는 물은 중력에 의해 확립된 수압에 의해 흘러간다. 집이나 작업장에 있는 수도꼭지로부터 흐르는 물의 압력은 송수탑내에 설치된 송수관에 작용하는 중력에 의해 발생한 압력 때문이다. 또한 식물체내 일부 물의 이동, 즉 물관부 조직의 통도 세포나 뿌리로의 이동은 부피 유동에 의한 것으로 보여진다. 부피 유동은 관다발 조직을 통한 용질의 수송에 대해 가장 설득력 있게 받아들여지는 가설이다.

확산

부피 유동과 같이 **확산**(diffusion) 또한 우리가 매일 체험하는 현상이다. 뜨거운 물이 들어 있는 컵에 설탕을

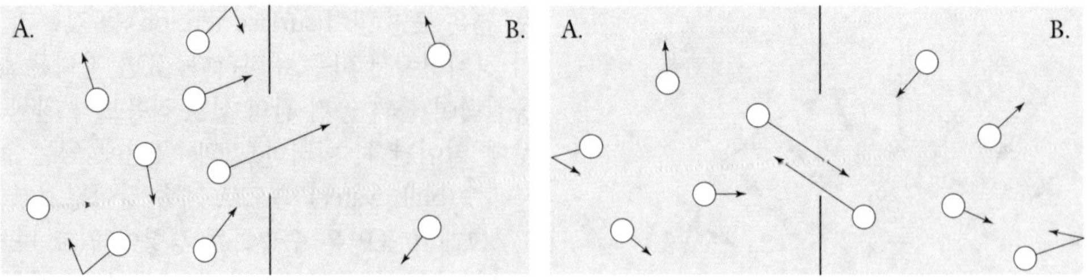

〈그림 2-4〉 확산은 무작위적인 열운동 때문에 높은 농도에서 낮은 농도 지역으로 향한 물질의 정향적인 이동 현상이다.
초기에는(왼쪽) A방에 있는 한 분자가 열린 창을 통해 B방으로 이동할 가능성이 매우 높다. 시간이 지나면(오른쪽) B방에 있는 분자수는 증가하고 A방의 분자수는 감소할 것이다. 이러한 과정은 두 방 사이의 분자들이 균일하게 분포할 때까지 계속될 것이다. 그 시점에서 양방간 양방향으로의 분자 통과의 가능성은 같게 될 것이고 순수 확산은 멈추게 될 것이다.

넣으면 단맛은 곧 컵 전체에 퍼진다. 방 모퉁이에서 향수병을 열면 그 향내가 공기를 통해 방 전체에 균일하게 퍼진다. 만약 마실 물을 젓지 않거나 방안 공기의 부피 유동이 없었다면 그 성분의 분산은 확산에 의한 것이다. 확산은 높은 농도 구역에서 낮은 농도 구역으로 이동하는 하나의 *정향적 운동*(directed movement)으로 설명할 수 있으나 이는 각각의 분자의 *무작위적 열운동*(random thermal motion)을 통해 이루어진다(그림 2-4).

그래서 부피 유동이 압력에 의해 유도되는 반면 확산은 농도차에 의해 유도된다. 확산은 식물체를 통한 물, 가스 그리고 용질의 흡수와 분배에 중요한 요인이다. 특히, 확산은 광합성에 필요한 이산화탄소의 공급뿐만 아니라 잎에서 수증기 유실에 대한 중요한 요인이다.

확산 과정은 Fick에 의해 처음으로 정량적 실험이 수행되었다. 1855년에 확립된 Fick의 제1법칙은 확산 과정에 대한 현대적인 정량적 설명을 위한 기초를 이룬다.

$$J = -\frac{DA\Delta C}{l} \tag{2. 1}$$

위의 식에서 J는 단위 시간당 단위 면적을 투과하는 물질의 양, 즉 유량(mol $m^{-2}s^{-1}$)이다. D는 확산 계수(diffusion coefficient)로서 확산 분자와 통과할 기질간의 함수인 비례 상수이다. A는 단면적이고 l 은 확산경로의 길이이다. ΔC는 두 구역간의 농도차를 나타내는 농도 기울기(concentration gradient)로서 단순 확산을 위한 구동력이다. 기체 확산의 특별한 경우에는 농도 대신에 밀도(gm^{-3})나 증기압(KPa)의 차이를 이용하는 것이 더 편리하다. 피크의 법칙에서 음의 부호는 확산이 보다 낮은 농도나 증기압을 향해 이루어짐을 말한다. 피크의 법칙을 요약하면 확산율은 확산경로의 절단면과 농도나 증기압 기울기에 비례하고 확산경로의 길이에는 반비례한다.

삼투 현상 — 물의 확산

Fick의 법칙은 용질과 가스의 확산에 가장 쉽게 적용할 수 있다. 〈그림 2-4〉에 일반적인 모델을 예시했는데, 예를 들면 확산 분자들은 물에 용해되는 포도당이나 물에 용해된 이산화탄소나 공기 속의 이산화탄소일 수 있다. 반면에 이론적으로 Fick의 법칙은 용매 분자의 확산에도 적용할 수 있는데 처음에는 용매 분자의 확산이 일어날 수 있는 상황을 떠올리기가 어려울 수 있다. 예를 들어 〈그림 2-4〉의 한 방에 물을 가하면 어떤 일이 일어날 것인가를 생각해 보라. 첫번째 방의 물높이가 열린 창에 도달하자마자 물은 두번째 방 속으로 넘쳐 흘러들어갈 것이다. 이것이 부피 유동의 한 보기이다.

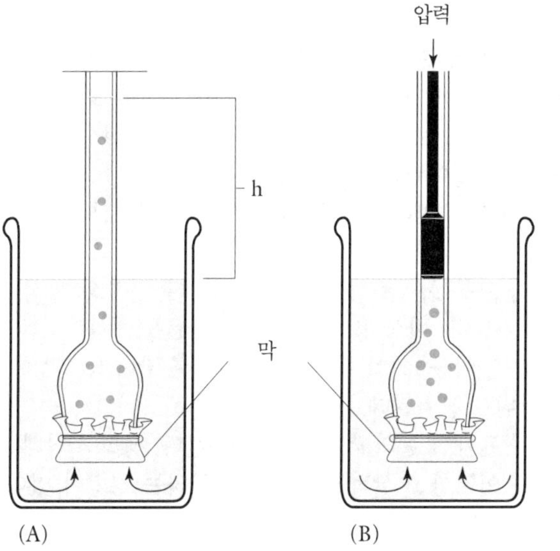

〈그림 2-5〉 삼투 현상의 입증

선택적 투과막으로 설탕 용액이 들어 있는 티슬관의 끝부분을 팽팽하게 치고 그 관을 순수한 물이 들어 있는 용기에 거꾸로 집어넣는다. 초기에 물은 화학 퍼텐셜 기울기에 의해 막을 가로질러 확산할 것이다. 확산은 관 속으로 물을 집어넣으려는 힘이 그 관의 물기둥(h)에 의해 발생하는 힘(A)이나 또는 피스톤에 의해 가해진 압력(B)에 의해 균형이 이루어질 때까지 계속될 것이다. 두 힘이 균형을 이룰 때 이 시스템은 평형에 도달하고 더 이상 물의 순이동은 일어나지 않을 것이다.

물의 확산 과정의 하나인 삼투 현상은 두 방 사이가 선택적 **투과막**(selectively permeable membrane)으로 서로 차단되어 있을 때에만 일어날 수 있다. 선택적 투과막은 물이나 작은 분자들은 자유롭게 이동할 수 있으나 큰 용질 분자들의 이동은 제한한다. 모든 세포막은 선택적으로 투과할 수 있다. 그래서 삼투현상은 단순히 선택적 투과막을 통한 특별한 경우의 확산이다.

삼투 현상은 선택적 투과막을 이용해서 티슬관(thistle tube)의 개구 말단부위를 막아 만든 **삼투압계**(osmometer)를 사용하여 쉽게 측정할 수 있다(그림 2-5). 만약 그 관에 설탕용액을 채운 후 순수한 물에 거꾸로 세워 놓으면 그 관내의 용액 부피가 시간이 지나면서 증가할 것이다. 부피의 증가는 물이 막을 가로질러 용액 속으로 순확산(net diffusion)되기 때문이다. 이는 용액 속 물의 **화학 퍼텐셜**(chemical potential)이 주위 순수한 물의 화학 퍼텐셜보다 낮기 때문이다. 화학 퍼텐셜에 대한 개념은 다음 절에서 다시 다룰 것이다. 여기서 유의할 것은 용액의 부피 증가로 관내에서 형성된 수압이 용액내로 물을 유입시키는 구동력과 충분히 균형을 이룰 때까지 계속된다는 것이다(그림 2-5(A)). 다른 방법으로는 그 관을 피스톤으로 장치하여 용액의 부피 증가를 막는 데 필요한 힘의 양으로 측정할 수 있다(그림 2-5(B)). 압력 단위(단위 면적당)로 측정되는 이 힘을 **삼투압**(osmotic pressure; π)이라고 한다.

발생한 삼투압의 크기는 적어도 묽은 용액에서는 용질의 농도와 상관 관계가 있다. 그러나 유리시킨, 즉 독립된 용액은 삼투압을 가질 수 없음에 유의해야 한다. 이는 단지 삼투 측정기에 놓여졌을 때에 압력으로 표현될 수 있는 퍼텐셜만을 갖는다. 이러한 이유로 그 용액은 **삼투 퍼텐셜**(osmotic potential; Ψs)을 갖는다고 한다. 삼투 퍼텐셜은 음수의 삼투압으로 정의하기로 협약되어 있는데, 그것은 그 둘은 같은 값이지만 반대의 힘이기 때문이다($\Psi s=-\pi$). 이러한 정의는 앞으로 수분 퍼텐셜의 개념을 설명할 때 분명히 파악할 수 있을 것이다.

단순 확산은 농도차에 의해 전적으로 유도되나 〈그림 2-5〉에서 보여주듯이 압력 또한 삼투 측정기에서 물의 운동률과 방향을 결정하는 한 요인이다. 피스톤에 가해진 압력(그림 2-5(B))은 용액내로 더 이상의 물의 순운동을 막을 것이다. 만약 추가의 압력을 가하면 물의 순운동 방향을 바꾸어 용액 밖으로 역류하게 할 수도 있을 것이다. 그러므로 삼투 현상은 용해된 용질의 농도에 의한 작용뿐 아니라 압력차에 의해서 유도되는 작용이다. 이러한 두 요인들은 물의 화학 퍼텐셜에 총체적으로 영향을 주는데, 이 화학 퍼텐셜이 식물체내에 있는 물의 구동력을 유도하는 궁극적인 힘이다. 식물과 물과의 관계에서 삼투 퍼텐셜의 중요성을 파악하기 위하여 우선 화학 퍼텐셜의 개념과 물 운동을 측정하는 데 있어서 이의 역할을 조사해 보기로 하자.

삼투 현상과 화학 퍼텐셜

삼투 현상은 에너지를 필요로 한다. 다른 물질처럼 물도 한 시스템의 두 부분에서 단지 물의 에너지 차이가 존재할 때에만, 즉 에너지 기울기에 따라서만 아래로 움직일 것이다. 삼투압계의 경우에 물은 처음에 비이커 속의 순수한 물의 에너지가 설탕 용액 속의 물의 에너지보다 더 크기 때문에 삼투압계 속으로 이동한다. 물의 순

이동은 막을 가로질러 더 이상 에너지 기울기가 없을 때 멈춘다.

물의 에너지양은 다른 물질과 마찬가지로 그의 화학 퍼텐셜로 대부분 쉽게 설명된다. 화학 퍼텐셜(μ)은 그 물질의 몰당 자유 에너지로 정의된다. 자유 에너지의 개념은 9장에서 더 자세히 설명된다. 지금 당장은 화학 퍼텐셜은 물질의 반응이나 이동에 미치는 용량의 측정임에 유의하는 것으로 충분하다. 그 법칙은 삼투 현상이 선택적 투과막 양쪽의 물 사이에 화학 퍼텐셜($\Delta\mu$)의 차이가 있을 때만 일어난다는 것이다.

물(혹은 다른 화학종)의 화학 퍼텐셜은 몇 가지 요인에 의해 영향을 받는다. 이들 중의 두 가지, 농도와 압력에 관해 삼투압계의 보기를 들어 〈그림 2-5〉에 설명하고 있다.

첫째로 농도 요인을 고려해 보자. 화학 반응계에서는 농도가 보통 화학활성도(a)로 대체된다. 농도와 활성도는 활성도 계수($a=\gamma C$)로 불리는 비례 상수에 의하여 관계를 가진다. 이상 용액(ideal solution)을 제외하고는 γ는 1보다 적은 값으로 화학 활성도는 실제 농도보다 항상 적은 값이다. 화학 활성도는 a의 대수값에 R(이상 기체 상수)과 T(절대 온도)가 곱해져서 간단하게 몰당 에너지 단위로 전환된다.

단순하고 편리한 이유로 농도(C)는 활성도 대신 식물의 수분 관계를 논의할 때 자주 사용한다. 생리적 상태는 비교적 묽은 용액이기 때문에 최소한 중성 분자들에 있어서는 이러한 이상적인 상태에 접근하는 경향이 있다. 그래서 용액 속에서 물의 화학 퍼텐셜은 다음의 식으로 나타낼 수 있다.

$$\mu = \mu^* + RT \ln C \qquad (2.\ 2)$$

〈식 2. 2〉에서 용액내의 물의 화학 퍼텐셜(μ)은 고려 중인 용액과 같은 온도 및 대기압 조건하에 있는 순수한 물의 화학퍼텐셜(μ^*)에다가 그 용액내에 있는 물의 화학 활성도 혹은 농도 기여도(음수값)를 합친 것과 같다.

$\overline{V}P$는 화학 퍼텐셜에 가해지는 압력 효과를 나타낸다. $\overline{V}$는 부분 몰랄 부피(partial molal volume) 즉, 화학종 1몰(mole)이 차지하는 부피를 의미한다. 물 1 l 는 55.5M을 함유한다. 따라서 $\overline{V}$= (1000/55.5) = 18(ml/mol of water)이다. 여기서 P는 압력으로 보통 식물생리학에서는 대기압하에서 측정하나 비교적 단단한 세포벽을 갖는 식물 세포내에서는 무시할 수 없는 정수압(hydrostatic pressure)이 발생하기도 한다. 따라서 대기압과 실제압 간의 차이를 P로 나타내기도 한다. 이제 화학 퍼텐셜에 대한 압력의 효과가 〈식 2. 2〉에 첨가될 수 있다.

$$\mu = \mu^* + RT \ln C + \overline{V}P \qquad (2.\ 3)$$

물의 화학 퍼텐셜은 또한 전기 퍼텐셜과 중력장의 영향을 받는다. 물의 강한 극성 성질에도 불구하고 물에 대한 순 전하는 0이므로 전기적 항은 무시할 수 있다. 이는 왜 우리가 물의 전기 화학적 퍼텐셜보다도 오히려 물의 화학 퍼텐셜에 대해서 이야기하는가를 말해주고 있다.

키큰 나무에서 물의 이동이 고려되는 경우에는 중력항은 커지게 되나 세포 수준에서는 무시할 수 있다. 물의 이동이 5~10m 또는 그 이하의 높이에서는 중력항은 보통 생략된다. 물의 화학 퍼텐셜은 일차적으로는 물의 화학 활성도와 압력과의 상관함수로서 고려해도 좋다.

삼투 작용에 의한 물의 확산은 물의 화학 퍼텐셜과 관련하여 어떠한 방식으로 이루어지는 것일까? 우리는 앞에서 용질의 첨가는 용액에 삼투압을 발생시키며, 삼투압의 크기는 용질의 농도와 관련된다는 것을 언급했다. 이러한 연관 관계는 용질의 첨가가 물의 화학 활성도(a_W)를 감소시키기 때문에 일어나는 것이다.

이는 용액내 물 농도의 감소가 아니라 매우 한정된 범위에서 일어나는 희석 효과인 것이다. 물의 농도는 첨가된 용질의 특성에 따라 변화하지 않거나 심지어 증가하기도 한다. 그러나 용질을 첨가하면 물과 용질 분자수를 합한 전체의 분획만큼 물분자 수는 감소하는 것이다. 다시 말하면 용질의 첨가는 물의 몰분획(mole fraction)을 감소시키며, 그에 따라 용액의 삼투압은 증가한다. 삼투압, 물의 활성도 및 물의 몰 분획과의 관계를 아래와 같은 식으로 나타낼 수 있다.

$$\pi = -\frac{RT\ln a_W}{\overline{V}_W} \tag{2. 4}$$

및

$$RT\ln a_W = -\overline{V}_W\pi \tag{2. 5}$$

〈식 2. 4〉는 삼투압(π)의 공식적 정의이다. 이 용질의 첨가는 a_W값을 감소시킨다는 것을 의미한다. 편의상 순수한 물의 a_W값을 임의로 1로 정하면 결론적으로 용액의 a_W는 항상 1보다 적은 값이 된다.

〈식 2. 5〉를 〈식 2. 3〉으로 대치시키면 물의 화학 퍼텐셜을 아래와 같이 나타낼 수 있게 된다.

$$\mu_W = \mu_W^* - \overline{V}_W\pi + \overline{V}_W P \tag{2. 6}$$

〈식 2. 6〉에 의하면 한 용액내에 물의 화학 퍼텐셜은 순수한 물의 화학 퍼텐셜과의 정도 차이를 말하는 것으로 삼투 구성 요소와 압력 구성 요소와 함수관계이다.

물의 화학 퍼텐셜(μ_W)은 특히 식물체내의 물이나 세포간의 관계 연구에 사용하는데, 이는 한 지역, 예를 들면 한 세포나 액포에 있는 물이 동일한 온도와 대기압에서 순수한 물과 비교하였을 때 수행할 수 있는 일의 양을 정의해 준다. 더욱 중요한 것은 두 지역간의 화학 퍼텐셜(μ_W) 값의 차이가 평형이 아닐 때 물은 낮은 값을 갖는 지역으로 흐르는 경향이 있다. 이러한 관점에서 볼 때 물 운동의 구동력은 화학 퍼텐셜(μ_W)의 기울기에 있다고 할 수 있다.

수분 퍼텐셜의 개념

한 계(system)내의 물의 화학 퍼텐셜은 쉽게 측정되는 수압과 삼투압의 합으로 정의되는 수분 퍼텐셜(water potential)로 나타낼 수 있다. 물은 항상 높은 수분 퍼텐셜 구역에서 낮은 수분 퍼텐셜 구역으로 움직인다.

일반적으로 물의 화학 퍼텐셜은 절대값을 측정하는 것보다 상대값을 측정하는 것이 편리하다. 용액내 물의 절대적 화학 퍼텐셜은 손쉽게 측정하기에는 어려운 양적 단위 중 하나이다. 따라서 〈식 2. 6〉은 아래와 같은 식으로 다시 나타낼 수 있다.

$$\frac{\mu_W - \mu_W^*}{\overline{V}_W} = P - \pi \tag{2. 7}$$

여기서 $\mu_W - \mu_W^*$는 용액내 물의 화학 퍼텐셜과 순수한 물의 화학 퍼텐셜 사이의 차이이다. $\mu_W - \mu_W^*$의 값이 쉽게 측정될지라도 식물생리학자들의 과업은 1960년에 Slatyer와 Taylor가 수분 퍼텐셜(Ψ)의 개념을 처음으로 소개할 때보다 한층 더 간단히 하려는 것이었다(Slatyer and Taylor, 1960). 수분 퍼텐셜은 $\mu_W - \mu_W^*$ 에 비례하여 다음 식으로 정의를 내릴 수 있다.

$$\Psi = \frac{\mu_W - \mu_W^*}{\overline{V}_W} = P - \pi \tag{2. 8}$$

또는 간단히

$$\Psi = P - \pi \tag{2. 9}$$

여기서 P는 수압이고 π는 삼투압이다.

수분 퍼텐셜의 개념은 식물생리학자들에 의해 널리 받아들여졌는데 이는 화학 활성도를 측정하는 데 따르는 어려움을 피할 수 있기 때문이었다. 두 개의 쉽게 측정할 수 있는 양적 단위인 P와 π를 사용하여 물의 움직임을 예측할 수 있는 실험들이 가능해졌다. 또한 수분 퍼텐셜을 압력의 단위 Pa(pascal)로 표현할 수 있게 되었는데, 이는 토양-식물-대기에서 에너지 단위 J(joule)를 사용하는 것보다 훨씬 적절한 표현 단위이다. 실제로 물 이동에 영향을 주는 데 필요한 에너지를 측정하는 것보다 압력의 변화를 측정하는 것이 훨씬 쉬운 일이다. 끝으로 물 이동의 구동력을 *수분 퍼텐셜 기울기*(water potential gradient)로 다시 말할 수 있다. 즉, 물은 높은 수분 퍼텐셜 지역에서 낮은 수분 퍼텐셜 지역으로 이동한다는 것이다. 그런데 수분 퍼텐셜은 항상 음수값임을 숙지해야 한다. 이는 상대적으로 적은 음수값의 수분 퍼텐셜인 지역으로부터 보다 큰 음수값의 수분 퍼텐셜인 지역으로 물이 움직인다는 것을 의미한다.

이와 같은 방식으로 한 용액의 물의 화학 퍼텐셜은 순수한 물에 대한 상대값으로 측정할 수 있고, 또한 용액들의 수분 퍼텐셜들도 대조구에 대한 상대값으로 측정된다. 수분 퍼텐셜 측정을 위한 대조상태(reference state)는 대기압에서 순수한 물로서 임의적으로 취해진다. 이러한 상태는 수압이나 용해된 용질이 없는 것으로 P와 π가 영(0)인 것이다. 따라서 〈식 2. 9〉에 의하면 순수한 물의 Ψ값 또한 0이다. 이 말은 순수한 물의 화학 활성도가 0이라는 것을 의미하는 것은 아니다. 실제로 μ^*의 값은 매우 높은 값이지만 순수한 물의 Ψ는 정의에 의해 0인 것이다.

수분 퍼텐셜의 구성 요소

수분 퍼텐셜은 그 구성 요소 퍼텐셜의 합이라고 정의할 수 있다.

$$\Psi = \Psi_P + \Psi_S \tag{2. 10}$$

Ψ_P는 **압력 퍼텐셜**(pressure potential)을 의미한다. 이는 P와 동일한 값이고, 주위 대기압을 초과하는 수압을 나타낸다. 기호 Ψ_S는 삼투압 퍼텐셜을 나타낸다. 앞서 지적한 기호와 같이 삼투 퍼텐셜은 삼투압과 같지만 음의 부호이다. 삼투 퍼텐셜은 **용질 퍼텐셜**(solute potential)이라고도 하는데, 그것은 용해된 용질에 의한 퍼텐셜이기 때문이다. 삼투압이라는 용어보다는 삼투(또는 용질) 퍼텐셜이라는 말이 삼투압보다 더 많이 사용되는데, 이는 용액의 특성을 보다 더 적절히 나타내기 때문이다.

수압과 삼투 퍼텐셜은 수분 퍼텐셜을 좌우하는 중요한 요인이라는 것을 〈식 2. 10〉으로 알 수 있다. 세번째 구성 요소로 **메트릭 퍼텐셜**(matric potential ; M)이 있는데 때로 수분 퍼텐셜 식에 포함되기도 한다. 메트릭 퍼텐셜은 물분자가 고체 표면에 흡착됨으로 발생하는 퍼텐셜이다. 이는 특히 건조한 종자의 물흡수 초기에 일어나는 **침윤**(imbibition)이나 토양내 수분 유지에 매우 중요한 역할을 한다(3장 참조). 또한 세포내에도 메트릭 구성 요소가 있으나, 수분 퍼텐셜에 대한 그것의 기여도는 용질 구성 요소와 비교해 볼 때 상대적으로 매우 적다. 또한 삼투 퍼텐셜로부터 메트릭 구성 요소를 구분해내기란 어려운 일이다. 결론적으로 메트릭 퍼텐셜은 본 장에서는 배제하고 후에 토양 수분을 다룰 때 다시 언급하기로 한다.

〈식 2. 10〉으로 돌아가서 수압 혹은 삼투 퍼텐셜의 증가는 수분 퍼텐셜을 증가시키는 반면에 압력이나 삼투 퍼텐셜의 감소(보다 음수로)는 수분 퍼텐셜을 낮춘다는 것을 알 수 있다. 우리는 이러한 변화를 이용하여 〈그림 2-5〉 삼투압계 예에서 어떤 일이 일어날 것인가를 설명할 수 있다. 용해된 설탕은 티슬관(thistle tube) 안의 삼투 퍼텐셜을 발생시키며, 그 용액의 삼투 퍼텐셜($\Psi < 0$)은 막의 다른 편에 있는 순수한 물($\Psi = 0$)과 비교할 때

낮아진다. 따라서 물은 막을 가로질러 용액으로 확산된다. 이때 용액의 부피가 증가함에 따라 그 티슬관 안에 수압이 형성된다. 양수인 수압이 음수인 삼투 퍼텐셜을 상쇄하기에 충분해지면 그 용액의 수분 퍼텐셜은 0이 된다. 막의 양편이 $\Psi=0$이 되는 점에서 물의 이동은 더 이상 일어나지 않는다. 또한 유의해야 할 점은 삼투압계의 부피가 증가하면 그 삼투 퍼텐셜은 감소하게 된다는 것이다. 그 이유는 용액내로 물의 확산과 수반하여 부피가 변함에 따라 물의 몰 분획이 증가하기 때문이다. 즉, 희석되기 때문에 용질 농도가 감소하는 것이다. 그러면 평형 상태에서 그 용액의 삼투 퍼텐셜은 시작 때보다는 높은 값이 되는데(즉, 보다 적은 값의 음수), 결국 삼투 퍼텐셜을 균형잡는 데 사용된 압력은 부피 증가가 일어나지 않았을 때 요구된 값보다는 적은 값이 된다. 그 까닭은 수분 퍼텐셜에 대한 S의 기여도는 항상 음수인 값이고, 일정한 압력에서 물은 항상 보다 높은(보다 적은 음수값) 삼투 퍼텐셜을 갖는 용액으로부터 보다 낮은(보다 큰 음수값) 삼투 퍼텐셜인 용액으로 이동하기 때문이다.

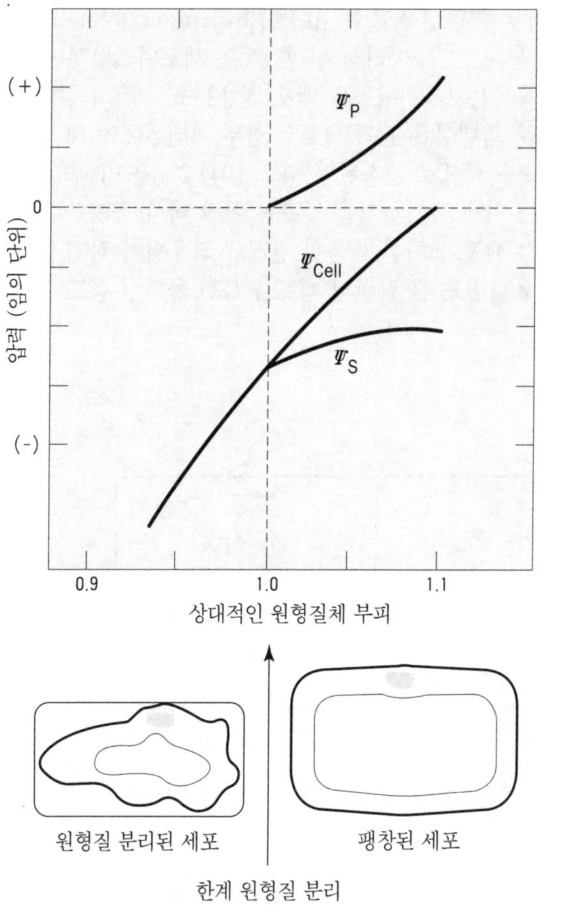

〈그림 2-6〉 원형질체의 부피 변화를 가져오는 팽압(Ψ_P), 용질 퍼텐셜(Ψ_S) 그리고 수분 퍼텐셜(Ψ) 간의 관계 변화를 보여주는 Hofler 모식도

세포가 순수한 물에 잠겨 있다고 가정하고 한계 원형질 분리에서 세포의 상대적 부피를 1.0으로 지정하기로 한다. 한계 원형질 분리에서 팽압은 0이다. 세포 부피가 10% 증가하면 완전히 팽팽한 세포가 될 것이다. 이때 삼투 퍼텐셜(Ψ_S)은 약간의 변화가 있으나 팽압(Ψ_P)은 크게 증가한다. 완전히 팽팽할 때 삼투 퍼텐셜은 팽압과 균형을 이루게 되고 그때 세포의 수분 퍼텐셜은 0이다.

이제 식물 세포내에서의 삼투 및 압력 퍼텐셜과 수분 퍼텐셜에 기여하는 것이 무엇인가를 알아보자. 대부분 식물 세포의 삼투 퍼텐셜은 주로 중앙에 있는 액포의 내용물에 기인한다. 분열 세포 및 고도로 분화된 세포를 제외하고 액포에는 세포수(cellular water)의 50~80%를 함유하고 용해된 다양한 용질을 함유한다. 이러한 용질로서 당, 무기염, 유기산 및 안토시아닌 색소가 있다. 세포수의 나머지 대부분은 세포벽의 공간에 자리하며 세포질에는 5~10%로 매우 적은 부분을 차지하고 있다. 세포 및 조직의 삼투 퍼텐셜을 측정하는 일반적인 방법으로 얻은 값은 세포질이나 액포에 기여하는 값 사이의 차를 구별해 얻어낼 수는 없고, 측정한 결과의 값은 둘의 평균인 것이다. 유조직 세포의 삼투 퍼텐셜은 $-0.1\sim-0.3$ MPa의 범위이고, 이의 주된 값은 액포내에 용해된 염에 기인한다.

실험실 삼투압계에서 압력(Ψ_P)은 대기압(0.1 MPa)과 물기둥의 높이에 의해 생성된 수압과의 차로서 측정된다. 세포에서 압력 구성 요소는 확장하는 원형질체에 의해 바깥 방향으로 세포벽에 가해지는 힘에 의해 생성되는데 이것을 **팽압**(turgor pressure)이라 한다. 그리고 이와 반대로 안쪽 방향으로 가해지는 동등한 압력을 **세포벽압**(wall pressure)이라 하는데, 이는 세포벽에 의해 작용되는 압력이다. 팽압을 받는 세포를 **팽창**(turgid)되었다고 하며 한 세포가 수분을 상실하여 팽압이 0인 값까지 감소될 때 이를 **연화**(flaccid)되었다 한다. 커다란 조류(algae) 세포에서는 P값을 직접 측정할 수 있는 기구들이 있기도 하나 고등 식물에서는 일반적으로 수분 퍼텐셜과 삼투 퍼텐셜 간의 차로 계산된다. 초본 식물에 있어서 직립성을 유지시키는 일은 이 팽압에 의한다. 실제로 식물체의 수분 결핍을 나타내는 최초의 외관상 모습은 시듦현상(wilting)인데, 이러한 현상은 잎 세포의 팽압이 상실되면서 일어나는 것이다.

세포와 조직 내에서 물의 이동

한 세포내 원형질체 부피의 작용 기능으로서 수분 퍼텐셜 구성 요소들간의 관계를 〈그림 2-6〉의 도해로서 기술하였다. 원형질체가 꽉 채워진 상태에서 바로 **한계 원형질분리**(incipient plasmolysis)가 일어나는 점을 기준해 그 때의 상대값으로 원형질체 부피를 1.0으로 정한다. 한계 원형질분리가 일어나는 점은 원형질체가 세포벽에 전혀 압력을 가하지도 않고 분리되지도 않은 점이다. 결론적으로 팽압(Ψ_P)은 0이고, 세포의 수분 퍼텐셜(Ψ_{cell})은 세포의 삼투 퍼텐셜(Ψ_S)과 같은 상태인 것이다.

세포가 순수한 물($\Psi=0$)과 같은 *저장액*(hypotonic solution)에 잠겨지면 물은 수분 퍼텐셜 기울기가 낮은 세포로 들어가게 될 것이다. 이렇게 됨으로써 액포 내용물의 희석(상응하여 삼투 퍼텐셜은 증가)과 함께 팽압이 생성된다. 세포의 삼투 퍼텐셜이 세포의 팽압과 같을 때 〈식 2. 10〉에 의하면 세포내 물의 이동은 멈추고, 또한 세포의 수분 퍼텐셜은 0이 된다. 세포가 자신보다 더 음의 삼투 퍼텐셜을 갖는 *고장액*(hypertonic solution)에 놓여지면 세포의 수분 퍼텐셜 기울기는 세포로부터 물의 유실을 돕는다. 따라서 원형질체는 세포벽으로부터 움츠러져 분리되는데 이를 **원형질 분리**(plasmolysis)라 한다. 계속되는 물의 이동은 액포 내용물을 농축시키며 삼투 퍼텐셜을 더욱 낮춘다. 팽압은 0 상태에 머물며, 세포의 수분 퍼텐셜은 단지 세포의 삼투 퍼텐셜에 의해 결정된다. 그러므로 세포의 수분 퍼텐셜은 팽압과 삼투 퍼텐셜의 대수 합으로 결정된다(식 2. 10과 2. 6을 비교하라).

세포와 환경 간에 있어서 물의 이동에 첨가할 사항으로 수분 퍼텐셜 기울기를 낮추는 확산 역시 물의 세포간 이동에 고려될 수 있다(그림 2-7). 연속해 있는 각 세포들은 각 세포가 처한 독특한 환경에 좌우되어 각기 다른 Ψ_S 및 Ψ_P값을 갖는다. 그러나 수분 퍼텐셜의 기울기가 계속 유지되는 한 일련의 세포를 통한 물의 흐름도 계속된다.

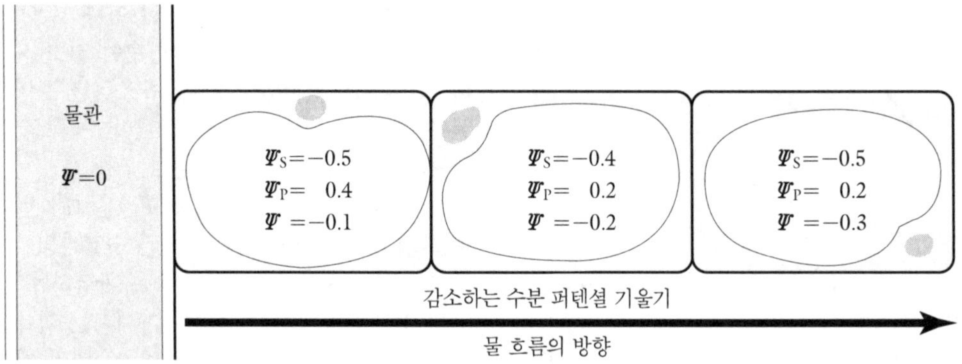

〈그림 2-7〉 세포간의 물 이동을 위한 삼투 퍼텐셜(Ψ_S), 팽압(Ψ_P) 그리고 수분 퍼텐셜(Ψ)의 기여도를 나타내는 모식도
물의 이동 방향은 인접 세포내의 수분 퍼텐셜 값에 의해서만 결정된다.

원형질 분리 및 시듦현상들은 외면적으로 동일한 것으로 보이나 몇 가지 중요한 차이점이 있다. 원형질 분리는 실험실에서 조직을 고장액에 처리한 후 현미경으로 원형질체 부피의 변화를 관찰함으로써 간단히 실험할 수 있다. 원형질 분리가 진행됨에 따라 원형질체의 부피는 점점 감소하고 원형질 연락사가 절단되며, 원형질체는 세포벽으로부터 분리된다. 세포벽과 원형질막 사이 빈 공간은 세포벽을 쉽게 투과할 수 있는 외부 용액으로 채워진다. 이러한 이유로 원형질 분리는 보통 원형질체에 별로 음압(인장력)이 발생하지 않는다. 근본적으로 원형질 분리는 실험적 현상인 것이며, 극심한 수분 스트레스(water stress)나 염도가 높은 특이한 환경이 아니고는 자연 상태에서 거의 일어나지 않는다.

반면에 시듦현상은 자연 상태에서 대기의 건조에 반응하는 전형적인 생리 현상이다. 시듦현상은 큰 표면 장력으로 세포벽의 작은 막공내에 있는 수분이 대기로 유출되는 것을 막으며, 붕괴되는 원형질체가 세포벽과의 연결을 유지하게 한다. 이는 세포벽을 내부로 끌어당기게 하여 실제로 큰 음의 압력을 생기에 한다. 시들은 세포의 수분 퍼텐셜은 음의 삼투 퍼텐셜 값과 음의 압력 퍼텐셜 값의 합보다 훨씬 더 큰 음의 값을 형성한다.

세포벽은 얼마나 탄력이 있는가?

세포벽은 변형을 막아내는 높은 탄성율을 가지고 있다. 그것은 구조적으로 온전함을 유지하는 동안에 세포에 높은 팽압을 전개할 수 있는 특성을 의미한다.

이상적인 삼투압계에서는 부피의 변화는 없어 결과적으로 용액 속의 용질의 농도나 삼투 퍼텐셜의 변화가 없다. 세포들은 오므라들고 부풀기는 하나 그 때의 부피의 변화는 비교적 적다. 대부분의 세포는 한계 원형질 분리와 최대한의 팽압 사이에서 기껏해야 약 10%의 세포 부피의 차이로 변한다. 이것을 〈그림 2-6〉에 나타냈는데 한계 원형질 분리와 최대한의 팽압 사이의 수분 퍼텐셜의 큰 변화는 삼투 퍼텐셜(Ψ_S)의 최소 변화와 팽압(Ψ_P)의 비교적 큰 변화로 구성되어 있다.

이러한 양상의 근본은 세포벽의 탄성에 기초한다. 물론 세포벽의 탄성은 세포의 모양이나 조직에 따라 다를 것이다. 예를 들어 활발하게 자라고 있는 어린 세포의 벽은 2차적으로 상당한 두께를 형성한 성숙한 늙은 세포의 벽보다 비교적 더 탄성이 있을 것이다. 그러나 대개는 식물 세포의 벽은 기계적 변형에 대해 꽤 견디어낸다. 그것은 그들이 비교적 딱딱하고 탄력이 없다는 것을 말한다. 세포들은 조여지고 물을 유실할 때 최소 부피와 삼투 퍼텐셜의 변화를 겪는다. 반면에 매우 강하고 비교적 유연성이 없는 세포벽 때문에 식물 세포는 실질적으로 팽압을 전개시킬 수 있다. 세포벽의 이런 중요한 특성이 세포 수준에서 물 이동을 생각할 때 고려해야 한다.

물리적 용어에서 탄성은 단위 면적당의 힘의 단위인 변형력(stress)의 양 혹은 특별한 수준의 변형(strain)을 창조하기 위해 적용되는 압력으로 설명한다. 변형은 보통 길이나 부피와 같은 크기의 변화로 표현된다. 세포벽의 특별한 경우에는 적용된 변형력은 팽창한 원형질체에 의해 가해진 압력이나 팽압이다. 결과로 얻어진 변형은 세포의 부피 변화로 측정된다. 가해진 압력(ΔP)과 상대적 부피 변화($\Delta V/V$) 간의 상호 관계는 부피 탄성률(volumetric elastic modulus; $\in$)로써 다음 식으로 정량화될 수 있다.

$$\in = \frac{\Delta P}{\Delta V/V} \tag{2. 11}$$

〈식 2. 11〉에 따르면 높은 $\in$값은 큰 압력이 세포 부피의 주어진 증가를 가져오는 데 가해졌음을 의미한다. 또 다른 방법으로 표현하면, $\in$값이 커지면 커질수록 변형에 대한 세포벽의 저항성은 더 커짐을 의미하는 것이다.

〈식 2. 11〉을 다시 정리하면 다음과 같다.

$$\in(\Delta V/V) = \Delta P \tag{2. 12}$$

높은 $\in$의 값을 가진 세포는 부피 변화의 일정한 증가를 위해 팽압의 더 큰 변화를 경험할 것이 분명하다.

많은 $\in$의 측정이 행해졌는데 특별히 압력 및 부피의 변화를 직접 측정할 수 있는 거대한 조류세포에서 많이 이루어졌다. 직접 측정을 할 수 없는 고등 식물 세포에서 $\in$의 값은 보통 수분 퍼텐셜의 측정과 알고 있는 삼투 퍼텐셜(식 2. 10)로부터 개략적으로 계산된다. 거대 조류인 *Nitella*가 100 MPa 정도의 높은 값을 갖고 있음이 보고되었다. 고등 식물 세포에서는 그 범위가 대개 1~12 MPa이다(Dainty, 1970). $\in$=10 MPa값인 경우에, 부피의 1% 변화($\Delta V/V=0.01$)는 팽압($\Delta\Psi_P$)이 0.1MPa 상승하는 변화가 주어질 것이다. 0.3~0.5 MPa의 팽압을 가지는 전형적인 세포에서 이것은 20~33%의 팽압의 변화를 나타낸다. 동시에 부피에 비례하는 삼투압은 단지 1%까지 변화될 것이다(그림 2-6 참조). 따라서 세포의 삼투 퍼텐셜은 비교적 일정하다. 실험치에 따르면 실은 그 값이 다양했다. 그때에 팽압의 변화는 세포의 수분 함량이 변할 때 수분 퍼텐셜의 주된 결정 인자로서 남게 된다.

높은 탄성률의 결과로 동물과 달리 식물은 그들 세포의 구조적 온전함을 유지하기 위하여 반드시 삼투 조절을 할 필요는 없다. 계속적인 수분 흡수와 세포막의 분해가 일어나는 것을 막기 위해서 동물 세포는 용질의 분비와 알맞은 삼투 퍼텐셜을 유지하도록 대사 에너지를 계속적으로 소비해야 한다. 식물 세포에서는 그러한 기능이 세포벽에 의해 맡겨진다. 매우 강하고 비교적 탄성이 없는 세포벽 때문에 발생한 팽압은 보통 알맞은 수분 퍼텐셜의 유지와 과도한 물 흡수를 막는 데 충분하다. 그러나 흥미롭게도 많은 식물 세포는 최대의 가능한 압력 수준보다 낮은 특정한 압력 수준을 유지하는 것으로 나타난다. 이것은 세포가 용질 함량을 조절함으로써 알맞은 범위에서 팽압의 유지를 돕는 압력 감지기(pressure sensor)를 가져야 함을 암시한다. 압력 감지기의 존재가 확정되지는 못했지만 앞으로의 연구에 매우 흥미로운 방향을 암시해 준다.

제 3 장

식물의 수분 관계

식물의 수분 관계에서 지배적인 과정은 토양으로부터 많은 양의 물을 흡수하여 식물체를 통해 이를 이동시켜 수증기 형태로서 주위 대기로 실질적으로 유실하는 것이다. 식물로 흡수된 모든 물의 5% 정도의 양이 실제로 생장을 위해 보유하며 생화학적으로는 더 적은 양이 이용된다. 식물체를 통해 수증기로 유실되는 균형적 현상이 증산(transpiration)이다. 증산은 작물에서 매우 뚜렷하게 나타난다. 작물에서는 아마도 몇백 킬로그램의 물이 건량 1kg을 생산하는 데 필요할 것이다. 그러나 지나친 증산은 생산력에 상당한 감소를 초래할 수 있다.

증산의 양적 중요성은 여러해 동안 다양한 연구에 의해 제시되었다. E.C.Miller는 1930년대 그의 정평 있는 생리학 교과서에서 하나의 옥수수가 일생 동안에 200 *l* 의 물을 증산할지 모른다고 보고를 했다. 이는 대략 자신의 무게의 100배에 달한다. 옥수수 밭에서 추정했다면 이 정도 부피의 물은 생장기 동안 밭의 38 cm 깊이까지 채우기에 충분한 양이다. 개방된 곳에서 자라는 14.5m의 단풍나무는 아마도 한 시간당 225 *l* 이상의 물을 유실할 것이다. 미국 애팔래치아 남쪽 낙엽수림에서 일년 강수량의 1/3이 식물에 의해 흡수되어 다시 수증기로서 대기로 되돌려진다.

증산에 의해 얻게 되는 어떤 긍정적인 이익이 있는지가 논의의 초점이다. 그러나 그 같은 물의 대량 유실은 분명히 생장, 생산성 그리고 심지어 식물의 생존과 매우 밀접한 관계를 가지고 있다. 예를 들어 증산이 일어나지 않는다면 단 한 번의 강우가 작물의 생장을 위해 충분한 물을 제공할 수 있다. 그처럼 증산에 의한 물 부족 때문에 오는 식물 생장의 감퇴는 세계적으로 경제적 손실과 수확 감소의 근본적인 원인이다. 그래서 이론적이면서 그리고 실제적인 이유로 증산은 중요한 과정임에 틀림없다.

이 장에서는 식물을 통한 증산과 수분 이동의 현상을 조사할 것이다. 제기될 기본 주제는 다음과 같다.

- 잎과 대기 사이에서 물의 교환을 지배하는 증산 과정과 증기압 차이의 역할
- 증산에 의한 수분 유실의 비율을 조절하는 환경 요인, 특히 온도와 습도의 역할
- 식물의 수분 전도계의 해부와 식물이 어떻게 나무의 가장 높은 곳까지 서 있는 물기둥을 유지할 수 있는가?
- 토양 속의 물 및 식물의 다른 쪽 끝에서 유실되는 물의 수요량을 충족시키기 위해서 물은 어떻게 뿌리에 의해 흡수되는가?

증 산

식물로부터 수증기의 근본적 유실은 잎에 있는 구멍에서 잎의 내부 공간과 주위 대기 사이의 증기압 차이에 의해 일어난다.

과 정

증산은 식물로부터 수증기 형태의 물의 유실로서 정의된다. 적은 양의 수증기가 어린 작은 가지와 가지의 나무껍질에 있는 작은 구멍(피목; lenticel)을 통해 유실될지라도 대부분의 양(90% 이상)은 잎으로부터 빠져나간다. 실제로 증산 과정은 잎의 해부학적 구조와 매우 밀접하다(그림 3-1). 전형적인 관다발 식물 잎의 바깥 표면은 여러 층의 왁스 퇴적물인 **큐티클**(cuticle)로 덮여 있다. 큐티클의 기본 구성 물질은 **큐틴**(cutin)으로서 전형적으로 16~18개의 탄소로 된 긴 사슬의 이종 중합체인 히드록시화된 지방산이다. 인접한 지방산의 히드록시 그리고 카르복시 그룹 사이에 에스테르 형성이 교차 결합하여 강한 중합체 망을 이룬다.

큐틴망은 긴 사슬(37개의 탄소 원자까지)의 포화된 탄화수소, 알코올, 알데히드, 케톤의 혼합물 복합체인 큐티클성 **왁스**(wax)의 기질에 담겨 있다. 큐티클성 왁스는 높은 소수성이기 때문에 밑에 있는 세포로부터 물과 수증기 모두의 확산에 대해 아주 높은 저항을 갖는다. 그래서 큐티클 층은 잎의 표피 세포의 바깥면으로부터 직접 물의 증발을 제한하는 역할을 한다. 그리고 표피 세포와 그 밑에 있는 엽육 세포 모두에서 가능한 치명적인 탈수로부터 보호한다.

표피와 위에 놓인 큐티클 층의 융합은 때때로 작은 구멍에 의해 방해를 받는데 이 구멍을 **기공**(stoma)이라고 한다. 각 구멍은 한 쌍의 특이한 세포, 즉 **공변 세포**(guard cell)로 둘러싸여 있다. 이들 공변 세포는 수압으로 작동하는 밸브로써의 기능을 행하는데 그로 인해 구멍의 크기를 조절한다. 잎의 내부는 광합성을 하는 **엽육 세포**(mesophyll cell)로 이루어져 있다. 대부분의 잎에서는 어느 정도 서로 연결된 시스템을 만들어 낸다. 공기 공간인 이 시스템은 어떤 경우에는 총 잎부피의 70%에 이르기까지 매우 넓어질 수 있다. 기공은 열렸을 때 내부의 공기 공간과 잎을 둘러싸고 있는 대기 사이에서 가스(근본적으로 이산화탄소, 산소 그리고 수증기)의 교환 루트를 제공하는 위치에 있다. 이러한 상호 관계 때문에 이 공간을 **기공 아래 공간**(substomatal space)이라고 부른다. 8장에서 잎의 해부학적 구조와 가스 교환간의 관계 그리고 특별히 기공의 구조와 역할에 대해 좀 더 자세히 논할 것이다. 우선 큐티클 층이 대개 물에 대해 비투과적이고 열린 기공이 식물로부터 수증기의 방출을 위한 일차적인 루트를 제공한다는 것을 주목하는 것으로 충분하다.

증산은 두 단계의 과정으로 생각할 수 있다. (1) 젖은 세포벽으로부터 기공 아래의 공기 공간으로 물의 증발 그리고 (2) 기공 아래 공기 공간으로부터 대기로 수증기 확산. 증발은 일차적으로 기공 아래 공기 공간과 경계를 이룬 엽육 세포의 표면에서 일어난다고 보통 생각한다. 그러나 몇몇 연구자들은 더 제한된 관점을 제안했다. 그들은 대신에 대부분의 물은 기공 가까운 부근에 있는 표피 세포의 안쪽 면으로부터 증발한다고 제안하고 있다. **주위 구멍에 의한 증발**(peristomal evaporation)로 알려진 이 관점은 엽육 세포벽 위에 있는 큐티클 층의 존재를 나타내는 많은 보고에 기초를 두고 있다. 덧붙여서 기공 아래 빈 공간내에서 일어나는 확산에 대한 수학적 모델은 모든 증발의 75% 이상이 기공의 가까운 부근에서 일어나는 것으로 예측했다. 엽육 세포 표면으로부터 일어나는 증발에 대비된 주위 구멍에 의한 증발의 중요성은 대개 직접적인 실험에 의해 증명할 것이 남아 있다. 증발이 근본적으로 엽육 세포 표면에서 아니면 표피 세포 표면에서 일어나는지가 흥미로운 문제이나 이 문제는 생리 과정이 흔히 그들이 처음 나타날 때처럼 간단하지 않음을 우리에게 알려 준다.

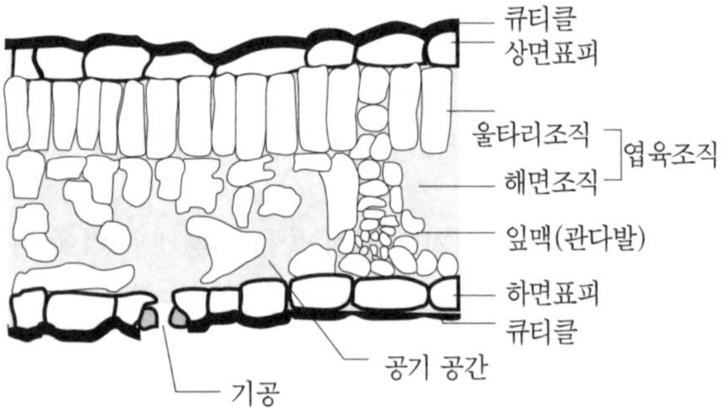

〈그림 3-1〉 횡단면에 나타난 중생 식물(단풍나무과)의 잎에 대한 도식적 설명

특별히 위아래 표피 세포 표면의 바깥을 덮고 있는 큐티클 층의 존재에 주목하라. 또한 열린 기공을 통해 주위의 공기와 접근하고 있는 넓은 세포 간극에 주목하라.

기공 아래 공간으로부터 대기로 수증기의 확산은 상대적으로 간단하다. 수증기가 한번 세포 표면을 떠나면 그것은 기공 아래 공간을 통해 확산하고 기공을 통해 잎 밖으로 나간다. 기공을 통한 수증기의 확산을 기공 증산(stomatal transpiration)이라 하며 잎으로부터 수분 유실의 90~95%에 해당한다. 나머지 5~10%가 **큐티클 층 증산**(cuticular transpiration)에 해당한다. 비록 큐티클 층이 왁스와 다른 소수성 물질로 구성되어 있더라도 그리고 보통 물이 투과할 수 없더라도 적은 양의 수증기가 통과할 수 있다. 잎의 수분 유실에 대한 큐티클 층 증산의 기여는 종에 따라 상당히 다양하다. 이는 큐티클 층의 두께에 어느 정도 의존한다. 두꺼운 큐티클 층은 강한 태양빛이나 건조한 서식지에서 자란 식물의 속성인 반면, 대개 그늘이나 습한 서식지에서 자란 식물의 잎은 얇다. 큐티클 층 증산은 기공 증산이 기공이 닫혀 방해될 때 특별히 건조한 조건 아래에서 얇은 큐티클 층을 가진 잎에 대해서 특별히 큰 의미를 가질지 모른다.

증산 측정

이 장의 초두에서 증산의 크기가 몇 개의 대표적인 값으로 제시되었다. 그러나 어떻게 증산이 측정될까? 증산에 대한 논의를 진행하기 전에 어떻게 이러한 값이 얻어졌는가를 간단하게 논의하는 것이 유익하다. 두 가지 근본적인 방법 즉, 무게 유실과 가스 교환이 일반적으로 사용된다.

무게 유실 방법은 화분이나 토양 표면으로부터 증발을 막기 위해 충분히 수분이 제공된 화분 식물을 밀폐하여 증명할 수 있다. 화분에 심은 식물은 그 다음 줄기의 증산에 따른 수분 유실로 인한 무게 감소를 일정한 간격으로 잴 수 있다. **라이시미터법**(lysimeter method)으로 알려진 무게 감소법은 농업적 야외 연구를 위해 보통 땅속에 묻은 무게 측정 장치 위에 놓여진 흙으로 채워진 큰 컨테이너(수 m^3)에서의 수분 유실을 대략적으로 계산하는 것이다(Kramer, 1983). 그 같은 경우에 기록은 물의 유입(강우, 관수) 그리고 덧붙여 토양으로부터 증발을 기록해야 한다. 라이시미터법은 보통 야외 연구에서 가장 정확하고 믿을 만한 것으로 생각된다. 그러나 라이시미터는 설치 비용이 비싸고 보통 휴대가 불가능하다.

가스 교환법은 흔히 광합성 실험과 결부되어 이용되는데, 즉 이 방법에서는 공기 흐름이 있는 투명한 챔버 안에 잎이나 줄기가지를 넣어 밀봉시켜 수행한다. 증산은 챔버 속으로 들어가는 공기의 수분량과 챔버 밖으로 나오는 공기의 수분량의 차이로써 계산될 수 있다. 기공의 열림과 함께 증산 측정과 광합성률을 결부시켜 온도, 이산화탄소량 그리고 다른 변인도 측정될 수 있다. 이 방법은 또한 나무 전체를 둘러싸거나 혹은 큰 식물을 플라스틱 수관(canopy)으로 밀폐함으로써 야외 연구를 위해 확대되었다. 가스교환법은 작은 규모로 실험실에서 또는 큰 규모로 야외 측정에서 보통 짧은 기간의 연구에 국한된다. 장기간 식물을 둘러싸는 작업은 잎을 둘러싸고 있는 미세 기후를 상당히 변화시킬지 모른다. 온도, 유입되는 공기 흐름의 습도, 그리고 공기의 흐름 속도와 같은 조건은 조심스럽게 측정하고 조절해야 한다. 다른 한편으로 챔버와 측정 체계는 꽤 휴대 간편하게 만들 수 있고, 많은 상업상의 기구들이 현재 야외 연구에 이용되고 있다.

큰 규모의 자연 생태계에서 증산은 측정하기 어렵고 대개 간접적으로 계산된다. 여기서 연구자는 기본적으로 유입량(강우)과 토양 저장, 배수, 땅 위를 흐르는 빗물 등과 같은 유출량을 참작하는 수분 평형 기록을 계산한다. 측정된 유입과 유출의 차이는 증산 측정으로 해석된다.

증산의 구동력

앞 장에서 물의 이동은 수분 퍼텐셜에 의해 결정됨을 보여 주었다. 그런 다음 증산의 구동력은 기공 아래 공기 공간과 외부 대기 사이의 수분 퍼텐셜의 차이라고 추정할 수 있다. 그러나 문제는 액상의 물보다는 오히려 수증기의 확산을 현재 중요시하고 있기 때문에 그것은 증기 체계로 생각하는 것이 더 편할 것이다. 예를 들어 순수한 물이 폐쇄된 챔버로 들어갔을 때 어떤 일이 일어나는지 고려해 보아라(그림 3-2). 처음에는 높은 에너지를 가진 물분자가 대기 공간으로 탈출할 것이며 그로 인해 수증기로 공간이 채워질 것이다. 그들 중 몇몇 물분자들은 그 다음 액상으로 농축되기 시작할 것이다. 실제로 챔버 속의 물은 동적 평형에 이를 것이다. 즉, 증발률은 응축률에 의해 평형이 될 것이다. 그 다음 공기 공간은 그 온도에서 유지할 수 있는 수증기의 최대량을 가질

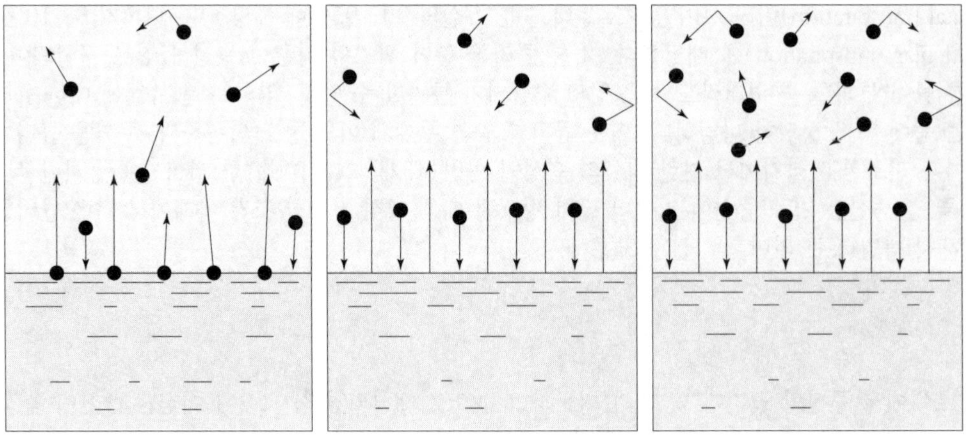

〈그림 3-2〉 밀폐된 콘테이너의 증기압
첫째로(A), 보다 많은 분자가 응축되기보다는 수표면으로부터 탈출하여 공기공간을 수증기 분자로 채운다. 기체상의 물분자는 챔버의 벽과 수표면에 압력을 가한다(증기압). 평형 상태(B)에서 응축률은 증발과 같다. 그리고 공기는 수증기로 포화된다. 공기가 포화될 때 증기압은 포화 증기압이다. 높은 온도(C)에서 높은 비율의 물분자는 탈출할 충분한 에너지를 가지고 있다. 증기 상태에서 물분자의 농도와 포화 증기압 모두는 둘 다 상응하게 더 높다.

것이다. 달리 말하자면 평형 상태에서 가스 형태는 수증기로 포화될 것이다.

증기 상태에서 물분자의 농도는 단위 부피당 증기 질량으로 나타낼 수 있으며($g \cdot m^{-3}$) 이를 **증기 밀도**(vapor density)라고 한다. 달리, 농도는 액상 표면과 챔버의 벽에 부딪치는 수증기 분자에 의해 가해지는 압력으로 표현될 수 있다. 이를 **증기압**(vapor pressure, *e*)이라고 한다. 적절한 공식으로 증기 밀도와 증기압은 서로 전환될 수 있다. 그러나 지금은 압력 단위들 중에는 수분 퍼텐셜의 구성 요소를 따르는 것이 습관되어 있기 때문에 우리의 논의에서 증기압(kPa)을 일관되게 사용하려 한다. 그 다음 가스 상태가 평형 상태에 도달하고 수증기로 포화될 때 이 체계를 **포화 증기압**(saturation vapor pressure)에 도달했다고 말할 수 있다.

대기압에서 용액 위에 미치는 증기압은 용질 농도와 온도에 의해 영향을 받는다. 수분 퍼텐셜에 관련해서는 앞에서 논의했던 것처럼(2장) 증기압에 대한 용질 농도의 효과는 물분자의 몰분율(mole fraction) 항으로 표현될 수 있다. 이 상관 관계는 라울의 법칙의 형태로 주어진다.

그것은 다음 식으로 나타낸다.

$$e = X_i e^0 \qquad (3.\ 1)$$

여기서 e는 용액의 증기압, X_i는 물의 몰분율(=물분자의 수/물분자의 수+용질 분자의 수), 그리고 e^0는 순수한 용질에 대한 포화 증기압이다.

용질에 기인하는 증기압의 실제 감소는 매우 적게 일어난다. 이는 비교적 농축된 용액에서조차도 용매의 몰분율은 크게 남기 때문이다. 예를 들어 전형적인 식물 세포의 액포액의 농도와 비슷한 0.5 M 농도의 용액을 생각해 보자. 0.5M 농도의 용액은 1,000g의 물(55.5mol)에 1/2mol의 용질이 녹아 있다. 그러므로 0.5M의 용액 속의 물의 몰분율은 55.5/(55.5+0.5)=0.991이다. 〈식 3. 1〉에 의하면 0.5 M 용액의 포화 증기압은 순수한 물과 비교해서 1%도 감소되지 않는다.

다른 한편, 온도는 증기압에 상당한 효과가 있다. 이는 물분자의 평균 운동 에너지에 대한 온도의 효과에 기인한다. 물용량 또는 수용액의 온도가 증가하면 또한 유체 표면을 탈출할 충분한 에너지를 가진 분자의 비율이 증가한다. 그 다음 증기상에 물분자의 농도가 증가할 것이다. 그리고 결과적으로 증기압의 평형 상태에 도달할 것이다. 약 12℃의 온도 증가는 포화 증기압을 거의 2배로 할 것이다.

확산에 대한 Fick의 법칙(2장)에 의하면 분자는 높은 농도 지역에서 낮은 농도 지역으로 확산할 것이다. 또는 농도 기울기를 낮출 것이다. 왜냐하면 증기압은 증기 농도와 비례하기 때문에 수증기는 역시 증기압 기울기를 낮추는 방향으로 즉, 높은 증기압에서 낮은 증기압 부위로 확산할 것이다. 원칙적으로 잎의 기공 아래 공기 공간은 보통 수증기로 포화되어 있거나 그에 가깝다. 이는 대기 공간과 경계를 이룬 엽육 세포가 물의 증발을 위해 노출된 표면 지역이 크기 때문이다. 다른 한편으로는 잎을 둘러싸고 있는 대기는 보통 불포화 상태이고 흔히 매우 낮은 수분 함량을 가지고 있다. 이러한 환경이 잎의 내부에 높은 수증기압과 외부 대기에 낮은 수증기압 사이에 기울기를 만든다. 이러한 잎의 내부 공기 공간과 둘러싸고 있는 대기간의 수증기압 차이가 증산을 위한 구동력이다.

증산율에 대한 습도, 온도 그리고 풍속의 영향

증산율은 자연적으로 습도, 온도 그리고 풍속과 같은 요인에 의해 영향을 받는다. 이들은 기공 아래 공기실과 주위 대기 사이에서의 수증기 확산율에 영향을 준다. 확산에 대한 Fick의 법칙은 확산율이 확산하는 물질의 농도 차이에 비례함을 말해 준다. 그러므로 증산율은 잎과 둘러싸고 있는 공기 사이의 증기압 기울기의 정도에 의해 상당히 지배될 것이다. 달리 말하자면,

$$T \propto e_{\text{잎}} - e_{\text{공기}} \quad (3.\ 2)$$

동시에 잎으로부터 수증기의 탈출은 잎 내부와 대기 속 모두에서 확산하는 물분자에 의해 겪게 되는 저항으로 인해 상당한 정도로 조절된다(그림 3-3). 저항은 이미 수증기로 포화된 세포간의 공간과 기공을 통과할 때 수증기 분자에 의해 겪게 된다. 기공 저항에 대한 부호가 기공이 어떤 때에는 완전히 열려 있고, 어떤 때는 부분적으로 열려 있고, 또는 닫혀 있다는 사실을 생각할 때 다양함에 주목하라. 부가적인 저항은 잎표면 위에서 교란되지 않은 층인 **경계층**(boundary layer)에 의해 경험하게 된다. 경계층과 그의 증산에 대한 효과는 이 장의 뒷부분에서 더 자세히 다루어질 것이다. 증산 방정식〈식 3. 2〉은 이제 이들 저항률 계정을 위해 부가적 용어를 필요로 한다.

$$T \propto \frac{e_{\text{잎}} - e_{\text{공기}}}{r_{\text{공기}} + r_{\text{잎}}} \quad (3.\ 3)$$

〈식 3. 3〉은 증산율이 잎과 대기 사이의 증기압의 차이를 대기와 잎에서 겪게 되는 저항의 합으로 나눈 값에 비례한다는 것을 나타내고 있다.

습도의 효과 **습도**(humidity)는 앞서 주목했던 것과 같이 증기 밀도($g \cdot m^{-3}$) 또는 증기압(kPa)으로 표현되는 공기 속의 실제적인 물 함량이다. 그러나 실제로 **상대 습도**(relative humidity, RH)로 물 함량을 나타내는 것이 더 편리하다. 상대 습도는 주어진 온도에서 공기에 의해 보유될 수 있는 최대 물의 양에 대한 실제적인 물 함량의 율이다. 다른 방식으로 표현해서 상대 습도는 포화 증기압에 대한 실제적인 증기압의 율이다. 상대 습도는 가장 일반적인 표현으로 RH×100, 또는 상대 습도의 백분율이다. 공기의 증기압에 대한 습도와 온도의 효과는 〈표 3-1〉에 보기를 들어 설명하고 있다. 정의에 따르면 50% RH에서의 공기는 포화 상태에서 가능한 물의 양의 1/2을 가질 수 있다. 그의 증기압은 그러므로 포화 증기압의 반이다. 또한 10℃의 온도 증가는 포화 증기압이 두 배가 된다는 것에 주목하라. 상대 습도와 온도 또한 공기의 수분 퍼텐셜에 대해 상당한 효과를 가진다(표 3-2).

〈표 3-1〉 온도와 다양한 포화도의 함수로서 공기 속의 수증기압(kPa) 공기는 100%의 상대 습도(RH)에서 수증기로 포화된다.

온도(℃)	상 대 습 도				
	100%	80%	50%	20%	10%
30	4.24	3.40	2.12	0.85	0.42
20	2.34	1.87	1.17	0.47	0.23
10	1.23	0.98	0.61	0.24	0.12

〈표 3-2〉 20℃에서 상대 습도(RH)의 함수로서 수분 퍼텐셜(ψ)에 대한 몇 가지 값

RH(%)	ψ(MPa)*
100	0
95	−6.9
90	−14.2
50	−93.5
20	−217.1

*수분 퍼텐셜은 다음 공식으로 계산함.
ψ=1.06T log (RH/100)

앞서 제시한 바와 같이 기공 아래 잎공간의 증기압은 아마 대부분의 시간 동안 포화 상태에 가깝다. 심지어 빠르게 증산하는 잎에서도 상대 습도는 아마 95%보다 더 클 것이고, 그 결과 수분 퍼텐셜은 영에 가까울 것이다(표 3-2). 이러한 조건하에서 기공 아래 공간에서의 증기압은 그 잎의 온도에서 포화 증기압일 것이다. 대기의 증기압은 다른 한편으로는 공기의 상대 습도와 그의 온도 양쪽 모두에 의존한다. 습도와 온도는 그렇기 때문에 번갈아 증산율에 영향을 주는 증기압 기울기($e_{잎}$ − $e_{공기}$)의 크기를 수정할 퍼텐셜을 가지고 있다.

온도 효과 온도는 증기압에 따른 온도의 효과를 통해서 증산율을 조절하는데, 이로 인하여 〈표 3-3〉에 3가지 예로 제시된 것과 같이 증기압 기울기에 영향을 미친다. 첫번째 예(A)에서처럼 10℃의 주위 온도와 50%의 상대습도를 추정하면 잎 대 대기 사이의 증기압 기울기는 0.61kPa이다. 이는 이른 아침 시간의 전형적인 경우이다. 해가 떠오를 때 대기의 온도는 증가할 것이다. 10℃의 온도 증가에 따라(표 3-3(B)) 대기의 수분 함량이 일정할 때 잎 대 대기의 증기압 기울기는 증가할 것이고 그 결과로서 증산율 퍼텐셜은 거의 3배로 증가할 것이다. 이 예에서 잎의 온도가 대기의 온도와 평형을 이루고 있다는 것을 주목하라. 이러한 경우는 항상 그렇지는 않다. 강렬한 태양 빛에 노출된 잎은 실제로 주위 공기의 온도보다 5℃~10℃ 더 높다. 이러한 환경에서 증기압 기울기는 아마 6배까지 증가할 것이다(표 3-3(C)).

기공이 열려 있고 증기압 기울기가 잎과 대기 사이에 존재하는 한, 수증기는 잎 밖으로 확산할 것이다. 이는 대기의 상대 습도가 심지어 100%일 때도 증산이 일어날 수 있음을 의미한다. 이러한 현상이 잎의 온도와 결과적으로 포화 증기압이 주위 대기보다 높은 열대 정글의 경우에서 자주 있다. 대기가 이미 포화되어 있기 때문에 수증기는 나가는 잎에 농축되어 그 때문에 이것이 김을 뿜어내는 정글 모습의 실체가 된다.

〈표 3-3〉 잎 대 공기의 증기압 기울기에 대한 온도와 상대 습도의 효과
이 보기에서 대기의 수분함량은 일정한 것으로 추정된다.

잎	대기	$e_{잎}$ − $e_{공기}$
(A)		
T=10℃	T=10℃	0.61kPa
e=1.23kPa	e=0.61kPa	
RH=100%	RH=50%	
(B)		
T=20℃	T=20℃	1.73kPa
e=2.34kPa	e=0.61kPa	
RH=100%	RH=26%	
(C)		
T=30℃	T=30℃	3.63kPa
e=4.24kPa	e=0.61kPa	
RH=100%	RH=26%	

바람의 효과 풍속은 증산에 현저한 효과를 준다. 왜냐하면 그것은 나가는 물분자에 대한 확산 통로의 유효 거리를 수정하기 때문이다. 이는 이미 소개한 경계층의 존재 때문이다(그림 3-3). 대량의 공기에 도달하기 전에 잎을 나가는 수증기 분자는 표피 세포층의 두께(즉, 공변 세포)를 통해서뿐만 아니라 경계층을 통해서 확산해야 한다. 그래서 경계층의 두께가 확산 통로의 길이에 추가된다. Fick의 법칙에 따르면 이 더해진 길이는 확산율을 감소시킬 것이며 이로써 증산율이 감소할 것이다.

경계층의 두께는 첫째로 잎의 크기와 모양, 잎의 털의 존재(trichome), 그리고 풍속(Nobel, 1991)의 함수이다. 전형적으로 작은 잎 위의 풍속의 함수로 계산된 경계층의 두께가 〈그림 3-4〉에 예를 들어 설명하고 있다. 풍속이 증가함으로써 경계층의 두께가 감소하고 결

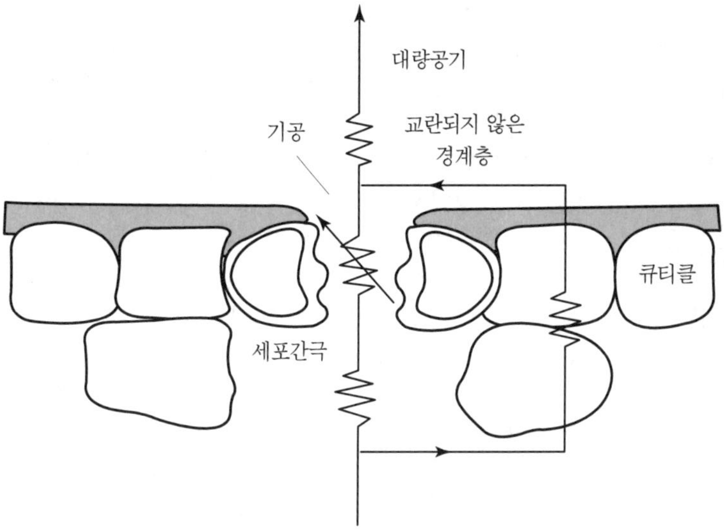

〈그림 3-3〉 잎 밖으로 확산하는 수증기에 부닥치는 근본적인 저항에 대한 도식적 설명

전기 저항을 나타내는 표현부호가 사용된다. 왜냐하면 수분 확산에 대한 저항은 전기 회로에서 나타나는 저항과 유사하기 때문이다. 열고 닫기 위한 기공의 용량을 고려해서 다양하게 제시되는 기공 저항에 대한 표현에 주목하라.

과적으로 확산 통로의 길이가 감소한다. Fick의 법칙에 따라 증기압 기울기는 가파르게 되고, 모든 다른 요인은 동일하게 되어 증산율이 증가한다. 그러나 이 상관 관계는 낮은 풍속에서만 가장 정확하다. 풍속이 증가할 때는 잎이 식는 경향이 있고 또한 충분히 건조해져서 기공이 닫히는 원인이 된다. 이들 요인 중의 어느 하나만으로도 증산율이 낮아지는 경향이 있다. 그러므로 높은 풍속은 단지 경계층 두께에 대한 풍속의 효과에 기초해 기대했던 것보다 증산율에 대해 적게 효과를 가질 것이다.

경계층의 두께는 또한 다양한 식물 요인에 의해 영향을 받을 수 있다. 경계층은 큰 잎 위에서 더 두껍고 잎 모양이 바람의 형태에 영향을 줄 수 있다. 잎의 솜털이나 표면의 털이 경계층을 유지하는 데 도움을 주며 그 때문에 잎 위에서 공기 이동을 멈춤으로 해서 증산을 감소시킨다.

증산의 유효성 증산에 대한 논의를 끝내기 전에 두 가지 특별히 흥미로운 의문이 떠오른다. 첫째는 어떻게 식물은 기공과 같은 작은 구멍을 통해 이처럼 많은 양의 수증기를 유실하는 것일까? 예를 들어 기공을 통한 확산이 단지 기공 면적을 기초로 해서 계산할 수 있는 것보다 훨씬 많은 50~70배의 효과가 있다고 추정해 왔다. 그것은 작은 구멍이 수증기를 포함해서 모든 가스 형태의 확산에 대해 놀랄만한 효과가 있다는 결과를 드러낸다. 그러나 우리는 8장에서 이 문제에 대한 전반적인 논의를 할 것이다. 즉 우리가 광합성을 위한 이산화탄소 공급의 배경 안에서 그것을 시험할 수 있을 때 다루려 한다. 두번째 문제는 증산이 식물에게 어떤 긍정적인 이점을 제공하는가이다.

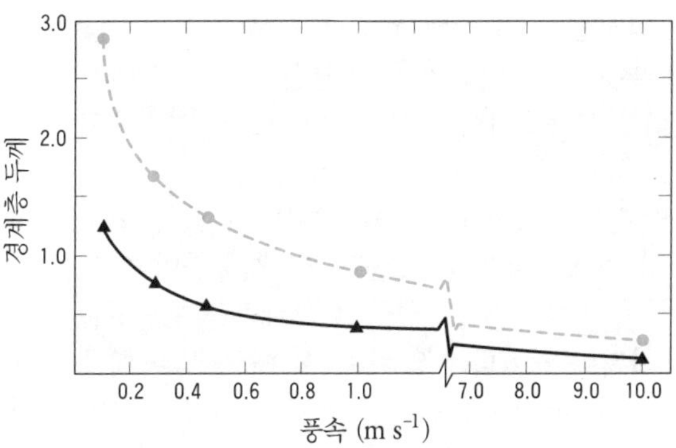

〈그림 3-4〉 1cm(▲) 또는 5cm(●) 폭을 가진 잎에 대해 계산된 경계층 두께에 대한 풍속의 영향

풍속은 $0.28\mathrm{m \cdot s^{-1}} = 1\mathrm{km \cdot hr^{-1}}$(Nobel, 1991)

물수송 통로의 해부학적 구조

식물체 내에서 물을 끌어들이는 주경로는 열린 도관이 서로 연결된 체계를 형성하는 일련의 물관 요소들이다.

관다발 식물의 뚜렷한 특징은 여러 기관들 사이에서 물과 양분을 수송하는 관다발 조직인 물관부와 체관부의 존재이다. 관다발 조직은 뿌리나 줄기의 정단 분열

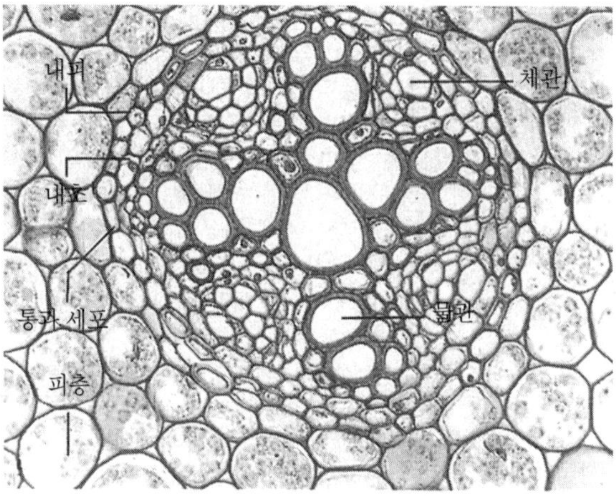

〈그림 3-5〉 커다란 물관들이 보이는 미나리아재비의 어린 뿌리의 관다발 조직의 횡단면

조직으로부터 몇 mm 떨어진 곳에서부터 분화가 시작되어 줄기, 잎, 꽃, 과일 등의 다른 기관으로 연결되는 체계로 확장된다. 잎과 같은 기관에서는 큰 잎맥이 점차 더 작은 잎맥으로 분지가 되어 모든 잎의 광합성 세포들이 잎맥의 말단으로부터 기껏해야 서너 개의 세포 간격으로 떨어져 있다. 물관부 조직에 의해 물과 용해된 무기염, 그리고 때로는 작은 유기물들이 식물의 상부, 즉 뿌리에서 줄기를 거쳐 잎이나 열매 등의 착생 기관으로 수송된다. 반면에 유기물은 주로 체관부에 의해 합성 장소로부터 저장소나 대사적으로 필요한 부위로 수송된다. 광합성 산물과 일반적인 유기물의 수송에 있어서 체관부의 역할은 11장에서 자세히 다루게 될 것이다.

물관부는 섬유(fiber), 유조직 세포(parenchyma cell), 그리고 관상 요소(tracheary element)로 구성되어 있다(그림 3-5). 섬유는 아주 길쭉한 세포로 두꺼운 2차벽을 가지고 있다. 이들의 주 기능은 식물체의 구조를 지지하는 것이다. 유조직 세포는 저장과 용질의 측면 수송을 담당한다. 관상 요소는 헛물관(tracheid)과 물관 요소(vessel element)를 함유한다(그림 3-6). 관상 요소는 가장 고도로 특화된 물관부의 세포들로 물 수송의 주 역할을 담당한다. 헛물관과 물관은 모두 길쭉하게 생겼으며 두꺼운 2차벽을 가지고 있는데 이 벽에 종종 여러 가지 형태의 조각을 한 것 같은 모양이 있다. 그러나 이들의 가장 뚜렷한 특징은 성숙하여 기능을 할 때가 되면 헛물관과 물관이 모두 원형질이 없는 죽은 세포가 서로 연결된 망상 조직을 형성한다. 속이 비어 있는 관 모양으로 함께 광범위한 연결망을 이루는 이러한 세포들의 속성으로 인해 식물체 내에서 다량의 물이 빠르고 효율적으로 수송되도록 촉진된다.

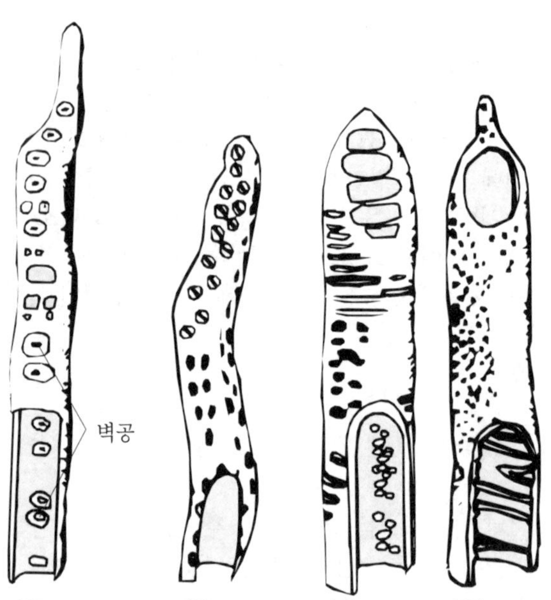

〈그림 3-6〉 백송(A)과 참나무(B)의 봄 가지의 헛물관과 목련(C)과 참피나무(D)의 물관 요소. 줄기 끝 부분만 나타나 있다.

헛물관은 지름이 10~50μm 정도인 단일 세포로 보통 길이가 1 cm 이하이지만 어떤 종에서는 3 cm 정도에 달하기도 한다. 헛물관도 셀룰로오스, 헤미셀룰로오스, 리그닌 등으로 구성된 두꺼운 2차벽을 가지며 리그닌의 함량이 높아서 생장 중인 세포의 1차벽에 비해 물에 대한 투과성이 낮다. 반면에 2차벽의 추가적인 강도는 활발하게 증산이 일어나고 있는 식물에서 생길 수 있는 엄청난 음의 값의 압력에 의해 세포가 파괴되는 것을 막아 준다. 이들의 주 기능은 물의 수송이지만 헛물관의 두꺼운 2차벽은 식물체의 구조적 지지에도 기여한다.

헛물관에서의 물의 이동은 2차벽에 있는 벽공쌍(pit pair)에 의해 촉진된다(그림 3-7). 헛물관이 발달될 때 벽공쌍을 이루게 되는 지역에는 2차벽을 형성하는 물질들의 퇴적이 일어나지 않는다. 이 때문에 한 헛물관 세포의 루멘(lumen)과 인접한 세포의 루멘 사이는 중간 라멜라층과 1차 세포벽으로만 분리된다. 중간 라멜라층과 1차 세포벽이 합쳐져 벽공막(pit membrane)을 형성한다. 벽공막은 딱딱하지 않으며 지름이 약 0.3μm인 구

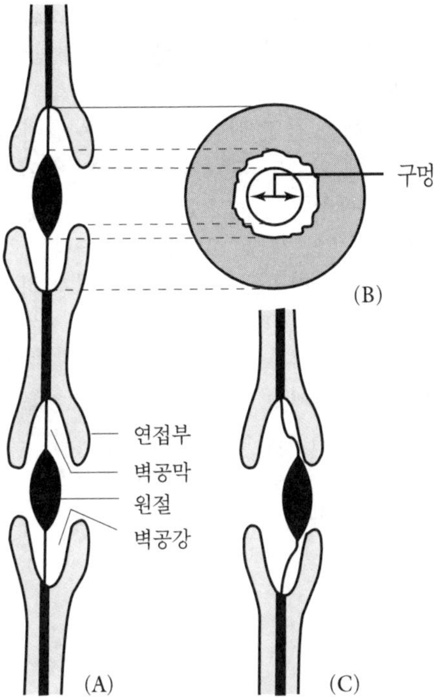

〈그림 3-7〉 연접한 벽공쌍의 도해도

헛물관 사이에 있는 2개의 벽공쌍의 측면 그림(A). 표면 그림(B). 압력차에 의해 원절이 경계면을 눌러 벽공을 차단하고 물의 이동을 방지한다(C).

멍을 가지고 있어 물과 용질이 비교적 자유롭게 이동할 수 있다. 이러한 구멍이 어떻게 생겼는지는 알려져 있지 않지만 세포가 살아 있을 때에 원형질 연락사가 존재했던 곳으로 여겨지고 있다. 유연 **벽공쌍**(bordered pit pairs)에는 2차벽이 형성되어 벽공막의 중간 부위가 부풀어올라 있는데 이를 **원절**(torus)이라고 한다. 공기 방울이 형성되어 있을 때처럼 인접한 관다발 요소간의 압력에 차이가 생기면 원절은 낮은 압력이 있는 곳으로 밀려간다. 〈그림 3-7〉에 나타나 있는 것처럼 원절의 압력에 의해 벽공이 막히게 된다.

연결된 헛물관은 보통 가늘어진 끝 부분에서 겹치게 된다. 그 결과로 헛물관은 식물체에서 세로 길이 방향으로 배열되어 있으며 물은 측면이나 길이 방향으로 연접한 헛물관이 겹치는 지역인 벽공쌍을 통해 이동한다. 물의 이동은 벽공막의 구멍에 의해 확연히 촉진된다.

물관은 세로 방향으로 끝이 연결되어 있는 물관 요소라고 하는 개별적인 단위인 아주 긴 관상 요소들로 구성되어 있다. 성숙되면 물관 요소의 양끝 벽이 녹아 없어져 **천공판**(perforation plate)이라는 구멍을 형성한다. 물관 요소가 될 세포가 발달함에 따라 나중에 천공판이 생기게 될 지역에는 중간 라멜라층의 팽창으로 인하여 두꺼워지게 된다(그림 3-8). 두꺼워진 지역에는 셀룰로오스가 거의 함유되어 있지 않고 거의 대부분이 비셀룰로오스성의 다당류로 구성되어 있다. 세포가 성숙되고 세포질이 분해되기 시작하면 보호되지 않던 천공판 지역이 가수 분해 효소들에 의해 녹아져 없어진다. 나머지 세포벽 부위는 리그닌계의 2차 세포벽 물질로 덮여져 분해가 되지 않는다. 어떤 경우에는 그 결과로 생기는 천공이 양끝의 전체 세포벽을 사실상 다 차지하게 되어 2개의 서로 연결된 물관 요소 사이의 접속 부위라는 흔적만 남기게 된다(그림 3-8). 다른 경우에는 천공판에 여러 개의 구멍이 생기기도 한다. 천공이 길쭉하게 평행한 패턴을 이루면 **사다리형**(scalariform)이라고 부르며 불규칙

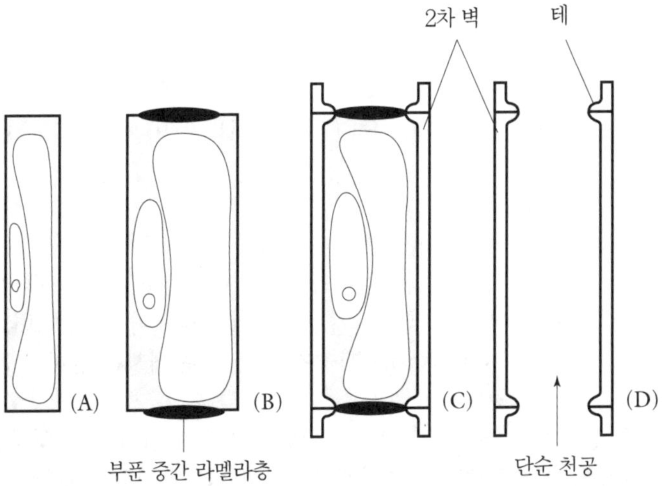

〈그림 3-8〉 물관 요소의 발달

분열 조직 세포(A). 나중에 천공판이 될 지역에서 중간 라멜라층의 팽창(B). 나중에 천공판이 될 지역을 제외한 곳에서의 2차벽 침적(C). 분화된(성숙한) 물관 요소(D). 일차벽과 중간 라멜라층은 분해되고 원형질은 없어진다.

적인 그물 모양이면 망상형(reticulate)이라고 한다. 일반적으로 천공에 의해 서로 연결된 물관 요소들 사이에서의 물의 이동이 비교적 자유롭다. 끝에 있는 마지막 물관 요소는 천공판을 가지고 있지 않지만 헛물관에 있는 것과 유사한 벽공쌍이 존재하기 때문에 물은 측면으로는 이동할 수 있다.

물관은 일반적으로 헛물관보다 크지만 그 크기는 아주 다양하다. 예를 들면 단풍나무의 경우 물관의 직경은 40~60μm 정도이지만 일부 참나무의 경우 그 직경이 300~500μm에 이른다. 단풍에서 물관의 길이는 일반적으로 4cm 이하이나 어떤 것은 30cm에 이르기도 한다. 반면에 참나무에서는 길이가 10m에 달하는 물관이 기록되어 있다. 그러나 관다발조직이 광범위하게 가지를 치고 있고 겹쳐져 있는 관상 요소들간의 수많은 측면적 연결로 인해 물관은 식물체의 가장 깊이 있는 뿌리 끝에서부터 가장 높이 달려 있는 나뭇잎의 끝까지 하나의 연속적이며 서로 연결된 물 수송 통로를 형성한다.

물관은 진화적 측면에서 헛물관보다 더 발달된 것으로 여겨지고 있다. 예를 들면 겉씨식물의 물관 조직은 완전히 헛물관으로만 구성되어 있어서 진화적으로 더 원시적인 것으로 여겨지고 있다. 속씨식물도 헛물관을 가지고 있긴 하지만 대부분의 물은 물관에 의해 수송된다. 또한 물관이 더 크기 때문에 헛물관보다 물의 수송이 상당히 더 효율적이다. 19세기의 프랑스 과학자 Poiseuille에 의해 관의 크기와 수송 속도에 대한 경험적인 식이 만들어졌는데 그는 압력에 의한 액체의 부피 수송 속도(J_v)는 다음의 식에 나타난 것과 같이 액체의 점도(η), 압력 경사 또는 압력차(ΔP), 그리고 관의 반지름의 함수이다.

$$\frac{\Delta P \pi r^4}{8\eta} = J_v \qquad (3.\ 4)$$

〈식 3. 4〉는 물관부 관상 요소에서의 물의 수송에도 적용되는데 이것이 토양과 잎 사이의 압력차이에 의해 일어나기 때문이다. 여기서 주목해야 할 중요한 점은 부피 수송 속도가 반지름의 4제곱에 비례한다는 것이다. 이 관계의 효과는 직경이 40μm인 헛물관과 직경이 200μm인 물관에서의 상대적인 수송 속도를 비교해 보면 쉽게 알 수 있다. 비교 물관의 직경이 상대적으로 헛물관보다 5배 길지만 상대적인 수송 속도는 5의 네 제곱인 625배나 높다. 큰 물관에서 수송 속도가 빠른 것은 물의 수송 속도가 관에 따라 다르기 때문이다. 물관벽의 근처에 있는 물분자의 경우 물과 물관 벽면 사이의 부착력으로 인한 마찰 때문에 수송 속도가 감소된다. 물관의 직경이 증가함에 따라 물관벽 근처에 있는 물분자의 비율이 줄고 그 결과로 마찰력도 감소한다. 다시 표현하자면 도관의 중심부에 있는 빠르게 움직이는 물분자 비율이 더 커져 전체 속도가 상응되게 증가한다.

물관부 수액의 상승

오랫동안 식물생리학자에게 관심을 끄는 문제로 물관부에서의 물기둥이 어떻게 그 모양을 온전히 유지하고 가장 키가 큰 나무의 꼭대기까지 수송되는가이다. 여러 메커니즘이 제안되었지만 오랜 검증을 거쳐 살아남은 유일한 것은 증산과 물의 강한 응집력의 합에 의한 이론이다.

일반적으로 가장 키가 큰 나무는 미국 북서부와 캐나다의 브릿티시 콜롬비아 남서부의 태평양 연안의 다우림 지역에서 자라는 나무들일 것이다. 가장 잘 알려진 것으로 북부 캘리포니아의 미국삼나무(*Sequoia*)로 어떤 것은 그 키가 110m를 넘는다. 더글러스 전나무(Douglas fir)의 어떤 개체들도 키가 100m가 넘으며 시트카(sitka) 전나무(가문비속) 중에서 키가 95m인 것이 밴쿠버의 카마나(Carmanah) 계곡에 있다. 호주에서는 높이가 130m 이상인 유칼리 나무(Eucalyptus)가 보고되었다.

물을 이러한 높이까지 이동시키기 위해서는 엄청난 힘이 요구된다. 만일 〈그림 3-9〉에 나타나 있는 것처럼 한쪽 끝이 밀폐되어 있는 긴 관을 물로 채워 뒤집어 놓는다면 대기압 해면에서 약 101kPa에 의해 물기둥의 높이

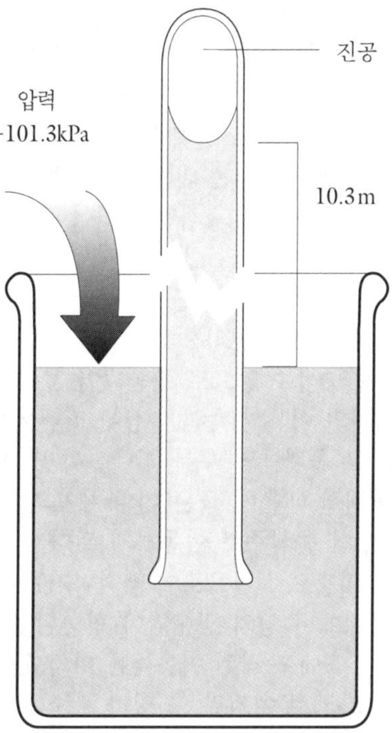

〈그림 3-9〉 대기압에 의해 최대 10.3m 높이의 물기둥이 형성될 수 있다.

는 10.3m 정도가 될 것이다. 물기둥을 더 높이 밀어 올리려면 열린 공간에서 거기에 상응하는 더 큰 압력이 필요하다. 가장 키가 큰 나무의 꼭대기까지 물을 수송하려면 대기압의 10배에서 15배에 이르는 1.0에서 1.5 MPa의 힘이 필요하다. 이 힘은 100m에서 150m 높이의 물기둥 아래 바닥에서 받게 되는 압력에 해당한다.

그러나 이러한 크기의 압력도 충분하지는 않다. 중력 외에도 식물체내를 통과하는 물은 통도 조직 원래의 구조, 즉 불규칙한 벽 표면과 천공판 등에 의한 일정 양의 저항력을 받게 된다. 이러한 저항력은 적어도 물기둥을 유지하는 데 필요한 힘과 동일하다고 가정할 수 있다. 그렇다면 지표면으로부터 현재 알려져 있는 가장 키가 큰 나무의 꼭대기까지 물을 끌어올리려면 2.0 에서 3.0 MPa에 해당하는 힘이 필요하다.

어떻게 그만한 힘이 생길 수 있을까? 이 질문은 오래 동안 식물생리학자의 관심을 끌어 왔고 여러 이론들이 제안되었다. 가장 눈에 띄는 세 가지로 뿌리압(root pressure), 모세관 현상(capillarity), 그리고 응집력설(cohesion theory)을 들 수 있다.

뿌리압

충분히 물을 준 초본 식물에서 토양 위 부분의 줄기를 자르면 절단된 부위로부터 물관부 액이 스며 나온다(그림 3-10). 물관부 액의 배출은 여러 시간 동안 계속되는데 이는 물관부에 양의 값의 압력이 존재한다는 것을 암시한다. 이 압력의 크기를 절단면에 압력계(manometer)를 연결하여 측정할 수 있다(그림 3-11). 이 압력을 뿌리압이라 하는데 배출을 유도하는 힘이 뿌리에서 나오기 때문에 그렇게 부른다.

뿌리압은 뿌리의 구조와 토양으로부터 무기염의 활발한 흡수에 기인한다. 물관부의 물관은 중심주(stele)라고 하는 뿌리의 중앙부에 위치한다. 중심주를 싸고 있는 세포층을 내피(endodermis)라고 한다. 대부분의 뿌리에서 내피 세포의 횡단면의 세포벽은 카스파리선(Casparian band)이라고 하는 두꺼운 띠로 둘러싸여 있다(그림 3-12). 카스파리선은 주로 소수성의 긴 사슬을

〈그림 3-10〉 토마토에서 뿌리압에 의한 물관부 수액의 용출
충분하게 물을 준 식물의 줄기를 절단한 지 10분 후에 찍은 사진이다.

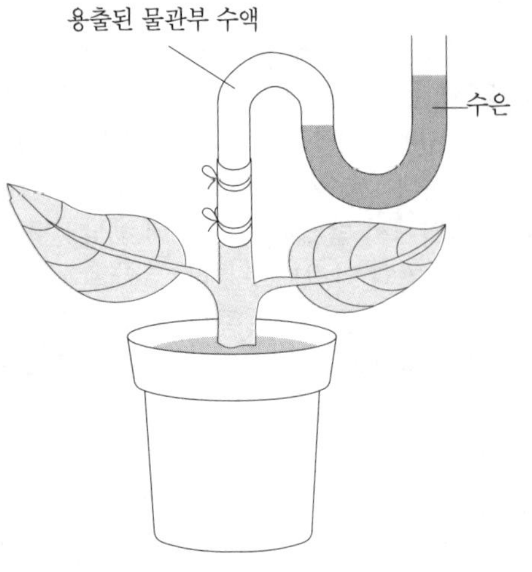

〈그림 3-11〉 뿌리압의 측정을 위한 간단한 압력계
뿌리압은 유리관의 수은주의 높이로 계산할 수 있다.

가진 지방산과 알코올의 복잡한 혼합물인 슈베린(suberin)으로 구성되어 있다. 이러한 소수성의 물질이 세포벽에 침투되어 셀룰로오스 미세섬유 사이나 세포 간극을 채우게 된다. 이로 인해 빈 공간이 막히게 되고 소수성이어서 카스파리선은 내피의 아포플라스트 경로를 통해 이동되는 물의 효과적인 장벽이 된다. 그 결과로 중심주 안팎으로의 물의 이동은 먼저 내피 세포들의 막을 통과하여 원형질 연락사를 거쳐 일어난다.

뿌리가 무기 이온을 토양으로부터 흡수하면 이온들은 능동적으로 중심주 안으로 수송되어 물관에 축적된다. 물관부에서의 이온의 축적은 삼투 퍼텐셜을 낮추게 되고 그 결과로 물관액의 수분 퍼텐셜이 낮아진다. 낮아진 수분 퍼텐셜 때문에 물은 내피 세포의 막을 거쳐 피층 세포로부터 중심주로 이동하게 된다. 카스파리선은 물이 다시 피층으로 자유로이 빠져나가는 것을 방지하므로 물관 내에서 양의 정수압이 형성된다. 어떤 의미에서 보면 뿌리는 내피에 차등적인 투과성을 가진 막을 가지며 물관 속에 축적된 이온들은 마치 용해된 용질과 같고 물관부는 수직관과 같은 점에서 마치 간단한 삼투압계(그림 2-5)로 여겨질 수 있다. 뿌리가 물관내로 이온을 축적하기만 하면 물관 내에서 물은 상승하게 되고 물관이 절단되면 상부의 표면에서 용출된다.

이 시점에서 뿌리압이 나무에서 수액의 상승에 충분한지에 대한 질문에 답해야 한다. 대답은 여러 가지 이유로 인하여 거의 확실히 '아니다' 이다. 우선 물관액에는 보통 용질의 농도가 높지 않고 뿌리압의 측정치가 상대적으로 낮아 흔히 0.1에서 0.5 MPa 정도로 기껏해야 가장 키가 큰 나무의 꼭대기까지 물을 상승하는 데 필요한 힘의 16%에 지나지 않는다. 게다가 뿌리압이 모든 종에서 나타나지는 않고 일부의 경우 나타나더라도 항상 생기지는 않는다. 마지막으로 물관을 통한 물의 이동이 가장 빠를 것으로 기대되는 활발하게 증산이 일어나는 기간 동안 물관은 음의 값의 압력인 장력을 받고 있는 게 확인되었다. 모든 경우에 있어서 뿌리압은 확실히 물관

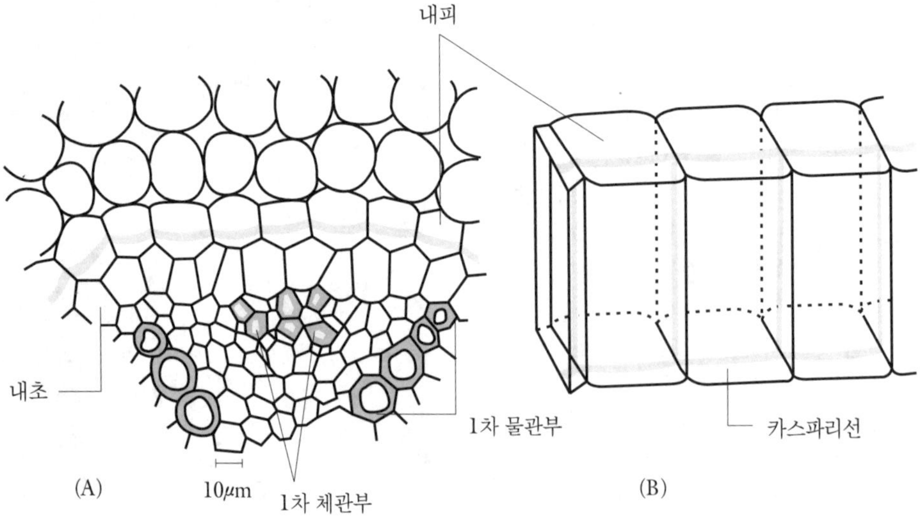

〈그림 3-12〉 뿌리 내피 세포벽의 슈베린 침적(카스파리선), 단면(A); 3차원적 모양(B)
세포벽에 방사상으로 침적된 슈베린은 내피의 아포플라스트에서 물과 무기염의 이동에 대한 장벽이 된다.

액 상승의 메커니즘이 될 수 없다. 그러나 뿌리압이 작은 초본의 물관을 채우거나 봄에 일부 목본에서 발달 중인 눈으로 수액의 이동은 가능하게 할 것이다.

모세관 현상에 의한 수분 상승

유리 모세관을 다량의 물이 담긴 통 속에 담그면 물은 통 속의 수면보다 높이 상승하게 되는데 이 현상을 **모세관 상승**(capillary rise) 또는 **모세관 현상**(capillarity)이라고 한다. 모세관 현상은 여러 힘의 상호 작용으로 일어난다. 여기에는 물분자와 모세관 벽면의 극성 그룹 사이의 **부착력**(adhesion), 물분자간의 응집력에 의해 생기는 **표면 장력**, 물기둥에 작용하는 **중력** 등이 관여한다. 부착력은 관 표면의 극성 그룹에 물분자를 끌어들인다. 이러한 물과 벽 사이의 힘이 유리관 벽이나 헛물관의 내벽에서처럼 강하게 되면 이 벽들은 *젖게*(wettable) 된다. 물이 벽면을 따라서 위로 올라감에 따라 물분자간의 강한 응집력이 관의 빈 공간에 다량의 물을 끌어당기는 데 작용한다. 이 작용은 위로 끌어올리는 힘들이 물기둥에 가해지는 아래 방향의 중력과 같아질 때까지 계속된다(그림 3-13).

모세관에서 물의 상승은 관의 반지름에 반비례한다. 직경이 50μm(r=25μm)인 큰 헛물관 또는 작은 물관에서 물은 약 0.6m의 높이로 상승하게 된다. 큰 물관(r=200μm)에서는 모세관 현상에 의해 겨우 0.08m가 상승된다. 이러한 수치에 바탕을 두고 계산하면 작은 식물에서 헛물관과 작은 물관의 모세관 현상에 의한 수액 상승은 0.75m에도 못 미친다. 모세관 현상에 의해 물이 키가 100m인 나무에 미치려면 모세관의 직경이 약 0.15μm 정도가 되어야 하는데 이는 가장 가는 헛물관의 직경보다 훨씬 더 작아야 한다. 따라서 모세관 현상은 명백히 물관액 상승의 일반적인 메커니즘으로는 충분하지가 않다.

응집력설

식물을 통한 물의 이동에 대해 가장 널리 받아들여지는 이론은 **응집력설**(cohesion theory)인데 식물의 뿌리 끝에서부터 줄기를 거쳐 잎의 엽육 세포까지 물이 하나의 물기둥으로 연결되어 있다는 데 바탕을 두고 있다. 이 이론은 1914년에 처음으로 상세한 설명을 내놓았던 Dixon의 제안으로 간주된다.

구동력 응집력-장력설에 따르면 물관부내에서 물의 이동을 추진하는 힘은 잎에서 물의 증발로 인해 생기

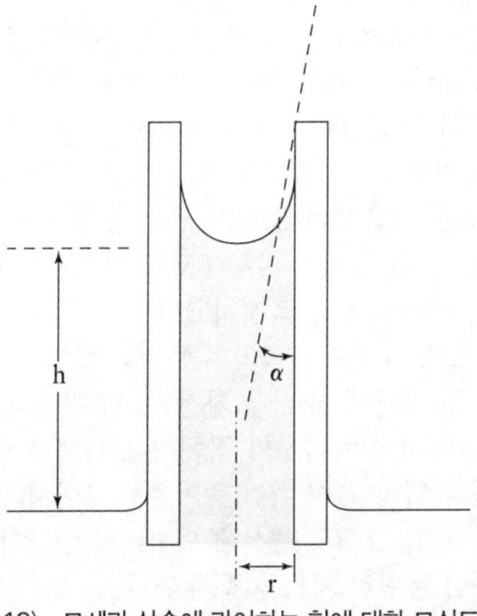

총 끌어당기는 힘=$2r\pi\gamma\ \cos\alpha$(γ=표면장력)

액체의 무게=$\pi r^2 h\rho g$(ρ=액체의 밀도, g=중력가속도, π=3.1416)

따라서 $2r\pi\cos\alpha = \pi r^2 h\rho g$

로 정리하면 $h = \dfrac{2\gamma\cos\alpha}{r\rho g}$

20℃에서 $\gamma=0.073\,\mathrm{kg\,m\,s^{-2}}$, $\rho=998\,\mathrm{kg\,m^{-3}}$, $g=9.8\,\mathrm{m\,s^{-2}}$이므로

$$h = \frac{1.49\times10^{-5}\ \mathrm{m^2}}{r\ \mathrm{m}}$$

지름이 50μm인 모세관의 경우 $r=25\times10^{-6}$m이므로 h는 0.596m가 된다.

〈그림 3-13〉 모세관 상승에 관여하는 힘에 대한 모식도와 모세관 크기에 따른 관 속에 액체가 도달할 수 있는 높이를 예측하는 계산

는 음의 압력 즉 장력에 의해 주어진다. 물은 셀룰로오스와 다른 친수성 표면에 부착되면서 엽육 세포의 표면을 얇게 덮고 있다. 이 얇은 수막층에서 물이 증발되면 공기와 액체간의 접촉면이 셀룰로오스 미세 섬유와 세포 사이의 각진 접합 부위의 작은 공간에서 움푹 들어가게 된다. 이 때문에 아주 작은 오목한 표면 즉 현미경적 크기의 메니스커스(meniscus)가 만들어진다(그림 3-14). 이러한 메니스커스의 반경이 점차 줄게 되면 공기와 물의 접촉면에서 보이는 표면 장력이 점차 음수값의 압력으로 커지게 되어 표면 쪽으로 더 많은 물을 끌어당기게 된다. 물기둥이 연속적으로 이어져 있기에 이 음수값의 압력인 장력은 물기둥을 통해서 토양까지 전해진다. 결과적으로 물은 말 그대로 뿌리에서 잎의 엽육 세포의 표면까지 끌어당겨 올려진다. 응집력설은 두 가지 아주 중요한 질문을 갖게 하는데 첫째는 '빠르게 증산이 일어나는 식물의 수액이 장력을 받고 있는가' 이고 둘째는 '어떻게 아주 긴 물기둥이 그대로 보존되는가' 이다. 어떤 직접적인 증거도 없는 상황에서, 이 질문에 대한 답은 실제적으로 이 이론을 간접적으로 지지하는 것이 된다.

뿌리압이 높을 경우 등의 특별한 상황을 제외하면 물관 속의 압력은 거의 양의 값을 띠지 않는다. 반면에 여러 가지의 증거들로 물관 속의 물이 대신 상당한 장력을 받고 있다는 결론을 내릴 수 있다. 첫번째 증거로 빠르게 증산이 일어나는 식물의 물관을 절단하여 주의 깊게 귀를 기울이면 상처 부위로부터 공기가 빨려 들어가는 소리를 들을 수 있다. 상처부위를 염색액에 담그면 염료는 상처 부위의 관상 요소로 빨리 흡수되어진다. 두번째 증거는 목본의 줄기에서 작은 직경의 변화를 측정하는 데 사용되는 수경 기록계(dendrograph)라고 하는 민감한 측정기를 이용하여 얻은 것이다. 활발하게 증산이 일어나는 동안에 물관의 직경은 상당히 감소하는데(Dobbs and Scott, 1971) 이는 줄기가 약간 탄성을 가지고 있고 물기둥의 장력이 관상의 벽을 안쪽으로 끌어당기기 때문에 일어난다. 저녁에 증산이 줄게 되면 장력이 떨어지면서 줄기의 직경도 원래 상태로 회복된다. 게다가 직경의 수축은 아침에 증산이 시작되면 증산되는 잎에서 가장 가까운 나무의 위 부분에서부터 먼저 일어나고 나중에서야 아래 부분에도 나타난다. 이러한 관찰은 물관부에서 지역적으로 국한된 열펄스(heat pulse)가 발생되고 열의 흐름이 그 지점으로부터 멀어지는 것을 추적한 실험들에 의하여 확인되었다. 열 흐름의 속도는 나무 윗부분에서 장력이 가장 큰 것을 암시하고 있다. 다른 다양한 실험들에 의하여 빠른 속도로 증산하는 줄기에서 대기압 이상의 높이로 수은주 기둥이 끌어올려지는 게 실연되었다.

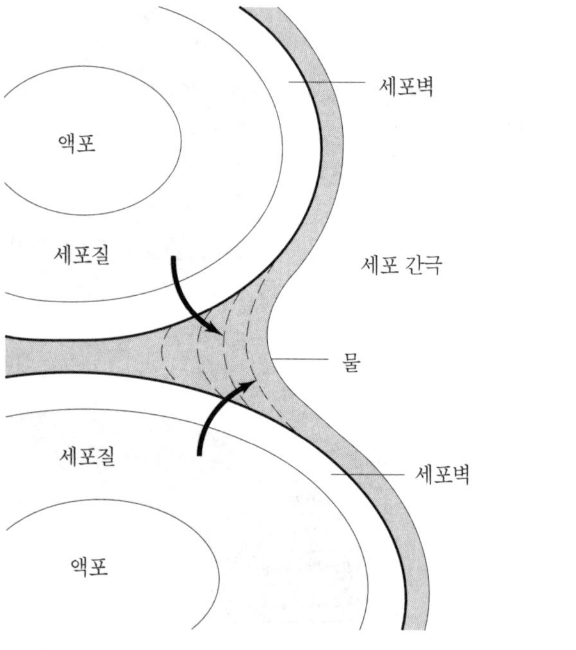

〈그림 3-14〉 물기둥에서의 음의 값의 압력인 장력

잎 공간에서 물의 증발은 물과 공기 사이의 경계면(점선으로 표시된 선)이 잎의 엽육 세포 사이의 접촉 부위의 공간으로 물러나게 한다. 물이 빠지게 되면 그 결과로 생긴 표면 장력이 주변의 세포들로부터 물을 끌어당긴다. 물기둥은 연속적이어서 이 장력은 물기둥을 통해 궁극적으로는 뿌리와 토양수로 전달된다.

물관의 장력을 직접 측정하는 것이 Scholander가 개발한 압력통(pressure bomb) 기술의 도입으로 가능해졌다(Scholander et al., 1965). 만일 물관액이 장력을 받고 있다면 절단면에서 흡입되겠지만 물관부의 압력을 증가시키면 도로 절단된 표면으로 나올 수 있다. 이런 장치를 이용하여 Scholander 등은 빠르게 증산하고 있는 온대 지역의 나무에서의 장력이 −0.5에서 −2.5MPa 사이인 것을 측정하였다.

마지막으로 나무 아래쪽의 수분 퍼텐셜이 가지 끝 부분보다 높은(작은 음의 값을 가진) 것이 관찰되었다. 이러한 압력의 차이는 나무의 꼭대기 부위에서 발생하는 힘인 장력과 일치한다. 여러 증거들로 보아서 물관부내의 물기둥은 말 그대로 증산에 의하여 끌어당겨 올라간다는 가설이 분명한 지지를 받게 된다.

물기둥의 유지 이제 두번째 질문—어떻게 물기둥이 끊어지지 않고 유지되는가—으로 들어가면 이 힘은 물기둥의 **인장 강도**(tensile strength)의 함수이다. 인장 강도는 어떤 물질이 부러지기 전까지 견딜 수 있는 최대 힘의 값이다. 인장 강도는 단위 면적당, 이 경우에는 물기둥의 단면적당의 힘으로 표시된다. 인장 강도는 물분자간의 수소 결합에 의한 강한 응집력 때문으로 물의 또 다른 속성이다.

물이나 모든 액체의 인장 강도의 측정은 철막대나 구리선을 시험할 때와 같은 방법으로 행해질 수가 없기에 까다롭다. 물의 인장 강도는 또한 도관의 지름과 도관벽의 성질, 그리고 용해되어 있는 기체나 용질에 따라 달라진다. 그런데도 물의 인장 강도를 측정하는 여러 가지 정교한 방법들이 개발되어 꽤 일관된 결과를 얻었다(Hayward, 1971). 이제는 일반적으로 기체가 용해되어 있지 않는 순수한 물은 20℃에서 −25에서 −30MPa 정도의 낮은 장력을 견디는 것으로 받아들여지고 있다. 이것은 구리선 인장 강도의 약 10%에 해당하며 가장 큰 나무의 꼭대기까지 물기둥을 끊어지지 않게 올리는 데 필요한 장력인 −2.5에서 −3.0MPa의 10배에 해당한다. 앞에서 살펴본 바와 같이 단풍과 같은 온대 낙엽수에서의 물관부의 장력은 대략 −0.5에서 −2.5MPa의 범위에 속하지만 때로는 −10MPa 정도로 낮을 수도 있다.

물관액이 장력을 받고 있기 때문에 이 액은 20 ℃에서 물의 증기압인 0.0023 MPa보다 훨씬 아래의 증기압에서 액체 상태로 남아 있어야만 한다(표 3-1). 따라서 장력하의 물기둥은 물리적으로 불안정한데 물리학자들은 이런 상태를 *준안정 상태*(metastable state)라고 부른다. 이 상태에서는 변화가 쉽게 일어날 수 있지만 외부의 자극이 동반되어야만 한다. 장력을 받는 물기둥은 증기상의 유입에 의해 안정하게 된다. 증기 상태의 물분자들은 응집력이 아주 낮아서 그로 인해 증기가 급격히 팽창되어 물기둥이 파열되며 장력을 잃게 된다.

어떻게 증기상이 물관의 물기둥으로 유입될 수 있을까? 물관부 액에는 용해된 이산화탄소, 산소, 질소 등의 여러 가지 기체를 함유하고 있다. 물기둥이 장력을 받게 되면 이러한 기체들은 용액 밖으로 나오려는 경향을 보인다. 초현미경적 기포들이 처음에는 물과 물관이나 헛물관의 벽면 사이, 특히 벽의 작은 소수성을 띠는 틈이나 구멍에 형성된다. 이런 작은 기포들은 다시 용해되거나 뭉쳐져서 급격히 팽창되면 관을 채우게 된다. 이렇게 물관부에서 이런 기포의 빠른 형성 과정을 **공동 현상**(cavitation)이라 부르며 그 결과로 생긴 큰 기포들은 물관에서 관다발 **폐색**(embolism)이라고 불리는 장애물을 형성한다. 응집력설에 있어서 관다발 폐색이 생긴 관은 더 이상 물을 수송할 수가 없기에 그 내포하는 의미는 아주 심각하다. 사실상 처음에 응집력설이 제안되었을 때 물관부에서의 빈번한 공동 현상의 가능성이 주요 장벽으로 제기되었다. 이 장벽이 제거되려면 물관부가 공동 현상에 얼마나 흔히 노출되는지를 결정하는 것이 필요하다.

공동 현상과 물관부에서 생기는 장력의 관계를 밝히려는 초기의 시도들은 그 결과가 불명확했다. 물관부 자체에서 공동 현상을 관찰할 수 있는 만족할 만한 방법이 없고 유리관을 사용한 모델 시스템들은 식물 조직에서의 접촉면 상태를 똑같이 재현하지는 못했다. 1966년에 Milburn과 Johnson에 의해 식물체에서의 공동 현상을 찾아내는 음향학적 방법의 도입으로 이 모든 것이 바뀌었다. 유리관을 사용한 실험실 조건에서 공동 현상에 뒤따르는 급격한 장력의 감소는 '딱' 하는 소리로 들리는 충격파를 만들어낸다. Milburn과 Johnson은 민감한 마이크로폰과 증폭기를 사용하면 식물 조직에서도 유사한 '딱' 소리를 들을 수 있다는 것을 알게 되었다. 각각의 '딱' 소리는 단일 물관 요소에서 관다발 폐색의 형성을 의미한다.

Milburn과 Johnson은 수분 스트레스를 겪고 있는 아주까리(castor bean)의 잎에서 공동 현상을 연구하였다. 수분 스트레스는 식물체로부터 잎을 떼어내어 시들게 하는 방법으로 주어졌다. 잎이 시들게 되면서 엽병에서 생기는 '딱' 소리를 기록하였다. 총 3,000개의 '딱' 소리가 감지되었는데 이 숫자는 엽병에 있을 것으로 생각되는 물관의 총 숫자와 거의 같다. 공동 현상은 절단된 엽병의 끝 부위에 물을 첨가하면 방지될 수 있다. 잎에서의 증산을 증가시키거나 감소시키는 여러 가지 방법들에 의해 '딱' 소리의 수가 같이 바뀌었다. 이러한 결과는 물관부에서 공동 현상과 장력 사이에 상당히 직접적인 관계가 있는 것을 암시하며 응집력설을 뒷받침하는 것으로 보인다. 이들은 더 나아가서 초본 식물이 일상적으로 겪게되는 수분 스트레스에 의해 공동 현상이 쉽게 유발된다고 제안하였다.

Sperry와 동료들은 당단풍(sugar maple)에서 장기간에 걸쳐 공동 현상을 연구하였다. 음향학적 방법을 사용하는 대신에 Sperry는 수압 전도도(hydraulic conductance)의 변화를 측정하는 방법을 채택했다. 가장 간단하게 표현하면 전도도는 저항력의 역수이다. 따라서 수압 전도도는 조직이 물을 전도할 수 있는 능력의 전체 값이다. 음향학적 방법은 진공 현상의 수와 빈도를 재는 것으로 한정되어 있다. 반면에 수압 측정 방법은 조직의 물 수송 능력에 대한 관다발 폐색의 영향을 평가할 수 있게 한다.

여름의 생장기 동안 관다발 폐색은 몸통 줄기에 한정되어 있는 것으로 보이며 수압 전도도를 31% 감소시킨다. 겨울 동안에는 몸통 줄기의 전도도는 60%가 감소하며 일부 가지의 경우 100% 감소하게 된다. 여름 기간 동안 전도도가 감소되는 것은 초본 식물에서의 경우처럼 수분 스트레스 때문이다. 겨울에 관다발 폐색이 증가되는 것은 아마도 동결과 해빙의 반복과 관련이 있는 것 같다. 얼음 상태에서 공기의 용해도는 아주 낮아서 조직이 얼게 되면 가스가 용액 밖으로 방출되어 나온다. 해빙시에 이런 작은 방울들이 팽창하여 공동 현상을 형성하게 되는 핵이 된다.

공동 현상과 연관된 문제들이 성숙한 나무에만 국한되는 것은 아니다. 새로 심은 유식물들도 종종 뿌리와 토양과의 접촉이 좋지 않아서 수분 스트레스를 겪게 되고 공동 현상이 잘 일어나게 된다. Kavanagh와 Zaer (1997)은 최근의 연구에서 서양미나리(헴록)의 유식물을 흙에서 뽑게 되면 물관부의 압력 퍼텐셜이 감소되어 수분 스트레스를 겪는다는 사실을 밝혔다. 그 결과로 헛물관에 생기는 공동 현상과 관다발 폐색은 유식물의 수압 전도도를 떨어뜨렸다. 수압 전도도의 감소가 너무 심해지면 잎이 떨어지고 죽게 된다.

명백히 식물의 장기간 생존에 대한 공동 현상과 관다발 폐색의 영향은 막대하여 이것을 제거하거나 감소시킬 수 있는 수단이 없었다면 치명적일 것이다. 관다발 폐색의 영향을 최소화하는 주요 메커니즘은 구조적인 것이다. 관다발 폐색은 단순히 1개의 물관 요소나 헛물관에 한정되어 있다. 벽공으로 접하고 있는 관상 요소들에서 관다발 폐색은 벽공막의 구조로 인해 한정되어 있다(그림 3-15(A)). 관다발 폐색을 가지고 있는 물관 요소와 물이 차 있는 연접한 물관부의 압력 차이 때문에 원절(torus)이 벽공(pit border)을 차단하게 되어 기포가 빠져나갈 수 없게 된다. 이와 동시에 기포는 표면 장력으로 인해 천공판(perforation plate)의 작은 구멍을 빠져나갈 수 없어 접속된 물관 요소로 넘어갈 수 없다(그림 3-15(B)). 그러나 물은 열려 있는 벽공을 통해 측면으로 막힌 물관 요소를 우회하여 연접한 통로에서 계속적으로 흐르게 된다. 식물은 관다발 폐색을 우회해 갈 수 있을 뿐만 아니라 이것을 교정하여 장기간의 손상도 피하게 된다. 이 일은 예를 들면 밤과 같이 증산이 낮거나 없을 때 일어날 수 있다. 물관부 수액의 장력이 줄게 되면 공기가 물관액에 다시 단순히 용해되거나 특히 초본의 경우 밤마다 뿌리압에 의해 강제로 용해된다.

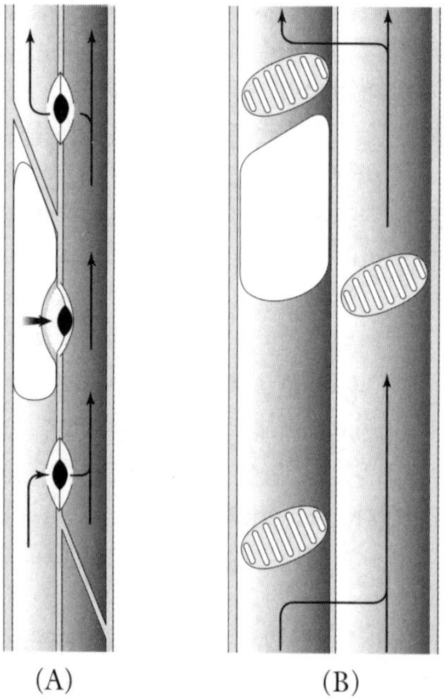

(A) (B)

〈그림 3-15〉 물의 흐름이 헛물관과 물관의 관다발 폐색을 어떻게 우회하는 지를 보여주는 모식도

헛물관(A)에서는 관다발 폐색에 의해 생긴 압력 경사로 원절이 벽공을 차단하게 된다. 물관(B)에서는 기포가 천공판을 통해 확장되지만 결국에는 천공이 없는 끝벽에서 멈추게 된다. 헛물관과 물관 모두에서 표면 장력으로 인하여 기포가 작은 벽공이나 측벽의 모세관 구멍을 통해 빠져나가는 것이 방지된다. 그러나 물은 장애물을 피하여 측면으로 연접한 통도 요소로 계속 흐를 수 있다.

키가 큰 목본에서 관다발 폐색이 없어지는 과정은 쉽게 설명이 되지 않고 있다. 위에서 지적한 바와 같이 당단풍의 경우 결빙에 의해 생긴 관다발 폐색은 봄이 되어서도 완전히 제거하지 못한다. 단풍과 다른 많은 종류의 목본들도 봄이 되면 물관부의 압력이 양의 값을 가지게 된다. 이러한 압력으로 봄에 수액이 흘러나오게 되며 물기둥의 연속성이 다시 이루어지도록 할 수 있다. 봄철에 관다발 폐색으로부터 회복되는 것은 포도덩

굴에서도 일어나는데 외관상 이 시기의 비교적 높은 뿌리압 때문으로 여겨진다. 목본 식물들은 대개 봄에는 겨울에 생긴 손상을 극복하기 위하여 정상보다 더 높은 뿌리압을 가질 가능성도 있다. 마지막으로 대부분의 목본종에서는 봄마다 새로운 이차 물관부가 형성된다. 이 새로운 물관부조직은 새싹이 트기 전에 만들어지며 낡고 기능을 잃은 물관부를 교체하여 식물체의 수압 전도도의 요구를 충족시키게 된다.

비교적 연구가 덜 되었지만 그 결과만으로도 물관부에서 특히 공동 현상이나 관다발 폐색이 쉽게 일어나는 게 분명하다. 만일 초본 식물이 매일 밤마다 혹은 목본 식물이 봄에 이들로부터 회복을 못하게 되면 이들의 생장과 생존은 심각하게 손상된다. 따라서 '왜 식물이 이 효과를 감소시키는 메커니즘을 진화시키지 못했는가' 라는 의구심이 든다. 흥미롭게도 Zimmermann은 이 질문을 바꿔 실제로 세포벽은 공동 현상을 겪도록 디자인되어 있다고 제안하였다. 모세관 상승에 대한 방정식을 다시 배열하면 작은 구멍을 통해 공기 방울을 끌어올리는 데 필요한 힘을 계산하는 게 가능하다(그림 3-13). 이 말은 표면 장력이 물관부 도관의 구멍을 통해 관다발 폐색이 이동하는 것을 방지한다는 앞서의 관찰 사실에 위배되는 것으로 보이지만 그렇지 않다. 장력을 받고 있는 물이 찬 도관이 대기압하에서 구멍이 뚫린 벽을 사이에 두고 공기층과 분리하는 곳에서는 음의 압력과 균형을 맞추려면 위로 올려지는 힘에 의해 구멍에 오목한 메니스커스가 형성될 것이다. 압력차가 커짐에 따라 메니스커스의 반경이 감소될 것이다. 물관부의 적당한 장력하에서는 메니스커스의 반경이 구멍의 직경(μm보다 작은 수준)보다 작게 되고 물이 차 있는 도관의 구멍을 빠져나갈 수 있다. 그 결과로 생기는 기포는 장력을 감소시켜 압력차를 줄이고 더 이상의 공기 유입을 방지하는 공동 현상의 핵심이 된다. Tyree와 Sperry는 당단풍 줄기에서 벽공막의 구멍의 직경에 따라 관다발 폐색이 일어나는 데 필요한 압력 차이를 비교하여 Zimmermann의 가설과 일치되는 결과를 얻었다.

그러므로 Zimmermann이 제안한 **유출가설**(designed leakage hypothesis)은 일종의 안전 밸브를 나타낸다. 식물은 수분 퍼텐셜이 위험 수준으로 떨어지면 공동 현상이 일어날 수 있지만 조건이 향상되면 그 손상이 교정되도록 만들어져 있는 것 같다. 또한 수분 스트레스와 그 결과로 생기는 공동 현상은 먼저 잎과 작은 가지에서 일어나도록 되어 있는 것 같다. 이렇게 국부적으로 일어나는 공동 현상은 장기간의 건기에 주 가지나 몸통을 보호하는 반면에 주변부의 구조를 잘라버릴 수 있는 추가적인 잇점을 지닌다.

뿌리는 줄기보다 더욱 쉽게 공동 현상에 노출되는데 이 결과 건기에 전체 식물에게는 이득이 된다. 예를 들어 가장 작은 뿌리들의 물관부에서 완전하게 공동 현상이 일어나면 이 뿌리들은 마른 토양에서 격리되어 수분 전도도를 감소시키며 궁극적으로 증산율을 감소시킨다. 이 때문에 줄기의 수분 상태를 수분 결핍이 완화될 때까지 완충시킬 수 있으며 공동 현상이 일어난 도관에 다시 물이 채워지거나 손상된 뿌리는 새로이 생장된 뿌리로 교체된다.

뿌리와 토양, 그리고 물의 흡수

생존을 유지하기 위한 수준의 생화학적 활성을 지탱할 뿐만 아니라 잎과 줄기의 팽창성을 유지하기 위해서도 식물은 증산으로 잃어버린 물을 계속 보충해야만 한다. 많은 식물들이 안개나 이슬의 형태로 대기 중의 습기를 흡수할 수 있지만 잎에 의한 이러한 수분 흡수는 뿌리에 의한 흡수에 비하면 보잘것없다.

증산에 의하여 잃어버린 물은 근계를 통하여 토양으로부터 대등한 양의 물이 흡수되어 보충된다. 이 때문에 **토양-식물-대기 연속체**(continuum)라고 하는 토양으로부터 식물체를 통하여 대기로 연결된 물의 연결된 흐름이 일어난다. 이 개념은 식물들이 격리되어 존재하지 않고 환경과 서로 의존한다는 관찰을 뒷받침하고 있다.

〈표 3-4〉 토양 입자의 분류와 이들의 특성
모래 40%, 침니 40%, 그리고 점토 20%의 혼합물이 양토이다. 모래 토양은 15% 이하의 침니와 점토를 함유하며 점토성의 토양은 40% 이상의 점토 입자를 함유한다.

입 자	입자 크기(㎜)	물 보유력	통 기
거친 모래	2.00－0.2	불 량	아주 좋음
모 래	0.20－0.02	불 량	아주 좋음
침 니	0.02－0.002	좋 음	좋 음
점 토	0.002이하	아주 좋음	불 량

토양－복합 매체

뿌리와 토양수 간의 상호 작용을 이해하려면 토양의 성질을 알아보는 게 도움이 된다. 토양은 아주 복합적인 매체로서 부기 암석 조각과 유기 물질로 된 고체상과 용해된 용질과 보통 대기와 평형 상태인 기체를 함유한 토양액으로 구성되어 있다. 토양의 무기물 고체상은 여러 가지 크기의 입자를 만들어내는 풍화 작용에 의해 모암이 분해되어 나온 것이다(표 3-4). 고체, 액체, 그리고 기체상에다가 토양은 조류, 박테리아, 균류, 지렁이와 다른 여러 생물체뿐만 아니라 분해의 정도가 다른 유기 물질도 함유하고 있다.

토양의 점토 입자는 서로 결합하여 복잡한 덩어리를 형성하며 모래와 침니 등과 섞여 토양의 구조를 결정하게 된다. 그 결과 토양의 구조는 토양의 다공성(porosity)에 영향을 미쳐 궁극적으로 토양의 수분 함유와 공기 순환에 영향을 미친다. *다공성*, 즉 구멍의 공간은 불규칙한 모양을 이루고 있는 입자간의 서로 연결된 운하와 같은 망을 의미한다. 구멍의 공간은 대략 토양 체적의 40～60%를 차지한다. 두 가지 주요한 범주의 구멍, 즉 큰 구멍과 모세 구멍이 알려져 있다. 비록 큰 구멍과 모세 구멍 사이에 명확한 구분이 없지만 구멍의 모양도 결정 요인이 되며 직경이 10～60μm보다 큰 구멍의 경우 물이 잘 함유되지 않는다. 강수나 관개에 의해 토양에 물이 막 공급되면 물은 거의 대부분의 공기를 대체하게 될 때까지 구멍의 공간으로 스며들어 토양은 수분의 포화 상태가 된다. 물은 중력에 따라 큰 구멍의 공간을 자유로이 빠져나가게 된다. 중력에 의한 물의 유출이 끝난 뒤에 남아 있는 물은 모세 구멍의 공간에 머물러 있다. 이 시점에서의 토양 속의 물을 **포장 용수량**(field capacity)이라고 하는데 자연 조건하에서 양토(찰흙)가 많은 강수 후에 이 단계가 되려면 2～3일이 걸린다. 큰 구멍과 모세 구멍의 공간에 대한 상대적 비는 물을 막 주었을 때와 포장 용수량시의 수분 함량을 구하여 추정할 수 있다. 수분 함량은 단위 건조 토양당 물의 무게로 표시하며 토양을 105℃에서 건조하여 측정할 수 있다.

모래가 많은 토양은 거친 입자를 가지므로 당연히 상대적으로 높은 비율의 큰 구멍을 함유하고 있다. 따라서 모래형 토양은 물이 잘 빠지고 비교적 낮은 포장 용수량을 가질 뿐만 아니라 공기 교환이 잘 일어난다(표 3-4). 반면에 점토성 토양의 공간은 주로 모세 구멍의 공간으로 이루어져 다량의 물을 함유할 수 있고 공기 교환이 잘 되지 않는다. 양토(찰흙)는 중간 상태로서 공기 유통과 포장 용수량이 식물의 최적 생장에 적합하다.

포장 용수량이나 그 이하에서 토양수는 마치 잎에서 엽육 세포의 세포간 공간이나 세포벽에 존재하는 것처럼 모세관 통로나 토양 입자 사이의 틈에 존재한다. 따라서 토양수도 역시 앞서 논의한 바와 같이 엽육 조직의 모세관 공극에서 생기는 표면 장력과 같은 동일한 힘을 받게 된다. 그 결과로 포장 용수량이나 그 이하의 토양수는 장력을 받게 되고 수분 퍼텐셜이 음의 값으로 된다. 토양의 수분 함량이 표면에서의 증발이나 뿌리에 의한 흡수로 인해 감소됨에 따라 물과 공기의 경계면이 토양 입자간의 모세관 공극으로 물러나게 된다. 물은 토양 입자에 강하게 부착되므로 메니스커스의 반경은 줄게 되고 압력은 점차 음의 값으로 된다. 원칙적으로 토양에서의 물의 이동은 잎의 엽육 세포의 모세관 장력에 의해 물관 기둥의 물이 끄집어 올려지는 것과 같은 방법으로 일차적으로 압력에 의해 추진된다. 뿌리에 의해 토양의 물이 흡수되면 토양수의 장력에 의해 더 많은 물(bulk water)이 뿌리 쪽으로 이동한다. 만일 토양에 물이 충분하면 이러한 압력차는 원거리까지 물을 끌어올 수 있다.

아주 염도가 높은 토양을 제외하곤 토양수의 용질 농도는 10^{-3}M 수준으로 비교적 낮기 때문에 토양 수분 퍼텐셜은 주로 음의 압력 퍼텐셜에 의해 결정된다. 뿌리에 의한 물의 흡수는 토양과 뿌리 사이의 수분 퍼텐셜의 차이 때문에 일어난다. 따라서 토양이 마르게 되어 수분 퍼텐셜이 감소하면 식물은 증산에 의해 잃어버린 수분을 보충할 수 있는 충분한 물을 토양으로부터 빨리 빼내는 데 어려움을 겪게 된다. 이러한 조건하에서는 팽압이 감소되어 식물이 시들게 된다. 밤이나 식물을 플라스틱 주머니로 덮는 경우에 나타나는 것처럼 증산이 한동안 감소되거나 억제되면 팽압이 회복되면서 식물도 원상태로 돌아가게 된다. 그러나 궁극적으로는 토양의 수분 함량이 너무 낮은 상태가 되면 증산에 의한 수분 손실이 완전히 방지되어도 식물은 토양으로부터 충분한 물을 얻지 못하게 되어 영구적으로 팽압이 회복되지 않게 된다. 이 지점에서의 토양의 건량당 수분 함량의 백분율을 영구시듦률(permanent wilting percentage)이라고 한다. 영구시듦률의 실제 값은 토양의 유형에 따라 다르며 모래의 경우에는 1~2%로서 비교적 낮고 진흙의 경우 20~30%로 높다. 양토의 경우 모래와 점토의 상대적 비율에 따라 중간 값을 가진다. 그러나 토양의 유형에 상관없이 영구시듦률에서의 토양의 수분 퍼텐셜은 약 −1.5 MPa로서 비교적 일정하다. 물론 예외가 있지만 대부분의 식물은 토양의 수분 퍼텐셜이 −1.5 MPa 이하로 떨어지게 되면 수분 흡수를 할 수가 없게 된다. 이런 의미로 보면 영구시듦률은 식물의 속성인 반면에 포장 용수량은 토양의 성질이다.

포장 용수량과 영구시듦률 사이에 있는 토양의 수분 함량이 유효 수분(available water), 즉 식물에 의해 흡수될 수 있는 물이다. 유효 수분의 범위는 침니 양토에서 상대적으로 높고 점토에서는 다소 낮으며 모래에서는 비교적 낮다. 그러나 이 범위에 있는 물이 모두 일정하게 이용되지는 않는다. 말라 가는 토양에서 식물체는 토양의 수분 퍼텐셜이 영구시듦률에 미치기 훨씬 전에도 수분 스트레스의 증후를 보이며 생장이 감소된다.

뿌리에서 물의 흡수

뿌리는 네 가지 중요한 기능으로 (1) 식물을 토양 속에 자리잡게 하고 (2) 탄수화물과 다른 유기물을 저장할 장소를 제공하며 (3) 알칼로이드나 일부 호르몬처럼 중요한 물질을 합성하는 장소이며 (4) 식물체에 의해 흡수된 사실상의 모든 물과 무기염을 흡수하여 위로 줄기에게 전달한다.

뿌리 – 숨겨진 반쪽

흡수 기관으로서 뿌리의 효율성은 근계의 확장 범위와 관련되어 있다. 오래 동안 근계의 진정한 범위를 재기 위한 많은 노력들이 시도되었다. 이러한 연구에는 식물체를 뿌리가 상하지 않게 조심스럽게 토양에서 끄집어내는 힘들고 지겨운 과정들이 포함된다. 더 정교한 노력으로 '라이조트론(rhizotron)'이라고 불리는 것이 제작되었는데 땅 밑에 통로가 만들어져 유리창을 통해 뿌리의 생장과 발달을 관찰할 수 있다. Weaver와 Darlan(1949)은 다른 유형의 토양에서 여러 가지 목초(초원의 풀)의 근계를 조사하였다. 이들은 조심스럽게 풀을 캐내어서 토양을 씻어낸 후 뿌리가 엄청난 그물망을 형성하며 1.5 m 정도의 깊이까지 자란다는 것을 보여주었다. 방사성 동위 원소의 추적법으로 Hall과 그의 동료들은 14주 동안 자란 한 옥수수의 뿌리가 6 m의 깊이와 5 m의 반경으로 퍼져 있는 것을 밝혀냈다. 양쪽 폭이 30 cm이고 깊이가 56 cm인 토양의 상자에서 한 개의 성숙한 호밀의 뿌리를 측정한 Dimmer의 더욱 인상적인 실험에 따르면 이 식물 뿌리의 총 길이는 623 km에 달하며 총 표면적은 639 m^2로 추정되었다. 많은 종에서 식물 총 무게의 반을 상회하는 부분이 뿌리이다. 뿌리는 보통 사람들에게 눈에 드러나는 줄기 부위에 비해 그 중요성이 덜 인식되었을지 몰라도 분명히 식물체의 더 많은 부분을 구성하고 있다. 뿌리의 발달과 기능에 대한 현재의 우리의 지식을 정리한 최근 논문의 제목이 "식물의 뿌리. 숨겨진 반쪽"이라는 게 어쩌면 당연한 것이다(Waisel et al., 1996).

뿌리의 흡수 부위

수많은 해부학적 및 생리학적 연구의 결과로 가장 활발하게 물을 흡수하는 지역이 근단(root tip)의 인접 부위인 것으로 밝혀졌다. 이런 일반적인 법칙 외에도 뿌리의 수분 투과성은 나이, 생리조건, 그리고 식물의 수분 상태에 따라 많이 변한다. 어린 뿌리를 사용한 연구 결과에 의하면 물의 흡수가 가장 활발하게 일어나는 지역은

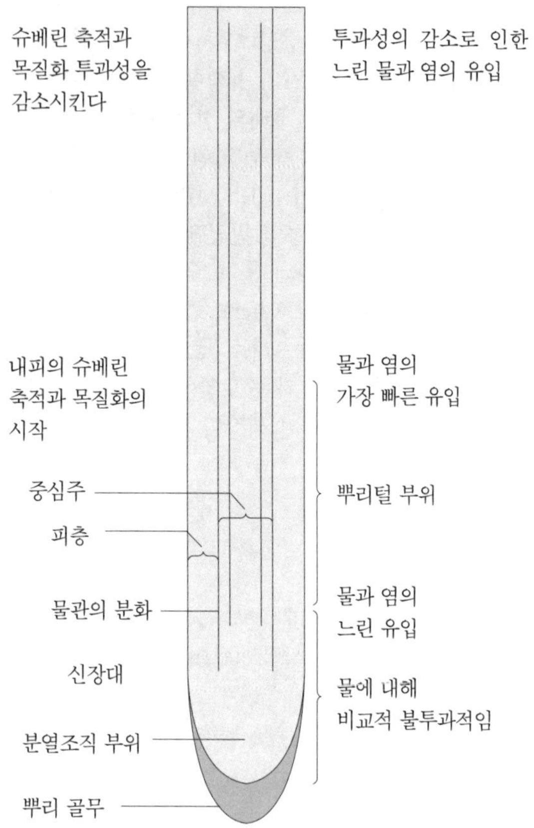

〈그림 3-16〉 뿌리 조직의 분화와 수분 흡수의 관계를 보여주는 모식도

근단으로부터 약 0.5cm 정도 떨어진 지역에서 10cm 정도까지 이른다(그림 3-16). 분열 조직 부위에서는 아마도 원형질의 밀도가 높고 물을 운반할 관다발의 분화가 없기 때문에 물의 흡수가 거의 일어나지 않는다. 물이 가장 빨리 흡수되는 부위는 일반적으로 관다발 조직 특히 물관부가 분화되기 시작하는 부위인 세포의 성숙 부위와 일치한다. 이 부위는 또한 내피 세포의 세포벽에 슈베린과 리그닌이 막 퇴적되기 시작하여 물의 운동에 상당한 저항을 줄 만큼의 단계에 이르지는 못했다.

물이 가장 빨리 흡수되는 부위는 뿌리털의 발달이 활발하게 일어나는 부위와 일치한다. 뿌리털은 표피 세포가 바깥으로 자라나간 얇은 벽을 지닌 세포로 흡수 표면적을 증가시키고 흡수력을 더 넓은 토양 부위로 확장시키게 된다(그림 3-17). 종과 환경의 조건에 따라서 뿌리털의 길이가 0.1mm에서 10mm에 이르며 평균 직경은 10μm이다. 땅콩, 피칸(pecan), 또는 일부 송백류에서는 뿌리털이 드물게 존재하거나 아예 없다. 한 개의 근단이 평방 cm당 2,500개나 되는 뿌리털을 함유하는 게 흔한 경우로 뿌리의 흡수 면적이 1.5배에서 20배나 증가된다. 뿌리털은 두 가지 이유로 토양수와의 접촉을 크게 증가시킨다. 첫째는 뿌리털의 가는 직경으로 인해 뿌리 자체로는 접근이 불가능한 모세관 공극에 접속이 가능하다(그림 3-17(B)). 둘째로 뿌리털은 측면으로 확장되어 뿌리털의 길이가 아니라 그 길이의 2배가 직경이 되는 원통형의 토양 공간과 접촉하게 되어 접촉면이 확장된다(그림 3-17(C)).

뿌리를 통한 물의 방사 이동

일단 물이 뿌리털이나 표피 세포에 흡수되면 중심주의 물관부 요소에 도달하기 위해서는 피층(cortex)을 통과해야 한다. 원리상 피층을 지나는 물의 경로는 비교적 명확하여 두 가지 경로가 있는 것으로 보이는데, 하나는 세포를 거치지 않고 피층의 아포플라스트를 지나는 것이며 또 하나는 심플라스트의 원형질 연락사를 통하여 세포와 세포 사이를 지나는 것이다. 그러나 원칙적으로 두 가지 경로는 분리되어 있지 않으며 아포플라스트 공간의 물과 심플라스트와 액포의 물은 일정한 평형을 이루며 세포막과 액포막을 통해서 끊임없이 교환된다. 따라서 결과적으로 물이 피층을 통과할 때 양쪽 경로가 모두 관여한다. 피층은 무수한 세포간 공간을 지닌 느슨하게 배열된 세포로 구성되어 있다. 따라서 아포플라스트의 저항력이 최소이며 아마도 더 많은 물이 이곳을 통하여 지나는 것으로 보인다.

근단 근처의 덜 성숙된 부위에서는 물이 피층으로부터 직접 발달중인 물관부로 흘러 비교적 낮은 저항을 받게 된다. 근단에서 많이 떨어져 있는 더 성숙한 부위에서는 물이 내피 세포와 마주치게 될 것이다(뿌리압에 대해 논의한 절 참조). 내피 세포벽에서의 슈베린 퇴적은 영구적인 장벽을 만들게 되어 이 지역에서는 물이 세포막을 통과하여 흡수되도록 만든다. 내피 세포가 물의 이동에 대한 저항력을 증가시키기는 하지만 절대적인 장벽은 아니다. 실제로 증산이 높게 일어날 때는 물의 흡수가 가장 빨리 되는 곳이 근단에서 멀어지는 부위로 바뀌게 된다(표 3-5).

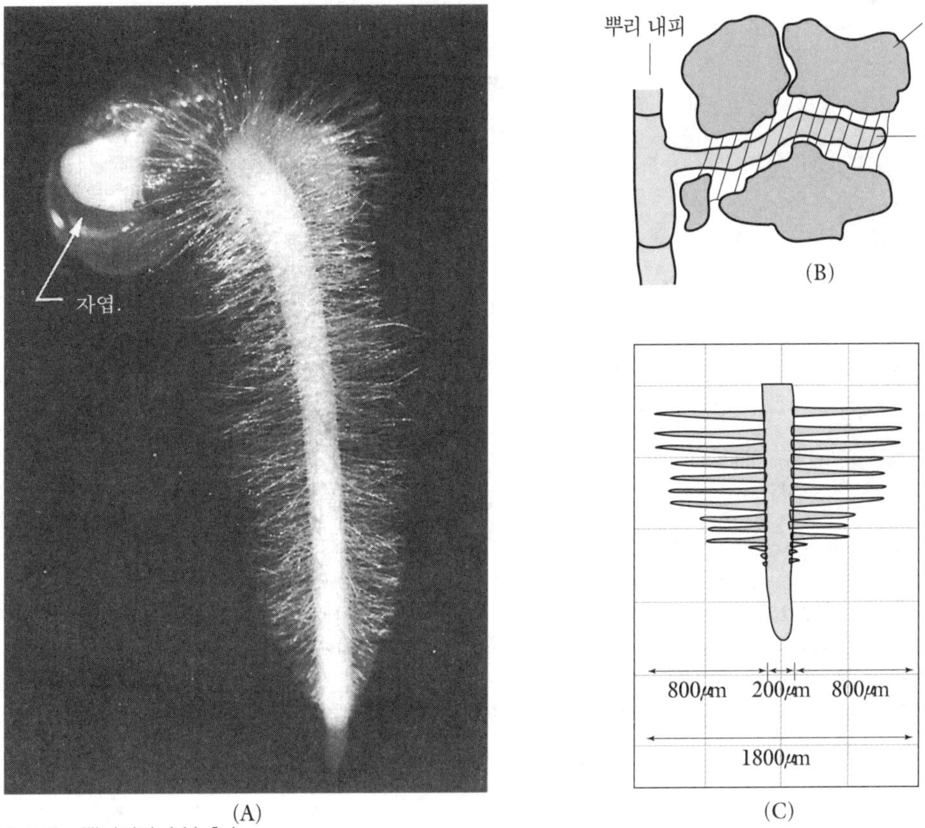

〈그림 3-17〉 뿌리털과 수분 흡수

무 유식물의 뿌리털(A). 뿌리털은 토양 입자 사이의 물이 함유된 모세관 공극을 침투하는 능력으로 인하여 물의 흡수를 증가시킨다(B). 뿌리털은 뿌리에 의해 물이 흡수될 수 있는 토양의 부피를 여러 배 증가시킨다(C).

물이 흡수될 때 뿌리에서 생기는 저항력은 증산에 의한 물의 손실과 뿌리에 의한 물의 흡수를 비교할 때 흔히 관찰되는 흡수의 지연에서도 드러난다(그림 3-18). 이 지연이 뿌리에서의 저항력 때문이라는 것을 실험적으로 보여줄 수 있다. 만일 활발하게 증산중인 식물의 뿌리를 물 속에서 잘라버리면 물관부로의 물의 흡수가 즉시 증가된다. 일부 종에서는 흡수지연에 의해 잎에 수분 결핍이 일어나 일시적으로 기공이 닫히는 게 촉진된다(그림 3-18). 이런 현상을 한낮 기공닫힘(midday closure)이라고 하는데 기공이 닫혀 증산이 감소되어 물의 흡수가 보충되면 다시 기공이 열리게 된다.

마지막으로 비록 뿌리에 의한 물의 흡수가 압력차에 의한 수동적 과정이지만 그래도 뿌리세포에서는 호흡에 의존적이다. 시안화물이나 디니트로페놀(dinitrophenol)과 같은 호흡 저해제들과 높은 이산화탄소와 낮은 산소(혹은 무산소 상태) 수준 등은 모두 대부분 뿌리에서 물의 수압 전도도를 감소시킨다. 식물은 물이 차 있는 토양에서 가장 흔하게 무산소 상태에 접하게 되는데 이러한 조건에 특별히 적응하지 못한 종들은 심하게 시들게 된다. 호흡의 정확한 역할은 분명치 않다. 아마도 그 필요성은 세포의 보존이나 계속적인 뿌리의 신장 등과

〈표 3-5〉 증산율의 변화에 따른 잠두(*Vicia faba*) 뿌리의 다른 지역에서의 상대적 수분 흡수

낮은 증산율 때 측정된 물관의 장력은−0.13 MPa이며 높은 증산율 때의 장력은−10.25 MPa이다. 증산이 낮게 일어나면 대부분의 물은 근단 근처에서 일어나며 증산이 높아지면 장력이 증가되어 흡수 지역이 근단에서 상부 쪽으로 이동한다.

수분흡수대	증 산 율	
(정단으로부터의 거리, cm)	낮을 때	높을 때
0− 2.5	100	132
2.5− 5.0	103	216
5.0− 7.5	54	216
7.5− 10.0	27	270
10.5− 12.5	19	283

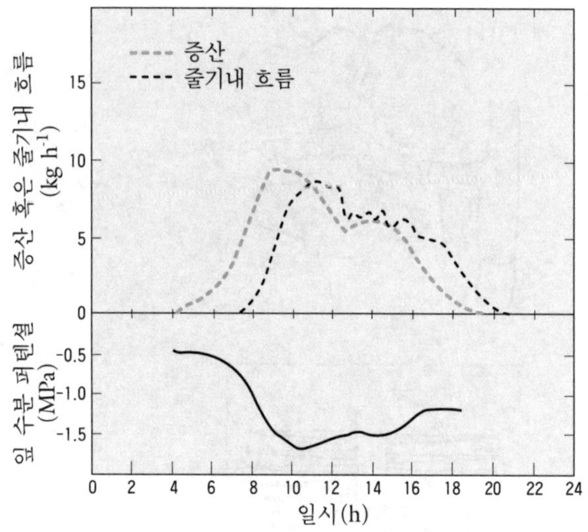

〈그림 3-18〉 낙엽송나무에서 수분 흡수의 지연

상단부: 줄기를 통한 물의 이동으로 측정한 수분 흡수는 증산보다 2시간 정도 늦게 일어난다. 정오 무렵에 이 지연으로 말미암아 수분 결핍이 일어나 일시적으로 기공이 닫히는 게 촉진되면 증산율이 일시적으로 감소한다. 하단부: 잎의 수분 퍼텐셜은 빠른 증산의 결과로 감소하다가 물의 유입으로 결핍이 보충되면 점차로 회복된다.

같은 간접적인 것일 것이다. 무기 영양 이온의 능동적인 흡수도 한 요인이 될 수 있다. 반면에 예를 들어 끓는 물에 뿌리를 담가 죽이면 저항이 극적일 정도로 줄게 되어 살아 있을 때보다 물의 흡수가 더 빨라진다.

제 4 장

식물과 무기 영양

식물은 독립 영양(autotrophic) 생물이다. 식물은 대기로부터 CO_2를 받아들이고, 뿌리로부터 물과 무기 영양소를 받아들이면서 전적으로 무기 환경 속에서 살고 있다. 반면에 동물은 종속 영양(heterotrophic) 생물이다. 동물은 다른 생물이 이미 만들어낸 에너지가 풍부한 유기 분자들에 의존하여 살고 있다. 식물이 먹이사슬의 아랫부분에 위치하고 있기 때문에, 식물에 의해 동화되는 무기 영양소는 사람을 포함하여 동물의 몸을 구성하는 물질이 된다. 독립 영양이든 종속 영양이든 간에 모든 생물들은 자신들의 물질 대사, 생장 및 발달을 유지하기 위해 자신들이 처한 환경으로부터 자신의 몸을 구성하게 될 물질을 지속적으로 가져와야만 한다. 생물이 이런 물질들을 이용할 수 있도록 하는 방법이 영양(nutrition)의 주제이다.

식물의 영양 요구는 전통적으로 두 가지 별개의 주제인 유기 영양과 무기 영양으로 논의된다. 식물의 유기 영양은 탄소화합물의 생산, 특히 광합성을 통한 탄소, 수소 및 산소의 결합에 초점을 맞춘다. 반면에, 무기 영양은 토양으로부터 미네랄 성분의 획득과 관련이 있다. 유기 영양과 무기 영양을 구별하는 것은 실제적이라기보다는 편의상의 문제이다. 4장과 다음 장의 주제는 식물의 무기 영양에 대한 것으로, 식물 물질 대사 가운데 미네랄 성분을 획득하는 것과 미네랄 성분의 역할에 초점을 둔다. 탄소의 획득과 동화는 나중에 9~13장에서 설명할 것이다.

식물 영양에 대한 관심은 농업과 작물 생산성에 대한 관심과 복잡하게 얽힌 채 집중되어 있다. 현대의 영양 연구를 위한 토대는 복합적인 정치적 · 사회적 요인들에 반응하여 일찍이 19세기 중엽에 유럽에서 마련되었다(Steward, 1968). 나폴레옹 전쟁이 유럽을 황폐화시켰고, 산업 혁명이 힘을 얻고 있었다. 유기질 비료에 심하게 의존하고 있던 전통적인 농업 경제는 인구 증가로 인한 수요와 도시로의 대량 이동에 대한 요구를 더 이상 충당할 수 없었다. 농업에서 더 큰 효율성이 요구되었고, 효율성을 증가시키는 것은 식물 영양에 대한 완전한 이해 없이는 불가능했다.

최초로 식물 영양 분야에 있어서 중요한 과정을 밝힌 사람은 N.T. de Saussure(1767~1845)였다. 그는 광합성과 영양 성분의 흡수 둘 다를 똑같이 정량적인 방법으로 주의깊게 연구한 사람이었다. De Saussure는 식물을 구성하고 있는 물질에 대한 초기의 원소 분석을 몇 가지 수행하였고, 발견된 몇 가지 — 전부 다 반드시 필요하지는 않지만 — 원소들이 절대 필요한 것(즉, 필수적)이라는 개념을 발표하였다. 원소의 중요성에 관한 de Saussure의 생각은 동시에 상당한 논쟁을 불러일으켰으나, 독일에서 연구하고 있던 C.S. Sprengel(1787~1859)의 연구와 프랑스에서 연구하고 있던 Jean-Baptiste Boussingault의 연구로부터 지지를 받았다(Epstein, 1972). 그러나, Sprengel은 토양에서 만약 식물의 생장에 필요한 한 개의 원소가 결핍된다면 그 토양은 비생산적일 것이라는 생각을 발표하였고, Boussingault는 비료와 영양분의 흡수가 작물의 생산에 미치는 영향 사이의 양적 관계를 강조하였다. Boussingault는 콩과식물이 대기 질소를 동화하는 독특한 능력을 가지고 있다는 증거를 처음으로 제시하여 신용을 얻었다. 이 발견은 나중에 뿌리혹 속에 있는 박테리아가 질소 고정 역할을 한다는 것이 밝혀짐으로써 입증되었다.

19세기 중반까지, 영양에 대한 퍼즐의 많은 조각들의 앞뒤가 맞춰지기 시작하였다. 1860년에, 독일의 유명한 식물학자인 Julius von Sachs는 토양이 전혀 없는 상태에서 성분이 밝혀져 있는 영양 용액 속에서 식물이 성숙기까지 자랄 수 있다는 것을 최초로 증명하였다. 결국, 1850년까지 영국의 로스암스테드에서 연구 중이던 J. B. Lawes와 J. H. Gilbert가 불용성 암석 인산을 과인산석회(superphosphate)라 부르는 수용성 인산으로 바꾸었고, 세기의 말까지 농업에서 질소, 인산 및 칼륨(N-P-K) 비료는 유럽에서 풍부하게 사용되었다.

4장은 무기 원소로 충족되는 식물의 영양 요구에 대해 다음과 같은 것을 살펴볼 것이다.

- 무기 영양을 연구하는 데에 사용된 방법들
- 필수적이고 유익한 원소들에 대한 개념과 다량 원소와 미량 원소 사이의 구분
- 14가지 필수 무기 원소의 물질 대사적 기능에 대한 일반적인 논의, 임계 농도와 결핍 농도에 대한 개념 및 무기 원소의 결핍과 관련 있는 증상들, 그리고,
- 미량 원소의 독성에 대한 간략한 논의.

5장에서, 우리는 양분 저장고로서의 토양에 대해 논의할 것이고, 미네랄이 어떻게 흡수되고, 식물체 전체에 어떻게 분배되는가를 살펴볼 것이다. 질소의 흡수와 대사에 관한 독특한 상황에 대해서는 6장에서 설명할 것이다.

식물의 미네랄 요구에 대한 연구

식물의 영양에 대한 요구를 연구하기 위한 방법은 일반적으로 토양이 없는 상태에서 밝혀진 미네랄 용액에서 식물을 배양하는 것과 관계가 있다. 이런 방법들에는 물과 영양염을 정제하는 것과 오염을 피하기 위한 다른 과정들이 필요하다.

19세기 중반에, Sachs는 그의 동료들과 함께 식물의 최소 영양 요구를 측정하는 데 관심이 있었다. 토양만큼이나 복잡한 배양액 안에서 그러한 연구 대상물을 추적하는 것이 어렵다는 것을 알고, Sachs는 뿌리가 토양 속이 아니라 무기염 수용액 속에서 자라는 실험 체계를 고안했다. 이 단순화된 체계를 가지고, Sachs는 6가지 무기염이 들어 있는 비교적 간단한 영양 용액에서 식물이 성숙기까지 자란다는 것을 증명할 수 있었다(표 4-1). **용액 재배**(solution culture) 또는 **수경 재배**(hydroponics, 밝혀진 영양 용액 속에서 식물을 키우는 것)로 알려진 Sachs의 체계는 오늘날까지 식물의 영양 요구를 연구하기 위한 중요한 실험 체계로 남아 있다. 수경 재배는 양상치와 토마토 및 씨가 없는 오이와 같은 야채를 상업적으로 생산하는 데에도 약간의 성공을 거두었다.

가장 단순한 형태의 용액 재배에서, 유식물(seedling)은 용기의 뚜껑 속에서 지탱되고, 뿌리는 영양 용액 속에서 자유롭게 자란다(그림 4-1). 최적의 생장을 얻기 위해서 용액에 공기를 불어넣어야만 한다는 것에 주목하라. 공기를 불어넣지 않은 용액은 산소가 고갈된다. 이런 상태는 **무산소증**(anoxia)으로 알려져 있다. 무산소증은 뿌리 세포의 호흡을 억제하고 영양분의 흡수를 감소시킨다. 식물이 자라고 있는 용기는 빛을 차단하기 위해 보통 검게 칠하고, 불투명한 물질을 씌운다. 빛을 차단하는 목적은 식물과 영양분을 두고 경쟁하는 조류(algae)가 자라는 것을 감소시키기 위해서이다.

〈표 4-1〉 식물을 배양하는 데 사용된 Sachs의 영양 용액 조성 (1860)

염	분자식	적정농도(mM)
질산칼륨	KNO_3	9.9
인산칼슘	$Ca_3(PO_4)_2$	1.6
황산마그네슘	$MgSO_4 \cdot 7H_2O$	2.0
황산칼슘	$CaSO_4$	3.7
염화나트륨	NaCl	4.3
황산철	$FeSO_4$	미량

용액 재배 기술에는 단점이 있다. 이온이 선택적으로 고갈되는 것과 뿌리가 영양분을 흡수할 때 관여하는 용액의 pH가 변하는 것이 주요한 문제들이다. 순수한 용액 재배로 유지되어 온 식물은 단지 영양 용액이 조화

〈그림 4-1〉 영양 용액 재배를 하기 위한 전형적인 장치의 그림

가 잘된 주성분들로 보충되기만 하면 계속 왕성하게 자랄 것이다. 이런 문제들을 피하기 위해, 몇몇 연구자들은 산으로 씻은 석영사, 펄라이트(perlite) 또는 질석(vermiculite)[1]과 같은 영양 성분이 없는 배지에서 식물을 키운다. 그 다음, 식물에 배양액의 위쪽에서부터 신선한 영양 용액을 매일 공급하거나(사면 배양, slop culture), 저장조로부터 배양액으로 천천히 떨어뜨려 공급한다(drip culture). 영양 용액은 선택적으로 지하 관개를 하였다. 여기서 영양 용액은 아래쪽에서부터 식물체로 퍼올린 후, 흘러나가도록 되어 있다. 채워졌다가 비워지는 이런 과정은 규칙적으로 반복되며, 영양 용액을 교체하고 뿌리에 공기를 공급하는 두 가지 기능을 한다. 현재 대부분의 상업적인 수경 재배법은 약간 변형된 영양막(nutrient film) 기법을 사용하는데, 이 기법에서는 뿌리가 재순환하는 영양 용액의 얇은 막과 함께 지속적으로 잠겨 있다(그림 4-2).

이런 방법들은 순수 용액 배양이 가지고 있는 몇 가지 고유한 문제점을 극복하지만, 많은 실험실내 실험에는 적합하지 않을 수도 있다. 왜냐하면, 배양기는 사실상 무영양이 아니기 때문이다. 어떤 배지, 심지어는 순수 용액 배양에 사용되는 유리, 플라스틱 또는 세라믹 용기조차도 매우 낮은 수준으로 몇 가지 영양분을 제공할지도 모른다. 예를 들면, 연유리(규산화나트륨)는 나트륨을 제공하고, 경유리(규산화붕소)는 붕소를 공급하며, 플라스

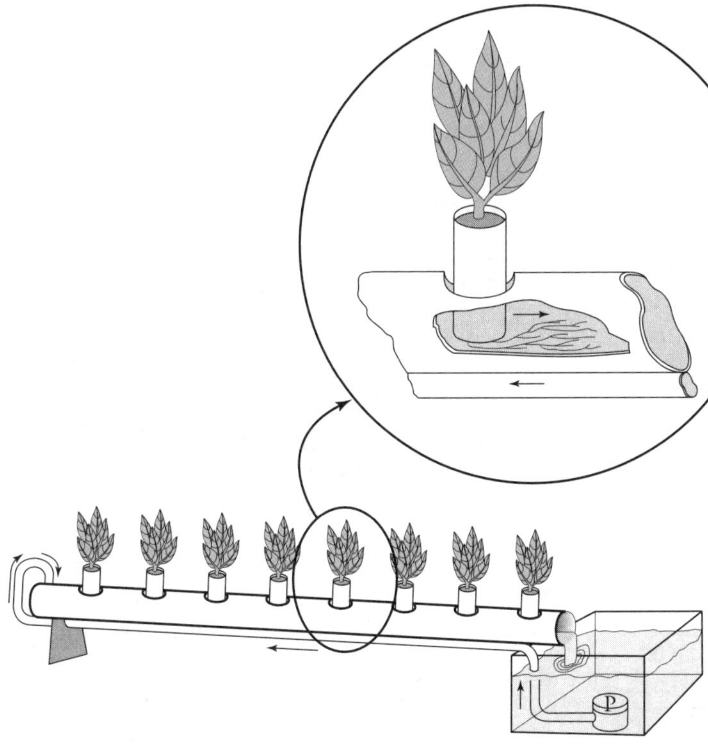

〈그림 4-2〉 수경 재배 식물을 생산하기 위한 영양막 기법

식물을 튜브 안이나 약간 경사진 관속에서 배양한다. 펌프(P)는 저장조에서 높은 곳에 있는 튜브의 끝으로 영양 용액을 순환시킨다. 그 다음, 용액은 중력에 의해 튜브의 아래쪽으로 흘러 저장조로 돌아간다. 삽입 그림: 뿌리는 튜브의 바닥을 따라 자라고, 공기가 들어 있는 배양액의 얇은 막 속에 지속적으로 잠겨 있다. 화살표는 영양액이 흐르는 방향을 가리킨다.

1) Vermiculite는 운모류의 규산질 광물이다.

틱은 염소 또는 불소 및 기타 영양분을 제공한다. 영양 용액을 준비하기 위해 사용된 물은 가능한 대로 증류기 속에 금속 성분이 들어 있지 않도록 주의깊게 증류해야만 한다.

Sachs에 의해 고안된 영양 용액은 총 10가지 무기 영양분을 공급했다.[2)] 다른 사람들이 부가적인 무기 영양분이 필요하다는 것을 설명하기까지는 적어도 반세기가 걸렸다. Sachs의 실험이 성공한 것은 신비로울 것이 없다. 식물에 의해 사용된 대부분의 무기 영양분은 매우 적은 양이 필요했고, Sachs는 알지 못하는 사이에 이런 영양분을 그가 영양 용액을 만들기 위해 사용했던 염과 물 속에 들어 있는 불순물의 형태로 공급했다. 현재는 분석 기술이 Sachs의 시대에 가능했던 것보다 몇 배 더 낮은 미네랄 함량을 측정할 수 있는 정도까지 향상되었다. 현재, 대부분의 무기 원소는 **원자 흡광 분광광도법**(atomic absoption spectrometry)이나 **원자 방출 분광광도법**(atomic emission spectrometry)에 의해 측정된다. 이런 기술들은 수천 도가 넘는 온도에서 원소가 증기로 변하는 것과 관련이 있다. 증기 상태에서, 원소는 매우 좁은 파장의 범위에서 (온도에 따라) 빛을 흡수하거나 방출할 것이다(7장 참조). 흡수되거나 방출된 빛의 파장은 특별한 원소의 특징이고, 흡수되거나 방출된 에너지의 양은 시료 속에 들어 있는 원소의 농도에 비례한다. 이런 방법으로, 몇 가지 원소의 경우에 10^{-8}g ml^{-1} 만큼 낮은 농도가 식물 조직, 토양 또는 영양 용액 시료 속에서 몇 분내에 측정된다.

필수 영양소

대부분의 식물들이 자신의 생활사를 성공적으로 완성시키는 데 있어서 상대적으로 적은 수의 영양소를 필요로 한다.

〈표 4-2〉 고등 식물의 필수 영양소와 고등 식물이 정상적으로 생장하는 데 적당하다고 생각되는 필수 영양소의 농도

원 소	화학 기호	이용 가능한 형태	건량 속에 들어 있는 농도(mmol/kg)
대량 원소			
수소	H	H_2O	60,000
탄소	C	CO_2	40,000
산소	O	O_2, CO_2	30,000
질소	N	NO_3^-, NH_4^+	1,000
칼륨	K	K^+	250
칼슘	Ca	Ca^{2+}	125
마그네슘	Mg	Mg^{2+}	80
인	P	HPO_4^-,HPO_4^{2-}	60
황	S	SO_4^{2-}	30
미량 원소			
염소	Cl	Cl^-	3.0
붕소	B	BO_3^{3-}	2.0
철	Fe	Fe^{2+}, Fe^{3+}	2.0
망간	Mn	Mn^{2+}	1.0
아연	Zn	Zn^{2+}	0.3
구리	Cu	Cu^{2+}	0.1
니켈	Ni	Ni^{2+}	0.05
몰리브덴	Mo	Mo_4^{2-}	0.001

식물이 생장하고 발달하는 데 필요한 영양소는 필수적인 것이라고 생각된다. 필요성은 1972년에 E. Epstein에 의해 세워진 두 가지 기준에 기초적인 근거를 두고 있다. Epstein에 따르면, 만약 (a) 이 원소가 없을 때에 식물이 정상적인 생활사를 완성할 수 없거나, (b) 원소가 몇 가지 필수적인 식물 구성 요소이거나 물질 대사 산물의 부분이면, 이 원소는 필수적인 것으로 생각한다. 첫번째 기준에 의해, 만약 원소가 결핍될 때, 식물이 생육할 수 있는 종자를 생산할 수 없다면, 이 원소는 필수적인 것으로 생각한다. 두번째 기준에 의해, 마그네슘과 같은 원소는 필수적인 것으로 생각되는데, 그 이유는 마그네슘이 엽록소 분자의 구성 성분이며 엽록소는 광합성에 있어서 필수적이기 때문이다. 비슷하게, 염소도 필수적인데, 물의 광합성적 산화에 있어서 필요한 인자이기 때문이다. 보통 둘 중 한 가지 기준을 만족시키는 것만으로 충분한 것으로 생각되지만, 대부분의 원소들은 두 가지 기준을 모두 만족시킨다. 이런 기준에 근거를 두고, 17가지 원소만이 모든 고등 식물이 생장하는 데 필수적이라는 것에 일반적으로 의견이 일치한다(표 4-2).

---

2) 탄소, 산소 및 수소는 전체 숫자에서 제외되었다. 탄소, 산소 및 수소는 이산화탄소와 물의 형태로 제공되며 무기 원소로 고려되지 않는다.

필수 원소는 전통적으로 두 가지 종류로 나눈다. (1) 이른바 다량 원소(macronutrient)라 부르는 것과 (2) 미량 원소(trace element 또는 micronutrient)가 그것이다. 이렇게 두 가지로 정의하는 것은 조직 속에서 발견되는 상대적인 농도나 영양 용액 속에 들어가는 상대적인 농도(표 4-2)를 간단하게 반영하고 있기 때문에 실제보다 좀 더 편리하다. 다량 원소와 미량 원소 사이의 구분을 식물의 영양 요구에 대한 중요성이 상대적인 수준 차이가 나기 때문이라고 해석해서는 안 된다. 목록 중 처음 9가지 원소는 다량 원소라 부르는데, 그 이유는 이 원소들이 많은 양(건량 중 10 mmole kg^{-1}보다 많이)으로 필요하기 때문이다. 다량 원소는 주로 분자 구조와 관련되어 있어서 이 원소들이 많은 양으로 필요한 이유를 어느 정도 설명해 준다. 나머지 8가지 필수 원소들은 미량 원소이다. 미량 원소는 상대적으로 적은 양(건량 중 30 mmol kg^{-1} 보다 적게)이 필요하며 효소 활성제와 같이 촉매나 조절 역할을 담당한다. 몇 가지 다량 원소, 예를 들면, 칼슘과 마그네슘은 구조적인 역할과 더불어 조절자의 역할도 한다.

필요성에 대한 기준은 꽤 명확하지만, 어떤 원소가 필수적인지 아닌지를 설명하는 것이 항상 쉬운 것은 아니다. D. Arnon과 P. Stout는 일찍이 세번째 기준을 제시했다. 어떤 원소가 필수적인 것으로 간주되기 위해서는 식물의 물질 대사 과정에서 직접적으로 역할을 해야만 하고 영양 배지 속에서 나쁜 미생물 환경이나 화학적 환경을 단순히 좋게 만드는 것은 아니어야 한다(Arnon and Stout, 1939). 원소를 뺀 용액 배양을 함으로써 이 세 번째 기준을 적용할 필요가 크게 줄게 된다. 반면에, 몇 가지 식물은 특별한 원소가 영양 용액에서 배제되고 결핍된 다른 증상이 분명함에도 불구하고 생육 가능한 종자를 형성할 수 있다. 이런 경우에, 이 원소의 결핍을 무마시키기에 충분한 양의 원소가 종자 속에 들어 있거나 영양 용액 속에 섞여 있을 수 있어서 종자를 형성할 수 있을 것이다. 결핍증상이 생육할 수 있는 종자를 형성하기 전에 식물을 죽게 할 만큼 심각하다면 필요한 원소가 전혀 없다고 추측한다. 만약 필요하다면, 영양염을 주의깊게 순수 분리하고 대기의 오염 물질을 배출시킴으로써 이 추측을 확인할 수 있다. 충분한 양의 원소가 종자 안에 들어가서 옮겨질 수도 있으므로, 그 원소가 없는 상태에서 생산된 종자로부터 연속적으로 몇 세대를 생장시킴으로써 그 원소의 필요성을 확인할 수 있다. 이런 방법은 종자 안에 있는 원소의 농도를 결핍되는 범위까지 낮추기에 일반적으로 충분하다.

미량 원소는 매우 적은 양이 필요하기 때문에, 미량 원소의 필요성을 입증하기는 특히 어렵다. 대부분의 미량 원소의 요구량은 0.1～1.0㎍ L^{-1} 범위의 농도에서 완전히 충족된다. 이 양은 물이나 다량 원소의 염, 식물을 키우고 있는 용기 속의 불순물과 대기의 먼지에 의한 오염으로부터 쉽게 얻을 수 있다. 미량 원소들은 측정할 수 있는 한계 이하의 농도가 필요하기 때문에, 미량 원소가 필수적이 아니라기보다는 필수적이라고 결정되기가 훨씬 더 쉽다. 예를 들면, 1866년에 H. Birner와 B. Lucanus는 칼슘, 질소, 칼륨, 인, 마그네슘, 황 및 미량의 철만 들어 있는 배양 용액(탄소, 수소 및 산소는 CO_2와 물에 의해 공급됨)에서 귀리를 성공적으로 배양할 수 있었다. 식물이 정상적으로 자랐던 이유는 영양 용액을 만드는 데 사용되었던 4가지 염 속에 들어 있던 불순물의 형태로서 충분한 양의 미량 원소를 이용할 수 있었기 때문이다.

미량 원소로 봤을 때, 철은 보통 상대적으로 높은 농도로 공급된다. 철을 높은 농도로 공급해야 하는 이유는 철의 이용 가능성이 pH와 다른 토양 조건에 매우 민감하기 때문이다. 높은 pH에서, 철은 물에 녹지 않는 수산화철을 형성하고, 칼슘 화합물을 만든다. 산성 용액에서는 철이 알루미늄과 반응한다. 두 가지 경우에, 철은 용액에서 쉽게 침전되어, 결과적으로 자연적인 상태에서 자주 결핍된다. 이런 이유 때문에, 필수적인 식물 영양분으로서 철이 필요하다는 것은 초기에 입증되었다. 그러나, 다른 미량 원소가 필요하다는 것은 20세기 초에 충분한 순도를 가지는 염을 이용할 수 있게 된 후에야 알려지게 되었다. 1922년에, J. S. McHargue는 *귀리의 회색 반점*으로 알려진 병은 망간의 결핍 때문에 생겨난다고 설명하였고, 다음해에 Katherine Warington은 붕소가 몇 가지 콩 종류에 필요하다는 것을 보여 주었다. 1939년까지, 아연, 구리 및 몰리브덴도 필요하다는 것이 분명하게 입증되었다. 각각의 경우에, 영양염의 결핍이 이전에 질병이 될 것으로 생각되었던 잘 알려진 장애를 일으킨다는 것이 밝혀졌다. 염소는 거의 백년 전에 필수적인 성질이 제시되었지만, 1954년까지 목록에 첨가되지 않았다(Hewitt, 1963). 염소가 필요하다는 것은 토마토(*Lycopersicum esculentum*)의 생장에 코발트가 필요한지를 결정하기 위한 실험 때문에 증명되었다. T. C. Broyer와 그의 동료가 코발트뿐만 아니라 할로겐화물(halide)을 제

〈표 4-3〉 '변형시킨' Hoagland 용액을 $\frac{1}{2}$ 희석한 조성. 사용된 영양염과 그 염의 적당한 밀리몰(mM) 농도가 제시되어 있다.

		농도 (mM)
질산칼슘	$Ca(NO_3)$	2.5
인산칼륨	KH_2PO_4	0.5
질산칼륨	KNO_3	2.5
황산마그네슘	$MgSO_4$	1.0
황산아연	$ZnSO_4$	0.00039
황산망간	$MnSO_4$	0.0046
황산구리	$CuSO_4$	0.00016
붕산	H_3BO_3	0.0234
몰리브덴산	MoO_3	0.000051
철 결합제	Fe	0.179

참고 문헌: Downs and Hellmers, 1975

거하는 방법으로 자신들의 영양염을 정제했다(Broyer et al., 1954). 이렇게 정제된 염으로 만든 용액에서 자란 식물들은 잎이 갈색으로 변하고 괴사(necrosis)가 일어났다. 이런 증상들은 *염화 코발트(cobalt chloride)*를 보충함으로써 피할 수 있었다. 그러나, 연이은 조사로 코발트보다는 염소의 결핍이 이런 증상들을 일으킨다는 것을 설명하였다.

니켈은 현재 필수 원소의 목록에 첨가해야만 할 증거를 모으고 있는 중이다(Dalton et al., 1988). 니켈은 식물에 널리 분포되어 있는 효소인 우레아제(urease)와 미생물 및 몇몇 해양 무척추동물의 필수 구성 성분이다. 우레아제는 요소를 NH_3와 CO_2로 가수 분해하는 반응을 촉매하고, 식물에서 질소 화합물의 이동에 중요한 역할을 하는 것으로 생각된다. 1987년에, P. H. Brown과 동료들은 보리(*Hordeum vulgare*)에서 니켈이 결핍되면 생육할 수 없는 씨앗을 형성한다는 것을 보여 주었다. 니켈을 첨가하면 고등 식물에게 필수적인 영양 원소는 총 17개가 된다.

수경 재배를 상업적으로 적용하는 것을 제쳐 두고서도, 대다수의 식물생리학과 다른 식물 연구는 조절된 환경하에서 배양된 식물들을 대상으로 이루어진다. 조절된 환경에는 온도와 빛과 다른 환경 조건이 주의깊게 조절되는 상대적으로 단순한 온실이나 복잡한 생장실이 포함된다(Downs and Hellmers, 1975). 식물에 영양을 공급하는 것은 조절되어야만 하는 인자 중의 하나이고, 수년에 걸쳐 많은 수의 영양 용액이 식물에게 조절된 상태로 영양을 공급하기 위해 고안되었다. 가장 최근의 조성은 식물 무기 영양 연구에 대한 개척자인 D. R. Hoagland에 의해 원래 개발되었던 용액을 기본으로 하고 있다. 개개의 연구자들은 특별한 요구에 맞추기 위해서 영양 용액의 조성을 약간 변형하기도 한다. 그런 조성들은 주로 *변형된 Hoagland* 용액으로 간주한다(표 4-3).

영양 용액 속의 무기물의 농도는 토양에서 정상적으로 발견되는 것보다 몇 배 더 많다(Downs and Hellmers, 1975). 무기물이 과량으로 필요한 것은 뿌리에 의해 흡수될 때 영양분을 지속적으로 공급하도록 하기 위해서이다. 반면에, 토양 영양분의 농도는 상대적으로 낮으나 토양 입자에 흡착된 영양소에 의해 지속적으로 채워진다(5장).

유익한 원소들

몇 가지 식물들은 〈표 4-2〉에 제시된 17가지 필수 원소 이외에도 더 필요한 원소들이 있다. 그러나, 이들 원소들은 고등 식물들이 일반적으로 필요로 하지 않기 때문에 필수 원소의 목록에서 제외시킨다. 이런 원소들을 유익원소(beneficial element)라고 부른다. 만약 이런 원소들이 모든 식물에게 반드시 필요하다면, 현재의 분석 기술에 의해 신뢰할 수 있을 만큼 검출될 수 있는 정도 이하의 농도로 필요한 원소들일 것이다. 유익원소는 나트륨, 규소, 셀레늄 및 코발트로 최근에 정의되었다. 시간이 지나고 실험 방법이 향상됨에 따라 유익원소들은 한 개 이상이 필수 원소의 목록에 첨가될 수도 있을 것이다.

나트륨

나트륨의 필요성은 호주의 건조한 내륙 지역에서 자라는 다년생 목초인 bladder salt-bush(*Atriplex vesicaria*)

에서 처음으로 설명되었다(Brownell and Wood, 1957). 물을 주의깊게 순수 정제하고, 영양염을 재결정시키며, 나트륨이 없는 용기를 사용함으로써, Brownell과 Wood는 배양액 속의 최종 나트륨 농도를 1.6 μg L^{-1} 이하로 낮췄다. 나트륨이 결핍된 용액에서 배양된 식물은 생장이 감소되었고, 잎이 **황백화**(chlorosis, 노랗게 됨)되고, 괴사(necrosis, 조직이 죽는 것)가 나타났다. Brownell과 Crossland(1972)는 32종의 식물에 대해 나트륨의 요구도를 조사한 후, 나트륨은 한 개의 특별한 광합성 경로(C_4 경로라고 부름)를 갖는 식물에게는 미량 원소로서 필수적이지만 C_3 경로로 알려진 경로를 사용하는 대부분의 식물에서는 필수 원소가 아니라고 결론지었다(10장 참조). 나트륨이 필요하다는 물질 대사적 근거는 아직 분석되지 않았으나, C_4 경로에서 결정적인 중간 대사 산물인 피루브산을 유관속초 세포와 엽육 세포 사이에서 운송하는 데 관여할지도 모른다(1장 및 10장).

규소

정상적인 토양 속에는 이산화규소의 농도가 높기 때문에 많은 식물들이 상당한 양의 규소를 받아들인다는 것은 놀라운 일이 아니다. 규소는 옥수수(*Zea mays*)와 다른 초본 식물의 건량의 1~2%를 차지하고, 골풀(scouring rush; *Equisetum arvense*) 건량의 16% 정도를 차지하지만, 아직 규소가 대부분의 다른 식물에게 필수적이라는 것은 실험을 통해 일반적으로 설명하지 못했다. 유리 속, 영양염 속, 그리고 대기 중의 먼지 속과 같이 곳곳에 들어 있는 규소가 영양분 실험에서 규소를 제외시키기 특히 어렵게 만든다. 그러나, 다양한 종에 있어서 규소가 유익한 영향을 미친다는 보고가 여러 편 있다. 규소는 특히 초본에게 유익한 것으로 보이는데, 초본은 세포벽 속, 특히 표피 세포의 세포벽 속에 규소를 축적하고, 곰팡이의 감염을 막아내거나, **쓰러짐**(강한 바람이나 비에 의해 줄기가 구부러지는 상태)을 막는 데 중요한 역할을 한다.[3)]

코발트

코발트는 공생에 의해 질소 고정을 하는 박테리아의 숙주가 되는 콩과식물이 생장하는 데 필수적이다(6장). 이 경우에, 코발트에 대한 요구는 숙주 식물보다는 질소 고정 박테리아가 필요로 하는 것으로 추적할 수 있다. 이와 비슷한 코발트의 필요성은 남세균(cyanobacteria)을 포함하여 자유 생활을 하는 박테리아와 질소 고정 박테리아에서 설명되었다. 덧붙여, 콩과식물이 질산염과 같은 고정된 질소를 공급받을 때, 코발트의 요구성은 입증될 수 없다.

셀레늄

셀레늄염은 북아메리카의 서쪽 평야에 비가 적게 내리는 건조 지역에서 축적되는 경향이 있다. 셀레늄은 일반적으로 대부분의 식물에게 독성을 나타내지만, 콩과식물의 한 속인 *Astragalus*(자운영이나 poison-vetch)에 속하는 몇 종은 높은 농도의 셀레늄(건량의 0.5% 이상)에 내성이 있고, 셀레늄이 많은 토양에서만 발견되는 것으로 알려져 있다. 그 정도 농도의 셀레늄은 대부분의 다른 식물들에게는 독이 된다. 한때는 셀레늄이 이런 '축적하는 종'에게는 필수적인 것으로 생각되었으나 이것을 지지하는 명확한 증거가 없다. 그러나, 셀레늄 축적자가 '로코풀(loco weed; 미국 남서부산. 가축에게 로코병을 일으킴 — 역자 주)'로 알려진 다양한 식물 집단들 사이에 있을 때 목장주에게 상당히 중요하다. 이런 식물들 속에 들어 있는 높은 함량의 셀레늄은 초식 동물에게 알칼리 독성이나 선회병(blind stagger)을 일으킨다.

---

3) 초식 동물들은 초본이 가지고 있는 규소의 높은 농도에 적응해 온 것으로 나타난다. 소와 말 같은 초식 동물들의 이빨은 규소에 의해 주로 생겨나는 닳아서 손실되는 부분을 보충하면서 계속해서 자란다. 반면에, 적은 양의 풀을 먹이로 하는 사슴과 같이 새싹을 먹는 동물들의 이빨은 계속 자라지 않는다.

영양소의 역할과 결핍증상

필수 원소는 식물의 물질 대사에서 특별한 역할을 한다. 필수 원소가 없을 때, 대부분의 경우 식물들은 한 개 이상의 필수 원소의 역할과 관련되어 있는 특징적인 결핍 증상을 나타낸다.

식물의 무기 영양소에 대해 연구하는 연구자들은 기능적인 측면을 따라 대량과 미량 원소로 분류하기 좋아한다. 예를 들면, 탄소, 수소 및 산소와 같은 원소들은 구조적인 역할을 주로 한다. 반면에 다른 원소들은 이온 균형을 유지하고 효소를 활성화시키는 조절역할에 우선적으로 관여하는 것으로 나타난다. 다른 연구자들은 생화학적 기능에 대해 네 개 이상의 범주를 갖는 좀 더 복잡한 도식을 제안해 왔다. 불행하게도, 이런 방식으로 영양소들을 범주화하려는 시도는 종종 같은 원소가 구조적 역할과 비구조적인 역할 둘 다를 충족시키기 때문에 어려움에 부딪치게 된다. 예를 들면, 마그네슘은 엽록소 분자의 필수적인 구성 원소이지만 결정적인 에너지 전이 반응에 관여하는 효소를 포함하여 많은 효소의 보조 인자로서도 역할을 한다(9, 10, 12장). 칼슘은 세포벽의 중요한 성분이다. 세포벽에서 칼슘의 역할은 주로 구조적인 것이지만 호르몬 반응(16장)과 피토크롬 반응(18장)에서 2차 전달자로서 영향을 발휘한다. 마그네슘과 칼슘이 어떻게 분류되는가와는 상관없이, 식물의 특별한 물질 대사적 요구를 충족시키기 때문에 이들 원소들이 필수적인 것은 분명하다. 이런 요구가 충족되지 못하거나 부분적으로만 충족될 때, 식물은 특징적인 결핍 증상을 나타낼 것이고, 심하면 죽게 된다.

어떤 특별한 원소에 대한 각 식물들의 필요는 보통 임계 농도(critical concentration)라는 용어로 정의된다. 임계 농도란 *조직에서 측정된* 영양분의 농도로, 최대 생장을 할 수 있게 하는 수준 이하의 농도이다(Epstein, 1972). 이 개념은 〈그림 4-3〉에 표현되어 있다. 임계 농도 이상의 농도에서, 영양소 함량을 부가적으로 증가시키는 것은 생장에 특별한 영향을 주지 않고 영양소의 함량은 적당하다고 말한다. 임계 농도 이하로 영양소 함량이 결핍될 때, 생장은 급격히 저하된다. 다시 말하면, 임계 농도 이하의 조직의 영양소 수준에서, 영양소는 생장을 *제한한다.*

영양소의 수준이 임계 농도를 초과할 때, 영양소가 한 가지 조건에 대해서는 더 이상 제한되지 않는다. 그 조건은 조직 속에서 충분한 수준이면 사실상 모든 영양소가 독이 되는 것이다. 다량 원소로는 독이 되는 수준에 거의 이르지 않지만 미량 원소의 경우에는 흔히 있는 일이다.

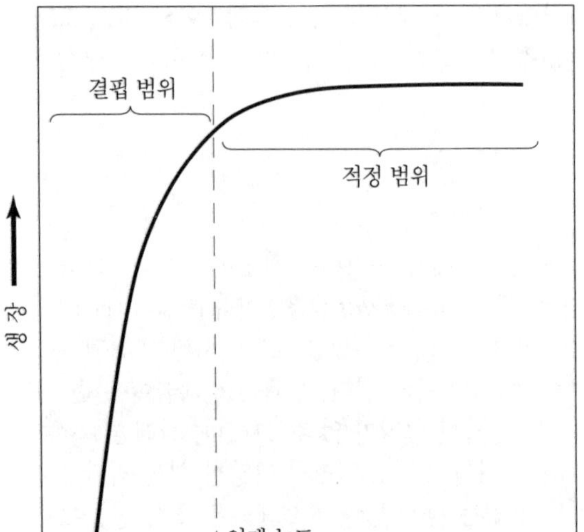

〈그림 4-3〉 조직에서 영양소의 농도에 대한 생장의 함수 관계를 일반화시킨 그림. 임계 농도는 생장을 10% 감소시키는 농도이다.

예를 들면, 정상적인 구리의 농도는 조직 건량(tissue dry weight, dwt) 중 4~15μg l g^{-1}의 범위이다. 결핍은 4μg 이하 농도에서 일어나지만, 대부분의 식물들은 20μg g^{-1} dwt를 초과하는 농도에서 심각한 손상을 받는다. 붕소는 75μg g^{-1} dwt 이상이 독이 되고, 아연은 200μg g^{-1} dwt 이상이 독이 된다.

각 원소는 식물체 내에서 한 가지 이상의 구조적이거나 기능적인 특별한 역할을 하기 때문에, 원소가 없을 때 식물은 어떤 형태적 또는 생화학적 결핍 증상을 나타낼 것으로 기대할 수 있다(그림 4-4). 어떤 경우에 결핍 증상은 원소의 기능적인 역할을 분명하게 반영한다. 한 가지 예는 마그네슘이 없을 때 노랗게 되거나 황백화가 되는 것이다. 황백화는 마그네슘이 없을 때 식물이 녹색 색소인 엽록소를 합성할 수 없기 때문에 생긴다. 다른 경우에, 원소의 결핍 증상과 기능적인 역할 사이의 관계는 항상 그렇게 직접적인 것은 아니다. 더구나, 어떤 원소의 결핍 증상은 한 식물과 다른 식물간에 항상 일치하는 것도 아니다. 그렇지만, 각각의 원소에 대해 결핍 증상을 반영할 수 있는 약간의 일반적인 것은 있다. 결핍 증상은 식물체 내에서 원소의 이동성에 의해서도 좌우된다. 원소가 식물체 내에서 이동하여 발달중인 어린 조직으로 보내지면, 결핍 증상이 나이 든 조직에서 먼저 나타나는 경향이 있다. 다른 원소들은 이동이 불가능하다. 한 번 조직 속에 들어가면 다른 곳에서 사용될 목적으로 쉽게 이동되지 않는다. 이런 경우에, 증상은 어린 조직에서 먼저 나타나는 경향이 있다.

〈그림 4-4〉 토마토의 영양 결핍 증상
왼쪽에서부터 완전한 배양액(대조구); P 제거; Ca 제거; Fe 제거; N 제거.

이 절에서 우리는 필수 원소의 기능적인 역할을 살펴볼 것이고, 필수 원소들이 결핍되어 생기는 형태학적이고 생화학적인 비정상을 일반적인 면에서 검토할 것이다. 탄소, 수소 및 산소는 모든 유기 분자의 구조적인 골격을 구성하는 데 필요하기 때문에 이 논의에서는 제외할 것이다. 결과적으로, 탄소의 결핍으로 인해 식물은 빠르게 죽어 갈 것이고, 물의 결핍으로 인해 건조해질 것이다. 대신에, 논의는 토양 용액으로부터 흡수된 필수 원소의 결핍에 한정될 것이다. 결핍은 임계 농도 미만의 농도라는 것만 의미한다는 것을 기억하라. 반드시 원소가 전혀 없다는 것을 의미하는 것은 아니다.

우리는 각각의 원소를 개별적으로 논의하겠지만, 독자는 원소들이 서로서로 그리고 토양 상태에 따라 복잡한 상호 작용을 할 수 있다는 것을 생각하게 될 것이다. 이러한 상호 작용은 자연 상태하에서 결핍 증상에 중요하게 영향을 미칠 수 있다.

질소

대기에는 거의 80%의 질소가 있지만, 어떤 원핵 생물 종—박테리아와 남세균—만이 기체 상태의 질소를 직접적으로 사용할 수 있다. 질소의 이용 가능성과 물질 대사에 대한 특별한 문제는 6장에서 설명될 것이다. 지금의 논의에서는 대부분의 식물들이 토양 용액으로부터 질소를 무기 질소 이온(NO_3^-)과 드물게는 암모늄 이온(NH_4^+)으로 주로 흡수하는 것에 주목하는 것으로 충분하다. 식물체 내에서 일단 NO_3^-은 아미노산, 단백질 및 다른 질소성 유기 분자들에 결합되기 전에 NH^+으로 환원된다(6장 참조). 질소는 농업 환경에서 가장 자주 제한되는데, 옥수수와 같은 많은 식물들이 '많은 섭취자' 로 알려져 있고, 많은 양의 질소 비료를 시비할 필요가 있다. 질소 비료의 제조와 분배는 에너지와 경제적인 면에서 극도로 비싼 과정이다(6장).

질소는 단백질, 핵산, 어떤 호르몬(예, indole-3-acetic acid; 시토키닌) 및 엽록소를 포함한 많은 중요한 분자들의 구성 성분이다. 질소 결핍의 가장 드러나는 증상은 잎의 생장이 느리고 발육이 정지되는 것과 일반적인 황백화이다. 질소는 식물체 내에서 매우 이동을 잘한다. 늙은 잎이 노랗게 되고 죽을 때 질소는 주로 수용성 아민(amine)과 아미드의 형태로 늙은 잎에서 이동되어 더 어리고 더 빨리 발달하는 잎으로 보내진다. 그래서, 질소의 결핍 증상은 일반적으로 늙은 잎에서 먼저 나타나고 결핍이 심해질 때까지 더 어린 잎에는 생기지 않는다. 이런 점에서, 더 늙은 잎들은 완전히 노랗게 또는 황갈색으로 바뀌거나 식물체에서 떨어져 나간다. 많은 종에서 질소 스트레스 상태도 안토시아닌을 축적하게 하여 줄기와 엽병 및 잎의 아랫면에 자주색을 띠게 한다. 질소가 고갈된 식물에서 안토시아닌이 축적되는 정확한 원인은 알려져 있지 않다. 질소가 없는 상태에서, 아미노산과 다른 질소 함유 화합물을 만드는 데 사용될 수 없는 탄소 구조를 과다하게 만드는 것과 관련이 있을 수도 있다.

과량의 질소는 지상부의 생장을 촉진하여 지상부/뿌리 비가 높게 나타나고, 농작물에서는 개화의 시작이 가끔씩 지연되기도 한다. 비슷하게, 질소의 결핍은 이른 시기에 개화하도록 자극한다.

인

인은 주로 다양성자 인산(H_3PO_4)의 형태로 토양 용액 속에서 이용할 수 있다. 다양성자 산은 한 개 이상의 양성자를 갖는데, 각각은 다른 해리 상수를 가진다. 그래서, 토양 pH는 인의 이용 가능성에 중요한 역할을 할 것으로 추정한다. 6.8 미만의 토양 pH에서 인의 주된 형태는 1가의 오르도인산(orthophosphate) 음이온($H_2PO_4^-$)이다. 오르도인산염은 식물의 뿌리에 의해 쉽게 흡수된다. pH 6.8에서 pH 7.2 사이에서, 주된 형태는 2가의 HPO_4^{2-}이고 쉽게 흡수되지 않는다. pH가 7.2 보다 큰 알칼리 토양에서 사실상 주된 형태는 3가의 HPO_4^{3-}이고 식물에 의해 흡수되어 이용될 수 없다. 대부분의 토양에서 수용성 인의 실제 농도는 몇 가지 인자들 때문에 상대적으로 낮다. 중성 pH에서, 인은 알루미늄 및 철과 불용성 화합물을 형성하는 경향이 있고 염기성 토양에서는 칼슘과 마그네슘 화합물이 인을 침전시킬 것이다. 불용성 인은 토양 용액 속으로 매우 느리게 방출되므로 칼슘이 매우 많은 토양에서 인은 항상 제한된다.

충분한 양의 인은 유기 형태로 결합되어 있을 수도 있으며 이런 인은 식물에 의해 흡수될 수 없다. 유기형태의 인은 토양 미생물의 활동에 의해 무기 형태로 먼저 바뀌어야만 식물에 의해 흡수될 수 있다. 더불어, 식물은 이용할 수 있는 적은 양의 인을 두고 토양 미생물과 경쟁을 해야만 한다. 이런 이유 때문에, 인은 자연 생태계에서 질소보다 자주 제한된 원소이다. 5장에서 논의된 미생물 균주와의 연합이 가지는 분명한 장점 중 하나는 곰팡이가 인의 흡수를 촉진한다는 것이다.

식물체 내에서 인은 당인산을 포함하여 주로 인산에스테르로 발견되는데, 광합성과 중간 단계의 물질 대사에서 중요한 역할을 한다. 다른 중요한 인산에스테르는 막에 있는 인지질뿐 아니라 DNA와 RNA를 구성하는 누클레오티드이다. ATP, ADP와 Pi, 인산화된 당 및 인산화된 유기산의 형태로서 인은 세포의 에너지 대사에 필수적인 역할을 한다.

인 결핍의 가장 특징적인 징후는 잎이 짙은 녹색을 띠는 현상이다. 결핍 증상이 지나치게 되면, 잎이 기형이 되고 괴사한 점들이 나타난다. 어떤 경우에는 안토시아닌도 축적되고, 축적된 안토시아닌은 잎을 검고 푸른 자주색을 띠게 한다. 질소처럼, 인은 쉽게 이동되고 식물체 내에서 재분배되며 늙은 잎의 노쇠와 죽음을 빠르게 이끈다. 줄기는 일반적으로 짧아지고 가늘어지며 과실과 종자의 생산은 현저하게 감소한다.

과량의 인은 지상부에 비해 뿌리의 생장을 더 자극하여 지상부/뿌리 비를 감소시킨다는 점에서 질소와는 반대되는 영향을 가진다. 골분(bone meal)과 같이 많은 양의 인이 들어 있는 비료는 다년생 식물을 옮겨 심을 때 강한 뿌리 체계를 형성하도록 하기 위해서 자주 사용된다.

칼륨

칼륨은 일가 양이온인 K^+으로서 이용할 수 있다. 농업 실무에서, 칼륨은 보통 칼리(탄산칼륨, K_2CO_3)로 공급된다. 칼륨은 대부분의 식물에게 많은 양이 필요하나, 용해도가 높고 모래 토양으로부터, K^+은 쉽게 씻겨 나가기 때문에 모래 토양에서는 자주 부족하다. 칼륨 이온은 광합성과 호흡에 관여하는 많은 효소들을 활성화시키는 역할을 한다. 녹말과 단백질 합성은 칼륨 결핍에 의해서도 영향을 받는다. 동물 조직 속의 나트륨처럼 칼륨도 삼투 조절에 중요한 기능을 한다. 칼륨 이온의 이동은 기공의 공변 세포의 개폐(8장)와 수면 운동 또는 잎의 방향이 매일 변하는 것(18장)과 같은 식물의 운동에 중요한 인자이다.

다른 다량 원소들과는 달리, 칼륨은 식물체에 구조적으로 결합되어 있지는 않지만, 질소와 인처럼 매우 이동성이 강하다. 결핍 증상은 늙은 잎에서 먼저 나타나고 잎 가장자리에서 얼룩무늬가 생기거나 황백화가 특징적으로 진행되며, 이어서 괴사한 상처(죽은 조직의 점)가 나타난다. 외떡잎 식물, 특히 옥수수와 다른 곡물에서, 괴사한 상처는 잎들 중 오래된 끝부분에서 시작되고 잎의 기저부 근처에 있는 어린 세포까지 가장자리를 따라 점차적으로 진행된다. 줄기는 짧아지고 약해지며 뿌리가 썩고, 곰팡이에 대한 감수성이 증가한다. 그 결과 칼륨이 결핍된 식물들은 쉽게 쓰러진다.

황

대부분의 토양에는 황화철과 황원소를 포함하여 몇 가지 형태의 황이 있다. 그러나, 이가 황산염 음이온 (SO_4^{2-})으로 식물에 흡수된다. 황의 결핍은 다수의 미생물들이 황을 산화시키거나 유기황 화합물을 분해할 수 있기 때문에 일반적인 문제는 아니다. 더불어, 순간온수기, 뜨거운 황우물, 그리고 화산과 같은 자연 현상뿐 아니라 산업에서 화석 연료를 많이 연소하는 것 모두 대기에 많은 양의 이산화황을 보탠다. 공기가 함유하고 있는 황의 농도가 높기 때문에 산업 지역에 있는 온실에서 황의 결핍을 설명하기는 사실상 어렵다.

황은 단백질의 구조에서 특히 중요한데, 이웃하고 있는 시스테인과 메티오닌 잔기 사이의 이황화 결합이 삼차 구조에 기여한다. 황은 비타민인 티아민과 비오틴 및 호흡과 지방산 대사에서 중요한 구성 요소인 조효소 A(coenzyme A)의 구성 성분이기도 하다. 황은 철-황 단백질의 형태로 광합성과 질소 고정의 전자 전달 반응에서 중요하다. 황을 함유하고 있는 **thiocyanate**와 **isothiocyanate**(겨자유)는 겨자, 양배추, 순무, 고추냉이 및 십자화(Brassicaceae; 공식적으로 Cruciferae 또는 "Crucifers)과에 속하는 다른 식물들의 자극적인 맛을 내는 성분이다(14장). 겨자유가 있기 때문에, 십자화과의 많은 종들은 이 종들을 뜯어먹는 가축에게 치명적이다. 겨자유는 십자화과를 뜯어먹는 곤충들에게 대항하는 역할도 하는 것으로 나타난다.

황이 결핍된 결과는 유관속을 둘러싸고 있는 조직과 잎이 황백화되는 것이 일반적이다. 이것은 엽록소의 합성을 직접 억제하기보다는 단백질 합성을 감소시키기 때문이다. 그러나, 엽록소는 엽록체 막 속에 있는 단백질에 결합함으로써 안정된다. 단백질 합성이 영향을 받았기 때문에, 안정한 엽록소-단백질 복합체를 형성하는 능력도 손상받는다. 하지만, 질소와는 달리, 황은 대부분의 종에서 쉽게 움직이지 않으며 가장 어린 잎에서 증상이 먼저 나타나는 경향이 있다.

칼슘

칼슘은 이가 양이온(Ca^{2+})으로 흡수된다. 칼슘은 대부분의 토양 속에 풍부하게 있고 자연 상태에서 거의 결핍되지 않는다. 칼슘은 두 가지 이유 때문에 분열중인 세포에게 중요하다. 세포 분열을 하는 동안 방추사 속에서 활동하며 딸세포 사이에 형성되는 세포판의 중간 라멜라에 펙트산칼슘을 형성한다. 칼슘은 막을 물리적으로 보전하고, 막이 정상적인 기능을 하기 위해서도 필요하며 더 최근에는 어떤 호르몬과 환경에 대한 반응에 있어서 이차 전달자로서 영향력을 발휘해 왔다. 이차 전달자가 단백질 인산화에 관계할 때, Ca^{2+}은 몇 가지 효소의 활성을 조절하는 데에 중요한 인자가 되는 것이다.

분열하는 세포에서 칼슘의 역할 때문에, 칼슘의 결핍 증상은 분열 조직 부분에서 특징적으로 나타나는데, 이 조직은 세포 분열이 일어나고 있고 새로운 세포벽이 쌓이고 있는 부분이다. 어린 잎들은 전형적으로 기형이 되고 괴사하며 과도한 경우에는 분열 조직이 죽는다. 용액 배양에서는 칼슘 결핍으로 뿌리 생장이 약하게 된다. 뿌리는 탈색되고 중간 라멜라가 약해지기 때문에 건드리기에 '불안정' 함을 느낄 수도 있다. 칼슘은 상대적으로 비이동성이고 증상은 전형적으로 가장 어린 조직에서 먼저 나타난다.

마그네슘

칼슘처럼 마그네슘도 2가 양이온(Mg^{2+})으로 흡수된다. 마그네슘은 일반적으로 칼슘보다 토양 속에 풍부하지 않은 반면 상대적으로 많은 양이 식물에게 필요하다. 마그네슘 결핍은 강한 산성인 모래 토양에서 주로 생기는 것 같다. 마그네슘은 식물체내에서 몇 가지 중요한 기능을 한다. 지금까지 가장 많은 부분은 엽록소 분자의 포르피린 부분에서 발견되었지만 리보솜의 구조를 안정화시키는 데에도 필요하고 여러 가지 결정적인 효소의 활성제로서도 관여한다. 마그네슘은 ATP와 관련되는 반응에서 결정적으로 필요하다. 이 반응에서 마그네슘은 효소의 활성 부위에 ATP 분자를 연결하는 역할을 한다. Mg^{2+}은 광합성적 탄소 고정에 결정적인 두 가지 효소인 리보오스이인산 카르복실라아제(ribosebisphosphate carboxylase)와 인산에놀피루브산 카르복실라아제(phosphoenolpyruvate carboxylase)의 활성제이기도 하다(10장).

가장 먼저 그리고 가장 많이 알려진 마그네슘의 결핍 증상은 황백화이며, 이것은 엽맥들 사이(엽맥 사이 부분)에 있는 잎 부분에서 엽록소가 파괴되기 때문에 생긴다. 엽맥 부분의 엽록체는 몇 가지 이유 때문에 마그네슘 결핍에 둔감하고 여기의 엽록체는 훨씬 더 오래 유지된다. 마그네슘은 또한 꽤 이동성이 있고 더 늙은 잎에서 쉽게 빠져 나간다. 결과적으로 Mg^{2+}의 결핍 때문에 생기는 황백화는 더 늙은 잎에서 가장 뚜렷하다.

철

모든 미량 원소 중 철은 가장 많은 양이 식물에게 필요하다(몇몇 사람들은 철을 다량 원소로 간주한다). 철은 제2철(ferric;[4] Fe^{3+}) 또는 제1철(ferrous; Fe^{2+})로 흡수될 수 있는데, 제1철은 용해도가 더 크기 때문에 좀 더 일반적인 형태이다. 철의 중요성은 식물에서 두 가지 중요한 기능과 관련이 있다. 철은 많은 환원 효소의 촉매 집단에 속하며 엽록소를 합성하는 데 필요하다. 중요한 환원 효소에는 광합성, 질소 고정 및 호흡에 관여하며 헴을 포함하는 시토크롬과 비헴 철-황 단백질(예를 들면, Rieske 단백질; 페레독신)이 있다. 전자 전달 과정 동안 철은 Fe^{3+}에서 Fe^{2+}상태로 가역적으로 환원된다. 철은 카탈라아제(catalase)와 퍼옥시다아제(peroxidase)와 같은 몇 가지 산화 효소의 구성 성분이기도 하다. 철은 엽록소 분자 자체의 구성 성분은 아니며 엽록소 합성에서

(A)

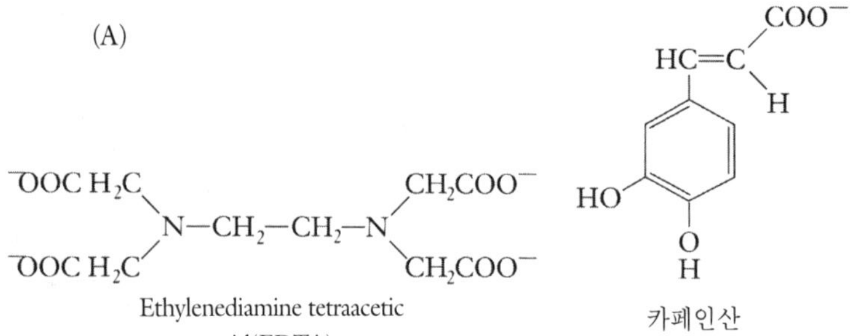

Ethylenediamine tetraacetic acid(EDTA)

카페인산

(B)

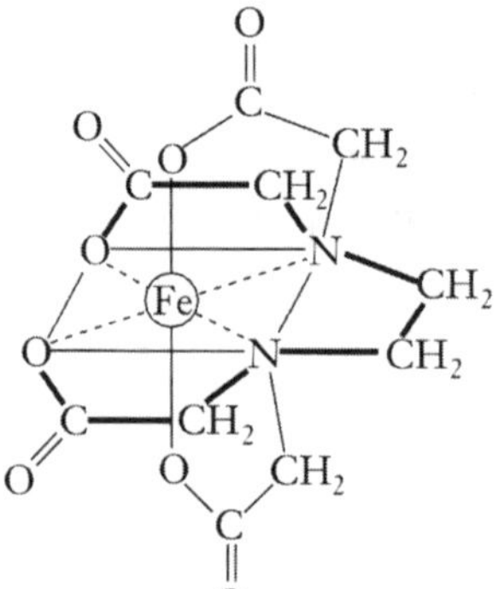

〈그림 4-5〉 착화합제

(A) 착화합제로 기능을 하는 유기산의 예. 에틸렌디아민테트라아세트산(EDTA)은 일반적인 상업 용도로 합성된 산이다.

철과 복합체를 만들어 상표 이름인 Versenate라는 이름으로 팔린다. 카페인산(caffeic acid)은 뿌리에 의해 분비되기도 하는 몇 가지 자연적으로 생기는 페놀산 중 하나이다.

(B) 에틸렌디아민테트라아세트산-Fe^{3+} 복합체의 그림. 배위 결합은 점선으로 표시되었다.

---

4) 과학 문헌, 특히 생물에 의한 철(iron) 흡수를 다루는 문헌의 본문에서는 철(iron)의 제2철(ferric) 형태인 Fe^{3+}을 보통 Fe(Ⅲ)(철 3가)로 나타낸다. 같은 맥락에서, 제1철(ferrous)인 Fe^{2+}은 Fe(Ⅱ)(철 2가)로 표현한다.

철의 정확한 역할에 대해서는 약간 신비한 상태로 남아 있다. 엽록소 합성에 관여하는 효소들 중 어떤 것이 철의 존성 효소인가에 대한 명확한 증거는 없다. 대신에, 엽록체 구성 성분 특히 전자 전달 단백질을 합성하는 데에 철이 일반적으로 필요한 양보다 더 많이 필요하다는 것이 철의 필요성과 관련있을 것이다. 철 결핍으로 인해 엽록소의 소실과 엽록체 구조의 분해가 반드시 동시에 진행된다. 황백화는 식물체 내에서 철의 이동성이 매우 낮고 늙은 잎에서 빠져 나올 수 없기 때문에 가장 어린 잎의 엽맥 사이 부분에서 먼저 나타난다. 만약 결핍이 심해지면 황백화는 엽맥으로 진행되고 잎은 실제적으로 하얗게 바뀔 것이다.

생물학적인 pH에서 불용성 수화산화물($Fe_2O_3 \cdot H_2O$)을 형성하는 Fe^{3+}의 경향성 때문에 철 결핍은 일반적으로 나타난다. 이 문제는 자연적이거나 알칼리성의 칼슘이 풍부한 토양에서 특히 심각하다. 반면에, 철은 강한 산성 토양에서 매우 잘 녹고 과량의 철을 흡수한 결과 철 독성이 나타날 수도 있다. 철 결핍의 문제는 착화합물이 된 철을 토양에 직접적으로 또는 잎에 뿌려서 공급함으로써 극복될 수 있다. **킬레이트**(chelate, 그리스 어에서 온 말, *chele* 또는 'claw')는 금속 이온과 **리간드**(ligand) 또는 **착화합제**(chelating agent)라 부르는 유기 분자 사이에 형성된 안정한 복합체이다. 리간드와 금속 이온은 전자쌍을 공유하여 배위 결합을 형성한다(Freifelder, 1985). 착화합제는 대부분의 금속 이온에 대해 높은 친화력을 가지기 때문에, 복합체를 형성하는 것은 불용성 침전물을 형성할 가능성을 줄인다. 동시에, 금속은 식물에 의해 흡수되도록 착화합물로부터 쉽게 빠져 나올 수 있다. 상업적으로 *versene* 또는 *sequestrene*으로 알려진 좀 더 일반적인 합성 착화합제 중 하나는 에틸렌디아민테트라아세트산(ethylenediaminetetraacetic acid) 또는 EDTA의 나트륨 염이다(그림 4-5). 그러나, EDTA와 상업적으로 이용할 수 있는 비슷한 착화합제는 거의 특이성이 없어서 철, 구리, 아연, 망간 및 칼슘을 포함하여 전 범위의 양이온과 결합할 것이다. 헤모글로빈, 시토크롬과 엽록소에 있는 것처럼, 헴기와 다양한 유기산 및 페놀산을 포함하는 자연적인 착화합제는 철에 대해 훨씬 더 특이성이 있다.

식물 영양분 중에서 철의 중요성은 식물이 철 스트레스 상태에서 철을 흡수하기 위해 발달시킨 전략 때문에 주목을 받고 있다(Marshner, 1986; Romheld, 1987). 철 결핍은 쌍떡잎 식물과 벼과가 아닌 외떡잎 식물의 뿌리에 몇 가지 형태적 · 생화학적 변화를 일으킨다. 형태적 · 생화학적 변화는 뿌리 표피 속에 분화된 전이 세포 — 전이 세포는 뿌리를 둘러싸고 있는 토양 속으로 양성자를 분비하는 것을 촉진한다 — 를 형성하고 카페인산(caffeic acid; 그림 4-5)과 같은 강한 리간드를 방출하는 것이다. 동시에, 뿌리 표피 세포의 원형질막에서는 효소를 환원시킨다. 근권(rhizosphere)이 산성화되면 Fe^{3+}이 카페인산과 착화합물을 형성하게 되고, 뿌리의 표면으로 이동한 다음 원형질막에서 Fe^{2+}으로 환원된다(그림 4-6(A)). Fe^{2+}으로 환원되면 리간드에서 철이 방출되며, 불용성 침전물을 형성할 기회를 갖기 전에 즉시 식물에 의해 흡수된다.

생물이 철을 흡수하기 위한 두번째 전략은 생물에 의해 분자량이 적은 철-결합 착화합물인 철운반체(siderophore)(Gr. *iron-bearer*)를 합성하고 방출하는 것과 관련이 있다. 철운반체에 대해 우리들이 알고 있는 대부분의 지식은 산소성 미생물(박테리아, 곰팡이

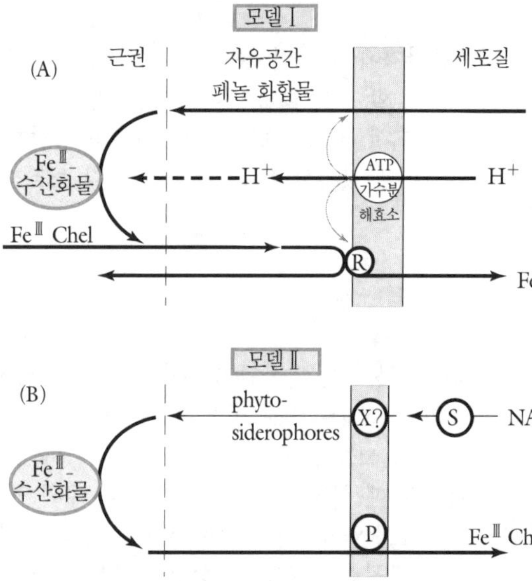

〈그림 4-6〉 고등 식물에 의해 적은 양의 수용성 무기 철이 녹게 되는 것과 흡수되는 것에 대한 두 가지 모델

모델 Ⅰ : Fe^{3+}은 뿌리에 의해 근권으로 분비된 몇 가지 페놀산 중 하나에 의해 녹을 수 있게 된다. 철은 유도될 수 있는 환원 효소에 의해 뿌리 표면에서 환원되고, 그 결과 Fe^{2+}은 즉시 뿌리 세포의 원형질막을 가로질러 운반된다.

모델 Ⅱ : Fe^{3+}은 뿌리에 의해 근권으로 분비된 phytosiderophore에 의해 녹을 수 있게 된다. 완전한 제2철운반체(ferrisiderophore) 복합체는 뿌리 세포 속으로 흡수되고, 이어서 철이 방출된다.

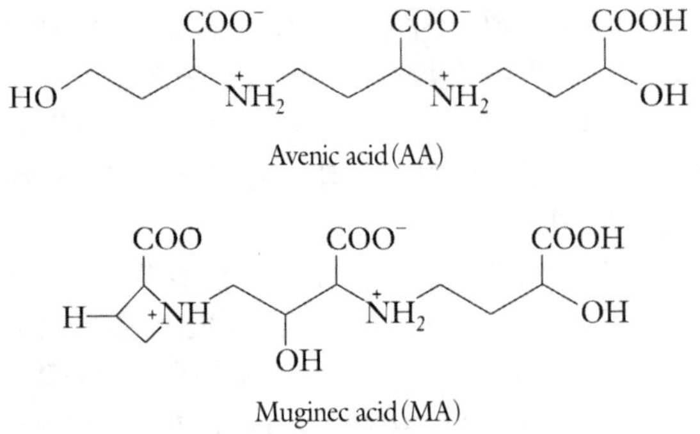

〈그림 4-7〉 식물 철운반자. 고등 식물의 뿌리에 의해 방출되는 두 가지 식물 철운반자의 구조. 철(Ⅲ) 이온, Fe^{3+}는 질소 및 카르복시기와 배위 결합을 형성한다.

및 조류)에 대해 연구한 결과 얻은 것이고, 철운반체는 산소성 미생물에서 처음 발견되었으며 가장 광범위하게 연구되고 있다. 그러나, 더 최근에 철운반체는 고등 식물의 뿌리에 의해서도 방출되는 것이 발견되었다(그림 4-7). 미생물 기원의 착화합물과 구별하기 위해서 식물철운반자(phytosiderophore)로 이름 붙여진 매우 특이성이 있는 이 철-결합 착화합물은 지금까지 곡물이 속해 있는 벼과(Gramineae)의 식물들에서만 발견되었다(Romheld and Marschner, 1986). 식물철운반체는 철 스트레스 상태에서만 식물에 의해 합성되고 방출되며 Fe^{3+}에 대해 높은 친화력을 가지고, 근권으로부터 철을 매우 효과적으로 받아들인다. 철운반체 체계의 분명한 특징은 *완전한 철-식물 철운반체 복합체, 또는 제2철운반자(ferrisiderophore)가 뿌리로 다시 흡수된다는 것*이다(그림 4-6(B)). 추측건대, 뿌리 안쪽에서 일단 철이 Fe^{2+}으로 환원되면 세포에 의해 사용될 수 있도록 방출될 것이다. 식물철운반자는 어떻게 되는지 알려져 있지 않다. 미생물 속에서는 식물철운반자가 화학적으로 분해되어 물질 대사에 쓰이거나 같은 분자가 더 많은 철을 받아들이기 위해 세포에 의해 다시 분비될 수도 있다.

식물철운반자에 대한 연구는 최근 몇 년내에 지속적으로 진행되고 있지만, 상대적으로 역사가 짧은 분야이고, 여전히 배워야 할 것이 많이 있다. 예를 들면, 식물철운반자가 얼마나 널리 사용되고 있는지에 대해서 아직 알지 못하며, 식물에서 제2철운반자 운반 체계의 성질은 설명되지 않았다. 한 가지는 분명하다. 제2철운반자를 사용하는 식물들에게 있어서 식물철운반자는 철 스트레스 상태에서 식물에게 철을 공급하기 위한 중요하고 효과적인 전략이다.

붕소

수용액에서, 붕소는 약산인 $B(OH)_3$(붕산, boric acid 또는 H_3BO_3)로 존재한다. 생리적 pH(< 8)에서, 붕산은 해리되지 않은 형태로 주로 발견되고, 뿌리에 의해 잘 흡수된다. 생화학적 · 생리학적 역할면에서, 붕소는 아마도 모든 미량 원소들 중에 가장 적게 알려져 있을 것이다. 사실상, 우리가 알고 있는 것 중 대부분은 붕소를 주는 것을 보류했을 때 식물에게 일어난 일들에 대해 연구한 것에 전적으로 근거를 두고 있다. 구조적으로나 활성제로서 특별한 효소와 붕소가 관련이 있다는 탄탄한 증거는 없다.

세포 전체의 붕산의 함량 중 상당한 부분은 세포벽에서 발견된다. 이것은 분명히 붕산이 이웃한 수산기를 가지는 세포벽의 당과 안정한 에스테르를 형성하는 성향을 가지기 때문이다. 소위 *cis*-diol 배치(configuration)라 부르는 이 구조는 일반적인 세포벽 다당류인 만노오스(mannose)와 만노오스 유도체의 특징이다. 반면에 포도당, 과당, 젖당은 이러한 구조를 갖지 않는다. 그래서, 붕소와 결합하지 않는다. 붕소가 결핍된 세포의 일차벽은 현저한 구조적 결함을 나타내는데, 이는 붕소가 세포벽이 구조적으로 완성되는 데 필요하다는 것을 제시한다.

붕소 결핍에 대한 다른 반응은 세포 분열과 신장에서의 역할에 대한 것이다. 예를 들면, 붕소 결핍에 대한 가장 빠른 반응 중 하나는 일차와 이차 뿌리의 세포 분열과 신장이 저해되는 것이다. 붕소가 결핍되면 뿌리의 외형이 짧고 굵으며 털이 많아지게 된다. 지상부의 정단과 어린 잎에서 세포 분열도 저해되고 뒤이어 분열 조직이 괴사한다. 더불어, 붕소는 화분관의 발아와 신장을 촉진하는 것으로 알려져 있다. 붕소가 세포 성장에 어떻게 관여하는지는 알려져 있지 않으나, 호르몬과 핵산 대사 두 가지가 관련되어 있다. 세포 분열과 신장이 억제됨과 동반하여 호르몬인 indol-3-acetic acid를 산화시키는 효소의 활성이 증가하고 (아마도 RNA의 선구체인 우라실의 합성이 억제되는 것을 통해) RNA 함량이 감소한다.

위에서 주목했던 지상부 분열 조직에 미치는 영향 외에도, 붕소가 결핍된 일반적인 증상은 마디사이의 길이가 짧아지고, 식물의 겉모양이 덤불처럼 되거나 로제트형이 되며, 줄기가 신장되고, 셀러리에서 '줄기의 갈라짐' 으로 알려져 있는 이상이 생기는 것이다. 사탕무와 같은 저장 뿌리에서 심부병(heart rot)으로 알려져 있는 이상은 성장부의 분열중인 세포가 죽기 때문에 생긴다.

구리

통기가 잘된 토양에서, 구리는 보통 2가 구리 이온인 Cu^{2+}으로 식물이 이용할 수 있다. Cu^{2+}은 토양의 부식토산과 착화합물을 쉽게 형성하고, 뿌리의 표면에 구리를 공급하는 데 관여한다. 산소가 적은 습한 토양에서, Cu^{2+}은 불안정한 제일구리의 형태로 쉽게 환원된다. 식물 영양분으로서, 구리는 다양한 산화 효소의 보조 인자로서 기본적인 역할을 하는 것 같다. 산화 효소에는 광합성에서 전자 전달자인 플라스토시아닌과 미토콘드리아의 호흡에서 마지막 산화 효소인 시토크롬 산화 효소 그리고, 아스코르브산 산화 효소가 있다. 금방 자른 사과와 감자의 표면이 갈색으로 변하는 것은 구리를 함유한 폴리페놀 산화효소(polyphenoloxidase 또는 phenolase)의 활성 때문이다. Superoxide radicals(O^{2-})를 무독화시키는 초과산화물 불균등화효소(superoxide dismutase; SOD)는 또 다른 중요한 구리 효소이다. 구리의 결핍 때문에 생기는 일반적인 이상은 생장이 위축되는 것과, 어린 잎의 비틀림과 감귤류에서는 특히 '여름철 가지마름병(summer dieback)' 으로 알려져 있는 어린 잎이 소실되는 것이다.

아연

아연은 2가 양이온인 Zn^{2+}으로 흡수된다. 아연은 알데히드가 에탄올로 환원되도록 촉매하는 알콜 탈수소 효소(alcohol dehydrogenase; ADH), 이산화탄소를 중탄산염으로 수화되도록 촉매하는 탄산무수화 효소(carbonic anhydrase; CA) 및 구리와 함께 초과산화물 불균등화효소를 포함한 많은 효소의 활성제이다. 그러나, 아연의 결핍과 관련되는 이상은 오옥신 호르몬인 indole-3-acetic acid의 대사가 방해받았음을 반영한다는 데 일반적으로 의견이 일치한다. 전형적으로 아연-결핍 식물은 마디사이가 짧아지고, 잎이 더 작다(예를 들면, 과수의 '작은 잎'). 오옥신의 대사에서 아연의 정확한 역할은 불명확하지만, 아연-결핍 식물 속의 오옥신 수준이 *공공연한 증상이 나타나기 전에* 감소하는 것이 관찰되었다. 더구나, 아연의 공급이 회복되는 것에 이어 빠르게 호르몬 수준이 증가한 다음 생장이 회복된다. 이용 가능한 증거가 아연이 호르몬 선구체인 트립토판의 합성에 필요하다는 견해를 지지한다(Marschner, 1986).

망간

망간은 여러 가지 효소, 특히 호흡성 탄소 회로에서 결정적인 역할을 하는 탈카르복시기 효소와 탈수소 효소의 보조 인자로서 필요하다. 예를 들어, 망간은 흥미롭게도 ATP와 관련되는 반응에서 마그네슘을 종종 대신할 수 있다. 가장 잘 알려지고 연구되어 있는 망간의 기능은 광합성에서 산소를 방출하는 것이다. 망간단백질(*manganoprotein*)의 형태에서 망간은 산소를 방출하는 복합체(oxygen evolving complex; OEC)의 일부분이고, 이 복합체에서 망간은 물이 산화되는 동안 전하를 축적하는 데 관여하는 것으로 나타난다. 망간은 주로 2가의 양이온인 Mn^{2+}의 형태로 식물체내로 흡수되어 운반된다. 망간의 결핍은 토양 상태, 기후 및 작물의 종에 따라 몇몇 지역에서 널리 퍼질 수 있다. 망간의 결핍은 낮은 토양 pH(< 6)와 높은 유기물의 함량에 의해 악화된다. 망간 결핍은 곡물의 '회색 반점' 의 원인이 되는데, 어린 잎의 기저부에 녹회색 난상의 반점이 나타나는 특징이

있다. 망간 결핍은 콩의 종자에서 탈색과 기형뿐 아니라 엽맥 사이의 지나친 황백화를 일으킬 수도 있다.

몰리브덴

몰리브덴이 금속이기는 하지만, 성질은 비금속과 거의 비슷하다. 수용액에서, 주로 몰리브덴 이온인 MoO_4^{2-}으로 존재한다. 몰리브덴은 알려져 있는 모든 미량 원소들 중 필요성이 가장 적고, 질소 대사에 주로 관여하는 것으로 나타난다. 몰리브덴을 함유하는 것으로 밝혀진 몇 가지 효소들 중에는 **이질소화 효소**(dinitrogenase)와 **질산염 환원 효소**(nitrate reductase)가 있다. 그래서, 몰리브덴의 필요성은 질소의 공급 형태에 의해 어느 정도 좌우된다(6장). 질소화 효소는 고등 식물과의 공생에 있어서 이 효소를 가지고 있는 원핵 생물이 대기의 질소를 환원시키기 위해 사용하는 효소이다. 질산염 환원 효소는 뿌리와 잎에서 발견되며, 질산염을 아질산염으로 환원되도록 촉매하는데, 이 과정은 질소가 아미노산과 다른 대사 산물에 결합되기 위해 필요한 가장 첫 단계이다. 질소 공급이 적당할 때, 몰리브덴의 결핍은 '변상엽(whiptail)'으로 알려진 전형적인 이상을 보이는데, 어린 잎이 비틀리고 기형이 된다. 같은 식물에 늙은 잎의 엽맥을 따라 엽맥 사이에서 황백화와 괴사가 나타날 수도 있다. 많은 미량 원소들처럼, 몰리브덴의 결핍은 종에 따라 매우 다르게 나타난다. 특히 십자화과에 속하는 콩과식물들과 옥수수에서 널리 나타난다. 몰리브덴의 결핍은 높은 농도의 철 침전물을 함유하고 있는 산성 토양에서 악화되는데, 이런 산성 토양은 몰리브덴 이온을 강하게 흡수한다.

염소

염화 이온(Cl^-)은 자연 상태에서 곳곳에 존재하고 매우 잘 녹는다. 그래서, 웬만하면 잘 결핍되지 않는다. 결핍은 매우 조심스럽게 조절되는 용액 재배 실험에서만 주로 나타난다. 망간과 더불어 염소는 광합성에서 산소 방출 반응에 필요하다. Cl^-은 두 가지 중요한 기능을 가지는 매우 이동성이 있는 음이온이다. 염화는 막을 가로질러 전기적인 중성을 유지하는 주요 반대이온(counter ion)이면서 액포 속에서 삼투적으로 활동하는 중요한 용질 중의 하나이다. 염화 이온은 잎과 지상부에서 세포 분열에도 필요한 것으로 나타난다. 염소는 잘 흡수되고 대부분의 식물들은 자신이 필요한 최소량을 훨씬 초과하여 축적한다. 염소가 고갈된 식물들은 성장이 감소하고, 잎 끝이 시들며 일반적인 황백화를 나타낸다.

니켈

니켈은 필수 영양소의 목록에 최근에서야 첨가되었다(Dalton et al., 1988). 니켈은 풍부한 금속성 원소이고 뿌리에 의해 쉽게 흡수된다. 니켈은 식물 조직 속 곳곳에 존재하고, 보통 건량 1킬로그램당 0.05에서 5.0 mg이 들어 있다(Mishra and Kar, 1974). 니켈의 역할을 규명하는 데 부딪치는 중요한 어려움 중의 하나는 니켈의 필요성이 극도로 낮다는 것이다. 식물이 생활사를 완성하는 데 필요한 니켈의 양은 약 200 ng인 것으로 측정되었다. 이 양은 대부분의 경우 씨앗 속에 들어 있는 초기의 니켈 함량으로 충당될 수 있다. 그러므로, 니켈의 결핍을 입증하기 위해서는 영양염의 상세한 순수 정제 과정을 거치는 것이 반드시 필요하고, 니켈이 결핍된 용액에서 몇 세대를 키워야 할 필요가 있다. 니켈이 필수적인 상태에 있다는 가장 강한 증거는 콩과식물과 곡물에 대한 연구에 근거를 두고 있다. 보리(*Hordeum vulgare*)에 대한 한 가지 연구에서, 종자가 발아하는 데 필요한 니켈의 임계 농도는 종자의 건량 1g당 90ng인 것으로 발견되었다(Brown et al., 1987). 니켈이 없는 상태에서 3세대의 식물을 키움으로써, 종자의 니켈 함량은 건량 1 g당 7.0 ng으로 감소될 수 있었다. 이런 종자는 12% 미만으로 발아하였다. 0.6μM 또는 1.0μM의 니켈을 넣은 영양 용액에서 식물을 같은 수의 세대를 키웠을 때, 종자는 각각 57%와 95%가 발아하였다. 다른 연구에서, 니켈의 결핍으로 인해 유식물의 생장력이 억제되었고, 잎에서 황백화와 괴사 상처가 생겼다(Dalton et al., 1988).

식물에게 니켈이 필요한 근거는 분명하지 않으나, 종자가 발아하는 동안 질소의 이동과 관련이 있을 수도 있다. 니켈은 두 가지 효소, 요소 가수분해효소(urease)와 수소화 효소(hydrogenase)의 구성 성분인 것으로 알려져 있다. 우레아제는 요소가 NH_3와 CO_2로 가수 분해되도록 촉매하고, 식물계 전체에서 널리 발견된다. Jack bean(*Canavalia ensiformis*) 종자로부터 나온 우레아제가 J. B. Sumner에 의해서 1926년에 결정화된 최초의 단백질이었다는 것은 흥미로운 일이다. 우레아제의 물질 대사적 중요성은 아직 분명하지 않지만 대두(*Glycine max*)에서 Ni의 결핍이 미치는 중요한 영향 중 하나는 잎에서 우레아제의 활성이 감소되는 것이다. 왠만하면, 식물 조직에서 요소로만 존재하는 것은 거의 발견되지 않는다. 그러나, 요소는 아르기닌과 아르기닌의 구조적 유사 화합물인 카나바닌(canavanine)에 효소인 아르기나아제가 작용하여 형성된다(6장). 비단백질성 아미노산인 카나바닌은 jack bean과 같은 몇몇 식물 집단의 종자에 풍부하지만, 농도는 발아할 때 빨리 감소된다. 아르기닌도 종자 속에 풍부하게 있고, 카나바닌과 아르기닌, 두 가지 아미노산은 종자가 발아하는 동안 쉽게 이동하는 저장 질소로서의 기능을 한다. 이런 면이 유효하게 증명된다면 우레아제와 더군다나 니켈은 발아와 유식물이 초기 성장을 하는 동안 질소의 이동에 중요한 역할을 하는 것이다.

몇몇 콩과식물에서 이동성이 있는 질소의 일반적인 형태는 알란토산(allantoic acid)과 시트룰린과 같이 우레이드(ureide)로 알려져 있는 요소를 기본으로 하는 화합물이다(6장). 우레이드는 질소 고정을 하는 동안 뿌리혹에서 형성되고 숙주 식물 전체의 물관을 거쳐 운반된다. 우레이드는 노쇠중인 잎에서도 형성되며 저장하기 위해 발육중인 종자로 운반된다. 우레이드가 부서지면 요소를 만들어내고, Ni-결핍 식물에서는 독이 되는 수준으로 축적된다. 더구나, 모든 식물에서 퓨린 염기(아데닌과 구아닌)의 대사도 우레이드를 만들어 낸다. 이것은 모든 식물은 아니지만 대부분의 식물들이 우레아제와 니켈이 필요하다는 것을 추측할 수 있는 이유가 되는 것 같다.

수소화 효소는 몇 가지 질소 고정 식물에서 중요한 효소이다. 수소화 효소는 질소 고정 과정에서 사용되도록 수소를 회복시키는 데 필요하다(6장). 니켈의 결핍으로 인해 대두의 혹에서 수소화 효소의 활성이 억제되므로, 차례로 질소 고정 효율이 억제될 것이다.

미량 원소의 독성

임계 독성 수준(critical toxicity level)은 건량이 10% 감소하게 하는 조직 농도로 정의되며, 식물의 종뿐 아니라 몇 가지 미량 원소들 사이에서도 매우 다양하다. 앞서 살펴본 것처럼, 구리, 붕소 및 아연의 임계 농도는 각각 건량 1 g당 20, 75 및 200μg 정도이다. 반면에, 망간의 임계 농도는 옥수수의 경우 건량 1g당 200μg, 대두의 경우 600$\mu g\ g^{-1}$, 해바라기의 경우 5,300$\mu g\ g^{-1}$까지 다양하다. 독성의 증상은 종종 한 가지 영양분이 과잉되어 다른 영양분의 결핍을 유발할 수도 있기 때문에 해독하기 어렵다. 예를 들면, 물이 범람한 토양에서 종종 일어나는 망간 독성의 전형적인 증상은 황백화되는 엽맥 주위에 MnO_2가 축적되기 때문에 생기는 갈색의 반점이 나타나는 것이다. 그러나, 과량의 망간은 철과 마그네슘 그리고 칼슘의 결핍도 유발할 수 있다. 망간은 흡수되기 위해 철, 마그네슘 두 가지와 경쟁하고, 효소와 결합하기 위해 마그네슘과 경쟁한다. 망간은 칼슘이 지상부의 끝으로 이동되는 것을 억제하여 '주름 잎(crinkle leaf)'으로 알려져 있는 이상도 일으킨다. 그래서, 망간 독성의 두드러진 증상은 실제로 철, 마그네슘, 또는 칼슘이 결핍된 증상일 수도 있다.

과량의 미량 원소는 전형적으로 뿌리 생장을 저해하는데, 뿌리가 지상부에 비해 더 민감한 것이 아니라 뿌리가 영양소를 축적하는 최초의 기관이기 때문이다. 이 사실은 특히 구리와 아연에도 해당된다. 도시 오염과 산업 오염뿐 아니라 구리가 함유된 곰팡이 살균제를 장기간 사용함으로 인해 포도밭과 과수원에서 구리의 독성이 증가하는 관계가 있다. 아연의 독성은 산성 토양이거나 하수 슬러지를 작물을 비옥하게 하는 데 사용할 때 문제가 될 수 있다.

미량 원소가 분명히 독성이 있는데도 불구하고, 많은 식물 종들은 비정상적으로 높은 농도에 견딜 수 있는 능력을 발달시켜 왔다. 예를 들면, 대부분의 식물들은 건량 1g당 5μg을 초과하는 농도의 니켈에 의해 심각하게 손상받지만, 비름속에 속하는 종들은 건량 1g당 10,000μg을 초과하는 수준을 견딜 수 있다.

제 5 장

뿌리와 토양, 그리고 영양소의 흡수

토양으로 풍화되는 암석은 생물계가 채광하고자 하는 원광석으로서, 이 원광석으로부터 야자수와 소나무, 벼와 삼나무, 그리고 쥐와 인간은 자신들의 몸을 구성하는 원소들을 제공받는다.

육상 식물은 일반적으로 공기 중에서 이산화탄소의 형태로 공급되는 탄소와 산소를 제외한 영양소들을 근계(根系)를 통해 토양액으로부터 흡수한다. 이미 3장에서 살펴보았듯이 근계는 놀라울 정도로 방대하게 널리 퍼져 있다. 근계는 1차 뿌리와 2차 뿌리, 그리고 3차 뿌리가지와 뿌리털의 조합으로 토양을 채광한다는 Epstein(1972)의 표현처럼 필요한 영양소와 물을 획득하기 위하여 방대한 양의 토양 속으로 침투한다.

이미 3장에서 논의한 바와 같이 토양은 아주 복잡한 매체이다. 토양은 모암석으로부터 분리되어 나온 고체상의 무기 광물 입자와 분해중인 유기물, 액체상의 물과 토양액, 대기와 평형 상태인 기체상, 그리고 다양한 미생물들로 구성되어 있다. 고체상 중 특히 무기 광물의 입자들이 무기 영양소의 주된 공급원이다. 풍화 과정에서 여러 원소들은 토양액으로 방출되어 식물체에 의해 흡수되는 무기 양분의 원천이 된다. 그러나 토양액 속에서 이들의 함량은 아주 적어(전체 무기염의 농도가 10^{-3}M 정도) 계속적으로 고체상으로부터 방출되는 무기염에 의한 재공급이 없으면 뿌리의 흡수에 의해 쉽게 고갈되어 버린다. 예를 들어 인의 흡수에 대한 한 연구에 따르면 토양 속의 인산 함량은 매일 평균 10회 정도 재생되는 것으로 나타났다(Stout and Overstreet, 1950). 그러나 영양소의 이용도가 토양의 성질에 의해서만 좌우되는 것이 아니고 뿌리의 지속적인 생장에 의해 새로운 지역의 토양으로 근계가 확장되어 감에 따라 더욱 증가된다.

이 장에서는 토양에서 영양소의 이용도와 뿌리에 의한 이들의 흡수를 다루게 되는데 다음의 사항들이 포함될 것이다.

- 영양소 공급원으로서의 토양, 콜로이드 입자로서의 토양의 본성, 뿌리에 의해 흡수될 수 있는 형태로서의 영양소의 이용도를 결정하는 이온 교환 성질
- 단순 확산, 촉진 확산, 그리고 능동 수송이 망라된 세포막을 통한 용질의 수송 메커니즘, 이온 채널과 운반체로서의 세포막 단백질의 기능, 그리고 전기 화학적 기울기의 역할
- 뿌리 조직 속으로의 이온 운반로와 외형적 자유 공간(free space)의 개념
- 미생물 중 특히 곰팡이류가 뿌리의 영양소 흡수에 미치는 유익한 역할

영양소 저장소로서의 토양

토양은 그 구성 성분, 구조 그리고 영양소의 공급원으로서 매우 다양한 형태를 지닌다. 영양소의 관점에서 보면 무기 이온과 콜로이드라고 하는 유기 토양 입자가 특히 중요하다. 토양 콜로이드는 뿌리에 의해 흡수 가능한 토양액으로 방출되는 영양소를 함유하고 있다.

토양의 일부 특성들은 3장에서 뿌리에 의한 물의 흡수를 다룰 때 이미 기술하였다. 거기서 토양의 광석 성분은 대부분 크기에 따라 **모래**(sand), **침니**(silt) 또는 **진흙**(clay)으로 구분되는 입자들로 구성되어 있다는 것을 배웠지만(3장의 〈표 3-4〉 참조) 영양소가 어떻게 토양액으로 흘러나와 식물체에 흡수되는지를 이해하기 위해서는 토양의 화학적 성질에 대한 더 깊은 고찰이 필요하다.

소량의 토양을 물에 섞어 섯게 되면 큰 모래 입자들은 즉시 가라앉게 되며 불투명한 혼탁액이 생긴다. 그대로 몇 시간 또는 며칠을 방치하면 더 미세한 침니 입자들도 바닥에 가라앉게 되어 불투명성이 거의 사라지게 된다. 그러나 아주 작은 진흙 입자들은 적어도 웬만한 시간내에는 가라앉지 않고 물 위에 떠 있게 된다. 이들은 너무 작아서 맨눈으로는 관찰할 수 없지만 거기에 존재하며 현탁액에 빛을 비치면 관찰할 수 있다. 이때 현탁액 속의 진흙 입자들이 빛을 산란시켜 빛의 경로가 보이는데 이를 **틴달 효과**(Tyndall effect)라고 하며 콜로이드 용액의 한 가지 특성이다. **콜로이드**는 용액으로 용해되기에는 너무 크지만 물에 가라앉지 않고 떠 있을 만큼 작은 입자이다. 예를 들어 소금물이나 설탕물 같은 용액은 빛을 산란하지 않는데 그 이유는 용질과 용매가 단일 상태를 이루기 때문이다. 반면에 콜로이드 용액은 2개의 상태로 고체 상태의 콜로이드 분말이 액체 상태에 부유되어 있는 상태이다. 고체 상태의 입자에 의해 산란된 빛이 틴달 효과를 일으키는 것이다.

그렇다면 왜 진흙 콜로이드에 관심을 가지게 되나? 그 이유는 두 가지로 첫째는 콜로이드의 광대한 **비표면적**(specific surface area) 때문이고, 둘째는 이들의 표면에 많은 음이온이 존재하여 양이온과 결합할 수 있기 때문이다. 실제로 식물의 영양에 있어서 콜로이드 표면이 가지는 양이온의 함유와 교환 능력이 토양의 가장 중요한 성질이다.

그들의 작은 크기 때문에 콜로이드 입자의 가장 두드러진 특징은 특정 표면적으로 정의된 단위 무게당 표면적이 크다는 것이다. 예를 들어 한 면 길이가 10 mm이고 무게가 1g인 육각면체를 생각해 보자. 이 육각면체의 특정 표면적은 10 mm×10 mm×6 면=600 mm^2g^{-1}이 된다. 만일 이 육각면체의 한 면을 0.001mm으로 나눈다고 하면 나누어진 입자의 각각의 표면적은 $10^{-3}mm \times 10^{-3}mm \times 6$면$=6 \times 10^{-6}mm^2$가 되지만 g당 10^{12}의 입자가 존재하므로 특정 표면적은 $10^{12} \times 6 \times 10^{-6} = 6{,}000{,}000\,mm^2g^{-1}$이 되어 만 배가 증가한다. 따라서 무게당 콜로이드 입자는 토양액 속의 무기 원소와 상호 작용할 수 있는 엄청난 표면적을 제공한다.

토양의 콜로이드 입자와 무기 원소와의 상호 작용은 콜로이드 표면의 전하에 의해 더욱 증진된다. 진흙 콜로이드는 주로 알루미늄 실리카로 구성되어 있으며 가장 단순한 진흙인 고령석(kaolinite)의 화학식은 $Al_2Si_2O_5(OH)_4$이다. 음전하는 무기 광물 입자의 가장자리 부분에서 알루미늄과 실리카의 이온화에 의해 생긴다. 많은 토양들은 탄소 유기물이 풍화와 미생물의 작용에 의해 천천히 그리고 불완전하게 부분적으로 부식되어서 콜로이드 상태로 된 **부식토**(humus)라는 탄소형 콜로이드도 함유한다. 탄소형 콜로이드는 주로 리그닌(lignin)이나 탄수화물로부터 유래되어 카르복실기(COO^-) 또는 수산기(OH^-)가 노출되어 음전하를 띠게 된다.

콜로이드는 그 기원이 광물이나 유기물에 상관없이 극도로 수화되어 있는데 이는 양극성을 지닌 물분자가 음전하를 띤 입자의 표면에 모여들어 수화층(hydration shell)을 형성하기 때문이다. 이 결합력은 정전기력에 의해 일어나므로 결합이 생기거나 안 생기는 형태가 아니라 거리에 따라 약해지는 힘이어서 콜로이드 입자의 표면에서 가장 강하며 표면과 물분자 사이의 거리가 멀어질수록 약해진다. 이러한 음전하와 수화층의 조합은 작은 입자들이 가까이 접근하여 가라앉을 정도의 큰 덩어리가 형성되는 것을 방지하게 되어 콜로이드 용액의 안정성 유지에 중요한 요인이 된다. 예측된 바와 같이 콜로이드는 주변의 토양액으로부터 양이온도 정도의 차이는 있지만 끌어당긴다. 충분한 양이온이 있으면 이들을 끌어당김으로써 표면의 음전하가 중화되게 된다.

콜로이드 용액은 수화층이 제거되고 표면 전하가 중화되면 불안정하게 되어 입자들이 모여 덩어리를 형성하여 가라앉게 된다. 단백질을 분리하여 정제할 때 흔히 이러한 접근 방법이 이용된다. 단백질 용액으로 통용되기는 하지만 단백질은 사실상 콜로이드 용액의 상태로 존재하므로 알코올이나 아세톤 같은 유기 용매를 첨가하면 용액의 수분 퍼텐셜이 감소하여 콜로이드 입자의 탈수화가 일어나서 침전하게 된다. 아니면 과다한 염의 처리에 의해 침전이 일어나는데(salting out) 염은 표면 전하를 중화시키며 수화층을 제거하기 때문이다. 황산염암모니아(ammonium sulfate)는 뛰어난 용해도로 인하여 이 목적으로 흔히 이용되며 염에 의한 용액에서의 단백질

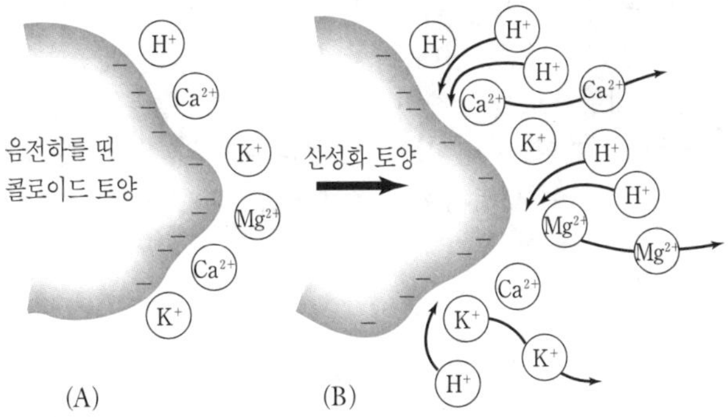

〈그림 5-1〉 토양에서의 이온 교환
(A) 양이온은 정전기적 인력에 의하여 음전하를 띤 토양 입자에 흡착된다. (B) 토양의 산성화는 토양 속의 수소 이온의 농도를 증가시킨다. 추가로 늘어난 수소 이온은 콜로이드의 표면 전하와 더 강력히 결합하여 다른 양이온을 치환하여 토양액으로 방출시킨다.

침전은 단백질을 변성시키지 않고 농축할 수 있기에 자주 사용되는 방법이다. 같은 원리가 토양 콜로이드의 안정성과 콜로이드 표면상 무기 이온의 결합에도 적용된다.

양이온이 음전하를 띤 표면에 결합하는 것은 정전기에 의한 상호 작용이므로 결합력은 아래의 이액순위(lyotropic series, 離液順位)에 따라 변하게 된다.

$$Al^{3+} > H^+ > Ca^{2+} > Mg^{2+} > K^+ = NH_4{}^+ > Na^+$$

이것에 따르면 알루미늄 이온이 가장 큰 친화력을 가지고 있고 나트륨 이온이 가장 작은 친화력을 가지고 있어 3가 이온이 2가 이온보다 2가 이온이 1가 이온보다 더 친화력이 크게 되는 일반적 법칙을 따르고 있다(그림 5-1). 그러나 이온들도 수화가 되기 때문에 정전기적 법칙은 수화된 이온의 상대적 크기에 의해서도 영향을 받는다. 수화된 이온의 크기가 작을수록 콜로이드의 표면에 더 가까이 접근할 수 있어 더 강하게 결합할 수 있다. 위에서 언급한 수화의 경우처럼 양이온의 흡착도 전부 다 생기거나 전혀 생기지 않는 형태의 결합이 아니고 거리에 따라 단계적으로 줄게 된다.

양이온의 흡착은 가역적인 반응이기에 결과적으로 수소 이온(H^+)과 같이 상대적으로 높은 친화력을 가진 이온은 낮은 친화력을 가진 Ca^{2+}과 같은 이온을 교체할 수 있다. 비록 낮은 친화력을 가진 이온이라도 충분한 양이 존재하면 질량 작용(mass action)에 의해 높은 친화력을 지닌 이온으로 교체할 수 있다. 이렇게 흡착된 이온과 용액에 녹아 있는 이온간의 교환 과정은 이온 교환(ion exchange)이라고 알려져 있으며 교환의 용이도(교환 능력)는 위에서 표시한 이액순위의 역순으로 결정되어 나트륨 이온이 가장 쉽게 교환되고 알루미늄 이온은 가장 교환이 잘 일어나지 않는다.

비록 토양액 속에 녹아 있는 이온들이 식물의 무기 영양소의 직접적인 공급원이 되지만 흡착된 이온을 함유한 콜로이드 층이 이들의 주영양 저장소이다. 토양은 용액 속의 양이온들이 콜로이드의 표면에 흡착된 양이온들과 자유롭게 교환될 수 있는 아주 동적인 체계로 이루어져 있다고 보아야 한다. 토양액에 있는 희석된 무기 영양소들이 뿌리에 의해 흡수되면 콜로이드 층에 저장되어 있는 교환 가능한 이온들에 의해 계속적으로 교체되며 저장 층의 이온들은 암석의 풍화에 의해 생긴 이온들로 보충된다. 이런 방법으로 이온 교환은 식물체에 무기 이온을 조절하여 공급하는 데 주요한 역할을 한다. 그러나 이 과정이 언제나 식물체에 유리하게 작용하는 것만은 아니다. 예를 들어 산성비에 함유된 높은 농도의 수소 이온은 콜로이드 저장 층의 양이온과 교환하며 이렇게 토양액으로 녹아 나온 양이온 중 뿌리에 의해 바로 동화되지 않은 것들은 빗물과 스며 나온 지하수(표층수)에 의하여 유실되어 버린다. 토양액과 저장 층의 이온들은 미처 보충도 되기 전에 고갈되어 버려 식물은 적절한 무기 영양소의 공급을 받지 못하게 된다. 정상적 환경하에서도 뿌리는 수소 이온을 분비하여 교환이 용이하게 일어나게 하여 무기 이온의 흡수가 촉진되도록 한다.

그렇다면 음이온의 경우에는 어떤 일이 일어날까? 토양 콜로이드는 압도적으로 음전하를 띠고 있어서 음이온을 끌어당기지 못한다. 일부 진흙 입자들이 마그네슘(Mg^{2+}) 같은 양이온을 함유하기는 하지만 대부분의 토양은 일반적으로 음이온의 교환 능력이 낮다. 결과적으로 음이온은 토양 속에 남아 있지 않고 표층수에 의해 유실되는데 이는 농사를 지을 때 중요한 결과를 초래한다. 즉, 음이온의 형태로 공급되어진 무기 영양소들, 특히 질소(NO_3^-)의 경우 식물체가 충분히 흡수하도록 하려면 대량으로 공급해야 한다. 대개 농부들은 작물을 재배할 때 적어도 식물체가 요구하는 질소의 2배 이상을 공급해야 한다. 불행히도 대부분의 여분의 질산염은 표층수를 통하여 강과 호수로 흘러들어가 조류(algae)의 생장을 촉진하여 부영양화를 초래하게 된다.

막수송

무기 영양소들이 식물체에 의하여 흡수되려면 뿌리 세포의 세포막을 통과해야 한다. 따라서 뿌리에 의한 영양소의 흡수는 기본적으로 막수송의 법칙을 따르는 세포상의 문제이다.

세포막을 통한 용질의 수송에 관한 연구 자체는 아주 광대하고 세부적인 주제로 이 책에서 다루려는 범위를 벗어난다. 그래서 이 소단원에서는 세포막의 일부 중요한 원리 중 특히 뿌리의 무기 영양소의 흡수와 관련된 것만을 살펴보고자 한다. 이 말은 결코 막수송의 문제가 식물생리학자에게는 지엽적인 관심을 지닌 점이라는 것을 뜻하는 것은 아니다. 오히려 그 반대의 경우가 맞다고 할 수 있는데 이는 세포막에 의해 세포가 정의될 수 있을 뿐만 아니라 막에 의해 세포와 주변 환경 그리고 세포내의 소기관간의 물질과 에너지의 교환이 선택적으로 조절될 수 있기 때문이다. 게다가 막수송이 양분과 노폐물의 교환에만 한성되어 있는 것이 아니고 호르몬의 작용과 신호전달 그리고 식물의 운동에 결정적 역할을 한다.

지난 십여 년 간 우리는 원형질체(protoplast ; 세포벽이 제거된 세포)의 분리와 조각-고정기록(patch-clamp recording)이라고 알려진 기술의 발달로 식물에서의 막수송에 대해 상당히 많이 이해하게 되었다. 이 혁명적인 전기 생리학적인 기술 때문에 10^{-12} 암페어(ampere) 정도의 아주 작은 막전류의 측정이 가능하게 되었다.

세포막 수송은 본질적으로 추상적인 분야로서 연구자들은 여러 가지의 다양한 천연 또는 인공 막에서의 용질의 수송에 대한 동력학(kinetics)을 측정하여 모델을 만들고 이것을 바탕으로 현재 알려진 막의 조성과 구조에 대해 설명하려고 한다. 막구조에 대한 우리의 이해가 바뀌어짐에 따라 막수송에 대한 모델도 바뀌어 왔다. 그러나 근본적인 세 가지 개념인 **단순 확산**(simple diffusion)과 **촉진 확산**(facilitated diffusion) 그리고 **능동 수송**(active transport)은 실험적 관찰 결과들을 해석하고 구분하는 데 있어서 아주 유용하여 그대로 보존되어 왔다. 이 세 가지 기본적인 수송 방식은 〈그림 5-2〉에 제시되어 있다.

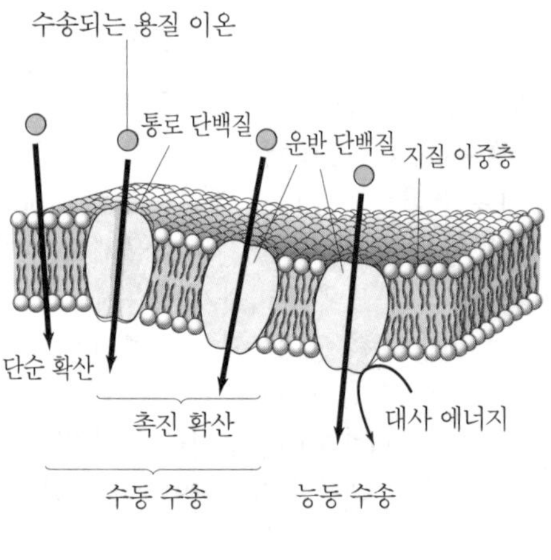

〈그림 5-2〉 막을 통한 이온과 용질의 교환에는 단순 확산, 촉진 확산, 또는 능동 수송이 관련되어 있다.

단순 확산

Fick의 법칙(2장의 식 2.1)에 따르면 용액 속의 분자가 한 곳에서 다른 곳으로 확산되는 속도는 농도차에 의한 함수로서 세포막에 둘러싸인 세포의 경우 Fick의 법칙은 아래의 방정식에 의해 기술될 수 있는데 이 경우 J는 유량(flux) 즉 단위 시간당 막을 통과하는 용질의 양이며, A는 확산 경로상의 단면적으로서 세포막의 면적(cm^2로 표시)이고, P는 투과 계수(permeability coefficient)로서 용질이 막을 통과하는 속도($cm \cdot s^{-1}$)이며 세포막과 용질의 조합에 따라 달라지는 특정 계수이다.

$$J = PA(C^o - C^i) \qquad (5.1)$$

막은 특성상 1차적으로 지질 성분이기에 비극성을 지닌 용질이 더 빨리 막을 통과할 수 있다. 따라서 투과 계수는 일반적으로 확산되는 물질이 얼마나 지질에 잘 용해되는가를 반영한다. 생물학적인 중요성을 지닌 용질 중에서 겨우 몇 가지만 비극성을 띠고 있으며 오직 산소, 이산화탄소, 그리고 암모니아의 세 가지 기체만이 단순 확산에 의해 지질 이중막을 통과할 수 있다. 물 역시 높은 극성에도 불구하고 지질막에 빠르게 확산되는데 이는 **아쿠아포린**(aquaporin)이라고 불리는 물–선택성(water–seletive) 채널을 통해 물이 지나갈 수 있기 때문이다. 아쿠아포린은 이 장의 후반부에서 다룰 것이다.

촉진 확산

특히 전하를 띤 용질이나 이온들은 지질 이중층을 통과할 수 없다. 이들이 띤 전하와 상당한 정도의 수화 현상으로 이들은 지질에 녹지 않아 막의 탄화수소 부분(hydrocarbon phase)으로의 유입이 차단된다. 예를 들면 합성된 이중 지질막이나 인공막의 경우에 K^+이나 Na^+과 같은 작은 이온들은 물과 비교하여 투과도가 약 10^9 정도나 낮다. 1930년대에 막수송을 공부하던 학생들이 어떤 이온들은 지질막을 통한 확산으로서 기대되는 것보다 훨씬 더 빠른 속도로 세포내로 유입되는 것을 알게 되었다. 우리는 그 이유가 천연막(natural membrane)이 **수송 단백질**(transport protein)이라고 불리는 많은 단백질을 함유하기 때문이라는 것을 이제는 알고 있다. 일부 수송 단백질들은 효과적으로 용해도의 문제를 극복시켜, 특히 전하를 띤 용질이나 이온이 세포내로 확산되는 것을 촉진한다. 촉진 확산이라는 용어는 용질이 다른 것의 도움을 받아서 빠르게 세포막을 통과하는 것을 기술하기 위해 만들어진 용어이다. 촉진확산의 경우에도 여전히 수송의 방향이 전하를 띠지 않은 물질들은 농도 기울기에 의해, 이온들은 전기 화학적 기울기에 의해 결정된다. 농도 기울기와 전기 화학적 기울기의 차이는 아래 부분에서 좀 더 자세히 다루게 될 것이다. 촉진 확산은 또한 양방향으로 진행되며 단순 확산처럼 서로 다른 방향으로의 이동률이 같으면 수송이 일어나지 않는다.

확산에 의한 수송은 단순과 촉진에 의한 것에 상관없이 모두 수동 수송에 해당한다. 수동이란 말은 수송 과정에 직접적인 대사 에너지의 투입이 필요하지 않다는 뜻이다. 확산에 의한 수송에 필요한 에너지는 수송되는 용질의 농도나 전기 화학적 기울기에서 나온다. 결과적으로 확산에 의한 수송은 전기 화학적 기울기를 거슬러서 용질이 축적되는 것을 야기시키지 않는다.

수송 단백질—운반체와 통로

주로 두 가지 종류의 수송 단백질이 알려져 있는데 하나는 운반체 단백질(또는 수송체, transporter or porter로 알려져 있음)로서 마치 효소와 기질의 상호 작용처럼 수송될 특정 용질과 결합한다. 용질의 결합은 운반체 단백질의 3차적인 구조의 변화를 유발하여 막의 건너편으로 용질이 수송되게 한다. 막의 반대쪽으로 결합된 용질이 방출되면 단백질은 원래의 구조로 되돌아가서 새로운 용질과 결합하게 된다.

또 다른 종류인 **통로 단백질**(channel protein)은 막전체를 관통하는 통로를 형성하는데, 이곳은 물로 채워져 있으며 전하가 배열되어 있다. 통로는 보통 그 통로를 통과할 수 있는 이온의 종류에 의해 동정되는데 이것은 그 이온의 전하와 수화된 정도에 따라 결정된다. 통로를 통한 확산의 경우 이온과 같이 결합된 물분자도 통과해야 되기 때문에 수화층의 크기에 좌우된다. 식물 세포의 막에서 발견된 통로의 수는 점점 늘어나고 있으며 현재 K^+, Cl^-, Ca^{2+} 이온 등의 통로의 존재는 확실히 증명되었고 일부 유기 이온들의 통로 존재도 유력해졌다.

통로 단백질은 종종 문이 달려 있어(gated) 열리고 닫힐 수 있다. 적당한 크기와 전하를 띤 용질이라도 통로의 문이 열려야만 확산될 수 있다. 두 가지 종류의 통로 문이 알려져 있는데 하나는 특정 강도의 막전위(membrane potential) 차이에 반응하여 열리는 전기적 문이고 다른 하나는 빛이나 호르몬 또는 다른 자극에 의해 조절되어 수송되는 어떤 이온의 존재하에서만 열리는 문이다. 문을 가진 통로의 정확한 개폐 메커니즘이 알려져 있지는 않지만 아마도 단백질의 3차 구조의 변화에 의해 일어날 것으로 추측된다. 모든 통로 단백질과 대부분의 운반체들은 촉진 확산에 의해 용질을 수송한다.

운반체의 중요성은 어떤 용질이 세포내로 들어오고 나가야 할지를 부여하는 선택적 득이성에 달려 있다. 반면에 통로는 특히 전하를 띤 용질이나 이온이 막을 다량으로 신속히 통과해야 할 경우에 관련이 있는 것 같다. 운반체는 초당 10^4에서 10^5개 정도의 용질 분자들을 수송하는 반면에 통로 단백질은 초당 10^8 정도의 이온을 수송한다. 또한 대부분의 세포 경우 그 수요를 충족하기에 그다지 많은 수의 통로가 필요치 않다는 것을 강조해야 한다. 예를 들면 기공이 닫힐 때 공변 세포의 K^+ 채널을 통하여 방출되는 K^+의 수는 초당 약 10^7개로서 1개의 통로로서 충분히 해결될 수 있는 양이다.

능동 수송

많은 수송 과정은 빠르고 특이적이며, 동시에 세포내에 용질이 축적되도록 한다. 다시 말하면 수송 과정이 상당한 농도나 전기 화학적 기울기를 초래하지만 그 기울기를 거슬러서 용질의 수송이 계속되도록 한다. 이런 수송 과정을 능동 수송이라고 한다. 그 정의상 능동 수송은 항상 그렇지는 않지만 보통 ATP(9장 참조)의 가수 분해와 같은 대사 에너지원과 밀접한 관계가 있다. 다시 말해 능동 수송에는 에너지의 투입이 필요하며 자발적으로 일어나지는 않는다. 촉진 확산과는 달리 능동 수송은 세포내로 혹은 세포 바깥으로의 한 방향으로만 일어나고 항상 운반체 단백질에 의해 매개된다. 능동 수송은 세포 바깥의 용질의 농도가 아주 낮을 때 세포내에 용질을 축적하기 위한 것이다. 능동 수송은 또한 세포내의 용질의 농도를 낮게 유지해야 할 때 바깥으로 용질을 수송한다. 능동 수송 체계는 용질을 농도나 전기 화학적 기울기에 역방향으로 수송하기 때문에 흔히 **펌프**(pump)라고도 한다.

이온의 선택적 축적

뿌리에 의한 이온의 흡수를 포함하여 모든 세포막을 통한 용질의 수송에는 두 가지 중요한 특징, 즉 축적과 선택성이다. 이런 특징은 〈표 5-1〉에서 제시된 뿌리의 이온 흡수에 대한 실험 결과에서 잘 나타나 있다. 축적은 위에서 말한 것처럼 세포내의 어떤 이온의 농도가 주변 용액의 것보다 훨씬 더 높아지는 것을 뜻한다. 이런 현상은 정량적으로 **축적비**(accumulation ratio)로 정의되며 세포 바깥쪽의 농도(C^o)에 대한 세포내의 농도(C^i)의 비율이다. 〈표 5-1〉에서 K^+의 내부 농도가 외부 용액에서의 농도보다 1,000나 높은 점에 유의하기 바란다. 과거에는 축적비가 1 이상이면 용질이 농도의 기울기를 거슬러서 세포내로 유입되었다고 볼 수 있기 때문에 능동 수송의 강력한 증거가 된다고 생각하였다. 역으로 축적비가 1보다 작으면 용질이 세포 바깥으로 능동적으로 이동하였다는 것을 암시한다. 아래에서 보게 되겠지만 이것이 특히 전하를 띤 용질이 관련될 때에는 반드시 맞는 이야기는 아니다. 세포의 용질 흡수를 평가하려면 용질이 전하를 가진 경우를 구분하여야만 한다.

이온의 흡수는 매우 선택적인 과정이다. 〈표 5-1〉에서 보면 옥수수의 뿌리에 의해서 Na^+의 축적은 사실상 일어나지 않으며 K^+이나 NO_3^-의 축적비는 SO_4^{2-}보다 상당히 높은 것을 알게 될 것이다. 동물 세포와 달리 식물 세포에서 Na^+의 농도가 낮은 이유는 우선 Na^+의 흡수가 제한되어 있기 때문이기도 하지만 Na^+이 다른 이온과 함께 식물 세포 바깥으로 능동적으로 수송되기 때문이다.

〈표 5-1〉 옥수수 뿌리에 의해 일어나는 몇 가지 이온의 흡수

이온	축적비		
	C^o(m)	C^i(m)	[C^i/C^o]
K^+	0.14	160	1142
Na^+	0.51	0.6	1.18
NO_3^-	0.13	38	292
SO_4^{2-}	0.61	14	23

전기 화학적 기울기와 이온의 이동

설탕과 같이 전하를 띠지 않은 용질의 축적비에 대한 계산은 상대적으로 간단하다. 흡수가 기본적으로 세포막 양쪽의 농도차에 의존한다고 볼 수 있기 때문이다. 다시 말해 전하를 띠지 않은 용질의 경우 화학 퍼텐셜의 기울기를 결정하는 것은 농도 차이뿐이다. 용질의 내부와 외부의 농도를 실험적으로 측정하여 축적비를 계산하는 것은 비교적 쉬운 일이다.

전하를 띤 용질이나 이온의 경우에는 상황이 더욱 복잡하여 축적비가 항상 능동 수송인지를 결정하는 데 유효한 지표가 아니다. 이온은 전하를 띠고 있기에 화학 퍼텐셜의 차이에 의해서뿐만 아니라 전기 퍼텐셜의 차이에 의해서도 이동한다. 예를 들어 양전하를 띠고 있는 칼륨 이온은 자연히 음전하가 많이 분포된 지역으로 끌려가게 된다. 결과적으로 이온의 이동은 농도와 전기적 차이의 두 가지 요소에 의해 결정된다. 다시 말하자면 이온은 전기 화학적 기울기에 따라 이동하므로 세포의 전기적 특성이나 **막횡단 전위**(transmembrane potential)를 감안해야 한다.

단지 양전하와 음전하가 불균등하게 분포하는 것으로도 막 양쪽으로 전압 또는 퍼텐셜 차이가 발생하게 된다. 예를 들면 단백질의 카르복실기(R · COO^-)와 아미노기(R · NH_4^+)와 같은 고정되어 있거나 혹은 확산될 수 없는 많은 전하를 가지고 있다. 게다가 동시에 세포는 특히 H^+, Ca^{2+}, Na^+ 등의 양이온들을 세포 바깥으로 능동적으로 내보내기 위하여 에너지를 사용한다. 결과적으로 나타나는 양이온의 불균등한 분포는 막 사이에 퍼텐셜의 차이 즉 전압을 발생한다. 세포질은 양전하를 띤 이온이 축적되는 세포벽의 공간에 비해 상대적으로 음전기를 띠게 된다.

막횡단 전위차가 어떻게 세포 안팎으로의 이온 이동에 영향을 미치는지를 〈그림 5-3〉의 간단한 예로서 충분히 설명할 수 있다. 여기서 첫째로 내부의 K^+의 농도가 바깥보다 높고 둘째로 K^+이 막 사이를 아마도 K^+ 통로를 통하여 자유롭게 이동할 수 있고 셋째로 내부의 K^+이 세포내에 함유된 많은 유기 음이온에 의해 균형을 이루고 있다고 가정한다. 이런 조건하에서는 K^+이 세포 안팎의 K^+의 농도가 같아질 때까지 농도 차이에 의해 세포 바깥으로 확산되어 나갈 것으로 기대된다. 그러나 K^+이 세포 밖으로 나가게 되면 확산되지 않는 음이온은 세포내에 그대로 남아 막 사이에 전하의 불균형 즉 전압차가 생기게 된다. 음전기에 의해 양전하를 띤 칼륨 이온은 다시 세포내로 들어오게 된다. 결과적으로 평형 상태는 막 양쪽의 K^+의 농도가 같을 때 만들어지는 것이 아니라 농도 차이에 의해서 나오는 K^+을 밖으로 내보내는 힘과 전기적 차이에 의해 K^+을 안으로 당기는 힘이 서로 같을 때 만들어진다. 이러한 환경하에서 세포는 높은 농도의 K^+을 유지하게 되며 축적비는 1보다 크게 되지만 칼륨 이온의 이동은 완전히 수동적이다.

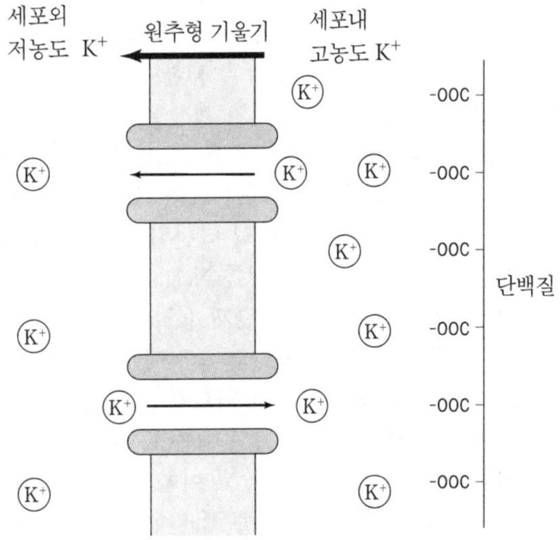

〈그림 5-3〉 전기적 퍼텐셜 기울기에 의하여 외견상 양이온(K^+ 등)의 축적이 농도 기울기에 역행하여 일어나게 된다. 농도차와 전하차의 합에 의하여 전기 화학적 기울기가 형성된다. 따라서 칼륨 이온은 세포내의 단백질이나 다른 거대 분자들에 부착된 다량의 전하와 반응하게 되어서 세포에 축적된다.

음이온의 이동도 역시 막전위에 의해 영향을 받게 되며 반대 방향으로 일어난다. 음이온은 내부의 우세한 음전하에 의해 밀려나고 외부의 우세한 양전하에 의해 끌려나가서 축적비가 1보다 작게 된다. 여기의 예를 보면 축적비가 1이 아닐 경우라도 반드시 능동 수송이 관련되어 있다고 할 수 없는 것을 분명히 알 수 있다.

막전위차는 섬세하게 뽑아낸 유리관으로 만들어진 미세 전극 봉을 사용하여 측정할 수 있다. 현미경하에서 전극 봉을 세포의 액포내로 삽입하고 대조 전극 봉은 세포의 용액에 담근다. 두 전극 봉간의 퍼텐셜 차이는 민감한 전압계(voltmeter)를 이용하여 측정하게 된다. 결코 쉬운 기술이라고는 할 수 없지만 많은 연구자들이 이 기술을 능숙히 구사하고 있다. 이렇게 측정된 퍼텐셜은 보통 어린 뿌리나 줄기 세포의 경우에는 −100에서 −130 mV 정도이고 어떤 조류의 세포에서는 −200 mV나 되었다. 세포질은 항상 주변의 용액에 비하여 음전기를 띠고 있다. 이러한 전위차(퍼텐셜)에는 많은 양의 선하의 불균등이 필요하지 않으며 100만 개의 이온 중에서 단지 1개의 전하차가 있으면 100 mV의 전위차를 일으키기에 충분하다(Clarkson, 1991).

막전위차와 막 사이의 이온 분포의 관계는 Nernst의 방정식에 의해 정량적으로 표시될 수 있다.

$$\Delta E_{nj}=2.3RT/zF \times \log C_j^i/C_j^0 \qquad (5.2)$$

여기서 ΔE_n는 Nernst 퍼텐셜로서 이온 j의 전기 퍼텐셜의 차이고 C_j^i/C_j^0는 세포내와 바깥의 몰농도의 비이다. R은 기체 상수이고 F는 Faraday의 상수(96,500 J $V^{-1}mole^{-1}$)이며 z는 ion j의 전하 즉 j가 몇 가 이온인지를 나타낸다. 예를 들어 일가 양이온의 z값은 1이고 칼슘이나 마그네슘의 z값은 2이다. 염소(Cl^-)나 질산염(NO_3^-)은 −1이고 황산염(SO_4^{2-})은 −2이다. 상수에 숫자를 대입하고 정리하면 이 식은 다음과 같이 정리되고

$$\log C_j^i/C_j^0 = -z\Delta E_{nj}/59 \qquad (5.3)$$

25℃에서 이온의 경우에는 아래의 식이 되게 된다.

$$-z\Delta E_{nj}=59 \log C_j^i/C_j^0 \qquad (5.4)$$

위의 마지막 Nernst 방정식은 만일 이온의 수송이 촉진 확산에 의해 일어난다면 세포내의 평형 상태에서의 이온의 농도(C^i)에 대해 예측이 가능하게 한다. 이 방정식을 적용하기 위해서는 먼저 막전위차와 세포 안팎의 이온 농도를 측정해야 한다. Nernst식에 의해 예상되는 농도와 다르면 이온의 흡수나 방출이 능동적임을 암시한다. 다시 말해 Nernst식은 막을 통한 이온의 수송이 능동적인지 아니면 수동적인지를 결정하는 데 사용될 수 있다. 만일 내부 농도의 측정치가 계산한 Nernst의 값과 유사하면 이온의 이동은 수동 수송에 의한 것이고 측정치가 예상 값보다 크면 능동 수송에 의한 이온의 흡수가, 작으면 능동 수송에 의한 이온의 방출이 예측된다.

Nernst식을 〈표 5-2〉에 나타나 있는 Higinbotham과 그의 동료들에 의한 실험 결과에 적용해 볼 수 있다. 평형 상태에서 완두와 귀리 뿌리의 막전위의 측정치는 각각 −110과 −84 mV이다. 외부 용액의 이온 농도인 C^0은 이미 알고 있어 예상되는 C^i를 Nernst식으로부터 구할 수 있다. 실제 값에 대한 예상 값의 비율이 어떤 특정 이온에 대한 Nernst식에 의한 관계가 얼마나 잘 적용되는지의 척도이다. 거의 모든 이온들의 축적비가 1보다 크다는 것은 세포내에 어느 정도의 축적이 일어남을 암시하고 있다. 오직 K^+의 경우에만 실제 농도와 예상치의 비율이 1에 가까워 K^+이 전기 화학적인 평형 상태에 있으며 적어도 완두의 뿌리에서는 수동적으로 축적되는 것을 암시한다. 귀리 뿌리의 경우에는 K^+이 능동적으로 축적될 가능성이 있는 것 같다. Na^+과 Ca^{2+}은 둘 다 세포내의 농도가 예상치보다 낮고 이들의 펌프가 막에 존재하는 증거들이 있기에 이 이온들은 아마도 전기 화학적 기울기에 의해 수동적으로 유입된 후 능동 수송에 의해 방출되는 것으로 보인다. 표의 3가지 음이온(NO_3^-, $H_2PO_4^-$, SO_4^{2-})의 세포내의 농도는 예상치보다 훨씬 높아서 능동적으로 흡수되는 것을 암시한다. 음전하를 띤 이온을 음값인 전기 화학적 기울기를 역행하여 이동시키려면 에너지가 필요할 것이다.

비록 위의 결과들에 의해 능동 또는 수동 수송인지를 간접적으로 확인할 수 있기는 하지만 각각의 경우에 더 추가적인 실험이 결론의 확인에 도움이 된다. 능동 수송에는 직접적인 대사 에너지의 투입이 필요하므로 산소나 유기 호흡의 저해제에 민감하다. 따라서 산소의 결핍시나 시안화염(청산염, 청산칼리, cyanide)이나 2,4-질산

〈표 5-2〉 완두와 귀리 뿌리에서의 몇 가지 이온의 흡수
내부농도(C_i)를 예측하기 위하여 완두와 귀리 뿌리에서의 세포막 전위가 각각 −110 mV와 −84 mV로 가정하고 Nernst 방정식이 사용되었다. 축적비는 측정된(실제) C_i를 바탕으로 계산하였다. 가능 흡수기작 난의 E는 뿌리로부터의 능동적 유출을 의미하고 U는 뿌리의 능동적 흡수를 표시한다.

이온	C^o	추정 C^i	측정 C^i	축적비	측정치/추정치	예상 흡수 메커니즘
			완두뿌리			
K^+	1.0	74	75	75	1.01	확산
Na^+	1.0	74	8	8	0.108	E
Ca^{2+}	1.0	5400	1.0	1.0	0.00018	E
NO_3^-	2.0	0.027	28	14	1037	U
$H_2PO_4^-$	1.0	0.014	21	21	1500	U
SO_4^{2-}	0.25	0.000047	9.5	38	202,127	U
			귀리뿌리			
K^+	1.0	27	66	66	2.4	확산(?)
Na^+	1.0	27	3	3	0.11	E
Ca^{2+}	1.0	700	1.5	1.5	0.0021	E
NO_3^-	2.0	0.076	56	28	741	U
$H_2PO_4^-$	1.0	0.038	17	17	447	U
SO_4^{2-}	0.25	0.0036	2	8	5,555	U

염페놀(2,4-dinitrophenol) 등의 처리에 의해 어떤 이온의 흡수가 줄게 되면 능동 수송의 증거가 될 수 있을 것이다. 그러나 이러한 증거도 저해제가 간접적으로 양분의 흡수에 영향을 미치므로 항상 절대적이지는 못하다. 예를 들면 확산에 의한 수송의 경우에도, 궁극적으로는 막구조와 수송이 가능하도록 하기 위한 세포의 상태 및 막구조를 유지하기 위해서 대사 에너지의 소비는 일어난다. 에너지가 직접적으로 혹은 간접적으로 관련되어 있는지를 구별하기란 항상 단순하지만은 않다. 보통 능동 수송은 용질의 분포가 전기 화학적인 평형 상태에 있지 않고 수송되는 용질과 소비된 에너지간에 정량적인 관계에 있는 것이 그 기준이 된다.

마지막으로 이온 농도를 알고 있을 때 Nernst식을 사용하여 바로 그 이온에 의해 생기는 막전위차 또는 Nernst 퍼텐셜을 구할 수 있는 점을 알아야 한다. 그러나 평형 상태에서 막전위를 계산하는 것은 서로 다른 투과성을 지닌 많은 이온들이 동시에 양방향으로 막을 통과하는 사실 때문에 복잡하게 된다. 세포의 총 퍼텐셜을 알려면 각자의 이온들의 기울기에 의한 개별적인 기여도가 감안되고 합산되어야 한다. 그러나 실제로는 K^+, Na^+, 그리고 Cl^- 등의 이온들이 식물 세포에서는 높은 투과성과 농도를 지닌 대표적인 것들로 이들의 막전위를 평가하는 것으로도 막전위의 근사치를 얻을 수 있다.

능동 수송과 전기 발생 펌프

위에서 서술한 바와 같이 능동 수송에 필요한 에너지는 주로 ATP의 가수 분해로부터 나온다. 엽록체와 미토콘드리아의 막에 있는 **ATP 가수 분해 효소**(ATPase) 겸 **양성자 펌프**(proton pump)의 에너지 역학과 작동은 9장에서 다루게 될 것이다. 이 거대한 다단백질 복합체는 막 사이에 생긴 수소 이온의 전기 화학적 기울기에서 생기는 에너지를 이용하여 ATP의 합성을 일으킨다. 이 펌프의 중요한 특징으로 가역적인 것을 들 수 있다. 다시 말하면 이들은 ATP의 가수 분해 에너지를 이용해서 막 사이에 수소 이온 기울기를 만들 수 있다. 이러한 수소 이온의 기울기는 다른 막전위와 같이 수소 이온을 원래의 상태로 돌아가게 하는 **양성자 구동력**(proton motive force, 9장 참조)을 형성한다. 유사한 ATP 가수 분해 효소 겸 양성자 펌프들이 세포막과 액포막 등에서도 발견되었고 어쩌면 다른 종류의 막에서도 존재할 것으로 여겨진다. 여러 가지의 식물 활동을 위한 일차적인 에너지원

은 막에서 양성자의 펌프를 통하여 생긴 양성자 구동력이라고 일반적으로 여겨지고 있다. 이에는 용질(양이온, 음이온, 아미노산, 설탕 등)의 수송, 세포질내의 pH 조절, 기공의 개폐(8장), 체관 적재를 통한 설탕의 수송(11장), 그리고 옥신(auxin)에 의한 세포 신장(17장) 등이 포함된다.

ATPase-양성자 펌프와 관련되어 막 사이에서의 용질 교환을 보여주는 도식 모델이 〈그림 5-4〉에 나타나 있다. 펌프를 작동하기 위한 에너지는 미토콘드리아의 산화적 인산화 과정(12장)에 의해 생긴 ATP에 의해 제공된다. 양성자의 수송 단백질은 세포질 면에 ATP 결합 부위를 지니며 세포막을 관통하여 있는 것으로 보여져 있다. ATP의 가수 분해는 세포질로부터 양성자가 주변의 세포벽 공간으로 이동하게 한다. 따라서 ATP 가수 분해 효소는 양성자 운반체 단백질로서 작용한다.

ATPase-양성자 펌프는 몇 가지의 흥미를 끄는 특징을 지닌다. 첫째로 한 가지 이온만 한 방향으로 움직인다. 이런 형태의 수송은 단일 수송(uniport)으로 알려져 있다. 둘째로 수송되는 이온이 전하를 띠고 있으므로 막 사이에 전기 화학적 기울기를 유발한다. 다시 말해서 ATPase는 전기 발생적(electrogenic)이며 직접적으로 막 사이의 음전위차를 발생시킨다. 실제로 전기 발생적인 양성자 펌프는 대부분 식물 세포에서 막전위를 유발하는 주요 요인이다. 25℃에서 pH 1의 차이에 해당하는 양성자 농도의 10배 차이는 59 mV의 막전위를 만드는 것을 유의하라(식 5. 3). 세포막 사이의 양성자 기울기는 보통 pH 1.5 내지 2의 차이 정도이므로 총 막전위차는 대략 90에서 120mV 정도이다. 셋째로 운반되는 것이 양성자이므로 ATP 가수 분해 효소는 막사이에 양성자 기울기뿐만 아니라 전기적인 기울기도 유발한다. 초래된 전기 화학적 양성자 기울기(혹은 양성자 구동력)의 상태로 저장된 에너지는 Mitchell의 화학삼투설(chemiosmotic hypothesis, 9장 참조)에 따라서 세포내의 일과 짝을 이루게 된다. 이것은 실제로 화학삼투적 짝지음(chemiosmotic coupling)이 엽록체와 미토콘드리아 내에서의 ATP합성에만 국한되는 것이 아니라 세포내의 다른 곳에서 다른 종류의 일을 수행하는 데도 사용될 수도 있다는 것을 보여주는 좋은 예이다.

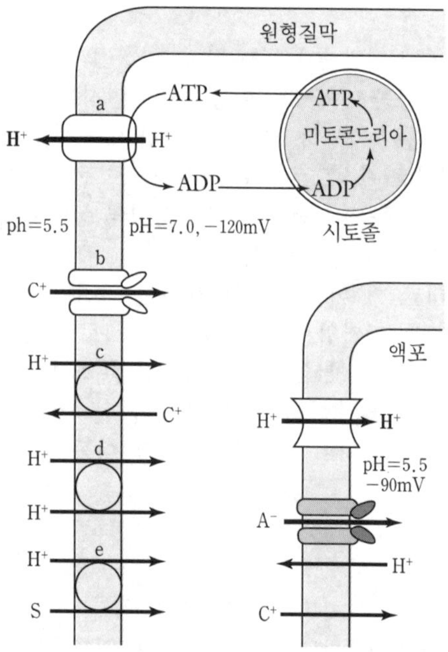

〈그림 5-4〉 용질 교환과 막의 양성자 펌프인 ATPase 활성과의 관계를 표시한 모형도

양성자 펌프(*a*)는 막사이의 양성자 기울기와 퍼텐셜 차이(내부가 음의 값)를 유지하기 위하여 ATP의 에너지를 사용한다. 양성자 기울기에 의해 만들어진 에너지는 이온 통로(*b*)를 활성화시키거나 역수송 운반체(*c*)에 의해 이온을 밖으로 내보낸다. 또한 동시 수송 운반체에 의하여 이온(*d*)이나 전하를 띠지 않은 용질(*e*)이 유입된다. 유사한 펌프와 운반체들이 액포막(tonoplast)에서도 작동한다.

전기 화학적 양성자 기울기를 세포막을 통한 용질의 이동과 짝짓는 네 가지의 방법이 〈그림 5-8〉에 예시되어 있다. 첫째로는 펌프가 전기의 발생을 유도하므로 이온 통로를 통한 K^+과 같은 양이온들의 전하 의존적인 수동적인 흡수에 기여하는 것이다. 둘째로는 양성자가 세포질로 돌아올 때 다른 용질 분자와 짝을 이루어서 공동 수송(cotransport)이 되는 것이다.

각각의 경우에서 양쪽 이온의 수송은 같은 단백질 운반체에 의해서 매개되며 다른 용질은 전기 화학적 기울기에 따른 양성자의 내부로의 유입에 종속적으로 짝지어진다. 첫번째 예로 보여진 것은 양성자의 세포내로의 유입이 Ca^{2+}과 같은 다른 양이온의 유출과 짝을 이루는 것이다. 여기서 양성자의 전기 화학적 기울기에 의한 에너지는 세포내의 특정 양이온의 농도를 낮게 유지하는 데 사용된다. 따라서 이온 통로를 통해 수동적으로 우연히 세포내로 유입된 모든 양이온들은 전기화학적 기울기를 역행하여 세포 바깥으로 펌프되어 나간다. 이 경우에 두 이온은 반대 방향으로 이동하기 때문에 이런 형태의 공동 수송을 역수송(antiport)이라고 한다. 마지막으로 두 가지의 용질이 동시에 같은 방향으로 이동하는 동시 수송(symport)의 두 가지 예가 있다. 첫번째는 양성자의 유입이 전기 화학적 기울기를 역행하여 일어나는 음이온(A^-)의 흡수와 동반되는 것이다. 두번째는 양성자의 기울기가 설탕과 같이 전하를 띠지 않은 용질의 흡수를 추진하는 데 사용되는 것이다. 위의 세 가지 공동 수송은 모두 다 특정한 운반체 단백질에 의해 매개되는 능동 수송의 형태이다.

막의 ATP 가수 분해 효소에 대한 대부분의 선구적인 초기 실험들은 세포막으로부터 분리한 작은 구형의 소포를 사용하여 진행되었다. 세포막이 깨어지면 그 조각들은 자신들의 강한 소수성 때문에 자연적으로 소포를 형성한다. 이 기술은 상대적으로 간단 명료하지만 같은 종류의 막에서 같은 종류의 ATP 가수 분해 효소를 가진 소포를 만드는 것은 쉽지 않다. 엽록체의 ATP 가수 분해 효소에 의한 오염은 암소에서 키운 황백화된 조직으로부터 막을 분리하면 피할 수 있고 미토콘드리아의 막은 차등 원심 분리로 분리해 낼 수 있다. 그렇지만 세포막으로부터 액포막과 같은 다른 막의 분리는 어려워서 초기의 실험 결과는 실험실에 따라 서로 달랐다. 서로 다른 결과에 대한 문제는 막분리물이 종종 두 가지의 ATP 가수 분해 효소, 즉 세포막형과 액포막형을 갖기 때문이라는 사실이 밝혀지면서 해결되었다. 밀도 기울기 원심분리(density gradient centrifugation)와 같은 개선된 기술에 의해 적어도 부분적으로는 두 가지 막의 분리가 가능하여 각각의 ATP 가수 분해 효소의 특성을 파악하는 것이 가능해졌다.

세포막형의 양성자 펌프 ATPase는 일반적으로 질산염(NO_3^-)과 같은 음이온과는 반응하지 않지만 바나드산염(VO_3^-)에 의해 특이하게 저해된다. 흥미롭게도 세포막형 ATP 가수 분해 효소가 K^+의 수송에 직접적으로 관련되어 있는 증거는 없지만 K^+에 의해 촉진된다. ATP 가수 분해 효소가 어떤 메커니즘으로 막 사이로 양성자를 이동하는지는 알려져 있지 않다. 바나드산염(vanadate)이 인산염과 같은 결합 부위에서 경쟁하는 결과로 생기는 바나드산염에 대한 민감성으로 미루어 보아 ATP의 인산기가 단백질로 전이되는 것을 가정해 볼 수 있다. 결과적으로 생기는 높은 에너지의 인산화 효소는 3차 구조의 변화를 일으켜서 양성자의 이동에 영향을 미치는 것으로 가정해 볼 수 있다. 현재까지의 증거로 보아서 하나의 ATP가 가수 분해될 때 한 개의 양성자가 수송되는 것 같다.

액포형 양성자 펌프 ATPase는 세포막형과 여러 면에서 서로 다르다. 예를 들면 질산염(NO_3^-)에 의해 강력히 저해가 되지만 VO_3^-의 영향을 받지 않는다. 이 점에서 액포형 막은 역시 VO_3^-의 영향을 받지 않는 미토콘드리아의 ATP 가수 분해 효소와 유사하다. 그러나 만일 잘못되어 미토콘드리아의 ATP 가수 분해 효소에 의해 오염되면 측정액에 올리고마이신(oligomycin)이나 아지드화물(azide)을 첨가하면 된다. 두 저해제는 모두 액포막형의 ATP 가수 분해 효소에는 영향을 미치지 않고 미토콘드리아의 ATP 가수 분해 효소만 저해한다. 바나드산염이 영향을 미치지 않는 것으로 보아서 액포막형은 세포막형과는 달리 인산화된 중간 산물을 형성하지 않는 것 같다. 액포막형은 또한 가수 분해되는 ATP 분자당 두 개의 양성자가 수송된다.

액포막형 ATP 가수 분해 효소의 기능은 세포질로부터 액포로 양성자를 펌프하는 것이므로 액포의 막전위가 세포질보다 약 20 내지 30 mV 높은 사실은 이 때문이다(그림 5-4). 극단적인 경우에는 액포막에서 커다란 pH 기울기가 유지되어 액포 액이 아주 산성이 되기도 한다. 예를 들어 대부분이 액포 액인 레몬 주스의 pH는 보통 2.5 정도이다. 세포막형 펌프처럼 액포막형 펌프도 축적된 양성자가 세포질에 대한 액포의 상대적인 막전위를 감소시키기 위해 사용되는 경우를 제외하고는 전기 발생적이다. 결과적으로 생긴 막전위차는 Cl^-이나 말산(malate)과 같은 음이온을 세포질보다는 적게 음전하를 지닌 액포내로 운반하는 데 사용된다. 또한 전기 화학적 양성자 기울기는 역수송 운반체를 통해서 K^+이나 Ca^{2+}과 같은 양이온을 액포내로 운반하는 데 사용되기도 한다. 이 두 가지의 수송은 모두 공변 세포에서의 기공의 개폐(8장)를 유도하는 팽압의 변화와 경성 반응(19장)을 조절하는 특이한 운동 세포(motor cell)에 중요한 기여를 한다.

아쿠아포린

이미 1장에서 강조하였듯이 물은 그 자신의 용해도 특성에 의해 예상되는 것보다도 더 빠르게 생체막을 통과한다. 물은 극성을 띤 분자이기에 지질과는 잘 섞이지 않지만 대부분의 막을 자유롭게 통과한다.

막에서의 물의 자유로운 이동은 전통적으로 단순확산 때문이라고 생각해 왔다. 그러나 지난 수십 년간 광범위하게 연구한 결과로 식물과 동물막에서 물의 높은 전도성이 알려져 통로에 의한 물의 수송이 일반적으로 받아들여졌다. 최근에는 분자생물학적인 방법을 이용하여 물 선택성을 지닌 통로로 보이는 내재 막단백질이 분리되어서 이들을 이제는 아쿠아포린(aquaporin)이라고 한다(Chrispeels and Maurel, 1994)

아쿠아포린은 막 사이의 물의 확산을 촉진시키는 통로 형성 단백질로 펌프가 아닌 점을 기억해야 한다. 물의 이동을 유도하는 힘은 2장에서 다루었듯이 수분 퍼텐셜의 차이이다.

아쿠아포린은 애기장대(*Arabidopsis thaliana*)의 세포막과 액포막에서뿐만 아니라 여러 포유류의 막에서도 찾아졌다. 아쿠아포린 중에서 γ−TIP는 액포막에 존재하며 RD28은 세포막에 존재하는 것으로 보인다.

액포막의 아쿠아포린(aquaporin)인 γ−TIP를 암호화하는 유전자가 세포 신장시에 가장 많이 발현된다는 사실은 관심을 끈다. 반면에 RD28은 건조 상태에서 유도된다. 따라서 두 가지 아쿠아포린은 모두 세포의 생장이나 수분 스트레스를 피하기 위해서 물의 요구가 높고 또한 세포내의 수압에 의한 물의 전도성이 높을 때 생산되는 것처럼 보인다. 아쿠아포린이 어떻게 물에 대해 높은 선택성을 지니게 되는지는 아직 모르며 이들이 어떻게 세포내 또는 세포간의 물 이동을 조절하는지는 앞으로의 중요한 연구 과제가 될 것이다.

뿌리에 의한 이온의 흡수

뿌리에 의한 이온의 흡수는 비록 본질적으로는 세포 수준의 문제이지만 조직 단계에서의 뿌리의 구성이 완전히 무시되어서는 안 된다. 뿌리(그리고 다른 식물의 기관들)의 구성과 구조는 이것 없이는 무기염이 전혀 세포내로 들어갈 수 없다는 것이다.

확산과 외관상의 자유 공간

대부분의 양분 흡수 실험은 절단된 보리의 뿌리나 감자, 당근 또는 무의 저장 조직의 절편 등 손상되지 않은 생체 조직을 사용하여 수행되었다. 조직 절편은 보통 빠른 이온의 축적이 일어나려면 노화(aging) 기간이 필요하다. 이 기간 동안 여러 가지의 대사 변화가 일어나므로 노화와 영양소 흡수 사이에 어떤 상관 관계가 있는지는 분명치 않다. Hoagland와 Broyer(1936)에 의해서 개발되어서 Epstein(1961)에 의해 보완된 기술을 이용하여 이온 흡수의 연구에 가장 흔히 사용되는 기관은 절단된 뿌리이다. 보통 보리와 같은 초본 유식물을 영양소가 고갈된 조건(그림 5-5)에서 배양하여 뿌리를 생성시킨다. 이렇게 배양된 이른바 '저염(low-salt)' 뿌리를 절단하여서 신속하게 다른 실험 용액 사이를 옮기기가 용이하도록 한냉사(cheesecloth)로 만든 홍차봉지(teebag) 모양의 것에 넣는다. 이 기법을 이용하면 1분내의 짧은 기간에 상당한 양의 무기 원소가 흡수되는 것을 볼 수 있다.

뿌리에 의한 Ca^{2+}과 같은 양이온 흡수의 전형적인 유형이 속도론적(kinetic) 도표로 〈그림 5-6〉에 나타나 있다. 보통 초기의 몇 분 동안에 Ca^{2+}의 흡수는 매우 빠르게 일어나는 점을 유의하라. 그 후에 시간이 지남에 따라 느린 속도로 일정하게 축적이 일어난다. 만일 어떤 지점에서 뿌리를 Ca^{2+}이 없는 다량의 용액 속으로 옮기면 Ca^{2+}은 점선으로 표시된 것처럼 뿌리로부터 주변의 액으로 유출된다. 증류수에 담그면 유실되는 이온의 양은 보통 초기에 급속히 흡수된 양보다 적다. 그러나 뿌리를 증류수에서 Mg^{2+}과 같이 다른 양이온이 들어 있는 용액으로 옮기면 추가적으로 더 많은 양의 Ca^{2+}이 뿌리로부터 이탈된다. 만일 주변 액의 양이 충분히 많으면 조직으로부터 이탈된 총 Ca^{2+}의 양은 초기에 급속히 흡수된 양과 동일하게 된다.

Ca^{2+}의 흡수와 방출의 동역학은 다음과 같이 해석될 수 있다. 뿌리 조직의 부피의 일부가 세포막 또는 다른 확산 장벽에 의해 주변으로부터 분리되어 있지 않다고 가정하자. 따라서 외관상 자유 공간(apparent free space,

AFS)이라고 하는 이 용적은 단순 확산에 의해 접근이 가능하다. 뿌리 조직을 칼슘 용액에 담그면 AFS 속의 Ca^{2+}의 농도가 담근 용액 속의 Ca^{2+}의 농도와 평형을 이룰 때까지 Ca^{2+}은 AFS로 급속히 확산될 것이다. 그 후에 Ca^{2+}은 천천히 일정하게 세포막을 건너서 수송이 일어나 조직내로 축적된다. 뿌리를 증류수로 옮기면 자유 공간에 있던 양이온들은 다시 주변 액으로 평형 상태를 이룰 때까지 흘러나오게 된다. 세포막을 지나 세포내로 유입된 이온들은 그대로 남아 있게 된다.

뿌리를 Mg^{2+}이 있는 용액으로 옮기면 추가적으로 칼슘이 유실되는데 이는 조직이 일종의 양이온 교환체로 작용한다는 것을 보여주는 증거이다. 다시 말하자면 주로 세포벽의 공간이며 음전하를 띠고 있는 AFS는 마치 토양 콜로이드처럼 전기적 인력에 의하여 양이온을 끌어당긴다. 이렇게 흡수된 이온은 조직으로부터 자유로이 증류수로 유출될 수 없고 위의 예처럼 마그네슘과 같은 양이온과 교환될 수 있다. 따라서 AFS는 자유 확산에 의해 들어갈 수 있는 뿌리 조직의 부위를 말하며 내부 공간의 전하적인 힘에 의해 속박된 이온들을 포함한다.

〈그림 5-5〉 이온 흡수에 대한 연구를 위하여 저염 상태에서 보리의 뿌리를 배양하는 모습

AFS로 충당되는 뿌리의 용적을 측정하기 위하여 다양한 기술들이 개발되었다. 원리상 Epstein(1972)이 보여준 예와 같은데, 무게가 1g인 뿌리를 ml당 20μmole의 K_2SO_4가 들어 있는 용액에 담근다. 그런 다음에 뿌리를 용액으로부터 빼어내어서 외부에 묻은 용액을 닦아내고 다량의 증류수에 옮긴다. 만약 총 4.5μmole의 황산염이 뿌리로부터 방출되었다고 하면 AFS의 황산염이 외부 용액과 평형을 이루고 있다고 가정할 수 있기에 조직 속에서 황산염이 차지하는 부피는 4.5μmole/20μmole ml^{-1}=0.22ml이 될 것이다. 따라서 자유롭게 확산이 가능한 뿌리 조직의 부피는 0.22ml이며 1 g의 뿌리 조직이 차지하는 부피가 대략 1ml이라고 가정하면 확산에 의해 자유로이 접근이 가능한 조직 부분은 약 22%이다. AFS의 부피에 대한 추정치는 종과 뿌리를 생육한 조건, 측정시에 표면에 묻은 것에 대한 보정 등의 여러 가지에 의해 변하기도 한다. 그래도 대부분의 AFS에 대한 측정값은 10에서 25% 내외이다.

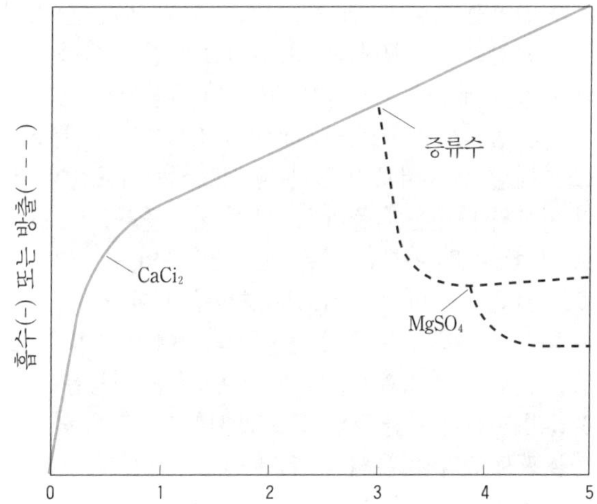

〈그림 5-6〉 시간에 따른 뿌리로의 Ca^{2+} 유입을 보여주는 전형적인 그래프

저염 상태에서 배양한 뿌리를 염화칼슘 용액에 담그면 칼슘 이온이 초기에는 빠르게 흡수되다가 곧 느리고 일정한 속도로 축적된다. 뿌리를 다시 다량의 증류수로 옮기면 칼슘의 일부가 뿌리 바깥으로 확산되어 나온다. 다시 마그네슘 용액으로 옮기면 추가적인 칼슘 이온이 배양액 속으로 방출된다. 방출되는 총 칼슘의 양은 확산에 의해 초기에 빠르게 유입된 양과 같다.

뿌리에서 정확히 무엇이 AFS를 구성하는 걸까? 이 질문에 대한 답은 확실히 세포벽과 표피와 피층 세포간의 공간(아포플라스트 공간, apoplastic space)이 될 것이다. 다시 말하자면 AFS는 세포막을 지나지 않고 들어갈 수 있는 뿌리의 용적이 될 것이다. 즉 단순 확산에 의해 근접이 가능한 용적이다. 대개의 경우 계산된 AFS의 값과 뿌리 피층의 세포벽의 용적 사이에는 높은 상관 관계가 있다. AFS의 양이온 교환 능력은 세포벽의 펙틴화합물에 존재하는 갈락투론산(galacturonic acid)이 가지고 있는 카르복실기(R · COO^-)에 기인한다.

대부분의 뿌리에서는 내피(endodermis)에서, 세포벽이 횡단면에서 방사형으로 발달되어 있는 **카스파리선**(Casparian band)이라고 하는 두꺼운 층이 있고 AFS는 여기까지만 해당된다(3장의 〈그림 3-12〉를 참조). 카스파리선은 주로 소수성인 긴 꼬리를 지닌 지방산과 알코올의 복잡한 화합물인 **수베린**(suberin)으로 구성되어 있는데 이들이 세포벽 사이에 스며들어서 셀룰로오스성 미세섬유(cellulose microfibril) 사이의 빈 공간을 채운다. 이들은 또한 내피 세포의 세포막에 강하게 결합되어 있다. 이런 카스파리선의 성질로 인하여 이온이나 친수성의 작은 분자들이 내피의 세포의 원형질체를 거치지 않고 중심주로 들어가기는 그 가능성이 희박하다. 따라서 이들은 내피 세포의 막을 통과하게 되고 그 결과로 선택적 조절을 받게 된다.

뿌리를 통한 이온 이동의 방사상 경로

물관에 의해서 무기 이온은 신속하게 식물체에 고루 분배된다. 이온들이 뿌리의 중심주에 위치한 이 도관 조직에 도달하기 위해서는 〈그림 5-7〉에 나타나 있는 뿌리에서의 방사상 경로를 지나야 한다. 이 목적을 위해서 뿌리가 크게 세 가지의 지역으로 나뉘어져 있다는 것을 고려해야 한다. 가장 바깥 지역은 흔히 **뿌리의 바깥층**(rhizodermis)이라고 하는 뿌리의 표피 세포와 피층 세포로 이루어져 있고 가장 안쪽은 우리가 특히 관심을 가지고 논의해야 할 유조직(parenchyma)과 연관되어 있는 관다발 조직으로 되어 있다. 이 두 지역을 분리하는 것이 수베린으로 된 카스파리선이다.

이온의 이동은 자유 공간으로 자유로이 확산이 시작된다. 위에서 언급하였듯이 자유 공간은 내피 바깥쪽의 아포플라스트에 해당되며 카스파리선이 이온이 아포플라스트에서 확산을 통하여 중심주 내로 들어오는 것을 효과적으로 차단한다. 그러므로 이온이 내피를 통과할 수 있는 유일한 경로는 세포막의 운반체나 통로의 매개에 의한 수송이 가능한 심플라스트(symplast)를 통한 것이다. 이 과정은 내피 세포의 바깥쪽 접선 부위나 표피나 피층의 어떤 세포에서도 일어날 수 있다. 이온은 어떤 세포에 의하여 흡수되느냐에는 무관하게 여러 세포를 거쳐서 원형질연락사(plasmodesmata)와 같은 심플라스트의 경로를 통하여 수동적 이동으로 중심주의 물관 부위의 유조직 세포에 도달하게 된다. 이 지점에서 이온들은 물관으로 하적(unloading)된다.

어린 물관요소의 세포들이 아직 자라고 있는 뿌리의 아주 끝 부분을 제외하곤 기능적인 물관부는 아포플라스트에 해당된다. 서로 연결된 물관요소는 세포질이 결여된 물로 채워진 죽은 관으로만 이루어져 있다. 물관부로의 이온의 방출은 심플라스트에서 아포플라스트로의 수송이 필요하다. 한때는 이 수송이 단순한 수동적 확산으로 여겨졌지만 이제는 이온들이 물관부의 유조직에서 능동적으로 내보내어진다는 증거들이 있다. 모순되는 자료도 있긴 하지만 일반적으로 중심주의 아포플라스트 공간 내의 이온 농도가 주변의 피층 세포보다 높다. 이것은 아마도 운반체의 매개 과정에 의하여 이온이 농도의 기울기를 역행하여 축적되는 것을 제시한다. 이 점에서 보면 아마도 카스파리선의 또 다른 중요 기능은 중심주로부터 농도 기울기에 따라서 이온이 확산되어 나가는 것을 방지하기 위한 것일지도 모른다고 가정해 볼 수 있다.

물관으로의 이온의 전달은 농도 기울기에 역행하여 일어날 뿐만 아니라 ATP의 합성의 짝풀림인자(uncoupler)인 CCCP(carbonyl cyanide *m*-chlorophenylhydrazone)과 같은 대사과정 저해제에 의해 영향을 받는다. 물관부로의 이온 이동은 단백질 합성 저해제인 cycloheximide에 의해서도 영향을 받는데 이것은 적어도 뿌리에서 초기의 이온 흡수에는 전혀 영향을 미치지 않는다. 식물 호르몬 중에서 앱시스산(abscisic acid)과 시토키닌(cytokinin)도 유사한 효과를 보인다. 단백질 합성의 저해제와 호르몬들이 내피를 통한 심플라스트 경로의 수송 과정과 혹은 내피로부터 물관부로의 하적 과정 중 어느 것에 영향을 미치는지는 확실치 않다. 그러나 이런 결과로 보아 물관으로의 이온 방출이 적어도 뿌리에서의 이온 흡수와는 다른 과정일 가능성이 높다.

일부 뿌리에서는 이온 흡수의 일부분이 완전히 아포플라스트 경로로 일어나는 가능성을 배제하기는 어렵다. 뿌리 끝으로부터의 거리는 가변적이지만, 센티미터 길이 수준상에서 보다 더 기부 쪽에 있는 내피 세포들에는

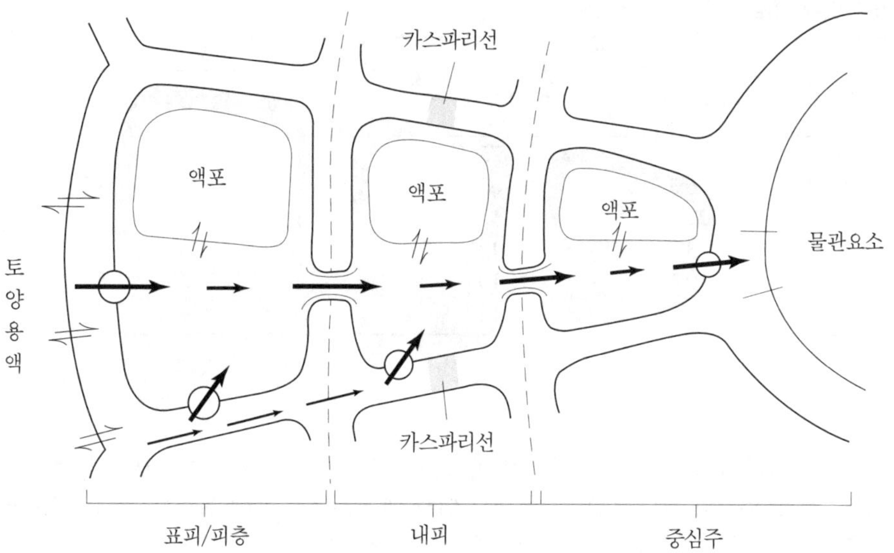

〈그림 5-7〉 뿌리를 통한 이온의 이동을 보여주는 방사상의 경로
화살표는 무기 이온이 토양액으로부터 중심주의 관다발 조직으로 이동할 때 거치게 되는 여러 경로를 표시한다. 원으로 표시된 화살표는 세포막에서의 이온의 능동 수송을 나타낸다.

세포벽 접면 전체에 수베린이 추가적으로 침적되어 있는 특징이 있다. 이것은 아포플라스트 경로상의 추가적인 장벽으로 보인다. 그러나 일부 식물에서는 수베린이 없는 **통과 세포**(passage cell)라고 불리는 소수의 내피 세포가 존재한다. 통과 세포가 중심주로 용질의 이동이 일어나는 중요한 지점일지도 모른다(Clarkson, 1991).

측근 형성시에 피층과 중심주 사이에 아포플라스트의 경로가 형성되기도 한다. Carol Peterson과 동료들은 옥수수의 줄기와 잠두(*Vicia faba*)의 유식물에서 일련의 실험을 통하여 보통은 아포플라스트의 경로를 통해서만 이동되는 형광 염료(dye)의 관다발 조직으로의 흡수를 추적하였는데 염료가 유입되는 지점은 최근에 발생되어 나온 2차근으로 밝혀졌다. 이러한 측근들은 내피의 바로 안쪽 층에 위치한 **내초**(pericycle)에서 파생되어 나온다. 내피를 통과하여서 출현되는 뿌리원기(root primordia)는 카스파리선의 연속성을 파괴하여서 적어도 일시적으로는 염료가 관다발 조직내로 유입되는 데 필요한 아포플라스트 경로를 형성한다. 옥수수 뿌리의 어떤 지역에서 칼슘의 흡수가 증가되는 이유가 통과 세포나 2차근을 통하여 생긴 연속적인 아포플라스트 경로 때문이라는 보고도 있다. 이것은 또한 식물이 내부의 어느 곳에서나 필수적이거나 축적하지도 않는 것으로 알려진 원소를 포함하여 사실상 거의 모든 원소를 함유하는 것으로 보이는 사실에 대한 설명이 될 수도 있다.

끝으로 이온의 흡수가 뿌리의 전지역에서 균일하게 일어나지 않는 점에 유의해야 한다. 〈표 5-3〉에 나타나 있는 것처럼 칼슘의 흡수는 정단 부위의 3cm 정도에서 가장 많이 되는 것에 반해 칼륨은 정단에서 15cm 부위까지 거의 균일하게 흡수된다. 게다가 뿌리 끝에서 흡수되는 대부분(흡수되는 칼슘의 2/3와 칼륨의 3/4)은 뿌리에 남아 있게 된다. 뿌리의 정단 부위에서 많이 떨어질수록 줄기로 이동되는 이온의 비가 증가한다. 뿌리 끝에서 더 많이 떨어져 있는 부위(정단으로부터 12～15cm)에서 흡수된 칼슘 이온은 줄기 쪽으로는 이동하지만 뿌리의 정단 부위로는 이동되지 않는다. 비록 여러 실험실에 의해 상당한 진보가 이루어졌지만 뿌리를 통하여 물관부로 가게 되는 이온의 수송은 앞으로도 복잡하지만 도전해 볼 만한 연구 분야이다.

뿌리와 미생물과의 상호 작용

살아 있는 뿌리의 영향은 바로 주변의 뿌리 표면을 훨씬 넘어서 근권(rhizosphere)이라고 정의되는 토양의 영역에까지 미친다. 이 영향의 결과로 나타나는 주요 현상의 하나로 뿌리와 박테리아나 균류 등의 토양 미생물 간의 발달되는 여러 연관 관계를 들 수 있다.

〈표 5-3〉 옥수수 뿌리의 위치에 따른 칼륨과 칼슘 이온의 흡수와 전류

				전류된 %	
적용된 구역[1]	이온	총 흡수량[2]	보유 %	뿌리 끝	줄기
0−3	K^+	15.3	75	−	25
	Ca^{2+}	6.3	63	−	37
6−9	K^+	22.7	17	19	64
	Ca^{2+}	3.8	42	−	58
12−15	K^+	19.5	10	10	80
	Ca^{2+}	2.8	14	−	86

1. 뿌리 끝으로 부터의 거리(cm)
2. 흡수는 24시간당 μ당량

뿌리와 미생물 간의 연관 관계는 때에 따라서 아주 복잡하여 미생물이 숙주인 식물의 뿌리내로 침투하거나 미생물이 토양 속에 남아 독립 생활을 하기도 한다. 어느 경우에든 연관 관계는 식물체에 득이 되거나 또는 병이나 상해를 입히기도 한다. 뿌리와 미생물 간의 연관 관계는 오랜 기간 동안 미생물학자에게는 관심거리였지만 최근에 들어서야 질소 고정 박테리아 외의 분야에서도 식물생리학자의 관심을 끌게 되었는데 그 주된 이유는 이러한 미생물들이 식물의 무기 영양에 중요한 역할을 하는 사실을 깨달았기 때문이다.

박테리아

식물 뿌리는 일반적으로 자라고 있는 식물의 근계를 통해서 에너지가 풍부한 다량의 영양소를 제공함으로써 커다란 박테리아 군집이 살아갈 수 있게 한다. 근권에는 이 같은 유리한 조건 때문에 주변의 토양에 비해 50% 정도나 많은 박테리아가 살고 있다. 뿌리에 의해 제공되는 영양소는 주로 아미노산이나 수용성의 아미드(amide), 환원당 또는 다른 분자량이 작은 화합물 등으로 구성되어 있다. 이러한 화합물들은 비대사적인 과정에 의해 세포로부터 흘러나오거나 능동적으로 아포플라스트 공간으로 내보내어져서 근권으로 확산되기도 한다.

생장하는 뿌리 끝 부분 세포의 골지체에서 분비되는 다당류의 일종인 점액물이 뿌리 분비물에 많이 존재한다. 이 점액물질은 2차벽이 아직 형성되지 않은 뿌리골무(root cap) 세포나 어린 표피 세포 또는 뿌리털 등에서만 분비된다. 2차벽의 형성으로 인하여 점액 물질이 뿌리 기부로 분비되는 것이 제한을 받는 것 같다.

보통 토양에서 이 점액 물질층으로 빠르게 토양 박테리아가 유입되면서 박테리아 협막의 점액 다당류 등의 대사물로서 이용된다. 더욱이 점액층은 또한 토양으로부터 콜로이드 상태의 무기 이온과 유기물을 끌어당긴다. 이렇게 생성된 뿌리의 분비물, 죽어 있거나 살아 있는 박테리아, 그리고 토양의 콜로이드 입자의 혼합물을 흔히 뮤시겔(mucigel)이라고 한다.

박테리아가 어느 정도로 식물의 영양에 영향을 미칠까? 박테리아가 식물의 질소 대사와 밀접하게 연관되어 있는 것은 의심할 여지가 없다. 19세기 후반부터 알려진 공생적이거나 독립적인 것에 상관없이 질소 고정 박테리아는 모두 식물체에 있어서 일차적인 질소원이다. 게다가 다른 토양 박테리아는 암모니아 형태의 질소를 식물체가 흡수 가능한 질산염의 형태로 바꾸어 준다. 질소 영양에 대한 이러한 박테리아의 역할은 다음 장에서 더 자세히 다루게 될 것이다.

앞 장에서 인(phosphorus)이 대부분의 토양에서 잘 녹지 않아 자연 생태계에서 종종 제한적인 영양소가 되는 점을 지적하였다. 토양 박테리아가 인을 물에 녹을 수 있는 형태로 전환하여 이용될 수 있도록 한다는 증거들이 있다. 그러나 이것이 식물에서의 인의 주요 공급원이라 하기에는 아래 부분에서 설명하게 될 특히 식물과 곰팡이 간의 광범위한 연관 관계로 미루어볼 때 어려울 것 같다. 그렇지만 박테리아는 단지 무기 영양소가 잘 이용되게 할 수 있을 뿐만 아니라 영양소의 흡수도 증진시킬 수 있다. 그 방법의 하나가 뿌리의 생장과 외형에 영향

을 미치는 것이다. 더 두드러진 예로 단백질성(proteoid)의 뿌리를 형성케 하는 것이다. 이런 형태의 뿌리는 원래는 열대 관목의 일종인 Proteaceae과(사람들이 좋아하는 마카다미아 땅콩을 생산하는 속의 식물인 *Macadamea*가 여기에 속함)의 식물에서 발견된 것으로 측근이 한 곳에 국한되어 엄청나게 형성되어 있는 현상을 일컫는 것으로 이제는 다른 과의 여러 식물에서도 발견되었다. 이들의 유도는 뮤시겔에서 박테리아가 한 곳으로 몰려 있기 때문에 일어나는 것으로 알려져 있다. 더 많은 양의 측근으로 인하여 인과 같이 이동이 잘 안 되는 양분이 토양에서 더 광범위하게 채굴되어 이용될 수가 있게 된다. 게다가 단백질성의 뿌리는 일반적으로 토양의 표면 근처에 존재하므로 거름으로부터 빠져 나온 양분을 이용할 수가 있다. 이러한 뿌리가 어떻게 유도되는지는 알려져 있지 않지만 박테리아에 의한 IAA(옥신)의 생산 때문일 수도 있다.

균근

식물과 미생물과의 관계에 있어서 아마도 가장 광범위하고 그리고 영양학적 측면에서 가장 중요한 것은 뿌리와 여러 가지의 다양한 토양 곰팡이 사이에 형성되는 관계일 것이다. 곰팡이에 감염된 뿌리를 균근(mycorrhiza)이라고 한다. 균근은 밀접한 연관 관계에 의해 참여자 쌍방이 모두 득을 보게 되는 상리 공생의 한 보기이다. 인간에게 경제적으로 중요한 거의 모든 식물 종을 포함하여 80% 이상의 연구된 식물에서 균근이 형성되는 사실로 보아 그 중요성을 알 수 있다.

외생균근(ectomycorrhizae)과 **내생균근**(endomycorrhizae)의 두 가지 형태의 균근이 알려져 있다(그림 5-8). 외생균근은 주로 온대 지역의 관목인 소나무과(Pinaceae)나 너도밤나무과(Fagaceae) 등의 몇 과에서만 나타난다. 외생균근은 전형적으로 짧고 가지가 많이 난 형태이며 빽빽하게 서로 얽혀 있는 균사의 층으로 싸여 있다(그림 5-8(A), (B)). 곰팡이는 뿌리 피층 세포 사이의 공간인 아포플라스트 지역으로도 퍼져 **하티히 망**(Hartig net)이라고 하는 연결망을 형성하기도 한다(그림 5-8(C)). 내생균근은 소나무과를 제외한 겉씨식물과 거의 대부분의 속씨식물에서 나타난다. 외생균근과는 달리 내생균근의 균사는 숙주의 뿌리의 피층 세포내로 광범위하게 발달된다(그림 5-8(D)). 현재까지 대부분의 식생지에서 가장 흔히 나타나는 내생균근은 소포성의 균사 가지체(vesicular-arbuscular mycorrhiza, VAM)를 이루고 있다. VAM의 균사는 뿌리의 피층 세포들 내에서 자라 고도로 가지를 치고 있는 나무와 같은 모양의 **균사 가지체**(arbuscle, 난장이 나무라는 뜻)라고 부르는 구조를 형성한다(그림 5-8(E)). 균사 가지체(arbuscle)의 가지는 숙주 세포의 세포막으로 싸여 있기 때문에 균사가 원형질체 내로 들어가지는 못하고 세포벽 사이로만 퍼져 있다. 이로 인해 균사와 세포 간의 접촉 면적은 두세 배로 증가하게 된다. 동시에 숙주 세포에도 영향을 미쳐 세포질의 부피가 20～25% 증가되게 한다. 때로는 VAM이 숙주 세포 내에서 혹은 이들 사이에 타원형의 소포를 형성하기도 한다. 이들 소포와 균사 가지체의 존재로 인해 숙주 식물과 침입한 곰팡이 사이에 영양소 교환을 할 수 있게 되는 접촉 면적이 넓어지게 된다. 비록 VAM이 뿌리 주변에 정확히 한정된 덮개와 같은 층을 형성하지는 않지만 이들의 균사는 주변 토양으로 생장하여 외생균근에서처럼 효과적으로 근권에 퍼지게 된다.

균근의 생리학적 역할은 무엇일까? 원래 독일의 식물학자 Frank에 의해 19세기에 발견되었을 때 그는 너도밤나무의 유식물을 사용하여 행한 일련의 실험 결과를 토대로 균근의 유도는 유식물의 생장에 이롭다고 결론지었다. 처음에는 보편 타당하게 받아들여지지 않았지만 이 결과는 현대의 많은 실험 결과로 충분히 확인되었다. 미국과 호주 그리고 구소련에서 소나무나 다른 목본의 유식물을 사용하여 수행된 수많은 실험의 결과로 균근에 의해 감염된 식물의 경우 대조구에 비해 건량이 30～150% 정도 증가되는 것이 밝혀졌다. 옥수수와 같은 작물에서도 유사한 결과를 얻게 되었다(그림 5-9). 예를 들어 한 실험에서 VAM으로 감염된 *Lavendula* 식물의 건량이 8.5배 증가하였다(Azecon et al., 1976).

균근에 의한 생장의 촉진은 일차적으로 영양소 특히 인의 흡수가 촉진되기 때문인 것으로 보인다. Hatch는 1937년에 행한 고전적 실험을 통하여 균근에 감염된 소나무의 유식물에서 질소, 칼륨과 인의 흡수가 2 내지 3배 정도 증가하는 것을 보여주었다(Jackson and Mason, 1984). 영양소 흡수의 증진과 더불어 균근에 의해 촉진

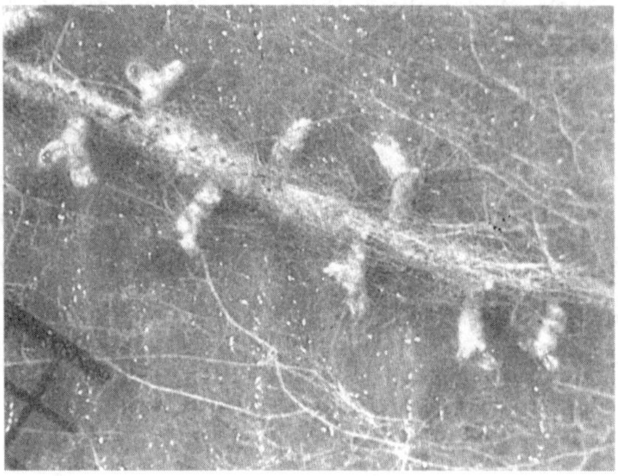

(A)

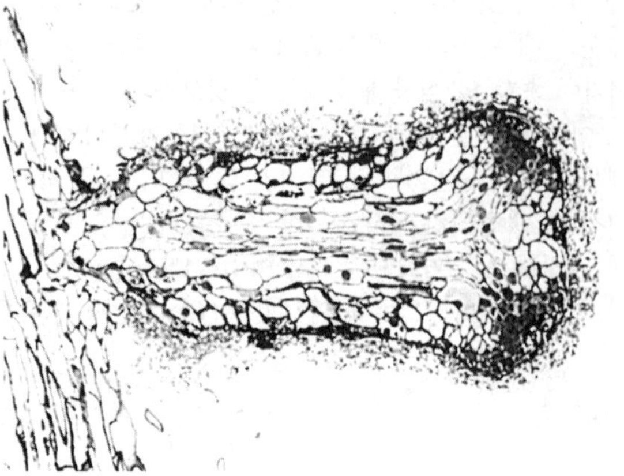

(B)

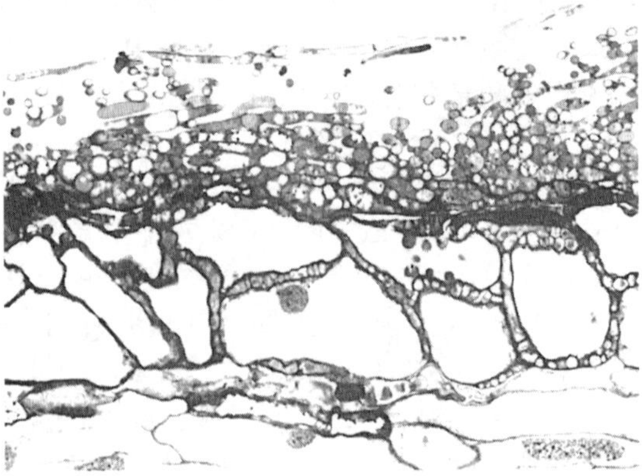

(C)

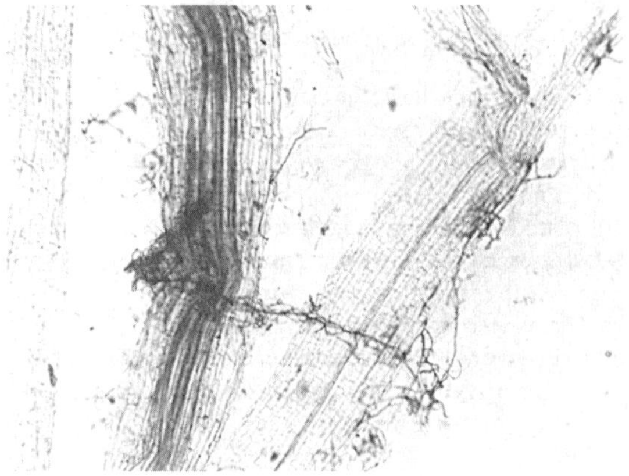

(D)

〈그림 5-8〉 균근

(A) 적송(*Pinus resinosa*)의 짧은 외생균근. (B) 외피(mantle)가 나타나 있는 적송의 외생균근의 종단면. (C) (B)를 확대한 사진. 뿌리 피층 세포 사이의 아포플라스트에서 하타히 망(Hartig net)이 곰팡이 균사의 단면으로서 보이고 있다. (D) 영국의 요크셔(Yorkshire) 지방의 초원에서 채취한 흰 클로버(*Trifolim repens*)의 내생균근. 중간에 위치한 뿌리의 진하게 보이는 부분이 균근이 밀집한 부위이다. 균사가 확장되면서 토양층을 통과하여 이웃하는 뿌리로 연결되어 있는 것을 유의하라. (E) 균사 가지체(arbuscule)를 보여주고 있는 고배율로 확대된 옥수수의 내생균근.

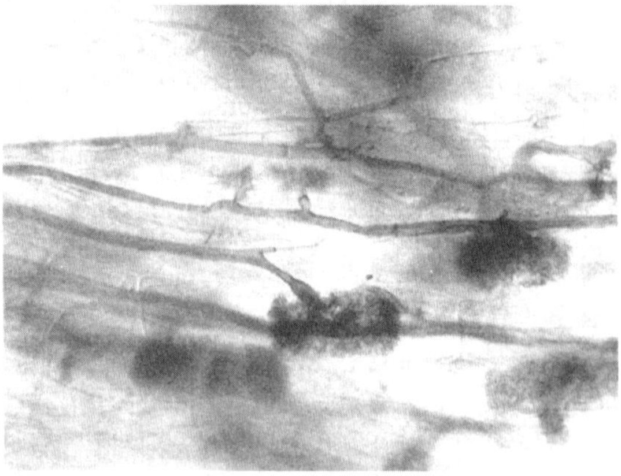

(E)

되는 생장 반응은 영양소가 부족한 토양에서 더욱 두드러지는 것도 관찰되었다. 예를 들어 식물이 쉽게 이용할 수 있는 인을 제공함으로서 VAM의 감염이 차단될 수 있다. 인산 비료를 충분히 공급하면 균근에 의해 감염되지 않은 식물도 똑같이 잘 자라게 된다.

특히 인의 흡수에 있어서 균근의 이로운 역할은 뿌리를 둘러싸고 있는 영양소 고갈 지역(nutrient depletion zone)과 관련이 있는 것으로 보인다(그림 5-10). 이 지역은 뿌리가 쉽게 영양소를 취득할 수 있는 토양 부분을

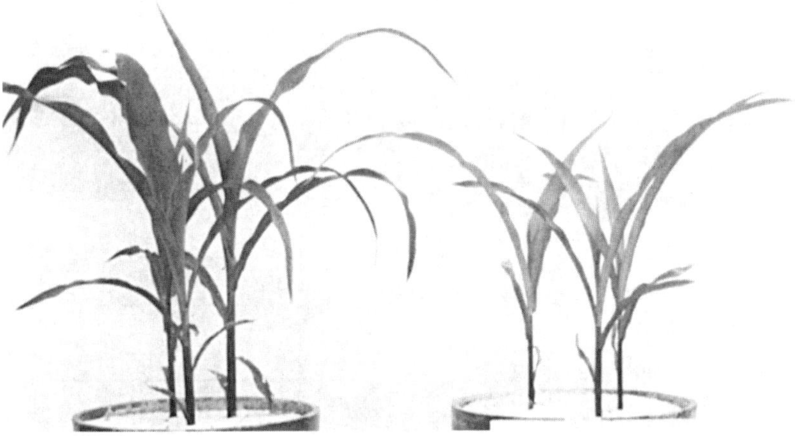

〈그림 5-9〉 균근이 형성되어 자란 옥수수(왼쪽)와 균근의 생성 없이 자란 옥수수(오른쪽)

뜻한다. 추가적인 영양소의 이용은 뿌리가 토양의 새로운 지역으로 자라나가거나 주변 토양에서 이 지역으로 영양소가 확산되어 올 때만 가능하다. 이 지역의 범위는 무기 원소의 종류에 따라 토양액 속에서 이들의 용해도와 이동성에 의존하여 서로 다르다. 예를 들어 질소의 고갈 지역은 질산염이 물에 잘 녹고 쉽게 이동되므로 뿌리로부터 어느 정도 떨어진 지역까지로 확장되어 있다. 반면에 인의 고갈 지역은 인이 상대적으로 물에 잘 녹지 않고 이동성이 적기 때문에 좁다. 균근을 형성하는 곰팡이는 균사를 인의 소모 지역 바깥으로까지 확산시켜 인의 흡수를 돕게 된다(그림 5-10). 균근을 형성하는 식물은 분명히 그들 자신의 근계를 광범위하게 생장시키는 것보다는 균근의 생장을 돕는 데 자신의 탄소원을 소비하는 게 낫다고 여긴다.

우리가 균근에 대해 더 많이 알게 될수록 이들의 영양소 흡수에 있어서의 역할은 더욱 자명해진다. 대부분의 균근은 숙주 특이성을 가져 특정 숙주에만 감염된다. 새로운 식물의 종을 새로운 환경에 퍼뜨리는 시도는 적당한 균근 곰팡이가 없이는 성공적이지 못하다. 임업과 농업에서 토양의 척박함을 해결하려고 할 때 땅에 균근 곰팡이를 유포하는 것은 이미 추가적으로 감안해야 할 요인이다.

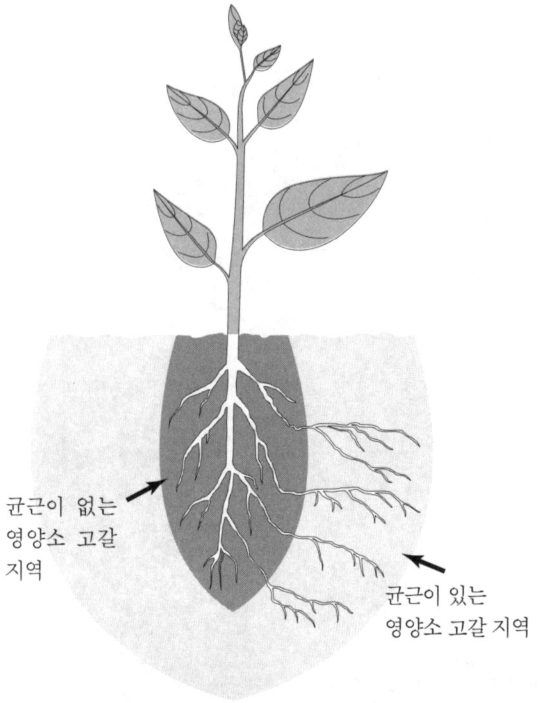

〈그림 5-10〉 균근균이 감염된 뿌리들이 영양소 고갈 지역에 뻗어 있다.

제 6 장

식물과 질소

건량을 기준으로 해서 볼 때, 질소는 식물체 내에서 네번째로 많은 영양 원소이다. 질소는 단백질, 핵산, 호르몬, 엽록소와 다른 다양하고 중요한 식물의 1차 · 2차 구성 성분의 필수 요소이다. 대부분의 식물들은 필요한 질소를 주로 질산염(NO_3^-)이나 암모니아(NH_4^+)의 형태로 토양으로부터 얻는다. 그러나 토양으로부터 오는 질소의 공급은 한계가 있으며 식물은 이용 가능한 질소에 대해 다양한 토양 미생물과 경쟁을 해야만 한다. 결과적으로, 자연 생태계와 농업 생태계에서 질소는 종종 식물에게 제한 영양소가 된다.

대기의 부피 중 78 %를 차지하는 것은 무취, 무색의 기체인 이질소 분자(N_2, 또는 dinitrogen)이다. 그러나 그 양이 많음에도 불구하고, 고등 식물은 질소 분자를 생물학적으로 유용한 형태로 전환시키지 못한다. 질소 분자내의 두 개의 질소 원자는 예외적으로 안정된 결합($N \equiv N$)을 이루고 있으며, 식물에는 이 결합을 끊을 수 있는 효소가 없다. 일부 원핵 생물 종만이 중요한 반응을 수행할 수 있다. 이러한 상황 때문에 식물에게 있어서 질소의 흡수와 동화는 독특한 문제가 되며, 식물은 대기의 질소 분자를 유용한 형태로 전환시키기 위해 원핵 생물에게 의존해야만 한다. 이 장의 주제는 이 문제의 본질과 그에 대한 해결책이다.

이 장에서 토의할 중요한 주제는 다음과 같다.

- 질소 순환에 대한 재고 : 지구의 세 가지 주요 질소 풀 간에서의 질소의 흐름
- 생물학적인 질소 고정 체계에 대한 생물학과 생화학
- 식물에 의한 암모니아 질소와 질산염 질소의 동화 경로

질소 순환

전 지구의 질소 공급은 일반적으로 세 가지 주요 풀 — 대기 풀, 토양 (그리고 결합된 토양수) 풀, 생체내에 함유된 질소 — 로 나뉘어진다. 이들 세 가지 풀 사이에서 일어나는 질소 교환의 복잡한 양상을 질소 순환(nitrogen cycle)이라 한다.

질소 순환(그림 6-1)이라는 개념에서 중심이 되는 것은 토양에서 발견되는 질소 풀이다. 토양 풀에서 나온 질소는 원칙적으로 주로 질산염(NO_3^-)의 형태로 식물과 미생물에 의해 흡수되어 생체로 들어간다. 질산염 질소는 일단 동화되면, 아미노산과 단백질 및 다른 거대 분자를 구성하는 질소의 형태로서 유기 질소로 바뀐다. 동물이 식물을 소비할 때 질소는 먹이 사슬의 상위로 이동한다. 질소는 동물의 배설물이나 모든 생물의 죽음과 그 뒤에 이어지는 분해를 거쳐 토양으로 되돌아간다.

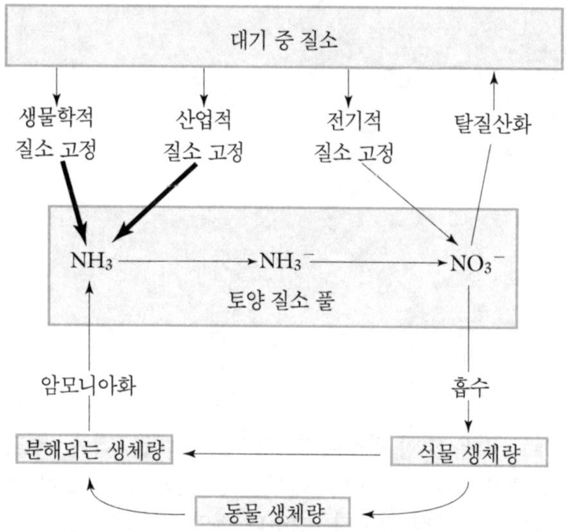

〈그림 6-1〉 세 가지 주요 질소 풀—대기와 토양 및 생물체—사이의 상관 관계를 예시한 질소 순환 회로

암모니아화 반응, 질산화 반응, 탈질산 반응

분해 과정에서, 유기 질소는 다양한 미생물에 의해 암모니아로 바뀐다. 이 과정을 **암모니아화 반응**(ammonification)이라고 한다(그림 6-1). 일부는 휘발되어 대기로 되돌아가기도 하지만, 대부분의 암모니아는 토양 세균에 의해서 질산염으로 재순환된다. 질산염이 형성되는 첫째 단계는 *Nitrosomonas* 또는 *Nitrococcus* 속에 속하는 세균에 의해 암모니아가 아질산염(NO_2^-)으로 산화되는 것이다. 아질산은 *Nitrobacter* 속에 속하는 세균에 의해 더 산화되어 질산염이 된다. 이들 두 집단을 질화세균(nitrifying bacteria)이라고 하며, 이 세균들의 활동 결과를 **질산화 반응**(nitrification)이라 한다. 질화세균은 **화학적 독립 영양 생물**(chemoautotroph)이다. 즉, 암모니아나 아질산염과 같은 무기 물질을 산화시켜서 얻은 에너지는 이산화탄소를 유기 탄소로 전환하는 데 사용된다.

토양으로부터 질산염을 흡수하는 데 있어서, 식물은 *Thiobacillus denitrificans* 등의 **탈질소균**(denitrifier)과 경쟁해야만 한다. **탈질산 반응**(denitrification)에 의해서 이 세균들은 질산염을 질소 분자로 환원시킨 다음 대기로 돌려보낸다. 탈질소 작용에 의해 대기 속으로 잃어버리는 질소의 양을 계산해 보면 연간 9,300만~1억 9,000만 미터톤 정도에 달한다.

질소 고정

탈질산 반응을 통한 토양 풀로부터의 질소 손실은 주로 대기의 질소 분자가 결합된 형태 또는 고정된(fixed) 형태로 전환되어 토양 풀에 첨가됨으로써 상쇄된다. 이질소 분자가 암모니아로 환원되는 과정을 **질소 고정**(nitrogen fixation)[1)]이라 한다. 전 지구에서 고정되는 이질소 분자의 양이 얼마나 되는지를 정확하게 측정하기는 어렵다. 연간 2억~2억 5,000만 미터톤 정도가 제시되었다(Sprent and Sprent, 1990; Vitousek et al., 1997).

연간 고정되는 이질소 분자 중 약 10%는 대기에서 산화되는 질소이다. 번개와 자외선은 각각 이질소 분자를 질소산화물(NO, N_2O)로 전환시키는 데 충분한 에너지를 제공한다. 대기 중 질소 산화물(NO_x)들의 다른 공급원은 산업 현장의 연소, 산불, 자동차 배기 가스와 전력을 생산하는 발전소들이다. 대기 중의 질소 산화물들이 생성되는 화학적 과정은 복잡하여 잘 알려져 있지 않지만 NO나 N_2O는 모두 HNO_3(질산, nitric acid)로 빠르게 산화된다. 질산은 그 뒤 빗방울에 섞여 지구로 내리거나 대기 중에 있는 입자에 흡수되어 '건조한 침전물'의 형태로 내려앉는다.

고정된 전체 이질소 분자의 30%인 8,000만 미터톤은 산업적 질소 고정으로 만들어진다. Haber-Bosch 과정이라고 하는 산업적 과정은 300~400°C의 고온과 35~100 MPa의 고압에서 이질소 분자를 수소와 결합시킨다. 산업적 질소 고정은 수소 공급원(천연 가스)과 필요한 온도와 압력에 도달하는 데 드는 에너지를 화석 연료로부터 얻기 때문에 비용이 많이 드는 과정이다. 대부분 산업적으로 고정된 질소는 농업 비료로 사용되며 농장에서 쓰일 질소 1kg을 생산하여 공급하는 데 1.5kg 정도의 연료가 필요하다(Nutman, 1976).

---

1) 일반적으로 이 과정을 간단하게 **질소 고정**(nitrogen fixation)이라고 말하지만, 특별히 분자 상태의 질소 -N_2 또는 **이질소 분자**(dinitrogen)가 관련됨을 반영하기 위해서 **이질소 고정**(dinitrogen fixation)이라는 용어가 최근 문헌에 도입되었다.

지구 전체에서 연간 고정되는 질소량의 약 60% 또는 1억 5,000만~1억 9,000만 미터톤이 살아 있는 생물체가 이질소 분자를 암모니아로 환원하여 이루어진다. 이 과정을 **생물학적 질소 고정**(biological nitrogen fixation)이라 한다. 고대 그리스와 로마의 농경 시대에서부터 콩과식물을 경작함으로써 생물학적 질소 고정의 장점을 이용하였다. 그러나, 질소 고정에서 미생물의 역할은 Hellriegel과 Wilfarth에 의해 1888년에 비로소 밝혀졌다(Evans and Burris, 1992). 산업적 질소 고정을 하는 데 필요한 화석 연료의 공급이 부족할 때를 예상하여, 현재는 농업에 대한 생물학적 질소 고정의 기여도를 향상시켜야 한다는 관점에서 생물학적 질소 고정을 이해하는 연구에 노력을 집중하고 있다.

생물학적 질소 고정

생물학적 질소 고정은 전적으로 원핵 생물에서만 일어난다.

식물은 막으로 경계지어진 핵의 존재로 구분되는 **진핵**(eukaryotic) 생물이다. 진핵 생물은 적당한 생화학적인 기구를 갖고 있지 않기 때문에 이질소 분자를 고정할 수 없다. 박테리아나 남세균은 **원핵**(prokaryotic) 생물로서, 유전 물질이 막으로 경계지어진 세포 소기관내에 들어 있지 않다. 질소 고정은 원핵 생물의 영역이다. 왜냐하면 원핵 생물만 **이질소화효소**(dinitrogenase)라 부르는 효소 복합체를 가지고 있기 때문이다. 이 효소는 이질소 분자를 암모니아로 환원시키는 반응을 촉매한다. 단순화시켜 생각하면, 이것이 생물학적인 질소 고정을 복잡한 생화학적 · 생리적인 과정이 되도록 만드는 것 같다.

질소를 고정하는 원핵 생물을 **질소 고정자**(nitrogen-fixer)라 부르는데, 독립 생활을 하는 생물체 및 다른 생물체와 공생 관계를 형성하는 생물이 모두 포함된다.

독립 생활을 하는 질소 고정자

독립 생활을 하는 질소 고정 세균은 널리 분포한다. 그들의 서식지는 해수와 담수의 침전물, 토양, 잎과 줄기의 표면과 여러 가지 동물들의 내장 속이다. 몇 종은 산소성(예 : *Asotobacter*, *Beijerinckia*)이지만, 대부분의 종은 무산소 상태에서나 산소 분압이 매우 낮은 상태(**미산소 상태**(microaerobic)라고 알려진 상태)에서만 이질소 분자를 고정한다. 이런 세균들에는 광합성을 하지 않는 속(*Clostridium*, *Bacillus*, *Klebsiella*)과 광합성을 하는 속(*Chromatium*, *Rhodospirillum*)이 모두 포함된다. 박테리아 외에도, 시아노박테리아에 속하는 몇 가지 속(주로 *Anabaena*, *Nostoc*, *Lyngbia*, *Calothrix* 등)도 질소를 고정하는 대표 종이다.

독립 생활을 하는 질소 고정 생물은 널리 분포하지만, 광합성을 하는 종을 제외하면, 대부분 천천히 생장하며, 유기 탄소가 풍부한 서식지에 한정되어 있는 경향이 있다. 이 생물들이 만들어 내는 호흡 에너지 중 많은 부분이 이질소 분자를 고정하는 데 필요하기 때문에, 생장하는 데 사용할 수 있는 에너지의 양은 적다.

공생하는 질소 고정자

잘 알려져 있는 여러 종의 세균들과 콩과식물들 사이에서 일어나는 연합(association)을 포함하여, 공생하는 질소 고정 관계에는 몇 가지 형태가 알려져 있다. 중요한 공생 관계들 중 몇 가지는 〈표 6-1〉에 기록되어 있다. 공생 관계에서, 식물은 **숙주**(host)라고 하고 미생물 짝은 **미생물 공생자**(microsymbiont)라고 한다. 가장 일반적인 형태의 공생 관계는 숙주 식물의 뿌리(가끔씩 줄기)에 **뿌리혹**(nodule)이라 부르는 크게 확장된 다세포 구조를 형성하는 것이다(그림 6-2). 콩과식물[2)]의 경우에, 미생물 공생자는 *Rhizobium*, *Bradyrhizobium* 또는 *Azorhizobium*이라는 세 가지 속 중 하나에 속하는 세균이다. 집합적으로 이런 생물들을 뿌리혹 세균(rhizobia)

〈표 6-1〉 Rhizobia와 콩과식물의 공생에서 특이성을 보여 주는 몇 가지 예

세 균	숙 주
Azorhizobium	*Sesbania*
Bradyrhizobium japonicum	*Glycine* (soybean)
	Medicago (alfalfa),
Rhizobium meliloti	*Melilotus* (sweet clover)
Rhizobium leguminosarum	
biovar viciae	*Lathyrus* (sweet pea),
	Lens (lentile),
	Pisum (garden pea),
biovar trifolii	*Vicia* (vetch, broad bean)
biovar phaseoli	*Trifolium* (clover)
	Phaseolus (bean)
Rhizobium loti	*Lotus* (bird's−foot trefoil)

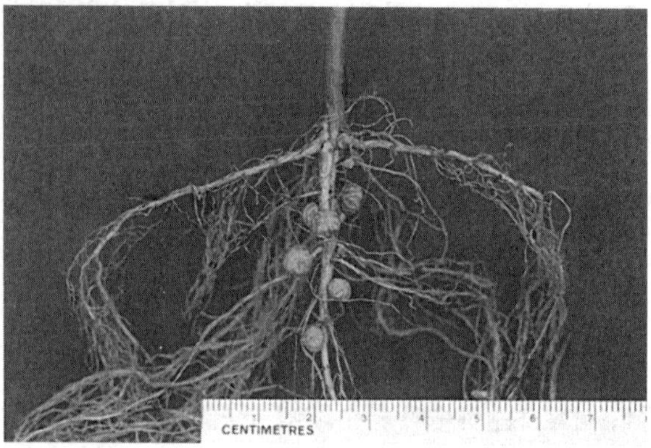

〈그림 6-2〉 콩(*Glycine max*) 뿌리의 질소 고정 뿌리혹

이라고 한다. 신기하게도, 비콩과 속에는 *Parasponia*(느릅나무과, Ulmaceae에 속함)만 뿌리혹 세균 공생자와 더불어 뿌리혹을 형성하는 것으로 알려져 있다.

뿌리혹 세균은 종과 숙주 범위에 따라 biovar(a biological variety, 생물학적 변종)라고 부르는 하위 집단으로 더 세분된다. 대부분의 뿌리혹 세균은 한정된 수의 숙주 식물과 뿌리혹을 형성하지만, 일부 뿌리혹 세균들은 하나의 숙주 종만 감염시키는 높은 특이성을 가진다.

뿌리혹은 오리나무(*Alnus*), 야생정형나무(*Myrica*), 호주 소나무(*Casuarina*), 장미과(Rosaceae)에 속하는 몇 가지 속 및 특정 열대 초본류와 같은 일부 비콩과식물에서도 발견된다. 그러나 이들 비콩과식물의 혹에 있는 미생물 공생자는 방선균(actinomycete)군에 속하는 섬유 모양의 세균(*Frankia*)이다. 뿌리혹 세균과 *Frankia*는 모두 토양 속에서 독립적으로 생활하다가 적당한 숙주 식물과 더불어 공생할 때만 질소 분자를 고정한다.

*Azolla*와 남세균인 *Anabaena* 사이의 관계처럼, 뿌리혹을 형성하지 않는 일부 관계가 연구되어 있다. *Azolla*는 그 잎의 주머니 속에 *Anabaena*를 함유하는 작은 수생 양치류이다. 남동 아시아의 *Azolla*를 논에 퇴비로 사용하거나 벼와 함께 공동 경작하면 녹비(green manure)로써 유용한 것이 입증되었다. 벼 경작 면적의 75% 이상이 물이 차 있는 논으로 되어 있기 때문에 독립 생활을 하는 남세균과 무산소성 세균도 중요한 기여를 할 것이다. 이러한 경작법 때문에 아시아의 벼 재배자들은 화학 비료를 첨가하는 것에 의존하지 않고도 수세기 동안 높은 벼 생산량을 유지해 왔다.

콩과식물의 공생적 질소 고정

콩과식물의 공생적 질소 고정은 숙주 식물과 침투하는 미생물 사이의 복잡한 해부학적 · 형태학적 · 생화학적 상호작용과 연결되어 있다.

공생적 질소 고정자 특히, 콩과식물은 독립 생활을 하는 세균이 제공하는 것보다 훨씬 더 많은 양의 질소를 토양 풀에 제공한다고 일반적으로 알려져 있다. 전형적으로 콩과식물과 뿌리혹 세균이 공생하고 있는 1 ha에서 연간 25~60kg의 질소 분자가 고정되는 반면에 비공생 생물들은 5kg ha^{-1}미만밖에 고정하지 못한다(Sprent

2) 콩과식물(legume)은 전통적으로 콩과에 배정된 이질성 집단이다. 최근에는 이 집단을 자귀나무과(Mimosaceae), 실거리나무과(Caesalpiniaceae), 콩과(Fabaceae)의 세 가지 과(family)로 분리하여 다룬다(S. B. Jones, A. E. Luchsinger, *Plant Systematics*, New York, McGraw-Hill, 1986). 경제적으로 중요하며, 질소 고정을 하는 대부분의 콩은 콩과(Fabaceae)에 속해 있다.

and Sprent, 1990). 17,000 종이 넘는 콩과식물이 있다. 뿌리혹 형성(nodulation)의 여부에 대해서 단지 20% 정도만 조사되었지만 조사된 것 중 90%는 혹을 형성한다. 질소 순환에서 콩과식물 공생의 명백한 중요성을 감안하면 좀 자세히 조사할 가치가 있다.

감염과 뿌리혹의 발달

뿌리에 세균이 감염되기 시작하여 질소를 고정하는 성숙한 뿌리혹을 형성하는 것으로 끝나는 일련의 사건들은 역사적으로 형태학적인 면에서부터 최근에 생화학적/분자 유전학적 면에 이르기까지 콩과식물의 경우에서 활발히 연구되어 왔다. 전체적인 과정에는 세균과 숙주의 뿌리 사이에서 연속적으로 이루어지는 복합적인 상호작용이 포함되어 있다. 사실상, 뿌리혹 세균과 장래에 숙주가 될 식물의 뿌리간에는 두 짝 사이를 오고 가는 화학 메시지의 대화가 형성된다. 주로 *Glycine*, *Trifolium* 및 *Pisum*을 대상으로 행한 연구를 기초로 하여, 9~10개 정도로 구별되는 발달 단계가 밝혀졌다(Sprent and Sprent, 1990). 그러나 토의를 단순하게 하기 위해서, 네 가지 중요한 단계에서 일어나는 사건들에 대해 생각해 볼 것이다.

1. 뿌리혹 세균의 증식, 근권(rhizosphere)에서 콜로니 형성(colonization), 표피와 뿌리털 세포에 부착하기 (attachment).
2. 뿌리털의 특이한 휨과 세균의 침투에 의한 감염사(infection thread)의 형성.
3. 뿌리 피층에서의 뿌리혹의 개시와 발달. 이 단계는 단계 1과 동시에 일어난다.
4. 감염사로부터 세균의 방출과 질소 고정 세포로의 분화(differentiation).

네 가지 중요한 단계는 〈그림 6-3〉에 나타나 있다. 이 절에서는 감염과 뿌리혹 발달의 생리학과 형태학에 대하여 집중적으로 논의할 것이며, 유전학적 내용은 다음 절에서 설명할 것이다.

초기 단계-이주와 뿌리혹 형성의 개시 뿌리혹 세균은 독립 생활을 하며, 부식성 영양 생활을 하는 토양

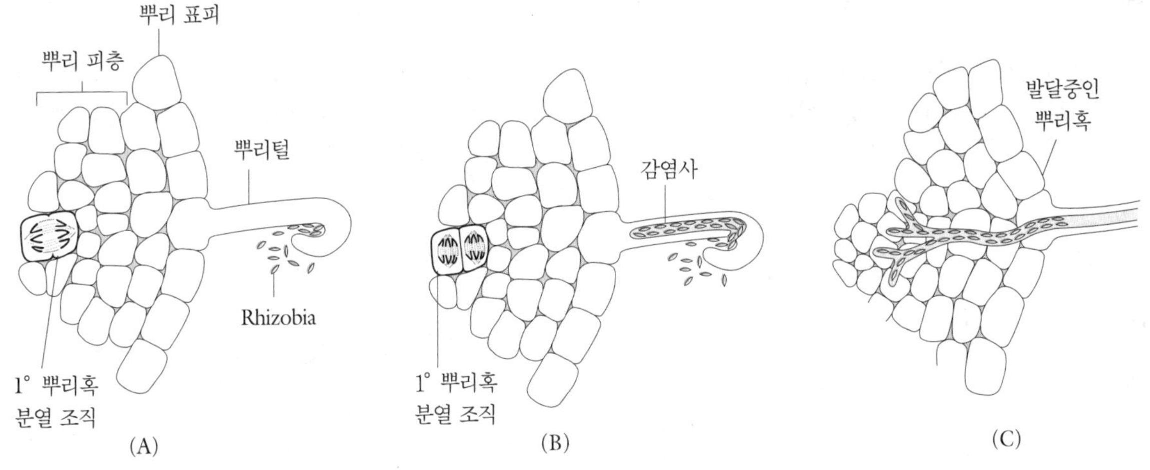

〈그림 6-3〉 뿌리혹을 형성하게 되는 감염 과정에 대한 개략적인 그림
(A) 숙주 식물의 뿌리로부터 방출된 신호 물질에 반응하여 뿌리털 근처에 인접한 토양에서 뿌리혹 세균이 증식한다. 다음으로, 뿌리혹 세균은 뿌리털이 구부러지도록 자극하면서, 동시에 뿌리 피층의 체세포 분열을 촉진하는 신호 물질을 내보낸다. (B) 뿌리혹 세균은 뿌리털의 세포벽을 분해하고 감염사(infection thread)를 형성하여 뿌리로 침입한다. 뿌리혹 세균은 감염사가 뿌리 피층쪽으로 길게 뻗어가는 동안 계속해서 증식한다. (C) 뿌리에 눈으로 볼 수 있는 분명한 혹이 발달할 때까지 감염사가 여러 개의 피층 세포를 뚫고 들어가도록 가지를 뻗는다. 마지막 단계(그림에는 나타나 있지 않다)에서 숙주 세포 쪽으로 뿌리혹 세균이 방출되고 질소 고정 메커니즘이 활성화된다.

세균이다. 토양내에서 그 수는 토양 1g당 0~10개 정도로 적은 것에서부터 많게는 10^7개 정도로 매우 다양하며, 토양의 구조, 수분 함량과 다른 다양한 요인들에 따라 달라진다. 숙주의 뿌리가 있을 때 세균은 증식하여 근권에 정착하게 된다. 뿌리혹 세균이 숙주의 뿌리로 최초로 유인되는 것은 **양성 주화성**(positive chemotaxis) 또는 화학 자극제를 향한 움직임과 관련이 있는 것 같다. 주화성은 일반적으로 미생물에게 있어서 중요한 적응 특성이다. 주화성은 생물체로 하여금 자신의 생장과 생식에 이득이 되거나 필요한 영양분 및 다른 화학 물질들을 찾을 수 있게 한다. 뿌리는 뿌리혹 세균과 토양 미생물들에게 영양소로 쓰이는 다양한 아미노산, 당 및 유기산을 내보낸다. 예를 들면, 완두의 뿌리는 완두의 뿌리 공생자인 *Rhizobium leguminosarum*(biovar *viciae*)을 위해 이들이 선호하는 탄소와 질소의 공급원이 되는 특별한 아미노산인 호모세린(*homoserine*)을 내보낸다. 완두 뿌리의 표면에서 뿌리혹 세균의 수가 크게 증가하는 것은 상당한 양의 호모세린이 방출되는 것과 상호 관계가 있는 것으로 밝혀졌다(Egeraat, 1975).

뿌리혹 세균을 유인하는 데 관련된 또 다른 화학 물질 집단은 **플라보노이드**(flavonoid)이다(그림 6-4). 다른 중요한 여러 가지 식물의 산물들은 물론이고, 잎과 꽃잎에 들어 있는 붉고, 푸른 색소와 자주빛 색소를 포함하는 플라보노이드는 7장에서 더 자세히 설명할 것이다. 이제 뿌리 분비물에서 발견되는 다양한 플라보노이드들의 특성이 밝혀졌다. 이 플라보노이드들 중 대부분이 뿌리혹의 형성을 자극하지만, 이중 일부는 그 과정을 사실상 억제한다(Rolfe, 1988). 그러나 많은 비콩과식물 종의 뿌리 유출물에서도 플라보노이드가 발견된다는 것과 플라보노이드가 주화성 물질로 작용한다는 직접적인 증거가 없다는 것에 주목해야 한다.

일단 뿌리혹 세균이 근권에 정착하면, 뿌리혹 세균은 뿌리혹 형성 인자(nodulation factor) 또는 *nod factor*라고 부르는 형태 발생 신호 분자들을 합성하기 시작한다(Déarié and Cullimore, 1993). Nod factor들은 키틴(chitin)의 유노체들로, 균류의 세포벽과 곤충의 외골격에서 발견되는 N-acetyl-D-glucosamine이 β-1→4-교차 결합된 중합체(polymer)이다. Nod factor들은 분자의 한쪽 끝에 있는 아세틸기(acetyl group) 대신에 한 분자의 지방산이 치환되어 있는 것 외에는 비슷한 구조의 중합체들이다. 따라서 Nod factor들은 *lipochitooligosaccharide*로 간주된다. 뿌리혹 세균에 의해 토양 용액 속으로 분비된 nod factor들은 뿌리털에 뿌리혹 세균이 침투하는 것과 연이어 뿌리혹이 발달할 것에 대한 전조로서 숙주 뿌리의 생장과 물질 대사에 몇 가지 중요한 변화를 유도한다. 이러한 변화(그림 6-3(A))에는 뿌리털의 생산이 증가하고, 짧고 두꺼운 뿌리가 발달하는 것이 포함된다. Nod factor들에 의해 뿌리의 생장을 재개하도록 자극을 받음으로써, 뿌리털은 잔가지를 내고 뿌리 끝이 구부러진다.

실제로 숙주에 침범하기 전에, 뿌리혹 세균은 뿌리의 피층에서 부분적인 세포 분열을 자극하는 세포 분열 촉진 신호(mitogenic signal)도 방출한다. 이러한 세포 분열은 결국 뿌리혹이 발달될 부위에 한정하여 1차 뿌리혹 분열 조직을 형성한다(그림 6-3A). 세포 분열의 두번째 중심은 내초(pericycle)에서 생겨난다. 결국 이들 분열하

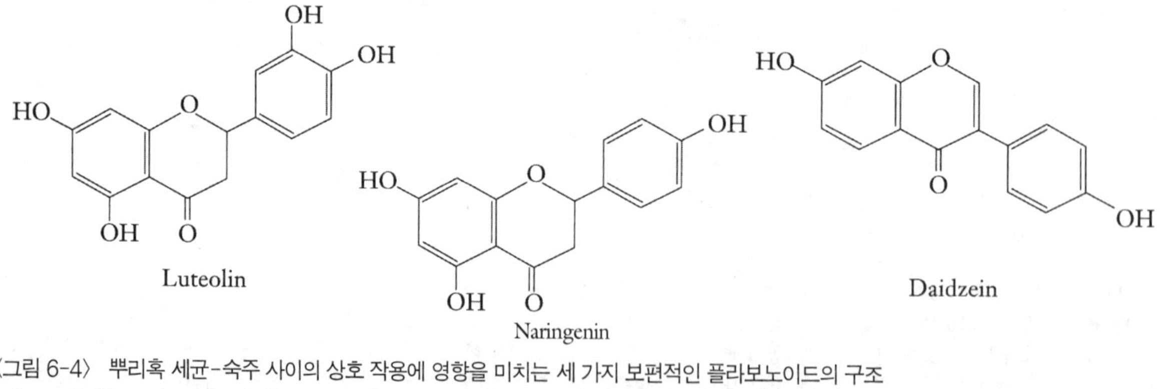

〈그림 6-4〉 뿌리혹 세균-숙주 사이의 상호 작용에 영향을 미치는 세 가지 보편적인 플라보노이드의 구조

Leuteolin(flavone), narigenin(flavanone) 및 daidzein(isoflavone)은 숙주식물의 뿌리에 의해 방출된다. 플라보노이드는 세균의 *nodD* 유전자의 산물과 상호 작용하여 뿌리혹을 형성하는 다른 유전자를 유도한다.

는 두 덩어리의 세포는 융합되어 완전한 뿌리혹을 형성하게 된다.

식물 호르몬인 에틸렌이 관여할 것이라는 몇 가지 증거가 있지만, 세포 분열 촉진 신호의 본질은 잘 알려져 있지 않다. 에틸렌은 몇몇 식물에서 뿌리털의 발달을 촉진시키며, nod factor에 의해 유도되는 것과 유사한 반응이 에틸렌을 방출하는 화학 물질인 에테폰(ethephon)에 의해서도 일어난다. 더 최근의 많은 실험들에서 에틸렌은 nod factor들에 의해 유도되는 뿌리털의 변형에 아무런 역할도 하지 않는 것을 보여 주었지만, 에틸렌의 합성에 관계하는 효소는 1차 뿌리혹 분열 조직이 발생하는 피층부위에서 발현된다(Heidstra et al., 1997). 에틸렌은 보통 피층의 세포 분열을 억제하지만, 피층의 1차 뿌리혹 분열 조직의 위치를 결정하는 데 에틸렌이 관여할 수 있을 것이라고 제안되었다.

뿌리혹 세균–숙주의 특이성은 아마 뿌리혹 세균이 뿌리털에 붙고 공생자와 숙주 사이에서 인지될 때에 결정되는 것 같다. 일반적으로, 세포들 사이의 인식에는 세포의 표면에 있는 독특한 분자들 사이에서 형성되는 화학적 결합이 필요하다. 뿌리혹 세균–숙주 사이의 상호 작용의 경우, 인식은 두 가지 계열의 분자인 렉틴(lectin)과 다당류 복합체가 관여하는 것으로 보인다. 렉틴은 숙주에 의해 합성되는 작은 비효소성 단백질로 특정 복합 탄수화물을 인식하고 결합할 수 있다.

개개의 콩과식물 종은 서로 다른 당–결합 특이성을 가지는 다른 렉틴을 만들어 낸다. 렉틴은 잠재적인 공생자의 표면에서 발견되는 복잡한 다당류를 인식하게 된다. 세균의 표면에는 보통 복잡한 세포외적인 다당류가 배열되어 세포외 뿌리혹 특이성 다당류들의 부가적인 합성은 숙주 뿌리의 분비물 속에 플라보노이드가 들어 있을 때 활성화되는 세균 유전자의 조절을 받는다. 따라서 숙주의 범위 특이성은 특이한 렉틴–표면 다당류의 상호 작용 때문에 뿌리혹 세균이 숙주 식물의 뿌리털에 붙은 결과로 나타난다. 이 가설을 지지할 증거는 완두의 렉틴 유전자를 흰 클로바의 뿌리에 도입했던 실험에서 얻어졌다(Diaz et al., 1989). 그 결과는 일반적으로 완두에 대해 특이성이 있는 *Rhizobium leguminosarum*의 변종(biovar)인 *viciae*에 의해서도 클로버의 뿌리에 혹이 형성될 수 있다는 것이었다.

그러나 렉틴은 다만 일부분에 지나지 않는다. 또 다른 실험들은 뿌리혹 세균 세포 표면에 위치한 **rhicadhesin**이라는 칼슘–결합 단백질이 관여한다는 것을 암시했다(Smit et al., 1989).

Rhicadhesin은 모든 뿌리혹 세균에 공통적으로 나타나며, 적어도 완두에서는 부착시에 필요하다. 렉틴과 rhicadhesin 외에도 다른 물리화학적인 인자들도 부착시에 역할을 할 것이다.

뿌리털로의 침입과 감염사 뿌리혹 형성 과정 중 두번째 단계에서, 세균은 숙주의 세포벽과 원형질막 사이의 공간으로 들어가기 위해 숙주의 세포벽을 통과해야만 한다. 완두의 경우 부착 부위로 생장하고 있는 뿌리털의 끝이 선호된다. 완두의 뿌리털은 정단 생장(tip growth)을 한다. 즉 새로운 벽 물질이 신장하는 뿌리털 세포의 끝에만 첨가된다. 부착된 뿌리혹 세균의 군집은 뿌리털이 구부러질 때 뿌리털의 끝에 의해 둘러싸여 갇히게 된다. 어떻게 뿌리혹 세균이 실제로 세포벽을 돌파하는지는 알려져 있지 않지만, 그 과정에는 거의 확실히 어느 정도의 벽이 분해되는 과정이 포함되어 있다. 뿌리혹 세균이 세포벽 물질들을 분해하는 펙틴 분해 효소(pectinase), 헤미셀룰로오스 분해 효소(hemicellulase), 셀룰로오스 분해 효소(cellulase)와 같은 효소를 방출한다는 증거가 몇 가지 있다. 이러한 효소들이 뿌리 끝에서 국지적으로 생장중인 벽의 구성을 방해함으로써 세균은 세포벽을 돌파하여 아래에 있는 원형질막에 접근할 수 있게 된다.

일단 뿌리혹 세균이 원형질막의 바깥 표면에 도달하면, 뿌리털의 정단 생장은 멈추게 되고 세포막은 함입되기 시작한다. 그 결과 세포 안으로 침투하는 뿌리혹 세균이 들어 있는 감염사(infection thread)라 부르는 관 모양의 것이 침입하게 된다(그림 6-3(B)). 감염사는 골지체로부터 온 소포들과 융합함으로써 새로운 막 물질이 첨가되어 길어진다. 감염사가 뿌리털 세포를 통해 움직임에 따라, 얇은 셀룰로오스 물질층은 감염사의 막 안쪽 표면에 쌓인다. 이 새로운 벽 물질이 계속적으로 원래의 세포벽과 연결되기 때문에, 침입하는 세균은 실제로 숙주 세포에 결코 들어갈 수 없으며, 기술적으로 세포의 바깥쪽에 남아 있게 된다.

감염사는 뿌리털 세포의 기저부에 도달할 때까지 신장된다. 여기서 세균들이 다음 세포로 진출하기 위해서 다시 세포벽을 돌파해야만 한다. 이것은 감염사의 막과 원형질막이 융합함으로써 이루어진다(Bauer, 1981). 이 과정에서, 일부 세균들이 아포플라스트 공간 안으로 방출된다. 이 세균들은 연이어 있는 다음 세포의 벽을 분해해서, 감염 과정이 피층의 다음 세포 속으로 계속 진행된다. 감염사가 뿌리털을 거쳐 피층 속으로 이동할 때, 세균은 계속 증식한다. 감염사가 발달중인 뿌리혹에 도달하면 가지를 쳐 어린 뿌리혹 속에 있는 많은 개개의 세포들이 감염된다(그림 6-3(C)).

세균의 방출 감염 과정의 최종 단계는 세균이 숙주 세포로 '방출'될 때 일어난다. 실제로 감염사의 막은 떨어져 나와 조그만 소포를 형성하는데 이 소포는 한 개 이상의 개별적인 세균을 함유하고 있다. 방출된 후 곧 이어 세균은 분열을 멈추고, 커져서 **박테로이드**(bacteroid)라 부르는 특별한 질소 고정 세포로 분화된다. 박테로이드는 이제 **페리박테로이드 막**(peribacteroid membrane)이라고 하는 막에 둘러싸이게 된다. 박테로이드로 분화하는 것은 생물이 질소 고정이라는 중요한 일을 하는 데 필요한 효소와 다른 인자들이 합성되는 것을 포함한 여러 가지 물질 대사상의 변화로 표시된다.

감염 과정은 뿌리혹의 전생애에 걸쳐 계속된다. 뿌리혹 분열 조직의 활성 때문에 뿌리혹 세포의 크기가 커질 때마다 세균은 새로운 세포로 계속해서 침입한다. 또한 뿌리혹이 커지고 성숙할 때, 뿌리혹의 관다발계는 뿌리의 주관다발계와 연결된다(그림 6-5). 이렇게 연결된 관다발은 광합성 탄소를 뿌리혹으로 옮겨 주고, 고정된 질소를 뿌리혹으로부터 식물쪽으로 내보내는 데 사용된다.

질소 고정에 대한 생화학

질소 분자는 질소 원자간의 결합(N≡N)이 매우 안정하기 때문에 쉽게 환원되지 않는다. 산업적으로 이질소 분자의 3중 결합을 수소로 환원시키는 것은 고온과 고압 그리고 상당한 양의 에너지를 소모해야만 이루어진다. 이질소 분자의 생물학적인 환원도 마찬가지로 숙주 식물에 의해 제공되는 많은 양의 광합성 산물을 소비하는 고비용 과정이다.

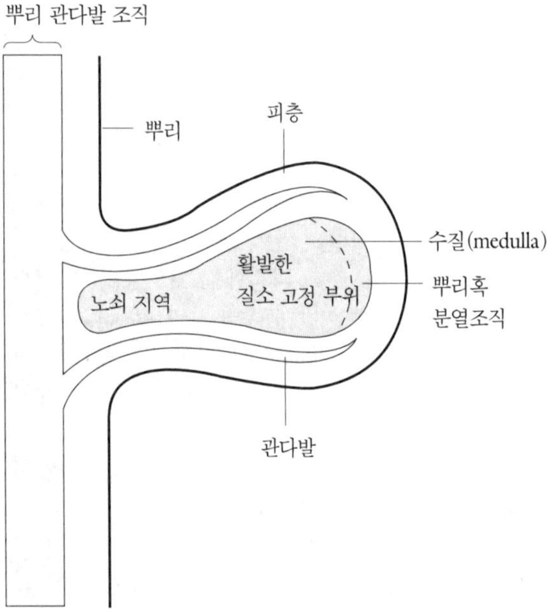

〈그림 6-5〉 성숙한 뿌리혹 횡단면의 모식도
숙주 식물과 연결되어 있는 관다발은 숙주 식물과 미생물 공생자 사이에 탄소와 질소를 교환하는 데 사용된다.

이질소화 효소

질소 고정은 이질소화 효소(dinitrogenase)라 부르는 효소 복합체에 의해 촉매된다. 원핵 세포들만 이 효소의 유전자를 가지고 있기 때문에 원핵 세포들만 이질소를 고정할 수 있다. 이질소화 효소는 현재 알려져 있는 거의 모든 질소 고정 원핵 생물로부터 정제되었다. 이 효소는 크기가 서로 다른 두 가지 단백질로 이루어진 다량체의 단백질 복합체이다(그림 6-6). 작은 단백질은 **이량체**(dimer)로, 두 개의 동일한 폴리펩티드 단위체로 구성되어 있다. 소단위체(subunit)의 분자량은 24~36kD 정도로, 세균의 종에 따라 다르다. 이량체는 4개의 철 이온이 4개의 황 기에 결합(Fe_4S_4)되어 이루어진 하나의 결합체를 함유하고 있기 때문에 철 단백질(Fe-protein)이라 부른다. 질소화 효소 복합체 중 큰 단백질은 **몰리브덴-철 단백질**(MoFe protein)이라 부른다.

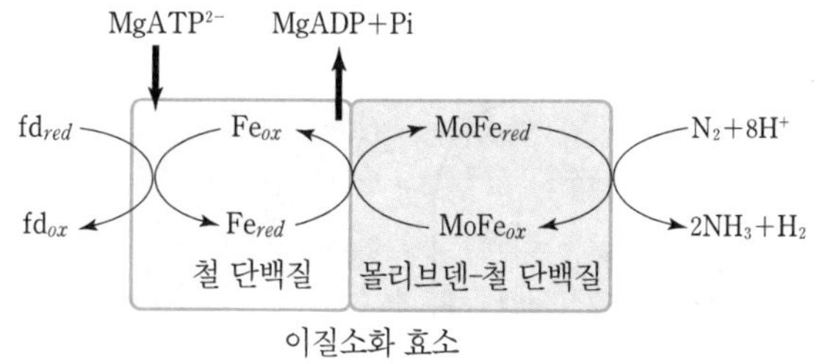

〈그림 6. 6〉 박테로이드에서 일어나는 이질소화 효소 반응에 대한 개략적인 모식도

전자는 왼쪽에서 오른쪽으로 흐른다. 주 전자주개는 호흡 기질로부터 전자를 받는 페레독신(ferredoxin, fd)이다.

이 단백질은 사량체(tetramer)로 전체 분자량이 약 220kD이며 두 쌍의 동일한 소단위체로 구성되어 있다. 각각의 몰리브덴 철 단백질은 철-몰리브덴-황 보조 인자의 형태로 존재하는 두 개의 몰리브덴 이온을 가진다. 정확한 수는 알려져 있지 않지만, 몰리브덴-철 단백질은 Fe_4S_4 결합체도 포함하고 있다. 몰리브덴-철 단백질이 함유하고 있는 Fe_4S_4 결합체의 수는 종이나 종의 생리적 조건에 따라 다양하게 존재한다.

이질소화 효소에 의해 이질소가 암모니아로 환원되는 전체적인 반응은 다음 반응식에 나타나 있다.

$$8H^{+}+8e^{-}+N_2+16ATP \rightarrow 2NH_3+H_2+16ADP +16P_i \quad (6.1)$$

생물학적인 질소 고정의 중요한 생성물은 암모니아이지만, 이질소 분자가 환원될 때마다 한 분자의 수소가 생성된다는 사실에 주목해야 한다. 수소 생성의 문제는 나중에 다룰 것이다. 또한 이질소 분자의 환원은 두 단계의 과정을 통해 이루어진다는 사실에 주목하라. 첫째 단계에서, 철 단백질은 일차 전자주개—보통 페레독신(ferredoxin)—에 의해 환원된다. 페레독신은 철-황 군을 가지고 있는 작은 단백질(14~24 kD)이다. 전자는 환원(Fe^{2+})되거나 산화된 (Fe^{3+})의 상태로 존재할 수 있는 철 부분에 의해 운반된다. 페레독신이 질소 고정에 참여할 뿐만 아니라 광합성에서 중요한 전자 운반체로도 작용한다는 것도 관심을 끈다(9장).

두번째 단계에서, 환원된 철 단백질은 전자를 몰리브덴-철 단백질로 넘겨주어, 질소가스와 수소의 환원을 촉매한다. 이 반응에서 ATP의 정확한 역할이 아직 밝혀지지는 않았지만, ATP가 환원된 철 단백질과 반응하는 것으로 알려졌으며 철 단백질과 몰리브덴-철 단백질 사이에서 전자를 운반하는 데 역할을 하는 것으로 생각되고 있다.

질소 고정의 에너지 소비

산업적 질소 고정처럼, 이질소 분자의 생물학적 환원도 매우 에너지가 많이 든다. 에너지 소비에 대한 척도의 하나로 필요한 **ATP**(adenosine triphosphate)의 수가 있다(ATP는 세포의 에너지 화폐이다. ATP의 생물학적 에너지론에서 역할은 9장에서 더 자세히 논의할 것이다). 이질소 한 분자가 환원될 때마다 — 이동되는 각 전자에 대해 2분자씩 — 적어도 16분자의 ATP가 필요하다(식 6. 1). 광합성에서 한 분자의 이산화탄소를 고정하는데 3분자의 ATP만 필요한 것(10장)과 비교해 보라. 그러나, 생물학적 질소 고정에 드는 전체 에너지 소비는 페레독신이 환원되는 데 필요한 양도 계산에 넣어야만 한다. 이 환원력은 이질소 분자가 환원되는 데 필요한 것이 아니라, 식물에 의한 부가적인 ATP 생산이나 다른 용도로 이용될 수 있는 것이다. 질소 고정에 사용되는 환원력은 적어도 추가적인 9분자 이상의 ATP 정도로 추정되며 한 분자의 이질소 고정에는 전체적으로 최소 25분자의 ATP가 투여된다. CO_2 고정에 대해 동일한 계산을 해 보면 총 9분자의 ATP가 사용되며, 질소 고정에 소비되는 것의 1/3 정도이다.

질소 고정에 드는 에너지의 소비량을 측정하는 아마 더 좋은 방법은 과정 중에 사용되는 탄소의 양을 측정하는 것이다. 공생적 질소 고정에 드는 에너지의 궁극적인 공급원은 숙주 식물에서 광합성으로 생산되는 탄수화물이다. 식물에서 생산된 탄수화물의 일부는 필요한 환원력과 ATP를 생산하기 위한 물질 대사가 일어나는 곳인 박테로이드로 옮겨진다. Heytler 등(1984)은 대두의 경우에 이질소 한 분자를 고정하는 데 약 12g의 탄소가 필요하다고 계산하였다. 질소 고정은 숙주 식물이 가진 상당량의 탄소원을 소모하게 하는 것이 분명하다. 광합

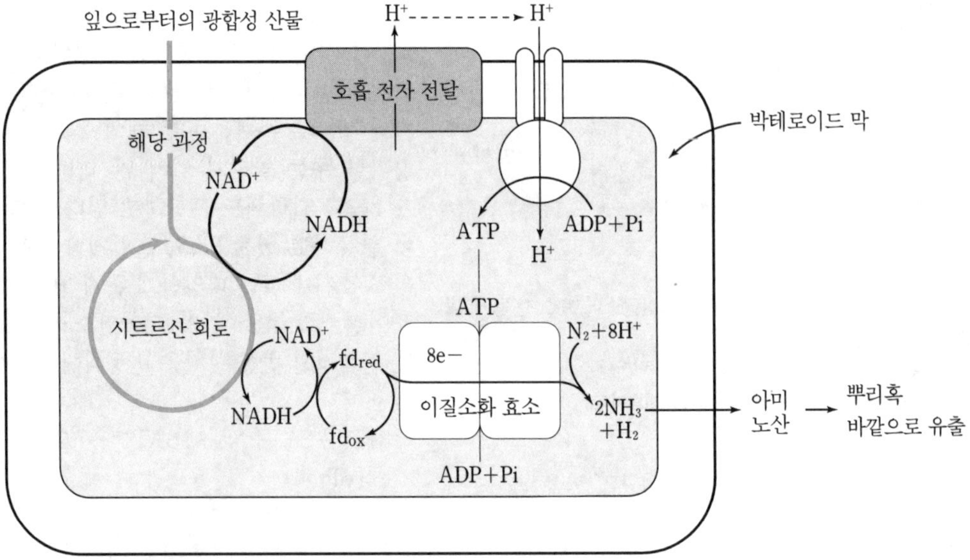

〈그림 6-7〉 박테로이드에서 광합성, 호흡, 질소 고정 사이의 상호 작용을 보여주는 요약도

성과 호흡 및 질소 고정의 통합 과정을 요약한 도표가 〈그림 6-7〉에 나타나 있다.

이질소화 효소와 산소

질소 고정 생물에서 더 중요한 문제점 중 하나는 산소 분자에 대한 이질소화 효소의 민감도이다. 철 단백질과 몰리브덴-철 단백질은 모두 산소 분자에 의해 빠르게 비가역적으로 비활성화된다. 분리된 철 단백질의 공기 중에서 활성이 반으로 줄어드는 데 걸리는 시간인 반감기(half-life)는 30∼45초이다. 몰리브덴-철 단백질의 반감기는 10분이다. 이질소화 효소가 산소에 대해 극단적으로 취약한 성질은 질소 고정 생물에게 문제를 일으킨다. ATP와 환원제의 형태로 요구되는 많은 양의 에너지는 산소 분자가 존재할 때만 효율적으로 작동될 수 있는 세포 호흡 과정을 통해 생산된다(12장 참고). 호흡 경로에서 산소의 필요성과 이질소화 효소의 산소에 대한 민감도 사이의 모순을 생물체는 어떻게 해결할 수 있을까?

산소의 수준을 조절하기 위한 몇 가지 전략들이 이러한 모순을 해결하기 위해 개발되었다. 독립 생활을 하는 많은 질소 고정 세균들은 무산소성이거나, 조건적 무산소성일 경우 무산소 조건에서만 이질소 분자를 고정한다. ATP와 환원제의 생산은 무산소 조건에서는 현저하게 효율이 낮다. 이것은 독립 생활을 하는 질소 고정 세균의 수가 많음에도 불구하고 생물학적으로 고정되는 전체 질소중 그들이 기여하는 비율이 상대적으로 적은 부분적 이유이다. 남세균과 같은 다른 생물들은 구조적으로 독립되어 있는 질소 고정 기구를 가지고 있다(그림 6-8). 남세균의 질소 고정 세포는 이형 세포(heterocyst)라 부르는 분화된 세포이다. 이형 세포들은 산소의 확산을 제한하는 두꺼운 다층의 세포벽을 가지고 있다. 또한, 이형 세포들은 세포내의 산소 농도를 낮게 유지하도록 높은 호흡 활성을 특징적으로 가지고,

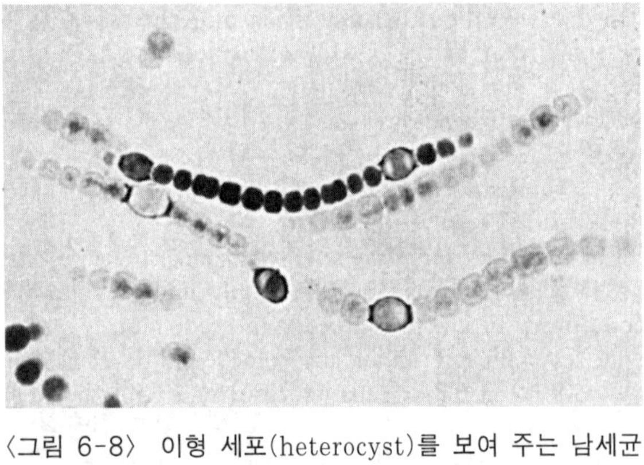

〈그림 6-8〉 이형 세포(heterocyst)를 보여 주는 남세균 *Anabaena*의 광학현미경 사진

질소 고정은 이형 세포에서 이루어지며, 이형 세포의 구조와 물질 대사는 유리된 산소의 농도를 제한한다.

이형 세포는 광합성 세포이기는 하지만, 광합성 중 산소를 발생하는 부분이 제거되고 ATP를 생산하는 부분만 가지고 있다.

콩과식물의 뿌리혹에서 산소 공급은 주로 **레그헤모글로빈**(leghemoglobin)이라 부르는 산소 결합 단백질에 의해 조절된다. 레그헤모글로빈은 숙주 식물에 의해 합성되어 박테로이드로 감염된 숙주 세포 안에 들어 있다. 레그헤모글로빈은 30%가 숙주 세포의 단백질로 구성되어 있으며, 뿌리혹의 잘려진 표면이 공기 중에 노출될 때 특이한 분홍색을 띠는 것은 레그헤모글로빈 때문이다. 레그헤모글로빈은 포유류 혈액의 헤모글로빈과 구조가 비슷하다. 외관상 산소와 결합하고 박테로이드 부위에서 산소 방출을 조절하기 때문에 그 기능도 포유류의 헤모글로빈과 비슷하다. 따라서, 박테로이드 부분에서 평형 상태 때의 산소의 농도는 박테로이드의 호흡 — ATP와 환원력의 생산 — 을 지탱할 수 있을 만큼 충분한 수준인 동시에 과량의 산소가 이질소화 효소를 불활성화시키는 것을 막을 수 있을 만큼의 수준(10 nM)을 유지한다. 산소의 농도가 너무 낮으면 뿌리혹 속의 이질소화 효소의 활성이 제한되기 때문에, 산소의 수준은 민감하게 균형이 이루어져야 한다(Layzell et al., 1990). 이 때문에 ATP의 이용이 제한될 수 있다.

이질소화 효소와 수소 생성

질소 고정 생물이 직면하는 최종적인 문제는 수소를 방출하는 것이다. 비록 메커니즘이 잘 이해되어 있지는 않지만, 이질소화 효소에 의해 생성되는 수소는 질소 고정 반응의 피할 수 없는 부산물이다. 이미 〈식 6. 1〉에서 언급했듯이 N_2 한 분자가 환원될 때마다 적어도 수소 한 분자(H_2)가 생성된다. 이것은 실제로 최소값이다. 이질소화 효소에게 환원제의 공급이 최적 상태가 아니어서 이질소화 효소가 최적 상태로 작용하지 않을 때는 더 많은 전자들이 수소를 생산하는 데 사용된다. 이질소화 효소에 공급된 ATP와 전자의 25~30% 정도는 수소를 생산하는 데 소비된다. 연간 백만 톤 이상의 수소가 질소 고정을 하는 뿌리혹에서 대기 중으로 방출되는 것으로 1980년에 추정되었다(Conrad and Seiler, 1980).

말할 필요도 없이, 질소 고정과 동반된 수소의 생성은 이질소 분자를 환원시키는 데 사용될 수 있는 에너지를 소비하게 되는 낭비 과정이다. 그러나, 모든 질소 고정자들이 수소를 생산하지만, 모두 다 대기 중으로 수소를 방출하는 것은 아니다. 질소를 고정하는 많은 생물들이 **흡수성 수소화 효소**(uptake hydrogenase)라 부르는 산소 의존성 효소(oxygen-dependent enzyme)를 가지고 있어서 수소 생산으로 인한 에너지의 손실을 일부 되찾는다. 이것은 H_2 산화를 ATP 생산과 같이 일어나게 하여 이루어지며 전자(electron)들은 이질소화 효소가 사용할 환원제 풀로 되돌아간다.

당연히 수소화 효소의 작용에 대한 생화학 및 생리학, 그리고 수소화 효소 유전자(*hup* 유전자로 알려져 있음)의 발현에 상당한 관심이 집중되어 있다. 생물공학적으로 수소를 재활용하는 능력을 가진 뿌리혹 세균의 수를 증가시키면 중요한 농작물의 생물학적 질소 고정의 전체 에너지 효율을 증가시킬 수 있는 가능성이 있다.

질소 고정에 대한 유전학

미생물 공생자와 숙주 식물에 존재하는 여러 가지 유전자들이 뿌리혹 형성과 생물학적 질소 고정에 기여한다.

지금까지의 논의를 통해 질소 고정에는 생물과 그들의 환경 사이 그리고 공생적 고정의 경우에는 뿌리혹 세균과 숙주 사이의 매우 복잡한 상호 관계가 관련된다는 점이 분명해졌을 것이다. 무산소 환경에서 질소 고정 대사로 바뀌는 것이나, 공생 관계에서 감염과 연이은 뿌리혹의 발달에는 관련된 생물들의 유전적 프로그램에 중요한 변화가 필요하다. 감염과 뿌리혹의 형성 및 질소 고정 기구에 대한 유전학은 현재 질소 고정에 대한 연구에서 더 흥미롭고 빠르게 발전하고 있는 분야 중 하나이다.

독립 생활을 하는 질소 고정자에게 필요한 주 요건은 효소인 이질소화 효소를 합성하는 것이다. 이질소화 효소의 합성은 *nif* 유전자에 의해 결정된다. 가장 잘 연구된 종은 적어도 17개의 *nif* 유전자가 밝혀진 *Klebsiella pneumonieae*이다. *nif* 유전자군은 다수의 조절 유전자와 이질소화 효소를 부호화하는 구조 유전자를 포함하고 있다. 예를 들면, *nif*D와 *nif*K의 2가지 유전자는 몰리브덴-철 단백질을 구성하는 두 가지 다른 단위체를 암호화한다. 철 단백질과 페레독신은 각각 *nif*H와 *nif*F에 의해 지정된다. 다른 *nif* 유전자들은 FeMo 보조 인자의 삽입과 효소 복합체의 활성화와 공정 과정에 관여한다.

nif 유전자를 포함하여 적어도 3가지 다른 유전자군이 공생 과정에 관여한다. 뿌리가 감염되기 전의 뿌리혹 형성 초기 단계에서, 뿌리혹 세균의 *nod* 유전자군은 숙주 뿌리에서 분비되는 플라보노이드에 의해 발현된다. *nod* 유전자는 커다란 환상의 **Sym**(공생을 위한; for symbiosis) 플라스미드라고 하는 뿌리혹 세균의 DNA에 위치해 있다. 세 개의 *nod* 유전자(*nod*A, *nod*B, *nod*C)는 기본적인 뿌리혹 형성 유전자로 모든 뿌리혹 세균에게 공통적으로 들어 있다. 이들은 nod factor들의 chitooligosaccharide의 골격 부분을 부호화한다.

*nod*D 유전자의 역할은 아주 중요한 것으로 보인다. 이 발현은 뿌리 분비물에 의해서 차별적인 영향을 받고, 이 유전자의 산물이 다음에 *nod*ABC 유전자 군과 일련의 숙주 특이성 유전자(*nod* EFGH)들의 전사를 활성화시킨다. 이러한 숙주 특이성 유전자들은 숙주의 특이성을 결정하는 데 중요한 nod factor들의 변형에 대한 정보를 가진다. *nod*D의 중추적인 역할이(*Parasponia*를 감염시키는) 뿌리혹 세균의 *nod*D 유전자를 보통 클로버(clover)만 감염시키는 균주에 옮겨 넣었을 때 클로버를 감염시키는 균주가 *Parasponia*에서 뿌리혹을 생성하게 되는 것으로 보여졌다.

혹의 발달 단계 후기에서, 뿌리혹 세균의 *nif* 유전자와 *fix* 유전자가 발현한다. 독립 생활 형태의 생물에서, *nif* 유전자들이 이질소화 효소의 합성과 조절에 관여하지만, *nif*와 *fix* 유전자 사이의 구분이 분명하지는 않다. *fix* 유전자들은 공생적 질소 고정자에게만 있다. 적어도 한 개의 유전자(*fix*X)는 페레독신을 부호화하고 다른 유전자들은 이질소화 효소에게 전자를 운반하는 데에 관여하는 것 같다.

혹이 왕성하게 발달하는 데는 숙주 세포가 제공하는 여러 가지 혹 특이성 단백질들이 필요하다. 노둘린(nodulin)이라 부르는 이 단백질들은 숙주 세포의 게놈(genome)에 위치하는 *nod* 유전자들에 의해 부호화된다. 초기의 노둘린들은 감염 과정과 혹이 발달하는 동안 발현된다. 여러 가지 노둘린들이 동정되었지만, 그 역할은 분명하지 않다. 초기의 노둘린들은 감염사의 원형질막과 혹의 원기(nodule primordia)를 형성하는 데 관여하는 것으로 보인다(Franssen et al., 1992). 후기에 발현되는 노둘린 유전자들은 질소 고정의 시작과 거의 동시에 발현되고 혹의 기능과 유지에 관여하는 것으로 보인다. 레그헤모글로빈은 가장 풍부한 후기 노둘린이다. 다른 후기 노둘린들에는 고정된 질소의 대사 과정에 관여하는 우리카아제(uricase)와 글루타민 합성 효소(glutamin synthetase) 등의 효소가 포함된다.

레그헤모글로빈을 구성하는 헴(heme)의 공급원은 아직 알려져 있지 않다. *Rhizobium meliloti*의 돌연변이체를 대상으로 이루어진 초기의 실험들은 헴이 박테로이드에 의해 공급된다는 것을 제시하였다. 헴의 전구체인 δ-aminolevulinic acid(ALA)를 합성할 수 없는 돌연변이체는 이질소 분자를 고정할 수 없는 흰색의 혹을 생산한다. 이러한 결과는 적절한 수준의 레그헤모글로빈을 만들 수 있는 충분한 양의 헴을 숙주 식물이 제공할 수 없다는 것을 제시한다. 그러나 대두를 재료로 한 나중의 실험에서는 같은 돌연변이를 지닌 *Bradyrhizobium japonicum*으로 감염된 식물이 완전한 기능을 가진 혹을 만들었다(Werner, 1992).

공생적 질소 고정에는 숙주와 미생물 공생자, 모두의 많은 유전자들이 서로 협동하여 발현되는 것이 필요하다. 이러한 유전자들이 어떻게 조절되며, 복잡한 감염과 혹의 발달 과정이 어떻게 조정되는지에 대해 이해하는 것은 오늘날 식물생리학자들이 마주치는 더 어려운 문제들 중의 하나이다. 이 과정에 대해 충분히 이해하고 현대 분자 유전학의 도구를 이용하면 식물학자들은 언젠가 생물학적 질소 고정의 범위를 다른 중요한 작물 종까지 확장시킬 수 있을 것이다. 따라서 질소가 부족한 토양에까지 질소 고정의 이득을 확장시켜 화학적 질소 비료로 인한 경제적 환경적 비용을 줄일 수 있을 것이다 (Triplett, 1996).

질소 동화

질소 고정으로 생산된 암모니아는 숙주 식물이 이용할 수 있도록 뿌리혹에서 유출되기 전에 유기 질소로 전환되어야 한다.

질소 고정에서 최초의 안정된 산물은 암모니아이며, 생리적 pH에서 암모니아(NH_3)는 수소 이온을 받아 거의 암모늄 이온의 형태로 있다.

$$NH_3 + H^+ \rightleftharpoons NH_4^+ \qquad (6.\ 2)$$

이질소 분자를 고정할 수 없는 식물들은 토양으로부터 질소를 받아들임으로써 영양 요구를 충족한다. 예외는 있지만, 대부분의 식물들은 토양 속에 들어 있는 NH_4^+ 또는 NO_3^-의 상대적인 이용 가능성에 따라 어느 것이든 동화(assimilation)할 수 있다. 대부분의 토양에서 암모니아는 앞에서 설명했던 질화세균에 의해 빠르게 질산염으로 전환된다. 질화세균은 무산소 상태에서는 잘 생장하지 못하므로, 암모니아는 배수가 잘 되지 않는 토양 속에 축적된다. 질화작용 자체도 강한 산성 토양에서 억제된다. 산성 토양에서 전형적으로 발견되는 철쭉과(Ericaceae)에 속하는 일부 식물들은 질소원으로 암모니아를 우선적으로 사용하게끔 적응하였다. 한 극단적인 예로 북미 동부의 늪과 습지에 사는 크랜베리(*Vaccimium macrocarpon*)는 질소원으로 NO_3^-를 이용할 수 없고, 암모늄 이온의 형태로만 질소를 받아들인다.

흡수 경로에 상관없이 무기 질소를 유기 분자로 동화하는 것은 에너지가 매우 많이 드는 복잡한 과정이다. 예를 들면 암모늄 질소를 동화하는 데 식물의 전체 에너지 생산량의 2~5%를 소비하는 것으로 추정되었다(Oaks and Hirel, 1985). 반면에 질산염은 동화되기 전에 먼저 암모늄으로 환원되어야 하는데, 이때 전체 에너지 생산량의 거의 15%를 소비한다. 이 절에서는 먼저 암모늄 질소의 동화를, 그 다음에 질산염 질소의 동화에 대해 살펴볼 것이다.

암모늄의 동화

질소 고정의 생성물이든 토양으로부터 흡수된 것이든 NH_4^+은 많은 식물에 쉽게 이용될 수 있지만, 식물에게 상당히 독이 되기도 한다. 질소 고정 체계에서, NH_4^+은 이질소화 효소의 활성을 억제한다. 암모늄은 세포의 에너지 대사, 특히 ATP 생산도 방해한다. 낮은 농도의 NH_4^+도 미토콘드리아와 엽록체 둘 다에서 전자 전달과 ATP 형성을 짝 풀리게 한다(9장 참고). 따라서 식물은 과다한 유리 NH_4^+을 축적할 수가 없다. 대부분의 식물들은 NH_4^+을 빠르게 아미노산에 결합시킴으로써 이러한 독성 문제를 회피할 수 있다.

질소 고정 공생자가 NH_4^+을 동화하는 일반적인 경로는 주로 표지된 질소 분자($^{13}N_2$ 또는 $^{15}N_2$)를 뿌리혹에 공급하여 알아내었다. 이러한 연구들은 초기의 유기 생성물이 아미노산인 **글루타민**(glutamine)이라는 것을 보여 주었다. 콩과에 발생하는 뿌리혹에 의해 NH_4^+이 글루타민으로 동화되는 것은 **글루탐산 생성 효소 회로**(glutamate synthase cycle)에 의해 이루어지며, 이 경로에는 **글루타민 합성 효소**(glutamine synthetase, GS)와 **글루탐산 생성 효소**(glutamate synthase, GOGAT)[3]라는 2가지 효소의 연속적인 작용이 관여한다(그림 6-9). GS와 GOGAT는 모두 박테로이드 주변막(peribacteroid) 바깥의 감염된 숙주 세포의 세포질에서 많이 발현되는 노둘린 단백질이다. 그러므로 박테로이드에서 형성된 NH_4^+은 동화되기 전에 박테로이드 주변막을 가로질러서 확산되어야 한다.

---

3) GOGAT이라는 머릿글자는 glutamine-2-oxoglutarate-amino-transferase를 의미한다. 2-Oxoglutarate는 α-ketoglutarate의 다른 이름이다.

글루탐산 생성 효소 회로의 첫번째 반응에서, GS의 촉매 작용으로 **글루탐산**(glutamate)에 NH_4^+이 첨가되어 아미드형인 **글루타민**(glutamine)을 형성한다.

$$\text{글루탐산} + NH_4^+ + ATP \rightarrow \text{글루타민} + ADP + P_i \quad (6.\ 3)$$

글루탐산의 아미노화 반응의 에너지는 ATP에 의해 제공되기에 질소 고정의 부가적인 에너지 소비라고 할 수 있다. 그 다음, 글루타민은 한 분자의 **α-케토글루타르산**(α-ketoglutarate)에 아미노기를 넘겨 줌으로써 다시 글루탐산으로 바뀐다.

$$\text{글루타민} + \alpha\text{-케토글루타르산} + NADH \rightarrow 2\ \text{글루탐산} + NAD^+ \quad (6.\ 4)$$

〈식 6. 4〉는 GOGAT에 의해 촉매되며 NADH의 환원력이 필요하다. α-케토글루타르산은 광합성 탄소가 숙주 세포의 호흡 과정에서 생성된다. α-케토글루타르산은 포도당이 산화되는 호흡 과정에서 생기는 중간 산물이다. 〈식 6. 4〉에서 두 분자의 글루탐산이 생성되고 각각의 글루탐산이 글루타민을 한 분자씩 생성하는 것에 유의하라. 회로가 계속 진행되는 데에 한 분자의 글루타민만 필요하기 때문에, 나머지 한 분자는 숙주 식물에게 보낼 수 있다(그림 6-9). 개괄적으로 보면 광합성으로 생성된 탄소 골격과 미생물 공생자에 의해 고정된 질소가 결합하여 유기 질소를 형성한 후, 숙주에 의해 사용되도록 뿌리혹 바깥으로 내보내진다.

질소 동화가 가능한 또 다른 대체 경로가 있는데, 이 경로에는 **글루탐산 탈수소 효소**(glutamate dehydrogenase, GDH)에 의한 α-케토글루타르산이 직접적으로 환원되는 아미노화가 관여한다. 그러나 비록 GDH의 활성이 뿌리혹에서 검출되었지만, 정상적인 환경에서 GDH가 NH_4^+ 동화에 중요한 역할을 한다는 믿을 만

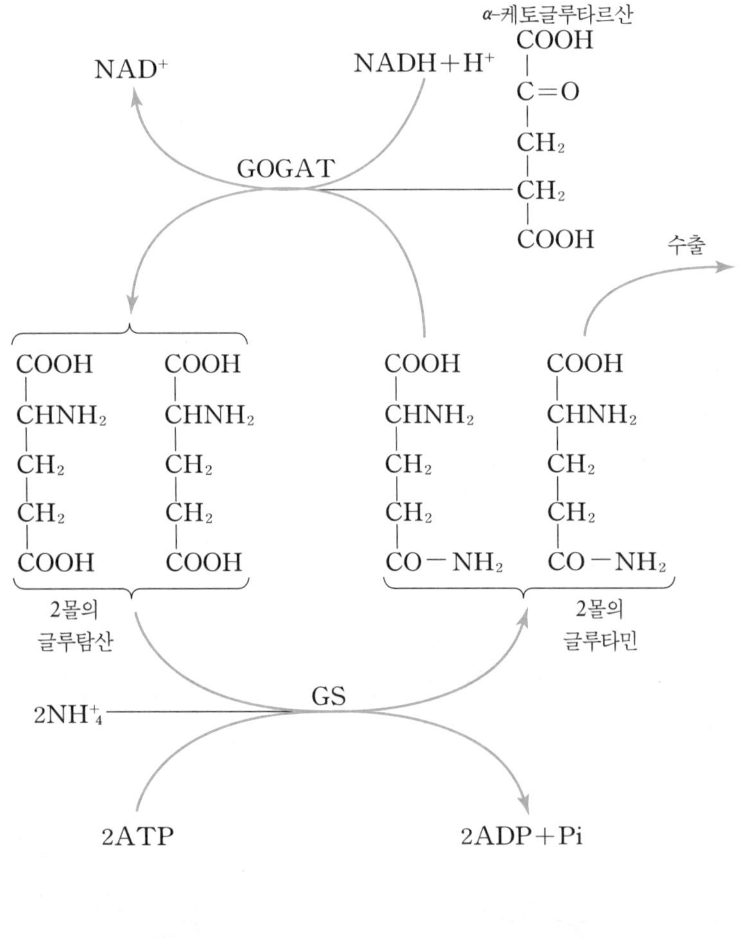

〈그림 6-9〉 **글루탐산 생성 효소 회로**(glutamate synthase cycle)**에 의한 암모니아 이온의 동화**

글루타민 합성 효소(glutamine synthetase, GS)의 매개로 두 분자의 글루탐산에 암모늄이 첨가됨으로써 2분자의 글루타민이 형성된다. 1분자의 글루타민은 숙주식물에게 전해지고 다른 분자는 α-케토글루타르산과 아미노기 전이 반응을 거쳐 2분자의 글루탐산을 재생한다. 이 두번째 반응은 글루탐산 생성 효소(GOGAT)에 의해 매개된다.

한 증거는 없다. GS와 GOGAT의 양과 활성은 모두 GDH보다 훨씬 높다. GS만으로 박테로이드 바깥쪽에 있는 전체 가용성 단백질의 2%를 차지한다. 더욱이 GDH는 GS보다 NH_4^+에 대한 친화도가 훨씬 낮아서 이용할 수 있는 NH_4^+을 두고 GS와 경쟁할 것 같지는 않다. 글루탐산 생성 효소 회로에서 한 분자의 NH_4^+이 동화될 때마다 한 분자의 ATP가 사용되지만, 빠르게 동화된다는 잇점이 있다. GS효소의 농도가 높고 NH_4^+에 대한 친화력이 높아 유리 NH_4^+의 농도를 독성이 낮은 수준으로 유지할 수 있다.

끝으로 GS와 GOGAT가 뿌리혹에 한정되어 있지 않다는 것을 유의할 필요가 있다. 이러한 효소들은 비질소 고정 식물의 뿌리나 잎에 들어 있으며, 거기서 NH_4^+의 동화를 촉매한다.

뿌리혹에서 고정된 질소의 수출

질소 고정의 마지막 단계는 고정된 질소가 뿌리혹으로부터 숙주 식물의 다른 부분으로 수송되는 것이다. 뿌리혹에서 생성된 유기 질소의 이동은 주로 물관을 통해서 이루어진다. 따라서 주로 물관 액을 분석함으로써 이동되는 형태의 질소를 알게 되었다. 그러나, 그러한 분석에는 물관 속에 들어 있는 모든 질소가 현재의 뿌리혹이 생성한 것임을 나타낸다는 보증이 없기 때문에 약간의 오류가 생길 수 있다. 떼어 낸 뿌리혹에서 직접적으로 수행하거나 $^{15}N_2$의 고정 후 유기 질소의 흐름을 추적함으로써 더 나은 분석이 이루어졌다. 이러한 연구들은 글루타민이 질소 고정의 중요한 유기 산물이기는 하지만, 적어도 콩과식물에 있어서는 이동되는 질소의 상당한 비율을 차지하지는 않는다는 것을 보여 주었다(Atkins, 1991). 완두나 클로버와 같이 주로 온대 지역의 콩과식물에서는 아미노산인 아스파라긴(asparagine)이 주로 이동되는 형태이다. 열대 콩과식물들, 예를 들면 대두나 동부는 **ureide**(그림 6-10)라고 하는 요소(urea)의 유도체를 주로 이동시키는 것으로 보인다.

뿌리혹에서 이루어지는 아스파라긴의 생합성 경로에는 2가지 아미노기 전이(transamination) 반응이 관여한다. 하나는 아미노기를 아미노산으로부터 케토산의 카르복실기로 옮겨 주는 것이다. 아미노기 전이 효소(aminotransferase)로 알려져 있는 효소들에 의해 촉매되는 아미노기 전이 반응은 처음에 글루탐산에 고정된 질소를 다른 아미노산에 결합시키고, 결국 단백질에 결합되게 한다. 아미노기 전이 효소는 식물 전체에서 단백질 합성의 활성이 높은 곳이면 어디서든지 — 세포질, 엽록체, 미소체 — 발견된다.

뿌리혹에서 아스파라긴 생합성에 관여하는 효소들은 식물체 다른 부위에서 발견되는 효소들과 비슷하다. 첫

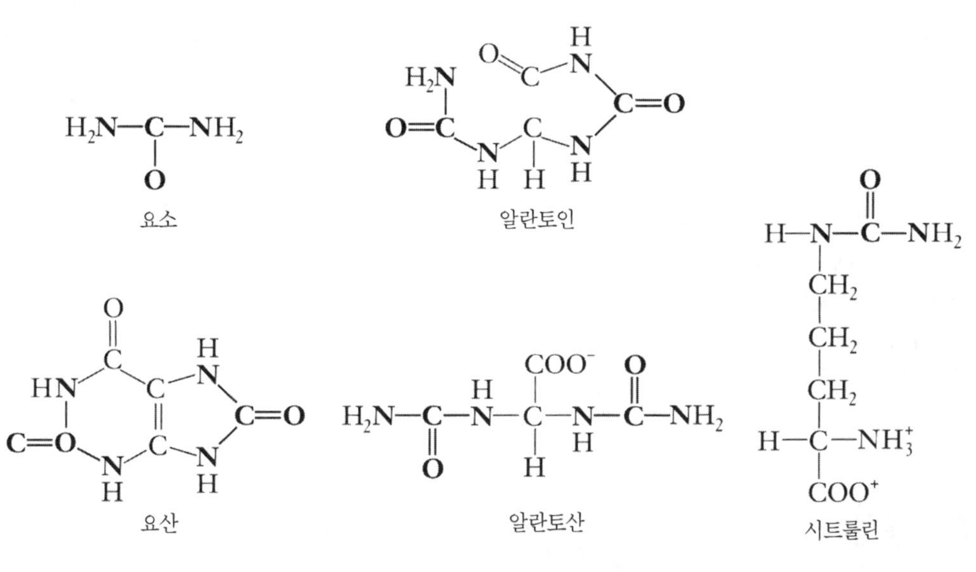

〈그림 6-10〉 질소를 고정하는 일부 종에서 동화된 질소를 운반하는 데 사용되는 주요 ureide의 구조
Ureide는 요소의 유도체로 생각되며, 주로 요산(uric acid, urate)으로부터 형성된다. N-C-N의 요소 골격은 굵게 인쇄되어 있다.

번째 단계는 아미노기를 글루탐산으로부터 **옥살로아세트산**(oxaloacetate)으로 옮기는 것이며, 이 반응은 **아스파르트산 아미노기 전이 효소**(aspartate aminotransferase)에 의해 촉매된다.

$$\text{글루탐산} + \text{옥살로아세트산} \rightarrow \alpha\text{-케토글루타르산} + \text{아스파르트산} \quad (6.\ 5)$$

이 반응에서 이용되는 글루탐산은 뿌리혹에서 GO-GOGAT 반응으로 유래한 것이다. 아스파라긴의 합성과 이동을 계속하기 위해서, 뿌리혹에는 4개의 탄산인 옥살로아세트산이 계속적으로 공급되어야 한다. 옥살로아세트산은 뿌리혹 안에서 이루어지는 탄소의 산화를 거쳐 제공된다. 옥살로아세트산은 포도당이 호흡에 의해 산화되는 과정에서 생기는 중간 산물이다. 그러나 많은 종에 생겨나는 뿌리혹들은 높은 포스포엔올피루브산 카르복실화효소(phosphoenolpyruvate carboxylase, **PEP** carboxylase)의 활성을 가진다. PEP 카르복실화효소는 탄소가 세 개인 **포스포엔올피루브산**(phosphoenolpyruvate, PEP)에 COO^-을 붙이는 것을 촉매한다. PEP 카르복실화효소는 동식물에서 호흡과 광합성을 포함하여 중요한 많은 대사 경로에 관여한다.

아스파라긴 생합성의 두번째 단계에서 아미드(amide) 질소가 글루타민에서 아스파르트산으로 옮겨진다.

$$\text{글루타민} + \text{아스파르트산} + \text{ATP} \rightarrow \text{글루탐산} + \text{아스파라긴} + \text{ADP} + P_i \quad (6.\ 6)$$

이 반응에 관여하는 효소는 **아스파라긴 합성 효소**(asparagine synthetase)이고, 이 반응은 합성되는 아스파라긴 분자당 1분자의 ATP 에너지에 의해 진행된다.

생화학적으로나 미생물 공생자와 숙주 식물의 조직 사이의 분업의 관점에서나 ureide의 합성은 더 복잡하다. **알란토인**(allantoin)과 **알란토산**(allantoic acid)(그림 6-11)은 퓨린 누클레오티드(nucleotide)들의 산화에 의해 형성되며 활발한 공생의 작용이 필요하다. 퓨린의 새로운 합성은 뿌리혹이 발달할 때 급격히 증가하지만 질소 분자를 아르곤으로 바꾸면 억제되는 것이 관찰되었다. 동부 뿌리혹의 세포 추출물에서 퓨린이 알란토인으로 전환되는 데 필요한 효소의 활성이 높다는 것도 증명되었다. 현재까지의 증거는 퓨린의 합성이 박테로이드로부터 이동된 NH_4^+을 이용하는 세포—박테로이드에 감염된 세포—의 세포질에서 일어난다는 것을 제시하고 있다. 퓨린은 다음에 요산으로 산화되어 이웃한 감염되지 않은 뿌리혹 세포로 이동된다. 퍼옥시솜(peroxisome)에서 urate oxidase는 요산을 알란토인으로 전환시키며, 알란토인은 소포체에서 알란토이나아제(allantoinase)에 의해 알란토산으로 바뀐다(A kins, 1991).

Ureide는 특별히 질소를 이동하는 데 이용된다. Ureide는 물관을 통해서 식물의 다른 부위로 이동되어 빠르게 대사 과정을 거친다. 이 과정에서 NH_4^+은 유리되어 목표 조직에서 GS와 GOGAT의 작용으로 다시 동화된다.

아스파라긴과 특히 ueide의 합성은 모두 복잡한 과정으로 보이지만, 에너지 비용과 질소 이동의 효율과 관련하여 약간의 득이 된다. Pate와 공동 연구자들은 질소의 이동과 관련되어 있는 탄소 대사에 질소 고정에 사용되는 광합성 산물의 20% 정도나 소비되는 것으로 추정했다(Atkins, 1984). 효율성을 판단하는 한 방법은 각각의 질소가 이동되는 데 필요한 탄소의 양을 고려하는 것이다. 질소에 대한 탄소의 비율이 1인 ureide는 탄소의 사용면에서 가장 경제적이다. 아스파라긴과 시트룰린(citrulline)(C : N=2)은 모두 수송되는 데에 더 많은 탄소가 필요하며 글루타민(C : N=2.5)이 가장 비경제적이다. ATP 소모량으로서의 에너지 비용은 ureide, 아스파라긴, 시트룰린에서 거의 같으므로, ureide 형성자가 가지는 중요한 장점은 유리한 탄소 경제로 보인다.

질산염의 동화

질소 고정 공생을 하지 않는 식물은 일반적으로 토양에서 질산염의 형태로 질소를 흡수한다. 질산염은 아미노산이

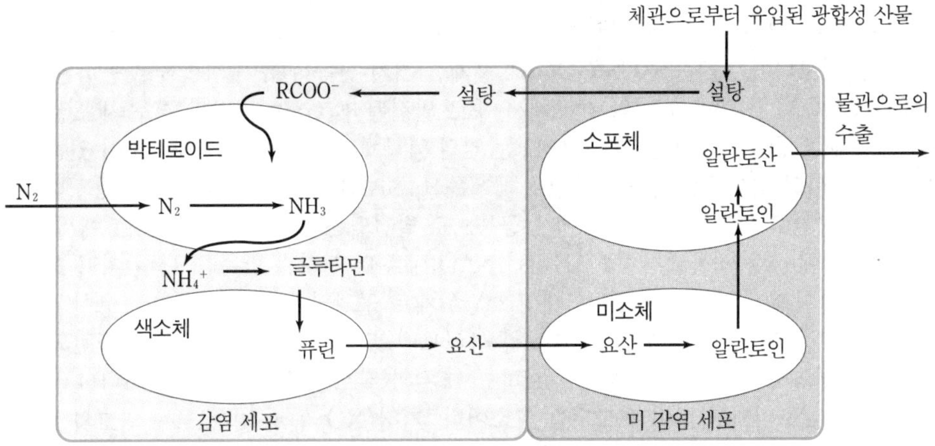

〈그림. 6-11〉 Ureide를 형성하는 뿌리혹에서 일어나는 고정된 질소의 동화에 대한 개요

나 다른 유기물로 유입되기 전에 암모니아로 환원되어야 한다.

이미 언급했던 극단적인 상황을 제외하면, NO_3^-은 토양 속의 더 풍부한 형태의 질소로서, 질소 고정 관계를 형성하지 않는 식물이 가장 잘 이용할 수 있다. 그러나, NO_3^- 흡수 생리에 관한 많은 연구에도 불구하고, 뿌리 속으로 NO_3^-이 운반되는 메커니즘은 상당히 불확실하다. NO_3^-의 흡수는 (1) 낮은 온도, (2) 호흡과 단백질 합성의 억제제 (3) 무산소 상태에 민감하다는 것이 여러 연구에서 드러났다. 이와 같은 결과들은 모두 뿌리의 세포막을 가로지르는 NO_3^-의 이동이 단백질 운반체에 의해 매개되며 에너지를 필요로 하는 과정이라는 가설을 지지한다(5장 참고).

질산염에 전혀 노출되지 않은 뿌리 세포에서는 NO_3^-의 흡수가 제한되어 있는 것으로 보인다. 이 사실은 막 속에 항상 적은 양의 운반체(즉 **구조성 단백질**, constitutive protein)가 있다는 것을 제시한다. 외부의 질산염에 노출되면 흡수율은 2~5배까지 증가하지만, 단백질 합성 억제제를 첨가하면 흡수율은 원래 수준으로 재빨리 떨어진다. 단백질 합성의 억제제에 대해 NO_3^- 흡수가 민감하다는 것은 대부분의 운반 단백질의 합성이 유도(inducible)된다는 것, 즉, 토양 속에 들어 있는 NO_3^-이 새로운 운반 단백질의 합성을 촉진한다는 것을 제시한다. 일단 NO_3^-이 뿌리 내부에 들어가면, 액포에 저장되거나 뿌리 세포에서 바로 동화되거나 물관을 통해 잎까지 운반되어 동화된다.

질산염은 직접 동화될 수 없으며, 유기 화합물로 동화하기 위해서는 먼저 NH_4^+으로 환원되어야 한다. 질산염이 환원되는 것은 두 단계의 과정으로 이루어져 있으며, 첫 단계는 질산염 환원 효소(nitrate reductase, NR)에 의해 NO_3^-이 아질산염(nitrite, NO_2^-)으로 환원되는 것이다.

$$2\,H^+ + NO_3^- + 2e^- \rightarrow NO_2^- + H_2O \tag{6. 8}$$

NR은 일반적으로 세포질 효소인 것으로 추정된다. 생성물인 NO_2^-은 다음에 (뿌리 속의) 색소체나 (잎의) 엽록체로 이동하고, 여기서 아질산염 환원 효소(nitrite reductase, NiR)에 의해 NH_4^+으로 환원된다.

$$8H^+ + NO_2^- + 6e^- \rightarrow NH_4^+ + 2H_2O \tag{6. 9}$$

아질산염(nitrite)은 독성을 띠기에 식물에서 고농도로는 거의 발견되지 않는다. 아질산염이 식물에서 고농도로 발견되지 않는 것은 NiR의 활성(조직 건량의 그램당)이 보통 NR의 활성보다 몇 배 더 높기 때문이다. NiR 활성의 결과 산물인 암모니아는 다음에 GS/GOGAT 체계를 거쳐 신속히 유기 화합물로 동화된다. 비질소 고정 체계에서는 GS와 GOGAT가 뿌리와 잎의 세포에서 주로 발견된다. GS는 뿌리의 경우 세포질이나 잎 세포의 경우 세포질과 엽록체 모두에서 발견된다. GOGAT는 잎의 엽록체와 뿌리의 색소체에 들어 있는 색소체 효소이다. 들어 있는 장소에 따라, GOGAT는 전자주개로 페레독신, NADH 또는 NADPH를 이용한다.

질산염 환원 효소는 원핵 세포나 진핵 세포에서 공통으로 발견되는 효소이다. 원핵 세포에서는 주 전자 주개가 페레독신이다. 반면에 고등 식물에서는 NAD이나 NADP로부터 전자를 받는다(9장). 여러 고등 식물에서 추출한 효소는 동일한 분자량이 약 115kD인 두 개의 소단위체로 구성되어 있다. NR의 중요한 성분은 몰리브덴이다. NR은 비질소 고정 식물이 가지고 있는 중요한 몰리브덴-단백질이다. 몰리브덴이 결핍되어 나타나는 결과들 중 한 가지는 질산염 환원 효소의 활성이 감소하고 그 결과 질소 결핍이 생기는 것이다(4장 참고).

NR은 높은 조절성 효소이자 합성이 유도되는 효소이다. 기질(NO_3^-)과 빛은 모두 최고의 활성을 나타내는 데 필요하고, 효소를 유도하는 데는 NR 단백질의 새로운 합성에 앞서 NR의 mRNA의 수준이 증가되어야 한다(Hegeman and Flesher, 1960; Bowsher et al., 1991). 밤에 보리(*Hordeum vulgare*) 또는 옥수수(*Zea mays*)와 같은 곡류의 유식물에 질산염을 처리하면 비교적 낮은 수준의 NR 활성이 유도되지만, 만약 유식물을 빛에 노출시키면 NR의 활성이 강하게 촉진된다. 엽록체의 발달이나 광합성 에너지가 변환되는 것을 방해하는 여러 가지 처리에 의해 빛에 의한 유도는 없어지는데 NR의 활성에 광합성 에너지가 필요함을 암시한다. NR의 활성은 또한 피토크롬 체계에 의해 조절되는 적색광(red-light)과 근적외광(far-red light)에 의해 가역적으로 조절될 수 있다(18장).

최근의 연구는 NR의 활성이 특정 NR protein kinase에 의해 번역 후(post-translational)의 조절을 받는다는 것도 입증하였다(Huber et al., 1996). 1950년대에 Edwin Krebs와 Edmund Fischer에 의해 처음 특징이 알려진 단백질 인산화 효소(protein kinase)는 ATP로부터 인산기를 옮김으로써 다른 단백질을 인산화시키는 효소로서 어디에나 존재한다. 인산기는 단백질 인산 가수 분해 효소(protein phosphatase)라는 두번째 효소에 의해 제거될 수 있다. 효소와 다른 단백질을 활성화시키거나 비활성화시키는 가역적인 단백질 인산화가 물질 대사를 조절하는 데 중심적인 역할을 하는 것이 점차적으로 명백해지고 있다. 1992년에 Krebs와 Fisher의 노벨상 수상으로 단백질 인산화 효소의 기본적인 역할이 인정되었다.

NR 효소는 인산화된 상태와 비인산화된 상태 모두에서 활성이 있는 것으로 보인다. 그러나, NR이 인산화된 후 잎을 빛에서 어둠 속으로 옮기면, 효소는 작은 단백질과 억제제와 신속히 결합함으로써 활성을 잃는다. 빛에 다시 노출시키면 억제제 단백질이 해리되고 이어서 인산 가수 분해 효소가 활성화되면서 NR의 활성이 서서히 회복된다. NR의 활성을 조절하는데 왜 그렇게 복잡한 체계가 존재하는가에 대한 답은 아직 얻지 못했다. 그러나, 전체적인 효과는 질산염의 환원이 광합성의 활성과 함께 조정된다는 것이다. 질산염의 환원은 광합성이 충분히 활성화되고 암모니아가 결합되는 데 필요한 에너지와 탄소 골격 두 가지가 모두 공급될 수 있을 때에만 시작된다.

이미 지적한 바와 같이, 질산염의 동화는 대부분의 식물의 뿌리나 지상부 조직 모두에서 일어날 수 있다. 몇 가지 연구들은 뿌리나 지상부에서 환원되는 NO_3^-의 비율이 외부의 NO_3^-의 농도에 크게 좌우된다는 것을 보여 주었다. 농도가 낮을 때, 대부분의 NO_3^-은 뿌리 조직내에서 환원되어 아미노산이나 아미드 상태로 지상부로 이동된다. NO_3^-의 농도가 높을 때, 뿌리에서의 동화는 제한되며, 높은 비율의 NO_3^-이 전류(translocation stream)에서 발견된다. 따라서, 농도가 높을수록 더 높은 비율의 질소가 잎에서 동화된다.

모든 식물들이 자신의 뿌리에서 동일한 NO_3^- 대사 능력을 갖지는 않는다. 극단적으로 NO_3^-은 도꼬마리(*Xanthium strumarium*)의 물관 액에 들어 있는 사실상 유일한 질소원이다. 이것은 도꼬마리의 뿌리에서는 NR의 합성이 감지되지 않기 때문이다. 반면에 보리와 해바라기 같은 식물들은 NO_3^-와 아미노산/아미드 질소가 대체로 같은 비율로 이동되며 무(*Raphanus sativus*)는 이동 질소의 약 15%가 NO_3^-으로써 이동된다.

질소 순환

대부분의 식물에 의한 질소의 흡수 정도는 초기의 빠른 생장기 동안 가장 높고 생식 생장(reproductive growth)이 시작되고 식물이 나이 들어감에 따라 감소된다. 예를 들면, 곡류는 생식 생장이 개시되기 전에 전체 질소 요구량의 90%나 흡수한다. 이 질소의 대부분은 자라는 어린잎 쪽으로 가게 되고, 잎이 완전히 커지기 직전에 질소 함량이 최대에 도달하게 된다. 그런 다음 잎은 질소를 수출하기 시작한다. 여러 연구들은 성숙한 잎들이 순수한 질소 수출자(nitrogen exporter)가 되어 잎 전체의 질소 함량이 줄어들게 되어도 계속 질소를 받아들인다는 것을 보여주었다. 이와 같은 동시적인 질소의 유입과 유출을 **질소 순환**(nitrogen cycling)이라 한다(Simpson, 1986).

잎으로부터 질소가 나가는 것은 종자가 발달되기 시작할 때 특히 중요해진다. 발달하고 있는 종자가 필요로 하는 질소량은 토양으로부터 흡수하는 것으로 충족될 수 없거나(예를 들면, 곡류의 경우에) 뿌리혹에서 질소를 고정하는 것으로 충족될 수 없을 만큼 많다. 여분의 질소가 영양 기관, 특히 잎으로부터 와야만 한다(그림 6-12). 이것은 잎의 광합성능과 관련하여 주요 의미를 가진다. 주요 잎 단백질은 광합성에서 CO_2의 결합을 촉매하는 Rubisco이다(10장 참고). Rubisco는 대두의 잎과 곡류의 낟알에 들어 있는 전체 가용성 단백질의 40~80%를 차지한다. 아마 Rubisco의 풍부한 양 때문에, 저장 단백질로서 기능도 할 것이다. 발달중인 종자와 같이 식물의 다른 부위에서 질소가 필요할 때 Rubisco는 분해될 것이다. Rubisco의 소실과 동시에 광합성을 통한 탄소의 고정도 줄어든다. 대두와 다른 공생적 콩과식물의 경우에 이것은 질소 고정을 지원하기 위해 뿌리혹이 이용할 수 있는 에너지가 줄어든다는 것을 의미한다.

질소와 탄소 공급 사이의 이러한 경쟁은 콩과식물에서 종자의 발달을 제한하는 중요한 요인이 되는 것 같다. 질소가 부족한 토양에서 생장하는 곡물이나 식물들의 경우, 잎에 축적되어 있던 질소가 이동되는 것은 열매와 종자가 발달하는 데 중요한 질소 공급원이 된다는 것을 의미한다. 다년생 식물에서는 겨울 동안 저장해 두기 위해 노화되는 잎의 질소가 유동화되어 뿌리로 운반된다. 이러한 방법으로 질소는 보충되어 이듬해 봄에 새로 자라는 최초의 새싹을 키울 때 이용된다.

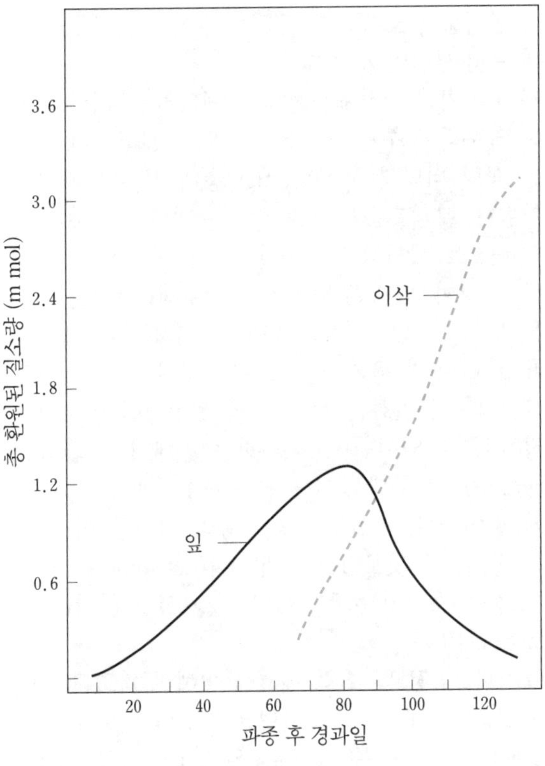

〈그림 6-12〉 밀에서 질소의 재분배

농업과 생태학적 측면에서 본 질소 영양

양적인 면에서 질소는 식물에게 네번째로 많은 성분이며 가장 많은 무기 원소이다(표 4-2 참고). 건량 기준으로 초본 식물의 물질은 전형적으로 주로 단백질의 형태로 1~4% 사이의 질소를 함유하고 있다. 동시에 질소 고정과 질화 작용 및 암모니아화를 담당하는 미생물의 활성에 영향을 미치는 온도, 산소, 수분 상태 그리고 pH와 같은 많은 환경 인자에 의해 토양 속의 질소 이용도는 제한을 받을 수 있다. 게다가 상당한 양의 질소가 매년 농작물의 수확과 더불어 없어진다. 그러므로, 농작물의 생장이 가장 자주 질소 공급에 의해 제한을 받는 것은 크게 놀라운 일이 아니다.

농업에서는 환경적인 질소의 제한을 질소 비료의 공급으로 해결한다. 질소의 처리에 의해 대부분의 작물들은 산출량이 증가한다(그림 6-13). 질소 비료를 충분히 높게 처리했을 때는 질소가 아닌 다른 인자들이 제한요인이 되어 더 이상 생산량이 증가되지 않는다. 질소 비료를 더 많이 처리하면 수확량은 약간 감소하는데, 이것은 아마 질소 독성에 의해서라기보다는 토양의 과다한 염 때문일 것이다. 〈그림 6-13〉에 나타낸 것과 같은 자료들은 투여한 비용에 대한 수확량의 비를 최대화시키고자 하는 농부들에게는 상당히 실질적인 가치가 있다. 북아메리카에 걸쳐서 옥수수의 경작에 가장 많이 사용되는 비료가 질소이며 농부들은 매년마다 전형적으로 ha당 100~150 kg의 질소를 시비한다. 옥수수의 빠른 초기 생장기 동안, 잘 관개한 옥수수의 임상(stand)은 ha당 하루에 4 kg 정도의 질소를 흡수한다. 그렇게 많은 양의 질소 비료를 사용하는 것은 에너지 면에서도 비용이 많이 든다. 예를 들면, 질소 비료를 생산하고 뿌리는 데 드는 비용이 옥수수 재배에 드는 에너지 비용의 거의 1/3을 차지하는 것으로 평가되었다.

계속적으로 질소 비료를 시비하지 않으면, 비콩과 작물들의 수확량은 수년에 걸쳐 감소한다. 기록이 남아 있는 몇 가지 조건하에서, 질소 비료를 주는 것을 보류했던 토지의 수확량은 더 낮은 수준에서 일정하게 되고 무한정 그 수준으로 유지된다. 토양으로부터 질소(그리고 다른 영양소)를 추출해 내는 것은 강우, 관개수, 먼지 및 바위의 풍화를 포함하여 모든 공급원으로부터 보충되는 것과 균형을 이루고 있기 때문에 낮은 수확량의 상태로 지속되는 게 가능하다.

자연 생태계에서의 질소의 역할은 규정하기가 훨씬 더 어렵다. 그 이유는 유입되는 질소의 수준이 전체 질소 풀에 비해 매우 낮고, 대부분의 질소가 순환되기 때문이다. 그런데도 농업에서처럼 대부분의 자연 생태계에서도 질소가 제한되어 있는 것을 일반적으로 수긍한다. 삼림 생태계에서는 연간 질소 유입량의 약 2/3가 질소 고정에 의해 제공되는 반면, 나머지 1/3은 질소 산화물이 건조한 상태나 강우에 동반하여 유입되게 되어 일차적으로 대기에서 유래된 것이라고 생각된다. 최근의 연구에 따르면 평균적으로 고정된 질소 유입량의 거의 절반 정도는 수관(canopy) 속에 함유되어 있다. 이것은 잎을 통한 질소의 흡수가 삼림 종들의 질소 흡수에 중요한 역할을 하는 것을 시사한다(van Miegroet et al., 1992). 이것은 자주 구름에 잠겨 있는 높은 고도에서 자라는 나무들이나 산업화된 도시 지역 근처에서 자라는 나무들의 경우에 특히 사실인 것 같다.

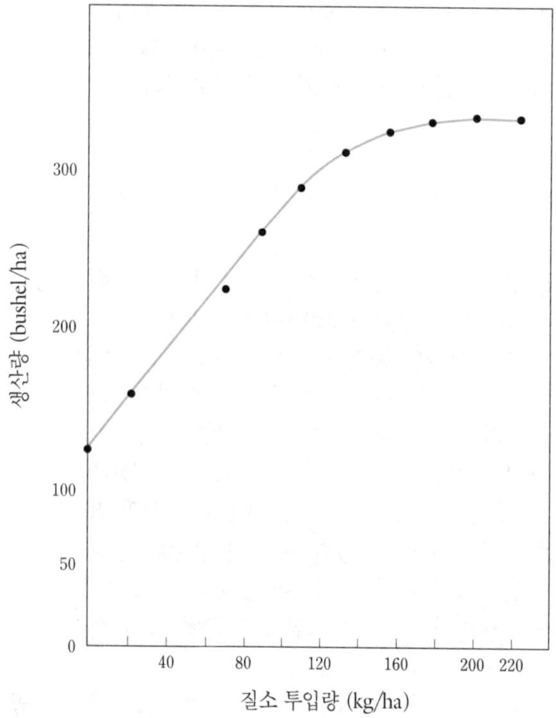

〈그림 6-13〉 옥수수 생산량에 대한 질소 비료의 영향

서서히 자라는 성숙한 삼림을 제외하면, 대부분의 질소는 흡수되어 수관에 함유되어 있거나 서서히 재순환되는 삼림 바닥의 부식토(litter)층에 장기간 저장되어 유지된다. 부식토층의 질소 함량은 비나 표층수에 의해 토양 속으로 서서히 빠져들어가거나 다양한 토양 세균, 균류, 지렁이 및 다른 분해 생물들에 의해 더 간단한 화합물로 부서진다. 분해의 마지막 단계가 **무기화**(mineralization)로써 유기 질소로부터 무기 질소가 형성되는 것이다. 무기화는 주로 앞서 설명했던 암모니아화 과정 때문에 일어난다. 무기화는 언제나 **고정**(immobilization), 즉 분해 생물에 의한 질소의 보유 및 사용과 함께 일어난다. 식물이 부식토층의 질소를 이용할 수 있는 정도는 무엇보다도 **순 무기화**(net mineralization), 즉 고정을 초과하는 무기화의 진행 정도에 달려 있다(Haynes, 1986).

무기화, 고정 및 질화 세균에 의해 무기화된 NH_4^+과 질소의 산화 사이의 균형은 환경의 변수들에 의해 조절된다. 이들 중 주 요인은 온도, pH, 토양 수분 및 산소 공급이다. 극단적인 온도에 적응한 토착 질화 세균이 보고되어 있기는 하지만, 질화 작용의 최적 온도는 보통 25~35℃ 사이로 낮은 편이다(Haynes, 1986). 예를 들면, 한 연구에서 북 오스트레일리아의 토양 속에 사는 질화 세균의 최적 온도는 35℃, 아이오와(미국)의 경우는 30℃, 알버타(캐나다)의 경우는 20℃였다(Malhi and McGill, 1982). 이미 지적했던 바와 같이, 토양 pH는 질화 세균이 생장하는 데 중요한 제한 요인이 된다. *Nitrobacter*의 생장은 아마 높은 pH(pH 7.5 이상)에서의 암모니아 이온의 독성 때문에 저해될 것이다. 반면에, 산성 토양에서는 알루미늄의 독성이 질화 작용을 제한하는 원인이 될 것이라고 생각된다. 토양 습도와 산소 공급은 서로 연관되어 수분으로 포화된 토양에서 질화 작용이 잘 일어나지 않는 것은 산소 공급이 제한되기 때문이다. 반대의 경우, 질화 속도는 토양 수분 퍼텐셜(ψ_{soil})이 약 −0.03~0.04 Mpa 이하로 떨어질 때 감소한다.

자연 생태계의 질소 순환에 있어서 질화 작용의 상대적인 중요성은 분명하지 않다. 대부분의 교란되지 않은 생태계의 토양이나 시내에서 잉여 NO_3^-이 없기 때문에 질화 작용이 비교적 작은 역할을 한다고 대부분의 연구들은 제시했다. 그러나, 실험적인 벌목은 시냇물 속의 NO_3^-의 수준을 급격히 증가시킨다(50배 정도)(Borman and Likens, 1979). NO_3^-은 식생이 다시 생장하기 시작할 때에만 정상 수준으로 점차 회복된다. 이러한 결과들은 질화 작용이 중요한 질소원이라는 것을 제시하지만, 식물에 의한 NO_3^-의 빠른 흡수가 토양 용액 속에 들어 있는 NO_3^-의 수준을 낮게 유지하는 데 중요한 요인이 된다.

수목과 다른 식물들은 잎과 꽃이 지기 전에 질소원을 회수하여 뿌리나 줄기의 조직에 저장함으로써 자신이 가지고 있던 질소원의 대부분을 보존하는 경향이 있다. 식물 질소원의 1/3~2/3가 이러한 내부 순환에 의해서 보존된다. 예를 들면, 낙엽수의 경우에는 질소원이 적은 토양에서도 이렇게 저장된 질소원을 이용하여 이른 봄에 빠르게 생장할 수 있게 된다.

1. 영양소 결핍 증상을 나타내는 토마토(그림 4-4 참조)

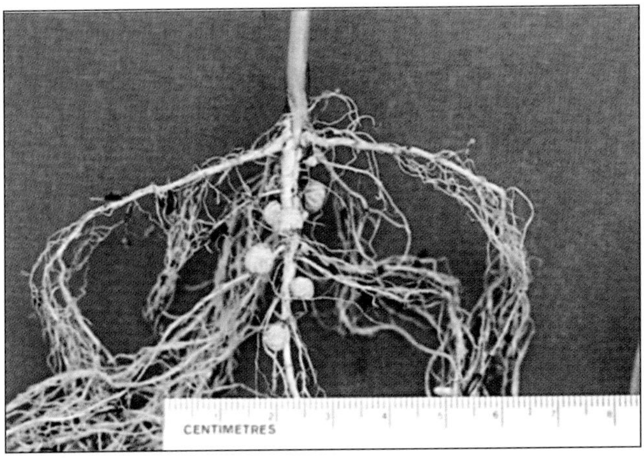

2. 대두 뿌리의 뿌리혹(그림 6-2 참조)

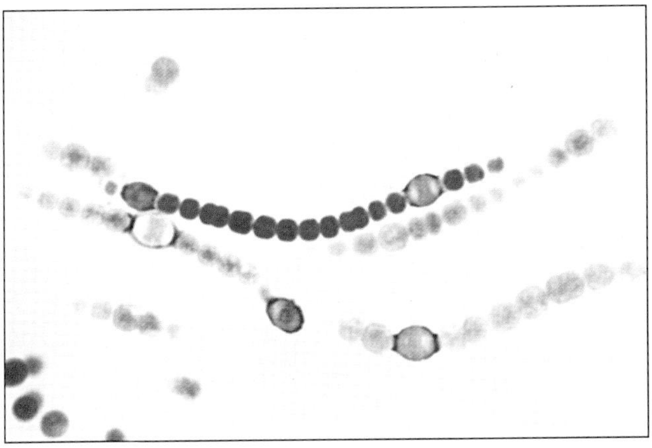

3. 남세균 *Anabaena*의 이형세포(그림 6-8 참조)

4. 엽록소 형광(그림 7-4 참조)

5. 배양중인 담배 줄기의 캘러스(그림 15-1 참조)

6. 정단우성을 보이고 있는 잠두(*Vicia faba*)(그림 16-4 참조)

7. 로제트형 식물에서 지베렐린에 의한 줄기 신장의 유도 (그림 16-8 참조)

8. 근두암종(그림 16-13 참조)

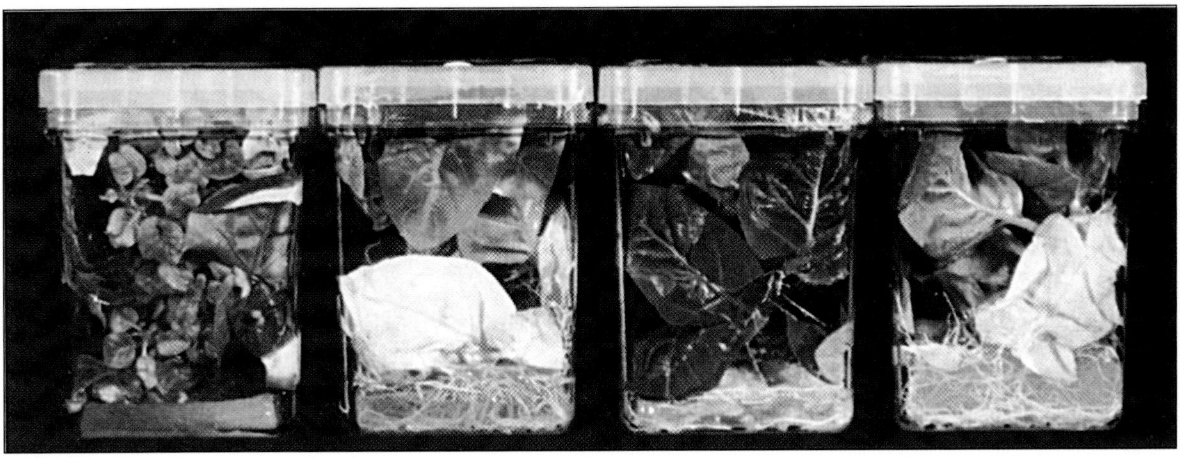

9. 유전적으로 형질전환된 담배 캘러스에서 시토키닌의 효과(그림 16-14 참조)

10. 대두 유식물의 광형태발생(그림 18-10 참조)

11. 이산화황에 의해 손상을 입은 호박잎(그림 22-17 참조)

12. 단일식물인 나팔꽃(*Pharbitis nil*)과 장일식물인 사리풀(*Hyoscyamus niger*)에서 광주기에 의한 개화의 조절(그림 20-2 참조)

제 7 장

빛과 색소 : 광생물학 입문

태양 빛은 생물이 필요로 하는 매우 중요한 두 가지 요소인 에너지와 정보를 충족시킨다. 반면에 태양 방사 에너지는 지표면의 온도를 생물체에 적절하도록 유지할 뿐만 아니라 광합성을 통해서 생명을 유지하는 궁극적인 에너지원이다. 방사 에너지는 주로 빛의 형태로서 식물의 운동을 조절하고, 일련의 발달 현상을 유발함과 동시에 시간의 경과를 표시(mark)하는 환경에 대한 정보를 제공한다. 녹색 식물의 생활에서 빛의 중요성은 광형태 발생, 광주기 현상 및 광합성을 포괄하는 광생물학의 연구에 비추어 보아 알 수 있다.

빛이 식물에서 얼마나 중요한가를 완전히 이해하려면 빛과 식물에서 빛과 상호 작용하는 분자의 성질을 이해하는 것이 필요하다. 이 장에서는

- 빛의 물리적 성질 및 빛이 물질과 어떻게 작용하는지 알아보며
- 빛을 기술하는 데 사용되는 용어와 측정 기법에 대해서 논의하며
- 자연 상태의 식물에서 빛의 특성을 간단하게 토의한 후
- 식물에서 볼 수 있는 주요 색소와 색소계에 대해서 고찰한다.

후반부의 여러 장들에서 식물이 광합성을 진행하고 발달을 조절하기 위해 빛을 사용하는 여러 방법에 대해 논의할 것이다.

빛의 물리적 성질

빛은 연속파적인 파동과 개별적인 입자의 이중성을 띤 전자기 에너지 형태이다. 공간을 이동하거나 물체에 의해서 반사될 때 혹은 렌즈에 의해서 굴절될 때 전자기 방사는 파동성을 띤다. 반면에 빛이 방출되거나 흡수될 때는 입자의 흐름처럼 행동한다.

빛은 무엇인가? 200여 년 전에 Johnson이 인식하였듯이 이 질문에 대해 답하기란 쉽지 않다. 가장 간단한 답으로 빛은 방사 에너지의 형태로서 태양에 의해 방출되는 계속적인 방사선 전자기 스펙트럼에 함유된 짧은 밴드의 에너지라고 할 수 있다(그림 7-1). '빛' 이라는 용어는 사람의 시각에 생리적인 자극을 일으킬 수 있는 **전자기 스펙트럼**(electromagnetic spectrum)의 부분이다. 다시 말해서 빛이란 사람 눈의 망막에 위치한 수용체를 자극할 수 있는 400~700nm 사이의 범위에 들어 있는 파장으로 정의된다. 엄격히 말해서 우리가 적, 녹, 청이라 인식하는 스펙트럼을 빛이라 하는 반면에 자외선이나 적외선(infrared) 영역의 스펙트럼은 여러 가지 중요한 생물학적 효과를 가지고 있지만 우리 눈이 인식할 수 없다. 비록 본 장에서는 주로 빛에 대해서 논의할 것이지만 그 원리는 넓은 의미에서 방사선에도 적용된다.

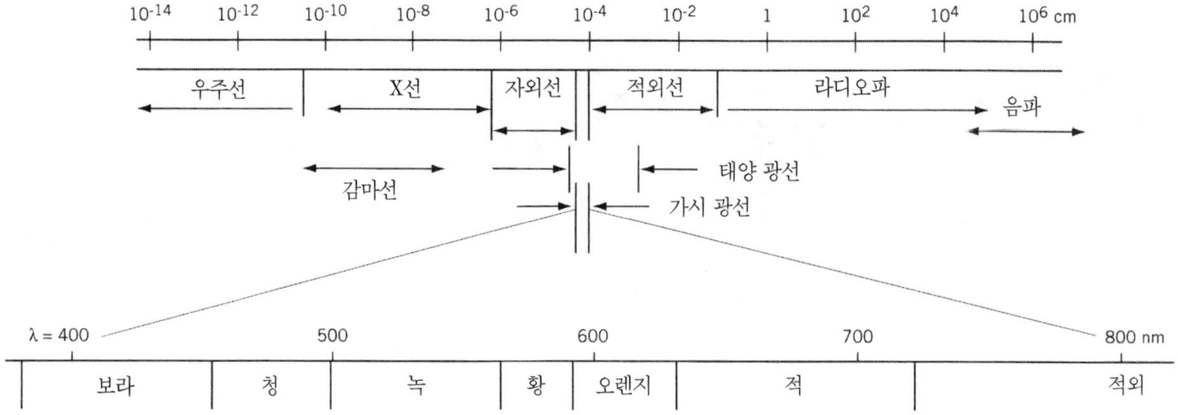

〈그림 7-1〉 전자기 스펙트럼
가시 광선인 빛은 전체 전자기 스펙트럼의 극히 작은 일부분에 해당한다.

다른 형태의 에너지와 마찬가지로 빛은 수수께끼 같은 면이 있어서 정의하기가 어렵다. 빛은 빛의 속성에 의해서가 아니라 물질과 어떻게 작용하는가로 더 쉽게 기술된다. 19세기 말과 20세기 초의 물리학자들에 의해서 빛이 연속적인 파동과 개별적인 입자의 두 속성을 갖는다는 것이 밝혀졌다. 이 두 특성은 빛의 생물학적 역할을 이해하는 데 매우 중요하다.

파동현상으로서의 빛

공간을 통한 빛의 전파는 빛의 전자기 성질에서 볼 수 있는 규칙적이고 반복적인 변화, 즉, 파동의 특성을 나타낸다. 전자기 방사선은 실제로 2개의 파, 즉 전기파와 자기파로 구성되어 있는데 서로 90°의 각으로 전파 방향으로 진동한다(그림 7-2). 빛의 파동성은 파장 혹은 진동수로 나타낼 수 있다. 파의 마루간의 거리를 파장이라 하며 그리스 문자 람다(λ)로 표시한다. 생물학자는 흔히 파장을 나노미터(nm, $1\text{nm}=10^{-9}\text{m}$)의 단위로 표현한다. 진동수는 그리스 문자 누(υ)로 표시하며 1초에 단위 지점을 통과하는 파동수를 의미한다. 따라서 진동수는 파장과 다음과 같은 식으로 연관되어 있다.

$$\upsilon = c / \lambda \tag{7. 1}$$

여기서 c는 빛의 속도, $3\times10^{8}\text{m s}^{-1}$이다. 진동수도 어떤 조건하에서 유용하지만 생물학자는 빛과 다른

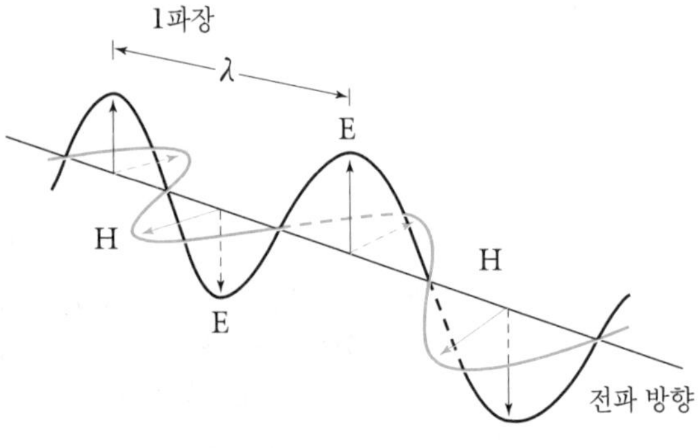

〈그림 7-2〉 빛의 파동성
전기 벡터(E)와 자기 벡터(H)가 서로 90°의 각도로 진동한다.

〈표 7-1〉 생물학자에게 주관심 대상인 방사선

색	파장 영역(nm)	평균 에너지 (kJ mol^{-1} photons)
자외선	100-400	
자외선-C	100-280	471
자외선-B	280-320	399
자외선-A	320-400	332
가시 광선	400-740	
보라색	400-425	290
청색	425-490	274
녹색	490-550	230
황색	550-585	212
오렌지색	585-640	196
적색	640-700	181
근적외선	700-740	166
적외선	740 이상	85

형태의 방사선을 기술하기 위해서 파장을 가장 많이 사용한다. 광생물학자에게 주관심의 대상인 파장은 자외선, 가시 광선 및 적외선(표 7-1)의 3구역이다.

입자 흐름으로서의 빛

빛은 광원에서 방출되거나 물질과 상호 작용할 때 그 에너지가 **광자**(photon)라고 불리는 개별적인 입자로 분할된 것처럼 행동한다. 하나의 광자에 의해 운반되는 에너지가 양자화되거나 여러 단위로 나뉠 수 있음을 반영해서 **양자**(quantum, 복수는 quanta)라 한다.

양자 에너지는 파장과 진동수에 의해서 다음의 식과 같은 관계에 있다.

$$E_q = hc/\lambda = h\upsilon \tag{7. 2}$$

여기에서 h는 플랑크 상수(Planck's constant)라는 비례 상수로서 6.62×10^{-34} J s photon^{-1}이다. 따라서 방사선의 양자 에너지는 파장에 반비례하지만 진동수에는 정비례한다. h 표시는 그림이나 도표에서 하나의 광자를 표시하기 위해 흔히 사용된다.

h와 c가 모두 상수이므로 관심 대상인 어느 파장에서도 광자 에너지를 쉽게 구할 수 있다. 다음의 예는 660 nm(6.6×10^{-7} m)에서 적색광이 갖는 에너지량을 계산하는 것을 보여주고 있다.

$$E_q = \frac{(6.62 \times 10^{-34}\ \text{J s photon}^{-1})(3 \times 10^{8}\ \text{m s}^{-1})}{6.6 \times 10^{-7}\text{m}} \tag{7. 3}$$

$$= 3.01 \times 10^{-19}\ \text{J photon}^{-1} \tag{7. 4}$$

435nm (4.35×10^{-7} m)의 청색광인 경우에는

$$E_q = \frac{(6.62 \times 10^{-34}\ \text{J s photon}^{-1})(3 \times 10^{8}\ \text{m s}^{-1})}{4.35 \times 10^{-7}\text{m}} \tag{7. 5}$$

$$= 4.56 \times 10^{-19}\ \text{J photon}^{-1} \tag{7. 6}$$

위의 값에서 알 수 있듯이 1개의 광자 에너지는 매우 적다. 따라서 실제 사용시는 1개의 광자 에너지에 아보가드로 수($N = 6.023 \times 10^{23}$ photons mol^{-1})를 곱해주는 것이 편리하다. 이는 1몰의 양자 에너지를 의미하며 보다 실용적인 계수가 된다. 예를 들어 1몰의 적색광 광자가 갖는 에너지는 181, 292J mol^{-1} 즉 181kJ mol^{-1} (표 7-1)이다. 청색광 1몰이 가지는 에너지는 274kJ mol^{-1} 이다. 양자 1몰의 개념은 개개의 양자를 취급하는 것보다 더 유용하다. 예를 들어 특정 파장의 1몰 광자는 1몰의 색소를 흥분시키는 데 필요하다.

빛에너지의 흡수와 그 운명

빛에너지는 색소라는 분자에 의해 흡수될 수 있다. 그 결과 흥분된 색소 분자는 불안정해지므로 그 에너지는 열로 소산되거나, 빛으로 재방출되거나 광화학 반응에 참여한다.

빛이 식물에 이용되기 위해서는 먼저 흡수되어야만 한다. 광화학 및 광생물학에서 이 같은 빛의 초기 반응은 두 가지의 기본 원리에 바탕을 두고 있다. 그 첫번째는 가트하우스-드래퍼 원리(*Gotthaus-Draper principle*)로서 흡수된 빛만이 광화학 반응에서 활성을 보인다는 것이다. 빛에 의해 진행되는 어떤 생리 반응의 초기 단계도

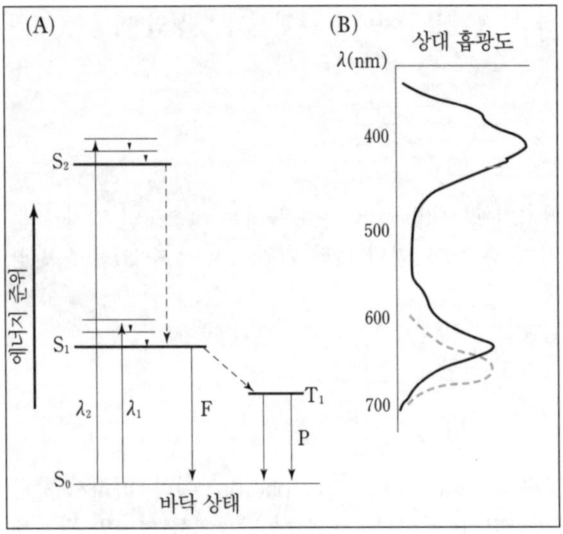

〈그림 7-3〉 분자에 의한 빛의 흡수

(A) 빛이 흡수되었을 때 가능한 여러 가지 전이를 나타내는 에너지 준위 도표. 들뜨지 않은 분자는 바닥 상태에 있다고 한다. S_2와 S_1은 각각 λ_2와 λ_1(실선 화살표)의 흡수에 의해서 일어나는 들뜬 1중항 상태이다. 점선 화살표는 에너지가 주로 열로 방출되는 무방사(radiationless) 소멸을 나타낸다. 형광(F)은 가장 낮은 흥분 1중항 상태에서의 빛 방출이다. T_1은 준안정 상태인 흥분 3중항 상태이다. 3중항 상태에서의 에너지는 무방사 소멸이나 인광(P)이라는 빛의 형태로 지연되어 방출된다. 3중항 상태는 광화학 반응이 일어나기에 충분할 정도로 오래 유지된다. (B) 흡수 스펙트럼은 파장 함수에 대한 흡수 그래프이다. 흡수 정점이나 흡수 밴드는 흥분된 정도와 상응한다. 가장 낮은 흥분 1중항 상태에서의 에너지 방출에 해당되는 형광 방출 스펙트럼도 점선으로 표시되어 있다.

그 속성이 광화학적이므로 이 원리가 광생물학적 현상에도 확장하여 적용될 수 있다. 따라서 모든 광생물학적 현상에는 빛을 흡수하는 분자가 참여하며, 이 같은 분자를 색소라 한다. 식물은 두드러진 시각적 특징을 나타내면서도 거의 모든 식물의 중요한 생리적 구성원인 다양한 색소를 갖고 있다. 예를 들어 잎의 전형적인 색깔인 녹색은 엽록소라 불리는 색소군 때문이다. 엽록소는 광합성에 이용되는 빛에너지를 흡수한다. 아름다운 꽃잎의 색깔은 수분 매개자인 곤충을 유인하는 역할을 하는 안토시아닌 때문이다. 피토크롬과 같은 다른 색소는 너무 적은 양으로 존재해서 눈으로 볼 수 없으나 식물 형태 발생에 중요한 역할을 한다. 이런 것을 포함하여 다른 중요한 식물 색소들이 이 장의 후반부에서 논의될 것이다.

색소 분자가 빛을 흡수하면 실제로 무슨 일이 일어날까? 색소에 의한 빛의 흡수는 1000조 분의 1초(10^{-15}s) 내에 일어나는 매우 빠른 사건이다. 이 시간 동안에 흡수된 광자의 에너지는 색소 분자의 전자로 이동한다. 따라서 전자의 에너지는 낮은 에너지 준위인 **바닥 상태**(ground state)에서 높은 에너지 준위인 **흥분 상태**(excited state) 혹은 **단일항 상태**(singlet state)로 올라간다. 이 같은 에너지 준위 변화는 〈그림 7-3〉에 그래프로 나타나 있다. 광자와 마찬가지로 전자의 에너지 상태도 양자화할 수 있다. 즉, 전자는 여러 에너지 준위 중에서 단지 하나의 준위에만 위치한다. 광자는 그 에너지량이 전자의 에너지를 더 높은 가능한 에너지 준위로 올라가는 데 필요한 에너지와 일치할 때만 흡수될 수 있다.

광자가 더 이상 쪼개질 수 없듯이 전자도 마찬가지로 부분적으로 들뜰 수 없다. 이를 제2의 광화학 반응 원리(*아인슈타인-스타크*의 광화학 등가 법칙, ***Einstein-Stark law of photochemical equivalence***)라 한다 — 하나의 광자는 단지 하나의 전자만을 들뜨게 할 수 있다. 반면에 엽록소와 같은 거대 색소는 많은 다른 전자를 갖고 있어서 각각의 전자는 에너지 준위가 다르며, 그 결과 다른 파장의 광자를 흡수할 수 있다. 게다가 각 전자는 진동(vibrational level) 혹은 회전 준위(rotational level)와 같이 여러 가지 흥분 상태로 존재하기도 하여 흡수할 수 있는 광자의 영역은 더욱 넓어진다(그림 7-3). 엽록소와 같은 색소가 백색광에 노출되면 동시에 많은 다른 흥분 상태를 표출한다.

들뜬 상태의 분자는 10억 분의 1초 정도의 아주 짧은 수명을 가지는데, 인접한 분자와 화학 반응이 일어나지 않은 경우에는 과다한 에너지가 제거되면서 바닥 상태로 돌아온다. 과다 에너지의 소산은 다음의 여러 경로로 일어난다.

1. 분자가 흥분 에너지를 열로 소실하면 **열적 불활성화**(thermal deactivation)가 일어난다(그림 7-3(A)). 전자는 아주 빨리 가장 낮은 흥분 단일항 상태로 떨어진다. 과다 에너지는 주위 환경에 열로 발산된다. 만일 전자가 바닥 상태로 되돌아가면 그 에너지도 열로 소산될 것이다.
2. **형광**(fluorescence)은 흥분된 분자가 광양자를 방출하는 것이다. 그러나 형광 방출은 전자가 열로서 에너지를 소실하면서 가장 낮은 흥분 단일항 상태로 되돌아온 후에야만 일어날 수 있다(그림 7-3(A)). 결과적으

〈그림 7-4〉 형광의 한 예
윗면에서 주로 엽록소가 함유된 잎 색소의 추출액을 청색광으로 조사하였다. 흡수된 빛은 붉은 형광빛으로 재방출된다.

로 방출된 광자는 〈식 7. 1〉에 따르면 흥분된 광자보다 낮은 에너지의 긴 파장을 갖게 된다. 예를 들어 광합성 색소인 엽록소인 경우 방출된 형광의 피이크는 적색 흡수 영역대에서 파장이 긴 쪽에 있다(그림 7-3(B)). 이것은 색소가 청색광(450nm, 262kJmol^{-1})이나 적색광 660nm, 181kJmol^{-1})에 의해 흥분 상태로 되더라도 상관없이 동일하다. 용액에 있는 엽록소와 같은 색소의 경우 바닥 상태로 되돌아올 때 종종 형광 방출이 유일한 경로가 된다(그림 7-4).

3. **유도 공명**(inductive resonance) 혹은 **무방사 전이**(radiationless transfer)로 알려진 메커니즘으로 에너지가 색소 분자간에 전이된다. 이 같은 전이는 높은 효율로 일어나지만 색소 분자가 매우 가까이 붙어 있어야 할 뿐만 아니라 주개 분자의 형광 방출 파장이 받개 분자의 흡수 파장과 겹쳐야만 한다. 엽록체의 색소간에 볼 수 있는 에너지 전이의 대부분이 유도 공명으로 설명된다(9장).
4. 어떤 경우에는 분자가 **3중항 상태**(triplet state)라고 하는 다른 흥분 상태로 되돌아가기도 한다(그림 7-3(A)). 1중항과 3중항의 차이는 외곽 전자의 스핀과 연관되지만 여기서는 중요하지 않다. 단지 3중항 상태가 1중항 상태보다 안정하므로 준안정 상태(metastable state)로 간주된다는 점만 알면 된다. 준안정 상태의 3중항은 1000분의 1초 정도의 긴 수명을 가지므로 광화학 반응이 일어나기에 충분한 시간이다. 이때 에너지화된 전자가 실제 받개 분자로 전달되는 산화 반응의 형태로 일어날 수 있다. 이 반응이 일어나면 색소가 **광산화되었다**고 하며 받개 분자는 환원된다. 예를 들어 엽록소의 광산화는 광합성의 1차 광화학 반응이다(9장). 형광의 경우처럼 색소는 광화학 반응이 일어나기 전에 먼저 빠른 열적 불활성화가 일어나 가장 낮은 들뜬 상태에 도달한다. 이는 광합성을 수행하는 데 이용되는 에너지가 청색광에 의한 것이나 적색광의 광자에 의한 것이나 같음을 의미한다. 빛에너지가 광산화 반응을 유도하는 것 외에, 피토크롬 분자에서 일어나는 것으로 보이는 분자의 구조적 변화를 유도하는 데 사용되기도 한다(18장).

흡수와 작용 스펙트럼

빛의 흡수와 그 결과로 생긴 생리 반응의 효율을 파장의 함수로 표현한 그래프를 각각 흡수 및 작용 스펙트럼이라 한다.

〈그림 7-3(B)〉는 엽록소에 의한 빛의 흡수를 파장의 함수로 나타낸 것이다. 그 결과로 생긴 그래프는 파장에 따른 빛의 흡수 효율이 함수화된 **흡수 스펙트럼**(absorption spectrum)이다. 이 그림에서 분자의 가능한 흥분 상태와 흡수 스펙트럼에서 주요 흡수 영역이 일치되는 것을 강조하기 위해서 스펙트럼은 정상적인 배치에서 90° 회전된 상태이다. 〈그림 7-3(A)〉의 에너지 준위 도표는 넓은 의미에서 엽록소에 의한 빛의 흡수를 나타낸다. 이 경우에 λ_1은 적색광을, λ_2는 청색광을 표시한다.

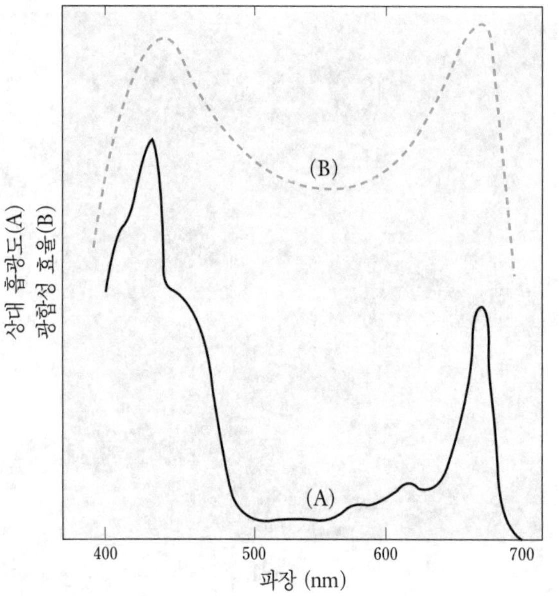

〈그림 7-5〉 엽록소가 대부분인 잎 추출물의 흡수 스펙트럼(A)과 비교한 광합성의 전형적인 작용 스펙트럼(B)
작용 스펙트럼은 용액내의 색소의 주요 흡수 피크와 일치하는 청색과 적색 영역에서 피크를 가진다.

흡수 스펙트럼은 사실상 확률에 대한 묘사이다. 특정 파장에서 흡수 곡선의 높이 혹은 넓이는 그 에너지 수준에 해당하는 빛이 흡수될 확률을 반영한다. 더 중요한 것은 흡수 스펙트럼은 분자의 지문과도 같다. 모든 빛을 흡수하는 분자는 고유한 흡수 스펙트럼을 지니고 있기 때문에 그 분자를 식별하는 데 중요한 열쇠가 된다. 예를 들어 여러 종류의 녹색 색소인 엽록소가 있는데 각 엽록소의 흡수 스펙트럼의 양상은 일반적으로 〈그림 7-3(B)〉와 유사하지만 엽록소 종류에 따라 정확한 최대 흡수 파장은 서로 다르다.

빛이 생리 작용에 효과를 나타내기 위해서는 우선 흡수되어야 하므로 각 색소가 효과적으로 빛을 흡수하는 것이 당연하다. 광의존적 반응을 연구할 때 광생물학자들이 하는 초기 임무의 하나는 이를 주관하는 색소를 찾는 것이다. 중요한 정보의 하나로 작용 스펙트럼이 있는데, **작용 스펙트럼**(action spectrum)은 특정한 반응에 대한 효과를 파장 함수로 나타낸 그래프이다. 여기에는 그 색소에 의해 가장 효율적으로 흡수된 빛이 그 반응을 유도하는 데 있어서도 가장 효율적일 것이라는 가정이 깔려 있다. 다시 말해서 광의존적 반응의 작용 스펙트럼은 효과적인 빛을 흡수하는 색소의 흡수 스펙트럼과 매우 유사해야만 한다. 따라서 흡수 스펙트럼과 작용 스펙트럼의 비교는 광반응에 관여하는 색소를 동정하는 데 중요한 단서를 제공하게 된다. 한 예로서 광합성에 대한 녹색 식물의 전형적인 작용 스펙트럼이 〈그림 7-5〉에 나타나 있다. 이 그림을 주로 엽록소와 약간의 카로티노이드를 가진 잎 추출액의 흡수 스펙트럼과 비교하였다. 작용 스펙트럼에서 적색 및 청색 영역 피이크가 엽록소의 흡수 스펙트럼 피이크와 상응함에 주목하라. 이것이 광합성에서 엽록소의 역할을 입증하는 일부가 된다. 흡수와 작용 스펙트럼의 비교는 식물의 여러 가지 광반응에 관여하는 색소를 밝히는 첫번째 단계로 이용되어졌다(18장).

빛의 측정

광생물학 연구에서 빛의 세밀한 기술과 정확한 측정은 매우 중요한 척도이다. 빛의 양과 파장의 조성을 분석하는 데 다양한 방법이 이용된다.

빛이 다방면으로 식물의 생리와 발달에 영향을 미친다는 점에서 빛과 광원을 바르게 측정하고 기술하는 것이 실험실과 야외 실험에서 중요한 요건의 하나가 되는 것이 당연하다. 많은 실험들이 이제는 빛, 온도 그리고 습도의 조절이 가능한 환경 조절실에서 이루어지고 있다. 다른 연구자들이 실험 결과를 해석하고 자신의 실험실에서 실험을 재현하기 위해서는 광원과 광조건을 상세하고 정확하게 기술해야 한다. 예를 들어 식물을 단순히 백색광, 청색광 혹은 형광등 하에서 키웠다고 언급하는 것은 충분하지 않다. 형광등에서 나오는 빛의 스펙트럼 조성은 백열등이나 자연광과 아주 다르다. 이런 여러 가지 요인으로 인해 각각의 광원은 두드러지게 식물의 발달과 행동에 다른 영향을 미치기도 한다. 심지어 자연광도 새벽, 한낮 그리고 해질 무렵과 양지와 음지 서식처, 그리고 맑은 날과 흐린 날에 따라 질적 조성이 변한다. 따라서 광생물학을 이해하기 위해서는 빛을 측정하는 법과 그 측정값이 무엇을 의미하는지를 이해하는 것이 필요하다. 또한 같은 분야에서 일하는 모든 사람이 서로 이해할 수 있는 일치된 용어를 사용해야 한다.

빛을 기술하는 데 있어서 1차 관심 대상인 세 가지의 척도가 있다. 첫번째는 식물이 얼마나 많은 빛을 받았는지를 나타내는 **광량**(light quantity)이다. 두번째는 파장에 따른 빛의 성분으로서 **광질**(light quality), **스펙트럼조성**(spectral composition) 혹은 **스펙트럼 에너지 분포**(spectral energy distribution, SED) 등으로 표현된다. 세번째 요인으로 빛 처리를 한 기간과 주기를 나타내는 **타이밍**(timing)이 있다.

식물 광생물학자들에게 가장 많이 통용되는 광량의 측정은 *플루언스*(fluence) 개념에 의거하고 있다. 플루언스는 작은 구에 떨어지는 방사 에너지 양을 단면적으로 나눈 값으로 정의된다. 빛은 광자로 흡수되거나 방출될 수 있으므로 플루언스는 양자나 광자 수(몰 수) 혹은 에너지 양(J)으로 표현될 수 있다. **광자 플루언스**(photon fluence; mol m^{-2})는 구에 입사하는 모든 광자 수를 의미하며 **에너지 플루언스**(energy fluence) (J m^{-2})는 입사하는 총 에너지를 나타낸다. 이때의 속도가 **광자 플루언스율**(mol m^{-2} s^{-1})과 **에너지 플루언스율**(J m^{-2} s^{-1} 혹은 W m^{-2})이다. **복사조도**(irradiance)라는 용어가 에너지 플루언스율과는 원칙상으로 서로 같지는 않지만 혼용하여 자주 사용된다. 복사조도는 구가 아니라 평면에서의 에너지 유입을 의미한다.

방사선을 측정하는 많은 기기는 실제로 가시 광선 영역 외의 광생물학적 경로에 직접적으로 관여하지 않은 적외선 등을 포함한 총에너지를 측정한다. 이 같은 혼돈을 피하기 위해서 400에서 700 nm 사이의 스펙트럼 영역만을 측정하는 기기가 시판되고 있다. 이 영역의 빛을 **광합성 활성방사**(photosynthetically active radiation, PAR)라 정의한다. 따라서 mol photons m^{-2} s^{-1} PAR로 표현되는 광자 플루언스율이나 W m^{-2} PAR로 표현되는 에너지 플루언스율이 실험실에서 일상적으로 널리 사용된다. PAR 측정의 유일한 한계점은 광합성에는 관여하지 않지만 식물 발달 조절에서 매우 중요한 700에서 750 nm 영역의 빛이 빠져 있다는 것이다(18장).

광질은 스펙트럼 조성을 의미하며·보통 방출 혹은 입사 스펙트럼으로 정의된다. SED는 좁은 파장 영역대의 플루언스율의 측정이 가능한 스펙트로라디오미터(spectroradiometer)라는 기기로 측정한다. 기기에 따라서 **스펙트럼 광자 플루언스율**(spectral photon fluence rate, mol photons m^{-2} s^{-1} nm^{-1}) 혹은 **스펙트럼 에너지 플루언스율**(spectral energy fluence rate, W m^{-2} nm^{-1})이 파장 함수로 표시된다. 실제상으로는 스펙트로라디오미터는 스펙트럼의 복사조도(W m^{-2} nm^{-1})를 측정할 수 있는 평면 검출기도 가지고 있다.

SED는 광원의 성질과 여러 요인에 따라서 바뀔 수 있다(그림 7-6). 예를 들어 자연 태양광의 SED는 대기의 질, 구름 낀 정도, 그리고 시간에 따라서 변할 수 있다. 백열등이나 형광등과 같은 인공 광원의 SED는 자연광과 현저하게 다르다. 형광등은 상대적으로 청색광 영역에서 많이 방출되나 적색 광역에서는 급격하게 감소된다. 반면에 백열등은 청색 광역은 비교적 적지만 적외선과 근적외광을 많이 방출한다.

대부분의 생물학자는 스펙트로라디오미터가 상대적으로 비쌀 뿐만 아니라 보정을 자주 해야 하며 일상적인 실험실 작업에 귀찮기 때문에 이 기기를 쉽게 이용할 수 없다. 필터가 부착된 저렴하고 간단한 기기가 이용 가능하여, 연구자는 넓은 밴드의 광역 스펙트럼의 평균 복사조도를 측정함으로써 적색, 청색 및 원적외선의 광량 값을 비교할 수 있다.

자연광 환경

식물은 늘 변화하는 광 환경에 노출되어 있다. 규칙적이며 예측 가능한 변화를 통해 식물은 그 환경에 관한 유용한 정보를 받게 된다.

태양에서 발생한 방사선의 비교적 적은 부분만이 지구 대기권에 도달하며 지표면에는 그보다 더 적은 양이 도달한다(그림 7-6(A)). 그러나 지구에 도달하는 방사 에너지의 양과 스펙트럼 분포는 모두 식물의 생리 작용에 지대한 영향을 미치게 된다. 더불어 방사 에너지는 인간에 보다 직접적이고 중대한 결과를 초래하는 여러 문제의 중심이기도 하다.

적외선의 상당 부분은 대기상의 수증기, 이산화탄소 그리고 다른 가스에 의해서 흡수되어(그림 7-6(A)) 온실 효과(greenhouse effect)라고 불리는 현상을 유발한다(그림 7-7). 최근에 온실 효과에 내한 대중의 인식이 현저하게 증가하고 있지만, 20세기 후반에서만 나타나는 현상은 아니다. 온실 효과는 지구상에 생물이 나타난 이후 우리와 함께 계속 존재해 왔다. 이 현상 없이는 우리가 알고 있는 상태로의 생명은 존재할 수 없었다. 적외선은 긴 파장이라서 낮은 에너지를 갖는다. 그 주요 효과는 분자의 진동 에너지, 즉 열을 증가시키는 것이다. 대기 중의 수증기와 이산화탄소에 의한 적외선의 흡수로 열담요(thermal blanket)가 형성되어 가스가 없는 달 표면에서 일어나는 극단적인 온도 변화를 막아준다. 덜 극단적이기는 하지만, 마찬가지로 온도의 변화는 높은 낮 기온이 차가운 밤과 교차하는 지구상의 건조한 사막 지대의 특징이다.

산업 혁명 이래 화석 연료의 막대한 소비가 대기상의 이산화탄소와 다른 소위, 온실 가스를 꾸준히 증가시킨 주요인으로 밝혀지면서 온실 효과에 대한 대중의 우려가 생겨났다. 많은 사람들은 이산화탄소의 계속적인 방출이 대기의 열함유량을 높이게 되어 지구 온난화를 유발한다고 믿고 있다. 이는 극지방의 빙산을 일부 녹게 하여 저지대를 물에 잠기게 할 뿐만 아니라 농업 생산력의 변동을 초래할 수도 있다. 그러나 또 다른 시나리오에 의하면 증가된 이산화탄소로 광합성이 촉진되어 지구상의 식물량이 증가하게 된다. 위의 두 시나리오와 달리 대양이 많은 양의 이산화탄소를 대기와 교환하여 이산화탄소 농도를 완충하는 능력을 가지므로 지구 온난화를 상쇄한다는 견해도 있다. 이 분야는 논쟁의 소지가 있는 분야로서 확실히 우리는 이러한 문제들에 대해 필요한 것만큼 알고 있지 못하고 있다.

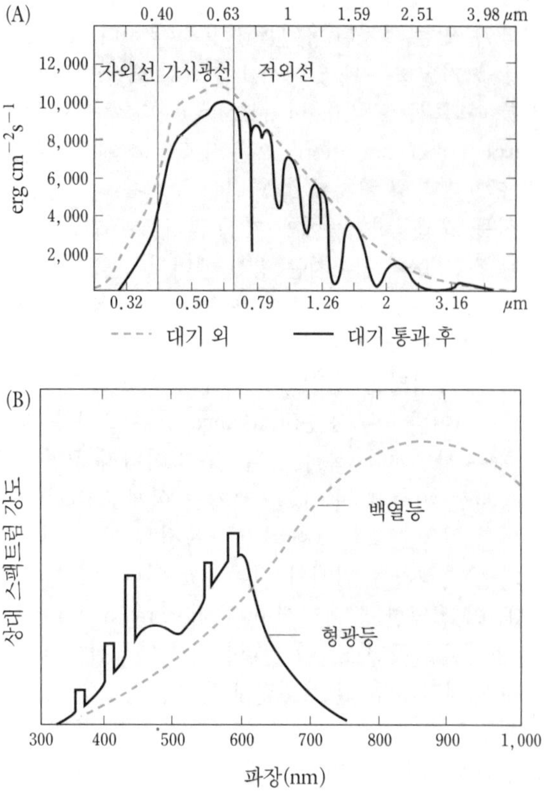

〈그림 7-6〉 태양(A)과 형광등 및 백열등(B)의 스펙트럼 에너지 분포의 비교

(A)와 (B)에서의 파장 눈금이 서로 다른 점에 유의하라. 태양에서 유입되는 에너지의 약 20%, 특히 적외선 영역이 대기 가스 중 주로 CO_2나 H_2O에 의해서 흡수된다. 태양 스펙트럼은 C. W. Allen이 맑은 날 호주의 한 관측소에서 측정한 값으로 그린 것이다.

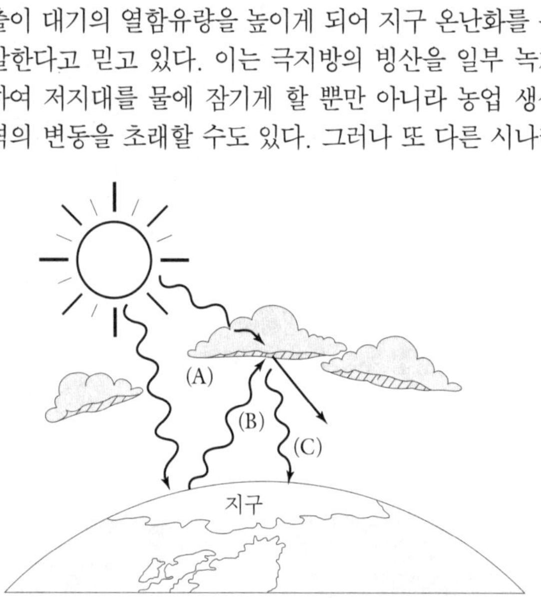

〈그림 7-7〉 온실 효과를 나타내는 모식도

태양 방사광은 대기와 지구를 모두 데운다(A). 지구는 대기로 적외선을 재방사한다(B). 그 후 지구로 다시 반사되어 오거나 대기 가스(CO_2, 수증기, 메탄올)에 의해 흡수되어 지구로부터 벗어나지 못한다(C). 포획된 적외선의 일부는 지구로 재방사되어 온도를 증가시키게 된다.

스펙트럼의 다른 끝에 있는 자외선은 짧은 파장, 높은 주파수와 높은 에너지의 특징을 가진다(표 7-1). 자외선의 흡수로 반응성이 매우 큰 분자가 형성되는데 종종 전자가 방출되거나 분자의 이온화가 일어나기도 한다. 이 같은 이온화는 생물에 해를 끼친다. 예를 들어 254 nm에서 UV-C의 주된 효과는 DNA에서 티민 이량체(thiamine dimer) 형성을 유도한다. 자연 환경에서 자외선 유도 돌연변이는 지표면에 도달하는 자외선량이 매우 적기 때문에 보통은 큰 문제가 되지 않는다. 모든 UV-C와 거의 대부분의 UV-B는 성층권에서 오존과 에어로졸(고체와 액체의 분산 입자)에 의해 흡수된다. 그러나 대기의 오존층이 감소하면 모든 생물에 해가 될 잠재적 위험이 증가한다. 최근에 성층권 오존층의 감소로 지표면에 도달하는 UV-B 방사선의 증가가 우려를 낳고 있다. 지난 20여 년 간 모은 데이터에 의하면 조사된 식물의 대략 반 정도가 증가된 UV-B에 의해서 해를 입은 것으로 나타났다. UV-B에 가장 민감한 식물은 보통 UV-B 방사선이 적은 저위도 태생인 것이 아마도 놀랄 사실은 아니다.

주파수와 에너지 수준에서 가시 광선은 자외선과 적외선 중간에 위치한다. 가시광선의 흡수는 흡수 분자의 외곽 전자의 에너지 준위를 증가시키므로 유용한 광화학 반응을 개시할 잠재력을 지니고 있다. 게다가 가시광선의 플루언스율(fluence rate)과 분광 성질은 종종 매일 혹은 계절별로 예측이 가능하지만 끊임없이 변화한다. 이 같은 변화는 식물이 자신에게 유리하게 이용할 수 있는 정보, 즉, 환경에 관한 정보를 전달한다.

일단위로 가시광선의 가장 현저한 변화는 플루언스율과 스펙트럼 분포이다. 전형적으로 맑게 개인 날 한낮의 플루언스율은 2000 mol $m^{-2}s^{-1}$ 정도이다. 그러나 해가 수평선을 막 넘어간 후의 황혼녘에 광량은 10 mol m^{-2} s^{-1} 수준 이하로 떨어진다. 석양 무렵에는 풀루언스율이 급격하게 떨어져서 10분마다 거의 10배 정도나 감소한다.

해질녘에 플루언스율의 변화에 수반하여 광질 또한 변화한다(18장 참조). 정상적인 일광은 직사광과 산란광으로 구성된다. 산란광은 주로 청색 파장대의 빛인데 물방울이나 먼지와 같은 대기 조성 물질에 의해서 단파장이 우선적으로 분산되기 때문이다. 따라서 보통 일광은 청색이 많기 때문에 하늘이 푸른색을 띤다. 태양이 수평선에 10도 정도보다 낮은 높이에 있는 석양에는 태양광이 지구에 낮은 각도로 들어와서 광선이 산란과 반사의 조합으로 장파의 적색 및 원적외선이 많게 된다. 이는 태양이 대기를 통한 태양광의 이동 거리가 관찰자의 머리 위에 있을 때보다 50배까지나 더 길어질 수 있기 때문이다. 따라서 거의 대부분의 주황과 청색광은 산란되어 시야에서 사라지고 압도적으로 장파의 적색과 원적외선만이 관찰자에 도달하게 된다.

구름이나 대기 오염과 같은 대기 요소 또한 태양광의 스펙트럼 분포에 영향을 미친다. 구름이 끼면 복사조도를 감소시키지만 산란광, 즉 청색광 부분을 증가시킨다. 대기 중의 오염물질 또한 산란을 일으키지만 역시 특정 파장대를 흡수하게 된다.

수관 아래에서 자라는 식물은 태양광이 상층부의 적색광과 청색광을 주로 흡수하는 엽록소를 지닌 잎을 통과해야 하므로 현저하게 감소한 적색 및 청색광 조건 및 수관의 빈 공간을 통해서 갑작스럽게 나타나는 강한 태양빛에 의해 생성되는 **태양 반점**(sunfleck)에 대처해야만 한다. 이같은 복사조도의 갑작스런 변화에 의해 식물의 광합성능이 상당한 영향을 받을 수 있다(9장).

식물이 끊임없이 변화하는 빛 환경에 노출되어 있다는 점은 분명하다. 구름이 끼는 것과 같은 많은 변화들은 예측 불가능하지만 광량과 분광 성질의 일일 변화는 아주 규칙적이다. 이러한 변화가 규칙적일수록 그 순간의 환경 상태 및 다가오는 변화에 대한 정확한 정보를 전달하게 된다(18장 및 20장 참조). 따라서 식물이 생존 차원에서 이 같은 정보를 해석하는 정교한 수단을 진화시켰다는 점은 아마 그리 놀랄만한 일이 아니다.

광수용체

식물은 생리적으로 유용한 방사선을 흡수하는 여러 색소를 함유하고 있다.

생리 과정에 사용되는 빛을 흡수하는 색소를 **광수용체**(photoreceptor)라 한다. 이 분자는 빛에너지와 정보를 식물이 이용할 수 있는 형태로 공정한다. 여기서는 식물에서 발견되는 주 색소를 기술하고 후반부의 여러 장에서는 생리적인 과정에 있어서 이들의 역할에 관하여 논의할 것이다.

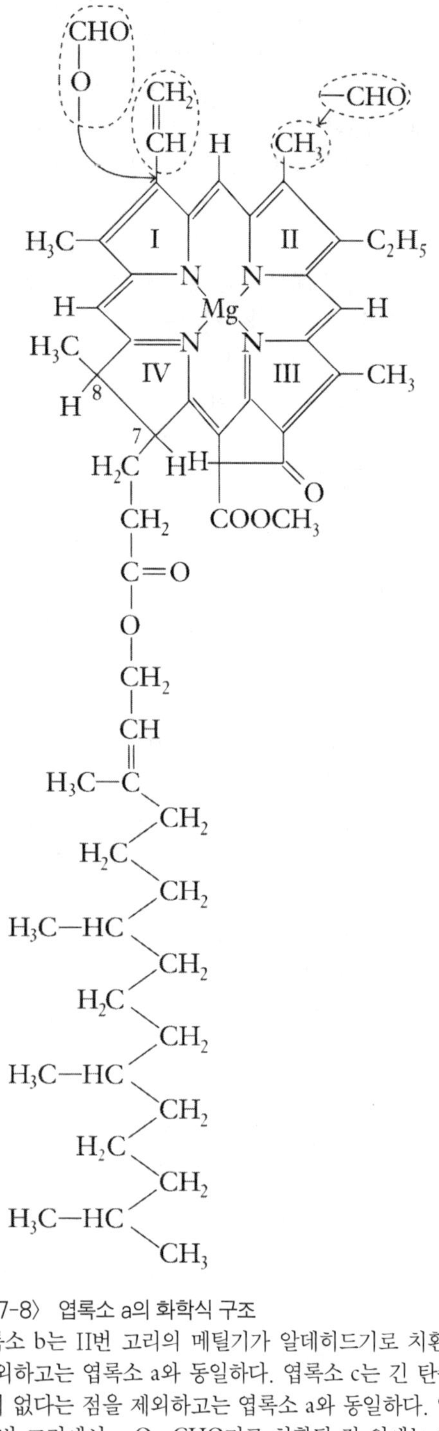

〈그림 7-8〉 엽록소 a의 화학식 구조

엽록소 b는 II번 고리의 메틸기가 알데히드기로 치환된 점을 제외하고는 엽록소 a와 동일하다. 엽록소 c는 긴 탄수화물 사슬이 없다는 점을 제외하고는 엽록소 a와 동일하다. 엽록소 d는 1번 고리에서 −O−CHO기로 치환된 점 외에는 엽록소 a와 동일하다.

엽록소

앞서 언급했듯이 엽록소(chlorophyll)는 광합성에서 사용되는 빛에너지를 일차적으로 수확하는 색소이다. 엽록소는 머리 부위인 포르피린(porphyrin)과 꼬리 부분인 긴 탄수화물 피톨(phytol)로 구성되어 있다(그림 7-8). 포르피린은 질소가 함유된 4개의 피롤 고리(pyrrole ring)로 구성된 고리형의 테트라피롤이다. 포르피린은 포유 동물의 헤모글로빈에 있는 헴기나 광합성 및 호흡 색소인 시토크롬을 포함하며 모든 생물에서 발견된다(9장과 12장). 엽록소 포르피린의 네번째 고리는 20개의 탄소를 갖는 알코올인 피톨과 에스테르 결합을 하고 있다. 이 길고 지용성인 탄수화물 꼬리는 5개 탄소의 이소프렌 유도체이다. 이소프렌(isoprene)은 색소나 카로틴과 같은 호르몬 지베렐린과 스테로이드와 같은 여러 가지 중요한 분자들의 선구체이다(14장).

마그네슘 이온이 고리의 중심에 있는 4개의 질소 원자에 킬레이트화되면 엽록소가 완성된다. 엽록소에서 마그네슘 이온이 소실되면 녹색을 띠지 않는 페오피틴(pheophytin)이 된다. 페오피틴은 산성 조건의 추출 과정에서 쉽게 형성되는데 초기 광합성 전자 수용체로서 수용체로 작용하며 엽록체에 천연적으로 소량이 존재한다(9장).

현재까지 *a*, *b*, *c*, *d*로 표시하는 4가지 종류의 엽록소가 알려져 있다. 고등 식물, 조류 및 남세균에서의 일차적 광합성 색소인 엽록소 *a*의 화학 구조가 〈그림 7-8〉에 나타나 있다. 엽록소 *b*는 메틸기가 알데히드(−CHO)기로 치환되었다는 것 외에는 엽록소 *a*와 같다. 엽록소 *b*는 사실상 모든 고등 식물과 조류에서 발견된다. 규조류, 쌍편모조류, 갈조류 등에서 발견되는 엽록소 *c*와 엽록소 *a*의 주된 차이는 엽록소 c에는 피톨 꼬리가 없다는 점이다. 마지막으로 엽록소 *d*는 홍조에서만 발견되며 1번 고리의 $-CH=CH_2$기가 −O−CHO기로 치환되었다는 점을 제외하고는 엽록소 *a*와 동일하다.

피자 식물이 암소에서 자라는 경우에는 엽록소가 축적되지 않으며, 주로 카로테노이드 때문에 노란색으로 보인다. 그러나 암소에서 자란 유식물은 엽록소 *a*의 전구체인 상당량의 전엽록소(protochlorophyll) *a*를 축적한다. 전엽록소는 단지 4번 고리의 7번과 8번 탄소에 이중 결합이 있다는 점에서만 엽록소 *a*와 다르다(그림 7-8). 이 결합의 환원은 NADPH-전엽록소 산화 환원 효소(NADPH : protochlorophyll oxidoreductase)에 의해서 촉매된다. 피자 식물의 경우 이 반응에는 빛이 필요하지만 나자 식물과 대부분의 조류에서는 암소에서도 생성될 수 있다. 엽록소 *b*는 엽록소 *a*에서 만들어진다는 게

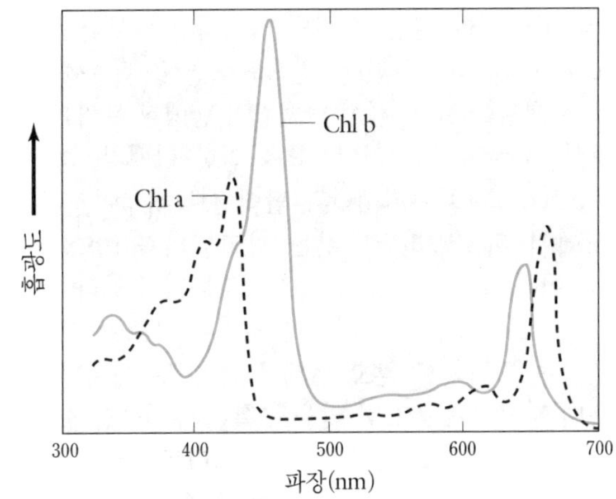

〈그림 7-9〉 아세톤 용액에서 엽록소 a(실선)와 b(점선)의 흡수 스펙트럼

일반적인 견해이다.

유기 용매에서 각 엽록소는 일반적으로 유사한 흡수 스펙트럼을 나타내지만 청색 및 적색 파장대에 있는 최대 흡수 파장은 현저하게 다르다(그림 7-9). 또한 엽록소는 490에서 550nm까지의 녹색을 거의 흡수하지 않는다. 청색과 적색을 강하게 흡수하고 녹색을 투과하므로 엽록소의 특징적인 색깔인 녹색이 된다.

엽록소의 긴 탄수화물 사슬인 피톨이 엽록소의 용해도에 절대적인 영향을 미쳐서 사실상 물에 녹지 않는다. 식물에서 엽록소는 비공유 결합으로 소수성 단백질과 연관되어 있는 엽록체의 지질 구역(domain)에서만 오로지 발견된다. 단지 극소량의 엽록소만이 막과 연관되지 않은 유리 엽록소인데 아마도 막에 끼여들어가기 전의 새로 합성된 엽록소일 것이다. 엽록소-단백질 복합체의 흡수 스펙트럼은 용액상의 유리 엽록소와는 현저하게 다르다. 예를 들어 아세톤 용액에서의 엽록소 a는 663 nm에서 흡수하는 반면에 엽록소 a-단백질은 주로 675 nm에서 흡수한다. 막에서 단백질과 엽록소의 결합은 두 가지 측면에서 중요하다. 첫번째는 효율적인 빛에너지 전달에 필요한 색소 분자들의 배치를 유지하도록 도와준다. 두번째는 각각의 색소에 독특한 환경을 제공함으로써 각 분자가 약간 다른 최대 흡수 파장을 갖게 한다. 이처럼 조금씩 다른 흡수의 차이는 색소대에서 광화학 반응이 실제로 일어나는 반응 중심으로의 빛에너지 전달에서 중요한 요인이 된다(9장).

피코빌린

피코빌린(phycobilin)은 홍조류와 남세균에서는 보조 광수확 색소이지만 고등 식물에서는 매우 중요한 조절체계로 작용한다.

포유 동물의 간에는 헤모글로빈과 같은 포르피린의 3번과 4번 고리의 이중 결합을 산화하여 분해하는 효소가 있다. 그 결과 담즙으로 분비되는 선상의 열린 테트라피롤이 만들어진다(그림 7-10). 이러한 선상의 테트라피롤은 담즙 색소 혹은 빌린으로 알려져 있다. 식물이 비록 간을 가진 것은 아니지만 담즙 색소와 유사한 특성을 가지는 색소를 갖고 있다. 이 색소를 피코빌린이라 하는데 피코(phyco-)라는 접두어는 식물 기원 색소를 의미한다. 4가지의 피코빌린이 알려져 있는데 그 중 3가지는 광합성에 관여하고 나머지 하나인 피토크로모빌린(phytochromobilin)은 식물의 생장과 발달을 조절하는 중요한 광수용체이다(18장).

광합성용 피코빌린은 피코에리트로빌린(phycoerythrobilin)으로도 알려진 피코에리트린(*phycoerythrin*), 피코시아노빌린(phycocyanobilin)으로 알려진 피코시아닌(*phycocyanin*) 그리고 알로피코시아노빌린(allophycocyanobilin)으로 알려진 알로피코시아닌(*allophycocyanin*)이다. 피코빌린 색소가 테트라피롤이 열린 고리 구조일 뿐만 아니라 이것이 분자의 일부분인 단백질과 공유 결합되어 있다는 점에서 엽록소와 다르다. 분자의 일부분으로 단백질을 지니고 있는 색소를 색소 단백질(chro-

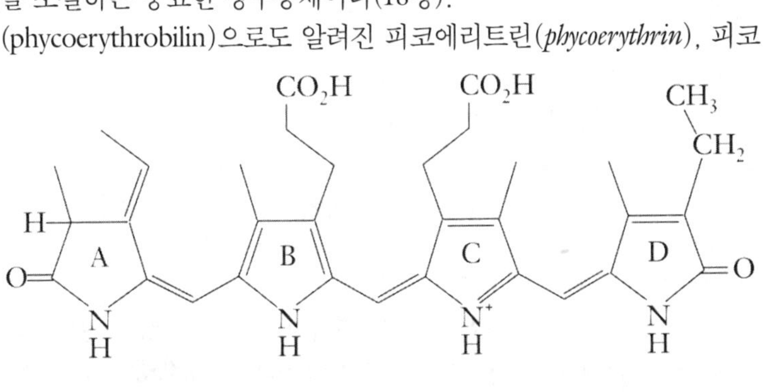

〈그림 7-10〉 피코시아닌의 발색단인 열린 형태의 테트라피롤 사슬
닫힌 형태의 엽록소 분자의 테트라피롤기(그림 7-8)와 비교해 보라.

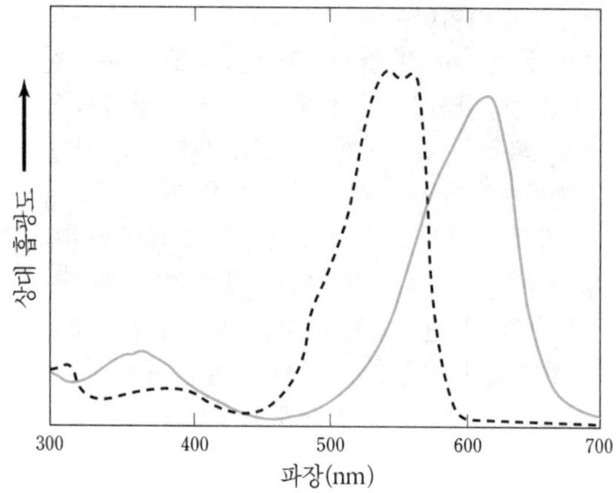

〈그림 7-11〉 희석된 완충 용액에서 피코시아닌(실선)과 피코에리트린(점선)의 흡수 스펙트럼

엽록소의 흡수 스펙트럼(그림 7-9)과 비교해 보라. 피코빌린, 특히 피코에리트린이 엽록소가 거의 흡수하지 못하는 500~600 nm 영역에서 강하게 흡수함을 주목하라.

moprotein)이라 한다. 분자의 테트라피롤 부위는 발색단(chromophore)이 된다. 발색단도 빛을 흡수하는 부위로서 색깔을 띤다. 색성 단백질의 단백질 부위를 결손단백질(apoprotein)이라 한다. 완전한 단백질, 즉 전색소(holochrome)는 발색단과 단백질로 이루어져 있다. 세포에서 피코빌리단백질은 피코빌리솜(phycobilisome)이라 불리는 거대 구조로 조직화되어 있다.

피토크로모빌린을 제외한 피코빌린 색소는 고등 식물에서는 발견되지 않고 남세균과 홍조류에서만 발견되는데 광합성에 필요한 빛을 수확하는 기능을 할 것으로 생각된다. 피코빌린, 특히 피코에리트린은 엽록소가 흡수할 수 없는 녹색광을 흡수할 수 있으므로(그림 7-11) 광합성의 광수확 물질로서 유용하다. 예를 들어 홍조류는 거의 검은색으로 보이는데 이는 엽록소와 피코에리트린이 광합성을 위해서 거의 모든 가시 광선을 흡수하기 때문이다(그림 7-11을 7-9와 비교하라).

네번째 피코빌리단백질인 **피토크롬**(phytochrome)은 고등 식물에서 특히 중요한데, 많은 광형태 발생에 중요한 역할을 하는 수용체이다. 발색단의 구조와 흡수 스펙트럼이 알로피코시아닌과 매우 유사하다. 식물 색소라는 의미의 피토크롬은 서로 광전환이 가능한 두 개의 형태로 존재한다는 점에서 특이하다. P660 혹은 Pr 형태는 660 nm에서 최대로 흡수한다. 반면에 색소가 660 nm의 빛을 흡수하면 적외선 흡수형인 P735 혹은 Pfr 형태로 전환된다. Pfr이 적외선을 흡수하면 적색을 흡수하는 형태로 되돌아간다. Pfr은 광범위한 형태 형성 반응을 시작할 수 있는 활성형으로 믿어진다. 18장에서 피토크롬에 관해서 더 자세하게 논의하게 될 것이다.

카로테노이드

카로테노이드(carotenoid)는 대부분의 광합성 생물에서 오렌지와 황색의 색소 군으로 구성되어 있다. 당근 뿌리와 토마토에서 다량으로 발견되는 카로테노이드는 녹색의 잎에도 다량으로 존재한다. 가을에 엽록소가 분해되면 보다 안정한 카로테노이드가 가을 낙엽의 특징인 눈부신 오렌지와 황색을 띠는 이유가 된다.

카로테노이드는 40개의 탄소로 구성된 테르페노이드(terpenoid)로서 14장에서 다루게 될 이소프레노이드 경로를 통해 생합성된다. 카로테노이드는 탄화수소이므로 지용성이고 엽록체의 막이나 **잡색체**(chromoplast)라 불리는 특별한 색소체에서 발견된다. 색소체에서 색소의 농도는 매우 높아서 사실상 결정을 형성하기도 한다. 카로테노이드 색소 군에는 **카로틴**(carotene)과 **크산토필**(xanthopyll)이 있다(그림 7-12). 카로틴은 주로 오렌지 혹은 적오렌지 색소이다. 베타 카로틴이 조류와 고등 식물에서 주요 카로테노이드이다. 베타 및 알파 카로테노이드의 소수성 양쪽 말단이 고리형인 점을 유의하라. 녹색 광합성 세균(green photosynthetic bacteria)에 들어 있는 감마 카로틴은 한쪽 말단만 고리화되어 있다. 토마토의 주 색소인 라이코펜(lycopene)은 양말단의 고리가 열려 있다. 황색 카로테노이드인 크산토필은 산화된 카로테노이드이다. 예를 들면 루테인(lutein)과 제아크산틴(zeaxanthin)은 알파 및 베타 카로틴이 각각 수산화된 형이다.

식물에서 카로테노이드의 기능은 명확하게 밝혀져 있지 않다. 엽록소와 같이 엽록체에 있는 베타 카로틴은 단백질과 복합체를 형성하고 있다. 베타 카로틴은 청색광을 흡수하고(그림 7-13) 흡수된 빛에너지가 어느 정도는 엽록소로 전달되어 궁극적으로 광합성에 이용된다. 또한 카로테노이드가 청색광을 아주 잘 흡수하므로 과다한 청색광을 흡수하여 엽록소의 광산화를 방지하는 역할을 하기도 한다. 일부 색소가 없는 돌연변이체들은 정

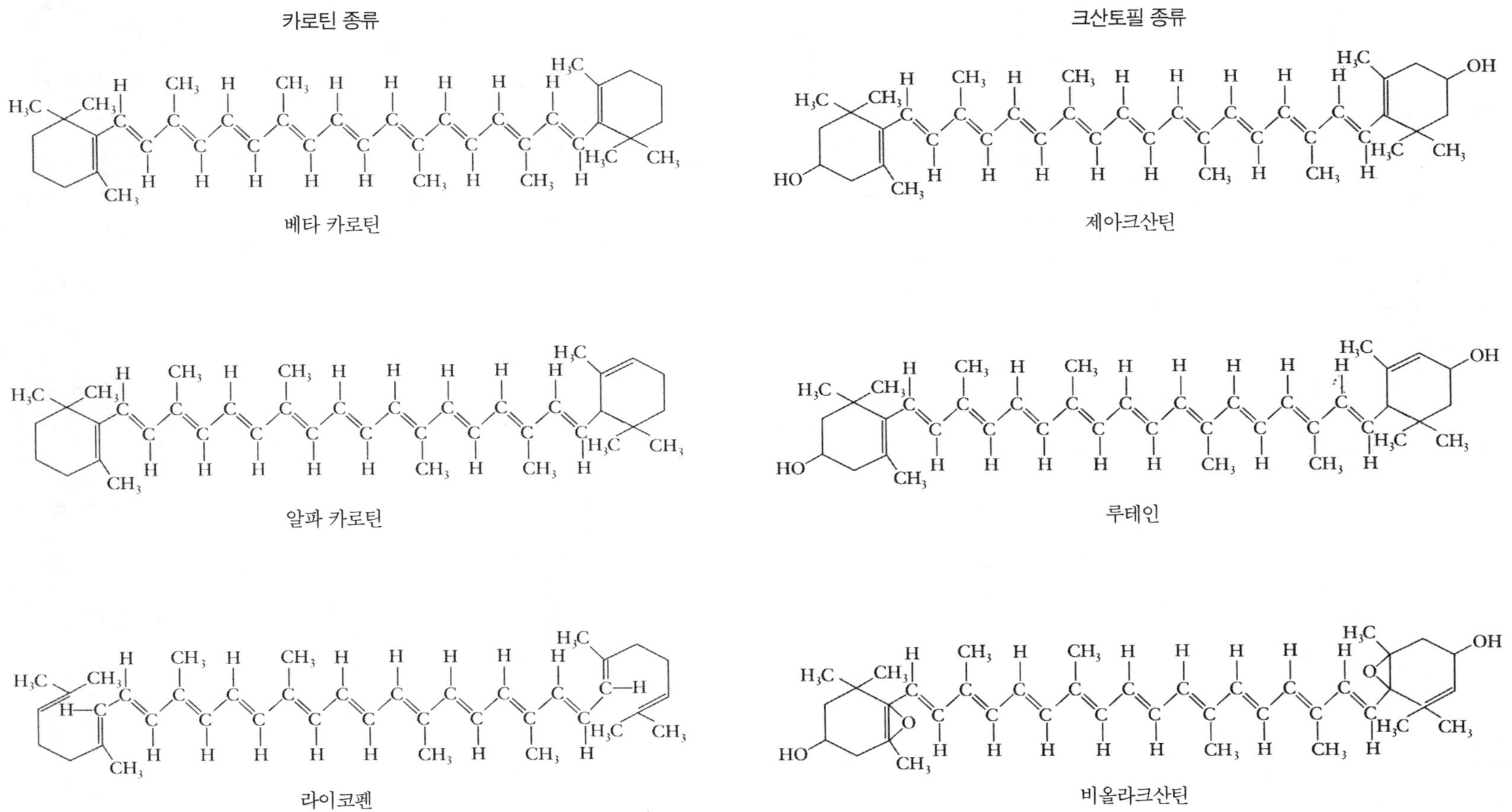

〈그림 7-12〉 대표적인 카로틴과 크산토필의 화학구조
두 물질 사이의 주 차이점은 크산토필이 산소를 가지고 있지만 카로틴은 그렇지 않다는 점이다. 카로틴은 주로 오렌지색이지만 크산토필은 노란색이다.

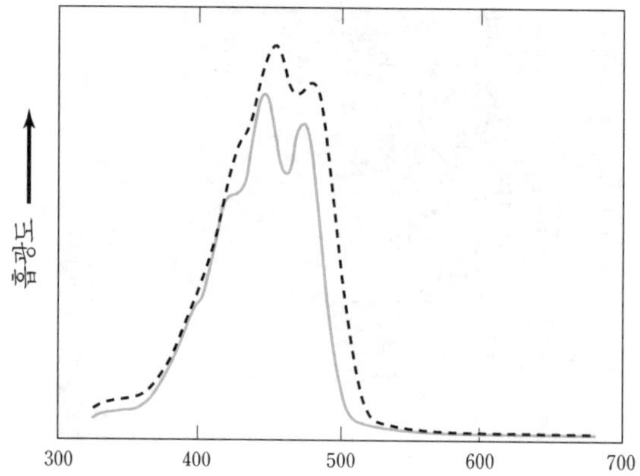

〈그림 7-13〉 α-카로틴(실선)과 β-카로틴(점선)의 흡수 스펙트럼

상적인 광조건에서 카로테노이드와 엽록소가 모두 결여되어 있지만 매우 약한 광에서는 엽록소를 축적한다. 카로틴은 아주 반응성이 큰 산소라디칼과 가역적으로 결합하여 비올라크산틴과 같은 크산토필을 형성함으로써 엽록소의 산화를 방지하는 것으로 보인다. 이 같은 현상은 9장에서 더 논의하게 될 것이다.

크립토크롬

청색 및 자외선 A에 대한 광범위한 식물의 반응이 오랫동안 알려져 있거나 추정되어 왔다. 청색광/자외선 A 반응은 특히 고사리, 이끼 및 균과 같은 하등 식물에서 주로 나타나는데 작용 스펙트럼이 고등 식물의 굴광성과 하배축 신장의 작용 스펙트럼과 매우 유사하다. 전형적으로 이들의 작용 스펙트럼은 청색 영역대의 450 nm 근처에서 높이 나타나고 480 nm 및 자외선 영역인 380 nm에서도 보조 피이크를 가진다.

청색광/자외선 A 광수용체의 실체를 밝히는 것이 어려워서 그 이름도 숨겨진 색소라는 의미의 **크립토크롬**(cryptochrome)이라 한다. 크립토크롬의 후보군에는 카로테노이드나 플라빈이 포함된다. 카로테노이드 같이 플라빈은 모든 생물에서 발견된다. 가장 흔한 세 가지는 리보플라빈(그림 7-14)과 이것의 누클레오티드 유도체인 플라빈 모노누클레오티드(FMN)와 플라빈 아데닌 디누클레오티드(FAD)이다. 플라빈은 유리된 형태나 또는 단백질과 결합한 형태로 존재하는데 이 경우를 플라보단백질이라 한다. 현재도 플라보단백질이 가장 유력한 크립토크롬의 후보이다(Galston and Baker, 1949; Galland and Senger, 1991; Warpeha et al., 1992). 그러나 광수용체로 작용하는 플라빈은 아마도 훨씬 더 큰 풀의 아주 작은 부분일 뿐이다. 예를 들어 FMN과 FAD는 모든 세포내 산화-환원 반응에 매우 중요한 보조인자(cofactor)이다(9장 및 12장). 이 때문에 크립토크롬으로 작용하는 적은 양을 분리하여 그 생리적 기능을 확실하게 밝히기가 쉽지 않다.

그런데 이제 정체가 불명확한 크립토크롬을 찾는 일은 끝난 것 같다. 유전학, 광생물학 및 생화학적 기법의 조합으로 애기장대에서 *hy4* 유전자가 하배축 신장을 억제하는 청색 광수용체를 암호화하는 것이 밝혀졌다(Ahmad and Cashmore, 1993, 1996). *hy4* 유전자의 산물은 크립토크롬 1을 뜻하는 CRY1로 명명되었으며 75 kDa의 크기를 갖는 세포질성 단백질이다. 흥미롭게도 CRY1 단백질의 서열은 자외선에 의해 손상받은 DNA의 수선을 촉진하는 청색광을 사용하는 세균의 특이한 플라보단백질인 포토리아제(photolyase)와 유사하다. 포토리아제는 플라빈(FAD)과 프테린(그림 7-14)을 각각 1개씩 2가지 발색단을 갖는다. 비록 CRY1 발색단의 정확한 본질은 아직 밝혀져 있지 않지만 하나는

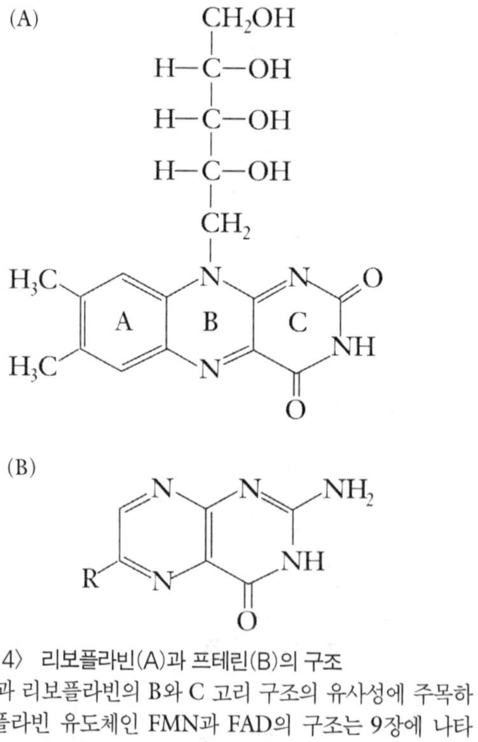

〈그림 7-14〉 리보플라빈(A)과 프테린(B)의 구조

프테린과 리보플라빈의 B와 C 고리 구조의 유사성에 주목하라. 리보플라빈 유도체인 FMN과 FAD의 구조는 9장에 나타나 있다.

FAD이고 다른 하나는 프테린(pterin)으로 보여진다(Cashmore, 1997). 따라서 CRY1은 적어도 애기장대의 하배축 신장을 억제하는 데 있어서는 크립토크롬으로서의 자격을 갖춘 것으로 보인다. 애기장대 CRY1이 좀더 일반적인 부류의 크립토크롬을 대표격이 되는지는 앞으로 밝혀져야 할 일이다.

자외선-B 수용체

최근에 수수류(milo, *Sorghum vulgare*) 유식물과 파슬리나 당근의 현탁 배양 세포에서 안토시아닌 합성과 같은 몇 가지 반응들이 그 작용 스펙트럼이 290 nm 근처에서 피이크를 보이고 350 nm 이상의 파장에서는 전혀 작용이 일어나지 않는 것이 보고되었다(Caldwell et al., 1989; Takeda adn Abe, 1992). 이 결과들은 식물에서 한 개 혹은 그 이상의 자외선 B (280~320 nm) 수용체가 존재할 가능성을 시사하지만 수용체의 본질은 아직 확실히 밝혀지지 않았다.

특히 자외선 B와 같은 자외선이 식물에 미치는 영향은 오존층의 감소에 대한 우려 때문에 점차 그 관심이 증가되고 있다. 오존층 감소는 특히 핵산, 단백질 및 광합성 기구에 손상을 유도하여 식물의 길이 성장이 억제되고 생물량이 감소되는 290~314 nm 영역의 자외선 B 방사선을 증가시킨다. 자외선 B 수용체는 또한 피토크롬 반응을 조절하는 것처럼 보이며 아직 그 실체는 확인되지 않았다.

플라보노이드

식물의 세계는 압도적으로 녹색이지만 사람을 포함해서 여러 다른 동물을 유인하는 것은 꽃잎, 과일, 포(bract) 그리고 가끔 잎의 현란한 색깔이다. 이런 여러 가지 채도의 주홍, 분홍, 자주 및 청색은 **안토시아닌**(anthocyanin)이라는 색소의 존재 때문이다. 안토시아닌은 더 큰 부류의 화합물인 **플라보노이드**(flavonoid) 계통에 속한다. 찰콘(chalcone) 혹은 아우론(aurone)과 같은 다른 계열의 플라보노이드는 꽃의 황색을 띠게 한다. 게다가 플라본(flavone) 같은 종류는 없으면 투명하게 보일 꽃잎의 색깔을 희게 한다. 플라보노이드는 쉽게 추출되며 그 화려한 색깔 때문에 고대부터 염색약의 재료로 사용되어 왔다. 따라서 플라보노이드는 현대적 유기화학이 시작된 이래 폭넓게 연구가 되어서 그 화학적 본질도 많이 알려져 있다. 플라보노이드의 생합성은 14장에서 논의될 것이다.

플라보노이드는 $C_6-C_3-C_6$ 기본 조성을 갖는 페닐프로판 유도체이다(그림 7-15(A)). 이 그룹의 모체는 플라반인데, C_3 연결 부위가 이형 고리 화합물(hetero cyclic)인 피론 고리를 형성한 것이다(그림 7-15(B)). 플라반의 경우 이형 고리 화합물은 완전히 환원되어 있다. 이형환 고리(heterocyclic ring)의 산화 정도에 따라서 약 12 가지의 플라보노이드가 알려져 있는데 3가지 주요 종류인 **플라본**, **플라보놀**(flavonol), 그리고 **안토시아니딘**(anthocyanidin)을 동정하는 특징이 〈그림 7-15(C)〉에 나타나 있다. 게다가 모두다 5번과 7번이 수산화되어 있으며 어떤 경우에는 A 고리에 메톡시기가 첨가되어 있다.

플라보노이드 중에서 가장 강한 색을 띠는 것이 안토시아니딘과 안토시아닌이다. 12가지의 안토시아니딘이 알려져 있으며 그 중 가장 흔한 6개의 구조가 〈그림 7-15(D)〉에 나타나 있다. 이들은 B 고리에서의 수산기 혹은 메탄올기의 양상에 따라서 구분되는데, 이것이 궁극적으로 색깔을 결정한다. 일반적으로 수산기는 청색을

〈표 7-2〉 흔히 나타나는 일부 안토시아닌의 조성

안토시아니딘	+ 글리코시드	=	안토시아닌	출처
펠라고니딘	3,5-디글루코시드		펠라고닌(pelargonin)	제라니움 꽃잎
시아니딘	3,5-디글루코시드		시아닌(cyanin)	적장미 꽃잎
시아니딘	3-갈락토시드		이대인(idaein)	크랜베리 열매
델피니딘	3-람노글루코시드		비올라닌(violanin)	제비꽃
말비딘	3-글루코시드		오에닌(oenin)	청포도

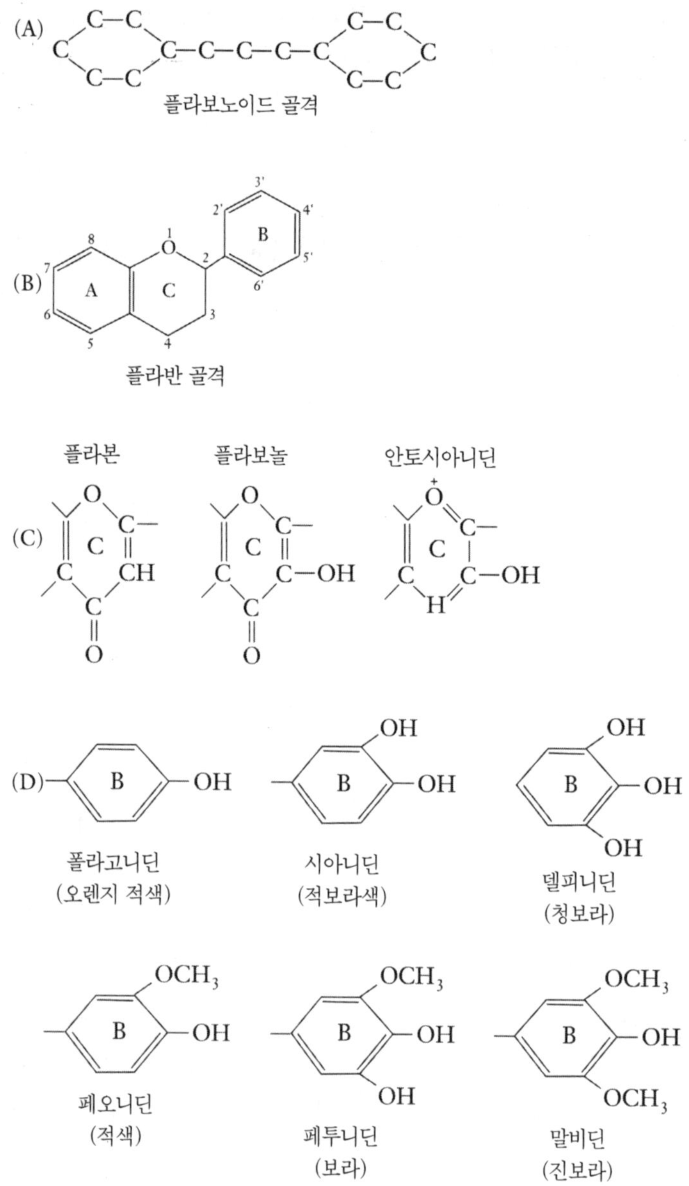

〈그림 7-15〉 플라보노이드와 안토시아니딘

(A) 플라보노이드는 C_6-C_3-C_6의 기본 조성을 가지는 페닐프로판의 유도체이다. (B) 플라보노이드기의 모 골격은 C_3-연결에 의해서 이형고리 피론(heterocyclic pyrone)이 형성된 플라반이다. (C) 플라본, 플라보놀, 안토시아니딘의 차이는 C 고리의 치환에 달려 있다. (D) 가장 흔한 6가지 안토시아니딘.

증가시키며 메탄올기의 첨가는 적색을 증가시킨다. 안토시아닌은 안토시아니딘과 주로 3번 탄소의 −OH 기에 여러 가지의 당이 첨가되는 점에서 차이가 있다. 일부 안토시아닌과 이에 상응하는 안토시아니딘이 〈표 7-2〉에 나타나 있다. 아글리콘은 자연계에서 아주 드물게 발견된다. 시아니딘, 펠라고니딘, 그리고 델피니딘의 포도당 결합체가 가장 흔하게 발견되고 모든 분홍, 주홍, 오렌지-적색, 적홍 및 청색의 꽃색에 기여한다. 잎의 80% 이상과 꽃의 50% 이상에서 시아니딘의 포도당 결합체만이 발견된다(Swain, 1965).

엽록소와는 달리 안토시아닌은 수용성 색소로서 대부분은 액포액에 존재하며, 약산성의 용액으로 쉽게 추출할 수 있다. 안토시아닌의 색은 pH에 민감하여 안토시아닌과 안토시아니딘 둘 다 천연 pH의 지시염색액이다. 예를 들어 시아니딘은 산에서 적색을 띠나 중성 pH에서는 보라색으로 변한 후 알카리에서는 청색을 띤다. 삶은 적배추(red cabbage)의 진한 보라색 추출액을 알카리 용액에서 끓이면 식욕을 확 떨어뜨리는 청록색으로 변한다.

*Coleus*나 단풍 품종에서의 잎의 안토시아닌은 표피 세포의 액포에서 존재하며 엽록소의 색깔을 가려버린다. 그러나 안토시아닌은 475와 560 nm 사이에서 빛을 강하게 흡수하는 반면에 청색과 적색은 투과시킨다. 따라서 안토시아닌 때문에 아래쪽에 있는 엽육 세포의 엽록체에서 일어나는 광합성이 방해되지는 않는다.

사실상 모든 플라보노이드, 특히 플라본과 플라보놀은 자외선 B 영역을 강하게 흡수한다(그림 7-16). 이 화합물들은 잎에서도 존재하므로 플라보노이드의 한 가지 추측되는 기능은 자외선으로부터 엽조직의 피해를 보호하는 것으로 생각된다. 꽃의 색소로서 플라보노이드는 곤충 수분 매개자를 유인한다. 많은 곤충은 자외선을 인식할 수 있으므로 무색의 플라보노이드도 감지할 수 있다(McCrea and Levey, 1983). 안토시아닌 합성은 자외선이나 가시 광선뿐만 아니라 질소나 인산과 같은 영양소 결핍 혹은 저온에 의해서도 촉진된다.

식물에서 플라보노이드의 생리적 기능은 수 년 동안 많은 추측의 대상이었다. 1960년대 초에 여러 연구진에 의해서 켐페롤(kaempferol)과 퀘르시틴(quercitin)이라는 두 가지 플라보놀이 완두 유식물의 빛에 의해 조절되

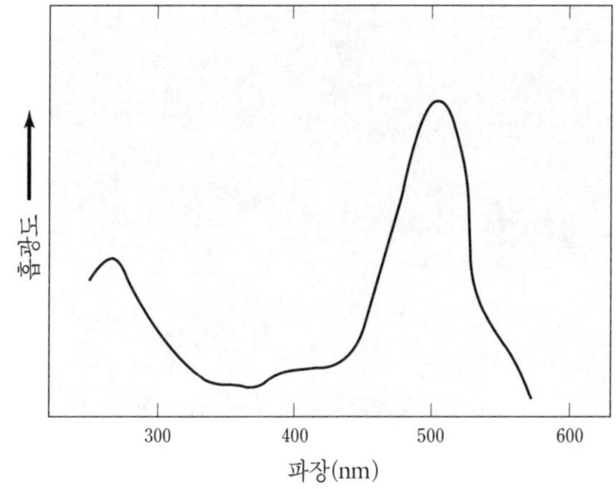

〈그림 7-16〉 펠라고닌(펠라고니딘-3, 5-디글르코시드)의 흡수 스펙트럼

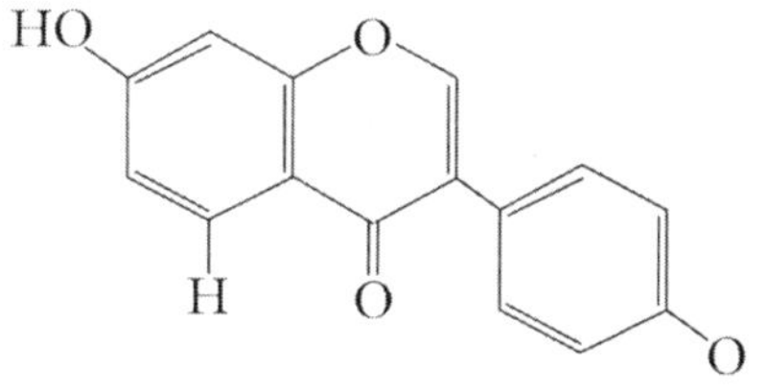

〈그림 7-17〉 빨간 클로버(*Trifolium pratense*)에서 추출된 이소플라보노이드인 포르모노네틴(formononetin)의 구조

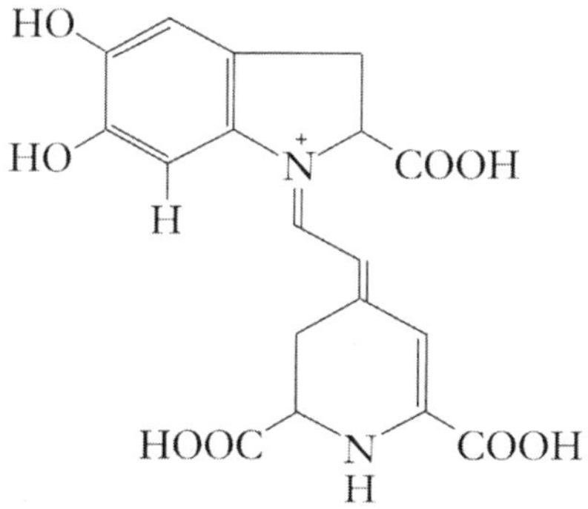

〈그림 7-18〉 수산기에 부착된 당의 성질에 따라 다른 베타시아닌의 기본 골격인 베타니딘

는 줄기 신장에 관여한다고 보고되었다. 켐페롤은 IAA의 산화를 촉진하여 생장을 억제하며 퀘르시틴은 이에 대한 길항 작용을 나타냈다. 또 다른 연구에 의하면 플라보노이드가 뿌리의 생장과 휴면에 관여하는 것으로 보여졌지만 이들이 식물의 생장에 중요한 역할을 한다는 확실한 증거는 아직 없다.

적어도 플라보노이드의 한 종류인 **이소플라보노이드**(isoflavonoid)는 항생제 기능이 있는 것으로 알려져 있다(그림 7-17). 이소플라보노이드는 식물에서 감염된 세균과 균의 확산을 억제하는 여러 **피토알렉신**(phytoalexin)의 하나이다. 피토알렉신은 보통 없거나 매우 소량으로 존재하지만 세균이나 균의 침입을 받게 되면 급속히 생합성된다. 피토알렉신의 상세한 대사는 아직 밝혀져 있지 않다. 외관상 여러 가지의 작은 다당류, 당단백질 그리고 균과 세균의 단백질이 식물로 하여금 피토알렉신 생성을 촉진하는 **유인체**(elicitor)로 작용한다. *Phytophthora*로 감염된 완두 세포의 연구 결과 곰팡이 유도체가 이소플라보노이드 생합성에 관여하는 효소의 mRNA의 전사를 유도한다고 제시되었다(Ebel and Greisebach, 1988). 피토알렉신의 생산은 공통적인 방어 메커니즘으로 보인다. 콩과식물에서 이소플라보노이드가 주 피토알렉신이지만 가지과와 같은 다른 식물에서는 테르펜 유도체를 이용하는 것으로 보인다.

베타시아닌

사탕무의 뿌리와 *Bougainvillea* 꽃의 두드러진 붉은 색은 예전에 알려진 것처럼 플라보노이드 때문이 아니라 보다 복잡한 구조를 갖는 **베탈라인**(betalain) 혹은 **베타시아닌**(betacyanin)으로 알려진 당을 함유하는 물질 때문이다(그림 7-18). 베타시아닌과 유사한 베타크산틴은 질소 원자를 가지고 있고 pH에 따라 가역적으로 색깔이 변하지 않는다는 점에서 안토시아닌과 차이가 난다. 이들은 서로 유연 관계가 높은 명아주, 선인장, 쇠비름과 같이 안토시아닌을 생성하지 않는 것으로 알려진 식물의 과가 포함되어 있는 Chenopodiale 강에만 한정적으로 나타나는 것으로 보인다.

제 8 장

잎과 광합성

광합성은 녹색 식물 종간의 경쟁에서 성공의 근간이 되며 고등 식물에서 광합성의 주 기관은 잎이다. 이른봄의 섬세한 파스텔 색조에서 가을의 화려한 적황색까지 잎은 분명히 고등 식물의 가장 두드러진 특징 중의 하나이다. 그러나 생물학자의 잎에 대한 관심은 심미적인 것 이상이다. 생물학자는 기관의 구조와 그 구조가 생리 및 생화학적 기능을 효율적으로 수행하기 위해 어떻게 적응하였는지에 관심이 있다. 잎은 구조와 기능 관계를 잘 보여주는 훌륭한 예가 된다. 어떤 잎은 특정한 목적을 위해서 덩굴손, 가시 그리고 꽃의 일부분으로 변형되기도 하지만, 잎의 주요 기능은 광합성을 수행하는 것이다. 이러한 관점에서 잎은 매우 열악한 환경 조건에서도 효율적으로 광합성을 수행하도록 고안된 뛰어난 광합성 기계라고 해도 과언이 아니다.

광합성 기관으로서의 잎의 진화는 1) 빛의 이용, 2) 특히 이산화탄소 흡수 측면에서의 효율적인 가스 교환, 3) 생성물을 신속하게 수송하기 위해 잘 조직화된 수송 시스템의 세 가지 측면에서 진행되었다. 빛을 효율적으로 흡수하기 위해서 잎은 전형적으로 유입되는 빛에 직각 방향으로 넓은 표면적을 가지도록 배치된다. 얇은 층의 구조로 인한 부피당 큰 표면적은 이산화탄소 흡수를 촉진하지만, 그 대가를 지불해야 한다. 육지로 서식처가 옮겨지는 과정에서도 광합성 생물은 본질적으로는 수중 식물의 특성을 그대로 유지하고 있다. 그들 세포는 주로 물로 구성되어 있고, 거의 대부분의 생화학적 반응이 수용액 상태에서 일어난다. 불행하게도 효율적인 이산화탄소 교환계는 동시에 효율적인 증발계이기도 하다. 잎은 과다한 수분 손실에 대항하여 이산화탄소를 균형적으로 공급하기 위한 문제를 풀기 위해 독특한 구조적, 대사적 해결법을 진화시켰다. 마지막으로 잎은 고도로 관다발 조직화되어 있다. 상호 연관된 엽맥의 광범위한 연결망은 영양분과 다른 원료 물질을 광합성 세포에 제공하고 동시에 광합성 산물을 수집하여 비광합성 조직과 기관으로 수송하는 역할을 한다.

본 장의 초점은 2가지 진화상의 주제, 즉, 빛의 이용과 효율적인 가스 교환 측면에서 잎의 체제에 있다. 조류와 이끼에서 구조와 기능 관계에 관하여 간략하게 살펴본 후 1) 빛 수확 측면에서의 고등 식물 잎의 구조, 2) 잎에서의 기공을 통한 확산 효율을 포함하여 가스 교환과 기공의 구조 및 개폐 메커니즘, 3) 이산화탄소, 빛, 온도, 수분 스트레스와 같은 환경 인자가 기공 운동에 미치는 효과, 4) 엽록체의 미세 구조와 생화학적 구획화(compartmentation)에 관해서 조사할 것이다. 세번째 주요 주제인 조직화된 수송계에 관해서는 3장에서 물관에서의 물의 수송에서 부분적으로 다루어졌고, 체관 조직을 통한 광합성 산물 수송의 상세한 내역은 11장에서 다루게 될 것이다. 광합성 에너지 전환 과정은 9장에서 탄소 대사는 10장에서 각각 다룰 것이다.

조류와 이끼 광합성

조류와 이끼는 광합성 생물에 필요한 구조적 요구 사항들을 예시하고 있다.

광합성에 필요한 세 가지 원료물질은 물, 이산화탄소 그리고 빛에너지이다. 이 세 가지 원료 특히 물의 상대

〈그림 8-1〉 우산이끼속 *Marchantia*

적 충족 여부는 환경에 따라 크게 변한다. 광합성에서 잎 구조의 중요성을 완전히 이해하기 위해서 먼저 2가지 하등 식물인 단세포 조류와 이끼에서 구조와 기능의 관계에 대해 일반적으로 살펴보는 것이 도움이 되는데, 특히 이 관계가 광합성 원료 물질의 이용과 이 물질의 광합성 기구로의 활용 여부와 연관되어 있기 때문이다.

단세포 조류는 수생 생물로서 식물성 플랑크톤으로도 알려져 있다. 이 생물은 물 안에서 살며 물이 세포막 사이를 자유로이 이동하므로 이들에게 물은 손쉽게 이용 가능하다.

일반적으로 빛 또한 정상 상태에서 부족할 리 없다. 다른 미생물이나 부유 미세 입자들이 농도에 따라서 빛을 약화시키기는 한다. 심지어 식물성 플랑크톤 자체가 광합성에 유효한 빛의 일부를 여과시키기도 한다. 그러나 식물성 플랑크톤은 일반적으로 물표면 근처에 떠 있기 때문에 근본적으로는 빛에 가려져 있지 않은 상태이다. 따라서 최소한 단세포 생물에게 있어서 빛은 단지 고도, 계절 및 대기 조건에 의해서만 실질적인 제한을 받는다.

광합성의 세번째 기질인 이산화탄소(CO_2)는 얼핏보기에 수생 식물에게는 그 이용에 문제가 없는 것으로 보인다. 이산화탄소는 물에 녹아서 반응하여 중탄산염(HCO_3^-)과 탄산염(CO_3^{2-})으로 전환된다. 그러나 15℃에서 이산화탄소의 농도는 약 15μM로서 산소의 320 μM에 비해 상대적으로 낮으며 온도가 증가함에 따라서 용해도가 감소한다. 게다가 물에서 이산화탄소의 확산 속도는 대기에서보다 1만 배 정도 낮다. 실제로 세 가지 형태의 무기탄소 즉, 이산화탄소, 중탄산염 및 탄산염의 확산 속도는 꽤 낮은 편이다. 이 같은 낮은 농도와 확산 속도는 이산화탄소의 공급을 제한하여 수생 환경에서 광합성을 억제하기도 한다. 그러나 대부분의 조류에서 이산화탄소 공급을 확산에 의존하지 않고 무기탄소(이산화탄소 혹은 중탄산염)를 능동적으로 세포내로 수송하게 하는 이산화탄소 농축 메커니즘이 진화되어 나왔다(Canvin, 1990). 이산화탄소를 농축할 수 있는 능력으로 인해 낮은 용해도와 확산 속도의 문제점이 대부분 해결되었다.

우산이끼(liverwort)는 원시적인 육상 식물로서 선태식물에 속한다. 이 그룹에는 뿔이끼, 우산이끼 및 선류(moss)가 포함된다. 우리가 다루고 있는 주제에서 우산이끼의 중요한 점은 이들이 아주 습한 서식처에서만 잘 살 수 있다는 점이다. 대부분의 우산이끼 구조가 기본 체형에서 이끼와 매우 유사하지만 알려진 종의 약 20%는 납작한 두 개로 갈라진 잎을 가진 엽상체(thallus)를 가진다(그림 8-1). 이 같은 형에서 광합성 세포는 공기의 접촉이 가능한 엽상체의 윗표면 부위에 존재한다. 엽상체 아래 표면의 세포에는 엽록소를 가지고 있지 않고 주로 저장이나 흡수 기능을 한다.

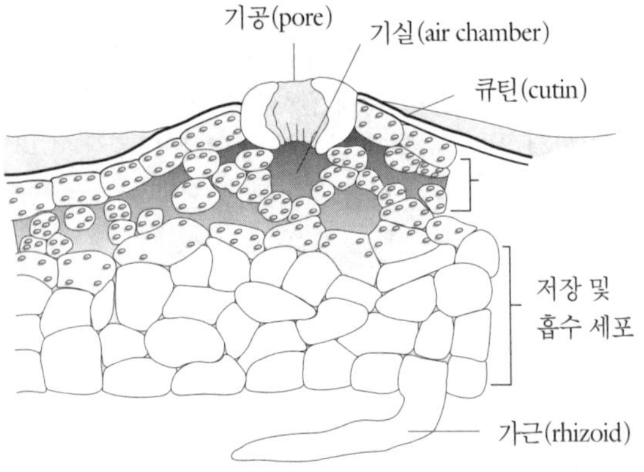

〈그림 8-2〉 *Marchantia* 엽상체의 횡단면 모식도

우산이끼의 윗면을 자세히 보면 다각형의 부위로 나뉜 것을 볼 수 있는데 다각형 부위 아래에는 속이 빈 기실(air chamber)이 있다. 각 다각형 부위의 중심에는 기실로 통하는 조그만 구멍이 있다(그림 8-2). 각 기실의 내부는 불규칙적으로 갈라진 기둥 형태의 광합성 세포가 가시가 많은 서양배 선인장으로 가득찬 정원과 닮은 모양이다. 이 같은 배열 때문에 모든 광합성 세포가 기실의 천장에 있는 공기 구멍을 통해 대기에 직접적으로 접촉한다.

우산이끼는 그 기본적인 체형이 고등 식물 잎의 예고편이라는 점에서 특히 흥미롭다. 엽상체는 넓지만 2차원적으로 펴져 있어 효과적 빛을 포착할 수 있는 비교적 얇은 층으로 되어 있다. 엽상체 내부의 광합성 세포가 공기에 직접적으로 접촉하여 확산 속도가 비교적 느린 액상의 거리를 줄이므로 이산화탄소의 이용성이 효과적으로 증가하게 된다. 각 세포는 중간에 1개의 커다란 액포를 가지고 있어서 원형질막 방향으로 밀쳐져 있는 세포질의 엷은 층에 엽록체가 위치한다. 따라서 대부분의 경우 액상의 확산 경로는 세포벽의 두께와 세포벽과 엽록체 간의 짧은 거리보다 조금 긴 정도로 효과적으로 한정되어 있다.

광합성 세포가 대기에 노출되면 이산화탄소의 흡수가 촉진되지만 수분 손실이라는 커다란 문제를 유발한다. 비록 서식처에 따라 육상과 수생 생물은 구분되지만 근본적으로 모든 생물은 수생이다. 물은 모든 세포의 주된 구성원이며 거의 모든 생화학 반응이 수생 환경에서 일어난다. 표면 세포의 세포벽 공간은 액체 상태의 물로 채워져 있고 그에 따라 수분 퍼텐셜은 높다. 반면에 대기의 수분 퍼텐셜은 종종 매우 낮다(22℃, 50% 상대 습도에서=−100 MPa). 그 결과로 생기는 수분 퍼텐셜의 차이는 세포 표면이 물이 투과할 수 없는 큐티클로 덮여 있지 않다면 증발로 급격한 물의 손실이 일어나게 된다. 큐티클은 우산이끼에서만 한정되어 있는 것이 아니라 대기에 표면이 노출된 모든 육상 식물에서 나타난다. 또한 큐티클층은 부수적으로 세균과 곰팡이의 침입을 감소시킨다. 우산이끼의 경우 가근은 엽상체의 아래면에 위치하여 엽상체가 습기가 있는 토양에 박혀 있도록 할 뿐만 아니라 물을 흡수하여 세포의 수분 퍼텐셜을 안정화시킨다.

불행하게도 큐티클층은 수증기의 이동을 제한할 뿐 아니라 이산화탄소와 산소 같은 다른 기체 교환도 제한한다. 따라서 큐티클로 완전히 덮혀 있다면 이산화탄소 공급이 효과적으로 차단되어 광합성이 억제된다(광합성을 수행하지 않는 과일과 같은 많은 기관도 마찬가지로 큐티클층을 가지지 않지만 CO_2와 O_2 교환을 위한 구멍 또한 없다. 이 기관들은 광합성은 하지 않지만 호흡은 해야만 한다. 외견상 산소의 확산 기울기가 충분히 크기 때문에 호흡에 필요한 만큼의 충분한 양의 산소가 큐티클층을 통과하게 된다). 이 같은 상태에서 식물은 광합성을 위한 적절한 이산화탄소 공급을 유지하면서 동시에 물 손실을 효과적으로 조절해야 하는 난관에 부딪치게 된다. 우산이끼에서 그 해결책은 기실과 공기 구멍(pore)의 합작이다. 이 같은 배열을 통해서 prickly pear 선인장 열매 모양의 원주 세포, 기실 벽 및 지붕에 있는 모든 광합성 세포가 최소한 한 면은 기실에 노출되어 있다. 중심의 공기구멍은 이산화탄소가 기실내로 유입되고 습한 기실에서 수증기가 유출되는 흐름을 조절하는 통로가 된다. 결과적으로 수분 손실을 완전하게 막을 수 없기 때문에 모든 식물은 습기가 있는 서식처에서만 번성한다.

잎에서의 광합성

잎은 불리한 환경하에서도 광합성을 수행해야만 하는 공중에 떠 있는 구조물이다.

우산이끼의 엽상체는 토양 하층에 납작한 형태로 누워있기 때문에 이 생물은 본질적으로 2차원 세계에 살고 있다. 표면적의 확장에 의한 이점은 엽상체가 겹치는 경향으로 어느 정도 줄어든다. 엽상체가 겹치게 되면 서로 간에 그늘을 만들기 때문에 광합성 효율을 감소시킬 수 있다. 반면에 육상 식물의 잎은, 분지된 줄기에 달려 있는 공중에 떠있는 구조물(aerial structure)이다. 이러한 배열은 3차원 공간을 차지하게 되어 잎이 서로 겹치는 것을 어느 정도 막을 수 있다. 동시에 수분 손실의 측면에서 광합성 구조물이 극도로 불리한 환경에 놓이게 되고 습기찬 토양 하층과 떨어져 있게 된다. 이 상황에서 물 공급 문제는 관다발 조직을 갖는 줄기의 도입에 의해 적어도 부분적으로 해결된다. 서로 연결되는 통로를 갖는 줄기는 공중의 잎이 흡수를 잘하는 뿌리와 붙어 있고, 뿌리는 다시 습기찬 토양에 접촉해 있다. 관다발 조직은 뿌리에서 잎으로 물과 영양분을 수송하며 에너지와 유기물을 잎에서 뿌리로 운반한다. 대부분의 잎에서 광합성 세포는 관다발 줄기에서 1~2 세포 이상의 거리로 떨어져 있지 않다. 관다발 조직이 이같이 가까이 있기에 무기 양분의 유입과 광합성 산물의 유출은 신속하고 효율적으로 일어날 수 있다.

우산이끼의 엽상체처럼 고등 육상 식물의 잎도 역시 큐티클층으로 덮여 있고 구멍을 갖고 있다. 그러나 우산이끼의 변하지 않는 구멍과는 달리 기공(stomata)이라고 불리우는 잎의 구멍은 환경 조건에 따라서 구멍의 크기가 조절되는 수압 작동식 밸브(hydraulically operated valve)와 같다(Ziegler, 1987). 기공과 관다발은 함께 식물이 육상 환경에 성공적으로 정착하도록 이끈 가장 중요한 2가지 구조적 혁신의 예가 된다.

잎에서의 빛 흡수

잎의 형태학적, 해부학적 및 광학적 성질은 빛을 효율적으로 가로채서 광합성이 일어나는 엽록체로 전달하도록 디자인되어 있다.

전형적인 고등 식물의 잎 구조는 빛을 흡수하는 데 매우 적합하다. 우산이끼처럼 넓고 얇은 층의 표면은 빛의 흡수를 최대화시킨다. 게다가 잎의 윗면과 아랫면의 상이성은 윗면에서 입사광선을 수확하며 아랫면에서 산란되고 반사된 빛은 분산된다. 그러나 잎의 외관 형태만이 빛 수확을 증가시키는 유일한 요인은 아니며 내부의 세포 수준에서의 배열도 역시 중요한 역할을 한다.

전형적인 쌍떡잎 식물의 잎의 해부 구조가 〈그림 8-3〉의 (A)와 (C)에 나타나 있다. 잎의 윗면과 아랫면은 표피로 둘러싸여 있다. 표피 세포의 노출된 면은 큐티클로 덮여 있다. 광합성 조직은 두 표피 세포층 사이에 위치하며 엽육(mesophyll)조직이라 한다. 상층부 광합성 조직은 1~3층의 울타리 엽육 세포(palisade mesophyll cell)로 구성되어 있다. 울타리 세포는 장축이 잎의 표면과 수직으로 배열되어 있는 실린더 모양의 긴 세포이다. 아

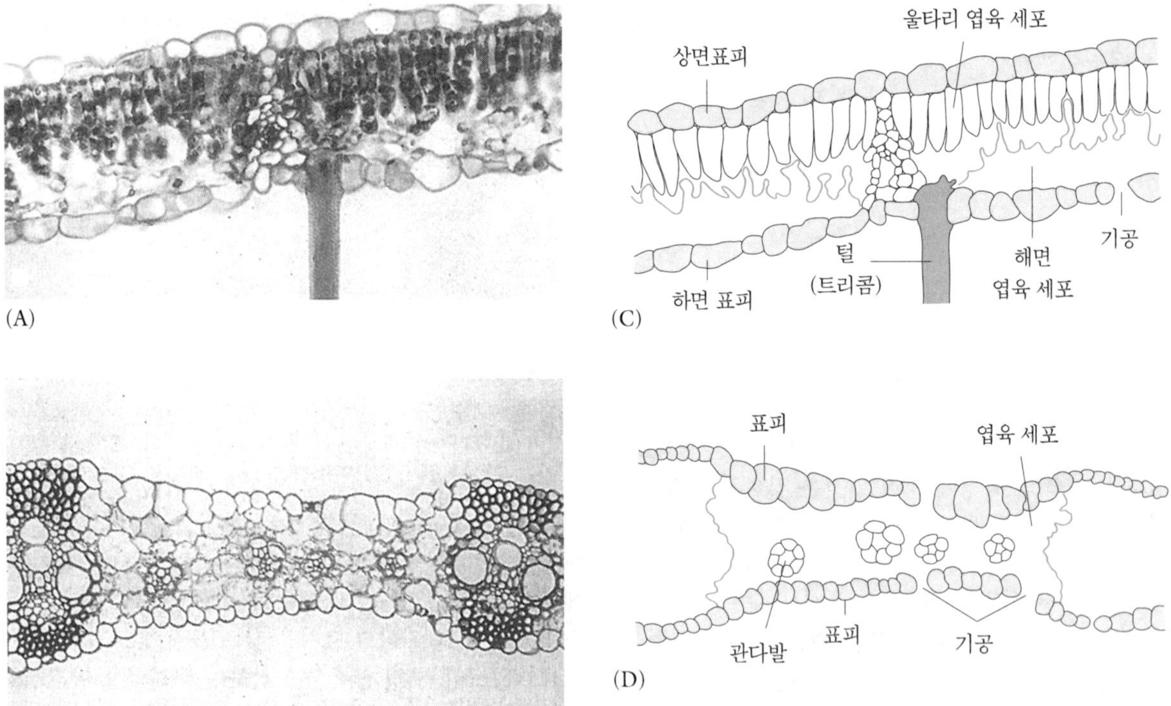

〈그림 8-3〉 횡단면으로 본 잎의 구조
두 개의 잎맥 사이의 횡단면이 나타나 있는 ((A), (C)) 쌍떡잎 식물의 잎(*Acer* sp.)과 ((B), (D)) 외떡잎 식물의 잎(*Zea mays*).

래쪽에 해면 엽육 세포(spongy mesophyll)가 있는데 세포 사이의 발달한 공기층 때문에 이렇게 명명되었다. 해면 엽육 세포는 반지름이 거의 같은 길이의 불규칙한 모양이다. 외떡잎 식물의 잎은 쌍떡잎 식물의 잎과 유사하지만, 울타리 세포와 해면 세포 사이의 구별이 되지 않는다(그림 8-3의 (B)와 (D)).

일반적으로 울타리 세포가 해면 세포보다 많은 수의 엽록체를 가지고 있다. 예를 들어 *Camellia* 잎에서 울타리 세포의 엽록소 농도가 해면 세포보다 1.5에서 2.5배나 높다. 울타리 세포에 엽록체 수가 많다는 것은 윗면에 입사되는 더 높은 광량의 광합성 활성방사(PAR)에 적응하기 위한 것임에 틀림없다.

쌍떡잎 식물 잎의 울타리 조직 세포층 내에는 비교적 많은 수의 엽록체가 있지만 세포 내의 엽록체를 제외한 부분이 세포체적의 상당한 비율을 차지한다. 빛을 흡수하는 색소는 엽록체에 있으므로 많은 양의 빛이 흡수되지 않고 제1 세포층을 통과하기도 하는데 이를 체효과(sieve effect; Terashima and Saeki, 1983)라고 한다. 광합성 세포가 여러 층으로 있는 것은 첫번째 세포층을 통과한 빛이 다음 세포층에 의해 포획될 확률을 증가시키는 한 방법이 된다.

빛 흡수 효율에 대한 체효과의 영향은 잎 내부에서 빛의 경로를 변화시키는 여러 요인들에 의해 어느 정도 만회될 수 있다(Vogelmann et al., 1996). 첫째로 빛은 잎 세포의 여러 표면에서 모두 반사(reflection)되어 버리기도 한다. 두번째로 반사되지 않고 통과한 빛은 엽육 세포 사이의 용액층이나 특히 해면 조직에서와 같이 엽육 세포를 둘러싸고 있는 공기층을 지나면서 굴절(refraction)된다. 세번째로 빛이 그 파장과 유사한 직경의 입자나 구조체와 충돌하면 산란된다(scattering). 예를 들어 잎 세포에서 미토콘드리아나 엽록체의 그라나 구조는 500~1000 nm의 길이로 광합성 활성을 지닌 빛의 파장과 유사하다. 두 가지 세포내 소기관은 모두 빛을 산란시킨다. 이러한 반사, 굴절 그리고 산란의 세 요인이 포함되어 빛이 잎을 투과하는 과정에서 유효한 빛 흡수 길이(effective path length)를 증가시킨다. 빛의 흡수 길이가 더 길수록 주어진 광자가 잎을 빠져나가기 전에 엽록소에 의해 흡수될 가능성이 증가된다(그림 8-4).

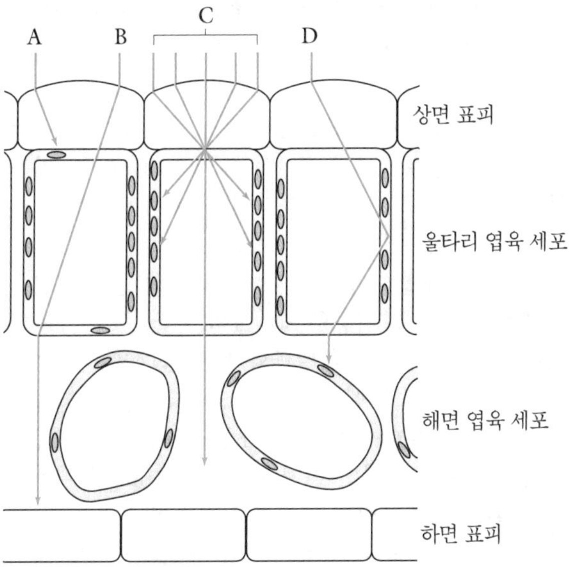

〈그림 8-4〉 잎의 광학적 특성이 유입된 빛의 재분배와 엽록소에 의한 빛의 최대 흡수를 어떻게 도와주는지를 보여주는 단순 모식도
(A) 광자가 엽록체에 부딪치면 엽록소에 의해 흡수된다. (B) 체효과 — 광자가 흡수되지 않은 채 첫번째 엽육 세포층을 통과하면 이들은 그 다음 층의 세포에 의해 흡수되거나 밑에 있는 다른 잎에 의해 흡수된다. (C) 표피 세포의 볼록한 모양에 의한 렌즈 효과는 유입되는 빛을 울타리 세포의 측벽에 존재하는 엽록체로 재분배한다. (D) 광-안내 효과, 세포의 굴절률이 공기보다 크기 때문에 세포-공기 사이의 공간에서 반사된 빛은 울타리 조직을 통과해서 아래쪽에 있는 해면 조직의 엽육 세포로 모일 수 있다.

잎의 광학적 성질을 자세히 연구한 결과 울타리 세포는 빛을 산란시키는 특성에도 불구하고 기대치만큼 많은 빛을 흡수하는 것으로 보이지 않는다. 다시 말해서 울타리 세포에서의 흡수 결과로 빛이 약화되는 정도는 기대치보다 낮다. 이는 외견상 이들 세포가 또한 어느 정도는 빛 안내자(light guide) 역할을 하기 때문이다. 입사되는 빛의 일부는 빛이 광섬유를 통과하는 것과 마찬가지로 울타리 세포 사이의 공간을 통해서 전달된다(그림 8-4). 최상층의 울타리 세포층의 광합성은 종종 광포화될 확률이 높다. 따라서 과다한 빛은 낭비되며 실제로 광억제 등의 다른 해로운 영향을 끼친다(9장). 따라서 산란과 빛 안내자 효과를 통해서 하층 세포로의 빛 투과를 증가시키는 것이 확실히 잎 전체에 광합성 에너지를 효율적으로 분산시키는 이점이 있다.

모든 잎이 위에서 묘사한 것처럼 전형적인 쌍떡잎의 중배엽 잎처럼 디자인되어 있는 것은 아니다. 잎은 특정 환경에 적응하기 위해 다양하게 변형되기도 한다. 예를 들어 소나무 잎은 횡단면이 원형이다. 빛을 흡수하는 능력은 잎이 건조한 겨울에 마르는 것을 대처하기 위한 방편으로 감소된 표면－부피비(surface to volume ratio)로서 절충되었다. 건생지나 사막 식물과 같은 경우, 잎은 물을 저장하기 위해 비후되어 있다. 극단적으로 선인장의 경우 잎은 가시로 축소되었고 줄기가 광합성과 수분 저장의 이중 기능을 한다. 잎 형태의 이런 변형은 후단부에서 더욱 자세히 다루게 될 것이다.

잎과 가스 교환

잎의 구멍은 확산 능력이 크기 때문에 낮은 농도 차이에서도 이산화탄소를 효율적으로 흡수하며 동시에 과다한 수분 손실을 방지한다.

이미 언급했듯이 잎의 표피는 내부 공기권과 외부 대기 사이의 가스 교환을 하게 하는 구멍을 가지고 있다. 이 구멍이 기공으로 **공변 세포**(guard cell)라는 특이한 세포가 맞닿아 있다(그림 8-5). 대부분의 경우 공변 세포는 전문화되고 분화된 표피 세포인 **보조 세포**(subsidiary cell)로 둘러싸여 있다. 공변 세포와 보조 세포 그리고 기공을 합해 **기공 복합체**(stomatal complex) 혹은 **기공 장치**(stomatal apparatus)라 한다.

기공 복합체의 특징은 공변 세포 쌍이 수압 밸브로 작용한다는 점이다. 공변 세포는 광합성을 위해 이산화탄소가 필요한 경우 물을 흡수하고 팽창하여 기공이 열리게 한다. 반면에 이산화탄소가 필요하지 않거나 수분 스트레스가 광합성 요구보다 클 때에는 공변 세포에서 물이 유출되어 기공이 닫히게 된다. 17세기 말 M. Malpighi에 의해서 공변 세포의 존재가 처음 보고된 이후부터 공변 세포의 기계적, 생리적 및 생화학적 특성에 대해서 많은 학자들이 관심을 가져왔다. 기공 운동에 대한 끊임없는 관심은 기공이 가스 교환을 조절하여 광합성과 생산성에 지대한 영향을 미치기에 이해할 만하다. 식물과 환경 간의 이산화탄소 및 수분 교환의 90% 이상이 기공을 통해서 일어난다. 이처럼 기공은 광합성을 위한 이산화탄소 흡수 및 3장에서 언급한 증산을 통한 수분 손실이라는 두 가지 매우 중요한 경쟁적인 과정을 조절한다. 따라서 광합성 능력과 작물의 생산을 고려할 때 기공의 기능을 감안하는 것이 중요하다. 아주 최근에는 오존이나 이황화산소와 같은 대기 오염 물질이 열린 기공을 통해 잎으로 유입된다고 밝혀짐으로써 기공의 기능에 대한 관심이 더욱 증가하고 있다.

기공은 피자 및 나자 식물의 사실상 모든 고등 식물과 수생 식물과 우산이끼를 제외한 이끼류와 양치류 같은 대부분의 하등 식물의 잎에서 발견된다. 피자와 나자 식물에서는 비록 일부 기능을 가지고 있지 않는 경우도 있지만 꽃이나 줄기를 포함하여 대기에 노출된 대부분의 부위에 나타난다. 기공의 빈도와 분포는 매우 다양하여 종, 잎의 위치, 염색체 수, 생장 조건과 같은 여러 요인들에 의해 결정된다. 기공의 빈도는 mm^2당 보통 20~400개의 범위에 속하며 어떤 경우에는 1000개 이상까지 보고된 바 있다. 비록 예외가 있기는 하지만 풀과 같은 초본성 외떡잎 식물의 잎은 보통 윗면과 아랫면에 거의 동일한 수의 기공을 갖는다(표 8-1). 초본성 쌍떡잎 식물 잎에서도 양면에 기공이 있지만 윗면의 빈도가 아랫면보다 낮다. 대부분의 목본성 쌍떡잎과 관목에서는 잎의 아랫면에만 기공이 있으며 부유성 연꽃과 같은 수생 식물의 경우에는 윗면에만 기공이 있다. 평행한 잎맥을 가지고 있는 외떡잎 식물 잎의 경우 기공은 잎맥 사이에 나란히 배열되어 있지만, 대부분의 경우 기공은 잎 표면에 무작위적으로 흩어져 있다.

〈표 8-1〉 잎의 윗면과 아랫면에서의 기공의 빈도

속	기공수 mm^{-2}	
	윗면	아랫면
외떡잎		
양파	175	175
보리	70	85
밀	50	40
쌍떡잎		
초본		
해바라기	120	175
알파파	169	88
제라니움	29	179
목본		
서양칠엽수	–	210
떡갈나무	–	340
보리수	–	370

기공 복합체의 가장 눈에 띄는 특징은 구멍을 접하는 한 쌍의 공변 세포이다. 이 특수화된 표피 세포는 가역

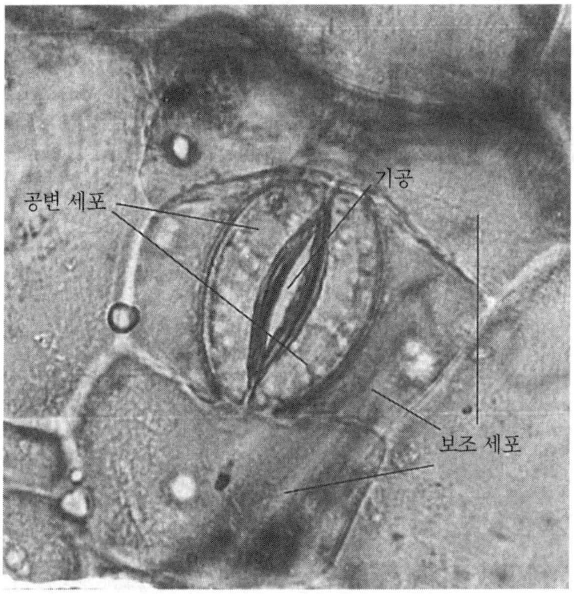

(A)

(B)

〈그림 8-5〉 기공
(A) *Zebrina*의 아래 표피의 타원형 기공. 이 그림에서 기공은 열려 있다(×250). (B) 옥수수 잎 뒷면의 초본형 기공. 이 기공은 닫혀 있다(×250).

적인 팽압 변화를 일으켜서 구멍의 크기를 조절할 수 있는 능력이 있다. 공변 세포가 완전히 팽창하면 기공이 열리게 되고 반대로 수축되면 닫히게 된다. 여러 가지 변이가 있지만 해부학적으로 공변 세포는 초본형과 타원형의 두 가지 기본 유형이 있다(그림 8-5).

그 열린 모양이 타원형이기에 타원형 또는 콩팥 모양의 공변 세포라고 불린다. 표면상 보기로는 이러한 공변 세포들은 겉보기로는 오목한 부위가 서로 마주하고 있는 한 쌍의 강낭콩을 닮은 모양이다. 횡단면은 **배쪽의 벽**(ventral wall)이 구멍을 에워싸고 있고 **등쪽의 벽**(dorsal wall)이 주변의 표피 세포에 접한 거의 원형 모양이다(그

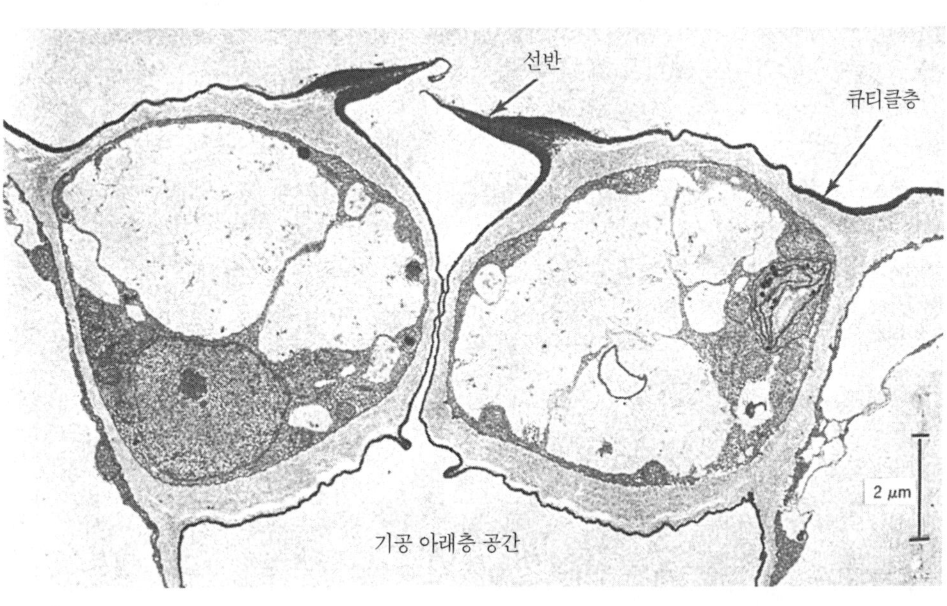

〈그림 8-6〉 횡단면으로 본 공변 세포

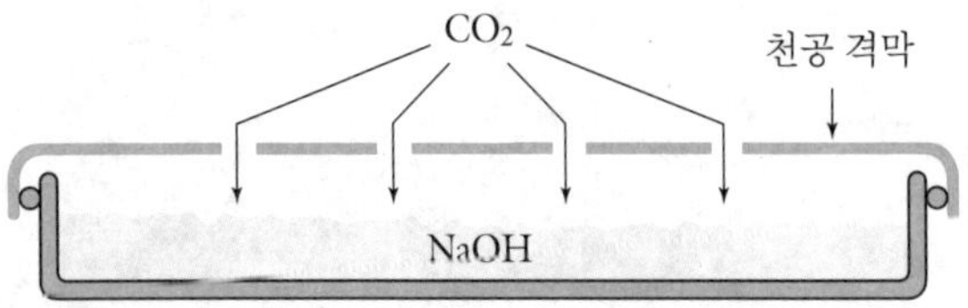

〈그림 8-7〉 천공 격막을 통한 확산 연구용 실험 장치
NaOH에 의해서 흡수되는 CO_2 양을 일정한 시간 간격으로 측정할 수 있다.

림 8-6). 성숙한 공변 세포는 주로 배쪽 벽의 안쪽과 바깥쪽을 따라서 벽이 비후화되어 있는 특징을 가진다. 이 같이 비후화된 부분은 돌출하여 기공의 입구를 보호하는 1~2개의 턱을 형성한다. 특히 나자 식물이나 수생 식물과 같은 일부 식물에서는 안쪽 턱이 작거나 아예 없다. 바깥 벽은 외부에서 기공 내부의 공기층으로 가스 교환에 치명적인 해를 끼치는 물 유입의 방지를 도와주는 구조적 적응으로 보인다(Ziegler, 1987).

초본형의 공변 세포는 주로 포아풀과와 야자수 같은 특정 단자엽에서만 발견된다. 흔히 아령 모양으로 묘사되는 이 모양의 공변 세포는 거의 모든 세포내 소기관을 함유하고 있는, 세포벽이 얇은 구근형이다(그림 8-5). 이 아령 모양의 손잡이 부위는 루멘 방향으로 벽이 비후화된 특징을 보인다. 이 경우에 구멍은 전형적으로 길쭉히 갈라진 틈(slit)이다. 공변 세포는 두 개의 뚜렷한 보조세포를 끼고 있다.

구멍을 통한 확산

기공을 통한 잎 내부로의 CO_2 확산은 기공 면적에만 바탕을 두고 예상되는 확산보다 더 효율적이다. 완전히 열린 전형적인 기공의 너비는 5~15μm이고 길이는 20μm이다(Nobel, 1991). 따라서 열린 기공의 구멍을 합한 총면적은 기껏해야 잎면적의 0.5~2%에 지나지 않는다(Meidner and Mansfield, 1968). 잎에는 능동적인 펌프가 전혀 없기 때문에 광합성을 위해 잎으로 유인되는 모든 CO_2는 이같이 매우 작은 구멍을 통한 확산에 의해서만 유입될 수 있다. 이 같은 작은 면적을 통한 확산은 매우 제한적일 것으로 생각되지만 왕성하게 광합성을 하는 잎의 이산화탄소 흡수율은 전체 잎 표면적의 약 70%에서 흡수하는 것에 육박한다고 계산되었다(Bidwell, 1979). 이같이 경이적으로 높은 확산 효율은 작은 구멍을 통한 가스 확산의 특수한 기하학적 배열과 관련되어 있는 것으로 보인다.

기공을 통한 가스 확산의 높은 효율은 NaOH와 같이 이산화탄소 흡착제가 들어 있는 용기에 이산화탄소가 확산되는 것을 측정하여 실험적으로 보여줄 수 있다(그림 8-7). 용기는 일정한 크기를 알고 있는 구멍이 뚫린 얇은 막으로 덮여 있다. 막을 통한 이산화탄소의 확산은 예를 들어 1시간 뒤에 NaOH 용액에 있는 탄산 함량으로 측정할 수 있다. 〈표 8-2〉에서 보는 바와 같이 그 결과는 확연하여 CO_2 확산은 구멍의 면적이 아니라 구멍의 지름에 따라서 변한다. 구멍의 크기가 감소하면 단위 면적당의 이산화탄소의 확산 효율이 몇 배나 증가한다. 이 결과가 확산이 면적에 비례하는 함수라는 Fick의 법칙과 어떻게 모순되지 않을 수 있을까?

이 같은 역설은 가스가 기공을 들어갈 때와 나올 때의 확산 흐름의 양상으로 설명이 가능하다. 이것은 〈그림 8-8〉의 기공에서 도식적으로 예시되어 있다. 기공의 입구에서는 CO_2 분자가 직선적으로만 이동하기 때문에 Fick의 확산 법칙(2장)에 따라 확산은 입구의 횡단 면적에 비례한다. 그러나 가스 분자가 구멍을 통과한 후 기공 내강으로 들어오게 되면 구멍의 모서리 쪽으로 넘칠 수가 있다. 넘치게 되면 일어나는 추가적인 확산력은 모서리의 양이나 구멍의 원주 길이에 비례한다. 구멍의 면적은 반지름의 제곱에 비례하지만 원주 길이는 지름에 비

〈표 8-2〉 미세 구멍을 통한 CO_2의 확산

지름(mm)	상대적 CO_2 확산 ($\mu g\ CO_2\ hr^{-1}$)	상대적 지름	상대적 면적	상대적 효율 단위면적당 확산
22.7	1.00	1.00	1.00	1.00
12.1	0.42	0.53	0.28	1.51
6.0	0.26	0.26	0.07	3.72
3.2	0.17	0.14	0.02	8.26

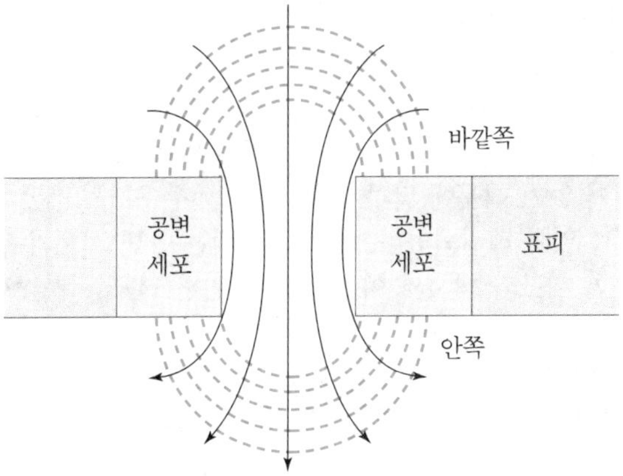

〈그림 8-8〉 기공을 통한 CO_2 확산에서 과잉(spillover) 효과
점선은 CO_2의 분압이 동일한 지역을 나타내는 등압선이다.

례하기 때문에 원주 길이에 의한 상대적인 기여도는 구멍의 크기가 감소함에 따라서 증가하게 된다. 따라서 기공처럼 매우 작은 구멍의 경우 가스 이동의 대부분은 원주 길이상의 확산으로 설명이 가능하다. 기공의 경우 이 같은 효과는 심지어 더 크게 나타날 수 있다. 기공이 타원형이므로 표면적에 대한 원주 길이의 비가 원형인 구멍보다 더 크다.

물론 위의 논의는 이상적인 상태에서 나타난다. 실제로는 기공의 구멍 자체만이 잎과 대기 사이에 가스 확산의 유일한 장벽은 아니다. 잎 표면에서의 교란되지 않은 공기층, 공기층과 엽록체 사이의 용액상에서의 경로와 같은 많은 다른 요인들에 의해서 잎으로의 CO_2 흡수를 억제하여 실제 상황을 더 복잡하게 만든다(Nobel, 1991). 그럼에도 불구하고 기공은 놀랍도록 효율적인 구조이다. 이들은 CO_2 흡수율이 매우 높도록 한다. 아니면 광합성이 심하게 제한을 받을 것이다. 여기서 역설이 생긴다. 효율적인 이산화탄소 흡수계는 동시에 잎 내부에서 외부로의 수증기의 상실에서도 효율적이다(3장). 따라서 기공 장치에 의한 주요 이점은 이산화탄소가 광합성에 요구되지 않거나 수분 스트레스가 잎의 광합성 요구보다 큰 경우에는 구멍을 닫아서 물을 보존할 수 있다는 능력이다.

기공 세포 운동 메커니즘

어떻게 기공이 열리고 닫히는 것일까? 이에 대한 대답에 앞서 공변 세포를 움직이게 하는 기계적인 힘이 무엇인가를 물어야 할 것 같다. 기공이 열리게 하는 추진력은 공변 세포가 물을 삼투적으로 흡수하여 그 결과로 수압이 증가하기 때문인 것으로 알려져 있다. 그 결과 서로 마주 보는 세포의 형태가 변화하여 세포 간격의 크기가 증가하게 된다. 타원형 공변 세포의 경우 비후벽이 오목하게 되고 아령형은 손잡이 부위가 떨어지지만 서로 나란한 상태로 남아 있다. 기공 닫힘은 물의 유실과 그 결과 수압이 떨어져 공변 세포벽이 느슨하게 되면 뒤이어 일어난다.

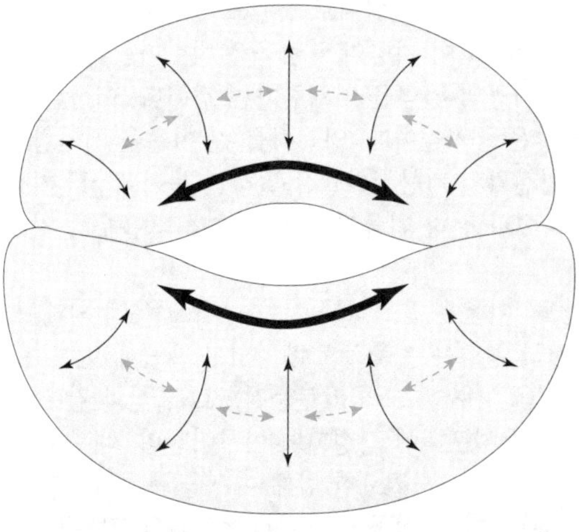

〈그림 8-9〉 공변 세포의 운동에서 미세 섬유의 역할
타원형 공변 세포에서 미세 섬유의 배열(실선 화살표)은 세포가 점선 방향으로만 팽창하게 하여 세포가 휘게 되면 인접한 벽 사이의 구멍의 크기가 증가한다.

기공이 열리는 동안 타원형 공변 세포에서 일어나는 형태 변형은 독특한 공변 세포벽의 배열 때문이다(Sharpe et al., 1987). 정상적인 세포에서 셀룰로오스 미세 섬유의 밴드는 세포의 장축을 따라서 직각으로 세포를 둘러싸고 있다. 편광 및 전자 현미경을 통한 연구 결과 공변 세포벽의 미세 섬유는 방사상으로 배열되어 있어서 배쪽 벽의 중심에서 방사상으로 펼쳐져 있다(그림 8-9). 또 다른 미세 섬유가 배쪽의 두꺼운 벽에 배열되어 방사상 밴드와 결합하고 배쪽을 따라서 일어나는 팽창을 억제한다. 공변 세포가 물을 흡수하면 저항이 제일 작은 경로를 따라서 팽창하게 되는데 그 결과 상대적으로 얇은 등쪽 벽이 인접해 있는 표피 세포의 바깥쪽 방향으로 팽창하게 된다. 때문에 세포가 등쪽 벽을 따라서 활처럼 휘게 되어 기공이 열리게 된다. 초본과의 아령 모양 공변 세포의 경우도 물의 삼투적 흡수에 의존하지만 약간 다른 방법으로 작동한다. 이 경우에는 세포의 볼록한 양 말단이 팽창함에 따라 서로 밀치게 되어 중간의 손잡이 부위가 서로 나란하게 떨어져서 구멍이 넓어진다.

무엇이 기공의 개폐를 조절할까? 이 질문에 답하려면 무엇이 공변 세포의 삼투적 성질을 조절하는가에 대한 질문을 대신하는 게 필요하다. 이 질문은 너무나 많은 요인이 관여하고 있고 주변의 표피와 엽육 세포에 의해 생기는 복잡한 문제 없이 공변 세포의 대사를 연구하기가 쉽지 않기 때문에 답하기가 어렵다. 이 문제는 세포벽을 제거한 표피 세포들에서 공변 세포의 활동을 연구함으로써 일부 해결되었다. 아주 최근에는 공변 세포의 원형질체를 분리하는 방법이 이용 가능하게 되어서 분리된 공변 세포의 대사와 이온 운동에 관한 연구가 가능하게 되었다.

공변 세포의 삼투 농도 변화를 설명하기 위해서 수년간 다양한 메커니즘이 제안되었다. 대부분의 경우 공변 세포가 보통 엽록체를 지니고 있다는 관찰에 바탕을 두고 공변 세포가 광합성 활성을 지니고 있다고 가정하였다. 표현의 차이는 있을지라도 요지는 광합성 산물인 설탕이나 다른 작은 분자의 축적이 공변 세포에서 관찰되는 삼투 변화에 직접적으로 관여한다고 제안되었다. 대부분의 공변 세포가 엽록체를 가지고 있는 것이 사실이지만 그 수의 차이는 매우 변이가 심하다. 또한 난이나 *Pelagonium*의 얼룩덜룩한 부위(variegated region)의 공변 세포는 비록 엽록체를 가지고 있지 않지만 완전한 기능을 가진다. 게다가 최소한 20여 종의 식물에서 탄소 고정 주효소(10장)인 Rubisco가 공변 세포에서 상당한 양의 수준으로 발견되지 않아서 공변 세포에서는 탄소 고정이 일어나지 않는다는 결론을 내리게 되었다(Outlaw, 1987). 광합성 탄소 대사가 공변 세포 운동을 설명하기 위한 일반적인 메커니즘이 아니라는 결론이 불가피했다.

1960년대 말에 K^+ 양이 열린 공변 세포에서 매우 많은 반면에 닫힌 공변 세포에서는 매우 적음이 명확해졌다(표 8-3). 전자 미세 탐지법과 조직화학적 방법을 포함한 K^+에 특이적인 다양한 테크닉으로 조사한 결과, 닫혀 있는 공변 세포에서 K^+ 양이 주위의 보조 세포나 표피 세포보다 적은 것이 확인되었다. 기공이 열릴 때, 상당한 양의 K^+이 보조와 표피 세포에서 공변 세포로 이동한다. 따라서 공변 세포에서 K^+의 축적은 기공이 열릴 때 일어나는 공통적인 과정으로 받아들여지고 있다. 이 실험으로 공변 세포의 삼투 퍼텐셜과 그 결과로 기공의 개폐가 공변 세포내의 K^+의 축적 정도에 의해 결정된다는 현재의 가설이 만들어졌다.

비록 관련된 메커니즘을 확실히는 모르지만 공변 세포의 물질 대사와 기공 운동에 관여하는 이용 가능한 정보가 〈그림 8-10〉의 일반화된 모델에 나타나 있다. 대다수 식물 세포에서 이온의 축적은 원형질막에 있는 ATP 구동 양성자 펌프(5장)에 의해서 일어난다고 널리 받아들여지고 있다. 기공 공변 세포에 의한 K^+ 흡수가 이와 같은 일반적 메커니즘에 부합한다는 두 가지 실험적 증거가 제시되었다. 첫번째로는 펌프에 의한 능동적 양성자 배출을 촉진하는 것으로 알려진 곰팡이 독소인 **푸지콕신**(fusicoccin)이 기공의 열림을 촉진한다는 점이다. 두번째는 양성자 펌프를 억제하는 **바나드산염**(vanadete, VO_3^-)이 기공의 열림을 억제한다는 것이다. 이들은 양성자 배출이 기공의 열림에 있어서 초기 사건의 하나라는 데 꽤 좋은 증거들이다. 양전하를 띤 이온을 제거함으로써 세포 외의 전기 퍼텐셜을 내부와 비교하여 낮게 만들어 원형질막의 과분극화를 유발하는 동시에 pH 기울기를 형성한다. 과분극화는 막에 있는 K^+ 채널을 열어 퍼텐셜 차이나 전하 기울기에 따른 수동적 흡수가 일어나게 한다고 여겨진다.

전기적 중성을 유지하기 위해서 세포내에 축적되는 과다한 K^+이온은 음전하를 갖는 반대 이온에 의해서 평형이 이루어져야 한다. 〈그림 8-10〉에 보여준 모델에 의하면 전하 평형은 부분적으로 양성자 배출에 반하는 K^+ 흡수와 Cl^- 유입, 그리고 부분적으로 말산과 같은 유기음 이온이 세포내에 생성되어 이루어진다. 대부분의 종에서 말산 생산은 필요한 반대 이온을 충족하지만 옥수수와 같은 다른 식물의 경우에는 세포내로 이동하는 K^+의 약 40%는 Cl^-과 동반한다. 엽록체나 녹말을 가지지 않는 소수의 공변 세포의 경우 아마도 염소 이온이 주 반대 이온인 것 같다(Nobel, 1991).

〈표 8-3〉 기공의 개폐 상태에 따른 공변 세포내의 칼륨이온 함량

	칼륨 농도			
	pmol/공변 세포		mM	
종	열림	닫힘	열림	닫힘
잠두	2.72	0.55	552	112
닭의장풀	3.1	0.4	448	95

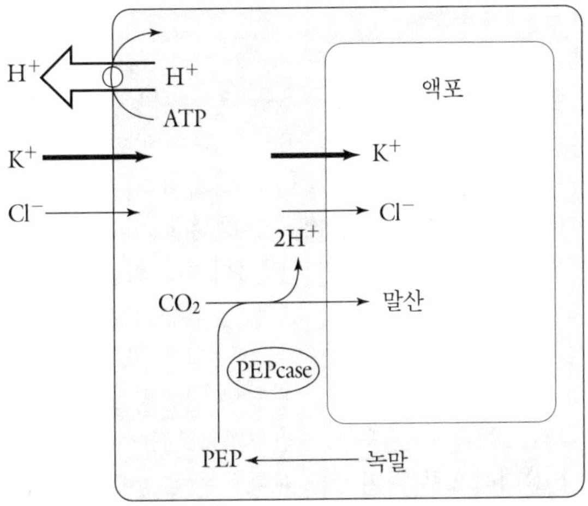

〈그림 8-10〉 기공이 열릴 때 공변 세포에서의 이온 이동의 단순 모식도

칼륨이온의 유입은 원형질막에 있는 ATPase-양성자 펌프에 의해 구동된다. 액포에서의 이온의 축적은 공변 세포의 수분 포텐셜을 낮추어 물의 삼투적 흡수를 촉진하여 팽압을 증가시킨다.

축적된 말산은 전하의 평형을 유지하는 외에도 용질이 축적되는 동안 세포내의 pH를 유지하는 데 도움이 된다. 양성자 방출은 세포벽의 양성자를 고갈시켜 세포내 pH를 증가시킨다. 그러나 말산은 유기 음이온이므로 축적된 각각의 카르복시기는 하나의 양성자를 세포질로 방출한다. 따라서 말산의 합성은 방출로 인해 유실된 양성자를 보충하게 되어 세포내 pH를 정상적인 수준으로 유지한다.

말산이 반대 이온으로 작용한다는 증거는 매우 탄탄하다. 우선 열려 있는 공변 세포내의 말산의 농도는 닫혀 있을 때에 비해서 5~6배 정도나 높다. 둘째로 공변 세포는 말산 생성을 촉매하는 포스포에놀피루브산 탄산화효소(phosphenolpyruvate carboxyalse, PEPcase)를 다량 함유하고 있다(12장 참조). 셋째로 열린 상태의 기공에서 녹말의 감소가 말산의 증가와 서로 상관 관계가 있다. 마지막으로 기공 개폐에 영향을 미치는 요인이 PEPcase의 활성에도 역시 영향을 미친다. 예를 들어, 기공의 열림을 촉진하는 푸지콕신은 말산의 농도와 PEPcase의 활성을 증가시킨다(Zhirong et al., 1998). 역으로 보통 기공을 닫히게 하는 식물 호르몬인 앱시스산은 푸지콕신에 길항 작용을 한다. 푸지콕신은 세포내의 효소와 단백질을 활성화하는 과정인 인산화 과정으로 알려진 PEPcase의 인산화를 촉진한다.

공변 세포의 액포에 K^+, Cl^-과 말산이 축적되면 공변 세포의 삼투와 수분 퍼텐셜이 모두 낮아진다. 그 결과로 일어나는 물의 흡수는 세포의 팽압을 증가하여 기공을 열리게 한다. 현재까지 이 설명이 기공의 열림에 대한 대표적 가설이지만 많은 세부적인 것들이 실험적으로 증명되어야 한다.

기공의 닫힘은 열림에 대한 것만큼 관심을 끌지 못하였지만, 보통 열리는 과정의 단순한 역반응으로 추정되고 있다. 그러나 닫히는 속도가 공변 세포에서 이온들이 단순히 수동적인 유출에 의해 설명될 수 있는 것보다는 너무 빠르기 때문에 능동적으로 이온을 내보내는 다른 특정 대사 펌프들이 존재한다고 제안되었다(MacRobbie, 1987; Schroeder and Keller, 1992). 한 가지 가능성으로 기공 닫힘의 신호가 세포질로의 Ca^{2+} 유입을 촉진할 수 있다. Ca^{2+}의 유입은 막을 탈분극화하여 음이온 채널을 열고 Cl^-과 말산의 배출을 촉진하는 연쇄 사슬을 시작하게 될 것이다. 이 시나리오에 의하면 음이온의 유실은 막의 탈분극을 더욱 촉진하여 K^+채널을 열게 하며 인접한 보조 세포와 표피 세포로 K^+이 수동 확산되도록 한다.

공변 세포의 양성자 펌프를 가동하는 ATP 공급원은 무엇일까? 가장 논리적인 두 가지 공급원은 공변 세포에서의 광합성이나 세포 호흡일 것이다. 비록 대부분의 공변 세포가 엽록체를 함유하지만 엽육 세포와 비교하여 그 수와 크기가 작고 틸라코이드의 수도 적다. 이미 언급했듯이 공변 세포의 엽록체에는 탄소 고정에 관여하는 효소가 없다. 반면에 ATP 생성을 직접적으로 측정한 적은 없지만 빛에너지를 이용하여 ATP를 생성할 수 있는 광인산화 과정이 일어난다는 간접적인 증거는 있다(9장 참조). 그러나 기공 운동은 암소에서도 일어나므로 광합성이 직접적인 유일한 에너지 공급원은 아닌 것 같다. 그 대안적인 에너지 공급원이 세포 호흡이다. 공변 세포는 다량의 미토콘드리아와 호흡 효소를 가지고 있으며 정상적인 호흡 경로를 거쳐 탄소원의 산화로부터 충분한 ATP를 뽑아낼 수 있다. Assmann과 Zeiger(1987)는 공변 세포에서의 에너지 생성에 대한 집중적인 연구의 결과로 공변 세포가 광합성이나 호흡을 통해 기공을 열리게 하는 데 필요한 에너지를 생성할 수 있는 충분한 능력이 있다고 결론을 내렸다.

기공 운동의 조절

기공 개폐는 여러 가지 내적 요인과 환경 요인들에 의해서 조절된다. 기공의 주된 역할은 광합성에 필요한 CO_2를 잎으로 들어가게 함과 동시에 과다한 수분 유출을 방지하는 것이다. 이런 의미에서 기공은 잎의 내부 환경을 일정하게 유지하기 위해 작동하는 **항상성 유지 기능**(homeostatic function)을 가진다. 따라서 기공 운동이 빛, CO_2량, 식물의 수분 상태 및 온도와 같은 다양한 환경 및 내적 요인에 의해서 조절 받는다는 것이 전혀 놀랄 일이 아니다. 예를 들어, 빛 아래에서는 광합성에 필요한 CO_2가 들어오도록 기공이 열리거나 이산화탄소가 충분할 때는 광합성이 계속적으로 일어나게 하면서도 물을 보존하기 위해 기공이 부분적으로 닫히는 것을 예상할 수 있다. 반면에 극심한 수분 스트레스는 식물의 당연한 광합성 필요성을 제쳐 두고 기공을 닫히게 하여 잠재적으로 더 해로운 건조 효과로부터 잎을 보호한다. 일반적으로 이 같은 예측은 직접적인 관찰로 입증되었다. 이들 각각의 요인은 이론적으로는 환경 조절이 되는 실험실에서 개별적으로 연구될 수 있지만 자연 조건에서는 이들이 상호 작용하는 정도에 따라서 어느 한 요인이 다른 요인보다 상대적으로 얼마만큼 효과를 갖는지에 대한 연구는 훨씬 어려워진다. 게다가 기공의 열림은 실무율 반응이 아님을 명심해야 한다. 어느 주어진 시점에서 기공의 열림 정도와 이것이 광합성과 수분 유실에 미치는 효과는 어느 한 요인만이 아니라 여러 요인의 총합에 의하여 결정될 것이다.

빛과 이산화탄소 빛과 CO_2 모두 기공 운동의 일주기에 상당한 영향을 미친다. 이들의 효과는 또한 서로 매우 밀접하게 연관되어 있어서 각각의 상대적인 영향력을 구분하기가 쉽지 않다. 일반적으로 낮은 CO_2 농도와 빛의 조합은 기공의 열림을 촉진하지만 고농도의 CO_2는 심지어 빛 아래에서도 매우 빠르게 기공을 닫히게 한다. 기공은 공변 세포의 내부 CO_2 농도에 대해 반응한다. 공변 세포를 포함하여 표피의 외부 표면은 CO_2가 투과할 수 없는 큐티클로 덮여 있다는 점을 상기하라. 일단 고농도의 CO_2 처리에 의해서 기공이 닫히게 되면 기공은 이산화탄소가 없는 공기는 처리하여도 열리지 않는다. 이는 닫힌 공변 세포가 기공의 내실에 있는 고농도의 CO_2와 평형 상태에 놓여 있기 때문이다. 결과적으로 기공의 열림을 결정하는 가장 중요한 요인은 대기가 아니라 기공 내실의 CO_2 농도이다. CO_2에 의한 기공 열림의 실제 메커니즘은 아직 알려져 있지 않다.

기공은 보통 새벽녘에 열린다. 또한 고농도의 CO_2에 의해 닫히게 된 기공도 광조건에 두게 되면 서서히 열리게 된다. 이 두 반응은 빛의 간접적 또는 직접적인 두 가지 독립적인 효과에 의한 결과로 보인다. 간접 효과는 비교적 높은 광량이 필요하며 보통 엽육 세포에서 일어나는 광합성의 결과 세포내 CO_2 농도가 감소하기 때문이다. 같은 논리로 암소에서의 기공 닫힘은 잎 내부의 호흡에 의해서 CO_2가 농축되기 때문에 일어난다. 이 같은 해석은 중간광이나 강한광에서의 작용 스펙트럼이 적색과 청색에서 피크를 보이는 광합성과 유사하다는 관찰에 의해서 뒷받침된다. 따라서 이산화탄소가 일차적 방아쇠이며 적어도 전체 잎에서 빛의 간접적 효과는 세포내 CO_2 농도의 조절을 통해서 일어난다. 그러나 분리된 표피 껍질에서도 유사한 작용 스펙트럼을 보이는 점이 이 같은 해석의 장애가 된다. 잎이 아닌 상태에서 얻은 이 같은 결과는 공변 세포의 엽록체가 그 기능이 확인되지 않았지만 중요한 역할을 하는 것을 강하게 시사한다(Zeiger, 1983).

아마도 최근에 생긴 중요한 진보 중의 하나는 낮은 광량의 청색광이 기공의 열림에 직접적으로 영향을 미치는데 대한 확실한 실증일 것이다. 만약에 기공이 PAR에만 유일하게 의존한다면 두 가지 제한을 받게 될 것이다. 첫째로 광합성이 호흡을 능가하는 최소한의 빛의 세기인 광보상점 이하의 낮은 광량에서는 공변 세포가 반응할 수 없을 것이다. 두번째로 PAR의 급격한 변화에 의해 광합성률이 변동하므로 기공 개폐 장치가 극단적인 진동 상태에 놓이게 될 것이다(Zeiger, 1983). 기공 열림에 대한 청색광의 직접적 효과는 이 같은 문제점을 피해가게 한다.

청색광의 효과는 여러 방법으로 입증되었다. 비록 기공 열림이 적색 및 청색광 모두에 의해 촉진되지만 일반적으로 적색보다는 청색광에 보다 더 민감하다. 15μmol $m^{-2}s^{-1}$이하의 낮은 광량에서 청색광은 기공을 열리게 하지만 적색광은 열리게 할 수 없다. 더 높은 광도에서는 동일한 광도의 청색광에서 적색광에서보다 기공 열림

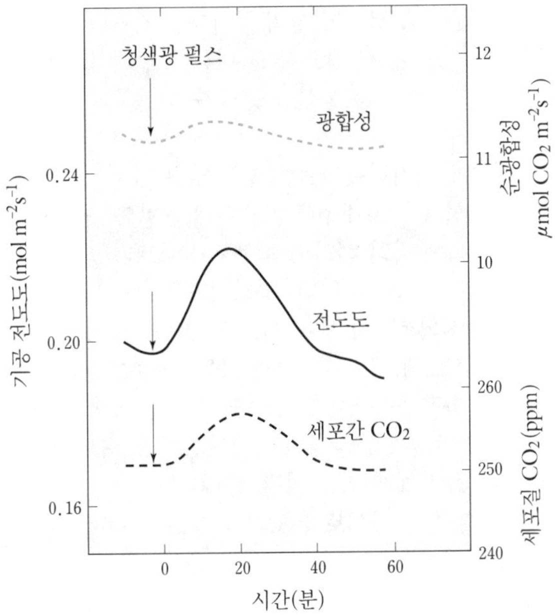

〈그림 8-11〉 청색광은 기공이 열리도록 유도한다.
닭의장풀 잎에 지속적으로 적색광이 조사된 상태에서 30초 동안의 짧은 펄스의 청색광을 주었다. 청색광 펄스는 기공의 열림(전도도)과 세포내 CO_2 농도 및 광합성을 증가시킨다.

이 항상 더 많이 일어난다. 이 두 반응의 차이는 30초간의 짧은 청색광 펄스를 지속적으로 조사되는 적색광과 함께 주게 되는 양파장 실험(dual-beam experimental protocol)을 통해서 확실히 구분할 수 있다. 이 같은 조건에서 청색광 펄스는 **기공 전도도**를 상당히 증가시킨다(그림 8-11). 전도도는 저항의 역으로서 어떤 한 물질(이 경우에는 가스)이 다른 물질(잎)을 통과하기 쉬운 정도를 측정하는 것이다. 기공 전도도는 기공 열림에 비례한다. 적색광의 광도가 공변 세포와 인접해 있는 표피 세포의 광합성을 포화시키기에 충분하다고 여겨지기에 〈그림 8-11〉에 나타난 약간의 광합성률의 증가는 기공 열림이 증가되어서 세포에 CO_2 농도가 증가하였기 때문인 것 같다.

적색광에 대한 기공의 반응은 아마도 간접적인 반응으로서 공변 세포의 엽록체에 의해 매개되며 광합성에 의한 ATP 생성이 관여한다. 반면에 청색광 반응에 대한 작용 스펙트럼은 전형적인 청색광 반응으로써 아마도 잠정적인 청색광 수용체인 **크립토크롬**(7장)에 의해 매개되는 것 같다. 청색광의 작용 메커니즘은 확실하지 않지만 청색광은 분리된 공변 세포의 원형질체를 부풀게 한다. 이 결과는 청색광이 공변 세포에 직접적으로 작용함을 암시한다. 여러 연구자들은 청색광이 두 가지 기공 열림의 전제 조건인 공변 세포에서의 양성자 배출의 활성화와 말산의 생합성을 촉진한다고 보고하였다.

그러나 자연 조건에서는 청색광 반응이 무슨 기능을 할까? 이른 아침에 기공이 열릴 때 어떤 역할을 할 것이라는 흥미로우면서도 그럴듯한 제안이 있다. 기공이 열리는 것은 종종 광량이 광합성을 진행하기에 너무 낮은 때인 해돋이 이전에 관찰할 수 있다. 또한 해가 진 이후에도 열려 있는 상태로 남아 있다. 기공 열림이 낮은 광도의 청색광에 대해 매우 민감하고 새벽과 해질녘에 청색광이 상대적으로 풍부하다는 사실(Hughes et al., 1984)은 청색광 반응이 효과적인 광개시 신호(light-on signal)로 작용할 수 있다는 것을 제시한다. 생태생리적인 측면에서 보면 청색광 반응은 대기 이산화탄소가 필요한 것을 예상하여 활발한 광합성을 준비하기 위해서 기공을 열리게 한다. 또 다른 가능한 역할은 청색광 펄스와 유사한 태양 반점에 대해 반응하여 이 특이한 조건에서 광합성을 하기 위한 기회를 최대화하기 위하여 신속히 기공을 여는 것이다.

수분 상태와 온도 기공의 열린 정도는 공변 세포의 수분 상태에 의존하므로 식물의 수분 상태를 바뀌게 하는 사실상의 모든 변화는 기공의 개폐에 영향을 미칠 것이라고 예상된다. 공변 세포는 대기 중에 직접 노출되어 있어서 증발로 수분을 잃게 될 수 있다. 때때로 공변 세포의 수분 유실 속도가 인접 표피 세포에서 공변 세포로 물이 유입되는 속도보다 큰 경우가 있다. 이러한 일이 일어나면 공변 세포의 팽압 감소가 모든 다른 조건보다 우선하므로 세포가 납작해져 기공이 닫히게 된다. 이러한 기공 닫힘을 **수동성 수압 닫힘**(hydropassive closure)이라 한다.

능동성 수압 닫힘(hydroactive closure)이라고 하는 수분 스트레스에 대한 또 다른 반응은 식물이 수분 부족을 감지하여 닫힘을 유도하는 특정한 메커니즘을 시작할 때 일어난다. 능동성 수압 닫힘 메커니즘에는 기공 닫힘에 일반적으로 관련된 동일한 이온이 관여하지만 잎의 수분 부족에 의해 시작되며 앱시스산(ABA, 22장)에 의해서 매개된다. ABA는 잎의 정상적인 구성 성분으로서 엽육 세포에서 낮은 속도로 합성되어 엽록체에 축적된다. 잎에서 수분 스트레스에 반응하여 저장되어 있던 ABA는 아포플라스트로 방출되어 증산류를 따라 공변 세포로 수송되면 닫힘이 시작된다. 기공이 닫히는 징후를 보이기 시작한 7분내로 ABA 합성의 증가가 감지된다. 저장되어 있던 소량의 ABA가 수분 스트레스에 대한 일차적 방어선으로 작용하는 것 같으며 그 다음에 ABA 합성이 증가되어 닫힌 상태를 지속한다. ABA는 기공 닫힘을 촉진하여 증산에 의한 수분 손실을 줄일 수 있는 능력으로 인해 '증산억제제(anti-transpirant)' 로 여겨진다.

세포가 수분 부족을 어떻게 감지하며 ABA가 기공의 닫힘을 어떻게 시작하는지는 분명치 않다. 수분 스트레스 동안 변하게 되는 세포내 ABA의 분포는 ABA의 약산성적 분자 특성과 세포내 pH 기울기의 변화와 관련될 수 있다(Hartung et al., 1988). ABA는 약산(pH4.7)으로서 세포내 구획에 따라 해리되는 정도가 다르다. 양성자가 붙어 있는 형(비해리형)은 자유로이 이동할 수 있지만 해리된 형태는 그럴 수 없다. 따라서 ABA는 pH가 높은 세포내 구획물에 축적된다. ABA는 광합성이 활발히 일어나는 엽록체의 pH가 보통 세포질보다 높기 때문에 우선 엽록체에 축적되는 것으로 보인다. 정도가 지나치지 않은 수분 스트레스는 엽록체의 pH를 낮추고 세포질과 아포플라스트의 pH를 증가시킨다. 이 같은 pH 변화는 엽록체에서 아포플라스트로 ABA의 유출을 초래할 수 있다. 다른 대안으로 ABA가 세포질에서 방출되거나 심지어는 수분 스트레스 동안에 뿌리에서 잎으로 유입되기도 한다(Zeevart and Creelman, 1988). 기공 닫힘에서 ABA의 역할은 22장에서 더 논의될 것이다.

온도는 여러모로 기공 열림에 영향을 미치지만 대부분 간접적이다. 일반적으로 온도의 증가는 공변 세포와 잎 전체의 대사 활성을 증가시키는 데 최적상태 후에는 감소시키게 된다. 기공의 열림은 이와 유사한 양상을 보인다. 온도는 또한 호흡과 광합성의 균형, 결과적으로 세포내 이산화탄소 함량에 영향을 미친다. 고온은 일반적으로 호흡을 촉진하지만 광합성에는 해를 미친다. 그 결과로 일어나는 고농도의 CO_2는 기공을 닫히게 한다.

어떤 식물에서는 종종 기공이 한 낮에 닫히게 되는데 그 결과로 광합성이 일시적으로 감소한다(Renhnen et al., 1980). 전통적으로 이 같은 닫힘은 고온과 과다한 증산에서 기인하는 수분 스트레스에 의한 것으로 여겨졌다. 그 후에 식물에서 물의 재분배가 이루어져 일시적인 수분 부족이 해결되면 기공이 다시 열리게 된다.

개일 리듬 많은 생물학적 과정은 항상적인 환경 조건에서도 지속되는 주기적인 변동을 거친다. 내생적 리듬(endogenous rhythm)으로 알려진 이 같은 현상은 20장에서 더 논의될 것이다. 1971년 Martin과 Meidner는 *Tradescantia*잎의 기공 개폐가 식물이 연속광 조건에 방치되었을 때에도 최소한 3일 동안 지속된다는 것을 보여주었다. 비록 6시간의 암기에 의해 기공의 개폐 시간이 이동될 수 있지만 대략 24시간의 주기가 유지되었다. 이러한 결과들은 기공 열림에 내생적인 개일 리듬(circadian rhythm)이 관여하는 것을 분명히 제시하지만 어떻게 주기가 다른 요인과 상호 작용하는지에 대해서는 명확하지 않다.

엽록체

여러 다른 대사 활동과 함께 광합성은 엽록체라 불리는 별개의 고도로 구조화된 세포내 소기관에서 일어난다.

일반적으로 광합성은 원시 지구의 대양에서 기원한 것으로 믿어지고 있다. 최초의 광합성 세포는 의심할 여지없이 오늘날의 광합성 세균과 유사한 원핵 생물이었다. 환경은 아주 환원되어 있어서 유리 산소는 전혀 존재하지 않았고 이 세균은 아마도 필요한 전자주개로 황화수소와 같은 환원된 기질을 사용하였다. 어느 시점에서 광합성 원핵 생물은 원시적이지만 핵을 가진 진핵 세포에 끼여들어 공생 관계를 형성하였다. 이 시나리오에 따르면 원핵 세포는 비록 기능적인 게놈을 지니고 있지만 점진적으로 독립성을 상실하여 결국 숙주 세포의 유전적 및 생화학적 통제를 받게 되었다. 이 같은 관계로 우리가 현재 엽록체라고 하는 것이 마침내 진화되었다.

엽록체는 이중막으로 둘러싸인 일반적으로 색소체로 알려져 있는 세포내 기관 중의 하나이다(1장). 이름이 암시하듯이 엽록체는 잎의 녹색을 띠게 하는 색소인 엽록소를 함유하는 사실로 구분된다. 엽록체는 엽록소 이외에도 다량의 카로틴과 크산토필을 함유하고 있다(7장).

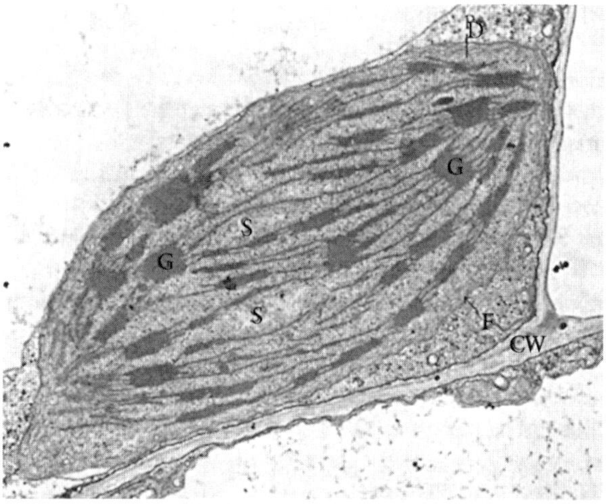

〈그림 8-12〉 옥수수 엽육 세포 엽록체의 전자 현미경 사진
S: 스트로마, G: 그라나, P: peripheral reticulum, E: 포막, CW: 세포벽(×5000)

고등 식물의 전형적인 엽록체는 보통 지름이 3~10μm 정도 되는 반원 모양이다(그림 8-12). 엽록체의 횡단면은 렌즈 모양으로 보인다. 엽록체는 세포질에 위치하며 따라서 세포벽과 액포 사이에서 보통 눌러진 형태로 보인다. 비록 고등 식물에서는 엽록체의 크기와 수가 매우 일정하지만 조류의 경우에는 그 크기와 수가 다양하다.

Butterfass(1979)는 표피 세포에서도 엽록체가 존재하는 여러 종을 나열하였지만 엽록체는 흔히 잎 내부 혹은 엽육 세포와 기공의 공변 세포에 한정되어 있다. 표피에 엽록체를 가지는 식물의 경우 세포당 그 수와 크기가 일반적으로 엽육 세포에서 보다 적다. 엽육 세포의 엽록체 수는 대개 20~60여 개이지만 어떤 종들에서는 수백 개가 보고되기도 하였다. 또한 울타리 엽육 세포의 엽록체는 해면 조직의 엽록체에 비해서 보통 크고 그 수도 많다(Butterfass, 1979).

엽록체의 미세 구조와 생화학적 구획

엽록체의 구조와 발달은 전자 현미경을 이용하여 폭넓게 연구되었다(그림 8-12). 그 결과로 4개의 주요 구조물 혹은 구획, 즉 1) **엽록체 포막**(envelope)으로 알려진 바깥 막의 쌍, 2) 구조화되지 않은 기질인 **스트로마**(stroma), 3) **틸라코이드**라고 불리는 매우 조화된 내부 막계, 그리고 4) **루멘**(lumen)이라는 틸라코이드막내 공간을 알게 되었다. 엽록체 포막은 소기관의 외부 한계를 결정한다. 이 막의 두께는 5.0~7.5 nm으로서 10 nm의 **막간 공간**(intermembrane space)에 의해 분리되어 있다. 포막의 내막은 선택적 투과성을 보이므로 엽록체 포막은 엽록체를 분리하는 역할을 하며 엽록체와 이를 둘러싸고 있는 환경간의 물질 교환도 조절한다. 시금치 엽록체를 이용한 실험에서 세포질의 대사물이 막간 공간까지 자유로이 드나들 수 있음이 밝혀졌다(Heldt, 1976). 따라서 포막의 외막은 거의 투과 장벽으로 작용하지 않는 것으로 보인다. 엽록체와 세포질 사이의 물질 교환을 조절하는 것은 포막의 내막이 담당한다.

포막은 무형의 엽록체의 기질인 스트로마를 함유하고 있다. 스트로마의 조성은 대부분 단백질이다. 스트로마는 Rubisco(*ribulose-1,5-bisphosphate carboxylase/oxygenase*)를 포함하여 광합성 탄소 고정에 관여하는 모든 효소를 함유한다(10장). Rubisco는 엽록체 단백질의 50%를 차지하여 지상에서 제일 풍부한 단백질이다. Rubisco와 탄소 동화에 관여하는 효소 이외에 스트로마는 다른 대사 경로에 관여하는 효소들과 DNA, RNA 및 전사와 번역에 필요한 기구도 가지고 있다.

스트로마내에 들어 있는 복잡한 막 시스템을 흔히 **라멜라**(lamella)라고 한다(그림 8-12). 이 시스템은 각각의 평행한 막의 쌍으로 구성되어 있으며 양쪽 말단에서 서로 결합된 것처럼 보여 횡단면상으로 막은 납작한 주머니의 모양인 **틸라코이드**(thylakoid=sack-like; Menke, 1962)로 보인다. 어떤 지역은 서로 인접해 있지만 틸라코이드 막들이 밀접하게 달라붙어 **그라나**라고 하는 막이 쌓인 모양으로 보인다. 막이 쌓인 부위에서 발견되는 틸라코이드 막을 **그라나 틸라코이드**라 한다. 일부 틸라코이드는 종종 2개마다 하나가 그라나 더미에서 스트로마로 확장되어 단일층의 붙어 있지 않은 틸라코이드를 만든다. 이러한 **스트로마 틸라코이드**는 종종 다른 그라나 더미와 연결됨으로써 그라나를 서로 연결하는 네트워크를 제공한다. 틸라코이드막 체계는 보통 층화된 부위와 비층화된 부위로 나뉘어지지만 언제나 그런 것은 아니다. 특히 한 두드러진 예로서 C4 광합성 식물의 유관속을 둘러싸고 있는 세포에 있는 엽록체에서는 층화된 그라나가 없다(그림 8-13). 이 세포에서 틸라코이드는 쌍을 이루

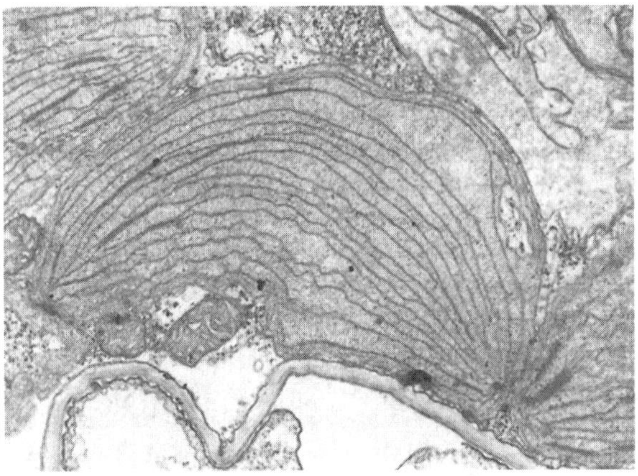

〈그림 8-13〉 옥수수 유관속초 세포의 엽록체 전자 현미경 사진 그라나가 중첩되어 있지 않는 것에 주목하라.

지 않은 채 엽록체 전체의 직경에 달하게 길게 배열되어 있다. 틸라코이드막은 엽록소와 카로티노이드 색소를 포함하며 광의존적 에너지 보존 반응이 일어나는 장소이다.

틸라코이드 내부 공간은 **루멘**이라 한다. 루멘은 물이 산화되는 곳으로 광합성에서 생성되는 산소의 원천이 된다. 또한 틸라코이드막의 전자 전달 과정에서 펌프된 ATP 합성에 사용될 양성자의 저장소로서 주 역할을 한다(9장). 비록 틸라코이드는 엽록체가 발달하는 과정에서 포막의 내막의 함입에 의해서 형성되지만 성숙되면 엽록체 외피와는 더 이상 연결되어 있지 않고 루멘 또한 포막의 막간 공간과 더 이상 연결되어 있지 않다. 그라나와 스트로마 틸라코이드 간의 상호 연결에 대한 많은 모델(Coombs and Greenwood, 1976)이 제안되었지만 엽록체 구조에 관한 우리의 지식은 전자 현미경에서 본 얇은 단면에 바탕을 둔 것으로 3차원적 구조에 대해서는 사실상 거의 알려진 바가 없다. 그러나 일반적으로 틸라코이드는 하나의 막이 연속적으로 연결된 네트워크일 것으로 간주된다. 물론 각 횡단면에서 볼 수 있는 틸라코이드의 루멘은 하나의 연속적인 시스템의 작은 일부를 나타낸다.

엽록체는 또한 광합성 저장 산물인 **녹말 입자**와 **플라스토글로불리**(plastoglobuli)라고 하는 기름 방울을 함유하기도 한다. 녹말 입자는 전자 현미경 시료의 염색을 위해 사용되는 전자 불투성 물질을 흡수하지 않기 때문에 보통 사진에서는 투명한 지역으로 보인다. 반면에 플라스토글로불리는 검게 염색된 부위로 보인다. 플라스토글로불리는 일차적으로 지질 저장체의 기능을 하는 것으로 보이며 전자 운반자인 플라스토퀴논을 다량 함유하고 있다. 노화한 잎의 엽록체는 철과 결합하여 과다한 유리 철의 축적을 방지하는 기능을 할 것으로 생각되는 단백질인 **피토페리틴**(phytoferritin)을 함유하기도 한다.

엽록체의 비광합성적 대사

엽록체의 생화학의 중점은 당연히 여러 측면에서의 에너지 전환과 탄소 대사이다. 이는 광합성이 엽록체의 주요 활동이자 에너지와 탄소가 생물권으로 유입되는 유일한 경로가 되므로 당연하다. 엽록체에서 생성된 에너지는 탄수화물의 합성 이외에도 단백질과 지방산 생합성뿐만 아니라 질소와 황의 동화를 포함하는 다른 대사에도 이용된다.

6장에서 논의했듯이 질소는 보통 질산염 형태로 식물에 흡수되며 아미노산이나 다른 질소성 화합물로 결합되기 전에 화학적으로 암모니아로 환원되어야 한다. 이 과정의 첫번째는 효소인 질산염 환원 효소는 잎과 뿌리의 세포질에 있다. 두번째 단계는 아질산염이 암모니아로 환원되는 과정으로서 잎에서는 광합성 전자 전달 반응과 연관되어 있다. 아미노산 생합성의 일부 반응은 미토콘드리아와 다른 곳에서도 일어나지만 엽록체에 존재하는 것으로 보인다. 암모니아가 아미노산으로 투입되는 주요 반응에는 **글루타민 합성 효소**(glutamine synthetase, GS)와 **글루탐산 생성 효소**(glutamate synthase, GOGAT)가 관여한다(6장). GS는 잎과 뿌리의 세포질뿐만 아니라 엽록체에도 위치한다. GOGAT는 잎의 엽록체와 뿌리의 색소체에 모두 위치하고 있다. 글루타민은 아미노산 생합성에 있어서 유기 질소 공급원으로 중심적인 기능을 하는 것으로 보인다. 다른 아미노산들의 생합성을 촉매하는 여러 효소들도 역시 엽록체에 위치한다.

질산염과 마찬가지로 황산염 또한 아미노산과 다른 유기물로 투입되기 전에 환원되어야만 하는데 보통 시스틴으로 환원된다. 황산염 환원 회로는 잎의 엽록체에 그리고 뿌리 표층 세포의 전색소체에 있는 것으로 보인다.

또한 메티오닌 생합성의 반응들도 역시 모두 엽록체에서 발견된다는 점이 흥미롭다.

지방산 생합성은 부분적으로 엽록체와 색소체에 존재하는 또 다른 활동의 하나이다. 두 가지 주요 산물은 모두 포화 지방산으로서 팔미트산(palmitate, C_{16})과 스테아르산(stearate, C_{18})이다. 이 지방산은 색소체에서 소포체로 이동하여 더 변형된 후 글리세롤과 결합하여 지질을 형성한다.

엽록체는 DNA, RNA, 리보솜 그리고 단백질 합성에 필요한 효소를 포함하는 완전한 게놈을 지니고 있다. 엽록체 DNA는 원형으로서 약 120~150개의 폴리펩티드를 암호화하고 있다. 엽록체 게놈은 에너지 전환과 탄소대사에 매우 중요한 역할을 하는 다수의 폴리펩티드를 암호화하고 있다. 여기에는 Rubisco의 대단위체, 몇 개의 ATP 합성 효소 소단위체(subunit), 그리고 전자 전달 사슬의 중요한 구성물 등이 포함된다. 그러나 다른 많은 엽록체 유전자 산물의 정체는 아직도 밝혀지지 않고 있다. 자신의 게놈을 갖고 있음에도 불구하고 엽록체는 추가적인 폴리펩티드의 합성을 핵과 세포질에 의존해야 한다. 실제로 엽록체 단백질의 다수는 핵에 암호화되어 있으며 세포질 리보솜에서 번역되어 엽록체로 수입된다.

제 9 장

생체 에너지론과 광합성의 광의존적 반응

세포, 조직, 기관 및 군집의 모든 수준에서 생물계는 복잡하고 고도로 조직화된 체제를 갖고 있다. 체제화는 생물학의 정수이지만 끊임없이 공격을 받게 된다. 단백질, 핵산, 그리고 세포를 구성하는 다른 분자들은 계속적으로 가수 분해된다. 용질은 세포막을 통해 바깥으로 유출한다. 세포와 환경 할 것 없이 지구상의 모든 것은 계속 산화될 운명에 처해 있다. 그런데도 우리 주위의 생물체에서 환경으로부터 물질을 섭취하고 이들을 이용하여 체제를 유지하거나 새로운 복잡한 구조를 만드는 것을 보게 된다.

구조를 만들고 유지하기 위해서는 에너지가 필요하다. 끊임없이 해체되는 환경에서 짓고 질서를 보존하는 에너지는 모든 생물의 근본적 요구 사항이다. 이 같은 필요를 충족하기 위해서 두 가지의 전략이 개발되었는데 그 첫번째가 태양으로부터 에너지를 포획하여 간단한 무기물로부터 복잡한 물질을 만드는 광합성으로서 **광독립 영양 생활형**(photoautotrophic lifestyle)이다. 이에 반해 **화학 종속 영양 생활형**(chemoheterotrophic lifestyle)의 생물에는 환경으로부터 에너지가 풍부한 유기 물질의 끊임없는 유입이 필요하다. 그러나 이러한 유기 물질들도 광합성에 기원한다. 결국 지구상의 모든 생물은 **광합성**을 통해서 태양으로부터 얻은 에너지에 의해 힘을 얻게 된다.

광합성은 녹색 식물, 남세균 및 특정 무리의 박테리아에서 일어난다. 고등 식물에서 광합성은 엽록체에서 일어나므로 엽록체는 간단히 말해서 열역학 기계이다. 엽록체는 태양 방사 에너지를 포획하여 그 일부를 안정된 화합물로 보존한다. 이 에너지 전환 반응을 광합성의 **광의존 반응**(light-dependent reaction)이라 한다. 광의존 반응에 의해 생성된 에너지는 다음에 무기 탄소를 당의 형태로 환원하는 데 사용된다. 당에 저장된 탄소와 에너지는 생물과 무생물을 구분하게 하는 질서와 구조를 만드는 데 사용된다.

이 장은 두 부분으로 나뉘어져 있다. 첫번째 부분은 생물체에서 일어나는 에너지 변환 과정에 관한 학문인 생체 에너지론(bioenergetics)에 관한 것으로서 다음 사항을 논의하게 될 것이다.

- 열역학 법칙과 자유에너지와 엔트로피의 개념
- 평형에서 벗어난 반응이 어떻게 반응을 구동하는 데 이용될 수 있는지를 예시하는 자유 에너지와 화학 평형과의 관계
- 산화-환원 반응으로서 이들이 생물의 에너지 변환에 관여하는 방법
- 생체 에너지 대사의 주 매개체인 아데노신 3인산(ATP) 생성 과정의 화학 삼투론적 모델

두번째 부분에서는 광합성에서 에너지 보존 과정과 이를 가능하게 하는 엽록체의 체제에 관한 것이다. 여기에서는 다음의 사항을 논의할 것이다.

- 이산화탄소를 탄수화물로 환원하는 과정으로서의 광합성
- 광합성 전자 전달 사슬, 틸라코이드막에서 이들의 구성, 그리고 환원 퍼텐셜과 ATP 생성에서의 역할

- 종종 과다해져서 광합성 효율을 감소시키거나 심지어는 전자 전달 사슬의 구성원에 피해를 입히는 광량의 변화를 겪게 될 때 엽록체가 직면하는 문제점
- 광수확 기구의 구성의 변화가 어떻게 빛 에너지의 흡수와 분포에 영향을 미치는 가를 보여주는 틸라코이드 막의 동적 특성
- 보조 색소로서 그리고 엽록소의 광보호를 위한 카로티노이드의 역할
- 광합성 전자 전달에 특정적으로 상호 작용하는 제초제의 사용

생체 에너지론—생물에서 에너지 전환

생체 에너지론은 열역학 법칙을 생물계의 에너지 전환 연구에 응용한 것이다. 세포가 수행하는 과정들에 관한 에너지론은 화학 반응과 이의 산화 환원 퍼텐셜과 연관될 수 있다.

분자, 세포, 생태계의 어느 수준에서도 에너지 흐름은 생물학의 중심이 된다. 따라서 에너지 흐름에 대한 근본적인 이해는 생물학의 진미와 중요성을 파악하는 데 있어서 필수적이다. 생물체간의 에너지 흐름에 관한 연구 분야를 생체 에너지론(bioenergetics)이라 한다. 그러나 지난 수십 년 동안 생체 에너지론의 초점은 광합성과 호흡에서의 복잡한 에너지 전환 과정을 밝히고 ATP 합성이나 막 사이의 이온 축적과 같이 에너지가 필요한 반응을 진행하기 위해서 어떻게 에너지가 사용되는가를 이해하는 것이었다(Nicholls, 1982). 에너지 흐름은 정해진 기본적인 열역학적 법칙을 따른다. 열역학은 19세기에 증기 엔진의 작동이나 대포의 포열을 보링할 때 열이 발생하는 이유에 대한 관심에서부터 시작되었다. 비록 지금은 열역학이 보다 일반적인 의미에서 에너지 흐름에 관한 학문으로 받아들여지지만 열역학이라는 이름 자체가 이런 열에 대한 역사적 관심을 반영하고 있다. 열역학 법칙에 대한 일반적인 이해는 이 원리가 생물학에서의 에너지 전환을 이해하기 위한 정량적 틀을 제공하기 때문에 필요하다.

에너지 전환 이외에 열역학은 어떤 계가 일을 할 수 있는 능력을 기술하는 데 도움이 된다. 일은 여러 가지 다른 방법으로 정의되기도 한다. 물리학자는 마찰력을 거슬러서 일어나는 물체의 미끄러짐, 혹은 둥근 돌을 언덕 위로 굴려 올리는 것과 같이 일을 힘에 거슬러서 일어나는 변위(displacement)로 정의한다. 반면에 화학자는 일을 압력과 부피의 개념으로 본다. 예를 들어, 가스의 부피가 증가하려면 대기압을 극복하기 위한 일이 행해져야 한다. 생물학에 있어서 일의 개념은 더 넓어져서 세포와 개체가 마주치게 되는 다양한 종류의 힘에 대항하는 일을 모두 포괄한다. 생물학자는 근육의 활동과 같은 기계적인 일 외에도 화학 합성, 전기화학적 기울기에 역행하는 용질의 이동, 삼투 및 생태계 동력학과 같이 다양한 행동들에도 관심이 있다. 이와 같은 것들과 생명체의 근간이 되는 다른 활동들 모두 열역학적 용어로 기술할 수 있다. 이 절의 목적은 간략하게 열역학의 기본 원리를 이용하여 생물학적 에너지 전환 과정의 이해를 돕기 위한 것이다. 관심이 많은 학생은 열역학과 생체 에너지론에 관한 D. G. Nicholls와 F. Harold가 쓴 훌륭한 논문들을 보면 이해가 잘 될 것인데 이 논문들을 기초로 다음의 논의를 다루었다(Nicholls, 1982 ; 1992 ; Harold, 1986).

에너지 보존, 질서와 무질서

생물학적 에너지 전환은 두 가지의 열역학 법칙에 바탕을 두고 있다. 흔히 *에너지 보존 법칙*으로 알려진 제1 법칙은 우주의 에너지는 일정하다는 것이다. 이는 이해하기가 어려운 개념이 아니며 단순히 고정된 양의 에너지가 있어서 이들이 이동하고 그 형태를 바꿀 수 있지만 어딘가에는 존재한다는 뜻이다. 더 정확히 말하면 에너지는 반응에서 결코 유실되지 않고 한 형태의 에너지 감소는 다른 형태의 에너지의 증가로 상쇄된다. 예를 들면 앞서 언급한 예 중에서 한 물체의 위치를 바꾸는 데 사용된 에너지의 일부는 일로 나타나지만 일부는 마찰로 인

한 열로 나타난다. 마찬가지로 포도당이 연소될 때 방출되는 화학 에너지의 일부는 주변의 열로 나타나지만 일부는 생성물인 이산화탄소와 물의 결합 에너지 형태로 있게 된다.

생물학자로서 우리는 무엇보다도 얼마만큼의 일이 행해질 수 있느냐에 관심이 있다. 그러나 이미 제안되었듯이 모든 에너지가 일을 하는 데 이용될 수 있는 것은 아니다. 이 때문에 열역학 제2법칙인 엔트로피 개념이 나오게 된다. 제2법칙에는 엔트로피(S) 개념이 포함되어 이해하기가 조금 어렵다. 엔트로피란 무엇인가? 엔트로피는 무작위도, 무질서도 혹은 혼돈 정도의 척도로 기술되어 왔다. 그러나 엔트로피는 열역학적 개념이므로 아마도 열에너지 형태로 기술하는 것이 가장 유용할 것이다.

온도는 물질의 평균 분자 운동 에너지로 정의된다. 따라서 절대 온도 이상의 온도에 있는 어떠한 분자계라도 구성 분자들의 공간에서의 운동에 의한 진동 및 회전 에너지 형태의 열에너지를 일부 가진다. 열에너지와 온도는 서로 비례하여 에너지 양의 증감에 따라 온도도 증감한다. 온도는 이 에너지를 방출하게 되면 일정하게 유지되지 못하므로 등온적 이용 불능(isothermally unavailable)이라고 표현한다. 정량적으로 등온 이용 불능 에너지는 TS 값으로 주어지며 이 때 T는 절대 온도이고 S는 엔트로피이다.

등온 이용 불능 에너지 즉 엔트로피는 분자의 운동과 연관되므로 자유로이 움직일 수 있는 분자의 수가 증가할수록, 시스템이 보다 무작위적이거나 덜 질서롭고 더 혼돈되면 그들의 엔트로피는 증가한다(동일한 논리로서 절대 온도 0에서는 모든 분자의 운동이 정지되므로 엔트로피는 0이다.). 포도당 연소라는 친숙한 예를 생각해 보자. 포도당 분자의 고도로 질서를 띤 구조는 탄소 원자의 운동을 일정량 제한한다. 그러나 동일한 원자인 6개의 이산화탄소 가스는 훨씬 덜 제한을 받는다. 각 분자는 자유롭게 공간에서 회전하고 구르게 된다. 포도당과 이산화탄소는 각각 엔트로피를 갖고 있지만 생성물인 이산화탄소는 보다 덜 질서적이므로 운동의 자유도는 더 커지고 엔트로피도 증가된다. 엔트로피는 자연적으로 증가하는 경향이 있고 계는 점점 혼돈화가 된다. 이 같은 경향을 Clausius는 *우주의 엔트로피는 최대화되는 경향이 있다*라고 요약하였다.

클라우시우스의 명언은 열역학 제2법칙을 서술하는 한 방법이다. 그러나 생물학자로서 엔트로피에 관한 우리의 관심은 일차적으로 이것이 일에 이용될 수 없는 에너지이기 때문이다. 이런 맥락에서 제2법칙은 한 *독립된 시스템의 일을 할 수 있는 능력은 계속적으로 감소한다*라고 다시 표현할 수 있다. 다시 말해서 한 계의 모든 에너지를 일에 이용하기는 불가능하다.

위의 논의로부터 일부 에너지는 등온 조건에서 이용 가능하여 일에 이용될 수 있는 게 명백하다. 이 에너지를 19세기의 물리화학자로서 이 개념을 도입한 J.W. Gibbs를 기리기 위해서 깁스의 자유 에너지(Gibbs free energy)라 한다. 자유 에너지(G)는 TS와 다음과 같은 상관 관계를 가진다.

$$H = G + TS \tag{9.1}$$

여기서 H는 총 열에너지(혹은 엔탈피)로서 행해진 모든 일을 포함한다. H는 등온적으로 비이용될 수 없는 TS와 G의 합으로 구성된다. 따라서 〈식 9.1〉은 두 종류의 에너지, 즉, 일을 하는 데 이용되는 자유 에너지와 그렇지 못한 엔트로피로 구성된다. 제한된 경우를 제외하고는 생물학자는 일을 할 수 있는 에너지 즉, 자유 에너지에 가장 큰 관심을 갖는다. 〈식 9.1〉은 또한 제2법칙의 추론인 *우주의 자유 에너지는 최소화하는 경향이 있다*는 것을 제시하고 있다.

절대 에너지인 G나 S를 측정하는 것은 편리하지도 않고 적절하지도 않지만 열의 가감이나 일과 같이 반응 과정에서 일어나는 변화(Δ)로 보통 쉽게 측정할 수 있다. 〈식 9.1〉은 다음처럼 다시 쓸 수 있다.

$$\Delta G = \Delta H - T\Delta S \tag{9.2}$$

자유 에너지의 변화는 반응에 대해서 많은 것을 알려준다. 예를 들어 실제로 반응이 일어날 수 있는지 가능성 여부나 그 결과로 행해질 일의 양에 대해서 알려준다. 가능성은 ΔG로 표시한다. 예를 들어 ΔG가 음의 값이면 그 반응은 에너지의 투입이 없이도 일어날 수 있는 **자발적인** 것으로 간주된다. 생성물의 자유 에너지가 반응물보다 낮으므로 음의 ΔG를 가지는 반응은 **발열적** 혹은 에너지를 방출하는 반응으로 알려져 있다. 반면에 ΔG가 양으로 표시되면 반응이 일어나기 위해서는 에너지의 투입이 필요하다. 포도당의 산화는 음의 ΔG를 가진 반응의 한 예이다. 일단 활성화 장벽을 넘게 되면 포도당은 자발적으로 물과 이산화탄소로 산화된다. 그러나 대기 중에 많은 이산화탄소와 물이 있음에도 불구하고 자발적으로 결합하여 포도당을 만들지는 않는다. 이는 평형 상수가 이산화탄소와 물을 만드는 쪽에 유리하고 포도당 형성의 ΔG가 양의 값을 갖기 때문이다. 양의 ΔG를 가지는 반응은 **흡열적** 혹은 에너지를 소모하는 반응으로 알려져 있다.

자유 에너지 변화의 크기 정도는 그 반응에 주어진 특정 조건의 함수라고 할 수 있다. 이러한 이유로 표준 상태에서 자유 에너지 변화를 비교하는 것이 편리하다. 생화학에서 **표준 자유 에너지 변화**(standard free energy change, $\Delta G°'$)는 단위 농도(1 M)의 반응물과 생성물이 생리적인 pH(=7.0)에서 일어나는 반응의 자유 에너지의 차이로 정의된다.

자유 에너지와 화학 평형

적당한 조건에서 모든 화학 반응은 반응물과 생성물 농도의 순변화가 더 이상 일어나지 않는 평형 상태에 도달한다. 자유 에너지와 화학 평형 사이에는 상당히 직접적인 관계가 있다. 이 관계는 생체 에너지론을 이해하는 핵심이 되는데 〈그림 9-1〉에 도식화하였다. 반응물이 생성물로 전환되는 반응에서 반응이 평형에 도달했을 때 K는 반응물과 생성물의 농도비인 평형 상태의 질량-작용비(equilibrium mass-action ratio)이다. 따라서

$$K = \frac{[B]_{eq}}{[A]_{eq}}$$

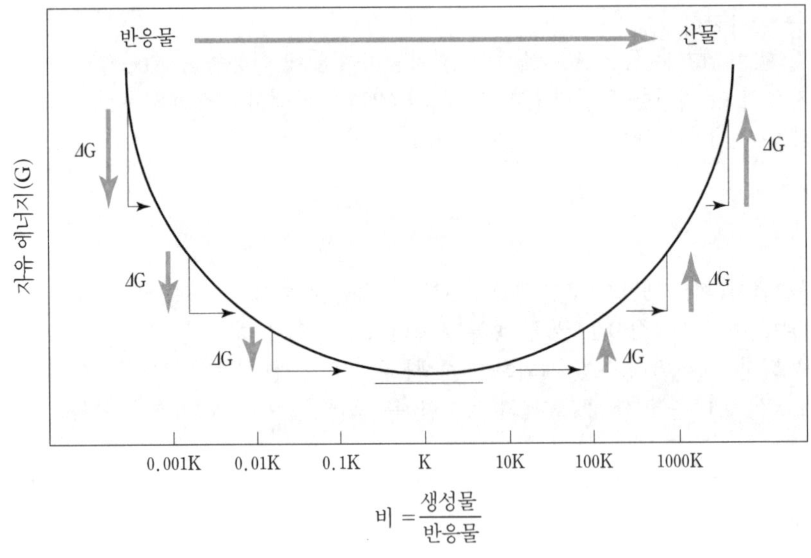

〈그림 9-1〉 반응의 자유 에너지는 평형 상태로부터의 괴리에 대한 함수이다.

K는 반응이 평형 상태에 있을 때의 질량-작용비(mass-action ratio)이다. 수직 화살표는 반응물이 생성물로 전환될 때 자유 에너지 곡선의 기울기 혹은 자유 에너지의 변화를 나타낸다. 평형 상태에서 자유 에너지 변화는 0이고 화살표의 길이로 나타낸 자유 에너지 크기는 반응이 평형 상태에서 멀어져서 순수한 반응물이나 생성물의 방향으로 가게 됨에 따라 증가하는 것에 주목하라. 아래 방향의 화살표는 음의 값의 자유 에너지 변화를, 위 방향의 화살표는 양의 값의 자유 에너지 변화를 나타낸다.

〈그림 9-1〉에서 선의 기울기는 소량의 반응물 A가 생성물 B로 전환될 때 자유 에너지의 변화(ΔG)를 나타낸다. 이 그림에서 여러 가지 유용한 정보를 얻을 수 있다.

1. 평형 상태에서 선의 기울기는 0이다. 따라서 평형 상태에서 반응의 자유 에너지 변화는 0이다.
2. 질량-작용비가 평형(K)에서 멀어질수록 동일한 양의 A를 B로 전환시키는 데 필요한 자유 에너지의 변화가 크다. *반응의 자유 에너지 변화는 평형에서 전위된 정도의 함수이다. 반응이 평형에서 멀리 있는 상태일수록 반응이 평형 상태에 도달하기 위한 이용 가능한 에너지가 증가한다.*
3. A가 평형에 도달하는 방향에서는 ΔG가 음이 되고 자유 에너지는 일을 하는 데 이용된다. 반응이 평형에 도달하면 ΔG는 양의 값을 갖게 되고 에너지가 공급되어야 한다. *어떤 계가 평형 상태를 향한 방향으로 갈 때 시스템은 일을 할 수 있다.* 반응이 순순히 B만으로 시작되었다면 화살표 방향은 반대가 될 것이며 B가 평형에 도달하는 방향으로 일이 행해질 수 있다.

표준 자유 에너지 변화(standard free energy change, $\Delta G^{\circ\prime}$)와 평형과의 관계를 정량적으로 나타낼 수 있다.

$$\Delta G^{\circ\prime} = -RT \ln K = -2.3\ RT \log K \tag{9. 3}$$

평형 상태가 아닐 때 한 반응의 실제적인 에너지 변화(ΔG)는 다음과 같이 주어진다.

$$\Delta G = \Delta G^{\circ\prime} + 2.3\ RT \log \Gamma \tag{9. 4}$$

여기서 Γ는 관찰된, 즉 비평형 상태에서의 질량-작용비이다. 〈식 9. 4〉에 〈식 9. 3〉을 치환하면 다음과 같이 정리된다.

$$\Delta G = -2.3\ RT \log\ (K/\Gamma) \tag{9. 5}$$

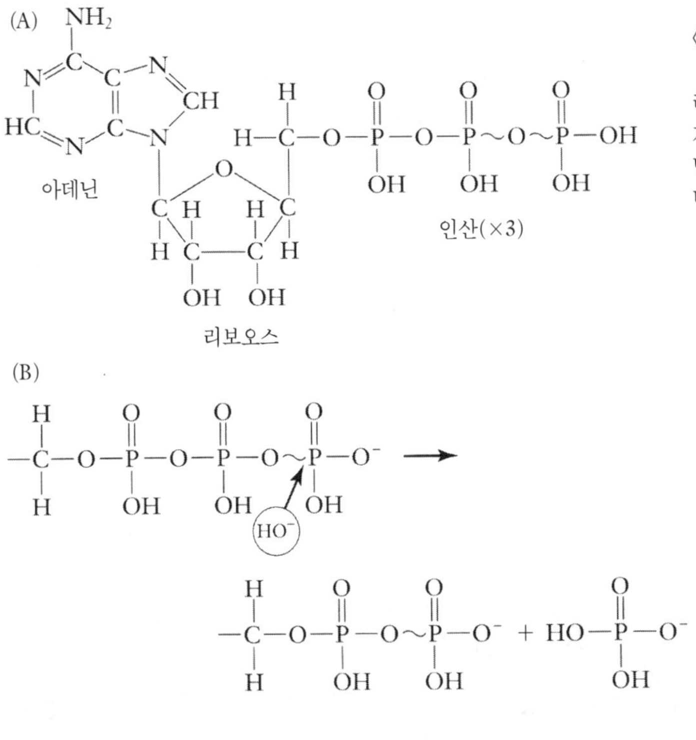

〈그림 9-2〉 아데노신 3인산(ATP)

(A) ATP는 질소 염기인 아데닌, 당인 리보오스 그리고 3개의 말단부 인산으로 구성된다. (B) ATP의 가수분해는 ADP와 무기인산을 형성한다. ADP의 말단 O-P 결합은 ATP의 말단 결합과 동일한 에너지이다.

〈식 9. 5〉의 ΔG의 값은 반응이 평형에서 멀어진 정도의 함수라는 관찰을 새삼 강조한다. Γ가 K와 같을 때 반응은 평형 상태에 있다. Γ가 K보다 작은 경우 ΔG는 음이고 큰 경우에는 양의 값을 갖는다. 마지막으로 만약에 두 반응이 생화학적으로 짝지워져 있다면 음의 ΔG를 갖는 반응에 의해 양의 ΔG를 갖는 반응도 진행될 수 있다.

위의 관계의 예로서 아데노신 3인산(ATP)계를 생각해 보자. ATP가 1929년에 근육 추출물에서 분리되었을 때, F. Lipmann은 이것이 세포 에너지 대사에 매우 중요한 역할을 할 것이라 처음 인식하였다. 그는 이를 *고에너지 분자*라 부르고 말단 인산 결합을 구부러진 선(∼)으로 표시하였다(그림 9-2). 사실 ATP를 고에너지 분자라고 말하는 것은 ATP가 특이한 물질인 것으로 오해를 살 수 있지만 사실은 그렇지 않다. ATP 분자 말단의 두 인산 결합은 정상적인 공유 무수 결합이다. 무수물의 가수 분해는 전자들이 공명할 수 있는 결합을 하나 더 추가적으로 가지게 되어 반응물의 공명 안정화(resonance stabilization) 때문에 반응에 유리한 엔트로피 증가가 수반된다. 게다가 산물인 ADP와 Pi는 산성 음이온이므로 두 음이온의 산물은 상호적으로 전하를 밀치게 되어 쉽게 재결합할 수 없다. 따라서 ATP 가수 분해의 평형 상수는 10^5 정도로 꽤 크다.

이같이 큰 평형 상수는 ATP가 왜 세포내 대사에서 아주 중요한지의 이유가 된다. 표준 자유 에너지 변화를 정의하는 조건(반응물과 생성물의 단위 농도)에서 질량-작용비는 평형보다 10^5배 정도 작다. ATP 가수 분해는 이에 상응한 정도의 큰 표준 자유 에너지 변화($\Delta G^{\circ\prime}$ = 31 kJ/mol)를 가지고 있다. 세포내에서 유리된 누클레오티드 풀이 비교적 작고 가수 분해는 Mg^{2+} 농도에 영향을 받기 때문에 실제 자유 에너지 변화는 더 커질 수 있다. 광합성과 호흡은 ATP 풀을 크게 유지하여 외형상 질량-작용비(Γ)는 10^{-4} 만큼이나 낮아질 수 있다. 이는 평형 상태에서 109배 정도 떨어져 있는 상태이다(ΔG = 56 kJ/mol). 질량-작용비를 평형에서 이렇게 멀리 떨어지게 하여 ATP를 에너지 저장체로 기능하게 하는 것이 바로 세포의 능력이다. 사실 평형 상태에서 벗어날 수 있는 능력이 생물체의 가장 필수적인 특성이다.

어떤 반응물이 일을 하는 능력을 정의하는 데 있어서 분자의 속성보다는 G가 평형에서 어느 정도 떨어졌는지이다. D.G. Nicholls에 의하면 만일 포도당 6인산 반응($\Delta G^{\circ\prime}$ = 13.8 kJ/mol)이 평형에서 10^{10}배 정도로 떨어져 유지되고 있다면 포도당 6인산도 세포에서 ATP와 마찬가지로 일을 할 수 있을 것이다. 역으로 태평양이 평형 상태의 ATP, ADP 및 Pi로 채워져 있다 해도 ATP는 전혀 일을 할 수 없을 것이다(Nicholls, 1982). 물론 세포의 생화학은 이점에서 포도당 6인산이 아니라 ATP를 이용하도록 만들어진 것은 말할 나위도 없다.

자유 에너지와 일을 할 수 있는 능력간의 관계가 화학 반응에만 국한된 것은 아니다. 막을 사이에 둔 용질의 불균등한 분포처럼 비평형 상태에 있는 어떠한 시스템이라도 일을 할 수 있는 능력이 있다. 예를 들면 2장과 5장에서 이미 다루었듯이 용질의 기울기는 확산에 필요한 에너지를 제공한다.

산화-환원 반응의 자유 에너지

광합성과 호흡은 전기 화학적 현상이다. 각각은 전자가 한 구성원에서 다른 구성원으로 전달되는 일련의 산화-환원 반응으로 일어난다. 이 같은 반응을 **환원-산화 반응**(reduciton-oxidation, redox reaction)이라고 한다. 한 예로서 포스포글리세르산(3-phosphoglycerate, PGA)이 글리세르알데히드 3인산(glyceraldehyde 3-P, GAP)으로 환원되는 것을 생각해 보자.

$$\text{PGA} + \text{NADPH} + \text{H}^+ \rightleftharpoons \text{GAP} + \text{NADP}^+ \qquad (9.6)$$

산화-환원 반응은 편리하게 전자를 주고 받는 2개의 반쪽 반응으로 나눌 수 있다. 따라서 PGA가 GAP로 환원되는 것은 다음의 2개의 반쪽 반응(half-reactions)으로 생각해 볼 수 있다.

$$\text{NADPH} \rightleftharpoons \text{NADP}^+ + \text{H}^+ + 2\text{e}^- \qquad (9.7)$$

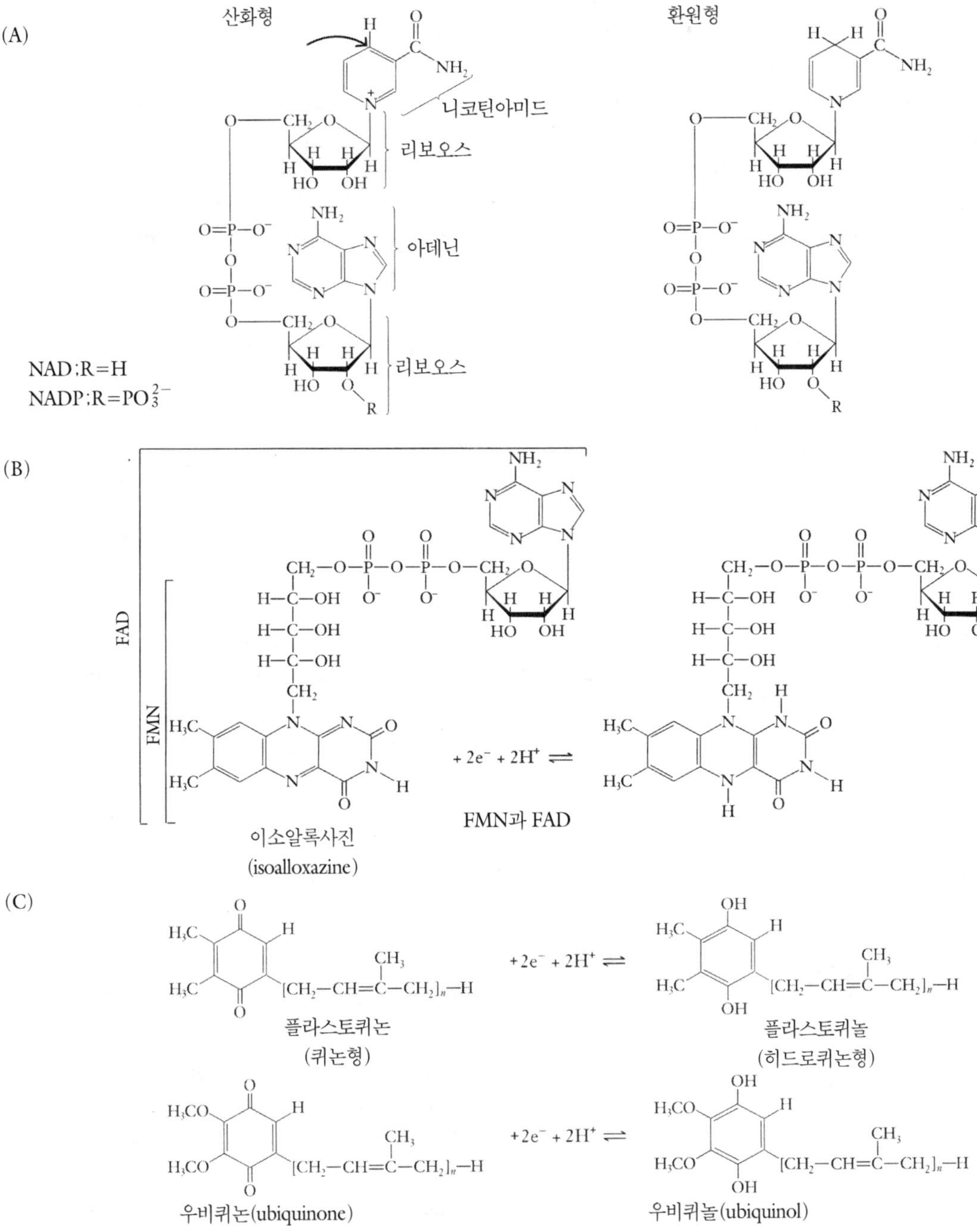

〈그림 9-3〉 일부 흔히 나타나는 산화형과 환원 형태의 생물학적 산화-환원제

(A) 니코틴아미드 아데닌 디누클레오티드(NAD)와 니코틴아미드 아데닌 디누클레오티드 인산(NADP). 니코틴아미드 고리만 이 반응 도중에 변화됨에 주목하라. 니코틴아미드 고리는 두 개의 전자를 받지만 양성자는 한 개만 받는다. 화살표는 니코틴아미드 고리에 전자가 첨가되는 부위이다. (B) 플라빈 아데닌 디누클레오티드(FAD)는 아데노신(아데닌+리보오스)과 리보플라빈(리비톨+이소알록사진)으로 구성된다. 플라빈 모노누클레오티드(FMN)는 리보플라빈으로만 구성되어 있다. 환원은 이소알록사진에서 일어나는데 두 개의 양성자와 전자를 받아들인다. (C) 퀴논. 퀴논 고리는 5-탄소 이소프렌 단위로 구성되어 있는 탄수화물 사슬에 부착되어 있다. n의 값은 엽록체의 플라스토퀴논의 경우 9개이고 미토콘드리아의 우비퀴논의 경우는 10개이다. 한 전자의 전달은 부분적으로 환원된 음전하를 갖는 반쪽 퀴논을 형성한다(나타내지 않았음). 두번째 전자와 양성자 두 개가 첨가되면 완전히 환원된 히드로퀴논이 된다.

$$PGA + 2e^- + 2H^+ \rightleftharpoons GAP \qquad (9.8)$$

NADPH/NADP⁺와 같은 산화/환원쌍을 **산화-환원쌍**(redox couple)이라 한다. 비록 산화/환원 반응이 종종 양성자의 전이로 표시되지만 실제로 교환되는 것은 전자이다. 생물학적 전자 전달에서 관여하는 일부 중요한 산화-환원 화합물의 구조를 〈그림 9-3〉에서 보여주고 있다.

위에 기술된 각각의 반쪽 반응 및 전체 반응은 가역적이기에 이들의 자유 에너지를 화학 평형을 토대로 기술할 수 있다. 그러나 독립적으로 존재하지 않는 전자를 어떻게 처리해야 할지가 분명치 않다. 게다가 산화-환원 짝에 대한 우리의 관심은 전자를 짝에게서 받거나 주는 경향인 **산화-환원 퍼텐셜**(redox potential)에 있다. 산화-환원 퍼텐셜은 예측해야 할 복잡한 계에서 구성원 사이에 전자 전달의 가능성과 방향을 제공한다. 사실 광합성과 호흡에서 전자 전달을 이해하기 위해서는 산화-환원 퍼텐셜에 대한 이해와 이의 적용법에 대한 실질적인 이해가 필요하다.

모든 반응과 마찬가지로 산화-환원 퍼텐셜은 임의의 표준에 대해서 정의된다. 산화-환원 퍼텐셜의 주요 표준은 1M의 양성자(pH = 0)(그림 9-4)에 잠겨 있는 백금 전극 위로 수소 가스가 발생하는 수소 반극이다.

$$H_2 \rightleftharpoons 2H^+ + 2e^- \qquad (9.9)$$

모든 산화-환원 쌍은 표준 수소 반극에게서 전자를 받거나 주려는 능력에 따라서 기술된다. 전압(V)으로 측정되는 산화-환원 퍼텐셜은 대상 짝을 다른 반극에 넣고 수소 반극과 연결하여 전압 측정기로 측정할 수 있다. 수소 반극 사이에는 전자의 순이동이 없을 것이므로 표준 산화 환원 전위(standard redox potential, E_0)는 0이 된다.

표준 수소 반극은 화학자들에게 문제가 없겠지만 생물학 세계에서 pH가 0인 상태는 거의 일어나지 않는다. 여기서는 pH가 7.0에서 표준 산화 환원 전위를 결정하는 것이 보다 편리하고 적절하다. 산화-환원 전위는 pH에 따라 변한다. 다음과 같은 일반화된 산화-환원 쌍에 대한 산화-환원 전위는 25℃에서 pH 단위당 2.3 RT/F(m/n)mV 만큼 음의 값을 갖게 된다.

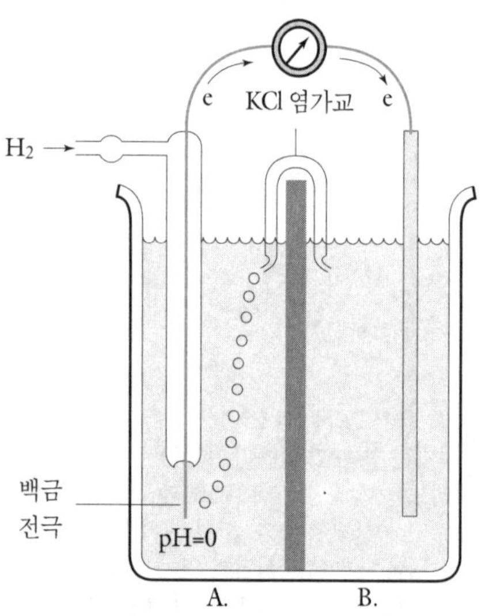

〈그림 9-4〉 미지의 산화 환원 짝(B)의 전압(V)은 표준 수소 반전지(A)에 전자를 주거나 받는 경향으로 측정할 수 있다.

$$ox + ne^- + mH^+ = red \qquad (9.10)$$

R은 기체 상수로서 8.31 J mol^{-1}°K^{-1}이며 T는 절대온도(298℃), 그리고 F는 패러데이 상수(96,500 coulombs mol^{-1})이다. 전기 퍼텐셜 측정 단위인 전압(V)은 1 J/coulomb으로 정의되므로 m/n 비율이 1인 경우, 산화 환원 전위는 단위 pH당 60 mV만큼의 음의 값을 가진다.

이상의 논의에서 산화-환원 전위가 Gibbs의 자유 에너지 변화((그림 9-1)에 표시)처럼 반응물과 생성물의 상대적인 농도에 의존함을 알 수 있다. 생물학적 에너지론은 관습적으로 pH가 7.0에서 환원형과 산화형의 비가 1일 때 표준 산화 환원 전위를 결정하는 것이다. 이 상태에서 산화-환원 쌍은 50% 환원되어 있는데 이를 **중간점 전위**(midpoint potential)라 하며 E_m로 표시한다. 정확하게는 pH 7.0의 중간점 전위를 $E_{m,7}$으로 표시하지만 생체 에너지론에서는 E_m이라고 쓰기도 한

〈표 9-1〉 광합성과 호흡에 관련된 대표적인 산화-환원 쌍의 중간점 포텐셜

	E_m (mV)
페레독신 환원형/산화형	−430
H_2 / $2H^+$	−420
NADH + H^+ / NAD^+	−320
NADPH + H^+ / $NADP^+$	−320
숙신산 / 푸마르산	+30
우비퀴논 환원형/산화형	+40
Cyt c^{2+} / Cyt c^{3+}	+220
$2H_2O$ / O_2	+820

다. 따라서 수소 반전지의 표준 산화-환원 전위(E_o)는 0이지만 $H_2/2H^+$ 쌍의 중간점 전위(E_m)는 7×(−60) =−420 mV의 값을 갖는다. 몇 가지 산화-환원 쌍의 E_m 값이 〈표 9-1〉에 나타나 있다. 또한 생체 에너지론에서는 보다 음의 전위를 갖는 짝이 전자를 주는 경향을 가진다고 한다. 따라서 환원된 페레독신은 강력한 전자 주개이거나 **환원제**(reductant)이다. 역으로 페레독신은 약한 산화제이다. 이와 비교해서 물/산소 짝은 강한 전자받개, 즉 **산화제**(oxidant)가 환원제이다.

산화-환원 짝에서 중간점 전위를 비교하면 전자의 흐름의 방향을 예측할 수 있다. 열역학적으로 보다 큰 음의 전위를 갖는 짝에서 보다 낮은 전위를 갖는 짝으로 자발적 전자 전달이 진행한다. 세균, 미토콘드리아, 엽록체에서의 에너지 변환 막은 모두 중간점 전위가 다른 다수의 전자 전달체가 관련된 전자 전달계를 가지고 있다(그림 9-2).

전자 전달의 방향 이외에도 산화-환원 전위는 다음의 식을 이용하여 전자 전달 반응에 대한 Gibbs의 자유 에너지를 계산할 수 있게 한다.

$$\Delta G^{\circ\prime} = -nF\Delta E_m \tag{9. 11}$$

여기서 n은 전달되는 전자수이다. 생물학적 전자 전달은 단일 혹은 쌍의 전자가 관여하지만 에너지 계산은 항상 n의 값이 2인 것에 바탕을 두고 있다. ΔE_m은 전자가 전달되는 산화-환원 차이로서 다음과 같이 결정된다.

$$\Delta E_m = E_m\,(\text{전자받개}) - E_m(\text{전자주개}) \tag{9. 12}$$

따라서 미토콘드리아의 전자 전달에서 나타나는 NADH로부터 산소로의 전자 전달은 ΔE_m의 값이 0.82−(−0.32)=1.14V이다. 이 값을 〈식 9. 11〉의 값에 대입하면 NADH에서 산소로의 2개 전자 이동을 위한 $\Delta G^{\circ\prime}$는 −218kJ mol^{-1}이 된다. $\Delta G^{\circ\prime}$가 음의 값을 갖는 것은 이 반응이 자발적임을 의미한다. 물에서 $NADP^+$으로 역으로 전달되는 경우 ΔE_m과 $\Delta G^{\circ\prime}$는 동일한 값이지만 부호는 바뀌게 된다. 광합성에서 빛에너지는 이 같은 흡열 반응을 구동하는 데 사용된다.

ATP 합성 모델

에너지 전환막을 통한 전기화학적 양성자 기울기에 의한 ATP 합성은 전자 전달과 짝지워져 있다.

오랫동안 세 가지 주요 에너지 전환막 시스템(박테리아, 엽록체 및 미토콘드리아)의 에너지 변환막에서는 전자 전달이 ATP 합성과 연관되어 있는 것이 알려져 있다. 그러나 Peter Mitchell이 1961년 **화학 삼투설**(chemismotic hypothesis)을 제안하기 전까지는 그 메커니즘을 이해하지 못했다(Mitchell, 1961 ; Nicholls, 1982). 초기에는 이 가설이 많은 생화학자들에게 쉽게 받아들여지지 않았지만 Mitchell의 가설은 이제 실험 결과에 의해서 확실하게 증명된 상태이다. 이 선구적인 업적으로 1978년 Mitchell은 노벨화학상을 수상하였다.

Mitchell의 가설은 두 가지의 근본적인 요구 조건에 바탕을 두고 있다. 첫번째로 에너지 변환막은 수소 이온에 대해서 불투과성이다. 둘째로는 전자받개가 막에 비대칭 체제로 분포한다. 그 결과 전자를 수송하는 것에

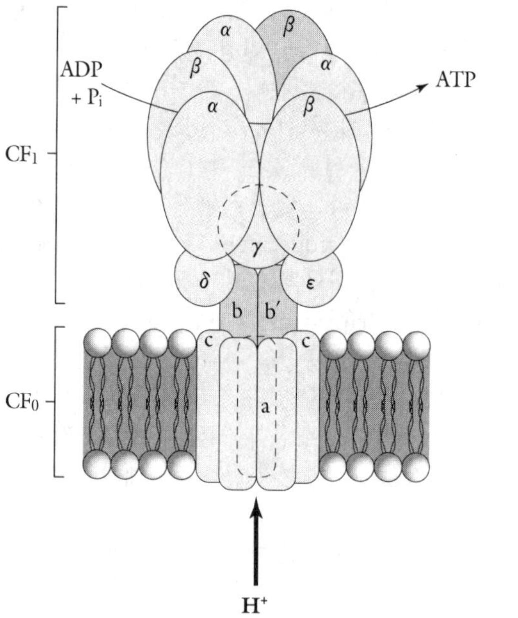

〈그림 9-5〉 엽록체 ATP 합성 효소의 모델

CF_0는 막 사이의 양성자 채널을 형성하는 내재성 단백질이다. CF_1은 CF_0의 스트로마 방향에 부착되어 있고 ATP 합성을 위한 활성 부위를 갖고 있다. CF_1은 5개의 구성원이 $\alpha3$, $\beta3$, γ, δ, ε의 비율로 되어 있다. CF_0는 4개의 서로 다른 소단위체인 a, b, b′, 그리고 C_{10}의 정량비로 구성되어 있다.

추가로 일부 전자 받개는 수소 이온 기울기를 거슬러 막을 통해 양성자를 수송한다. 이 같은 **양성자 펌프**(proton pump)의 효과는 전자 전달의 일부 자유 에너지를 막을 통한 동일하지 않은 비평형의 양성자 분포, 즉, pH로서 보존하는 것이다.

엽록체에서 양성자는 틸라코이드 막을 통해서 스트로마에서 루멘으로 펌프된다. 막 사이의 수소 이온 농도의 차이(ΔpH)는 매우 커서 10^3~10^4 정도 된다. 수소 이온은 양전하를 띠므로 ΔpH는 막을 통한 전기 전위 기울기 형성에도 기여한다. 예를 들면 틸라코이드 막을 통한 ΔpH는 3.5 정도이며 25℃에서 전위차는 pH 단위당 60mV이므로 총 210mV가 된다. 막전위와 양성자 기울기를 합쳐서 **양성자 구동력**(proton motive force)이라고 한다. 이 정도 크기의 양성자 구동력을 극복하고 양성자를 루멘 안으로 펌프하기 위해서는 커다란 양의 에너지가 필요하다. 이 에너지는 전자 전달로 인한 $-\Delta G$에 의해서 공급된다.

양성자 구동력의 방향은 스트로마로 양성자가 되돌아가는 것을 유리하게 하지만 틸라코이드 막의 낮은 양성자 전도도 때문에 단순 확산이 될 수는 없다. 사실상 양성자가 스트로마로 되돌아가는 것은 막을 관통하는 단백질이며 ATP 생성 효소인 **ATP synthase**의 일부인 매우 특수한 통로에만 한정되어 있다(그림 9-5). **짝짓기 인자**(coupling factor) 혹은 CF_0–CF_1으로 알려진 이 거대(400 kDa)한 다소단위 복합체(multisubunit complex)는 2개의 폴리펩티드 복합체로 구성되어 있다. CF_0라 하는 소수성 복합체는 대부분 막 안에 들어 있다. CF_1이라고 하는 친수성 복합체가 스트로마 방향으로 CF_0에 부착되어 있다. CF_1 복합체는 ATP 합성의 활성 부위를 가지는 반면에 CF_0에는 막 사이의 H^+ 통로를 형성하여 전기 화학적 양성자 기울기 에너지를 효소의 활성 부위로 운반한다. 각 복합체내에서 소단위체간의 상호 작용 및 양성자 기울기 에너지를 추진하는 메커니즘이 최근 활발한 연구 대상이 되고 있다.

전자 전달 복합체 및 ATP 합성 복합체가 함께 작동할 때, 양성자 회로(cricuit)가 형성된다(그림 9-6). 전자 전달 복합체는 스트로마로부터 루멘으로 양성자를 펌프하여 양성자 기울기를 형성한다. 동시에 ATP 합성 효소는 양성자가 스트로마로 되돌아가게 한다. 전자 전달의 일부 자유 에너지는 처음에 양성자 기울기로 보존되어 있다. 에너지가 풍부한 양성자 기울기가 CF_0–CF_1 복합체를 통해서 무너질 때 보존된 에너지가 ATP 합성을 구동하는 데 이용된다.

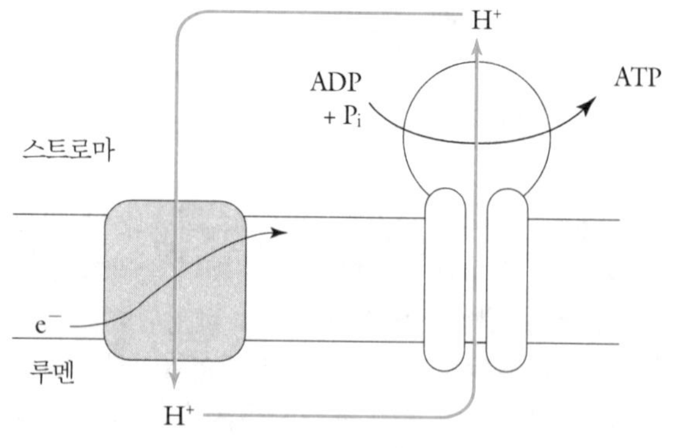

〈그림 9-6〉 전자 전달계와 ATP 합성의 짝지음(coupling)에 의해 양성자 회로(circuit)가 만들어진다.

처음부터 Mitchell은 산화적 인산화와 광인산화가 모두 해당되는 막 사이의 양성자 기울기와 연관되어 있다고 제안하였다. 실제로 세척된 틸라코이드에게 빛을 조사하여 ATP 합성 연구를 하던 Jagendorf와 그의 동료들에 의해 화학 삼투적 ATP 합성을 지지하는 실험 증

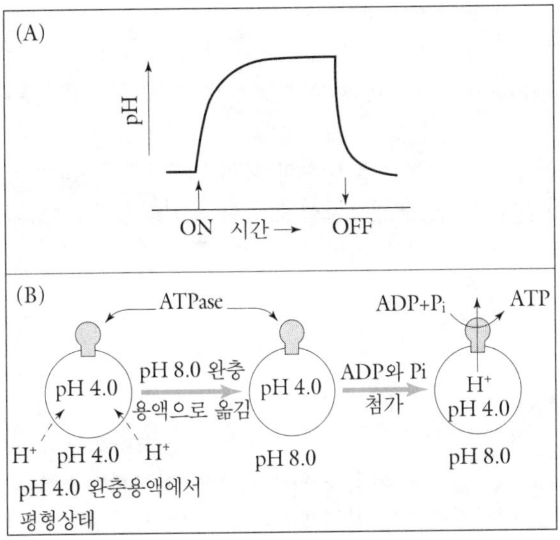

〈그림 9-7〉 분리된 엽록체의 틸라코이드에서 화학 삼투적 인산화에 의한 ATP 생성을 보여준 Jagendorf의 실험

(A) 빛에 의해 생긴 pH의 변화를 보여주는 그래프. 빛이 켜지면 스트로마 쪽의 pH가 증가하여 양성자가 루멘 안으로 이동하는 것을 암시한다. 빛이 꺼지면 양성자가 천천히 막을 통해서 되돌아간다. (B) Jagendorf의 산담그기 실험. 암소에서 틸라코이드를 낮은 pH의 완충 용액에 넣어 평형 상태에 이르게 하면 루멘의 양성자 농도가 증가된다. 이어서 틸라코이드를 높은 pH의 완충 용액으로 옮기면 인위적인 pH의 기울기가 형성된다. ADP와 무기인산을 신속히 완충액에 첨가하면 틸라코이드가 암소에서도 ATP를 생성한다.

거들이 제공되었다. Hind와 Jagendorf(1963)는 빛을 받은 틸라코이드가 양성자를 흡수하여 용액의 pH가 증가되는 것을 알아냈다(그림 9-7(A)). 더욱이 흡수된 양성자의 정도와 생성된 ATP의 양 사이에 상관 관계가 있는 것으로 보였다. Mitchell이 제안했듯이 양성자 기울기가 ATP 합성을 구동할 수 있을까? 이 가설을 검증하기 위해서 Jagendorf와 Uribe(1966)는 간단하지만 아주 멋진 실험을 고안하였다(그림 9-7(B)). 암소에서 세척된 틸라코이드 막이 산성 용액(pH=4)과 평형 상태를 이루도록 하였다. 평형 상태에 도달하면 루멘의 pH는 주위 용액과 동일할 것이다. 여전히 암소에서 틸라코이드를 ADP와 무기 인산을 포함하는 알카리 용액(pH=8)으로 빨리 옮겨서 막 사이에 4단위만큼의 pH 기울기 차이가 발생하게 했다. 그 결과로 ATP의 합성이 급속히 일어났다. 이 실험으로써 Jagendorf와 그의 동료는 Mitchell의 예견대로 빛에너지가 없는 상태에서도 양성자 기울기가 ATP의 합성을 구동할 수 있음을 보여 주었다.

Mitchell의 화학 삼투설의 필수적인 요소는 ATP 합성 효소 반응의 가역성이다. 이것은 적절한 조건이 맞으면 CF_0–CF_1 복합체가 ATP 가수 분해를 통한 음의 자유 에너지를 이용하여 양성자 기울기를 형성할 수 있음을 의미한다. 예를 들어, 원형질막과 액포막은 모두 경우에 따라 세포나 액포 밖으로 양성자를 배출하는 **ATPase**-양성자 펌프를 가지고 있다. 따라서 ATP 에너지는 여러 가지 형태의 세포내의 일과 짝지워질 수 있는 양성자 기울기 형태로 저장된다. ATPase-양성자 펌프는 다른 이온이나 작은 용질 분자막을 통해 수송하기 위한 에너지를 제공하는 ATP 이용의 주요 수단이다. 원형질막의 ATPase 양성자 펌프는 17장에서 다루게 될 산성 생장론에 따른 옥신에 의해 유도되는 세포 신장에도 관여한다.

생체 에너지론은 기초 과학이다. 공부하기가 만만치 않지만 본 논의에서는 필요상 일반적인 원리에만 국한시켰다. 그러나 이 정도의 간단한 지식 기반으로 광합성의 명반응을 통한 빛에너지 보존에 관한 논의를 진행시킬 수 있다.

광합성에서의 에너지 보존

광합성은 태양 에너지를 광화학적으로 이산화탄소를 환원시켜 생성되는 당으로 에너지를 보존하는 데 사용한다. 당은 식물의 어느 부위에서나 이용될 수 있도록 이동되는 휴대용 에너지의 형태이다.

산화-환원 반응으로서의 광합성

첫눈에 명확하지는 않지만 광합성은 근본적으로 산화-환원 반응이다. 이는 앞서 8장에서 소개된 광합성의 요약식을 보면 알 수 있다.

$$6CO_2 + 12H_2O \longleftrightarrow C_6H_{12}O_6 + 6O_2 + 6H_2O \qquad (9.13)$$

여기서 광합성은 6개 탄소의 탄수화물, 즉 6탄당인 포도당을 만드는 이산화탄소와 물의 반응으로 나타냈다. 비록 포도당이 최초의 광합성 산물은 아니지만 축적되는 탄수화물의 공통형으로서 논의하기 편리하다. 동량의 이산화탄소와 산소가 각각 소모되고 생성됨에 유의하라. 이는 실험실에서 광합성을 이산화탄소 흡수량이나 산소 발생량으로 측정할 수 있다는 것을 말하므로 실험자에게 편리하다.

〈식 9. 13〉은 다음과 같이 간단하게 줄일 수 있다.

$$CO_2 + 2H_2O \longleftrightarrow (CH_2O) + O_2 + H_2O \qquad (9.14)$$

여기서 (CH_2O)는 탄수화물의 기본 빌딩 블록이다. 〈식 9.14〉는 간단한 산화 환원 반응, 즉, 이산화탄소가 포도당으로 환원되는 것으로 해석될 수 있는데 물은 환원제이고 이산화탄소는 산화제이다. 그러나 광합성의 초기 연구에서처럼 또한 탄소의 수화라고도 해석될 수 있다. 어떻게 우리는 산화제이거나 환원제인 것을 알 수 있을까? 그리고 하나면 충분하게 보이는데 왜 두 개의 물분자를 받음으로써 식에다 쓸 필요가 있는 것일까? 광합성의 초기 연구를 살펴보는 것이 질문에 대한 가장 좋은 답이 될 수 있다.

광합성의 산화-환원적 속성에 의한 가장 초기 단서의 하나는 1920년대 C. B. van Niel의 연구에 의해 제공되었다. 미생물학자로서 van Niel은 물 대신에 황화수소(H_2S)를 환원제로 사용하는 광합성 황세균에 관심이 많았다. 따라서 조류나 고등 식물과는 달리 광합성 황세균은 산소를 발생하지 않는다. 대신에 다음 식에 따라서 무기황을 만든다.

$$CO_2 + 2H_2S \longleftrightarrow (CH_2O) + 2S + H_2O \qquad (9.15)$$

〈식 9. 15〉는 또한 두 개의 부분 반응으로도 쓸 수 있다.

$$2H_2S \longleftrightarrow 4e^- + 4H^+ + 2S \qquad (9.16)$$

$$CO_2 + 4e^- + 4H^+ \longleftrightarrow (CH_2O) + H_2O \qquad (9.17)$$

〈식 9. 16〉과 〈식 9. 17〉은 자색 황세균의 광합성을 단순히 산화/환원 반응으로서 기술한 것이다. van Niel은 비교 생화학적 접근법을 적용하여 녹조류나 고등 식물에서와 같이 산소가 발생하는 산소성 광합성(oxygenic photosynthesis)과 황세균에서처럼 비산소성(nonoxygenic) 광합성의 메커니즘은 모두 다음의 일반적인 식을 따른다고 주장했다.

$$2H_2A + CO_2 \longleftrightarrow 2A + (CH_2O) + H_2O \qquad (9.18)$$

이 반응에서 A는 광합성 생물의 종류에 따라서 산소 혹은 황을 나타낸다. 〈식 9. 18〉에 따르면 산소성 광합성에서 발생한 산소는 환원제인 물에서 나온 것이다. 따라서 정확한 정량식에는 4개의 전자, 즉 2분자의 물의 첨가가 필요하다.

두번째 중요한 단서는 1939년에 분리된 엽록체에서 광합성이 부분적으로 일어남을 처음으로 보여준 R. Hill에 의해 제공되었다(Hill, 1939). 엽록체를 이용한 Hill의 연구에서 페리시아니드(ferricyanide)와 같은 인공 전자 받개가 사용되었다. 이 상태에서 이산화탄소의 소모가 없고 탄수화물의 생성이 일어나지 않지만 전자받개들의 빛에 의한 환원은 산소 발생을 동반한다.

$$4Fe^{3+} + 2H_2O \longleftrightarrow 4Fe^{2+} + O_2 + 4H^+ \quad (9.19)$$

Hill의 실험은 녹색 식물 광합성의 산화 환원 반응의 특성을 확인하였으며 물이 발생하는 산소의 공급원이라는 주장에 대한 추가적인 증거가 되었다. 후자에 대한 직접적인 증거는 1940년대 초기에 S. Ruben과 M. Kamen에 의해 마침내 제공되었다. 산소의 중동위 원소인 ^{18}O로 표지된 이산화탄소나 물을 이용하여 발생한 산소에서 표지가 물의 경우($H_2{}^{18}O$)에만 검출되고 이산화탄소($C^{18}O_2$) 경우에는 나타나지 않음을 보여주었다. 발생된 산소가 물에서 기인한다면 한 분자의 이산화탄소를 환원하기 위하여 2분자의 물이 관여해야만 한다.

이러한 실험 결과들의 바탕으로 *광합성을 이산화탄소의 광화학적 환원으로 볼 수 있다.* 빛에너지는 이산화탄소를 탄수화물로 환원시킬 수 있을 만큼의 강한 환원 물질을 물에서 생성하는 데 이용된다. 이 같은 환원 물질은 $NADP^+$의 환원형(혹은 NADPH + H^+)이다. 탄소 환원에 필요한 추가적인 에너지는 ATP의 형태로 요구되는데 역시 빛에 의해 생성된다. *따라서 광합성의 빛 의존적 반응의 주요 기능은 탄소 환원에 필요한 NADPH와 ATP를 생성하는 것이다.* 이는 광합성 전자 전달 사슬을 구성하는 일련의 반응을 통해서 달성된다.

광합성에서의 전자 전달

광합성의 전자 전달 사슬은 엽록체의 틸라코이드 막에 배열된 일련의 엽록소 분자와 분자 복합체의 전자 전달체로 구성되어 있다.

광계와 반응 중심

광합성 전자 전달 반응의 중심은 광계 I (photosystem I ; PS I)과 광계 II (photosystem II ; PS II)라는 두 개의 거대한 다분자 복합체이다(그림 9-8). 이 두 광계는 시토크롬 복합체(cytochrome complex)라는 3번째의 다단백질 복합체에 의해서 연결되어 일련의 사슬로 작동한다. 전체적으로 이 사슬의 효과는 물에서 저에너지 전자를 추출하여 강한 환원제인 NADPH를 생성하도록 엽록소에 의해 포획된 빛에너지를 이용하여 전자의 에너지 수준을 증가시키는 것이다.

광합성 전자 전달 사슬의 조성, 체제 및 기능은 최근에 활발하게 연구가 이루어지면서 빠르게 진보하고 있는 분야이다. 이 같은 관심의 결과로 광계 I, II 및 다른 커다란 막 단백질 복합체 연구를 위한 다양한 실험 기법이 개발되었다. 이 중 가장 중요한 기술은 여러 종류의 계면 활성제를 이용하여 먼저 막을 용해시켜 틸라코이드 막에서 복합체를 분리하는 것이다(Leegood and Malkin, 1986). 이어서 원심 분리에 의해 두 개의 광계와 다른 분자 집단을 서로 분리할 수 있다. 계면 활성제와 적절한 처리 조건을 통해서 복합체의 분리뿐만 아니라 활성을 띠는 작은 단위의 복합체로 더 분리될 수 있다. 이처럼 분리된 복합체인 단위체는 색소, 단백질 및 기타 조성 등을 위해 분석(Markwell, 1986)되거나 특정한 광화학 반응이나 전자 전달 반응의 능력을 측정한다.

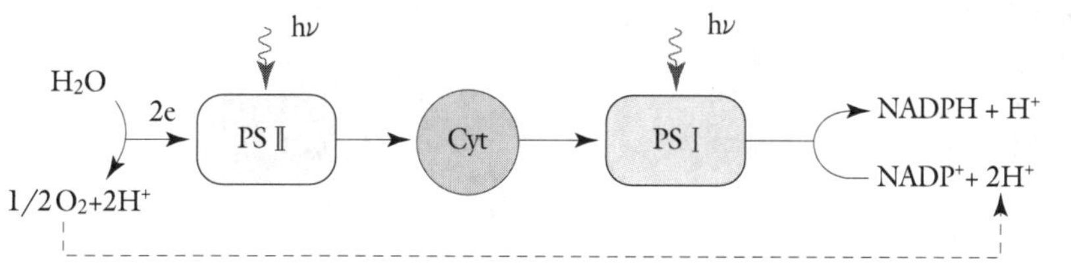

〈그림 9-8〉 광합성 전자 전달 사슬의 직선적인 배열
세 개의 다분자 막 복합체가 빛에너지를 사용하여 물에 있는 낮은 에너지 준위의 전자를 추출하여 강한 환원제인 NADPH + H^+을 형성한다.

이 같은 분획(fractionation)을 통해서 광계 I 과 II 각각은

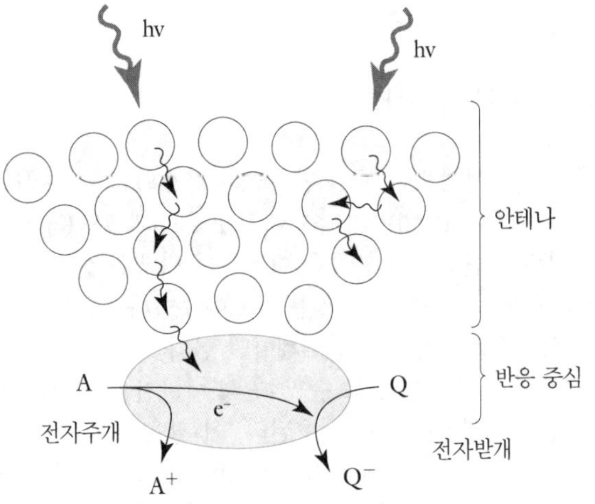

〈그림 9-9〉 안테나와 1개의 반응 중심으로 구성된 관계
안테나 엽록소 분자들은 유입되는 광자를 흡수하고 여기 에너지를 광화학적 산화 환원 반응이 일어나는 반응 중심으로 모이게 한다.

광자를 흡수하는 엽록소와 카로티노이드의 집합체와 함께 많은 단백질을 함유하고 있다는 것이 밝혀졌다(Äkerlund, 1993; Andersen and Scheller, 1993). 광계에서 대부분의 엽록소는 안테나 엽록소로서의 기능을 한다(그림 9-9). 엽록소와 특정 단백질의 결합으로 다수의 엽록소-단백질 복합체(chlorophyll-protein (CP) complex)가 겔 전기 영동을 통해 분리하여 분자량에 따라 동정할 수 있다. 예를 들어 광계 Ⅱ의 안테나는 CP43과 CP47로 알려진 두 개의 엽록소-단백질(**CP**) 복합체로 구성된다(그림 9-10). 이들은 각각 20~25개의 엽록소를 함유하고 있다. 안테나 색소는 빛을 흡수하지만 광화학 반응에 직접적으로 관여하지는 않는다. 그러나 안테나 엽록소는 서로 밀접하게 붙어 있어서 인접한 색소 간에 무방사 전이(7장)를 통해 들뜬 에너지가 쉽게 전달된다. 따라서 흡수된 광자 에너지는 안테나 복합체를 경유하여 반응 중심(reaction center)에 도달할 때까지 한 엽록소에서 다른 엽록소로 이동한다(그림 9-9).

반응 중심은 반응 중심 엽록소라고 하는 4~6개의 엽록소 *a*와 단백질 및 보조 인자로 구성되어 있다(Green and Durnford, 1996). 반응중심 엽록소는 복합체에서 가장 긴 파장의 가장 낮은 에너지를 흡수하는 엽록소로서 실상은 에너지 수용부이다. 반응 중심은 일차 광화학 산화 환원 반응이 일어나는 곳이기에 여기서 사실상 빛에너지가 광화학 에너지로 변환된다. 광계 Ⅰ과 Ⅱ의 반응 중심을 각각 P700과 P680이라고 표시한다. 이는 700nm(PS Ⅰ)와 680nm(PS Ⅱ)에서 최대 흡수치를 갖는 엽록소 *a* 혹은 색소(P)를 의미한다. 안테나 엽록소에서 반응 중심으로의 빛에너지 전달 효율은 매우 높아서 단지 10% 정도의 에너지만이 열로 소실된다.

하나의 반응 중심이 다수의 엽록소와 결합되어서 얻는 주된 이점은 빛에너지 수확과 이용 효율을 증가시키는 것이다. 심지어 밝은 햇빛 아래에서도 개개의 엽록소가 매초마다 서너 번 이상의 광자를 흡수할 가능성은 없다. 반응 중심에서의 사건은 1000분의 1초 수준에서 일어나므로 어떤 반응 중심이라도 단지 하나의 엽록소에 빛에

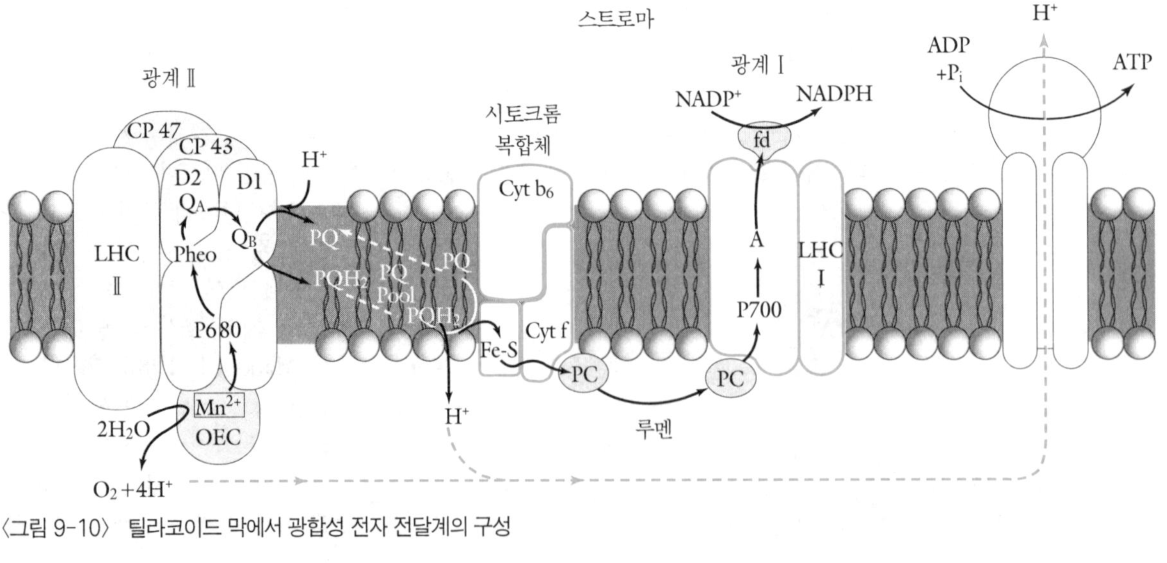

〈그림 9-10〉 틸라코이드 막에서 광합성 전자 전달계의 구성

너지를 의존한다면 장시간 동안 할 일이 없을 것이 틀림없다. 따라서 광계의 이점은 반응 중심이 하나의 광자를 처리하는 데 분주한 동안 다른 광자는 안테나에 의해 흡수되어 중심으로 모이게 되는 것이다. 이 때문에 반응 중심이 자유롭게 되자마자 더 많은 들뜬 에너지를 즉각적으로 이용할 확률이 높아진다. 낮은 광에서 자라는 식물은 효율적인 빛 흡수를 위해서 안테나 시스템이 더 많은 엽록소를 가지도록 증폭한다. 이처럼 확장된 안테나의 주기능은 이용 가능한 광자의 수확을 촉진하여 반응 중심이 최적 속도에 가깝도록 하는 것이다. 증대된 안테나 복합체를 **광수확 복합체**(light-harvesting complex)라 하는데 광수확 복합체의 구조와 기능에 대해서는 이 장의 뒷부분에서 더 논의하게 될 것이다.

틸라코이드 막의 광계 I, II, 시토크롬 *b*/*f* 복합체의 배열을 보여주는 광합성 전자 전달 사슬의 모식도가 〈그림 9-10〉에 나와 있다. 4번째 복합체인 CF_0–CF_1 짝인자 혹은 ATP synthase도 나타나 있다. 4가지 복합체 모두가 막을 관통하는 내재성 단백질로 구조의 상당 부위가 소수성 이중막에 묻혀 있다. 복합체와 각 구성원의 배위가 무작위적이지 않고 폴리펩티드의 특정 부위가 각각 스트로마나 루멘으로 향해 있음을 주목하라. 이 같은 단백질 배열의 **방향성**은 모든 막 단백질은 아니지만 모든 에너지 변환막의 특성으로 에너지 보존 능력의 필수적인 요소이다. 이 배열의 한 가지 특히 중요한 결과는 〈그림 9-10〉에 나타나 있는 것처럼 스트로마와 루멘 사이에서의 양성자의 방향성 이동이다. 바로 이 같은 배열 때문에 ATP 합성에 필요한 양성자 기울기가 생긴다. 전자 전달 사슬의 이러한 측면은 후에 다시 다루게 될 것이다. 방향적 배열의 또 다른 결과는 물의 산화와 $NADP^+$의 환원이 틸라코이드 막의 반대편에서 일어난다는 점이다. 물이 산화되면 양성자의 축적이 루멘 쪽 안에서 일어나서 ATP 합성을 진행하는 양성자 기울기의 형성에 기여한다. 그러나 NADPH와 ATP는 모두 탄소 고정이나 다른 엽록체 활동에 이용되는 스트로마에서 생성된다.

역시 〈그림 9-10〉에 광계 II와 I에 밀접하게 연관된 두 개의 부가적인 엽록소 단백질 복합체가 나타나 있다. 이들은 광수확 복합체로서 각각 LHC II 및 LHC I으로 알려져 있다. LHC II는 광계 II와 LHC I은 광계 I과 각각 연관되어 있다. 이름이 암시하듯이 광수확 복합체는 추가적인 빛에너지를 포획하는 확장된 안테나 역할을 한다. LHC I와 II는 사실상 전체 엽록체 색소의 70%를 차지하며 엽록소 *b*의 전부를 함유한다. LHC I은 비교적 작고 엽록소 *a*/*b* 비가 약 4이며 반응 중심부와 꽤 강하게 결합하고 있는 것으로 보인다. 반면에 LHC II는 총 엽록소의 50~60%를 함유하며 엽록소 *a*/*b* 비가 약 1.2이며 엽록소 *b*의 대부분을 함유한다. 또한 LHC II는 크산토필의 대부분을 함유한 광수확 복합체는 후에 다시 논의하게 될 빛에너지 배분과 전자 전달에서 중요한 역할을 한다.

광계 II와 물의 산화

전자 전달은 실제로 광계 II의 반응 중심 엽록소인 P680에 들뜬 에너지가 도달하면서 시작된다. P680*로 표시되는 여기된 형태의 P680은 10^{-12}s 내에서 빠르게 페오피틴(pheo)으로 전자를 넘겨주면서 광산화된다. 광계 II의 일차 전자 받개인 페오피틴은 엽록소 *a*의 마그네슘 이온이 두 개의 수소로 치환된 엽록소 *a* 형태이다. 이 초기 광화학 반응의 결과로 $P680^+$과 $Pheo^-$이 형성되는 *전하 분리*가 일어난다. 이 전하 분리는 효과적으로 빛에너지를 산화 환원 에너지로 저장하며 빛에너지의 화학 에너지로의 실질적 전환을 나타낸다. 이 전하 분리가 안정화되는 것이 필수적이다. 만일 전자가 $P680^+$과 재조합하게 되면 앞쪽으로의 전자 전달은 이루어지지 않고 에너지가 낭비되어 종국에는 탄소가 환원되지 않을 것이다.

광계 II에서 전하 안정화는 두 가지 방법으로 달성된다. 첫번째는 페오피틴이 매우 빠르게 전자를 Q_A와 **플라스토퀴논**(PQ)이라고 불리는 다른 전자 수용체에 전달하는 것이다. PQ는 D1 반응 중심 단백질의 결합 부위(Q_B)에 일시적으로 결합하는 퀴논이다(그림 9-3(C)). PQ가 **플라스토퀴놀**(PQH_2)로 환원되면 결합 부위에 대한 친화력(affinity)이 감소된다. 따라서 플라스토퀴놀이 반응 중심에서 떨어지고 다른 PQ가 그 자리를 차지한다. 초기 전하 분리는 $P680^+$이 아마 생물학적 세계에서 알려진 가장 강한 산화제이고 물에서 전자를 추출할 수 있기 때문에 더욱 안정화된다. 따라서 P680*는 피코 단위 초의 빠른 속도로 P680으로 환원되어 다음의 들뜬에 대비한다.

P680$^+$을 환원시키는 전자는 물분해 복합체(oxygen-evolving complex, OEC)라고 불리는 작은 단백질 복합체에 결합되어 있는 4개의 망간 이온 덩어리로부터 공급된다. 이름에서 알 수 있듯이 OEC는 물의 분해(산화)와 그 결과로 생기는 산소 발생을 주도하며 틸라코이드 막의 루멘에 위치한다. OEC는 광계 Ⅱ의 D1과 D2 단백질에 결합하며 망간 덩어리를 안정화시키는 기능을 한다. 또한 물분해 기능에 관여하는 Cl^-과도 결합한다 (Hankamer et al., 1997).

한 분자의 산소 발생에 있어서 단지 하나의 광계 Ⅱ와 OEC가 관여한다고 판명되었다. 따라서 두 분자의 물을 산화시켜서 4개의 양성자와 1개의 O_2를 생성하기 위해서는 반응 중심이 4번 들떠야만 한다. 한 번에 하나의 전자만을 들뜨도록 하는 극도의 짧은 섬광에 의해 전자 전달을 한 실험들에 의하여 OEC가 전하를 저장할 수 있는 능력이 있는 것이 밝혀졌다. P680가 들뜰 때마다 하나의 전자가 망간 덩어리에서 나온다. 4개의 양전하가 축적되면 복합체가 두 분자의 물을 산화시켜서 그 결과로 나온 양전하를 저장하게 되는 생성물인 산소 분자를 방출한다.

시토크롬 복합체와 광계 Ⅰ

광계 Ⅱ에서 유리된 후 플라스토퀴놀은 시토크롬 b_6f 복합체와 만나게 될 때까지 막에서 측면으로 확산 이동된다. 이 또다른 막을 관통하는 다단백질 복합체의 주성분은 시토크롬 b_6(Cytb_6)와 시토크롬 f(Cyt$f$)이다. 시토크롬 복합체는 또한 시토크롬에서처럼 헴을 갖는 대신에 황 잔기에 철이 복합체를 이룬 철 결합 단백질인 **리스케 철-황 단백질**(Rieske iron-sulphur (FeS) protein)을 함유하고 있다. 플라스토퀴놀의 전자 전달은 먼저 FeS 단백질로 전달된 후 다음에 Cyt f로 이동한다. Cyt f로부터 전자는 구리 결합 단백질인 **플라스토시아닌**(PC)이 받게 된다. PC는 루멘 부위의 틸라코이드 막을 따라서 자유롭게 확산 이동할 수 있는 작은 외재성 막단백질이다.

그러는 동안에 P680이 관여하는 전하 분리와 빛에 의한 전하 분리가 광계 Ⅰ의 반응 중심에서도 역시 일어난다. 광계 Ⅰ에서는 반응 중심 엽록소 P700이 먼저 P700*로 들뜬 후 P700$^+$으로 산화된다. 광계 Ⅰ의 일차 전자 받개(A)는 엽록소 a 분자이고 전자는 퀴논을 통해서 또 다른 FeS 중심들을 경유하여 마침내 막의 스트로마 방향에 있는 **페레독신**(feredoxin)으로 전달된다. 페레독신은 스트로마에 녹아 있는 또 다른 Fe-S 단백질이다.

페레독신은 그 다음에 **페레독신-NADP$^+$ 산화-환원 효소**에 의해 매개되는 반응에 의해 NADP$^+$의 환원에 사용된다. 마지막으로 P700$^+$에 결여된 전자는 환원된 PC로부터 전자를 받아 보충된다.

전체 전자 전달망의 총체적 효과는 두 개의 독립된 광계와 그 사이의 시토크롬 복합체를 경유하여 물과 NADP$^+$ 사이에 계속적인 전자 흐름을 설립하는 것이다(그림 9-10). 이 과정의 에너지 역학은 〈그림 9-11〉에 나타나 있다. 이 과정에서 아주 약한 환원제인 물(E_m=0.82V)에서 나온 전자는 매우 강한 환원제인 페레독신(E_m=−0.42V)의 에너지 준위까지 올라간다. 이어서 페레독신은 NADP$^+$을 NADPH(E_m=−0.32V)로 환원시킨다. 역시 강력한 환원제인 NADPH는 수용성의 이동이 용이한 전자 운반자로서 탄소 환원 회로에서 CO_2 환원에 사용되는 스트로마로서 자유로이 확산 이동한다(10장). 각각의 전자가 전체 사슬을 통해 광계 Ⅱ와 Ⅰ에서 두 번의 들뜸이 필요하기 때문에 상당량의 에너지가 시스템에 투입된다. 680nm와 700nm의 광자는 175kJ/mol 양자와 171 kJ/mol 양자 에너지를 가지므로 각 전자쌍을 들뜨게 하는데 692kJ(2×(175+171))의 에너지가 필요하여 약 32%만의 빛에너지가 NADPH(218 kJ mol^{-1})에 저장된다.

여분의 전자 전달 에너지는 ATP로 보존된다. 이는 부분적으로 광계 Ⅱ와 Ⅰ사이의 전자 전달이 에너지론적으로 음의 ΔG를 가지는 내림방향(downhill) 반응이기 때문에 일어난다. 플라스토퀴논과 시토크롬 사이의 전자 이동 과정에서 에너지의 일부는 막의 스트로마에서 루멘 부위로 양성자를 이동하는 데 사용된다. 이들 양성자는 양성자 기울기를 형성하며 ATP 합성을 구동하는 데 사용된다.

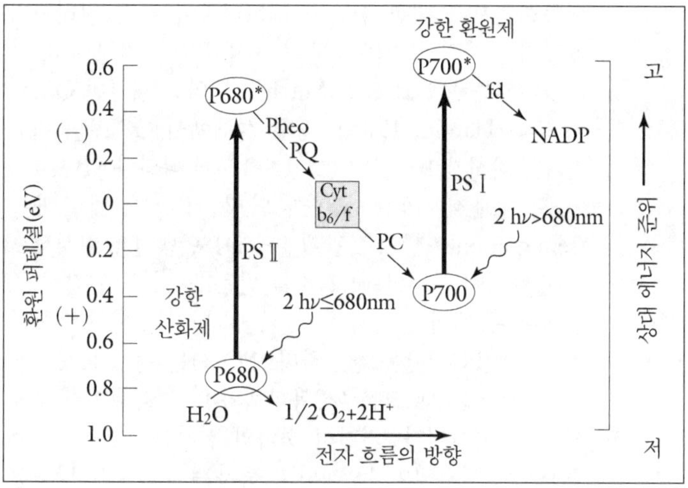

〈그림 9-11〉 광합성 전자 전달의 Z 구도

산화-환원 구성원들을 산화-환원 전위의 근사 중간 값에 위치하였다. 수직 방향은 에너지 수준의 차이를 나타내고 수평 방향은 전자의 흐름을 표시한다. 이 과정의 순효과는 빛에너지를 이용하여 물의 낮은 에너지 준위의 전자로부터 강력한 환원제를 생성하는 것이다. P680*에서 P700으로의 내림 전자 전달은 음의 값의 자유 에너지의 변화를 나타낸다. 이 에너지의 일부는 양성자 기울기 형성에 이용되어 ATP 합성에 사용된다. 표시된 산화-환원 퍼텐셜은 근사값이다.

광인산화

엽록체에서 탄소 환원과 다른 물질 대사 활동에 필요한 ATP는 Mitchell의 화학 삼투적 가설에 따라 광인산화 반응에 의해 합성된다.

엽록체에서 빛에 의해 ATP가 합성되는 것을 **광인산화**라 한다. 광인산화는 이산화탄소 환원뿐만 아니라 엽록체에서의 여러 다른 대사 활성을 지원하는데 ATP를 끊임없이 공급해야 하므로 매우 중요하다. 이 활동에는 스트로마에서의 단백질 합성, 엽록체 포막 단백질과 대사 물질의 이동 등이 포함된다.

〈그림 9-10과 11〉에 나타나 있는 구조처럼 전자 전달이 일어날 때 전자는 계속적으로 물에서 공급되고 NADPH에서 회수된다. 이 같은 전자 흐름을 **비순환적 전자 전달**이라 한다. 비순환적 전자 전달과 연관된 ATP 형성을 **비순환적 광인산화**라 한다. 그러나 나중에 논의되겠지만 막에서 광계 Ⅰ과 Ⅱ의 단위체들은 Z 구도에서 암시하는 것처럼 물리적으로 연결된 형태가 아니라 틸라코이드의 서로 다른 지역에 분리되어 있다. 이 같은 불균등한 분포의 결과로 광계 Ⅰ은 광계 Ⅱ와 상관없이 전자를 수송할 수 있는데 이를 **순환적 전자 전달**(그림 9-12)이라 한다. 이 경우에 페레독신은 $NADP^+$으로가 아니라 PQ로 전자를 되돌려 보낸다. 이어서 전자는 시토크롬 복합체와 플라스토시아닌을 경유하여 $P700^+$으로 돌아간다. 이때 전자가 PQ와 시토크롬을 거치게 되므로 순환적 전자 전달은 ATP 합성을 지원하게 되는데 이를 **순환적 광인산화**라 한다. 순환적 광인산화는 탄소 환원 회로에 필요한 것 외에도 엽록체 대사 활동에 필요한 초과분 ATP의 공급원이 된다.

광합성 전자 전달과 이에 수반된 ATP 생성에서 에너지 보존의 열쇠는 루멘에서 빛에 의한 양성자 축적이다. 이러한 양성자 축적을 설명하는 두 가지 주요 메커니즘이 있다. 하나의 물분자가 산화될 때 두 개의 양성자가 남겨지는 물의 산화와 PQ-시토크롬 양성자 펌프이다. 그 결과로 나타나는 양성자 기울기의 에너지는 Mitchell의 화학삼투 가설에 따라서 ATP 합성을 구동하는 데 사용된다.

양성자가 시토크롬 복합체에 의해 어떻게 막 사이를

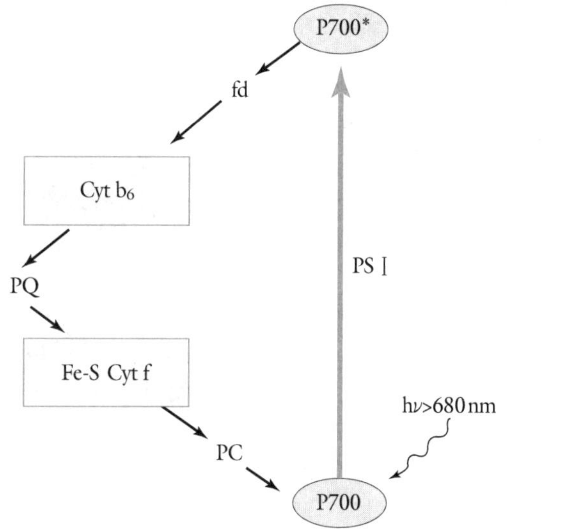

〈그림 9-12〉 순환적 전자 전달

광계 Ⅱ와 독립적으로 작용하는 광계 Ⅰ은 P700*에서 페레독신(*fd*), 플라스토퀴논(PQ), 시토크롬 복합체를 거쳐서 P700으로 전자를 되돌린다. 순환적 전자 전달에서 시토크롬 복합체는 PQ 앞과 뒷단계에 모두 관여하는데 Cyt b_6를 거쳐서 *fd*로부터 PQ로 전자가 전달되고 리스케 Fe-S 중심과 Cyt *f*를 통해서 P700으로 되돌아온다. 순환적 전자 전달에 의해 NADPH가 생성되지는 않지만 에너지는 ATP생성에 사용될 수 있다.

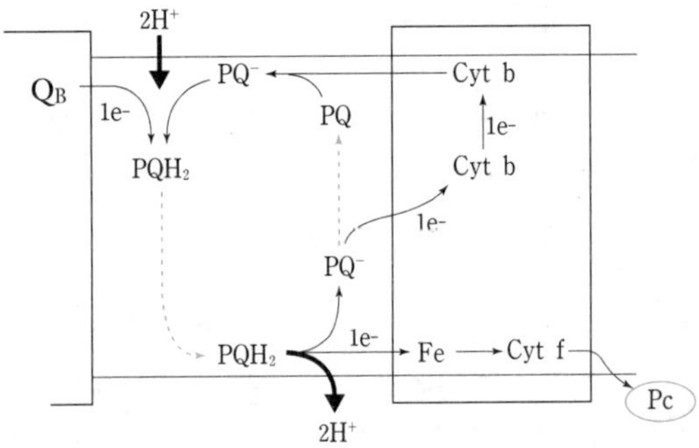

〈그림 9-13〉 플라스토퀴놀에서 시토크롬으로의 전자 전달과 틸라코이드 막을 통한 양성자의 이동을 짝지운 Q회로 모델

한 개의 전자가 전자 전달계를 거쳐 이동할 때 두 개의 양성자가 막 사이로 이동한다.

이동하는지에 대한 정확한 메커니즘이 아직 알려지지 않았지만 여러 가지의 모델이 제시되었다. 가장 널리 받아들여지는 모델로 처음 Mitchell에 의해 제안된 Q회로가 있다(Harold, 1986). 평형 상태에서 Q회로의 작동을 단순화시킨 모식도가 〈그림 9-13〉에 나타나 있다. PQ가 광계 Ⅱ에 의해서 환원되면, PQ는 세미퀴논(semiquinone) 형으로 광계 Ⅱ의 D1 단백질에 일시적으로 결합하여 Q_A로부터 전자를 받는다. 이 때 인접한 주위에서 두 개의 양성자를 받아들여 완전히 환원된 플라스토퀴놀(PQH_2)을 생성한다. PQH_2는 광계 Ⅱ 복합체와 해리되어 시토크롬 b_6f 복합체와 마주칠 때까지 막에서 측면 확산된다. 거기서 하나의 전자가 리스케 Fe-S 단백질로 전달되며 두 개의 양성자는 루멘으로 방출된다. 이어서 전자는 리스케 단백질에서 시토크롬을 경유하며 플라스토시아닌을 거쳐서 광계 Ⅰ으로 전달된다. PQH_2의 두번째 전자는 시토크롬 *b*를 환원시키며 PQ를 세미퀴논으로 환원시킨다. 따라서 PQ에서 플라스토시아닌으로 한 개의 전자가 흐를 때마다 두 개의 양성자가 틸라코이드의 스트로마에서 루멘으로 이동하게 된다. 이 구도가 옳다면 비순환적 전자 전달을 거치는 전자쌍 당 물 분해에서 온 2개와 Q회로에서 온 4개를 합친 6개의 양성자가 기울기 형성에 기여한다. 순환적 전자 전달의 경우 양성자 수는 4개이다.

하나의 ATP 합성에 3개의 양성자가 CF_0-CF_1을 통해서 이동되이야 한다고 일반적으로 받아들여지므로 비순환적 전자 전달을 통한 한 쌍의 전자에 의해서 한 개의 NADPH와 두 개의 ATP가 생성될 것으로 기대된다. 그러나 정확한 정량비는 부분적으로는 어느 특정 시기에서 순환적 전자 전달과 비순환적 전자 전달의 상대적 비를 정확히 알 수 없으므로 측정하기가 어렵다.

전자 전달 사슬의 측면 이소성

광계 Ⅰ과 Ⅱ복합체, 그리고 시토크롬 복합체는 그라나와 스트로마 틸라코이드의 유동적인 막에서 불균등하게 분포되어 있다. 전자는 운동성이 있는 전자 전달체에 의하여 복합체 사이에 전달된다.

막 사이의 전자 전달 구성원의 배열이 방향성을 갖는 것 이외에도 틸라코이드 막에서 구성원의 분포는 측면 이소성(lateral heterogeneity)을 나타낸다(그림 9-14). 그 결과 예를 들어 광계 Ⅰ과 Ⅱ는 앞에서의 정적인 그림들에서처럼 일종의 초복합체를 형성하기보다는 공간적으로 분리되어 있다. PSⅠ/LHCⅠ 복합체와 CF_0-CF_1 ATPase는 틸라코이드가 중첩되어 있지 않는 부위, 즉 막이 모여 그라나를 형성하지 않는 부위에 주로 위치한다. 이 부위는 스트로마 틸라코이드, 그라나층의 양쪽 모서리, 그리고 스트로마와 직접적으로 접촉하는 모든 부위를 포함한다(그림 9-14(A)). 반면에 거의 모든 PSⅡ 복합체와 LHCⅡ는 그라나 막의 중첩 부위에 있다(그림 9-14(B)). 시토크롬 *b/f*복합체는 양 지역에 모두 균일하게 분포한다.

공간적 격리의 결과로 전자 전달 복합체는 이들간에 전자를 전달할 수 있는 운동성 전자 운반자에 의해 서로 연결되어야 한다. 이들 운반자는 PQ와 PC 그리고 페레독신이다. 이 세 가지 운반자는 어느 한 복합체와도 영구히 그것의 한 부분으로 남아 있지 않는다. PQ는 소수성 분자로서 틸라코이드 막 지질의 기질(matrix)에서 자유로이 측면으로 확산할 수 있다. 추정된 확산 속도는 $10^6 cm^{-2}s^{-1}$로 1000분의 1초 내에 전형적인 그라나의 직경 이상으로 움직일 수 있다. PQ의 측면 이동성에 의해 PSⅡ와 시토크롬 복합체간에 전자가 전달될 수 있다. PC는 10.5 kDa의 작은 외재성 구리 단백질로서 막의 루멘 부위에 있다. 루멘 쪽의 막을 따라 쉽게 확산되며 시토

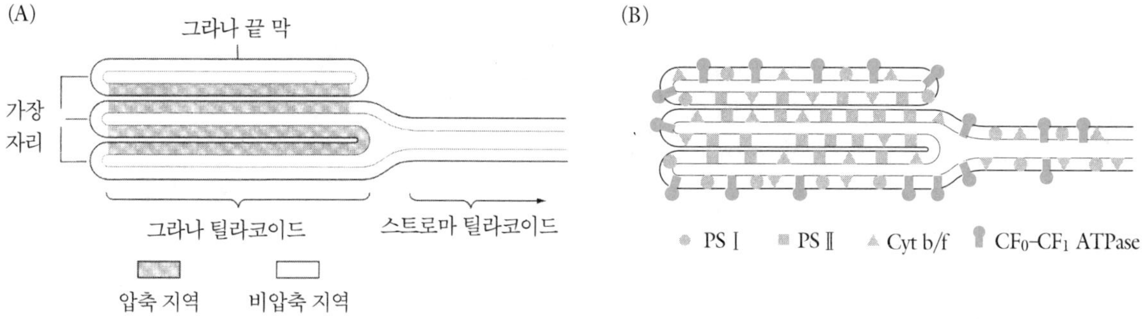

〈그림 9-14〉 틸라코이드 막에서의 측면 이소성

(A) 스트로마 틸라코이드의 비압축 부위, 그라나 말단 부위, 그리고 그라나의 끝부분이 스트로마에 노출되어 있다. 그라나층 내부의 압축 부위는 스트로마에 노출되어 있지 않다. (B) 광계 II는 거의 전적으로 압축 부위에 있는 반면에 광계 I과 ATP 합성 효소는 비압축 부위에 있다. 시토크롬 복합체, 플라스토퀴논, 플라스토시아닌은 막 전체에 골고루 펴져 있다.

크롬 복합체와 광계 I 사이에서 전자를 수송한다. 페레독신은 9 kDa의 Fe-S 단백질로서 막의 스트로마 부위에 있다. 광계 I에서 전자를 받아 페레독신-NADP 산화 환원 효소의 도움으로 NADP를 NADPH로 환원한다.

광계 I과 II의 먼 공간적 격리로 여러 가지의 결과가 파생한다. 예를 들어 광계 I과 II의 수가 동수이어야 할 절대적 필요가 없다는 점이다. 실제로 광계 I과 II의 비는 식물의 종에 따라서 변한다. 이 비는 또한 한 개체에서도 변화하는 빛 조건에 적응하기에 달라질 수 있다(Anderson and Andersson, 1988). 게다가 기존의 구성원도 종종 빛과 온도의 갑작스러운 단기간 변동에 따라서 매우 빠르게 재배치된다.

광계 I과 II의 수가 다르고 공간적 격리가 있다는 점은 순환적 및 비순환적 광인산화가 다소간 동시에 일어날 수 있음을 의미한다. 따라서 ATP와 NADPH의 생산은 광합성뿐만 아니라 엽록체내의 다른 생합성적 에너지 요구를 충족시키기 위해 바뀔 수 있다(8장 참조).

광수확 복합체와 광합성의 동적 조절

광수확 복합체는 광계 II와 I으로의 에너지 유입을 조절하는 초 안테나 복합체이다.

엽록소 *a*의 반 이상과 거의 모든 엽록소 *b*에 해당하는 전체 엽록소의 상당 부분이 LHC II와 연관되어 있는 사실은 LHC II의 중요한 역할을 제시한다. 그런데도 LHC II는 광계 II와 I에서처럼 광화학적 환원 반응에 직접적으로 참여하지 않는다는 점에서 광화학적으로 활성을 띠진 않는다. LHC II는 반응 중심을 가지고 있지 않고 식물의 생존에 필수적이지는 않다. 예를 들어 보리의 *chlorina* 돌연변이체는 LHC II를 거의 가지고 있지 않다. 이런 것들이나 엽록소 *b*가 없는 유사한 돌연변이체들도 균형잡힌 전자 전달계를 가지고 있고 광합성을 수행하며 충분히 생존할 수 있다. 그렇다면 LHC II의 역할은 무엇인가?

양지에서 자란 식물과 음지에서 자란 식물을 비교함으로써 LHC II의 한 가지 역할을 알 수 있다. 음지 식물과 양지 식물은 많은 차이가 있다. 양지 식물의 잎은 음지 식물에 비해 두껍고 울타리 세포가 길고 부가적인 울타리 세포층을 가질 뿐만 아니라 일반적으로 표면적이 작다. 음지 식물 잎의 엽록체는 더 큰 그라나를 가진 틸라코이드가 더 많기 때문에 중첩된 틸라코이드 분량이 크다(Anderson and Andersson, 1988). 그러나 보다 현저한 차이는 음지 식물에 더 많은 분량의 LHC II가 있으며 따라서 더 많은 엽록소 *b*가 있다. 추가적인 LHC II에 의해 제공된 커다란 안테나 시스템은 보다 많은 빛을 잡게 하고 마치 격리된 지역에서 신호가 약할 때 큰 안테나가 라디오나 텔레비전 수신을 향상시키는 것과 마찬가지로 낮은 광량의 조건에서도 광계 II의 활성을 증가시킨다. 반면에 양지 식물은 단위 엽록소당 시토크롬 *b/f* 복합체, PQ, PC, 페레독신 및 CF_0-CF_1의 수준을 증가

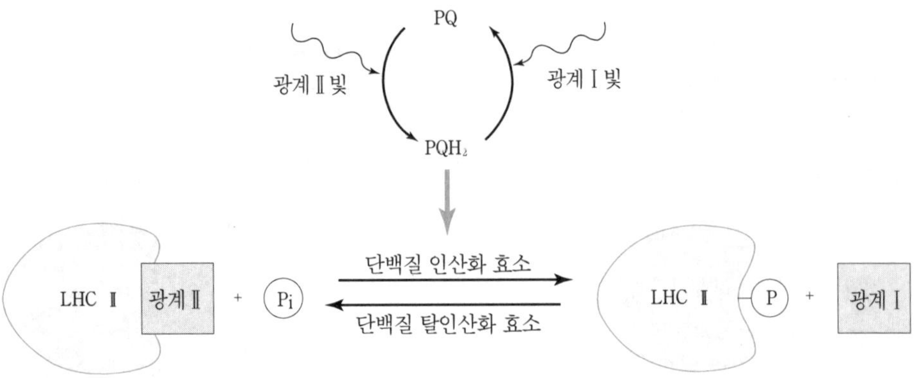

〈그림 9-15〉 LHCII의 가역적 인산화

광계 Ⅱ가 광계 Ⅰ에 비해 과환원 되면 환원된 플라스토퀴논(PQH_2)이 축적된다. 높은 수준의 PQH_2는 단백질 인산화 효소를 활성화시켜서 LHC Ⅱ를 인산화시킨다. 인산기의 첨가는 LCH Ⅱ와 광계 Ⅱ 사이의 작용을 약화시켜서 LCH Ⅱ가 광계 Ⅱ에서 해리되도록 한다. 광계 Ⅱ로의 빛 투입이 감소되어 광계 Ⅱ가 느려지면 광계 Ⅰ이 과다한 PQH_2를 제거하게 되고 이는 단백질 인산화 효소를 불활성화시킨다. 단백질 탈인산화 효소에 의해서 LHC Ⅱ가 탈인산화되어 광계 Ⅱ와 다시 결합된다.

시킴으로써 높은 광량을 유리하게 이용한다.

물론 양지 식물과 음지 식물의 차이점은 장기간에 걸친 적응이며 엽록소-단백질 복합체와 전자 전달 복합체의 합성과 재생이 필요하다. 식물은 빛의 일별 및 계절별 변이 외에 신속히 단기간의 적응이 필요한 광량과 광질에 있어서의 아주 단기간의 변화에 종종 노출되곤 한다. 자연 조건에서 광계 Ⅱ와 Ⅰ을 구동하는 빛의 양은 균형을 이루거나 일정하지는 않다. 게다가 안테나 분자의 수와 이들의 흡광 계수의 차이 및 다른 흡수에 영향을 미치는 여러 요인 때문에 광계 Ⅰ과 Ⅱ의 빛 수용 능력, 즉 *흡수 횡단면*(absorptioncross-section)이 동일하지는 않다. 이것이 아마도 광합성의 전체 효율을 제한하는 특이한 요인이 될 수도 있다. 최적의 CO_2 환원을 위해서는 ATP와 NADPH가 충분히 공급되어야 하며 따라서 광계 Ⅱ와 Ⅰ을 통한 일정하고 균형잡힌 전자의 흐름이 필요하다. 그러나 만약에 빛이 충분하지 않고 광계 Ⅱ와 Ⅰ로의 들뜬 에너지 전달이 불균형하다면 전자 전달 속도와 광합성은 적은 빛을 받는 광계에 의해서 제한될 것이다. $NADP^+$으로 효율적인 전자 전달을 유지하기 위해서는 두 광계 사이의 들뜬 에너지의 분포를 단기간 동안 조절하는 메커니즘이 필요하다.

빛 고유의 스펙트럼 분포의 불균등 이외에도 식물은 광계 Ⅱ와 Ⅰ에 유입되는 빛의 양을 신속히 조절해야 하는 다른 상황을 자주 마주치게 된다. 예를 들어 수관(canopy) 아래의 음지에서 자라는 식물은 **태양 반점**(sunfleck)이라고 알려진 광량의 급격한 일시적 변화를 자주 겪게 된다. 태양 반점은 수관의 빈 공간을 통해서 닿는 태양의 직사광이 잎에 닿는 부분을 말한다. 태양 반점의 지속 기간은 가변적이어서 바람이 불 때 일어나는 수초 동안이나 관목림의 숲의 수관 아래에서의 20분 이상이 되기도 한다. 구름이 많이 낀 날 태양이 갑자기 나타나는 경우에도 유사한 변동이 일어난다. 이 같은 상황에서 잎은 10배나 되는 에너지에 노출되는데 특히 광계 Ⅱ로 가게 되는 경우 극심한 해를 입을 수 있다.

에너지 분포의 단기 적응 조절 메커니즘으로 가장 잘 알려진 한 예는 LCH Ⅱ 단백질의 가역적인 인산화이다(그림 9-15). 단백질의 인산화는 모든 진핵 생물에서의 유전자 발현 및 환경 자극에 대한 반응 등의 많은 양상을 조절하는 공통적이 메커니즘이다(Bennett, 1991). 단백질의 인산화는 **단백질 인산화 효소**(protein kinase)로 알려진 효소군에 의해서 촉매된다. 엽록체는 LHC Ⅱ를 인산화 할 수 있는 틸라코이드 막에 결합된 단백질 인산화 효소를 가지고 있다. 이 인산화 효소의 활성은 막의 산화 환원 정도에 민감히 반응하며 과다한 빛이 광계 Ⅱ를 구동하여 그 결과로 PQH_2가 축적될 때 활성화 된다(Larsson et al., 1987). 그 결과 LHC Ⅱ의 인산화는 단백질에 음전하를 증가시켜 LHC Ⅱ가 광계 Ⅱ에서 분리되게 된다. 그 음전하는 또한 그라나층의 틸라코이드 막을 느슨하게 하여 LHC Ⅱ가 광계 Ⅰ이 많이 있는 스트로마 부위로 이동하게 놓아준다. 이로써 에너지 균형의 추가 그라나층에 그대로 남아 있는 광계Ⅱ에서 광계Ⅰ으로 이동하게 한다. 증가된 광계Ⅰ의 활성에 의해서 PQ 풀(pool)이 재산화되면서 단백질 인산화 효소는 불활성화되고 **인산 가수 분해 효소**(phosphatase)가 LHCⅡ의 탈인산화를 일으켜서 LHCⅡ를 그라나층으로 되돌아가게 하며 광계Ⅱ와 재결합한다. 그 결과는 광계Ⅰ과 Ⅱ 사이에 매우 동적이면서도 연속적인 여기 에너지의 분배 조정이 일어나게 된다. 이 같은 에너지 투입의 연속적인 조정은 두 광계를 통한 최적의 전자 흐름을 유지하게 한다.

광합성에서 카로테노이드의 역할

카로테노이드 색소는 광합성에 이용될 빛을 수집할 뿐만 아니라 과다한 빛이 있을 때 엽록소가 광분해되는 것을 보호해 주는 이중 기능을 한다.

틸라코이드 막의 색소-단백질 복합체는 엽록소뿐만 아니라 카로틴과 크산토필도 가지고 있다(7장). 일부 종에서는 알파-카로틴이 존재하기도 하지만 대부분의 고등 식물에서의 주 카로틴은 베타 카로틴이다. 주요 크산토필은 루테인(lutein), 비올라크산틴(violaxanthin) 및 제아크산틴(zeaxanthin)이다(그림 7-12). 색소-단백질 복합체에서의 카로테노이드의 분포는 균일하지 않다. 베타 카로틴은 광계Ⅰ과 Ⅱ의 반응 중심을 일정하게 둘러싸는 안테나에 집중되어 있는 것으로 보이나 크산토필은 광수확 복합체에 대부분 존재한다. 덧붙여 각 색소의 상대적인 비율, 특히 크산토필은 환경 조건에 따라서 변이가 상당히 크다.

광합성에서 카로테노이드는 광수확과 광보호 기능의 두 가지 역할을 하는 것으로 보인다(Demmig-Adams et al., 1996). 주로 작용 스펙트럼에 근거를 두고 오래 동안 카로테노이드의 주 기능은 흡수된 빛에너지를 엽록소로 전달하는 것이라고 믿어 왔다. 카로테노이드는 광수확 기능을 하여 흡수된 빛에너지가 종국에는 광합성에 이용된다. 이런 역할로 인해서 카로테노이드는 보조 색소라고 한다. 그러나 이제는 거의 엽록소의 다수도 역시 광수확 기능을 하는 것으로 알려지면서 카로테노이드를 보조 색소로 구분하는 것 자체가 의미가 없다. 엽록소 형광 분석의 실험 기법으로 조류에서는 여러 가지의 카로테노이드가 광수확 역할을 하는 것이 확실히 밝혀졌다. 불행하게도 기술적인 문제로 이 기법을 잎에 적용하는 것이 어려워 고등 식물에서의 상황은 분명하지 않다. 그러나 한정된 정보에 따르면 베타-카로틴이나 루테인이 고등 식물에서 광수확 기능을 하는 것으로 제안되었다.

카로테노이드가 광수확 기능을 할 것이라는 잠정적인 결론과는 달리, 이제는 카로테노이드가 광산화 피해로부터 광합성계를 보호하는 데 중요한 역할을 할 것이라는 상당한 증거가 있다. 초기의 증거는 옥수수 또는 다른 종의 색소가 없는 돌연변이체들의 연구에서 나왔다. 물론 많은 백색 유식물은 엽록소 합성 경로에서의 돌연변이체이다. 그러나 일부는 카로테노이드가 결여된 돌연변이체로서 정상적인 조건에서는 백화가 일어나지만 낮은 광량이나 산소가 없는 조건에서 자라면 녹색을 띠게 된다. 유식물에 카로테노이드 생합성의 억제제인 노르플루라존(norflurazon)을 처리한 경우에도 비슷한 결과가 관찰되었다. 어떤 경우에도 카로테노이드의 결핍은 엽록소와 다른 엽록체 구성원의 광산화를 유발한다.

광산화는 유전적으로 정상인 식물에서도 역시 잠재적인 문제이다. 광량이 최적인 기간 동안에 식물은 대개 이산화탄소 환원에 이용할 수 있는 에너지보다 더 많은 에너지를 흡수한다. 예를 들어 빠르게 자라는 작물의 경우 흡수된 빛의 50% 이하를 이용하며 상록수 같은 다른 종들에서는 겨우 10% 정도만을 이용하기도 한다. 어떤 과다한 빛도 소멸되어야만 하며 그렇지 않으면 광계Ⅰ의 환원 산물, 특히 페레독신이 산소와 대사 반응하여 초과산화물 라디칼(superoxide radical, O_2^-)이라고 하는 독성의 산소 종류를 생성한다(라디칼은 짝을 이루지 않는 전자를 갖고 있는 분자를 말한다.). 초과산화물 라디칼은 반응성이 매우 커서 엽록소뿐만 아니라 세포에 있는 대부분의 유기물를 산화시켜 파괴시키게 된다.

최소한 두 가지의 광산화를 방어하는 방법이 있다. 즉, 생성된 초과산화물을 제거하거나 생성 자체를 억제하는 것이다. 초과산화물의 효과적인 제거 시스템으로 어디서든 발견되는 **초과산화물 불균등화 효소**(superoxide

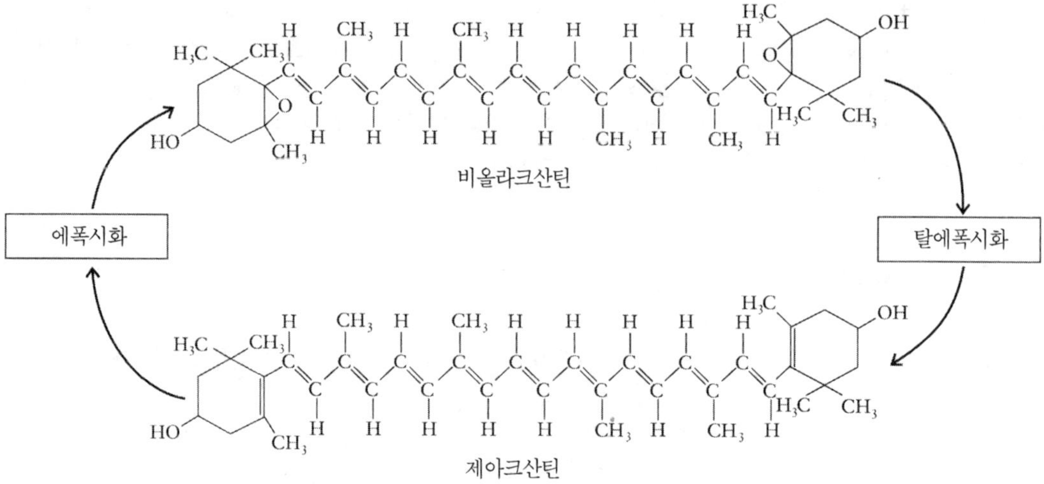

〈그림 9-16〉 크산토필 회로
탈에폭시화 과정에 의해 비올라크산틴 고리에 있는 두 개의 산소(에폭시기)가 제거된다. 이는 하나의 에폭시기를 가진 안테라크산틴(그림에 표시되어 있지 않음)이라는 중간 산물을 거치는 두 단계 반응이다. 탈에폭시화는 빛, 낮은 pH, 환원된 아스코르브산에 의해 유도된다. 제아크산틴에서 탄소-탄소간의 이중 결합 수가 2개씩 증가함에 유의하라. 비올라크산틴을 제외한 제아크산틴과 안테라크산틴은 여기 엽록소로부터 에너지를 내려받을 수 있다. 역반응인 에폭시화는 낮은 광이나 암소에서 일어난다.

dismutase, SOD)가 있다. SOD는 엽록체를 포함하여 여러 세포내 부위에서 발견된다. 이 효소는 과산화수소와 분자 산소를 형성하여 초과산화물을 제거하고 불활성화시킨다.

$$O_2^- + O_2^- + 2H^+ \longrightarrow H_2O_2 + O_2 \qquad (9.20)$$

그 다음에 과산화수소는 아스코르브산(ascorbate), 글루타치온(glutathione), 그리고 NADPH의 순서를 거쳐서 물로 환원된다. 과산화수소가 O_2^-과 결합하여 빠르게 단백질을 손상시킬 수 있는 아주 해로운 라디컬인 OH · 형성을 막기 위해 과산화수소의 환원이 필요하다.

다른 대안으로 과다한 빛이 반응 중심에 도달하여 전자 전달계로 들어가기 전에 포획하여 분산시키면 엽록체에서 O_2^-의 형성을 방지할 수 있다. 최근의 연구에 의하여 에너지 분산이 크산토필의 하나인 제아크산틴의 존재와 중요한 관계가 있음이 확인되었다(Demmig-Adams and Adams, 1996). 제아크산틴은 **크산토필 회로**로 알려진 과정에 의하여 비올라크산틴으로부터 형성된다(그림 9-16). 비올라크산틴은 디에폭사이드로서 각각의 고리에 하나씩 에폭시기를 가지고 있다. 과다한 광조건에서 비올라크산틴은 두 개의 에폭시 산소가 제거(탈에폭시

〈그림 9-17〉 제아크산틴에 의한 에너지 소산
낮은 광에서 여기 엽록소의 에너지(Chl*)는 광합성에 우선적으로 배당된다(좌). 광도가 증가함에 따라서 비올라크산틴(V)의 탈에폭시화 과정에 의해 제아크산틴(Z)이 형성되면 점차 많은 양의 에너지가 제아크산틴에 전달되어 열로 소산된다(우).

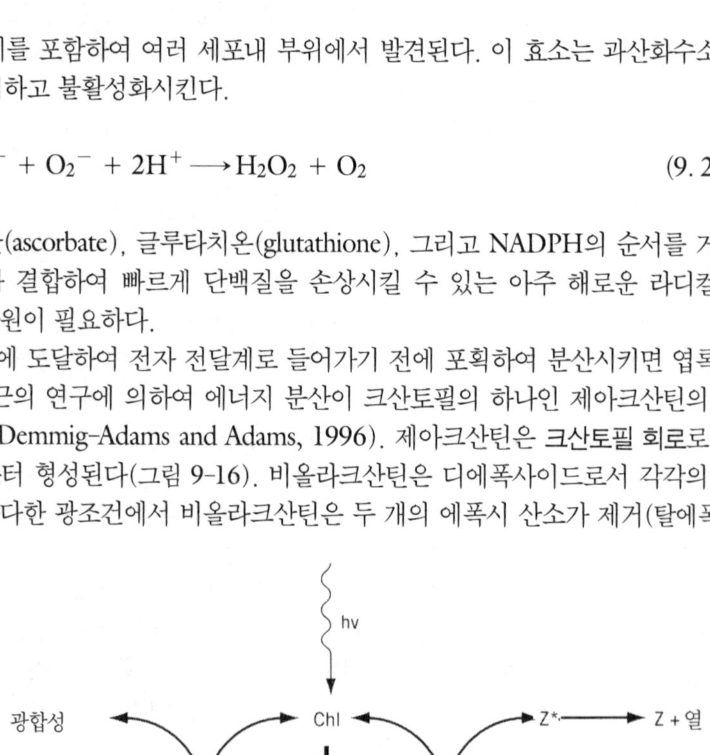

화)되어 제아크산틴으로 전환된다. 탈에폭시화는 첫번째 산소가 제거되면서 중간 산물인 단일 에폭시드인 안테라크산틴이 형성되면서 단계적으로 일어난다. 또한 탈에폭시화는 보통 강한 빛 조건에서 전자 전달의 결과로 나타나는 루멘의 낮은 pH에 의해서도 유도된다. 이 반응은 암소에서 역으로 일어나서 제아크산틴이 다시 에폭시화되어 비올라크산틴을 형성하게 된다.

비록 크산토필 회로가 엽록체의 광보호에 중요한 역할을 하는 것이 확인되었지만 정확한 분자적 메커니즘은 아직 분명하지 않다. 카로테노이드는 에너지를 쉽게 열의 형태로 잃어버리는 것으로 알려져 있다. 또한 탄소와 탄소간의 공유 이중 결합을 많이 가진 제아크산틴은 들뜬 엽록소에서 내림 방향으로의 전달되는 에너지를 받아들일 수 있다는 것이 증명되었다. 이 같은 관찰들은 안테나 복합체에서 제아크산틴이 엽록소의 과다 에너지를 직접 수용하여 무해한 열의 형태로 소산한다는 가설의 근간이 된다(Demmig-Adams and Adams, 1996). 따라서 크산토필 회로는 과다한 빛에너지를 소산시켜야 할 때마다 필요한 제아크산틴을 생성하며 광합성을 위해 더 많은 빛에너지가 필요한 낮은 광량의 조건하에서는 제아크산틴을 제거하는 효과적인 스위치로 작동한다(그림 9-17).

크산토필 회로의 잠재적인 가치는 식물이 다양한 환경 조건에 반응하며 카로테노이드의 함량을 변화한다는 점에서 명백하다. 예를 들어 카로테노이드/엽록소 비는 일반적으로 음지에서 자란 식물에 비해 양지에서 자란 고등 식물의 잎에서 높다(Demmig-Adams et al., 1996). 특히 크산토필 회로에 관여하는 카로테노이드의 부분이 상대적으로 두드러지게 증가한다. 한 예에서는 비올라크산틴, 안테라크산틴, 그리고 제아크산틴의 총 함량이 음지에 있는 잎의 경우 총 카로테노이드 함량의 13%이지만 양지의 잎에서는 32%로 증가한다. 동시에 흡수된 빛이 광합성으로 할당되는 몫이 91%에서 12%로 감소하는 반면에 열로 소산되는 부분은 6%에서 72%로 증가한다. 빛 스트레스가 더 커지게 되는 환경 조건에서 유사한 경향이 명백히 나타난다. 크산토필 회로는 과도한 광의 잠재적인 해로운 효과에 대해 보호를 하는 공통적인 과정으로 보인다.

전자 전달과 잡초 방제

광합성 전자 전달의 억제제는 효과적인 제초제이다.

농업이 시작된 이래 인류는 잡초와의 전쟁을 수행하였다. 잡초는 물, 영양분, 그리고 빛을 얻기 위해 작물과 경쟁하며 궁극적으로 작물의 생산량을 감소시킨다. 잡초 제거를 위한 작물의 윤작, 괭이질이나 트랙터 경작기 등의 전통적인 방법들이 1940년대에 들어와서 대부분 노동력을 줄일 수 있는 화학적 제초방법으로 대체되었다. 현대의 농업은 이제 완전히 다량의 **제초제** 사용에 의존하고 있다.

여러 가지 세포적 기능을 방해하는 광범위한 제초제가 이제는 이용 가능하다. 그러나 상업적으로 중요성이 높은 제초제 중에서 많은 것이 광합성의 전자 전달을 방해하여 작용한다. 이 같은 제초제의 두 가지 주종류는 모누론(monuron)과 디우론(diuron)과 같은 **요소 유도체**와 트리아진(triazine)과 시마진(simazine)과 같은 **트리아진계 제초제**이다(그림 9-18). 요소와 트리아진계 제초제는 모두 뿌리에 의해서 흡수되어 잎으로 수송된다. 거기서 이들은 광계 Ⅱ의 제초제 결합 단백질로 알려진 D1 단백질의 Q_B 결합 부위에 결합한다. 제초제는 PQ가 동일한 부위에 결합하는 것을 방해하여서 PQ로의 전자 전달을 막게 된다. 이 부위에서 전자 전달을 억제하므로 실험실에서 연구자가 광계 Ⅱ와 Ⅰ 간의 전자 전달을 차단하고자 할 때 DCMU(디우론)는 흔히 사용된다.

트리아진계 제초제는 옥수수 뿌리가 제초제를 불활성화 형으로 분해하는 효소를 가지고 있기 때문에 옥수수 농장에서 잡초 제거를 위해 광범위하게 사용된다. 다른 식물도 물론 저항성을 갖는다. 목화와 같은 일부 식물의 경우에는 제초제를 특수한 샘(gland)에 붙잡아 두며 다른 식물은 제초제의 살엽 지역 이하의 깊이로 보다 더 깊게 뿌리를 내리는 근계를 이용해 흡수되는 것을 피하게 된다. 그러나 많은 경우에서 잡초는 트리아진 저항성의 종류(race)나 생물형(biotype)을 발달시켰다. 여러 경우에서 저항성은 D1 단백질의 단일 아미노산이 치환된 결과로 드러났다. 아미노산의 변화는 제초제에 대한 단백질의 친화력을 감소시키지만 PQ의 결합은 방해하지 않고 그 결과로 전자 전달도 방해하지 않는다.

제초제 저항성 유전자와 유전자 재조합 기술이 함께 이용 가능해져서 추가적인 제초제 저항성 작물의 개발 전망에 대한 상당한 관심이 고조되었다. 예를 들어 변형된 D1 단백질의 유전자를 작물에 도입하여 트리아진 제초제에 대한 저항성을 부여하는 것이 가능하다. 그러나 이 같은 접근 방법은 잡초가 자연적인 진화적 변화를 통해 동일한 제초제에 대한 저항성을 획득하는 것을 멈출 때만 가능하다(23장 참조).

또 다른 종류의 제초제로 디콰트(diquat)나 파라콰트(paraquat)와 같은 비피리딜리움 **비올로젠**(bipyridylium viologen)염색액(그림 9-18)은 광계 I 의 환원 부위에서 전자를 가로채 작용한다. 비올로젠 염색액은 자가 산화되며 즉시 산소를 초산화 음이온으로 환원시킨다. 따라서 비올로젠은 광합성 전자 전달을 방해할 뿐만 아니라 이 때문에 생긴 초산화 음이온이 빠르게 엽록소를 불활성화시키거나 엽록체막을 산화시켜 추가적인 손상을 유발한다. 또한 비올로젠 제초제는 동물에게도 매우 독성이 크기 때문에 그 사용이 금지되었거나 엄격하게 법적인 제한을 받는다.

화학 제초제는 현대 농업에서 중요한 영농 수단의 하나이지만 노동력 절약 방법으로서의 이들의 가치를 잠재적인 해로운 부작용과 함께 신중하게 저울질해야 한다.

요소계 제초제

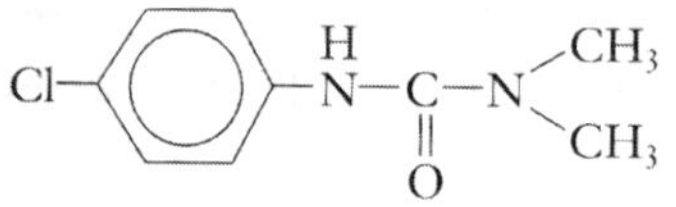

상품명 : 모누론
3-(p-Chlorophenyl)-1, 1-dimethylurea

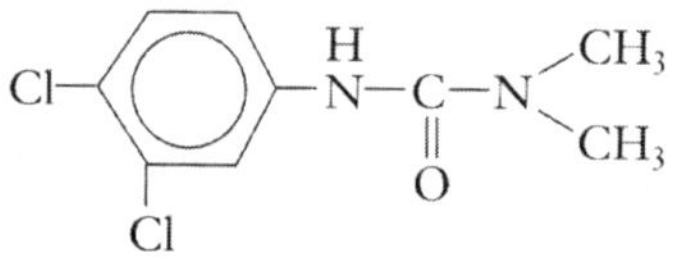

상품명 : 디우론, DCMU
3-(3, 4-Dichlorophenyl)-1, 1-dimethylurea

트리아진계 제초제

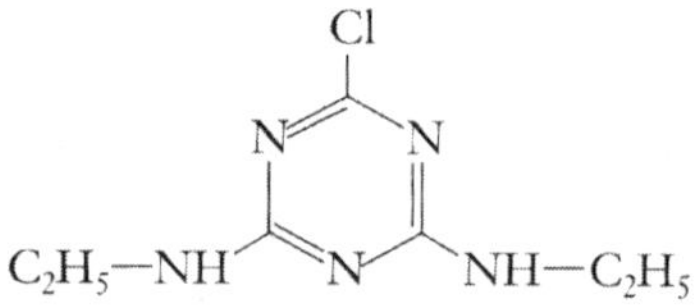

상품명 : 시마진
2-Chloro-4, 6-bis(ethylamino)-s-triazine

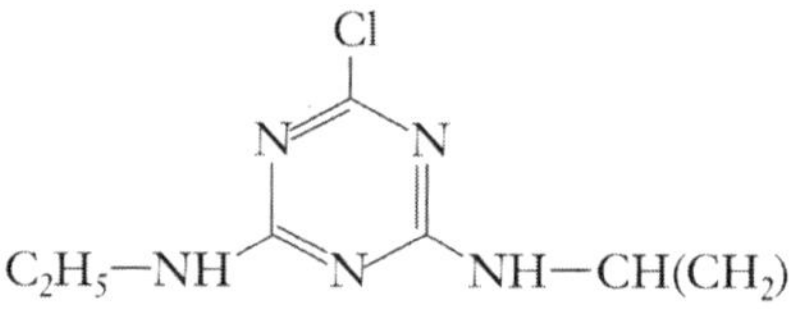

상품명 : 아트라아진
2-Chloro-4-ethylamino-6
isopropylamino-s-triazine

비피리딜리움 제초제

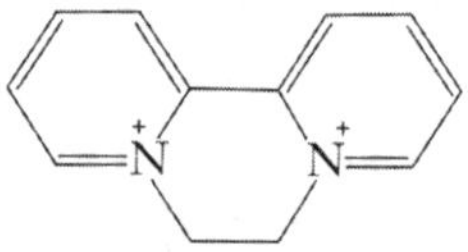

디콰트(Diquat)

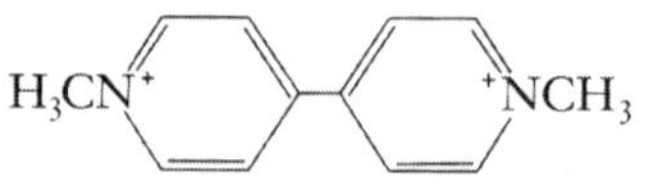

파라콰트(MV, methyl viologen)

〈그림 9-18〉 광합성을 억제하는 일부 제초제의 화학 구조

제 10 장

광합성 : 탄소 대사

앞 장에서 어떻게 엽록체가 빛에너지를 환원력(NADPH)과 ATP로 전환하여 보존하는지에 대해서 알아보았다. 이 장에서는 광합성의 두번째 부분으로서 명반응에서 만들어진 NADPH와 ATP가 무기 이산화탄소를 유기 탄소로 환원하는 대사 경로에 대해 관심이 집중될 것이다. 이 반응은 광합성의 암반응으로 지정되어 왔는데 이것은 빛이 없는 상태에서도 반응이 진행될 수 있다는 것을 암시하므로 오해를 일으킬 수 있다. 그러나 탄소 고정에 관여하는 여러 중요한 효소들은 빛에 의해 활성화되며 암소에서는 불활성이거나 낮은 활성을 띤다. 따라서 설사 광화학 반응이 아닌 다른 공급처에서 에너지가 이용될 수 있다고 하여도 탄소 환원은 암소에서는 일어날 수 없다.

이삼십 년 전까지만 해도 탄소 대사에 관한 지식은 초보적이었으며 새로운 연구 분야가 시작되면 늘 그러하듯이 그 과정을 이해하는 것이 다소 세련되지 못했다. 오랫동안 광합성과 호흡은 탄소 대사의 두 가지 부분으로 나뉘어 있다고 생각하여 서로 독립적이고 격리되어 있는 대사 과정으로서 세포내에서 깔끔하게 서로 구획화된 것으로 생각되어 왔다. 호흡은 세포질과 미토콘드리아에 한정되어 있는 것으로 보이는 반면에 광합성은 엽록체에 국한되어 있다. 광합성이 하는 일은 탄소를 환원하여 설탕이나 녹말과 같은 형태로 저장하는 것이다. 필요한 경우에는 이 저장 산물이 이동 가능한 형태로 바뀌어 호흡을 통해서 세포가 필요한 에너지와 탄소를 충족시키기 위해 산화되는 미토콘드리아로 유입된다.

그러나 40년 이상 탄소 대사에 관한 지식과 이해가 상당히 향상되었고 그 때문에 외견상 상당히 복잡해지게 되었다. 광합성 탄소 대사는 더 이상 하나의 불변적인 경로로 설명될 수 없다. 탄소 환원 이외에도 광합성 에너지는 질소 동화, 황산염 환원 및 기타 중간 대사에 이용된다. 광합성률은 엽록체 바깥이나 식물의 다른 부위에서 일어나는 사건에 영향을 받거나 심지어는 조절된다. 세포내 및 기관 간의 이런 저런 대사 연계의 복잡성은 최근에 들어서야 명백해지기 시작했다. 한 가지 분명한 점은 탄소 대사에 대한 보다 총체적인 연구가 필요하다는 점이다. 전통적인 독립된 과정으로서 구획화된 관점은 더 이상 식물의 탄소 대사를 적절하게 설명할 수 없다.

본 장에서는 고등 식물의 광합성 탄소 대사의 여러 가지 상호 연관된 변수를 다음 사항을 포함해서 기술하고자 한다.

- 탄소의 경로, 에너지론 그리고 모든 생물이 궁극적으로 탄소 동화를 위해 이용하는 경로인 광합성 탄소 환원 회로에 해당하는 C3 대사의 조절
- 광호흡과 C3 식물에서 광합성 탄소 산화 회로가 탄소 동화를 어떻게 한정하는가?
- 다수의 열대 및 아열대 식물에서 나타나는 C4 증후군이라고 하는 특별한 이산화탄소의 농축 메커니즘에 대한 생화학 및 생태적인 의미
- 수분의 경제성을 향상시키는 방법으로서 이산화탄소 흡수와 탄소 환원을 시간적으로 격리시킨 크레슐산 대사(crassulacean acid metabolism, CAM) 생물학

- 엽록체에서의 저장용 녹말과 세포질에서의 유출용 설탕의 합성, 그리고 이 두 형태의 탄수화물 사이의 탄소 할당 조절에 관여하는 일부 요인들

이후의 장들에서는 호흡 탄소 대사와 식물 전체에서의 탄소 분배에 영향을 미치는 요인들에 대하여 알아볼 것이다.

광합성 탄소 환원 회로

PCR 회로에서는 한 분자의 이산화탄소를 5탄당과 결합시켜 두 분자의 3탄당을 만든다. 이 생성물을 환원시키고 5탄당 수용체 분자를 재생하는 데는 광의존적 반응에서 생성된 ATP와 NADPH 형태의 에너지가 필요하다.

모든 광합성 진핵 생물이 궁극적으로 이산화탄소를 탄수화물 내로 병합시키는 경로를 탄소 고정 혹은 **광합성 탄소 환원**(photosynthetic carbon reduction, PCR) **회로**라 한다. 이 회로를 밝히기 위한 연구를 이끌었던 Melvin Calvin을 기념하여 또한 **캘빈 회로**(Calvin cycle)라고도 한다. 유기 탄소가 형성되고 이들이 탄수화물로 전환되는 복잡한 일련의 반응을 밝힌 것은 식물 생화학에서의 주요한 진보를 나타낸 대표적인 것이었다. 그와 그의 동료들의 노력의 결과로 1961년에 Calvin은 노벨 화학상을 받게 되었다.

탄소 고정의 수수께끼에 대한 해답은 1940년대 말과 1950년대 초에 방사성 탄소인 ^{14}C의 발견과 분석 기술로써의 종이 크로마토그래피의 발달이라는 두 개의 커다란 기술적인 진보로 가능하였다. 탄소 경로를 추적하기 위해서는 세포에서의 운명을 추적 가능하게 하는 표지된 이산화탄소를 공급하는 것이 필요하였다. 초기 실험은 ^{11}C를 사용하여 수행되었으나 반감기가 약 22분으로 매우 짧아서 방사능이 없어지기 전에 복잡한 유기 분석을 끝마쳐야만 했다. 반감기 5730년으로 훨씬 더 긴 ^{14}C가 이용 가능하게 됨에 따라서 이러한 시간적 문제가 확실히 해결되었다.

종이 크로마토그래피 기술은 당과 다른 작은 물질의 복잡한 혼합물의 분리를 가능하게 하였다. 전개 후에 **방사선 자동 사진법**(autoradiography)이라는 기술인 크로마토그래피의 종이 크로마토그램을 X-선 필름에 노출시킴으로써 방사성으로 표지된 당을 감지할 수 있었다. 필름에 노출된 방사능은 현상할 경우 그 부위에 검은 반점을 나타낸다. 종이 크로마토그램에서 이에 상응하는 지점을 잘라내어 그 물질을 분석 동정하고 방사능의 세기를 측정한다. 한 당은 체계적으로 분해가 될 수 있기에 여러 형태의 탄소원자에서의 방사능의 분포를 결정할 수 있게 된다. 이것이 어떻게 간단한 당이 보다 복잡한 분자들로 동화될 수 있는지를 이해하는 데 도움이 되는 중요한 단계였다.

카르복실화 반응

광합성의 탄소 경로를 밝히는 데 있어서 Calvin의 전략은 개념적으로는 매우 명료해서 방사성 이산화탄소가 흡수된 후 첫번째로 생성되는 안정한 유기물을 밝히려는 것이다. 이를 달성하기 위해서 배양된 광합성 녹조인 클로렐라가 먼저 광합성의 평형 상태에 도달하게 하였다. 여기에 $^{14}CO_2$를 첨가하여 광합성을 여러 시간별로 수행하게 한 후 세포를 끓는 메탄올에 재빨리 집어넣었다. 뜨거운 메탄올은 효소를 변성시켜서 더 이상의 대사가 일어나지 않게 함과 동시에 이어진 크로마토그래피 분석용 당 추출을 하는 두 가지의 기능을 한다. $^{14}CO_2$ 존재하에서 광합성이 일어나는 기간을 2초 동안까지 짧게 하였을 때 거의 대부분의 방사능은 3탄소 산인 포스포글리세르산(3-phosphoglycerate, 3-PGA)에서 발견되었다. 따라서 3-PGA는 광합성에서의 첫번째 안정한 산물로 보였다. 다음 시간 동안에 표지된 다른 당은 아마도 3-PGA에서 유도되었을 것이다. Calvin 그룹에서 첫번째 산물이 3탄소 분자임을 밝혔기에 PCR 회로는 흔히 C3 회로로도 언급된다.

〈그림 10-1〉 광합성 탄소 환원 회로의 카르복실화 반응

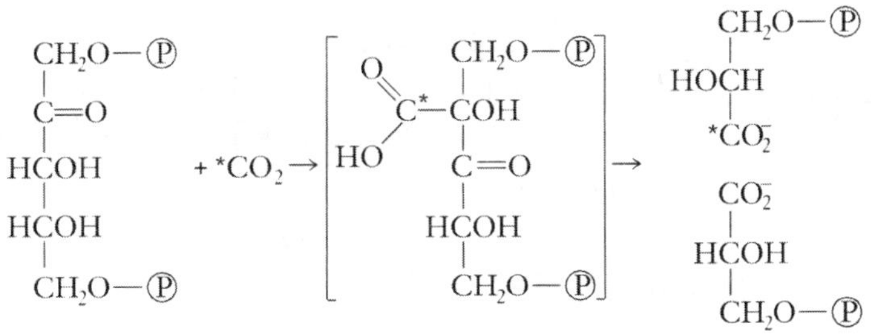

그 다음 단계는 이산화탄소가 첨가되었을 때 이와 결합하여 3탄소 산물을 생산하게 하는 받개 분자를 결정하는 것이었다. 3-PGA의 체계적 분석 결과 ^{14}C 표지가 압도적으로 카르복실 탄소에 있음이 드러났다. 논리적으로 받개 분자가 2탄소 분자일 것이지만 오랜 동안의 추적은 헛수고가 되었다. 어떠한 2탄소 분자도 발견되지 않았다. 캘빈은 대신에 받개가 5탄당인 **리불로오스-1,5-이인산**(ribulose-1,5-bisphosphate, RuBP)임을 인식하였고 이것이 전체 수수께끼를 푸는 열쇠가 되었다. 이 반응은 이산화탄소가 RuBP에 첨가되어 6탄당의 중간 산물이 생성되는 카르복실화 반응이다(그림 10-1). 이 중간 산물은 일시적으로 존재하며 불안정한 것으로 효소에 결합된 채로 빠르게 가수 분해되어 두 분자의 3-PGA로 된다. 카르복실화 반응은 **ribulose-1,5-bisphosphate carboxylase-oxygenase(Rubisco)**라는 효소에 의해서 촉매된다. Rubisco는 의심할 여지 없이 지구상에서 제일 많은 단백질이며 대부분의 잎에서 수용성 단백질의 약 50%를 차지한다. 이 효소는 엽록체 스트로마에서 고농도로 존재하면서도 이산화탄소에 대한 높은 친화력을 갖고 있어서 보통 낮은 대기의 이산화탄소 농도에서도 빠른 카르복실화 반응을 보장한다.

PCR 회로에서 에너지 유입

$\Delta G^{\circ\prime}$가 -35 kJ mol^{-1}인 카르복실화 반응은 에너지론적 측면에서 아주 유리하다(Leegood et al., 1985). 이 때문에 매우 재미있는 질문이 야기되는데 반응 평형 상수가 이같이 큰 음의 자유 에너지 변화를 갖는 카르복실화 반응을 가능하게 한다면 광합성의 명반응에서 생성된 에너지의 투입이 도대체 왜 필요할까? 에너지는 3-PGA의 환원과 RuBP라는 수용체 분자의 생성에 이용된다. 각각에서 필요로 하는 것에 대해서 순서대로 논의할 것이다.

3-PGA의 환원 엽록체가 이산화탄소를 계속해서 흡수하기 위해서는 두 가지 조건을 충족해야만 한다. 먼저 산물(3-PGA)이 계속적으로 제거되어야 하고 두번째로는 RuBP 수용체의 적절한 공급이 유지되어야만 한다. 둘 다 ATP와 NADPH 형태의 에너지를 필요로 한다.

3-PGA는 3탄당 인산인 글리세르알데히드-3-인산으로 환원됨으로써 제거된다. 이는 2단계 반응으로서(그림 10-2) 3-PGA가 먼저 1, 3-비스포스포글리세르산(1,3-bisphosphoglycerate)으로 인산화된 후 글리세르알데히드-3-인산(glyceraldehyde-3-phosphate, G3P)으로 환원된다. 이 두 반응에서 요구되는 ATP와 NADPH는 모두 광의존적 반응의 산물로서 에너지가 투입되는 두 반응 중의 하나이다. 이어서 3탄당 인산인 G3P는 아마도 디히드록시아세톤 인산(dihydroxyacetone phosphate, DHAP)으로 전환된 후 세포질로 수송된다. 세포질에 들어오면 3탄당 분자가 쉽게 결합하여 6탄당인 과당-인산 혹은 포도당-인산이 된다. 이 2가지 6탄당 인산은 결합하여 설탕-인산을 형성한다. 이 장의 후반부에서 이 반응을 더 자세히 기술할 것이다.

수용체 분자의 재생 이산화탄소 환원 과정을 유지하기 위해서 수용체인 RuBP의 연속적인 공급이 필요하

〈그림 10-2〉 포스포글리세르산(PGA)의 글리세르알데히드-3-인산으로의 환원

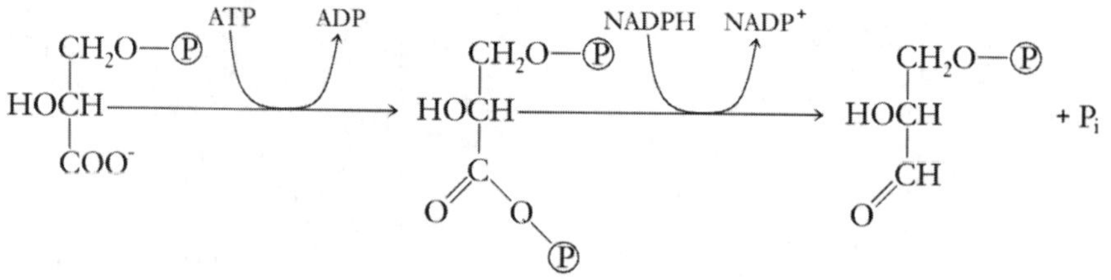

3-PGA　　1, 3-비스포스포글리세르산　　글리세르알데히드-3-인산 (G3P)

다. 이는 4, 5, 6 및 7 탄당이 관여하는 일련의 반응에 의해 이루어진다(그림 10-3, 10-4). 이 반응들에는 6탄당인 과당인산과 3탄당 인산(triose-phosphate)이 응축되어 5탄당과 4탄당의 형성이 포함되며 또 다른 3탄당 인산이 4탄당과 결합하여 7탄당을 만든다. 7탄당이 세번째의 3탄당 인산과 결합하면 2분자의 5탄당이 만들어진다. 모든 5탄당은 이성질화하여 리불로오스-5-인산(ribulose-5-phosphate, Ru5P)을 만들 수 있다. 이어서 Ru5P는 인산화되어 필요로 하는 리불로오스이인산(ribulose-1,5-bisphosphate, RuBP)으로 재생된다.

이 반응의 순효과는 6개의 G3P 중 5개가 재순환하는 것으로서 카르복실화 반응에 소모된 RuBP를 대신하는 3개의 RuBP를 재생하게 된다. 〈그림 10-3, 10-4〉에 보여준 반응의 요약식에서 3분자의 RuBP가 식의 좌 · 우 양측에 포함되어 있다. 이는 회로가 원래의 수용체 수를 재생하고 탄소 고정을 일정한 속도로 유지함을 강조하는 것이다. 〈그림 10-3, 10-4〉에서 회로가 3번 돌 때(즉, 3분자의 CO_2가 흡수됨)마다 필요한 수용체 숫자의 재생에 다 추가로 엽록체 밖으로 수송될 3탄당 인산을 위한 충분한 탄소가 있는 것을 보여주고 있다. 〈그림 10-3, 10-4〉

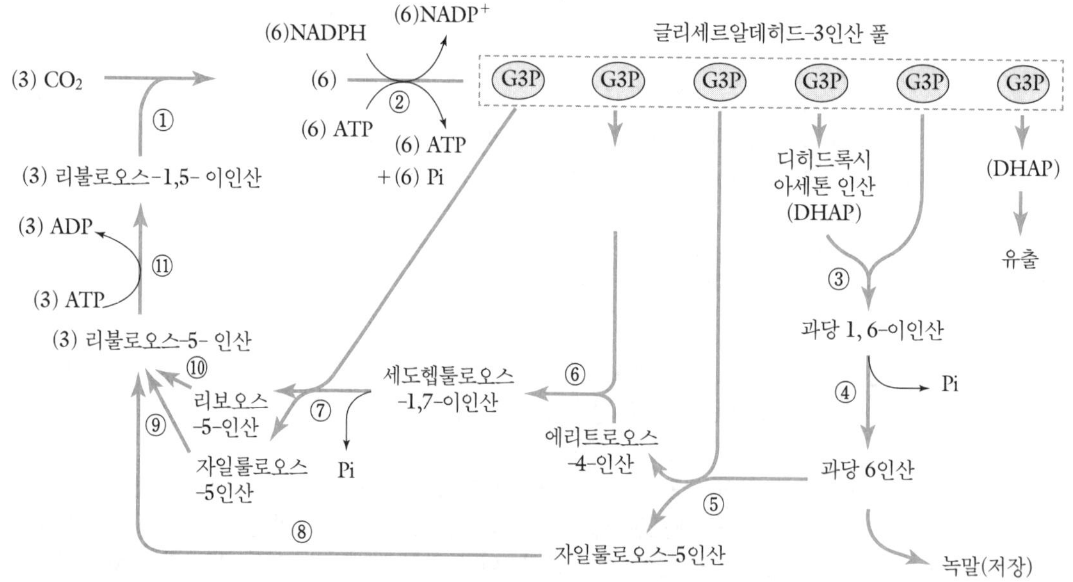

〈그림 10-3〉 광합성 탄소 환원(PCR) 회로

괄호 안의 수는 정량비를 나타낸다. 효소는 원문자로 표시되었으며 다음과 같다. (1) 리불로오스-1,5-이인산 카르복실라아제/옥시게나아제(Rubisco); (2) 3-포스포글리세르산 키나제(3-phosphoglycerate kinase)와 글리세르알데히드-3인산 탈수소 효소(glyceraldehyde-3-phosphate dehydrogenase); (3) 알돌라아제(aldolase); (4) 프락토오스-1,6-비스포스파타아제(fructose-1,6-bisphosphatase); (5) 트랜스케톨라아제(transketolase); (6) 알돌라아제(aldolase); (7) 세도헵툴로오스-1,7-비스포스파타아제(sedoheptulose-1,7-bisphosphatase); (8, 9) 리불로오스-5-인산 에피머라아제(ribulose-5-phosphate epimerase); 10) 리보오스-5-인산 이성질화 효소(ribose-5-phosphate isomerase); (11) 리불로오스-5-인산 키나아제(ribulose-5-phosphate kinase).

(1)	3 RuBP + $3CO_2$	⟶ 6 ~~PGA~~
(2)	6 ~~PGA~~	⟶ 5 ~~G3P~~ + G3P
(3)	2 ~~G3P~~	⟶ ~~FBP~~
(4)	~~FBP~~	⟶ ~~F6P~~
(5)	~~G3P~~ + ~~F6P~~	⟶ ~~E4P~~ + ~~Xu5P~~
(6)	~~G3P~~ + ~~E4P~~	⟶ ~~SBP~~
(7)	~~G3P~~ + ~~SBP~~	⟶ ~~R5P~~ + ~~Xu5P~~
(8, 9)	2 ~~Xu5P~~	⟶ 2 ~~R5P~~
(10)	~~R5P~~	⟶ RuBP
(11)	2 ~~R5P~~	⟶ 2 RuBP
총합 =	3 RuBP + $3CO_2$	⟶ 3 RuBP + G3P

〈그림 10-4〉 PCR 회로 반응의 요약
회로가 3회전하면 3몰의 리불로오스-1,5-이인산(RuBP)과 추가로 1몰의 글리세르알데히드-3-인산(G3P)이 형성된다. PGA, 3-포스포글리세르산(3-phosphoglyceric acid); FBP, 프락토오스-1,6-이인산(fructose-1,6-bisphosphate); F6P, 프락토오스-6-인산(fructose-6-phosphate); E4P, 에리트로오스-4-인산(erythrose-4-phosphate); XuP, 자일룰로오스-5-인산(xyulose-5-phosphate); SBP, 세도헵툴로오스-1,7-이인산(sedoheptulose-1,7-bisphosphate); R5P, 리보오스-5-인산(ribose-5-phosphate).

의 화학 정량식은 이 점을 보여주기 위한 것이다. 회로가 6번 돌면 6개의 RuBP가 형성되어 순산물로서 1개의 6탄당이 추가로 생성될 것이다. 12번 돌게 되면 설탕에 상당하는 탄소 화합물이 생길 것이다.

일반적으로 복잡한 물질 대사의 도표가 사실로 받아들여지기 위해서는 필요한 효소가 존재하고 활성을 지닌 것을 보여주어야 한다. 캘빈의 PCR 회로는 〈그림 10-3〉의 구도에 필요로 하는 모든 효소가 스트로마에서 발견되었으므로 이 기준에 부합된다. 게다가 시험관상에서 예시된 모든 반응이 최대 광합성률을 뒷받침하기에 충분한 속도로 나타났다.

PCR 회로의 에너지론 〈그림 10-3〉은 PCR 회로가 3번 돌기 위해, 즉 3몰의 이산화탄소가 흡수되면 총 6몰의 NADPH와 9몰의 ATP가 필요함을 보여준다. 따라서 1몰의 이산화탄소 고정에는 2몰의 NADPH와 3몰의 ATP가 필요하다. 이는 총 529 kJ mol^{-1}의 에너지에 해당되며 1몰의 6탄당이 산화될 때 2817 kJ 즉 1몰의 이산화탄소 당 469 kJ mol^{-1}의 에너지가 나오므로 에너지 저장 효율이 약 88% 정도가 된다.

PCR 회로의 활성화와 조절

대부분의 대사 경로에서처럼 PCR 회로는 에너지와 탄소 자원을 가장 효율적으로 사용하기 위해서 엄격하게 조절된다.

부분적으로 Rubisco에 대한 초기의 생체외(*in vitro*) 연구 결과 이 효소의 활성이 낮고 속도 조절 단계인 것을 암시하였기에 원래는 PCR 회로가 중요 수준의 조절을 받지 않는 것으로 믿어졌다(이제는 생체내(*in vivo*)에서 이 효소의 활성이 훨씬 더 높은 것이 알려졌지만 여전히 속도 제한 단계이다). 게다가 식물은 기회주의적이라서 광합성을 최대 속도로 수행하기 위해서 이용 가능한 빛, 물 그리고 이산화탄소를 사용하리라고 널리 믿어졌다(Bidwell, 1983). 그러나 광합성은 독립적으로 수행되지 않을 뿐더러 조절되지 않는 광합성 기구는 질서 정연하고 서로 연관된 대사와 서로 화합할 수 없다는 사실이 이제는 알려지게 되었다. 명암 주기 간의 중간 대사 산물로 인해 수준의 변화와 질소 동화와 같이 다른 세포 활동에 필요한 탄소와 빛에너지의 경쟁적 요구로 인해 어느 정도의 조절이 필요하다. 물론 가장 강력한 조절은 효소 활성 단계에서 일어난다. 아직 이용 가능한 정보가 비교적 적지만 광합성 효소 조절의 정교한 본질은 점점 명백해지고 있으며 조절의 주요인이 빛이라는 것은 전혀 놀랄 일이 아니다.

자체 촉매

탄소 동화율은 부분적으로 수용체 분자의 적절한 풀의 이용 여부에 달려 있다. PCR 회로는 필요한 경우에 새로 고정된 탄소를 RuBP의 자체 촉매(autocatalysis) 반응에 의한 재생을 통해서 이 풀 크기를 증가하는 데 이용한다(Bidwell, 1983). 광합성이 정지되고 탄소가 다른 대사 활동에 요구되는 밤에는 RuBP를 포함한 회로의 중

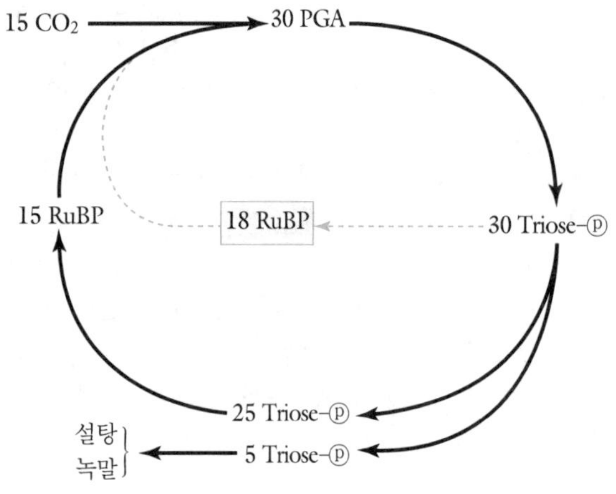

〈그림 10-5〉 PCR 회로의 자체 촉매적 성질

필요한 경우 탄소가 PCR 회로에 잔류(점선 화살표)하여 수용체 분자를 집적함으로써 광합성률을 증가시킨다.

간 대사물의 농도가 낮은 수준으로 떨어진다. 광합성이 다시 시작되면 광합성률은 이산화탄소 수용체의 이용도가 낮아서 심하게 제한을 받을 것이다. 정상적으로는 PCR 회로를 통해 고정된 여분의 잉여 탄소는 녹말로 축적되거나 엽록체 밖으로 수송된다. 그러나 PCR 회로는 여분의 탄소를 붙잡아서 대신에 RuBP양을 증가시키는 방향으로 바꾸어서 수용체 공급을 증폭하는 잠재력을 지니고 있다(그림 10-5). 이 같은 방법으로 엽록체내에서 수용체의 양이 빠른 속도의 광합성을 지탱하는 데 필요한 수준으로 빠르게 축적될 수 있다. RuBP가 적절한 수준 이상으로 축적된 후에야 탄소가 저장이나 수송을 위해 회수된다. 다른 어떤 광합성 반응에서도 이런 조절 능력이 존재하지 않기에 모든 광합성 생물이 궁극적으로 탄소동화에 C3 회로를 사용하는 이유가 될는지도 모른다. 어떻게 자체 촉매가 조절되는지는 모르지만 가장 효과적인 조절은 재생을 위한 효소 활성을 녹말 합성이나 수송에 관여하는 효소 활성보다 증가시키는 것이다. 그러나 이 효소들의 상대적인 활성도에 관해서는 거의 알려진 바가 없다.

Rubisco의 활성도 조절

Rubisco 활성은 빛에 의해서 조절된다. 이 활성은 빛이 없으면 빠르게 0에 가까워지고 빛이 있게 되면 아주 천천히 다시 활성을 갖게 된다. 빛에 의한 활성화는 외견상 간접적인 것으로 틸라코이드막 사이의 Mg^{2+}의 흐름(flux), 이산화탄소 활성화, 엽록체의 pH 변화 그리고 활성화 단백질 간의 복잡한 상호 작용이 관여한다.

앞 장에서 언급했듯이 빛 의존적 전자 전달 수송은 스트로마에서 틸라코이드의 루멘으로의 양성자 순이동을 초래한다. 틸라코이드막을 통한 양성자 이동은 2.5에서 3.5 정도의 pH 차이를 일으켜서 스트로마의 pH가 약 7에서 8정도로 증가한다. 생체외에서 일반적으로 Rubisco는 pH가 7일 때보다 8일 때 더 활성이 높다. 수년 전에 Rubisco 활성에 Mg^{2+}이 필요한 것이 알려지게 되었다. 빛은 또한 양성자의 흐름을 보상하기 위해 Mg^{2+}을 양성자의 이동과 반대 방향인 루멘에서 스트로마로 이동시켜 스트로마에 유리 Mg^{2+}이 증가되게 한다. G.H. Lorimer 연구실은 생체외에서 Rubisco를 이용한 실험 결과로 Rubisco가 CO_2를 가질 뿐만 아니라 활성화 물질로 사용하는 것을 보여 주었다. 이산화탄소는 기질이 결합하는 부위와는 다른 독특한 활성화 부위에 결합한다. 이 같은 생체외 실험에 의거해서 Lorimer와 Miziorko는 생체에서 이산화탄소, Mg^{2+} 및 pH의 세 가지 요인들 모두 고려한 활성화 메커니즘을 제안하였다(Lorimer and Miziorko, 1980). 이 모델에 의하면 이산화탄소가 먼저 리신 잔기의 ε-아미노기에 결합하여 카르바메이트(carbamate)를 형성한다(그림 10-6). 카르바메이트 형성에는 두 개의 양성자 유출이 동반되어야 하므로 pH가

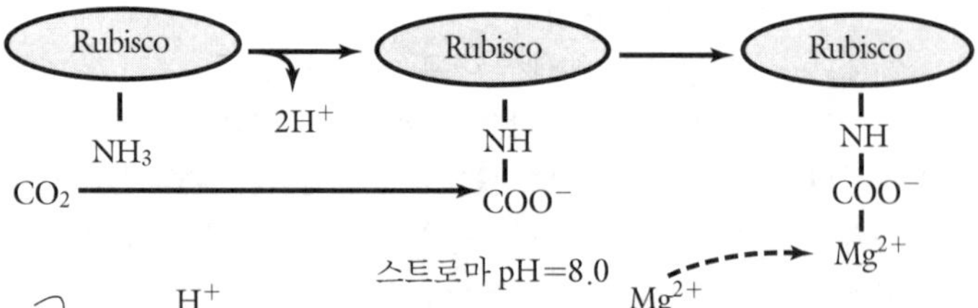

〈그림 10-6〉 광구동성 이온 이동과 Rubisco의 활성화

Rubisco의 활성화는 광구동성 전자 전달에 의한 스트로마 pH와 Mg^{2+} 농도의 증가에 의해 촉진된다.

증가하면 촉진된다. 이어서 Mg^{2+}은 카르바메이트와 결합하여 효소의 활성형인 카르바메이트-Mg^{2+} 복합체가 형성된다.

그러나 추가 실험 결과들이 생체외의 모델이 잎에서 Rubisco의 활성을 완전히 설명할 수 없는 것을 암시하였다(Portis, 1990). 특히 생체내에서 측정된 Mg^{2+}와 이산화탄소의 농도 및 pH 변화는 예상되는 활성화 수준의 반 정도를 설명하기에도 모자란다. 이 같은 모순은 돌연변이체에서 분리된 효소가 야생종과 외견상 차이가 없음에도 불구하고 빛 하에서 Rubisco를 활성화시키지 못하는 애기장대 돌연변이체를 발견함으로써 해결되었다. 전기 영동 분석 결과 *rca*라고 명명된 이 돌연변이체에서 수용성 엽록체 단백질이 존재하지 않는 것이 드러났다. 추후 실험에서 생체외에서 누락된 단백질을 Rubisco, RuBP 그리고 생리적인 수준의 이산화탄소가 포함된 반응 혼합액에 단순히 첨가하는 것만으로도 Rubisco의 활성이 완전히 회복되는 것이 실증되었다. 빛에 의존한 Rubisco의 활성화를 촉진하는 이 단백질의 역할을 중요시하며 이 효소를 **Rubisco 활성화 효소**(activase)라고 명명하였다.

Rubisco 활성화 효소의 자세한 특성과 작동 메커니즘에 대해서는 아직도 연구가 진행되고 있지만 ATP 형태의 에너지가 필요한 것으로 알려져 있다. 이 단백질은 적어도 10속의 고등 식물뿐만 아니라 녹조류인 클라미도모나스(*Chlamydomonas*)에서도 발견되었다. Rubisco 활성화 효소가 진핵 생물의 광합성 조절에 있어서 중요한 역할을 하며 공통적으로 존재하는 것이 분명하다.

기타 PCR 효소의 조절

PCR 회로에서 Rubisco만이 빛에 의한 활성화가 필요한 효소는 아니다. 조류, 잎 및 분리한 엽록체를 사용한 연구에서 적어도 다른 4개의 PCR 회로에 관여하는 효소의 활성도 역시 빛에 의해 증진되는 것이 드러났다. 이러한 효소에는 글리세르알데히드-3-인산 탈수소효소(glyceraldehyde-3-phosphate dehydrogenase(반응 2, 그림 10-3)), 프락토오스-1,6-비스포스파타아제(fructose-1,6-bisphosphatase(FBPase)(반응 4, 그림 10-3)), 세도헵툴로오스-1,7-비스포스파타아제(sedoheptulose-1,7-bisphosphatase(반응 7, 그림 10-3)), 그리고 리불로오스-5-인산 키나아제(ribulose-5-phosphate kinase(반응 11, 그림 10-3)) 등이 있다.

빛 활성화 메커니즘은 Rubisco의 경우와는 다르며 FBPase가 가장 잘 연구되어 있다. FBPase의 빛 활성화는 전자 전달 억제제인 DCMU나 선택적으로 술프히드릴기(sulfhydryl)를 변형하는 화합물에 의해서 차단될 수 있다. 반면에 암소에서도 환원제인 DTT(dithiothreitol)에 의해서 효소가 활성화될 수 있다. 빛의존적 반응 산물인 엽록체의 페레독신과 **티오레독신**(thioredoxin)이 모두 효소의 활성화에 필요하다는 사실이 알려지게 되었다(그림 10-7). 페레독신처럼 티오레독신은 생화학자들에게는 리보누클레오티드를 디옥시리보누클레오티드로 환원하는 데 관여하는 것으로 알려져 있는 12 kDa의 적은 철황(iron-sulfur) 단백질이다. 이 단백질은 이황화물(−S−S−)과 술프히드릴기(−SH HS−) 간의 가역적인 산화-환원 반응을 거치는 아주 가깝게 위치하는 두 개의 시스테인기를 함유하고 있다. 엽록체에서 광계 I 은 페레독신을 환원시키며 다시 티오레독신을 환원시킨다. 이 반응은 페레독신-티오레독신 산화 환원 효소(Buchanan, 1980)에 의해서 매개된다. 티오레독신은 그 다음에 표적 효소의 적당한 이황화물(disulphide) 결합을 환원시켜 효소를 활성화시킨다. 암소에서의 효소 불활성화에 대해서는 잘 알려져 있지 않지만 술프히드릴기가 어떠한 식으로든 재산화되어 효소를 불활성화시킨다.

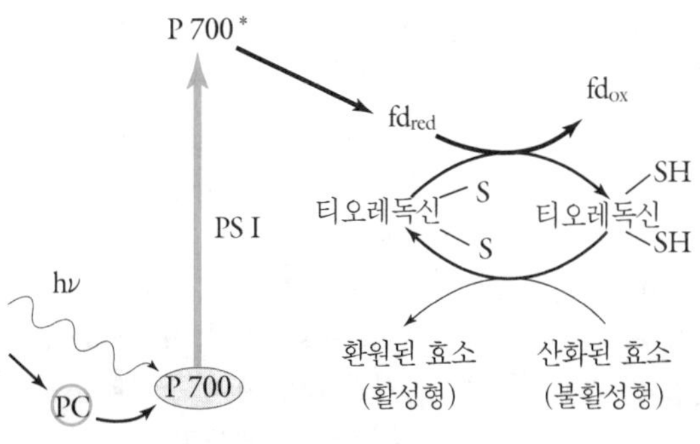

〈그림 10-7〉 빛에 의한 효소 활성화를 유도하는 페레독신/티오레독신 시스템

PCR 회로에 대한 전통적인 견해는 직접적인 빛의 투입이 필요치 않다는 것이었다. 따라서 이러한 반응을

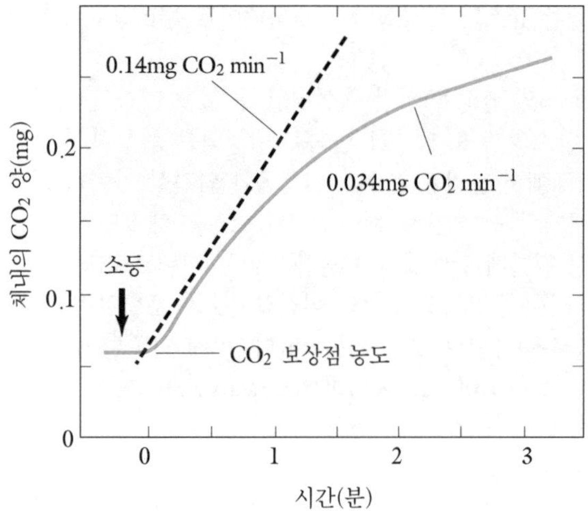

〈그림 10-8〉 **광호흡**

갑작스런 광의존성 CO_2 발생을 보여주는 광조사 후 방출(postillumination burst) 실험. 그래프 선은 암소의 밀폐된 공간에서 CO_2 농도가 광합성 기간 이후에 변화하는 것을 보여준다. 빛이 꺼진 후의 높은 초기 CO_2 발생률(점선)에 주목하라. 약 2분 이내에 CO_2 발생률이 그보다 낮은 수준으로 떨어져서 장기간의 암소에서도 그 상태를 유지한다.

광합성의 암반응이라 하였다. 그러나 회로에서 최소한 5개의 효소가 빛 활성화를 요구한다는 점에서 그 같은 명칭은 더 이상 적절하지 않다.

광호흡과 광합성 탄소산화 회로

탄소 고정을 하기 위해 PCR 회로를 이용하는 식물은 빛과 산소에 의존하는 이산화탄소 발생을 하는 경쟁적인 과정도 나타낸다.

조류처럼 전체 세포 또는 전체 식물에서 광합성률을 측정하기 위해 가장 널리 사용되는 방법은 이산화탄소 흡수 혹은 산소 발생과 같은 가스 교환을 측정하는 것이다. 조류나 고등 식물 잎에서의 기체 교환은 여러 가지 다르고 경쟁적인 대사 반응이 기여하기 때문에 복잡한 경로이다. 세포(혹은 미토콘드리아) 호흡은 그 결과로 이산화탄소가 방출되고 산소가 흡수되므로 광합성 가스 교환과 반대되는 한 예가 된다. 여기서 '호흡'이라는 용어는 단지 가스 교환의 양상만을 나타내는 것일 뿐 가스의 특정한 대사적 기원을 참조하지 않았다. 역사적으로 미토콘드리아에 의한 호흡과 엽록체에 의한 광합성은 효과적으로 독립되어 있어서 가스 교환에 대한 각각의 공헌 정도는 독립적으로 추정이 가능하다고 가정되어 왔다(광합성이 잎이 필요로 하는 모든 에너지를 공급할 수 있기에 빛하에서 미토콘드리아는 활동을 하지 않는다는 주장도 있었다). 빛하에서 측정된 이산화탄소 흡수는 미토콘드리아에 의해 발생한 이산화탄소가 빠진 광합성에 의한 이산화탄소 흡수를 나타내므로 겉보기 혹은 순광합성이라 한다. 따라서 진짜 또는 총광합성은 암상태에서 측정한 미토콘드리아에 의해 발생한 이산화탄소 양을 빛하에서 흡수된 이산화탄소 양에 더해 줌으로써 계산되었다.

이제는 가스 교환을 측정하는 것이 산화 대사와 그 결과로 생기는 광합성 대사와 직접적으로 연관된 이산화탄소의 발생으로 일부분 복잡해짐에 따라 덜 확실한 방법이 되었다. **광호흡**이라고 불리우는 이 과정에는 광합성에 의해서 이전에 동화된 산물의 재산화가 관여된다(Bidwell, 1983). 광호흡 경로에는 최소한 세 개의 세포내 소기관인 엽록체, 퍼옥시솜, 미토콘드리아가 관여하는데 이산화탄소가 방출되기 때문에 세포에서 탄소의 순손실이 수반된다.

탄소 동위 원소를 이용한 초기 실험 결과 암상태에서 일어나는 이산화탄소 발생 과정인 호흡과 빛하에서 일어나는 호흡 사이에는 정량적인 차이뿐만 아니라 정성적인 차이가 있음이 제시되었다. 이를 근거로 빛하에서의 이산화탄소 발생을 광호흡이라 한다. 빛이 호흡률이나 호흡 경로를 변화시킨다는 개념은 말할 것도 없이 논쟁거리이다(Decker, 1970). 그러나 1955년에 J.P. Decker는 빛을 끄자마자 상당한 양의 이산화탄소가 방출됨을 보고하였다(Decker, 1955)(그림 10-8). 이 실험에서는 담배 잎을 일정한 양의 이산화탄소가 공급되는 밀폐된 방에 넣었다. 광합성에 의해서 방의 이산화탄소가 감소하여 **이산화탄소 보상 농도**에 이를 때까지 잎을 조사하였다. 이산화탄소 보상 농도는 광합성에 의한 이산화탄소의 흡수와 호흡이나 다른 반응에 의한 이산화탄소의 방출이 같을 때 일어난다. 일단 이 지점에 도달하게 한 후 빛을 끄고 이어지는 암기간 동안에 이산화탄소의 농도의 변화를 조사하였다. 처음 2분 동안은 이산화탄소의 방출률이 컸지만 이후에는 암상태에서의 정상적인 속도로 서서히 감소하였다. 이 같은 갑작스런 광조사 후 방출(postillumination burst)은 빛이 소멸되었을 때 광합성

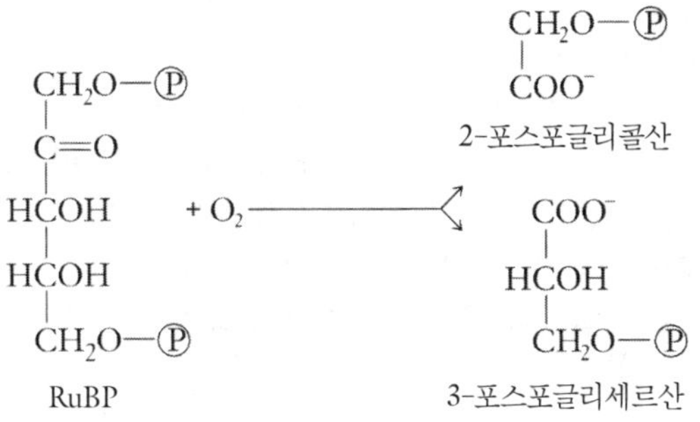

〈그림 10-9〉 RuBP 산소화 효소 반응

에 의한 이산화탄소 흡수보다 늦게 멈추게 되는 빛에 의존하는 이산화탄소의 방출, 즉 광호흡에 의한 것으로 해석되었다. Decker의 관찰은 광조사 후 방출 정도와 그 이전의 명기에서 광합성률에 영향을 미치는 여러 요인과의 관계를 규명하는 많은 연구의 촉진제가 되었다. 서로 다른 연구실에서 행해진 많은 실험으로부터 빛이 조사된 잎에서는 이산화탄소 방출 경로가 다르게 작동하는 것이 확인되었다.

RUBP 산소화 효소와 C_2 글리콜산 경로

1960년대에 광호흡의 실제적인 존재가 확립되는 동안, 2탄소 화합물인 글리콜산의 합성과 대사에 여러 연구자의 관심이 이끌리고 있었다. 점진적으로 글리콜산 대사가 광호흡과 연관이 있으며 이에 관여하는 효소가 퍼옥시솜, 미토콘드리아 및 엽록체에 있음이 드러났다. 광호흡에 의한 이산화탄소의 방출과 글리콜산 대사의 열쇠는 1971년 Bowes 등에 의해 처음으로 밝혀진 Rubisco의 양기능성 성질(bifunctional nature)에 있다. **카르복실 반응** 외에도 Rubisco는 또한 **산소화 효소**(oxygenase) 반응을 촉매하므로 리불로오스-1,5-이인산 카르복실라아제-옥시게나아제(ribulose-1,5-bisphosphate carboxylase-oxygenase)라는 명칭을 갖게 되었다. 한 분자의 산소가 추가되면 RuBP는 한 분자의 3-PGA와 한 분자의 포스포글리콜산(그림 10-9)으로 전환된다. 포스포글리콜산은 일련의 반응을 통해 대사되어 한 분자의 이산화탄소를 방출하고 남은 탄소는 PCR 회로에 의해 잔류하는 탄소의 회복에 사용된다(그림 10-10).

광합성 탄소 산화회로(PCO)로도 알려진 **2탄당 글리콜산 회로**는 RuBP가 3-PGA와 P-글리콜산으로 산화되면서 시작된다. 3-PGA는 PCR 회로의 다음 대사에 사용되지만 P-글리콜산은 엽록체에서 신속히 글리콜산으로 탈인산화된다. 글리콜산은 엽록체에서 방출되어 퍼옥시솜으로 확산 이동한다. 여기서 글리콜산은 글리옥실산과 과산화수소로 산화된다. 과산화수소는 카탈라아제에 의해 분해되고 글리옥실산은 아미노기 전이 반응에 의해 글리신을 형성하게 된다. 다음에 글리신은 미토콘드리아로 이동하며 여기서 2분자의 글리신(4 탄소)이 한 분자의 세린(3 탄소)과 한 분자의 이산화탄소로 전환된다. 따라서 글리신이 광호흡으로 나오는 이산화탄소의 직접적 배출원이 된다. 이어서 세린은 미토콘드리아를 떠나서 퍼옥시솜으로 돌아가며 여기서 아미노기 전이반응으로 아미노기가 떨어져 나와 히드록시피루브산이 되고 이것이 글리세르산이 된다. 마지막으로 글리세르산은 엽록체로 되돌아가서 인산화되어 3-PGA가 된다.

글리신이 세린으로 전환되는 동안 이산화탄소 형태로 탄소가 방출될 때 동량의 질소원이 암모니아 형태로 방출된다. 광호흡이 왕성하게 일어날 때 암모니아 방출

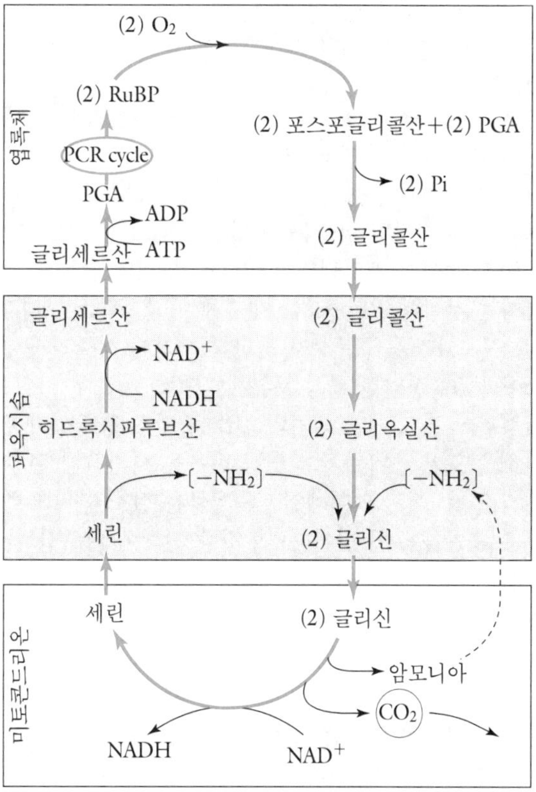

〈그림 10-10〉 광호흡적 글리콜산 회로

률이 질소 동화율보다 상당히 커지기도 한다(Lea et al., 1992). 그러나 이 질소원은 글루탐산 합성 회로의 효소들에 의해 엽록체에서 신속히 재동화되므로 유실되는 것은 아니다(6장).

C2 글리콜산 경로에는 최소한 세 개의 다른 세포 소기관에서의 광합성, 광호흡, 그리고 여러 가지 질소 대사의 복잡한 상호 작용이 관여한다. 그럼에도 불구하고 이를 지지하는 상당한 증거들이 있다. 대부분의 증거는 $^{14}CO_2$나 특정한 중간 산물, 혹은 $^{18}O_2$를 이용하며 여러 가지의 화학적 전환 과정을 추적한 동위 원소의 표지 연구 결과로부터 나왔다. PCR 회로에서처럼 C2 글리콜산 경로의 진행에 필요한 모든 효소의 존재가 실증되었다. 그러나 3가지 소기관간의 중간 대사 물질의 분포는 확실하게 확립되지 않았고 주로 효소의 위치에 의해서 추론되었다. 관련된 모든 세포내 소기관이 분리되어서 적절한 효소를 포함하고 있음이 증명되었다.

왜 광호흡인가?

21%의 산소를 가진 보통 대기 조건에서 해바라기 잎의 광호흡률은 총광합성률의 약 17%를 차지한다(Fock et al, 1974). 그러나 한 분자의 이산화탄소가 광호흡에 의해 방출되기 위해서는 두 분자의 산소가 요구된다(그림 10-10). 따라서 산소화 반응의 순반응 비율은 약 34%가 되어서 카르복실 반응과 산소 반응의 비는 약 3대 1이 된다. 이 실험적 값은 여러 종의 식물에서 순수 분리된 Rubisco의 밝혀진 특성을 이용하여 계산된 값과 거의 일치한다. 그러나 카르복실 반응과 산소 반응의 비는 두 가스가 Rubisco의 활성 부위에 결합할 때 서로 경쟁적인 관계에 있기 때문에 산소와 이산화탄소의 상대적 양에 따라 결정된다. 산소 농도가 감소함에 따라서 카르복실 반응의 상대적 수준은 산소가 없어서 광호흡이 전혀 일어나지 않을 때까지 증가한다. 반면에 산소가 상대적으로 증가하거나 이산화탄소가 감소하면 산소화 반응이 유리해진다. 온도가 올라가면 물에 대한 가스의 용해도가 감소하는데 산소가 이산화탄소보다 영향을 덜 받기 때문에 산소 반응이 촉진된다. 따라서 광호흡을 하는 식물에서 산소는 순이산화탄소 환원으로 측정되는 광합성을 억제하게 된다. 산소에 의한 광합성 감소는 1920년대에 Otto Warburg에 의해서 처음으로 알려졌지만 50년이 지나서야 Rubisco의 양성적 특성으로 제대로 설명되었다.

또한 광호흡과 글리콜산 경로에는 에너지가 소모된다. 산소와 반응 후의 글리콜산 경로에서 소모되는 ATP와 NAD(P)H 양은 PCR 회로에서 한 분자의 이산화탄소가 환원되는 데 사용되는 양과 거의 비슷한데도 오히려 탄소의 순손실이 생긴다. 외관상으로 에너지와 탄소 측면에서 광호흡은 경비가 많이 들고 비효율적인 과정으로 보인다. 그렇다면 식물은 왜 외관상 이 같은 낭비적인 과정에 빠져 있는 것일까?

여러 설들이 제안되었었지만 이 문제의 답은 쉽게 찾지 못했다. 그 중 하나는 Rubisco의 산소 반응이 불가피하다는 것이다. Rubisco는 대기에 이산화탄소는 다량으로 존재하지만 산소가 없을 때 진화하였다. 이 같은 조건에서 두 가스를 구분하지 못한다는 점이 생물의 생존에 커다란 문제가 되지는 않았을 것이다. 이산화탄소와 산소가 둘 다 동일한 활성 부위에 작용하고 또한 카르복실화 반응에서처럼 산소화 반응에서도 이산화탄소에 의한 활성화가 필요하다. 대기의 산소는 주로 광합성의 결과로 축적되기 시작한 것으로 믿어지고 있는데, 대기 중의 산소 농도가 증가해서 상당한 비율을 차지하게 된 때에는 이미 효소의 양성적 특성이 확립되어서 돌이킬 수 없게 되었다. 어떤 의미에서 C3 식물은 탄소 환원의 경쟁적인 억제 물질로 작용하는 산소를 생성함으로써 스스로 문제를 만들게 된 것이다. 이 같은 견해에 의하면 산소화 효소의 기능은 진화상의 잔존물로서 어떠한 쓸모 있는 역할도 하지 않는다. 반면에 광호흡에 의해 초래되는 비효율성이 외관상 심각하지는 않다. 선택압에 의해 산소 친화력이 낮은 형태의 Rubisco의 진화가 일어났다는 증거는 없다.

대부분의 산소화 반응이 진화상의 피할 수 없었던 결과라는 데는 동의하지만 많은 학자들은 식물이 이러한 진화상의 결점을 필수적이지는 않지만 유용한 대사 과정으로 사용하게 되었다고 주장한다. 예를 들어 글리콜산 경로는 확실히 청소군(scavenger) 기능을 한다. 회로가 두 번 돌면 산소 반응에 의해서 두 분자의 포스포글리콜산이 형성된다. 네 개의 탄소 원자 중에서 하나는 이산화탄소로 소실되고 세 개는 엽록체로 되돌아온다. 글리콜산 경로에 의해서 글리콜산 형태로 소실될 탄소의 75%가 회수된다. 이 같은 청소군 역할만으로도 복잡한 글리콜산 경로의 존재가 정당화될 수 있다(Canvin, 1990). 또한 세린이나 글리신 등의 일부 중간 산물이 다른 생합성 경로에 유용한 가능성도 제시되었지만 여전히 논쟁하에 있다.

일부 연구자들은 광호흡이 과다한 여기 에너지를 소산시켜야 하는 상황에서 필요한 일종의 안전 밸브로서의 기능을 한다고 보고 있다. 예를 들어 Osmond와 Björkman(1972)은 이산화탄소와 산소가 없는 조건에서 빛이 조사된 잎의 광합성능이 현저하게 감소함을 보여주었다. 그러나 광호흡이 일어날 정도로 충분한 양의 산소가 공급되면 잎의 손상은 방지될 수 있다. 외관상으로 광호흡에 의해서 생성된 이산화탄소가 전자 전달계를 계속적으로 작동하게 함으로써 광산화 피해로부터 식물을 보호하기에 충분한 것 같다. 이는 수분 스트레스에 의해서 기공이 닫히게 되어 이산화탄소 공급이 제한된 강한 빛 조건에서 생태적으로 상당히 중요한 의미를 갖는다.

문헌에서 종종 광호흡을 억제하거나 유전적으로 제거함으로써 작물의 생산성을 상당히 증가시킬 수 있을 것이라는 주장이 나타난다. 그 결과 글리콜산 경로를 억제하는 화학 물질이나 낮은 광호흡률을 보이는 품종의 선택적 육종에 상당한 노력이 기울어졌다. 또한 산소에 대해 상당히 낮은 친화력을 가진 Rubisco를 찾기 위해서 많은 식물이 조사되었다. 이 모든 노력은 성공적이지 못했는데 아마도 광호흡이 식물에 해롭고 비생산적이라는 기본 전제가 틀렸기 때문일 것이다. 분명히 광합성을 증가시키고 생산성을 향상시키기 위한 시도가 성공하기 위해서는 다른 방향의 접근이 필요하다. 예를 들어 광합성 세포에 이산화탄소를 농축하는 메커니즘이 광호흡적 손실을 억제하고 탄소 동화의 전체 효율을 증진시킬 수 있는 한 방법이 될 수 있다. 이것이 바로 다음의 두 절에서 다루게 될 C4 및 CAM 식물에 의해 달성된 방법이다.

C4 증후군

일부 식물에서 이산화탄소의 일차 편입은 4-탄소 화합물이 관여하는 추가적인 경로를 이용한다.

탄소를 독점적으로 PCR 혹은 캘빈 회로를 통하여 편입하는 식물을 $^{14}CO_2$가 편입되는 첫번째 산물이 3탄산인 PGA이기에 C3 식물이라 한다. C4 식물로 알려진 다른 식물군은 첫번째 산물이 4탄산인 **옥살로아세트산**(OAA)인 점에서 다르다. 이 같은 C4 식물은 C4 증후군(C4 syndrome)이라고 일컫는 해부학적, 생리학적 그리고 생화학적인 다양한 특성을 나타낸다. C4 식물의 잎에서의 가장 현저한 해부학적 특징은 두 개의 독립된 광합성 조직이 있다는 점이다(그림 10-11). C4 식물 잎에서 관다발은 서로 매우 밀접하게 붙어 있고 각 다발은 **유관속초**(bundle sheath)라는 빽빽히 층을 이룬 세포층으로 둘러싸여 있다. 관다발과 주변의 공기층 사이에 좀더 느슨하게 배열된 **엽육 세포**(mesophyll cell)가 존재한다. 엽육 세포와 유관속초 광합성 세포의 차이를 크란츠 구

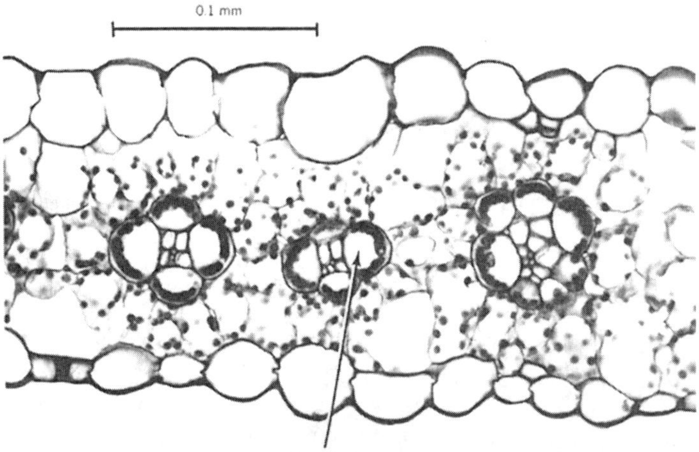

〈그림 10-11〉 C4 초본 식물의 잎
엽육 세포와 유관속초 세포의 배열을 보여주는 옥수수 잎의 횡단면. 유관속초 세포에 많은 엽록체가 있는 점에 유의하라.

조(Kranz anatomy)라 하는데 이 차이가 C4 증후군에서 주요 역할을 한다.

C4 식물에는 일반적으로 열대 혹은 아열대 지역에 사는 최소한 18과(3과는 단자엽, 15과는 쌍자엽)의 피자 식물에 걸쳐서 거의 1500여 종이 포함된다(Raghavendra and Das, 1978). 흥미롭게도 모두 C4 식물로만 구성된 과는 없고 18과 모두에 C3와 C4 식물이 같이 들어 있다. 이는 C4 회로가 피자 식물의 진화 과정에 있어서 다양한 분류군에서 서로 다른 시기에 비교적 최근에 나타났음을 의미한다. 강한 빛과 높은 온도(30~40℃)의 조건에서 C4 식물의 광합성률은 C3 식물보다 2~3배나 높다. 이들은 가뭄에 더 잘 견디도록 되어 있어 C3 식물에서는 기공이 닫혀서 이산화탄소 흡수가 제한되는 수분 스트레스 조건에서도 광합성을 활발하게 유지할 수 있다. 이 모든 특징은 C4 식물이 이산화탄소를 농축하는 능력을 가져 그 결과로 광호흡에 의한 이산화탄소 유실을 억제하는 결과를 보인다.

C4 증후군의 발견과 일반적 원리

C4 증후군의 발견은 H. P. Kortschack와 그의 동료들이 사탕수수에서 PCR 회로의 존재를 밝히려는 노력으로 시작되었다(Kortschack et al., 1965). 그전에 C3 식물에서도 4탄산이 축적되는 것이 보여졌지만 광합성이 어느 정도 진행된 이후에야만 일어났다. 대조적으로 Kortschack은 어떤 C4 산이 사탕수수에서는 아주 초기의 광합성 산물인 것을 발견하였고 당인산에 방사성이 나중에야 나타났다. 이 관찰은 M. D. Hatch와 C. R. Slack에 의해서 재확인되었으며 이들은 탄소가 먼저 C4 산으로 편입되는 회로상 메커니즘의 제안으로 확장되었다. 베타 카르복실(*β*-carboxyl) 탄소는 다음에 이산화탄소로서 PCR 회로에 옮겨진다(Hatch and Slack, 1966). 이 회로는 그 이후 많이 수정되어 〈그림 10-12〉에서 나타나 있는 보편적인 도표로 표시할 수 있다.

C4 회로의 열쇠는 이산화탄소가 아니라 중탄산염(bicarbonate)을 기질로 하여 **포스포엔올피루브산**(phosphoenol pyruvate, PEP)을 *β*-카르복실화(carboxylation)하는 효소인 **포스포엔올피루브산 카르복실라아제**(phosphoenol pyruvate carboxylase, PEPcase)이다. 또한 C4 식물은 엽육 세포와 유관속초 세포로 구성된 특화된 잎의 구조를 갖는다. 해부학적 구조는 다음 절에서 좀 더 깊이 다룰 것이다. PEPcase 반응 산물은 약간 불안

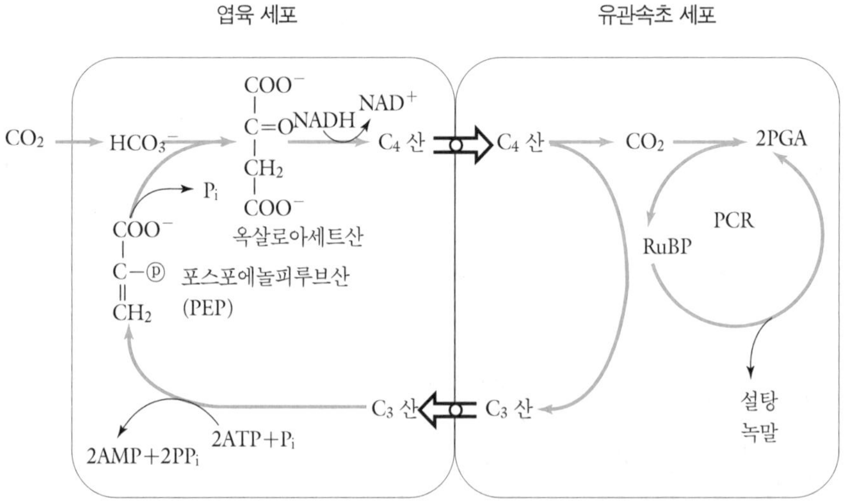

〈그림 10-12〉 일반적인 C4 광합성 탄소 동화 회로의 모식도

엽육세포 내에서 처음에 포스포에놀피루브산(PEP)이 옥살로아세트산(OAA)으로 카르복실화된 후 C4 산은 유관속초 세포로 이동하여 탈카르복실화된다. 그 결과로 생긴 C3 산은 엽육 세포로 되돌아가서 회로가 완결된다. 탈카르복실화 단계에서 방출된 CO_2는 유관속초 세포의 엽록체에서 PCR 회로에 의해 동화된다. C4 회로는 유관속초 세포에서 CO_2를 농축하여 광호흡을 억제하는 작용을 한다.

정한 옥살로아세트산(oxaloacetate, OAA)인데 신속하게 안정된 말산으로 환원되거나 아미노기 전이 반응으로 아스파르트산으로 바뀐 뒤, 엽육 세포에서 인접한 유관속초 세포로 수송된다. 유관속초 세포에서 산은 탈카르복실화 과정을 거치며 그 결과 생성된 이산화탄소가 유관속초 엽록체에 있는 PCR 회로에 의해 3탄당(triose sugar)의 환원에 이용된다. 탈카르복실화 후의 남은 피루브산이나 알라닌 형태의 C3산은 엽육 세포로 다시 수

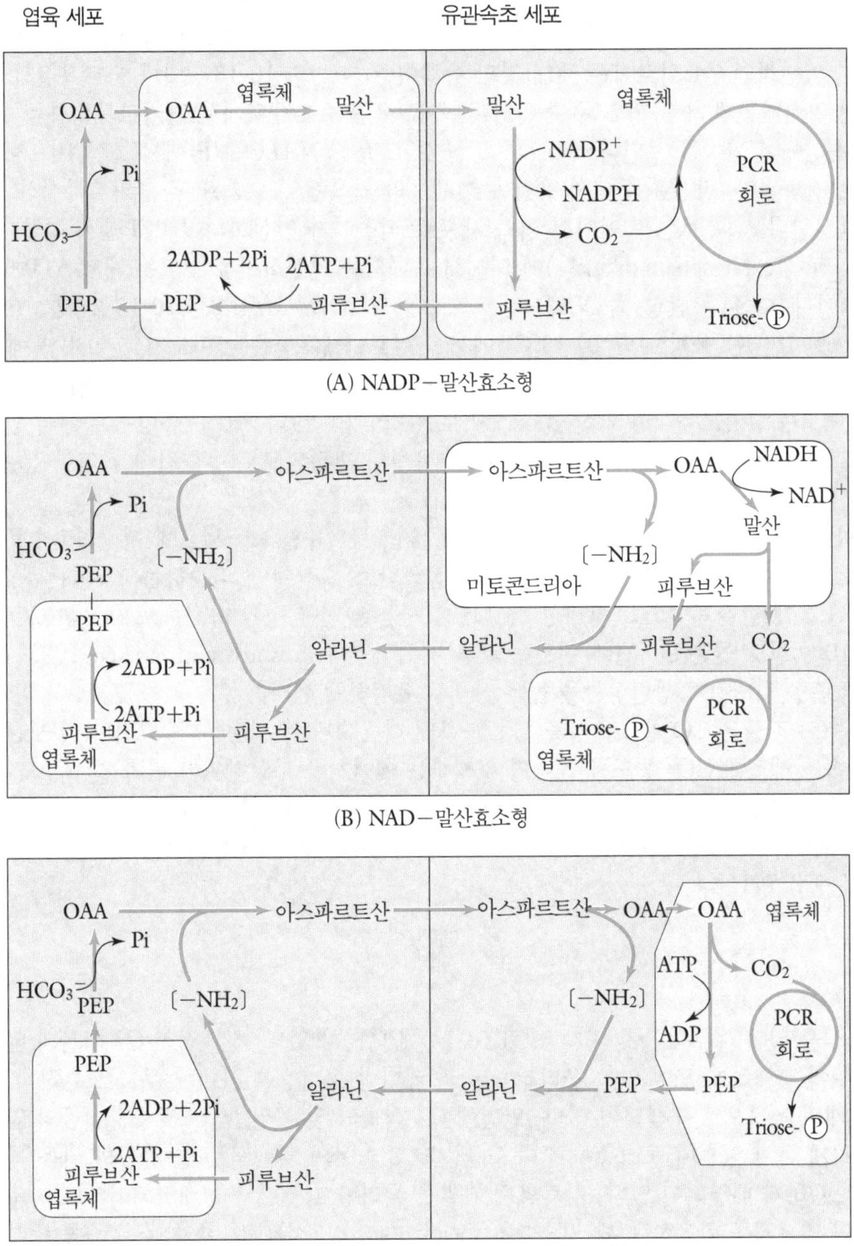

(A) NADP－말산효소형

(B) NAD－말산효소형

(C) 포스포엔올 피루브산 카르복시키나아제형

〈그림 10-13〉 3가지 유형의 C4 회로

주요 차이는 (A) 유관속초 세포로 이동되는 C4 산의 형태 차이; (B) 탈카르복실화 효소의 성질과 세포내 위치(세포질, 미토콘드리아 혹은 엽록체); (C) 엽육 세포로 되돌아오는 C3 산의 형태이다.

송된다. 여기서 알라닌은 피루브산으로 전환된다. 이 피루브산은 인산화되어 원래의 수용체인 PEP로 재생된다.

PCR 회로와 C4 대사는 여러 가지 유사한 점이 있다. Rubisco와 같이 PEPcase 카르복실화 반응은 궁극적으로 비가역적이므로 에너지 측면에서 아주 유리하다. 어느 한 지점에서 생성물을 제거하기 위해 환원 포텐셜이 필요하며 수용체인 PEP를 재생하여 반응을 계속 진행하기 위해서 ATP가 필요하다. 그러나 매우 중요한 차이점은 유관속초 세포에서 C4산이 탈탄산되어 원래 엽육 세포에서 고정된 이산화탄소를 내놓는다는 점이다. 이것은 C3 회로와 달리 C4 회로 자체만으로 어떠한 탄소 환원이 일어나지 않는 것을 의미한다. 식물은 3탄당 인산(triose phosphate)을 합성하기 위해 궁극적으로 유관속초 엽록체에 있는 PCR 회로의 작동에 의존해야 한다.

위에서 언급한 일반적인 C4 회로에는 세 가지의 유형이 있다(그림 10-13). 일차 카르복실화 반응은 엽육 세포의 세포질에서 일어나는데 세 유형 모두 동일하며, 주로 유관속초 세포에서 탈카르복실화를 매개하는 효소의 세포내 위치와 속성에서 차이를 보인다. *NADP-말산 효소 유형*(*NADP-ME*)에서(그림 10-13(A)) 옥살로아세트산은 말산으로 전환된다. 말산은 이어서 유관속초 세포의 엽록체로 수송된 후 탈카르복실화되어 피루브산과 이산화탄소를 생성한다. 피루브산은 이어서 엽육 세포로 되돌아가 인산화되어 PEP를 형성한다. 피루브산-인산 디키나아제(pyruvate, phosphate dikinase)에 의해서 촉매되는 인산화반응에는 두 개의 ATP가 필요하며 모든 유형에서 공통적이다. 다른 두 변형, 즉 *NAD-말산 효소 유형*(*NAD-ME*)(그림 10-13(B))과 *PEP-카르복시키나아제*(*carboxykinase*) (PCK) 유형(그림 10-13(C))에서 옥살로아세트산은 아미노기 전이 반응에 의해 아스파르트산으로 전환되어 유관속초 세포로 수송된다. PCK 유형에서 탈카르복실화는 역시 엽록체에서 일어나지만 NAD-ME 유형에서는 탈카르복실화 말산 효소가 미토콘드리아에 있다. 이 두 유형 모두에서 엽육 세포로 수송되는 C3 산은 알라닌이다. 한 속 내에서도 서로 다른 유형이 발견되므로 유형간에 커다란 분류학적인 차이는 없다.

유형에 상관없이 C4 회로의 주효과는 PCR 회로 효소가 있는 유관속초 세포에 이산화탄소를 농축시키는 것이다. 이산화탄소를 유기산 형태로 전달함으로써 이산화탄소 확산에만 의존하는 것보다 유관속초 세포내의 CO_2 농도를 훨씬 높게 만들 수 있다. 방사성 $^{14}CO_2$ 를 사용한 연구 결과 유관속초 세포의 CO_2 농도가 C3 식물에서보다 약 10배 정도 높은 60μM에 이르는 것을 제시하였다(Edwards and Walker, 1983). CO_2의 농도가 더 높아지면 광호흡을 억제하며 광합성률을 높은 상태로 유지하게 된다.

최적 조건에서 C4 작물은 CO_2를 C3 식물보다 2～3배 빠른 속도로 고정한다. 그러나 이 모든 생산성이 공짜는 아니다. 유관속초 세포에 CO_2 농도를 높이기 위해서는 에너지를 부담하여야 한다. 한 분자의 CO_2가 동화되기 위해서는 PEP를 재생하는데 두 분자의 ATP가 사용되어야 한다. 이는 PCR 회로에 필요로 하는 ATP와 NADPH 이외에 추가로 필요한 것이다. 따라서 C4 회로에서 이산화탄소 동화를 위한 순 에너지 요구량은 5몰의 ATP와 2몰의 NADPH이다.

크란츠(Kranz) 해부학적 구조

전형적인 C4 식물 잎의 해부적인 형태가 〈그림 10-11〉에 나타나 있다. 전형적인 C3 식물의 잎은 광합성 유조직 세포가 상층부에 밀접하게 모여 있는 울타리 조직과 커다란 공기층을 사이에 두고 느슨하게 배열된 해면 조직의 두 가지 별개의 조직으로 구성되어 있다. 반면에 C4 식물의 잎은 일반적으로 C3 식물의 잎보다 얇고 관다발이 서로 밀접하게 붙어 있으며 공기층이 작다. 게다가 C3 식물의 잎에서는 한 종류의 엽육 세포가 해면 조직 엽육 세포처럼 느슨하게 배열되어 있다. 각각의 관다발을 둘러싸고 조밀하게 배열되어 있으며 두꺼운 세포벽을 가진 데다 다수의 엽록체를 함유하는 세포들의 초(sheath)가 있다. 실제로 C4 식물은 종종 뚜렷한 암녹색의 엽맥으로 구분된다. 독일의 해부학자인 G. Harberlandt가 처음 발견한 이러한 유관속초 세포의 화관같은 구조로 인하여 이것을 **크란츠**(**화관**) **해부학적 구조**라고 한다.

C4 식물 잎의 해부학적 배열의 특징으로 엽육 세포에서 처음 카르복실화가 일어나는 장소로의 CO_2 확산 거리가 줄어든다. 세포질에 카르복실화 효소의 균일한 분포는 짧은 확산 이동 경로와 함께 보다 효율적으로 이산

화탄소를 포획하도록 한다. 게다가 모든 엽육 세포가 유관속초 세포에서 2~3개 세포 이상의 거리로 떨어져 있지 않기에 C4와 C3 산의 전달이 촉진된다. 유관속초 세포에서 엽록체 밀도가 큰 이유는 C4 시스템에 의해 발생한 고농도의 이산화탄소를 처리하는 데 필요하기 때문이다. 마지막으로 PCR 회로 세포가 관다발 조직과 밀접하게 병렬 배치를 하고 있어서 필요한 경우 광합성 산물인 설탕이 잎으로부터 신속하게 유출될 수 있다. 전체적으로 보아 C4 시스템의 효율성은 이 같은 형태학적 적응에 의해서 촉진되었다고 결론이 난다. 그러나 일부 C3 쌍자엽 식물도 비록 엽록체가 없거나 아주 적게 존재하지만 잘 발달된 유관속초 세포를 가지고 있다. 따라서 크란츠 해부 구조 자체만으로 C4 증후군이 나타날 수는 없다.

C4 증후군의 생태적 중요성

C4 식물은 그들만의 특이한 탄소 대사의 직접적 결과로 보이는 여러 가지의 생리적 특성을 나타낸다. 이 같은 생리적인 속성은 특정 조건들 하에서 광합성의 생산성을 증대시켜 생태적으로 중요한 결과를 가진다고 일반적으로 받아들여지고 있다.

C3 식물과는 달리 C4 식물의 광합성은 산소에 의해서 억제되지 않고 빛 조사 후의 이산화탄소 급방출을 보이지 않으면서 매우 낮은 CO_2 보상 농도〈표 10-1〉를 나타낸다. 이산화탄소 보상 농도는 광합성에 의한 이산화탄소 흡수율과 호흡에 의한 방출률이 일치할 때의 대기의 이산화탄소 농도를 말한다. (그림 10-8)에서 본 것처럼 밀폐된 환경에서 CO_2 보상 농도는 이산화탄소의 흡수와 방출이 평형 상태가 되어 안정된 CO_2 농도이다. C3 식물의 경우 그 값이 20~100 $\mu l\ l^{-1}$에 걸치는 반면에 C4 식물은 해당 값이 0~5 $\mu l\ l^{-1}$의 범위에 든다.

위의 관찰에 의거해서 C4 식물에서는 광호흡이 없거나 그 과정이 억제되었다고 결론을 내릴 수 있다. 그러나 비록 수수와 같은 일부 C4 식물에서 글리콜산 경로 활성이 매우 낮지만 대부분의 C4 식물은 광호흡을 지지할 수 있는 퍼옥시솜과 대사 기구를 가지고 있다. 여러 증거로 보아서 C4 식물도 광호흡을 하지만 훨씬 낮은 속도로 한다는 결론이 맞을 것 같다(Bidwell, 1983). 유관속초 세포에서 생성되는 고농도의 CO_2는 Rubisco에 결합할 때 O_2와의 경쟁에서 유리하게 되어 광호흡을 억제하게 된다. 게다가 C4 식물의 해부학적 및 생화학적 적응으로 유관속초 세포를 빠져나오는 CO_2가 잎에서부터 벗어나기도 전에 엽육 세포에서 PEPcase에 의해 포획되어 재동화된다. 따라서 C4 식물의 잎은 효율적인 이산화탄소 흡입자일 뿐만 아니라 잎에서 생성된 모든 이산화탄소를 효과적으로 포획하고 재순환시

〈표 10-1〉 C3와 C4 식물의 주요 특징 비교

	C3	C4
광호흡	유	무
CO_2 보상($\mu l\ CO_2\ l^{-1}$)	20−100	0−5
최적온도(℃)		
광합성	20−25	30−35
Rubisco	20−25	
PEPcase		30−35
온도에 따른 양자수율	감소	일정
증산비	500−1000	200−350
광포화점(μmol photons $m^{-2}s^{-1}$)	400−500	포화되지 않음

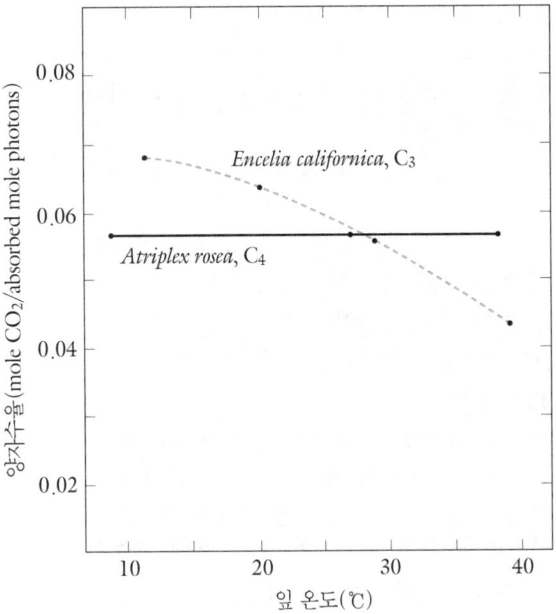

〈그림 10-14〉 C4와 C3 식물에서 잎의 온도 변화에 따른 CO_2 흡수율로 측정한 양자수율

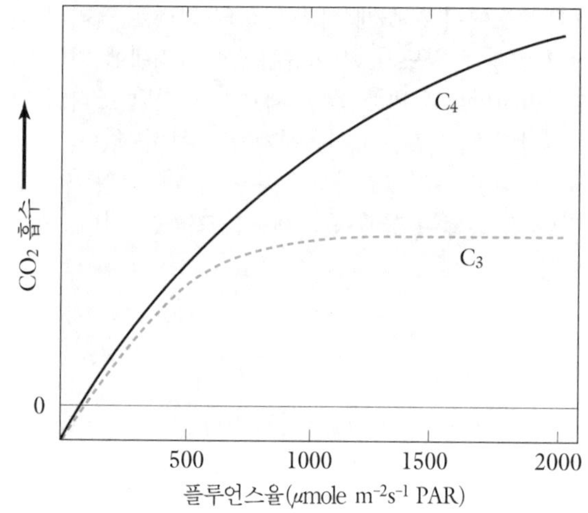

〈그림 10-15〉 전형적인 C3와 C4 식물의 플루언스율에 대한 CO_2 흡수의 반응 곡선

킨다.

광호흡이 사실상 결여되어 있는데다가 대부분의 C4 식물(30~45℃)은 C3 식물(20~25℃)보다 최적 온도가 높다. 이 같은 차이는 부분적으로는 일부 C4 회로 효소가 고온에서 안정성이 높기 때문이다. 예를 들어 PEPcase의 최대 활성은 Rubisco가 20~25℃인 것에 비해 30~35℃ 범위에서 나타난다. 그 결과 C3 식물의 광합성 *양자 효율*은 잎의 온도가 증가함에 따라서 감소하는 경향이 있지만 C4 식물은 기본적으로 일정한 상태를 유지한다(그림 10-14). C3 식물에서 양자 효율의 감소는 고온에서 Rubisco의 카르복실화 활성이 감소하기 때문이다. 이 같은 경향은 이산화탄소와 산소의 상대적인 용해도 변화에 의해 더 악화된다. 가스의 용해도는 온도가 증가함에 따라서 감소하지만 이산화탄소가 산소보다 더 크게 감소한다. 결과적으로 고온에서는 Rubisco와 산소와의 반응이 점차 증가된다.

C4 식물의 또 다른 흥미로운 특징은 이들이 저온에 민감하다는 점이다. 비록 일부 저온 저항성을 보이는 C4 식물이 있지만 대부분의 식물은 저온에서 설사 광합성을 한다 해도 형편없다. 예를 들어 옥수수의 경우 온도가 12~15℃ 이하인 조건에서는 자라지 않는다. 이 같은 저온에서의 생장 한계는 아마도 저온에 약하고 12℃ 이하에서 활성이 상당히 떨어지는 효소인 피루브산 인산 디키나아제(pyruvate, phosphate dikinase) 때문인 것으로 생각된다.

대부분의 상황에서 광합성은 이산화탄소와 물의 이용 여부에 의해서 제한된다. C3 식물에서는 약한 수분 스트레스하에서도 기공이 닫히게 되어 이용 가능한 CO_2 공급이 감소한다. 따라서 C4 식물의 낮은 이산화탄소 보상 농도는 낮은 CO_2의 농도에 높은 광합성률을 유지할 수 있는 것을 뜻한다. 따라서 C4 식물은 C3 식물보다 수분 스트레스 기간 동안에 물을 보호하기 위해 기공이 부분적으로 닫히게 할 때 유리하다. 이 같은 이점을 효과적으로 측정하는 방법은 증산비(TR; transpiration value)의 값이다. 증산비(TR)는 잎에서 기화 혹은 증산에 의한 물의 손실에 대한 이산화탄소 흡수 비율이다.

TR = 증발한 물의 몰 수/동화된 이산화탄소 몰 수

증산비의 역을 물이용 효율(water use efficiency)이라 하는데(비록 간혹 그 값이 실제는 증산비이지만) 종종 생태학 문헌에서 인용된다. C4 식물의 증산 비율은 전형적으로 200~350 사이에 있지만 C3 경우에는 종종 500~1000 사이에 있다. C4 식물의 낮은 증산비는 물을 효과적으로 보존하면서 광합성을 높게 유지하는 능력을 반영한다.

최적 조건하에서도 빛의 세기가 강한 태양광의 25% 정도에 광포화가 일어날 정도로 이산화탄소 공급의 부족에 의해 C3 식물의 광합성이 제한된다. 반면에 C4 식물에서는 태양광에 완전히 노출된 경우에도 광합성이 완전히 포화되지 않는다(그림 10-15). 그렇다고 해서 C4 광합성이 C3 광합성보다 반드시 효율적인 것은 아니다. 잎 온도가 30℃ 이하에서 C4 식물의 광자 효

〈표 10-2〉 C3와 C4 식물의 광합성의 양자수율에 미치는 온도의 영향

	양자수율(mol CO_2/mol quanta)		
	15℃	25℃	35℃
C3 식물			
밀	0.055	0.050	0.041
E. califonica	0.067	0.059	0.046
C4 식물			
옥수수	0.057	0.059	0.058
Atriplex rosea	0.054	0.054	0.054

율은 실제로 C3 식물보다 낮아서 C4 광합성이 더 비효율적이다(표 10-2, 그림 10-14). C4 식물의 낮은 광자 효율은 피루브산인산 디키나아제의 반응에 필요한 ATP를 충당하기 위한 추가적인 빛의 필요성을 반영한다(그림 10-12). 어떻게 C4 식물의 낮은 광합성 효율이 외관상 높은 생산성과 연결될 수 있을까? C4 식물은 원래 빛이 충분한 열대 혹은 아열대 지역 태생이라는 점을 상기하라. 이들은 C4 회로를 돌리고, 이산화탄소를 농축하며 순 탄소 동화율을 증가시키는 데 필요한 ATP를 생성하는데 넘치는 빛에너지의 일부를 이용할 수 있다.

비록 C4 식물이 모든 조건에서 그렇게 경쟁성이 있다고는 하지 못해도 — 일부 C3 식물의 생산성은 C4 식물과 대등하거나 혹은 그 이상이다 — 고온, 강광 및 저수분의 조합 조건에서는 C4 증후군이 명백한 이점을 가진다. 이 같은 이점은 정원을 가꾸는 사람이나 농부 모두를 괴롭히는 잘 번식하는 잡초의 대부분이 C4 식물이라는 관찰에서도 나타난다. 이러한 잡초들로 한여름의 덥고 건조한 기간에 득세하는 바랭이, 엉겅퀴, 비름 등을 들 수 있다. 사탕수수, 수수, 옥수수 그리고 기장 등이 포함된 생산성이 상대적으로 더 큰 작물도 C4군에 속한다.

크레슐산 대사

건조한 사막의 서식처에서 자라는 많은 식물은 밤에 다량의 이산화탄소를 저장한 후 나중에 낮 동안에 PCR 회로에 사용하기 위해 방출한다.

또 다른 이산화탄소 농축 메커니즘으로 처음에 *Crassulaceae*과에서 많이 연구되어서 그 이름이 붙게 된 **크레슐산 대사**(Crassulacean acid metabolism, CAM)가 있다. 이같이 특별한 유형의 광합성은 *Cactacea*와 *Euphorbiaceae*를 포함한 23과의 현화 식물, 1과의 양치류(Polypodiaceae), 그리고 원시적인 식물인 *Welwitschia*에서 나타난다. 그러나 C4 식물처럼 Crassulaceae와 Cactacea를 제외하고는 대부분의 과에서 모든 식물이 다 CAM 식물은 아니다. 대부분의 과에는 C3 식물도 있고 일부 과에서는 C3, C4 그리고 CAM 식물이 모두 존재한다.

CAM의 특이성은 뛰어난 수분 보존 능력이다. 따라서 이 경로를 사용하는 종은 매우 건조한 서식처에서 생존하도록 특별히 적응하고 있다. 이들은 모두 예외없이 다즙성 식물로서 잎(선인장의 경우 광합성 조직인 줄기)이 두껍고 육질이며 각 세포는 커다란 물로 채워진 액포를 함유하고 있다. 다즙성 이외에 CAM을 위해서 특별히 요구되는 형태학적 변형은 없는 것 같다. 그러나 다즙성이 CAM의 선결 조건으로 보이지만 모든 다즙 식물이 CAM을 보이는 것은 아니다.

CAM 식물의 가장 현저한 특징의 하나는 기공이 주로 밤에 열리고 낮에 닫히는 반대 사이클을 도는 점이다. 이는 이산화탄소 흡수가 주로 밤에 일어남을 뜻한다(그림 10-16). 게다가 CAM 식물은 밤에 말산이 축적되고 낮에 고갈되며 저장된 탄수화물 수준은 말산 변화와 역의 관계로 변동하는 특징을 지닌다(Kluge and Ting, 1978). 밤에 기공이 열리면 β-카르복실화가 일어나 커다랗고 물로 찬 액포에 저장되는 C4 산이 생성된다(그림 10-16). 유기산의 축적으로 인해서 이들 세포들은 밤에 현저히 산성화 상태를 띠게 된다. 산은 주간에 탈카르복실화되며 그 결과 생성된 이산화탄소가 PCR 회로에 의해 고정된다.

C4 식물에서와 같이 PEP 카르복실화 효소는 CAM 작동에 필수적이다. 첫번째 산물인 OAA는 빠르게 NAD 의존성 말산 탈수소효소에 의해 말산으로 환원되어 액포에 저장된다. 주간에는 말산이 액포에서 회수된 후 NAD-말산 효소(선인장과의 경우)에 의해서 탈카르복실화되고 이산화탄소는 엽록체로 확산되어 C3 PCR 회로에 의해 3탄당 인산(triose phosphate)으로 고정된다. 카르복실화에 필요한 막대한 양의 PEP는 해당 과정 효소에 의해 녹말이나 다른 저장 글루칸의 분해에서 생기는 것으로 보인다(12장). 탈카르복실화의 결과 생성된 피루브산 혹은 PEP와 같은 C3 산의 운명은 아직 확실하지 않지만 3탄당 인산으로 환원된 후 포도당 혹은 녹말로 전환될 가능성이 높다.

CAM이 C4 증후군의 한 변이인가?

CAM과 C4 식물은 다소 유사한 점을 보이지만 현저한 차이를 가진다.

CAM과 C4 식물은 둘 다 PEP와 중탄산염으로부터 C4 산을 생성하기 위해서 세포질 PEPcase를 사용하며 PCR 회로에 CO_2를 제공하기 위해 유기산이 탈카르복실화되기 때문에 서로 비교하지 않을 수 없다. 그러나 두 가지 중요한 서로 다른 점이 있다. 첫번째는 C4 회로는 C4 카르복실화와 C3 PCR 회로를 공간적으로 격리시키는 특수화된 해부 구조가 필요 하지만 CAM에서는 이 두 과정이 동일한 세포에서 일어나며 시간적으로 격리되어 있다는 점이다. 두번째는 CAM에서는 C4 식물에서와는 달리 탄소 중간 대사물만의 전용 회로가 있지 않고

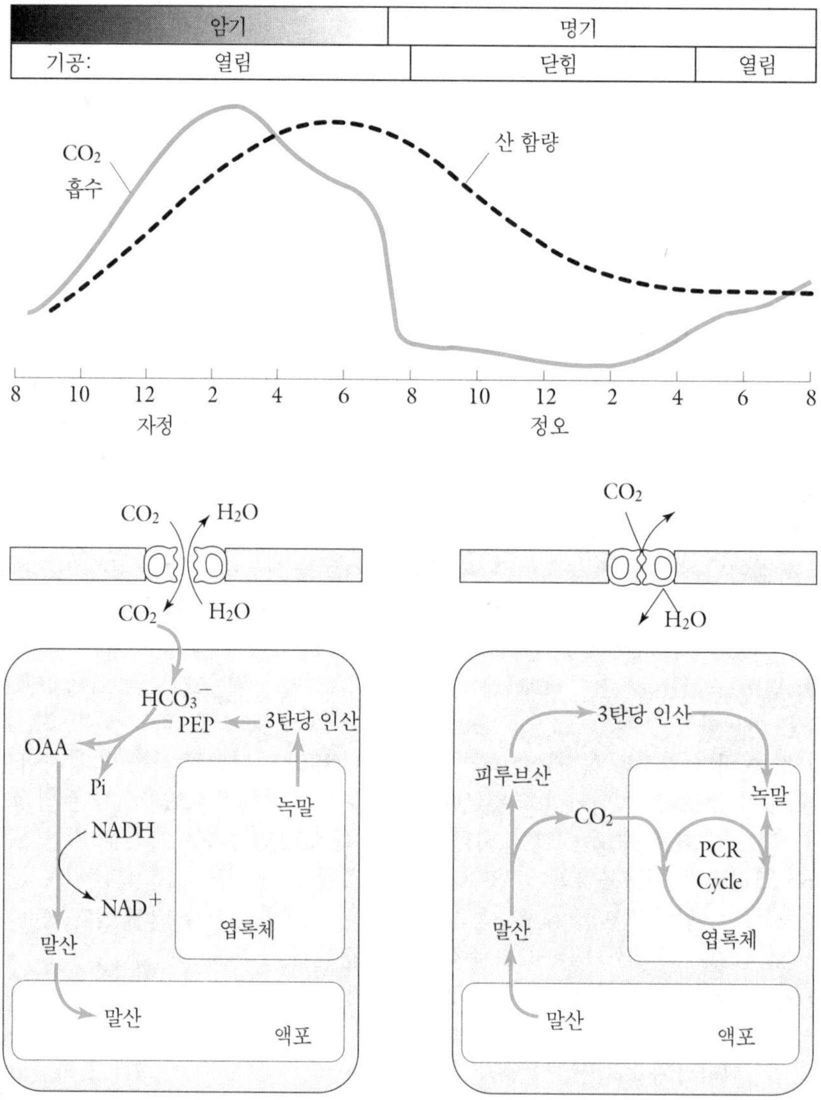

〈그림 10-16〉 크레슐산 대사의 개요

위: 24시간 주기의 기공 개폐, CO_2 흡수, 그리고 액포의 산 함량의 변화를 나타내는 곡선. 기공은 밤에 CO_2를 흡수하기 위해 열리고 낮에는 물을 보존하기 위해서 닫힌다. 아래 오른쪽: 낮에 기공이 닫혀 있을 때 저장된 CO_2가 방출되어 PCR회로를 통해서 동화된다.

대신에 카르복실화 반응에 기질로 필요한 PEP는 저장된 탄수화물에서 유도된다. 탈카르복실화의 C3 생성물은 저장용 탄수화물 재합성을 포함한 다양한 대사 경로에 의해서 처리된다. 따라서 반응은 시간이 지나야만 회로 형태가 된다(Bidwell, 1983). CAM은 원시적인 양치류뿐만 아니라 *Welwitschia*에서도 존재하지만 C4 회로는 오직 속씨 식물에서만 나타나므로 진화상으로 CAM이 C4보다 먼저 나온 것으로 보인다.

CAM의 생태적 중요성

CAM 식물은 물을 매우 효율적으로 이용할 수 있기 때문에 특히 건조한 서식처에 적합하다.

위에서 이미 언급했듯이 CAM은 유난히 건조한 지역에 탁월한 적응을 드러낸다. 많은 CAM 식물은 진정한 사막 식물로 이용 가능한 물이 거의 없는 얇은 모래 토양에 자란다. 야간에 기공이 열리므로 기화에 의한 수분 손실을 최소화되는 조건의 기간에 이산화탄소를 흡수할 수 있게 된다. 그런 후 수분 손실을 줄이기 위해 기공이 닫혀 있는 주간에 저장된 이산화탄소를 이용하여 광합성이 진행될 수 있다. 이 같은 해석은 CAM 식물의 증산비가 50에서 100으로 C4나 C3 식물보다 상당히 낮다는 사실로 뒷받침되고 있다. 그러나 지불해야 할 대가가 있다. CAM 식물에 의한 일일 탄소 동화율은 C3 식물의 약 반밖에 되지 않고 C4 식물의 1/3에 지나지 않는다. 적절한 수분이 유지되는 상황에서 CAM 식물은 더 느리게 자랄 것이다. 반면에 C3 식물에서는 광합성이 완전히 정지되고 C4 식물에서도 이산화탄소 흡수가 현저하게 억제되는 수분 스트레스 조건하에서도 CAM 식물에 의한 이산화탄소의 흡수는 계속될 것이다. 게다가 CAM 식물 호흡으로 방출된 이산화탄소를 붙잡아서 재동화할 수 있는 이점을 가져서 심한 가뭄이 오랜 기간 동안 지속되는 기간에도 탄소 소실을 막고 바람직한 건량을 유지하게 된다.

선인장과 같은 일부 종은 절대성(obligatory) CAM 식물이지만 다른 다즙 식물은 편의성(facultative) CAM 식물 특성을 보인다. Aizoaceae과에 속하는 다즙성의 일년생 얼음 식물(ice plant)인 *Mesembryanthemum crystallinum*이 많이 연구된 예이다. 물의 공급이 충분하면 *Mesembryanthemum*은 전형적인 C3 식물형으로 이산화탄소를 동화하여 밤에 이산화탄소를 거의 흡수하지 않아서 잎 세포의 산도가 일변동을 보이지 않는다. 수분 이용이 한정되거나 토양 염농도가 높을 때는 CAM 대사가 작동된다(Winter and Troughton, 1978). 비록 CAM에 의한 탄소 동화가 C3 광합성보다는 느리지만 높은 수분 이용 효율로 인해서 수분 스트레스 기간 동안에도 광합성을 계속하게 되고 생식적 발달을 완성하게 된다.

C4 광합성과 CAM의 조절

C4 광합성과 CAM의 한 가지 흥미있는 점은 효소 활성과 잠재적 경쟁 관계인 다른 대사 과정 간의 시간적 통합과 정확한 조절이 필요하다는 것이다.

C4 광합성과 CAM의 성공적인 작동을 위해서는 이미 논의한 PCR 회로 효소의 조절 이외에도 녹말과 PEP 사이의 상호 변환, 말산의 저장과 회수, CO_2에 대한 PEPcase와 Rubisco의 경쟁, 그리고 PEP 카르복실화의 시간적 작동 등에 대한 조절도 필요하다. 최근에 관심이 커진 PEPcase에 의한 일차적 카르복실화를 제외하고는 C4 광합성과 CAM의 조절에 대해서는 전반적으로 잘 알려져 있지 않다.

PEPcase는 사실상 모든 고등 식물의 세포질에서 발견되는 효소로서 여러 가지 중요한 대사 기능을 수행한다. 그러나 C4와 CAM 유형의 광합성을 하는 식물에서는 C3 혹은 비광합성 세포에서보다 고활성을 가진 동위 효소가 있다. 동위 효소는 동일한 반응을 수행하는 다른 종류의 효소이다. 동위 효소는 서로 다른 유전자에 부호화되어 있는 결과로 단백질 구조가 다르다. 비록 이들은 동일한 기질에 작용하지만 조직 혹은 기관 특이성을 보이기도 하며 다른 화학 물질이나 환경 요인에 의한 조절을 받는다. 다수의 생리 및 생화학적 결과를 고려해 보면, C4와 CAM 식물의 PEPcase는 빛과 어둠의 전이에 의해서 조절됨에 틀림없다. 예를 들어 C4 식물에서 유관속초 세포의 PCR 회로에 필요한 이산화탄소를 최대화하기 위해서는 PEPcase의 활성이 명기에서 높아야 한다. 비록 C4 광합성에서 소모되는 PEP는 유관속초의 엽록체에서 온 것이지만 해당 경로에서 중요한 중간 대사물이다. 해당은 호흡에서 첫 단계에 해당하는 세포질 대사 경로이다. 밤에 PEPcase의 활성이 높게 지속되면 PEP 이용이 조절되지 않아서 호흡대사가 심하게 손상받을 것이다. CAM의 경우 동일한 세포에서 일어나는 카르복실화와 탈카르복실화가 동시에 서로 경쟁하지 않게 하는 효율적인 작동이 명백히 필요하다. CAM에서 PEPcase의 활성은 대기 중의 이산화탄소를 이용할 수 있는 밤에 높아야만 하고 낮에는 말산에서 유래한 이산화탄소가 헛되이 재생되지 않도록 불활성화되어야 한다. Rubisco와 PCR 회로가 밤에 작동하지 않기 때문에 밤에는 이산화탄소에 대한 경쟁이 문제되지 않는다.

PEPcase 조절은 처음에 CAM에서 연구되기 시작하였으나 CAM뿐만 아니라 C4에서도 PEPcase의 활성이 빛과 어둠 조건에서 가역적인 활성화를 보이고 말산에 의해서는 억제되어 축적된 산물에 의해서 효소 활성이 억제되는 일종의 되먹임 억제 현상을 보인다(Jiao and Chollet, 1991). C4 식물의 경우 빛에서는 효소의 촉매 활성이 증가되면서 동시에 반응 산물인 말산에 의한 억제는 덜 민감해진다. 이 때문에 효소 활성이 CO_2 동화와 말산 생산이 필요한 유관속초 세포의 CO_2 농도를 증가하기 위해 빛 아래에서 5배나 증가된다. CAM의 경우 상황은 반대이다(Kluge et al., 1980). 암기 동안에 추출된 효소는 PEP에 대해서는 큰 친화력을 보이면서 말산에 의한 저해는 비교적 낮은 반응성을 보인다. 명기에 추출된 효소는 PEP에 대해 낮은 친화력을 보이는 반면에 민감하게 말산에 의해 억제된다.

CAM 식물인 *Bryophyllum*, *Kalanchoe* 등과 C4 식물인 옥수수와 수수를 이용한 최근 연구 결과에 의하면 PEPcase가 생화학적으로 보다 활성형인 인산화형과 그렇지 못한 형인 두 가지 유형으로 존재한다(Jiao and Chollet, 1991). 이 결과를 볼 때 PEPcase의 활성도는 빛에 민감한 단백질 키나아제(protein kinase)에 의해서 조절받는다고 할 수 있다. 단백질 키나아제에 의한 가역적인 활성화 증거가 생체외 실험과 생체내(*in vivo*) 실험을 통해서 얻어지고 있다. 이 반응은 ATP를 필요로 하는 반응으로 효소의 N 말단 근처에 있는 세린 잔기에서 인산화가 일어난다. 지금 단계에서는 어떻게 빛이 단백질 키나제를 활성화시키는지에 대하여서는 알려져 있지 않지만 광합성 전자 전달과 연관이 있다는 증거는 있다. 아마도 광인산화 반응이 효소의 인산화에 필요한 ATP를 제공하는 것으로 생각된다.

C4 식물에서는 단백질 키나아제가 빛에 의해 활성화되지만 CAM에서는 활성이 억제되는 역의 효과를 보인다는 점도 흥미롭다. 그러나 CAM 식물에서 빛과 어둠의 효과는 간접적인 것일 수 있다. *Bryophyllum*의 연구에서 CAM 생리와 말산에 의한 PEPcase의 억제가 내생적인 개일 리듬에 의해 조절받는 것으로 보였다(Nimmo et al., 1987). 그 메커니즘이 무엇이든지 간에 C4와 CAM 식물에서 C4와 C3 대사의 시간적 및 공간적 조율은 장차 흥미로운 진보가 예상되는 중요한 분야이다.

광합성 산물의 수출과 저장

PCR 회로 산물은 엽록체에서 녹말로 저장되거나 엽록체에서 세포질로 수출되어 설탕으로 전환된다.

광합성의 주 기능은 광합성 조직뿐만 아니라 식물 전체를 유지하고 생장하는 데 충분한 에너지와 탄소원을 공급하는 것이다. 낮에 광합성 산물인 광합성 산물(photoassimilate)의 일부는 설탕의 형태로 잎에서 다른 조직으로 수송되고 일부는 잎에 일시적으로 축적된다. 완두, 시금치, 담배와 같은 많은 식물은 여분의 광합성산물을 녹말의 형태로 엽록체에 저장하는 데 반해 밀, 보리 및 귀리와 같은 식물은 녹말을 거의 축적하지 않고 다량의 설탕을 액포에 일시적으로 저장한다. 설탕과 녹말은 나중에 이동하여 밤이나 광합성 산물이 부족한 시기에 호

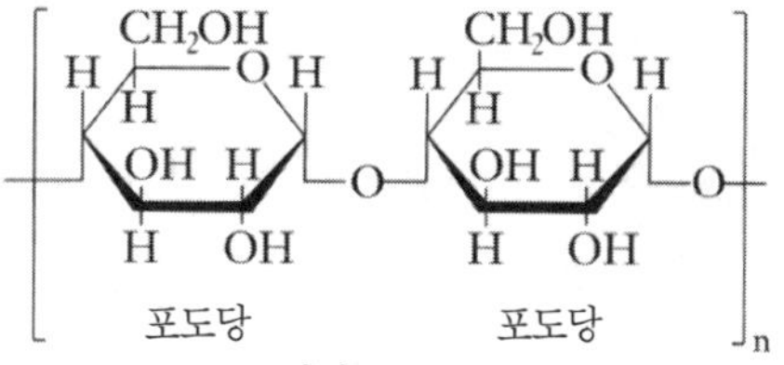

α–아밀로오스

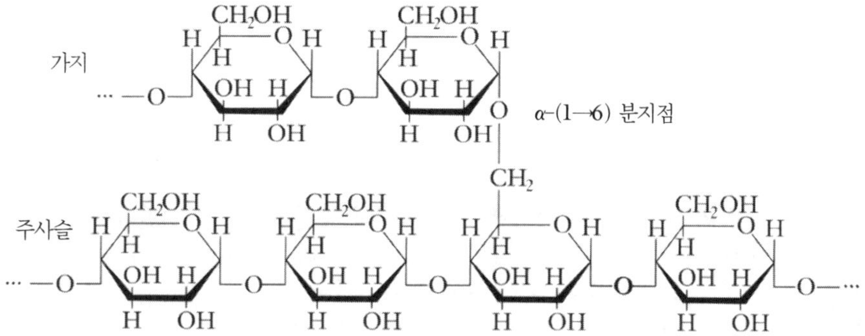

아밀로펙틴

〈그림 10-17〉 두 가지 형태의 녹말인 아밀로오스와 아밀로펙틴의 화학 구조
아밀로오스는 포도당이 (1→4) 연결된 긴 사슬이다. 아밀로펙틴은 다지형 중합체로서 (1→6) 분지점을 가지고 있는 포도당의 (1→4) 사슬이다.

흡과 기타 대사 요구에 사용된다. 잎에서 비광합성 조직으로 수출된 설탕은 바로 대사되거나 액포에 설탕 형태로 일시적으로 저장되거나 혹은 엽록체에서 장기간 저장시 녹말로 전환된다.

엽록체에서 녹말의 합성

고등 식물에서 주요 저장 탄수화물은 다당류인 녹말로서 두 가지 형태로 존재한다(그림 10-17). 아밀로오스(amylose)는 인접한 포도당이 1번과 4번 탄소 사이의 결합으로 연결된 선형의 중합체로써 α–(1,4)–글루칸이다. 아밀로펙틴(amylopectin)은 약 24~30개의 포도당 잔기마다 때때로 α–(1,6) 연결을 하여 분지형 분자가 생성되는 것을 제외하고는 아밀로오스와 유사하다. 아밀로펙틴은 동물의 주요 저장 탄수화물인 글리코겐과 매우 유사하다. 글리코겐은 10개의 포도당 잔기마다 α–(1,6) 연결을 하여 30여 개의 잔기마다 α–(1,6) 연결을 하는 아밀로펙틴보다 분지가 더 많이 되어 있다.

잎에서 녹말 합성의 장소는 엽록체이다. 커다란 녹말 덩어리는 C3 식물과 C4 식물의 유관속초 세포의 엽록체에서 전자 현미경을 통해 쉽게 볼 수 있다. 게다가 두 가지 주 관련 효소인 ADP 포도당 포스포릴라아제와 녹말 생성 효소(strach synthase)가 엽록체에 존재하는 것으로 밝혀졌다(Preiss, 1988). 엽록체에서 녹말 합성은 PCR 회로 중간 대사 산물인 과당–6–인산(furctose–6–phosphate, F6P)에서 시작된다. 6탄당–인산 이성질화효소(Hexose–phosphate isomerase, 식 10. 1)와 포스포글루코무타아제(phosphglucomutase, 식 10. 2)가 F6P를 포도당–1–인산으로 전환시키며 이는 ATP와 반응하여 ADP–포도당(식 10. 3)으로 전환된다. 〈식 10. 3〉은 ADP–포도당 피로포스포릴라제에 의해서 촉매된다. ADP–포도당도 포도당의 활성형으로서 녹말 합성의 직전 선구체이다.

$$\text{fructose-6-P} \rightleftharpoons \text{glucose-6-P} \quad (10.\ 1)$$

$$\text{glucose-6-P} \rightleftharpoons \text{glucose-1-P} \quad (10.\ 2)$$

$$\text{ATP} + \text{glucose-1-P} \rightleftharpoons \text{ADP-glucose} + \text{PP}_i \quad (10.\ 3)$$

$$PPi + H_2O \rightleftharpoons 2Pi \qquad (10.4)$$

마지막으로 녹말 생성 효소는 새로운 α-(1,4) 결합을 촉매하여 한 분자의 포도당을 추가하여 사슬이 길어지게 한다(식 10. 5).

$$ADPglucose + \alpha\text{-}(1 \rightarrow 4)\text{-}glucan \rightleftharpoons ADP + \alpha\text{-}(1 \rightarrow 4)\text{-}glucosyl\text{-}glucan \qquad (10.5)$$

α-(1,6)-분지성 연결은 Q 효소라고도 하는 분지 효소(branching enzyme)에 의해 촉매되어서 아밀로펙틴을 형성한다.

설탕 합성

설탕은 포도당과 과당기를 가지는 수용성 이당류이다. 식물의 생활에 중요한 역할을 하는 풍부한 자연산물일 뿐만 아니라 상업적 유용성에 있어서도 가장 요긴한 물품의 하나이다. 사탕수수나 사탕무에서처럼 특화된 저장 세포의 액포에 저장되듯이 설탕은 저장 산물로서의 역할을 하기도 한다. 다른 비광합성 조직으로 이동된 설탕은 물질 대사에 직접적으로 이용되거나 녹말로 전환된다. 설탕은 현재까지의 연구 결과로는 전류액(trans-location stream)에서 발견되는 가장 흔한 당이다(11장).

한 때 논란이 있었지만 세포 분획 및 효소의 세포내 위치 연구를 통해서 설탕 합성은 광합성 세포의 세포질에서만 독자적으로 일어난다는 것이 확인되었다. 분리된 엽록체에서 설탕 합성이 일어난다는 초기 연구 결과는 엽록체가 분획시에 세포질성 효소에 의해 오염되었기 때문이다. 게다가 설탕은 엽록체 내막을 투과할 수 없으므로 설사 엽록체 내부에서 합성된다고 하더라도 엽록체를 빠져나가 전류액으로 유입될 수 없을 것이다.

설탕 합성 경로에는 두 가지가 있다. 광합성 세포에서 설탕 합성의 주경로는 **설탕 인산 생성 효소**(sucrose phosphate synthase; SPS, 식 10. 6)와 **설탕 인산 포스파타아제**(sucrose phosphate phosphatase, 식 10. 7)에 의해서 일어난다.

$$UDPglucose + fructose\text{-}6\text{-}phosphate \rightleftharpoons UDP + sucrose\text{-}6^F\text{-}phosphate \qquad (10.6)$$
$$sucrose\text{-}6^F\text{-}phosphate + H_2O \rightleftharpoons sucrose + Pi \qquad (10.7)$$

여기서 위첨자 F는 인산이 과당의 6번 탄소에 있음을 나타낸다. 설탕-6-인산의 가수 분해로 나오는 에너지(약 12.5 kJ mol^{-1})는 사탕수수나 다른 설탕을 저장하는 식물에서 설탕이 고농도로 축적되는 데 일정 역할을 한다(11장 참조).

설탕을 합성 할 수 있는 또 다른 세포질 효소는 **설탕 생성 효소**(SS; sucrose synthase, 식 10. 8)이다.

$$UDPglucose + fructose \rightleftharpoons UDP + sucrose \qquad (10.8)$$

자유 에너지의 변화가 약 +4 $kJmol^{-1}$로서 이 반응은 자발적이지 않다. 대부분의 증거에 따르면 정상적인 조건에서 SS는 설탕이 분해되는 역반응으로 작용한다(식 10. 11 참조).

녹말 생합성과는 달리 설탕합성에서는 포도당이 ATP 대신에 우리딘3인산(uridine triphosphate, UTP)에 의해 활성화되는 것이 필요하다(식 10. 9).

$$UTP + glucose\text{-}1\text{-}phosphate \rightleftharpoons UDPglucose + PP_i \qquad (10.9)$$
$$PP_i + H_2O \rightleftharpoons 2P_i \qquad (10.10)$$

일부 조직에서 SPS가 ADP포도당을 사용할 수 있지만 UDP포도당이 확실히 선호되는 형태이다.

세포질에서 설탕 합성에 필요한 탄소는 엽록체 포막에 존재하는 무기인산 의존성(P_i) 수송체(transporter)를 통해 엽록체에서 빠져나간다. 이 무기인산(P_i)/3탄당 인산 수송체(triose phosphate transporter)는 Pi와 디히드록시아세톤 인산(dihydroxyacetone phosphate, DHAP) 형태의 3탄당 인산을 1 : 1로 교환한다. 세포질에서 들어오면 두 분자의 3탄당 인산(글리세르알데히드-3-인산과 DHAP)과 합쳐져서 과당-1,6-이인산(fructose-1,6-bisphosphate)으로 축합된다. 과당-1,6-이인산은 곧 세포질에서 엽록체에서처럼 담당 효소에 의해 포도당-1-인산으로 전환된다. 설탕 합성에서 생성된 무기인산의 일부는 UTP를 재생하는 데 이용되고 나머지는 3탄당 인산과 교환되어 엽록체로 다시 들어가게 된다.

잎에서 뿌리나 괴경 혹은 발달 중인 종자로 수송된 설탕은 거의 대부분이 녹말 형태로 저장된다. 설탕이 녹말로 전환되는 것은 일반적으로 설탕생성효소 반응의 역과정이 관여하는 것으로 생각된다.

$$\text{Sucrose} + \text{UDP} \rightleftharpoons \text{fructose} + \text{UDPglucose} \quad (10.\ 11)$$

ADP글루코오스가 녹말합성에 선호되는 형태이므로 UDP글루코오스가 아래와 같이 ADP글루코오스로 전환된다.

$$\text{UDPglucose} + \text{PP}_i \rightleftharpoons \text{UTP} + \text{glucose-1-phosphate} \quad (10.\ 12)$$

$$\text{glucose-1-phosphate} + \text{ATP} \rightleftharpoons \text{ADPglucose} + \text{PP}_i \quad (10.\ 13)$$

그 결과 생성된 ADP포도당은 녹말생효소에 의해서 녹말로 전환된다.

3탄당 인산의 운명—설탕 또는 녹말

녹말과 설탕 합성은 경쟁적인 과정으로서 모두가 PCR 회로에서 생성된 3탄당 인산의 전체 풀에 달려 있다. 녹말과 설탕 합성에 관련하여 재미있는 문제 중의 하나는 어떻게 3탄당 인산이 엽록체내의 녹말 합성과 세포질에서의 설탕 합성에 할당되는가 하는 방법이다.

전통적으로 탄수화물 대사가 상당량 공급원-수용부 관계에 의해 결정된다고 생각해왔다. 예를 들어 광합성이 활발하게 일어나는 잎은 공급원으로서 광합성 산물을 저장기관 혹은 발달 중인 꽃이나 과일 같이 동화 산물을 이용하는 수용부로 제공한다. 이러한 공급원과 수용부에 대한 개념은 11장에서 보다 더 자세히 다루게 될 것이다. 설탕과 녹말 사이의 관계에 있어서 수용부를 제거하여 광합성 산물 요구가 감소되면 잎에 종종 녹말이 축적되는 것을 관찰할 수 있었기에 녹말은 단순한 여분의 탄소에 지나지 않는다고 가정하게 되었다. 그러나 이제는 이 가정이 옳지 않다는 좋은 증거가 있다.

강낭콩에서 녹말의 축적은 광합성이 일어나는 시간의 길이와는 상관이 없다(Chatterton and Silvius, 1979). 7시간 광주기 식물은 14시간 광주기에서 자란 식물보다 광합성산물 생성 기간이 반임에도 불구하고 이들의 일당 광합성 산물의 더 많은 부분을 녹말로 전환시킨다. 따라서 잎에서 녹말의 축적 정도는 광합성에 의한 산물의 유입보다는 일상의 암주기에 필요한 에너지 양에 더 밀접하게 의존한다. 그러나 어떻게 식물이 이 같은 필요를 예측하는지에 대해서는 알려져 있지 않다. 그런데 많은 식물에서 녹말과 설탕 사이의 탄소의 분배가 다른 것은 수용부의 수용력이나 분리된 엽록체에서 보여주는 원래의 녹말을 형성하는 내생적인 능력과는 무관한 것으로 나타났다. 탄소 분배는 프로그램화된 과정으로서 단순한 공급원-수용부 관계 이상의 조절이 있음을 의미한다. 게다가 광합성 자체의 효율적인 작동을 유지시키기 위해서는 설탕 합성이 조절되어야 하는 게 필수적이다. 설탕 합성이 탄소 동화율보다 크면 세포질에서의 3탄당 인산에 대한 요구가 증가되고 PCR 회로의 중간 대사물이 고

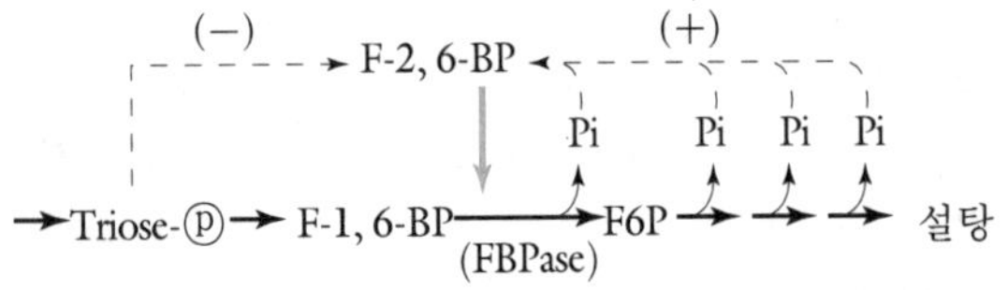

〈그림 10-18〉 설탕의 합성은 3탄당 인산과 무기인산의 비에 의해서 조절된다.
3탄당의 비가 낮을 때는 프룩토오스-2,6-이인산(F26BP) 합성이 유리해지며 이것에 의해 프룩토오스-1,6-비스포스파타아제(FBPase)의 활성이 억제되어 설탕의 합성이 감소된다. 높은 비율의 3탄당 인산은 F26BP 생성을 억제하여 효소 활성의 억제가 중단되어 설탕의 합성이 촉진된다.

갈되어 RuBP 재생을 위한 캘빈회로 효소들의 능력이 감소하고, 따라서 광합성이 심각하게 억제될 것이다.

설탕 인산 합성 효소(SPS)가 설탕 합성의 최대치를 결정하지만 세포질의 과당-1,6-이인산 포스파타제(furcotse-1,6-bisphosphate phosphatase, FBPase)가 설탕과 녹말 합성의 균형을 맞추는 데 더 중요한 역할을 한다. 과당-1,6-이 인산 → 과당-6-인산 + P_i 반응은 높은 발열 반응이기 때문에 설탕 합성 경로에서 전략적 부위이며 3탄당 인산이 설탕으로 전환되는 과정에서 첫번째로 볼 수 있는 비가역적인 단계이다. 따라서 설탕으로의 탄소흐름은 물의 흐름을 밸브의 개폐를 통해서 조절하는 것처럼 FBPase 활성도를 조절하여 쉽게 통제할 수 있다.

엽록체의 FBPase와 마찬가지로 세포질 FBPase도 빛에 의해서 조절되는 것으로 보인다. 사탕무 잎에서 그 활성도는 광주기가 끝날 무렵에 제일 높고 암주기가 끝날 무렵에 제일 낮다(Khayat et al., 1993). 엽록체 효소와는 달리 세포질성 효소의 활성화는 간접적인 것으로서 아직 그 메커니즘이 알려져 있지 않다. 그러나 세포질성 FBPase는 과당-2,6-이인산(fructose-2,6-bisphosphate, F26BP)에 의하여 매우 민감하게 억제된다. F26BP는 FBP의 유사체로서 기질로 작용하기보다는 조절 인자로 작용하므로 조절 대사 물질로 여겨진다. F26BP 수준은 F6P 농도와 세포질의 3탄당 인산/무기인산 비를 포함한 여러 가지의 상호적인 요인에 의해서 민감하게 변한다(그림 10-18). F26BP에 의한 설탕 합성의 조절은 빛의 세기가 약할 때와 같이 이산화탄소 동화율이 설탕 합성률보다 낮을 경우에 특히 타당하게 보인다. 광합성률이 감소함에 따라 3탄당 인산 함량 또한 감소한다. 낮은 3탄당 인산/무기인산 비는 F26BP 형성을 유리하게 하며 이는 FBPase를 억제하여 설탕 합성을 늦추게 한다. 이러한 작용은 엽록체에서의 3탄당 인산의 유출을 감소시키므로 PCR 회로 중간 대사 산물의 풀을 적정한 수준으로 유지하게 한다. 엽록체에서 3탄당 인산의 축적은 또한 ADP포도당 피로포스포릴라제의 활성을 촉진하여 녹말 형성을 유도한다(식 10. 3).

전형적으로 세포에서 설탕 수출은 빛이 있는 경우에 천천히 일어나서 F6P나 3탄당 인산과 같은 중간 대사물의 축적이 유발되며 녹말로의 할당 방향으로 바뀐다. 설탕에 대한 요구가 감소하면 설탕과 F6P와 같은 전구체가 잎에 축적된다. F6P는 또한 F26BP의 전구체이므로 억제제의 수준이 증가하게 되고 FBPase의 억제와 3탄당 인산의 축적이 일어난다. 인산화된 중간 산물의 축적은 또한 아마도 Pi 농도의 감소를 일으킨다. 3탄당 인산 축적과 Pi의 감소는 함께 엽록체에서 운반체를 통한 3탄당 인산의 수출 속도를 감소시킨다. 그 결과 엽록체에서 3탄당 인산의 축적과 무기인산의 감소가 일어나 녹말 합성이 촉진된다.

상세한 내용은 아직 밝혀져 있지 않지만 엽록체에서의 녹말 합성, 3탄당 인산의 유출과 세포질에서의 설탕합성은 섬세하게 균형을 이루고 있다. 이러한 균형은 여러 가지 효소의 정확한 조절 그리고 두 세포내 구획간의 친밀한 소통뿐만 아니라 3탄당 인산과 P_i 수준의 아주 적은 변화에 의해서도 조절된다.

제 11 장

광합성 산물의 전류(轉流)와 분배

앞의 두 장에서 어떻게 에너지가 탄소화합물 형태인 **광합성 산물**(photoassimilate)로 보존되는지에 대해서 살펴보았다. 날마다 동화된 탄소의 일부분은 잎에 보관되어 생장과 대사를 계속하기 위해 사용되지만 거의 대부분은 잎에서 비광합성 기관과 조직으로 수송되어서 거기서 직접 대사에 이용되거나 나중에 다시 꺼내어서 대사 과정에 이용하기 위하여 저장된다. 광합성 산물의 장거리 수송을 **전류**(translocation)라고 한다. 전류는 관다발 조직의 체관에서 일어난다. 체관 전류는 광합성 에너지와 탄소를 식물체 전체에 효율적으로 배분하는 기능을 하는 매우 중요한 과정이다. 체관 전류는 일차 생산성, 작물의 수확량, 그리고 제초제나 다른 인위적으로 첨가되는 화합물의 효능을 결정하는 데 중요한 역할을 하므로 농업적 측면에서도 중요하다.

이 장에서 주로 다루게 될 내용은 체관의 구조와 광합성 산물의 전류와 분배에 있어서 체관의 기능에 관한 것이다.

- 광합성 산물의 전류 경로가 체관임을 입증하는 근거와 체관을 통해 전류되는 물질의 속성
- 체관부 조직의 구조, 특히 체관의 구조와 조성의 여러 가지 특이한 점들
- 공급원-수용부 개념과 전류 과정에서 공급원과 수용부의 중요성
- 체관부 전류를 설명하는 압류설과 잎에서 광합성 산물이 체관으로 전류 유입되고 표적 기관에서 회수되는 과정들
- 여러 수용부 사이에서 광합성 산물의 배분을 조절하는 요인들
- 외부 첨가 농화학 물질의 적재와 전류

광합성 산물의 전류

체관부를 차단한 환상박피 실험, 체관부 용출액 분석, 그리고 방사성 동위 원소를 이용한 실험 등을 통하여 광합성 산물과 작은 유기 물질이 체관부를 경유하여 장거리 이동됨이 확인되었다.

식물에서 무기물과 유기물의 이동을 구분하기 위한 시도는 17세기 식물 해부학자인 M. Malpighi에서부터 시작되었다. Malphighi는 어린 줄기의 관다발 형성층에서 **환상 박피**(girdling)로 알려진 기술을 사용하여 체관부를 포함한 수피를 물관이 포함된 목질부와 따로 분리하여 제거하였다. 목질부의 물관은 온전하게 남아 있으므로 물과 무기물은 잎으로 계속 이동하여 식물은 한동안 생존할 수 있다. 그러나 환상 박피된 식물은 박피 바로 윗부위가 부풀어 오르는 특징을 나타내었다(그림 11-1).

오랜 기간 동안 이 실험을 반복하면서 그 방법이 개선되어 외형적으로 박피를 만들지 않고도 증기를 이용하거나 저온 처리를 하는 방법이 사용되었다. 특징적인 부풀림 현상은 체관부가 제거되거나 그 활동이 억제됨으

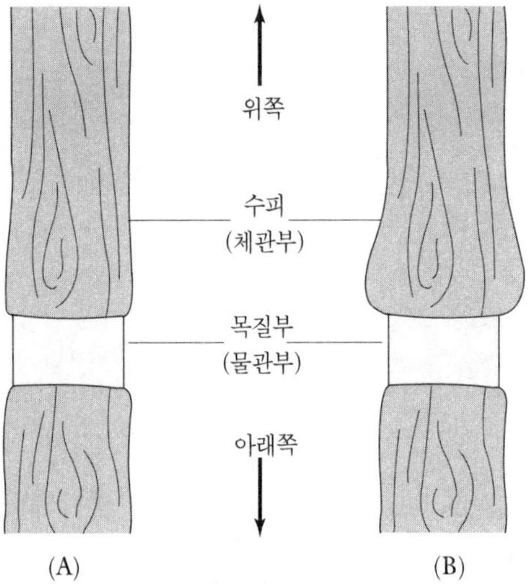

〈그림 11-1〉 목본성 줄기에서 환상 박피의 결과
(A) 관다발 부름켜에서 체관 조직(수피)을 물관 조직(목질 부위)과 분리하여 제거할 수 있다. (B) 박피는 영양물과 호르몬의 아래쪽으로의 이동을 방해하여 박피 바로 윗부분 조직의 확대가 일어난다.

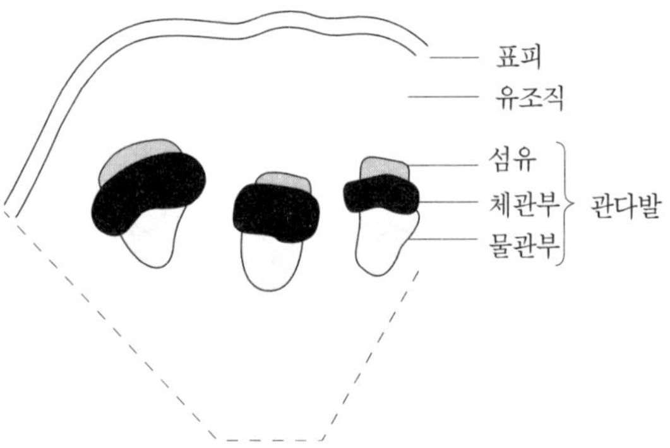

〈그림 11-2〉 $^{14}CO_2$ 존재하에서 10분 동안 광합성이 수행된 후에 사탕무 엽병의 체관에서 방사성(흑색) 분포

로써 광합성 산물이 아래쪽으로 이동되는 것이 차단되어 부분적 축적이 일어난 것에 기인한다. 이제는 우리가 알고 있듯이 하향류에는 질소물과 차단된 지점 윗부위의 증식과 확대에 관여하는 호르몬들도 포함되어 있다. 물론 궁극적으로는 근계가 영양 부족에 시달리게 되어 환상 박피된 식물은 죽게 된다.

체관부 용출액의 분석 결과는 광합성 산물이 체관부를 통해서 전류된다는 더 직접적인 증거를 제공한다. 불행히도 체관부 조직은 목부와 같이 쉽게 분석하기가 어렵다(3장에서 기술되었음). 이는 체관부에서 전류에 관여하는 구성원들이 물관이나 헛물관과는 달리 기능을 하는 살아 있는 세포이기 때문이다. 이들 세포는 높은 점도를 지니면서 대사가 왕성하게 일어나는 세포질 본래의 봉합 작용 때문에 물관과 같이 그 내용물을 쉽게 용출하지 않는다. 게다가 체관부에는 수송 과정에 직접적으로 관여하지 않지만 여러 유조직 세포가 포함되어 있어서 세포질의 내용물을 오인할 수 있다. 일부 초본성 식물의 줄기를 자르면 대부분 체관부에서 나온 용출물을 얻게 되지만 박과(*cucurbitaceae*)와 같은 일부 식물에서는 용출액이 산소와 접촉하자마자 젤로 굳어져서 용출액을 수집하고 분석하기가 용이하지 않다. 체관부 추출물의 고형화는 이 장의 후반부에서 더 자세히 논의될 특정한 체관부 단백질의 성질 때문에 일어난다. 이 같은 어려움에도 불구하고 많은 연구자들이 아주 작은 양의 시료만으로도 적용될 수 있는 분석 기술들의 개발에 도움을 받아서 체관 조직에 작은 상처를 내어서 얻게 된 체관부 용출액의 성분을 성공적으로 분석할 수 있었다.

다른 세포와 섞이지 않은 체관의 내용물을 얻기 위한 문제의 교묘한 해결책이 진딧물의 영양을 연구하는 곤충생리학자들에 의해서 제공되었다. 진딧물은 긴 주두(stylus)를 식물의 체관에 직접 꽂아서 양분을 섭취하는 여러 작은 곤충군에 속한다. 섭식 중인 진딧물을 이산화탄소로 마취시킨 후 주두를 면도날로 조심스럽게 절취하면 수일 동안 잘린 주두에서 체관부의 액이 계속하여 용출된다. 진딧물을 이용한 기술은 자연계에서 진딧물 섭식의 대상인 식물에 한정되어 있지만 다수의 초본성 식물과 일부 목본성 관목에서는 잘 적용한다. 이 기법의 주요 이점은 잘려진 진딧물의 주두가 다른 것과 섞이지 않은 체관액을 배출하므로 비록 그 양은 상대적으로 적지만 이 기법은 체관 수송 연구에서 매우 유용하게 되었다. 계속적인 체관부액의 용출은 나중에 논의될 체관부 수송 메커니즘과 관련하여 체관부액이 압력을 받고 있다는 것을 실증한다.

세번째의 증거는 방사성 동위 원소를 이용하는 것으로 주로 ^{14}C를 잎에 주입한 실험 결과이다. 대표적인 예로서 사탕무 잎의 잎자루를 통한 광합성 산물의 전류를 들 수 있다(Mortimer, 1965). 이 실험에서는 방사성 탄소원인 $^{14}CO_2$가 공급된 밀폐된 용기내에서 식물체에 달려 있는 잎들이 광합성을 수행하도록 하게 하였다. 10분 후 잎 바깥으로 수송되는 방사성을 띤 광합성 산물은 잎자루를 액체 질소에서 얼리게 함으로써 고정시켰다.

얼린 잎자루의 횡단면 조각을 만들어서 X-선 필름에 노출시킨다. 그 결과 X-선 필름, 즉 방사선 사진은 방사성을 띤 잎 바깥으로 수송되는 광합성 산물이 모두 체관부에 국한되어 있음을 보여준다(그림 11-2). 여러 종류의 초본성 및 목본성 식물에서도 유사한 실험이 수행되었고, 인이나 황과 같은 다른 방사성 동위 원소를 이용한 실험 결과도 광합성 산물과 다른 유기 화합물의 장거리 이동이 체관부 조직을 통해서 일어난다는 동일한 결론을 얻게 하였다. 그러나 제3장에서 이미 언급했듯이 여기에도 예외가 있어 저장된 당이 봄에 발달 중인 눈으로 전류될 때는 물관을 통해서 일어난다.

체관부 용출액의 조성

광합성 산물이 어떠한 형태로 전류되는 것일까? 이 질문에 대한 답은 체관부 용출액의 화학적 조성을 분석함으로써 얻을 수 있다. 체관부액은 진딧물의 주두를 이용하거나 어떤 식물의 경우에는 수피를 절단하여 채집할 수 있다. 물관에 닿지 않게 조심스럽게 절단을 하게 되면 체관으로 들어가서 비교적 순수한 체관부 용출액을 추후에 분석할 수 있게 매우 작은 미세 모세관에 모을 수 있다. 예측한 대로 체관부 용출액의 화학적 조성은 그 변이가 매우 심하여 종이나 나이 그리고 시료 조직의 생리적 조건에 따라서 좌우된다. 동일한 조건의 특정 시료에서도 시료마다 특정 구성 성분의 농도가 많이 바뀌기도 한다. 예를 들어 왕성하게 생장중인 피마자 줄기의 체관부 용출액을 분석(표 11-1)하면 당, 단백질, 아미노산, 유기산인 말산 그리고 다수의 무기 양이온과 음이온이 함유되어 있다. 아미노산의 주종은 글루탐산과 아스파탐산으로 이미 언급했듯이 질소 동화물의 대표적인 전류형이다(6장). 무기 음이온에는 인산염, 황산염, 염소 이온이 포함되며 질산염은 확실히 존재하지 않는 반면에 주된 양이온은 칼륨이다. 비록 〈표 11-1〉에 나타나 있지 않지만 옥신, 시토키닌 및 지베렐린과 같은 식물 호르몬도 매우 낮은 농도이지만 역시 검출된다. 물론 체관부 용출액에서 찾아낸 구성 성분의 다수는 예를 들면 무기이온처럼 세포의 세포질 구성원이기에 반드시 전류되는 동화 산물이라고 할 수 없다. 체관부 용출액에서 발견되는 단백질에는 다양한 종류의 효소와 전류 세포에만 특이하게 존재하는 **P-단백질**이 있는데, P-단백질에 대해서는 이 장의 말미에서 다시 논의할 것이다.

대부분의 식물에서 체관부 용출액의 주성분은 당이다. 피마자에서 건량의 80%를 차지하는 것은 설탕이다(표 11-1). 전류액에서 설탕이 이처럼 압도적으로 많다면 설탕이 전류되는 광합성 산물의 절대적인 형태라는 것을 강력하게 뒷받침하며, 방사성 표지 실험에 의하여 충분히 확인되었다. 앞서 언급한 사탕무의 잎자루에서의 전류를 예로 보면 $^{14}CO_2$로 10분간 반응에서 방사성 탄소의 90% 이상이 설탕의 형태로 회수되었다. 여기에도 예외는 있어서 호박과의 한 종에서는 아미노산인 질소 화합물이 양적으로는 더 중요하지만 특히 설탕과 다른 당 종류가 전류되는 탄소의 대부분을 차지한다. Zimmerman과 Ziegler(1975)는 100여 개의 쌍떡잎 식물에서 대략 500여 종을 조사하여 설탕이 체관부액의 가장 많은 형태의 당임을 확인하였다.

소수의 다른 과에서는 설탕 외에도 라피노오스(raffinose) 계열의 라피노오스, 스타키오스(Stachyose) 혹은 버바스코오스(verbascose)(그림 11-3)와 같은 올리고당들도 전류된다. 예를 들면 서양호박(*Cucurbita maxima*)의 마디사이 조직에서 발견되는 당의 약 46%가 스타키오스이다(Richardson et al., 1982). 게다가 물푸레과(*Oleaceae*)나 장미과(*Rosaceae*) 등의 다른 과에서는 만니톨이나 소비톨과 같은 당알코올 형태로 동화물의 일부가 전류한다(Zimmerman and Ziegler, 1975).

왜 설탕일까? 광합성 산물의 장거리 수송 물질로서 왜 설탕이 선호되는지에 대해서 생각해 보는 것도 관심

〈표 11-1〉 왕성하게 생장하는 아주까리의 줄기 체관 용출액의 화학적인 조성

유기물	$mg\,l^{-1}$
설탕	80−106
단백질	1.45−2.20
아미노산	5.2
말산	2.0−3.2
무기물	$meq\,l^{-1}$
음이온	20−30
양이온	74−138
총건량	100−125 $mg\,l^{-1}$

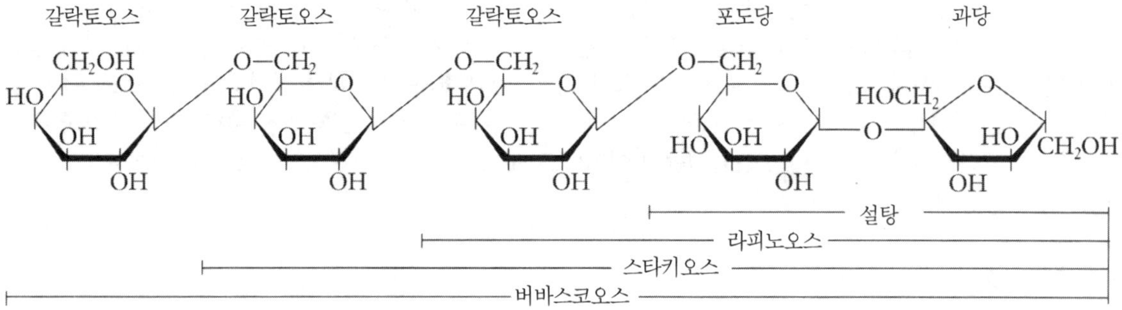

〈그림 11-3〉 라피노오스 계열의 당
라피노오스, 스타키오스, 버바스코오스는 각각 1, 2, 3개의 갈락토오스 단위가 추가된 것이다. 라피노오스 계열의 모든 당은 비환원당이다.

을 끌 만하다. 한 가능성으로 이당류인 설탕과 이와 유사한 올리고당이 비환원형 당이라는 것을 들 수 있다. 반면에 포도당과 과당을 포함하여 모든 단당류는 환원당이다. 환원당은 알카리 조건에서 Cu^{3+}를 Cu^{2+}로 환원시킬 수 있는 자유 알데히드기나 케톤기를 가지고 있다. 설탕과 같이 올리고당은 단당류가 서로 안정적이고 알카리 용액에서도 비활성적인 아세탈 형태로 결합(acetal link)되어 있기 때문에 비환원당이 된다. 광합성 산물의 전류에서 주로 비환원당을 사용하는 이유는 아마도 이 같은 화학적 안정성에서 기인하는 것으로 생각된다. 비환원당은 수송 도중에 다른 물질과 화학 반응을 일으킬 가능성이 적다. 환원당인 포도당과 과당은 실제로 체관부 용출액에 들어 있는 게 흔치 않다. 체관부 용출액에서 환원당이 발견되었다는 때때로의 보고는 아마도 설탕이나 올리고당의 가수 분해에 의해 쉽게 환원당이 생성되는 수송에 관여치 않는 체관부 세포로부터 오염된 것일 것이다.

두번째의 가능한 요인으로 설탕과 기타 라피노오스 계열의 특성이다. 포도당과 과당 간의 β-프럭토시드(fructoside) 결합이 가수 분해시 자유 에너지가 -31kJ mol^{-1}와 비교할 때 비교적 높은 -27kJ mol^{-1}의 자유 에너지를 갖고 있기 때문이다. 따라서 설탕은 작고 운동성이 매우 크면서도 상대적으로 안정된 에너지 화합물이기에 거의 대부분의 식물에서 전류되는 동화물의 주요 형태로서 '선택'된 것으로 보인다(Giaquinta, 1983).

체관부 조직의 구조

체관부 조직에서 수송의 주역할을 담당하는 부위는 살아 있는 고도로 변형된 원형질체를 가진 길게 나열된 세포들이다.

체관부 조직의 차별적인 특징은 **체관부 요소**(sieve element)라 부르는 수송 세포이다. **체관**(sieve tube)이라고도 하는 이 체관부 요소는 물관의 헛물관 요소와는 달리 **체관절**(sieve tube member)이라고 하는 각각의 세포가 서로 특정 끝 부분이 길게 연결되어 있다(그림 11-4). 물관의 헛물관 요소와는 달리 체관 요소는 단단한 세포벽이 없고 성숙한 기능적인 원형질을 가지고 있다. 체관 요소의 인접한 원형질체는 세포 벽면에 특별히 분화된 **체관 지역**(sieve area)과 벽을 통해서 연결되어 있다. 체관부면의 구멍은 비교적 크고 **체판**(sieve plate)이라고 알려진 특정 부위에 모여 있다(그림 11-5). 체판은 체관 구성원의 말단 벽에서 주로 발견되고 체관 구성원간의 원형질을 고도로 연결시킨다. 측벽에 위치한 체세포 지역에서도 추가로 벽공이 존재한다. 이들은 일반적으로 크기가 더 작고 특정한 부위에 모여 있지는 않다. 이러한 체관 영역은 체관부 요소가 측벽을 통해서 인접해 있는 원형질이 연결되도록 한다.

이미 언급했듯이 성숙한 체관부 요소는 활동성의 세포질을 갖고 있다. 그러나 체관부 요소가 성숙해지면 핵, 액포막, 리보솜, 골지체 및 미세 소관과 미세 섬유의 분해와 유실이 일어나는 일련의 점진적인 변화들을 거치게 된다. 완전히 성숙한 세포는 원형질막과 일부 변형된 소포체 및 미토콘드리아만을 갖게 된다. 세포질 구성분이 세포 내벽을 따라서 분포하여 마치 세포의 중간에 액포가 있는 것처럼 보이게 된다.

체관부 조직은 체관 요소 외에도 여러 종류의 유조직 세포를 갖고 있다. 이들은 일부 체관 요소와 매우 밀접하게 연관되어 있고 그 때문에 **반세포**(companion cell)라고 불린다. 반세포는 세포질과 세포내 소기관 전체를 빠짐없이 갖고 있다. 반세포는 체관 요소와 동일한 모세포에서 생겨나며 두 세포 사이에는 세포질이 연결되어 있다. 체관 요소와 반세포의 상호 의존성은 이들의 수명에서도 드러나 반세포는 체관 세포가 기능을 수행하는 동안만 살아 있게 된다. 체관 요소가 죽게 되면 그와 연관된 반세포도 같이 죽게 된다. 반세포는 체관 세포가 필요로 하는 대사적인 도움을 제공하는 것으로 믿어지며 아마도 설탕이나 다른 당을 체관 안으로 수송하는 데도 관여하는 것으로 생각된다(Gunning, 1976).

다른 체관부의 유조직 세포는 미세 구조 수준에서도 항상 쉽게 반세포와 구별되지는 않는다. 한 가지 예외로 보통 초본성 쌍떡잎 식물의 가는 엽맥에서 발견되는 어떤 체관의 유조직 세포는 세포벽 내부로 광범위하게 자라게 되어서 세포막의 표면적이 현저하게 증가하게 된다. 이러한 세포를 **전달 세포**(transfer cell)라고 하는데 이들의 정확한 기능은 아직 밝혀지지 않았지만 이름이 암시하듯이 인접한 엽육 세포에서 생성된 광합성 산물을 수집하고 전달하는 데 관여하는 것으로 생각된다. 이들은 또한 증산류에서 아포플라스트로 들어가는 용질의 순환에 관여하는 것으로 생각된다(Evert, 1990). 이러한 제안된 기능들은 커다란 원형질의 표면적이 전달 세포와 인접한 아포플라스트 간의 용질 교환을 촉진할 것이라는 가정에 주로 근거를 둔 이론적인 것이다.

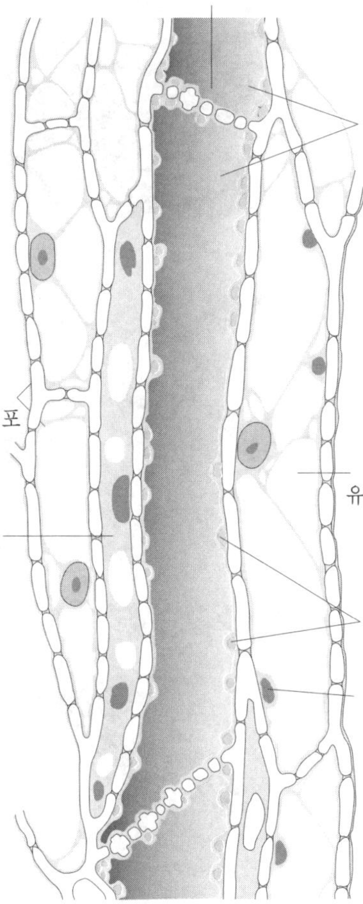

〈그림 11-4〉 담배 줄기의 체관 조직

P-단백질과 칼로오스

앞에서 언급한 대로 체관부 용출액은 상당한 양의 단백질을 함유하고 있다. 그 중 하나는 이제는 체관 단백질(P-단백질, 여기서 P는 체관을 의미함)이라고 불리는 것으로 광학 현미경하에서도 관찰할 수 있을 만큼 많은 양이 특이하게 체관 요소에 축적된다. 형태학자에 의해서 P-단백질이 처음 발견되었을 때는 탄수화물이라고 가정하여 점액질(slime)이라고 불렀고 체판 지역에서 관찰되는 축적물은 점액 마개라고 하였다. 1960년대에 이르러서야 세포 화학적 검사를 통해서 이 물질이 단백질의 성질을 가진 것이 밝혀져서 P-단백질이라는 이름을 상용하게 되었다(Cronshaw, 1975).

체관 요소 분화의 초기 단계에서 P-단백질은 낱개의 단백질체로 보인다. 체관 요소가 성숙되면 P-단백질체는 계속 커지게 되며 핵과 액포를 비롯한 다른 세포내 소기관이 사라지면서 P-단백질체가 세포질에 퍼지게 된다. 단풍과 같이 어떤 종에서는 P-단백질이 폭이 2~20nm에 이르는 느슨한 섬유망을 형성한다. 담배와 같이 어떤 식물에서는 섬유가 횡단면이 관상으로 보인다. 일부 콩과식물에서처럼 또 다른 종들에서 P-단백질은 결정 형태

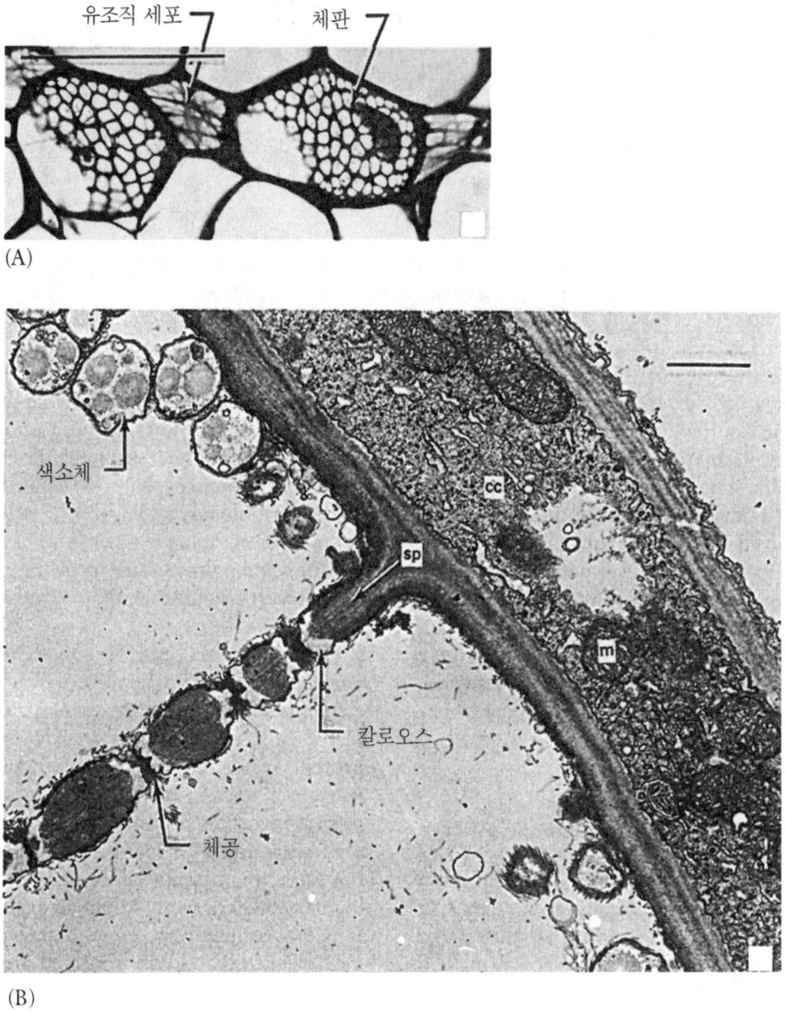

〈그림 11-5〉 전자 현미경으로 본 체판. (A) 표면부 (B) 길이 방향 절단면

의 조각 모양을 하고 있다.

체관 단백질에 대한 생화학적 연구는 1970년대 초기에 주로 호박 용출액을 이용하여 시작되었다. 그러나 체관부 용출액에는 P-단백질 외에도 다른 단백질이 포함되어 있으므로 이 결과의 해석에 조심하여야 한다. 전기영동(SDS-PAGE) 기술을 이용하여 분자량이 15에서 220 kDa에 달하는 여러 가지 종류의 폴리펩티드 소단위체가 학계에 보고되었다. 겉보기에 체관 단백질은 소단위체의 조성과 화학적 성질 측면에서 종간에 변화가 크다. 체관 단백질의 매우 흥미로운 특성은 이들이 겔을 형성할 수 있는 능력을 가지고 있다는 것이다. Walker와 Thaine(1971)은 분자간의 이황화 결합(-S-S-)을 방지하는 환원제인 2-머캡토에탄올에 의해서 겔형성이 억제되는 것을 알게 되었다. 환원제의 효과는 완전히 가역적이어서 2-머캡토에탄올을 제거하면 다시 겔의 형성이 진행된다. 이 같은 효과는 체관 용출액에 한 가지 단백질에 의해 생기게 된다. 아마도 이 단백질 때문에 호박에서 뽑은 것과 같은 어떤 체관부 용출액은 대기에 노출되면 빠르게 겔을 만드는 경향을 보이는 것을 설명할 수 있다. 체관부 단백질의 또 다른 흥미로운 특성은 탄수화물 결합 단백질 혹은 렉틴(lectin)으로 기능할 수 있는 능력이 있다는 점이다.

P-단백질은 체관부 요소에 많이 있고, 체판의 구멍에 마개로 작용하기 때문에 오랫동안 상당한 관심을 끄는

주제였다. 아직도 P-단백질과 다른 체관부 특이 단백질의 역할에 대해서는 확실히 알지 못한다. P-단백질은 여러 면에서 체관 요소의 수송 기능과 연루되어 있는 것처럼 보인다. 일부 이론에 의하면 P-단백질은 수송 경로에 직접적으로 참여하는 것으로 생각된다. 게다가 P-단백질이 체관부 요소에 존재하는 것 자체가 다른 이온들에 반대되는 논거가 된다. 일반적으로 *온전한 기능성 체관* 요소에서 P-단백질은 주로 체관 요소의 내벽을 따라서 위치하며 체판을 막지는 않는다는 게 정설이다.

체판이 마개로 덮히게 되는 것은 체관 요소가 상처를 입었을 때에만 일어난다. 이는 진딧물의 주두에서 용출액이 계속 흘러나오는 것으로 뒷받침되듯이 체관 요소가 보통 수압을 받고 있기 때문에 일어난다. 체관 요소의 손상 부위에서 압력이 줄게 되면 P-단백질을 포함한 내용물이 상처 부위로 급격히 모이게 된다. 그 결과로 아마도 겔형성을 유발하는 P-단백질의 특성으로 인한 P-단백질의 축적이 일어나서 점액성 물질이 체판면을 막게 되어 압력이 새지 않게 한다. 따라서 적어도 P-단백질의 기능의 한 가지는 보호용인 것으로 보인다. 손상이 일어난 체판 부위를 막음으로써 P-단백질은 체관부가 수압을 유지하고 불필요한 광동화물의 유실을 방지하는 데 도움이 된다.

체관 요소의 확연하지만 논쟁거리인 또 다른 특성은 **칼로오스**(callose)의 존재를 들 수 있다. β 1 → 3 글루칸인 칼로오스는 녹말이나 셀룰로오스와 유사한 화합물이다. 체판의 표면이나 인접한 세포간에 세포질이 서로 연결되는 벽공의 주변에는 소량의 칼로오스가 들어 있다(그림 11-5). 칼로오스의 기능에 대한 논란이 많은데 그 이유는 칼로오스가 수송을 방해할 정도로 벽공에 많이 축적된 것으로 종종 관찰되기 때문이다. 그러나 이처럼 칼로오스가 상처가 나면 수 초 이내에 매우 빠르게 합성되며 P-단백질처럼 체관부 영역에 축적되는 것이 알려졌다(Eschrich, 1975). 또한 오래되어 기능을 잃게 된 체판에 다량의 칼로오스가 모이는 것으로 보인다. 양쪽의 경우에 모두 칼로오스의 기능은 상처가 나거나 더 이상 기능을 하지 않는 체관 요소를 막음으로써 전류계를 온전하게 보존하는 것으로 보인다.

공급원과 수용부

체관부에서 장거리 수송의 방향은 주로 공급원과 수용부 사이의 관계에 의해서 결정된다.

공급원과 수용부 사이의 관계가 앞 장에서 간략히 소개되었다. 공급원 및 수용부의 개념이 체관을 통해서 광합성 산물이 전류되고 배분되는 방법을 이해하는 데 있어서 핵심이 되므로 이제 이 개념을 좀 더 철저하게 조사하고자 한다.

여러 기관이나 조직이 공급원이냐 혹은 수용부이냐는 순동화 산물의 수송 방향에 의해서 좌우된다(Ho, 1988; Dickson, 1991). 자신의 대사나 생장에 필요한 것보다 많은 동화물을 생산하는 조직이나 기관을 **공급원**(source)이라 한다. 공급원은 광합성 산물을 내보내거나 생산하는 양이 받아들이는 것보다 더 많다. 대부분의 식물에서 성숙한 잎이나 다른 왕성하게 광합성을 수행하는 조직이 주요 공급원이 된다. 반면에 **수용부**(sink)는 광합성 산물을 받아들이는 게 더 많은 소비 기관이다. 뿌리, 줄기 및 발달 중인 과일 등이 수용부로 작용하는 조직이나 기관의 예가 된다. *체관 수송의 기본 원리는 광합성 산물이 공급원에서 수용부로 수송된다는 점이다.* 수용부 기관은 광합성 산물을 호흡하여 세포질이나 세포의 구조를 만드는 데 이용하거나 녹말이나 또는 다른 탄수화물의 형태로 저장해 두기도 한다.

어떤 기관도 발달 기간 중에는 한때 수용부의 기능을 가지지만 공급원으로 전환되기도 한다. 잎이 그 좋은 예가 된다. 잎 발달의 초기 단계에는 이들의 왕성한 대사와 빠른 부피 신장을 지원하기 위해 더 오래 된 잎으로부터 광합성 산물을 받아들이는 수용부로 작용한다. 그러나 잎이 최대의 크기에 도달하여 생장률이 줄게 되면 자신의 대사 요구량이 감소하게 되고 점진적으로 공급원으로 바뀌게 된다. 이렇게 되면 성숙한 잎은 식물의 나머지 부위에 있는 수용부에 광합성 산물을 제공하는 공급원으로 작용하게 된다. 잎이 수용부에서 공급원으로 전환하는 것은 점진적인 과정으로서 잎의 점진적인 성숙과 함께 일어난다. 예를 들어 단엽(simple leaf)에서 잎의 성숙한 부위에서 광합성 산물을 내보낼 때 다른 부위는 여전히 발달 중이어서 수용부로서 기능한다. 마샬물푸레나무(*Fraxinus pennsylvanica*)나 쥐엄나무(*Gleditsia triacanthos*)와 같은 복엽(compound leaf)에서는 먼저 성숙한 기저 부위의 잎이 아직도 자라고 있는 말단 부위의 잎과 잎 바깥으로 광합성 산물을 내보내게 된다(Dickson, 1991).

체관 수송 메커니즘

당은 공급원과 수용부 사이의 수압 기울기를 따라서 체관에서 대량 전이(mass transfer)에 의해 수송된다.

체관을 통한 동화물의 장거리 수송의 메커니즘은 무엇일까? 종합적인 이론이 되려면 많은 요소가 감안되어야만 한다. 이에는 (a) 활동적인 세포질, P-단백질과 체판에 의해 야기되는 저항력 등을 포함하는 체관 요소의 구조; (b) 50~250 cm hr^{-1} 정도의 속도로 장거리를 빠르게 이동한다는 점; (c) 서로 다른 방향으로 동시에 일어나는 수송; (d) 엽육 세포에서 소엽맥 체관 요소 쪽으로의 광합성 산물의 최초 전달(**체관부 적재**(phloem loading)라 함); (e) 체관 요소에서부터 표적 세포로의 광합성 산물의 전달(**체관부 하적**(phloem unloading)이라 함) 등을 포함해야 한다. 체관부 적재와 하적에 대해서는 다음 절에서 다룰 것이다.

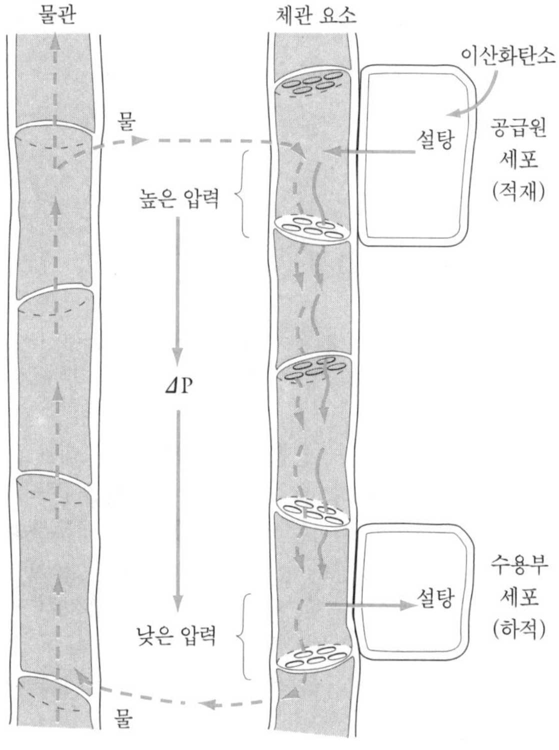

〈그림 11-6〉 압류설의 모식도

공급원 세포에서 이웃 체관 요소로 당이 적재되면 인접한 물관부에서 물이 삼투적으로 흡수된다. 물 흡수는 체관 요소의 수압(팽압)을 증가시킨다. 당이 수용부에서 하적되면 물은 물관부로 되돌아가서 수용부에서의 압력이 감소하게 된다. 이 같은 압력 차이로 인해 물이 공급원에서 수용부로 흐르게 된다. 당은 수동적으로 따라 수송된다.

동화물의 수송은 단순 확산, 세포질 유동, 체판 사이에서 작동하는 이온 펌프 그리고 세포간 원형질사(protoplasmic strand)의 수축 요소 등의 개념으로 설명되어 왔다. 그러나 이 모든 제안들 대부분은 이론과 실험적 바탕을 근거로 하여 배격되었다. (각 제안과 이와 관련된 문제점에 대해 알아보려면 R.F. Evert, 1982를 참조하라.)

체관 전류에 대한 가장 신빙성이 있고 일반적으로 받아들여지는 모델은 가장 초기의 제안들 중에 있었다. 원래는 1930년대에 E. Münch에 의해서 제안되었으나 다른 연구자들에 의해 수정된 압류설(pressure-flow hypothesis)은 가장 간단한 모델로 식물생리학자들 사이에 계속적으로 광범위한 지지를 받고 있다. 압류설은 공급원에서 수용부로 수압기울기를 따라서 용질이 대량으로 전달된다는 데 근간을 둔다(그림 11-6). 체관부에서 용질의 수송은 증산류에서의 물의 이동 및 지속적인 물의 순환과 매우 밀접하게 연관되어 있다.

동화물의 전류는 당이 공급원에서 체관 요소로 적재되는 것으로부터 시작된다. 전형적으로 적재는 광합성을 하는 엽육 세포 혹은 유관속초 세포에 인접한 미세엽맥에서 일어난다. 체관 요소에서 용질 농도가 증가되면 수분 퍼텐셜이 낮아져서 인접한 목부로부터 삼투적으로 물의 흡수가 수반된다. 그 결과 공급원 쪽의 체관 요소에 더 높은 수압 혹은 팽압이 형성된다. 동시에 뿌리나 줄기의 저장 세포와 같은 수용부 쪽에서 당의 하적이 일어난다. 수용부 쪽의 수압은 물이 체관 요소를 빠져나가 목부로 되돌아가므로 낮아지게 된다. 동화물이 공급원에서 적재되고 수용부에서 하적되는 현상이 계속되는 한 이 압력 차이는 유지될 것이며 물은 공급원에서부터 유입되고 수용부로 계속 이동되어서 동화물은 수동적으로 동반 수송될 것이다.

압류설에 따르면 체관부에서 용질의 전류는 근본적으로 수동적인 과정이다. 즉, 용질의 전류를 위한 대사 에너지의 직접적인 투입을 필요로 하지 않는다. 그러나 오랜 동안 동화물의 전류가 대사 억제제, 온도 및 다른 조건에 민감하게 영향을 받는다는 것이 관찰되었는데, 이는 대사 에너지가 요구됨을 제시하는 것이다. 그러나 최근에 체관 요소내에서 동화물의 실제 이동에 필요한 에너지와 공급원에서부터 수용부로의 전류에 필요한 총 필요 에너지를 구분할 수 있는 실험이 고안되었다. 그 결과는 명백하여 저온이나 대사 억제제의 효과는 일시적이거나 P-단백질의 변경을 초래하여 체판에 마개를 형성한다. 따라서 체관 요소에서 필요한 에너지는 극소량이고 압류설의 수동적인 특성에 부합된다. 초기의 전류 실험에서 암시된 에너지의 필요성은 의심할 바 없이 체관 요소의 적재와 하적에서의 요구 때문이었다.

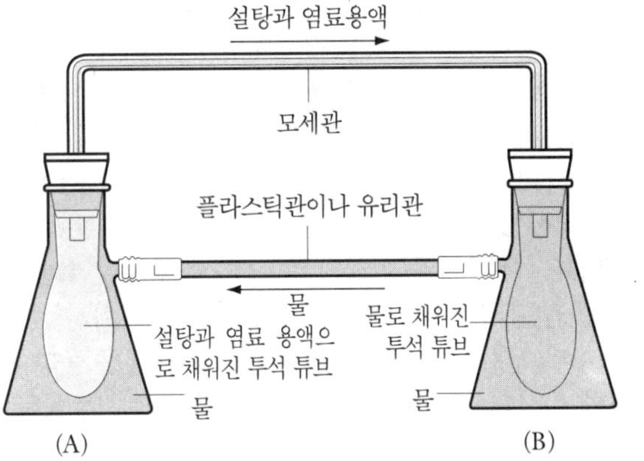

〈그림 11-7〉 체관 전류를 설명하는 압류설의 물리적인 모델
두 개의 삼투계를 가지 삼각 플라스크와 투석 튜브를 이용하여 만든다. 삼투계 A(공급원)에는 시작시에 농축된 설탕과 염색액이 함유되어 있고 삼투계 B(수용부)에는 단지 물로만 채워져 있다. 두 삼투계는 모세관(체관)으로 연결되어 있다. 물은 삼투에 의해서 삼투계 A로 유입되어 삼투계 B의 물을 밀어내는 정수압을 생성한다. 물은 가지 삼각 플라스크를 연결하는 체관인 튜브를 통해서 되돌아온다. 두 계 사이의 물의 이동 결과 공급원의 설탕과 염색액이 모세관을 따라 삼투계 A에서 B로 이동한다. 모델에 의하면 이 계는 평형에 도달하여 두 삼투계 사이의 설탕 농도가 같아지면 물의 흐름이 정지된다. 식물에서는 설탕이 계속적으로 공급원(A)에 첨가되고 수용부(B)에서 제거되므로 이동이 유도된다.

압류설의 기본 원리는 실험실에서 두 개의 삼투압 측정기를 연결함으로써 쉽게 실연할 수 있지만(그림 11-7) 간단한 물리적인 실연만으로 그 가설이 증명되는 것은 아니다. 이의 증명을 위해서는 많은 질문에 대한 대답이 충족되어야만 한다. 첫째로 체관이 압력을 받고 있는가? 절단된 진딧물의 주두에서 체관부 액이 장기간 용출되는 것을 보면 분명히 압력을 받고 있다고 할 수 있다. 용출액의 총 함량은 각 체관의 함량보다 수천 배를 초과하기도 한다. 비록 장기간 동안 많은 시도가 이루어졌지만 각각의 체관 요소의 팽압을 측정하기는 쉽지 않다. 팽압은 체관의 수분 퍼텐셜과 삼투 퍼텐셜의 차이로 계산하거나(2장의 식 2.10) 혹은 미세 압력기를 체관부 조직에 삽입하여 측정할 수 있다. J. Wright와 D. B. Fisher는 버드나무 묘목에서 절단된 진딧물의 주두를 유리 모세관에 붙임으로써 팽압을 측정할 수 있었다(Wright and Fisher, 1980). 압력은 모세관내에서 시료에 의한 압축시와 대조구의 공기에 대한 눈금의 비율로 계산하였다. 문헌에 보고된 값은 사용한 방법, 식물 재료, 실험이 진행된 시각, 그리고 대상 식물의 생리적인 상태에 따라서 변이가 심하다. 계산치나 측정치에 상관없이 보통 그 값은 0.1에서 2.5 MPa 사이였다.

두번째로 제기해야 할 문제는 당 농도의 차이와 체관에서 팽압의 감소가 실제로 측정된 수송 속도를 설명하기에 충분한가 하는 점이다. 물론 당의 농도는 광합성률과 식물의 일반적 생리 상태에 따라서 매우 가변적이다. 그러나 대부분 연구의 결과로 공급원 근처에서 취한 체관부 용출액의 당의 농도가 수용부 근처에서보다 높다고 확인되었다. Hagen-Poiseuille 식(3장 식 3. 3)을 사용하여 반경이 12μm인 체관을 통하여 10% 설탕 용액이 100 cm hr^{-1} 속도로 이동하기 위해서는 0.06 MPa m^{-1}의 압력 감소가 필요한 것으로 계산되었다(Weatherly and Johnson, 1968). 이 계산을 할 때 체관에 의해 생기는 저항력은 (a) 체판의 구멍의 총 표면적이 체판 표면적의 1/2에 해당하고, (b) 체관에는 cm당 60개의 체판이 있고, (c) 체판 구멍이 막혀 있지 않다는 것을 가정하여 감안되었다. 공급원에서 체관의 팽압이 보통 1.0에서 1.5 MPa이고 수용부에서는 0이라고 가정하면 0.06 MPa m^{-1} 정도의 팽압의 감소는 체판을 통해 용질을 15∼25 m 정도 이동시키기에 충분하다(Tyree et al.,

1974). D. B. Fisher는 강낭콩에서 압력의 감소와 용질의 흐름 속도를 비교하여 공급원인 잎자루에서 수용부인 뿌리까지 160 cm 거리를 18 cm hr^{-1} 속도로 동화물이 이동함을 발견하였다. Fisher는 Hagen-Poiseuille의 식을 이용하여 체판이 완전히 열려 있어도 이 속도에 도달하려면 0.2 MPa의 압력 감소가 필요하다고 계산하였다. 그 후 그는 공급원과 수용부에서 설탕 농도를 측정하였더니 실제적인 압력의 감소가 0.44 MPa로써, 이 값은 요구되는 압력의 2배인 것으로 계산되었다. 0.44 MPa의 압력 감소로는 체판의 구멍이 70~75% 정도만 열려 있는 조건에서도 48 cm hr^{-1} 의 속도를 내기에 충분하다.

압류설에서 자주 언급되는 또 다른 문제는 수송의 양방향성이다. 동화물의 전류가 양방향으로 동시에 일어난다는 점은 얼핏 생각하기에 압류설과 불일치하는 것으로 보이겠지만 이 현상은 실제로 일어난다. 양방향 수송은 무엇보다도 논리적으로도 필요하다. 예를 들면, 어느 한 순간에서 식물은 동일한 공급원에 의하여 지원받는 하나 이상의 수용부를 가질 가능성이 있는데, 이런 것으로는 물질 대사와 저장을 위한 뿌리, 그리고 발달중인 정단 분열 조직이거나 혹은 꽃 등이 있다. 또한 방사성 탄소나 인이 동일한 마디사이나 잎자루에서 동시에 반대 방향으로 이동하는 것을 실험적으로 재연하기는 쉬운 일이 아니다. 이러한 관찰은 쉽게 독립적인 두 개의 관다발을 통하거나 심지어 같은 관다발 내에서도 서로 다른 체관을 사용하기 때문이라고 설명될 수도 있다. 체관 요소가 서로 다른 수용부에 연결되어 있는 한 전류가 동일한 방향으로 일어나야 하고 심지어는 동일한 속도로 일어나야만 한다는 것이 압류설의 전제 조건은 아니다. 그러나 동일한 체관에서 전류가 양방향성으로 일어나는 것을 암시하며, 사실이라면 이 모순 때문에 압류설을 받아들이기가 더욱 어려워질 것이다. 동일한 체관 요소에서 양방향적 수송이 확실하게 실연되지 않았음을 강조하고 싶다. 이러한 실험의 대부분은 기술적인 어려움으로 인해 결과를 다른 각도로 해석할 수도 있다

마지막으로 체관 요소는 그 구조와 조성 때문에 이동에 상당한 저항성을 유발하며 압류설에 바탕을 둔 이동력으로는 설명하기가 불충분하다고 종종 반론이 제기되어 왔다. 이 측면에서 다시 한 번 기능을 띠는 체관에서 체판은 P-단백질이나 칼로오스에 의해서 구멍이 막혀 있지 않다는 점에 유의해야 한다. 점액성 세포질과 체판의 존재 때문에 저항성을 띠는 게 틀림없지만 다양한 실험의 결과를 보면 보통 동화물 전류에 대한 체관부의 수용 능력이 수용부의 생장을 제한하는 요인은 아닌 것 같다. 체관부의 수송은 유연적이다. 저항성이 큰 부위를 쉽게 우회할 수 있고 정수압은 공급원과 수용부의 필요에 따라서 쉽게 조정될 수 있다. 심지어는 발달 단계에서 체관부가 그 곳에서 예견되는 요구량을 충족하기 위해 크기를 맞추는 조절도 일어난다. 예를 들어 밀에서 화두를 부양하는 관다발의 수와 크기 모두가 꽃의 수와 상관 관계가 있다. 따라서 비록 압류설을 지지하는 직접적인 증거는 거의 없지만 여러 증거상 이 설이 맞는 것으로 크게 기울고 있다.

체관부 적재와 하적

체관부 적재와 하적은 전류율과 경쟁 관계에 있는 수용부 간의 동화물 분배를 조절하는 데 있어서 중요한 역할을 한다. 따라서 적재와 하적의 과정은 동화물의 분배를 조절하며, 궁극적으로는 작물의 수확량을 조작할 수 있는 잠재적 부위로서 상당히 매력적이다.

체관부 적재

어떻게 동화물이 공급원인 광합성 엽육 세포에서 체관 요소로(**체관부 적재**) 혹은 체관부 요소에서 수용부인 표적 세포로(**체관부 하적**) 전류되는지를 고려하지 않고는 체관 수송에 대한 충분한 논의가 이루어졌다고 할 수 없다. 광합성 부위에서 체관 요소로 동화물이 거치는 경로는 길지 않다. 대부분의 엽육 세포는 동화물이 **체관 요소-반세포 복합체**(se-cc)로 실제로 적재되는 미세 엽맥에서 기껏해야 3~4개의 세포 정도 떨어져 있는 수 백 μm 정도이다. 일반적으로 설탕은 엽육 세포에서 체관 요소인 체관부 유세포로 원형질 연락사를 거쳐 확산에 의해

이동하는 것으로 생각된다. 현재는 이 경로는 오히려 불명확해져 논쟁거리가 되고 있다. 체관부 유세포에서 se-cc 복합체로 도달하려면 가능한 경로가 두 가지 있다(그림 11-18). 설탕은 원형질 연락사를 거치게 되는 심플라즘(symplasm)을 통하여 se-cc에 직접적으로 도달할 수 있는데 이 경로를 심플라스트 경로라고 한다. 다른 방법으로는 당이 수송되면서 엽육 세포의 막을 통과하여 세포벽 액(아포플라스트 용액)에 방출되면 여기서 se-cc 복합체 막을 통화하여 장거리 수송류로 유입되는데 이 경로를 아포플라스트 경로라고 한다.

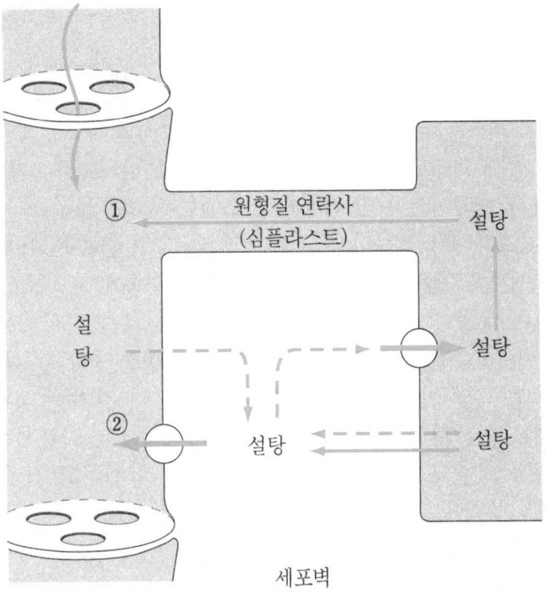

〈그림 11-8〉 공급원에서의 당의 적재와 회수

설탕은 두 가지 경로 중 하나를 통해서 소맥의 말단 부위에 있는 체관 요소에 적재될 수 있다. 심플라스트 경로인 경로 1에서 당은 공급원 세포와 체관 요소의 원형질체를 연결하는 원형질 연락사를 통해서 이동한다. 아포플라스트 경로인 경로 2에서는 당이 세포벽인 아포플라스트로 방출된 후 당-수소 이온 공동 운반체에 의해 사부 요소의 원형질막을 경유해서 능동적으로 흡수된다. 대체 방법으로는 당이 아포플라스트(점선)로 새나간 후 공급원이나 체관 요소에 의해서 능동적으로 회수된다.

1970년대 중반에 아포플라스트 경로가 사탕무 잎에서의 연구를 바탕으로 해서 체관부 적재 모델로 더 비중을 얻게 되었다. D. R. Geiger와 그의 동료는 큐티클층을 미세 탄소 입자 카보런덤으로 벗겨서 아포플라스트에 접근이 잘되는 잎을 사용하였다(Geiger et al., 1974). 이들은 $^{14}CO_2$ 존재하에서 광합성이 일어난 후에 방사성을 띤 설탕이 아포플라스트에서 생기는 것을 발견하였다. 또한 큐티클층이 제거된 잎을 ^{14}C-설탕 용액에 담그면 외부에서 넣어준 당이 se-cc 복합체로 쉽게 흡수되는 것을 발견하였다. 이 결과는 설탕이 보통 아포플라스트에서 발견되며 아포플라스트에서 체관 요소로 흡수될 수 있음을 의미한다. 일부 식물에서는 큐티클층이 벗겨진 잎이나 잎 절편에 **p-chloromercuribenzene sulfonic acid**(PCMBS)와 같은 화학물질의 처리에 의해 체관부 적재가 억제된다. PCMBS와 다른 황수(sulfhydryl) 특이성 시약은 아마도 원형질막을 통한 설탕의 수송에 관여하는 수송 단백질을 방해하는 것으로 여겨진다. (막을 통한 용질의 수송에서의 수송 체제에 대한 논의는 5장에서 언급하였음.) 이러한 시약은 세포막을 통과하지 못하므로 그 효과가 무엇이든 아포플라스트 쪽의 막에서만 작용이 국한된다.

설탕이나 다른 당은 농도 기울기에 역행하여 선택적으로 se-cc 복합체로 적재되며 이는 보통 능동 수송의 관여를 의미한다. 게다가 전반적으로 식물 세포에서 특히 체관부 적재에서 ATP 의존적이고 양성자의 흡수와 연계되어 있는 설탕의 흡수 메커니즘 즉 설탕-양성자 공동 수송이 존재하는 것을 지지하는 증거가 점차 늘어가고 있다(그림 11-9). 이 같은 결론은 설탕 흡수가 양성자 감소로 pH의 증가나 아포플라스트의 극성의 변화를 수반한다는 관찰에 의해서도 지지를 받고 있다. 거꾸로, 큐티클층을 벗긴 잎에 알카리 완충 용액을 투과시키는 것과 같은 방법으로 아포플라스트의 pH를 증가시키면 체관부 세포로의 설탕 흡수가 억제될 것이다. 마지막으로 대부분의 경우에서 se-cc 복합체에 흡수되어 체관 요소로 전류되는 당만이 pH 반응을 유도할 것이다. 보통 체관부에 흡수되지 않는다는 종류의 당은 pH 변화를 초래하지 않을 것이다. 요약하면, 많은 증거들은 체관부 적재가 당이 먼저 엽육 세포 혹은 체관부 유세포로부터 잎의 아포플라스트로 전달되어지는 아포플라스트 경로

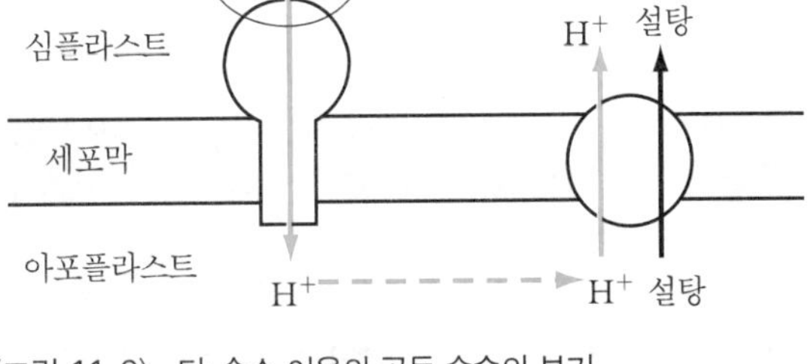

〈그림 11-9〉 당-수소 이온의 공동 수송의 보기

설탕 흡수 에너지는 원형질막 ATPase 양성자 펌프에 의해서 제공된다.

에 의해 일어난다는 점에서 일치된다. 그 후에 설탕은 설탕-양성자 공동 수송에 의해서 se-cc 복합체로 유입된 후 공급원 바깥으로 전류된다.

비록 설탕-양성자 공동 수송체에 대한 정확한 본성은 아직 밝혀지지 않았지만 시금치, 감자, 왕질경이(*Plantago major*) 및 애기장대(Stadler and Sauer, 1996)를 포함한 여러 식물에서 *SUT1* 및 *SUC2* 등의 수송체를 암호화하는 유전자가 찾아져서 클로닝되었다. 여러 종에서 *SUC2* 설탕 수송체 유전자의 발현은 반세포에서만 국한되어 있지만 감자의 경우에는 *SUT1* 유전자 산물이 체관 요소의 원형질막에만 한정되어 있고 반세포에서는 나타나지 않는다. 이같이 서로 모순된 결과는 아포플라스트에로의 적재가 식물마다 다르게 일어나거나 혹은 반세포와 체관부 세포에서 서로 다른 수송체가 작용하는 것을 제시한다.

체관부 적재에 대한 아포플라스트 경로를 지지하는 강력한 증거에도 불구하고 심플라스트를 통한 수송을 지지하는 다른 자료도 있다. 예를 들어 방사성을 띤 설탕을 유입하는 실험 데이터를 보면 60%에 이르는 상당한 부분이 *잎의 엽육 세포*에서 나타난다. 이 결과는 설탕-양성자 공동 수송체가 광합성 세포에서 아포플라스트로 새나간 설탕을 회수하기 위한 메커니즘으로 작용한다라고 해석할 대안을 제공한다. 이 같은 회수 메커니즘은 엽육 세포 혹은 아마도 se-cc에서 새나간 설탕과 실험시 외부에서 첨가해 준 설탕을 구분치 않고 똑같이 작용할 것이다. 이 같은 누출이 일어난다면 회수 메커니즘은 양분이 수송되는 동안 불필요한 설탕의 소실을 막는 게 될 것이다. 실제로 보통 수송의 전 경로에서 누출-회수가 반복적으로 일어난다고 가정되기도 했다.

흡수 데이터가 체관부 적재라기보다 엽육 세포로부터의 회수를 반영하는 것이라면, 체관부 적재는 심플라스트 경로를 통해서 일어남을 의미한다. 여러 연구실에서 이 가설을 한층 강화할 것으로 보이는 증거를 제공하였다. *Ipomea tricolor*의 엽육 세포에 형광 염색액을 주입하면 염색액이 인접한 엽육 세포로 빠르게 이동하여 25분 내에 미세 엽맥에서 나타난다(Madore and Lucas, 1986). 염색액은 수용성이고 막을 통과하지 못하므로 염색액이 세포 사이를 심플라스트의 연결 경로를 통해서 이동하였다고 추정된다. 또한 아포플라스트 경로에 의한 적재를 뒷받침하는 대부분의 데이터가 사탕무 한 가지 식물의 연구 결과에서 나왔다는 점이 관심을 끈다. 최근의 조사에서 van Bel 등은 식물을 se-cc 복합체와 미세 엽맥에 인접한 세포 사이에 많은 심플라스트 경로를 가지는지 아니면 심플라스트 경로에 대한 연결이 없이 독립적으로 분리되어 있는지를 바탕으로 분류하였다(van Bell et al., 1992). se-cc 복합체가 심플라스트 경로에 의한 적재의 특징을 나타냈다.

그러나 심플라스트 경로에 의한 적재는 일부 문제점을 야기한다. 예를 들어 설탕이 엽육 세포에서 se-cc 복합체로 자유로이 확산될 수 있다면 역으로 엽육 세포로의 확산 또한 동등하게 일어날 것이다. 그러면 어떻게 se-cc 복합체에 단순 확산으로 원형질 연락사를 통해서 설탕이 축적되는 게 가능할까? 호박속의 식물에서 체관부 적재 연구를 기초로 해서 R. Turgeon은 심플라스트 경로에 대한 적재를 설명하기 위해서 **중합체 덫**(polymer trap) 모델을 제안하였다(Trugeon, 1996). se-cc 복합체가 심플라스트 경로에 하적을 하는 것으로 보이는 호박속 같은 식물은 또한 라피노스 계열의 올리고당도 전류한다. 중합체 덫 모델에 따르면 설탕은 원형질 연락사를 통해서 엽육 세포나 유관속초 세포에서 반세포로 확산된다. 그 경로가 확실치는 않지만 아마도 설탕이 원형질막과 데스모튜불(desmotubule, 그림 1-12 참조) 사이에 틈으로 세포질을 통해서 확산될 수 있을 것으로 보인다. 데스모튜블의 내부는 올리고당을 수송하기에 너무 작은 것으로 생각된다. 반세포에서 설탕은 4당체인 스타키오스와 같은 올리고당으로 전환되는데 이것은 너무 커서 원형질 연락사를 통해서 확산되어 되돌아올 수 없다. 따라서 스타키오스와 같은 중합체는 se-cc 복합체의 덫에 걸려 있는 상태로 남게 되어 대량 흐름에 의해서 수송된다.

심플라스트 경로에 의한 모델은 원형질 연락사가 큰 분자의 통과를 제한한다고 가정하고 있지만 이것이 사실이 아닐 수도 있다. 최근의 설탕 수송 유전자에 대한 연구들은 수송 단백질과 이것의 전 mRNA가 모두 반세포와 체관 요소간의 원형질 연락사를 지나갈 수 있음을 암시한다(Sauer, 1997). 거대 분자가 원형질 연락사를 통과할 수 있다면 왜 작은 올리고당이 통과할 수 없는지 상상하기가 어렵다. 원형질 연락사는 세포간 용질의 이동을 가능하게 하는 단순한 관 이상의 것일 수도 있다. 이것은 장래에 많은 관심을 끌 흥미진진한 주제임에 틀림없다.

체관부 적재에 왜 하나 이상의 경로가 존재하는지 그 이유는 확실하지 않다. 심플라스트 경로는 두 개의 수송체 단백질에 의존하는 막 수송 단계를 피함으로써 에너지 측면에서 이점이 있다. 그러나 적재와 전류가 에너지

의존성을 보인다는 관찰은 아포플라스트 경로에 의하면 더 쉽게 설명이 된다. 반면에 심플라스트 경로를 채택한 식물이 보다 먼저 생겨났으며 아포플라스트 경로는 식물이 열대 지역에서 온대 지역으로 퍼져 나가면서 생기게 된 진화상의 적응이라는 제안도 있다. 이제 새로운 분자적 수준에서의 접근은 의심할 바 없이 연구자들이 어느 경로가 맞는지를 분별할 수 있게 해 줄 것이다. 체관부 적재의 보편적인 경로는 존재하지 않고 다만, 과(family) 특이적이거나 혹은 종 특이성을 나타낼 수도 있다. 작물의 수확을 결정하는 데 있어서 체관부 적재의 이론적 또는 실용적인 중요성으로 인해, 연구와 논쟁이 앞으로도 계속될 것으로 예상된다.

체관부 하적

일단 동화물이 표적 세포에 다다르면 se-cc 복합체에서 수용부 조직의 세포로 하적되어야만 한다. 원리적으로 이 문제는 적재와 유사하지만 단지 방향이 바뀌어 세부적으로는 상당한 차이점이 있다. 체관부 적재와 마찬가지로 체관부 하적은 심플라스트나 아포플라스트 경로를 통해서 일어난다(그림 11-10)(Thorne, 1986). (그림 11-10)의 경로 (1)에 해당하는 심플라스트 경로는 어리며 발달중인 잎이나 뿌리 그룹에서 주로 일어나는 것으로 알려져 있다. 설탕은 농도기울기를 따라서 se-cc 복합체에서 원형질 연락사를 통해서 수용부의 대사가 일어나는 세포로 이동된다. 따라서 기울기와 그에 따른 수용부로의 이동은 설탕이 포도당과 과당으로의 가수 분해에 의해서 유지된다.

(그림 11-10)의 경로 (2)와 (3)에 나타나 있는 것처럼 두 가지의 가능한 아포플라스트 경로가 있다. 경로 (2)는 사탕수수의 저장 유세포에서 가장 광범위하게 연구되었는데 se-cc 복합체에서 아포플라스트로 설탕의 방출에 관여한다. 방출은 대사 억제제인 PCMBS에 반응을 보이지 않기 때문에 수송체가 에너지 의존성인 것 같지는 않다. 일단 아포플라스트에 들어오면 설탕은 세포벽에 부착되어 있으며 다음 반응을 촉매하는 **산성 전화효소**(acid invertase)에 의해서 가수 분해 된다.

$$\text{설탕} + H_2O \rightleftharpoons \text{포도당} + \text{과당} \qquad (11.1)$$

이 반응은 기본적으로 비가역적이며 가수 분해 산물인 포도당과 과당은 수용부 세포에 의해서 능동적으로 흡수된다. 세포에 들어오면 설탕으로 재합성된 후 액포로 능동수송되어 저장된다. 아마도 아포플라스트에서의 설탕 가수 분해는 산성 전화효소 반응의 비가역적 특성과 함께 기울기를 유지하고 하적을 계속적으로 일어나게 한다. 이 경로는 옥수수, 수수 및 진주 기장의 종자 등에서 현저히 나타난다.

체관부 하적에 관한 세번째 경로는 콩과식물의 종자에서 '빈 배주(empty-ovule)' 기법(그림 11-11)을 이용하여 주로 연구되었다. 빈 배주 기법의 착안점은 많은 콩과식물의 종자에서 배와 모조직을 연결하는 원형질 연락사가 없어서 배가 종피 내벽(endothelium)과 심플라스트의 경로에 의한 연결이 안 되어 있다는 점이다. 이 '아포플라스트 경계'는 (1) 모조직에서 수용부인 발달중인 배로의 용질 이동이 아포플라스트 경로를 통해서만 일어나게 하고 (2) 경계면이 se-cc 복합체를 수용부 조직으로부터 외과적으로 격리할 수 있는 자연적인

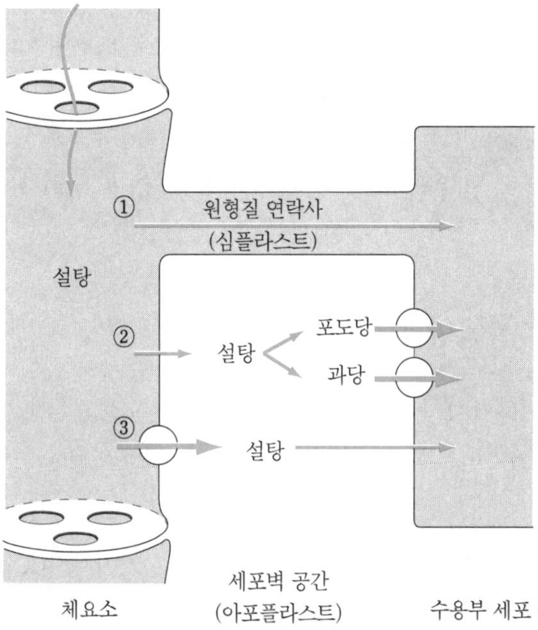

〈그림 11-10〉 수용부 세포에서 당이 하적되는 세 가지 가능한 경로
모든 경로에서 확산 기울기는 수용부 세포로 유입된 당의 대사에 의해서 유지된다.

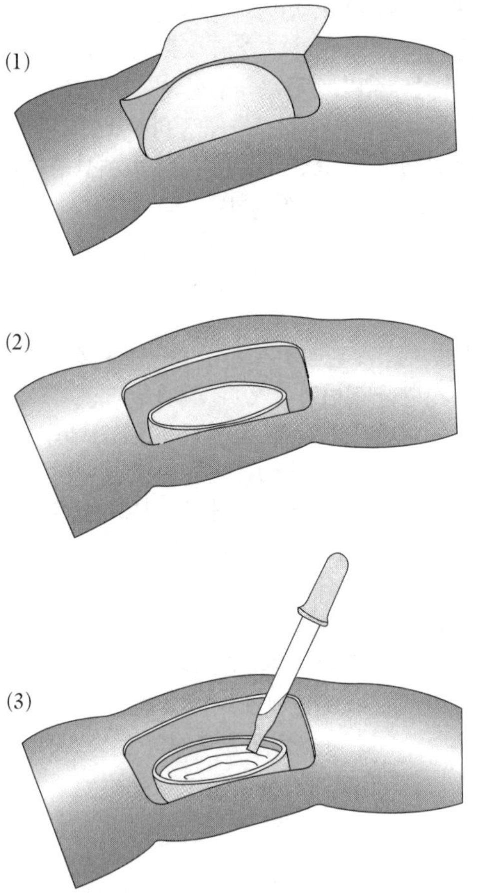

〈그림 11-11〉 콩과식물에서 하적을 연구하기 위한 빈 배주 기법
발달 중인 종자에 접근할 수 있도록 어린 완두 까투리의 세포벽을 잘라낸다(1). 까투리에 붙어 있지 않은 종자의 반쪽을 잘라서 버린다(2). 남아 있는 종자 반쪽의 배의 조직을 긁어내면(3) 종피 조직만을 갖는 컵 모양의 구조물(빈 배주)이 된다. 이 컵에 관다발 조직으로부터 온전한 씨의 경우에 배에 공급되는 물질을 포획하기 위한 완충 용액이나 한천을 채울 수 있다.

점을 제공한다. 남아 있는 빈 종피의 컵에 방출된 용질을 잡을 수 있는 한천이나 완충 용액으로 채우게 된다.

짧은 적응기를 거친 후 빈 종피 컵으로의 체관부 하적은 수시간 동안 지속된다. 이 때문에 완충 용액을 주기적으로 교환하면 동적 변화의 연구가 가능하며 pH를 변화시키거나 용질이나 억제 물질을 첨가하여 하적 과정의 조작도 가능하다. 이같이 창의적이고 아주 유용한 기법이 동시에 그러나 서로 독립적으로 연구하던 미국, 네덜란드 그리고 호주의 세 연구진에 의해서 개발되었다는 사실은 매우 흥미롭다.

빈 배주 기법은 강낭콩과 발달중인 옥수수알 이외에도 여러 콩과식물에 체관부 하적에 관한 연구에 이용되었다. 빈 배주 기법을 이용한 실험에서 배로의 하적은 무산소, 저온, 대사 저해제 및 PCMBS에 민감한 것으로 밝혀졌다. 이 결과는 적어도 콩과식물에서는 설탕이 에너지에 의존하는 수송체에 의해서 아포플라스트로 하적됨을 보여주고 있다(Thorne, 1986). 수송체가 무엇인지는 아직 확실히 밝혀지지 않았지만 앞서 기술한 설탕-양성자 수송체와 동일한 것으로 생각된다. 체관부 적재와 마찬가지로 발달중인 배로의 체관부 하적에는 보편적인 하나의 경로가 있는 것 같지는 않다.

빈 배주 기법을 이용한 실험을 통하여 옥수수 배주에서의 하적은 PCMBS와 대사 억제제 그리고 무산소 상태에 의해서 영향을 받지 않는 게 확인되었다. 여기에 관한 자료는 이미 논의되었다. 따라서 콩과식물과 옥수수의 하적에는 서로 약간 다른 기작이 적용되는 것으로 보인다. 즉, 콩과 배주에서는 능동적인 설탕 펌프가 관여하는 반면에 옥수수에서는 설탕이 수동적으로 아포플라스트로 하적된다.

광합성 산물의 배분

여러 대사 경로와 식물 기관 사이의 광합성 산물에 관한 분배의 조절은 중요하지만 복잡하여 문제에 대한 이해가 부족했다.

공급원 세포에서 새로이 고정된 탄소 혹은 광합성 산물의 일부는 잎에 머물게 되고 나머지는 비광합성 조직이나 기관으로 분배된다. 따라서 여러 가지 흥미로운 의문이 생기게 된다. 예를 들어 남게 되는 탄소의 양과 형태를 무엇이 결정하는가? 무엇이 수송되는 양과 장소를 결정하는 것일까? 예를 들면 밀이나 옥수수에서 뿌리로 수송되는 동화물 양과 발달중인 곡물로 얼마나 되는지가 어떻게 결정될까? 이 같은 질문들은 분배 양상, 더 초점에 맞는 이야기로 분배 양상의 조절이 생산성과 수확 측면에서 매우 중요하기 때문에 최근에 점차 관심을 끌고 있다. 어떤 옥수수 농부는 곡물의 수확량이 최대가 되기를 원하는 반면에 다른 농부는 보다 많은 탄소가 잎과 같은 체조직의 생산에 투입되기를 바랄 것이다. 각 농부는 서로 다른 방법으로 곡물의 **수확 지수**(총 생물량에 대한 이용 가능한 식물의 물질의 비)를 평가할 것이다.

전통적으로 수확 지수를 증가시키는 방법은 육종과 인공 선택에 의한 것이었다. 예를 들어 오늘날의 밀과 옥수수의 선조는 작은 종자를 가지며 열매가 적게 달린 것이었다. 오늘날 사용되는 고수확량의 밀과 옥수수 품종을 생산하기에는 수세기 동안의 농업적인 선택과 지난 세기 동안 주의 깊은 육종이 필요하였다. 그러나 우리가 탄소의 분배와 이용을 조절하는 요인에 대해서 많이 알면 알수록 현대의 유전적 방법을 이용하여 수확 지수를 조작할 수 있는 전망이 높아질 것이다. 광합성 산물의 분배는 **배분**(allocation)과 **분할**(partitioning)의 두 수준에서 일어나게 되는데 각각에 대해서 차례로 논의될 것이다.

배분

새로이 동화된 탄소는 공급원이나 수용기관에서 여러 다양한 대사 기능을 위해 배분될 것이다.

배분은 탄소가 공급원인 잎에서 새로이 동화될 것인지 혹은 수용부로 전달될 것인지에 대한 대사적 운명을 의미한다. 공급원에서 광합성 산물은 잎의 대사와 잎의 생체량 유지, 단기간의 저장 혹은 식물의 다른 부위로 수송되는 세 가지의 주 사용원이 있다.

잎의 대사와 생체량 탄소의 일부는 잎 자체에서 요구되는 대사에 배분된다. 이런 경우로는 세포 구조의 유지, 생체량의 추가적인 합성 그리고 광합성 체계 자체의 유지가 포함된다. 이 같은 탄소의 대부분은 진행중인 생합성 활동을 유지하기 위해 필요한 에너지와 탄소 골격을 공급하는 호흡을 통해서 대사된다.

저장 정상적인 광주기의 조건에서 광합성은 낮 동안에만 일어나지만 생장을 위한 광합성 산물의 공급은 24시간 유지되어야 하는 딜레마에 빠지게 된다. 새로 고정된 탄소의 일부를 잎에 저장하도록 배분하는 것이 이 같은 딜레마의 부분적인 해결책이다. 대부분의 식물 특히 쌍떡잎에서는 탄소의 대부분이 녹말로 저장되고 소량만이 설탕으로 저장된다. 보리, 사탕무나 사탕수수와 같은 식물에서는 녹말의 축적이 거의 일어나지 않고 잎, 줄기 및 뿌리 세포의 각각의 액포에 주로 설탕으로 탄소를 저장한다. 많은 초본 식물은 **프룩탄**(fructan)이라 하는 과당의 다당류를 축적한다(10장). 잎에 저장된 탄소는 주로 대사물의 양적 변동에 대한 완충 작용을 하고 필요한 경우에는 대사 과정에 재배분되어 이용된다.

또 다른 대안으로 대부분의 식물은 꽤 일정한 속도로 수용부 조직으로의 수송과 공급을 유지하게 되어 있는 것으로 보인다. 따라서 잎의 저장물은 밤이나 광합성이 낮게 일어나는 때인 스트레스 시기에 수송되기 위하여 재배분된다. 녹말과 설탕 모두를 저장하는 식물에는 일반적으로 세포질과 액포에 각각 존재하는 두 가지 설탕 풀(pool)이 있다. 세포질의 것보다 크고 천천히 회전하는 액포 저장소가 밤에 수송되는 설탕의 일차적 공급원이다. 액포의 설탕 저장고가 고갈되는 경우에만 엽록체

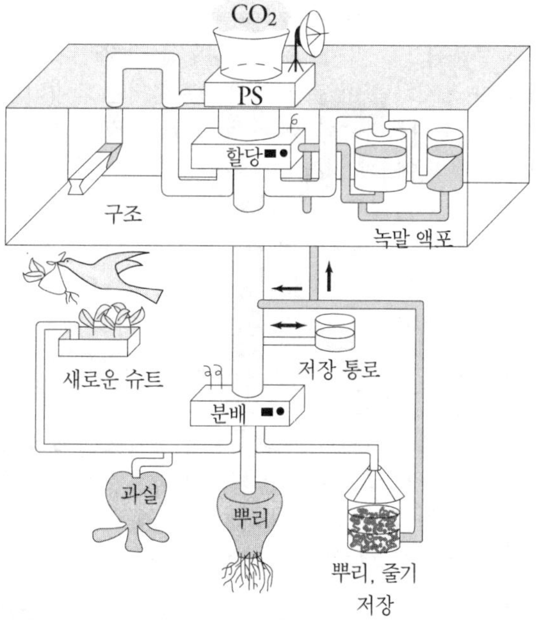

〈그림 11-12〉 광합성 산물의 전류와 분배에 관여하는 경로와 과정에 대한 모식도

에 저장된 녹말이 수송을 위해 동원된다.

잎으로부터의 수송 보통 새로 합성된 탄소의 절반 가량이 잎에서 체관부로 바로 수송되도록 배분된다. 많은 식물에서 수송된 탄소의 일부분이 전류 경로 과정에서 저장되기도 한다. 잎에서와 마찬가지로 이 저장된 탄수화물은 체관부를 통한 전류 속도가 감소하게 될 경우에 탄소 공급의 완충을 도와주어 감소를 방지하게 된다.

광합성 산물의 배분을 조절하는 것은 복잡하고 아직 잘 알려져 있지 않은 과정으로서 다수의 대사 경로간의 상호 작용이 관여한다. 공급원 잎내에서의 배분은 대부분 유전적으로 정해져 있지만 발달 과정이 크게 관여한다. 예를 들면 어린 잎은 생장을 위해 새로 고정된 탄소의 많은 부분을 계속 유지하고 있지만 잎이 성숙해짐에 따라서 밖으로 배분되는 양이 증가한다. 강낭콩 잎에서는 산성 전화효소(invertase)(식 11. 1)와 설탕 합성 효소(sucrose synthase, 10장에서 식 10. 11)의 활성도도 이에 상응하여 변한다. 이 두 분해 효소의 활성은 빠르게 신장하는 어린 잎에서 가장 높게 나타나는데 이는 잎이 주로 수용부로 작용하고 있을 때인 잎의 초기 발달 단계에서 설탕을 대사할 필요가 있음을 명확히 반영하고 있다.

잎이 성숙해지고 광합성에 의한 자급 자족이 이루어지면 동화물을 받아들일 필요성과 수용 한계가 감소하여 잎의 대사가 수송을 위한 설탕 합성으로 전환된다. 이에 상응하여 산성 전화효소와 설탕 합성 효소의 활성은 감소하고 설탕 합성에 있어서 중요 효소인 설탕 인산 합성 효소(sucrose phosphate synthase, SPS, 10장의 식 10. 6)의 활성도가 꾸준히 증가하게 된다. 설탕이 전류되는 탄수화물의 주요한 형태이고 SPS의 활성도가 설탕의 생산과 밀접하게 연관되어 있으므로 SPS 활성의 증가는 잎이 수용부에서 공급원으로 전환되는 것을 결정하는 중대한 요인이다.

비록 저장과 수송 간의 광합성 산물의 배분에 대한 광범위한 보고가 있지만(Cronshaw et al., 1986) 어떻게 이러한 배분이 조절되는지에 대한 답은 별로 없다. 대부분의 식물에서 녹말의 양은 매일 변동하여 광주기에는 많고 암주기에는 적다. 설탕이 수송되는 속도도 비슷한 변화를 보이지만 일주성의 변동이 덜 심하다. 녹말과 설탕 사이의 탄소 배분은 일차적으로 엽록체에서의 녹말 합성과 세포질에서의 설탕 합성시에 3탄당 인산의 배분에 달려 있다.

녹말과 설탕의 생합성에 대한 대사 조절은 앞 장에서 논의되었다. 이 대사 조절에는 과당-1,6-이인산 포스파타아제(fructose-1,6-bisphosphatase, FBPase)와 SPS가 두 가지 주 효소이고 배분에 영향을 미치는 요인들이 적어도 부분적으로 이 두 효소에 영향을 미치리라고 기대하는 것은 당연하다. Hendrix와 Huber(1986)의 실험에서 나타난 것처럼 이 같은 기대에 부합되는 데이터가 조금 있다. 예를 들어 목화 잎에서는 SPS 활성도, 설탕 함량, 그리고 탄소 수출 간에 매우 밀접한 상관 관계가 있다. 이 세 가지가 광주기 동안에 다소간 일치되게 모두 증가하지만 암주기가 시작되면 가파르게 감소한다. 암주기 동안에 설탕 함량과 SPS 활성도는 낮은 상태로 유지되지만 설탕 수출의 감소는 단지 일시적으로만 나타난다. 암주기에서 다시 수출이 원래의 상태로 증가되는 것은 녹말이 이동성의 물질로 바뀌는 양상과 매우 밀접하게 연관되어 있다. 비록 시간과 크기에 있어서 그 변동이 꽤 심한 차이가 있지만 다른 식물에서도 탄소 대사물과 효소가 유사한 일주 변동을 보이는 것으로 나타났다. 따라서 광합성이 활발하게 일어나는 동안에 탄소 배분이 주로 SPS의 활성에 의해서 결정되는 것으로 보인다. 밤에는 녹말 저장물의 분해가 결정적인 요인으로 보인다.

그러나 공급원인 잎의 배분에서 유일하게 가장 일치하는 점은 수송이 일반적으로 일정한 속도로 일어난다는 점이다. 해뜰 무렵이나 해질 무렵의 일시적인 감소를 제외하면 설탕의 수출에 대한 일주 리듬이 아주 적거나 전혀 없다. 외관상으로 식물은 24시간 동안 동화물의 전류율을 일정하게 유지하도록 결정되어 있는 것 같다. 이 프로그램이 광주기 혹은 다른 요인에 의해 영향을 받는지는 알려져 있지 않다. 공급원인 잎에서 배분이 어떻게 조절되는지를 이해하려면 많은 연구가 필요하다.

수용부간의 동화물의 분할

경쟁 관계에 있는 수용부 사이에 새로이 동화된 탄소의 분포는 수용부의 힘에 의해서 결정된다.

수용부 사이의 동화물의 분배를 분할이라 한다. 영양 생장기의 식물에서 주요 수용부는 분열 조직, 줄기 정단에서 발달중인 잎, 뿌리 그리고 비광합성적인 줄기 조직 등이다. 생식 생장이 시작되면 꽃, 과일 및 종자의 발달로 인해 추가적인 수용부가 생긴다. 일반적으로 수용부들은 서로 경쟁적이고 광합성 산물은 모든 활성을 지닌 수용부에 분할된다. 수용부의 수가 감소하면 이에 상응하는 만큼 높은 비율의 광합성 산물이 남아 있는 수용부로 각각 보내지게 된다. 과일나무를 전지하는 이유는 나무당 과일의 수를 적게 하기 위해서이다(16장 참조). 동화물의 분할이 적은 수의 과일에서 일어나면 보다 크고 시장성 있는 과일의 발달이 촉진된다.

경쟁적인 수용부 사이에서 동화물의 분할은 일차적으로 공급원(세 가지 요인)과 수용부를 연결하는 관다발계의 특성, 수용부가 공급원에 대한 근접성 및 수용부의 힘 등에 좌우된다. 전류는 확실히 공급원인 잎과 수용부 사이에 직접적인 관다발을 통한 연결에 의해서 촉진된다. 각각의 잎은 줄기의 관다발 조직에서 잎자루 지면적인 관다발 줄기의 주 관다발계에 의해 연결되어 있다. 실험에 의하면 광합성 산물이 공급원 잎보다는 상층부 혹은 같은 선상에 있는 수용부 잎으로 우선적으로 이동하는 것을 나타내었다. 이 같은 수용부 잎은 공급원 잎과 가장 직접적으로 연결되어 있다. 줄기의 반대편에 있는 같은 위치에 있지 않는 것들처럼 수용부 잎은 직접적으로 연결이 되어 있지 않아서 요소간의 밀접한 방사성 연결을 통해서 동화물이 이동해야만 한다.

전류의 방향을 결정하는 영향의 더 큰 요인 중의 하나가 수용부의 힘이다. 수용부의 힘은 수용부가 대사 물질을 축적하는 능력을 측정한 것으로서 수용부의 크기와 수용부의 활성의 곱이다(Waring and Patrick, 1975).

$$\text{수용부 힘} = \text{수용부 크기} \times \text{수용부 활성}$$

수용부의 크기는 수용부의 총질량(보통은 건량)이다. 수용부의 활성은 흡수율 즉, 단위 시간에 대한 건량당 흡수된 동화물이다. 수용부의 힘은 그 크기를 결정하는 요인과 시간에 따른 변화 요인이 정확하게 알려져 있지 않지만 그 차이를 실험적으로 측정할 수 있다. 체관부 하적의 속도가 확실히 한 요인이 되며 수용부에 의한 동화물 흡수율과 수용부내에서 대사와 저장 물질 간의 할당비도 영향을 미친다. 온도와 같은 환경 요인과 호르몬 또한 이들의 수용부 조직의 생장과 분화에 영향을 미치는 정도만큼 영향을 미치게 될 것이다.

대부분의 공급원 잎에서 광합성 산물은 정단을 향해 상승하거나 뿌리 방향으로 하향하는 수직 방향으로는 쉽게 전류가 된다. 그러나 모든 조건이 동일하다면 전류는 가장 근접한 수용부로 현저히 편중된다. 영양 생장기 식물의 경우 정단부 근처의 어린 잎으로부터의 광합성 산물은 줄기의 정단 부위로 우선하여 이동하는 것에 반해서 뿌리에 가까이 있는 나이가 들었지만 아직 노쇠하지 않은 잎은 우선적으로 뿌리에 공급한다. 중간에 위치하는 잎은 양방향으로 동일하게 동화물을 분배한다. 전류 방향은 체관부 요소의 정수압 기울기의 크기와 밀접하게 연관된 것 같다. 동일한 수용양을 가지지만 거리가 다른 두 수용부의 경우 공급원에서 가까이 있는 수용부가 더 큰 압력차에 의하여 동화물을 받게 된다. 전류되는 거리의 길이가 수용부의 크기에 우선하며 그 차이를 극복하여 전류된다.

수용부 힘은 생산성과 수확량에 밀접한 연관이 있으므로 대부분의 연구가 밀이나 옥수수 등의 곡류 특히, 곡식량과 연관하여 주로 연구되었다. 발달중인 곡류는 특히 왕성한 수용부로 작용하며 전류의 양상에 매우 커

〈표 11-2〉 고농도(400 μl)와 저농도(250 μl)의 이산화탄소 조건에 노출된 수수에서 광동화 산물의 분포 양상

값은 곡물이 익어가는 기간 동안의 총건량의 백분율이다. 두 조건에서 최종 건량은 동일하다.

	이산화탄소 농도	
	고	저
곡물	71.5	87
뿌리	18	4
기타	10.5	9

다란 영향을 미친다. 꽃 부위가 꽃가루를 받을 준비가 되었을 때인 수술 성숙기로부터 시작하여 발달중인 곡류는 지배적인 수용부가 된다. 발달중인 곡류가 전류의 양상에 미치는 영향은 〈표 11-2〉에 나타나 있다. 이 실험에서 광합성 산물의 공급은 이산화탄소 공급을 감소하여 변화시킨 후 여러 부위에서 곡류가 성숙하는 기간 동안 건량의 변화를 추적하였다. 광합성 산물의 감소는 곡식의 무게에는 실질상의 영향을 미치지 않았는데 이는 더 높은 비율의 곡식으로 전류되었음을 의미한다. 이 차이는 동등한 비율만큼 뿌리로 향하는 탄소의 지분의 감소에 의해 보충된다. 뿌리와 곡식의 열매는 서로 경쟁 관계에 있는 수용부이다. 광합성 산물의 공급이 제한되면 우선적으로 보다 큰 수용 부력을 갖는 수용부에 이동한다. 발달중인 곡식의 수용부로서의 지배적인 역할 또한 밀을 이용한 실험에서 보여주고 있다. 광합성이 광도의 감소에 의해 제한되면 화두 바로 밑에 있는 잎에서의 ^{14}C-광합성 산물의 비율이 49에서 71%로 증가하는데 이 경우에 그 차이는 아래쪽의 줄기로 전류되는 부분의 감소에 해당한다.

위의 논의는 수용부 힘이 전류 양상을 결정하는 중요한 요인이지만 또한 수용부 힘만으로 동화물의 분할이 결정된다고 제시하기에는 문제를 너무 단순화시킨 것이다. 동화물의 배분은 아주 최소한의 경우에도 공급원 잎, 활발하게 생장중인 수용부 그리고 전류의 경로의 상호 작용에 의존하는 매우 통합된 체계이다. 우리는 직관적으로 이 같은 복잡한 계가 하나 혹은 여러 개의 지점에서 조절될 것이라고 기대하게 된다. 그러나 수송률은 일반적으로 수용부의 요구에 따라 변화한다는 관찰 이상으로는, —예를 들어 수용부 활성의 급격한 변화는 그 수용부에 상응하는 전류 속도의 변화를 유발하는 것을 제외하고는— 수용부 힘의 조절과 수용부 힘 및 전류율 사이의 상호 작용에 관해서는 상대적으로 거의 알려져 있지 않다. 수용부 힘에 영향을 주는 두 요인으로 세포의 팽압과 호르몬이 제시되었다. 아주까리의 체관부 용출액을 연구하는 과정에서 J. A. Milburn은 체관 요소의 팽압을 현저하게 감소시키는 수피 결각을 통한 체관부 용출액의 채집에 의해 공급원에서의 설탕의 적재가 현저하게 증가되는 것을 주목하였다(Smith and Milburn, 1980). 그리하여 팽압을 인위적으로 조작하는 일련의 실험을 통해서 Smith와 Milburn은 체관부 적재가 체관 요소의 팽압에 의존한다는 결론을 얻었다. 팽압 의존적인 체관부 적재가 이제 수용부의 요구에 따라 수송 속도가 조절된다는 비교적 간단한 가설의 기초가 된다. se-cc 복합체가 수용부에서 빠르게 하적되면서 용질의 농도가 감소되면 체관 요소의 수용부 쪽에 그에 상응하는 정수압 또는 팽압의 감소가 일어나게 된다(그림 11-6 참조). 이 감소된 수압은 체관 요소에 상호 연결된 계를 통해서 전달되어 신속하게 공급원에서 체관부 적재의 증가를 촉진시킨다. 그 결과 계의 공급원 즉, 용질 농도가 증가하면 정수압 감소에 대응하게 되어 수압의 기울기가 유지되고 압류 메커니즘에 따른 수용부로의 동화물 흐름이 촉진된다. 수용부에서의 수요의 감소는 반대의 결과를 가져와 용질의 회수 속도가 느려지고 체관 요소에서의 팽압이 증가하게 된다. 공급원에서의 적재와 정수압의 기울기가 감소하여 전류율이 감소하게 된다. 이 모델에 의하면 체관 요소의 팽압 변화는 수용부와 공급원 사이의 장거리 통신에 중요한 신호이다. se-cc 복합체 혹은 엽육세포가 팽압 변화를 어떻게 감지하는지는 알려져 있지 않다. 압력 변화가 어떻게 설탕의 적재 변화로 연결되는지의 메커니즘 또한 알려져 있지 않다. 그러나 일부 실험에 의하면 사탕무 세포막을 통한 설탕 수송은 원형질막에 있는 양성자 펌프 ATPase의 활성 조절을 통한 팽압에 의하여 조절을 받는 것으로 입증되었다(Wyse et al., 1986).

식물 호르몬은 장거리 전류, 특히 동화물이 새로운 수용부로 방향을 바꾸는 데에 관여하는 것으로 보인다. 그러나 호르몬 유도성 수송은 호르몬 작용의 단순한 결과일 수도 있다. 호르몬이 기관의 생장과 발달을 조절하는 데 관여하는 여러 내부적 요인 중의 하나인 것은 다 아는 사실이다. 수용부 기관의 크기가 대사 활동에 영향을 미침으로써 호르몬은 확실히 수용부 힘에 영향을 미치게 되고 그 결과 전류율에도 영향을 미친다. 호른몬의 역할은 체관부를 통해서 새로운 기관으로 전달된다는 그 사실만으로도 부분적으로는 복잡해진다. 게다가 새로운 수용부는 종종 그 자신이 그 지역에서 작용하거나 혹은 다른 부위로 전류되는 호르몬의 공급원이 되기도 한다.

호르몬 유도성 장거리 수송이 왜 존재하는지 그 역할은 불확실하지만 호르몬이 더 직접적으로 단거리 용질의 수송에 관여한다는 것을 암시하는 증거가 늘어나고 있다. 예를 들어 ABA의 농도와 발달중인 과실의 생장률이 서로 상관이 있다는 보고가 있다. 또한 ABA는 강낭콩 뿌리에서 당의 전류, 사탕무 뿌리에서의 설탕 흡수, 그리고 강낭콩의 종피의 아포플라스트와 이어지는 배로의 설탕 하적 등을 촉진한다. ABA가 밀의 알이 채워질 때 ^{14}C-광합성 산물의 전류를 촉진하는지에 대해서는 서로 상반되는 보고들이 있다. 반면에 옥신은 사탕무 뿌리에서의 설탕 흡수를 억제하지만 강낭콩 잎에서의 적재는 촉진한다. 이런 여러 결과들은 적재와 하적이 호르몬에 의한 조절을 받게 되는 것을 제시한다.

비록 수용부 힘이 동화물의 분해를 결정하는 한 가지 주요 요인으로 보이지만 동화물 배분 과정은 복잡하고 고도로 통합된 잘 알려지지 않은 현상이다. 팽압과 호르몬의 역할에 대한 연구가 이제 시작되었을 뿐이고 유전적인 문제와 다른 잠재적 조절 수단에 대해서도 앞으로 진지하게 다루어져야 할 것이다. 적재와 하적 그리고 수용부–공급원의 교류에 대한 조절은 왕성하고 생산적인 미래의 연구 분야로 지속될 것이다.

생체이물 화합물의 전류

대체적으로 체관부 용출액의 조성은 꽤 제한되어 있기에 체관부에서 분자의 어떤 특성이 분자의 운동성을 결정하게 되는지에 관한 흥미로운 질문을 야기한다.

체관부에서의 화합물의 운동성은 **생체이물 화합물**(xenobiotic chemical)을 생산하는 농화학 산업에서 특히 중요한 관심사이다(Lichtner, 1984). (외부 첨가 화합물은 외부에서 첨가된 생물에 활성을 갖는 분자를 의미한다.) 외부 첨가 화합물의 흡수와 전류율이 종종 제초제, 생장 조절 물질, 살균제 및 살충제의 효능을 결정하게 된다. 아주 훌륭한 예로서 N-(phosphonomethyl)glycine 혹은 **글리포세이트**(glyphosate)를 들 수 있는데 글리포세이트는 방향족 화합물의 합성을 방지함으로써 옥신, 단백질 그리고 다른 중요한 대사 물질의 생산을 차단한다. 잎에 처리된 글리포세이트는 체관부에서 운동성이 매우 크기 때문에 분열 조직 혹은 지하근경에 매우 빠르게 전류되어 다년생 잡초 제거에 효율적이다.

외부 첨가 화합물의 경우 잎의 세맥의 끝부분에 있는 체관부로 유입되는 관문의 통과 즉, 체관부 적재가 주요 문제로 보인다. 비록 몇 이론이 외부 첨가 화합물의 체관부에서의 이동을 설명하기 위해 제안되었지만 설명할 수 있는 공통적인 화학적 특성이 비교적 적다. 식물은 이런 외부 화합물을 자주 접하지 않기 때문에 이들의 흡수를 매개하는 수송체가 없다. 아마도 단순한 확산에 의해 수용이 일어나는 것 같다. 수송이 잘 되는 외부 첨가 화합물의 한 가지 공통점은 이들의 상대적 지용성으로서 세포막을 통한 확산 능력을 예측하는 데 도움이 되는 요인이다.

외부 화합물이 식물체로의 유입을 조절하는 요인과 이들의 체계적 운동성을 더 잘 이해하기 위한 노력은 궁극적으로 체관부 전류에 대한 전반적인 이해를 높일 것이다.

제 12 장

세포 호흡 : 광합성 산물로부터 에너지 추출

앞의 네 장에서는 빛에너지가 탄소 화합물 혹은 광합성 산물로 보전되는 것과 이들이 식물의 여러 기관이나 조직에 분배되는 요인들에 대해 초점을 두었다. 설탕과 다른 광합성 산물은 식물에 의해 얻어지는 대표적인 두 가지 중요 물질이다. 무엇보다도 이들은 수송되기 쉬운 형태의 저장된 광합성 에너지이며 둘째로 탄소 골격의 공급원이 된다. 식물은 호흡을 통해서 보다 유용한 형태로 에너지를 다시 뽑아낼 수 있고 그 과정에서 당을 변형하여 세포 구조를 이루는 기본 구성 단위로 작용하는 탄소 골격을 형성한다.

이 장은 크게 세 부분으로 나눈다. 첫번째 부분은 세포 호흡의 생화학과 생리학에 중점을 두고 있다. 호흡에 대해서 간략하게 개괄한 후 다음 주제들을 다루게 될 것이다.

- 설탕과 녹말이 6탄당으로 분해되는 경로와 관련된 효소들
- 6탄당이 해당 경로를 통해 피루브산으로 전환되는 과정과 그 대체 경로인 산화적 5탄당 인산 경로
- 산화적 호흡 대사가 일어나는 미토콘드리아의 구조와 체제
- 피루브산이 이산화탄소로 완전히 산화되는 시트르산 회로로 알려져 있는 경로, 정상적인 전자 전달계를 통한 산소로의 전자 이동 경로 그리고 환원력과 ATP형태로서 에너지의 보존
- 식물에만 있는 여러 가지 대체 전자 전달 경로와 이들의 생리적 중요성의 추론
- 포도당 신생합성(gluconeogenesis)으로 알려진, 초기의 지방산이 6탄당으로 변환되는 종자에서 호흡에 의한 식물 기름의 분해 과정

이 장의 후반부에서는 빛, 온도, 산소의 유용성 등과 같은 환경 요인이 호흡에 어떻게 영향을 미치는지를 보여주면서 전체 식물과 조직에서의 호흡이 논의될 것이다.

마지막으로 생물량의 축적과 식물의 생산성에서 호흡의 역할을 간단하게 다루게 될 것이다.

9장에서 광합성을 논의할 때 도입된 어떤 원리들은 이 장의 논의에서도 그대로 적용되는데 생체 에너지론, 산화, 환원, 양성자 기울기, ATP의 합성 등을 의미한다. 이 시점에서 9장에서 해당되는 부분을 복습하는 것이 도움이 될 것이다.

세포 호흡 : 개괄

세포 호흡은 광합성에 의해서 저장된 에너지를 회수하고 세포의 생장과 유지에 사용되는 탄소 골격을 얻기 위해서 탄수화물이나 기타 물질이 산화되는 일련의 경로를 말한다.

고등 식물은 정상적인 대사를 위해서 산소를 필요로 하는 **산소성**(aerobic) 생물이다. 이들은 생장과 유지에

필요한 에너지와 탄소를 다음과 같은 전체적인 식에 따라서 광합성 산물을 산화함으로써 획득한다.

$$C_6H_{12}O_6 + 6O_2 + 6H_2O \Longrightarrow 6CO_2 + 12H_2O$$
$$\Delta G^{\circ\prime} = -2872\ \text{kJmol}^{-1} \qquad (12.\ 1)$$

이 식이 광합성(9장 식 9.13)을 나타내는 식의 반대인 것을 주목하라. 광합성 식은 물이 전자의 공급원으로서 작용하며 탄소가 6탄당으로 *환원*되는 것으로 쓰여 있다. 반면에 호흡식은 6탄당이 탄소로 *산화*되면서 물이 생성물로 나오는 것으로 나타낸다. 호흡에서는, 광합성에 의해 탄소화합물이 생성되는데 소모된 자유 에너지에 해당하는 양만큼의 에너지 방출이 일어난다. 여기서 두 과정의 유사성은 끝이 난다. 비록 이 두 과정이 동일한 반응물과 생성물을 사용하고 에너지 역할도 유사하지만 관련된 효소 복합체와 대사 경로가 근본적으로 다르며 세포내에 다른 장소에서 일어난다. 게다가 호흡은 식물의 모든 살아 있는 세포가 공유하는 과정이지만 광합성은 엽록체를 지니는 세포에만 한정되어 있다.

〈식 12. 1〉은 자유 에너지가 결과적으로 모두 방출되는 것으로서 6탄당이 산소에 의해 직접 산화되는 것으로 서술되어 있다. 물론 세포가 이 같은 방법으로 당을 산화하지는 않는다. 이렇게 큰 양의 에너지가 동시에 한꺼번에 방출된다면 말 그대로 세포가 다 타버릴 것이다. 대신에 호흡의 전과정은 독립적이면서도 상호 의존적인 **해당과정**(glycolysis), **시트르산 회로**(citric acid cycle) 및 **전자 수송 사슬**(electron transport chain)의 세 단계로 일어나는데 각각의 반응과정은 합하여 모두 약 50여 개나 된다. 산소로의 전자 전달은 이 길고도 복잡한 과정에서 단지 최종 단계일 뿐이다. 에너지역학 면에서 오히려 이같이 복잡한 과정의 기능은 간단하다. 6탄당의 산화를 일련의 분리된 여러 단계로 나누어서 자유 에너지의 방출을 조절하여 물질 대사에 유용한 형태로 보존할 수 있게 한다. 이미 언급하였듯이 호흡은 세포에 필요한 여러 물질을 만드는 데 필요한 다양한 형태의 탄소 골격을 생산한다는 사실도 마찬가지로 세포에서는 중요하다. 이 점에 대해서는 나중에 다시 설명하겠다.

호흡을 나타낸 〈식 12. 1〉에는 흔히 포도당과 같은 6탄당이 초기 기질로서 표현되어 있지만 실제로는 다양한 기질들이 사용될 수 있다. 포도당은 녹말(포도당 중합체)이나 프룩탄(fructan, 과당 중합체)과 같은 저장성 중합체나 이당류인 설탕으로부터 나오게 된다. 다른 당뿐만 아니라 지질, 유기산 그리고 정도는 덜하지만 단백질까지도 대사될 수 있다. 호흡에 사용되는 실제 기질은 종이나 기관, 발달 단계 혹은 생리적인 상태에 의존한다.

호흡하는 기질의 유형은 소비된 산소에 대한 방출된 이산화탄소 비를 측정함으로써 알 수 있다. 이 측정으로부터 **호흡 지수**(respiratory quotient, RQ)를 다음과 같이 계산할 수 있다.

$$RQ = \frac{\text{방출된 } CO_2\text{량}}{\text{흡수된 } O_2\text{량}} \qquad (12.\ 2)$$

호흡 지수의 값은 호흡되고 있는 기질의 산화 상태를 나타내는 함수이다. 탄수화물이 산화될 때 이론상의 RQ는 $6CO_2/6O_2 = 1$인 것에 유의하라. 그러나 실제적인 실험 값은 0.97에서 1.17의 범위에서 변화한다. 지질과 단백질은 탄수화물보다 더 환원되어 있으므로 완전한 산화에 보다 많은 산소가 필요하다. 따라서 RQ 값이 0.7 정도로 낮아질 수 있다. 반면에 시트르산이나 말산과 같은 유기산은 탄수화물보다 산화된 형이므로 완전히 산화되는 데 필요한 산소가 적어서 RQ 값이 보통 약 1.3 정도가 된다.

RQ 값이 유용한 정보를 제공하기는 하지만 이들을 해석할 때 주의해야 한다. 예를 들어 한 가지 이상의 기질이 동시에 산화될 때 측정한 RQ 값은 평균치가 된다. 발효가 일어날 때 산소는 거의 소비되지 않으므로 비정상적으로 높은 RQ 값이 나올 수 있다. 반면에 이산화탄소나 산소가 어떠한 이유로 해서 조직내에 잡혀 있게 되면 결과가 그만큼 틀릴 수 있다. 그럼에도 식물이 나쁜 영양 상태에 놓이게 되어 지질이나 단백질이 탄수화물 대신에 주요 호흡 기질로 사용되면 RQ 값이 대개 1보다 적게 된다. RQ가 사용되는 또 다른 예로서 발아중인 종자를 들 수 있는데 발아 도중에 지질을 많이 함유하는 종자는 발아 초기에 RQ 값이 1보다 작다. 유식물이 지질 저

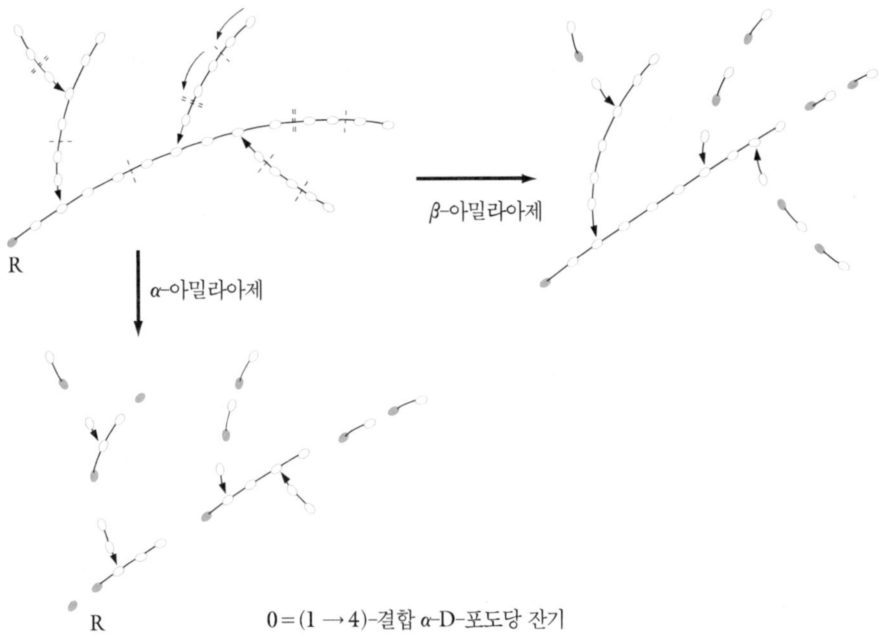

〈그림 12-1〉 α와 β-아밀라아제에 의한 녹말(아밀로펙틴)의 분해 모식도
백색 원은 1 → 4 결합된 α-D-포도당 잔기를 나타내며 녹색 원은 사슬의 환원된 말단을 표시한다.

장물을 다 소비하여 탄수화물이 주요 호흡 기질로 바뀌면 값이 점차 1에 도달한다.

설탕과 녹말의 분해

광합성 산물은 주로 녹말로 저장되는데 호흡 과정에 사용되려면 먼저 구성 성분인 포도당으로 분해되어야만 한다.

대부분의 식물은 탄수화물을 녹말이나 설탕으로 저장하고 있기 때문에, 이러한 탄수화물의 분해는 호흡에 의한 탄소 경로의 출발점이 된다.

녹말은 주로 아밀로오스와 아밀로펙틴의 혼합물로 구성된다. 아밀로오스(amylose)는 대부분의 고등 식물에서 그 양이 보통 1/3 이하인데 α-D-포도당이 1 → 4 결합된 기다란 직선형의 사슬이다. 반면에 아밀로펙틴(amylopectin)은 α-D-포도당이 1 → 4 결합된 비교적 짧은 사슬에 포도당 사슬이 1 → 6 결합으로 연결된 고도의 분지된 분자이다(그림 12-1). 녹말은 보통 불용성의 입자나 알갱이 형태로 색소체에 축적된다. 녹말이 그 구성원인 포도당 잔기로 완전히 분해되기 위해서는 여러 가수 분해 효소의 참여가 필요하다.

α-아밀라아제

α-아밀라아제(α-amylase)는 아밀로오스와 아밀로펙틴의 α-(1 → 4) 글루코실 결합을 무작위적으로 끊는데 말단 부위의 결합은 쉽게 끊지 못한다. 아밀로펙틴의 경우 α-아밀라아제는 α-(1 → 6) 글루코실 결합뿐만 아니라 분지점에 인접해 있는 α-(1 → 4) 글루코실 결합을 자르지 못한다. 그 결과 α-아밀라아제에 의한 아밀로오스와 아밀로펙틴의 가수 분해에 의해 방출된 당의 약 90%가 이당류인 말토오스((1 → 4)-α-D-glucosylglucose)이다. 나머지는 소량의 포도당이며 아밀로펙틴인 경우 한계 덱스트린(limit dextrin)이다. 최소 덱스트린은 4~10개의 포도당으로 구성되어 있고 원래의 분지점을 가지고 있다. α-아밀라아제는 식물체뿐만 아니라 박테리아나 사람

의 침을 포함하여 포유 동물을 포함하여 자연계에서 널리 발견된다. 이 효소는 녹말을 빠르게 대사하는 모든 조직에 존재하는 것으로 기대할 수 있다. α-아밀라아제의 특이하고도 중요한 특성은 녹말 입자를 기질로 이용할 수 있는 능력이다. α-아밀라아제는 지베렐린과 앱시스산에 의해 조절되는 종자 발아의 초기 단계에서 중요한 역할을 한다(후반부의 호르몬에 관한 장을 보라).

β-아밀라아제

β-아밀라아제는 포도당 사슬의 비환원 말단 부위로부터 시작하여 매 두번째 결합을 선택적으로 가수 분해함으로써 아밀로오스를 분해한다. 따라서 β-아밀라아제는 오로지 말토오스만을 만들게 된다. β-아밀라아제는 또한 아밀로펙틴의 짧은 사슬 분해하지만 그러나 효소가 비환원 말단 작용하기 때문에(1 → 6) 분지점을 절단할 수 없고 단지 바깥쪽의 짧은 사슬만을 분해하며 내부의 분지된 분자는 그대로 남겨 둔다(그림 12-1).

한계 덱스트린 가수분해효소

한계 덱스트린 가수분해효소(limit dextrinase)는 가지를 떼어내는 효소(debranching enzyme)이다. 이들의 작용은 (1 → 6) 분지 결합을 끊음으로써 α와 β-아밀라아제가 계속적으로 녹말을 말토오스로 분해하게 한다.

α-글루코시드 가수분해효소

최종 단계는 **α**-글루코시드 가수분해효소(**α**-glucosidase)에 의해 말토오스를 두 분자의 포도당으로 가수 분해하는 단계이다.

녹말 가인산분해효소

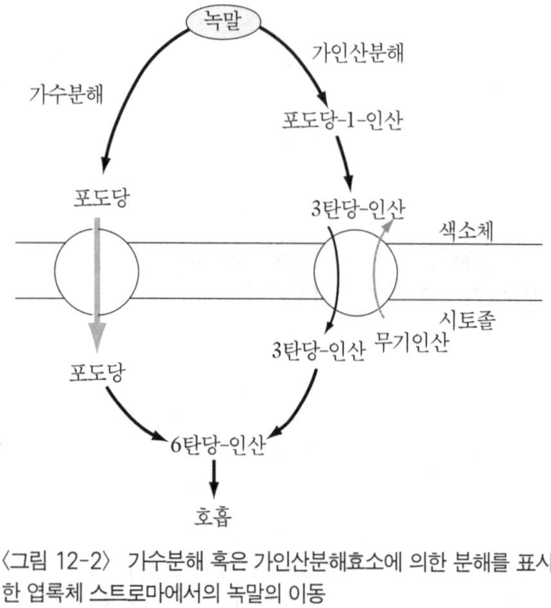

〈그림 12-2〉 가수분해 혹은 가인산분해효소에 의한 분해를 표시한 엽록체 스트로마에서의 녹말의 이동

3탄당 인산과 포도당은 엽록체 외막에 있는 특정한 수송 단백질(translocator)을 통해서 엽록체 밖으로 수송된다.

위에 언급한 모든 효소는 본질적으로 포도당 분자간에 물을 첨가함으로써 녹말에서 당으로의 가수 분해를 매개한다. 그러나 무기인산의 수준이 1 mM 이상으로 높을 때는 녹말의 분해는 인산화당의 축적과 같이 일어난다. 이는 녹말의 가인산분해(phospholytic)를 촉매하는 가인산분해효소(phosphorylase)의 작용 때문이다.

$$\text{녹말} + \text{n무기인산} \rightleftharpoons (\text{포도당-1-인산})_n \quad (12.3)$$

후에 이를 다시 언급하겠지만 최종 산물이 포도당이 아니라 포도당-1-인산이기 때문에 가인산분해효소의 작용은 에너지학 측면에서 유리하다. 가인산분해효소는 홀로 작용할 수 없어서 녹말 입자를 분해할 수 없으며 β-아밀라아제처럼 아밀로펙틴의 외곽 사슬에만 작용한다. 따라서 가인산분해효소는 불용성 입자의 분해를 시작하는 α-아밀라아제와 가인산분해효소가 내부의 포도당 사슬에 접근이 가능하게 해주는 포도당 측쇄 분지 효소와 같이 작용할 수 있다. 생체내에서 가인산분해효소의 중요성은 알려지지 않았지만 실험 결과 감자 녹말의 반 이하 정도의 분해를 담당한다. 나머지는 α와 β-아밀라아제에 의하여 분해된다.

녹말은 엽록체나 녹말체와 같은 색소체 내부에서 저장되고 분해되지만 세포 호흡의 첫단계는 세포질에서 일어난다. 따라서 녹말의 분해 산물이 호흡 경로에 도달하려면 엽록체막을 통과해야 하는데, 이는 색소체 외막에 있는 두 가지의 수송계에 의해서 일어난다(그림 12-2). 가인산 분해의 산물인 포도당-1-인산은 먼저 엽록체에서 3탄당 인산으로 전환된 후 10장에서 논의한 무기인산-3탄당 인산 수송체를 거쳐 색소체를 빠져나간다. 유리 포도당은 별개의 6탄당 수송체를 거쳐서 색소체 밖으로 나간다(Beck, 1985).

설탕의 합성과 분해는 10장과 11장에서 언급하였다. 설탕의 분해에는 설탕 합성 효소(10장의 식 10. 11)와 전화효소(invertase)(11장의 식 11. 1)의 두 효소가 역할을 담당하는데 전화효소는 최적 pH가 7.5 정도인 알카리성 전화효소와 최적 pH가 5 정도인 산성 전화효소의 두 가지 형태로 존재한다. 설탕 합성 효소와 알카리성 전화효소는 세포질에 위치하는 것으로 보이지만 산성 전화효소는 세포벽이나 액포에 연관되어 있다. 이 세 효소의 상대적인 공헌 정도는 명확하게 대사되고 있는 설탕의 세포내 위치에 따라 결정된다. 예를 들어, 여분의 탄수화물을 줄기의 액포에 주로 설탕으로 저장하는 사탕무에서 산성 전화효소는 설탕의 이동성에 중요하다.

해당 과정

해당 과정의 반응 결과로 6탄당은 피루브산으로 전환된다.

호흡에 의한 탄소 대사의 제1 단계는 6탄당이 3탄소 유기산인 피루브산(pyruvate)으로 부분적으로 산화되는 반응들의 집단으로서 이를 해당 과정(glycolysis)이라 하는데 세포질에 위치한 효소들에 의해서 촉매된다. 유사한 반응들이 특히 녹말체와 일부 엽록체에서도 독립적으로 일어난다(Plaxton, 1996). 당 분해를 의미하는 해당 과정의 반응들은 20세기 초에 효모의 발효와 동물의 근조직에서 글리코겐의 분해를 설명하기 위해 독일의 Meyerhof와 동료들에 의해서 시작되었다. 다른 대부분의 호흡 대사와 마찬가지로 해당 과정도 모든 생물에서 공통적으로 존재하는 것으로 알려져 있다. 산소가 없는 조건에서 알코올이나 젖산과 같은 발효 산물을 생산할 수 있으므로 탄소 분해 대사의 가장 원시적인 형태로 믿고 있다. 비록 해당에 의한 에너지 수율은 낮지만 무기호흡 생물이나 무기 상태에서 일부 호기성 생물 혹은 조직의 생장을 지탱하는 데 이용될 수 있다. 그러나 정상적인 호기 상태에서 해당에 의해 형성된 피루브산은 미토콘드리아에 의해 보다 많은 에너지 추출을 위해 대사가 더 진행된다.

해당은 편리하게 두 개의 부분으로 나누어 볼 수 있다. 그 첫번째는 저장 탄수화물에서 유래한 포도당과 과당이 공동의 중간 대사 물질인 과당-1,6-이인산으로 전환되는 반응군이다. 과당-1,6-이인산은 그 다음에 해당의 최종 산물인 피루브산으로 전환된다.

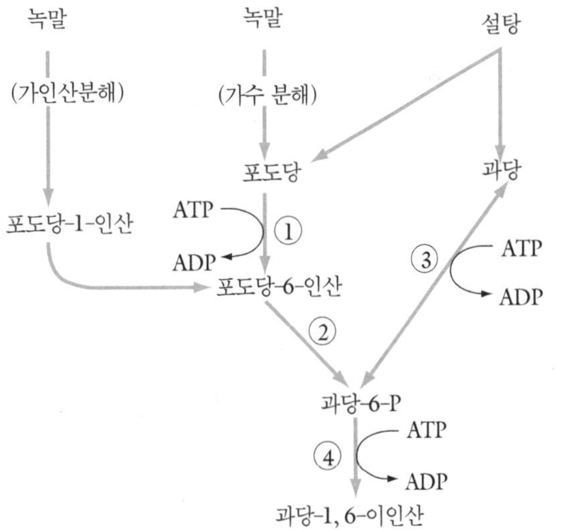

〈그림 12-3〉 저장 탄수화물의 과당-1,6-이인산(FBP)으로의 전환 관여된 효소 (1)은 헥소키나아제(hexokinase), (2)는 6탄당인산 이성질화 효소(hexosephosphate isomerase), (3)은 푸룩토오스 키나아제(fructokinase), 그리고 (4)는 포스포푸룩토오스 키나아제(phosphofructokinase)이다. FBP는 해당 과정에서의 주요기질이다. 여기에 보여진 반응은 F6P가 FBP로의 전환을 제외하곤 모두 가역적이다.

해당 과정으로 6탄당 유입

저장 탄수화물이 해당 과정에 유입되기 위해서는 녹말, 설탕 그리고 프룩탄의 가수 분해에서 나온 포도당과 과당이 먼저 과당-1,6-이인산(FBP)으로 전환되어야만 한다(그림 12-3). 포도당과 과당이 FBP로 전환되는 과정에서 초기에는 ATP 형태의 에너지 소모가 필요한 것을 주목하라. 한 분자의 6탄당이 해당 과정에 유입될 때 두 분자의 ATP가 소모된다. 이는 펌프를 작동하는 것과 유사한데, 포도당이 상대적으로 안정한 분자이므로 먼저 포도당-6-인산을 겨쳐서 과당-1,6-인산으로 전환시키는 일종의 활성화 에너지이다. 이 두 분자의 ATP는 해당 과정 동안에 회수된다. 이 때문에 녹말의 가인산 분해가 가수 분해에 비해서 에너지 측면에서 약간 유리하게 된다. 그 산물이 포도당-1-인산이므로 가인산 분해 경로를 통해 유입되는 각 6탄당은 ATP 소모가 1개로 줄어든다.

과당-1,6-이인산(FBP)에서 피루브산으로의 전환

FBP가 피루브산으로 전환되는 반응들은 〈그림 12-4〉에 요약되어 있다. 반응 ①로 나타나 있는 첫 반응은 FBP가 두 분자의 3탄당인 디히드록시아세톤 인산(dihydroxyacetone-P)과 글리세르알데히드-3-인산(glyceraldehyde-3-P)으로 분해되는 것이다. 이 두 가지 3탄당 인산은 쉽게 상호 전환(반응 ②)이 가능한데 이는 6탄당에서 기원한 모든 탄소가 궁극적으로는 피루브산으로 전환됨을 의미한다. 다시 말해서 한 분자의 FBP는 두 분자의 피루브산을 만든다. 따라서 최초로 경로에 유입된 6탄당을 설명하려면 이 지점부터 모든 것을 두 배로 생각해야 한다.

해당 과정의 주기능은 에너지 보존으로 두 가지 수단으로 일어난다. 그 첫번째는 NADH 형태로서 환원 퍼텐셜(reducing potential)이다. 반응 ③에서 두 분자의 NADH는 글리세르알데히드가 1,3-비스포스포글리세르산(bisphosphoglycerate)로 산화될 때 형성된다. 이 부분적인 산화에는 산소가 필요하지 않고 이산화탄소의 방출도 일어나지 않는다. NADH는 세포가 다른 물질을 합성할 때 환원 퍼텐셜로 사용되거나 미토콘드리아에서 산소가 있는 경우에 ATP 생성을 위해서 대사된다.

원래 6탄당에 저장되어 있던 에너지는 반응 ④와 ⑦을 거쳐 ATP가 된다(그림 12-4). 해당에 투입되는 한 분자의 6탄당에서 4개의 ATP(3탄당 인산당 2개)가 형성된다. 여기에서 ATP 형성은 양성자 기울기 형성과는 무관하므로 미첼의 화학 삼투적 인산화로 설명할 수 없다는 것에 유의하라. 대신에 경로상에서 기질이 산화되는 것과 직접 연관되어 있다. 이 같은 형태의 ATP 생성을 **기질 수준 인산화**(substrate-level phosphorylation)라 한다. 저장 탄수화물의 초기 분해가 가수 분해에 의한 것인지 혹은 가인산 분해에 의한 것인지에 따라서 순 ATP 생성이 두 개가 되거나 세 개가 된다.

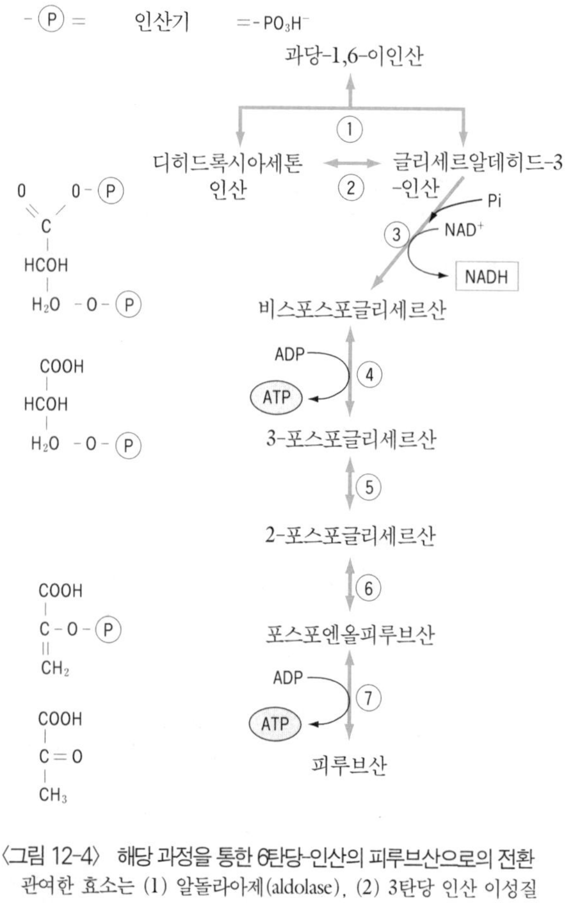

〈그림 12-4〉 해당 과정을 통한 6탄당-인산의 피루브산으로의 전환
관여한 효소는 (1) 알돌라아제(aldolase), (2) 3탄당 인산 이성질화 효소(triosephosphate isomerase), (3) 글리세르알데히드 인산 탈수소 효소(glyceraldehydephosphate dehydrogenase), (4) 포스포글리세르산 키나아제(phosphoglycerate kinase), (5) 포스포글리세르산 자리옮김효소(phosphoglycerate mutase), (6) 엔올라아제(enolase), 그리고 (7) 피루브산 키나아제(pyruvate kinase)이다.

산화적 5탄당 인산 산화 경로

산화적 5탄당 인산 경로는 4탄당과 5탄당 및 NADPH를 생산하는 포도당 대사의 대체 경로이다.

동식물을 포함한 대부분의 생물은 **산화적 5탄당 인산 경로**(oxidative pentose phosphate pathway)라는 포도당 대사의 대체 경로를 가지고 있다(그림 12-5). 또한 5탄당 인산 산화 경로는 세포질에 위치하면서 해당 과정과 여러 중간 대사물을 공유하기 때문에 서로 밀접하게 통합되어 있다. 산화적 5탄당 인산 경로의 첫단계는 포도당-6-인산이 6-포스포글루콘산으로 산화되는 것이다(그림 12-3). 이 첫단계는 $NADP^+$의 양에 매우 민감하므로 외관상 산화적 5탄당 인산 경로의 속도 조절 단계이다. 이 반응이 해당 과정과 산화적 5탄당 인산 경로의 방향을 결정한다. 두번째 단계는 CO_2가 떨어지면서 리불로오스-5-인산이 형성되는 또 다른 산화 과정이다. 이 두 반응에서 전자 받개는 NAD^+이 아니라 $NADP^+$이다. 이어지는 반응들을 통해서 글리세르알데히드-3-인산과 과당-6-인산이 만들어지면서 이들은 해당 과정을 거쳐서 더 대사된다.

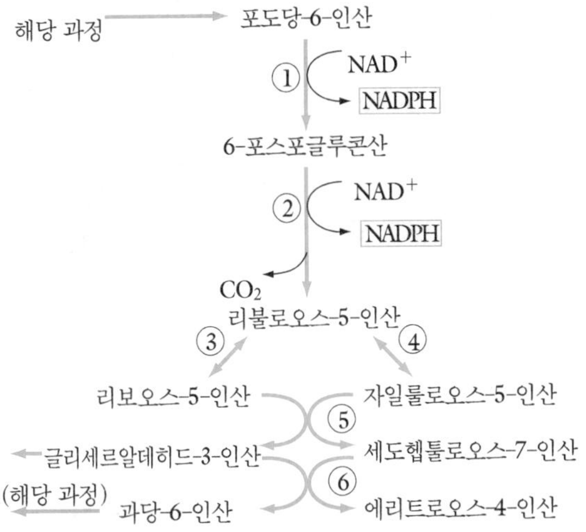

〈그림 12-5〉 산화적 5탄당 인산 경로
이 대체 경로의 주 기능은 NADPH 형태로의 환원력 생성과 핵산 합성에 필요한 5탄당 생성이다. 포도당-6-인산의 기원은 〈그림 12-3〉에 나타나 있다. 글리세르알데히드-3-인산(glyceraldehyde-3-P)과 과당-6-인산은 해당 과정으로 되돌아와서 대사가 계속된다. 관여한 효소는 (1) 포도당-6-인산 탈수소 효소(glucose-6-phosphate dehydrogenase), (2) 6-포스포글루콘산 탈수소 효소(6-phosphogluconate dehydrogenase), (3) 5탄당인산 이성질화 효소(phosphoriboisomerase), (4) 포스포펜토에피메라아제(phosphopentoepimerase), (5) 트란스케톨라아제(transketolase), 그리고 (6) 트란스알돌라아제(transaldolase)이다.

5탄당 인산 산화 경로의 역할과 탄소 대사에 차지하는 비율을 추정하기가 녹색 식물의 경우에는 쉽지 않고 까다롭다. 이는 주로 분해 회로에 관여하는 많은 중간 대사물과 효소들이 엽록체에서 비중이 더 큰 5탄당 인산 환원 경로(PCR 회로)와 공유되어 있기 때문이다(10장). 그러나 동물 대사의 연구를 통해서 5탄당 인산 산화 경로가 두 가지의 중요한 기능이 있는 것을 알 수 있다. 첫번째는 NADPH 형태로서의 환원력을 생산하는 것이다. $NADP^+$은 인산기를 하나 더 가지는 점에서 NAD^+과 구별된다. NADPH는 주로 생합성 반응을 진행하기 위해 필요한 전자주개로 작용하는 데 반해서 NADH는 산화적 인산화를 통해 ATP를 생성하는 데 주로 이용된다. 이 같은 구별로 인해 세포는 동일한 장소에서 NADPH와 NAD^+ 풀을 독립적으로 유지하게 한다. $NADPH/NAD^+$ 비가 큰 경우 환원적인 생합성 반응을 지원하고 그 역인 $NAD^+/NADPH$가 큰 경우에는 해당을 지원한다. 따라서 5탄당 인산 산화 회로는 세포질에서 생합성 반응을 진행하기 위해 필요한 NADPH를 생산하는 수단으로 생각된다. 예를 들어 동물에서는 5탄당 인산 산화 경로는 지방 합성에 NADPH가 필요한 지방 조직에서 극히 높은 활동을 한다.

5탄당 인산 산화 경로의 두번째 기능은 핵산 합성에 필요한 리보오스와 디옥시리보오스의 전구체로 작용하는 5탄당을 생산한다. 5탄당 인산 산화 경로의 또 다른 중간 대사물로는 식물에 잠재적으로 중요한 방향족 아미노산, 리그닌 및 플라보노이드 생합성의 선구체인 4탄당인 에리트로오스-4-인산(erythrose-4-P)이 있다.

피루브산의 운명

피루브산의 운명은 산소의 이용 여부에 달려 있다.

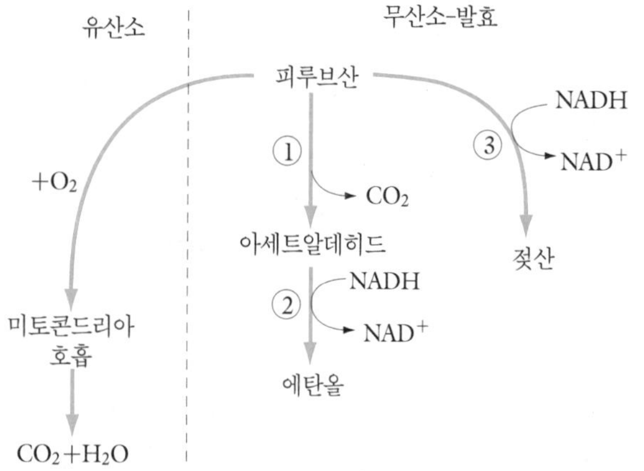

〈그림 12-6〉 피루브산의 운명은 거의 산소의 이용 여부에 의해서 결정된다.

관여한 효소는 (1) 피루브산 탈탄산 효소(pyruvate decarboxylase), (2) 알코올 탈수소 효소(alcohol dehydrogenase, ADH), (3) 젖산 탈수소 효소(lactate dehydrogenase, LDH)이다.,

해당 과정에서 생성된 피루브산의 운명은 일차적으로 산소의 존재 여부에 의해서 결정된다(그림 12-6). 보통 산소가 있는 상태에서 피루브산은 미토콘드리아로 수송되어 이산화탄소와 물로 계속 산화되면서 전자를 마지막에 산소로 전달하게 된다. 미토콘드리아 호흡에 관해서는 다음 절에서 보다 더 논의할 것이다.

고등 식물은 절대적인 호기성 생물이어서 무기 상태에서 짧은 기간 동안만 생존할 수 있지만 조직이나 기관은 때때로 무기 상태에 접하게 된다. 대표적인 경우로 토양이 물로 채워졌을 때의 뿌리를 들 수 있다. 최종 전자 수용체로서 작용할 산소가 없는 경우에 미토콘드리아의 호흡은 정지되고 대사는 발효로 전환된다. 발효 과정은 피루브산을 알코올 탈수소 효소(ADH)와 젖산 탈수소 효소(LDH)의 작용에 의해 각각 에탄올이나 젖산으로 전환한다. 대부분의 식물에서 발효의 주요 산물은 이산화탄소와 에탄올이다(그림 12-6의 반응 ①과 ②). 무기 상태의 초기에 약간의 젖산이 합성되기도 한다. 그러나 젖산은 세포질의 pH를 낮추게 되어 피루브산 탈카르복실화 효소를 활성화시켜서 에탄올 합성을 시작하게 한다.

어느 발효 반응도 해당 과정의 글리세르알데히드-3-인산의 산화에서 생성된 NADH(그림 12-4의 반응 ③) 중에서 하나를 소모하는 것에 주목하라. 이는 비록 발효 과정에서 환원력의 순 생성이 없음을 의미하지만 이러한 NADH의 재순환은 세포에게 여전히 중요하다. 세포의 NADH와 NAD^+ 풀은 상대적으로 적어서 NADH가 재순환되지 않으면 계속되는 글리세르알데히드-3-인산의 산화를 지탱할 수 있는 NAD^+의 공급이 끊기게 된다. 이런 상태가 되어 버리면, 해당 과정과 무기 상태에서 세포를 유지하는 데 필요한 소량의 ATP 생성마저도 곧 정지될 것이다.

산화적 호흡

미토콘드리온

호흡의 다음 두 단계인 시트르산 회로와 ATP 생산을 동반하는 NADH의 산화는 미토콘드리온(mitochondrion)이라 불리는 세포 소기관에서 진행된다.

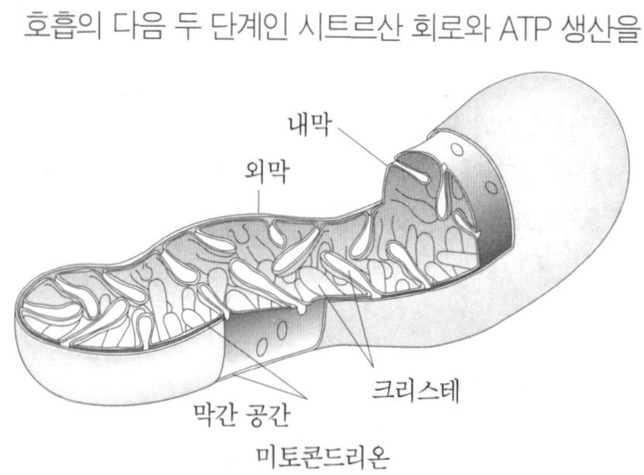

〈그림 12-7〉 주요 대사 구획이 표시된 미토콘드리온의 모식도

식물 미토콘트리아는 보통 구형이거나 짧은 막대형으로서 지름이 대략 0.5μm이고 길이는 2μm까지 된다(그림 12-7). 세포당 미토콘드리아의 수는 가변적이지만 일반적으로 세포의 대사 활성도와 연관이 있다. 빠른 생장중인 배양 중의 무화과 세포에서 R. Douce는 세포당 250개의 미토콘드리아를 보고하였다(Douce, 1985). 미토콘드리아는 세포 전체 부피의 약 0.7%를 차지하며 세포 단백질의 6에서 7%를 점유한다. 분비나

전달 세포와 같이 대사적으로 더 왕성한 다른 세포들에서 미토콘드리아의 수는 더 많아서 세포당 1,000개가 넘기도 한다.

다른 에너지 전환 소기관인 엽록체와 같이 미토콘드리아는 독특한 대사 기능을 가진 다른 여러 개의 미세 구조적 구획인 **외막, 내막, 막간 공간** 및 **기질**(그림 12-7)로 구성되어 있다. 두 막의 조성과 성질은 매우 다르다. 효소 기능이 거의 없는 외막은 지질이 풍부하고 단백질이 상대적으로 거의 없다. 반면에 내막은 건량 기준으로 70% 이상의 단백질을 함유한다. 또한 외막은 대부분의 대사 물질에 대해서 투과성이 매우 크다. **포린**(porin)으로 알려진 통로를 만드는 단백질을 가지는데 이를 통해서 분자량이 10 kDa 이하인 이온이나 분자의 이동이 사실상 자유롭게 일어난다. 내막의 투과성은 엽록체에서와 마찬가지로 훨씬 더 선택적이어서 물, 산소 및 이산화탄소와 같은 소수의 작은 분자만이 자유로이 통과할 수 있다. 엽록체의 틸라코이드 막과 같이 양성자에 대한 미토콘드리아 내막의 투과성은 특히 낮아서 ATP 합성에 있어서의 그 역할과 관련하여 중요한 요인이 되기도 한다.

미토콘드리아 내막은 심하게 안으로 접혀 있다. 이 같은 내부로 접혀 있는 모양을 **크리스테**(cristae)라고 부르는 내막의 빽빽한 망을 형성한다. 생물학 교재에 나오는 크리스테 사진은 동물의 것으로서 내부의 접힌 모양의 라멜라층을 형성하고 기질(matrix)로 돌출된 접시와 같은 형태를 이룬다. 식물 미토콘드리아의 흔한 형태는 덜 규칙적이며 관이나 주머니의 체계를 형성한다. 구조물이 없는 미토콘드리아 내부 혹은 기질은 40~50%가 단백질로 구성된 액체 상태이다. 이 단백질의 대부분은 탄소 대사에 관여하는 효소로 되어 있지만 기질에는 DNA, RNA, 리보솜, 유전자 전사와 단백질 합성에 필요한 기구가 포함된 미토콘드리아의 게놈(genome)도 포함되어 있다.

시트르산 회로

산소가 있으면 피루브산은 시트르산 회로에 의해 이산화탄소와 물로 완전히 산화된다.

호흡의 두번째 단계는 피루브산이 **시트르산 회로**(citric acid cycle)라고 알려진 일련의 반응을 거쳐서 이산화탄소와 물로 완전히 산화되는 반응이다(그림 12-8). 시트르산 회로는 또한 트리카르복실산(tricarboxylic acid, TCA) 회로 혹은 1930년대에 자신의 연구에 의해 이 중심적인 대사 과정을 밝힌 한스 크렙스(Hans Krebs)를 기리기 위해 크렙스 회로라고도 알려져 있다. 크렙스는 뛰어난 업적으로 1954년에 노벨 생리의학상을 수상하였다.

〈그림 12-8〉에 나와 있는 것처럼 시트르산 회로는 언제나 피루브산에서 시작된다. 피루브산이 실제 회로의 구성원은 아니지만 해당 과정과 연이은 탄소 대사 사이의 주요 연결고리를 제공한다. 피루브산은 세포질에서 생성되지만 시트르산 회로의 효소들은 미토콘드리아의 기질에 있음을 주목하라. 따라서 피루브산이 시트르산 회로에 의해 대사되기 위해서는 먼저 내막을 통과하여 안으로 수송되어야 한다. 피루브산은 수산 이온(OH^-)이 피루브산-OH^- 역수송(antiport) 수송체에 의해서 매개되어 막간 공간으로 나갈 때 그와 동시에 미토콘드리아로 들어오게 된다.

일단 기질 안으로 들어오면 피루브산은 거대 효소 복합체인 **피루브산 탈수소 효소**(pyruvate dehydrogenase)에 의해 탈탄산 산화 반응을 거치게 된다. 피루브산 탈수소 효소는 다섯 가지 연결된 반응을 촉매하는데 그 결과 한 분자의 피루브산이 두 개의 탄소를 가진 아세틸기로 산화된다.

$$\text{피루브산} + NAD^+ + CoA \rightarrow \text{아세틸-}CoA + NADH + H^+ + CO_2 \qquad (12.4)$$

피루브산은 먼저 탈탄산화 반응을 거친 후 산화된다. 그 결과 나오는 2탄소 아세틸기는 결국 티오에스테르(thioester) 결합으로 황단백질인 **조효소 A**(CoA)와 결합한다. 이 과정에서 NAD^+은 NADH로 환원되며 발생

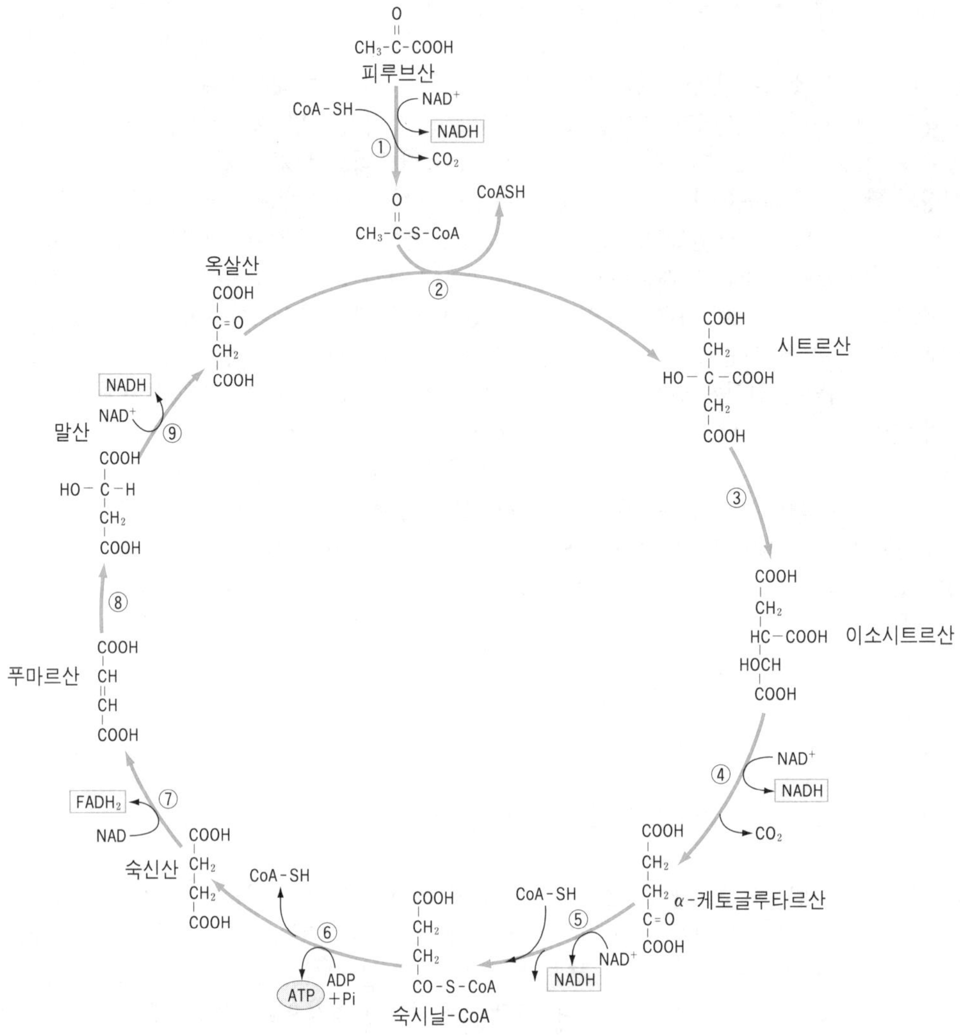

〈그림 12-8〉 시트르산 회로의 반응

시트르산 회로에서 피루브산은 이산화탄소로 완전히 산화된다. 환원력은 NADH 혹은 $FADH_2$ 형태로 저장된다.

되는 이산화탄소는 피루브산 분해에서 나오게 되는 3탄소 중의 하나이다.

시트르산 회로는 아세틸-CoA에서 아세틸기를 4탄소인 **옥살산**으로 전달하여 3개의 카르복실기를 가진 6탄소인 **시트르산**(따라서 시트르산 회로라는 명칭이 유래)을 형성하는 **시트르산 생성 효소**(citrate synthase)에 의해서 시작된다. 그 다음 단계는 시트르산이 이소시트르산으로 되는 이성질화 반응이며(반응 ③, 그림 12-8), 이어서 탈탄산 산화 반응이 두 번 연속 일어난다(반응 ④, 그림 12-8). 발생한 두 개의 이산화탄소로 피루브산의 분해는 완결되고 산화 과정에 의해 두 분자의 NADH가 기질의 환원 풀에 첨가된다.

시트르산 회로의 나머지 부분은 두 가지 기능을 수행한다. 첫째는 세 군데에서 추가적인 에너지의 보존이 일어난다는 점이다. 숙시닐-CoA에서 숙신산이 만들어질 때 ADP와 무기인산으로부터 1몰의 ATP가 형성된다(반응 ⑥, 그림 12-8). 이 때 ATP 형성은 기질의 전환과 직접적으로 연관되어 있기 때문에 이 반응은 **기질 수준 인산화**의 또 다른 예가 된다. 숙신산이 푸마르산으로 그리고 말산이 옥살산으로 산화될 때 추가적인 에너지가 보존된다(반응 ⑦과 ⑨. 그림 12-8). 두번째로 이 회로는 새로운 아세틸-CoA를 받아들이기 위한 옥살산의 재생을 수행한다. 옥살산의 재생은 한 분자의 옥살산이 무한정으로 많은 아세틸기 산화를 매개할 수 있으므로 회로의 촉매적 특성에 매우 중요하다.

요약하면 시트르산 회로는 2탄소의 아세틸 기가 4탄소의 옥살산과 결합하여 6탄소의 시트르산을 만드는 응축으로 시작하는 8 단계의 효소에 의해 매개되는 반응으로 구성되어 있다. 아세틸기는 분해되어 두 개의 이산화탄소가 생성된다. 회로에서 4번의 산화가 일어나서 NADH가 세 개 생성되고 $FADH_2$가 한 개 생성된다. 1 몰의 ATP가 기질 수준의 인산화에 의해서 생성된다. 마지막으로 옥살산이 재생되어 회로가 계속 진행되게 한다.

시트르산 회로에 대한 논의를 이제 끝내면서 6탄당에 해당하는 분자를 대사하기 위해서 회로가 두 번 회전해야 하는 것을 지적해 두는 게 좋을 것 같다.

NADH와 $FADH_2$의 산화

시트르산 회로상의 기질로부터 제거된 전자는 미토콘드리아의 전자 전달 사슬을 통해서 산소로 전달된다.

호흡의 주기능의 하나가 처음에 동화물로 고정된 에너지의 일부를 유용한 형태로 회수하는 것임을 이미 살펴보았다. 전통적으로 대부분의 과정에서 유용한 에너지의 측정은 획득되거나 소비된 ATP의 수로 결정한다. 이 방법 자체만으로 따지면 해당과 시트르산 회로를 통틀어 그 수확은 매우 낮다. 회로가 두 번 돌게 되면 한 분자의 포도당이 6개의 이산화탄소로 완전히 산화되지만 단지 4개의 ATP(해당 과정에서 나온 두 개와 회로가 한 번 돌 때 만들어지는 한 개)만이 생성된다. 이 단계에서 포도당에 저장된 연관된 에너지의 대부분은 해당과 시트르산 회로의 중간 대사물의 산화에서 생성된 전자쌍의 형태로 보존되어 있다. 포도당 한 분자에서 NADH로 10개, $FADH_2$로 2개 등 총 12개의 전자쌍이 생성된다. 이 절에서 우리는 세포 호흡의 세번째 단계인 NADH와 $FADH_2$로부터 산소로의 전자 전달과 이에 동반되는 산화 환원 에너지의 ATP로의 전환에 관해서 논의할 것이다.

NADH와 $FADH_2$에서 산소로의 전자 전달은 **전자 전달 사슬**을 구성하는 일련의 전자 운반체들에 의해 일어난다. 세포막 분획 연구 결과 전자 전달 사슬을 구성하는 효소와 전자 전달 운반체 4개의 거대 복합체(Ⅰ－Ⅳ)와 미토콘드리아 내막에 있는 2개의 이동성 운반체로 구성되어 있음을 알게 되었다(그림 12-9). 이 점에서 미토콘드리아 내막과 엽록체 틸라코이드막 사이에는 유사성이 많음을 알 수 있다(그림 12-9를 9-13과 비교해 보라).

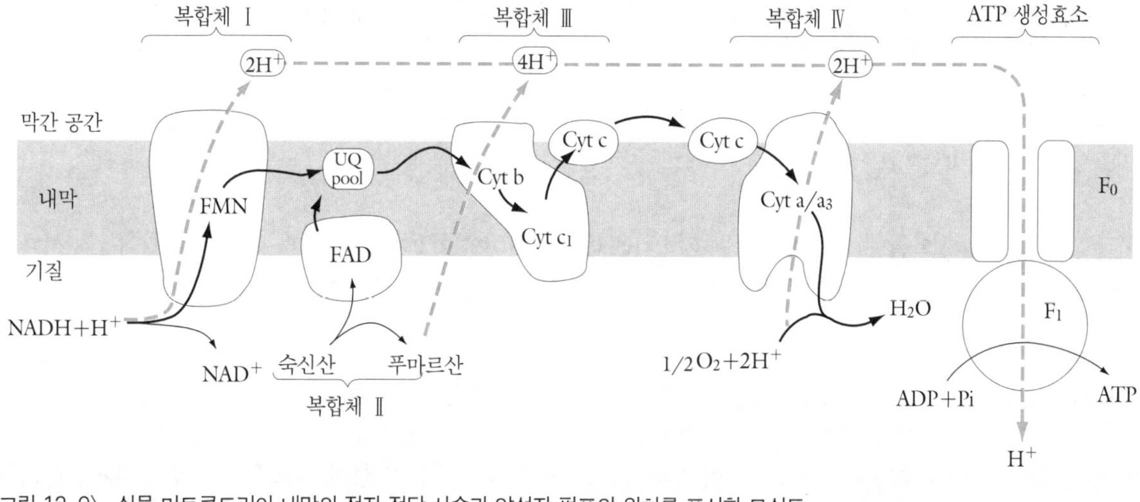

〈그림 12-9〉 식물 미토콘드리아 내막의 전자 전달 사슬과 양성자 펌프의 위치를 표시한 모식도

실선 화살표는 NADH나 숙신산에서 산소로 전자가 전달되는 경로를 나타낸다. 양성자 기울기로 저장된 에너지는 막의 다른 부위에 있는 F_0-F_1 ATPase 짝짓기 인자에 의한 ATP 합성에 이용된다.

이는 각 막의 주기능이 에너지 변환이고 많은 동일하거나 유사한 구성원이 관여하기에 뜻밖의 일은 아니다.

NADH로부터 산소로의 전자의 이동 경로는 다음과 같이 요약할 수 있다. NADH의 전자가 복합체 Ⅰ인 **NADH-우비퀴논 산화 환원 효소**(NADH-ubiquinone oxidoreductase)를 통해 전자 전달 사슬로 들어가게 된다. 이 복합체는 다수의 단백질 외에도 단단히 결합되어 있는 플라빈 모노누클레오티드(FMN)와 여러 개의 비헴성 철-황 중심을 가지고 있다. 복합체 Ⅰ은 NADH로부터 우비퀴논(ubiquinone)으로 전자를 전달한다. 우비퀴논은 벤조퀴논으로서 그 구조와 기능이 엽록체의 틸라코이드막에 있는 플라스토퀴논(그림 9-3 참조)과 유사하다. 플라스토퀴논처럼 우비퀴논은 매우 지용성이어서 막내에서 쉽게 확산 이동된다. 이것은 복합체 Ⅰ과 반영구적으로 결합하여 있지 않고 복합체 Ⅰ과 Ⅲ 사이에서 전자를 전달하는 이동성 전자 수용체의 풀을 형성한다. 우비퀴논의 완전히 환원된 형태인 우비퀴놀은 복합체 Ⅲ, 즉 **시토크롬 *c* 환원 효소**에 의해 산화된다. 복합체 Ⅲ은 시토크롬 *b*와 c_1 그리고 철-황 중심을 가진다. 복합체 Ⅲ은 다시 시토크롬 *c*를 환원시킨다. 시토크롬 *c*는 막 사이의 공간 쪽에 위치한 표면 단백질이다. 플라스토퀴논처럼 시토크롬 *c*는 이동성 운반체로서 복합체 Ⅲ과 사슬의 말단 복합체인 복합체 Ⅳ 사이에 전자를 전달한다. **시토크롬 *c* 산화 효소**라고도 하는 복합체 Ⅳ는 시토크롬 *a*와 a_3 및 구리를 갖고 있다. 전자는 먼저 시토크롬 *c*에서 *a*로 전달된 후 a_3를 거쳐서 최종적으로 산소에 전달된다.

숙신산 탈수소 효소(그림 12-8의 반응 ⑦)를 제외하고는 시트르산 회로의 모든 산화 효소는 기질에 위치한다. 이 효소는 미토콘드리아 내막과 단단하게 결합하고 있는 내재성 단백질 복합체(복합체 Ⅱ)이다. 실제로 숙신산 탈수소 효소는 미토콘드리아를 분획할 때 내막의 지표 효소로 잘 쓰인다. **숙신산-우비퀴논 산화-환원 효소**로 알려진 복합체 Ⅱ는 플라빈 아데닌 디누클레오티드(FAD)와 다수의 비헴성 단백질 및 철-황 중심을 가지고 있다. 복합체 Ⅰ처럼 숙신산 탈수소 효소는 숙신산으로부터 막 풀의 우비퀴논으로 전자를 전달한다. 그로부터 전자는 복합체 Ⅲ과 Ⅳ를 거쳐 산소로 전달된다.

앞서 해당 과정을 논의할 때, 글리세르알데히드-3-인산의 산화 과정에서 생성된 NADH가 미토콘드리아에서 대사되어 궁극적으로는 ATP를 형성할 수 있다고 하였다. 이 *세포질의 또는 외부 NADH*의 전자는 막 사이의 공간 쪽에 있는 또 다른 막 탈수소 효소에 의해서 전자 전달 사슬로 유입될 수 있다. 복합체 Ⅱ처럼 '외부' 탈수소 효소는 FAD를 가지며 우비퀴놀 풀로 직접 전자를 전달한다.

〈그림 12-9〉는 미토콘드리아에서 정적인 선상의 전자 전달 흐름을 나타내는 것임에 주의해야 하며 생체내에서의 구성 체제는 훨씬 동적이다. 9장에서 광합성 막의 전자 전달 복합체는 한 개의 초대형 복합체 형태로 구성되어 있기보다는 독립적으로 분산되어 있는 것을 보았다. 여기서도 마찬가지로 여러 복합체가 동일한 비율로 존재하지 않으며 독립적으로 내막상에서 확산이 자유롭게 일어난다. 커다란 복합체는 이동성 운반체로 작용하여 대부분 임의적인 충돌을 바탕으로 한 복합체에서 다른 복합체로 전자를 운반하는 우비퀴놀과 시토크롬 *c* 풀에 의해서 기능적으로 연결되어 있다.

양성자 기울기와 ATP 합성

전자가 전자 전달 사슬을 통하여 전해질 때 방출되는 에너지는 미토콘드리아 내막 사이의 전기 화학적 양성자 기울기로 보존된다. 이러한 기울기로 저장된 에너지는 Mitchell의 화학 삼투 메커니즘에 의한 ATP 합성을 수행하는 데 사용된다.

전자가 NADH(혹은 $FADH_2$)에서 산소로 전자 전달 사슬을 통해서 전달될 때 현저한 자유 에너지의 감소가 일어난다. 실질적인 자유 에너지의 변화는 광합성에서 물로부터 NADPH로 전자가 전달될 때 소비되는 양과 동일(9장)하며 단지 부호가 바뀔 뿐이다. 이 에너지는 우선 양성자 기울기 형태로 보존된 후 궁극적으로는 ATP가 된다. ATP 합성 메커니즘은 이미 9장에서 언급한 Mitchell의 화학 삼투적 인산화 가설로 설명될 수 있다. 여기서는 초점을 미토콘드리아에서 적용되는 양성자 기울기와 ATP 합성의 세부적인 사항에 둘 것이다.

ATP로 에스테르화된 인산 원소에 대한 환원된 산소의 상대적인 비인 P/O 비율과 여러 억제제를 사용한 연구의 결과로 전자 전달계에는 ATP 합성과 연관하여 3번의 전이(transition)가 있는 것을 알게 되었다. 다시 표현하자면 기질에 있는 내부의 NADH가 산화될 때, P/O비는 약 3이다. Mitchell의 가설에 의하면 이 전이는 미토콘드리아 내막을 통해 양성자 기울기가 형성되는 양성자 펌프로 일컬어지는 위치를 나타낸다. 각각 복합체 Ⅰ, Ⅲ 그리고 Ⅳ와 연관된 세 지점이 〈그림 12-9〉에 나타나 있다. 그러면 새로 생긴 양성자 기울기는 동일한 막에 위치하는 F_0-F_1 ATP 생성 효소 복합체에 의해서 ATP 합성을 일어나게 한다. 미토콘드리아에서의 ATP 합성은 산소의 소비와 밀접하게 연관되어 있으므로 이를 **산화적 인산화**(oxidative phosphorylation)라고 한다.

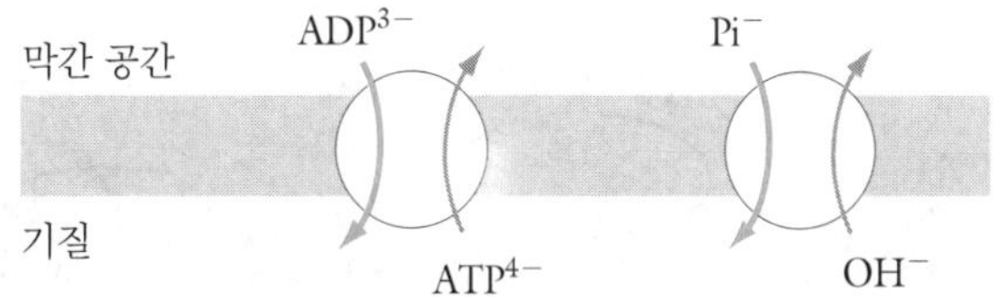

〈그림 12-10〉 아데닌 누클레오티드 운반체
내막을 통한 미토콘드리아 ATP와 세포질 ADP의 1 : 1 교환은 막전위에 의해서 구동된다. 무기인산은 수산 이온과의 교환을 통해서 기질로 되돌아온다.

미토콘드리아에서의 전자 전달 과정에서 양성자는 기질에서 막간 공간으로 방출된다. 복합체 Ⅰ(부위 1)과 연관된 양성자 배출은 막을 통한 복합체의 방향적 배열로 설명될 수 있다. 전자쌍이 NADH에 의해서 복합체로 주어질 때 기질로부터 양성자쌍이 수집된다. 이어서 전자가 우비퀴논으로 전달될 때 양성자들은 막간 공간으로 배출된다. 복합체 Ⅲ(부위 2)와 연관된 양성자 방출은 아마도 9장에서 언급된 'Q-회로'의 작동 때문인 것 같다(그림 9-16 참조). 양성자 기울기에 대한 시토크롬 *c* 산화효소(부위 3)의 공헌 여부는 오랫동안 논쟁의 대상이었다. 추출된 효소를 넣은 지질 소포체 실험 결과는 시토크롬 *c* 산화제가 막을 통해서 양성자를 이동할 수 있는 것을 암시하였다. 이 결과는 시토크롬이 산화 환원될 때 양성자는 빼고 전자만 교환되기 때문에 설명하기가 곤란하다. 그러나 세번째 부위에서 양성자/전자쌍 비가 2인데 이는 산소가 물로 환원될 때 두 개의 양성자가 소모된다는 점에서 쉽게 설명될 수 있다. 이는 기본적으로 물이 광합성 전자 전달의 초기에 산화될 때 틸라코이드내 공간에서 양성자의 생성과 유사하다(그림 9-13 참조). 양성자가 막을 통해서 이동되든지 안되든지 간에 양성자 배출의 정량적 관계에 대한 광범위한 연구가 이루어졌는데, 기질 NADH에서 산소로 한 쌍의 전자가 전달될 때 대략 9개의 양성자가 배출된다.

미토콘드리아에서 양성자 기울기와 ATP 합성의 연결 고리는 이미 기술한 엽록체에서의 ATP 합성과 동일한 원리를 가지고 있다. (1) 내막은 양성자에 대해 사실상 불투과성이다. (2) 양성자 기동력은 막전위와 양성자의 불균형 상태에 의해 사이에 형성된다. (3) ATP 합성은 양성자가 **ATP 생성 효소**(ATP synthase), 짝지음 인자 혹은 F_0-F_1-ATPase라고 하는 내재성 막단백질 복합체를 통해서 기질로 되돌아올 때 일어난다. 미토콘드리아의 ATP 생성 효소는 구조와 기능이 엽록체에 있는 효소와 유사하다. 막을 관통하는 소수성의 통로 형성 부위(F_0)와 막의 기질 방향의 막에서, 양성자 전이와 ATP 합성을 짝짓는 다량체의 외재성 단백질(F_1)로 구성되어 있다. 엽록체에서와 같이 H^+/ATP 비율은 약 3이다. 한 쌍의 전자가 전체 전자 사슬을 이동할 때 9개의 양성자가 배출되므로 3몰의 ATP가 형성될 수 있다. 미토콘드리아 밖에서 유입되는 NADH, 숙신산 혹은 로테논 비감수성(rotenone-insensitive) 탈수소 효소에서 전자가 유입되는 경우에는 복합체 Ⅰ을 거치지 않기 때문에 최대 2몰의 ATP가 형성된다.

엽록체와는 달리 미토콘드리아에서 합성된 ATP의 대부분은 세포의 다른 부위에서 이용된다. 이를 위해서 ATP가 소기관 바깥으로 쉽게 이동되어야 한다. 또한 전자 전달과 ATP 합성을 최대로 유지하기 위해서 ADP와 무기인산의 공급이 요구된다. 이는 내막에 있는 두 개의 운반체 단백질에 의해서 이루어진다. 내막에 있는 **아데닌 누클레오티드 운반체**(그림 12-10)는 1:1로 ADP와 ATP를 교환한다. 무기인산 운반체는 무기인산과 수산기(OH^-)를 맞교환한다.

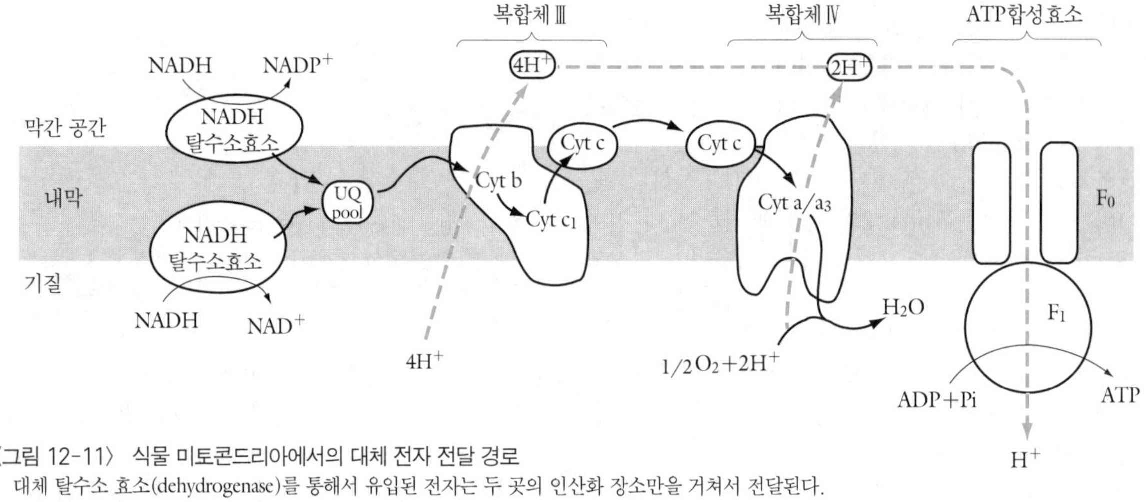

〈그림 12-11〉 식물 미토콘드리아에서의 대체 전자 전달 경로
대체 탈수소 효소(dehydrogenase)를 통해서 유입된 전자는 두 곳의 인산화 장소만을 거쳐서 전달된다.

식물에서 대체 전자 경로

다른 생물과 공유하는 공통된 전자 전달 경로 외에 식물은 몇 가지의 대체 전자 전달 경로를 가지고 있다.

위에서 언급한 전자 전달 사슬은 모든 생물 즉, 동물, 식물 그리고 미생물에서 사실상 동일하다. 식물의 미토콘드리아는 추가적으로 여러 가지의 산화 환원 효소를 함유하고 있는데 이중 적어도 두 개는 식물에만 존재한다(그림 12-11). 이 효소들은 특정 종류의 고전적인 전자 전달 억제제에 반응을 보이지 않기 때문에 발견되었다. 이러한 억제제들을 작용 부위와 함께 포괄적인 목록이 Lambers에 의해서 작성되었다(Lambers, 1990).

외재성 NADPH 탈수소 효소

식물 미토콘드리아는 막간 공간을 향해 있으면서 세포질의 NADPH를 산화할 수 있는 '외재성' 탈수소 효소를 갖고 있다(그림 12-11). 이것이 독립적인 효소 복합체인지 혹은 위에서 언급한 '외재성' NADH 탈수소 효소가 NADPH로 산화하는지는 확실하지 않다. 어떤 경우라도 세포질 NADPH의 산화에서 생긴 전자가 우비퀴논 풀에 직접 공여된다. 외재성 NADPH 탈수소 효소가 막을 관통하고 있지 않으므로 복합체 Ⅰ처럼 양성자를 수송하지는 못한다. 따라서 한 쌍의 전자가 산소로 전달될 때 단지 2개의 ATP가 형성된다.

로테논-비감수성 NADH 탈수소 효소

복합체 Ⅰ에 의한 우비퀴논의 환원은 **로테논**(rotenone)과 **아미탈**(amytal)에 의해 민감하게 억제된다. 로테논은 *Derris*라는 식물 뿌리에서 분리된 이소플라보노이드로서 흔히 살충제로 사용된다. 또한 물고기에 독성이 아주 강해 원시 사회에서 Derris의 뿌리는 물고기를 잡을 때 사용되었다. 그런데 식물은 이 두 전자 전달 억제제에 반응을 보이지 않는 다른 NADH 탈수소 효소를 갖고 있으며 **로테논-비감수성 탈수소 효소**(rotenone-insensitive dehydrogenase)라고 부르는데 이 효소는 내부의 기질 NADH만을 산화시킬 수 있다(그림 12-11). 따라서 효소는 기질을 향해서 막의 내부 표면에 위치해야만 한다. 외재성 NADH 및 NADPH 탈수소 효소와 마찬가지로 로테논-비감수성 탈수소 효소를 경유해서 유입되는 전자는 전자쌍마다 단지 2개의 ATP를 생성할 수 있다.

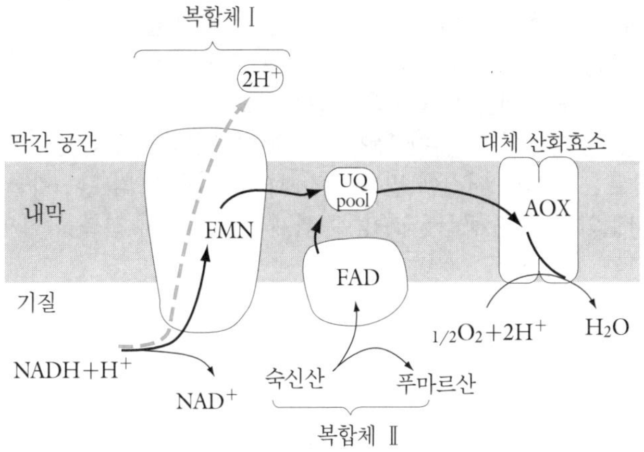

〈그림 12-12〉 대체 호흡 경로
전자는 대체 산화 효소(AOX)에 의해 가로채여 한 개의 인산화 장소를 거치거나 전혀 인산화 장소를 거치지 않고 전달된다.

시안화물-저항성 호흡

복합체 Ⅳ인 시트크롬 *c* 산화효소는 시안화물(CN^-), 일산화탄소(CO) 그리고 아지드(NH_3^-)에 의한 억제를 받는다. 동물에서 이 세 가지 억제제는 호흡에 의한 산소 흡수를 완전히 억제한다. 대조적으로 많은 식물이나 식물의 조직은 이 억제제에 대해 상당한 저항성을 보인다. 시금치나 강낭콩의 뿌리와 잎에서 시안화물 저항성 호흡은 많게는 총호흡의 40% 정도에 이르기도 한다(Lambers, 1990). 그러나 시안화물 저항성 호흡은 **salicylhydroxamic acid**(SHAM)와 같이 히드록삼산(hydroxamic acid)의 유도체에 민감하게 억제된다. 이 시안화물-저항성이지만 SHAM에 민감한 호흡은 이른바 **대체 산화효소**(alternate oxidase) 때문이다. 이 경로를 **대체 호흡 경로**(alternative respiratory pathway) 혹은 간단히 대체 경로라 한다. 비록 시안화물 저항성 대체 호흡 경로가 십여 년 이상 동안 널리 받아들여지고 있지만 산화 효소의 본질에 대해서는 상대적으로 거의 알려진 바가 없다(Siedow and Berthold, 1986; Moore and Seedow, 1991). 이 효소는 고전 생화학 방법으로는 단백질이 비교적 불안정하고 막에서 분리되자마자 활성을 잃어버리기 때문에 연구하기가 어렵다. 그러나 산화효소 단백질을 암호화하는 유전자가 부두 백합에서 처음으로 클로닝된 후(Rhoads and McIntosh, 1991) 감자, 완두와 다른 식물에서도 클로닝되었다. 이는 효소의 분자생물학에 중요한 진보를 가져와서 장래에 생화학 및 생리학적 측면에서 더 잘 이해할 수 있게 될 것이다(Vanlerberghe and McIntosh, 1997).

대체 산화효소는 미토콘드리아 내막을 관통하는 두 개의 동질 단위체로 구성되어 있는데 활성 부위가 막의 기질 쪽을 향해 있다. 이 효소는 전자를 우비퀴논으로부터 받아서 산소로 직접 전달하는 우비퀴논: O_2 산화 환원 효소로 작용한다. 이는 대체 효소의 매우 중요한 특징으로서 이 효소에 의해 제거되는 전자는 양성자가 방출되는 두 개의 부위를 우회한다. 결과적으로 ATP로 저장될 에너지가 대체 효소에 의해서 대신에 열로 전환된다. 전자가 복합체 Ⅰ, 로테논-비감수성 NADH-탈수소 효소, 혹은 숙신산 탈수소 효소 중 처음에 어디에서 공여되었는지에 따라 대체 효소를 경유하는 전자가 1분자의 ATP를 생성하거나 혹은 하나도 생성하지 않는다(그림 12-12).

대체 경로 호흡의 생리적인 역할은 아직 불명확하다. 한 가지 가능한 역할은 열발생(thermogenesis)을 들 수 있는데 Araceae과의 몇 가지 식물에서 꽃이 발달할 때 일어나는 사건에 바탕을 둔 가설이다. 스컹크 배추와 같은 종에서는 수분(pollination)이 일어나기 전에 수꽃과 암꽃이 모두 다 가지고 있는 육수화서에서 *호흡 절정(respiratory crisis)*이라고 불리는 산소 소비의 급증이 일어난다. 호흡 절정은 거의 전적으로 대체 경로 호흡의 증가에 의한 것으로서 대기 온도보다 10℃ 정도나 온도를 증가시킨다. 고온은 곤충 수분 매개자를 이끄는 특정 아민 향을 기화시킨다. 그러나 열발생이 뿌리나 줄기에서도 대체 경로의 기능을 하는 것 같지는 않다. 예를 들어, 북극의 한 초본을 연구한 결과 대체 호흡이 약 75%까지 차지하지만 잎의 온도는 빠른 열의 소실로 0.02℃ 이상은 증가하지 않는다(McNulty and Cummins, 1987).

대체 경로를 설명하는 두번째 가설은 에너지 과흐름(energy overflow)이라고 한다. 이 가설은 두 가지 관찰에 바탕을 두고 있다(Lambers, 1990). 첫번째는 대부분의 조직에서 대체 경로가 시토크롬 경로가 포화되기 전까지는 작동하지 않는다는 점이다. 두번째는 대체 호흡률이 세포에 공급되는 탄수화물의 증가에 따라 증가될 수 있다는 점이다. 예를 들어, 시금치에서 대체 경로는 광합성이 수 시간 동안 작동하여 탄수화물 공급물이 만들어진 후에야 작동이 시작된다. 다시 말해서 대체 경로는 대사나 저장에 필요한 것보다 과다한 양의 탄수화물이 공급되면 작동하게 된다. 이 가설에 따르면 대체 경로의 기능은 공급원-수용부 관계를 방해하여 전류를 억제할지도 모르는 과다한 탄소의 일시적인 축적을 소진하는 것이다.

식물기름, 글리옥실산 회로 및 포도당 신생성

많은 종자가 탄소를 지방이나 기름으로 저장하는데, 이들 물질이 호흡에 이용되기 위해서는 먼저 당으로 전환되어야 한다.

비록 지질은 막의 주요 성분이고 여러 조직에서 저장되지만 호흡에 필요한 탄소원으로 자주 이용되지 않는다. 여기에 대한 가장 두드러진 예외로 발아 중인 종자를 들 수 있는데 이들의 대부분은 트리글리세리드 형태로 다량의 지질을 탄소 저장원으로 저장하고 있다(표 12-1). 저장 지질은 자엽이나 배유의 저장 조직에서 주로 발견되는 기름방울〔종종 유체(oil body), 올레오솜(oleosome), 혹은 스페로솜(spherosome)이라 불림〕로 저장된다.

식물은 생장을 지탱하기 위해 저장 조직인 종자로부터 에너지와 탄소가 필요한 뿌리나 싹으로 지방이나 기름을 전류시킬 수 없다. 지방산은 먼저보다 쉽게 수송될 수 있는 형태로 전환되어야 한다. 이 형태는 주로 설탕(가끔 스타키오스 형태)으로서, 기름방울을 지닌 저장 조직에서 설탕이 대사되는 배(embryo)로 쉽게 전달된다. 트리글리세리드가 설탕으로 완전히 전환되는 것은 복잡한 과정으로 지방체, 글리옥시솜, 미토콘드리아 그리고 세포질의 상호 작용이 관여한다(그림 12-13).

트리글리세리드가 설탕으로 전환되는 과정을 다음과 같이 요약할 수 있다. 첫번째 단계는 트리글리세리드가 지방산과 글리세롤로 가수 분해되는 과정이다. 이는 기름방울 표면에서 작용하는 **리파아제**(lipase)의 작용을 통해서 일어난다. 이어서 지방산은 잎에서 발견되는 퍼옥시솜과 구조적으로 유사하지만 여러 다른 효소를 가진 **글리옥시솜**(glyoxysome)으로 들어간다. 글리옥시솜에서 지방산은 탄소가 두 개의 간격으로 끊어져 아세틸-CoA를 형성하는 **β-산화**(β-oxidation)를 거치게 된다.

아세틸-CoA의 일부는 미토콘드리아에서 온 옥살산과 결합하여 **글리옥실산 회로**(glyoxylate cycle)로 알려진 과정에서 6탄당인 시트르산을 형성한다. 이어서 시트르산은 이소시트르산으로 전환된 후 한 분자의 4탄당인 숙신산과 2탄당인 글리옥실산으로 분해된다. 숙신산은 미토콘드리아로 되돌아가 시트르산 회로에 들어가서 글리옥실산 회로를 계속 회전하게 하는 데 필요한 옥살산을 재생하게 된다. 글리옥실산은 다른 아세틸-CoA와 결합하여 말산을 형성한다. 이 말산은 세포질로 들어가 옥살산으로 산화된 후 탈탄산되어 포스포에놀피루브산(PEP)이 된다.

〈표 12-1〉 몇 가지 종자에서 지질 함량의 근사치

종	기름 함량(% 건량)
마카다미아 땅콩(Macadamia nut)	75
헤이즐콩(Hazel nut)	65
잇꽃(Safflower)	50
오일 팜(Oil palm)	50
카놀라(Canola)	45
아주까리(Castor bean)	45
해바라기(Sunflower)	40
옥수수(Maize)	5

따라서 글리옥실산 회로에는 글리옥시솜과 미토콘드리아 두 군데의 효소들이 관여한다. 회로에 관여하는 두 효소는 이소시트르산을 숙신산과 글리옥실산으로 전환하는 **이소시트르산 분해효소**(isocitrate lyase)와 아세틸 기를 글리옥실산과 응축하여 말산을 형성하는 **말산 생성 효소**(malate synthase)로 식물에서만 존재한다. 말산은 글리옥시솜에서 시토졸로 이동된 다음 말산 탈수

소 효소에 의해서 곧 옥살산으로 산화된다. 글리옥실산 회로의 전체적 효과는 옥살산에서 두 분자의 아세틸-CoA 분자 형성을 촉매하는 것이다.

세포질에서 글리옥실산 회로에서 유래한 옥살산은 PEP 카르복시키나아제(carboxykinase)에 의해서 탈탄산되어 PEP를 형성한다. 해당 과정의 역과정인 일련의 과정을 거쳐서 PEP가 포도당으로 전환되는데, PEP에서 포도당이 형성되는 과정을 포도당 신생성(gluconeogenesis)이라 한다. 포도당 신생성은 해당 과정의 효소를 사용하지만 상당한 차이가 있다. 해당 과정의 포스포프룩토키나아제와 헥소키나아제 반응(그림 12-3)은 자유에너지 변화가 너무 커서 포도당 합성으로 진행되기가 아주 불리한 실질적인 비가역적 반응이다. 포도당 신생성 과정에서 이 반응은 포도당 합성이 열역학 측면에서보다 유리한 반응들로 대치된다. 과당-1,6-이인산이 과당-6-인산으로 전환되는 것은 세포질의 프룩토오스-1,6-비스포스파타아제에 의해서 촉매되고 포도당-6-인산이 포도당으로의 전환은 글루코스-6-포스파타아제에 의해서 촉매된다. 이 같은 차이는 두 방향의 반응이 열역학적으로 유리해지면서도 독립적으로 조절된다는 점에서 중요하다. 한 방향이 활성화되는 동안 다른 방향이 억제되어 공회전 회로로 끝나게 되는 것을 피하게 된다.

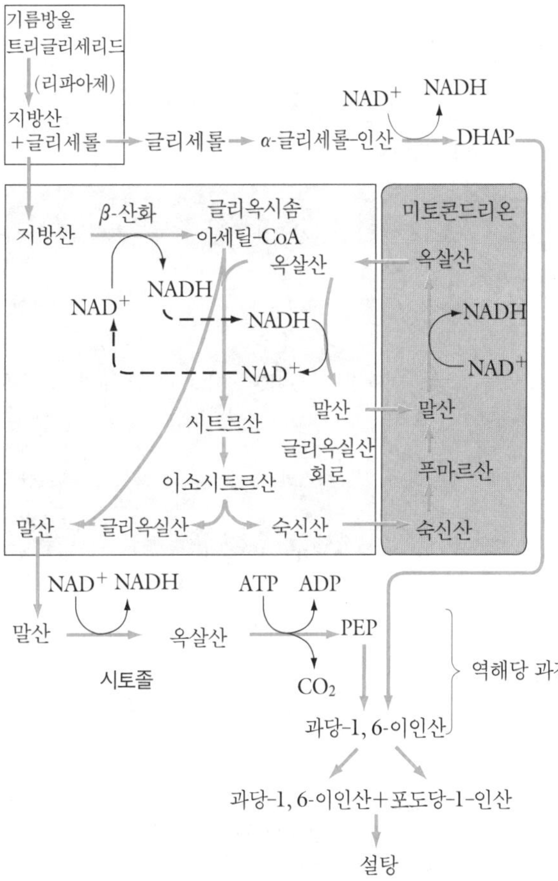

〈그림 12-13〉 지질의 분해 과정, 글리옥실산 회로 및 포도당 신생합성(gluconeogenesis)

리파아제의 산물인 글리세롤은 세포질로 들어가 먼저 ATP에 의해 인산화되어 α-글리세롤 인산을 형성한 후 디히드록시아세톤 인산(DHAP)으로 산화된다. DHAP도 해당의 역과정으로 설탕으로 전환될 수 있다.

트리글리세리드에 저장된 에너지의 일부는 포도당 신생합성에 의해 형성된 설탕으로 보존되지만 글리옥시솜에서 지방산의 β-산화는 또한 다량의 NADH를 생성한다. 글리옥시솜은 NADH를 직접 재산화시키지는 못하지만 옥살산을 말산으로 환원시키는 데 사용할 수 있다(그림 12-13). 말산은 곧 미토콘드리아로 이동하여 말산 탈수소 효소에 의해서 산화된다. 따라서 말산은 글리옥시솜과 미토콘드리아 사이에서 환원력이 같은 물질을 수송하는 셔틀의 역할을 한다. 미토콘드리아 내부에서 말산의 재산화 결과 NADH가 생성되고 이는 전자 전달 사슬에 유입되어 ATP 합성이 진행된다.

호흡과 구조 단위

ATP 형태의 에너지 이외에도, 세포 호흡은 또한 세포가 필요한 다른 분자들의 생합성에 필요한 탄소 골격을 제공한다.

세포 호흡에 대한 논의를 마치기 전에 환원력과 ATP의 생성이 호흡 경로의 유일한 목적이 아님을 유의해야만 한다. 에너지 이외에도 핵산, 단백질, 셀룰로오스 그리고 기타 세포 분자의 합성에는 탄소 골격도 역시 필요

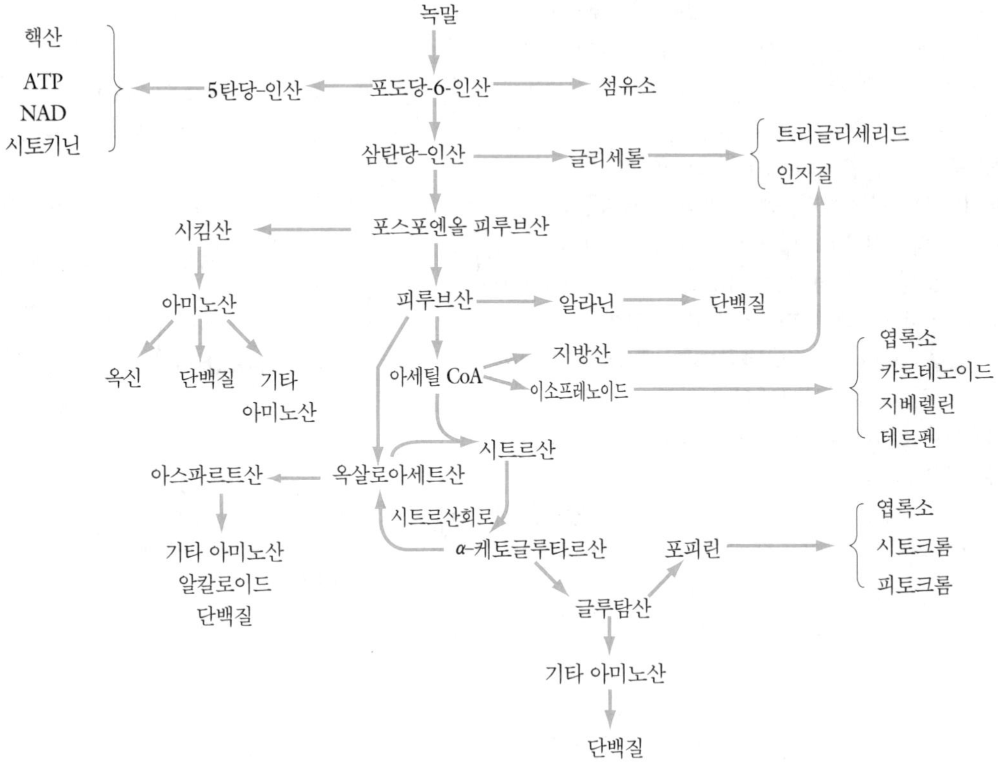

〈그림 12-14〉 생합성 과정에서 호흡의 역할
해당 과정과 시트르산 회로의 중간 대사물이 빠져나가 세포내 구성물의 생성을 위한 구성 물질로 작용한다. 회로의 탄소는 보충 대사 반응을 통한 옥살산의 합성에 의해서 유지된다. 이 그림은 불완전하며 생합성 과정에서 해당 과정과 시트르산 회로의 중요성을 나타내기 위한 것이다.

하다. 이 장의 도입에서 이미 살펴보았듯이 호흡은 세포 구조의 골조물을 형성하기 위해 저장 화합물의 탄소 골격을 변형시키는 데도 기여한다. 해당과 시트르산 회로의 중간 대사 물질에서 형성될 수 있는 몇 가지 중요한 골조물이 〈그림 12-14〉에 표시되어 있다.

물론 다른 분자를 합성하기 위해서 해당과 시트르산 대사물을 들어내는 것은 모든 호흡 기질이 이산화탄소와 물로 완전히 산화되지 않음을 의미한다. 호흡에 의한 탄소의 흐름은 의심할 여지 없이 한편으로는 에너지가 소모성 기능을 추진하기 위한 ATP에 대한 세포의 대사적 요구와 다른 편으로 세포 구조를 만드는 데 필요한 환원력과 탄소 골격의 요구간에 대한 균형으로 나타낸다.

왕성한 합성 기간 동안에 시트르산 회로에서 탄소가 합성에 이용되는 쪽으로 가게 되면 옥살산 수준이 현저히 감소되는 것에 유의해야 한다. 이 합성 반응은 탄소뿐만 아니라 환원력과 ATP 형태의 에너지도 역시 요구한다. 이러한 옥살산의 감소를 보상할 어떤 수단이 없으면 회로가 느려지거나 극단적인 경우에는 완전히 정지하여 에너지 생성에 손상을 입게 된다. 이런 결과는 두 개의 세포질 효소인 PEP 카르복실라아제(10장 참조)와 말산 탈수소 효소에 의해서 방지된다. C_4 광합성(10장 참조)을 하는 식물에서만이 아니라 모든 식물이 PEP를 옥살산으로 전환하는 PEP 카르복실라아제 활성을 어느 정도 가지고 있다.

$$\text{PEP} + \text{HCO}^-{}_3 \rightleftharpoons \text{옥살산} \tag{12.5}$$

이 경우 PEP는 해당 과정에서 유입된다.

비록 옥살산이 직접 미토콘드리아로 수송된다는 증거가 있기는 하지만 세포질에 있는 말산 탈수소 효소에 의해서 옥살산이 말산으로 신속히 환원될 가능성이 더 높다.

$$\text{옥살산} + \text{NADH} \rightleftharpoons \text{말산} + \text{NAD}^+ \tag{12.6}$$

말산은 말산 혹은 디카르복실산 수송체(dicarboxylate translocator)에 의해서 미토콘드리아 안으로 전달된 후 미토콘드리아의 말산 탈수소 효소에 의해서 옥살산으로 재산화된다.

$$\text{말산} + \text{NAD}^+ \rightleftharpoons \text{옥살산} + \text{NADH} \tag{12.7}$$

이 같은 경로를 통한 옥살산의 재보충은 '채우기' 메커니즘 혹은 **보충 대사 반응 경로**(anaplerotic pathway)의 한 예가 된다. 따라서 해당 과정에서 유래된 탄소는 (1) 피루브산과 아세틸-CoA를 통한 시트르산으로, 그리고 (2) 합성에 의한 탄소 손실을 보상하기 위해 옥살산과 말산을 경유하여 PEP로부터의 두 가지의 독립적이지만 동등하게 중요한 흐름을 통해서 시트르산 회로로 전달된다. 후자와 같은 보충 대사 반응은 합성 방향으로 탄소의 전환에 의해 에너지를 생성하는 이화 반응과 동화 반응 사이의 전체적인 탄소 균형에 악영향을 미치지 않게 한다.

시트르산 회로 구성의 정상적인 효소 이외에, 식물 미토콘드리아는 말산의 산화적 탈탄산을 촉매하는 상당한 양의 **NAD$^+$-말산 효소**를 갖고 있다.

$$\text{말산} + \text{NAD}^+ \rightleftharpoons \text{피루브산} + CO_2 + \text{NADH} \tag{12.8}$$

피루브산은 피루브산 탈수소 효소에 의해서 아세틸-CoA로 더 대사된 후 시트르산 회로로 들어가기도 한다. 따라서 미토콘드리아 풀을 형성하는 말산은 옥살산이나 피루브산을 통해서 시트르산 중간 대사 물질을 재충전하기도 한다.

보충 대사 역할 이외에 말산 효소나 말산 탈수소 효소에 의한 미토콘드리아에서의 말산의 흡수와 산화는 말산 대사의 대체 경로를 제공하게 한다. 이 대체 경로는 십자과 식물이나(10장 참조) 액포에 말산을 다량 함유하는 식물에게 특히 중요하다. 마지막으로 옥살산과 말산을 통한 피루브산 전환은 해당에서 피루브산 키나아제(그림 12-4에서 반응 ⑦) 단계를 우회하므로 ATP 생성을 1개 감소시키는 것에 유의해야 한다. 그러나 이 같은 감소는 세포질에서 말산 환원 및 미토콘드리아에서의 재산화를 통해서 보충된다. 이 반응은 해당 과정에서 생성된 미토콘드리아 외재성 NADH를 미토콘드리아 내로 운반하여 3개의 ATP 생성에 이용된다. 이는 미토콘드리아 외재성 NADH 환원 효소에 의해 생성된 2개의 ATP보다 1개의 ATP가 더 생긴다.

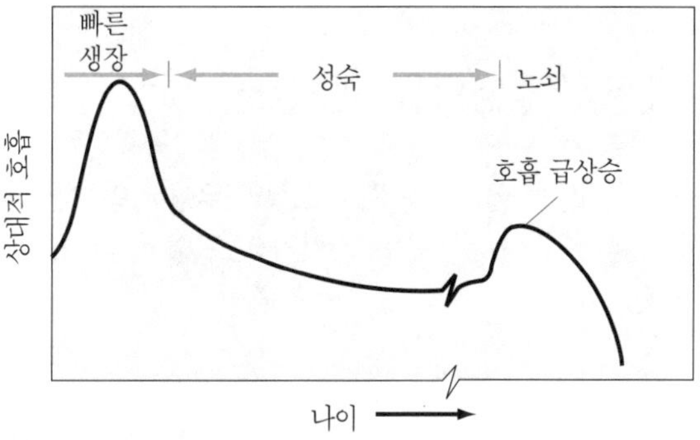

〈그림 12-15〉 나이에 따른 호흡률
이 유형의 곡선은 일반적으로 대부분의 초본성 식물과 조직 및 기관에 적용된다. 호흡 급상승(climacteric rise)의 정도는 다양한데 일부 기관에서는 거의 보이지 않거나 전혀 보이지 않는다.

온전한 식물과 기관에서의 호흡

온전한 식물(intact plant)이나 기관의 호흡률은 연령, 대사 상태, 그리고 환경 조건에 따라서 많이 변한다.

기관이나 개체 수준에서 호흡의 연구는 세포 수준에서의 연구보다 훨씬 어렵다. 온전한 식물의 호흡은 보통 산소의 흡수나 이산화탄소의 방출로 측정하였으나 이 방법으로 얻은 호흡률은 변이가 매우 크다. 산소와

〈표 12-2〉 작물, 낙엽수 및 송백류의 20℃에서의 대략적인 암호흡률

	암호흡률 μmol CO_2 evolved · g^{-1} dry mass · h^{-1}
작물	70~180
활엽수	
(양지잎)	70~90
(음지잎)	20~45
송백류	4~25

이산화탄소 교환의 차이는 어느 시점에서 호흡되는 기질의 종류, 발효와 시트르산 회로가 차지하는 부분 그리고 대체 경로의 활성도에 의존한다. 게다가 호흡률은 기관마다 다르고 연령과 발달 단계에 따라서 변화하며 온도, 산소, 염, 그리고 다른 환경 요인에 의해서도 현저하게 영향을 받는다. 그럼에도 불구하고 기관이나 개체 수준에서의 호흡 연구는 활발한 연구 분야이다. 이 수준에서의 호흡에 대한 이해는 생장과 발달에 관심을 갖는 생리학자, 식물의 생물량 생산에 관심 있는 생리생태학자 그리고 호흡이 생산과 수확에 미치는 영향 때문에 관심 있는 농생물학자에게는 매우 중요한 의미가 내포되어 있다.

일반적으로 호흡률은 대사적 요구를 반영한다. 어린 식물, 기관, 그리고 조직은 늙은 식물, 기관 그리고 조직보다 더 빨리 호흡한다(그림 12-15). 생장의 초기 단계에서의 빠른 호흡률은 아마도 신장과 분열이 왕성한 세포에서 합성에 요구되기 때문일 것이다. 식물이나 기관이 나이가 들어 성숙하게 되면 생장과 그와 연관된 대사 요구가 감소한다. 특히 잎이나 과일과 같은 다수의 기관은 노쇠나 죽음에 앞서 퇴행적 변화의 시작을 표시하는 호흡률의 일시적인 급상승(climacteric rise)을 겪게 된다. 대개 일시적 산소 소비의 증가는 산화적 인산화 반응의 감소와 같이 되는데, 이는 ATP 생성이 전자 전달과 더 이상 밀접하게 짝을 지어서 일어나지 않는 것을 암시한다. 무게당 목본의 줄기나 가지에서의 호흡률은 생장에 따라서 감소한다. 이는 반지름이 커져 부피가 증가함에 따라 호흡하지 않는 목본 조직의 상대적인 비율이 증가하기 때문이다.

호흡에 의한 식물의 탄소 유실은 이용 가능한 탄소의 상당한 부분을 차지한다. 식물 조직에서의 실제 호흡률은 보리의 휴면 종자에서 겨우 측정이 가능한 정도인 0.005 μmol CO_2 $gW_d^{-1}h^{-1}$에서부터 최고조 호흡을 보이는 스컹크 배추 육수화서에서의 1,000 μmol CO_2 $gW_d^{-1}h^{-1}$ 이상에 이르기까지 극도로 심한 차이를 보인다. 영양조직의 전형적인 호흡률은 10에서 200 μmol CO_2 $gW_d^{-1}h^{-1}$의 범위에 속한다(표 12-2). 이는 하루 동안에 광합성에 의해 동화된 탄소의 상당한 부분을 차지한다. (광합성은 낮에만 일어나지만 뿌리나 이와 유사한 조직에서 호흡은 24시간 진행됨을 상기하라.) 이는 H. Lambers(1985)가 집계한 탄소 손실 계산치 목록에서 확연히 드러난다. 평균적으로 하루 광합성 산물의 30~60%가 호흡에 의해 이산화탄소로 상실된다. 열대우림 식물의 경우에는 아마도 고온에서의 가속화된 효소 활성도 때문에 이러한 손실은 70%를 초과하기도 한다. 어떤 식물에서는 하루 중 총탄소 유실량의 약 30~70%가 식물체의 땅 속에 감춰진 반쪽 부분인 뿌리의 호흡에 의해서만으로도 설명된다.

호흡률에 영향을 미치는 요인

앞서 간단히 언급한 연령과 조직의 유형에 의한 영향 이외에도 다른 대사 과정에서처럼 호흡은 다수의 외부 환경에 반응한다. 이에는 빛, 온도, 대기의 가스 조성, 염, 그리고 기계적 자극이 포함된다.

빛

미토콘드리아 호흡에 미치는 빛의 효과는 한동안 상당한 논쟁거리가 되었다. 예전부터 광합성 학자와 작물생리학자는 광조건하에서도 호흡이 암 상태에서와 비슷한 속도로 진행될 것으로 암묵적으로 가정하였다. 따라서 총광합성률은 이산화탄소 흡수로 측정되는 외관상 속도에 암소에서의 방출되는 탄소의 양인 호흡량을 더한 값과 같다고 여겨졌다. 그러나 녹색 잎에서 호흡을 연구한 결과 엇갈리거나 모순되는 결론을 얻게 되었다

(Graham, 1980). 미토콘드리아의 활성이 완전히 억제된다든지 시트르산 회로가 부분적으로 작동하거나 또는 빛에 의해 호흡이 촉진되기도 하였다. 문제는 가스 교환이 광합성에 의해 잎 내부에서 CO_2 재생, 그리고 엽록체와 미토콘드리아간의 물질 대사 교환에 의해 CO_2와 O_2의 유동이 압도적으로 일어나는 경우에 호흡을 측정하기가 어렵기 때문이다. 엽록체에 의해 필요 이상의 ATP가 생산되면 미토콘드리아에 의한 산화적 인산화가 쓸데없게 된다는 견해가 있는가 하면 광조건하에서도 합성과 생장을 위한 탄소 골격을 제공하기 위해서는 시트르산 회로가 부분적으로나마 최소한으로 작동해야 한다는 견해가 있기도 하다. 이에 대한 정확한 해답을 얻는 것은 광조건 하에서 미토콘드리아에 의한 탄소의 유동을 정확하게 평가하는 게 가능할 때까지는 불가능할 것이다.

빛이 조사된 후 이어지는 암주기에서 호흡에 미치는 영향이 알려져 있다. 예를 들어, 강한 태양광에 적응된 잎의 암호흡률은 그늘에 적응된 동일종 잎의 호흡률보다 크다(표 12-2). 또한 음지에 적응할 수 있는 종보다는 적응할 수 없는 종의 성숙한 잎이 일반적으로 더 큰 호흡률을 갖는다. 호흡률의 감소는 낮은 광에 대한 상당히 일관되는 반응으로 보인다. 이는 아마도 음지 식물에서 발견되는 낮은 생장률과도 상관이 있는 것으로 생각되지만 어느 것이 원인이고 결과인지에 대해서는 아직 모른다. 낮은 호흡과 생장률이 짙은 음지 조건에서 생존하는 데 이점을 제공하는 것으로 추측된다.

빛에 대한 호흡률 조절의 바탕은 알려지지 않았는데 낮은 광조건에서 낮은 호흡률을 보이는 것은 기질의 이용 정도를 반영하고 있다는 제안도 있다. 예를 들어 광합성이 활발하게 일어난 후의 1~2 시간 동안 호흡률은 장기간의 암기 후보다 높다. 그러나 다른 실험에서는 호흡률이 그 전의 광주기 동안 제공된 CO_2 농도와 상관이 없음을 보여주어 그 본질이 무엇인지 모르지만 호흡에 보다 직접적인 효과가 있는 것으로 보인다.

온도

온도가 어떤 과정에 미치는 효과를 기술하는 데 가장 일반적으로 사용되는 정량적인 측정값의 하나는 온도 계수(Q_{10})인데 다음과 같이 표현된다.

$$Q_{10} = \frac{(t + 10)℃\text{에서의 속도}}{t℃\text{에서의 속도}} \tag{12.8}$$

5℃에서 25~30℃까지의 온도 영역에서 호흡의 증가는 온도에 따라 지수함수적으로 증가하고 Q_{10} 값은 약 2.0이 된다. 이 온도 범위내에서 온도가 10℃ 증가할 때마다 속도가 2배로 증가하는 것은 효소 반응의 전형적인 특성이다. 대부분의 식물이 30℃ 이상 되면 기질의 이용성이 감소하여 Q_{10} 값이 감소하기 시작한다. 특히 산소의 용해도는 온도가 증가함에 따라 감소하고 Q_{10}이 1에 근접하면 확산 속도가 이를 보상하기에 충분할 정도로 증가하지 않는다. 온도가 50~60℃에 접근하게 되면 호흡 효소의 열에 의한 변성과 막의 손상에 의해 호흡이 정지된다.

일부 연구자들은 열대, 온대 그리고 극지역 식물의 호흡률이 다른 온도에서 차이가 나는 것을 관찰하였다(Lambers, 1985). 예를 들어, 30℃에서 열대 식물 잎의 호흡은 10℃에서 극지 식물의 호흡률과 거의 같다. 호흡의 온도 계수는 두 식물에서 동일하며 호흡의 본질이 생화학으로 서로 다르다는 증거는 전혀 없다. 아마도 이 차이점은 극지 식물과 열대 식물의 호흡이 아닌 다른 요인으로 결정되는 최적 생장 온도의 차이 및 이에 따른 ATP 대사 요구의 차이를 반영하는 것 같다.

산소 이용도

최종 전자받개로서 산소의 이용도는 호흡률을 결정하는 명백히 중요한 요인 중의 하나이다. 대기 중의 산소 농도는 21%로서 비교적 일정하다. 세포질을 포함하여 대기로 포화된 물의 산소 농도는 약 250 μM이다. 그러나 시토크롬 *c* 산화 효소는 산소에 대한 친화력이 매우 커서 1 μM 이하의 K_m 값을 갖는다. 정상적인 조건에서 산소는 거의 제한 요인이 되지 않는다.

그러나 산소의 이용도가 중요한 요인으로 작용할 때가 있다. 한 예는 감자의 괴경이나 그와 유사한 저장 조직과 같이 표면적에 비해서 부피가 큰 조직에서는 산소 확산이 느려 호흡이 제한되는 경우를 들 수 있다. 그러나 이는 심각한 문제가 아닐 수 있다. 뿌리나 이와 유사한 조직의 40% 정도까지에 이르는 상당한 부피는 토양이나 식물의 지상부에서 흡수된 산소가 신속히 분포되도록 도와주는 세포간 공기 공간으로 채워져 있다. 식물은 토양 입자 사이의 빈 공간이 거의 물로 채워져서 뿌리로 산소 공급이 감소되는 홍수 기간에 가장 산소 결핍을 많이 겪게 된다. 유사한 이유로 인해서 수경 재배로 생장된 식물은 뿌리 근처에 적절한 산소 수준을 유지하기 위해서 통기가 필요하다(4장).

제 13 장

탄소 동화와 생산력

10장에서, 광합성은 녹색 식물이 다른 생물과의 경쟁에서 성공할 수 있는 근본적인 토대라는 것을 소개했다. 그러나, 탄소 동화 과정의 중요성은 녹색 식물이 하는 기능 이상의 의미를 갖는다. 생물권에 존재하는 거의 모든 종속 영양 생물을 지탱해 주는 식물의 생물량과 건조물(dry matter)은 탄소 동화로 만들어진다. 산업 혁명이 시작된 이후, 인구의 증가와 산업의 성장은 생물권에 점차 압력을 가해 왔다. 이 압력은 식물 생산력에 관한 연구에 관심을 불러일으켰다. 식물의 생산력은 광합성을 통한 탄소 획득과 직접적인 관련이 있다. 생산력과 생산량과의 상관 관계는 농업과 분명히 관련이 있을 뿐만 아니라, 이 관계가 다른 생물에게 에너지와 물질적 토대를 제공하기 때문에 더 넓은 생태학적인 면에도 관련이 있다. 생태계 연구는 에너지와 영양물질의 흐름에 관한 문제와 군집 구조에 대한 이들의 상관 관계를 설명하는 데 도움을 주며, 식물의 생산력에 대한 지식은 이러한 생태계 연구를 위한 기본 토대를 제공한다. 또한 식물의 생산력은 지구가 지탱할 수 있는 인구의 상한에 대해 암시해 준다. 식물이 자연 환경에서 어떻게 기능을 하는가, 잠정적인 식물의 수확량, 잠정적으로 스트레스가 되는 환경의 변화에 식물들이 어떻게 반응하는가를 아는 것은 세계의 인구가 성장하고 있는 시기에 세계의 자원을 관리하는 방법을 배우는 데 반드시 필요하다.

광합성의 생리—빛 포획, 에너지 전환 및 탄소의 분배—는 생산력의 근원이다. 이 장에서는 다음과 같은 것을 설명할 것이다.

- 탄소 획득과 생산력의 개념
- 호흡과 광합성의 상호 작용 및 상관 관계가 어떻게 식물 전체의 탄소 획득을 결정하는가
- 광합성과 생산력에 영향을 미치는 빛, 유용한 이산화탄소, 온도, 그리고 유용 토양수 및 영양분과 같은 환경 요인들과 잎과 수관 구조의 다양성 그리고, 잎과 수관 구조가 생산력에 미치는 영향

이 장은 세계적인 규모의 일차 생산력에 대해서 간단히 논의하고 마칠 것이다.

생산력

생산력(productivity)이라는 용어는 생물량에서 기관이나 개체 또는 개체군의 건조물(dry matter)이 증가하는 것을 의미한다.

무기 영양분이 건조물의 일부분이기는 하지만, 어떤 생물이든지 대부분의 건조물을 구성하는 것은 탄소이다. 생물권 속으로 유입되는 기본적인 에너지는 태양 에너지가 광합성 식물과 미생물에 의해 유기 물질로 전환된 것이며, 이것을 일차 생산력(primary productivity, PP)이라고 한다. 동화된 탄소의 총량은 일차 총생산력(gross primary productivity, GPP)이라고 한다. 그러나, 호흡으로 소모되는 것이 있기 때문에 GPP의 전부가 생물량을 증가시키는 데 이용될 수 있는 것은 아니다. 그러므로, 대부분의 생산력 연구에 있어서는 일차 **순생산력**(net primary productivity, NPP)에 중요한 초점을 맞춘다. NPP는 호흡 때문에 생기는 에너지와 탄소의 손실에 대해 GPP를 보정함으로써 결정된다. NPP는 탄소의 순수한 증가량이나 **탄소 획득**(carbon gain)을 측정한 것이고, 동물들이 먹을 수 있을 만큼 증가한 생물량을 반영한다.

호흡과 탄소 경제

식물에 의해 획득되는 전체 탄소의 획득량은 일차 순생산력에 의해 좌우되고, 일차 순생산력은 광합성에 의한 탄소의 흡수와 호흡에 의한 탄소의 소실 사이에 이루어지는 균형에 따라 달라진다.

광합성은 고등 식물의 물질 대사에서 중요한 위치를 차지하기 때문에, 광합성의 속도는 종종 생물량의 생산(biomass production)과 작물의 생산력(crop productivity)을 조절하는 일차적인 인자로 생각된다. 그러나, 비슷한 광합성률을 가진 식물들이 생장률과 생물량의 축적면에서 현저하게 다를 수 있다는 것이 자주 관찰되었다. 식물의 전체적인 탄소 수지(carbon budget)나 **탄소 경제**(carbon economy)를 이해하려고 할 때, 분명히 탄소의 분배(partitioning)와 할당(allocation), 전이 속도, 호흡률과 같은 다른 인자들을 고려하여야만 한다. 탄소 경제는 탄소의 획득과 탄소의 이용 사이의 균형을 설명하기 위해 사용되는 용어이다. 호흡은 광합성과 중요한 균형을 맞추고 있다. 호흡은 생물량을 증가시키고 유지하는 데 필요한 에너지를 얻기 위해 동화된 탄소를 소비한다. 호흡으로 인한 탄소의 소비는 식물의 생산력을 제한하는 가장 중요한 내재적 인자들 중 하나이다.

식물의 탄소 경제에 미치는 호흡의 영향을 더 잘 이해하기 위해서, 몇몇 생리학자들은 한편으로는 생장하는 데에 드는 탄소 및 에너지 소모와 다른 한편으로는 유지(maintenance)하는 데에 드는 탄소 및 에너지 소모를 실험적으로 구분하려고 노력해 왔다(Lambers, 1985, Pearcy et al., 1989). **생장 호흡**(growth respiration)이란 용어는 생장하는 데 소모되는 탄소를 설명하기 위해서 만들어진 것이다. 생장 호흡에는 실질적으로 식물체를 형성하기 위해 들어간 탄소와 더불어 생합성과 생장에 필요한 에너지(환원력과 ATP의 형태로)를 만들어내기 위해 호흡으로 사용된 탄소가 포함된다. 반면에, **유지 호흡**(maintenance respiration)은 유기 분자의 전환, 막구조의 유지, 팽압 및 용질의 교환과 같은 과정에 에너지를 공급하여 결과적으로 건조물의 순수한 증가가 일어나지 않는다. 이러한 구분은 쉽게 이루어지는 것이 아니며 상대적인 생장률과 호흡률을 관련지음으로써 판단할 수 있다(그림 13-1). 〈그림 13-1〉에서처럼 생장이 영이 될 때의 호흡률을 추정해 볼 때, 아래쪽에 남아 있는 호흡 부분은 생장하지 않는 세포들이 기본적으로 필요로 하는 탄소와 에너지를 나타낸다.

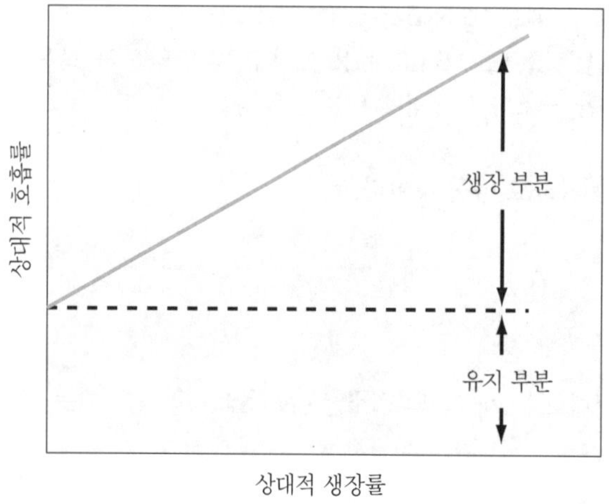

〈그림 13-1〉 생장과 유지 호흡
유지하는 데 기여하는 호흡 부분은 생장률을 영으로 추정해 봄으로써 평가할 수 있다.

〈그림 13-1〉로부터 전체 호흡에 대한 유지 호흡의 비는 생장률에 따라 다양할 것이라는 것을 알 수 있다. 어리고 빨리 생장하는 식물이나 기관에서는 유지에 기여하는 호흡 부분이 적겠지만, 성숙한 잎과 같이 생장하지 않는 기관에서는 호흡의 대부분을 유지 호흡이 차지할 것이다. 성숙한 잎에서 적은(그러나, 알 수 없는) 양의 호흡이 잎 안팎으로 용질을 이동시키는 데 사용되어야만 하지만, 사실상 일반적으로 사용되는 실험 방법으

로 측정되는 유지 호흡은 성숙한 잎의 호흡이 반드시 유지되는 데 100% 사용될 것이라고 가정한다. 또, 유지 호흡은 지상부와 땅 위의 다른 기관들에서보다 뿌리에서 더 높은 경향이 있다. 이러한 경향은 뿌리 자체가 필요로 하는 것뿐만 아니라 지상부에서 필요로 하는 것을 충족시키기 위해 뿌리가 이온을 흡수하는데 유지 에너지를 소모하는 것과 관련이 있을 것이다. 이 경향은 시안화물-저항성 대체 경로(cyanide-resistant alternative pathway)가 뿌리에 더 많은 경향이 있다는 것도 반영한다.

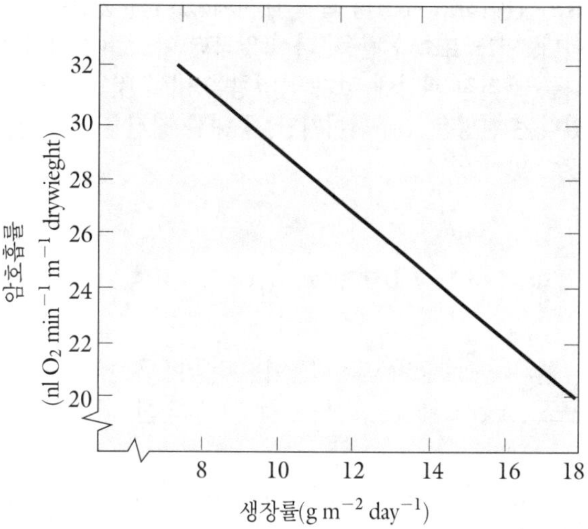

〈그림 13-2〉 호밀풀(*Lolium pratense*)의 유전자형에서 호흡률과 생장률 사이의 반비례 관계

호흡은 생물량과 농업적 생산량을 증가시키는 다양한 생장 과정에 필요한 대사 에너지를 생산하지만, 유용한 에너지를 적은 양 만들거나 혹은 거의 만들어내지 않으면서 탄소를 소모할 수도 있다. 후자의 상황은 식물에게 있어서 탄소의 소실을 의미하기 때문에 호흡률이 낮을수록 탄소 경제는 더 큰 흑자를 보게 될 것이며, 즉 훨씬 더 빨리 생장하고 생산력이 증가하는 결과를 가져올 것이라고 가정해 왔다. 생산력을 높이기 위해 호흡률을 조절하는 것은 가능할까? 일련의 연구에서는 호흡률이 '느린' (2.0 mg CO_2 g^{-1}h^{-1}) 것부터 '빠른' (3.5 mg CO_2 g^{-1}h^{-1}) 범위에 드는 호밀풀(*Lolium perenne*)의 유전자형이 선택되었다(Wilson, 1982). 선택 기준은 25℃에서 성숙한 잎들의 비호흡률(예, 유지 호흡)이었다. 그 결과(그림 13-2) 호흡률과 생장률 사이에는 음의 상관 관계가 나타났다. 즉, 가장 높은 생장률은 가장 낮은 호흡률을 가지는 유전자형의 경우에서 나타났다. Wilson은 높은 생장률이 '완전히 성숙된 조직에서 호흡에 의해 방출되는 CO_2의 양이 감소되어' 탄소를 훨씬 더 효과적으로 사용하여 나타나는 결과라고 결론을 내렸다. 다시 말하면, 유지 호흡에서 소모되는 탄소가 적어짐으로써, 탄소의 더 많은 부분이 생장하는 데 할당되어 사용될 수 있었기 때문이다. 다른 연구자들은 밀, 보리, 귀리를 가지고 호흡과 생장 사이에 비슷한 음의 상관 관계를 나타내는 증거를 찾아 내었다.

호흡 효율을 향상시키는 또 다른 방법은 시안화물-저항성 대체 경로가 있을 경우 이것의 활성을 감소시켜야만 한다(12장 참조). 대체 경로는 탄소를 산화시켜 대부분의 에너지를 열로 방출한다. 대체 경로의 전반적인 영향은 확실하게 입증되어 있지 않지만, 몇 가지 기대할 만한 증거가 있다. 어떤 품종들은 두 가지 서로 다른 CO_2 수준에서, 대체 경로의 호흡을 시작하는 것으로 밝혀졌다(Musgrave et al., 1986). 대체 경로를 강하게 발현하거나 전혀 발현하지 않는 자손을 생산하도록 품종들을 교배하였다. 대체 경로가 없는 자손에서 생물량이 더 많이 축적되었다.

이와 같은 연구들은 호흡이 생물량의 축적과 생산량에 중요한 영향을 미친다는 것을 제시한다. 또한 이러한 연구들은 호흡을 조절함으로써 생산량을 증대시키는 것이 실현 가능함을 제시한다. 광합성으로 동화된 탄소의 거의 절반이 언젠가는 호흡으로 소실되는 것을 감안하면, 유지 호흡의 수준이나 대체 경로의 사용을 감소시킴으로써 생장 호흡에 유리하도록 탄소 균형을 변화시키고 생물량의 생산력을 증대시킬 수 있을 것이다. 물론 유지 호흡 그리고/또는 대체 경로가 식물에게 해로운 영향을 미치지 않고 감소될 수 있다는 것을 가정하고 있지만, 이것은 분명히 입증되어야 될 것으로 남아 있다. 어느 정도의 유지 호흡은 식물이 건강하게 유지되는 데 반드시 필요하다. 그러나, 이 수준은 아직 정해지지 않았다.

일차 순생산(net primary production)의 효율을 증대시키기 위한 한 가지 방법은 육종과 선택 프로그램을 거치는 것이다. 일차 순생산의 효율을 증대시키는 것은 호흡을 뚜렷하게 평가하지 않고 시행하고 있는 육종 프로그램에서도 어느 정도는 이미 달성되고 있으므로 꽤 가능성이 있다. 또 다른 방법은 유전 공학을 통해 호흡을 조절하는 것이다. 그러나, 호흡은 생화학적으로나 생리학적으로 복잡한 과정이다. 호흡은 서로 다른 많은 효소들이 관여하며 세포의 물질 대사에 있어서 중심이 되고, 결국 세포 소기관과 세포질이 서로 조화를 이루는 활동이다. 어느 효소나 반응, 다시 말하면 어느 유전자가 유익하게 조작되어야만 하는가, 또는 변형된 호흡의 비율이 다른 생리적 과정에 얼마나 영향을 미칠 것인지를 알기는 어렵다. 호흡을 조절함으로써 생산력을 증대시킬 수 있다는 전망은 고무적이지만, 중대한 진전을 기대할 수 있기 전에 분명히 수행되어야만 하는 기초 연구가 아직 많이 남아 있다.

광합성과 생산력에 영향을 미치는 인자들

결과적으로 광합성과 생산력은 다양한 유전적인 요인과 빛, 이용 가능한 이산화탄소, 온도, 토양수, 영양분, 수관의 구조(canopy structure)를 포함하여 다양한 환경 요인에 의해 영향을 받는다.

광합성률은 많은 변수에 의해 제한을 받을 수 있다. 이 변수들 중 어느 것이 영향을 미치는가와 그 변수가 영향을 미치는 정도는 한 가지 변수가 한 장의 잎에 관련되어 있는가, 아니면 식물 전체에 관련되어 있는가, 또는 수관을 형성하는 식물 군집과 관련이 있는가에 따라 달라진다. 이들 변수들 속에 포함되는 것은 환경 인자와 유전 인자 두 가지이다. 환경 인자에는 빛, 이용할 수 있는 CO_2, 온도, 토양수, 영양분의 공급, 병리적 상태, 오염이 포함된다. 유전적 인자에는 10장에서 논의했던 탄소 동화 경로(C3 대 C4 대사, CAM), 잎의 나이와 형태, 엽면적 지수(leaf area index), 잎의 각도 및 잎의 방향이 포함된다.

빛

플루언스율(fluence rate)에 따른 광합성의 전형적인 반응이 〈그림 13-3〉에 나타나 있다. 플루언스율이 매우 낮은 경우에는 암호흡 때문에 CO_2가 방출되는 속도가 광합성에 의한 CO_2 흡수 속도보다 크다. 이 결과는 CO_2의 흡수가 없는 것(음의 값)으로 나타나거나, 순 CO_2의 방출만 있는 것으로 나타난다. 플루언스율이 증가되면, 광합성도 증가하고, 따라서, CO_2의 흡수 또한 CO_2의 교환 비율이 영이 될 때까지 증가한다. 이 때의 플루언스율을 광보상점(light compensation point)이라고 하며, 이 지점에서 광합성과 호흡의 경쟁적인 과정이 균형을 이룬다. 대부분 식물의 광보상점은 대략 조명 시설이 잘된 사무실이나 실험실 또는 교실의 빛 수준과 같은 범위인 10~40 μmol $m^{-2}s^{-1}$로 다소 낮다.

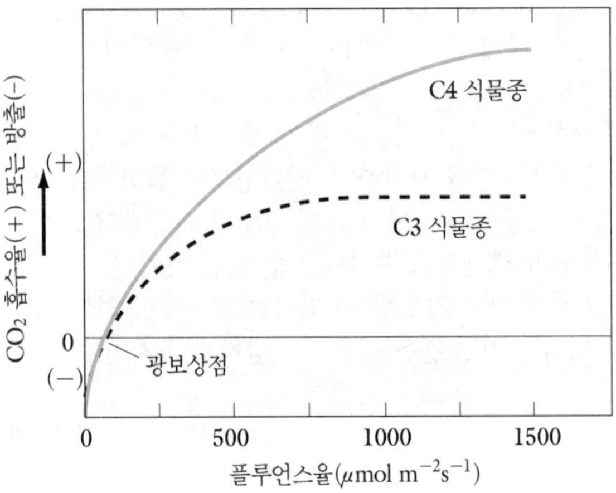

〈그림 13-3〉 C3종과 C4종의 플루언스율에 따른 광합성의 전형적인 반응을 보여주는 그래프

적어도 C3 식물에서는 광포화점 이상의 플루언스율에서 광합성률은 광포화에 도달할 때까지 계속 증가한다. 정상적인 대기의 CO_2 농도에서 대부분의 C3 식물은 태양 빛의 약 1/4 또는 1/2 정도에 해당되는 500~1000μmol $m^{-2}s^{-1}$ 정도의 빛으로 포화가 된다. 광포화는 일반적으로 CO_2와 같은 몇 가지 다른 요인이 제한되기 때문에 일어난다. 대부분의 경우, 광합성과 빛의 세기의 포화가 일어나는 지점에서, 대기 중의 CO_2 수준을 대기 중의 농도 이상으로 증가시킴으로써 광합성과 포화가 일어나는 플루언스율은 증가될 수 있다. C4 식물의 광보상점은 일반적으로 C3 식물과 동일한 수준이지만 앞에서 설명했던 것처럼(10장) C4 식물은 사실상 결코 광포화에 도달하지 않는다(그림 13-3). C4 식물이 포화되지 않는 것은 아마도 포스포엔올 피루브산

(phosphoenolpyruvate)의 카르복시화(carboxylation)를 일으키는 데 부가적으로 에너지를 사용하고 매우 낮은 CO_2 농도에서도 광합성을 계속할 수 있는 능력이 있기 때문일 것이다(10장). 땅콩(*Arachis hypogea*)과 같은 C3 식물 중 일부에서도 광포화가 나타나지 않는다. 왜 이런 경우가 있는지는 분명하지 않지만, 이것은 예외적인 것이다. 개개의 잎들과 식물들은 자신이 자라고 있는 빛 환경에도 적응할 것이다. 예를 들면, 높은 복사 조도(irradiance)에 적응시킨 양지잎(sun leave)보다 낮은 복사 조도에서 생장하도록 적응시킨 음지잎(shade leave)에서 광포화되었을 때의 광합성률이 더 낮다.

자연 환경에서는 C3 식물이라도 거의 광포화에 도달하지 않으며 비교적 짧은 기간 동안만 광포화에 도달한다. 새벽녘부터 해질 녘 사이의 광합성률은 점차적으로 증가하여 거의 정오 때 최고에 달하며 그 이후부터 해질 때까지는 감소한다. 광합성률은 일반적으로 일출 및 일몰과 동시에 일어나는 복사 조도의 변화에 따라 나란하게 변한다. 정오라 하더라도 구름이 끼면 광합성률은 측정할 수 있을 만큼 감소하는 것이 관찰되었는데, 이것은 광합성이 포화되었다고 하더라도 간신히 광포화되었음을 제시하는 것이다. 또 다른 연구에서는 유럽의 관목 숲에 자라는 몇 가지 종의 연간 생산력이 기대되는 최대값의 절반 미만에 불과했다(Kuppers, 1984). 잎의 광합성능에 부응할 만큼 탄소를 획득하지 못한 것은 새벽과 황혼의 영향과 봄과 가을의 짧은 광주기 및 구름 때문에 평균 복사 조도가 감소했기 때문이었다. 장기간에 걸친 탄소 획득은 틀림없이 생장기 동안 누적되는 복사 조도의 영향에 따라 달라진다.

유용한 이산화탄소

대기 중의 CO_2 농도는 부피 퍼센트로 약 0.035% 또는 350μl l^{-1} 정도로 비교적 낮고, 적어도 짧은 기간 동안에는 상당히 안정되어 있다. 이러한 대기 중의 CO_2 농도는 정상적인 플루언스율에서 대부분의 C3 식물이 CO_2로 포화되는 수준보다 낮다(그림 13-4). 이것은 대기 중의 CO_2가 광합성에서 자주 제한 인자가 됨을 의미한다. C3 식물에서, CO_2 농도가 높아짐에 따라 광합성률이 증가되는 것은 두 가지 인자, 즉 카르복시화 반응(carboxylation reaction)에 필요한 기질이 증가되었고, 산소와의 경쟁에 이겨 광호흡이 감소되었기 때문이다. 대기 중의 CO_2 농도와 빛 사이의 상호 작용에 주목해 보라. 플루언스율이 더 높을수록 최대 광합성률과 CO_2의 포화되는 농도가 증가한다. 흥미롭게도, 대부분의 C4 식물은 플루언스율에 관계없이 정상적인 대기 중의 CO_2 농도 또는 그보다 약간 높은 농도에서 포화된다(그림 13-4).

CO_2 농도가 광합성에 미치는 영향을 평가하는 것은 겉보기와 다르게 간단한 것이 아니다. 광합성 속도는 대기 중의 CO_2 농도에 의해서가 아니라 세포내의 CO_2 농도, 즉 엽록체 속의 카르복시화가 일어나는 장소에 공급되는 CO_2의 농도에 의해서 실질적으로 결정된다(Farquhar and Sharkey, 1982). 세포내의 CO_2 농도는 세포 간극의 CO_2 농도와 평형 상태에 있다고 가정한다. 확산 속도는 특정 부분의 농도 기울기에 따라 좌우되기 때문에, 대기 중의 CO_2 농도가 증가함으로 인한 일차적인 영향은 잎 안으로의 확산 속도가 증가해서 세포 사이의 CO_2 농도가 증가하는 것이다. 물론, 물의 공급이 적당하고, 또한 기공의 CO_2 전도도(conductance)가 제한되지 않을 때 그렇다.

한때는 기공의 CO_2 전도도가 광합성을 제한하는 중요한 인자라고 생각되었지만, 광합성 능력에 따라 다양하게 변하는 기공의 전도도로 보아 다른 요인이 광합성을 제한하는 중요한 인자일 것으로 최근의 연구는 제안

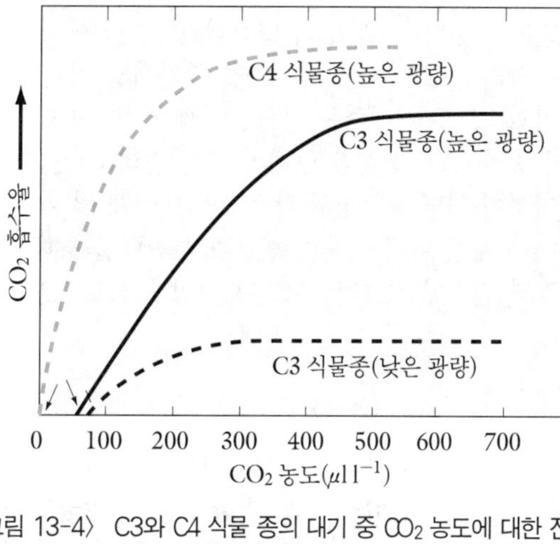

〈그림 13-4〉 C3와 C4 식물 종의 대기 중 CO_2 농도에 대한 전형적인 반응을 보여 주는 그래프
화살표는 CO_2 보상 농도를 가리킨다.

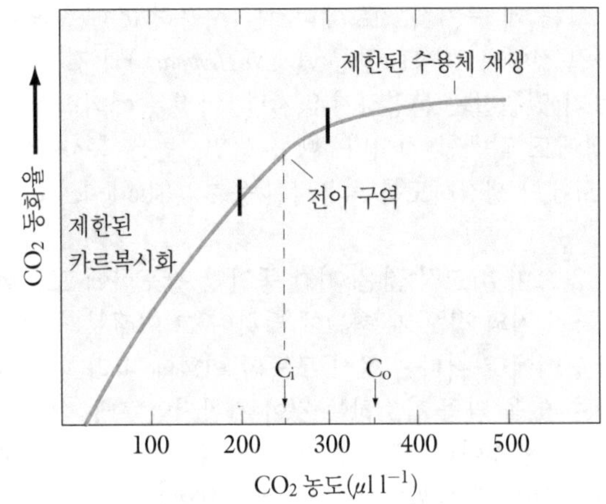

〈그림 13-5〉 CO_2 농도의 변화에 따라 광합성 속도가 제한되는 것을 설명하기 위한 모델
CO_2 농도가 낮을 때, 광합성은 효소인 Rubisco의 카르복시화 능력에 의해 제한된다. CO_2 농도가 높을 때, 광합성률은 수용체 분자인 ribulose-1, 5-bisphosphate의 재생 속도에 의해 제한된다. 아마도 기공은 카르복시화능이나 전자 전달이 과잉으로 일어나지 않는 범위인 전이대 정도의 세포내 CO_2 농도를 유지할 수 있도록 작동하는 것 같다. C_i와 C_o는 각각 세포내와 대기 중의 CO_2 농도를 가리킨다.

하고 있다(Farquhar and Sharkey 1982). 광합성능은 카르복시화능(carboxylation capacity)과 전자 전달능(electron transport capacity) 사이의 균형에 의해 결정된다(그림 13-5). 낮은 CO_2 농도에서, 광합성 속도는 이용할 수 있는 CO_2에 의해, 즉 수용체 분자인 ribulose-1, 5-bisphosphate(RuBP)의 이용 가능성으로 볼 때 포화된 광합성 체계의 카르복시화능에 의해 제한된다(10장 참조). 그러나, RuBP의 재생산이 전자 전달 반응에 의존하므로 카르복시화를 지탱하는 데 필요한 양보다 RuBP를 과량으로 생성하는 것은 자원을 비효율적으로 사용하고 있다고 볼 수 있다. 반대로, CO_2 농도가 높고 플루언스율이 낮을 때는 수용체 분자인 RuBP를 재생하기 위한 에너지가 감소하는 것이 제한 인자가 될 것이다. 이 경우에, 과량의 카르복시화능, 즉 과량의 Rubisco는 자원을 비효율적으로 사용하는 것이 될 것이다.

식물로 볼 때는 자원을 가장 효율적으로 사용하는 것은 세포내 CO_2 농도를 전이대 범위내로 유지하는 것일 것이다. 이 범위내에서는 전자 전달능이 과잉되거나 카르복시화능이 과잉으로 일어나지 않는다(Farquhar and Sharkey, 1982, Pearcy et al., 1987). 세포내의 CO_2 농도는 적어도 부분적으로는 기공 전도도에 의해 결정되므로, 기공의 중요한 기능은 세포내의 CO_2 농도를 가능한 한 전이대 범위내로 유지할 수 있도록 CO_2의 흡수를 조절하는 것이다. 이것은 기공의 기능이 일차적으로 수분의 손실을 조절하는 것이라는 전통적인 입장과 다른 것에 주의해야 한다. 높은 플루언스율에서 CO_2가 풍부하면 광합성의 최대값이 높아지고 CO_2 포화 농도도 더 높아지게 되는 것에도 주목하라(그림 13-4). 이러한 관찰들은 식물들이 자신의 카르복시화능을 증가시킴으로써 더 높은 플루언스율에서도 대응할 수 있다는 것을 제시한다. 카르복시화능이 증가하는 것은 광합성 효소, 특히 Rubisco의 양이나 촉매의 활성을 조절함으로써 이루어질 수 있다.

온실에서 CO_2의 제한은 특히 문제가 된다. 특히, 겨울에 온실을 닫아 둘 때, CO_2 농도는 광합성을 감소시키는 원인이 된다. 심지어 더 일반적인 조건하에서도 공기 중의 CO_2 농도가 증가하게 되면 대부분의 식물들은 상당히 빨리 자랄 것이고 생산량을 증가시킬 것이다. 이런 이유 때문에 양상치, 토마토 및 오이와 같은 야채 작물을 상업적으로 재배하는 사람들에게 있어서 CO_2를 충분하게 하는 것은 일반적인 관례가 되었다. 실제로, 온실 공기 중의 CO_2 함량을 현재의 대기 중의 CO_2 농도의 두 배 이상까지 증가시키기도 한다. CO_2 농도가 700 $\mu l\ l^{-1}$이상이 되면 광합성의 감소를 일으키게 될 기공의 폐쇄와 다른 독성 효과의 위험이 증가한다. CO_2를 풍부하게 하는 것은 야외 작물의 생장과 생산력을 증대시킬 것으로 기대되지만, 개방된 환경에서 기체 공급을 조절하는 것과 관련된 기술적이고 경제적인 문제도 있다.

온도

다른 생물학적 과정처럼 광합성도 온도에 민감하다. 대부분의 생물학적 과정에 있어서 온도 반응은 생물학적 과정에 포함되어 있는 효소 반응과 화학 반응이 온도 의존적임을 반영한다. 온도 반응 곡선은 세 가지 주요점(cardinal point), 즉 반응이 진행될 수 있는 **최저 온도**(minimum temperature, T_{min})와 **최고 온도**(maximum temperature, T_{max}) 및 **최적 온도**(Optimum temperature, T_{opt})로 특징지을 수 있다(그림 13-6). 따라서, 반응 속도 혹은 과정에는 온도가 증가함에 따라 촉진되는 최적 이하의 온도 범위와 속도가 감소하는 최적 이상의 범위가 있다. 이런 주요점들은 활성 부위와 기질의 결합 및 단백질(효소)의 안정성과 같은 생화학적 인자에 의해 주로 결정된다. 화학적 작용과 생물학적 작용에 대한 온도 반응은 10℃ 차이가 나는 두 온도에서의 반응의 속도를 비교해서 특징지을 수 있다. 이 값은 Q_{10}으로 알려져 있다.

$$Q_{10} = \frac{R_{T+10}}{R_T} \qquad (13.1)$$

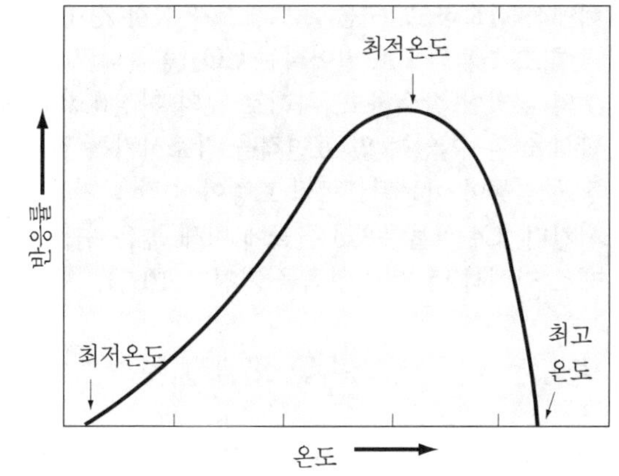

〈그림 13-6〉 전형적인 생물학적 반응에 있어서 온도 의존성과 반응 온도의 세 주요점

효소로 촉매되는 반응에서 Q_{10}의 값은 약 2이며, 이것은 온도가 10℃ 상승하면 반응 속도가 거의 2 배가 되는 것을 의미한다. Q_{10} 값은 최저 온도(T_{min})와 최적 온도(T_{opt}) 사이에서 온도에 의해 반응이 촉진되는 경우에 일차적으로 적용된다. 일단 최적 온도에 도달하면, 효소의 불활성화로 인해 반응 속도가 급격히 감소할 것이다(그림 13-6).

틸라코이드 막에서 일어나는 광화학적 반응은 온도에 의해 영향을 받지 않으며, Q_{10} 값이 1에 가깝다. 결과적으로, 광합성에서 온도 반응은 탄소 대사 과정에 미치는 온도의 영향이 주로 반영된 것이다. 광합성은 복잡하고 여러 종류의 효소가 관여하는 과정이기 때문에, 광합성의 온도 반응은 광합성에 관여하는 모든 효소의 평균적인 온도 특성을 반영할 것이다. 그러나, 광합성의 온도 반응이 모든 효소의 온도에 대한 특성의 평균적인 반응을 보여 줌에도 불구하고, C3와 C4 광합성의 온도에 대한 특성은 각기 Rubisco와 PEPcarboxylase의 온도 반응 곡선에 의해 주도되는 것으로 보인다. 앞서 10장에서 언급한 것처럼, C4 식물이 낮은 온도에 대해 감수성이 큰 것은 아마도 효소인 pyruvate, phosphate dikinase가 낮은 온도에서 불활성화되는 것과 관련이 있을 것이다.

잎과 식물 전체에서 광합성 활성의 측정은 일반적으로 광합성에 의한 CO_2의 흡수 속도와 호흡 때문에 생기는 CO_2 방출 속도 사이의 차이를 의미하는 순 가스 교환량(net gas exchange)을 근거로 하고 있다. 총 광합성과 호흡이 온도에 대해 매우 다르게 반응하기 때문에, 순 광합성의 최적 온도는 총 광합성의 최적 온도와 다르다(그림 13-7). 최고 50℃ 가까이 도달할 때까지 호흡률은 온도에 따라 계속 증가하다가 50℃ 근처에서 효소의 불활성화로 인해 급속하게 떨어진다.

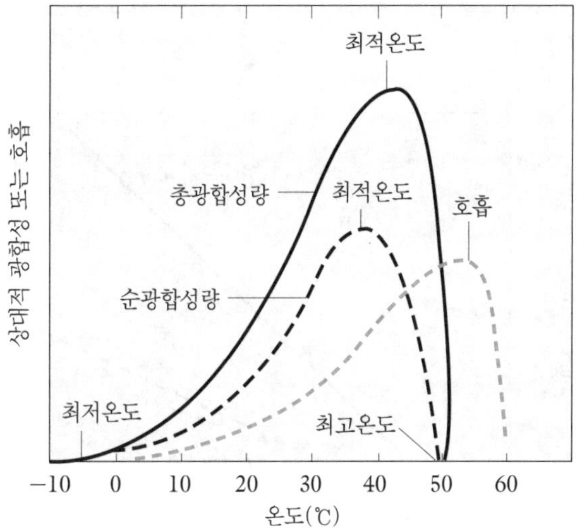

〈그림 13-7〉 총 광합성, 호흡 및 순 광합성에 대한 온도의 영향
온도가 높아짐에 따라 광합성에 참여하는 효소들의 활성이 증가하기 때문에 총 광합성량은 저해 인자들(효소의 불활성, 기공의 폐쇄)이 온도에 의해 영향을 받을 때까지 증가한다. 호흡은 온도가 증가할 때 천천히 증가하고 더 높은 온도에서 최적 반응을 보인다. 그러나, 호흡은 낮은 온도에서보다 높은 온도에서 더 빨리 감소한다. 순 광합성(점선)은 총 광합성과 호흡의 차이로 결정된다. 이렇게 결정된 순 광합성의 최저와 최적 및 최고 온도가 표시되어 있다.

토양 수분 퍼텐셜

생산력을 결정하는 데 있어서 이용 가능한 물의 중요성은 과소 평가될 수 없다. 광합성률은 수분 스트레스 상태에서 감소하고, 수분 스트레스가 심한 경우에는 광합성이 완전히 멈추게 된다. 수분 스트레스 때문에 기공이 닫히고 결과적으로 일어나는 CO_2 공급의 감소는 광합성에 중요한 제한이 된다. 낮은 수분 퍼텐셜로 인해 잎 세포의 팽압이 감소하고, 차례로 잎의 확장(leaf expansion)이 감소한다(22장 참조). 계속되는 수분 스트레스는 광합성을 할 수 있는 잎 표면적을 감소시키는 결과를 가져온다. 새로운 동화 산물이 감소된 것을 상쇄시키도록 저장 물질들이 이동됨으로써 보충이 약간 되기는 하지만, 약한 수분 스트레스조차도 전체적으로 순생산력을 감소시킨다. C4 식물은 C3 식물에 비해 높은 수분 이용 효율을 가지기 때문에 C3 식물에 비해 광합성과 수분 스트레스 면에서 몇 가지 장점을 가진다(10장).

영양분 공급, 병리학 및 오염 물질

잎이 가질 수 있는 최대 광합성능－잎의 광합성능(leaf photosynthesis capacity)이라고 한다－은 포화된 입사광, 정상적인 CO_2와 O_2 농도, 최적 온도 및 높은 상대 습도 조건에서 잎의 단위 면적당 광합성률로 결정된다. 잎의 광합성능은 100배만큼 변할 수도 있지만, 일반적으로 자원이 풍부한 환경, 즉 빛, 물, 영양분이 풍부한 환경에 적응되어 있는 식물에서 가장 높다(Pearcy et al., 1987). 사실상 모든 필수 원소들이 결핍되면 광합성이 감소하지만, 광합성능은 특히 질소의 공급에 민감하다. 엽록소와 광합성 전자 전달계의 산화 환원 운반체(redox carrier) 및 탄소 대사에 관여하는 모든 효소들의 기본적인 구성 요소로서, 질소는 일차 생산력에 결정적인 역할을 한다. Rubisco는 C3 종에서 단독으로 잎 전체 질소의 반 이상을 차지한다. C3와 C4 초본식물에 대한 한 연구에서, 순 광합성은 식물체가 함유하고 있는 질소 함량에 따라 직선적으로 비례하여 증가했다(그림 13-8). 보리 유식물에서, 질소 공급을 5배 증가시켰을 때 순 광합성은 25배 증가하였다. 질소가 결핍되었을 때 식물에게 미치는 뚜렷한 영향은 광합성 효소의 양과 활성이 감소되는 것이지만, 잎의 확장과 다른 요인들도 의심할 바 없이 광합성능이 감소하는 데 기여한다.

영양분의 공급과 더불어 이산화황, 질소 산화물, 오존 및 중금속과 같은 환경 오염원과 병원균의 침투로 인해 스트레스를 받은 잎에서도 광합성능이 감소된다. 이러한 인자들의 영향에 대해서는 22장에서 더 논의할 것이다.

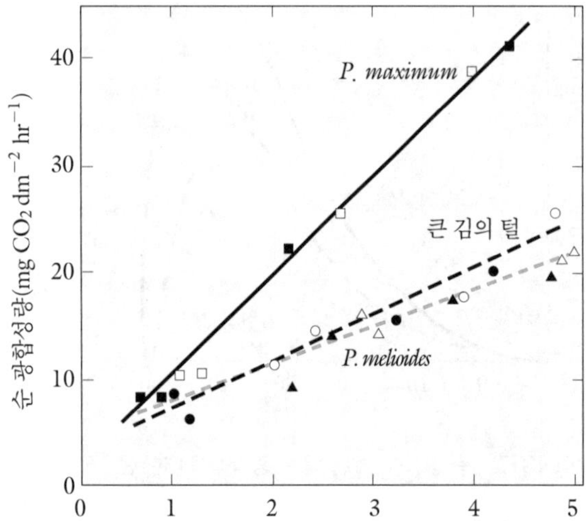

〈그림 13-8〉 잎의 유기 질소 함량과 순 광합성 사이의 상관관계
유기 질소는 건량에 대한 퍼센트로 측정된다. *P. maximum*은 C4 식물이고, 큰 김의 털(fescue)은 C3 식물이며, *P. melioides*는 C3와 C4의 중간 성격을 가진다.

잎의 요소들

개개의 잎의 순 탄소 획득량은 환경 변수에 의해 제한을 받는 광합성능과 잎을 만드는 데 드는 비용과 유지하는 데 드는 비용의 균형을 맞추고 있는 광합성능에 의해 좌우된다. 예를 들면, 잎이 생장 발달하는 동안과 나이 드는 동안에 잎의 순 탄소 획득량은 현저히 다르다. 발달 초기와 생장이 빠른 시기 동안에는 잎의 광합성능도 증가한다. 그러나, 발달중인 잎은 자신의 크기를 확장시키도록 하기 위해 탄소를 받아들일 뿐 아니라 자신이 합성한 탄소를 사용하는 수용부(sink)로서 기능을 한다. 이 후에, 나이 든 잎에서 엽록소와 광합성 효소가 소실되는 것이 특징인 점진적인 퇴행(deterioration), 즉 노쇠(senescence)가 진행되면서 잎의 광합성능이 감소한다. 잎이 완전히 확장되는 시기와 노쇠가 시작되는 시기 사이 동안만 잎은 탄소 획득 면에서 이득이 있다.

잎의 형태가 다르면 광합성능도 다르다. 예를 들면, 상록수의 잎은 낙엽성 잎에 비해 광합성능이 더 낮고, 생장하는 데 시간이 더 걸리기 때문에, 상록수의 구조물을 만드는 데 드는 비용 또한 더 높다(Chabot and Hicks, 1982). 만약 더 낮은 광합성능에 따른 비용과 겨울 동안 잎을 유지하는 데 드는 비용이 새로운 잎을 생산하는 데 드는 비용보다 적다면 결국 상록수의 잎이 유리할 것이다.

장기적으로 볼 때는 광합성능에 관계없이, 불리한 환경 조건이 탄소 획득을 감소시킬 것이다. 어떤 자연 환경에서든지 이용 가능한 물, 빛의 양과 온도는 모두 심하게 변하거나 어느 정도까지는 독립적으로 변할 것이며, 이런 상태는 흔히 광합성률을 최대 광합성능보다 훨씬 낮게 유지하도록 만든다. 이외에도, 어떤 잎이 처한 환경 가운데 두드러진 특징은 다른 잎이 존재한다는 것이다. 즉, 잎들은 일반적으로 수관(canopy)의 일부분이다. 식물 임상(林相)의 일차 순생산력은 수관 구조에 의해 현저하게 영향을 받는다. 다음으로 수관의 구조는 개개 잎의 나이, 형태, 각도, 잎들이 차지하고 있는 공간에 의해 결정된다.

일년생 C3 초본 식물은 줄기 축을 따라 잎의 나이와 발달 정도의 기울기가 특색있게 나타난다. 어리고 발달 중인 잎들은 줄기 끝에서 태양 빛에 완전히 노출되어 있는 반면에, 더 아래쪽에 있는 오래된 잎들은 심하게 그늘이 질 수도 있다. 그늘진 잎에 도달하는 빛은 전체 양의 10% 또는 미만까지 감소되기도 해서 순광합성이 매우 낮다. 수관 중에서 가장 낮은 곳에 있는 잎에 단위 시간당 도달하는 빛의 양은 하루 중 대부분의 시간 동안 광보상점 이하 정도로 적다. 수관 중에서 가장 낮은 곳에 있는 잎들은 순광합성에 더 이상 기여하지 못할 뿐 아니라, 오히려 호흡으로 인하여 탄소 획득에 손실을 가져온다. 많은 일년생 초본은 순차적인 노쇠(sequential senescence)를 거침으로써 생산력이 없는 잎들을 유지하는 데 드는 비용을 줄인다. 즉, 수관 중 아래쪽에 있는 오래된 잎은 수관 꼭대기에 새로운 잎들이 형성되는 동안 노쇠한다. 노쇠가 일어나는 잎들은 죽어서 땅으로 떨어지기 전에 주로 수용성 유기 질소 화합물의 형태로 건량(dry weight)의 50% 이상을 잃는다. 이런 질소 화합물은 발달중인 잎과 이런 유기 질소 화합물을 재사용할 다른 수용부로 이동된다. 이와 같은 방법으로, 식물 전체의 탄소 획득량을 최대화하기 위해서 다양한 나이의 잎들 사이에서 한정된 자원이 재분배된다.

농업 작물과 자연 생태계에 있어서 수관의 구조는 빛이 얼마나 효과적으로 흡수되는가를 결정짓기 때문에 중요하다. 높은 생산력은 땅의 면적이 광합성 표면으로 덮여 있는 정도에 따라 어느 정도 좌우된다. 노출되어 있는 땅을 비추는 빛은 생산력에 기여하지 않기 때문에, 대부분의 농업 체계는 이용 가능한 빛을 최대로 받을 수 있도록 하기 위해서 어린 식물들이 수관을 빨리 채울 수 있도록 설계한다. 반면에, 너무 높은 밀도로 식물을 심으면 수관 속의 잎에 의해 서로 그늘이 지게 될 것이다. 그늘지는 것은 전체적인 빛의 이용률을 감소시키고, 결과적으로, 장기간의 탄소 획득량을 감소시킨다(그림 13-9). 잎이 덮고 있는 땅의 면적에 대한 광합성을 하는 엽면적의 비(the ratio of photosynthetic leaf area)를 엽면적 지수(leaf area index, LAI)라고 한다. 엽면적은 일반적으로 단일한 표면의 면적(또는 잎이 평면이 아닌 경우에는 투영된 그림자의 면적)으로 계산한다. 잎의 표면과 잎이 덮고 있는 땅은 모두 면적(m^2)으로 측정되기 때문에, LAI는 단위가 없다. 생산적인 농업 생태계에서 LAI의 값은 전형적으로 3~5의 범위 정도로 낮다.

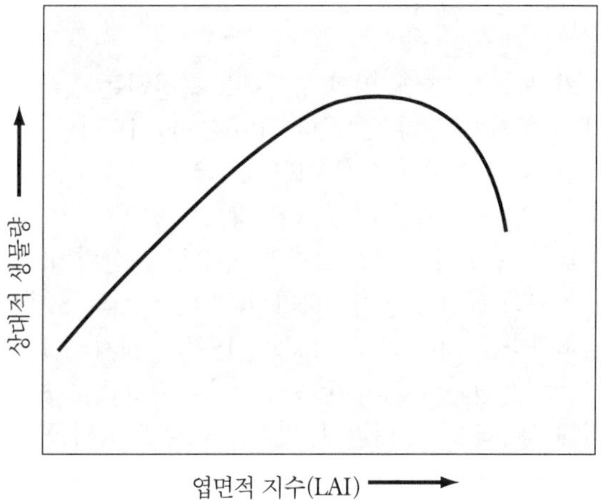

〈그림 13-9〉 작물에 있어서 생물량과 엽면적 지수(LAI) 사이의 상관 관계

LAI는 임상(林相)의 식물 밀도를 다르게 하면 변한다. 심겨진 식물의 밀도가 높을수록 잎들이 서로 그늘을 만들고 그늘이 져서 광합성하지 않는 잎들은 호흡으로 인해 탄소를 소모하기 때문에 생물량이 감소하게 된다.

어떤 식물 임상의 최적 LAI는 잎과 줄기 사이의 각도에 의해 결정된다. 덩굴강낭콩이나 그와 유사한 작물들의 수평으로 배열된 잎들은 태양에 넓은 표면이 노출되기 때문에 빛을 효과적으로 흡수하지만, 수관의 아래쪽에 있는 잎들은 수평으로 배열되어 있는 위쪽의 잎들 때문에 쉽게 그늘이 진다. 밀(*Triticum*)이나 옥수수(*Zea mays*)와 같은 전형적인 초본 식물의 잎처럼 수직으로 자라는 잎들은 줄기와 이루는 각이 작기 때문에 잎의 아랫부분에 그늘을 적게 만들지만 빛을 흡수할 수 있는 효율이 그만큼 낮다. 벼를 조밀하게 심어서 수행한 실험에서 잎들을 수평 위치로 두었을 때, 탄소 획득량이 1/3이나 감소하는 것으로 나타났다. 옥수수를 이용한 실험에서는 위쪽의 잎들을 곧게 서 있도록 묶어 두었을 때 생산량이 15% 증가하였다. 사탕무(*Beta vulgaris*)와 같은 몇 가지 작물에서, 잎의 각도는 꼭대기 부분의 거의 수직에 가까운 값에서부터 바닥 부분의 수평에 이르기까지 다양하다. 이러한 배열로 인해 위쪽 잎들이 빛을 흡수하는 양은 감소하지만, 수관 속의 더 깊은 곳까지 빛이 투과해 들어간다. 전체적으로, 빛이 보다 균등하게 분산되면 수관에 의한 빛의 흡수 효율이 증대되고, 따라서 탄소 획득 효율이 증대되는 경향이 있다.

엽면적 지수(LAI)와 잎의 각도, 광합성률과의 관계를 컴퓨터 모델을 사용하여 검증하였다(Duncan, 1971). 그 결과, 엽면적 지수 값이 작은 경우 잎의 각도는 별 영향을 미치지 않지만, 엽면적 지수가 3 이상이면 광합성이 최대로 일어나기 위해서 수직으로 서 있는 잎 층이 더 많이 있어야 한다는 것을 보여 주었다. 수평으로 나 있는 잎들이 우세하게 많은 수관은 엽면적 지수 값이 2이거나 2 미만인 반면, 수직으로 나 있는 잎들이 우세하게 많은 수관은 엽면적 지수가 3에서 7까지 나타나는 것이 야외 연구를 통해 확인되었다.

잎들이 공간적으로 다소 고정되어 있는 경우에, 빛을 흡수하는 효율은 태양의 각도에 따라 변할 것이다. 그러나, 많은 사막에 사는 종과 농업에서 재배하는 종들은 태양이 하루 동안 하늘을 가로질러 움직일 때 태양을 따라가도록 자신의 잎의 방향을 변화시키는 능력을 갖고 있다(Ehleringer and Forseth, 1980). 태양의 직사 광선에 대해 잎 표면을 수직으로 유지하는 방식으로 잎사귀를 움직이는 것을 **해굽성**(heliotropism) 또는 **태양 추적**(solar tracking)이라 부른다. 가뭄이나 높은 온도와 같은 불리한 조건이 시작되기 전의 짧은 기간 안에 생활사를 완성해야만 하는 식물들의 경우에 태양 추적은 매일의 탄소 획득량을 최대화시키도록 도와준다.

세계적 규모의 일차 생산력

생태계와 지구 차원에서 일차 생산력을 이해하게 되면 우리는 생물권에 미치는 농업의 잠재능과 인간의 영향에 대해서 더 잘 알게 된다.

지구를 기준으로 일차 생산량을 측정하는 것은 많은 비용과 시간이 드는 작업이며, 기껏 한다고 해도 그 수치가 정확하지 않다. 그러나, 1964년과 1974년 사이에 국제과학연합회의(International Council of Scientific Unions)의 후원으로 실시되었던 국제 생물학 프로그램(International Biological Programme)이 진행되는 동안 세계적인 생산력에 대해 많은 정보를 얻었다. 이 프로그램이 세계 도처에서 온 생물학자들의 협력을 이끌어 냄으로써, 광합성과 질소 고정 및 생물의 생산력에 대한 중요한 연구들을 통합하였다.

지구의 생산력을 평가하기 위해 여러 개의 모델이 만들어졌고, 이 모델을 적용해서 얻은 평가 값들은 상당히 일치한다(Lieth and Whittaker, 1975). 세계의 총 생산량은 유기 건량으로 연간 약 1,720억 미터톤이다(표 13-1). 총 생산량의 거의 68%(117.5×10^9t yr^{-1})는 육상 생태계에서 생산되었고, 나머지 32%는 수중 생태계에 의해 생산되었다. 따라서, 면적이 해양 면적의 절반보다도 더 적은 육지에서 생산된 양이 해양에서 생산된 양의 2배가 약간 넘는다. 면적을 기준으로 하면, 육지에서 만들어지는 산물은 해양에서 만들어지는 산물보다 약 5배 더 많다. 이런 차이는 적어도 영양분의 공급 차이 때문이라고 일부 설명할 수 있다. 이것은 대부분의 해양에서 죽은 생물과 가라앉는 입자들이 광합성이 일어나는 곳인 물 표면 근처의 빛이 비치는 지역으로부터 영양분을 옮겨가 버리지만, 이와는 반대로 육상 생태계는 토양과 부식토 속에 훨씬 더 많은 양의 영양원이 들어 있으며, 이 영양원들이 생장과 생산력을 지속적으로 유지할 수 있게 한다.

높은 비율의 일차 순생산과 큰 면적을 조합해 봤을 때, 지금까지 생산을 가장 많이 하는 육상 생태계는 열대

〈표 13-1〉 전세계의 다양한 생태계를 대상으로 일차 순생산(net primary production, NPP), 총 생산(total production, P), 총 생물량을 추정한 값 (선을 그어 둔 숫자들은 세계 전체의 퍼센트를 나타낸다.)

생태계	면적 (10^6 km^2)		일차 순생산 (g(m^{2}yr)$^{-1}$)	총 생산 (10^0t yr^{-1})		총 생물량 (10^9 t)	
산림							
열대수림	24.5	(4.8)	3800	49.4	(28.6)	1025	(55.7)
온대수림	12.0	(2.4)	2500	14.9	(8.6)	385	(20.9)
한대수림	12.0	(2.4)	800	9.6	(5.6)	240	(13.0)
삼림	8.5	(1.7)	700	6.0	(3.5)	50	(2.7)
초원	24.0	(4.7)	1500	18.9	(11.0)	74	(4.0)
툰드라와 고산지대	8.0	(1.6)	140	1.1	(0.6)	5	(0.3)
사막	42.0	(8.2)	93	1.7	(1.0)	14	(0.8)
육수생태계	4.0	(0.8)	3400	6.9	(3.9)	30	(1.6)
경작지	14.0	(2.7)	650	9.1	(5.3)	14	(0.8)
육상 소계	149.0	(29.2)		117.5	(68.1)	1837	(99.7)
해양							
공해	332.0	(65.1)	125	41.5	(24.0)	1	(0.05)
대륙붕	26.6	(5.2)	360	9.6	(5.6)	0.3	(0.016)
기타 해양	2.4	(0.5)	4500	3.9	(2.3)	2.6	(0.14)
해양 소계	361.0	(70.8)		55.0	(31.9)	3.9	(0.2)
생물권 총계	510	(100.0)		172.5	(100.0)	1841.0	(100.0)

총 생산량과 생체량을 나타내는 숫자는 유기 건조물을 미터톤으로 나타낸 것이다. 1 미터톤(metric ton, t) = 1000 kg.

림이다. 이 지역에는 단독으로 37×10^9 t yr^{-1}이상을 생산해 내는 열대 우림과 열대 계절림이 포함된다. 열대 우림 지역의 일차 순생산이 높은 것은 일년 중 12개월 정도로 생장할 수 있는 계절이 긴 것과 주로 관계가 있다. 반대로, 일년을 기준으로 온대와 아한대림의 생산력은 생장기의 길이에 의해 제한을 받는다.

세계의 생산량 중에서 농업에 의해 생성되는 양은 5.3%밖에 되지 않는다. 이것은 주로 세계의 표면적의 대부분이 농사를 짓기에는 너무 뜨겁거나 차갑고, 너무 건조하거나 염분의 함량이 높아서 경작지로 이용할 수 있는 양이 적기 때문이다. 물과 영양분 및 그 외 환경 결핍 인자를 보완하기 위해 관개 시설이나 여러 제반 시설을 설치하는 데 부대 비용을 들이기만 하면 이른바 한계 지역이라 부르는 불모지를 경작지로 만들 수 있다. 최근 들어 작물에 새로운 종을 도입 — '녹색 혁명(green revolution)' — 하여 생산력과 곡물 생산량을 몇 퍼센트 증가시켰지만, 대부분의 종이 이미 육상 농업에서 사용되고 있던 것이다. 세계의 인구가 계속 증가하고 도시가 확장되어 생산할 수 있는 땅이 줄어듦에 따라 농업 생산력에 대한 압력은 틀림없이 증가할 것이다.

〈표 13-1〉에 기록되어 있는 추정값들은 과거에 조사한 것으로, 세계의 총 생물량으로 추정된 양인 $1.84\times117.5\times10^{12}$ t 중 90%를 차지하는 것은 숲이었다. 추정값들이 조사된 이후에 아마존의 우림과 다른 우림 지역이 농경지나 다른 용도로 빠르게 전환되어 왔다. 최근 인공 위성을 통해 수집된 자료로부터 1988년 한해 동안 아마존 지역에서만 육지 면적의 거의 12%가 개간되었고, 벌채 속도가 지수적으로 증가하고 있는 중이라고 추정되었다(Anderson, 1990). 이렇게 추정하는 데에 다른 열대 지역이나 북아메리카, 유럽, 아시아 전역의 온대나 해안 지역에서 펄프나 목재로 이용하기 위해 숲을 벌채하는 것은 포함되지 않았다. 전세계의 숲이 다른 용도로 전환되거나 오래된 산림들이 성숙기에 도달되기 전에 수확할 목적으로 더 어린 임상으로 교체됨으로써, 산림의 생물량과 세계의 총 생물량은 틀림없이 지속적으로 감소하게 될 것이다.

제 14 장

분자와 물질 대사

생물 몸속에서 일어나는 모든 화학 반응이 합쳐져서 물질 대사(metabolism)를 이룬다. 2부 가운데 13장에서 첫번째로 광합성과 호흡 즉, 탄소 동화와 에너지 전환에 초점을 맞추었다. 대부분의 탄소와 에너지는 마지막에 단백질, 핵산, 지방 및 다른 분자가 되는데, 이 분자들은 모든 세포에게 보편적으로 존재하며 세포와 생물이 완전한 기능을 하는 데 필요하다. 그러나, 많은 식물에서 동화된 탄소와 에너지 중 중요한 부분이 생장과 발달에 분명한 역할을 갖지 않은 것으로 보이는 유기 분자의 합성으로 전환된다. 이런 분자들은 이차 대사 물질로 알려져 있다. 이차 대사 물질은 일반적으로 적은 양이 생기며, 이차 대사 물질의 생산은 (식물 전체에서) 널리 나타나는 현상이거나 특별히 과, 속 또는 심지어 종에 한정되어 있을 수도 있다. 많은 이차 대사 물질들은 곤충과 동물의 포식에 대한 영향을 줄이거나 다른 보호 기능을 제공한다. 다른 것들은 인류 부족의 의약품, 비누, 향수 등으로 오래 전에 사용된 것으로 발견되었다. 이차 대사 물질에는 약효가 있는 산물, 염료, 화학 산업을 위한 식품 저장물들(껌, 수지, 고무)과 기호 식품과 음료에 사용되는 다양한 물질들이 포함된다.

중요한 일차 대사 물질들 — 지방, 단백질과 탄수화물 — 은 앞 장에서 검토하였다. 이 장에서, 우리는 약간 더 넓은 면에서 물질 대사를 살펴본다. 초점은 이차 대사 물질에 맞출 것이며, 이차 대사 물질 중 네 가지 주된 종류의 생합성, 생리, 그리고 생태적 역할을 강조할 것이다.

- 테르펜(terpene)과 메발론산(mevalonic acid) 생합성 과정
- 페놀 화합물과 시킴산(shikimic acid) 생합성 과정
- 사포닌(saponin), 강심 배당체(cardiac glycoside), 시안 배당체(cyanogenic glycoside) 그리고 glucosinolate
- 알칼로이드(alkaloid)

일차 물질 대사와 이차 물질 대사

물질 대사(metabolism ; *Gr.* = metabole, change)는 매우 동적인 과정이다. 분자는 일정하게 바뀌며, 어느 일정한 순간에 세포의 구성은 합성과 분해 사이의 균형을 나타낸다. 대부분의 합성은 세포의 구조와 기능에 필수적인 분자를 만들어 낸다. 그러나, 식물에서 상당한 양의 탄소와 에너지가 기능이 분명하지 않은 분자를 만들어 낸다.

물질 대사 중 광합성, 단백질 합성, 지방 합성 등과 같이 생합성이나 구성적(constructive)인 부분을 **동화**(anabolic ; Gr. *ana*, up+*bolein*, to throw) 반응 또는 **동화 작용**(anabolism)이라 한다. 물질 대사 중 분해 부분 — 복잡한 분자가 더 간단한 구성 성분으로 부서지는 것 — 을 **이화**(catabolic ; Gr.=*kata*, down+*bolein*, to throw) 반응 또는 **이화 작용**(catabolism)이라 한다. 세포 물질 대사의 중심은 해당 작용과 시트르산 회로이다. 여기에서 대부분의 이화와 동화 반응이 만나게 된다(12장, 그림 12-14). 이런 이유 때문에, 해당 작용과 시트르

〈그림 14-1〉 몇 가지 일차 대사 물질과 이차 대사 물질사이의 생합성 관계를 나타내는 도식
이 장에서 다루고 있는 중요한 이차 대사 물질 집단은 동그라미를 쳐 두었다.

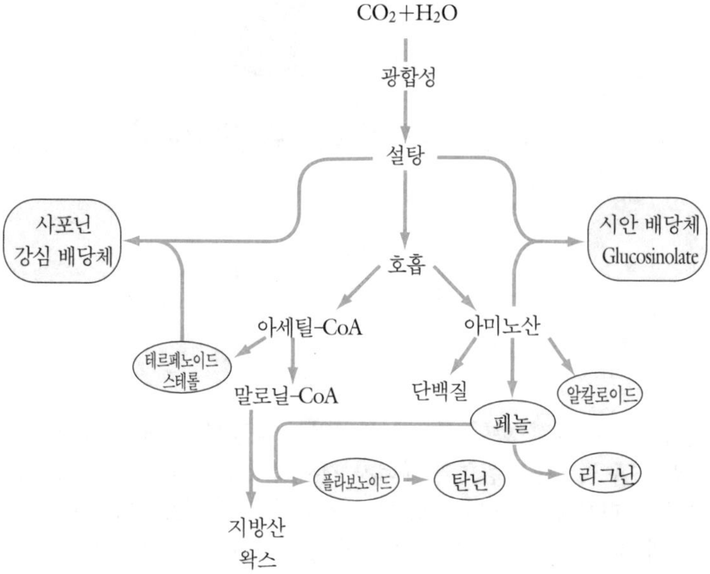

산 회로는 일반적으로 중간 단계의 물질 대사(internediary metabolism)로 언급된다.

물질 대사는 다른 방법으로도 세분될 수 있다. 예를 들면, 모든 세포들은 당인산, 아미노산, 지방, 단백질 및 핵산을 포함하고 있다. 이런 분자들은 세포의 기본적인 분자 기구를 구성하며 일차 대사 물질(primary metabolite)로 알려져 있다. 그러나, 이 장의 서론에서 언급한 바와 같이, 많은 식물들이 일차 대사 물질이 아닌 다른 다양한 유기 분자들을 합성한다. 이러한 분자들은 이차 대사 물질(secondary metabolite) 또는 이차 물질(secondary product)이라고 부른다.

일차와 이차 대사 물질을 구분하는 것이 항상 쉽지는 않다. 매우 엄밀히 하자면, 이차 대사 물질은 세포의 기본적인 분자 구조의 일부분이 아니다. 이차 대사 물질이 있을 때에는 특별한 조직이나 기관 또는 특별한 발달 단계에서 일반적으로 발견된다. 이런 전통적인 법칙에 의해, 엽록소와 리그닌은 둘 다 이차 산물로 규정될 수 있는데, 모든 세포와 조직에서 공통적으로 발견되지 않기 때문이다. 그러나, 생장과 발달에 있어서 엽록소와 리그닌 두 가지의 중요성은 틀림없이 일차 대사 물질로서의 자격을 갖추고 있다. 생합성 수준에서, 일차와 이차 대사 물질은 대부분의 동일한 중간 물질을 공유하며, 동일한 물질 대사 과정으로부터 유래한다(그림 14-1). 일차와 이차 대사 물질 사이의 구분은 생물 수준에서 더 쉽게 가시화된다. 일차 대사 물질이 생명의 본질인 반면, 이차 대사 물질은 생물의 동화나 생장 그리고 발달에 있어서 역할이 알려져 있지 않다. 더구나, 몇몇 이차 산물은 전체 식물에 널리 퍼져 있지만, 대부분은 특별한 종이나 분류 집단에 전형적으로 한정되어 나타난다.

유기화학자와 천연물 화학자들은 이차 대사 물질의 의약적 가치와 경제적 가치 때문에 수 세기 동안 이차 대사 물질을 연구해 왔다. 그러나, 식물에 관해서 학자들은 최근까지도 이차 대사 물질을 물질 대사의 노폐물 이상의 것으로 생각한다. 지난 30년 동안, 많은 이차 대사 물질들이 중요한 생태적 역할을 갖는 것으로 나타났다(Harborne, 1988 ; Rosenthal and Berenbaum, 1991). 미생물의 감염을 피하고, 초식 동물을 방지하는 것 그리고 수분 매개자를 유인하거나 과실을 분산시키는 기구로서의 중요한 역할은 이차 대사 물질에 대한 연구에 있어서 중심 주제가 되어 왔다.

테르페노이드

테르페노이드(terpenoid)는 기능적으로나 화학적으로 다양한 분자들의 집단이다. 거의 15,000 가지의 구조가 알

려져 있으므로, 테르페노이드는 아마도 식물에서 발견되는 유기 화합물들 중 가장 많고 가장 다양한 집단일 것이다 (Gershenzon and Croteau, 1991).

테르펜(terpene)은 일반적으로 단순한 5탄소 단위체로부터 유도된 지용성 물질이다. 많은 수의 기본 단위체와 이 단위체들이 조합되는 다양한 방법들로부터 큰 다양성이 생겨난다. 환상 구조의 형성, 산소를 함유하는 기능의 첨가, 그리고 당이나 다른 모든 분자들과의 결합이 복잡성을 증가시킨다.

테르펜 일족에는 호르몬(지베렐린과 앱시스산), 카로테노이드 색소(카로틴과 크산토필), 스테롤(예, 에르고스테롤, 시토스테롤, 콜레스테롤)과 스테롤 유도체(예, 강심 배당체), 라텍스(천연 고무의 원료), 그리고 식물에게 특유의 향기와 맛을 내게 하는 많은 향유가 포함된다. 그 자체가 테르페노이드는 아니지만, 시토키닌 호르몬과 엽록소는 테르페노이드 곁사슬을 가지고 있다. 많은 테르페노이드가 중요한 생리적 역할뿐 아니라 중요한 상업적인 가치를 갖는다는 것이 이 목록에서 분명하게 드러난다.

테르펜 생합성

테르펜의 다양성에도 불구하고, 모든 테르펜과 테르펜 유도체들은 중요한 중간 대사가 있은 뒤에 메발론산 생합성 과정(melvalonic acid pathway)이라 부르는 일반적인 생합성 과정을 거친다. 테르페노이드에 대해 널리 알려진 중요성 때문에, 메발론산 생합성 과정은 관심을 모으는 식물 물질 대사 중 하나이다. 테르페노이드와 테르페노이드 유도체는 5-탄소 2-메틸-1,3-부타디엔 또는 이소프렌(isoprene)의 중합체로 생각된다.

$$\begin{array}{c} \quad CH_3 \\ \quad | \\ CH_2=C-CH=CH_2 \end{array}$$

결과적으로, 테르페노이드는 종종 이소프레노이드(isoprenoid) 화합물이라 한다. 식물들은 많은 양의 이소프렌을 생산하고, 이소프렌은 휘발성이기 때문에 상당한 양이 대기중으로 방출되어 공기 오염원이 된다(22장 참조). 그러나, 테르페노이드의 실제적인 골격은 이소프렌 자체가 아니라 두 가지 인산화된 유도체인 **Δ^3iPP** (isopentenyl pyrophosphate 또는 '활성 이소프렌')와 이것의 이성질체인 **Δ^2iPP**(dimethylallyl pyrophosphate)이다(그림 14-2).

테르페노이드의 생합성은 아세틸-CoA에서 시작하며, 아세틸-CoA는 탄수화물과 지방산 대사 중 호흡에 의한 분해의 중간 대사 물질이다. 세 분자의 아세틸-CoA는 hydroxymethylglutaryl-CoA(HMG-CoA)를 형성하기 위해 두 단계의 반응으로 농축된 후, 메발론산(mevalonic acid, MVA)으로 환원된다(그림 14-3). HMG-CoA가 MVA로 환원되는 것은 사실상 비가역적(적어도 시험관내에서는)이기 때문에, MVA는 테르펜의 매우 효과적인 선구체가 된다. 다음으로 MVA는 두 분자의 ATP를 사용하는 두 단계의 인산화를 거쳐 C_6 메발론산 무기인산염(MVA-PP)을 형성한다. 카르복시기를 제거하면 MVA-PP가 C_5 화합물인 Δ^3iPP로 바뀌며, 이것은 Δ^2iPP로 가역적으로 이성질체가 된다.

다음으로, 한 분자의 Δ^2iPP는 Δ^3iPP 한 분자와 머리 대 꼬리의 응축을 거쳐서 C_{10} 단위체인 geranylpyrophosphate(GPP)를 형성하는데, GPP는 모든 모노테르펜의 모체가 되는 화합물이다. 둘 이상의 Δ^3iPP와의 응축은 C_{15} 중간 대사 물질인 farnesylpyrophosphate(FPP)를 먼저 만들고, 그 다음 C_{20} geranylgeranylpyrophosphate(GGPP)를 만든다. FPP는 C_{15}, 앱시스산과 C_{30} 트리테르펜(스테로이드)을 포함하여 C_{15} **sesquiterpene**를 만들 수 있는 분지점이다. GGPP는 선형의 C_{20} 디테르펜(예, 피톨), 환상의 디테르펜(예, 지베렐린), 그리고 C_{40} 테트라테르펜(예, 카로테노이드)를 만들어 내는 주요 가지(branch)이다.

많은 테르페노이드와 테르페노이드 유도체들은 일차 대사 물질로 간주된다. 호르몬인 앱시스산과 지베렐린,

카로테노이드와 엽록소 그리고 스테롤(스테로이드 알콜)은 모두 식물의 생장과 발달에 중요한 역할을 한다. 그러나, 테르페노이드 중 대다수는 이차 대사 물질이며, 많은 것들이 독소 물질이나 초식성 곤충에게 먹힘을 막는 물질로서 작용을 하는 것으로 나타난다.

탄소수	종류	예
5	헤미테르페노이드	$CH_3-C(COOH)=CH-CH_3$ Tigilic Acid (*Gerainum* sp.)
10	모노테르페노이드	$CH_3-C(CH_3)=CH-(CH_2)_2-C(CH_3)=CH-CH_2OH$ Geraniol (*Pelargonium*)
10	고리형 모노테르페노이드	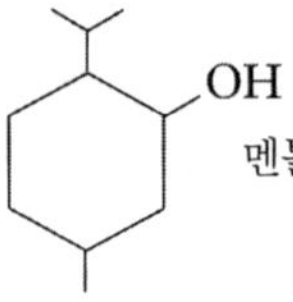 멘톨(박하기름)
15	세르퀴테르페노이드	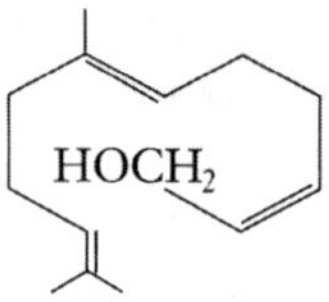 Famesol (광범위 분포)
20	디테르페노이드	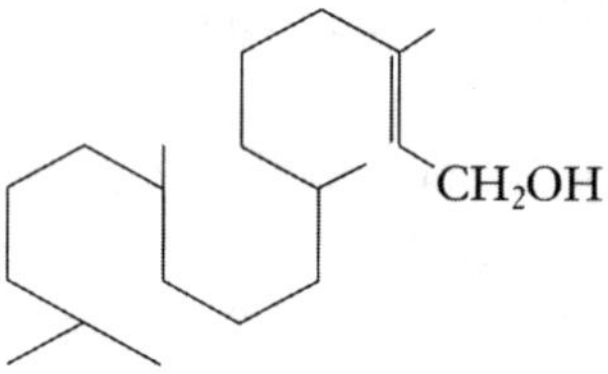 피톨(엽록소)
30	트리테르페노이드	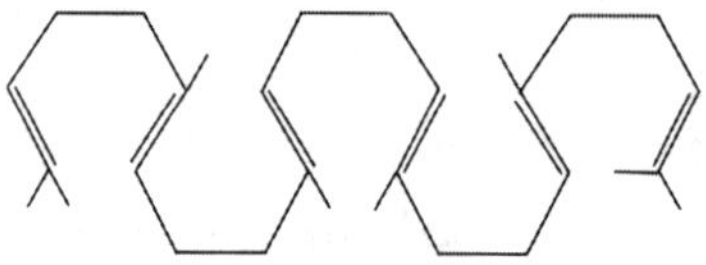 스쿠알렌 (스테로이드 선구체)
30	트리테르페노이드	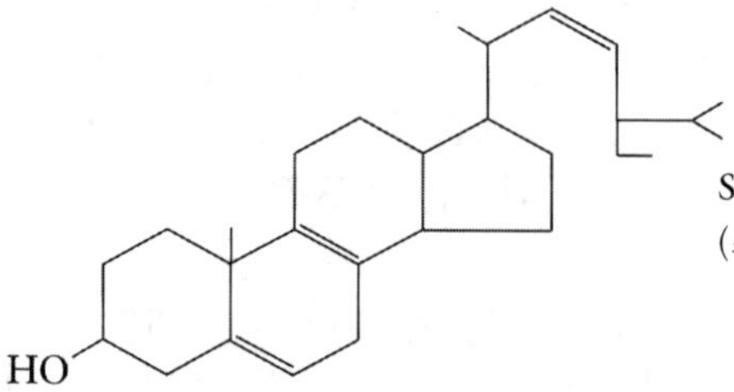 Stigmasterol (*Glycine max*) (스테롤)
40	테트라테르페노이드	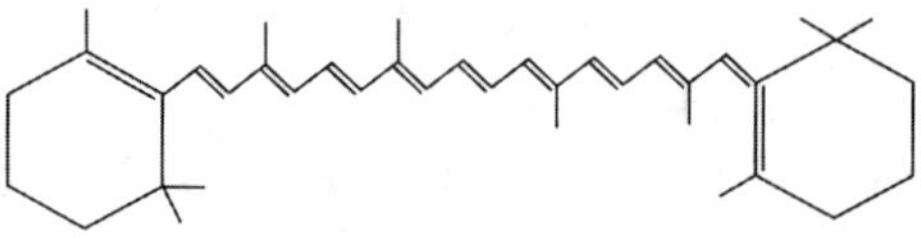 β-카로틴

〈그림 14-2〉 테르페노이드의 중요한 종류는 각 종류의 탄소 골격을 나타내기 위해 예와 함께 표에 나타내었다.

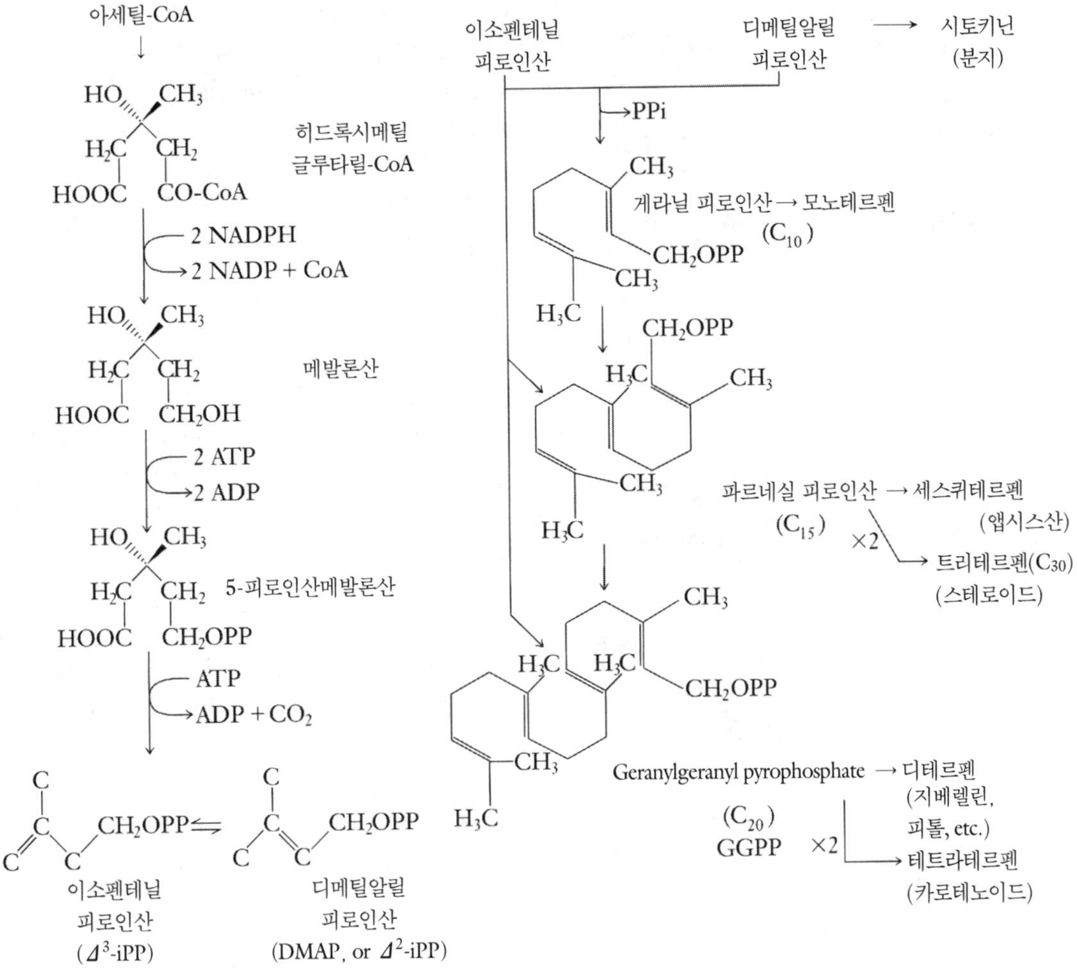

〈그림 14-3〉 테르페노이드를 생합성하기 위한 메발론산 생합성 과정
왼쪽 : 아세틸-CoA로부터 이소펜테닐-피로인산의 합성. 오른쪽 : 탄소수가 증가하는 테르펜을 형성하기 위한 이소펜테닐-피로인산 단위체의 연속적인 첨가. 모든 테르펜은 5-탄소 원자의 배수체로 구성된다.

테르페노이드와 초식 동물

가장 잘 알려진 곤충 독소들 중에 **pyrethroid**가 있는데, 이것은 *Chrysanthemum cineraiifolium*과 관련된 종의 꽃으로부터 추출된 모노테르페노이드 에스테르이다. Pyrethroid는 곤충의 신경막에 있는 나트륨 통로에 영

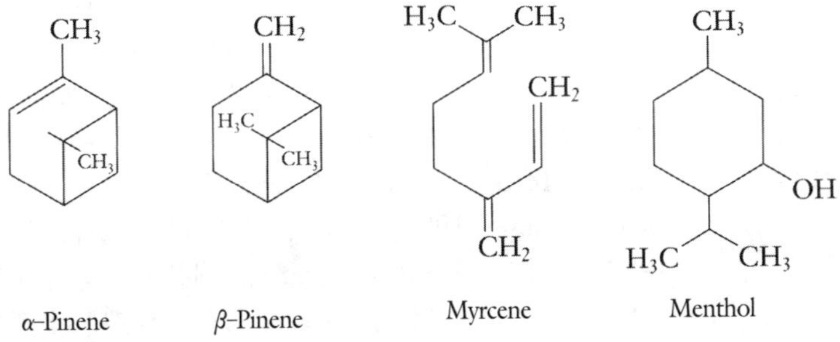

〈그림 14-4〉 10-탄소원자를 포함한 모노테르펜

iso-Amyl Alcohol
(*Mentha, Eucalyptus*)

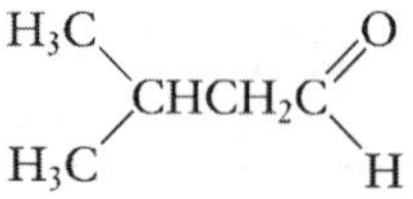

iso-Valeraldehyde
(*Eucalyptus*)

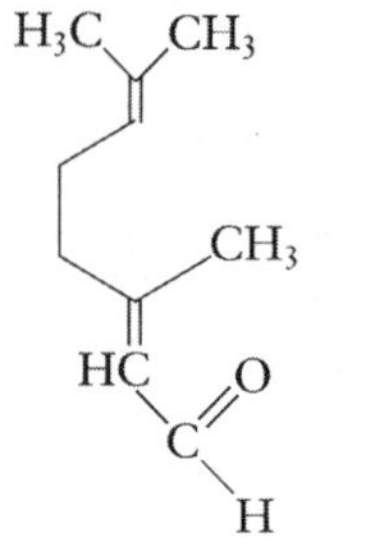

Geranial
(*Ctenium aromaticum*)
(lenon 초본 식물)

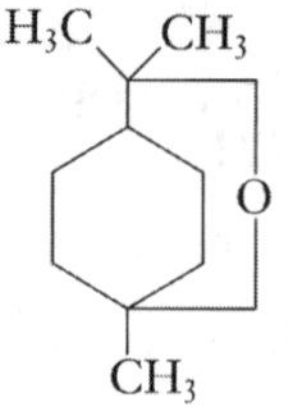

1 : 8 Cineole
(*Artemesia*)

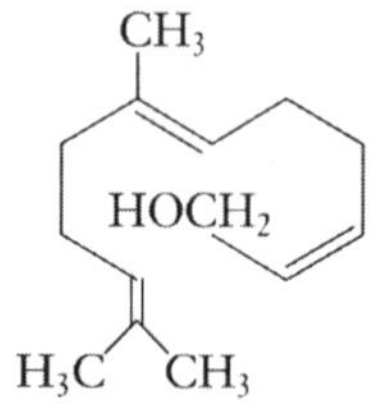

Farnesol
(광범위분포)

〈그림 14-5〉 향유의 구성 성분인 대표적인 테르펜
여기에는 헤미테르펜(*iso*amyl alcohol, *iso*valeraldehyde), 모노테르펜(geranial, cineole) 그리고 sesquiterpenes farnesol이 포함된다.

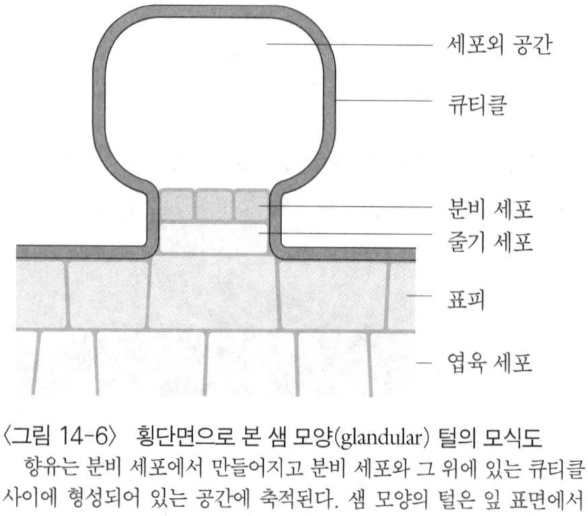

〈그림 14-6〉 횡단면으로 본 샘 모양(glandular) 털의 모식도
향유는 분비 세포에서 만들어지고 분비 세포와 그 위에 있는 큐티클 사이에 형성되어 있는 공간에 축적된다. 샘 모양의 털은 잎 표면에서 발견되며 초식 동물에 의해 먹히는 것을 막아주는 역할을 하는 것으로 생각된다.

향을 미치는 신경독이다. Pyrethroid는 포유 동물에게 낮은 독성을 나타내며 생분해가 가능하기 때문에 살충제로서 인기가 있다. 어떤 침엽수(conifer)의 수지는 모노테르펜, α-와 β-pinene과 myrcene을 포함하는 테르페노이드의 혼합물을 축적한다(그림 14-4). 테르페노이드가 수지 도관 역할을 할 때, 이런 테르페노이드로 곤충 특히, 나무좀이 구멍 뚫는 것을 물리칠 수 있다.

감귤류, 민트, *Eucalyptus* 및 다양한 목초(sage, thyme 등)와 같은 많은 식물들은 일반적으로 **향유**(essential oil)로 알려져 있는 알코올, 알데히드, 케톤, 그리고 테르페노이드의 복합 혼합물을 생산한다. 향유는 이런 식물들의 특징적인 향기와 맛을 내지만 곤충을 물리치는 성질도 가지고 있는 것으로 알려져 있다. 향유에서 발견된 테르페노이드와 테르페노이드 유도체는 주로 헤미-, 모노-, 그리고 세스퀴테르페노이드(sesquiterpenoid)이며, 이것들은 적당히 휘발되거나 강하게 휘발될 수 있다. 몇 가지 예를 〈그림 14-5〉에 나타내었다. 대부분의 식물에서 향유는 잎 표면에 있는 특별한 샘 모양의 모용(털)에서 합성된다(그림 14-6).

많은 식물들이 부수적인 양의 독성 대사 물질을 생산함으로써 곤충의 공격에 대응한다. 불행하게도, 어떤 경우에는 화학 방어제(deterrent)가 식물에 대항하는 것으로 바뀔 수 있다. 곤충이 저항성을 진화시키면, 곤충들이 병에 걸리지 않고 먹을 수 있는 숙주의 위치를 찾는 데 도움을 주는 숙주-인지 신호 물질로서 동일한 화학 물질을 이용할 수 있다.

스테로이드와 스테롤

스테로이드(Steroid)는 4개의 방향성 트리테르페노이드(tetracyclic triterpenoid)로 알려져 있다. 스테로이드는 일반적으로 변형되어 있으며 30개보다 적은 수의 탄소 원자를 가지지만, 사슬 모양의 트리테르펜 스쿠알렌(triterpene squalene)(그림 14-2 참조)으로부터 합성된다. 알코올기를 가지는 스테로이드는 **스테롤**(sterol)로 알려져 있고, 실제적으로 모든 식물의 스테로이드는 알코올기를 가진다. 고등 식물에서 가장 풍부한 스테롤은 스티그마스테롤(stigmasterol)과 시토스테롤(sitosterol)로(그림 14-7), 종종 전체 스테롤의 70% 이상을 차지한다(Benveniste, 1986). 그러나, 널리 퍼져 있기는 하지만 적은 양으로만 들어 있는 콜레스테롤을 포함하여 자연에서 생겨나는 것으로 알려져 있는 150개보다 훨씬 더 많은 수의 스테롤을 식물이 가지고 있다.

스테롤은 식물 막의 구성 성분이고, 이것이 아마도 식물에서 알려져 있는 가장 중요한 기능일 것이다. 스테롤은 평면상의 분자이고, 이 분자들의 쌓이는 성질은 인지질과 다르다. 그러므로, 스테롤은 막의 점성을 증가시키고, 안정성을 높이는 경향이 있다. 반면에, 식물에서 스테롤의 기능에 대해서는 거의 알려져 있지 않다. 동물의 스테롤 호르몬과는 달리, 식물의 발달에 있어서 스테롤의 기능은 알려져 있지 않다. 몇 가지 스테롤은 식물 엑디손(phytoecdysone)과 같은 방어 기능을 가지는 것 같다. 식물 엑디손은 곤충의 탈피 호르몬과 비슷한 구조를 가진다. 식물 엑디손이 초식 곤충들에 의해 섭취될 때, 곤충의 탈피 회로를 방해한다. 다른 스테롤은 배당체(glycoside)로 존재하고, 많은 관심의 대상이며 경제적으로 중요한 이차 산물을 만들어낸다. 글리코시드 스테롤은 뒤에서 다룬다.

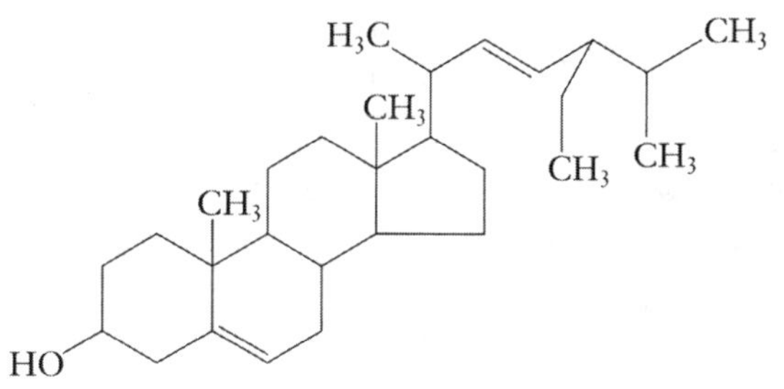

Stigmasterol

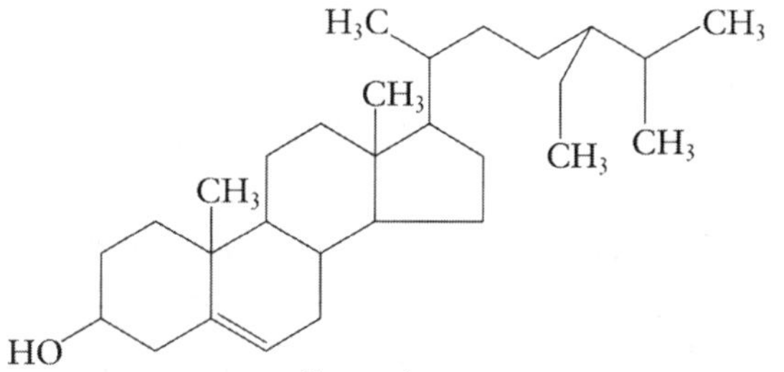

Sitosterol

〈그림 14-7〉 스티그마스테롤과 시토스테롤 두 가지는 식물에서 가장 풍부한 스테롤이다.

폴리테르펜

더 많은 테르펜이 테트라테르펜(탄소가 40개)과 폴리테르펜으로 구성되어 있다. 중요한 테트라테르펜은 색소들 중 카르테노이드 족이며, 이것에 대해서는 앞서 논의했다(7장). 테트라테르펜보다 더 큰 분자량을 갖는 중요한 이소프렌 유도체는 **고무**(rubber)와 **구타**(gutta)뿐이다. 고무는 15,000개 이상의 이소펜테닐 단위체(isopentenyl unit)로 구성되어 있는 중합체이다. 이 중합체는 〈그림 14-8〉에서 보는 것처럼 선형이거나 좀더 복잡한 배치로 교차 결합되어 있다. 고무와 구타 사이의 차이점은 이중 결합의 배치뿐이다. 고무에서 이중 결합은 모두 시스(cis) 배치인 반면에, 구타에서 이중 결합은 모두 트란스(trans)형이다.

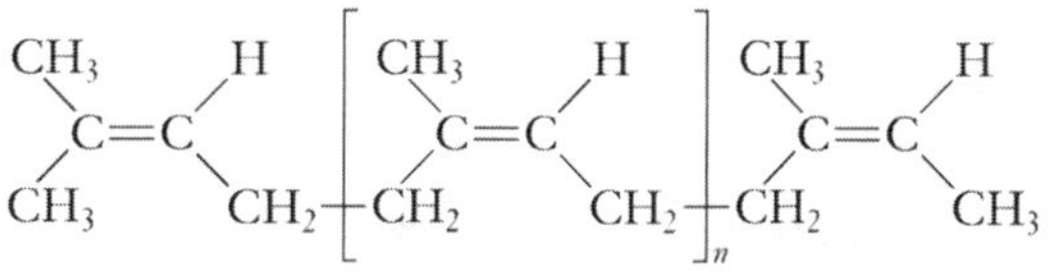

〈그림 14-8〉 고무의 기본 구조

대부분의 고무는 몇백 개에서 수천 개에 이르는 n 값을 가지는 선형의 중합체이다.

식물에서, 고무는 **유액**(latex)라고 부르는 우유같이 하얀 현탁액 속에 부유하는 작은 입자로 나타난다. 식물에서 고무는 광범위하게 생산되며, 그 범위는 몇백 개에서 수천 개의 종이 몇 가지 특정 형태의 고무를 생산하는 것으로 추정된다. 상업적으로 중요한 공급원은 *Hevea brasiliensis*로, 아마존 우림에 있는 토착 나무이다. 다른 것으로는 장식용 고무나무(*Ficus elastica*), milkweed(*Asclepias*) 그리고, 러시아 민들레(*Tataxacum koksaghyz*)가 있다. 유액은 약 30에서 40%의 고무와 50%의 물을 함유한다. 수지, 테르펜, 단백질 및 당의 복합 혼합물로 균형을 이룬다(Klein, 1987). 대부분의 식물에서, 유액은 체관부에서 만들어지고, **젖관**(laticifer)이라 부르는 연속적으로 길게 서로 연결되어 있는 체관 속에 축적되어 있다.

가장 잘 알려진 구타의 공급원은 사막 교목인 *Parthenium argentatum*으로 이것은 멕시코 북부와 미국의 남서부에서 자란다. (일반적으로 구아율 고무나무(guayule)로 알려져 있는) *Parthenium*은 무게로 20%만큼 많은 라텍스를 함유하기도 하는데, 젖관이 아니라 줄기와 뿌리 세포의 액포 속에 저장되어 있다. 한 때는 구아율 고무나무가 고무 상품에 사용될 구타의 상업적으로 중요한 공급원이었다. 그러나, 한 그루의 고무나무가 완전하게 배선을 달기만 하면 30년 이상을 계속해서 생산할 수 있는 데 반해 구아율 고무나무는 매년 수확해야만 한다(그리고, 물론 새로 심어야 한다).

끝으로 테르페노이드와 공기 오염은 상호 연결되어 있다. 많은 향유(향수, 방향제로서), 특히 헤미테르펜, 모노테르펜, 그리고 세스퀴테르펜은 매우 휘발이 잘 되고, 특히 더운 기후 속에서 식물에 의해 많은 양이 발산된다. 식물체로부터 나오는 이러한 자연적인 배출물들은 일반적으로 **휘발성 유기 탄소**(volatile organic carbon, VOC)로 알려져 있는데, 엷은 안개와 구름을 형성하는 데 기여하고, 독성이 있는 대류권의 오존을 형성하는 데 관여한다(22장 참조).

배당체

중요하지는 않지만, 식물체에 의해 합성되는 좀더 흥미로운 유도체들 중 몇 가지가 배당체(配糖體)들이다. 대부분의 배당체들은 초식 동물들에게 방해제의 기능을 하는 것으로 생각된다.

배당체(glycoside)라는 용어(Gr.=*glykys*, sweet)는 당 분자가 수산기와 함께 축합될 때 형성되는 결합(배당체 결합)을 의미한다. 다당류를 형성하기 위해 서로 연결되는 것과 같이 당은 다른 당 또는 스테로이드나 아미노산과 같은 비탄수화물 분자와 글리코시드 결합을 형성할 수 있다. 희귀한 당들이 특별한 배당체 속에서 발견되기는 하지만, 배당체에서 발견되는 가장 일반적인 당은 포도당이다.

배당체로 생겨나는 특히 흥미로운 세 가지 이차 대사 물질은 사포닌(saponine), 강심 배당체(cardonelide) 및 시안 배당체이다. 네번째 일족인 glucosinolate는 기술적으로 배당체는 아니지만, 구조적으로 비슷해서 여기에 포함시켰다.

사포닌

사포닌(saponin)은 테르펜 배당체이다. 사포닌에는 (1) 스테로이드 배당체, (2) 스테로이드-알칼로이드 배당체 또는 (3) 트리테르펜 배당체들이 있다(그림 14-9). 사포닌은 aglycone(당을 가지지 않는 테르페노이드)으로 출현하기도 하는데 이것은 **sapogenin**으로 알려져 있다. 친수성인 당과 소수성인 트리테르펜이 조합됨으로써 사포닌은 계면 활성제 또는 세제의 성질을 갖는다—사포닌을 물 속에 휘저어 놓으면 매끄러운 비누 거품을 형성한다. 사포닌이라는 이름은 한때 비누의 성분으로 사용되기도 했던 비누패랭이꽃(*Saponaria*)에서 유래한 것이다.

사포닌이 동물에게 미치는 영향은 약간 다양하다. 포유 동물에게 의미있는 독성은 없으나, 쓰고, 얼얼한 맛을 가지며 흡입하면 심한 위장 자극을 일으킨다. 그러나, 만약 사포닌이 혈액 속에 주입되면 적혈구 세포를 용혈시킬 것이다. 이 작용은 아마도 사포닌의 세제로서의 성질과 일반적으로 막을 파열시키는 능력 때문일 것이다. 사포닌은 물고기에게 매우 독성이 있어서 물고기 독으로 사용되어 왔다. 가축에게 독이 되는 것에 대한 보고서에도 사포닌이 관련되어 있다. 예를 들면, 알팔파의 사포닌은 소에게 소화 문제와 고창증(bloating)을 일으킬 수 있다. 동시에 알팔파 속에 들어 있는 사포닌은 혈장의 콜레스테롤 수준을 낮춘다는 보고도 있다(Olezek, 1996).

상업적으로, *Quillaja saponaria*의 줄기에서 나온 사포닌은 사진 필름, 샴푸, 액체 세제, 치약의 계면 활성제, 음료의 유화제로 사용되어 왔다. Licorice(*Glyscyrrhiza glabra*)에서 나온 사포닌인 glycyrrhizin은 의학적으로 사용되어 왔고, 음식과 담배의 단맛과 맛을 증진시키는 물질로 사용되었다.

강심 배당체

강심 배당체(cardiac glycoside) 또는 카르데놀리드(cardenolide)는 스테로이드인 사포닌과 구조적으로 비슷하

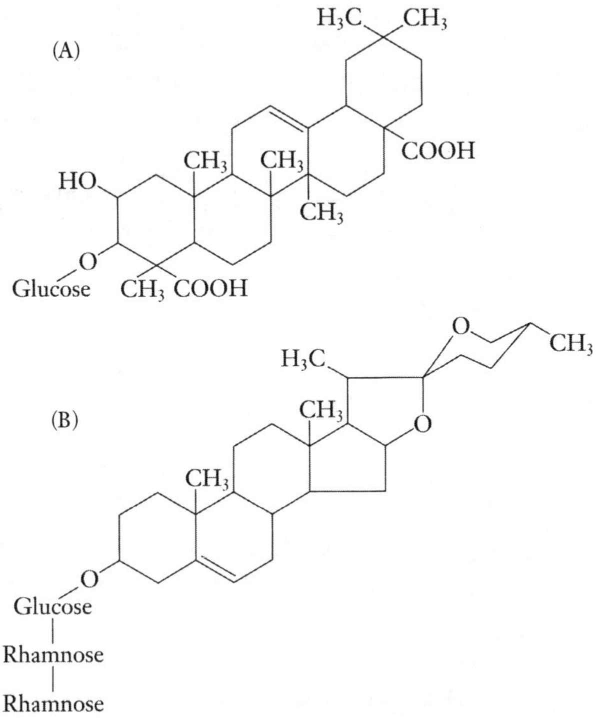

〈그림 14-9〉 사포닌
(A) 알팔파(*Medicago sativa*)에서 나온 medigenic acid glucoside, 트리테르페노이드 사포닌, (B) 클로버(*Meliotus* sp.)에서 분리된 diosgenin-glycoside, 스테로이드 사포닌.

며 비슷한 세제 성질을 갖는다(Malcolm, 1991). 강심 배당체 또는 카르데놀리드(cardenolide)는 락톤 고리(17번 탄소에 붙은)와 글리코시드를 형성하는 희귀한 당이 존재한다는 점에서 다른 스테로이드 배당체와 구별된다(그림 14-10). 사포닌처럼, 카르데놀리드는 배당체나 aglycone 또는 genin 등의 형태로서 자연적으로 출현한다.

카르데놀리드는 55개 속, 12개 과를 대표하는 200 가지 이상의 종에서 보고될 정도로 넓게 분포한다. 아마도 가장 잘 알려진 것은 '현삼과(digitalis)'이며, 카르데놀리드의 혼합물은 자주색 현삼화인 *Digitalis purpurea* 또는 그리스 현삼화인 *D. lanata*의 종자, 잎, 줄기에서 추출된다. 현삼과 식물에 들어 있는 두 가지 중요한 카르데놀리드는 **digitoxin**과 이것과 유사한 화합물인 **digoxin**이다. 현삼과는 사포닌인 **digitonin**의 공급원도 된다.

18세기 후반까지, 현삼과는 아테로마성 동맥경화증(atherosclerosis)과 같은 심장 상태를 다루는 의학적 용도로 사용되어 왔다. 현삼과는 심장 근육의 Na^+/K^+-ATPase 펌프를 파열시키기 때문에 카르데놀리드는 척추동물에게 매우 독성이 있다.[1] 그러나, 치료 용도로

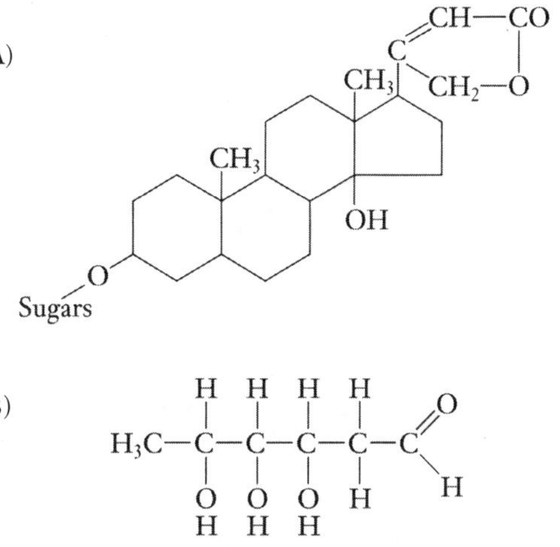

〈그림 14-10〉 강심 배당체의 구조
(A) 강심 배당체인 digitoxin. 당 성분은 2 분자의 digitoxose, 1 분자의 acetyl-digitoxose, 그리고 1 분자의 포도당으로 구성되어 있다. (B) 강심 배당체 중에서 발견되는 희귀한 당 중 하나인 digitoxose의 구조.

1) 아프리카의 사냥꾼들은 식물에서 나온 카르데놀리드가 풍부한 추출물을 자신의 화살과 작살에 묻혀서 사용하였는데, 이들에 의해 카르데놀리드의 과도한 독성이 오랫동안 조사되었다.

복용량을 주의 깊게 조절하면 심장 박동을 느리고 강하게 할 수 있다. 불행하게도, 치사와 치료 효과가 있는 용량은 매우 비슷하므로, 치료 과정을 주의깊게 관찰해야만 한다.

카르데놀리드의 또 다른 일반적인 공급원은 유액을 분비하는 초본식물인 *Asclepias*와 *Calotropis*이다. 이 두 종은 우유같이 희며 카르데놀리드가 풍부한 유액을 만들기 때문에 유액을 분비하는 식물(milkweed)로 알려져 있다. 유액을 분비하는 식물은 산란하는 왕나비의 중요한 숙주이기 때문에 실제적인 관심거리가 된다. 발생하는 유충은 유액을 분비하는 식물을 먹고, 병의 징후 없이 카르데놀리드를 격리시켜 관리한다. 왕나비 유충은 변태하는 동안 카르데놀리드를 보유하고 있으며 성체 왕나비 속에도 들어 있다. 푸른 어치(blue jays)와 같은 새들이 왕나비를 먹으려고 할 때, 축적되어 있던 카르데놀리드는 토하게 하는 구토 반응을 일으킨다. 이런 경험을 한 다음 때때로 새는 왕나비를 먹는 것을 현명하게 피한다.

시안 배당체

치명적인 시안화 수소(hydrogen cyanide, HCN)를 방출할 수 있는 화합물을 식물들이 합성한다는 것은 놀라운 일임에 틀림없지만, 식물에서 기원하는 시안 화합물은 60가지 이상이 보고되었다(Seigler, 1991). 이들 중 우세한 형태는 시안 배당체(cyanogenic glycoside)(그림 14-11)들이다. 대부분의 시안 배당체들은 4가지 아미노산(페닐알라닌, 티로신, 발린 및 이소루신)으로부터 유도되는 것으로 나타난다. 시안 배당체들은 그 자체로는 독성이 없으나, 식물이 초식 동물에 의해 손상될 때, 배당체가 효소에 의한 분해를 거치게 되고 시안화물이 방출된다.

효소에 의한 분해는 두 단계를 거친다(그림 14-11). 첫단계는 *β-glycosidase*에 의해 당이 방출된다. 그 결과 cyanohydrin이 적당히 불안정해지고 천천히 분해되는 과정 중에 HCN이 방출된다. 그러나, 일반적으로 분해는 *hydroxynitrile lyase* 효소에 의해 촉매된다. 효소에 의한 시안의 방출은 일반적으로 손상되지 않은 식물에서는 일어나지 않는데, 그 이유는 효소와 기질이 공간적으로 분리되어 있기 때문이다. 몇 가지 경우에, 분리는 한 세포 내에서 유지되지만, 다른 경우에는 효소가 하나의 세포 속에 들어 있고 시안 배당체는 다른 세포에 들어 있다. 예를 들면, 수수에서, 시안 배당체인 **dhurrin**은 표피 세포에서 합성되어 저장되지만, 배당체 가수분해효소(glycosidase)와 분해 효소들은 엽육 세포에서 발견된다. 조직이 깨어지고 두 세포의 함유물이 섞일 때에만 시안화물 생성(cyanogenesis)이 일어난다.

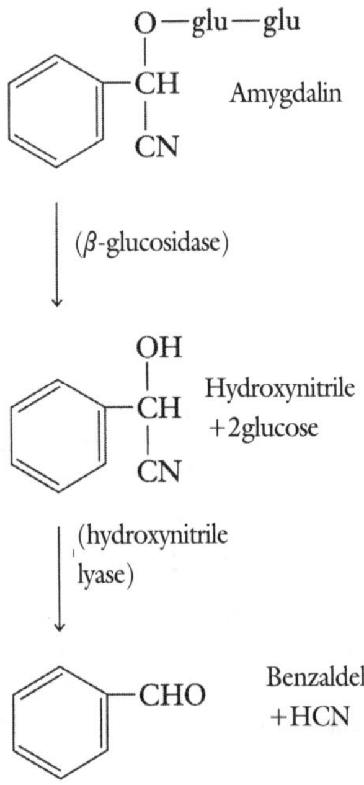

〈그림 14-11〉 사과, 체리 및 살구(*Prunus* sp.)의 종자에서 발견되는 시안 배당체인 아미그달린(amygdalin)의 가수 분해

대부분의 동물들이 소량의 시안을 무독화시키는 능력을 가지고 있지만 시안 배당체가 있음으로 해서 곤충과 다른 초식 동물에 의해 먹히는 것을 막아준다는 증거가 몇 가지 있다. 반응 억제로서의 시안 배당체의 효과는 존재하는 양, 시안이 방출되는 비율과 동물의 무독화시키는 능력과 같은 많은 요인들에 의해 분명히 좌우된다. 식물 속에 들어 있는 시안 배당체의 양은 매우 다양하며 유전적 지배와 환경 스트레스에 의해 영향을 받는다. 후자는 수수를 가축의 사료로 사용할 때와 관련이 있다. Dhurrin은 수수가 가뭄과 서리에 의해 스트레스를 받을 때 빠르게 축적되고 가축에게 중독을 일으킬 수 있다. 시안 배당체를 함유하는 또 다른 식품 공급원은 카사버(cassava ; *Manihot esculenta*)로, 이것은 열대의 국가에서 사는 수백만 인구의 주요한 전분 공급원이다. 그러나, 식물을 조심스럽게 준비함으로써 시안

배당체의 중독을 피한다.

Glucosinolate

Glucosinolate는 S-와 N-을 함유하는 화합물이며, Capparales 목 중에서 겨자과(Brassicaceae) 및 그와 연관되는 과에서 일차적으로 발견된다. 겨자유는 양배추, 브로콜리 및 코올리플라워의 독특한 맛뿐만 아니라 겨자와 고추냉이와 같은 양념에서 자극적인 맛을 내게 하는 경제적으로 중요한 부류의 향신료이다. Glucoosinolate는 이러한 겨자유의 선구체이다.

모든 glucosinolate들은 〈그림 14-12(A)〉에 나타낸 것과 같은 일반적인 구조를 가지는 **thioglucoside**이다. 이 화합물 내의 당은 항상 포도당이다. 구조와 성질에 있어서 다양한 것은 R원자단 때문이며, 이 R원자단은 단순한 메틸기에서부터 큰 선형이나 가지가 난 사슬을 포함하고 있는 방향족 또는 이형고리(heterocyclic) 구조가 있다. Glucosinolate의 생물학적인 활성은 일차적으로 이들이 겨자유로 가수 분해되는 것에 의해 좌우된다(그림 14-12(B)). 가수 분해는 myrosinase(athioglucosidase)라 부르는 효소에 의해 촉매된다. 가수 분해 산물은 불안정하여 재배치를 거쳐 즉시 thiocyanate나 *iso*thiocyanate를 형성한다. 시안 배당체들처럼 glucosinolate는 가수분해 효소와 공간적으로 분리되어 있어서, 보통 세포가 파괴되어 효소와 기질이 서로 만나게 될 때에만 겨자유가 형성된다. 다른 방어 화합물처럼 일부 초식 동물들은 식물체에 glucosinolate가 있으면 피하지만, 어떤 동물들은 glucosinolate나 겨자유가 포식이나 산란을 촉진하는 유인 물질로 사용하도록 적응하였다.

Glucosinolate는 이것을 없애기 위한 노력으로 인해 종자 기름 산업에 중요한 영향을 끼쳐 왔다. 유채씨는 식물성 기름의 좋은 공급원이지만, 에루크산(erucic acid, 탄소가 22개인 지방산)의 함량이 높음과 동시에 glucosinolate의 함량이 높아 맛이 나쁘며 오래 저장하기가 힘들다. Glucosinolate와 에루크산의 함량이 낮은 새로운 품종들이 육종되었다. 이런 품종을 정상적인 유채와 구별하기 위해서 **canola**라고 부르며, 이런 품종들은

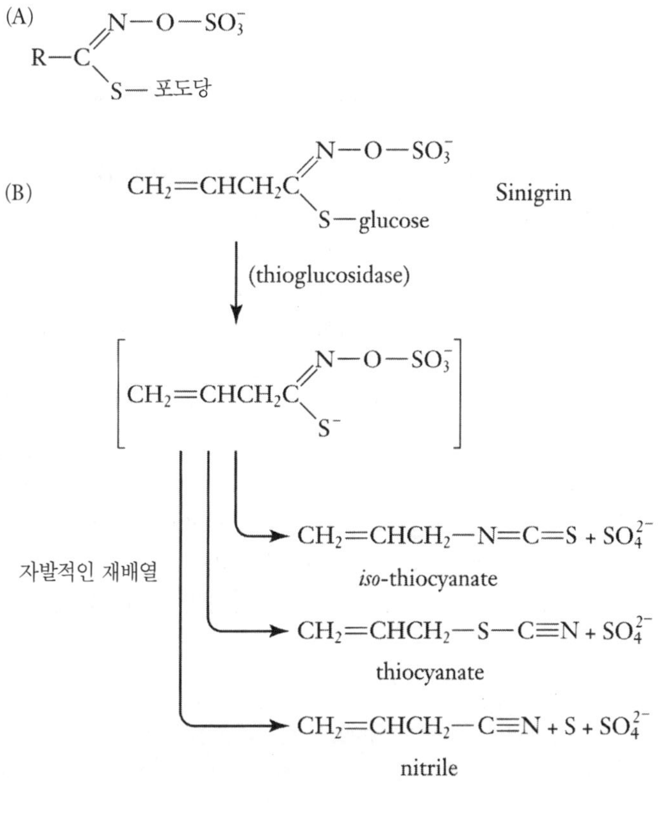

〈그림 14-12〉 Glucosinolate

(A) 모든 glucosinolate들은 동일한 기본 구조를 가진다. (B) 흑겨자(*Brassica nigra*)에서 나온 glucosinolate인 sinigrin의 효소에 의한 가수 분해. 효소에 의해 포도당이 제거되어 불안정한 산물이 형성되며 자발적인 재배열을 거쳐 자극적인 맛을 가진 겨자유인 thiocyanate, *iso*thiocyanate 또는 nitrile을 형성한다.

현재 경제적으로 중요한 기름 공급원이다.

페놀 화합물

시킴산(shikimic acid) 경로는(1차 또는 2차 대사에 참여하게 되는) 방향족 아미노산을 합성하게 된다. 방향족 아미노산으로부터 유도되는 2차 대사 물질의 계열들은 일반적으로 페놀, 폴리페놀 또는 페닐프로판 유도체로 알려져 있다.

페놀화합물(phenolic) 또는 **폴리페놀**(polyphenol)은 단순한 페놀산에서부터 탄닌이나 리그닌과 같이 매우 크고 복잡한 중합체를 포함할 정도로 크고 화학적으로 다양한 화합물의 집단이다. 또한 앞서 7장에서 설명한 플라보노이드 색소도 포함한다. 기본 구조는 페놀이며, 수산기를 가진 방향족 고리 구조를 하고 있다.

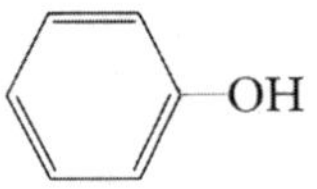

다른 2차 산물들처럼 많은 페놀 화합물이 식물/초식 동물의 상호 작용에 관여한다. 어떤 것(예, 리그닌)들은 중요한 구조를 이루는 성분이며, 반면에 다른 것들은 분명한 기능이 없이 단순하게 물질 대사의 최종 산물인 것도 있다.

시킴산 경로

대부분의 페놀 화합물의 생합성은 방향족 아미노산인 페닐알라닌, 티로신, 트립토판으로부터 시작된다. 이런 방향족 아미노산은 포스포엔올피루브산과 에리드로오스-4-인산으로부터 **시킴산 경로**(shikimic acid pathway)로 알려진 일련의 반응에 의해 합성된다(그림 14-13). 시킴산 경로는 박테리아, 곰팡이, 식물에는 공통적으로 나타나지만 동물에서는 발견되지 않는다. 따라서, 페닐알라닌과 트립토판은 (인간을 포함하여) 동물의 10개 필수아미노산에 포함되며, 동물의 모든 방향족 분자들의 중요한 공급원이 된다(Voet and Voet, 1990).[2)]

방향족 아미노산의 생합성은 5탄당 인산 회로의 에리드로오스-4-인산 한 분자와 해당 과정의 포스포엔올피루브산(phospho*enol*pyruvate, PEP) 한 분자의 축합으로 시작된다. 그 결과 생성된 7탄당은 고리화 된 후 환원되어 이 과정의 이름이 유래된 시킴산이 된다. 코리슴산(chorismate)은 페닐알라닌으로 되거나 트립토판으로 되는 분지점이 된다. 시킴산 경로는 되먹임(feedback) 조절의 좋은 예가 된다. 이 경로의 중심 효소인 알돌라아제는 최초의 축합 반응을 촉매하고 세 가지 최종 생성물에 의해 억제된다. 비슷한 방법으로, 코리슴산이 프레펜산(prephenate)으로 전환되는 것은 페닐알라닌과 트립토판 모두에 의해 억제되며, 반면에 코리슴산이 안트라닐산(anthranilate)으로 전환되는 것은 트립토판에 의해 억제된다. 이 과정 중의 흥미있는 다른 반응은 시킴산이 3-엔올피루빌시킴산-5-인산(3-enolpyruvyl shikimate-5-P)로 되는 반응 중 두번째 단계이다. **3-enolpyruvylshikimate-5-phosphate synthase**(EPSPS) 효소는 제초제인 글리코포세트(*glyphosate*)에 의해 억제된다(11, 23장). 글리코포세트를 처리한 식물은 방향족 아미노산과 그 유도체, 특히 단백질을 합성하지 못해 죽게 될 것이다.

---

2) 필수 아미노산이 아닌 티로신은 필수 아미노산인 페닐알라닌의 수산화로 합성될 수 있다. 따라서, 페닐알라닌을 섭취할 필요성은 티로신의 요구도 반영한다.

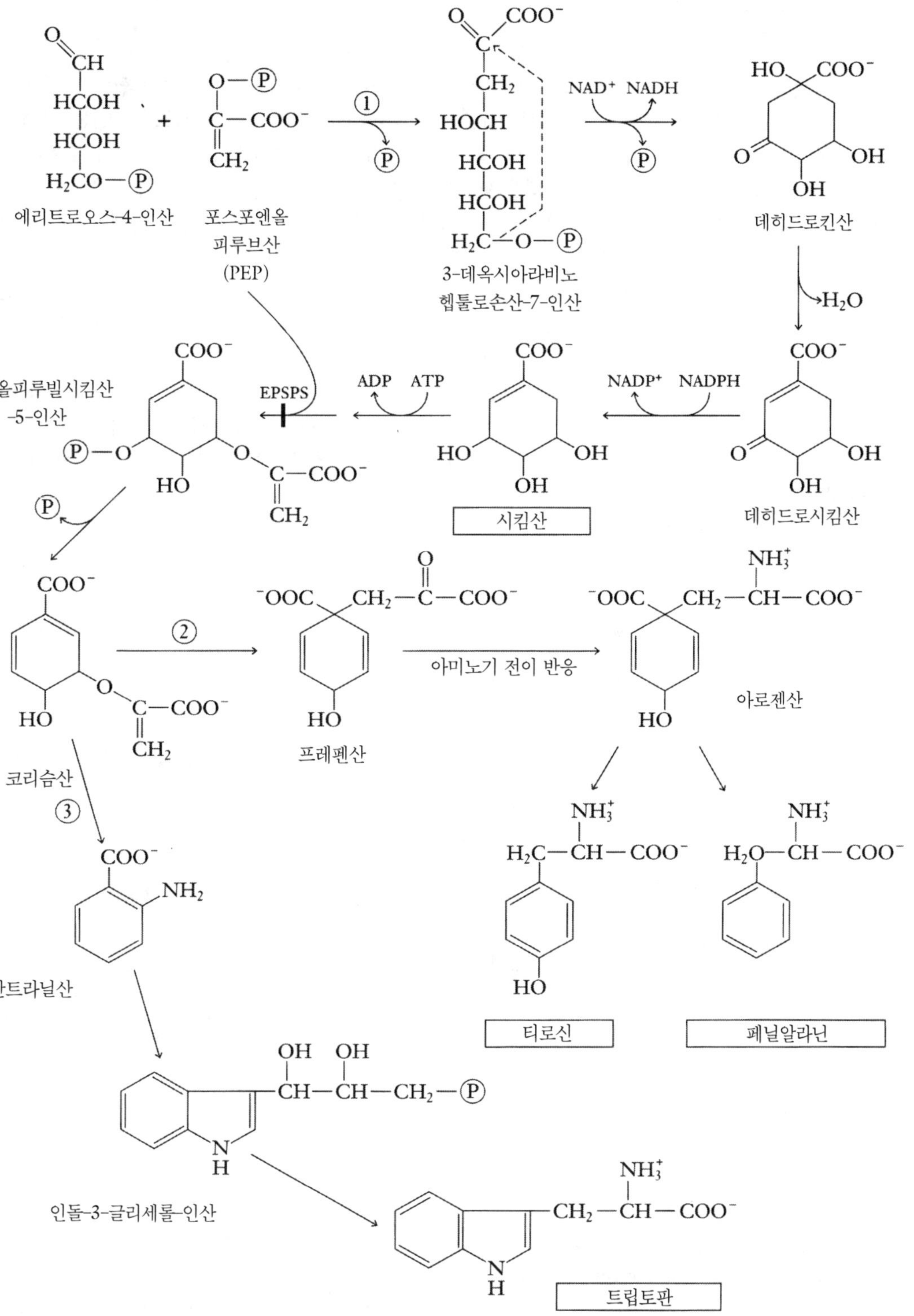

〈그림 14-13〉 방향족 아미노산을 생합성하기 위한 시킴산 경로

최초의 선구체는 5-탄당 인산 생합성 과정에서 온 erythrose-4-P와 해당 과정에서 온 포스포에놀피루브산이다. 시킴산을 3-enolpyruvylshikimate-5-P로 전환시키는 과정에서 두번째 반응을 촉매하는 효소인 EPSPS는 제초제인 글리포세이트에 의해 억제된다. 1, 2, 3으로 표시된 효소들은 되먹임(feedback) 억제에 의해 조절을 받는다.

단순 페놀 화합물

대부분의 2차 페놀 화합물의 합성은 페닐알라닌이 신남산(cinnamic acid)으로 되는 탈아미노 반응으로 시작된다(그림 14-14, 14-15). 이 반응을 촉매하는 효소인 **phenylalanin ammonia lyase**(PAL)는 단백질의 합성과 같은 일차 대사로부터 온 탄소를 페놀 화합물의 생산 쪽으로의 전환을 효과적으로 조절하기 때문에 중요한 효소이다. 다른 과정인 티로신이 P-쿠마르산이 되는 탈아미노 반응은 독점적인 것은 아니지만 초본에 주로 한정되어 나타난다. PAL의 상대적 중요성은 여러 관찰에서 드러났다. 예를 들면, PAL의 활성은 적색광과 UV를 비춰주면 촉진되며, 이 빛은 여러 가지 플라보노이드의 증가도 역시 촉진한다. 이와 비슷하게, 대두에 곰팡이를 감염시키면 피토알렉신(phytoalexin)인 glyceollin이 증가하는데, 이 때 PAL 활성도 같이 증가한다 PAL의 활성 산물인 트란스 신남산(trans-cinnamic acid)은 식물 호르몬인 옥신의 활성을 저해할 수 있다. 그러나, 생체내에서도 같은 기능을 가지는지에 대한 증거는 없다.

신남산은 수산기의 첨가로 쉽게 P-쿠마르산으로 바뀐다(그림 14-15). 수산기와 메톡시(methoxy)가 순차적으로 첨가되면 각각 카페인산과 페룰산이 만들어진다. 이 네 가지 단순 페놀 화합물은 양적으로 축적되지는 않는다. 이들의 중요한 기능은 쿠마린, 리그닌, 탄닌, 플라보노이드, 이소플라보노이드와 같은 더 복잡한 유도체들의 선구체가 되는 데 있는 것 같다.

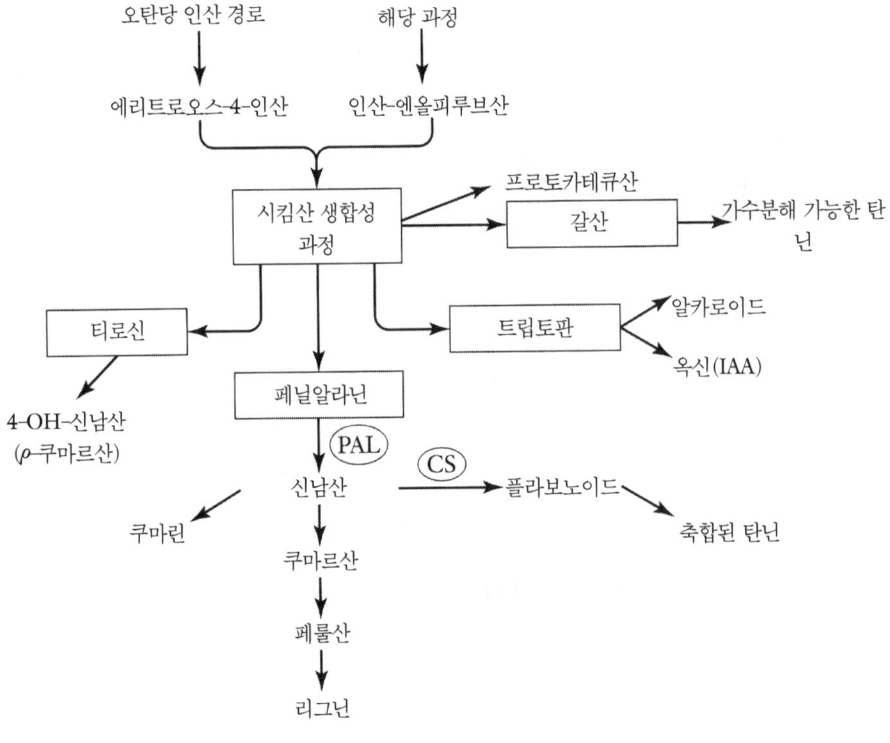

〈그림 14-14〉 여러 가지 일차와 이차 대사 물질의 합성에 있어서 시킴산 경로의 중심적인 역할
PAL=phenylalanine ammonia lyase, CS=chalcone synthase.

쿠마린

쿠마린(coumarin, 그림 14-16)은 히드록시 신남산(hydroxycinnamic acid)의 고리화로 형성되는 다양한 그룹

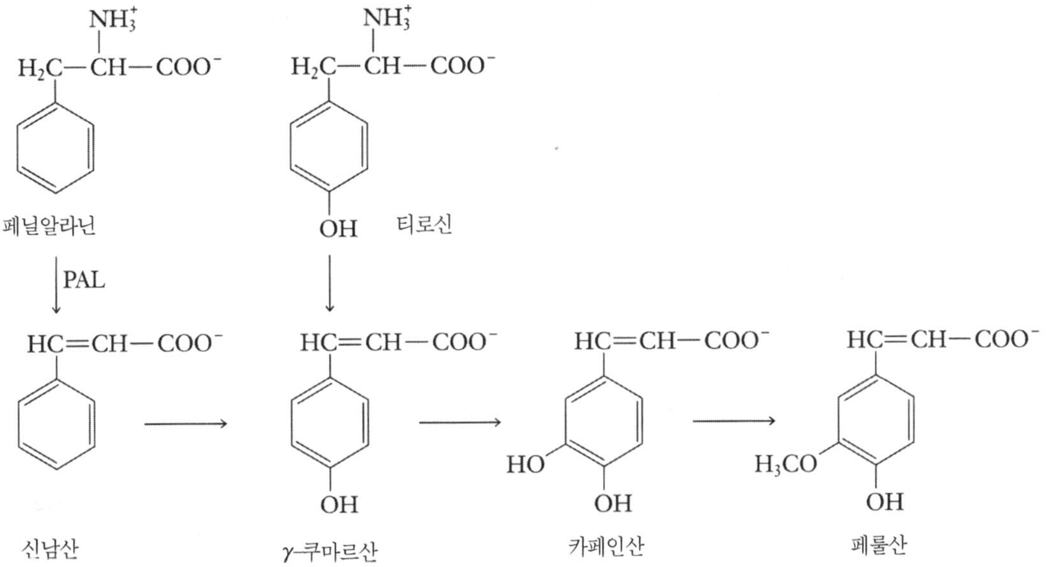

〈그림 14-15〉 페놀 골격
페닐알라닌이 신남산(cinnamic acid)으로 탈아미노화되고 뒤이어 p-쿠마르산의 수산화가 일어나는 반응은 페놀 화합물의 생합성에 있어서 첫번째 단계이다. 초본류에서 티로신은 p-쿠마르산으로 바로 탈아미노화될 수 있다. PAL=phenylalanine ammonia lyase.

의 락톤 화합물이다. 쿠마린은 금방 베어낸 건초에서 특징으로 나타나는 향긋한 냄새를 유발한다. 또한 쿠마린은 파이프 담배, 차와 다른 제품의 향기를 내는 데 사용되는 Bergamot 기름의 성분이다. 쿠마린 자체는 독성이 없지만 곰팡이에 의해 독성 물질인 **디쿠마롤**(dicoumarol)로 전환되는데 곰팡이가 핀 건초에서 흔히 발견된다. 디쿠마롤은 혈액 응고에 있어서 필수 조효소인 비타민 K를 저해하여 소에게 치명적인 출혈을 일으킨다. 1940년대에 디쿠마롤의 발견으로 쿠마린의 유도체인 *wafarin*이 쥐 독약으로 개발되었다. 고등 식물에 가장 널리 퍼져 있는 쿠마린인 scopoletin은 주로 종자 껍질에 존재한다. 이것은 발아가 진행되기 전에 종피에서 반드시 배출되어야 하는 발아 억제제인 것 같다.

리그닌

리그닌(lignin)은 세 가지의 단순한 페놀 알코올(phenolic alcohol)로 구성된 다지성의 중합체이다(그림 14-17). 나자식물의 리그닌은 주로 코니페릴(coniferyl) 알코올 단위체로 구성되어 있는 반면에 피자식물의 리그닌은 코니페릴과 시나필(sinapyl) 알코올 단위체가 혼합되어 있다. 이 알코올들은 식물체에 보편적으로 존재하는 효소인 퍼옥시다아제에 의해 자유 라디칼로 산화된다. 다음으로 이 자유 라디칼들은 자발적이며 무작위적으로 반응하여 리그닌을 형성하게 된다.

리그닌은 세포벽, 특히 물관 중 물관 요소(tracheary element)의 2차벽에서 발견되는데, 여기서 리그닌은 나무 줄기에 기계적 강도와 딱딱함을 부여한다. 사실상 나무의 목재를 만드는 것은 리그닌이다. 리그닌은(섬유

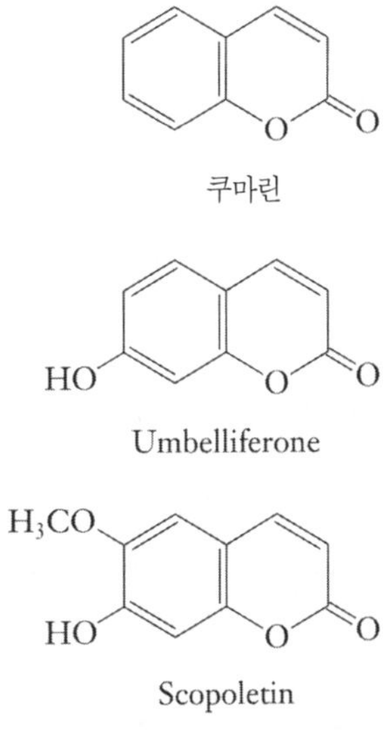

〈그림 14-16〉 쿠마린
300가지 이상의 쿠마린이 70개 이상의 식물 과(科)에서 보고되었다. 아마도 scopoletin은 식물에 가장 널리 퍼져 있는 쿠마린일 것이다.

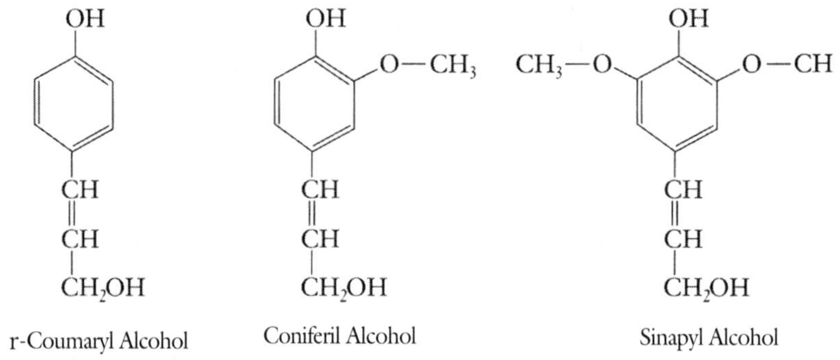

〈그림 14-17〉 중요한 리그닌 단량체들
교차 결합은 고리형 알코올과 이중 결합된 탄소 원자 사이에서 가장 보편적으로 형성된다.

소 다음으로) 매우 풍부함에도 불구하고, 그 구조는 잘 이해되어 있지 않다. 리그닌은 매우 큰 중합체이며, 물과 대부분의 유기 용매에 녹지 않고 상당히 분해가 일어난 상태로만 추출할 수 있다. 더욱이 세 가지의 기본 단량체(monomer)는 다양한 방법으로 서로 연결되어 다지성의 구조를 형성한다. 그 구조는 눈송이처럼 매우 복잡하여 각각의 리그닌 '분자'는 서로 다르다.

리그닌의 중요한 기능은 구조적인 것이지만 방어 물질로 관여하는 것으로도 보인다. 리그닌 자체도 섬유소와 헤미셀룰로오스(hemicellulose)에 공유 결합으로 연결되기 때문에, 초식 동물에 의해 쉽게 소화되지 않을 뿐만 아니라 이 두 중합체의 소화도 감소시킨다. 곰팡이 병원균이 숙주 세포에 침입할 때 숙주 세포벽을 효소로 분해하여 침입하게 된다. 몇몇의 연구는 곰팡이가 침입하는 부위에 리그닌과 페놀 유도체가 축적되는 것을 보여 주었는데, 아마도 세포벽의 분해 속도를 늦추는 것 같다.

플라보노이드

플라보노이드(flavonoid)는 이미 7장에서 설명이 되었다. 여기서는 플라보노이드가 어떻게 페놀류에 포함되는지 알아보기 위해 생합성 과정을 간략하게 살펴보자. 플라보노이드가 A, B, C로 표시된 3개의 고리로 구성되어 있음을 기억하라(7장 ; 그림 14-18). 고리 B와 3개의 탄소 연결부(고리 C)는 페닐알라닌과 P-쿠마르산을 거쳐 시킴산 경로로부터 유도된다. A 고리를 구성하는 6개의 탄소는 말로닐 코엔짐 A(malonyl-CoA) 복합체의 형태로 말론산(malonic acid)으로부터 유도된다(말로닐 CoA는 지방산 합성에서 중요한 중간 산물이다). 중심 효소는 **chalcone synthase**(CHS)이다. CHS는 3분자의 말로닐 CoA와 한 분자의 P-쿠마로일 CoA로부터 naringenin chalcone을 만드는 단계적인 축합 과정을 촉매한다. 찰콘(Chalcone)은 C_6-C_3-C_6 형태이며 고리 C는 아직 닫혀지지 않은 상태이다.

7장에서 이미 언급한 바와 같이, 플라보노이드에는 수분을 매개하는 곤충을 유인하는 데 기여하는 안토시아닌 색소들과 피토알렉신으로 작용하는 이소플라보노이드들도 포함된다. 뿌리혹세균(rhizobium)과 숙주 식물 뿌리간의 인식에 있어서 플라보노이드의 역할에 대해서는 6장에서 논의하였다. 식물에게 UV를 조사하면 플라보노이드의 함량이 증가한다는 것이 밝혀졌는데, 플라보노이드가 해로운 UV-B를 차단하여 보호하는 수단을 제공할 것이라고 제안되었다(Caldwell et al., 1983).

탄닌

탄닌(tannin)이라는 이름은 동물 껍질을 무두질하여 가죽으로 만들 때 식물의 추출액을 사용했던 역사적 관

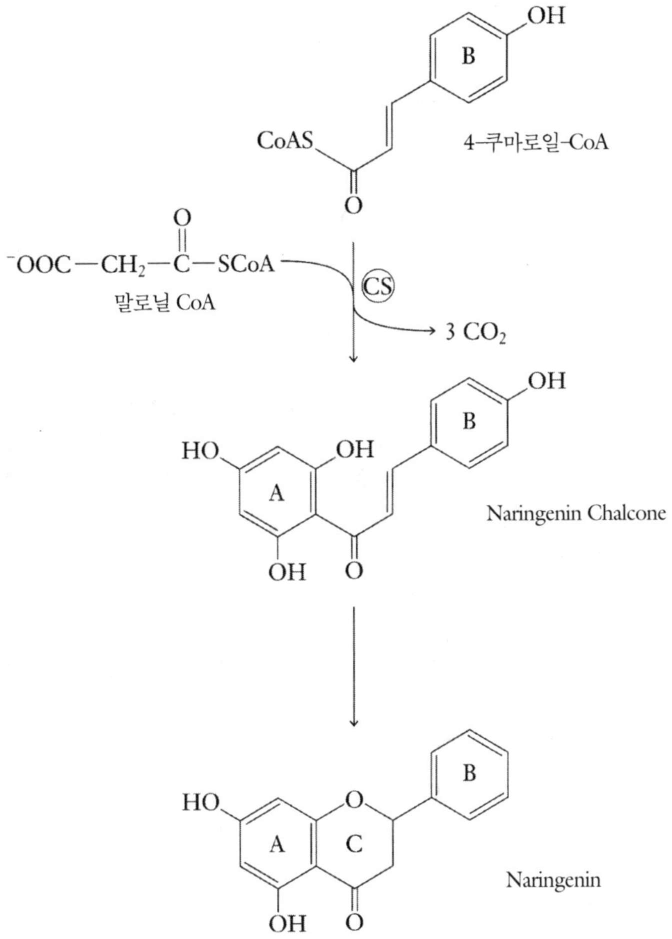

〈그림 14-18〉 플라보노이드 고리 구조의 생합성
고리 B는 시킴산 경로에서 유도된 것이다. 고리 A는 3 분자의 말로닐 CoA로부터 유도된 것이다. CS= chalcone synthase.

습에서 유래하였다. 이러한 추출액에는 단백질에 결합하여 변성시키는 페놀 유도체가 포함되어 있다. 현재 탄닌은 응축된 탄닌과 가수 분해되는 탄닌의 두 부류가 알려져 있다. 응축된 탄닌은 플라보노이드 구성 단위가 강한 탄소-탄소 결합으로 연결된 중합체이다. 이런 결합은 가수 분해되지 않지만 강한 산에 의해 산화되어 안토시아니딘(anthocyanidin)을 방출한다(7장 참고). 가수 분해되는 탄닌의 구조적 기본 단위는 당(일반적으로 포도당)으로, 당의 수산화기는 갈산(gallic acid)에 에스테르 결합하고 있다. 갈산 잔기는 다시 결합하여 광범위하게 교차 결합된 중합체를 형성한다.

다른 페놀류처럼 탄닌의 역할도 분명치 않다. 탄닌은 많은 동물들에 의해 탄닌을 가지지 않은 식물과 같이 있을 때, 탄닌을 함유한 식물이 포식되는 것을 줄게 한다. 이러한 효과는 탄닌의 잘 알려진 특성인 떫은 맛[3] (강하면서 약간 불쾌한 입안의 자극)과 관련이 있는 것 같다. 또한 탄닌은 사료의 이용 효율이나 생장 속도 및 생존도 억제하는 경향이 있다. 관례적으로 탄닌은 음식 단백질의 소화를 억제하는 것으로 알려져 있는데 아마도 장(gut) 속의 단백질과 결합하기 때문인 것 같다(Harborne, 1988). 그러나, 다른 증거는 이런 해석에 의문을 제기하면서, 탄닌에 아직 알려지지 않은 어떤 다른 방식으로 독성이 있을 것이라고 제안하고 있다.

3) 탄닌의 떫은 맛은 많은 과실의 향 성분이며 차나 붉은 포도주의 성분이기도 하다.

알칼로이드

알칼로이드(alkaloid)들은 매우 크고 이질적인 그룹의 2차 대사 물질로서, 주로 이들의 약리적인 특성과 의학적 적용 때문에 관심을 끌고 있다.

테르페노이드나 폴리페놀과 달리 **알칼로이드**(alkaloid)는 화학적으로 관련성이 적은 분자들이 모인 커다란 그룹이다. 이 집단이 공유하고 있는 중요한 특성은 물에 녹고, 질소 원자가 적어도 한 개 있으며, 생물학적 활성이 높다는 것이다. 가끔 질소는 양성자를 받아들여 용액내에서 약간의 염기성을 띠게 만든다(그래서, 이름이 *알칼로이드*이다). **메스칼린**(mescaline)과 **콜히친**(colchicine)과 같은 몇몇의 (고리형이 아닌) 지방족 질소화합물도 때때로 알칼로이드로 간주되지만 알칼로이드는 대부분 이형고리형이다. 전체적으로 약 10,000 종류의 알칼로이드들이 대부분 쌍떡잎 초본류인 약 20%의 현화식물에서 나타난다(Southon and Buckingham, 1989).

알칼로이드란 용어는 실질적으로 '약(drug)'과 동의어이며, 상업적인 가장 중요한 식물 기원성 약물 12가지 중 10가지가 알칼로이드이다(Balandrin et al., 1985). 알칼로이드들은 주로 신경 전달 물질을 간섭하여 인간에게 다양한 생리적, 심리적 반응을 유발한다. 많은 양을 투여하게 되면 대부분의 알칼로이드들은 독성이 높지만, 적은 양으로는 치료 효과를 가지게 된다. 선사 시대부터 지금까지 알칼로이드나 알칼로이드가 많이 함유된 추출액은 근육 이완제, 신경 안정제, 진통제, 정신 질환제와 같은 다양한 약학적 용도로 사용되어 왔다.

알칼로이드는 일반적으로 분자내에 존재하는 주요한 고리 형태를 기준으로 분류되어 있다(그림 14-19). 구조적으로 매우 다양함에도 불구하고, 알칼로이드는 한정된 수의 단순한 선구체로부터 생성된다. 대부분의 알칼로이드는 몇몇의 일반적인 아미노산(티로신, 트립토판, 오르니틴, 아르기닌, 리신)으로부터 합성된다. 담배의 알칼로이드인 **니코틴**(nicotine)은 니코틴산에서, **카페인**(caffeine)은 푸린 유도체로부터 합성된다.

소수의 알칼로이드들은 몇몇의 속이나 심지어는 과에서도 발견되지만, 대부분의 종에는 그들 나름대로의 독특하고 유전적으로 결정된 모양의 알칼로이드를 가진다. 다른 이차 대사 물질처럼, 개개의 알칼로이드들은 특정의 기관, 뿌리, 잎, 어린 열매에 한정되어 존재한다. 예를 들면, 이소퀴놀린(isoquinolin) 알칼로이드인 **모르핀**(morphine), **코데인**(codeine), **파파베린**(papaverine) 등은 양귀비(*Papaver somniferum*)의 미성숙한 종자 껍질에서 만들어지는 20가지 알칼로이드 중 3 가지이다. 반면에 **베르베린**(berberine)은 매자나무(*Caulophyllum thalictroides*)의 종자를 포함하여 여러 기관에서 발견된다. 매자나무는 한때 원예용 울타리로 흔히 사용되었지만, 매자나무의 밝고 붉은 열매에 끌려 이 열매를 먹게 된 어린 닭에게 독이 되기 때문에 지금은 사용되지 않는다.

루핀(Lupinine) 같은 quinolizidine 알칼로이드는 *Lupinus* 속의 식물에 많이 있어서 종종 루핀 알칼로이드로 불린다. 이런 식물들의 쓴맛은 방목되는 동물들로 하여금 이 식물을 못 먹게 하지만, 루핀(식물)을 뜯어먹는 것이 소에게 중독을 일으키는 가장 흔한 요인으로 알려져 있다. 종자에 알칼로이드가 가장 고농도로 존재하므로 가을에 가축이 가장 많이 죽게 된다. 가축에게 중독을 일으키는 다른 알칼로이드는 **세네시오닌**(senecionine : *Senecio*, 개쑥갓), **라이코토닌**(lycotonine : *Delphinium*, 참제비고깔속), **스코폴아민**(scopolamine : *Datura stramounium*, 흰독말풀) 그리고, 검은사리풀(*Hyoscyamus niger*, 원색 도판 12 참조)에서 나오는(hyoscyamine으로 알려진) **아트로핀**(atropine)이 있다.

인돌 알칼로이드(indole alkaloid)는 테르페노이드 알칼로이드로 자주 언급되는데, 그 이유는 비록 기본적인 인돌 고리 구조가 트립토판에서 유래되었지만, 이 분자의 나머지 부분이 메발론산 경로에서 유래되었기 때문이다. 잘 알려진 두 가지 테르페노이드-인돌 알칼로이드인 **빈블라스틴**(vinblastine)과 **빈크리스틴**(vincristine)은 Madagascar 협죽도과 식물인 *Catharanthus roseus*에 의해 생성된다. 1950년대에 빈블라스틴과 빈크리스틴이 미세 소관의 형성을 억제하여 세포 분열을 중기에서 중지시킨다는 것이 발견되었다. 그 이후로 이 물질들은 호지킨스림프종(Hodgkin's lymphoma), 백혈병, 다른 암들의 치료에 사용되고 있다. 불행하게도, *C. roseus*는 매우 다양한 인돌 알칼로이드를 생산하고, 그 중 빈블라스틴과 빈크리스틴은 매우 적은 부분(잎 건량 중 약

알카로이드 종류		예		다른 대표 화합물
퀴놀린	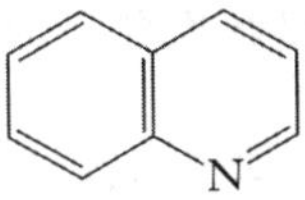	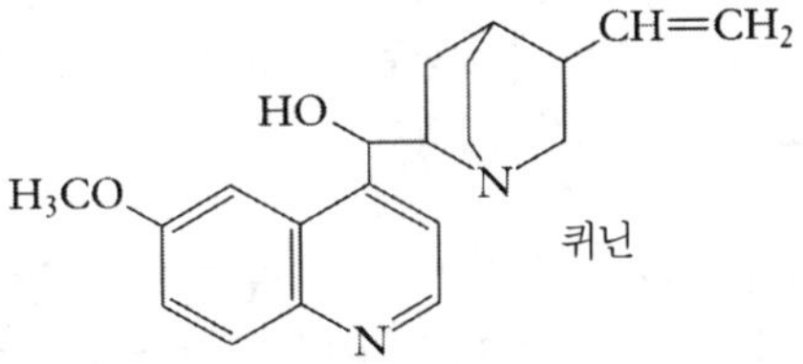	퀴닌	
이소퀴놀린	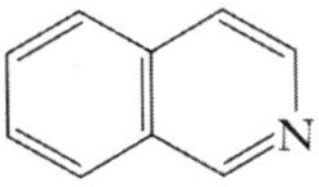	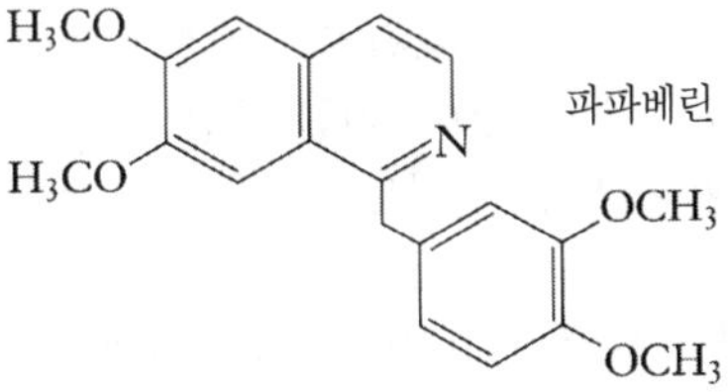	파파베린	모르핀 코데인 베르베린
인돌	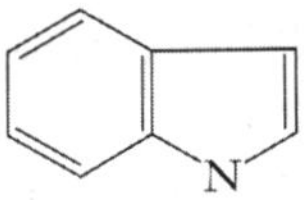	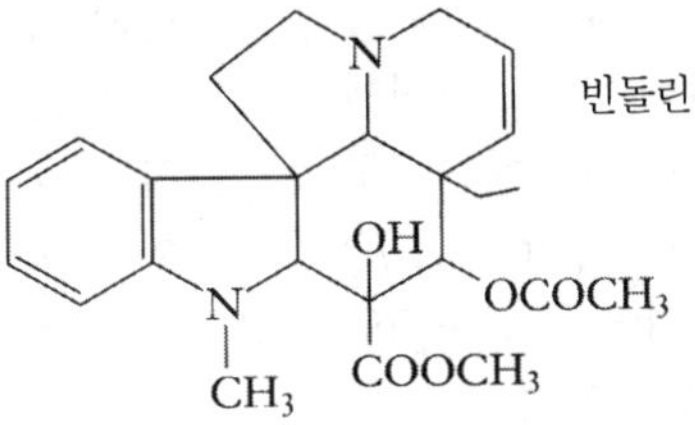	빈돌린	빈블라스틴 레세르핀 스트리키닌
피롤리지덴	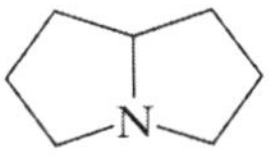	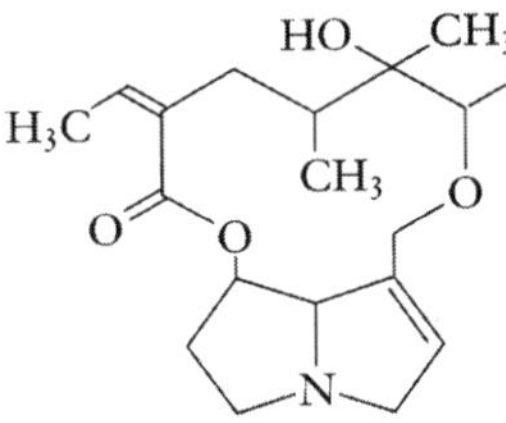	세네시오닌	레트로신
퀴놀리지딘	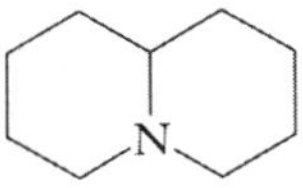	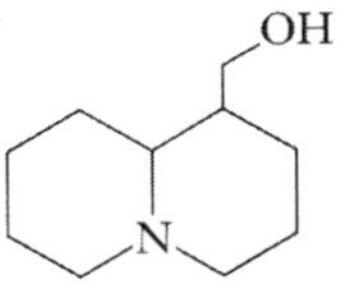	루피닌	시티신
트로판	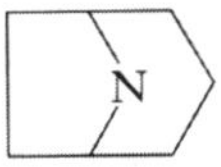	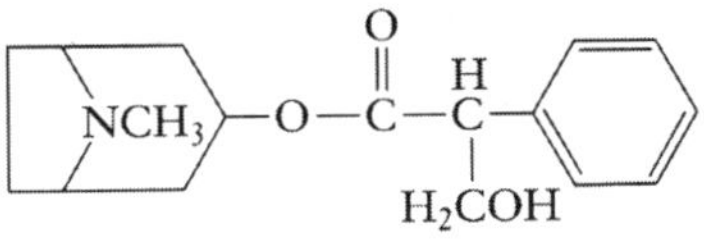	아트로핀	스코폴라민 코카인
피페리딘	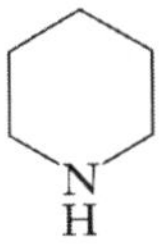	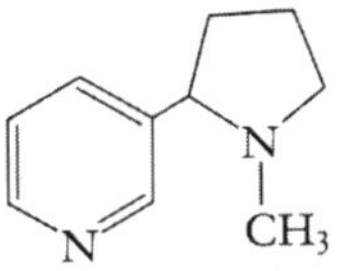	니코틴	코니인
푸린	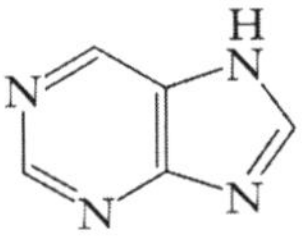	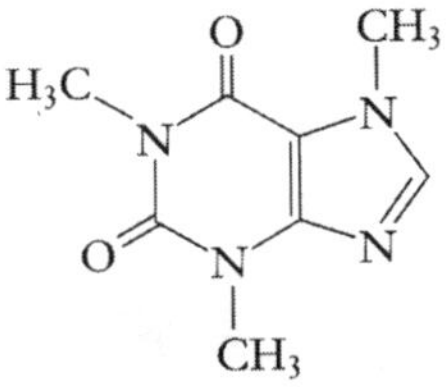	카페인	

〈그림 14-19〉 기본적인 고리 구조를 가진 알칼로이드들 중 중요한 종류들과 각 부류의 대표적인 예

0.00025%)을 차지하고 있다. 이것 때문에, 추출과 순수 분리가 어렵고, 비용이 많이 든다. 최근의 노력으로 적절한 비용으로 더 많이 수확할 수 있는 세포 배양 방법을 개발할 수 있었다(Misawa and Goodbody, 1996). Coca 식물(*Erythroxylum coca*) 잎에서 추출되는 코카인(cocaine), 양귀비, *Papaver somniferum*에서 추출되는 코데인(codeine), 담배의 니코틴(nicotine), 커피콩과 차잎의 카페인 같이 잘 알려진 알칼로이드들은 흥분제나 진정제로 널리 사용되고 있다.

알칼로이드가 식물 속에서 어떤 특별한 기능이 있는지는 더 논의되어야 할 문제이다. 다른 이차 대사 물질과 같이 방어 기능이 있을 것이라는 주장이 다수 있다(Hartmann, 1991). 대부분의 알칼로이드들은 쓴맛이 있고, 이 맛은 곤충을 포함하여 모든 동물들에게 보편적으로 혐오감을 주는 것 같다. 모든 알칼로이드들은 생물학적으로 활성이 있고 대부분 상당한 독성이 있다. 예를 들면, 니코틴은 곤충에게 잠재적 독소이며, 인간에 의해 최초로 사용된 살충제 중의 하나이다. 많은 알칼로이드들은 항생 효과를 가지고 있어 식물이 미생물의 감염에 대한 방어용임을 시사한다. 식물체 전체당 알칼로이드 농도는 매우 낮다는 것이 오랫동안 잘 알려져 있으나, 흥미로운 것은 이미 언급한 바와 같이 특정의 기관이나 조직내의 농도는 매우 높을 수 있다는 것이다. 흔히 알칼로이드가 축적되는 조직은 식물체로 볼 때 가장 상처받기 쉬운 부분(예를 들면, 어린 꽃)이거나, 초식 동물에 의해 가장 먼저 공격당할 수 있는 주변 조직이다. 어린 양귀비 꼬투리 전체의 모르핀 함량은 2%보다 적지만, 꼬투리가 상처를 입었을 때 나오는 유액에는 25% 또는 그 이상이 될 수 있다. 퀴닌(quinine)은 키나나무(*Cinchona officinalis*)의 겉껍질에 축적되며 *Rauwolfia* 알칼로이드는 뿌리 껍질에 주로 축적된다. 약리적 · 의학적 가치 때문에 알칼로이드들이 광범위하게 연구되었지만, 아직 생리학과 화학적 생태학(chemical ecology)에 대해서는 여전히 배워야 할 것들이 많이 있다.

제 15 장

식물 발달의 양상

한 작은 열매에서 크고 장엄한 참나무 식물로의 발달은 매우 정밀하고 질서 있는 일련의 연속적인 생명 활동의 사건들을 요구한다. 하나의 수정란으로부터 시작하여, 식물 세포는 분열하고 생장하며 점차 복잡한 조직과 기관들로 분화된다. 궁극적으로, 이런 활동들은 꽃을 피우며 열매를 맺고 노쇠하여 결국에는 죽음을 맞이하는 성숙한 식물의 복잡한 체제를 만들어 낸다. 한 생활사 전체를 통하여 끊임없이 그리고 질서 있게 나타나는 여러 발달 과정에 영향을 끼치거나 조절을 하는 많은 요소들과 그와 관련된 생화학적 사건과 함께 이들 활동들이 식물의 발달(plant development)을 구성하고 있다.

이 장의 목적은 식물 발달에 대한 일반적인 내용의 소개에 있다. 그리고 뒤이어 나오는 호르몬 및 식물 발달에 대한 환경 조절 등과 관련된 단원들을 위한 용어들을 제시하며 발달에 관한 일반적 논의가 기술될 것이다. 이 장에서는 아래와 같은 내용들을 포함하고 있다.

- 생장(growth), 분화(differentiation) 및 발달(development) 사이의 차이점들에 관한 간단한 논의
- 고등 식물의 발달에 있어 중요 단계, 즉 종자로부터 줄기와 뿌리의 분화, 개화, 열매의 발달에 대한 간단한 조사
- 유전자 발현, 호르몬 및 환경 자극을 통한 식물 발달의 조절에 있어 이 세 가지 중요한 의미에 대한 개요
- 식물 세포는 어떻게 생장하는가에 대한 논의 — 단단한 세포벽을 가지고 있는 세포가 세포 확장의 제한을 극복하는 문제
- 생장 곡선과 그것의 생리적 의미에 대한 간단한 소개

생장, 분화, 그리고 발달

식물이 자신의 일생 동안 진행시키는 여러 방면의 변화를 서술하기 위해 일상적으로 사용되는 세 가지 용어들은 **생장**(growth), **분화**(differentiation), 그리고 **발달**(development)이다. 식물의 발달과 그것의 조절에 관한 설명을 이해하기 위해서는, 이 세 가지 용어가 의미하는 것을 명확히 할 필요가 있다. 발달 이란 식물이 일생 동안 — 즉, 종자의 발아에서부터 생장, 성숙, 개화, 그리고 노쇠(senescence)에 이르기까지 겪게 되는 모든 변화의 총합을 나타내는 포괄적인 용어이다. 발달이란 용어는 각기 비슷한 변화 양상을 겪는 세포, 조직, 그리고 기관 등에 똑같이 적용된다. 발달은 개체 혹은 기관의 형태 변화에서, 즉 예를 들면, 영양 생장 조건에서 개화 환경으로의 변환, 또는 잎 원기(leaf primordium)로부터 충분히 성숙하여 확장된 잎으로의 변화 등에서 가장 분명해진다. 발달은 동시에 아세포 수준 및 생화학적 수준, 예를 들면, 광 조건으로 옮겨진 잎 세포내에서 엽록체가 출현한다든가 광합성 효소가 활성을 갖게 되는 조건에서도 명백해진다.

발달은 생장과 분화를 합한 개념이다. '생장' 은 크기(size)와 질량(mass)의 변화와 관련된 정량적인 용어이

다. 그것은 다양한 정량적 측정에 의해 분석될 수 있다. 배양 중에 있는 세포의 생장은 때때로 세포수의 증가 혹은 세포 집단의 생체량(fresh weight)의 증가로써 측정된다. 고등 식물에서는, 그러나 생체량은 항상 믿을 만한 값이 되는 것은 아니다. 비록 대부분의 식물 조직이 대체로 80% 정도 물로 채워져 있지만 이 물의 함량은 매우 변이가 심하며 그래서 생체량은 식물체내의 물 상태의 변화에 따라 넓게 변동된다. 세포 원형질의 양 혹은 건조물질 양의 측정치인 건량(dry weight)이 생체량보다 흔히 이용되는데, 이 건량조차도 생장의 척도로써 잘못 이용될 수 있다. 예를 들면, 암소에서 발아된 유식물(종자를 포함하여)의 건량은, 비록 고려할 만한 정도의 생장이 일어났음을 우리는 직관적으로 감지할 수 있지만 처음의 종자 무게와 비교시 실제로 감소한다. 이런 상황하에서 건량의 손실이 나타나는데 이는 생장중인 유식물이 종자내에 있는 저장 탄소원을 호흡에 이용하면서 이때 이산화탄소로 날려보내기 때문이다. 암소에서, 이런 탄소 손실은 광합성에 의해 보충될 수 없어서 유식물은 건량의 순 손실을 경험하게 된다. 그런 상황 아래에서는 생체량 혹은 유식물 축의 길이(length)가 보다 더 좋은 생장 측정이 될 수 있다. 길이, 그리고 폭(width) 또한 확대 생장중인 잎에서 적당한 측정 기준이 된다. 길이와 폭은 생장량 측정치를 제공할 뿐만 아니라 길이 대 폭 비율은 동시에 잎 발달 양상에 대한 정보를 제공해 준다. 많은 변인들이 어느 정도 관찰자의 요구에 좌우되면서 생장 측정에 포함될 수 있음은 분명한 사실이다. 그러나, 어떤 측정이건 간에 생장량을 정량화시키려는 모든 시도는 다음과 같은 기본적인 이해 즉 '생장이란 부피(volume)와 크기(size)에 있어 비가역적인 증가' 라는 사실을 반영하고 있다.

세포 분열과 세포 확장이 일상적으로는 긴밀하게 협력하면서 진행되고 있지만, 생장은 세포 분열이 없이도 일어날 수 있으며 세포 분열 역시 생장이 일어나지 않으면서도 나타날 수 있음을 명심하는 것도 중요하다. 예를 들면, 초본 식물의 자엽 발달에 있어 세포 분열은 매우 빠른 시기에 정상적으로 완성되며 뒤이어 나타나는 기관의 실질적인 확장은 전적으로 세포 확장에 기인하는 것이다. 밀(*Triticum* sp.) 종자에 감마선(gamma ray)을 충분히 쪼여주어 DNA 합성과 세포 분열이 억제되었을 때에도 발아 과정은 정상적으로 진행된다. 그러나 이 경우에는 단지 세포 확장만에 의해서 작은 유식물이 만들어진다. 그런 유식물은 일반적으로 2주 혹은 3주 이상 생존하지 못하는데, 그들의 형태는 거대 세포(giant cell)들을 제외하고는 어느 정도 정상적인 모습을 갖고 있다. 한편, 꽃에서는 초기의 배(embryo) 발달 동안에, 배의 크기가 증가하지 않은 채로 세포 분열이 계속 일어나 많은 작은 세포들을 만들어내는 시기를 갖는다.

'분화' 는 정성적인 용어로서 세포, 조직 및 기관들 사이에 나타나는 크기 이외의 차이를 의미한다. 분화는 하나의 분열중인 세포가 서로 다른 해부학적 특성 및 기능을 떠맡게 될 운명을 지닌 두 개의 딸세포를 만들어 낼 때 일어난다. 발달의 초기 단계에서, 예를 들면, 접합자의 분열은 한 식물체의 뿌리 혹은 줄기(shoot)가 될 세포들을 만들게 된다. 미분화된 유조직 세포는 물관(xylem vessel) 혹은 체관(phloem sieve tube)으로 분화하는데, 그들 각각은 서로 다른 형태와 특수화된 기능을 갖고 있다. 분화는 그 스스로 쉽게 정량적인 설명을 주지 못하나 보통 일련의 정성적인 변화로써 기술된다. 끝으로, 비록 생장과 분화가 통상 같이 일어나는 사건이지만, 분화 없는 생장과 생장 없는 분화의 예도 많이 있다.

분화는 양 방향의 거리(two-way street)로 비유될 수 있다. 비록 식물 세포는 고도로 분화 혹은 특수화되어 있는 것으로 보이지만 때때로 세포는 보다 더 배의 상태(embryonic form)로 되돌아가도록 자극되기도 한다. 즉, 세포는 탈분화(dedifferentiate)를 한다. 그것은 마치 세포가 유전적으로 다시 프로그램 되어진 것처럼, 분화과정을 되돌림으로써 새롭고 다른 길을 따라 다시 분화하는 것이다. 그래서, 담배 식물 줄기의 중심부 혹은 대두 자엽에서 채취된 세포는 일단 다시 세포 분열이 진행되도록 자극되어 미분화된 캘러스(callus)로서 그리고 나아가서는 새 식물로 자라게 된다(그림 15-1). 한번 분화되었던 세포가 새 식물로 재생하는 능력은 대부분의 살아 있는 식물 세포가 전형성능(totipotent)이 있음을 입증하는 것이며, 식물 세포는 비록 유전 정보 전부가 어떤 주어진 시간에서 모두 사용되지는 않지만 완전한 유전 프로그램을 보유하고 있는 것이다. 그래서, 발달은 유전 정보의 점진적인 소실을 반영하는 것이 아니라 어떤 특별한 발달의 마무리를 이루기 위해 그 정보의 선택적 사용을 나타내는 것이다.

물론 모든 세포가 전형성능을 지닌 것은 아니다. 발달이 고정된 고도로 특수화된 세포들, 특히 예외적으로 두

〈그림 15-1〉 캘러스 배양에서의 슈트(shoot)의 재생
담배 줄기의 중심부내 수(pith) 조직의 한 조각 부분이 무기염류, 비타민, 설탕 및 호르몬 등이 포함된 배지에 심어진다. 이 조직은 새로운 작은 식물(오른쪽)로 재생되기 전에 수 주일 동안 미분화된 캘러스(왼쪽)로서 증식한다. 이 작은 식물이 궁극적으로 토양에 심어져 성숙한 토마토 식물을 만들어 낼 것이다.

껍고 단단한 세포벽 혹은 심하게 변형된 원형질체 등에 의해 특수화된 세포들은 다시 분화되는 가능성이 거의 없다. 그와 달리, 모든 조직이 적어도 일부 잠재적으로 전형성능을 지닌 세포, 즉 접합자와 같은 형태 발생 잠재력을 지닌 세포를 포함하는 것은 가능하다. 식물 발달은 질서 있는 유형을 따라 진행하는데 그 이유는 발달 잠재력이 조심스럽게 제한되기 때문이다. 그들 제한이 제거될 때 전형성능이 있는 세포는 간단히 접합자 상태로 회귀하여 발달 프로그램을 새로 시작한다.

어느 정도 단순화된 방식으로, 어떤 특별한 세포내에서 읽혀지는 유전 프로그램은 다른 세포 및 조직과 연계되는 그 세포의 위치에 의해 또한 그 세포가 받는 입력 정보에 좌우된다. 한 세포의 위치는 이웃 세포와의 영양소 및 호르몬에 대한 관계 및 상호 작용을 결정하게 된다. 위치의 중요성이 최근에 어린 애기장대 뿌리에 관한 정교한 실험에서 입증되었다(van den Berg et al., 1995). 애기장대 뿌리는 단순한 구조 때문에 이런 종류의 연구에 잘 맞는다. 이것의 뿌리 정단(root tip)은 한 층의 표피세포, 피층, 내피 및 관다발을 둘러싸고 있는 내초(pericycle)로 구성되어 있는데, 그것이 각각의 세포의 추적을 용이하게 해준다. Van den Berg와 그의 동료들은 뿌리 세포를 관다발과 뿌리골무 세포에서 다르게 발현되는 지표유전자(marker gene)로 표지하였다. 그 다음 그들은 뿌리골무의 비활성 부위내의 세포를 외과적으로 제거하기 위해 레이저 현미경을 사용하였다. 죽은 세포들이 뿌리 정단부 쪽으로 옮겨졌으며 이웃 관다발 세포의 딸세포들로 대치되어졌다. 이 새로운 위치내에서 그 전의 관다발 세포들이 뿌리골무 지표(marker)를 발현시켰다. 이것은 세포에서 유전 프로그램의 해독이 그 세포의 계통보다는 위치 정보에 의해 결정됨을 강하게 나타내는 것이다.

조직 배양과 미세 번식(micropropagation)에서 실제적인 전형성능의 적용은 23장에서 간단히 논의할 것이다. 그리고 발달의 조절은 다음 절과 뒤이어 나오는 여러 장의 주제가 되고 있다.

생장과 발달의 조절

복잡한 다세포 생물의 질서 있는 생장과 발달은 조정(coordination) 작용을 요구하며 세 가지 다른 수준에서 제어(control)를 받는다. '내재성(intrinsic)' 제어는 '세포내(intracellular)' 수준과 '세포간(intercellular)' 수준 둘 모두에서 작동한다. 전형적으로, 세포내 제어는 세포내 단백질 종류의 변화를 통해 세포 활동에 영향을 주는 유전자 발현의 변화를 포함한다. 세포간 제어는 호르몬과 세포 집단의 활동을 조정하는 그들의 역할에 초점을 두고 있다. '세포외(extracellular)' 제어는 '외재성(extrinsic)'이다. 즉, 세포외 제어는 생체 바깥에 그 기원을 두고 있으며 환경에 대한 정보를 전달한다. 비록 연구자들이 어떤 특별한 실험 시스템내의 한 시점에서 어느 한 수준의 제어 과정에 초점을 두려 할 경우일지라도 제어 과정 사이에서의 상호 작용과 중첩 현상은 피할 수 없이 발생하게 됨을 명심해야 한다. 그러므로, 유전자 발현의 변화는 호르몬 수준 및 호르몬에 대한 세포의 감수성 변화를 일으킨다. 그와는 달리, 많은 호르몬 반응들이 유전자 발현 효과와 관련하여 추적될 수도 있다. 어느 순간에는, 환경 신호조차도 세포내 사건의 측면에서 해석돼야만 한다. 궁극적으로, 세 가지 수준에서의 제어는 식물의 전체적인 발달을 결정하기 위하여 다양한 방법으로 상호 작용하고 있다.

발달에 관한 유전적 조절

식물 세포의 전형성능은 완전한 식물로의 발달을 위해 필요한 모든 정보가 각 세포, 심지어 고도로 분화된 세포조차도 그 안에 간직되어 있음을 나타내는 것이다. 달리 말해서, 세포는 비록 분화 및 발달이 진행될 때에 많은 유전자들이 발현되지 않거나 작동이 중지되더라도 그 유전자들을 잃는 것은 아니다. 한 식물의 질서 있는 발달은 필요한 유전자 산물들(즉, 단백질)을 적당한 시간에 생성하기 위하여 계획된 일련의 유전자 활성화 순서를 요구한다. 세포는 또한 그들 산물에 반응할 능력을 가지고 있어야 한다. 새로운 분자 유전학의 기술이 식물 발달의 문제에 가해짐에 따라 유전자 발현의 변화는 세포내 수준에서 발달을 조절하는 데 있어 중요한 요소가 된다는 것이 점점 분명하여 졌다.

유전자는 **데옥시리보핵산**(deoxyribonucleic acid ; DNA) 분자내에 뉴클레오티드의 특이한 서열로 구성된다(그림 15-2). 3개 뉴클레오티드로 구성된 하나의 서열(**코돈** ; codon)이 각 아미노산을 암호화한다. 그러므로 유전자내에 있는 뉴클레오티드 서열이 단백질, 나아가서는 근본적으로 세포 대사의 진행 과정을 결정하는 효소의 아미노산 순서 혹은 일차 구조를 결정하게 된다. **유전자 발현**(gene expression)은 특이 유전자에 의해 암호화 된 특이 단백질의 합성을 의미하는 것이다. 모든 유전자가 모든 시간 동안 활성화되는 것은 아니며, 발달 프로그램의 필요 혹은 변화하는 환경 조건에 반응하여 그 활성이 나타나거나 정지된다. 차등적인 유전자 발현이 그래서 세포내에 변화하는 효소의 보충에 중요한 수단이 되며, 결과적으로 세포의 대사와 분화 과정이 중요하게 된다.

진핵 생물에 있어 유전자 발현은 일반적으로 5개의 중요한 단계 : (1) 유전자 활성화, (2) 전사, (3) RNA 프로세싱(processing), (4) 번역, 그리고 (5) 단백질 프로세싱으로 나눈다(Murpy와 Thompson, 1988). 그 중 어느 단계도 조절 작용이 일어날 수 있는 잠재적인 위치가 된다.

유전자 발현은 유전자를 구성하는 DNA의 준비 혹은 활성화와 함께 시작한다. 식물 세포는 매우 좁은 공간내에 간직되고 있음이 틀림없는 아주 많은 양의 DNA를 포함하고 있다. 만약, 단 하나의 호밀 세포 안에 있는 DNA 분자를 완전히 길게 늘어뜨린다면 그 길이는 5m에 달할 것이다. 그렇지만 이 DNA가 직경이 단지 5μm가 되는 핵 안에 들어 있는 것이다(Murphy와 Thompson, 1988). 이런 일이 실제로 가능한데 그 이유는 진핵 세포내에서 핵 유전자를 포함하는 이중 가닥의 DNA는 **히스톤**(histone)으로 부르는 구형의 특별한 단백질 응집물에 휘감겨 있기 때문이다. **염색질**(chromatin)이라 부르는 이런 배열이 DNA의 응축을 도와서 그것을 작은 공간안에 넣게 되는 것이다. 그러나, 유전자 발현의 두번째 단계 — 전사 — 에 필요한 효소는 DNA가 이 치밀하게 포장된 형태내에 있는 동안에는 그 DNA를 실행시킬 수가 없다. 비록 DNA 활성화에 대한 직접적인 증거는 없을 지라도, 염색질 구조의 변화가 관찰되었다. 유전자 발현의 첫 단계로서 DNA가 히스톤 단백질로부터 분리되어야 하며 확장되거나 혹은 다른 방법으로 전사를 위해 준비되어져야 함을 생각하는 것은 합리적일 것이다.

유전자 발현의 다음 단계는 **리보핵산**(ribonucleic acid ; RNA)분자의 합성이며, 이것의 뉴클레오티드 서열은 유전자내에서 DNA의 뉴클레오티드 서열과 상보적이다. DNA에 있는 정보가 RNA내의 뉴클레오티드 서열로서 전사되기 때문에, 이 과정이 **전사**(transcription)로 알려지고 있다. 전사는 핵 효소인 **RNA 중합 효소 Ⅱ**(RNA polymerase II)(그림 15-3(A))에 의해 촉매되며, 그리고 이 RNA 분자가 DNA가 존재하는 핵으로부터 정보를 단백질 합성이 발생되는 시토졸로 전달하기 때문에 그것은 **전령 RNA**(mRNA)라고 부른다.

mRNA가 핵에서 나와 단백질 번역에 사용되기 전에, 그것은 기능성 있는 mRNA로 처리(processing)되어야 한다(그림 15-3(B)). 그 처리는 RNA 분자 한 끝에 7-methyl-guanosine triphosphate(GTP) 분자가 첨가되고(capping ; **캡형성**) 다른 한 쪽 끝에는 폴리아데닐산(polyadenylic acid) '꼬리'가 붙는 것을 포함한다. 게다가, 진핵 세포 유전자는 **인트론**(intron)이라 불리는 DNA내의 단백질 비합성 지시 지역을 지니고 있는데, 그것은 또한 상보적 mRNA의 가닥내에서도 출현한다. 마지막 처리 단계에서, 그들 인트론이 제거되고 **엑손**(exon)이라 불리는 남아 있는 단백질 합성 지시 지역이 함께 이어져 접합된다. 그런 다음 RNA는 핵막에 있는 구멍을 통해 시토졸로 수송될 준비가 된다(그림 15-4).

일단 시토졸에서 mRNA는 리보솜에 부착되며, 여기에서 정보가 단백질을 구성하는 아미노산의 서열로 해독

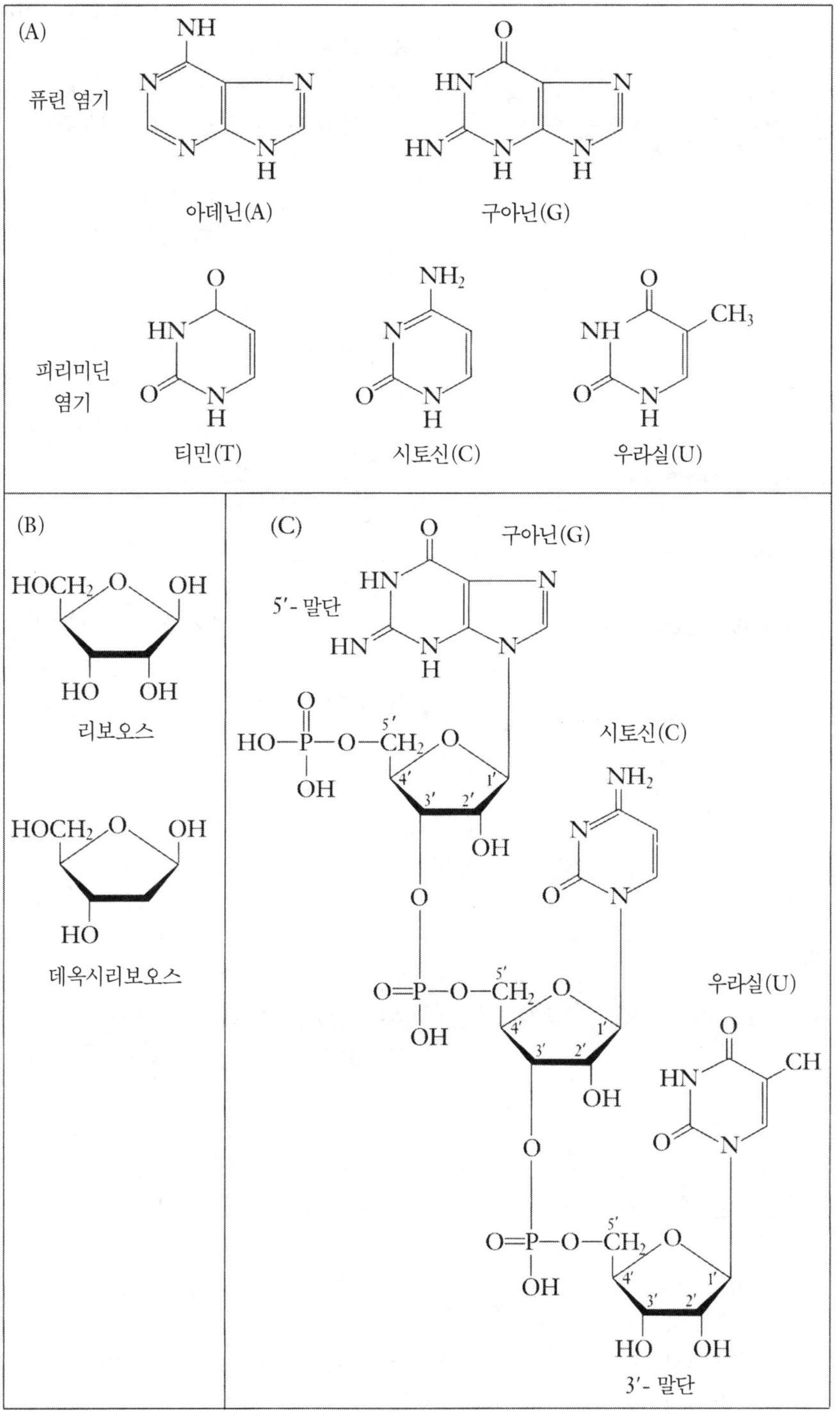

〈그림 15-2〉 DNA와 RNA 분자를 구성하는 구성 단위

(A) 퓨린과 피리미딘 염기. A, T, G와 C는 DNA에서 발견된다. RNA에서는 U가 T를 대신한다. (B) 뉴클레오티드는 염기, 5탄당, 그리고 인산기로 구성된다. 5탄당에는 리보오스와 5탄당 고리내 2번 탄소 자리에 -OH기가 결핍된 데옥시리보오스가 있다. (C) 리보뉴클레오티드(RNA) 혹은 데옥시리보뉴클레오티드(DNA)는 한 뉴클레오티드내 5′ 탄소에 결합된 인산기와 다른 뉴클레오티드 상의 3′ 탄소에 있는 알코올 사이에 에스테르 결합으로 연결된다. 이 그림은 3개 뉴클레오티드이며, 5′ 말단으로부터 GCU로 읽혀진다. 아미노산 알라닌에 대한 mRNA 삼중 부호(triplet code)인 GCU이다.

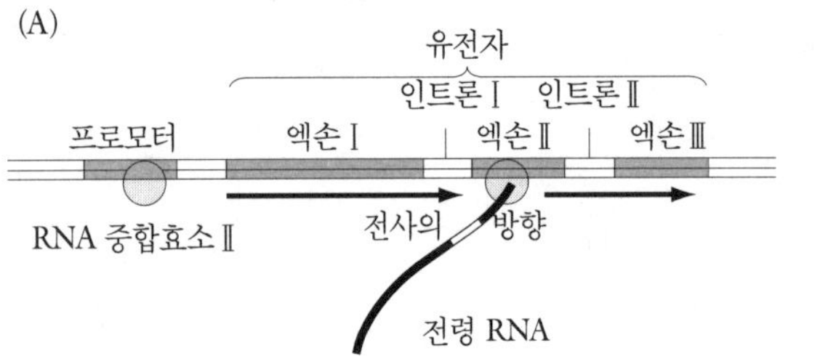

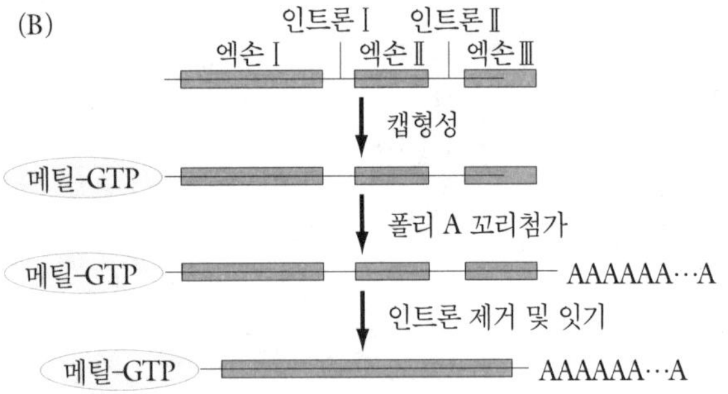

〈그림 15-3〉 (A) 유전자로부터 전령 RNA(mRNA)의 전사

진핵 세포 유전자는 단백질 합성을 지시하는 지역(엑손 ; exon)과 함께 단백질 합성을 지시하지 못하는 지역(인트론 ; intron)을 함께 번갈아 가지고 있다. 전사는 RNA 중합효소Ⅱ에 의해 수행되며, 이 효소는 mRNA 사슬이 신장될 때 DNA분자를 따라 이동한다. (B) mRNA는 핵 밖으로 빠져 나오기 전에 기능이 완전한 모습으로 처리(processing)되어야 한다. 이 처리는 5′ 말단에 7-methyl-GTP가 달라붙는 캡의 형성(capping)과 3′ 말단에 100 내지 200개의 adenylate 분자를 포함하는 폴리-A 첨가 현상을 포함한다. 끝으로, 인트론이 제거되고 서로 분리되어 있던 엑손이 함께 모아지게 된다. 이 때 비로소 전사물(transcript)이 핵공을 통해서 시토졸로 쉽게 빠져나가게 된다.

된다(그림 15-4). 아미노산은 **amino-acyl 운반 RNA**(tRNA) 분자에 의하여 한 번에 하나씩 리보솜에 전해진다. 각 아미노산이 신장하고 있는 펩티드 사슬에 달라붙을 때, 리보솜은 mRNA를 따라 다음 암호 서열 쪽으로 전진한다. 한 펩티드 사슬이 조립되는 동안에, 또 다른 리보솜이 mRNA와 결합될 것이며 그 결과 여러 펩티드 사슬이 동시에 조립되어지는 과정에 있게 된다. 여러 리보솜이 부착된 한 가닥의 mRNA를 폴리솜(polysome)이라 한다. 대부분의 진핵 세포 mRNA는 비교적 긴 수명(수 시간대)을 가지는데 그 mRNA가 시토졸에서 뉴클레아제에 의해 분해되기 전에 수천 개의 펩티드 사슬을 합성한다. 폴리솜에서 펩티드 사슬의 조립을 번역(translation)이라 부른다.

많은 단백질들이 리보솜에서 방출되어 나왔을 때 그 즉시로 유용한 상태가 되는 것은 아니며, 그 단백질들이 활성을 갖기 전에 해독 후 처리 과정(post-translational processing)을 겪어야만 한다. 엽록체와 같은 막 구조물을 위한 단백질은 리더 서열(leader sequene)이라 불리는 소수성 아미노산 서열을 포함하고 있는데 그것은 막을 통한 단백질의 수송을 용이하게 해준다. 일단 단백질이 자리를 잡으면, 리더 서열은 분리되어 떨어져서 분해된다. 다른 단백질들은 펩티드 사슬이 단백질 분해효소 작용에 의해 짧아지거나 형태 변화가 일어날 때까지 불활성 상태로 남아 있는 반면에, 또 다른 것들은 탄수화물 그룹의 첨가를 요구한다. 많은 효소 단백질들은 단백질 인산화 효소(protein kinase)의 작용을 통해서 ATP로부터 인산기를 전해 받는 인산화 반응(phosphorylation)에 의해 활성화되고 있다.

한 유전자의 성공적인 발현을 위해서는 여러 단계가 필요한데 각 단계는 식물 발달이 일어나는 동안, 유전자의 발현이 조절되는 중요한 작용 위치가 된다. 식물 발달 전체를 통해서 볼 때 번역과 번역후 프로세싱(post-translational processing) 과정에 관한 조절은 물론 차등적인 전사 과정에 대한 명백한 증거가 있는데 다음 장에서 특별한 예를 설명하겠다.

발달에 대한 호르몬의 조절

세포 사이의 상호 작용은 대단히 복잡한 사건이다. 예를 들면, 담배 줄기의 성숙한 수(pith) 세포는 더 이상 분열하거나 자라지 않으며 일차적으로 저장 세포로 분화한다. 그러나, 줄기내에서 자신의 존재 위치에 의해 발생되는 억제 작용으로부터 해방되고 그리고 인공 배지에서 배양될 때, 그 세포는 분열되도록 자극을 받게 되어 모양이 일정하지 않은 미분화된 세포 덩어리를 만들게 된다. 적당한 영양 균형과 알맞은 종류의 호르몬이 포함된 배지내에서는, 뿌리와 슈트가 형성되어 실제로 새로운 식물체가 재생된다(그림 15-1). 비록 '위치 효과(position effect)' 와 영양 농도차라는 일부 증거가 있을지라도, 많은 이런 종류의 행동은 세포 사이에 정보를 전달하는 화학 물질의 전령자, 즉 호르몬의 작용이라는 측면에서 해석될 수 있다. 여러 종류의 호르몬이 알려져

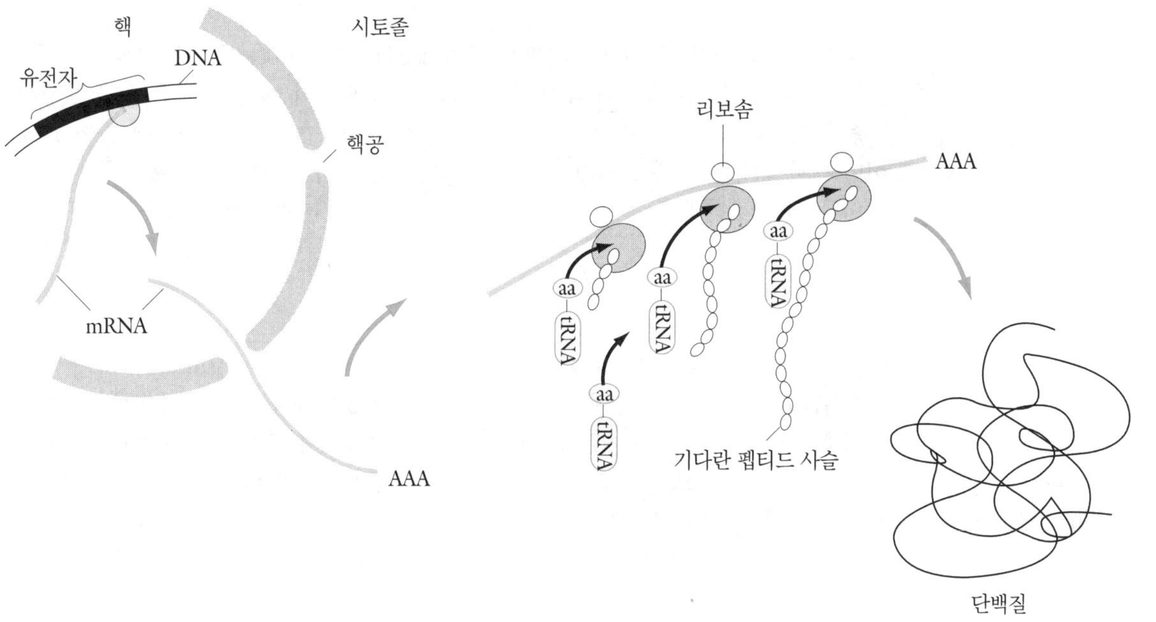

〈그림 15-4〉 진핵생물에서의 단백질 번역
전사되고 처리된 mRNA가 핵에서 시토졸로 운반되어 그 곳에서 리보솜과 결합하여 단백질 합성을 시작한다. 운반 RNA(tRNA)에 의해 리보솜에 전달된 아미노산들이 한 번에 하나씩 신장되고 있는 펩티드 사슬에 첨가된다. 완성된 펩티드 사슬이 리보솜에서 방출되어 나와 성숙한 단백질 형태로 접혀진다.

있는데, 이것들은 한 종류 혹은 여러 종류가 같이 작용하여 여러 가지의 발달 반응을 촉진하거나 억제를 한다. 식물 발달의 조절에 관한 호르몬의 종류 및 작용에 대한 자세한 내용은 다음의 두 장에서 자세히 논의할 것이다.

발달에 대한 환경의 조절

여러 가지 다양한 외적 자극 혹은 환경 자극들은 수시로 식물의 발달을 조절할 수 있다. 대부분의 환경 자극은 물리적 변인들이다. 빛, 온도, 그리고 중력 등이 가장 분명한 변인들로서 아주 극적인 영향을 준다. 자기장, 소리, 바람(기계적 자극)과 같은 다른 변인들도 미묘한 효과를 가지고 있으나, 그것들은 실험적으로 설정하기가 어렵다. 토양 습도, 대기 습도, 영양 등과 같은 다른 환경 요소들도 어느 경우에서는 발달에 영향을 미친다. 더욱 최근에 다양한 공기 및 물의 오염원들은 식물에 대한 환경 도전으로 작용하며 식물 발달 양상을 고려해 볼 만한 수준으로 변화시키기도 한다.

환경 신호가 식물체 외부에서 기원하기 때문에 식물은 신호를 감지하고, 그 정보를 어떤 영구적인 대사 혹은 생화학적 변화내로 전달, 또는 도입시키는 여러 수단을 가지고 있어야 한다. 신호 감지에 대한 이해는 최종 반응을 이끌어내는 대사 반응의 사슬을 파악하는 데 있어 첫 단계가 된다. 이 과정들이 뒤이어 나오는 여러 장의 중심 내용이 된다. 전부는 아니더라도, 대부분의 환경 자극은 유전자 발현 혹은 호르몬 활동을 부분적으로 변화시킴으로써 적어도 그 작용을 발휘하고 있다는 것이 점차 명백해지고 있다.

식물 발달의 개론

식물의 발달은 주기적인 과정이다. 식물 발달 주기의 시작은 종자(seed)의 발아이다. 종자는 발달 주기를 시작하기에 편리한 위치를 제공하는데 그 이유는 종자가 **휴지 상태**(quiescent)에 있기 때문에, 혹은 식물 생활사의 순환 주기상에서 정상적인 중단기를 나타내는 기관이기 때문이다. 종자는 매우 심하게 탈수되어 있어 그것의 물 함수량은 보통 5% 정도이며 대사 반응은 매우 느리게 일어나서 거의 검출되지 않는다. 그러므로 종자는 생장하지 않은 채로 오랜 시간 동안 불리한 조건에서 살아남을 수 있는, 즉 활동이 정지된 상태에 있는 것이다.

종자 구조와 발달

종자는 꽃의 씨방내에서 발달한다. 아직 발달하지 않은 식물인 **배**(embryo)가 형태를 갖고 있는 곳이 여기이다. 배는 하나 또는 그 이상의 **자엽**(cotyledon), 혹은 유식물 잎을 간직하고 있는 **배축**(embryonic axis)으로 구성된다(1장, 그림 1-13 참조). 배축의 한 끝에는 **어린눈**(plumule)이 있어 이곳에서 **슈트**(shoot : 줄기와 잎)가 만들어진다. 다른 쪽 끝에는 **유근**(radicle)이 있으며 자라서 뿌리가 된다. **외떡잎 식물**(monocot)의 종자는 **배반**(scutellum)으로 불리는 하나의 자엽을 소유한다. 배반의 기능은 일차적으로 발아 과정 동안 영양물을 녹여 흡수하는 것이다. **쌍떡잎 식물**(dicot)의 종자는 발아 중인 종자에 영양물울 공급해 주는 두 개의 자엽을 가지고 있다.

아직 씨방에 있는 동안, 발달 중인 배는 영양 조직인 **배유**(endosperm)에 의해 둘러싸여 있다. 곡물류의 낟알과 다른 대부분의 외떡잎 식물과 같은 경우에서는, 배유는 종자 성숙시까지 남아 있으며 종자내의 대부분을 점유한다. 이런 종자를 **배유성 종자**(endospermic seed)라 한다. 그러나, 대부분의 쌍떡잎 식물에서 배유는 배가 발달해서 성숙할 때까지 배에 의해 소비되는데 이때 실제로 종자의 대부분은 배에 의해 점유된다(**비배유성 종자** ; nonendospermic seed). 성숙한 배유성 종자의 배유는 단백질 및 소량의 지질과 함께 전분으로 채워진 살아 있지 않은 세포로 구성된다. 밀(*Tritcum*), 보리(*Hordeum*), 귀리(*Avena*) 등처럼 잘 알려진 곡물류 낟알에서와 같이, 일부 외떡잎 식물의 종자에서는 배유가 **호분층**(aleurone)으로 불리는 하나 혹은 그 이상의 살아 있는 세포로 구성된 층에 의해 둘러싸이게 된다. 이 호분층은 많은 단백질 입자의 존재에 의해 주변 세포와 구별이 되는 살아 있는 세포로 구성된다.

아주까리(*Ricinus communis*)와 같은 배유성 쌍떡잎 식물의 종자는 상당한 양의 배유를 간직하고 있으며 자엽은 얇고 잎 모양의 구조를 나타낸다. 완두(*Pisum*)와 콩(*Phaseolus*)과 같은 비배유성 쌍떡잎 식물 종자에서는, 자엽은 확장되어 종자 성숙시에 종자 부피의 90% 정도를 차지한다. 배유와 자엽은 유식물이 완전한 광합성 수행 식물로 정착할 때까지 유식물의 생장과 발달을 지탱해 주는 다량의 저장 탄소(탄수화물, 지질, 단백질), 무기원소 및 호르몬을 특징적으로 함유하고 있다.

종자의 바깥 부위에는 종피 혹은 **외종피**(testa)로 불리는 단단한 껍질이 있다. 외종피는 모체 조직인 **주피**(integument)에서 기원하는데, 이것은 씨방에서 종자가 성숙하는 동안에 종자를 둘러싼다. 무거운 벽을 지닌 세포로 채워졌고 두터우며 큐티클로 덮혀진 외종피는 흔히 종자가 물과 산소를 흡수할 때 상당한 장벽으로 나타난다. 외종피는 그러므로 발아시 필요한 종자의 수화(hydration) 및 대사 활성화를 조절하는 데 있어 중요한 역할을 하게 된다.

종자의 발아

환경이 알맞을 때, 배는 생장을 다시 시작하게 되며 그 결과 종자는 발아하게 된다. 종자 발아의 처음 단계는 물의 흡수와 **침윤**(imbibition) 과정에 의해 나타나는 종자 조직의 재수화이다. 삼투 현상처럼, 침윤은 수분 퍼텐셜 기울기(2장)에 따른 물의 이동을 포함한다. 그러나, 침윤은 선택적인 투과성 막의 존재를 요구하지 않으며 일차적으로 표면활동(surface-acting) 혹은 **매트릭 힘**(matric force)에 의해 발생한다는 점에서 삼투와는 다르다. 달리 말해서, 침윤은 세포벽, 세포질내의 단백질 그리고 기타 다른 친수성 세포 물질에 대한 물의 화학적, 전기적 인력을 포함한다. 수분 퍼텐셜에 대한 매트릭 힘의 기여도는 〈식 2. 10〉에 **매트릭 퍼텐셜**(matric potential) 조건(Ψ_M)을 첨가함으로 정의내릴 수 있다.

$$\Psi = \Psi p + \Psi s + \Psi_M \qquad (15.1)$$

삼투 퍼텐셜처럼, 매트릭 퍼텐셜은 항상 음수 값을 나타낸다. 침윤은 침윤되는 물질의 팽창을 일으킴으로써, 그로 인해 실제적인 압력(**침윤 압력** : imbibition pressure)을 발생케 한다. 발아 중인 종자에 의해 발생되는 침윤 압력은 외종피의 파열을 야기시켜 그 결과 배가 종자 외부로 나오게 된다.

물 흡수 후 종자 대사(seed metabolism)는 일반적인 활성화가 일어난다. 종자 발아를 일으키게 하는 특별한 생화학적 사건이 알려져 있지 않으나, 호흡의 증가가 물 흡수를 시작한 종자에서 검출되는 가장 초기 사건 중의 하나이다. 그 후에 (a) 저장 영양소를 분해하는 가수 분해 효소의 방출, 그리고 (b) 배축에서 세포 분열과 세포 확장이 새롭게 일어난다. 자세한 호흡 경로는 불과 몇 종류의 종자에서만 연구되었을 뿐이며, 모든 종자의 경우는 아닐지라도 대부분의 종자에서 해당 과정과 시트르산 회로가 다양한 정도로 활발해진다고 믿고 있다. 그 대사 경로(12장에서 논의됨)는 배의 생장과 발달을 유지시키기 위해 필요한 탄소 골격과 ATP를 생산해 낸다. 5탄당 인산 경로(12장) 역시 종자에서 중요한데 왜냐하면 그것은 지방산과 기타 필수적인 세포 구성물의 합성에 필요한 환원력(NADPH)을 생산하기 때문이다. 5탄당 인산 경로는 또한 방향족 화합물 및 핵산 합성시의 중간 산물을 만들어 낸다. 기본적으로 지방과 기름의 형태로 탄소원을 갖고 있는 종자는 포도당 신생합성(gluconeogenesis) 과정을 경유하여 6탄당 합성을 수행한다(12장).

종자내 저장 탄소의 가동화(mobilization) 과정이 곡물에서 광범위하게 연구되었다. 곡물의 배유는 양조 산업에서의 기본적인 공급 재료일 뿐만 아니라 사람과 가축을 위한 중요한 영양 자원으로 오랫동안 이용되었다. 그러한 욕구들이 곡물 낟알내에 있는 저장 녹말의 가동화에 대한 연구에 강한 동기를 제공하게 되었다. α-아밀라아제 및 β-아밀라아제와 함께 시작하는 녹말 분해에 관한 대사 경로가 12장에 기술되어 있다. 곡물 낟알내에 있는 녹말의 가동화 과정에 있어 그들 효소와 다른 효소들의 역할 및 그 효소들이 어떻게 호르몬에 의해 조절되는지가 다음 16장과 17장에서 논의될 것이다. 콩과(완두, 콩)식물과 같은 비배유성 종자에서, 유근(radicle) 신장의 최초 단계는 유근 자체내의 조직에 있는 저장 영양분에 좌우되는 것처럼 보인다. 나중에, 저장 탄소는 자엽에서 가동되어 신장하는 배축으로 운반된다.

대부분의 식물 종에서, 발아는 유근이 종피를 뚫고 나올 때 최고점에 달한다. 유근 출현은 유근 자체내에 있는 세포의 확장과 종자내에 발달한 침윤과 압력 둘 모두에 의해 일어난다. 종피 파열과 유근의 돌출은 어린 유식물의 계속적인 생장을 지탱해주기 위하여 필요한 무기염과 물에 유근이 접촉되도록 해준다.

슈트의 발달

유근 출현 후 슈트 축이 신장하게 된다. 일부 쌍떡잎 식물에서는, **하배축**(hypocotyl)이 자엽과 닫혀진 최초 잎을 흙 위로 밀어내면서 신장하게 된다. 이것이 **지상**(epigeal) 발아로서 알려져 있다(그림 15-5 (A)). 다른 쌍떡잎 식물과 외떡잎 식물에서는, 하배축은 짧고 치밀하며 자엽은 땅 속에 남아 있게 된다. 그 대신에, **상배축**(epicotyl)이 최초 잎을 흙 위로 밀어 올려보내기 위해 신장을 계속한다. 이런 발아 양상을 **지하 발아**(hypogeal)라 한다(그림 15-5 (B)).

일단 배 조직이 유식물을 흙 위로 정착시키기 위해 신장한 후에는, 새 세포와 기관은 **분열 조직**(meristem)이라 부르는 활발한 세포 분열 및 세포 확장이 일어나는 지역에 의해 만들어진다. 줄기 정단부에 위치한 **슈트 정단 분열 조직**(shoot apical meristem)은 돔 모양의 구조물로서 잎 **원기**(leaf primordia)에 의해 둘러싸여 있다(그림

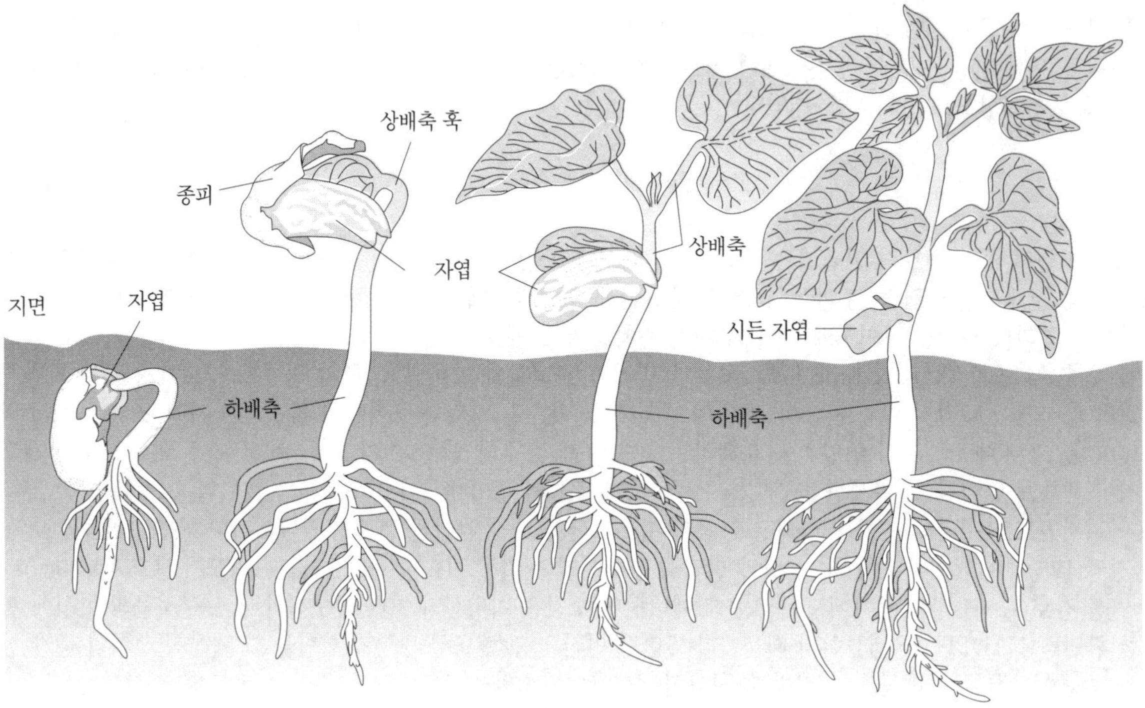

(A)

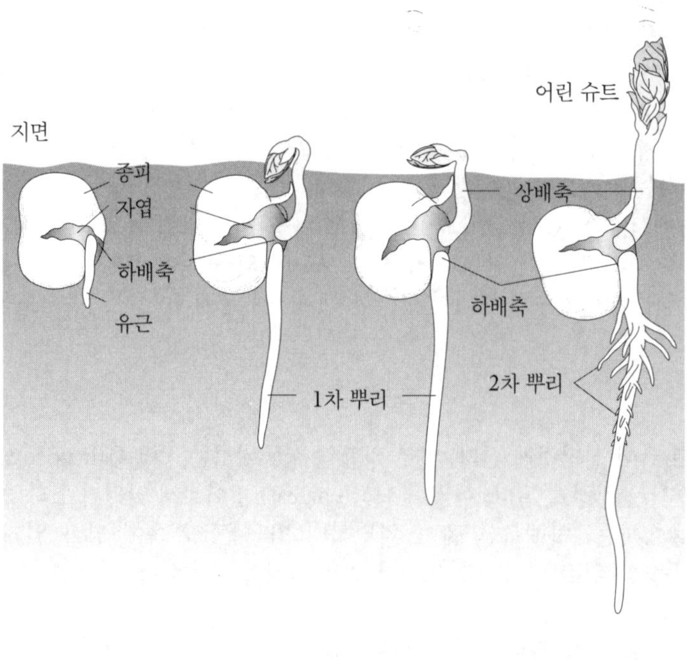

(B)

〈그림 15-5〉 발아와 유식물의 발달
(A) 지상 발아의 예로서 덩굴강낭콩(*Phaseolus vulgaris*)의 발아 단계. (B) 완두(*Pisum sativum*)의 지하 발아.

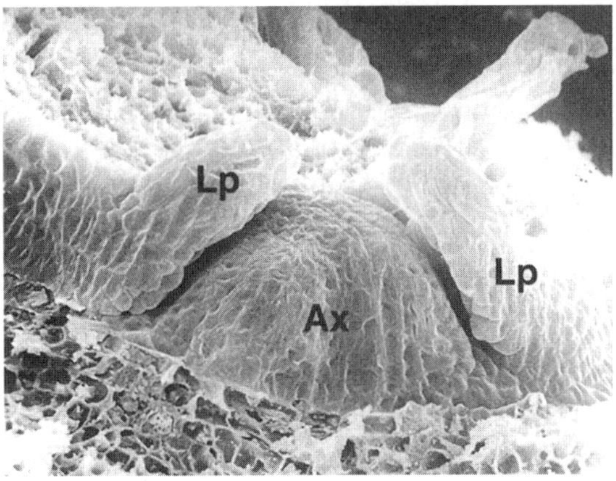

(A)

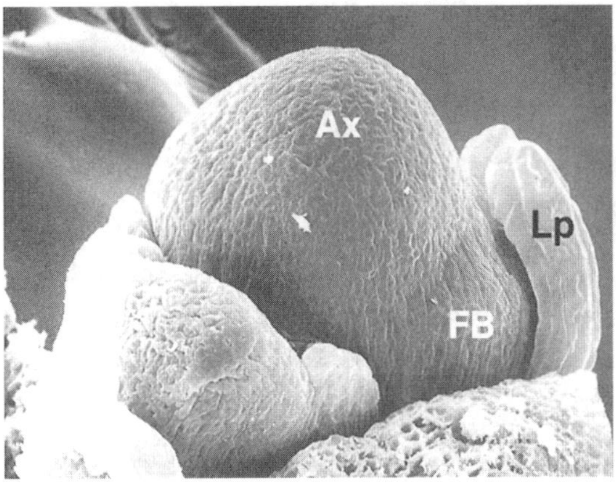

(B)

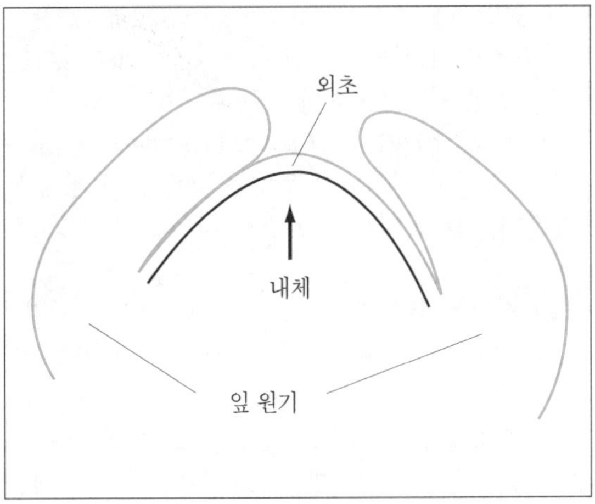

(C)

〈그림 15-6〉 분열 조직

(A) *Brassica napus*의 영양 분열 조직의 주사 전자현미경 사진. (B) 외초(tunica), 내체(corpus), 잎 원기(leaf primordia) 위치를 보여주는 (A) 사진에 있는 분열 조직 횡단면의 모식도. (C) *Brassica napus*의 꽃눈 형성 분열 조직의 주사 전자현미경 사진. Ax ; 정단부, Lp ; 잎원기, FB ; 꽃눈.

15-6 (A)). 슈트 정단 분열 조직은 줄기, 잎, 가지, 그리고 꽃을 포함하여, 일차 슈트내에 있는 다른 모든 세포와 조직을 발생케 하는 약간의 분열 세포를 포함한다. 매번 세포 분열시, 하나의 딸세포는 신장되고 분화되도록 남겨지는 반면에 다른 하나의 딸세포는 계속 세포 분열을 수행하도록 분열 조직내에 남아 있게 된다. 슈트 정단 분열 조직은 일반적으로 두 지역으로 나누어지는데, 즉, 중앙부의 내체(corpus)와 이를 덮어 싸는 바깥쪽의 외초(tunica)로 구성된다(그림 15-6(B)). 외초는 하나 혹은 여러 세포 층으로 구성되며 세포들이 분열 조직 표면에 대해 직각 혹은 수직 방향(anticlinal)으로 나 있는 면 안에서 규칙적으로 분열한다는 사실에 의하여 구분된다. 그러므로 외초는 식물체의 바깥 층, 즉 표피(epidermis)를 만들어 낸다. 그와는 달리, 내체는 여러 방향으로 보다 무작위적으로 분열을 하여 줄기와 잎의 내부 조직 대부분을 만들어 낸다.

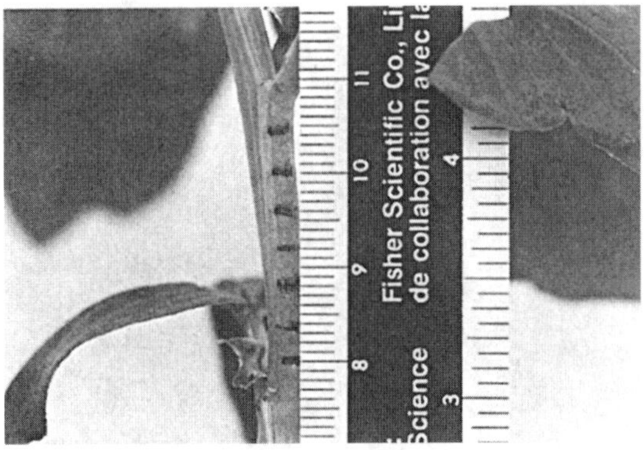

〈그림 15-7〉 48 시간 동안 잠두콩(*Vicia faba*)에서 마디사이 신장

줄기 마디내의 표시 부분 사이의 최초 공간은 2mm였다. 이 마디사이는 거의 일정하게 전 구간을 통해서 신장하였다.

슈트 축의 신장은 분열 조직에 의한 세포 분열 및 세포 확장을 통해서 진행된다. 신장률과 크기는 영양, 호르

〈그림 15-8〉 해변 엉겅퀴(*Cirsium pitcheri*)의 로젯트 잎 모양
로젯트 성질은 마디사이 신장 생장의 실패에 기인한다.

몬, 그리고 빛과 온도와 같은 환경 요소 등에 의해 다양하게 조절받는다. 슈트의 최종 크기는 마디사이(internode) — 줄기에서 잎 마디(leaf node)사이의 간격 — 가 신장되는 정도와 크기에 의해 결정된다. 완두와 같은 일부 식물에서는 가장 어린 마디사이의 정단부 근처에서 신장이 일차적으로 나타난다(그림 15-7)(Torrey, 1967). 보다 나이든 마디사이는 다음 마디사이가 신장하기 전에 효과적으로 자신의 신장을 완성한다. 다른 식물에서는, 신장이 여러 마디사이를 통해서 나타나는데 이 마디사이들은 어느 정도 동시에 신장하고 성숙된다. 그 밖의 다른 식물들은 연속해 있는 마디사이에서 신장 속도가 다르게 나타나는데, 통상적으로 정단부 쪽으로 가면서 증가한다.

일부 식물에서는, 마디사이가 신장을 하지 않아 로젯트(rosette) 특성을 만들게 되는데 이때 모든 잎은 줄기의 거의 같은 지점에서 기원하는 것 같다(그림 15-8). 로젯트 특성은 이년생 식물(이듬해에 꽃이 피는 식물)과 당근(*Daucus carota*), 무(*Raphanus sativus*)와 같은 뿌리 작물에서 개화 시기에 도달하기 전에 흔히 보여진다. 마디사이 신장이 일어나지 못하는 것은 흔히 지베렐린이라는 식물 호르몬이 낮은 수준으로 존재하는 것과 관련이 깊은데, 왜냐하면 이 호르몬을 처리할 때 보통 로젯트 식물에서 마디사이 신장이 촉진되기 때문이다(16, 17장).

잎 원기는 외초와 내체 둘 모두에서 증가된 세포 분열에 의해 기원되며, 분열 조직 측면의 조그만 돌기 형태로 발생한다. 잎 발생은 종 특이성을 보이며 그리고 성숙한 줄기에서 잎차례(엽서 ; phyllotaxy)를 결정짓는 정밀하고 질서 있는 순서에 따라 일어난다(그림 15-9).

그 패턴은 대부분의 경우 잘 예측할 수 있어서, 실험자는 분열 조직 안의 세포를 외과적으로 손상시켜 첫번째 잎 원기의 생성을 막고 다음 번째의 잎 원기 생성을 유도할 수 있다. 잎이 서로 대칭으로 배열되는 경우에는, 각 쌍의 잎 원기는 바로 앞의 잎 원기 쌍에 대해 90° 위치에서 발생하거나 나선 모양으로 나타난다. 그와 같이 정확한 잎차례 모양을 결정하는 것은 중요하게 생각해 볼 문제이다. 일반적으로 광범위하게 고려되는 이론 중의 하

(A) (B)

〈그림 15-9〉 나선 잎차례와 마주보기(대칭) 잎차례
잎차례 모양을 강조하기 위해 위에서 관찰한 두 식물의 모습. (A) 연속적으로 나있는 잎 사이에서 137° 각도의 공간을 지닌 나선 모양의 잎차례의 예를 보이는 도꼬마리(*Xanthium strumarium*) 식물. (B) 마주보기 잎차례의 예인 콜레우스(*Coleus*) 식물. 잎이 서로 대칭이 되는 쌍으로 발생되며 각 쌍은 바로 전 쌍에 대해 90° 되게 회전하고 있다.

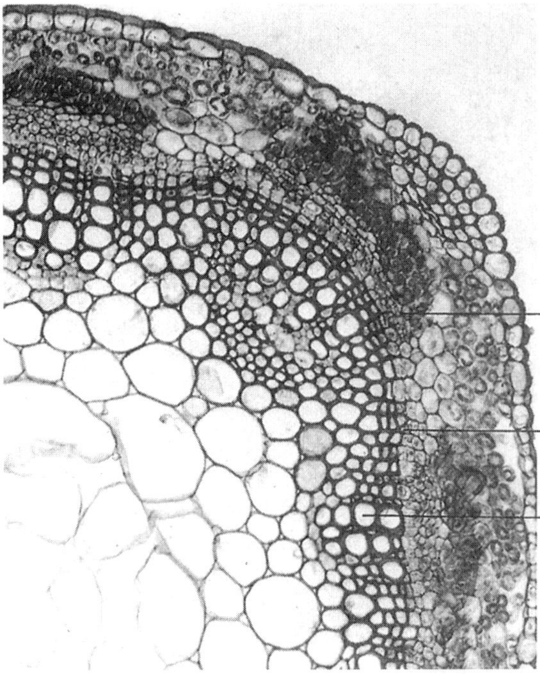

〈그림 15-10〉 관다발 부름켜는 안쪽에 이차 물관부와 바깥쪽에 이차 체관부를 형성하는 측부 분열 조직이다.

나는 각 잎 원기가 분열 조직상에서 실제적인 제한을 가하는 일정량의 공간을 점유하고 있다는 것이다. 그러므로 뒤이어 나오는 잎 원기는 아직 점유되지 않은 다음의 유효한 공간에서 발생한다는 것이다. 일단 잎 원기가 손가락 모양의 돌기로서 정착이 되면, 잎 확장이 분열 조직의 활성을 통해서 계속된다. 많은 **수직 분열**(anticlinal division)이 일어나게 되면 안쪽과 바깥쪽 면을 갖는 보통의 잎 형태를 만들게 된다.

잎 원기가 발달할 때, 소그룹의 분열 조직 세포들이 줄기와 잎의 접합부(엽액 ; axil)에 남아 있게 된다. 이들 세포는 곁눈(axillary bud), 혹은 미래의 줄기 가지를 만들게 되며, 이곳에 자신의 정단 분열 조직을 남겨 놓는다.

정단 분열 조직에서 기원된 세포와 조직은 **일차 식물 몸체**(primary plant body)를 구성한다(1장 참조). 이차 조직은 관다발 부름켜와 같은 이차 분열 조직 활동에 의해 발생되며, 주로 식물 몸체의 부피 증가에 관여한다(그림 15-10). 관다발 부름켜는 줄기내의 물관부와 체관부 사이에 있는 세포 집단이며, 세포 분열 능력을 보유하고 있다.

새로운 물관 세포를 안쪽에 그리고 바깥쪽에는 새 체관 세포를 첨가함으로, 관다발 부름켜는 줄기의 직경을 증가시킨다. 이 새로운 조직이 **이차 식물 몸체**(secondary plant body)를 구성한다.

뿌리의 발달

뿌리의 정단 분열 조직은 구조적으로 슈트 정단 분열 조직보다 덜 복잡한데, 그 이유는 부분적으로 정단 분열 조직이 곁뿌리 생성에 관련이 없기 때문이다. 곁뿌리는 뿌리 끝으로부터 뒤로 어느 정도 떨어진 거리에서 만들어진다. 뿌리 끝은 **뿌리골무**(root cap)에 의해 싸여져 있는데, 그것은 뿌리가 토양을 뚫고 자랄 때 기계적인 보호를 제공하게 된다. 뿌리골무는 또한 다당류 물질을 분비하는데, 그것은 **뮤시겔**(mucigel)이라 불리는 점액질성 기질을 형성한다. 뮤시겔은 뿌리 정단부가 토양 속을 이동할 때 뿌리 정단부를 매끄럽게 한다. 뮤시겔로 둘러싸인 뿌리골무는 또한 뿌리에 의한 중력 감지 작용과 관련이 있다(19장 참조).

뿌리 정단부는 분열 조직의 활동에 관한 연구에 적당한데, 그 이유는 그것의 구조가 비교적 단순하고 또한 세포 분열 모습(즉, 염색체 분열과 복제 단계 시기의 핵의 모양)이 광학 현미경하에서 쉽게 보이기 때문이다. 더욱

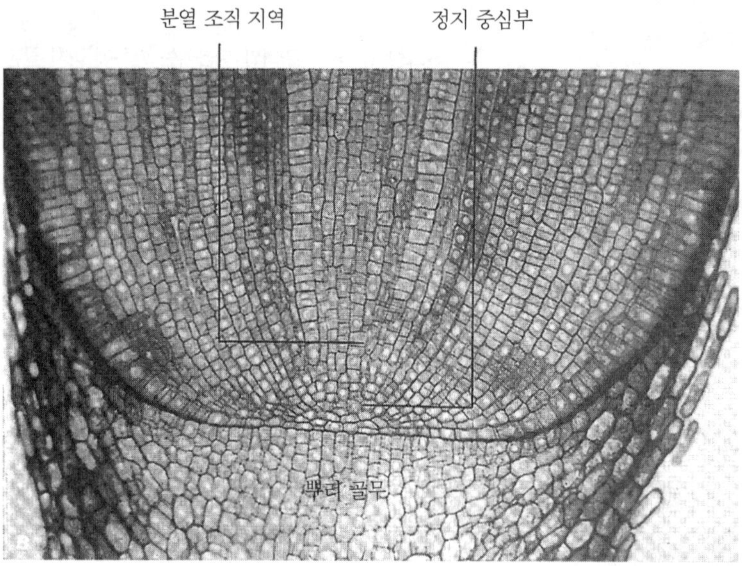

〈그림 15-11〉 분열 조직 지역과 정지 중심부를 보이고 있는 양파(*Allium* sp.) 뿌리 끝의 종단면

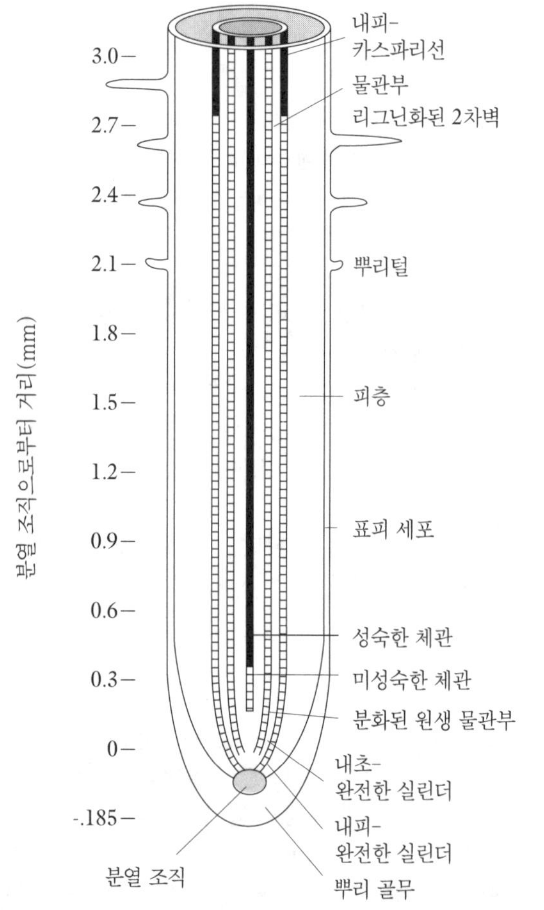

〈그림 15-12〉 분열 조직과 분화하고 있는 조직의 상대적인 위치를 보여주고 있는 흰겨자(*Sinapus alba*) 유식물의 뿌리 정단부의 모식도

분화하고 있는 체관과 물관 조직이 중심주 주변부에 교대로 나타남을 주의해 보아라.

이, 방사성 물질로 표지된 티미딘(thymidine)이 쉽사리 분열 중인 뿌리 정단부 세포의 DNA로 병합되어 들어가는데, 이것이 활발한 DNA 합성 지역이 방사선 자동사진법(autoradiography)에 의해 검출되도록 한다. 뿌리 정단 분열 조직은 곧 뿌리골무 아래에 놓이게 된다(그림 15-11). 분열 조직 중심부에는 방사성 티미딘을 거의 받아들이지 않으면서 세포 분열이 매우 느리게 일어나는 부분이 있다. 이 지역이 정지 부위(quiescent zone)이다. 뿌리 신장 및 뿌리골무의 재생에서 새 조직을 초래하는 세포 분열이 정지 부위 주변부에서 일어난다. 관다발 조직의 분화는 세포가 뿌리 정단 분열 조직에 의해 형성된 후 곧 시작한다. 분화된 물관 요소는 분열하는 세포 지역으로부터 최초 100μm 정도 이내에서 검출될 수 있으며 성숙한 체관은 최초 400 내지 500μm 거리 이내에서 발견될 수 있다(그림 15-12).

곁뿌리 혹은 가지 뿌리의 원기는 분열 조직 세포로 구성된 고리모양의 내초(pericycle)에서 기원하는데, 이것은 일차근(primary root)의 내피 바로 안쪽에 있다(그림 15-12 ; 또는 그림 1-15를 참조). 생장 중인 곁뿌리는 기계적인 힘 혹은 피층 세포벽을 분해하는 효소를 분비함으로 피층을 관통해서 자라게 된다. 곁뿌리 원기는 새롭게 분화된 물관부 조직 가까이에서 만들어지는데, 이것은 이차근(secondary root)의 생장점 뒤에서 발달하는 관다발 요소를 일차근의 중심주에 있는 물관과 체관에 연결되도록 하여 준다.

꽃의 환기 작용(喚起作用)과 발달

현화식물의 일생에서 가장 극적이고 아직까지도 불가사의한 발달 사건 중의 하나는 영양 기관의 형성으로부터 생식 기관의 형성으로 슈트의 정단 분열 조직이 전환되는 것이다. 개화는 일반적으로 유도(induction), 환기 작용(evocation) 및 발달(development)의 3단계로 나누어진다. 유도는 식물체로 하여금 자신의 발달 프로그램을 변경시키도록 신호를 주는 사건을 말한다. 결과적으로, 줄기의 정단 분열 조직은 잎 원기보다는 꽃 원기(floral primordia)를 생성하도록 재구성된다. 유도는 실제로 꽃이 발생될 정단부에서는 나타날 필요가 없으나, 그 정단부를 제외하고는 식물체 어느 곳에서도 나타날 수 있다. 한 가지 잘 기록된 예로서, 낮과 밤의 주기에 대한 식물의 개화 반응이 알려져 있다(20장, 광주기). 이 경우에서 외부 신호는, 실제로 밤의 길이가 되는데, 그것은 잎에 의해 인식된다. 이 신호에 대한 반응으로, 잎은 꽃눈 생성 자극의 형성을 초래케 하는 대사의 변화를 진행시킨다. 그 자극은, 아마도 화학물질로 생각되는데, 줄기 정단부로 전해져서 그곳에서 환기 작용을 시작케 한다. 광주기에 의한 유도와 다른 생리적 조절 작용들이 지난 70년 동안 광범위하게 연구되어 왔음에도 불구하고, 신호 인식과 꽃눈 생성 자극의 전달을 잎으로부터 줄기 정단부로 연결시켜 주는 데 틀림없이 포함되어 있을 일련의 사건에 대해서는 아직 거의 알려진 것이 없다(McDaniel, 1991).

꽃의 환기 작용(Floral evocation)은 유도 단계 후 슈트 정단부에서 일어나는 사건이다. 즉, 분열 조직이 잎 대신에 꽃 원기의 형성을 맡게 되는 사건이다. 꽃의 환기 작용은 유도보다도 더욱 암흑 상태로 남아 있다. 우리는 무엇이 영양 기관인 잎 원기를 만들어내는가에 대해 실제로 아무것도 알지 못하며 또한 꽃의 환기 작용과 관련된 세포 및 분자 수준에서의 사건에 대해서는 더욱 모르고 있다. 비록 꽃의 환기 작용과 관련된 분자 수준의, 그리고 해부학적 및 형태학적 수준의 사건들을 기술하기 위한 많은 노력이 있어 왔지만, 한 식물 종에서 영양 줄기 정단(vegetative apex)이 꽃 정단(floral apex)으로의 전환을 수반하는 변화에 대한 완전하고도 체계적인 서술은 아직도 시도되지 못했다. 기존의 연구에 의하면 분열 조직에서 RNA와 단백질 합성의 변화는 물론 호흡기질과 호흡률의 증가가 꽃의 환기 작용과 연관된다고 한다. 이런 사건들은 유전자 발현의 변화를 지적하는 것이다. 유전적 변화는 분열 조직에서 꽃 원기를 발생케 하는 세포 분열 양상의 변화와 함께 일반적인 세포 분열 자극을 일으키는 것 같다. 유전자 클로닝 및 최근의 현대 분자유전학 기술의 출현으로, 많은 연구자들은 영양 생장형 줄기 정단이 꽃눈 정단으로 천이가 일어나는 동안 분열 조직내의 여러 지역에서 유전자 발현 양상의 변화를 확인하였다(Meeks-Wagner, 1993). 꽃의 환기 작용 연구에다 이런 기술을 더욱더 이용하게 되면 의심할 것도 없이 가까운 미래에 중요한 발전이 있게 될 것이다.

꽃의 환기 작용이 초기 단계에서는 다시 역 방향으로 진행될 수도 있다는 증거가 있다. 그러나, 발달 프로그램은, 분열 조직이 꽃 발달(floral development) 경로상에서 비가역적으로 정착이 되면, 실제로 역방향으로 되돌아가지 않는다. 발달 프로그램의 전도를 초래하는 조건들이 제거된 후에 그 발달이 계속 진행될 때 비로소 꽃 원기 발달은 결정되었다고 말할 수 있다. 이때 꽃 원기는 잎 대신에 정단 분열 조직 측면에서 출현하게 된다(그림 15-6 (C)). 꽃 원기는 계속 확대 생장을 하게 되어 결국에는 성숙한 꽃을 만들어낸다.

꽃과 열매의 발달

꽃은 본질적으로는 매우 짧은 마디사이(internode)를 지닌 줄기로서, 그 마디사이는 변형된 잎이라 볼 수 있는 일단의 부속 가지를 지탱해 주고 있다. 비록 많은 변이가 거의 무한할 정도로 있지만, 꽃의 기본 구도는 상대적으로 단순하다(그림 15-13).

〈그림 15-13〉에 나타난 꽃의 모든 부분은 이배체(2N, 혹은 포자체) 세대이다. 감수 분열은 꽃 안의 두 지역에서 일어난다. **밑씨**(ovule) 안에서, 한 개의 **대포자 모세포**(megaspore mother cell)는 반수체(N)인 **난핵**(egg nucleus) 하나와 두 개의 **극핵**(polar nuclei) 및 5개의 다른 반수체 핵을 만들기 위해 감수 분열을 진행시킨다. 이들 8개의 핵이 자성 배우체 세대를 나타낸다. 꽃밥에는, **소포자 모세포**(microspore mother cell)가 감수 분열

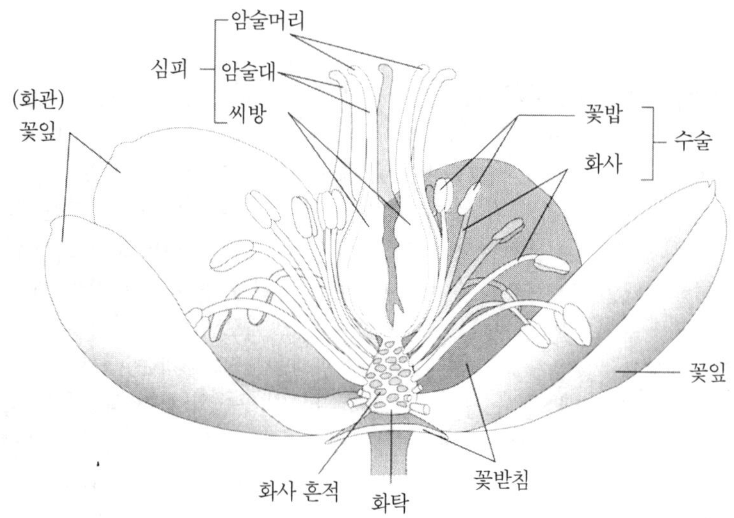

〈그림 15-13〉 꽃의 해부학적 구조
(*Helleborus* ; 크리스마스 장미)

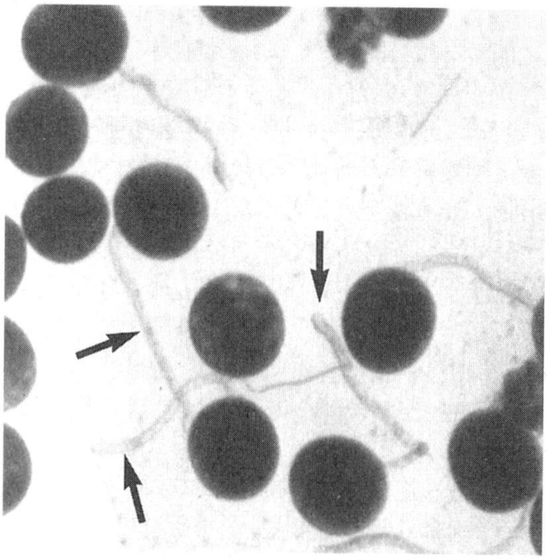

〈그림 15-14〉 화분관
옥수수의 화분립이 한천(agar) 표면 위에서 발아하고 있다. 화살표는 신장 중인 화분관을 나타낸다.

을 하여 4개의 **꽃가루**(pollen grain)를 생성한다.

꽃가루가 수정이 가능한 화합성 식물(compatible plant)의 암술머리와 같은 알맞은 표면 위에 도달할 때(수분 ; pollination), 그것은 발아하여 **화분관**(pollen tube)을 만든다(그림 15-14). 발아중인 꽃가루의 핵은 분열을 하여 영양 **화분관핵**(vegetative tube nucleus)과 **생식핵**(generative nucleus)을 만들게 되며 이것들이 웅성 배우체 세대를 나타낸다. 화분관은 암술대를 통해 계속 아래로 신장을 하여 밑씨에 도달한다. 화분관 생장의 조절과 방향 결정 문제는 아직도 만족할 만큼 해결되지 않은 흥미있는 연구 과제이다. 암술대 내부는 의심할 여지 없이 화분관 신장을 위해 필요한 영양소 공급을 제공하고 있으나, 이것만으로는 밑씨를 향한 화분관의 신장을 확실히 설명할 수 없다(Owen, 1992). 비록 확실한 증거는 못 될지라도, 칼슘 농도 구배에 반응하여 일어나는 굴화성(chemotropism)이 관련될 수도 있다.

화분관이 밑씨에 도달하게 되면, 생식핵은 2개의 정핵을 만들게 된다. 이 두 개의 핵은 배낭 안으로 운반되어 여기에서 하나는 난핵과 융합하여 이배체인 **접합자**(zygote)를 만들고 나머지 하나는 2개의 극핵과 융합한다. 접합자는 배로 발달하는 반면에 정핵과 극핵의 융합으로 인한 삼배체 조직은 배유가 된다.

열매(fruit)는 생식 기관 생장의 마지막 단계이다. 열매는, 비록 일부 식물의 경우 다른 조직에서 만들어지기는 하지만, 일반적으로 성숙한 씨방을 말하는 것이다. 완두나 콩과 같은 단순한 형태에서, 열매는 커진 씨방 안에 매몰되어 있는 종자로 구성된다. 토마토는 다육질의 씨방이 확대된 또 다른 경우이다. 옥수수에서, 열매는 마른 씨방벽과 융합된 종피를 지닌 하나의 종자로 구성된다. 딸기는 확대된 다육질의 화탁 표면 위에 있는 각개의 열매(수과 ; achene)로 구성된다. 여러 경우에 있어서, 열매도 의미 있는 질적 변화와 더불어 고려해 볼 만한 세포 분열과 세포 확장을 하고 있다는 것이 분명하다. 이런 변화는 주로 호르몬 함량 변화에 기인하는 것이다.

세포는 어떻게 생장하나?

세포는 생명의 기본 단위이기 때문에, 한 생물의 생장은 그 자신을 구성하는 각 세포의 생장을 반영하고 있다. 그러므로, 생물이 어떻게 생장하고 발달하는가를 이해하기 위해서는 우선 세포가 어떻게 생장하는지를 파악하는 것이 필요하다. 우리는 앞에서 생장을 비가역적인 부피의 증가로 정의하였다. 어떤 세포든지 그 부피의 대부분은 물로 채워져 있기 때문에 세포가 부피를 증가시키기 위해서는 물을 흡수하여야만 한다. 거꾸로 만약 세포가 물을 얻을 수 없다면, 그 세포는 생장하지 못할 것이다. 세포 생장에 있어 이와 같은 물흡수 의존성은 세포를 만니톨(mannitol) 혹은 그와 유사한 용질로 만들어진 등장액내에 넣어 봄으로써 입증된다. 등장액에서는 세포에 의한 물의 순흡수(net uptake)가 일어나지 않는다(2장). 생장에 필요한 다른 모든 것이 충족되고 그리고 세포가 추가로 원형질을 합성해 낼 수 있더라도, 등장액내에 있는 세포는 크지 못할 것이다. 만약 세포가 저장액이나 순수한 물로 옮겨진다면 세포는 물을 흡수하게 되어 그 결과 매우 빠르게 커지게 된다. 이런 사실로부터 우리는 "세포 확장을 위한 기동력은 물의 흡수이다." 라는 결론을 내릴 수 있다.

세포가 삼투 과정에 의하여 물을 흡수한다는 점을 상기해 보자(2장). 액포 수액의 높은 용질 농도는 수분 퍼텐셜을 감소시켜 물이 세포내로 확산하여 들어오도록 해준다. 이때 그것에 대한 아무런 보상 수단이 없다면, 물에 의해 둘러싸인 세포는 계속해서 무한히 혹은 적어도 세포 내부 압력이 세포막의 장력을 초과할 때까지 팽창할 것이다. 이러한 상황의 결과는 포유 동물의 적혈구 세포가 순수한 물에 넣어졌을 때 생생하게 입증된다. 세포는 원형질막이 파열되어서 그 안의 내용물(대부분 헤모글로빈)이 밖으로 용출될 때까지 신속히 팽창한다. 대부분의 동물 세포는 세포질내로 용질이나 또는 물을 배설하여 적절한 압력 균형이 유지되게끔 대사 에너지를 사용함으로써 그와 같은 삼투 재앙을 회피하고 있다. 그러나 식물 세포는 다른 해법을 갖는데 — 즉, 그들은 강하고 단단한 세포벽을 가지고 원형질막을 둘러싸고 있다.

세포와 물과의 관계에 대한 앞서의 고찰에서(2장), 우리는 세포의 수분 퍼텐셜이 세포벽 쪽으로 확장되는 원형질막에 의해 발생된 압력인 팽압의 변화에 의해서 일차적으로 조절된다는 것을 보았다. 세포에 발달한 팽압은 2 MPa 값을 보일 만큼 아주 클 수 있다. 그런 압력에 견디기 위해 세포벽은 정말로 매우 단단해야만 한다. 단단한 것 이외에도 세포벽은 동시에 질기다. 세포가 자신의 모양이 변하지 않도록 저항할 수 있는 것 즉, 일정한 형태를 유지할 수 있는 것은 바로 세포벽의 그와 같은 성질 때문이다. 이들 두 성질 — 세포벽의 힘과 견고성 — 이 바로 식물 세포의 생장 능력에 결정적인 제약을 가해 준다. 바로 이 점에서 우리는 "세포가 그 크기를 증가시키기 위해서는 세포벽의 힘과 견고성이 변화되어야만 한다는 것"을 생각하게 된다. "어떻게 세포가 생장하는가"라는 우리의 질문은 이제 "물 흡수와 세포 확장을 가능토록 해주는 세포벽의 힘과 견고성이 어떻게 변화하는가"라는 질문으로 바뀌게 된다. 만약 이 질문에 답할 수 있다면, 우리는 식물 세포가 어떻게 생장하는지에 대한 훌륭한 이해를 할 수 있게 된다.

확장중인 세포에 의한 물 흡수율은 세포 부피 증가에 의해 측정되기도 한다. 이 관계는 다음의 기본적인 삼투 방정식에 의해 서술된다.

$$dV/dt = L\Delta\Psi \tag{15.2}$$

여기서 dV/dt는 시간에 대한 세포 부피의 변화를 말한다. 수압 전도도(hydraulic conductance), L은 세포막의 특성이다. 수압 전도도는 세포막을 가로지르는 물의 활성도의 측정값이다. $\Delta\Psi$는 세포 내부와 외부 환경 사이에서의 수분 퍼텐셜 기울기이다.

우리는 세포의 환경(이 경우, 물)이 대기압하에 있다고 가정하면 우리의 논의를 더욱 단순화할 수 있다. 이때 $\Delta\Psi$는 세포 내부와 세포 외부 환경의 삼투압 차이 그리고 세포의 팽압으로 정의할 수 있다.

$$\Delta\Psi = \Delta\pi - P \tag{15.3}$$

〈식 15. 3〉은 〈식 15. 2〉 안에서 아래와 같이 치환된다.

$$dV/dt = L(\Delta\pi - P) \tag{15. 4}$$

〈식 15. 4〉는 세포 부피의 증가로 측정되는 세포의 물 흡수율을 보여주는데, 여기서 물 흡수율은 원형질막에 의한 수분 전도도, 세포 내부와 세포 외부 사이의 삼투압 차이, 그리고 세포 팽압과 함수 관계임을 나타내 준다.

세포가 생장하지 않을 때는, 이 정의에 의하면 세포 부피의 증가는 없으며 결과적으로 물의 순 흡수도 없게 된다. 그러므로 $\Delta\Psi$는 0 값이 되어야 한다(식 15. 2). 이것은 세포가 $\Delta\Psi$에 대한 반응으로 물을 흡수할 때에 견고한 세포벽에 작용하는 원형질의 압력이 신속히 팽압, P를 만들게 되고 그로 인해 세포의 삼투 퍼텐셜과 균형을 이루기 때문에 나타나는 현상이다. 팽압 P가 증가함에 따라 세포의 수분 퍼텐셜은 증가하며(즉, 음수 값을 덜 갖게 됨), $\Delta\Psi$는 0값에 접근하게 된다. 명백히, 세포가 생장하기 위해서는 $\Delta\Psi$가 0 값에 도달하도록 허락해서는 안 된다.

세포 확장(cell expansion)은 부피의 증가를 요구하기 때문에, 그것은 동시에 세포벽 표면적의 증가 혹은 **세포벽 신장**(wall extension)을 필요로 한다. 세포벽 신장은 팽압에 의해 일어나는데 이 사실은 이미 실험적으로 입증되었다. 예를 들어, 팽압을 감소시키면 세포 확장의 속도가 줄어든다. 더욱이, 세포벽의 신장이나 생장은 비록 세포의 대사가 왕성하고 적절한 생장 자극이 있어도 매우 적은 팽압 혹은 0의 값 하에서는 일어나지 않는다. James Lockhart 는 세포벽 신장과 팽압 사이의 관계를 다음 등식으로 요약하였다(Lockhart, 1965).

$$dV/dt = m(P - Y) \tag{15. 5}$$

이 식에서 Y는 생장에 필요한 최소한의 팽압으로서, 유연성 역치(yield threshold)라고도 한다. 그리고 m은 유연성 역치를 넘어서는 상태에서 생장률과 팽압 사이의 비례 상수를 의미하며, 또한 **세포벽 신장력**(wall extensibility) 혹은 간단히 **신장력**이라고도 한다. 세포벽 신장력은 세포벽이 비가역적으로 자신의 표면적을 증가시킬 수 있는 능력에 대한 정량적인 척도이다. 세포벽 신장은 명백히 세포 대사의 조절하에 있는데, 이는 시안화물(cyanide) 또는 2,4-dinitrophenol(DNP)과 같은 대사 억제제 처리에 의해 신장이 억제되는 것으로 알 수 있다. 또한, 세포벽 신장력의 증가를 이끌어내는 세포의 활동을 **세포벽 풀림**(wall loosening)이라 한다.

위와 같은 관점에서 볼 때, 생장중인 세포는 팽압의 이중적인 기능에 직면하게 된다. 즉, 팽압은 비가역적인 세포벽 신장을 촉진하며〈식 15. 5〉 동시에 세포 확장의 추진력인 물의 계속적 흡수를 억제한다〈식 15. 3〉. 그렇다면 세포는 어떻게 이런 갈등을 해결하나? 이 질문에 대한 답은 Daniel Cosgrove(1987)의 연구에 의해 제공되었다. Cosgrove는 세포벽에서 일어나는 **스트레스 이완**(stress relaxation)이 세포 생장 과정의 중심적인 역할을 맡는다고 하였다. 1장에서도 보았듯이 세포벽은 섬유소와 기타 여러 다당류 분자들이 상호 얽혀 교차

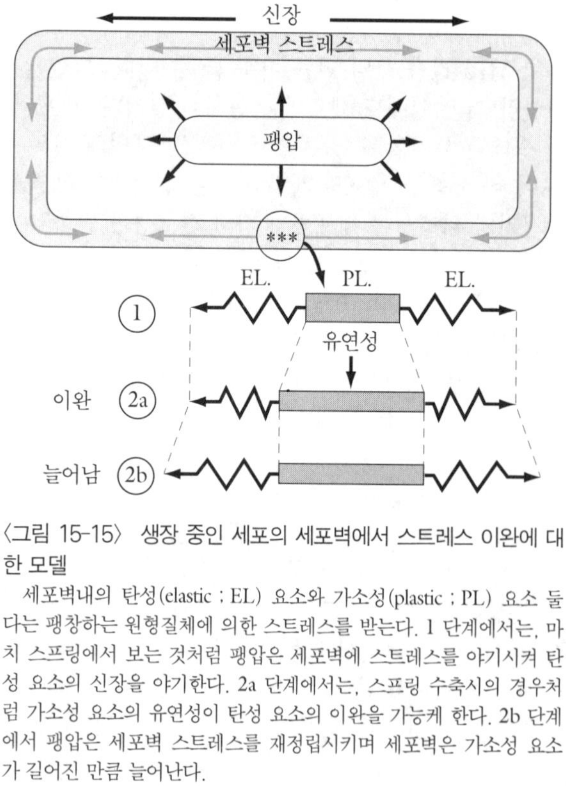

〈그림 15-15〉 생장 중인 세포의 세포벽에서 스트레스 이완에 대한 모델

세포벽내의 탄성(elastic ; EL) 요소와 가소성(plastic ; PL) 요소 둘 다는 팽창하는 원형질체에 의한 스트레스를 받는다. 1 단계에서는, 마치 스프링에서 보는 것처럼 팽압은 세포벽에 스트레스를 야기시켜 탄성 요소의 신장을 야기한다. 2a 단계에서는, 스프링 수축시의 경우처럼 가소성 요소의 유연성이 탄성 요소의 이완을 가능케 한다. 2b 단계에서 팽압은 세포벽 스트레스를 재정립시키며 세포벽은 가소성 요소가 길어진 만큼 늘어난다.

결합된 사슬 구조의 형태로 구성되었다. 세포벽내 이러한 다당류 분자간의 뒤얽힘 배열은 팽창하는 원형질체에 의해 야기되는 세포벽 변형을 억제하기 때문에 팽압이 발달하게 된다. 팽창하는 원형질체의 힘이 세포벽을 밀어낼 때 세포벽에 스트레스가 발생한다('힘/단위면적' 으로 정의). 세포 생장은 이 스트레스가 세포벽 풀림에 의해 이완될 때에 시작되는 것으로 보이는데, 이 세포벽 풀림 현상은 세포벽내에서 하중을 받고 있는 요소들(아마도 중합체 분자들 사이의 구조적 얽힘과 교차 결합)을 유연하게 해준다(그림 15-15). 이런 의미에서 스트레스 이완은 팽압을 동시에 균형 있게 감소시킨다. 팽압의 감소는 세포의 수분 퍼텐셜을 감소시키게 되며(즉, $\Delta\Psi$는 보다 더 음수 값을 나타냄), 그로 인해 수동적인 물의 흡수가 일어나게 된다. 이 경우 물의 유입은 세포 부피를 증가시키며, 세포벽을 늘리고 동시에 세포벽 스트레스와 팽압을 다시 회복시킨다. 그러므로 세포 생장 과정은 세포벽 스트레스 이완을 통한 하나의 연속적인 팽압 조정 과정으로 생각되며, 이때 스트레스 이완은 물 흡수와 세포벽 신장 사이에서 팽압의 상반적인 역할을 균형 있게 조화시켜 준다.

생장의 동력학적 분석

20세기 전반부에는 수학적인 관점에서 식물의 생장과 발달을 분석한 많은 시도들이 있었다. 그런 시도의 아이디어는 생장을 수학적으로 분석할 때 실험상으로 시험해 볼 수 있는 생장 과정의 성질을 예측할 수 있게 해준다는 것이다. 그러나, 생장 동력학(growth kinetics)에 관한 많은 분석에도 불구하고 식물의 생장, 발달, 그리고 조절에 대한 우리의 이해에 별로 영향을 주지 못하였다. 그 이유는 간단한 분석 모델이 생장을 기술하는 데 도움을 줄 수 있지만 대신에 그 모델은 질적인 변화를 쉽게 다루지 못한다는 점, 즉 분화 과정을 만족할 만큼 설명할 수 없다는 사실 때문이다.

최근에 와서, 컴퓨터 분석의 도움으로 식물 생장에 관한 수학적인 모델링의 관심이 다시 부활되었는데 특히 농업 분야와 식물 군락의 생리 생태 분야에서 더욱 그렇다. 한 식물 개체에 간단한 생장 모델을 적용할 때, 생장, 발달 그리고 작물의 생산력 혹은 자연 식생에 대한 토양 구조, 영양 수준, 물, 온도, 빛 및 기타의 기후 요소의 영향을 시뮬레이션하는 것이 가능해진다. 이런 모델을 이용하면 특정한 환경 조건에서 자랄 수 있는 새 품종을 개발하거나 비료와 물의 효율적인 사용, 또한 식물 생산성에 미치는 오염 물질의 영향 등을 평가할 수 있다.

비록 수학적 분석이 특별히 생장과 발달 메카니즘을 이해하는 데 있어 유용하지 않다 하더라도, 그 분석은 생장 과정 성질의 일부를 보여 줄 수 있으며 또한 각기 다른 조건하에서의 여러 비교를 가능하게 해준다. 생장 동력학은 생장 자료를 요약하는 데 있어 편리한 수단이 되어 식물 생리학자가 식물의 생리 반응을 기술하고 해석하는 데에 흔하게 이용한다.

실험실 배양 환경에서의 미생물 생장

복잡한 다세포성 고등 식물의 생장을 다루기 전에, 세포 분열에 의해 번식 활동을 하는 박테리아나 조류(algae)와 같은 단세포성 미생물, 혹은 출아에 의해 자손을 만드는 효모와 같은 미생물의 생장을 생각하는 것이 효율적이다. 충분한 영양 공급과 일정한 환경 조건을 갖춘 배지에서의 미생물 생장을 생각해 보자. 시간에 따른 세포수의 변화는 〈그림 15-16(A)〉에서와 같이 기하급수적인 혹은 지수함수적인 생장을 나타낸다.

곡선의 지수함수적인 성질은 배양 중에 있는 모든 세포가 동시에 분열한다는 가정하에서 설명될 수 있다. 만약 n_i를 배지내의 최초의 세포수라 하고, n을 일정수의 세포 분열을 한 후의 세포수라 하면,

첫번째 세대 후 : $n = n_i \times 2$가 되며,

두번째 세대 후에는 : $n = n_i \times 2 \times 2$,

세번째 세대 후에는 : $n = n_i \times 2 \times 2 \times 2$,

x번째 세대 후에는 : $n = n_i \times 2^x$ 이 된다.

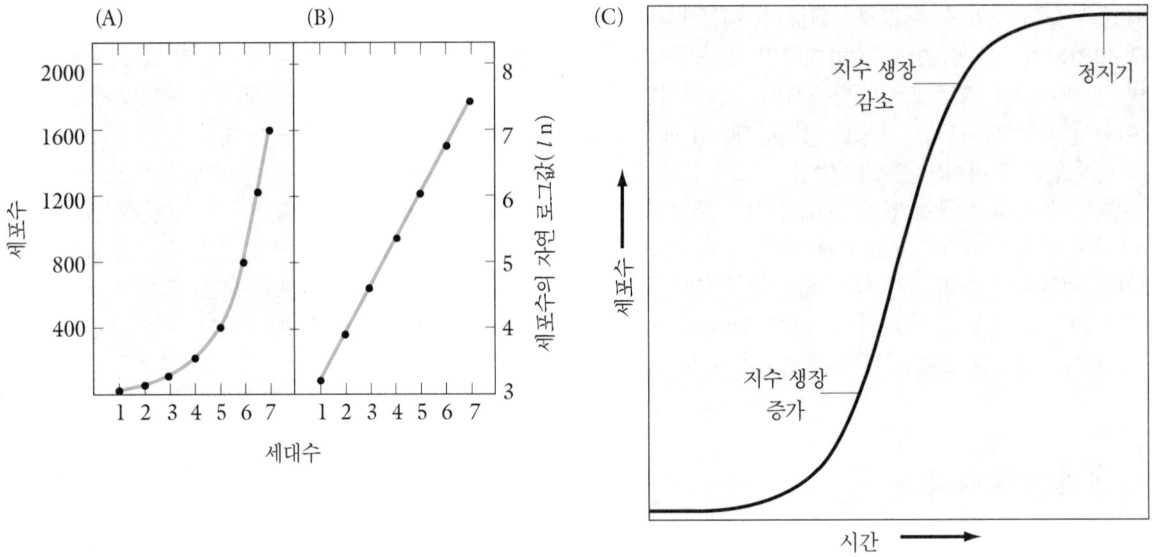

〈그림 15-16〉 동시에 세포 분열하는 미생물 집단에 관한 이상적인 생장 곡선
집단은 매 세대 경과시 두 배로 불어난다. (A) 세대수에 대한 세포수. (B) 세미로그 그림. (C) 배양 중에 있는 전형적인 세포와 많은 고등 식물 및 식물 기관에서의 이상적인 S자형 생장 곡선(시그모이드 생장 곡선).

이런 조건하에서 배양 중에 있는 세포수는 매 세대마다 두 배로 증가하게 되며, 시간 경과에 따른 세포수는 〈그림 15-16(A)〉를 보이게 될 것이다. 만약 세포수를 자연 로그 값으로 표시하면 그 결과는 〈그림 15-16(B)〉처럼 직선으로 나타나게 된다.

이들 자료로부터, 배양 중에 있는 미생물의 생장을 기술하는 데에 도움을 줄 수 있는 두 가지 변인을 계산할 수 있다. 이것이 바로 **절대 생장률**(absolute growth rate ; AGR)과 **상대 생장률**(relative growth rate ; RGR)이다. 어떤 주어진 시간에서의 절대 생장률은 직선의 기울기가 되며 세포의 수(dn)를 시간 간격(dt)으로 나눈 변화율이 된다.

$$\mathrm{AGR} = dn/dt \qquad (15.6)$$

세포분열 비율은 일정하더라도 단일 세포 집단에 대한 절대 생장률은 시간에 따라 점차 증가한다는 점을 유의하라. 이것은 어떤 주어진 시간 t에서의 생장률은 이미 존재하고 있는 세포수와 함수 관계에 있기 때문이다.

$$dn/dt\ (f)\ n \qquad (15.7)$$

상대 생장률은 절대 생장률을 이미 존재하고 있는 세포수로 나눈 것이다.

$$\mathrm{RGR} = (dn/dt) * 1/n \qquad (15.8)$$

배양 모델에서 각 세포는 분열하여 다음 세대를 만들기 때문에, 상대 생장률은 일정하게 된다. 절대 생장률과 상대 생장률은 배양 중에 있는 세포 생장을 설명하는 데에 매우 유용하다.

실제로, 지수함수적 생장은 무한히 계속되지 않는다. 영양소의 고갈, 독성 노폐물의 축적, 그리고 다른 제한 요인들로 인하여 세포 집단이 안정한 세포수에 이르면 생장률은 감소한다. 이 때문에 〈그림 15-16(C)〉에서와 같이 S자형 생장 곡선을 나타낸다.

다세포 생물의 생장

배양 중에 있는 각각의 세포나 혹은 자엽초 절편 조직과 같은 소그룹 세포의 생장을 기술하거나 측정하는 것은 비교적 단순하다. 그러나 다세포 생물의 생장은 경우가 달라진다.

배양 중에 있는 미생물의 전형적인 지수함수적 생장 곡선은 일부 고등 식물이나 식물 기관의 초기 생장 단계에서는 볼 수 있다. 일년생 식물과 같은 다세포 생물에서는, 절대 생장률은 초기 생장기에는 보통 증가하나 성숙 후 노쇠가 시작되어 감소하기 전까지는 한동안 일정하게 유지된다(그림 15-17). 이러한 직선형 단계는 생장의 주요 특징이며 주로 고등 식물의 독특한 분열 생장의 결과이다.

분열하는 세포의 수가 시간에 따라 증가하는 배양 중인 단세포 생물과는 달리, 분열 조직의 세포수는 일정하다. 그러므로 생장률은 기본적으로 분열 조직의 세포 분열 속도에 의해 결정되며 새로운 세포의 생성은 지수함수적이기보다는 직선적이다. 이런 증가 양상을 뒷받침하는 또 다른 요인은 줄기의 마디사이 신장률 역시 직선적이라는 점이다. 그러므로 크기의 증가는 일정하게 되는 경향이 있으며 생물 자신의 크기 혹은 세포수에 관계하지는 않는다. 그러나, 분열 조직이 없는 기관의 생장 곡선은 S자형이다. 이런 예로 열매와 저장 기관들이 있다.

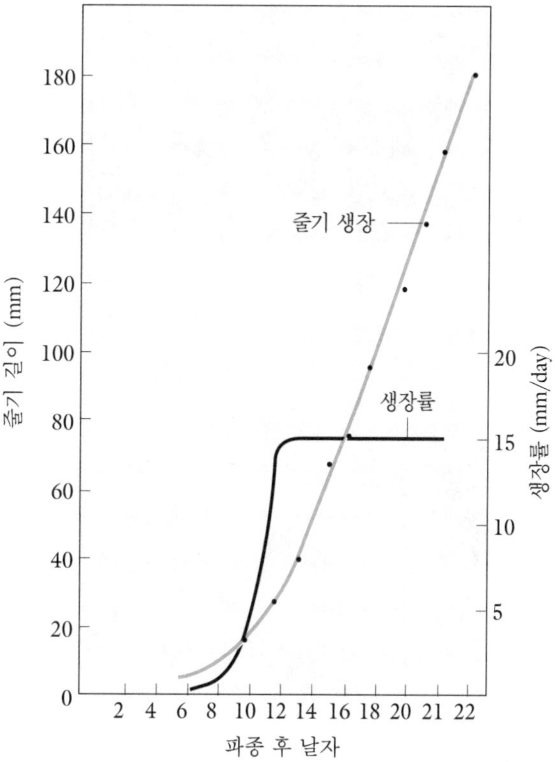

〈그림 15-17〉 3 주간의 잠두(*Vicia faba*) 유식물의 생장
줄기 길이의 생장 곡선이 확대된 직선형 구간을 보이고 있다. 생장률은 직선형 구간 동안 최대치에 도달한 후 일정한 상태를 유지한다. 일부 식물과 기관에서 이 직선 구간은 보다 단축되기도 한다.

많은 다세포 식물 및 식물 기관의 생장률은 매우 복잡해서 종에 따라 다양하고 환경 변화에 따라 틀려진다. 많은 경우, 생장률의 교란이 식물의 발달 사건에 의해 일어날 수 있다. 그럼에도 불구하고, 생장이 지수함수적이건, 또는 직선적이건 혹은 다단계적이건 간에 관계없이 모든 생물은 유전적으로 크기 제한에 직면하게 되며 그들이 이 제한에 접근할 때 생장률의 감소를 맞이하게 된다.

제 16 장

식물 발달에서 호르몬의 역할

다세포성 식물은 복잡한 체제를 가진 생물로, 질서 있는 발달을 위해서는 세포 사이에 정교한 조정이 필요하다. 그러므로 세포 서로간에, 때로는 어느 정도의 거리로 떨어져 있을지라도, 상호 정보 전달을 할 수 있어야만 한다. 세포간 정보 전달의 중요한 수단은 화학적 전령자 역할을 하는 호르몬(hormone)이며, 그것은 정보 전달을 통해서 생장과 발달을 조정하게 된다. 식물 호르몬은 지금으로부터 약 70여 년 전에 발견된 이래 집중적인 연구 주제가 되어 왔고 동시에 많은 논쟁을 불러 일으켰다.

이 장에서는 식물 호르몬에 대한 개념과 그것들의 중요한 생리적 역할에 대해 일반적인 소개를 하고자 한다. 여기서 다룰 주된 내용들은 아래와 같다.

- 식물 호르몬의 개념에 대한 논의와 이를 둘러싼 논쟁
- 5가지 중요 식물 호르몬 그룹 — 옥신(auxin), 지베렐린(gibberellin), 시토키닌(cytokinin), 앱시스산(abscisic acid) 및 에틸렌(ethylene) —에 대한 간단한 소개와 그것들의 중요한 생리적 역할에 대한 기술
- 2가지의 예상 호르몬(hypothetical hormone), 폴리아민 및 생장과 발달에 영향을 줄 수 있는 기타의 생물학적 활성 물질에 대한 간단한 기술

식물 호르몬의 작용 방식과 생화학적 분야는 17장에서 논의할 것이다.

식물에서 호르몬의 개념

식물 세포 및 기관의 생장과 분화에 심대한 영향을 주는 천연 또는 합성 화합물에는 많은 종류가 있다. 식물 발달에 대한 그것들의 역할은 거의 한 세기 동안 연구되어 왔으나, 아직 식물에서 호르몬의 개념은 논쟁 중에 있다.

19세기 후반부에서는 포유 동물에 대한 생리학과 의학에서 아주 흥미있는 진전이 나타났다. 1850년에, 정소(testis)에서 만들어져 혈액에 의해 전해지는 물질이 성(sex)의 특징을 결정한다는 사실이 알려졌다. 같은 시기에 임상 연구를 추구하는 의사들이 여러 다양한 질병이 진행되는 과정에 있어서 분비샘 조직의 추출물과 분비 작용의 효과에 관심을 가지고 있었다. 19세기가 바뀔 때까지는, 포유 동물의 생장과 생리에 대해 특수한 효과를 일으키는 많은 물질들이 입증되었으며 그리고 몸의 기능이 여러 화학 물질의 생성과 순환에 의해 조정된다는 개념이 넓게 인정받기 시작하였다. 1905년에, 영국인 의사 E. H. Starling은 이 화학적 전령자들을 기술하기 위하여 **호르몬**(hormone : '자극하다' 혹은 '일으키다'의 뜻을 지닌 그리스어에서 기원된 말)이라는 용어를 도입하였다.

식물에서 호르몬의 개념에 대한 추적은 1758년 Duhamel du Monceau의 발견 때까지 거슬러 올라간다. 그는

목본 식물 줄기에 발생한 띠 모양의 상처 조직에서 뿌리가 형성되는 것을 관찰하였다(11장 참조). 이것과 더불어 그와 유사한 현상들을 설명하기 위하여 Julius von Sachs(약 1860년경)는 식물체 내에 특별한 기관 형성 물질의 존재를 가정하였다. 예를 들면, 뿌리 형성 물질이 잎에서 만들어져서 줄기를 타고 아래로 이동되어 상처 주위에 뿌리의 발생을 일으킨다는 것이다. 그러나, 식물 호르몬 연구에 있어 실제적인 시작은 Charles Darwin에 의해 수행된 단순하면서도 세련된 일련의 실험에서 찾을 수 있었다. 궁극적으로 Darwin의 관찰과 실험이 F.W. Went로 하여금 거의 반세기 후에 식물이 빛의 방향으로 향해 자라도록 유도시키는 요인은 호르몬과 같은 물질일 것이라고 믿게 하였다. 거의 같은 시기에 H. Fitting은 호르몬이라는 용어를 식물생리학 문헌에 도입시켰다.

현재의 사용 의미에 따르면, "호르몬은 매우 낮은 농도에서 생리 과정에 큰 영향을 주는 자연적으로 만들어지는 유기물질이다." 게다가, 호르몬은 적어도 동물에서는 (1) 특정 조직이나 기관에서 합성되며, (2) 혈류를 타고 특별한 표적 조직으로 운반되어서 (3) 여기에서 농도 의존 방식으로 생리 반응을 조절한다. 동물과 식물 호르몬 사이에는 많은 공통점이 있지만 또한 일부 중요한 차이점도 있다. 동물 호르몬과 같이, 식물 호르몬은 극히 적은 농도에서 생리 과정에 큰 영향을 주는 자연적으로 만들어지는 유기물이다. 그러나, 식물 호르몬의 합성 장소는 동물 호르몬처럼 그렇게 명확히 국부적으로 정해져 있지 않다. 비록, 어떤 조직 혹은 조직의 일부가 다른 조직에 비해 높은 수준의 호르몬을 포함하고 있을지라도, 식물 호르몬의 합성은 매우 확산되어 있는 것처럼 보이고 특정 기관에 항상 제한되는 것은 아니다. 예를 들면, 기본적인 식물 호르몬인 옥신은 초본 식물의 자엽초 끝 부분에서 합성되나 같은 기관의 아래쪽 세포의 신장에 영향을 준다는 좋은 증거가 있다. 또 다른 식물 호르몬인 시토키닌은 뿌리에서 합성된 후 잎으로 운반되어 이곳에서 대사 활동에 영향을 주며 노쇠 현상도 억제한다. 그렇지만 다른 많은 예는 여러 식물 호르몬이 같은 조직 혹은 심지어 같은 세포 안에서 만들어지며 또한 같은 장소에서 작용하고 있음을 보여주고 있다. 분명히, 합성 장소와 반응 장소가 떨어져 있어야 한다는 점이 식물 호르몬에서는 필수적인 것은 아니다.

끝으로, 식물 호르몬이 농도 의존 방식으로 작용하느냐 하는 점이 많은 식물 호르몬 연구자들 사이에서 계속적인 논쟁의 주제가 되고 있다(Trewavas, 1981, 1991; Trewavas and Cleland, 1983). 동물 호르몬처럼 식물 세포는 호르몬 농도에 반응한다는 일부의 논의가 있는가 하면, 중요한 것은 호르몬 농도가 아니라 호르몬에 대한 표적 세포의 감수성의 변화라는 다른 논의도 있다. 식물에서 호르몬의 작용을 계속 탐구함에 따라서 두 가지 관점 모두를 지지하는 증거들이 있지만, 우리는 언젠가 틀림없이 이 두 가지 관점의 중간 어딘가에 진리가 들어 있음을 발견하게 될 것이다.

식물 호르몬에 대해 알려진 또 다른 어려움은 호르몬 효과가 다양하다는 것이다. 각각의 식물 호르몬 그룹이 식물 발달 과정에 광범위할 정도로 다양하게 영향을 준다는 것이 알려지고 있다. 더욱이, 이들 발달 과정의 대부분이 하나 이상의 호르몬 그룹에 의해 영향을 받을 수 있다(표 16-1). 실험자에게는 호르몬 사이의 상호 작용이 복잡하다는 것도 또 다른 문제가 된다. 비록 여러 종류의 호르몬 혹은 심지어 모든 호르몬이 동시에 한 세포 안에 존재해서 작용을 할지라도, 일반적으로 호르몬의 효과는 각각 분리되어 연구되어 왔다. 우리의 논의에서 중요한 점은, 식물의 생장과 발달 방식은 어느 한 가지 호르몬 작용만에 의한 결과가 아니라는 사실을 기억해야 한다는 것이다. 즉, 발달의 조절은 호르몬 작용에만 국한된 것이 아니라 유전적, 화학적 및 환경적 요소를 포함하는 여러 수준에서의 조절 결과이다. 식물에서 호르몬 작용의 복잡성 때문에 이 책의 제한된 범위내에서 각 호르몬에 대한 가능한 효과 모두를 목록화해서 작성한다는 것은 실제로 불가능하다. 호르몬이 식물에 미치는 많은 여러 가지의 효과를 좀 더 알기 위해서는 이 장의 끝 부분에 나온 참고 문헌을 참조하라.

식물과 동물 호르몬 간의 묘한 차이는 식물에서 호르몬이라는 용어를 화학적 조절자로 간주하려 하는 일부 식물학자들 사이에 격렬한 논쟁을 불러 일으켰다. 이것은 또한 학술 용어상으로도 일부 혼란을 야기시켰다. 일부 사람들은 '식물 생장 조절 물질(plant growth substance)' 이라는 용어를 선호하여 사용하고 있으며 — 심지어 국제 식물 생장 조절물질 학회(International Plant Growth Substance Society)도 있다. 다른 사람들은 '물질(substance)' 이라는 말은 너무 막연하며 그리고 생장은 그들 화학제에 의해 영향받는 많은 생리 과정 중의 단지 하나일 뿐이라고 주장한다. 그래서 농화학 산업에서는 또 다른 용어인 '식물 생장 조절자(plant growth

〈표 16-1〉 여러 다른 식물 발달 과정에 대한 각종 식물 호르몬의 영향
x 표시는 여러 식물 발달 목록에 대한 각 호르몬의 입증된 효과를 나타내고 있다. x 표시의 부재는 각 발달 과정에 그 호르몬이 효과가 없다는 뜻은 아니며, 단지 문헌상으로 그 효과가 보고되지 않았다는 의미이다.

	호르몬 종류				
	옥신	지베렐린	시토키닌	앱시스산	에틸렌
휴면		x	x	x	x
유년형	x	x			
신장 생장	x	x	x	x	x
뿌리 발달	x	x	x		x
개화	x	x	x	x	x
열매 발달	x	x	x	x	x
노쇠	x	x	x		x

regulator)' 라는 표현을 사용한다. 그 용어는 호르몬 활성을 보이는 합성 화합물을 표시하는 데 일상적으로 이용된다.

식물이 '호르몬' 을 가지고 있는지에 대한 논쟁은 주로 의미론상의 문제이며, 이 문제는 "호르몬이란 생리학자들이 호르몬이라고 부르는 것을 말한다."라는 A. C. Leopold의 제안에 의해 아마도 가장 잘 해결되어 있다(Leopold, 1987). 식물 호르몬은 명백히 Starling의 정의에 의해 설정된 대부분의 기준을 수행한다. 식물 호르몬이 세부적으로는 동물 호르몬과 다를 수 있으며 그에 따라 다르게 작용할 수도 있음을 충분히 생각할 수 있다. 동물과 식물 호르몬에 대한 비교 생물학은, 식물이 어떻게 일을 수행하는지에 대한 이해를 위해 유용하면서도 생산적인 접근 방법론이 된다. 식물 생리학자는 동물 호르몬 문헌 자료에 의해 자신의 관점을 잃어서는 안되며, 새로운 접근과 생각을 받아들일 수 있어야 한다.

식물 호르몬

현재 5가지 그룹의 식물 호르몬 — 즉, **옥신**(auxin), **지베렐린**(gibberellin), **시토키닌**(cytokinin), **앱시스산**(abscisic acid; ABA) 및 **에틸렌**(ethylene)이 알려져 있다. 5가지 기본 호르몬 이외에 종종 **브라시노스테로이드**(brassinosteroid)와 **폴리아민**(polyamine)이라는 두 가지 다른 화합물도 식물 생장 조절 물질로 간주되고 있다. 이들 각 집단에 속하는 생장 조절 물질들을 간단히 소개하고 동시에 그것들의 생리적 기능에 대한 일반적인 논의를 여기에서 다루고자 한다.

옥신

옥신은 최초로 발견된 식물 호르몬이다. 옥신은 줄기와 뿌리 끝에서 합성되며 식물의 축을 따라 운반된다. 그것은 절단된 줄기 조직과 자엽초 조직에서 세포 신장을 촉진시키는 자신들의 능력에 의해 일차적으로 그 특성이 규명되었으나, 그 밖에도 또한 뿌리 발생, 관다발 분화, 굴성 반응 및 곁눈, 꽃, 열매의 발달 등을 포함한 여러 가지 다양한 발달 반응에 영향을 끼친다.

천연 옥신과 합성 옥신

식물에서 대표적으로 중요한 옥신은 인돌-3-초산(indole-3-acetic acid; IAA)이다(그림 16-1). IAA 이외에도,

천연 옥신

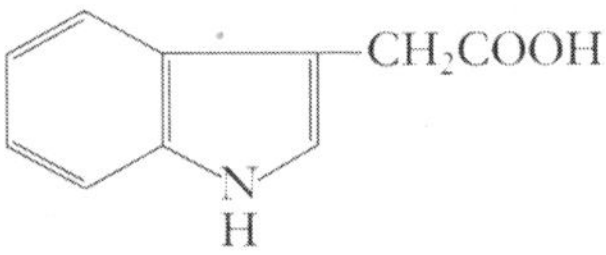

Ⅰ. Indole-3-acetic Acid (IAA)

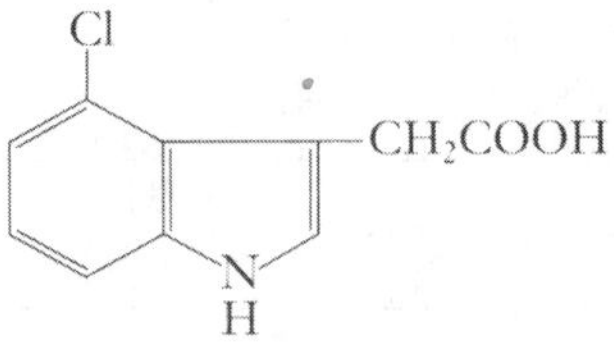

Ⅱ. 4-Chloroindole-3-acetic Acid

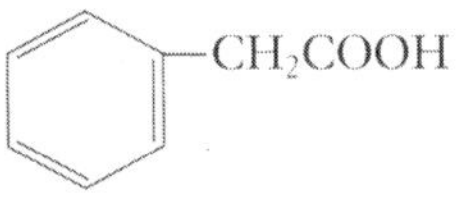

Ⅲ. Phenylacetic Acid

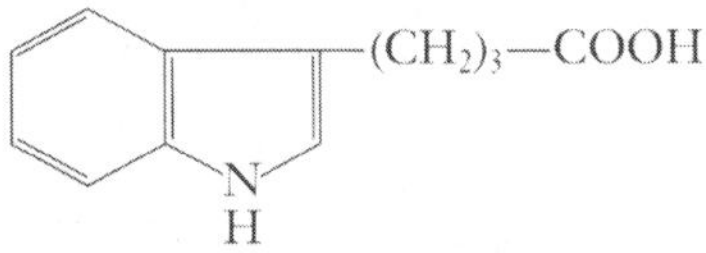

Ⅳ. Indole-3-butyric Acid(IBA)

합성 옥신

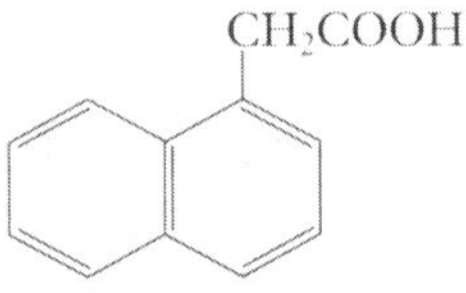

Ⅴ. Naphthalene acetic Acid

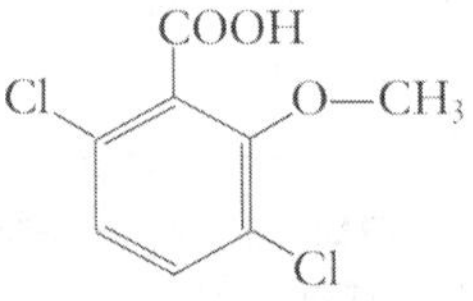

Ⅵ. 2-Methoxy-3,6-dichloro-benozic Acid(dicamba)

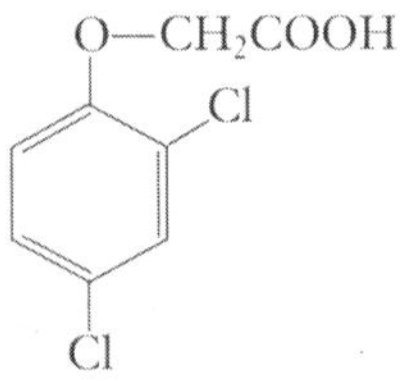

Ⅶ. 2,4-Dichlorphenoxyacetic Acid(2,4-D)

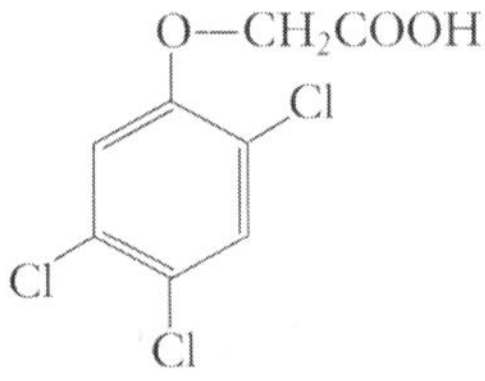

Ⅷ. 2,4,5-Trichlorophenoxy-acetic Acid(2,4,5-T)

〈그림 16-1〉 각각 천연 옥신과 합성 옥신 일부의 화학 구조

IAA(Ⅰ)가 대표적인 진정한 유일 옥신으로 믿어지고 있다. Phenylacetic acid(Ⅲ)는 식물계에 널리 존재하고 있으며, 4-chloro-indole-3-acetic acid와 indole-3-butyric acid는 최근 식물 추출액에서 보고되었다. IAA를 제외한 위의 나머지 3가지 화합물도 식물에 처리했을 때 옥신 반응을 보이지만, 그것들의 생리, 생화학적 분야는 거의 알려져 있지 않으며 또한 식물체내에서 호르몬으로서의 정상적인 기능을 수행하는지도 알려져 있지 않다.

인돌-3-에탄올(indole-3-ethanol), 인돌-3-아세트알데하이드(indole-3-acetaldehyde) 및 인돌-3-아세토니트릴(indole-3-acetonitrile) 등을 포함하는 천연적으로 존재하는 여러 다른 인돌 유도체 화합물이 옥신 활성을 나타내는 것으로 알려져 있다. 그러나, 이들 화합물 모두는 IAA의 선구물질로서 조직내에서 IAA로 전환되기 때문에 옥신 활성을 갖게 된다(17장).

식물에서 IAA의 최초 발견과 그리고 생장과 발달에 대한 IAA의 역할 확인으로 인해, 기타 유사한 활성을 갖는 다른 화합물의 탐색 연구가 촉진되었다. 그 결과 옥신과 같은 활성을 나타내는 합성 화합물들이 만들어졌다(그림 16-1). 그 중 하나인 **indole butyric acid**(IBA)(Ⅳ. 그림 16-1)는 처음에는 합성 화합물로 생각하였으나, 최근에 옥수수 종자와 잎 그리고 다른 식물 종에서도 분리되었다(Epstein et al., 1989). 염소화된 IAA의 유도체(4-chloroindoleacetic acid, 혹은 4-chloroIAA : Ⅱ. 그림 16-1) 또한 콩과식물 종자의 추출액에서 보고되었고(Engvild, 1986), 그와 밀접히 관련되면서 천연적으로 출현하는 aromatic acid인 **phenylacetic acid**(PAA; Ⅲ. 그림 16-1)도 옥신 활성을 갖는 것으로 최근 보고되었다(Leuba와 LeToureau, 1990). IBA와 4-chloroIAA, 그리고 PAA가 현재 식물에서 분리되었고, 구조적으로 IAA와 비슷하며, IAA와 같은 반응을 많이 보이기 때문에 이것들을 천연 호르몬으로 간주해야 한다는 강력한 논의가 일고 있다. 그러나, 그 화합물들이 활성을 갖기 전에 식물 조직내에서 IAA로 전환되는지의 여부는 아직 정립되지 않았다. 화학적으로 볼 때, 옥신 활성을 발현하는 분자들의 한 가지 통일되는 특성은 방향적 고리 구조상에 산성 측쇄(acidic side chain)가 존재한다는 것이다.

옥신의 생리적 작용

세포 생장과 분화 옥신의 작용은 일차적으로 세포 생장과 줄기 신장을 조절하는 것으로 알려져 있다. 옥신이 발견된 동기는 귀리 자엽초에서 옥신에 의해 조절되어 나타난 세포 신장이었으며 이 작용은 암소에서 자란 완두 유식물의 줄기 절편과 자엽초 끝의 아래 조직 절편 등 잘라낸 식물 조직에서 반복적으로 입증되었다.

'옥신농도-반응 곡선'은 전형적으로 옥신의 농도가 최적 농도에 도달할 때까지 농도가 증가함에 따라 반응량도 증가함을 보여주고 있다(그림 16-2). 최적 조건을 초과하는 농도는 생장 감소를 초래한다. 만약 옥신 농도가 매우 높아지면, 생장은 대조구와 비교해 볼 때 억제된다. 이와 같은 생장 반응은 흔히 알려지지 않은 호르몬 농도를 분석할 때 이용되는데, 이 기법을 생물 검정법(bioassay)이라고 한다.

옥신 생리학에서의 또 다른 중요한 특징은, 온전한(intact) 식물의 줄기와 자엽초 경우 외부로부터 가해진 옥신에 의해서는 별다른 반응이 유도되지 않는다는 것이다. 이것은 명백히 온전한 식물 조직내의 내재성 옥신 농

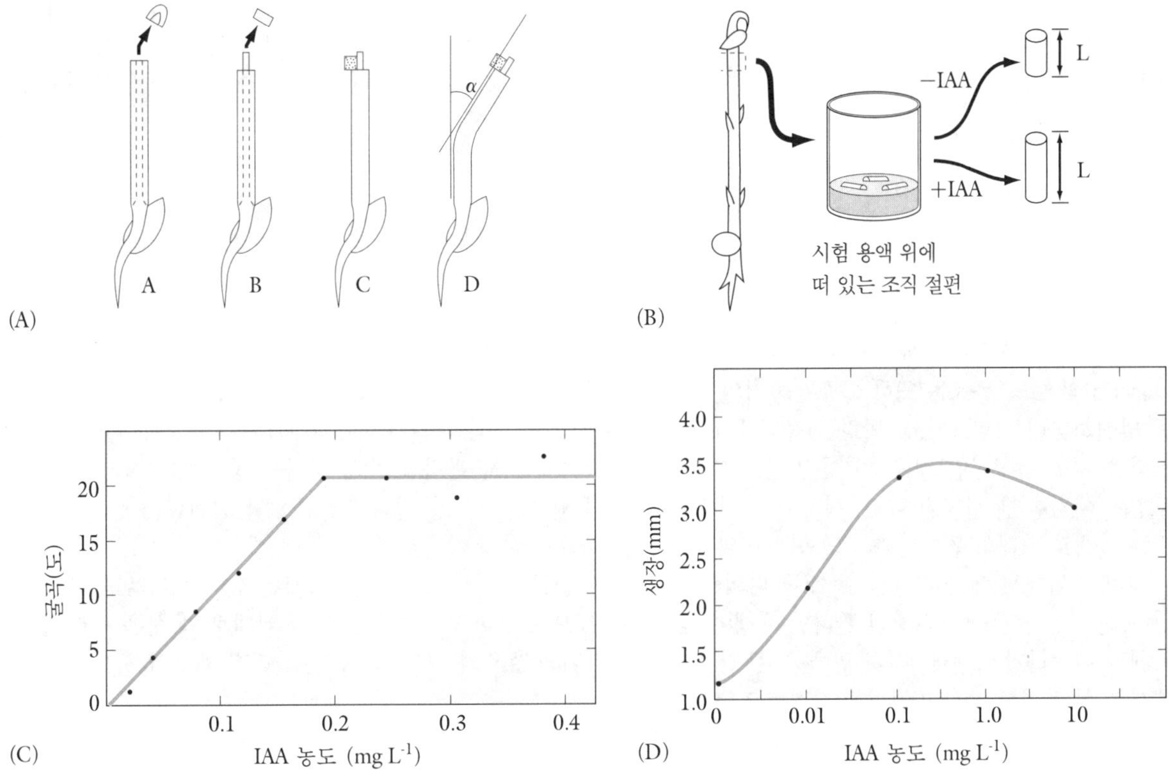

〈그림 16-2〉 두 가지 고전적인 옥신 조절 반응을 위한 농도 반응 곡선

(A) Went의 귀리 굴곡 실험. 옥신을 함유하고 있는 작은 한천 조각이 정단부가 제거된 귀리 자엽초 줄기의 절단된 표면 한쪽 위에 올려놓아진다. 옥신은 이 때 자엽초내로 확산되어 들어가면서 한천 조각 밑에 위치한 세포의 생장을 촉진한다. 그로 인한 차등 생장이 자엽초를 한천 조각이 있는 반대쪽으로 휘게 한다. (B) 귀리를 이용한 실험에서 굴곡은 옥신 농도와 비례 관계를 보였다. (C) 완두 줄기 절편 실험. 암소에서 생장한 완두 유식물의 줄기 절편을 옥신이 있는 배지와 없는 배지에다 각각 띄운다. (D) 완두 줄기 절편 실험에서의 전형적인 농도-반응 관계. 옥신 농도는 로그 척도로 표시되었다.

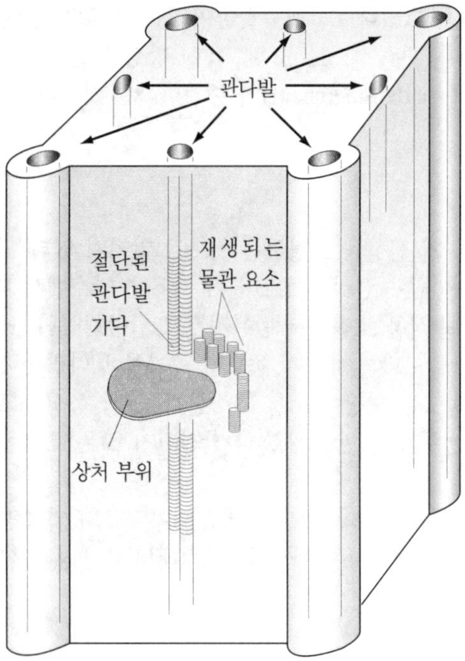

〈그림 16-3〉 *Coleus* 줄기 상처 부위에서 옥신에 의해 촉진된 관다발 재생에 관한 모식도

외과적으로 관다발 조직을 심하게 손상시킨 후 상처 부위에 옥신 처리를 한다. 수일 후, 그 조직은 깨끗해지며 현미경으로 조사시 상처 주위에 물관의 재생 징후를 볼 수 있다.

도가 조직의 최고 신장을 유도하기에 충분하며, 부가적으로 첨가된 옥신의 효과는 거의 없거나 또는 부수적인 효과를 나타내지 않음을 보여 준다. 그러므로, 외부에서 공급된 옥신의 효과는 옥신 공급이 이루어지지 않는 절단된 줄기나 자엽초와 같은 조직에서만 입증되는데 이것은 하나의 일반적인 법칙이다. 그러나, 이 법칙이 흔들리고 있는데 그 이유는 외부에서 첨가한 IAA가 온전한 완두의 줄기 마디사이를 계속 생장시킨다는 사실이 보고되었기 때문이다(Yang et al., 1993). 비록 옥신이 줄기는 물론 잎, 꽃, 그리고 다른 기관의 생장과 세포 확장에 필수적이라고 생각되지만, 이에 대한 직접적으로 유효한 증거는 거의 없다. 옥신에 의해 유도된 세포 확장은 또한 식물 조직을 인공 배지에서 배양할 때 미분화된 세포의 생장을 시작케 하고 유지시키는 옥신 능력의 기초가 된다.

세포 확장을 촉진시키는 경우 이외에도, 옥신은 세포 분화의 조절에도 관여한다. 예를 들면, 어린 줄기의 관다발 조직의 분화는 급속히 발달하는 어린 잎에서 생성된 옥신에 의해 조절된다. 이 분야에 있어 일부 훌륭한 연구들은 *Coleus*(열대산 관상용 식물)를 재료로 한 W.P. Jacobs와 그 동료들의 실험에서 나왔다. Jacobs(1970)는 엽병 기저부에서 물관의 형성은 엽병을 통해 확산 이동하는 IAA 양의 흐름에 직접적으로 비례함을 발견하였다.

Coleus 식물 상배축에서 잎을 제거하면 물관의 분화가 크게 감소되는데, 이 효과는 라놀린 연고를 이용하여 같은 양의 IAA를 외부에서 처리하면 반전될 수 있다.

Jacobs와 그의 동료는 또한 *Coleus* 줄기의 상처 부위에서 관다발 조직의 재생은 IAA에 의해 조절된다는 사실을 발견하였다(그림 16-3). 박하 식물과(Lamiaceae)내의 다른 종과 마찬가지로, *Coleus*는 각 모퉁이에 관다발 조직을 지닌 특징적인 정방형의 줄기를 가지고 있다. 만약에 이들 관다발 중의 하나를 방해하는 쐐기(wedge) 모양의 예리한 벤 상처가 나면, 상처 지역에 있는 유조직 세포가 새로운 관다발 요소로 분화한다. 이 관다발 요소는 실제로 원래의 관다발과의 연속성을 재정립시키게 된다.

상처 주위에서 체관과 물관 요소 둘 다의 분화는 옥신 공급에 의해 조절된다. 이것은 상처 부위 위쪽에 있는 잎(옥신의 공급원)을 제거하면 관다발 재생이 감소되는 것으로 보아 알 수 있다. 그와 반대로, 옥신은 보통 줄기 아래로 이동하기 때문에, 상처 밑에 있는 잎을 제거하면 거의 효과가 없다. 더욱이, 관다발 재생의 정도는 외부에서 옥신 처리시 옥신 공급량에 직접적으로 비례한다.

옥신은 또한 식물 조직배양 중 관다발 분화를 위해 필요하다(15장 참조). 역시 옥신의 공급원인 눈(bud)이 미분화된 캘러스 조직 덩어리내로 심어지면, 캘러스 유조직이 관다발 조직으로 분화되는 반응이 심어진 부근에서 나타난다. 이식된 눈 대신으로 IAA와 설탕을 함유하고 있는 한천 조각을 사용시에도 같은 효과가 일어난다.

슈트와 뿌리의 발달

곁눈 생장 슈트(shoot)가 계속 생장해서 정단 분열 조직이 새로운 잎 원기를 세우면, 잎 원기의 엽액(axil:

줄기와 잎 원기 사이)에서 작은 세포 집단이 정단 분열 조직에서 분리되어 곁눈(axillary bud)을 생성한다. 콩(*Phaseolus*) 등의 일부 식물에서, 곁눈은 비록 정단아보다 매우 느리지만 계속 생장을 한다. 그러나 많은 식물의 경우, 곁눈에서의 세포 분열과 세포 확장은 발생 초기에 정지하여 생장하지 못한다. 가지 많은 식물을 생산해 내기 위한 하나의 원예 기법으로서 줄기의 끝을 제거하는데, 이것은 곁눈을 다시 생장하도록 촉진해 준다(그림 16-4).

〈그림 16-4〉 잠두(*Vicia faba*)의 정단 우성
(A) 대조구 식물. (B) 옥신의 공급원인 줄기 정단부를 제거하면 곁눈 생장이 촉진된다. (C) 줄기 절단 표면에 옥신을 처리해 주면 정단 우성이 회복될 수 있다.

명백히 정단아는 곁눈의 세포 분열과 세포 확장을 억제하는 효과를 발휘할 수 있다. 이런 이유 때문에 정단아에 의한 곁눈의 생장 억제 현상이 출현하는데 이를 **정단 우성**(apical dominance)이라 한다. 옥신이 최초 발견되고 나서 곧, K.V. Thimann과 F. Skoog(1934)는 슈트 정단부의 옥신 방출 용량과 곁눈 발달 억제 능력 사이에는 상호 관계가 있을 것인지? — 즉, 옥신에 의해 정단 우성이 조절될 것인지를 의심해 보았다. Thiman과 Skoog는 이 생각을 잠두 줄기 끝을 잘라내고 여기에 옥신을 처리해 보는 실험으로 조사하였다. 그 결과, 곁눈 발달이 옥신 존재하에서 억제되었다. 이 최초의 입증 실험 이후, 정단 우성을 유지하는 데 있어 옥신이 슈트 정단부의 역할을 대신할 수 있다는 사실이 계속 확인되었다.

슈트 정단부에 있는 옥신이 어떻게 곁눈 발달을 억제할까? 가장 널리 인정받고 있는 이론에 의하면, 곁눈 생장을 위한 최적 옥신 농도는 줄기의 신장에 필요한 농도보다 훨씬 적다. 슈트 정단부에서 식물의 기부 쪽으로 향하는 옥신의 이동량으로 인해 곁눈에서는 충분히 옥신 억제 농도가 유지된다고 한다. 정단부 제거에 의한 이 옥신 공급의 차단은 곁눈내로 옥신의 공급을 감소시키게 되고 그로 인해 곁눈의 생장 억제가 풀리게 된다. 옥신 수송의 역할에 대한 보다 직접적인 증거는, 옥신 수송 억제제인 triiodobenzoic acid(TIBA)와 naphthylphthalamic acid(NPA)를 슈트 정단부와 곁눈 사이의 줄기 부분에 가해 주었을 때 곁눈이 휴면 상태에서 빠르게 깨어난다는 사실에서 나왔다. 게다가, 많은 줄기 가지를 지닌(즉, 정단 우성 현상이 없는) 토마토 품종은 방사성 동위 원소로 표지된 IAA를 슈트 정단부에서 방출하지 못한다.

현재, 옥신이 단독으로 정단 우성을 조절하지 못한다는 사실이 명백해졌다. 시토키닌은 옥신 효과를 방해한다. 많은 식물 종에서 슈트 정단부나 혹은 곁눈에 직접적으로 시토키닌을 가하면 곁눈의 생장 억제 현상이 사라진다. 강한 정단 우성을 나타내는 토마토 돌연변이 종은 정상 종에 비해 적은 양의 시토키닌을 갖고 있다. 또 다른 실험 결과에 의하면, 곁눈의 생장 억제와 곁눈내의 앱시스산(ABA) 함량 사이에는 상호 관련이 있어 보인다. 예를 들면, 줄기 정단부가 제거된 콩과식물의 곁눈내 ABA 함량은 온전한 정상 식물보다 더 작다. ABA가 다른 기관으로부터 이동하여 오는지 아니면 곁눈에서 합성되는지는 분명하지 않으나, 줄기 절단면에 IAA를 처리하게 되면 ABA 함량의 저하가 억제된다. 그러므로, 곁눈내에 있는 ABA 함량은 슈트 정단부로부터 내려오는 IAA의 통제를 받는 것 같다. 또한 슈트 정단부에 ABA를 가하면 곁눈 생장이 회복된다. 옥신에 의해 촉진된 에틸렌 생성 역시 곁눈 생장 억제에 관련된 것으로 간주되고 있으나, 그 결과는 확정적이지는 않다. 현재, 곁눈 생장에 관한 조절 메커니즘은 미해결 상태로 남아 있다. 정단부에서의 옥신 합성과 수송이 그 조절 과정에 중요한 요소인 것 같다. 시토키닌과 ABA와 같은 다른 호르몬도 같이 관련된 것 같으나 그들 사이의 상호 작용에 관한 성질은 복잡하며 아직 명확하지 않다.

잎의 탈리 잎과 열매와 같은 기관이 식물 몸체에서 떨어져 나가는 과정을 **탈리**(abscission)라고 한다. 탈리는 엽병의 기저부 근처에 **탈리층**(abscission layer)이라고 불리는 특별한 세포층이 발달된 결과로 일어난다. 기관

〈그림 16-5〉 아메리카 감탕나무(*Ilex opaca*)의 절단된 가지에서 부정근의 발달을 촉진하는 옥신

(A)열: 모래에 심기 전에 17 시간 동안 0.01% indolebutyric acid 용액에 처리된 것. (B)열: 처리하지 않은 대조구 식물.

이 노쇠함에 따라서, 탈리층 내의 세포벽은 약해지고 결국 분리된다. 탈리 현상은 탈리층 양쪽 면의 옥신의 상대적 농도차에 좌우되는 것 같다. 어리고 활발한 생장을 보이는 기관내의 옥신의 농도는 비교적 높지만, 기관이 노화되어 노쇠함에 따라 옥신의 농도는 점차 감소한다. 탈리 현상에 미치는 옥신의 효과는, 줄기에 엽병이 붙어 있는 상태에서 엽신(leaf blade)을 제거하고 그 엽병의 절단면에 옥신을 처리하면 옥신을 처리하지 않았을 때와 비교시 엽병의 탈리가 지연된다는 사실로서 입증될 수 있다. 이와 유사한 실험 결과에 의하면, 잎 발달의 초기에 옥신 처리시 옥신은 탈리를 지연시키나 잎 발달 후기에 처리했을 때는 오히려 탈리 현상을 가속화시킨다.

뿌리의 신장과 발달 뿌리 신장은 특히 옥신에 민감하다. IAA는 매우 낮은 농도(10^{-8} M 혹은 그 이하)에서 뿌리 절편과 온전한 식물 뿌리 모두의 생장을 촉진한다. 그러나 정상적으로 슈트의 신장을 촉진하는 비교적 높은 농도(10^{-5}에서 10^{-6} M 사이)의 옥신은 뿌리 생장을 억제한다. 고농도의 옥신에 의한 뿌리 생장 억제는 적어도 그 일부 원인으로는 에틸렌 생성에 기인하는데, 이 에틸렌 생성은 바로 높은 농도의 옥신에 의해 촉진된다. 뿌리 정단부를 제거하거나 혹은 뿌리에 옥신의 길항제(antagonist)를 처리할 경우에는 흔히 뿌리 생장이 증진되는데, 이것은 뿌리 끝에서 생성되는 내재성 옥신의 농도가 뿌리의 생장을 억제할 만큼 충분함을 암시하는 것이다. 비록 옥신이 뿌리 신장을 억제할지라도, 높은 농도의 옥신은 이차 뿌리 형성 혹은 뿌리가 여러 개로 갈라지는 것을 촉진한다. 반대로, 옥신의 공급처인 어린 잎이나 눈(bud)을 제거할 경우 이차 뿌리의 수는 감소한다. 이 결과는 이차 뿌리의 형성이 슈트를 통해 공급되는 옥신에 의해 조절됨을 의미하는 것이다. 옥신은 또한 줄기에 부정근(adventitious root)이 형성되는 것을 촉진한다(그림 16-5).

부정근은 체관부 조직에서 형성되나, 버드나무나 포플라와 같은 목본 식물의 경우 줄기 마디(node)에 이미 형성되어 있는 원기(primordia)로부터 만들어진다. 포플라나 그 비슷한 종의 줄기 절편에서는 부정근이 절편의 방향과는 무관하게 항상 형태학상 절편의 아래 부분에서 형성된다. 이런 방향성은 줄기에서 옥신의 극성 이동과 관련이 있는 것 같다(17장).

꽃과 열매의 발달 꽃과 열매의 생성은 식물의 발달사에 있어서 분명히 중요한 사건이다. 외부로부터의 옥신 처리는 대부분 개화를 억제하기 때문에 옥신은 개화 시작 과정에서 주된 역할을 수행하는 것 같지는 않다. 그러나, 옥신의 개화 억제는 주로 옥신에 의하여 유도되는 에틸렌 생성에 의한 이차적 효과로 보인다. 예외적으로 Bromeliaceae과의 식물은 옥신이나 에틸렌 처리로 개화가 촉진된다. 이 현상으로 인해 식물 재배가들은 옥신이나 에틸렌을 발생시키는 화학제를 식물에 살포하는 간단한 처리법에 의해 파인애플과 같은 Bromeliaceae과 식물의 개화 및 생산 계획을 수립할 수가 있게 된다.

일단 개화가 시작되면 옥신은 계속되는 꽃과 열매의 발달 과정에서 중요한 역할을 수행하는 것으로 보인다. 꽃에는 한 꽃 안에 암, 수 생식 구조를 모두 가지고 있는 양성 환경(bisexual condition)의 **완전화**(perfect flower)와 암술 혹은 수술 중 하나만을 가진, **불완전화**(imperfect flower)가 있다. 불완전화는 다시 같은 한 나무에서 암꽃과 수꽃이 따로 태어나는 **자웅동주**(monoecious)의 꽃과 암꽃과 수꽃이 서로 다른 나무에서 태어나는 **자웅이주**(dioecious)의 꽃으로 분류된다. 옥수수, 박과식물, 그리고 참나무(*Quercus* sp.) 등은 자웅동주(암수한몸)이다. 옥수수에서, 수염(술; tassel)은 수꽃의 것이며 이삭은 암꽃에서 형성된다. 자웅이주(암수딴몸) 식물의 예로 시금치, 아메리카 감탕나무, 그리고 은행이 있다.

불완전화의 성(性)은 유전적으로 결정되나 영양 상태, 환경 조건 그리고 외부에서 가해진 호르몬 처리에 의해 뒤바뀔 수도 있다. 박과식물과 여러 다른 식물의 경우, 개화 초기에는 양성(bisexual)이지만, 초기에 옥신 처리 시 암꽃 생성이 유도된다. 이 효과는 옥신에 의해 촉진된 에틸렌 발생에 의해 매개될 수 있다는 일부 증거가 있다. 그럼에도 불구하고 옥신이 암꽃 생성을 촉진시킨다는 점은 일반적 사실이다.

통상적으로, 열매가 만들어지기 위해서는(즉, 씨방 발달의 시작) 성공적인 수분과 수정 과정이 요구된다. 1930년대에, 꽃가루는 옥신의 공급원이며 꽃가루 추출물을 수분이 되지 않은 가지과 식물에 처리하면 열매의 발달이 시작된다는 사실이 알려졌다. 수분 과정이 없이 열매 발달이 일어나는 현상을 **단위 결실**(parthenocarpy)이라고 한다. 단위 결실은 이렇게 씨 없는 열매를 초래하기 때문에, 이 현상은 중요한 경제적 의미를 갖는다. 캘리포니아 주에서는, 초기의 토마토 작물에서 열매 발달을 촉진하기 위해 합성 옥신인 4-chlorophenoxyacetic acid를 이용하여 왔는데, 그렇게 하지 않으면 써늘한 밤의 기온이 열매의 발달을 감소시키기 때문이다. 옥신은 특히 가지과(토마토, 후추), 박과(오이, 호박), 그리고 감귤과에 속하는 일부 식물에서 단위 결실을 유도한다. 1950년대 J. P. Nitsch에 의해 수행된 딸기에 관한 고전적 연구에서, 종자는 열매의 발달을 진행시키는 데 필요한 옥신의 공급원이라는 사실이 알려졌다. 딸기에서 종자는 열매 표면에 붙어 있다. Nitsch는 종자를 제거할 경우 열매의 발달이 억제되지만 열매에 옥신을 처리할 경우 열매 발달이 정상적으로 회복된다는 것을 알아냈다.

옥신은 열매의 탈리 현상도 조절한다. 옥신을 처리하는 시기와 처리 농도에 따라, 옥신은 일찍 열매의 낙과를 유도하기도 하며 혹은 미성숙 열매의 낙과를 방지하기도 한다. 열매가 발생한 후 곧, 옥신을 이용하여 조기에 열매 낙과를 증진시키는 것은 나무에 남아 있는 나머지 열매의 크기를 증가시키기 위한 화학적인 한 방법이 된다. 나중 시기에 옥신을 처리하면 탈리 현상을 지연시켜 미성숙 열매의 낙과를 방지한다. 이런 옥신 효과는 보다 효율적인 수확을 위해서 나무에 열매를 달려있게 하는 데에 도움을 주는 것이다.

옥신 생리학에 관심을 일으키는 한 특별한 복잡한 요소는 옥신과 에틸렌 사이의 상호 작용이다. 특히 고농도에서 옥신은 억제 효과를 야기시킬 수 있다는 많은 예가 알려지고 있다. 이미 여러 경우에서 언급되었지만, 에틸렌 생성은 옥신에 의해 촉진된다. 여러 옥신의 효과 중에서 특히, 억제 효과는 실제로 옥신에 의해 촉진된 에틸렌 생성 때문이라는 많은 증거가 있다. 꽃과 열매 발달에 관해 알려진 많은 옥신의 효과는 그와 같은 방법으로 설명될 수 있다. 에틸렌이 휘발성 기체이고 또한 낮은 농도에서도 효과적이기 때문에, 연구자가 주의 깊게 보지 않으면 에틸렌의 존재와 역할이 덜 분명해질 수도 있다.

지베렐린

곰팡이와 고등 식물 모두는 지베렐린을 만들어낸다. 외부에서 식물에 지베렐린을 처리하면 줄기의 신장을 크게 증가시킨다. 지베렐린은 또한 꽃과 열매의 발달은 물론 초기의 배(*embryo*) 발생 동안 저장 배유의 가용화 과정과 종자 발아에 깊게 관련되어 있다.

지베렐린(gibberellin)은 생물학적 활성보다는 오히려 화학적 구조의 근거에 의해서 정의될 수 있는 유일한 식물 호르몬 그룹이다. 지베렐린은 *ent*-**gibberellane** 구조에 기본을 둔 많은 유사한 화학적 집단 구성원을 지니고 있다(그림 16-6). 80개 이상의 지베렐린이 현재 알려져 있으며 새로운 지베렐린이 거의 매년 추가되고 있다. 현재까지 그 특성이 규명된 지베렐린의 1/3 이상이 20개 탄소 원자 모두를 지니고 있어 C_{20}-지베렐린으로 알려지고 있다. 나머지는 20번 탄소 원자가 결여되어 있어 C_{19}-지베렐린으로 알려지고 있다.

〈그림 16-6〉 *ent*-gibberellane 골격과 일부 선택된 활성형 및 비활성형 지베렐린들의 화학적 구조

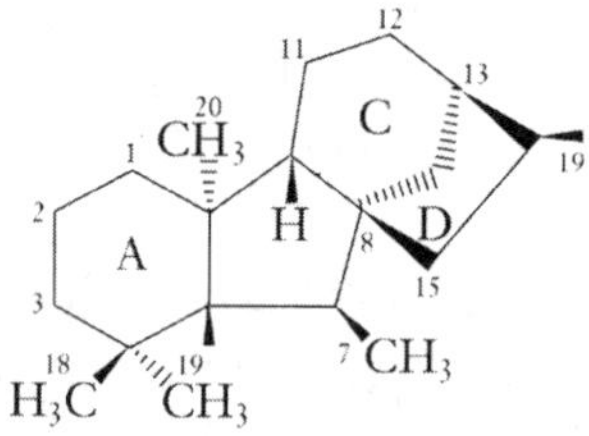

ent-Gibberellane
골격

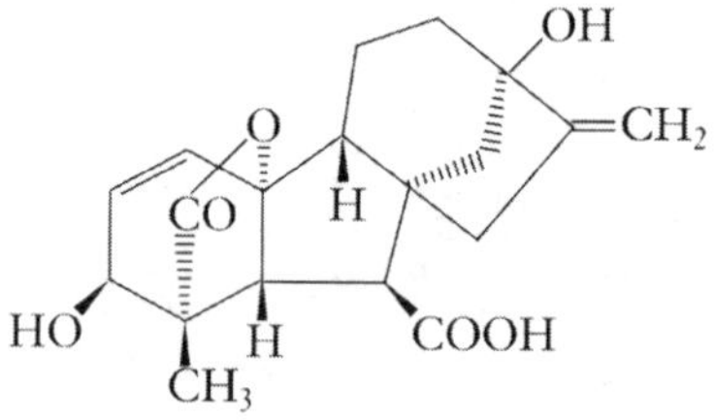

GA_3 Gibberellic Acid

C19-GA (활성형)

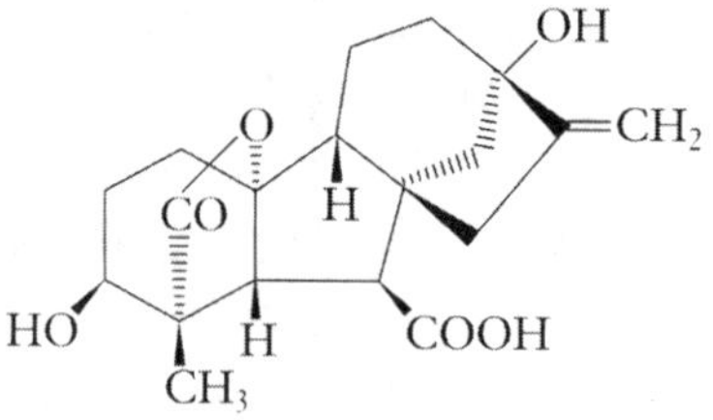

GA_1

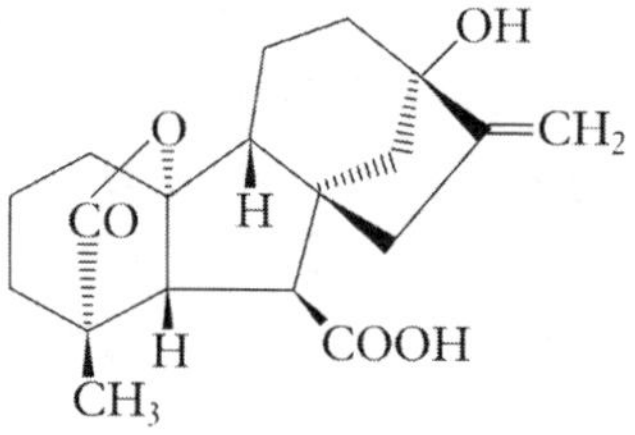

GA_{20}

C19-GA (불활성형)

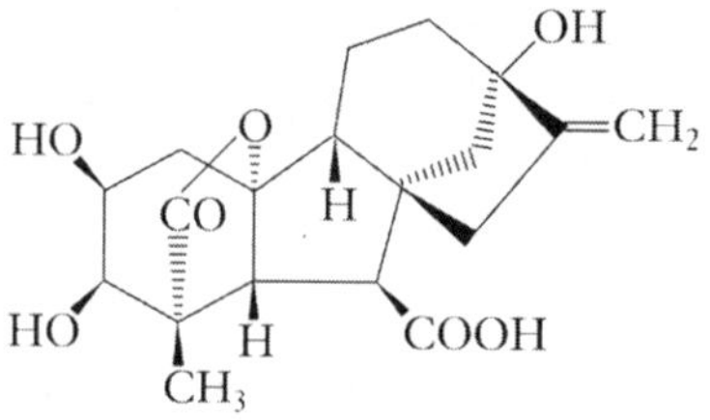

GA_8

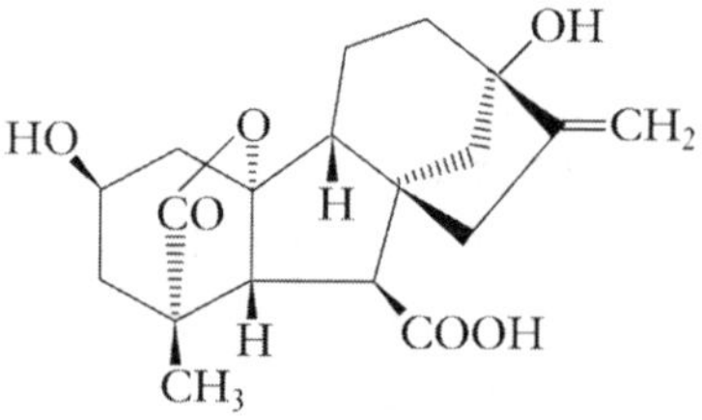

GA_{29}

C20-GA (활성형)

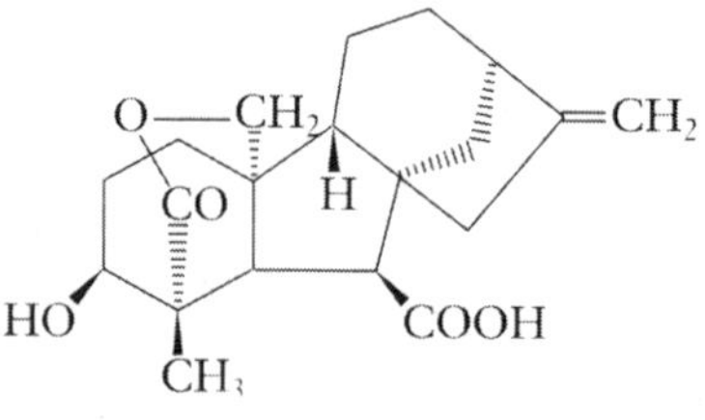

GA_{37}

C20-GA (불활성형)

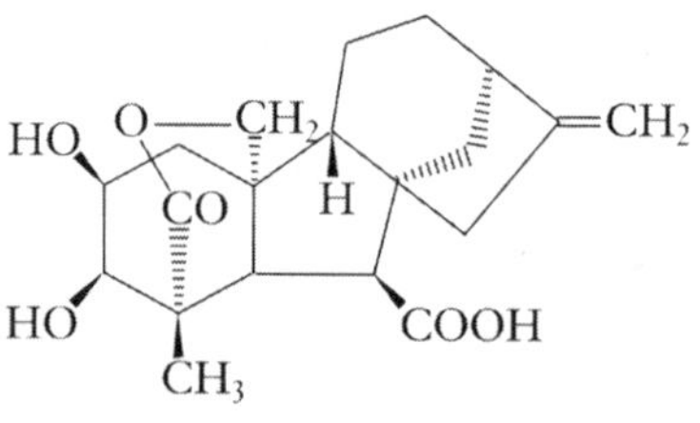

GA_{27}

식물계에 천연의 화합물 상태로 출현하고 화학적으로 특성이 규명된 모든 지베렐린은 'A' 숫자로 배정된다(MacMillan and Takahashi, 1968). 이 숫자는 화학적 관계를 의미하지 않으며, 대략 발견 순서로서 할당된다. **gibberellic acid**로 알려진 C_{20}-지베렐린의 하나인 GA_3는 최초로 분리되고 그 특성이 규명된 것 중의 하나이다. GA_3는 곰팡이 배양물에서 쉽게 추출되기 때문에, 이것은 가장 흔한 상품화된 지베렐린으로서 아마도 가장 많이 연구되어 있다. 그와는 달리 C_{19}-GA들인 GA_1과 GA_{20} 둘 다는 아마도 가장 높은 활성을 띠고 있어서 고등 식물에서 가장 중요한 지베렐린으로 간주되고 있다.

왜 지베렐린은 그렇게 많은 종류가 있는지 한번쯤 생각해 볼 문제가 된다. 이에 대한 대답으로 보여지는 것은

대부분의 알려진 많은 지베렐린들이 생물학적 활성을 거의 갖지 못한다는 점이다. 그것들은 활성형으로 합성되는 과정에서의 중간 산물이거나 혹은 이미 생물학적 활성을 갖지 못하나 아직 지베렐린의 기본 구조를 간직하고 있는 대사 물질들이다(17장에서 논의됨). 어떤 식물 종 혹은 기관에서 발견되는 지베렐린의 수는 매우 적으며 활성형 지베렐린의 수는 더욱 적게 나타난다는 사실에 주목해 볼 가치가 있다. 예를 들면, GA_1은, 비록 유일하지는 않더라도, 고등 식물에서 줄기 신장을 조절하는 중요한 GA라는 점이다(Phinney, 1984).

GA가 활성을 나타내기 위해서는 어떤 구조적 조건이 요구된다. 7번 탄소에 있는 카르복실기는 모든 GA의 구조적 특징으로 그것은 생물학적 활성을 발현하기 위해 요구되는데, C_{19}–GA는 C_{20}–GA보다 생물학적 활성이 더 크게 나타난다. 게다가, 3-β-hydroxylation, 3-β,13-dihydroxylation, 혹은 1,2-unsaturation 상태를 지닌 GA는 일반적으로 활성이 더 크며; 3-β-OH 와 1,2-unsaturation 구조를 지닌 것들은 아주 높은 활성을 나타낸다. 2번 탄소 위치에 히드록실기(–OH)가 도입되면 명백히도 GA분자를 불활성화시키게 되며 이것은 활성 GA를 제거하는 메커니즘으로 간주되고 있다(17장 참조).

지베렐린의 생리적 작용

슈트 신장의 조절

난쟁이 식물 지베렐린의 발견을 이끌어낸 것은 감염된 벼에서 나타난 줄기의 과도한 신장 현상이었으며 그러한 줄기 조직의 과대 신장은 고등 식물에 있어서 지베렐린의 가장 극적인 효과의 하나이다. 옥신과 달리, 지베렐린은 절단된 조직 절편보다는 온전한 식물체에서 더욱 신장을 촉진한다. 유전적인 난쟁이 식물에서의 줄기 마디사이(internode) 신장 조절보다 더 확실한 증거는 없다. 왜소화 및 마디사이 길이 관련 유전자와 지베렐린 사이의 관계에 대한 연구는 B. O. Phinney에 의해 옥수수에서 그리고 P. W. Brian과 그 동료들에 의해 완두에서 각각 시작되었다. 이들 선도적 연구 이래 벼, 콩, 애기장대 및 기타 여러 식물의 난쟁이 돌연변이체를 이용한 많은 실험들이 시도되었다. 이 모든 경우, 즉 난쟁이 돌연변이체 식물에 외재성 지베렐린을 가해주면 정상적으로 키가 큰 식물로 회복된다(그림 16-7). 그러나 외재성 지베렐린은 유전적으로 정상 키를 갖는 식물에는 별다른 효과를 주지 못한다.

옥수수에서, 키와 관련된 13개 이상의 돌연변이체가 알려졌다. 그러한 돌연변이 현상을 나타내는 옥수수 식물들은 세포 분열과 세포 신장이 감소된 관계로 인해 짧은 마디사이를 가지고 있으며, 최대 성숙시에도 정상 식물 키의 20 내지 25%밖에 안 된다. 적어도 이들 중 5가지 돌연변이체(d_1, d_2, d_3, d_5, an_1)들은 외부에서 GA_3를 가해주면 정상적인 키를 나타내지만, 그러나 다른 호르몬이나 생장 조절 물질에 대해서는 반응을 보이지 않는다. 또 다른 생화학적 및 방사선 추적 실험들도 지베렐린이 옥수수의 마디사이 신장을 조절한다는 것을 입증하고 있다. 이때 특히, 각각의 돌연변이는 옥수수에서 활성형 지베렐린인 GA_1을 생합성하는 경로의 각기 다른 반응 단계를 차단시킨다(17장). 완두에서 "*Le*" 대립인자(Gregor Mendel이 사용한 동일한 대립인자)를 가지고 수행한 실험도, 이 난쟁이 유전자형(열성 동형접합, le/le)이 GA_1의 합성을 차단시킨다는 사실을 입증하였다. 옥수수와 완두 모두에서, 난쟁이 유전자형

〈그림 16-7〉 난쟁이 완두에 대한 gibberellic acid의 효과
왼쪽: 대조구, 감소된 줄기 마디사이 신장을 보여주고 있다. 오른쪽: 지베렐린 처리구, 5×10^{-4} M 지베렐린을 잎에 뿌린 후 증가된 줄기 마디사이 신장.

〈그림 16-8〉 로제트 유전자형을 가진 *Brassica napus* 식물에서 지베렐린에 의해 촉진된 줄기의 생장

왼쪽 식물부터 차례로 분열 조직에 한 개체당 0, 0.5, 1.0 및 10.0 ng의 GA_3를 처리하였다(7번 컬러 그림 참조).

이 세포내 지베렐린의 수준을 크게 감소시킨다는 사실이 알려졌다.

난쟁이 식물을 재료로 한 연구가 일반적으로 줄기 신장과 지베렐린과의 연계성을 보여주는 반면에, 지베렐린의 처리에도 불구하고 아무 반응을 보이지 않는 또 다른 난쟁이 돌연변이 식물이 알려졌다. 이들 돌연변이 식물들은 지베렐린의 조절을 받는 생장과는 관련이 없는 것 같으며, 오히려 아직은 알려져 있지 않지만 다른 조절 요소에 관련이 있는 것처럼 보인다.

로제트 식물 줄기 신장에 대한 지베렐린의 역할을 지지해 주는 또 다른 증거가 로제트 식물의 연구에서 나왔다. 로제트는 본질적으로 난쟁이 현상의 극단적인 경우이며, 이처럼 줄기 내에서 마디사이 신장이 거의 없는 경우 잎이 조밀하게 나면서 키가 작은 생장 습성이 초래된다. 줄기 마디사이가 신장되지 않는 것은 유전적으로 돌연변이 현상에 기인하거나, 아니면 환경 요인에 의해 유도되거나 한다. 그 어떤 경우에도 관계없이, 로제트 식물에 약간의 지베렐린을 처리해 주면 거의 항상 줄기의 과도한 신장이 일어나게 된다(그림 16-8).

시금치나 양배추와 같은 환경적으로 제한된 로제트 식물은 일반적으로 로제트 형태에서는 꽃이 피지 않는다. 꽃 피기 바로 전에 이들 식물은 추대(bolting)라고 알려진 현상, 즉, 현저한 줄기의 마디사이 신장을 일으킨다. 추대 현상은 일반적으로 환경 신호, 즉, 광주기(시금치 경우) 혹은 저온과 광주기의 복합 요인(양배추 경우)에 의해 시작된다. 이 책의 나중 단원에서 개화와 관련된 광주기 현상과 저온 요구성에 대한 논의가 소개될 것이다. 일반적으로 로제트 습성에 알맞은 환경하에서 시금치, 양배추를 포함하는 여러 식물들은 지베렐린 처리에 의해 추대 현상이 유도될 수 있다. 이와 같은 결과는 (a) 지베렐린이 로제트 식물의 줄기 생장에 있어 제한 요소가 되며, (b) 장일(long day) 및 저온 처리는 그런 제한을 제거해 준다는 것을 의미한다. 이 가능성은 개화를 하는 데 있어 장일 조건을 요구하는 광주기성 식물인 시금치와 끈끈이대나물(*Silene armeria*)에서 J. A. D. Zeevaart 및 그 동료들 의연구로 확인되었다. 시금치는 GA_{19}와 GA_{20}을 포함한 6 종의 지베렐린을 지니고 있다. GA_{20}은 단일(short day) 조건하에서 시금치의 추대 현상을 초래하지만 GA_{19}는 생물학적으로 불활성이다. Zeevaart 및 그 동료들은 로제트 형을 보이는 시금치 식물이 불활성형인 GA_{19}를 높은 수준으로 함유하고 있는데 비해 활성형인 GA_{20}은 적게 지닌다는 것을 발견하였다(Metzger and Zeevaart, 1980). 그러나, 장일 조건으로 옮겼을 경우 GA_{19} 함량은 감소하나 GA_{20} 함량은 증가한다(그림 16-9). GA_{19}와 GA_{20} 함량 사이의 반비례적인 관계는 '선구 물질' 대 '생성물'의 관계를 시사하는 것으로, 이 사실은 중수소(^2H)로 표지된 선구 물질을 식물체에 투입함으로서 확인되었다(Gianfagna et al., 1983). 또 다른 실험에서, ^{14}C로 표지된 GA_{19}는 장일 조건하에 있는 시금치의 세포 추출액에 의해서 GA_{20}으로 전환되었는데 비해 단일 조건에 있던 시금치 세포 추출액에서는 전환되지 않았다(Gilmour et al., 1985).

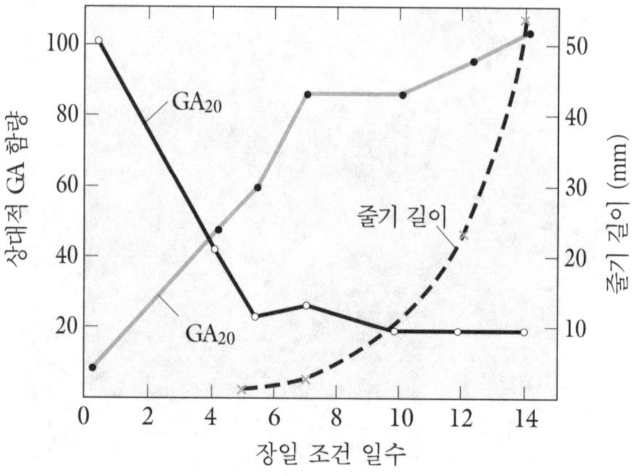

〈그림 16-9〉 단일 조건에서 장일 조건으로 옮긴 후, 시금치는 줄기 내 지베렐린 함량의 변화를 동반하면서 줄기 신장의 증가 현상을 나타내었다. 또한 불활성 GA_{19} 함량 수준이 감소하면서 활성형 GA_{20}이 증가하였다.

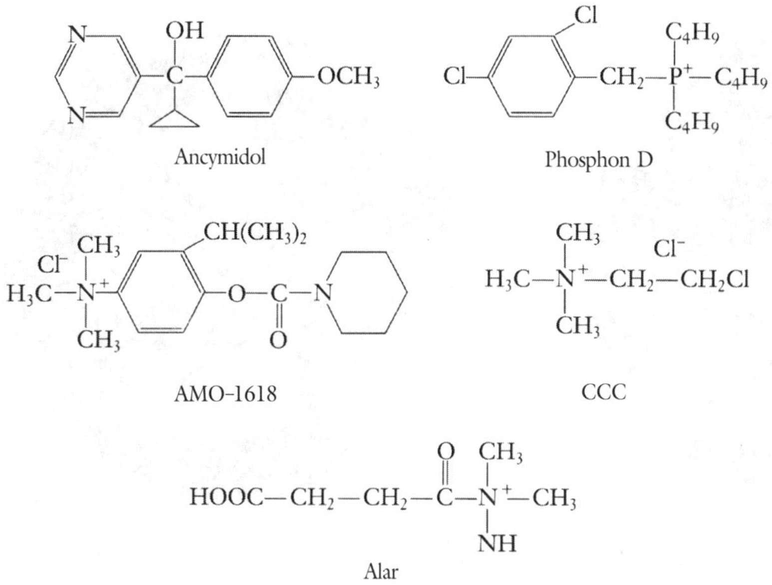

〈그림 16-10〉 생장 억제제 혹은 antigibberellin으로서 알려진 5가지 화합물의 화학 구조

이들의 연구 결과에 의해서, 지베렐린이 로제트 식물의 줄기 신장에 중요한 역할을 한다고 결론을 내릴 수 있었다.

저온 요구성 식물에서 지베렐린과 줄기 신장 사이의 관계는 광주기에 민감한 식물에서처럼 전체적으로 많이 연구되어 있지 않다. 위에서 언급한 것처럼, 많은 식물에서 저온 요구성은 외재성 GA_3 처리에 의해 대체될 수 있으며, 실제로 지베렐린과 유사한 활성이 저온 처리 후의 식물에서 증가한다는 많은 증거들이 있다. 그러므로 이들 연구에 의하면 지베렐린의 생합성 혹은 대사 과정상의 변화가 포함되어 있을 것이라는 예상을 해볼 수 있으나, 아직은 보다 많은 연구가 필요한 실정이다.

줄기 생장의 억제 많은 줄기 생장은 지베렐린 생합성을 방해하는 합성 화합물에 의해 억제되거나 감소될 수 있다. 이러한 생장 억제제 혹은 antigibbellin에는 AMO-1618, cycocel(CCC), Phosphon-D, ancymidol(상업적으로는 A-REST로서 알려짐) 및 alar(혹은, B-nine) 등이 있다(그림 16-10).

이들 억제제들은 지베렐린 생합성의 특정 반응 단계를 차단함으로써 내재성 지베렐린의 함량 수준을 감소시키고 줄기의 마디사이 신장을 억제하는 난쟁이 유전자들을 흉내낸다(17장 참조). 상업적 꽃 재배가들은 이 억제제들이 보다 짧고 치밀한 포인세치아, 백합, 그리고 국화 등의 생산에 유용하다는 사실을 발견하였다. 이 억제제를 토양에 뿌리거나 직접 어린 식물에 살포하면 꽃의 크기에는 영향을 주지 않으면서도 줄기의 길이를 현저하게 감소시킨다.

일부 지역에서는, 밀이 거의 수확기에 잘 쓰러지는 경향이 있는데, 즉, 밀은 많은 낟알로 인해 상층부가 무거워지므로 쓰러지게 된다. 이 식물에 생장 억제제를 분무하게 되면 보다 짧고 단단한 줄기가 만들어져 쓰러지는 현상이 없어진다. 생장 억제제는 또한 나무숲의 가지치기 대신에 이용되어 왔다. 특히 'alar' 라는 억제제는 버찌와 사과나무에 널리 이용되었으며 그것은 열매 색깔을 강하게 하고 수확하기에 편하도록 보다 단단한 열매를 맺게 한다. 이런 용도를 위한 alar의 이용이 소비자 그룹과 환경주의자로부터 심한 비난을 받게 되었다.

종자 발아 종자 발아시 저장 양분의 가용화(mobilization) 과정에서 지베렐린의 역할이 1950년대 말에 L. G. Paleg 연구에 의해 처음으로 제안되었다. 발아중인 곡류의 낟알은 α-아밀라아제와 단백질 가수분해 효소(protease)를 포함하는 일종의 가수분해 효소들을 분비하는데, 이 효소들에 의해 종자내의 탄수화물, 단백질의

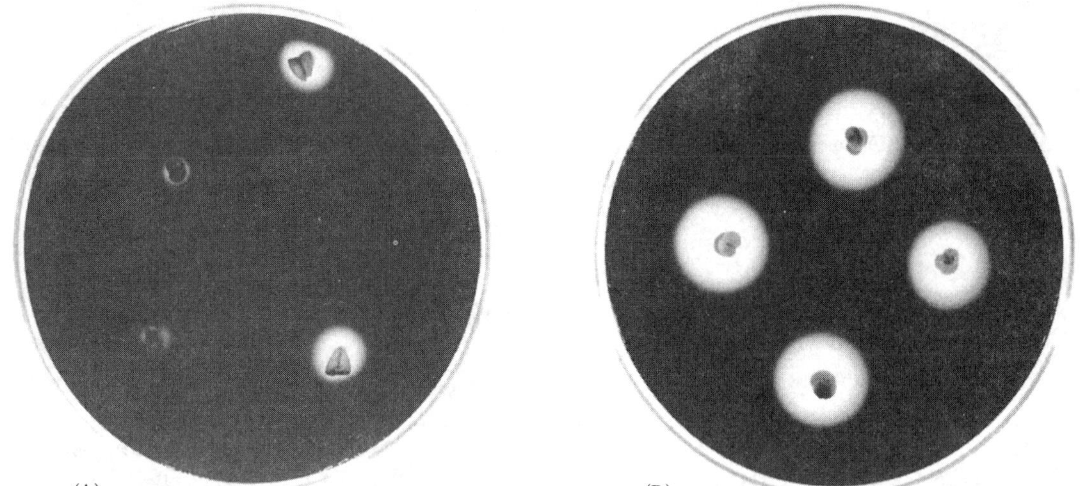

(A) (B)

〈그림 16-11〉 보리의 반쪽 종자로부터 지베렐린에 의해 촉진된 α-아밀라아제의 방출

배를 포함하지 않은 반쪽 종자를 녹말-한천 배지상에서 48시간 배양한다. 이때 녹말과 반응해서 암청 색깔을 만드는 IKI 시약을 이용하여 배지를 씻는다. 반쪽 종자를 둘러싸는 투명한 원은 녹말이 분해되었음을, 즉, α-아밀라아제의 활성이 있음을 보여 주는 것이다. 오른쪽 배지 역시 10 nM 지베렐린을 포함하고 있다. 왼쪽 배지(대조구)에는 4개의 반쪽 종자가 있으나 그 중 두 개는 α-아밀라아제를 생성하지 못한다.

분해가 일어난다. 보리와 같은 곡류의 낟알은 배(embryo)를 포함하는 것과 포함하지 않는 각각의 반쪽 종자로 분리할 수 있는데, 배를 포함하는 반쪽 종자(half-seed)는 α-아밀라아제를 분비하여 녹말성(starchy) 배유를 분해시켜 발아할 수 있다. 물론 배를 지니지 않는 반쪽 종자는 발아하지 않으며 또한 발아 과정에 요구되는 α-아밀라아제나 다른 가수 분해 효소를 만들지 못한다. 그러나 배를 포함하지 않은 반쪽 종자에 지베렐린을 처리하게 되면 그 반쪽 종자는 높은 수준의 α-아밀라아제를 만들어내도록 자극받게 된다(그림 16-11). GA에 의해 촉진되는 α-아밀라아제의 분비는 보통 초본류 식물의 종자에서, 배유를 둘러싸고 있는 세포층인 호분층(aleurone layer)의 존재를 요구한다. GA에 의해 촉진되는 α-아밀라아제의 분비는 각각 RNA와 단백질 합성을 억제하는 actinomycin D와 cycloheximide와 같은 억제제들에 의해 방해받게 되는데, 이것은 호분층에서 GA에 의해 촉진된 α-아밀라아제의 신생합성이 발아 과정 중에 출현하는 초기의 대사 사건임을 의미하는 것이다. 이런 분야의 많은 연구들이 보리의 한 품종(cv. 'Himalaya')에 대해 집중되어 왔으나 지베렐린에 대한 종자의 반응성은 종자가 발달하고 성숙하는 동안의 환경 조건에 의해 크게 영향을 받을 수 있다는 사실을 알아야 한다. 예를 들면, 높은 온도에서 생육한 보리의 종자는 GA가 공급되지 않아도 높은 수준의 α-아밀라아제를 만들어 낸다. 그럼에도 불구하고, 보리에서 발견되는 원리는 밀, 호밀, 귀리 및 다른 곡류 식물에 넓게 적용되는 것 같다. 효소 분비에 대한 지베렐린의 작용 메커니즘은 17장에서 다시 더 논의될 것이다.

개화 로젯트 식물의 추대 현상에 있어서 지베렐린의 역할을 앞부분에서 소개하였다. 유전적 돌연변이체 외에도, 추대는 꽃이 피기 전에 저온 처리를 요구하는 이년생 혹은 장일 식물에서도 나타난다(20장, 21장 참조). 어떤 상황에서라도, 한편으로는 줄기 신장의 조절 그리고 또 다른 한편으로는 개화의 조절 사이를 식별하는 것은 어려운 일이다. 정상적인 발달 과정에서 보면, 줄기 신장은 항상 그런 것은 아니지만 개화하기 위해 필요한 전조가 되는 것처럼 보인다. 장일 조건이나 저온 요구성을 지베렐린으로 대체하는 것은 개화 과정 그 자체에서의 지베렐린의 역할을 나타내는 것으로 보여진다. 그러나, GA 생합성 억제자들은 개화에 간섭 없이 광주기에 의해 유도되는 줄기 신장을 억제한다. 그러므로 줄기 신장과 개화는, 비록 상호 의존적일지라도, 추대 현상에서 각각 분리된 부분으로 생각된다. 즉, 지베렐린의 역할은 줄기 신장에 있는 것이지 개화는 아니다. 아직도, 지베렐린은 꽃의 성적 특성과 열매의 발달은 물론 식물의 개화 능력에 영향을 끼치고 있다.

〈표 16-2〉 각 식물 종에서의 유년기의 지속 기간

(Metzger, 1987)

식물 종	지속 기간(년)
Perilla(*Perilla crispa*)	≤0.25
Bryophyllum(*Bryophyllum daigremontianum*)	1~2
사과(*Malus pumila*)	6~8
스코트랜드 소나무(*Pinus sylvestris*)	5~10
배(*Pyrus communis*)	8~12
더글라스 가문비나무(*Pseudotsuga menzessi*)	15~20
흰 가문비나무(*Abies alba*)	25~30
유럽 너도밤나무(*Fagus sylvatica*)	30~40

일부 식물들은 발아 후 곧 꽃이 핀다. 예를 들면, 적당한 조건하에서 명아주(*Chenopodium rubrum*)와 나팔꽃(*Pharbitis nil*)은 단지 커다란 자엽성 잎만을 지닌 채로 꽃을 피운다. 그러나, 많은 다년생 식물은 그들이 꽃을 피우기 전에 최소한의 생장기를 보내야 한다. 즉, 그런 식물들은 유년기(juvenile phase)를 지니고 있다(Metzger, 1987). 유년기의 길이는 몇 주에서 몇 년에 이르기까지 다양하다(표 16-2). 유년기를 인식하기란 때때로 힘이 든다. 일부 식물에서 유년기에는 성숙한 성체 식물의 잎 모양과 다른 형태의 잎 모습을 보이지만, 대부분의 경우 이 유년기는 단지 꽃을 피지 못한다는 사실에 의해서만 구별될 수 있다. 예를 들면, 콩과식물의 유년기 잎은 단순한 반면에 성체 식물의 잎은 복잡하다(삼엽성). 유년기의 잠두(*Vicia faba*)는 4개 혹은 5개의 이엽성 잎을 만들지만, 성체 식물의 잎은 3개 혹은 4개의 작은 잎 쌍으로 구성되어 있다. 유년기에 대해 잘 연구된 식물의 하나는 다년생 덩굴식물인 영국 담쟁이(*Hedera helix*)이다. 유년기의 담쟁이 줄기 가지는 손바닥 모양의 잎 사이에 기다란 마디사이를 가지며 꽃을 피지 못한다. 성체의 가지는 마디사이가 짧아지며, 난형의 잎을 간직하며, 그리고 꽃을 피운다. 성체 가지에 있는 곁눈은 정상적으로 새로 성숙한 가지로 발달하지만, 곁눈을 GA_3로 처리하면 꽃을 피지 못하는 유년기형 가지가 된다.

유년기가 전형적으로 10 내지 20년인 침엽수류 경우, 어린 식물에서 구과(球果 ; cone)를 만들어내지 못하는 것은 상업적인 육종 계획 수립에 장애가 된다. 이 장애는 식물에 지베렐린을 처리함으로써 극복될 수 있는데 이때 지베렐린은 많은 침엽수에서 빠르게 구과 형성을 촉진한다. 이 반응의 메커니즘은 알려져 있지 않다. 그러나, 지베렐린 효과는 단지 일시적이다. 지베렐린 처리를 중지하면 새롭게 형성된 구과의 탈리를 일으켜 다시 유년기 특성을 갖도록 반전된다.

옥신이나 에틸렌에 의해 불완전 꽃에서 자성화(femaleness)가 촉진되는 오이와 삼(*Cannabis sativa*)의 경우에, 지베렐린의 처리시 수꽃의 형성이 촉진된다. 생장 억제자(지베렐린 수준을 낮춤)는 꽃을 자성화하는데, 이 효과는 GA_3에 의해 반전될 수 있다. 이런 관찰 결과들로부터 성 발현은 보통 옥신 대 에틸렌과 지베렐린의 내부 균형에 의해 매개된다는 결론이 나왔다. 실제로 불완전 꽃의 내생 호르몬 함량 측정이 보고된 몇 안되는 경우에서, 그 결과는 예상과 일치하였다. 항상 그렇듯이 일치하지 않는다는 결과도 있는 것 같다. 그래서, 외부에서 처리한 호르몬이 식물의 성 발현에 분명히 영향을 주고 있는 반면에, 내재성 호르몬의 기능은 모호한 실정이다.

시토키닌

시토키닌은 식물 조직 배양시 세포 분열을 촉진하는 능력에 의해 특징지어지는 함질소 퓨린 염기인 아데닌에서 N^6가 치환된 유도체이다.

키네틴(N^6-furfurylamino purine)은 최초로 발견된 시토키닌(cytokinin)이다(그림 16-12). 키네틴은 천연적으로 출현하지는 않으며, 청어 정자 DNA로부터 처음 합성되었다. 고등 식물에서 가장 광범위하게 천연적으로 나타나는 시토키닌은 제아틴(zeatin)이다. 제아틴 및 기타 천연적으로 존재하는 시토키닌은 공통적으로 6번 탄소 위치에 리보오스(ribose) 혹은 리보오스-인산을 가지고 있다. 시토키닌은 세포 분열을 촉진하는 것 이외에도 조직 배양시 슈트와 뿌리의 분화, 곁눈의 생장과 잎 확장, 엽록체 발달 그리고 잎의 노쇠에 영향을 끼친다.

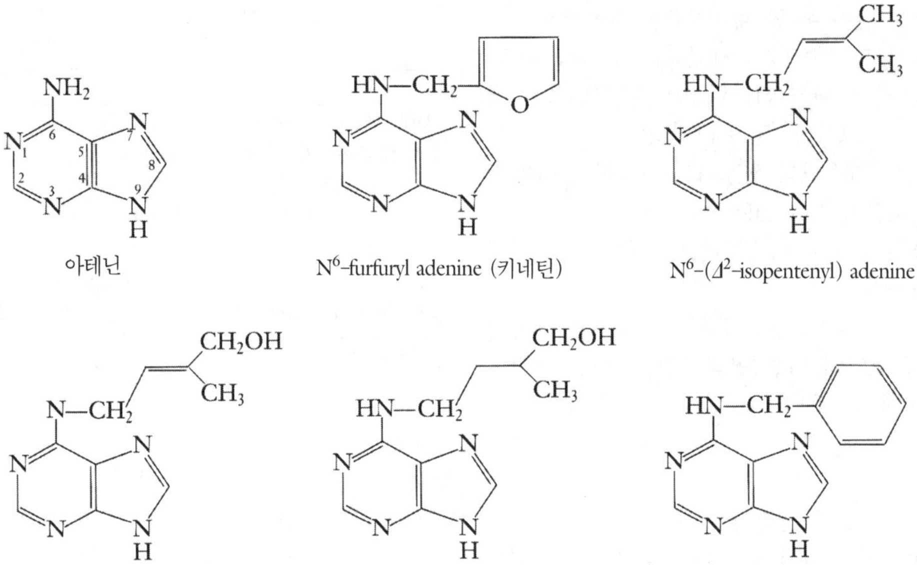

아데닌 / N^6-furfuryl adenine (키네틴) / N^6-(Δ^2-isopentenyl) adenine (iP) / trans-제아틴 (Z) / Dihydrozeatin (diHZ) / N^6-(benzyl) adenine (BAP)

〈그림 16-12〉 아데닌의 화학 구조와 시토키닌 활성을 가진 5개의 아데닌 유도체

시토키닌의 생리적 역할

세포 분열과 형태 발생 시토키닌은 식물 조직과 세포 배양에 있어서 세포의 분열을 유도하는 능력으로 인해 일차적으로 알려졌다. 대부분의 성숙하고 분화된 식물 세포는 보통 분열하지 않으나, 많은 세포들이 비타민, 무기염, 탄소원, 그리고 적당한 농도의 호르몬을 포함한 인공 배지에서 배양될 때 분열할 수 있게 된다. 고체 한천 배지상에서, 식물의 줄기 속(pith)과 피층 부위, 자엽, 잎, 그리고 기타 다른 부위에서 유래한 세포들은 분열을 통해서 **캘러스 조직**(callus tissue)이라 불리는 커다란 미분화된 세포괴를 만든다(15장). 캘러스의 작은 덩어리는 액체 배양시 형성되나, 이때 부드럽게 교반하여 주면 세포들은 서로 분리되어 **유리 세포 배양**(free cell culture)을 할 수 있게 된다. 어떤 경우든지 시토키닌이 없을 시는 세포 분열과 생장이 계속 일어나지 못한다.

때때로 얼마간의 연속 계대 배양을 거친 후에, 배양된 조직은 자생적으로 시토키닌 합성 능력을 획득하게 되며 그 결과 추가적인 호르몬 공급이 없이도 배지상에서 자라게 된다. 이 경우 조직이 **순화**(habituated)되었다고 한다. 일단 합성 능력이 획득된 후, 순화된 상태는 매우 안정하다. 즉, 시토키닌을 요구하는 상태로 반전되지 않는다. 시토키닌을 합성하는 능력이 순화된 조직에서 어떻게 전환되는지는 알려져 있지 않으나 그것은 명백히 발달상의 어떤 의미를 갖고 있다.

시토키닌은 또한 배양 조직의 형태 발생에 영향을 끼친다. 대략 같은 농도의 시토키닌과 옥신이 있으면 미분화된 상태의 캘러스 생장을 유지할 수가 있다. 옥신 농도에 대한 시토키닌 농도의 비율이 높으면 눈의 발달을 유도하는 경향이 있으며, 반면에 시토키닌에 비해 옥신이 고농도로 존재하면 뿌리 발달이 촉진된다. 그러므로, 배지내의 시토키닌과 옥신의 균형을 조작함으로써 기내 배양 중인 미분화된 캘러스 조직으로부터 완전한 어린 식물체로 재분화시키는 것이 가능하다. 이렇게 재분화된 어린 식물은 온실 혹은 밭의 흙에 이식할 수 있게 되며 그 곳에서 충분히 성숙한 식물로 자라게 된다. 배양 중인 조직에서 형태 발생을 조절하는 이런 능력이 원예와 농업 분야에서 식물 증식 방법으로 매우 유용하다는 것이 알려지게 되었다. **미세 증식**(micropropagation)으로 알려진 이 방법에서, 조직 배양은 짧은 시간 안에 비루스 감염이 없으면서 유전적으로 완전히 동일한 많은 수의 클론을 생산하는 데 이용될 수 있다(23장).

시토키닌에 의해 매개된 세포 분열의 또 다른 예는, 이 경우 식물 생리학 측면에서 볼 때 의미가 있는데, 그것은 다름 아닌 박테리아 감염 후에 식물에서 근두암종('crown gall'로 불리움)의 발달이 출현한다는 것이다(그림 16-13). 아그로박테리움 튜메파시엔스(*Agrobacterium tumefaciens*)는 보통 줄기와 뿌리의 연결부 근처('crown')에 있는 상처 난 부위를 침입해 들어갈 수 있는 박테리아다. 침입된 지역의 세포는 증식을 하여 **근두암종**(crown gall)으로 불리는 미분화된 커다란 세포 덩어리를 형성한다. 이 감염된 세포들은 유전적으로 형질 전환되어 시토키닌 생성 능력을 갖게 되었다는 증거가 있다. 근두암종 조직에 42℃ 온도 처리를 하면 이 조직으로부터 살아 있는 박테리아를 제거할 수 있다. 이 때 박테리아가 없는 조직은 외부에서 시토키닌의 공급이 없이도 무한히 계대 배양할 수 있게 된다. 대조구 줄기 조직과는 달리, 이 암성 조직은 시토키닌을 생성하는 생합성 장치를 갖고 있으며 그리고 상당한 정도의 유리 시토키닌을 함유한다.

〈그림 16-13〉 *Bryophyllum* 식물의 줄기에서 종양성 생장으로 인해 만들어진 근두암종

이 근두암종은 *Agrobacterium tumefaciens*라는 박테리아가 줄기에 감염되어 생긴 결과이다. 이 경우 숙주 식물 세포는 유전적으로 형질 전환된다. 즉, 옥신과 시토키닌을 과잉 생산하는 박테리아 유전자가 숙주 세포 게놈(genome)으로 삽입되는 것이다.

전염성이 있는 *Agrobacterim* 균주는 염색체 바깥에 별도로 원형의 DNA를 지니고 있다. 이것이 바로 'Ti' 혹은 '종양(tumor) 유도 플라스미드'이다. T-DNA로 불리는 이 플라스미드의 한 부분은 **오파인**(opine)이라는 질소 화합물 종류는 물론 옥신과 시토키닌 생성을 위한 효소의 합성을 지시하는 유전자를 포함하고 있다. 이 유전자는 박테리아 안에서는 발현되지 않으나, 숙주 식물 세포내로 박테리아가 침입할 때 숙주 세포 핵 DNA에 삽입되는데 이때 숙주 식물은 형질 전환이 되며 비로소 그 유전자는 발현된다. **형질 전환된 세포**는 과잉의 옥신과 시토키닌을 생산하게 되어 종양성 생장을 촉진하게 된다. 형질 전환 세포는 또한 오파인을 생산하는데, 이 물질은 박테리아 침입을 위한 질소원으로서 일차적으로 그 역할을 수행한다. Ti 플라스미드가 식물 세포를 형질전환시키는 데 있어 용이하기 때문에, 이 플라스미드는 유전 공학, 즉, 외래 유전자를 식물체에 도입시키는 데 광범위하게 이용되고 있다(23장 참조). 이런 목적을 위해 최초로 옥신과 시토키닌 생합성을 위한 유전자가 플라스미드에서 분리되었다. 관심을 끄는 다른 유전자들도 플라스미드 안에서 클론될 수 있으며, 이것들 역시 표적 세포를 형질 전환시키는 데 이용된다.

영양분의 이동과 노쇠 성숙한 잎을 식물체에서 떼어 냈을 때, 이 잎은 **노쇠**(senescence) 과정을 진행시킨다. 노쇠는 단백질, 핵산 및 세포내 다른 고분자들의 분해와 엽록소의 소실, 그리고 아미노산과 같은 수용성 질소 화합물의 축적 등의 특성을 나타낸다. 노쇠는 노화(aging) 과정의 정상적인 결과이며 물과 미네랄의 충분한 공급이 유지될지라도 나타난다.

현재 시토키닌이 노쇠 과정을 조절한다는 세 가지의 증거가 있다. 첫째, 분리된 잎에 시토키닌을 처리하면 노쇠 시작을 지연시키며, 단백질 함량 수준을 유지시키고, 또한 엽록소 분해를 억제한다는 것이 관찰되었다. 시토키닌 처리는 또한 온전한 식물에 붙어 있는 잎의 자연적인 노쇠 과정을 지연시킨다. 둘째, 내재성 시토키닌 함량과 노쇠 사이에는 상호 관련이 있다는 것이다. 예를 들면, 엽병 기저부에서의 뿌리 형성을 유도하기 위해 옥신으로 처리한 분리된 잎은 수 주일 동안 건강한 상태를 유지한다. 이 경우 생장을 하고 있는 뿌리는 시토키닌 합성 장소가 되어 여기서 만들어진 호르몬이 물관부를 통해 엽신으로 운반된다. 만약 뿌리를 제거하면 잎의 노쇠가 가속될 것이다. 또한 성숙한 식물에서 자연적으로 노쇠가 진행되면 뿌리로부터 나오는 시토키닌의 함량이 급속히 감소된다는 것이 관찰되었다.

〈그림 16-14〉 담배의 노쇠와 눈(bud) 생장에 대한 시토키닌의 조절

유전적으로 형질 전환된 담배 캘러스 세포로부터 시토키닌 생성이 열 충격에 의해 자극받을 수 있는 작은 식물체를 재생시켰다. 왼쪽으로부터 오른쪽으로; 형질 전환된 열 충격 받은 작은 식물체; 형질 전환시키지 않은 열 충격 받은 작은 식물체; 형질 전환된 대구조(열 충격을 주지 않음); 형질 전환시키지 않은 대조구. 열 충격을 받은 형질 전환 작은 식물체에서 측아 분열 증식과 노쇠가 일어나지 않음을 특별히 주목하라.

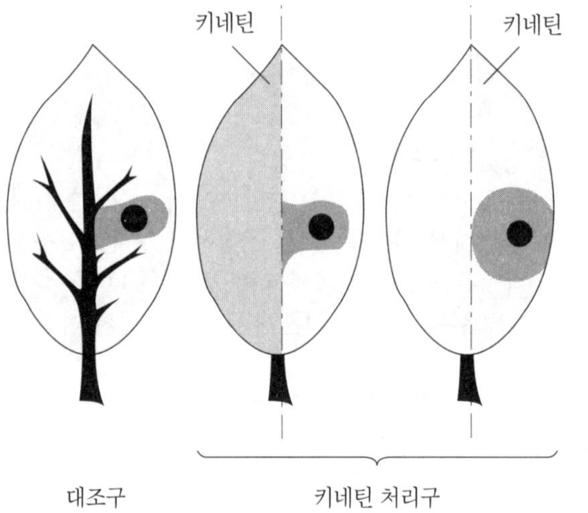

〈그림 16-15〉 영양분 이동에 있어서 시토키닌의 역할을 입증하는 실험에 관한 그림

방사능 물질 ^{14}C-aminobutyric acid가 잎에서 어두운 점으로 표시한 지역에 가해진다. 왼쪽 : 대조구 잎. 방사능 물질이 엽병을 통해서 빠져나가기 위해 유관속 조직 안으로 퍼져나간다. 중앙 : 방사능 물질이 키네틴으로 처리된 잎의 왼쪽 반 지역으로 이동 축적된다. 오른쪽 : 방사능 물질은 잎의 오른쪽 반이 키네틴으로 처리되었을 때 방사능 물질이 가해진 부근 근처에 남아 있게 된다.

확실한 증거가 되는 셋째 경우는 재조합 DNA 기술을 이용하는 최근의 연구로부터 나왔다. 담배(*Nicotiana tobacum*)는 앞에서도 언급한 시토키닌 생합성 관련 *Agrobacterium* 유전자인 *tmr*로 형질 전환이 이루어진다(Smart et al., 1991). *tmr* 유전자는 **iso-pentenyl transferase** 효소의 합성을 지시하는데, 이 효소는 시토키닌 생합성 반응을 조절한다(17장 참조). 이 경우 *tmr* 유전자는 열 **충격 프로모터**(heat shock promoter)와 연관되어 있다. **프로모터**(promoter)는 전령 RNA (mRNA) 전사가 시작되는 곳에 신호를 보내는 DNA 분자내 일부 서열이다. 열 충격 프로모터는 식물의 열 충격 반응에 보통 관련되는데, 이 반응은 짧은 기간 동안의 높은 온도 처리에 의해 유도된다. 열 충격 반응은 열 **충격 단백질**(heat shock protein)이라 불리는 새로운 단백질의 합성을 포함한다. 그러므로 열 충격 프로모터는 식물이 고온 처리를 받았을 때에만 활성화된다. *tmr* 유전자를 열 충격 프로모터에 연관시키면, 시토키닌 생합성이 형질 전환된 식물에서 단순히 그 식물을 짧은 기간 높은 온도 처리를 함으로써 일어날 수 있게 된다. Catharine Smart와 그녀의 동료들은 2시간 동안 42℃의 열 충격을 주면 대조구 식물에 비해 형질 전환된 식물에서 제아틴 함량 수준이 17배 증가한다는 사실을 발견하였다. 12주 기간 동안 1주일 단위로 열 충격을 가하면, 형질 전환된 식물은 노쇠 현상이 지연되는 것은 물론 정단 우성 현상으로부터 벗어나 현저한 곁눈 발달을 보인다(그림 16-14). 열 충격을 받지 않은 그러나 형질 전환된 식물 역시 대조구 식물에 비해 보다 오래 동안 젊은 상태를 유지하나 정단 우성에서는 벗어나지 못한다. 이것은 아마도 정상 온도 조건하에서도 매우 적은 양이기는 하지만 효과를 나타낼 정도의 시토키닌 생성을 가능케 하는 프로모터의 일부 작용 때문인 것 같다.

시토키닌이 노쇠를 지연시키는 메커니즘은 분명하지 않으나 시토키닌이 영양분을 이동시키는 데 있어 어떤 역할을 수행한다는 증거가 있다. 〈그림 16-15〉에서 요약되어 제시된 K. Mothes와 그 동료들에 의한 고전적 실험이 바로 이 점을 설명해 주고 있다. 이 실험에서 잎의 한 부분을 시토키닌으로 처리한 후 방사선 탄소(예, ^{14}C-glycine)로 표지된 영양분을 잎에 가한다. 이 때 변함없이 방사능 물질이 시토키닌 처리 지역으로 수송되어 축적된다. 이와 유사한 여러 실험 결과로부터 시토키닌 처리 지역에서 시토키닌에 의해 촉진되는 대사 과정이 결국 영양분의 이동 방향을 결정짓는다는 가설이 제시되었다. 시토키닌은 그 처리 지역(공급원(source) 지역)에서 생성된 대사물질을 특히 선호해서 받아들이는 새로운 '수용부(sink)' 공간을 만들어 내는 것이다. 시토키닌이 단백질 합성을 촉진함에 의해 직접 영양분의 이동에 작용할 가능성은 없어 보이는데, 그 까닭은 α-aminoiso-butyric acid와 같은 비대사물질(non-metabolite)의 이동도 시토키닌에 의해 같은 정도로 결정받기 때문이다.

〈그림 16-16〉 백송(*Pinus strobus*)에 발생한 모아나기
모아나기는 시토키닌의 과잉 생산을 촉진하여서 그 결과, 통제되지 않는 곁눈 발달을 초래하는 곰팡이의 감염 결과이다.

시토키닌의 다른 효과들 위에서 서술된 효과 이외에도, 외부에서 식물에 가해진 시토키닌은 식물의 여러 발달 현상에 영향을 끼친다. 시토키닌은 일부 한정된 경우, 즉, 오이나 해바라기 식물의 자엽에서 세포 확장을 촉진한다. 자엽 확장이 옥신이나 혹은 지베렐린 호르몬에 의해서 촉진되는 것이 아님을 알 필요가 있다. 앞에서 언급한 것처럼, 시토키닌 처리시 정단 우성 효과에 의한 곁눈 발달 억제 현상이 사라지게 되는데, 이것은 결국 옥신 효과를 방해하는 것이 된다. 이러한 시토키닌-옥신의 길항작용이 극단적인 곁눈 발달의 예가 되는 '모아나기(witch's broom)' (그림 16-16 참조) 현상을 설명해 줄 수 있다. 이 모아나기 징후는 다양한 식물 종에서 출현되는 것으로 보이며, 그 대부분은 곰팡이, 박테리아 및 기생 식물인 겨우살이 식물(*Arceuthobium* sp.) 특히 가문비, 낙엽송, 소나무 등을 선호하여 여기에 기생하는 난쟁이 개화 관목 등이 숙주 식물에 기생함으로써 발생한다. 비록 호르몬 불균형에 대한 정확한 성질이 알려져 있지 않았지만, 그들 기생 생물의 활동이 시토키닌의 과잉 생산을 촉진하는 것으로 여겨진다. 그 결과 정단 우성 현상이 소실됨으로써 짧은 가지들이 치밀하게 밀생하게 된다.

앱시스산

앱시스산은 일차적으로 종자 발아의 조절, 저장 단백질 합성의 유도 및 수분 스트레스 조절에 관련된 테르페노이드(terpenoid) 화합물이다.

앞에서 제시한 세 종류의 호르몬과는 다르게, 앱시스산(abscisic acid, ABA)은 단일 화합물이다(그림 16-17). ABA는 원래 탈리와 눈의 휴면을 조절하는 것으로 간주되었지만, 지금은 이들 현상과 별로 관련있는 것 같지 않다. 두 가지 중요한 ABA의 작용 분야는 종자 발달과 발아과정 동안 저장 양분의 이동과 그리고 수분 스트레스에 대한 잎의 반응에 있는 듯하다. ABA는 광합성 산물을 발달 중에 있는 종자 쪽으로 수송하고 또한 저장 단백질의 합성을 촉진하는 것으로 알려져 있다.

곡물류의 낟알이 발아하는 동안, ABA는 α-아밀라아제 합성에 관한 지베렐린의 촉진 효과를 방해한다. 수분 스트레스에 대한 반응으로 잎에서는 비교적 많은 양의 ABA가 신속히 합성되기도 하는데, 이때 ABA는 기공의 열림과 닫힘을 조절하는 데에 중요한 역할을 수행한다.

앱시스산의 생리적 역할

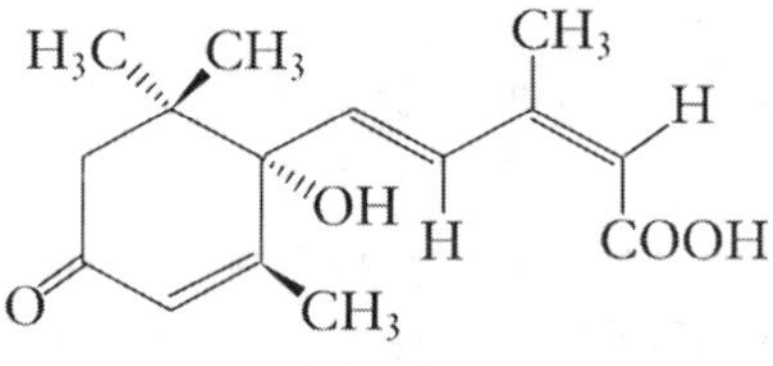

앱시스산

〈그림 16-17〉 앱시스산의 화학 구조

대부분의 온대 지방의 목본 식물은 생장 기간 동안에 일시적으로 슈트 생장이 정지된다. 정단아와 곁눈도 마찬가지 현상이 일어난다. 슈트 생장이 정지된 후 어느 순간에, 보통 늦여름 혹은 이른 초가을이 되는데, 정단아와 곁눈은 똑같이 생리적인 휴면기에 들어가게 된다. 옥신에 의한 정단우성 현상과는 대조적으로, 나무의 가지치기에 의해 옥신 공급을 차단시켜도 휴면아의 생장에는 아무런 영향을 주지 못한다. 휴면의 강도는 초겨울에서 겨울의 중간시기 때까지가 가장 최고조에 이르게 되며 그 후 점차 감소하는데, 이는 명백히 차가운 저온에 반응하는 것이며 보통 이듬해 봄에 다시 눈이 생장한다. *Acer pseudoplatanus*에서 눈의 휴면 탈피에 관한 최초의 연구(이 연구로 인해 Waring은 ABA를 발견하게 됨) 이래로, 많은 연구자들이 ABA, 냉해, 그리고 휴면 사이에서의 상호 관계를 설정하려고 시도를 하였다. ABA 농도와 휴면 강도 사이에 일부 연구자들은 긍정적인 상호 관련이 있다고 보고한 반면에, 대부분의 경우에는 그 결과가 신빙성이 없다고 보았다. 일반적으로 볼 때, ABA가 눈의 휴면을 유도하거나 혹은 유지시키는 데 있어 일차적인 요소가 된다는 확신할 만한 증거는 없다.

그렇다면, 식물에서 ABA의 역할은 무엇일까? ABA는 두 가지 매우 특징적인 과정 — 종자 성숙과 기공 기능 — 에서 중요한 조절 역할을 수행하는 것으로 보인다.

종자 발달은 흔히 호르몬 함량 수준의 극적인 변화로 특성을 나타낸다. 대부분의 종자에서, 시토키닌 함량은 배(embryo) 발달의 초기 시기에 가장 높으며 이 때 또한 세포 분열 속도도 최고치를 나타낸다. 시토키닌 함량이 감소하고 종자가 빠른 생장기에 접어들면서, GA와 IAA 둘 다의 함량 수준은 증가를 한다. 초기 배 발생시기에는, 거의 ABA를 찾아볼 수가 없다. ABA 함량이 증가하는 때는, GA와 IAA 함량이 감소되기 시작하는 배 발달 후기가 된다. ABA 함량은 종자가 커지고 그 건량이 최대에 도달하는 종자 성숙기 동안에 보통 최고치를 나타낸다. 종자 생장이 정지되고, 저장 영양분이 축적되며 그리고 건조에 대한 내성이 발달되면서 배의 성숙이 완성된다.

ABA의 축적과 배의 성숙이 시간적으로 일치한다는 사실은 ABA가 배의 성숙 과정에 있어서 중요한 생리적 역할을 수행하고 있음을 제시하는 것이다. 하나의 가능성으로서, ABA는 배가 성숙한 상태에 도달하기 전에 혹은 종자가 열매에서 떨어져 나가기 전에 일찍 발아하는 조숙을 방지해 준다는 것이다. 예를 들면, 대두의 배는 내재성 ABA 함량을 감소시키는 종자의 세척 혹은 종자를 서서히 건조시키는 처리에 의해 일찍 발아시킬 수 있다(Ackerson, 1984). 조숙한 발아 현상은 ABA 농도가 종자의 생체 중량 1g당 3 내지 4μg 정도로 감소될 때 일어나게 된다. 이 정도 수준의 ABA는 보통 종자 발달의 후기에 이를 때까지는 나타나지 않는다. ABA는 또한 대두 배 발달의 후기 단계에서 단백질의 축적을 촉진시키며, 그리고 곡물류의 낟알에서는 GA에 의해 유도되는 α-아밀라아제 생합성을 억제한다. 조숙한 발아를 보이는 많은 애기장대와 옥수수 돌연변이주 들은 낮은 ABA 함량 수준을 지니고 있다. 발달 중인 옥수수 낟알에 카로티노이드의 화학적 억제 물질인 fluridone을 적절한 시기에 처리하면 조숙한 발아 현상(vivipary)을 유도할 수 있다. 왜냐하면 카로티노이드와 ABA는 그들의 초기 생합성 반응 단계가 같기 때문에 fluridone가 ABA 생합성을 억제하는 것이다. Fluridone에 의해 유도되는 조숙한 발아 현상은 적어도 부분적으로는 외부에서 ABA를 가함에 의해 경감될 수 있다. 이러한 모든 결과는 ABA와 종자 성숙, 그리고 ABA와 조숙한 발아 억제 사이에 강한 연관이 있음을 입증하는 것이 된다.

보다 극적이면서도 아마도 가장 잘 알려진 ABA 효과 중의 하나는 많은 식물 종에서 기공 열림 현상을 억제하는 것이다(8장, 22장 참조). 내재성 ABA 함량 수준을 최소화시키는 환경 조건에서 자란 식물의 잎에, 10^{-3} 내지 10^{-4} 농도의 ABA를 외부에서 처리할 때 거의 완전한 기공 닫힘 현상을 초래한다. 만약 식물이 물 공급을 충분히 받으면 잎 안의 내재성 ABA 함량 수준이 매우 낮게 존재하는데, 이것으로 보아 ABA는 식물체 내부의 물

균형을 조절하는 수단으로 생각된다. 또한, 물 결핍 조건하에 잎(예, 밀 잎)을 놓아두면 적어도 30분 이내에 ABA 함량 수준이 40배나 많이 증가된다.

에틸렌

에틸렌은 $H_2C=CH_2$ 의 구조를 지니는 간단한 기체형의 탄화수소이다. 에틸렌은 비록 그것이 뿌리와 슈트의 발달에 중요한 영향을 끼치지만, 정상적인 영양 생장을 위해 명백히 요구되는 것만은 아니다.

에틸렌(ethylene)은 일차적으로 스트레스에 대한 반응으로 합성되며, 식물이 노쇠하거나 성숙하는 동안에 많은 양이 만들어진다. 에틸렌은 흔히 배로 수송하기 위해 선택된 덜 익은 녹색을 띠는 바나나와 기타 다른 열매들을 숙성시키기 위해 이용된다. 앞에서 제시된 바와 같이, 에틸렌은 고농도의 옥신이 식물 조직에 가해졌을 때 흔히 만들어진다. 많은 실험에서 사용된 옥신 농도가 세포내 정상적으로 존재하는 생리적 농도보다 높기 때문에, 이런 옥신 처리는 식물 스트레스로서 간주될 수 있다(22장 참조). 외부에서 가해진 옥신에 대한 여러 억제 반응들은 옥신 그 자체의 영향보다는 옥신에 의해 촉진되는 에틸렌 방출에 기인하는 것으로 보인다.

에틸렌의 생리적 역할

에틸렌은 합성 장소로부터 쉽게 확산되어 나와 이동하는 간단한 기체형 탄화수소이기 때문에, 호르몬으로서의 에틸렌 역할에 관한 연구는 특별히 어려운 점을 지니고 있다. 비록 열매의 성숙에 관한 에틸렌의 효과와 스트레스에 대한 반응으로 많은 조직에서 에틸렌 합성이 일어나고 있음이 일차적으로 알려져 있다 하더라도, 에틸렌은 실제로 식물 생장과 발달의 모든 분야에 영향을 끼치고 있다. 탄화수소 연소의 부산물로서, 에틸렌은 온실 재배 혹은 연구실 실험을 황폐케 하는 흔한 환경 오염원이기도 하다. 에틸렌 생리학에 대한 우리의 이해는 지난 20년 동안, 주로 가스 크로마토그래프 기술의 개발과 에틸렌 방출 화합물의 유용성에 힘입어 커다란 진보를 이루었다. 가스 크로마토그래프 기술로 인해 다른 방법으로는 측정할 수 없었던 매우 낮은 농도의 에틸렌 양도 정량적인 분석이 가능해졌다. 에테폰(ethephon: 2-chloroethylphosphonic acid)은 생리적인 pH 환경 조건에서도 쉽게 분해되어 에틸렌을 만들어내는 화합물이다. 에테폰의 이용은 기체형 에틸렌과 비교시 실험실에서 사용할 때 에틸렌 처리와 그 처리 농도를 쉽게 조절할 수 있다는 이점이 있다.

영양생장 발달 에틸렌은 수생 및 반수생 식물에서 줄기, 엽병, 뿌리의 신장과 꽃 구조의 신장을 촉진한다. 이 효과는 특히 수생 식물에서 잘 알려져 있는데, 그 이유는 식물 조직이 물 속에 있게 되면 기체 확산이 감소되어 내부에 에틸렌 농도가 높게 유지되기 때문이다. 벼에서 에틸렌은 지베렐린이 포화 수준으로 존재할 때에는 비효과적인데, 이는 지베렐린 또한 줄기 신장을 촉진하기 때문이다. 더욱이, 에틸렌은 벼에서 지베렐린 합성을 촉진하며 그리고 신장 효과는 항지베렐린(antigibberellin)에 의해 차단될 수 있는데, 이것은 지베렐린이 에틸렌 효과를 중재하고 있음을 제시하는 것이다(Suge, 1985). 이와 대조적으로, 완두에서 뿌리와 슈트의 신장은 에틸렌에 의해 억제된다. 에틸렌은 줄기 조직의 비대화와 잎이 아래로 굽혀지는 현상(**상편 생장**: epinasty, 19장 참조) 등과 같은 특이한 생장 반응을 촉진한다. 에틸렌은 또한 종자 발아의 촉진, 눈의 휴면 탈피 억제, 정단 우성 현상의 감소, 뿌리의 발생 유도 및 기타 다양한 발달 현상에 있어서 그 효과가 알려져 왔다(Abeles et al., 1992).

열매의 발달 에틸렌이 열매의 성숙을 촉진한다는 것은 에틸렌 효과 중에서도 가장 먼저 그리고 동시에 잘 알려진 사실이다. 바나나, 사과, 키위 및 아보카도(avocado)를 포함하여 많은 다양한 열매들은 열매가 성숙해 가는 후반기에 에틸렌 가스를 방출한다. 대부분의 경우 이 방출은 CO_2 발생 측정에 의해 분석된 호흡률의 급속

한 증가 시기와 일치하고 있다(호흡 급상승 ; 12장 참조). 에틸렌은 자체촉매적(autocatalytic) 특성을 보이는데, 즉 성숙 중인 한 열매에 의해 방출된 에틸렌은 또다시 근처에 보관 중인 다른 열매에 에틸렌 생성과 급속한 호흡 증가를 촉진시킨다. 이런 호흡의 증가와 에틸렌 생성의 결과로 인해 여러 종류의 정성적인 대사 활동의 변화가 열매에서 출현하게 된다. 여기에는 녹말이 당으로 가수 분해되는 것, 세포벽 분해 효소의 작용을 통해 열매 조직이 부드러워지는 것, 그리고 색소와 향기 나는 성분의 합성 등이 포함된다. 열매의 성숙이 에틸렌 생성 및 급속한 호흡률의 증가와 관련이 없는 감귤류의 열매에서조차도 외부에서 에틸렌 가스 처리시 열매의 성숙이 증진된다. 에틸렌에 의해 촉진되는 열매의 성숙 현상은 경제적으로도 중요하다. 바나나와 기타 여러 종류의 과일들은 배로 수송하기 위해서 덜 익은 녹색 상태의 것이 선택된다. 이 과일들은 슈퍼마켓 진열장에 들여놓기 전에 맛있는 상태로 익히기 위해 에틸렌 처리를 한다. 장기간 저장을 위해서, 사과 열매는 에틸렌 생성과 축적이 최소가 되도록 설정된 조건하에 놓아둔다. 이런 조건으로는 저온 환경 및 호흡을 억제시키는 높은 농도의 CO_2 환경 등이 있으며, 또한 에틸렌이 축적되지 않도록 공기를 연속적으로 교환해 주는 방법이 있다.

개화 에틸렌은 보통 개화를 억제하거나 지연시킨다. 그러나, Bromeliaceae과(예, 파인애플) 식물에서는 에틸렌이 개화를 촉진한다. 원래 이 현상은 옥신 작용에 기인한 것으로 생각되었으나, 지금에 와서는 옥신에 의해 촉진된 에틸렌 발생 때문인 것으로 알려졌다. 현재 파인애플 농장에서 재배가들은 일정한 시기에 파인애플 개화를 촉진하기 위해 에테폰이나 기타 에틸렌 발생 물질을 사용한다.

폴리아민

폴리아민은 미생물, 동물 및 식물 등을 포함한 실제로 모든 생물계에서 발견되는 흔한 생리 활성 화합물이다.

폴리아민(polyamine)이라는 용어는 일반적으로 두 개 이상의 아민기를 가지고 있는 다가 양이온 화합물을 의미한다(그림 16-18). 이 화합물은 300여 년 전에 Leeuwenhoek가 자신이 만든 원시적인 현미경을 사용하여 사람의 정액(그래서, spermine 명칭이 나옴)에서 결정체 형태로 최초로 관찰하였다. 1920년대 이 화합물의 화학적 특성을 분석하는 화학자들에게 일차적으로 관심을 끌었지만, 폴리아민은 1970년대 초에 식물생리학자들의 관심을 끌기 시작했다.

폴리아민은 아미노산인 아르기닌과 리신으로부터 생합성 반응으로 유도된다. 게다가, 스퍼미딘(spermidine)과 스퍼민(spermine) 생합성 반응은 에틸렌 생합성의 중간 산물인 S-adenosylmethionine을 요구한다(17장). 식물 세포에서 폴리아민은 히드록시신남산, 쿠마르산, 혹은 카페인산과 같은 페놀 화합물과 결합된 상태로 흔히 출현한다. 이들 형태는 유리 상태의 폴리아민과 마찬가지로 기능상 중요하다.

A.W. Galston과 R. Kaur-Sawhney는 폴리아민이 중요한 식물생장 조절자로서 간주될 수 있음을 제시하였다(Galston and Kaur-Sawhney, 1987). 정상적인 세포내 pH 조건하에서, 폴리아민은 다가 양이온성을 띠는데, 즉 이 화합물은 다수의 양이온을 지닌다. 그래서 폴리아민은 음이온성인 핵산 및 원형질막의 인지질 분자와 쉽게 결합한다. 이와 같은 특징적 결합이 생체 고분자의 합성 및 활성화 또는 막 투과성 등에 영향을 미치게 된다.

$H_2N-(CH_2)_4-NH_2$

푸트레신

$H_2N-(CH_2)_3-NH-(CH_2)_4-NH_2$

스퍼미딘

$H_2N-(CH_2)_3-NH-(CH_2)_4-NH-(CH_2)_3-NH_2$

스퍼민

〈그림 16-18〉 3 종류의 흔한 폴리아민의 화학적 구조

명백히 내열성 박테리아는 높은 온도에 의한 효소의 불활성화를 방지하는 수단으로서 폴리아민을 만들어내며 스퍼민은 생체외에서 높은 열에 의한 DNA 변성이 일어나지 않도록 DNA를 안정화시킨다. 폴리아민은 또한 원핵 생물 및 진핵 미생물, 그리고 배양 중인 포유동물의 세포를 위한 생장 인자(growth factor)로 알려

져 왔다. 이 폴리아민은 귀리 원형질체를 안정화시키며, 당근 조직 배양시 세포 분열과 배 발생에 영향을 주며, 그리고 일부 조직에서 노쇠 현상을 지연시킨다. 많은 식물생리 분야에 폴리아민이 깊게 관련되어 있지만 이것의 정확한 생리적 기능 및 식물 호르몬으로서의 가능성 등은 아직도 해결되어야 할 상태로 남아 있다. 폴리아민이 호르몬으로서 입증될 수 있고 또 그렇게 입증되어야 하는 것인지 아닌지는 어쩌면 헛된 문제일 수 있다. 왜냐하면 폴리아민은 식물계에 흔하게 존재하며 또한 이 화합물이 식물에서 보이는 흥미있는 효과는 명백히 앞으로 더 연구할 가치를 보장해 주고 있기 때문이다.

예상 식물 호르몬

식물의 개화 현상과 저온에 대한 반응성은 논리상으로 볼 때 호르몬의 존재가 요구되는 두 가지 현상이지만, 아직 그 어느 경우에도 각각 그들과 관련된 생리 활성 물질이 분리되거나 공식적으로 그 존재가 입증되고 있지 않다.

개화에 관한 연구는 분명히 잎으로부터 어떤 확산될 수 있는 화학적 신호가 줄기 정단부 쪽으로 전달되는 것을 나타내고 있다(20장). **화성소**(花成素 ; florigen)로 불리는 개화 호르몬의 존재가 가정되어 왔으나, 아직 분리되지 않고 있다. 마찬가지로, **버날린**(vernalin)이라는 호르몬이 겨울 곡식류 식물과 이년생 식물에서의 개화 반응에 대한 저온 효과를 설명하기 위해 가정되었다(21장). 버날린 또한 화성소만큼 알려져 있지 않다.

개화처럼 복잡하고 정교한 현상은 의심할 여지 없이 어떤 조절 물질의 참여를 요구한다. 이런 현상에 관련되는 물질을 분리해내지 못하고 있는 것은 여러 이유 때문이다. 예를 들면, 이런 분자나 분자들은 극도로 약해서 추출하는 동안 쉽게 분해될 수 있다. 이와 달리 단순히 우리가 생물학적 활성 측정을 위한 적절한 검정법을 갖고 있지 않을 수도 있다. '화성소'란 하나의 호르몬 물질이기보다는 오히려 여러 조절 분자 사이에서의 복잡한 상호 작용일 수도 있다.

기타의 생물학적 활성 물질

앞에서 기술한 식물 호르몬 이외에도, 분리한 식물 절편 조직에 낮은 농도로 처리하였을 때 강한 생물학적 활성을 나타내는 여러 종류의 천연 유기 화합물이 있다.

콩의 줄기에서 두번째 마디사이의 신장을 촉진하는 복잡한 지질 혼합물이 평지 식물(*Brassica napus L.*)의 꽃가루로부터 분리되었다. 이 활성 물질이 **브라신**(brassin) 혹은 **브라시노스테로이드**(brassinosteroid)이다. 〈그림 16-19〉는 브라시노스테로이드 화합물 중의 하나인 **브라시노라이드**(brassinolide)의 구조를 보여주고 있다.

브라시노라이드는 매우 적은 농도로 존재하는데— 그래서 최초 분리시 500 파운드의 평지 화분으로부터 단지 10 mg의 브라시노라이드 결정체가 추출되었다. 브라시노스테로이드는 그 이후 다양한 식물 종의 화분, 줄기, 잎, 그리고 꽃에서 분리되었다(Mandava, 1988). 옥신처럼 브라시노라이드는 μM 농도 수준에서 활성을 띠며 밀 자엽초 조직은 물론 여러 콩과 식물의 하배축과 상배축 조직의 신장을 촉진한다. 예를 들면 한 연구에서 10^{-7} M 농도의 브라시노라이드가 대두 상배축 절편 조직의 길이를 4배나 증가시켰다(Clouse et al., 1992).

어떻게 브라시노라이드가 생장을 촉진시키는지는 확실히 알려져 있지 않다. 한 가지 잘 알려진 가설에 의하면, 브라시노라이드는 옥신과의 상호 작용으로 인해 이 호르몬의 생장 촉진 활성이 증진된다는 것이다. 그러나, 돌연변이 식물을 이용하는 최근의 많은 연구들은 브라시노라이드의 보다 직접적인 역할을 보여주고 있다. 예를 들면, *deetiolated 2*(*DET2*) 유전자의 돌연변이는 애기장대에서 빛에 의해 조절되는 발달 과정에 결함을 초래한다(Li et al., 1996). 이 결함은 브라시노라이드를 외부에서 가해 줌으로써 회복될 수 있다. *DET2* 유전자는 포유

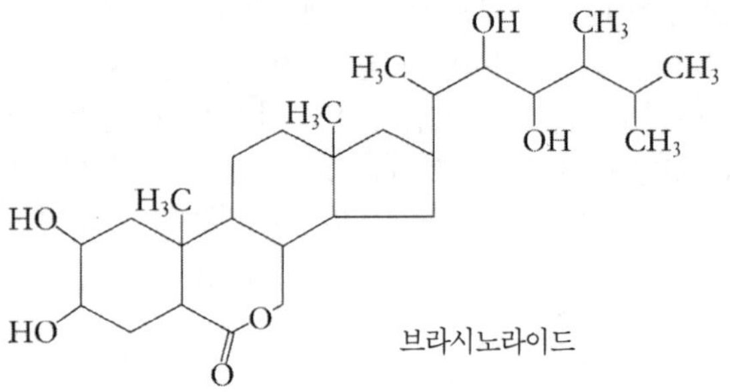

〈그림 16-19〉 브라시노스테로이드의 일종인 브라시노라이드

동물의 스테로이드 호르몬 합성에 필요한 환원 효소와 높은 동질성을 갖는 단백질 합성을 지시한다. 이것은 *DET2* 유전자가 식물에서 브라시노스테로이드 생합성에 요구되는 비슷한 환원 효소의 합성을 지시할 수 있음을 의미한다. 애기장대에서 난쟁이 현상(dwarfism)을 유도하는 많은 돌연변이체들이 브라시노스테로이드 처리를 받으면 정상적인 생장으로 회복될 수 있다는 보고가 발표되었다(Somerville and Somerville, 1996). 이런 연구들은 브라시노스테로이드가 식물의 발달에 중요한 역할을 하며, 또 하나의 특징적인 식물 호르몬 그룹임을 나타내는 것이다.

관심을 끄는 두 가지의 또 다른 생물학적 활성물질로 **쿠마린**(coumarin)과 **트란스-신남산**(trans-cinnamic acid)이 있다. 이 두 가지 화합물은 이미 14장 전반부에 소개된 phenylpropane의 유도체들이다. 쿠마린(그림 14-6)은 비록 아주 낮은 농도에서는 조직의 신장 생장을 촉진하지만, 생체외에서 귀리 자엽초 및 기타 다른 조직에서 옥신에 의해 유도되는 신장을 억제한다는 것이 알려졌다. 쿠마린은 또한 종자 발아를 억제하며 그리고 자연적인 종자 휴면에 관련된 것으로 생각되고 있다. 한편 일부 경우 종자 껍질내 쿠마린 함량 수준이 밖으로 스며나오는 과정에 의해 감소된 후에만 발아가 진행된다고도 한다. 트란스-신남산은 줄기 절편 조직의 검정에서 옥신 활성을 억제하며 그리고 또한 오래 동안 항옥신(antiauxin)으로 간주되었다. 그러나 이들 화합물이 온전한 식물체의 생장을 조절한다는 확실한 증거는 없다. 이와는 달리 이들 생물학적 활성 물질이 작물의 수확을 증가시키는 데 사용될 수 있다는 가능성은 농업과 원예 분야에서 매력을 끌어 왔다.

제 17 장

호르몬의 생화학과 작용 방식

호르몬은 어떻게 세포의 생리에 그렇게 큰 영향을 불러일으킬까? 이것은 아마도 호르몬에 대한 가장 도전적인 질문일 것이다. 호르몬 작용에 관한 오랜 연구와 식물에 대해 호르몬이 나타내는 효과에 관한 수많은 정보에도 불구하고, 분자 수준에서 호르몬에 대한 이해는 이제 막 시작 단계에 있다. 이것이 사실이라면, 식물 호르몬이 어떻게 작용하는가와 같은 질문에 대해 우리는 어디에서부터 탐구를 시작해야 할까? 하나의 접근 방법은 먼저 다른 시스템을 재료로 사용하고 있는 연구에서 일반적인 원리를 세우는 것이다. 그런 다음 똑같은 원리가 역시 고등 식물에도 적용되는지를 시험할 수 있도록 실험을 설계해야 한다. 예를 들면, 지난 30년 동안 동물 호르몬이 어떻게 작용하는가에 대한 우리의 이해가 현저히 개선되어 왔으며, 지금은 여러 훌륭한 모델이 유용하게 쓰이고 있다. 생체 구조와 기능에 대한 여러 분야들이, 특히 세포 수준에서, 변하지 않은 채 고도로 보존되어 왔기에, 식물과 동물 호르몬이 공통적인 성질을 가지고 있을 것이라는 합리적인 예상을 할 수 있다. 그래서 지금까지 동물과 식물 호르몬에 대한 비교 접근법이 유용하였으며 그리고 또 앞으로 올 미래에서도 식물 호르몬 연구에 의심할 여지 없는 길잡이가 될 것이다.

이 장에서, 우리는 다음의 내용을 다룰 것이다.

- 신호 인지 과정에서 호르몬 결합 단백질의 역할과 신호 전달(signal transduction) 경로에서의 2차 신호전달자(second messenger)의 역할을 강조하면서, 어떻게 호르몬이 작용하는가에 대한 두 가지 일반적인 모델의 서술
- 식물이 호르몬 결합 단백질을 가지고 있는지, 그리고 식물 호르몬 반응이 2차 신호전달자를 포함하고 있는지를 조사함으로써 식물에서도 호르몬 작용에 대해 위의 개념을 발달시키며
- 호르몬 작용은 세포내 호르몬 풀(pool)에서 호르몬의 신속한 전환에 좌우되기 때문에, 옥신, 지베렐린, 시토키닌, 앱시스산 및 에틸렌의 생합성, 이동, 그리고 대사 과정에 관한 조사
- 특별히 옥신에 의해 조절받는 세포 확장과 종자 발아시의 지베렐린 작용 등에 관심을 기울이면서, 호르몬의 작용 메커니즘을 설명하는 데 있다.

호르몬은 어떻게 작용하나?

호르몬에 의해 시작되는 일련의 대사 사건은 일반적으로 세 가지 연속적인 단계로 구분될 수 있다. (1) 최초의 신호 인지(perception), (2) 신호 전달(transduction) 경로, 그리고 (3) 최종 반응(response) 이다.

신호 인지(signal perception)는 호르몬과 호르몬 수용체 위치와의 반응을 포함한다. 식물 호르몬은 원형질 연락사(plasmodesmata)나 아포플라스트 공간을 통해서 하나의 세포로부터 다른 세포 쪽으로 확산하여 이동한다.

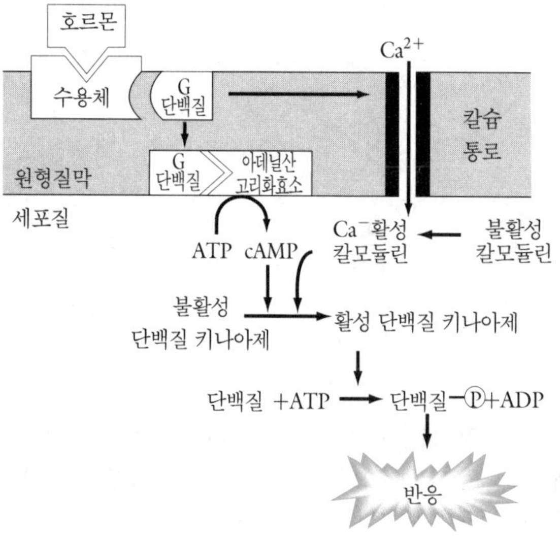

〈그림 17-1〉 원형질막에 결합된 수용체를 포함하는 호르몬 작용에 관한 모델

이 모델은 포유 동물의 펩티드 호르몬에 기초한 것이다. G-단백질이 아데닐산 고리화효소를 활성화시킴으로서, 그 결과 cAMP의 생성을 촉진한다. 또 한편, G-단백질은 막에 있는 칼슘 통로를 열어서 활성화된 칼슘-칼모듈린(Ca^{2+}-calmodulin) 복합체의 생성을 촉진한다. cAMP 혹은 칼슘-칼모듈린은 다시 다른 단백질을 인산화시키는 단백질 키나아제 효소를 활성화하여, 결국 호르몬 반응을 일으키게 된다.

그 어떤 경우에서도 호르몬에 대해 반응할 세포는, 흔히 **표적 세포**(target cell)로 불리는데, 세포 안에서나 혹은 세포를 둘러싸고 있는 세포 외액에서는 호르몬 분자의 존재를 탐색할 수 있어야 한다. 이 탐색은 호르몬과 세포 수용체(이 수용체는 각 호르몬에 대해 선택성이 있으며 또한 표적 세포의 특징이기도 함) 사이에서의 상호 작용에 의해 일어난다. 수용체 분자들은 당단백질로서 호르몬과 가역적으로 결합한다. 호르몬과 결합함에 따라서, 수용체는 자신의 형태 변화가 일어나게 되어 그 결과 활성화 상태에 이르게 된다. 이런 활성화된 **호르몬-수용체 복합체**(hormone-receptor complex)의 생성이 신호 인지 단계의 완성이다.

수용체는 특히 두 가지 이유로 인해 호르몬의 이야기에서 중요한 역할을 수행한다. 첫째 이유는, 특별한 수용체의 존재 여부가 세포로 하여금 호르몬에 반응을 할 수 있을지를 결정한다는 것이다. 호르몬이 도달할 시점에서 그 호르몬과 결합할 수 있는 특별한 수용체를 지니고 있는 세포만이 그 호르몬에 반응을 할 수 있다. 둘째, 서로 다른 세포는 서로 다른 수용체를 가지고 있어 동일한 호르몬에 대해 다른 반응을 이끌어내게 된다. 이 현상이야말로 많은 호르몬이 여러 복합적 효과를 발현하는 이유를 부분적으로 설명하는 것이다. 심지어는 단 하나의 세포조차도 상호 작용 효과를 가지면서, 각 호르몬에 대한 하나 이상의 수용체를 지니고 있다. 예를 들면, 혈관의 평활근 세포(smooth cell)는 두 개의 에피네프린(epinephrine) 수용체를 가지고 있다. α-수용체와 에피네프린의 결합은 칼슘 통로를 열게 하여 칼슘이 세포 안으로 들어오게 한다. 반면에 β-수용체와 결합하게 되면 세포로부터 활발한 칼슘 유출을 초래시키는 일련의 대사 사건을 활성화한다.

호르몬 작용의 두번째 단계는 **신호 전달과 증폭**(amplication) 단계이다. 이 단계에서, 활성화된 호르몬-수용체 복합체는 궁극적으로 특징적인 세포 반응을 이끌어내는 생화학적 캐스케이드(cascade) 대사 사건을 유도하게 된다. 동물에서의 신호 전달에 대한 연구는 상당히 진행되어 왔다. 인슐린과 에피네프린과 같은 동물 펩티드 호르몬의 수용체들은 공통적으로 원형질막 바깥쪽 표면에 자리잡고 있다(그림 17-1). 호르몬-수용체 복합체는 **'G-단백질'**로 불리는 막 단백질을 활성화시키며, 그 결과 이 G-단백질이 막의 세포질 표면 쪽에 존재하는 ― 이 경우에는 **아데닐산 고리화효소**(adenylate cyclase)가 되는데― 세번째 막 단백질과 결합하게 된다. G-단백질이 아데닐산 고리화효소와 결합함으로써, 이 효소를 활성화시켜 세포질내에 cyclic adenosine monophosphate (**cAMP**)의 생성이 촉진된다. 이와는 다르게, 어떤 다른 호르몬-수용체 복합체의 경우인데, 이 때는 G-단백질이 세포내로 향하는 칼슘 이온의 흐름을 조절하는 이온 통로와 상호 작용한다. 일단 세포질에서, 칼슘은 여러 칼슘-결합 단백질 중의 하나인 **칼모듈린**(calmodulin)과 결합을 한다. 이렇게 해서 생성된 cAMP나 칼슘-칼모듈린 복합체의 효과는 특별한 단백질 인산화 효소인 **단백질 키나아제**(protein kinase)를 활성화시킨다(6장).

이 단계에서는, 두 종류의 신호전달자 사이를 구별하는 것이 중요하다. 호르몬은 **1차 신호전달자**(first messenger)로서 간주되는데, 그 이유는 호르몬이 최초의 '메세지'를 세포 표면에 전하기 때문이다. 〈그림 17-1〉에 있는 cAMP와 칼슘이 **2차 신호전달자**(second messenger)로 역할을 한다. 2차 신호전달자의 기능은 원형질막으로부터 세포내에 있는 생화학 기구(biochemical machinery)로 정보를 전달해 주는 것이다. 2차 신호전달자는 또한 원래의 신호를 증폭(amplification)하여 준다. 예를 들면, 〈그림 17-1〉에서 하나의 호르몬 분자는 단지 한 분자의 아데닐산 고리화효소만을 활성화시킨다. 그러나 활성화된 아데닐산 고리화효소 각 분자는 수백 개의 cAMP를 생산하며, 그 결과 일련의 생화학적 캐스케이드 사건이 일어난다.

스테로이드 호르몬은 지용성이며 쉽게 세포막을 투과한다. 그래서 동물 스테로이드 호르몬을 위한 수용체 분자는 세포내, 흔히 핵 안에 존재한다(그림 17-2). 결과적으로, 호르몬-수용체 복합체가 핵 안에서 형성되며, 이것이 DNA 분자의 특별한 부분과 상호 작용을 하여 mRNA의 전사를 시작케 하거나 혹은 억제를 한다. 2차 신호전달자가 스테로이드 호르몬 작용에서는 반드시 포함되어야만 하는 것은 아니라는 점을 주의할 필요가 있다. 스테로이드 호르몬의 효과는 효소 혹은 구조 단백질 합성의 변화를 일으키며, 그로 인해 세포의 생리나 생화학 반응이 변화하는 것이다.

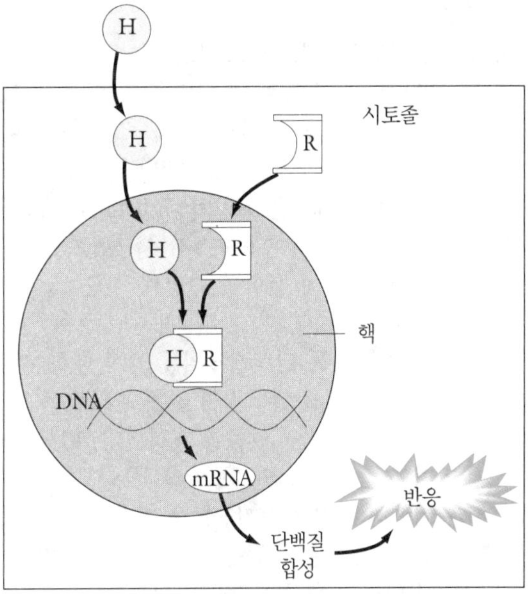

〈그림 17-2〉 핵 호르몬 수용체를 포함하는 호르몬 작용에 관한 모델

호르몬-수용체의 복합체가 전령 RNA의 전사와 단백질 합성을 조절하고 있다. H= 호르몬; R= 수용체.

식물 호르몬의 사례

위에서 제시한 호르몬 작용에 관한 일반적인 메커니즘에 기초하여, 식물 호르몬 작용의 신비를 풀기 위한 최근의 노력들이 다음 세 가지 중심적인 질문에 모아지고 있다.

1. 호르몬 결합 단백질이 식물에도 있는가?
2. 식물 호르몬 반응은 2차 신호전달자를 포함하고 있는가?
3. 식물 호르몬은 유전자 작용을 변화시키는가?

식물에서의 호르몬-결합 단백질

일반적으로 단백질에 관한 한 가지 흥미 있는 성질은, 단백질이 보다 작은 분자들과 비특이적(nonspecific) 방식으로, 특히 조직이 추출되는 과정 동안 마쇄될 때에, 쉽게 결합하는 경향이 있다. 이 성질은 실험자들에게는 칼날의 양면과도 같다. 즉, 이 성질은 혈청 단백질을 추출 배지내에 포함시켜 작은 페놀 성분과 결합시키고 비교 산화시킬 때 유용할 수 있다. 또한, 이 성질은 호르몬 수용체를 확인하려고 시도할 때는 복잡한 상황을 야기시킬 수 있다. 이런 이유로 인해, 비특이적 결합과 호르몬-결합 특성 사이를 구분하기 위해 충족되어야 하는 것으로 일반적으로 인정되고 있는 네 가지 기준이 있다(Vennis, 1985). 첫째, 결합이 특이적(specific)이어야 한다는 것이다; 즉, 호르몬-결합을 위한 후보 물질은 반드시 한 종류의 호르몬 및 그것의 구조적 유사체에만 결합해야 한다. 둘째, 수용체는 호르몬에 대한 높은 친화성을 나타내야 한다. 셋째, 수용체는 호르몬 분자의 농도가 증가함에 따라 포화될 수 있어야 한다. 넷째, 호르몬은 잠정적인 수용체와 가역적으로 결합하여야 한다. 이 마지막의 요구 조건은 유사한 구조를 갖는 분자가 결합 장소를 놓고 호르몬과 경쟁할 수 있음을 보여줌으로써 입증된다. 그러나, 호르몬과 결합하는 단백질의 성질을 입증하는 것은 이제 겨우 첫 단계일 뿐이다. 진정한 수용체의 기능을 설정하기 위해서는 보다 많은 실험이 요구된다.

옥신-결합 단백질 옥신-결합 단백질(auxin-binding protein)이 옥신에 의해 세포 확장을 하는 두 조직에서 처음으로 발견되었는데, 이 조직으로는 옥수수 자엽초(Venis, 1985)와 담배 속(pith) 조직을 이용하여 배양한 캘러스(Libbenga and Mennes, 1987)가 있다. 세 종류의 옥신-결합 단백질이 담배 캘러스 조직에서 분리 동정되었다. 이 중 두 개는 세포막에—아마도 원형질막으로 추정됨—연관되어 있으며 또 하나는 수용성의 세포질 및 핵에 존재하는 것으로 알려졌다. 막에 결합된 두 개의 단백질 중에서, 하나는 비교적 낮은 옥신 친화력을 보이나, 옥신 이동 억제제인 **naphthylphthalamic acid**(NPA)에 대해서는 높은 친화력을 갖는다. 이 단백질은 옥신의 극성 이동(이 장의 후반부에서 서술됨)에 관련된 옥신-방출 운반체(auxin-efflux carrier)에 대해서도 높은 친화력을 보인다. 막에 결합된 두번째 수용체는 IAA에는 중간 정도의 친화력을 나타내나 NPA와는 결합하지 않는다.

세포질과 핵에 있는 단백질들의 IAA에 대한 친화력은 막에 위치한 결합 단백질의 친화력보다 서너 배 이상 높다. IAA에 대한 이들 단백질의 높은 친화력은, 아마도 이들 세포질과 핵에 있는 결합 단백질들이 비교적 낮은 농도의 옥신을 탐색할 수 있음을 제시한다. 비록 수용체의 기능이 각 종류의 결합 단백질에 대해 충분히 입증되지는 않았지만, Libbenga와 Mennes(1987)는 세포질과 핵에 있는 옥신-결합 단백질이 아마도 동물 스테로이드 호르몬과 비슷한 방식으로 기능하는 수용체일 것으로 제안하였다.

이제 겨우 막에 연관된 옥신-결합 단백질만이 옥수수에서 검출되었다. ABP1으로 표시된 한 옥신-결합 단백질은 IAA에 대해 높은 친화력을 갖고 있는데, 22 kDa 소단위체로 구성된 이량체(dimer)로서 43 kDa의 당단백질로 알려졌다. ABP1은 원래 소포체에 위치하는 것으로 알려졌으나, 최근 연구에 의하면 원형질막과 세포벽에도 연관되어 존재함이 알려졌다(Jones and Herman, 1993). ABP1은 비록 증거가 직접적이지는 않지만, 세포 신장을 중재하는 옥신 수용체의 제일의 후보로 간주되고 있다. 아마도 가장 강력한 증거는 옥신-결합 단백질에 대한 항체(IgG-antiABP)가 특이적으로 옥신에 의해 유도되는 자엽초 신장과 원형질막에서 옥신에 의한 과분극(hyperpolarization)을 억제한다는 사실이다[1]. IgG-antiABP를 자엽초 절편에 사용하였을 때, 결합 단백질이 바깥 표피 세포에 존재하고 있음이 밝혀졌다. 그러므로 바깥 표피 세포가 자엽초에서 가장 옥신에 민감한 반응을 나타내는 조직으로 믿어진다. 이 결과는 결합 단백질이 옥신에 의해 유도되는 자엽초 신장에 관련되어 있음을 강하게 시사하는 것이다. 이 장의 후반부에서 옥신-결합 단백질의 역할을 보다 자세히 논의할 것이다.

시토키닌-결합 단백질 시토키닌 결합 장소는 옥신만큼 많이 연구되지는 않았으나, 여러 수용성 결합 장소와 입자성 결합 장소가 보고되었다. 가장 잘 규명된 것은 밀 생식질(wheat germ)에 있는 **CBF-1 단백질**(CBF=cytokinin binding factor)이다(Erion and Fox, 1981; Polya and Davies, 1983). 흥미롭게도, CBF-1은 리보솜에 느슨하게 결합되어 있는 듯하다. 왜냐하면 그것은 리보솜 분획을 염으로 세척하여 모을 수 있기 때문이다. 리보솜과 CBF와의 결합은 CBF-1-시토키닌 복합체가 단백질 번역 과정을 조절하는 역할을 수행하고 있음을 의미한다. 이것은 시토키닌이 단백질 합성을 조절하고 있음을 제시하는 생리적 증거와 일치하고 있다.

지베렐린 및 앱시스산-결합 단백질 비록 곡류의 낟알에서 지베렐린에 의해 유도되는 효소 합성이 어느 정도 자세히 연구되었다 하더라도, GA의 인지 메커니즘은 거의 주의를 받지 못했다. 지베렐린에 대한 높은 친화력을 지닌 결합 단백질에 대해서 확실한 보고가 없다. 앱시스산과 에틸렌의 경우도 비슷한 상황이다. 그러나, 공변 세포 원형질체에서 높은 친화력을 지닌 ABA-결합 장소에 관한 강력한 증거가 있다. 일차적인 예비 결과는 이 결합 장소가 원형질막의 아포플라스트 쪽에 위치한 단백질임을 나타내고 있다.

이상의 결과에서 볼 때, 호르몬-결합 단백질에 관한 연구가 상당히 진전되었음은 분명하다. 그러나, 식물에서

---

1) 항체(antibody)는 항원(antigen)의 존재에 대한 반응으로 동물의 면역 체계에 의해서 생성되는 단백질이다. 항체는 보통 외래 단백질인 항원과 결합해서 그것을 불활성화시킨다. 항체는 정제된 식물 단백질을 쥐와 토끼와 같은 동물에 주입함으로써 만들 수 있다. 항체는, 항체-항원 반응의 특이성 때문에 유용한 실험 도구가 된다. 항체에다 형광 화학물질이나 다른 표지 분자를 붙일 수 있는데, 이로 인해 이 항체의 위치를 쉽게 볼 수 있게 된다.

호르몬 수용체에 관한 직접적인 증거는 아직 제한적이다. 식물 호르몬 작용이 진정으로 이해되기 전에 먼저 이 분야에 있어 더 많은 연구가 요구되고 있다.

식물에서의 2차 신호전달자

1960년대 E. Sutherland와 그 동료에 의한 cAMP의 생물학적 기능에 관한 발견은 동물에서 호르몬 작용의 생화학적 메커니즘을 밝히는 데 도움을 주었다. Sutherland의 발견이 식물 생리학자로 하여금 식물에서 cAMP의 역할에 대한 연구에 관심을 갖게 하였다. 비록 식물에서 cAMP의 존재에 대한 산발적인 연구가 있었을지라도, cAMP에 대해 감수성이 있는 식물 반응은 알려져 있지 않았다. 게다가, cAMP 경로상의 중요 효소인 아데닐산 고리효소나 cAMP-의존성 단백질 키나아제 모두 식물에서 발견되지 않았다. 이 때에는, cAMP가 동물에서의 경우처럼 식물의 신호 전달에서도 기능을 하는지에 대한 구체적인 증거가 없었다. 그러나, 이 사실들이 곧 식물에서 2차 신호전달자의 개념을 의심케 하는 것은 아니다. 식물에서 2차 신호전달자로 다른 후보 물질이 있는데 가장 가능성 있는 것이 칼슘과 phosphoinositide이다.

칼슘 칼슘은 식물에서 세포 신장과 분열, 원형질체 유동, 다양한 효소의 분비와 활성화, 호르몬 작용 및 굴성 반응 등을 포함하는 많은 생리과정을 조절한다. 식물은 또한, 비록 **칼모듈린**(calmodulin)이 가장 지배적인 유형으로 출현하지만 여러 칼슘-결합 단백질을 포함하고 있다(Marmé, 1989). 칼모듈린은 다양한 고등 식물, 효모, 곰팡이 및 녹조류 등으로부터 분리할 수 있는 보편적인 단백질이다. 시금치, 땅콩, 보리, 옥수수 및 서양 호박 등을 포함하는 여러 식물 종으로부터 분리된 칼모듈린의 특성이 잘 규명되었다. 흥미롭게도, 대부분의 특성이 소의 뇌 조직에서 분리된 칼모듈린과 유사하였다. 식물과 소의 칼모듈린은 서로 비슷한 분자량(17~19 kDa), 아미노산 조성, 그리고 칼슘-결합 성질을 가지고 있다. 분광학적 분석에 의하면, 식물과 동물 칼모듈린은 서로 유사하게 칼슘에 의해 유도되는 형태 변화를 보여준다. 이처럼 고도로 보존된 칼모듈린의 성질은 신호 전달에 있어서 그것의 기본적인 역할 수행에 대한 증거로 간주된다.

2차 신호전달자로서 효율적인 기능을 수행하는 칼슘의 경우, 시토졸 내 칼슘 이온 농도는 낮으며 또한 대사 조절을 받고 있다. 많은 양의 칼슘이 소포체, 미토콘드리아, 커다란 액포에 저장되어 있으나, 시토졸 칼슘 이온 농도는 막에 결합되어 있는 칼슘-의존성 ATPase의 작용을 통해서 낮은 농도로 유지되고 있다. ATPase 활성과 시토졸 칼슘 이온 농도는 아마도 빛과 호르몬과 같은 다양한 자극의 조절하에 있는 듯하다(그림 17-3). 시토졸에서, 칼슘 이온은 칼모듈린과 반응하여 이 결과 만들어진 복합체(CaM · Ca^{2+})는 특정한 효소를 활성화시킨다. 적어도 두 종류의 효소—NAD 키나아제와 단백질 키나아제—가 CaM · Ca^{2+}에 의해 촉진되는 것으로 알려져 있다. NAD 키나아제는 ATP 존재하에서 NAD를 NADP로 인산화시키는 반응을 촉매한다. 많은 산화 환원 효소가 이들 조효소 가운데 어느 하나에 대해 선택성을 갖고 있기 때문에, NAD와 NADP 사이의 균형을 조절하는 것은 세포 대사 과정을 조절하는 효과적인 방법이 된다. 비슷하게, 여러 다른 효소들도 인산화 반응을 촉매하는 단백질 키나아제에 의해 활성화된다. 여러 종류의 칼슘-의존성 및 칼슘/칼모듈린-의존성 NAD와 단백질 키나아제가 많은 식물들의 수용성 및 막성 분획물에서 분리되었다.

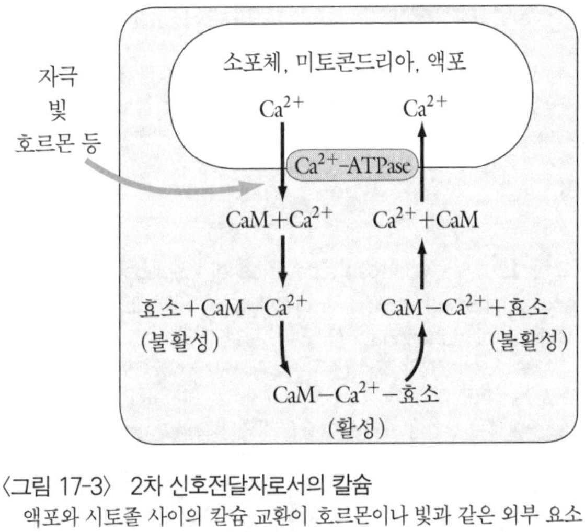

〈그림 17-3〉 2차 신호전달자로서의 칼슘
액포와 시토졸 사이의 칼슘 교환이 호르몬이나 빛과 같은 외부 요소에 의해 조절된다. 시토졸 칼슘 이온은 칼모듈린(CaM) 혹은 다른 칼슘-결합 단백질과 함께 활성화된 복합체를 형성한다.

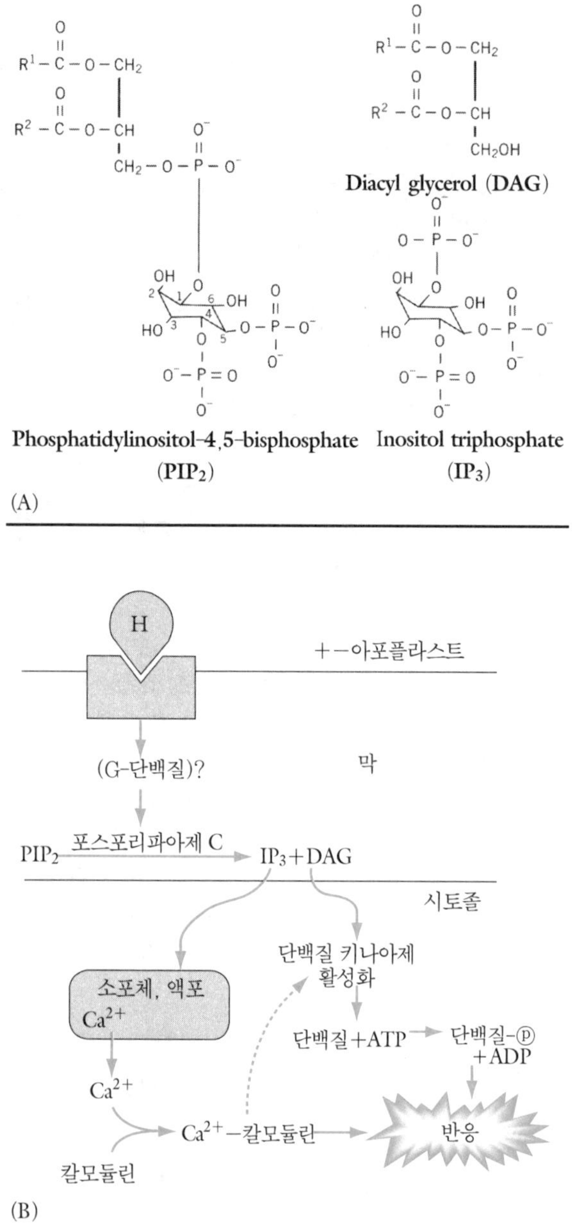

〈그림 17-4〉 (A) phosphotidylinositol bisphosphate(PIP2), inositol triphosphate(IP_3) 및 diacylglycerol(DAG)의 화학 구조. (B) inositol triphosphate 시스템에 관한 모델

호르몬은 원형질막 효소인 포스포리파아제 C를 활성화시키는데, 이 효소는 PIP_2를 IP_3 와 DAG로 분해시키는 과정을 촉매한다. IP_3는 시토졸내로 이동하여 여기에서 칼슘 방출과 그리고 칼슘-칼모듈린 복합체의 형성을 촉진시킨다. 칼슘-칼모듈린 복합체는 세포 반응을 직접적으로 촉진하거나 혹은 단백질 키나아제 활성화를 통해서 촉진한다. DAG는 단백질 키나아제의 활성화를 통해서 반응을 중재한다. R^1과 R^2는 지방산-아실 그룹이다.

그래서, 식물에서도 칼슘에 의해 중재되는 신호-전달 경로의 존재를 지지해 주는 실제적인 측정 수단이 있다. 그러나, 칼모듈린과 칼슘-의존성 키나아제 활성의 존재를 단순히 입증하는 것은 단지 시작일 뿐이며, 자극-반응 연결화 과정에 대한 많은 문제는 아직도 해결을 요구하고 있다. 예를 들면, 이들 효소에 대한 기질을 확인하는 것과 어떤 단백질이 인산화되는지 그리고 세포 반응에서 그들의 관계는 무엇인지를 확인하는 것이 필요하다. 신호 전달 사슬 반응의 마지막에서, 식물 원형질막이 호르몬-감수성 칼슘 통로를 포함하고 있음이 결론적으로 입증되어야 하는 문제가 남아 있게 된다.

Phosphoinositide 식물에서 작용하는 아마도 또 다른 2차 신호전달자는 **inositol triphosphate** 시스템이다(Boss, 1989). 이 시스템에서, 호르몬 수용체-복합체는 포스포리파아제 C로 알려진 원형질막에 있는 효소를 활성화시킨다(그림 17-4). 호르몬-수용체 복합체는 G 단백질을 통해서 작용한다(Millner and Causier, 1996). 포스포리파아제 C는 막 구성 인지질인 Phosphotidylinositol bisphosphate(PIP_2)를 inositol triphosphate(IP_3)와 diacylglycerol(DAG)로 분해하는 과정을 촉매한다. IP_3 와 DAG 둘 모두는 2차 신호전달자로서 기능을 수행한다. IP_3는 시토졸로 이동하여 여기에서 칼슘—아마도 그 대부분은 액포에 저장되어 있는—방출을 촉진한다. IP_3가 또 다른 2차 신호전달자인 칼슘을 이동케 하는 2차 신호전달자로 작용하는 것을 주의해야 한다. 이 때 동시에, DAG는 단백질 키나아제 C (protein kinase C)로 불리는 특수한 단백질 키나아제를 활성화시킨다. 신호 전달에 있어서 phosphoinositide가 포함되어야 할 필요성을 보이는 실제적인 기준의 대부분은 포스포리파아제 C에 의한 PIP_2의 가수 분해, IP_3와 DAG의 증가, 시토졸 칼슘의 과도기적인 증가, 그리고 단백질 키나아제 C의 활성화 등에 의해 지지되고 있다. 불행히도, 식물에서 대부분의 phosphoinositide 대사가 분명하지 않은 실정이며 어느 한 특정 식물에서도 이 시스템이 완전히 입증되어 있지 않다.

칼슘과 phosphoinositide 이외에도, 식물에서는 2차 신호전달자 후보로서 다른 가능성 있는 물질이 있다. 이것들로는 아세틸콜린(acetylcholine)과 일부 지질 분자들이 해당된다(Boss and Morré, 1989를 참조). 식물 세포에서 2차 신호전달자와 호르몬에 의한 신호 전달 경로에 관한 연구는 초기 상태에 있으나, 미래에는 중요하고 흥미 있는 연구가 될 것이다.

호르몬과 유전자 작용

호르몬 작용 연구를 위한 전통적인 접근법은 생화학적 수준에서 일차적인 사건을 확인하는 노력에 집중되어 왔다. 이 접근법은 비교적 성공하지 못하였는데, 왜냐하면 복잡하고 동시 다발적으로 일어나는 세포 대사 중에서 호르몬에 대해 선택적으로 나타나는 사건을 동정하는 것이 어렵기 때문이다. 보다 최근의 접근법은 분자 수준의 분석에서 민감한 호르몬에 의한 발달 사건을 동정하는 것이다. 이 접근법은 특별한 유전자를 동정하고, 분리하고, 증식(클로닝)을 가능하게 해준 최근의 분자생물학적 기술의 발전에 의해 힘입고 있다. 이 시도는 호르몬에 의해 특이적으로 그 활성이 조절되는 유전자를 동정하는 것이다. 유전자는 그 활성이 호르몬에 의해 작동되거나 혹은 정지되며, 그 유전자 산물은 유전자가 활성화되는 정도에 따라 증가하거나 감소한다. 비록 많은 자세한 내용이 아직은 밝혀져 있지 않으나, 식물 호르몬이 적어도 부분적으로는 유전자 작용의 조절에 의해 기능을 수행한다는 점은 분명하다. 특별한 호르몬과 유전자 작용 사이에서의 상호 작용은 다음 부분에서 보다 자세히 서술될 것이며, 이 때 호르몬 작용의 메커니즘이 논의될 것이다.

호르몬의 생합성, 이동 및 대사

호르몬은 그 호르몬 분자가 표적 세포내에서 제한된 수명(*lifetime*)을 갖는 경우에만 효과적으로 화학 신호전달자(*chemical messenger*)로서의 역할을 수행할 수 있다. 반복적으로 사용되어질 만큼 수명이 충분히 긴 분자는 자신의 역동적인 조절 기능을 희생하여야 한다. 이 말은 세포내 풀에서 호르몬의 양이 민감하게 조절되어야 하며 그리고 그 호르몬이 조절하는 반응과 관련하여 신속한 대사 전환율을 보여야 한다는 것을 의미하는 것이다.

표적 세포에 유용한 호르몬의 양은 그 호르몬의 풀에 호르몬 분자가 들어가고 빠져나오는 속도에 일차적으로 지배받는다. 호르몬이 풀에 들어가는 것을 유입(input)이라 하며, 여기에는 (1) 호르몬의 신생합성, (2)화학적 접합체 (conjugate)와 같은 비활성형 저장 형태로부터 활성형 호르몬으로의 복구, 그리고 (3) 식물체내 다른 장소로부터 풀 안으로의 호르몬의 이동 등이 있다. 일단 작용을 했던 풀로부터 호르몬을 제거하는 것을 유출(output)이라 한다. 여기에는, (1) 호르몬 분자가 비활성형이 되도록 하는 분해 과정 혹은 산화, (2) 비활성형 접합체(conjugate)로의 합성, (3) 그 호르몬의 활성화 결과로서 소비되는 것 등이 있다. 세번째 유출의 경우는 식물 호르몬의 경우에서는 잘 알려져 있지 않고 이것은 산화적 분해와 같은 의미를 갖는다. 명백히, 식물에서 역동적인 호르몬 활성의 조절을 이해하기 위해서는, 유입과 유출에 대해 좀 더 아는 것이 필수적이다. 호르몬의 생합성, 이동, 그리고 대사에 관한 지식이 없이는 호르몬 기능에 대한 이해를 할 수가 없다.

옥신 생합성과 대사

옥신(IAA)은 활발하게 생장하는 식물 부위에서 아미노산인 트립토판(*tryptophan*)으로부터 합성된다. IAA 이동은 극성을 나타내어, 주로 식물의 기저부를 향한 이동(basipetal direction)을 보인다. IAA는 쉽게 산화되어 비활성형이 된다.

대표적 옥신인 IAA는 일반적으로 식물에 흔하게 존재한다. 높은 농도의 이 호르몬이 분열 조직과 활발하게 생장하는 기관인 자엽초 정단, 뿌리 정단, 줄기의 정단아 및 발아 중인 종자에서 검출된다(그림 17-5). 활발하게

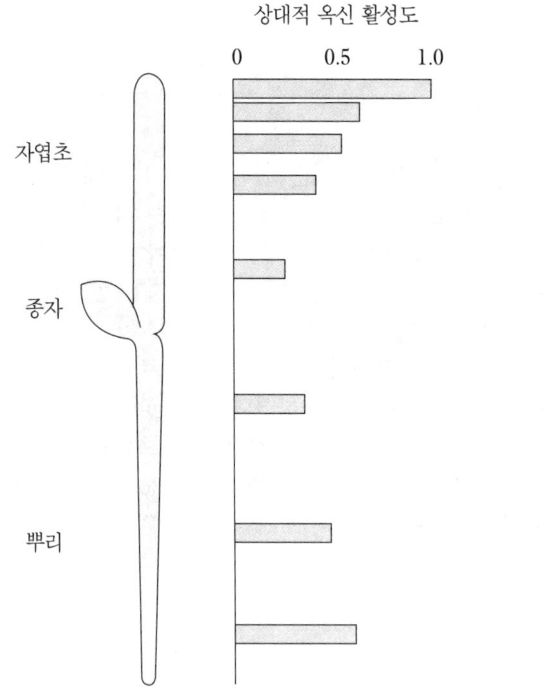

〈그림 17-5〉 활발하게 생장하는 자엽초와 뿌리 정단에서 보다 높은 농도의 호르몬량의 존재를 보여주고 있는 귀리(*Avena sativa*) 어린 식물에서의 옥신의 분포

생장하는 어린 잎, 발달 중에 있는 꽃, 그리고 수분과 수정 후의 배(embryo)도 또한 중요한 IAA의 합성 장소가 된다. 늙은 잎, 줄기, 뿌리에 있는 세포는 IAA의 합성을 거의 하지 않는다. 옥신 존재량은 조직의 유형과 나이 그리고 생장 상태 등 많은 요소에 의해 좌우된다.

예를 들면, 영양 기관 조직에서 IAA 양은 일반적으로 생체량 1 kg당 1 ㎍에서 100 ㎍(5.7에서 570 nM) 범위에 있으나, 종자에서는 매우 높게 존재한다. 한 연구에서, 발아 후 4일된 옥수수 종자의 배유내에 308 pmole(1 pmole $=10^{-12}$ mole) 의 IAA가 포함되어 있음이 알려졌다. 동시에, 옥수수 슈트는 27 pmole IAA를 포함하고 있었으며 이 슈트의 생장을 지속하기 위해서는 시간당 대략 10 pmole IAA의 유입을 요구하고 있었다(Epstein et al., 1980). 종자내에 이처럼 명백히 높게 존재하는 호르몬 함량 수준은, 종자가 발아할 때 그 안에 있는 어린 식물의 빠른 생장을 지탱해 주기 위한 것이다.

IAA의 생합성

방향족 아미노산인 트립토판으로부터 IAA가 합성된다는 것은 현재 잘 알려져 있다. 1930년대 K.V. Thimann이 트립토판 아미노산을 먹이고 키운 *Rhizopus suinus*라는 점균류에서 최초로 IAA의 합성을 관찰한 이후, 트립토판으로부터 IAA로의 전환에 대한 생체내 연구가 20종 이상의 식물에서 수행되었으며, 또한 적어도 10가지 다른 세포 추출 효소액을 재료로 하여 생체외 연구가 행하여졌다. IAA 합성은, 보통 방사선 동위원소인 ^{14}C 탄소 혹은 삼중 수소인 ^{3}H로 표지된 트립토판을 식물에 주입한 다음, 그 후 식물에서 분리한 IAA와 이것의 중간 대사 물질에서 방사능을 조사함으로써 연구되었다. 그러나, 그와 같은 방사능 물질 주입 실험은 여러 요인에 의해 복잡하게 되며, 여기에서 나온 결과는 항상 신중을 기하여야 한다. 예를 들면, 방사능 물질로 표지된 트립토판은 명백히 방사화학적으로 분해될 수 있기 때문에, 그로 인해 비효소적으로 IAA를 만들기도 한다. 게다가, 트립토판(이것은 또한 단백질 합성의 선구 물질이기도 함)의 풀 크기는 상대적으로 IAA의 것보다 매우 크고 그리고 합성된 실제의 IAA 양에 대한 자료가 거의 없는 실정이다. 끝으로, 실험은 무균 조건하에서 수행되도록 주의하여야 하는데, 그 이유는 많은 미생물이 쉽게 트립토판을 IAA로 전환시키기 때문이다. 이러한 복잡성이 생체내에서 작동하는 정확한 합성 경로를 규명하는 데 어려움을 주고 있는 동안, 보다 유용한 증거가 분명하게 식물이 트립토판으로부터 IAA를 합성할 수 있다는 점을 제시하여야 한다.

대부분의 고등 식물에서, IAA의 합성은 트립토판이 인돌-3-피루브산(indole-3-pyruvic acid; IPA)으로 전환되는 것을 시작으로 해서 3 단계로 일어난다(그림 17-6). 이러한 아미노기 전달(transamination) 반응은 광범위하게 분포하는 **tryptophanamino transferase** 효소에 의해 촉매되는데, 이 효소는 페닐알라닌(phenylalanine)과 티로신(tyrosine) 같은 트립토판의 구조적 유사체로부터 아미노기를 제거하는 다특이적(multispecific) 효소이다. 두번째 단계는 인돌-3-아세트 알데히드 (indole-3-acetaldehyde; IAAld)를 생성하기 위한 IPA의 탈카르복실화(decarboxylation) 과정이다. 이 단계를 촉매하는 효소가 **indole-3-pyruvate decarboxylase**로서 여러 식물 조직과 세포 추출액에서 보고되어 왔다. 마지막으로, IAAld는 NAD-의존성 **indole-3-acetaldehyde dehydrogenase**에 의해 IAA로 산화된다. 이 효소의 존재는 귀리 자엽초를 포함하여 많은 식물 조직에서 입증되

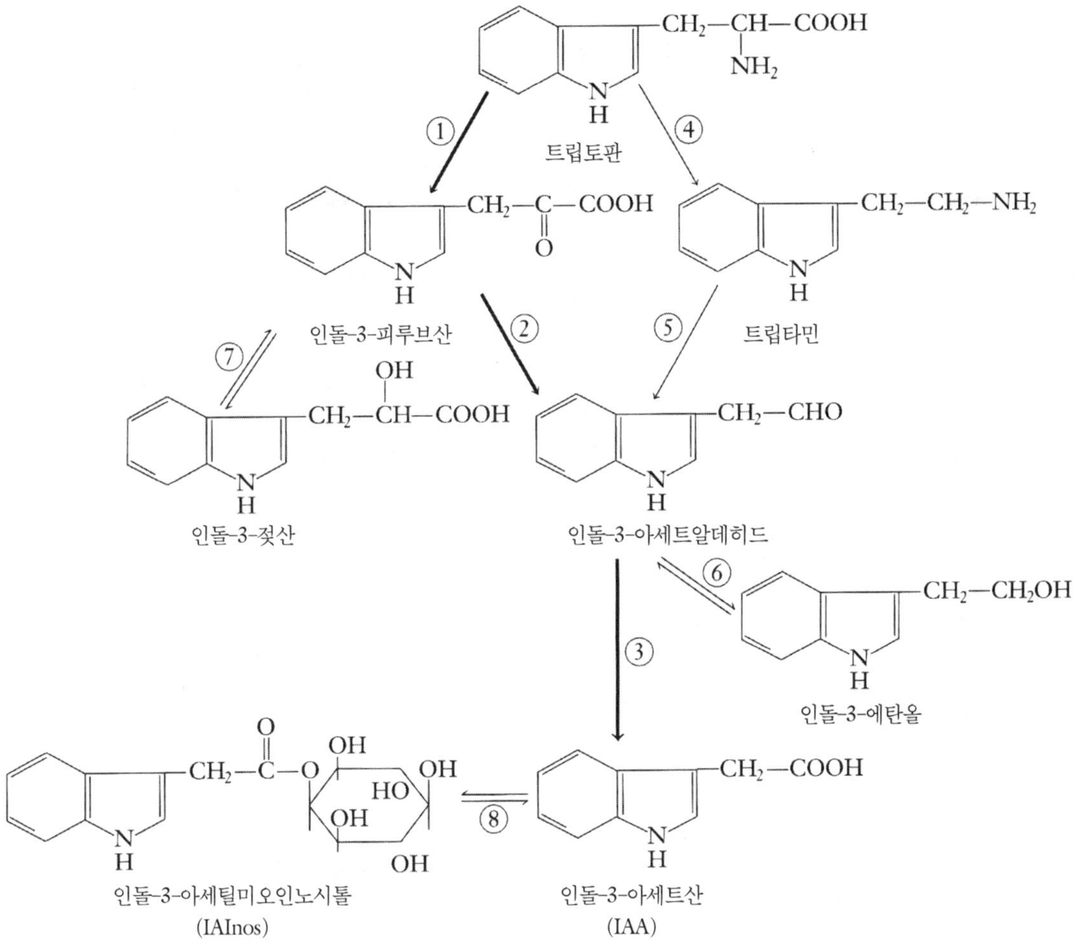

〈그림 17-6〉 옥신(IAA) 생합성 경로

었다. IAAld는 또한 인돌-3-에탄올(indole-3-ethanol)로 가역적으로 환원된다. 인돌-3-에탄올은 줄기 절편 조직을 사용하는 생물 검정법에서 옥신 활성을 나타내는데, 이것은 아마도 조직 안에서 인돌-3-에탄올이 IAA로 전환되기 때문인 것 같다.

IPA 외에 다른 중간 대사 물질을 포함하는 또 다른 생합성 경로가 있다는 일부 증거가 있다(그림 17-6). 예를 들면, 일부 식물 종에서 트립토판은 먼저 중간 산물인 트립타민(tryptamine)으로 탈카르복실화된다. 중요성이 적은 다른 경로 또한 가정되고 있으나, 이 역시 분명하지 않거나 혹은 특수한 종에만 국한되어 나타나는 듯하다. 그러나, 현재까지의 생화학적 증거는 IPA가 고등 식물의 IAA 생합성 과정에서 지배적인 중간 산물임을 나타내는 것 같다. 대부분의 종에서, IPA 경로가 아마도 유일한 것으로 여겨진다.

그러나, 명백히 모든 식물이 트립토판으로부터 옥신을 합성하는 것은 아니다. IAA는, 특히 배추과(Brassicaceae) 식물에서 발견되는 인돌 유사체인 **indole-3-acetonitrile**(IAN)으로부터도 역시 생성된다. 외부에서 가한 IAN은 옥신 활성을 나타내는데, 이것은 아마도 nitrilase 효소의 작용을 통한 IAA로의 전환 때문인 듯하다. 지난 10년 동안, 트립토판을 요구하는 여러 돌연변이 식물체가 애기장대에서 분리되어 왔다(Leyser, 1997). *trp2* 와 *trp3* 로 알려진 적어도 두 개의 돌연변이체는 indole-3-glycerol phosphate를 트립토판으로 전환하지 못한다(그림 14-3 참조). 이들 돌연변이체는 IAN과 IAA 둘 다 높은 수준을 지니고 있다. 이 관찰 결과는, 또한 애기장대 식물이 IAN을 IAA로 전환시킬 수 있는 nitrilase를 포함하고 있다는 증거와 함께, 애기장대의 옥

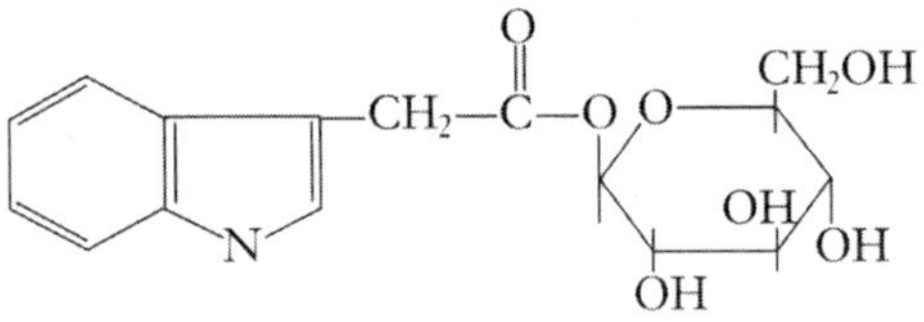

Indole-3-acetyl-β-D-glucose

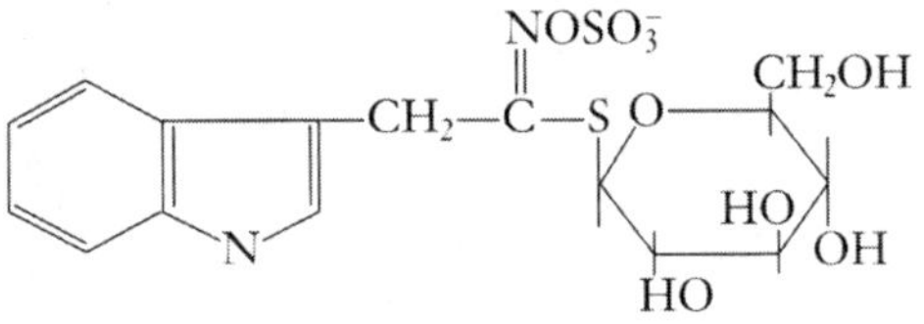

Glucobrassicin

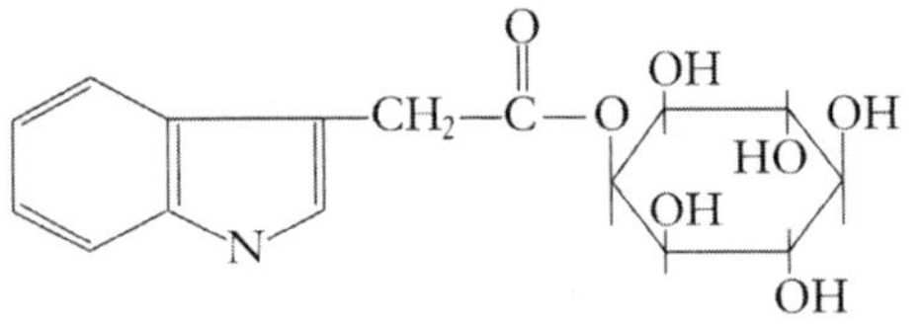

Indole-3-acetyl-*myo*-inositol

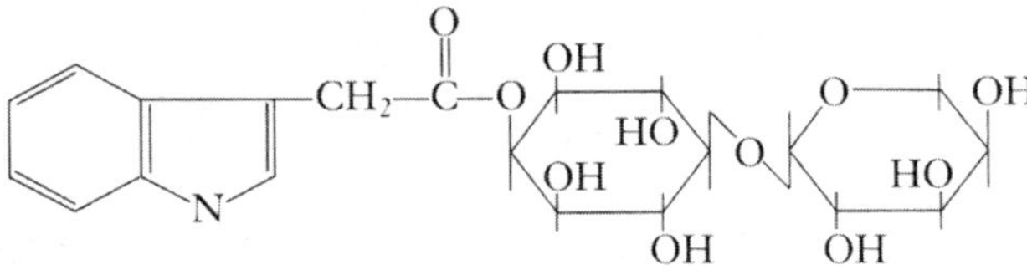

Indole-3-acetyl-*myo*-inositol-arabinose

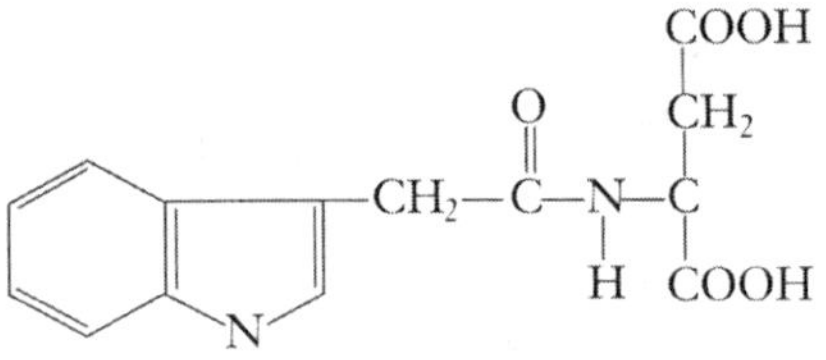

Indole-3-acetyl-L-aspartate

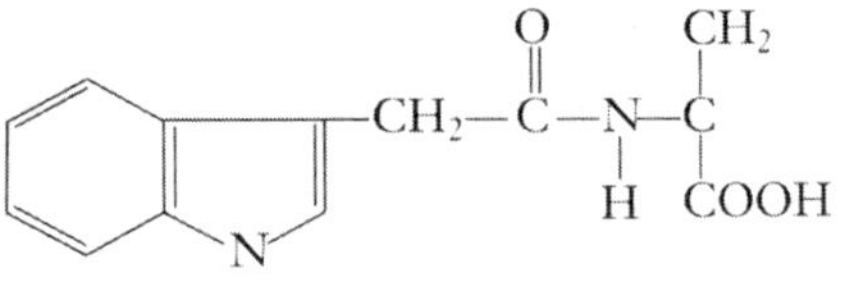

Indole-3-acetyl-L-alanine

〈그림 17-7〉 알려져 있는 옥신(IAA) 접합체의 예

신 생합성 과정에 트립토판-비의존성 경로가 있다는 것을 강하게 제시하는 것이 된다. 비록 트립토판 요구주에서 IAN의 축적이 IAN 생합성에서의 트립토판-비의존성 경로를 암시한다 하더라도, IAN의 원천(source)은 알려져 있지 않다. 그러나 한편, IAN은 십자화과 식물에서 중요한 indolyl glucosinolate인 glucobrassicin으로부터 유도될 수 있다는 것이 알려졌다(14장). 옥신 생합성을 위한 IAN의 자세한 대사 경로와, 그것이 애기장대 혹은 배추속에만 제한되어 있는 것인지 아니면 보다 넓게 나타나 있는 것인지는 아직 해결되어야 할 문제이다.

IAA 접합체

옥신 연구의 초창기에, 두 그룹의 호르몬이 인식되었는데 — 하나는 자유 이동(free-moving)을 하여 한천 조각 안으로 확산 작용에 의해 수집할 수 있었으며, 나머지 그룹은 세포에 결합되어 존재하기 때문에 추출 용매를 이용하여 추출하거나 혹은 알칼리 조건하에서 가수 분해하는 경우에만 분리할 수 있다. 결합 옥신(bound auxin)으로 불리는 후자의 그룹이 현재 글리코실 에스테르 혹은 펩티드와 같이 화학적 접합체를 형성하는 IAA로 알려져 있다(Cohen and Bandurski, 1982). 결합 옥신 중에서 일부만이 세포의 수용체 자리와 결합하여 복합체를 형성하는 호르몬으로서의 역할을 한다. 일반적으로 흔한 형태의 IAA 접합체 구조가 〈그림 17-7〉에 제시되었다.

IAA-접합체 자체는 활성을 보이지 않으나, 용매로 추출하거나, 알칼리 가수 분해시 혹은 생체내 가수 분해를 하는 동안 활성을 띄는 유리 IAA를 방출하게 된다. 비록 대부분의 식물에 대한 정량적 자료가 부족한 상태이긴 하나, 커다란 IAA 에스테르 풀이 발아중인 옥수수 유식물에서 입증되었다. 적어도 발아중인 유식물에서, 이 IAA 접합체 풀은 활성 호르몬의 중요한 원천인 것으로 보인다. 예를 들면, 발아중인 옥수수 슈트가 요구하는 IAA량의 20 내지 60%는 최초로 배유에 의해 공급된 IAA 접합체의 가수 분해에 의해 충당된다(Epstein et al., 1980). 대부분 우리는 발아중인 유식물의 연구를 통해서 IAA 접합체의 가수 분해로부터 IAA의 방출을 알아왔기 때문에, 접합체의 가수 분해가 성숙한 식물의 생장에 있어서도 동등하게 중요한지 아닌지를 아직은 모르고 있다.

IAA 접합체의 합성 장소는 잘 이해되고 있지 않다. 옥수수 종자에서 발견된 접합체는 종자 발달의 후반부 동안 종자 자체내에서 합성된다. 그러나, 영양 기관에서의 접합체 합성에 대해서는 거의 알려져 있지 않다.

IAA 이동

비록 거리를 두고 나타나는 호르몬의 이동과 작용이 식물 호르몬의 본질적인 성질은 아니지만, 호르몬은 식물체 내부에서 조직과 기관 사이를 실제로 이동한다. 조직 또는 기관에서 안팎으로의 이동은 자연적으로 그 조직 혹은 기관내의 활성 호르몬 수준에 영향을 주게 된다. 옥신 이동의 한 예 — 발아중인 옥수수 유식물의 배유로부터 슈트 쪽으로 IAA-결합체의 이동 — 가 위에서 기술된 바 있다. 비록 유리 옥신이 종자의 배유내에 존재한다 하더라도, 슈트 쪽으로의 옥신 이동은 슈트의 이동 흐름내에 필요한 옥신의 공급을 유지하기 위한 것보다 400배 이상 느리다(Nowacki and Bandurski, 1980). 이 경우, IAInositol(그림 17-7)이 실제로 이동되는 형태인 듯하다. IAInositol-galactose 혹은 IAInositol-arabinose와 같은 보다 복잡한 에스테르 화합물들은 관다발 조직을 통해서 생장하는 슈트로 이동하기 전에 먼저 배반에서 IAInos로 가수 분해된다. 일단 슈트에서, 접합체는 효소적으로 가수 분해되어 유리 IAA를 만들어낸다.

옥신 이동에 있어 보다 복잡하고 어려운 예는 **극성 이동**(polar transport)으로서 이것은 원래 곡물류의 어린 식물에서 기술되었으나 나중에는 슈트와 뿌리에 광범위하게 존재하는 것으로 알려졌다. 옥신 이동에서의 극성이란 자엽초 혹은 슈트의 축(axis)선상에서 위 끝에서 아래쪽 방향으로 옥신이 일정하게 이동하는 것을 말한다(그림 17-8). 그 이동이 식물 형태학적으로 볼 때 정단부(apex)에서 기저부(base) 쪽으로 일어날 때, 이런 방향의 이동을 **하향적**(basipetal) 이동이라 한다. 그와 반대 방향의 이동, 즉 정단부로의 이동은 **상향적**(acropetal) 이동이라 한다. 뿌리 또한 하향적 이동 양상을 보여, 뿌리 정단부로부터 기저부 쪽으로 옥신이 수송된다.

옥신의 극성 이동 현상은, 옥신 농도가 여러 발달 반응에서 중요한 변인이 된다는 생각 때문에 많은 관심을 끌어왔다. 극성 이동으로 인한 옥신 농도차가 적어도 부분적으로는 굴성 운동, 정단 우성 및 부정근 형성 등과 같은 극성 발달(polar development) 현상을 설명하는 데 이용되었다. 특히 IAA 형태의 옥신은, 일부 합성 IAA 유사체와 함께 극성 이동을 하는 것으로 알려진 유일한 식물 호르몬이다. 옥신 이동 경로는 명확하지 않다. 비록 옥신이 관다발 조직 용출액에서 검출되지만, 그 농도는 비교적 낮다. 극성 이동 경로는 분화중인 관다발 조직을 둘러싸고 있는, 그렇지만 관다발 요소는 아닌 유조직(parenchyma) 세포를 포함하고 있다.

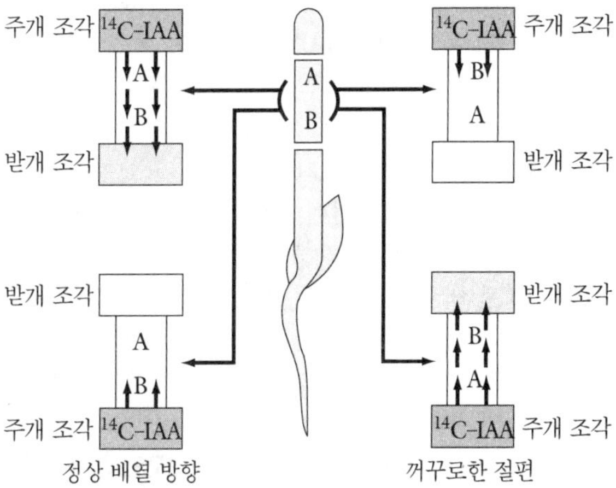

〈그림 17-8〉 귀리 자엽초 절편에서 옥신의 극성 이동

주개 조각(한천 조각)이 방사선 동위 원소인 ^{14}C로 표지된 ^{14}C-IAA를 포함하고 있다. 절편의 방향에 관계없이 방사선 동위 원소로 표지된 IAA의 이동은 항상 형태학적으로 절편의 위쪽 끝 부분인 정단부(A)로부터 아래쪽 기저부(B)로 일어난다.

옥신 이동에 어떻게 극성이 발생하였을까? 여러 관찰에 의하면, 몇 가지 형태의 운반체(carrier)에 의해 중재되는 능동적인 이동 메커니즘이 관련되어 있음을 알 수 있다(운반체-중재에 의한 능동적 이동은 5장에서 논의되었음). 첫째, 극성 이동은 시안화물과 2,4-dinitrophenol과 같은 호흡 억제 물질에 의해 억제됨이 알려졌다. 그래서, 극성 이동은 미토콘드리아내의 산화 대사에 의존하는 에너지 요구 과정임을 알 수 있다. 둘째, **phytotropin**으로 불리는 화합물이 극성 이동에 비경쟁적 억제제(noncompetitive inhibitor)로 작용한다. 이런 phytotropin 화합물로는 **2,3,5-triiodobenzoic acid**(TIBA), 9-hydroxyfluorine-9-carboxylic acid(HFCA, 또한

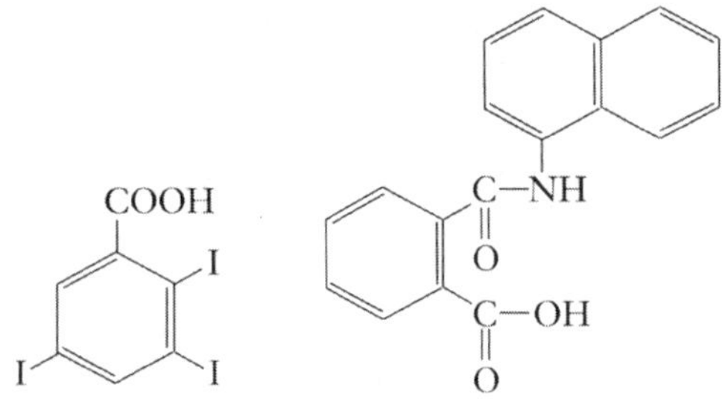

2,3,5-Triiodobenzoic Acid (TIBA)　Naphthylphthalamic Acid (NPA)

〈그림 17-9〉 IAA 극성이동 억제제

morphactin으로 알려짐) 및 **N-1-naphthylphthalamic acid**(NPA)들이 있다(그림 17-9). 셋째, 방사선으로 표지된 IAA의 흡수가 방사선으로 표지되어 있지 않은 IAA에 의해 부분적으로 억제된다. 이런 결과들은 방사선으로 표지된 IAA와 표지되지 않은 IAA가 제한된 수의 운반체 자리를 놓고 경쟁하고 있음을 제시하는 것이다.

운반체 중재에 의한 이동을 지지해 주는 또 다른 증거가 IAA 이동에 관련된 것으로 믿어지는 단백질 분포에 관한 연구에 의해 나타났다(Jacobs and Gilbert, 1983). 예상되는 IAA-운반 단백질은, 비록 그것이 IAA 자체와 결합하지는 않더라도, NPA와 같은 IAA 이동 억제제와 결합을 한다. 형광 염색 시약인 fluorescein으로 표지된 NPA-결합 단백질에 대한 항체를 이용하여, Jacobs와 Gilbert는 완두 줄기 절편 조직에서 그 단백질이 일차적으로 옥신-이동 세포의 기저부에 위치하고 있음을 보여 주었다.

식물 세포가 나타내는 이동 성질의 비대칭적 분포는 독특한 것은 아니다. 비대칭 이동은 동물계에서도 잘 기록되어 왔다. 창자 상피 세포에서의 포도당과 나트륨 이동 시스템의 비대칭성이 그 좋은 예이다. NPA-결합 단백질이 어떻게 IAA 극성 이동에 관련되어 있는지 잘 알려져 있지 않았지만, 운반 세포의 아래 기저부에 그 단백질이 분포한다는 사실은 이 단백질의 관련성에 대한 일부의 설명이 된다. 다른 실험 결과들도 IAA 이동에 있어서 능동 이동 성분 외에 확산 성분이 있음을 나타내고 있다. 예를 들면, 극성 IAA 이동 속도는 시간당 5 내지 20 mm 범위내에 있다. 이런 속도는 확산 이동 속도와 일치하는 것이다.

IAA(대부분의 합성 옥신과 함께)는 약산성을 띄는 친지성(lipophilic) 분자이다. pH 값에 따라, IAA는 IAAH 혹은 음이온성인 IAA^- 형태로 존재한다. 세포벽 공간은 대략 pH 5 정도로 산성을 띤다. 이런 pH 환경하에서, IAA는 대부분 IAAH 형태로 존재한다. 결과적으로, 세포벽 공간에 있는 IAA^-는 신속하게 IAAH로 된다. IAAH는 높은 지용성을 가지고 있어서 IAA^- 보다 매우 용이하게 세포막을 통과한다. 세포 안으로의 IAA 흡수는 세포내 환경이 보다 산성을 나타낼 때 증가한다는 사실이 확인되었다(Rubery and Sheldrake, 1973). 그래서 세포는 IAAH가 농도차에 따라 확산될 때에 세포벽 공간으로부터 옥신을 흡수한다. pH 값이 약 7.0인 세포질에서는 IAAH가 IAA^-과 H^+으로 해리된다. 세포벽 공간과 세포질 사이의 pH 차이는 IAAH 농도 기울기를 유지시키게 되며, 그래서 IAAH가 계속 세포내로 이동하게 된다. 이것은 또한 세포내에 음이온 상태의 옥신(IAA^-) 축적을 유도하는데, 왜냐하면 IAA^-은 쉽게 세포막을 통과하지 못하기 때문에 세포 안에 붙잡혀 있게 된다.

세포내로 향하는 IAAH의 확산과 세포 아래 기저부에 주로 분포하는 옥신 운반체의 존재가 바로 옥신의 극성 이동 모델의 주요 내용이며, 이 모델을 M. H. Goldsmith(1977)는 "극성 화학삼투 확산설(chemiosmotic polar diffusion hypothesis)"이라 하였다(그림 17-10). 이 모델에서, 세포 아래 기저부에 존재하는 옥신 운반체는 세포내에서 세포 밖으로 IAA^-의 방출을 촉매하는 IAA^- 단일수송(uniport)이 된다. 음이온으로 하전된 IAA^-의 방출은 또한 원형질막에 나타나는 정상적인 막 전위(막의 바깥쪽에 양전하의 분포)에 의해 촉진된다. 일단 세포벽 공간에서 IAA^-은 IAAH로 전환되고, 그것은 다시 세포벽을 통해서 확산되어 바로 아래에 인접해 있는 세포내로 흡수된다. 비슷한 방식으로, 세포내에서 만들어진 IAA^-도 세포 아래쪽 기저부로 확산되거나 혹은 세포질 유동에 의해 이동하는데, 여기에서 다시 세포벽 공간으로 배출된다. 이런 방법으로 해서, 연속적으로 존재하는 일련의 세포 사이에서 기저부를 향한 옥신의 하향적(basipetal) 극성 이동이 일어난다. 원형질막에 위치한 ATP 의존성 양성자 펌프는 세포질내의 양성자(H^+) 축적을 억제하고, 세포벽 환경의 산성화와 막전위를 유지시키기 위해 작동한다.

비록 양성자가 첨가된 IAA(즉, IAAH)가 세포벽 공간으로부터 세포내로 확산될 수 있다 하더라도, 애기장대의 *AUX1* 유전자에 관한 최근의 연구에 의하면 IAAH 흡수에서도 운반체 단백질이 또한 관련되어 있다고 한다. *AUX1* 유전자는, 이 유전자 자리에서 돌연변이가 일어났을 때 IAA^- 저항성 뿌리 생장과, 곁뿌리 발생의 감소 및 중력에 대한 뿌리의 반응 감소를 나타내는 점으로 보아 옥신 대사와 이동에 관련된 것으로 보인다. 이런 표현형은 IAA의 흡수 능력이 감소된 식물에서도 나타난다. Bennett 등(1996)은 *AUX1* 유전자를 클로닝하여 이 유전자의 단백질내 폴리펩티드 서열이, 아미노산/양성자(H^+) 운반체 역할을 하는 이미 알려진 아미노산 permease의 폴리펩티드 서열과 비슷함을 발견하였다. IAA와 트립토판 사이의 구조적 유사성과 함께 단백질 동질성 때문에, Bennett 등은 *Aux1* 단백질이 옥신/양성자 운반체로서 기능을 할 것이라고 제안하였다. 그러므로 IAAH의 흡수와 세포 아래 기부에서의 IAA^-의 방출 모두는 운반체 단백질에 의해 중재되는 것으로 보인다. 흡수 운반체가 세포의 위 부분에만 국한되어 있는지, 아니면 보다 균등하게 분포하고 있는지는 아직 알려져 있지 않다. 어떠하든간에, 흡수 운반체가 실제적으로 극성 확산을 변화시키지는 않는다. 옥신의 극성 이동에 관한 핵심은 IAA^-이 세포막을 통과하여 확산할 수 없다는 것과 세포 아래에만 제한적으로 IAA^- 방출 운반체가 분포한다는 사실에 있다. 흡수 관련 permease는 단지 단순 확산에 의해서만 예상될 수 있는 것보다 더 빠른 IAAH의 흡수를 보장해 줄 뿐이다.

극성 이동은 귀리나 옥수수의 자엽초 절편, 콩의 하배축 절편, 혹은 어린 완두의 상배축과 같은 유식물의 조직에서 가장 널리 연구되었다. 성숙한 조직을 대상으로 옥신 이동을 연구한 경우는 별로 없다. 그러나, 한 연구에서 W. P. Jacobs는 열대성 관상용 식물인 *Coleus* 줄기 절편에서 옥신의 일부 상향적(acropetal) 극성 이동을 발견하였다. 상향적 이동에 대한 하향적 이동의 출현 비율은 약 3 : 1 이었다(Jacob, 1979). 어린 식물의 조직에서 옥신 이동은 엄밀히 말하자면 전통적으로 믿어왔던 것 같은 극성 이동은 아니다. 일부 제한된 IAA의 상향적 이동이 귀리와 옥수수 자엽초 절편에서 보고되었다.

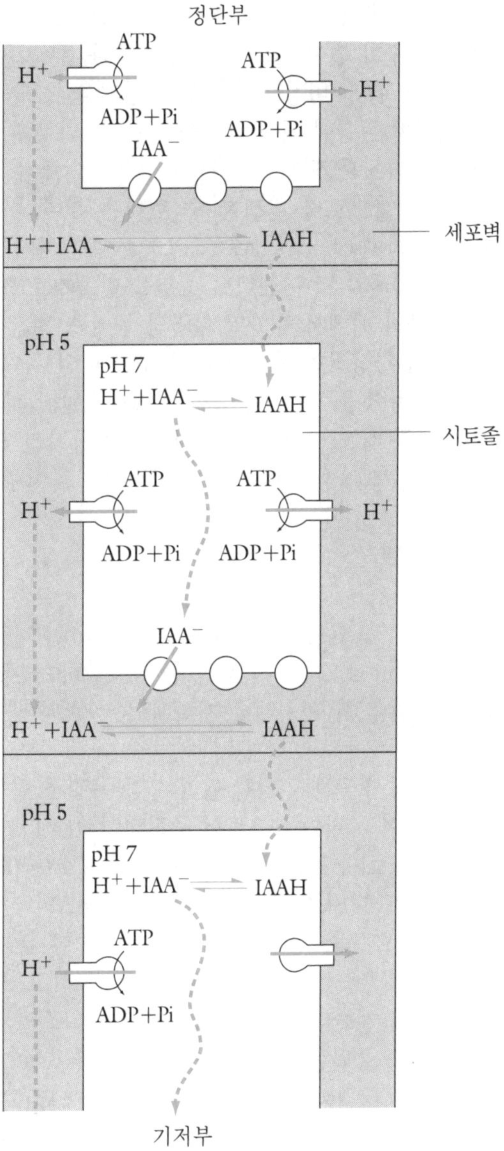

〈그림 17-10〉 식물 조직에서 IAA의 극성 이동에 관한 극성 화학삼투 확산 모델

산성을 띠는 세포벽 공간(pH 5.0)에서 만들어진, 양성자가 첨가된 IAA(즉, IAAH)가 세포내로 쉽게 확산하거나 혹은 H^+/IAA 운반체에 의해 흡수된다. 세포질 안(pH 7.0)에서 IAAH는 양성자를 방출하여 IAA^-가 되며, 이것은 세포 아래(base)에 있는 운반체를 통해서만 세포 밖으로 빠져나갈 수 있다. 막에 결합된 ATPase가 양성자 펌프 역할을 하여 막을 경계로 해서 적당한 pH 차이를 유지시켜 주며 그리고 IAA가 같은 방향으로 이동되기 위한 양성자를 제공한다.

끝으로, 비극성적 옥신 이동에 관한 일부의 예가 있다. 성숙한 잎에 외부에서 가해진 IAA는 관다발 조직을 통해서 당과 함께 운반된다. 관다발 조직에서 비활성형 IAA 접합체의 이동이 앞에서 언급된 바 있다. 이 경우에, 접합체는 관다발 조직 요소로부터 빠져나온 지점에서 가수 분해되어 아마도 활성화되어 그런 다음에 극성 이동 흐름으로 들어갈 것이다.

최근에는, 식물 발달에서 전통적 방법으로는 수행할 수 없는 옥신의 역할을 탐구하는 데에 극성 이동 억제제가 유용한 도구가 될 수 있음이 입증되었다. 한 가지 예가 애기장대의 꽃눈 형성의 초기 단계에 있다(Okada et al., 1991). *Pin1*은 비정상적인 꽃눈 발달을 초래하는 애기장대의 돌연변이체이다. 옥신의 극성 이동이 역시 *Pin1* 돌연변이 현상에 의해 영향을 받는다. 외부에서 공급된 ^{14}C-IAA의 극성 이동이 정상의 경우보다 약 10% 감소된다. 여기에서 흥미 있는 것은, 돌연변이체와 같은 표현형이 정상 식물에다 옥신 이동 억제제인 HFCA 혹은 NPA를 가함으로써 발생할 수 있다는 것이다. 그와는 달리, 또 다른 옥신 길항물질(antagonist)인 2-[p-chlorophenoxy]-isobutyric acid(CPIB)는 옥신 활성을 억제하는 것으로 알려졌으나, 극성 이동을 간섭하지는 않으며 돌연변이체와 같은 표현형 성질을 만들지도 않는다. 또 다른 연구에서, Liu와 그 동료들은 HFCA가 배양된 겨자 식물의 배에서 융합된 자엽의 형성을 촉진한다는 것을 보고하였다(Liu et al., 1993). 그러므로 HFCA는 두 자엽의 정상적인 발생과 초기 구형 배의 축대칭(axial symmetry)으로부터 보다 진보된 좌우 대칭을 지닌 배로 전환되는 것을 간섭하고 있다. 옥신은 발달 과정에서 중요한 역할을 할 뿐만 아니라, 옥신의 극성 이동 그 자체가 꽃눈과 배 발달의 초기 단계에서 결정적인 요소가 된다. 이런 연구들은 옥신의 극성 이동 억제제가 식물 발달의 시료로서 어떻게 이용될 수 있는지를 보여주고 있다.

IAA의 산화

수용액에서 IAA는, 리보플라빈(riboflavin)과 같은 색소의 존재하에서 산(acid), 자외선, 이온화 방사선(ionizing radiation) 및 가시 광선 등을 포함하는 여러 요인에 의해 쉽게 파괴된다. 그러나, 가장 흔한 IAA 파괴 형태는 적당한 산화 환원계 존재하에서, 산소와 과산화물(peroxide)이 각각 독자적으로 또는 연합해서 일으키는 것이다.

잎의 수용성 추출물에 의한 귀리 생장-촉진 물질의 불활성화 현상이 1930년대에 최초로 보고되었는데, 이 때 이미 생장 활성 물질이 IAA로서 동정되어 있었다. Tang과 Bonner(1947)는 식물 추출물에서 IAA 불활성화에 관련된 효소를 처음으로 분리하였으며 이 효소를 **IAA oxidase**라 하였다. 그 후에 플라보 단백질과 같이 과산화효소(peroxidase)가 CO_2를 발생시키면서 IAA의 산화를 촉매하고 있음이 알려졌다(Galston et al., 1953). IAA의 산화적 탈카르복실화(decarboxylation)는 현재 여러 다양한 식물로부터 과산화 효소에 의해 촉매되고 있음이 알려졌다. 식물 종에 따라 효소 작용에 있어 요구되는 것이 다르며 심지어는 한 종 안에서 여러 동질 효소(isozyme)가 관계한다. 과산화 효소에 의한 IAA의 산화적 탈카르복실화는 현재 일부 생리학자들에 의해서 IAA oxidase 작용과 동일한 것으로 인식되고 있다(Reinecke and Bandurski, 1987).

IAA 산화는 황백화된 완두의 상배축에서, 그리고 최근에는 정제된 서양고추냉이(horseradish)의 과산화 효소를 가지고 많은 연구가 이루어졌다. 서양고추냉이의 과산화 효소계는, 비록 망간 이온, 단순한 monophenol, 그리고 m-diphenol 등이 반응 속도를 증가시키더라도 조효소의 첨가 없이도 산화적 탈카르복실화를 촉매한다. 그런데 한편, p-diphenol, o-diphenol와 polyphenol 들은 일반적으로 IAA 산화를 억제한다. 이런 종류의 화합물은, 리그닌 생합성 및 또 다른 물질 대사 경로의 선구 물질로서 천연적으로 식물체에 나타나는 다양한 생성물을 포함하고 있다. 이들 화합물이 생체내에서 IAA의 과산화적 산화 반응에서 조절 기능을 한다고 제안되었다.

〈그림 17-11〉은 IAA의 산화적 탈카르복실화 대사 경로를 보여주는 것이다. 효소 추출물에 의한 중요한 최종 산화 산물은 3-hydroxy-methyl-oxindole과 3-methyleneoxindole이다. 이들 화합물이 또한 생체내에서 검출된다는 일부 증거가 있다. Indole-3-aldehyde를 생성하는 또 다른 경로가 토마토, 보리, 완두, 그리고 콩 줄기 등에서 입증되었다.

IAA 산화의 마지막 산물이 생리적으로 불활성형이기 때문에, IAA 산화는 일단 호르몬이 자신의 목적을 성취한 후 그 호르몬을 제거하는 데 있어 효과적인 방법이 된다. IAA oxidase 활성도는, 많은 옥신을 요구하면서 활발하게 생장하는 어린 조직보다는 생장을 하지 않는 늙은 조직에서 일반적으로 더 높게 나타난다. 이러한 산화적 파괴는 IAA를 활성형 IAA의 풀에서 비가역적으로 제거하기 위해 알려진 유일한 수단이며 또한 IAA에 의해

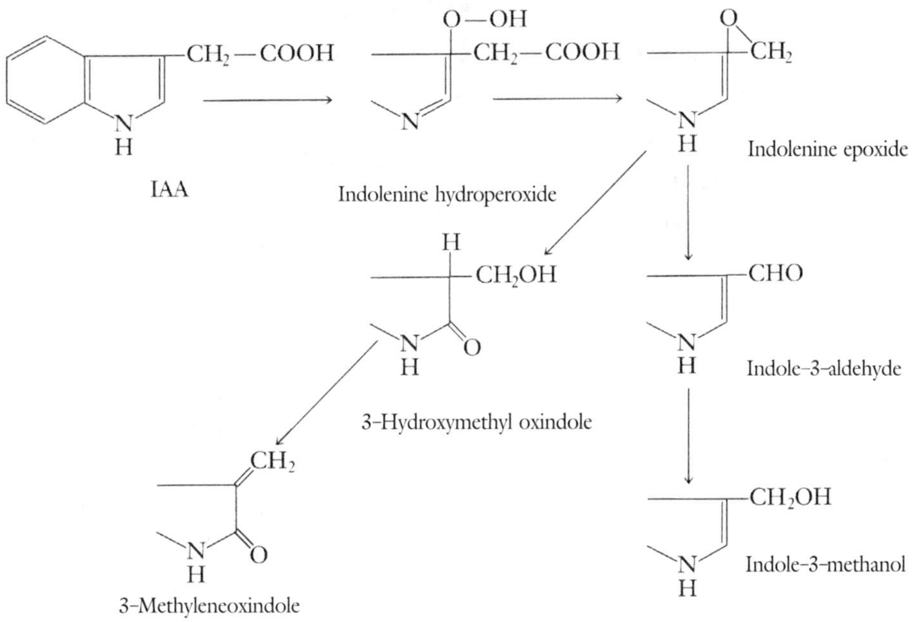

〈그림 17-11〉 IAA의 산화적 분해에 관한 대사 경로의 개요

중재되는 반응을 조절하는 데 있어 매우 중요하다. 접합체 형태로서 IAA를 저장한다는 것은 결국 IAA 자신을 산화적 파괴로부터 벗어나도록 면역화한다는 데에 주의할 필요가 있다.

지베렐린의 생합성과 대사

지베렐린은 디테르페노이드 화합물로서, 생합성적으로는 카로테노이드 및 이소프렌(isoprene) 유도체와 관련이 있다. 지베렐린은 2-β-히드록시화 혹은 배당체 접합체로의 전환 등에 의해 불활성형으로 전환됨으로써 활성 호르몬 풀에서 제거된다.

일반적으로 세 가지의 중요한 지베렐린 생합성 장소가 알려지고 있는데, 즉 발달중인 종자와 열매, 발달중인 정단아를 지니고 있는 어린 잎과 신장 중에 있는 슈트, 그리고 뿌리의 정단 지역이 그에 해당한다. 비성숙한 종자와 열매는 현저한 지베렐린 생합성 장소이다. 이런 사실은 어린 열매와 종자가 많은 양의 지베렐린을, 특히 그것들이 신속하게 생장하는 동안에 더욱 많이 포함하고 있다는 관찰 결과에 근거하고 있다. 게다가, 야생 오이(*Marah macrocarpus*)와 완두 등의 많은 종자 추출물은 활발한 지베렐린 생합성을 수행할 수 있다. 지베렐린의 생합성 장소는, 호박과식물에서는 발달중인 배유이며, 콩과식물에서는 어린 자엽이고 곡물류 식물에서는 배반에 있다. 종자가 성숙함에 따라, 지베렐린 생합성 대사는 '지베렐린-당'과 같은 접합체 합성을 더 선호하는 쪽으로 바뀌게 된다.

지베렐린 생합성이, 열매와 종자에서처럼 슈트와 뿌리에서 일어난다는 명확한 증거를 얻기가 쉽지 않다. 그 이유의 일부는 지베렐린 함량 수준이 영양기관 조직에서는 매우 적기 때문이다. 영양기관 조직은 또한 지베렐린 대사와 관련된 효소 수준이 생식기관 조직에 비해 적다는 것을 암시하는 매우 낮은 효소 활성을 지니고 있다. 영양 조직에서의 지베렐린 합성은 조직 추출액에서의 지베렐린 출현과 지베렐린 생합성 억제제 효과에 의

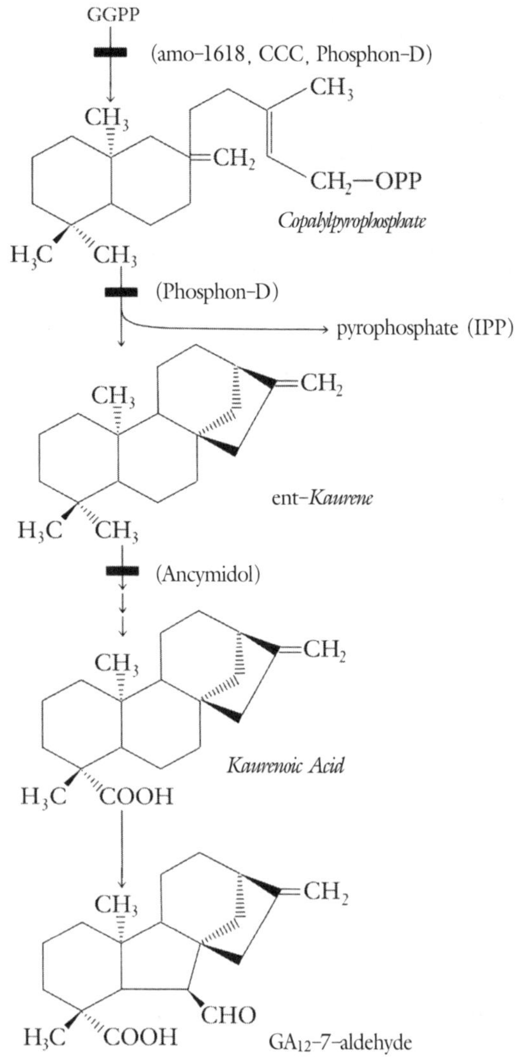

〈그림 17-12〉 지베렐린의 생합성
Geranylgeranyl pyrophosphate가 GA_{12}-7-aldehyde로의 전환. GA_{12}-7-aldehyde는 불활성형이나, 모든 다른 지베렐린의 선구 물질이 된다. 지베렐린 생합성을 억제하는 antigibberellin(난쟁이 유발 요소)의 위치가 제시되고 있다.

해서 일반적으로 지지되고 있다(그림 17-12 참조). 예를 들면, 뿌리에 (2-chloroethyl) trimethylammonium chloride(CCC, antigibberellin임)를 처리하면 뿌리 추출액에 존재하는 지베렐린의 양이 급속하게 감소한다. 더욱이, 어린 scarlet runner 콩(*Phaseolus coccineus*)에서 뿌리 정단부를 제거하면 슈트의 생장이 감소되고 GA_1이 사라진다(Crozier and Reid, 1971).

지베렐린의 생합성

지베렐린은 **diterpenoid acid**로서, 화학적으로는 테르페노이드(terpenoid)로 불리는 천연적으로 출현하는 화합물과 관련이 있다. 테르페노이드는 보통 그것들의 화학적 구조에 근거해서 구별되는데, 이것들은 5탄소 화합물인 이소프렌(isoprene) 단위로 구성되어 있다(14장). 지베렐린 생합성은 보통 3 단계로 나누어진다. 지베렐린 합성의 첫째 단계는 14장에서 언급한 바와 같은 메발론산(mevalonic acid) 대사 경로로서, 다른 테르페노이드를 이끌어 낸다. 이 경로에서, 5-탄소(C_5) isoprenoid 단위인 isopentenylpyrophosphate(IPP)가 아세틸조효소 A(acetyl-CoA)로부터 합성되며, 그리고 C_{20}인 geranylgeranyl-pyrophosphate(GGPP)를 만드는 데 이용된다. 지베렐린 합성의 둘째 단계에서는 GGPP로부터 ***ent*-kaurene**이 생합성되고 그리고 이 kaurene이 **GA_{12}-7-aldehyde**로 전환된다(그림 17-12). GA_{12}-7-aldehyde는 진정한 지베렐린 고리 시스템을 지닌 이 경로에서의 최초의 화합물이며, 이것은 알려진 모든 지베렐린의 선구 물질로 생각된다. GA_{12}-aldehyde의 생성 경로가 광범위하게 연구되어 왔으며 이 경로는 *G. fujikuroi*라는 곰팡이와 지금까지 연구된 모든 고등 식물에서 같은 것으로 생각되고 있다. 셋째 단계는 GA_{12}-7-aldehyde로부터 모든 지베렐린을 합성하는 단계이다.

GGPP로부터 지베렐린 합성에 있어서 처음의 두 반응 단계는 copalylpyrophosphate를 만들기 위한 GGPP의 고리화 반응(cyclization)과, 그로부터 kaurene으로 전환되는 반응이다(그림 17-12). Amo-1618, CCC 및 phosphon-D와 같은 antigibberellin(식물의 난쟁이 유발 인자)들에 의해 억제되는 반응은 바로 이들 두 개의 고리화 반응 단계이며, 이 때문에 식물에서 지베렐린 결핍 현상이 유도되어 생장이 감소한다. 고리화 반응 후, kaurene의 19번 탄소는 $CH_3 \rightarrow CH_2OH \rightarrow CHO \rightarrow COOH$로 이어지는 반응 계열에서 3번의 연속 산화를 거쳐 kaurenoic acid를 형성한다. Kaurene이 산화되어 kaurenoic acid로 되는 반응은 또 다른 난쟁이 유발 인자인 ancymidol에 의해 억제된다. 마지막의 두 반응은 7번 탄소 위치에서 히드록시화(hydroxylation) 반응과 GA_{12}-7-aldehyde를 형성하기 위해 7번 탄소가 이탈되는 고리 구조의 수축 과정이다.

위에서 언급되었듯이, GA_{12}-7-aldehyde는 진정한 의미의 지베렐린 골격 구조를 가진 최초의 화합물이며 다른 지베렐린의 선구물질이기도 하다. 7번 탄소에 있는 알데히드기가 카르복실기로 산화됨으로서 GA_{12}가 만들어진다. 이 카르복실기는 모든 GA가 다 갖고 있는 것으로서 GA가 생물학적 활성을 나타내기 위해 필요한 것이다. C_{19}-GA는 20번 탄소가 계속해서 산화되어 제거됨으로써 생성된다. GA_{12}-7-aldehyde로 생합성되는 경로는 모든 식물에서 동일하지만, 그 이후의 대사 경로는 식물 속(genus)에 따라서 또는 심지어 같은 식물 내에서도 조직에 따라서 다양해진다. 완두 종자 및 어린 식물내에서의 지베렐린 사이의 상호 전환 관계가 〈그림 17-13〉에 제시되어 있다. GA_{20} 과 GA_1을 유도해 내는 13번 탄소의 히드록시화 경로(굵은 화살표)가 아마도 광범위하게 고등 식물계내에 출현하는 것으로 생각된다.

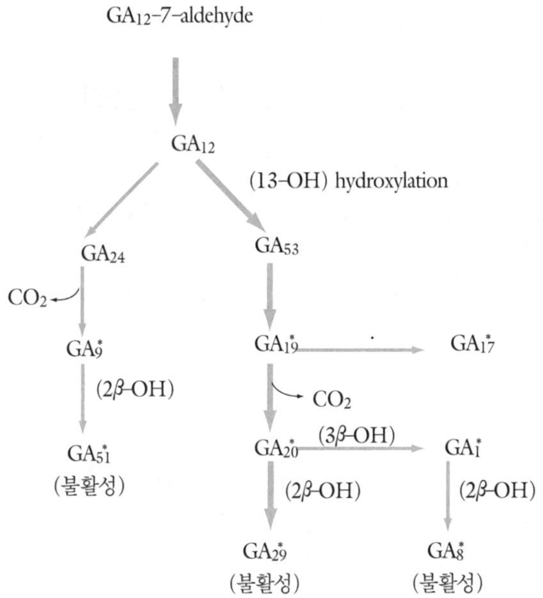

〈그림 17-13〉 완두(*Pisum sativum*)에서 제안된 지베렐린의 생합성 경로

굵은 화살표로 표시된 주된 경로는 종자와 슈트 기관에서 나타난다. 가는 화살표로 나타낸 경로는 단지 슈트에서만 출현한다. 별표(＊)는 이미 알려진 내재성 형태의 GA이다. 그림 상에서 히드록시화 반응 단계가 제시되고 있다.

지베렐린의 대사와 이동

활발하게 생장하고 있는 미성숙한 덩굴강낭콩의 종자에서, 비록 적은 양의 GA_4, GA_5, GA_6(모든 C_{19} GAs), GA_{37} 및 GA_{38}(C_{20} GAs)도 발견되지만, 주된 유리 상태의 지베렐린은 GA_1과 그것의 2-β-hydroxyl 유사체인 GA_8이다. 그러나, 성숙한 종자는 주로 GA_8-glucoside를 포함하고 있으며, 또한 이보다 적은 양의 GA_1, GA_4 및 GA_{37}의 글루코실 에스테르(glucosyl ester)와 GA_{38} 글루코실 에스테르도 지니고 있다. 옥신과 마찬가지로, 이런 접합체 형태는 아마도 종자 발아시 가수분해 작용에 의해 유리 상태의 활성 호르몬으로 전환될 수 있는 불활성형 저장 호르몬인 듯하다.

지베렐린의 이동에 관한 연구는 주로 방사선으로 표지된 GA를 줄기나 자엽초 절편 조직에 처리하는 실험에 의해 수행되어 왔다. 지베렐린은 물관부와 체관부 수액에서 검출된다. 지베렐린의 이동은 옥신 경우처럼 극성을 보이지 않으나, 그러나 '공급원-수용부(source-sink)' 관계에 따라 체관부 이동 유기물과 함께 수송된다. 지베렐린이 실제로 물관부 안에서 이동하는지의 여부는 분명하지 않지만 지베렐린은 단순히 체관부로부터의 측면 이동에 의해 그 곳에 도달할 수도 있다. 그와는 달리, 뿌리 끝에서 합성된 지베렐린이 물관부의 수액 흐름을 통해 식물체내 지상부로 분포해 나갈 수도 있다. 지베렐린이 유리 상태의 호르몬으로 이동하는지 혹은 접합체 형태로 이동하는지는 아직 분명하지 않은 실정이다.

시토키닌의 생합성과 대사

시토키닌은 이소펜테닐기(isopentenyl group)와 AMP의 아미노기가 축합되어서 합성된다. 시토키닌은 또한 당과 접합체를 만들기도 하며, 그리고 산화 반응에 의해 대사된다.

뿌리는 고등 식물에서 중요한 시토키닌의 생합성 장소가 된다. 고농도의 시토키닌 함량이 뿌리, 특히 세포 분열이 활발히 일어나는 뿌리 정단부와 여러 식물의 물관부 수액에서 발견된다. 모두는 아니지만, 뿌리가 대부분의 식물에서 시토키닌의 중요한 원천이 되며 이 시토키닌은 물관부를 통해서 식물의 지상부로 이동된다고 일반적으로 믿어지고 있다. 이런 결론의 간접 증거는, 많은 식물 종에서 분리된 잎이 만약 부정근이 잎자루 기부에서 형성될 수 있도록 조건을 맞추어 준다면 물이 공급된 모래판에서 죽지 않고 생존을 유지할 수 있다는 관찰 결과로부터 제공되었다. 만약 뿌리가 형성되지 않거나 혹은 뿌리가 형성될 때 제거되면, 잎은 신속하게 노쇠를 진행시키게 된다. 분명히 노쇠 지연은 시토키닌에 기인하는 것이며, 그 시토키닌은 뿌리에서 합성되어 관다발 조직을 통해 잎으로 이동한다.

미성숙 종자와 발달 중에 있는 열매는 높은 수준의 시토키닌을 포함하고 있는데 천연적으로 출현하는 최초의 시토키닌은 옥수수의 배유와 발달 중인 서양 자두 열매에서 분리되었다. 종자와 열매가 시토키닌을 합성할 수 있다는 일부 증거가 있지만, 그 반대되는 증거도 또한 있다. 그래서, 발달 중인 종자는 그 자신의 높은 대사 활성과 신속한 생장 때문에 뿌리로부터 이동된 시토키닌의 단순한 '수용부(sink)' 로서 역할을 할 가능성도 있다.

시토키닌의 생합성

시토키닌은 세포에서 tRNA 분자의 변형된 염기 형태로서 흔하게 발견된다. 메틸화된 퓨린과 같은 변형된 염기와 함께, 이 시토키닌은 tRNA의 전사 과정에 병합되지 않으며, 전사후 조절과정(post-transcrptional processing) 동안에 합성된다. 예를 들면, Δ^2-isopentenyl pyrophosphate를 적절한 tRNA의 아데노신 잔기와 축합시켜 [9R]iP를 만드는 반응을 촉매하는 효소가 박테리아(*Escherihia coli*)와 옥수수 둘 모두에서 분리되었다. 생체내에서 제아틴을 생성하기 위한 히드록시화(hydroxylation) iPP tRNA로 병합되어 들어가기 전에 일어나는지 혹은 후에 일어나는지는 아직 알려져 있지 않다.

tRNA가 시토키닌을 포함하고 있기 때문에, 어쩌면, tRNA가 자신을 구성하는 성분 물질로 가수 분해되는 것이 식물 세포내에 유리 시토키닌의 출현을 일으키는 것이 아닌가 하고 의심해 볼만도 하다. 그러나 이것은 여러 이유로 가능성이 없어 보인다. 제아틴의 경우, 그것은 *cis* 형태이거나 혹은 *trans* 형으로 존재하는데, 유리 상태의 시토키닌과 tRNA 시토키닌은 구조적으로 다르다. 즉, 유리 제아틴은 주로 *trans*형인 반면에, tRNA에서 발견된 제아틴은 *cis*형이다. 게다가, 시토키닌은 심지어 조직 배양시 조직 생장을 위해 외부에서 공급해 주어야 하는 시토키닌이 바로 그 조직내의 tRNA에서도 발견된다. 마지막으로, tRNA의 대사 전환율(즉, 합성과 가수 분해의 균형을 의미함)은 일반적으로 대부분의 조직에서 보게 되는 유리 시토키닌의 함량 수준과, 또는 생체내에서 유리 시토키닌내로 빠르게 병합되어 들어가는 ^{14}C로 표지된 아데닌을 설명하기에는 너무 낮다고 생각되고 있다. tRNA의 가수 분해가 세포내 유리 시토키닌의 풀에 일부 기여를 하는 것도 가능한 듯 보이지만, 대부분의 유리 시토키닌은 신생합성에 의해 생성된다는 것이 지배적인 생각이다.

Adenosine-5′-monophosphate로부터 시토키닌을 직접 신생합성하는 데 관여하는 효소가 변형균인 *Dictyostelium discoideum*, 담배 캘러스 조직 및 근두암종 조직에서 분리되었다(그림 17-14). 이 반응은 누클레오티드에게만 특이성을 보인다. 즉, 이 효소는 이소펜테닐기를 아데닌이나 혹은 아데노신에게는 첨가시키지 않는다. 반응 산물인 [9R-5′P]iP는 천연적으로 출현하는 모든 시토키닌의 선구 물질로 믿고 있다. 그러나, 어떠한 [9R-5′P]iP도 조직 안에 축적되지 않는다. 그것은 아마도 이 분자의 측쇄(side chain)가 빠르게 히드록시화되어 제아틴 리보누클레오티드를 만들기 때문인 것 같다. 측쇄에서 이중결합이 감소되면 디히드로제아틴(dihydro zeatin)이 만들어지며, 반면에 계속 인산기와 리보오스 잔기의 가수 분해가 일어나게 되면 제아틴이 생성된다.

시토키닌을 실험적으로 조직에 가하였을 때, 이것은 유리 염기, 리보시드(riboside) 및 리보티드(ribotide) 사이에서 서로 상호 전환하고 있음이 알려지고 있다. 이런 상호 전환이 C-M. Chen과 그 동료들에 의해 밀 생식질(wheat-germ)에서 광범위하게 연구되었다(Chen, 1982). 리보티드와 리보시드를 유리 염기(iP)로 가수 분해하는 반응을 촉매하는 효소는 물론 iP를 리보시드([9R]iP)로 전환시키거나 리보티드([9R−5′P]iP)로 전환시키는 것을 촉매하는 효소가 밀 생식질에서 동정되었다. 그러므로, 이러한 신속한 상호 전환 때문에 어느 것이 정말 활성형 물질인지를 확실히 하는 데 어려움을 갖게 된다.

시토키닌 대사와 이동

시토키닌의 활성 풀로부터 시토키닌을 제거함으로써 시토키닌의 활성 수준을 조절하는 두 가지 기본적인 과정이 있다. 즉, 포도당이나 아미노산과의 접합, 혹은 산화 과정이 그것이다. 포도당 접합체는 원래 퓨린 고리의 7번 혹은 9번 자리에 있는 질소에서 만들어지거나, 아니면 O-배당체처럼 측쇄에서 만들어진다(그림 17-15). 7-배당체와 9-배당체 모두가 생물학적으로 불활성형인 반면에, O-배당체는 생물학적으로 활성이 매우 높다. N-glucosyl 결합체는 매우 안정하며, 쉽게 가수분해되어 활성형 유리 염기를 만드는 것 같지는 않다. 그래서 이것들의 형성은 단순히 저장을 위한다기보다는 시토키닌의 불활성화를 위한 수단인 듯하다. 그와는 달리, O-배당체는 식물의 필요에 따라 쉽게 가수 분해되어 활성형 시토키닌을 만들어 내는 저장형 시토키닌인 것으로 생각된다.

시토키닌은 또한 아미노산인 알라닌과 함께 접합체를 형성한다(그림 17-15). 제아틴과 디히드로제아틴의 9-alanyl 접합체가 lupine(*Lupinus*)의 열매와 뿌리 마디, 비성숙 사과 종자 및 어린 콩에서 동정되었다. 이것들은 너무나 안정한 접합체이어서 아마도 N-glucoside처럼 시토키닌을 불활성화시키는 것 같다.

많은 조직의 경우에, 외부에서 공급된 시토키닌을 제거하기 위한 중요한 방법은 **시토키닌 산화효소**(cytokinin oxidase) 효소에 의한 산화 반응이다. 담배 조직, 옥수수 종자 및 근두암종 조직 등으로부터 부분 정제된 시토키닌 산화효소는 제아틴, 혹은 iP, 혹은 그것들의 리보실(ribosyl) 유도체로부터 측쇄를 잘라낸다(그림 17-16).

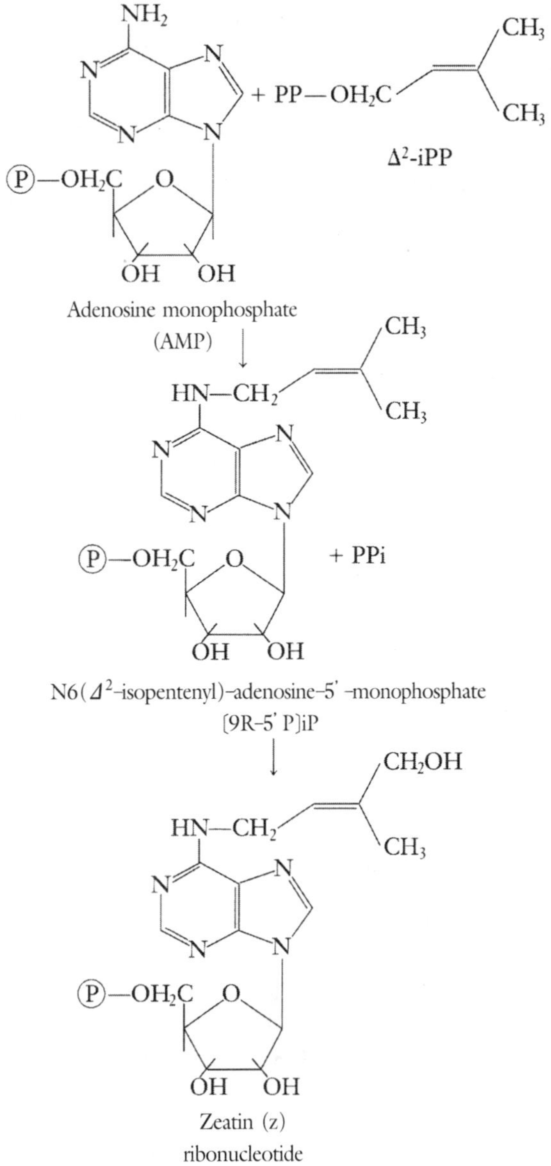

〈그림 17-14〉 시토키닌의 신생합성 경로
이 반응은 iso-pentenyltransferase에 의해 촉매된다.

앱시스산의 생합성과 대사

앱시스산은 40-탄소 화합물인 카로테노이드 전구 물질이 분해되어서 이것으로부터 합성되는 것으로 보이는 15-탄소 화합물인 이소프렌의 유도체이다.

앱시스산의 생합성 장소에 대해서는 상세히 알려진 것이 거의 없다. 앱시스산은 성숙한 녹색의 잎에 주로 지배적으로 존재하며 아마도 엽록체에서 합성되는 것 같다. ABA가 엽록체에 존재한다는 많은 보고가 있으며, Milborrow(1974)는 성숙중인 콩 열매와 아보카도(avocado) 잎에서 분리한 엽록체에서 ^{14}C로 표지된 메발론산으로부터 ABA가 합성되는 것을 입증하였다. 스트레스를 받은 식물과 받지 않은 식물에서, ABA의 합성과 대사에 관한 연구 결과는 스트레스에 의해 유도된 ABA 합성이 역시 엽록체에서 일어난다는 사실과 그리고 ABA는 신속하게 식물체내의 다른 기관으로 이동한다는 것을 보여주었다. 엽록체는 ABA 합성에 있어서 중요한 장소가

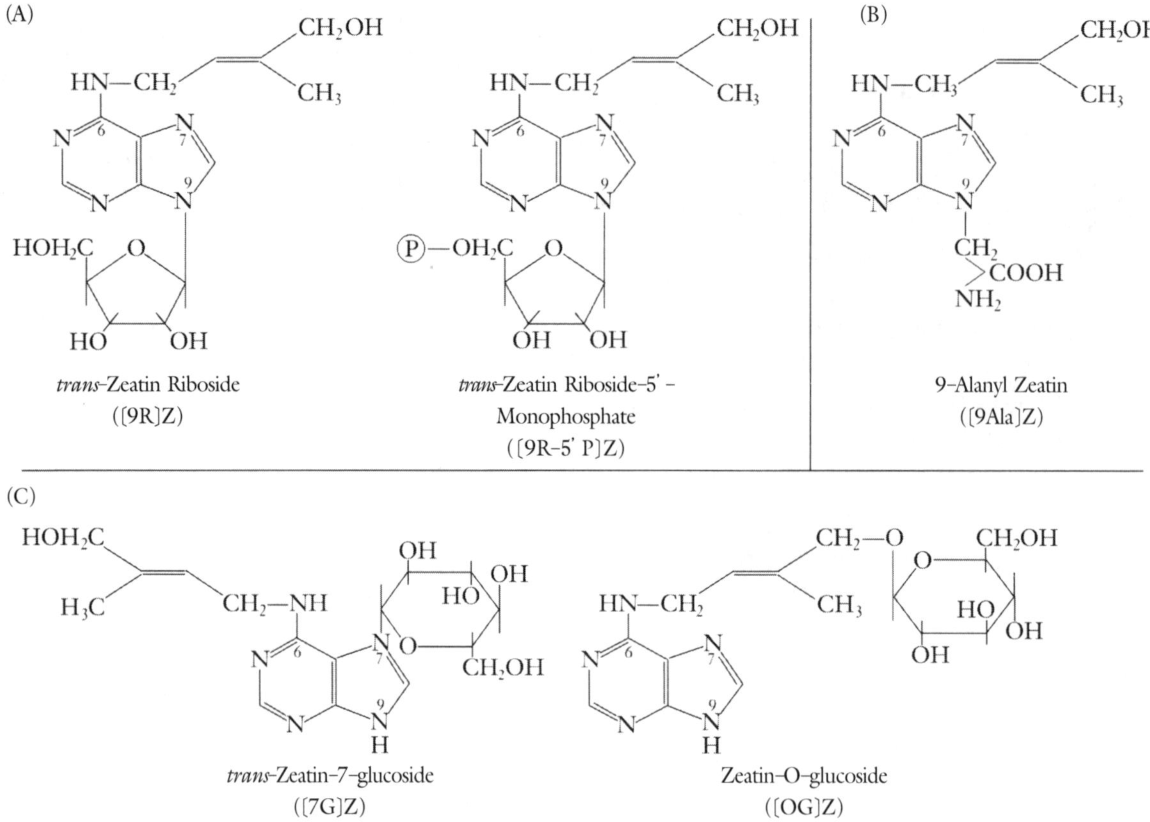

〈그림 17-15〉 일부 알려진 제아틴 접합체의 예
(A) 리보시드(riboside) 와 리보티드(ribotide). (B) 아미노산. (C) 배당체(glucoside).

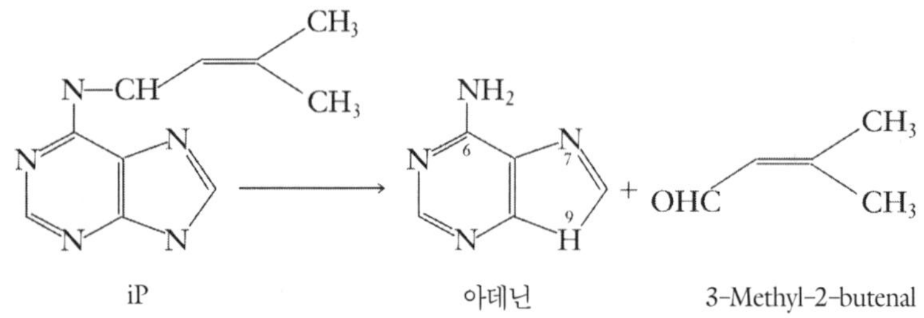

〈그림 17-16〉 시토키닌 산화효소에 의한 isopentenyl adenine(iP)의 산화적 분해

되나, 반드시 유일한 장소이어야만 할 필요는 없는 것으로 생각된다(22장 참조).

앱시스산은 15-탄소 화합물인 sesquiterpene이며, 이러한 탄소 원자의 수와 배열은 ABA가 또한 메발론산으로부터 기원된 것임을 의미하고 있다. 그러나, ^{14}C로 표지된 메발론산이 ABA내로 병합되어 들어간다는 사실 외에는, 생합성 경로의 세부 내용은 아직은 모호한 상태이다. 이 분야에 있어 발전이 느린 이유는 여러 가지가 있다. 다른 호르몬처럼, ABA는 대부분의 식물 조직에서 1 g의 생체량당 10 내지 50 ng 수준의 매우 작은 농도로 보통 존재한다. 수분 스트레스를 받은 잎에서만 1 g의 생체량당 400 ng 농도에 이르게 되며, 발달중에 있는 어린 종자만이 이 값을 초과한다. 더욱이, 예상되는 전구 물질이 쉽게 ABA내로 병합되지 않는다. 이것은 아마

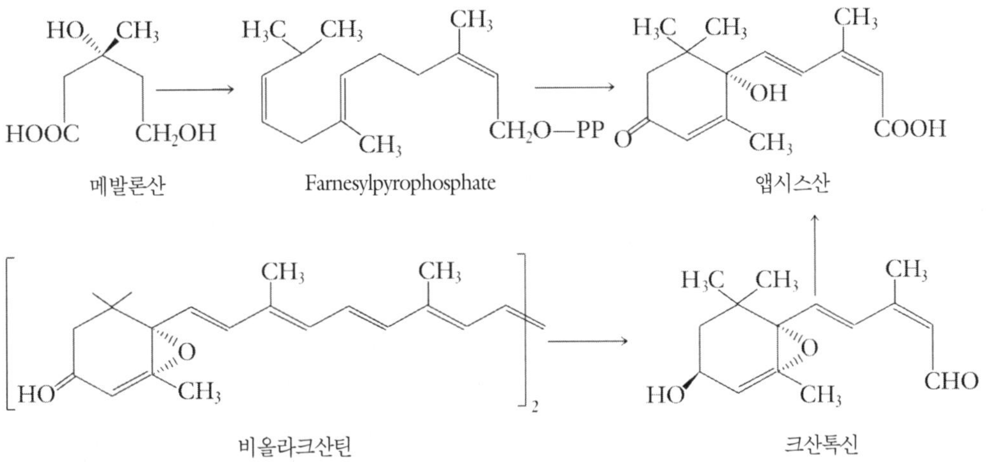

〈그림 17-17〉 메발론산 혹은 비올라산틴(diterpene)으로부터 앱시스산 생합성을 위한 가능성 있는 경로

도 ABA 합성이 일어나는 세포내로 흡수가 잘 안 되거나 혹은 용해도가 작기 때문일 수 있다. 그리고 그것은 또한 되먹임의 결과 때문일 수도 있는데, 이에 의해 ABA는 세포가 충분한 ABA 농도를 감지했을 때 다시 ABA의 생성을 억제한다. 만약 이것이 사실이고 세포가 이미 정상적인 수준의 ABA를 포함하고 있다면, ABA는 공급된 원료 물질로부터 거의 합성되지 않을 것이다.

ABA 합성에 관한 두 가지의 가능성 있는 경로가 있다. (1) 15-탄소의 전구 물질로부터 직접적인 합성 혹은 (2) 40-탄소의 크산토필(산소 원자를 지닌 카로테노이드, 그림 17-17)의 분해 과정이다. ABA의 직접적인 합성에서 가장 가능성이 큰 중간 산물은, 비록 그 직접 경로를 지지해주는 증거가 빈약하더라도, 15-탄소 화합물인 farnesylpyrophosphate일 것이다. 그와는 달리, **비올라크산틴**(violaxanthin)으로부터 ABA가 합성됨을 지지하는 증거가 점차 많아지고 있다. 첫째, ABA의 탄소 골격과 산소를 포함하는 치환체의 위치가 비올라산틴과 매우 유사하다. J.A. Zeevaart와 그 동료들은 여러 식물 종에서 수분 스트레스를 받은 잎과 수분을 많이 품은 팽팽한 잎에서, 안정한 산소 동위 원소인 $^{18}O_2$가 ABA내로 병합되는 것을 비교하였다. ABA의 카르복실기내의 $^{18}O_2$ 존재 양상은 크산토필의 분해 산물과 일치하며 수분 스트레스를 받은 잎에서 그것이 ABA내로의 신속한 전환 양상과 일치한다(Zeevaart, 1989). 둘째, 비올라크산틴은 광조건하의 생체외에서 식물체의 천연 성분으로 존재하는 15-탄소의 유도체인 크산톡신(xanthoxin)으로 분해될 수 있음이 알려졌다. 만약 방사선 동위 원소로 표지된 크산톡신이 콩이나 토마토 식물에 주입되면, 방사능의 일부가 ABA에 나타난다. 그러나, ABA가 결핍된 토마토 돌연변이체에서는, 방사선으로 표지된 크산토필이 ABA로의 전환되는 것이 상대적으로 정상 식물보다 낮게 나타난다(Neil and Horgan, 1985). 셋째로, 적어도 두 개의 연구 그룹이 스트레스를 받은 황백화된 콩잎에서 비올라크산틴의 소실량과 ABA량의 증가 사이에서 정량적인 관계를 보고한 바 있다(Parry and Horgan, 1991). 지금까지의 증거에 의하면 많은 식물에서 비올라크산틴 혹은 밀접한 관련이 있는 크산토필에서 ABA가 합성되는 것으로 점차 인정받고 있다.

흔히 ^{14}C로 표지된 ABA의 대사적 운명을 포함하여, 모든 ABA 대사에 관한 연구는 ABA가 비대칭 탄소 원자를 포함하고 있다는 사실에 의해 복잡화되고 있다. 비대칭 탄소 원자는 **거울상체**(enantiomer)로 불리는 두 가지의 다른 형태를 만든다. 그러므로 R-ABA와 S-ABA로 표현되는 두 개의 거울상의 ABA형 화합물이 있게 된다. S-ABA는 천연적으로 출현하는 거울상체이나, 대부분의 ^{14}C-ABA 주입 실험에서는 R- 형과 S- 형 모두를 혼합한 것을 이용한다. 두 거울상체의 ABA가 다른 속도로 대사되며 그것들의 대사 산물이 항상 똑같지는 않다는 증거가 있다. 그러므로 식물 조직에서 천연적으로 존재하는 것으로 보여질 수 있는 그들 대사 산물을 구별하는 것이 중요하며, 실험상에 있어서도 R-ABA 존재라는 인위적 요소가 되는 대사물을 구분하는 것이 중요하다.

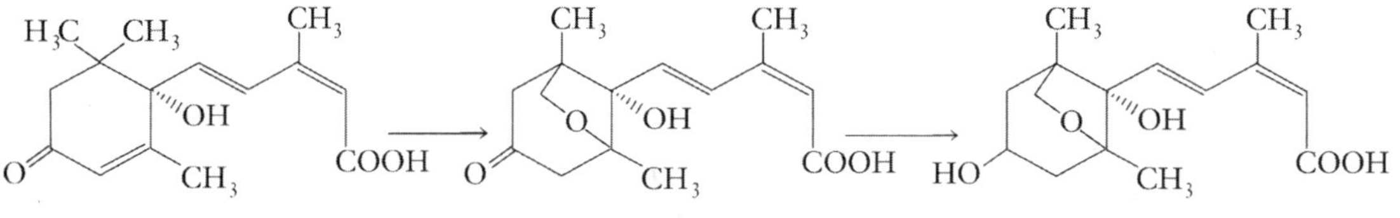

〈그림 17-18〉 앱시스산의 산화적 분해에 관한 예상 모델

앱시스산이 식물 조직에 가해졌을 때 신속하게 대사된다. 예를 들면, 시든 콩잎에서 ABA의 대사 전환율의 반감 시간은 대략 3시간이다. ABA-포도당 에스테르 화합물은 여러 식물에서 낮은 농도로 존재하고 있지만, 그것의 중요한 대사 경로는 phaseic acid(PA)로 산화되고 계속해서 고리 구조에 있는 케톤기가 환원되어 dihydrophaseic acid(DPA)를 형성하는 것이다(그림 17-18). 적어도 일부 조직에서는 그것은 더욱 대사되어 DPA의 4′-배당체를 형성한다. DPA와 그것의 배당체 모두는 대사적으로 불활성형이다. PA는 대부분의 생물 검정법에서 불활성형이거나 혹은 극히 낮은 활성을 보이지만, 보리 호분립 층의 α-아밀라아제 시스템에서 GA_3의 길항물질로써 같은 효과를 보인다.

ABA가 멀리 이동한다는 직접적인 증거는 별로 없다. 지베렐린처럼, ABA는 관다발 조직 외부에 있는 유조직 세포내는 물론 물관부와 체관부의 수액 모두에서 발견되며, 이동에 있어서 극성을 나타낸다는 증거는 없다.

에틸렌의 생합성과 대사

에틸렌은 아미노산인 메티오닌(methionine)으로부터 합성된 기체 형태의 탄화수소이다. 에틸렌 생성의 조절은 대사 반응 속도를 제어하는 ACC 생성효소의 전사 조절에 의해 이루어진다.

에틸렌은, 비록 그 생성률이 기관의 발달 단계에 좌우되면서 다양하게 나타나지만, 모든 식물의 기관 — 즉, 뿌리, 줄기, 잎, 알뿌리(bulb), 괴경, 열매, 종 등 — 에 존재한다. 에틸렌 생성은 또한 기관내에서도 조직에 따라 다르나, 흔히 주변 조직에서 생성된다. 예를 들면, 복숭아와 아보카도 종자에서, 에틸렌 생성은 일차적으로 종자 껍질에서 일어나며, 토마토 열매와 녹두 하배축에서는 표피 지역에서 에틸렌이 생성된다.

에틸렌이 일찍 발견되었음에도 불구하고, 식물 발달에서의 중요성, 에틸렌 화학, 에틸렌 생합성 경로 등을 밝히는 데 어려움이 있었다. 그 일부 이유는 식물 조직내에 존재하는 것으로 알려진 많은 잠재적 전구 물질(예, 당, 유기산 혹은 펩티드 화합물)이 있기 때문이다. 게다가, 지금까지도, 에틸렌 생성에 관련된 효소는 조직에서 분리해내기에 너무 불안정하다는 것이다. 결과적으로, 대부분의 연구가 생체내에서 본래의 이 같은 함정을 가진 채로 수행되었다.

M. Lieberman과 L. W. Mapson(1964)은 최초로 메티오닌이 시험관내의 비효소적 모델 시스템에서 에틸렌으로 전환되는 것을 보고하였다. 그 후의 연구에서, Lieberman과 동료들은 사과 열매 같은 식물 조직이 L-[^{14}C]-메티오닌을 [^{14}C]-에틸렌으로 전환시킨다는 것과 에틸렌이 메티오닌의 3번과 4번 탄소로부터 유도된다는 것을 확인하였다. 그 후, D. Adams와 F. Yang이 사과 조직에서 메티오닌이 에틸렌으로 전환될 때 아데노실메티오닌(S-adenosylmethionine; SAM)이 중간 대사 물질임을 입증하였다. 1977년까지는 별다른 진보가 이루어지지 않았다. 1979년에 더 나아가서 Adams와 Yang은 산소가 없는 조건하에서, L-[^{13}C]-메티오닌이 주입된 사과 조직내에 에틸렌 생성을 억제하는 것으로 알려진 1-aminocyclopropane-1-carboxylic acid(ACC)의 축적 현상을 증명하였다. 그러나, 다시 산소가 있는 환경이 설정되면, 표지된 ACC는 신속하게 에틸렌으로 전환된다. ACC는 1957년에 성숙한 사과로부터 분리된 비단백질성 아미노산이었지만, 이것과 에틸렌과의 관계는 그 당시

에만 해도 분명하지 않았다.

〈그림 17-19〉는 고등 식물에서 3단계 경로의 에틸렌 생합성을 나타내고 있다. 첫 단계에서는, ATP 분자에 의해 아데노신기(즉, 아데닌과 리보오스를 합친 것)가 메티오닌에 공급되어 SAM을 생성한다. 하나의 ATP 분자가 요구된다는 사실은, 에틸렌 생성이 산화적 인산화 반응 억제자인 2,4-dinitrophenol에 의해 억제된다는 초기의 증거와 일치하는 것이다. 메티오닌이 SAM으로 전환되는 것은 methionine adenosyltransferase에 의해 촉매된다.

SAM이 쪼개지어 5′-methylthio-adenosine(MTA)과 ACC를 만드는 반응은 **ACC** 생성효소에 의해 중재되는데, 이 반응은 대사 속도를 제한하는 단계이다. ACC 생성효소는 이 경로에서 자세하게 연구된 유일한 효소이다. 이 효소는 토마토와 사과 열매로부터 부분 정제되었는데, 그 이유는 이 효소가 불안정하고 조직내 적게 존재하며, 정제 기술의 발전이 느리기 때문이다. 최근에, ACC 생성효소 합성을 지시하는 유전자가 서양호박 열매(Sato and Theologis, 1989)와 토마토 과피 조직(Van Der Straeten et al., 1990)에서 분리되었다. 클론된 유전자는 대장균 박테리아와 효모에서 활성을 지닌 ACC 생성효소의 합성을 유도하였는데, 그로 인해 지금은 보다 많은 연구를 위한 충분한 양의 효소를 생산하는 것이 가능해졌다. 이 유전자를 다룸으로써 또한 에틸렌 합성의 조절에 관한 연구가 가능해졌다.

ACC를 에틸렌으로 전환하는 것을 촉매하는 효소 혹은 효소계를 일반적으로 **ethylene-forming enzyme** (EFE)이라 하는데, 아직은 분리되지 않고 있다. 이 시스템이 세포와 원형질체 및 온전한 액포 등에서 활발하게 연구되고 있다. 그러나, EFE 활성은 계면 활성제에 예민해서 원형질막 혹은 액포막이 파괴되자마자 곧 그 활성을 잃어버린다. 이것은 온전한 막을 요구하는 것이며, ACC 산화가 전자 전달 사슬 혹은 막을 가로지르는 양성자의 흐름에 연관되어 있음을 제시하는 것이다. EFE의 분리는 현재 에틸렌 연구의 중심 과제의 하나이다.

에틸렌 생합성에서 또 다른 중요한 면은 식물체에서 유용한 유리 메티오닌 양이 제한되어 있다는 것이다. 정상적인 에틸렌 생성률을 유지하기 위해서는, 황 원자가 메티오닌으로 다시 되돌아와야만 한다. 이중-표지(labeling) 실험에 의해, CH_3S-기가 한 단위(unit)로 회수되어서 재이용되고 있음이 알려졌다. 메티오닌의 남아있는 4개의 탄소는, 원래 SAM을 생성하기 위해 이용된 ATP 분자의 리보오스(ribose) 잔기에 의해 보충된다(그림 17-19). 아미노기는 아미노기 전달반응에 의해 제공된다.

에틸렌 생성은 IAA, 상처 및 수분 스트레스를 포함하는 여러 요인에 의해서, 그리고 특히 ACC 생성효소 합성의 유도에 의해서 촉진된다. 식물 조직에서 이 효소의 유도는 단백질과 RNA 합성 억제제에 의해서 방해받는

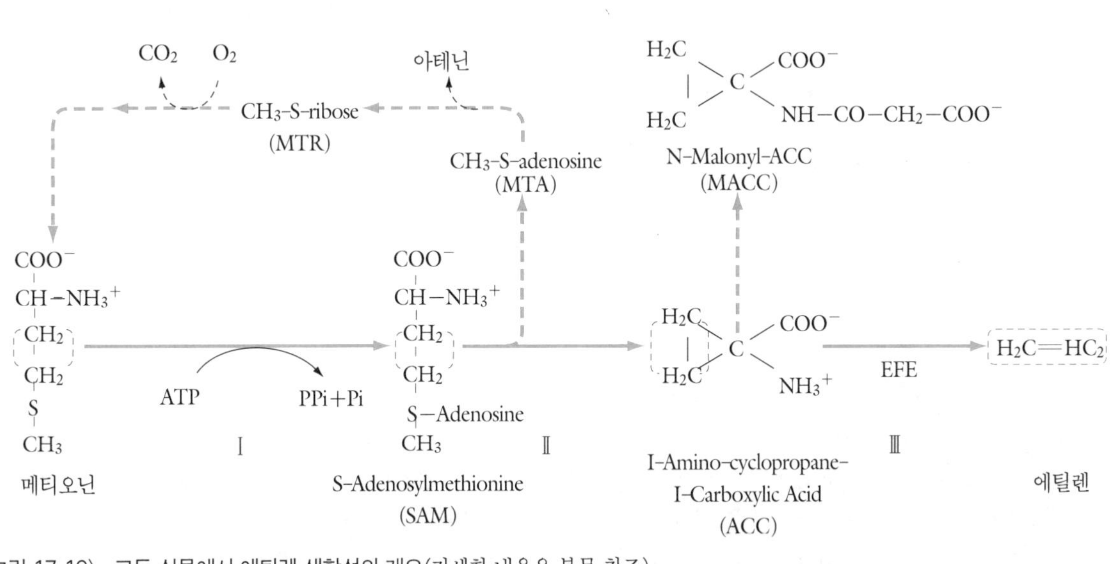

〈그림 17-19〉 고등 식물에서 에틸렌 생합성의 개요(자세한 내용은 본문 참조)

데, 이것은 아마도 이 효소의 유도가 전사 수준에서 일어나고 있음을 의미하는 것이다. 클론된 ACC 생성효소 유전자를 운반하는 대장균에서, ACC 생성효소의 mRNA 양은 역시 IAA와 상처에 반응해서 증가한다. 그러므로 에틸렌 생성의 조절은 일차적으로 ACC 생성효소 유전자의 전사 수준에서의 조절을 통해서 일어나고 있는 것으로 보인다.

호르몬 작용의 메커니즘

일반적으로 식물에서 호르몬 작용의 기본적인 메커니즘, 특히 옥신의 작용 메커니즘은 그들 호르몬이 발견된 이후 반세기 이상 우리에게서 벗어나 있었다. 비록 옥신이 광범위한 생장과 발달 반응에 관련되어 있는 듯 보이지만, 어떻게 옥신이 작용하는지를 이해하기 위한 노력은 주로 세포 확장에 있어서 옥신의 기본적인 역할에 집중되어 왔다.

옥신과 세포 확장

옥신에 의해 유도된 세포 확장은 매우 극적이다. 귀리 자엽초에서 세포 확장은 옥신 처리 후 10분 이내에 시작되며, 그것은 생장 속도를 10배나 빠르게 증가시킨다. 수 시간에서 수 일 걸리는 보다 복잡한 발달 반응과 비교할 때, 이처럼 짧은 기간내 일어나는 세포 확장은 호르몬의 일차적인 작용에 관한 연구를 위해 매력적인 수단이 된다. 정말로, 세포 확장은 식물에서 아마도 가장 많이 연구된 호르몬 반응일 것이다. 여러 이유로 인해, 그것은 또한 대표적인 논쟁거리의 하나가 되었다. 연구자들은 실험 증거의 유효성 혹은 자료 해석에 대해 항상 동의하지는 않는다. 대부분의 연구자들은, 사실상 여러 메커니즘이 관련될 수 있었을 때도 하나의 메커니즘으로 세포 확장이 설명될 수 있다는 가정에 의해 이끌려 왔다. 더욱더 혼란스러운 문제로서, 옥신 처리 후 30분 내지 90분 사이에 일어나는 최초의 생장 반응은 수 시간 후에 일어나는 평형 상태(steady-state)의 생장과는 다르다. 끝으로, 특히 오래된 참고 문헌은 많은 갈등을 보이는 결과들을 보여주고 있는데, 이것은 아마도 사용된 실험 조직의 선택에 의해 기인되는 것 같다. 예를 들면, 줄기 절편은 많은 종류의 세포 형태를 가지고 있고 그리고 각각의 세포 종류들은 옥신에 대해 다르게 반응을 한다. 그와는 달리, 암소에서 자란 귀리 자엽초에서, 모든 세포층을 구성하는 세포들은 거의 똑같이 반응을 한다(Cleland, 1987). 자엽초가 비교적 쉽게 그리고 빠르게 생장한다는 사실과 함께, 이런 성질은 거의 한 세기 동안 자엽초를 가장 인기 있는 실험 재료로 만들었다. 그러나, 자엽초가 단지 포아풀과(Gramineae)에서만 발견되는 오히려 분화된 기관임을 상기해야 한다. 그같은 현상은 흔히 녹색의 줄기에서는 동일한 방식으로 반응하지 않는다.

옥신에 의해 유도되는 세포 확장을 설명하는 두 가지 중요한 가설이 제안되었다. Watson과 Crick이 DNA 구조에 관한 그들의 유명한 논문을 발표한 직후인, 그리고 또한 DNA-RNA-단백질에 관한 교리가 우세하였던 1960년대에, 옥신은 세포 생장에 필요한 특정 단백질과 관련된 유전자를 활성화시킨다는 가설이 제안되었다. 이 유전자 활성화 가설을 지지해 주는 일부 증거가 있었지만 그 당시의 기술로는 호르몬의 일차적인 작용을 입증하는 데 요구되는 짧은 시간내의 mRNA와 단백질에 대한 정밀한 분석을 할 수 없었다. 그 사이에 한편, 산화적 인산화 반응에 관한 Mitchell의 화학 삼투설이 일반적인 인정을 받고 있었으며 세포막 및 세포막을 통한 이온 방출의 조절, 특히 양성자 펌프로서의 ATPase에 관심이 쏠리고 있었다. 두번째의 가설로서, 산성 생장설(acid growth theory)이 제시되었는데, 이 가설에 의하면 세포 확장은 옥신에 의해 유도된 양성자 방출에 기인한다. 현재의 재조합 유전자 기술은, 유전자-조절 가설을 다시 생각하게 하였고 또한 오늘날에는 유전자 활성화 가설과 산성 생장설 모두를 지지해주는 증거가 있다.

그 일차적인 작용이 무엇이든 간에, 옥신은 15장에서 제시한 식 〈15. 4〉 혹은 〈15. 5〉 상에 있는 하나 혹은 둘 이상의 변인에 궁극적으로 영향을 끼침으로써 세포 확장 속도를 변화시킬 수 있다. 예를 들면, 생장률의 증가는 세포벽 신장력(m)의 증가, 팽압(P)의 증가, 혹은 유연성 역치(yield threshold, Y)의 감소를 요구한다. (원형질막의 수압 전도도 L은 통상적으로 제한 요인이 아니다.) 미세 압력용 탐침을 사용하여서 직접 P 값을 측정한 결과, 완두 줄기의 절편에서 옥신이 생장률을 촉진시키는 동안 팽압은 거의 변화하지 않음을 보여주었다(Cosgrove and Cleland, 1983). 비록 Y 값을 직접 측정할 수는 없지만, 간접적인 실험 결과에 의하면 유연성 역치는 변화하지 않는다. 그것은 신장력(m) 문제를 남겨둔 것이다. 신장력은 평가하기가 어렵다. 그것은 한편으로는 속도 상수이고, 또 한편으로는 비가역적 변형을 겪는 세포벽의 능력에 대한 측정치이다. R. Cleland와 그 동료들은 모두 간접적이긴 하지만 신장력을 측정하기 위한 많은 실험을 고안하였다. 그 방법이 어느 것이든지 간에, 원리는 똑같은데, 즉 m 값에서의 변화는 세포벽의 물리적 성질, 특히 가소성(plasticity) 혹은 영구적인 변형을 진행시키는 세포벽의 능력과 같은 성질의 변화를 반영하는 것이다. 이들 시험의 근거에 의해서, 옥신에 의한 신속한 세포 확장의 유도는 m 값의 큰 증가를 동반한다는 일반적인 견해가 나왔다(Cleland, 1987). 옥신이 세포벽 신장력을 증가시켜 줌으로써 세포 확장을 촉진시킨다고 결론을 내리는 것이 합리적이다.

산성 생장설 1970년에 D. Rayle과 R. Cleland는 옥신에 의해 촉진된 세포벽 신장력의 증가를 설명하기 위해서 간단하지만 도전적인 가설을 제안하였다. 그들은 옥신이, 세포가 양성자를 방출하도록 촉진시켜서 세포벽 환경을 산성화한다고 제시하였다. 세포벽에서의 낮은 pH는 산성에서 최적 pH를 보이는 하나 혹은 그 이상의 세포벽 풀림(wall-loosening) 효소를 활성화시킨다. 산성 pH 조건이 세포 신장을 촉진시킨다는 생각은 1934년 이래 계속 알려져 왔기 때문에 새로운 것은 아니었으나, 산성 생장설을 옥신 활성과 연결시킨 이들의 업적은 옥신 연구에 큰 영향을 끼쳤다. 거의 같은 시기에 독일의 A. Hager는 비슷한 제안을 하였으나, 그는 한발 더 나아가서 옥신이 양성자 펌프 역할을 하면서 원형질막에 결합된 ATPase를 활성화시킴으로써 세포내의 양성자 방출을 촉진한다고 제시하였다. 〈그림 17-20(A)〉는 **산성 생장설**(acid growth theory)로 알려진 Cleland-Hager의 제안을 요약해서 나타내고 있다. D. L. Rayle과 R. E. Cleland(1992)는 산성 생장설에 관한 뛰어난 비평을 하였다. 비록 산성 생장설이 얼마 안 되는 식물 조직에서 시험되었지만(그것은 단지 귀리 자엽초를 통해서 시험되었음), 이 가설에 대한 증거는 일반적으로 지지되고 있다.

원형질막을 포함하여, 식물 세포막은 양성자의 기전성(起電性, electrogenic) 이동을 촉매하는 ATPase 효소를 포함하고 있는 것으로 알려져 있다. 그러나, 옥신-결합 단백질이 ATPase 활성을 보이지 않는다는 점을 주목하는 것이 중요하다. 그래서 원형질막 ATPase 자체가 옥신 수용체일 가능성은 거의 없다. 옥신은 식물 조직에 옥신 처리 후 약 8 내지 10 분이 경과될 때에 세포막의 과분극을 일으킨다. 이런 타이밍은 이전에 알려진 옥신에 의한 세포 신장의 개시와 일치하는 것이다. 세포막의 과분극은 전기를 일으키는 양성자 펌프인 ATPase의 활성화에 의해 기인된다. 옥신이 양성자 펌프로서 막에 위치한 ATPase를 활성화시키는 것으로 보이지만, 그러나 그것은 격리되어 있는 옥신-수용체 복합체를 통해서 간접적으로 작용하는 듯하다.

옥신은 또한 생장중인 세포가 양성자를 방출하도록 한다. 이것은 에너지 의존성 과정이며, 옥신 유도 생장 억제제는 물론 대사 억제제 모두는 옥신에 의해 유도되는 양성자 방출을 억제한다. 귀리 자엽초의 경우, 세포벽 공간내의 pH는 옥신 처리 후 8 내지 10분내에 5.7에서 4.7 사이까지 떨어진다. 최적 옥신 농도에 의해 나타나는 세포 신장과 비교될 만한 신장률을 유도해 내기 위해서는 통상적으로 pH 3-4 값의 산성 용액이 요구된다. 그러나, 큐티클이 제거되어 벗겨진 자엽초는 pH 5 값에 반응을 보인다. 그와는 달리, 만약 자엽초의 세포벽 공간이 중성 완충액으로 채워져 pH 변화가 일어나지 않으면, 옥신 유도에 의한 생장이 거의 완전하게 억제된다. 끝으로, 양성자 방출을 야기하는 옥신 이외의 성분도 생장에 대한 비슷한 효과를 지닐 수 있을 것으로 예상해 볼 수 있다. 이런 성분의 물질로 *Fusicoccum amygdali*라는 곰팡이로부터 추출한 식물 독소물질(phytotoxin)인 푸지콕신이 있으며, 이것은 세포가 양성자를 빠른 속도로 방출하도록 야기시킨다. 그것은 귀리 자엽초의 신장을 촉진시키는 데 있어서 적어도 옥신만큼 효과적이다.

만일 옥신이 직접적으로 ATPase-양성자 펌프를 활성화시키지 않는다면, 두 가지 의문이 생기게 된다. 첫째, 세포는 어떻게 신호(옥신)를 인지할까? 둘째, 신호 인지로부터 세포벽 환경의 산성화를 연결하는 신호 전달 경로는 무엇일까? 비록 옥신이 여러 수준에서 광범위한 세포 반응에 관련되었을지라도, 옥신 인지와 신호 전달 경

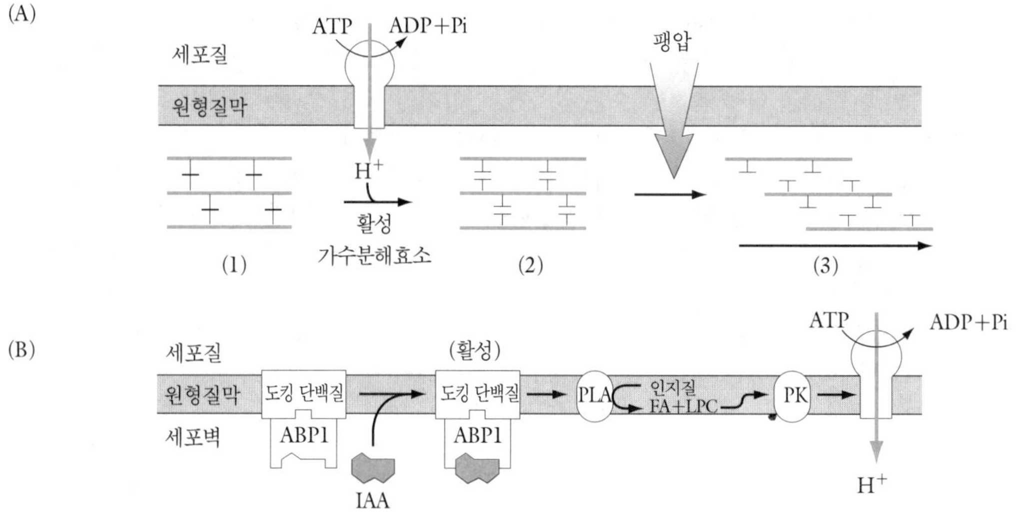

〈그림 17-20〉 세포 확장에 관한 산성 생장설

(A) 세포벽 중합체 분자(polymer)들이 하중을 간직하고 있는 결합과 길게 교차-연관(cross-link)되고 있는데(1), 이 결합은 세포가 확장할 수 있는 능력을 제한한다. 원형질막에 위치한 양성자 펌프인 ATPase가 세포질로부터 양성자를 세포벽으로 펌프해 냄으로써 세포벽 공간을 산성화시킨다. 낮은 pH는 하중을 간직하고 있는 결합을 깨뜨리는 세포벽-풀림 효소를 활성화시킨다(2). 막과 세포벽에 가해지는 팽압의 힘이 중합체 분자의 위치를 변화시켜서(3) 세포가 확장할 수 있도록 해 준다. (B) 양성자 펌프인 ATPase의 활성화와 옥신을 연결해 주는 신호 전달. 자세한 내용은 본문을 참조할 것. 약어: **ABP1** : 옥신 결합단백질 1, **PLA** : 포스포리파아제 A_2, **FA** : 지방산, **LPC** : lysophospholipid, **PK** : 단백질 키나아제.

로에 관한 연구는 주로 산성 생장 반응의 관점에서 진전되어 왔으며 원형질막의 극성화와 이온 통로 특성의 변화에 관련되어 왔다. 분리된 원형질체는 미세 전극을 이용하는 연구와 조각-고정(patch-clamp) 실험에 용이한 모델 시스템이 될 수 있기에 많은 연구에서 이용되었다(Napier and Venis, 1995).

이 장의 전반부에서 논의되었던 것처럼, 면역학적 증거에 의하면 옥신은 옥신 결합 단백질인 ABP1에 의해 원형질막 바깥 표면에서 인지된다. 두 가지 이유로, ABP1에 관한 유의성이 일부 논쟁거리가 되었다(Venis, 1995). 근본적인 어려움은 세포내에서의 ABP1의 위치와 관계가 있다. ABP1은 소포체의 막 안에서 특히 많이 발견되며 일부 연구자들은 어떠한 ABP1도 원형질막에서 검출해내지 못하였다. 심지어 ABP1의 어느 한 쪽 끝에, 소포체 막 안에 통상적으로 보유하고 있는 단백질의 전형적 특징인 아미노산 서열을 포함하고 있다. 그러나, 최근에는 보다 정교한 면역학적 기술로 인해 옥수수 원형질체의 원형질막 상에서 조그만 분자의 집단(아마도 1,000개의 분자)이 동정되었다. 두번째 문제는, 아미노산 서열에 근거하여 볼 때, ABP1 단백질이 친지성(lipophilic)의 막 관통 영역(domain)을 갖고 있지 못한 것으로 보인다는 점이다. 이런 관찰 사실들을 조화시키기 위해서, ABP1이 막을 관통하는 '**도킹 단백질**(docking protein)' 로 복잡하게 구성되어 있다는 제안이 발표되었다(Macdonald, 1997). 이 모델에 따르면, 도킹 단백질은 막에 ABP1을 결합시키기 위해 필요한 지질 용해성을 제공한다는 것이다. ABP1과 도킹 단백질은 복합체를 만들고 나서 비로소 소포체로부터 원형질막으로 운반되어 여기에서 ABP1이 원형질막의 바깥쪽을 향하면서 결합된다(그림 17-20(B)). ABP1-도킹 단백질의 복합체 그 자신은 불활성형이나, 여기에 옥신 분자가 부착되면 그 복합체를 활성화시켜 신호 전달 경로를 시작하게 한다. 이런 도킹 단백질이 아직은 동정되지 않았으나, 그것은 G단백질 계열에 있는 수용체일 것이라는 일부의 증거가 있다(그림 17-1 참조).

옥신은 또한 포스포리파아제(phospholipase A_2; PLA_2)를 활성화시키는데, 이 효소는 막에 결합된 효소로서, 인지질의 중앙부에 있는 글리세롤 탄소(C2)로부터 지방산을 가수 분해로 잘라낸다. 그 결과, 유리 지방산 한 분자와 **lysophospholipid**(LPC)로 불리는 한 개의 지방산을 가진 인지질 분자가 만들어진다. 여러 실험 결과는

PLA_2가 신호 전달 사슬에 관련되어 있음을 보이고 있다(그림 17-20(B)). 예를 들면, PLA_2의 활성화가 IgG-antiABP에 의해 억제될 수 있으며 PLA_2의 산물인 LPC와 지방산 모두는 양성자 방출과 세포 신장을 촉진한다. 이들 효과는 바나드산염에 의하여 억제되는데, 이 물질은 특히 원형질막의 양성자-ATPase를 억제한다. 이러한 자료는 신호 전달 사슬에서 PLA_2가 ABP1을 뒤따르며, 지질 분자, LPC와 지방산 둘 다 제2신호전달자로서 기능을 하고 있음을 제시하는 것이다. 끝으로, 양성자 방출과 세포 신장에 대한 IAA와 LPC의 효과 모두는 단백질 키나아제의 억제제에 의하여 방해받을 수 있는데, 이것은 지질 분자가 인산화 반응 의존성 메커니즘에 의하여 양성자-ATPase를 활성화하고 있음을 의미하는 것이 된다.

귀리 자엽초에서 산(acid)에 의해 유도되는 생장 촉진에 관한 명백한 증거에도 불구하고, 그 이론만으로는 어떻게 옥신이 세포 생장을 조절하는가에 대한 문제에 답을 주지 못하고 있으며, 보다 복잡한 발달에 관한 문제를 남긴다. 한 어려움은 옥신에 반응을 하는 녹색 줄기의 절편이, 모두 다 그렇지는 않지만, 산에 잘 반응하지 않는다는 것이다. 또 다른 어려운 점은 외부에서의 산 처리가 일시적인 생장 촉진을 자엽초에서 유도한다는 사실이다. 산이나 푸지콕신 모두는 처리 후 처음 30 내지 60분간은 효과가 없다. 옥신에 의해 유도되는 생장 동역학을 보면, 생장률이 초기에 빠른 증가를 보이다가, 30 내지 60분 안에 최대치에 도달한 후 평형 상태를 보이거나 혹은 그 다음 16시간 동안 점차 생장률이 감소한다(그림 17-21). 그러한 두 단계 반응 곡선에 대한 가장 그럴듯한 설명은, 산성 생장 반응은 일차적으로 초기의 신속한 생장 반응에만 국한된다는 것이다. 장시간 동안의 생장을 유지하기 위해서는 부가적인 옥신에 의해 조절되는 요소가 요구된다. 이 부가적인 요소로서는, 다음 부분에서 논의될 유전자의 전사와 생장-촉진 단백질의 합성 등이 있을 수 있다.

옥신과 유전자 작용 만약 옥신 작용이 세포벽 풀림 현상에만 국한된다면, 팽압에 의해 유도된 세포 확장은 세포벽을 밀쳐 내면서 보다 가늘어진 세포벽을 만들 것이다. 신속하게 신장하는 세포에서 세포벽이 가늘어지는 현상이 관찰되지 않는다는 사실은, 세포 확장이 일어나는 것과 일치하여 새로운 세포벽 물질이 세포벽 두께가 유지되도록 일정한 속도로 첨가되고 있음을 나타내는 것이다. 그래서 옥신의 두번째 효과는 세포벽 성분의 합성을 촉진하는 것으로 보인다. 이 효과는 특수한 유전자의 활성을 옥신이 조절함으로써 얻어질 수 있다.

1960년대 후반의 여러 연구는 자엽초와 하배축의 신장을 유지하기 위해서는 계속적인 RNA와 단백질의 합성이 필요하다는 사실을 나타내었다. 초기 연구들의 대부분은 방사선으로 표지된 단백질의 전기영동 분석에 근거를 두었다. 예를 들면, 옥수수 자엽초 절편이나 완두 하배축 절편을 옥신이 없거나 혹은 옥신 존재하에서 방사선 아미노산을 포함하는 용액에 3시간 동안 띄운다. 그런 다음, 조직 절편으로부터 폴리펩티드를 분리하여 일차원 또는 이차원 폴리아크릴아미드 겔 전기영동 분석을 하였다. 이들 실험에서 옥신 처리 후에, 방사선 표지 양상에서 어떤 제한적인 변화가 관찰되었다. 비록 그 당시는 강력한 실험 도구로 생각되었지만, 이 기술은 방사선 물질의 표지와 함께 오랜 배양 시간을 필요로 하였고 단백질 번역 과정에서 옥신에 의해 유도되는 신속한 변화를 탐색하는 데 충분할 정도로 민감하지 못하였다.

1980년대 초에 이르러서 보다 많은 진전이 이루어졌는데, 분리된 mRNA의 생체외 번역 기술이 유용하게 되었다. 또다시, 방사선으로 표지된 산물이 2차원 폴리

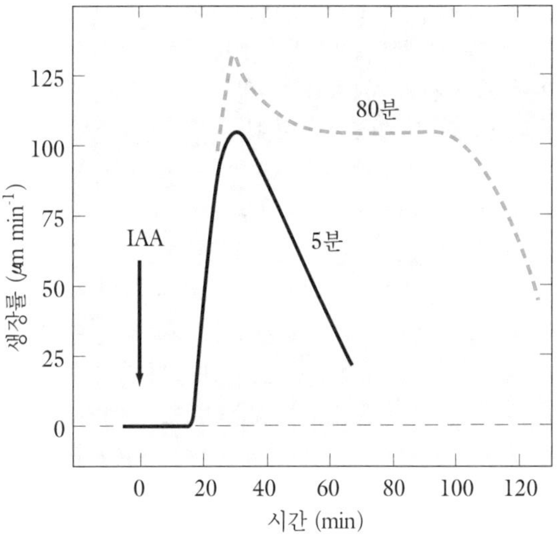

〈그림 17-21〉 옥신에 의해 유도된 옥수수의 자엽초 신장에 관한 동역학

두 곡선이 옥신 작용의 지속 시간에 있어서 서로 다르다. 각 경우에서, 옥신(10^{-5} M IAA)이 제로(0) 시간 때 처리되었으며 그 후 표시된 시간(5분 혹은 80분)에서 제거되었다.

아크릴아미드 겔 전기영동 기법에 의해 분석되었다. 이런 연구의 대부분은 완두 상배축, 옥수수 자엽초, 그리고 콩 하배축 절편 조직을 가지고 수행되었다. 옥신 처리 후에, 30 내지 40개 정도의 많은 단백질 번역 산물이 방사선 표지 실험에서 증가하거나 감소하는 것으로 나타났다. 이들 변화의 일부는 옥신 처리 후 수 분내에 나타났다. 콩이나 완두에서 새로운 단백질 번역산물이 IAA 처리 후 15분 내지 20분내에 분명하게 출현하였으나, 반면에 옥수수에서는 10분 이내에 나타났다. 그 후 cDNA(mRNA에 상보적인 DNA 서열) 탐침 기술의 사용에 의해서, mRNA가 생체외에서 번역될 때 옥신이 단순히 그것의 효율을 증가시키는 것이 아니라 mRNA량의 증가를 촉진한다는 것이 입증되었다. mRNA량은 옥신 처리에 반응해서 50 배나 많이 증가하며 그리고 일부 mRNA 수준에서의 변화가 옥신 처리 후 수분내에 검출되었다.

재조합 DNA 기술의 출현과 함께, mRNA를 분리하고 그 특성을 규명하는 것이 현재 가능해졌고 그리고 옥신에 의해 특별히 조절되는 DNA 서열(즉, 유전자)을 클로닝하는 것이 가능해졌다. cDNA 클론이 단기적 반응으로는 옥신 처리 후 수 분내에 혹은 장기적 반응으로는 수 시간 후에 유도되는 것으로 보였다. 물론, 신속하게 유도되거나 혹은 단기적 옥신 반응이 많은 관심을 일으켰다.

콩과 애기장대에서 동정된 옥신-반응 유전자의 한 집단은 SAURs(small **a**uxin **u**p-regulated **R**NAs)이다(Gil et al., 1994). SAUR 유전자는 비교적 불안정한, 짧은 RNA 전사물을 만들어낸다. 콩 하배축에서, SAUR 유전자의 발현은 옥신에 정상적으로 반응을 하는 조직에서만 나타나는 것으로 보이며, RNA 전사물은, 심지어 옥신에 의해 유도되는 신장 생장이 관찰되기 전일지라도, 옥신 처리 후 2 내지 3분 내에 검출될 수 있다. 더욱이, SAUR 전사물의 비대칭적 분포가 중력 자극을 받은 어린 식물에서 검출되었다. 이런 비대칭은 그 어린 식물에서의 차등적인 세포 신장과 관련이 있으며, 가시적인 굴곡 징후가 보이기 전일지라도 검출된다. 끝으로, 애기장대 식물에서 여러 옥신-저항성 돌연변이주들은 옥신 처리에 대한 반응으로 낮은 수준의 SAUR 유전자의 발현을 보여준다. 비록 SAUR 유전자의 특별한 역할이 아직은 알려져 있지 않지만, 이런 상호 관련성은 그것들이 옥신 반응을 위한 신호 전달 사슬의 초기 부분일 것임을 제시하는 것이다(Abel and Theologis, 1996).

일찍이 L. Vanderhoef와 C. Stahl(1975)은 옥신에 의해 유도된 생장이, 시토키닌에 대한 차등적 반응(differential response)에 근거해서 두 단계로 분리될 수 있음을 보고하였다. 초기의 옥신 생장 반응은 시토키닌에 민감하지 못하지만, 그러나 시토키닌은 장기간의 지속적인 옥신 생장 반응을 억제한다. 이 때문에 Vanderhoef와 R. Dute(1981)는 옥신 유도 생장에 대한 평행 모델(parallel model)을 제안하였다. 이 모델에 따르면, 양성자 분비는 8 내지 10분 동안의 지연기를 가진 초기의 생장 반응과 관련이 있다. 그런 다음 약 한 시간 후에, 장기간의 지속적인 생장 반응이 유전자 전사와 번역 기구의 통제하에 들어가는데, 이 기구는 생장을 지속시키기 위해 필요한 단백질을 생산한다. 옥신에 의한 신속한 유전자 조절이 발견되고 나서, A. Theologis(1986)는 'mRNA 유도→ H^+방출 → 세포 신장' 이라는 연속적인 대사 사건으로 표현되는 일련의 가설과 많은 축적된 증거가 서로 양립된다는 것을 제안하였다. 이들 가설이 옳은지 아니면 아직 발견되지 않은 제 3의 가설이 옳은지는 앞으로 해결되어야 할 것이다.

지금이 옥신 연구에 있어 절정의 순간인 듯하다. 그러나 그 연구 열정은 조심스러운 주의와 함께 조절되어야 한다. 예를 들면, 비록 세포에서 옥신 결합 단백질의 위치에 대한 최근의 연구가 일부 방향을 제시하고는 있지만, 옥신이 유전자 발현을 조절하는 메커니즘에 관해서는 거의 알려진 것이 없다는 사실을 주목해야 한다. 더욱이, 옥신에 의해 유도된 대부분의 초기 펩티드의 정체와 기능이 아직 결정되지 않고 있으며, 그리고 옥신이 세포 신장에 직접적으로 관련되지 않는 많은 수의 효소를 유도하고 있음이 알려지고 있다. 그럼에도 불구하고, 식물 호르몬 연구의 한 세기 만에 처음으로 우리는 이들 문제의 일부를 해결하는 데 필요한 수단을 갖게 될 것이며 또한 옥신 작용의 일차적인 메커니즘에 관한 해답을 얻게 될 것이다.

줄기 신장에 관한 지베렐린의 조절

줄기 신장에 대한 지베렐린 효과의 극적인 성질에도 불구하고, 그 메커니즘에 관해 실제로 알려진 것은 거의 없다. 지베렐린은 줄기에서 세포 분열과 세포 신장 둘 다를 촉진한다. 로제트 식물에서, 지베렐린 처리 후의 신속한 신장은 정단 분열 조직 바로 아래의 지역에서 많은 세포 분열의 증가 현상과 새로 분열된 딸세포의 계속적인 과신장(hyperelongation)을 동반한다. 완두 줄기에서, 정상적인 마디사이는 난쟁이 완두의 절간보다 수가 많고 커다란 세포를 가지고 있다.

지베렐린에 의한 세포 신장과 마디사이 신장의 촉진은, 자연스럽게 지베렐린이 옥신과 비슷한 방식으로 작용하는가에 대한 질문을 떠오르게 한다. 실제 일부 유사성이 있으나 또한 구체적인 차이점도 있다. 예를 들면, 옥신과 대조적으로 단지 몇 종류의 분리된 절편 조직만이 외부에서 처리한 지베렐린에 대해 반응을 한다. 그 한 경우가 상추 하배축인데, 이것은 10분 내지 15분의 지연 시간을 가진 후 지베렐린에 천천히 반응한다. 다른 조직에서(귀리 줄기의 경우) 이 지연기는 3.5 시간으로 확대된다. 지베렐린은 상추 하배축에서 세포벽 신장력을 증가시키나(Stuart and Jones, 1977), 완두에서는 세포벽 유연성 역치(yield threshold)를 감소시킨다(Behringer et al., 1990). 그러나, 더욱 결정적으로 지베렐린 처리에 대한 반응에서는 의미 있는 세포벽의 산성화가 없다는 점이다.

지베렐린과 줄기 신장에 관한 연구에서 또 다른 복잡한 요소는 빛과의 관련성이다. 예를 들면, 상추 하배축에서의 지베렐린 반응은 청색광과 근적색광 억제에 대해 가역성을 나타낸다. 난쟁이 완두와 오이의 줄기는 적색광에 의해 억제된다(그림 17-22). 이 억제 현상은 또한 지베렐린에 의해서 역전된다. 지베렐린 유도에 의한 생장 메커니즘을 명백히 이해하려면, 궁극적으로는 지베렐린과 빛과의 상호 작용을 다루어야만 한다.

종자 발아에 대한 지베렐린의 조절

줄기의 신장에 대한 지베렐린의 역할에 대해서 상대적으로 알려진 것이 적은 반면에, 곡류 낟알의 발아에 대한 지베렐린의 작용은 식물에서 아마도 가장 잘 이해되고 있는 호르몬 메커니즘이 될 것이다. 실제로, 보리 낟알에서 GA 처리에 대한 반응으로 α-아밀라아제가 방출된다는 발견은, 실험 도구로서 살아있는 호분층 세포의 분리와 함께, 호분층을 분자 및 유전자 수준에서의 호르몬 작용에 관한 모델로 광범위하게 이용하게 하였다.

보리 호분층에서 분비된 α-아밀라아제는 등전점(isoelectric point, pI) 값에 의해 특징지어지는 두 개의 중요한 그룹으로 나누어지는 다중의 동질 효소이다. 한 그룹은 pI 4.5에서 4.85 범위의 값을 지니며, 다른 그룹은 5.9에서 6.3의 값을 갖는다. 각 그룹 안에서 동질 효소들은 매우 비슷하나, 두 그룹 사이에는 EDTA와 중금속에 대한 감수성 그리고 효소 분비를 위한 칼슘의 요구성 관점에서는 중요한 차이를 보인다. 두 그룹의 동질 효소는 염색체상에서 서로 다른 자리에 위치하는 두 개의 다유전자계(multigene family)가 지시하는 서로 다른 mRNA 집단으로부터 상체외에서 번역된다. 밀 낟알에서도 이런 상황은 비슷하나, 두 개의 염색체상에 위치하는 적어도 3개의 유전자 가족(family)이 있다는 점이 단지 다를 뿐이다. α-아밀라아제 외에도, 단백질 분해 효소, β-아밀라아제, 그리고 다른 녹말 분해 효소들이 배유 저장물의 용해 과정에 관련되어 있다(그림

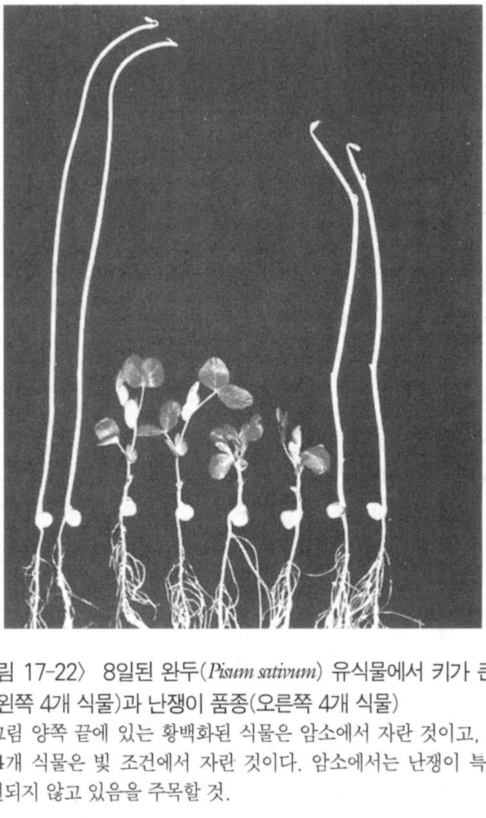

〈그림 17-22〉 8일된 완두(*Pisum sativum*) 유식물에서 키가 큰 품종(왼쪽 4개 식물)과 난쟁이 품종(오른쪽 4개 식물)

그림 양쪽 끝에 있는 황백화된 식물은 암소에서 자란 것이고, 중앙의 4개 식물은 빛 조건에서 자란 것이다. 암소에서는 난쟁이 특성이 발현되지 않고 있음을 주목할 것.

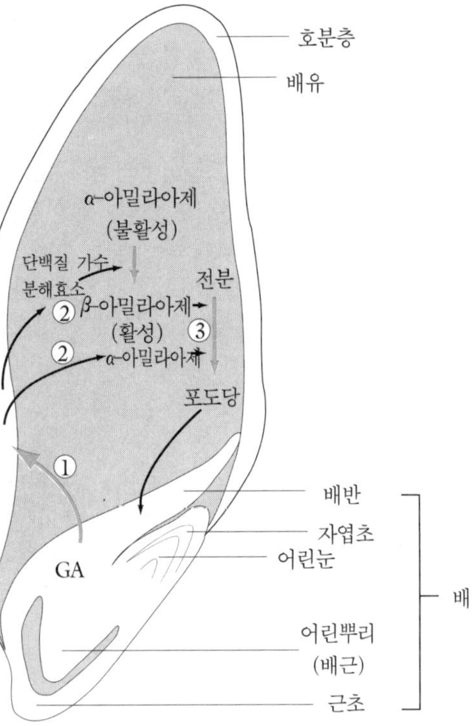

〈그림 17-23〉 보리 종자가 발아하는 동안 지베렐린에 의해 유도되는 효소의 방출과 탄수화물의 용해 과정에 관한 모식도

지베렐린이 배(1)로부터 호분층으로 이동해서 이곳에서 지베레린은 α-아밀라아제와 단백질 가수분해 효소(protease) 합성을 촉진한다(2). 단백질 가수분해 효소는 불활성형인 β-아밀라아제를 활성형으로 전환시킨다. α-아밀라아제와 β-아밀라아제는 함께 녹말을 포도당으로 분해시키며(3), 이것은 생장 중인 배의 대사 과정에 이용된다.

17-23).

초기의 생리학적 연구에 의하면, GA에 의해 촉진된 α-아밀라아제의 합성은 유전자 전사 억제자에 의해 억제되며 GA는 RNA 대사, 특히 mRNA의 대사에서 의미 있는 변화를 유도하였다. 후에, D. Baulcombe와 D. Buffard(1983)는 배(embryo)가 제거된 밀 낟알에서 GA 처리에 대한 반응으로 적어도 7개의 다른 mRNA가 증가하였음을 보고하였다. 만약 GA가, 이들 연구에서처럼, 유전자 발현을 조절한다면, 그것은 게놈 전체를 통해 있는 여러 다른 계통의 많은 유전자들을 분명히 조절하고 있을 것이다.

지베렐린은 α-아밀라아제의 mRNA 전사 과정을 조절할까? 이 질문에 대한 명백한 해답은 보리 호분층 세포로부터 원형질체 분리 기술이 완벽해진 후에나 가능하였다(Hooley, 1982).[2] 호분층 원형질체는 유용한 실험 시스템을 제공해 준다. 그것들은 온전한 호분층 세포처럼 같은 효율로 동일한 동질 효소를 만들면서 그리고 똑같은 초미세구조 변화를 보여줌으로서 정상적으로 GA에 반응을 한다. 매우 중요하게도, 전사 과정이 활발한 높은 수율의 핵이 원형질체로부터 쉽게 분리될 수 있다.

여러 가지 조사 결과에 근거로 볼 때, 지베렐린이 α-아밀라아제 mRNA의 전사를 조절하고 있는 것으로 보인다. 전기영동 분석과 방사선 자동 사진(autoradiographic) 분석에 의한 전체 호분층 RNA로부터 단백질의 생체내 맥박식 표지(pulse labeling)와 생체외 번역 결과는, 지베렐린 처리 후 나타나는 번역된 α-아밀라아제 양이 의미 있게 증가함을 보여주었다(그림 17-24). α-아밀라아제는 전체 번역된 단백질의 50 내지 60%나 되는 많은 양을 차지한다. 이차원 전기영동 분석 결과에 의하면, 그 번역 산물은 두 유전자 계열로부터 온 α-아밀라아제를 포함하고 있다. 지베렐린 반응은 명백히 α-아밀라아제의 경우에만 해당하는 것은 아니며, 약간의 다른 펩티드들도 지베렐린 처리 후 증가하거나 감소를 한다. 호분층 세포의 RNA와 α-아밀라아제 cDNA와의 노던 흡입혼성화(Northern blot hybridization)에 의하면, 지베렐린은 α-아밀라아제 mRNA 양의 증가를 초래한다(그림 17-25). 지베렐린 처리 후에, α-아밀라아제의 mRNA는 전체 번역될 수 있는 mRNA 양의 20% 정도나 될 만큼 많은 양을 차지한다.

끝으로, 지베렐린 처리 후의 α-아밀라아제 합성률은 mRNA 축적률과 밀접하게 상호 관련되어 있음이 연구 결과 밝혀졌다. 이 연구에 의하면, 지베렐린의 일차적인 작용은, 적어도 종자 발아에서, 유전자의 전사를 조절하고 있음에 거의 틀림없는 것 같다.

2) 원형질체는 세포벽이 제거된 세포를 나타낸다(1장 참조).

시토키닌 작용의 메커니즘

시토키닌의 작용은 잘 이해되고 있지 못한 실정에 있다. 그것의 생화학적 작용에서 어떤 특별한 작용 부위를 동정해내는 것은 아직 불가능하다. 시토키닌이 단백질 합성을 조절한다는 일부 증거가 있다. 예를 들면, 배양중인 콩 세포에서, 시토키닌은 단백질 합성의 전반적인 속도를 증가시키며 ^{35}S-메티오닌을 병합하는 단백질의 양상을 변화시킨다. 이런 활성은 시토키닌 처리 후의 배양중인 세포에서 폴리리보솜 양의 증가에 반영되어 나타나고 있다(Topfer and Fosket, 1978). 폴리리보솜의 증가는 mRNA의 전사 속도의 증가나 혹은 mRNA의 안정성의 증가에 기인될 것이다. 시토키닌에 의해 유도된 mRNA에 관한 일부의 보고가 있으나, 전반적 수준의 전사 과정에 있어서 극단적인 증가를 보여주는 증거는 없다. 이와 달리, E. Tobin과 그녀의 동료들은 수생(水生) 광합성 식물인 좀개구리밥(*Lemna gibba*)에서 전사후(post-transcription) mRNA의 안정화에 관한 증거를 보고하였다(Flores and Tobin, 1987). 좀개구리밥 식물은 탄소원으로서 설탕을 공급하여 주면, 빛이 없는 암소에서 종속 영양 방법으로 생장할 수 있다. 그러나, 암소에서 핵 유전자에 의해 합성되는 두 엽록체 단백질의 mRNA 양은 점차로 낮은 수준으로 감소한다. 낮은 세기의 적색광을 짧은 순간 동안 비춰 주거나 혹은 배지에 시토키닌을 첨가하게 되면, Rubisco의 작은 소단위체와 중요한 빛 흡수 복합체인 엽록소 a/b 결합 단백질(chlorophyll a/b -binding poly-peptide)의 mRNA 양을 증가시킨다. Tobin과 그녀의 동료들은 mRNA 전사가 주로 적색광의 조절을 받는 반면에, 시토키닌은 mRNA 양의 증가를 촉진시킨다고 하였다. 이 결과를 합리적으로 해석하면, 시토키닌은 전사 과정 후에 mRNA를 안정화시키기 위한 역할을 수행한다는 것이다.

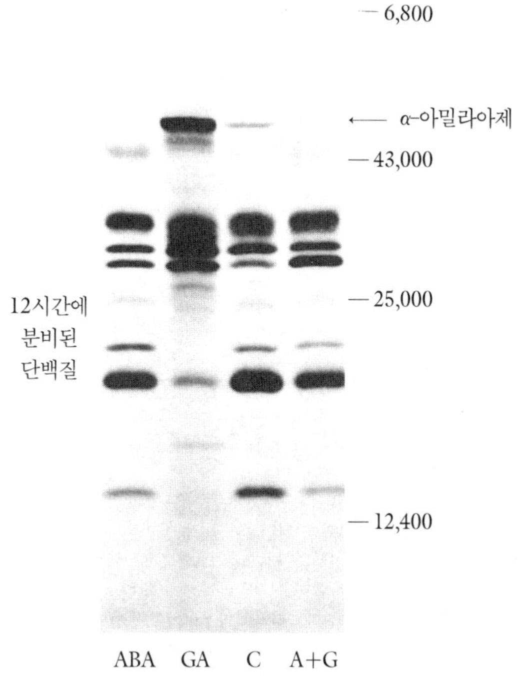

〈그림 17-24〉 보리 호분층에서 α-아밀라아제의 생합성에 대한 호르몬의 조절

분리된 호분층에 의하여 합성된 폴리펩티드들이 ABA, GA_3, 혹은, ABA+GA_3(A+G)의 존재하에서 방사선을 가진 아미노산인 [^{35}S]메티오닌과 함께 표지, 배양되었다. 배양 배지내로 분비된 폴리펩티드를 폴리아크릴아미드 겔 상에서 전기영동하였다. 방사선 표지 분자를 병합한 폴리펩티드는 전기영동한 겔을 X-선 필름 위에 노출시킴으로서 탐색되었다. GA_3 존재하에서 α-아밀라아제의 생합성이 현저하게 촉진된 것과, 그러나 ABA 존재하에서는 거의 완벽하게 그 촉진 현상이 사라진 것을 주목하여라. (C)는 처리하지 않은 대조구이다. 그림에서의 숫자는 대략적인 분자량을 의미한다.

앱시스산 작용의 메커니즘

ABA가 주로 유전자 발현의 조절을 통해서 종자 발아와 성숙 과정에 효과를 미치며, 앞에서 언급하였던 것처럼 ABA는 지베렐린과 직접 경쟁을 하면서 또한 영향을 끼친다는 점은 거의 의심할 여지가 없다. 보리 호분층 mRNA의 생체외 표지(labeling) 실험과 생체외 번역 실험에서, ABA가 GA에 의해 유도되는 α-아밀라아제와 기타 다른 가수 분해 효소의 합성을 억제한다는 것이 분명하다. ABA는 또한 여러 ABA 특이성 폴리펩티드의 합성을 촉진한다(Higgins et al., 1982). ABA의 효과는 많은 지베렐린을 공급하여 줌으로써 극복될 수 있다. ABA는 명백히 하나 이상의 수준에서 α-아밀라아제를 조절한다. 여러 연구에 의하면, GA에 의해 유도된 α-아밀라아제 mRNA의 축적을 억제하기 위해 ABA는 전사 수준에서 작용하나(Chandler et al., 1984), ABA에 의해 유도된 α-아밀라아제 활성 억제제가 또한 녹말을 많이 함유한 성숙한 배유에서 동정되었다(Mundy, 1984). 그러므로

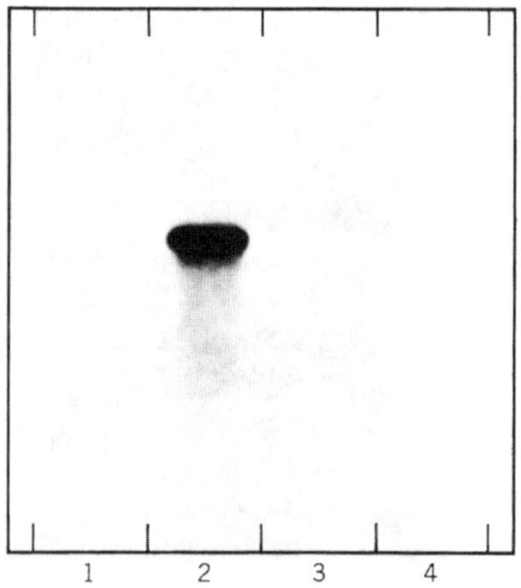

〈그림 17-25〉 α－아밀라아제의 mRNA 수준에 대한 지베렐린과 앱시스산의 영향

GA_3(lane 2), GA_3 + ABA(lane 3), 혹은 ABA(lane 4)로 처리된 호분층으로부터 추출된 RNA가 전기영동에 의해 분리된 후, blotting 종이 위로 옮겨지고 나서 α-아밀라아제 mRNA와 상보적인 cDNA와 혼성화되었다. 이런 기술은 특별히 α-아밀라아제에 대한 mRNA의 존재를 확인시켜 준다. GA_3가 α-아밀라아제의 mRNA 생성을 촉진시키는 것과 그리고 이 촉진 현상이 주로 ABA 존재하에서 사라짐을 주목하여 보아라. Lane 1은 처리되지 않은 호분층의 대조구 RNA 이다.

ABA는 α-아밀라아제의 전사를 제한함에 의해서 그리고 또한 배유에 존재하는 어떤 효소의 활성을 억제함에 의해서 발아 현상을 억제하는 것으로 보인다.

제 18 장

광형태 발생—빛에 대한 반응

식물 세포를 둘러싸고 있는 단단한 세포벽은 수분 퍼텐셜을 조절하는 데 중요한 역할을 하며 식물을 구조적으로 지지하는 데도 주요 구성 성분이지만, 한편으로 식물의 운동성을 제한한다. 식물체들은 말 그대로 한 장소에 뿌리를 내리고 있어서 동물처럼 장소를 이동하여 변화하는 환경에 대처할 수 없으므로 불리한 환경 조건들로부터 벗어나서 피난처를 구할 수 없다. 그렇지만 식물체도 종족의 생존을 위해서는 불리한 조건을 피해야만 한다.

종자 발아와 종자로부터 나오는 유식물의 생존은 그들 주변의 환경 조건에 의해 좌우된다. 땅속에 너무 깊이 묻히거나 숲 아래쪽의 그늘에 방치된 종자들은 대부분 발아하지 못한다. 숲 아래의 그늘에서 발아된 유식물들은 마치 햇빛을 향해 뻗어 가듯이 줄기가 길어지는 경향을 보인다. 밀밭의 가장자리에서 태양광에 완전히 노출된 잡초들은 밀밭 가운데서 밀과 경쟁하게 되는 동종의 잡초에 비해 키가 작고 더 탄탄하다. 식물체들은 마치 각각의 종들이 어떤 환경 신호를 기다리듯이 서로 다른 계절에 개화를 한다. 이러한 식물의 행동 양식은 분명히 생존상의 중요한 이점을 제공한다. 이런 행동 양식들은 식물체가 이용 가능한 자원을 가장 적절하게 사용하게 하며 다른 종과 효과적으로 경쟁하게 하며 또한 불리한 환경 변화에 대비하게 한다.

그렇다면 종자와 유식물들이 어떻게 그들이 있는 장소를 감지할 수 있을까? 식물은 계절의 흐름을 어떻게 측정할까? 이 문제들과 식물의 생존과 직접적으로 관련된 다른 많은 문제들에 대한 해답은 14장에서 살펴보았듯이 다양한 환경 신호를 감지하고 해석할 수 있는 식물의 능력에서 발견할 수 있을 것이다. 빛은 그러한 환경 신호 중의 하나이다. 우리는 광합성이 빛이 있을 때만 일어나는 것을 알고 있지만 광합성은 식물이 빛과 어둠을 구별할 수 있는 능력을 가진다는 것을 보여주는 단지 하나의 예일 뿐이다. 더욱이 식물은 빛의 세기와 스펙트럼의 작은 차이도 감지할 수 있다. 이러한 방법을 통하여 식물은 그들이 그늘 아래에 있는지 아니면 강한 태양빛 아래 있는지를 결정할 수 있고 낮과 밤의 시작을 구분할 수 있다. 식물은 빛에 담긴 정보를 여러 가지 방법으로 이용하여 그들의 생장과 분화, 그리고 생식의 방향을 지시한다.

이 장에서 우리는 다음의 사항에 대해 공부하게 될 것이다.

- 빛에 의한 식물 분화의 조절 즉 광형태 발생의 개념을 소개한다.
- 피토크롬(phytochrome)의 발견 과정을 기술하고 이 특이한 광가역적인 색소의 기초적인 화학을 학습한다.
- 피토크롬의 생리적 효과를 살펴보며 이것이 사실상 식물 분화의 모든 양상에 어떻게 관련되어 있는지를 보여준다.
- 피토크롬이 어떻게 자연 상태에서 빛 환경의 변화를 감지하는 데 사용되는지를 보여준다.
- 현 단계에서 피토크롬이 분자적 수준에서 어떻게 작용하는지에 대한 우리의 이해를 분석한다.
- 간략하게 청색광과 UV-B에 대한 식물의 반응을 살펴본다.

광형태 발생

빛이 자연 환경의 특징 중에서 가장 중요성이 큰 것 중의 하나이기에 광형태 발생(photomorphogenesis)이라고 불리는 빛에 대한 식물의 반응이 식물의 분화에 중심 주제가 되는 것이 놀라운 사실은 아니다.

모든 개체의 분화 잠재력이 그들이 지닌 유전자에 의해 결정되는 것이 사실이지만 식물에서 이 잠재력의 실현은 주로 빛에 의하여 일어난다. 빛의 매개에 의한 식물 분화는 전통적으로 정상적인 분화와 구분하여 논의되어 왔는데 이 구분은 실제로 편리하다. 광형태 발생의 참된 중요성은 H. Mohr와 W. Shropshire가 "식물체에서의 정상적인 분화는 광형태 발생이다."라고 한 표현에서 잘 요약되어 있다.

식물 세포는 그들의 분화에 아주 중요한 이 정보를 어떻게 획득하고 해석하는가? 빛 신호는 호르몬과 마찬가지로 세포의 바깥에서 기원하는 것이기에 호르몬 반응과 유사한 감지-변환-반응의 과정을 상상해 볼 수 있다. 빛 신호의 감지에는 빛을 흡수하고 이에 의해 광화학적으로 활성화되는 색소가 필요하다. 이렇게 작용하는 색소를 흔히 **광수용체**(photoreceptor)라고 한다. 서로 다른 파장의 빛을 선택적으로 흡수함으로써 광수용체는 빛에 담긴 정보를 해독하고 세포를 위해 이 정보를 일차 작용의 형태로서 해석해 낸다. 일차 작용은 단순히 단백질 구조의 변화나 광화학적 산화 · 환원 반응 또는 다른 어떤 형태의 화학적 변환 과정과 관련이 있을 수 있다. 일차적 사건의 본질이 무엇이든 간에 광수용체에 의하여 흡수된 빛은 신호 변환 사슬(signal transduction chain)이라고 하는 일련의 연속적인 화학 반응을 가동시켜 궁극적으로 발달 과정의 반응들을 이끌어낸다.

고등 식물에 있어서 대부분의 광형태 발생의 반응들은 3가지의 신호 전달 광수용체 즉 (1) 적색광(R)과 근적외광(FR)을 주로 흡수하는 **피토크롬**, (2) 청색광과 UV-A를 흡수하는 **크립토크롬**(cryptochrome), (3) 한 개 또는 그 이상의 **UV-B 수용체** 중 그 어느 한 가지의 조절을 받는 것으로 보인다.

피토크롬

피토크롬(phytochrome)이라고 하는 식물체에 널리 퍼져 있는 색소 단백질(chromoprotein)이 식물 발달의 거의 모든 단계에서 중대한 역할을 한다는 것이 이제는 잘 알려진 사실이다. 이것의 존재는 종자의 발아와 황백화된 유식물의 생장이 적색광과 근적외광에 광가역적인 반응을 보인다는 간단한 생리적 실험 결과의 관찰로 이미 예측되었다. 이들의 특이한 광가역적인 성질로 인하여 제안되었던 색소 시스템이 처음에는 과학계에서 회의적으로 받아들여졌다.

의미 있는 수준의 광합성이 일어날 수 없는 조건하에서도 빛이 식물의 발달에 영향을 미친다는 사실은 오래 전부터 인지되어 왔다. 수세기 동안 식물학자들은 빛 조건하에서와 암소에서 식물의 생장과 모양이 현저히 다른 사실에 궁금증을 가져왔다. 그러나 1950년대 초기에 이르기까지는 이 현상을 이해하는 데 있어서 별다른 진전이 없었다. 그 당시 식물학자인 H. A. Borthwick과 물리화학자인 S. B. Hendricks는 그의 여러 동료들과 함께 빛에 민감한 상추씨의 발아, 완두의 줄기 신장, 광주기에 의한 개화의 조절 등과 같은 여러 가지의 다양한 현상의 **작용 스펙트럼**(action spectrum)에 대한 연구를 시작하였다. 그런데 한 가지 놀랄 만한 사실, 즉, 이들 현상의 작용 스펙트럼이 모두 적색광과 근적외광 파장 부위에서 피크를 나타내는 유사성을 관찰하게 되었다. 외견상으로는 이러한 다양한 발달 과정의 사건들이 동일한 광수용체에 의해 일어난다고 할 수 있다. 그러나 더 놀라운 것은 **광가역성**(photoreversibility) 즉, 적색광에 의해 가능한 반응이 적색광에 이어 바로 근적외광을 처리하면 무효화된다는 사실의 발견이었다. 이렇게 명백한 광가역성은 이전의 생물학에서는 기록으로 알려진 바가 전혀 없었다.

〈표 18-1〉에 나타나 있는 자료는 광가역성이 무엇을 의미하는지를 보여준다. 이 실험에서는 일단의 종자들을 암소에서 3시간 동안 물에 담가 종자에 물이 스며들게 한 후 여러 종류의 빛 처리를 잠깐 동안 하였다. 빛 처리

는 낮은 플루언스율에서 1분간 적색광(R: 약 660mm) 또는 4분간 근적외광(FR: λ>700nm)을 쬐이거나 R과 FR을 신속히 교대로 처리하였고 빛을 조사한 후에는 종자들을 다시 암소에서 48시간 동안 방치하여 각각의 처리구에서 발아된 종자의 수를 헤아렸다. R은 발아율을 88% 정도 촉진시키지만 R에 이어서 바로 FR에 처리하면 발아율이 암처리 수준인 22%에 머무르는 점을 유의하라. R과 FR을 교대로 처리하였을 경우 발아율은 마지막에 조사한 빛이 R이냐 FR이냐에 의해 전적으로 좌우된다. 발아 여부가 마치 적색광이나 근적외광에 의해 한쪽으로 전환되는 스위치에 달려있는 것과 같다.

〈표 18-1〉 발아의 광가역적인 조절

상추씨는 빛을 조사하기 전에 3시간 동안 물에 담가두었다. 광조사 시간은 적색광(R)은 1분, 근적외광(FR)은 3분이다. 발아율은 20℃의 암소에서 48시간 방치한 후 검사하였다.

빛조사	발아율(%)
R	88
R, FR	22
R, FR, R	84
R, FR, R, FR	18
R, FR, R, FR, R	72
R, FR, R, FR, R, FR	22

Borthwick과 Hendricks, 그리고 그 동료들은 개화의 조절과 줄기 신장에 있어서도 R과 FR에 의한 유사한 광가역성을 발견하였다. 이러한 관찰로 말미암아 이들은 나중에 피토크롬이라고 부르게 된 새로운 색소의 존재를 제안하게 되었다. 이 가상적인 색소는 **Pr**이라고 하는 적색광을 흡수하는 형태와 **Pfr**이라고 하는 근적외광을 흡수하는 형태의 두 가지로 존재할 것이라고 생각하였다. 이 색소는 또한 광변색성(photochromic)이므로 빛의 흡수에 의하여 흡수 성질이 바뀌게 된다. Pr이 적색광을 흡수하게 되면 색소는 근적외광을 흡수하는 형태로 바뀌게 되고 Pfr에 의해 근적외광이 흡수되면 색소는 다시 적색광을 흡수하는 형태로 바뀌게 된다(그림 18-1).

〈표 18-1〉에 묘사된 단순한 생리적 실험에만 전적으로 바탕을 둔 채 워싱턴 근교의 벨츠빌(Beltsville)에 있는 농무성 연구소의 연구원들은 이 가상적인 색소의 몇 가지 다른 특징들을 예측해 낼 수 있었다. 첫째로 종자와 암소에서 자란 유식물들이 처음에 근적외광에는 반응치 않고 적색광에만 반응하였기 때문에 색소는 Pr의 형태로 합성되어 암소에서 축적될 것이며 Pr은 안정하지만 아마도 생리적인 활성이 없을 것이다. 둘째로 적색광의 처리로 인해 발아를 비롯한 다른 발달 과정이 시작되었기에 Pfr이 활성화된 형태일 것이다. 반면에 Pfr은 외견상 불안정하여 쉽게 파괴되거나 암소에서 비광화학적이며 온도 의존적인 반응에 의하여 다시 Pr로 바뀌게 될 것이다. 셋째로 암소에서 자라 엽록소가 없는 조직에서도 이 색소를 볼 수 없기에 이들은 확실히 아주 낮은 농도로 존재할 것이다. Borthwick과 Hendricks은 한 걸음 더 나가서 이 색소가 촉매적으로 작용해야만 하므로 아마도 단백질일 것이라고 가정하였다. 이러한 예측들이 나중에 모두 사실로 증명된 것을 보면 이 연구자들의 과학적 통찰력에 찬사를 보내야 할 것이다.

흡수스펙트럼이 적색파장 지역에서 피크를 나타내는 점으로 미루어 보아서 Pr은 푸른색을 띠고 있을 거라고 기대되었지만 암소에서 자라 엽록소가 없는 줄기나 자엽초도 푸른색을 띠지 않았다. 그런데도 이들은 생장 반응에서 광가역적인 행동을 보였다. 이런 연유로 또한 특이한 광가역성으로 인하여 피토크롬의 존재를 과학계에서 일부는 회의적으로 여겼다. 이전에 식물이나 동물의 연구 문헌에서 이러한 광가역적인 색소의 전례를 볼 수가 없었기 때문이다. 그리고 대부분의 비판론자들은 두 가지의 서로 독립적인 색소가 관여할 것이라고 기대하였다.

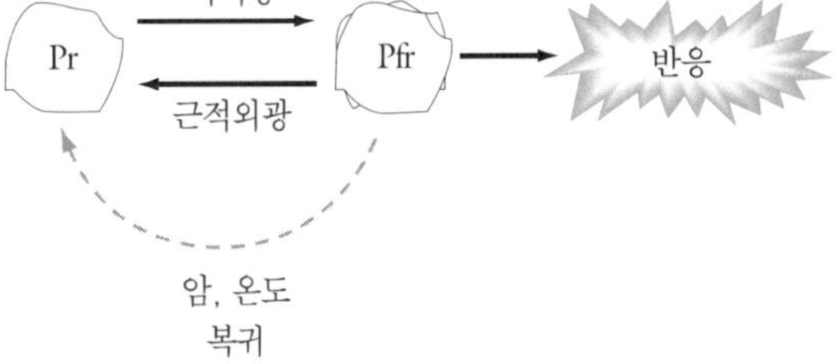

〈그림 18-1〉 교대적인 적색광과 근적외광의 처리에 대한 종자의 발아와 다른 식물의 반응을 토대로 원래 제안된 광가역적인 색소의 체계

적색광을 흡수하는 형태의 색소(Pr)에 의하여 적색광이 흡수되면 근적외광을 흡수하는 형태(Pfr)로 전환된다. Pfr은 생리적인 반응을 유발하게 되는 신호 전달 과정을 활성화한다.

피토크롬의 존재를 믿기 위해서는 물리적인 증거가 필요했으며 궁극적으로는 시험관내에서 색소를 분리하여 그 특성을 밝히는 것이 필요했다. 이 문제의 만족스런 해결을 가져다 준 전략은 최초에 회의론을 유발했던 바로 그 특이한 광가역성에 초점을 맞춘 것이다. 피토

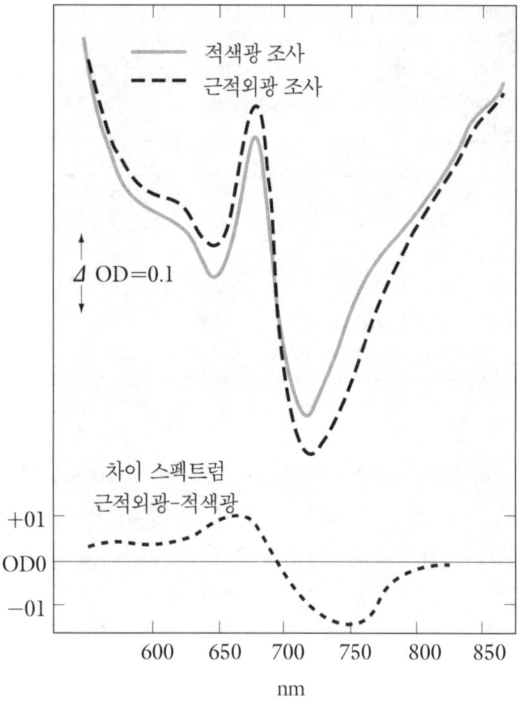

〈그림 18-2〉 적색광 또는 근적외광 조사 후의 옥수수 줄기의 흡수스펙트럼 곡선

이러한 곡선들은 색소가 아닌 전체 조직의 흡수를 나타내고 있는 점을 유의하라. 또한 색소가 Pfr(실선)에서 Pr(점선)으로 전환되면서 스펙트럼의 적색 파장 지역에서의 흡수는 증가되고 근적외 파장 지역에서의 흡수는 감소되는 것을 유의하라. 차이 스펙트럼은 Pr 형태의 흡수 스펙트럼을 효과적으로 나타내고 있다.

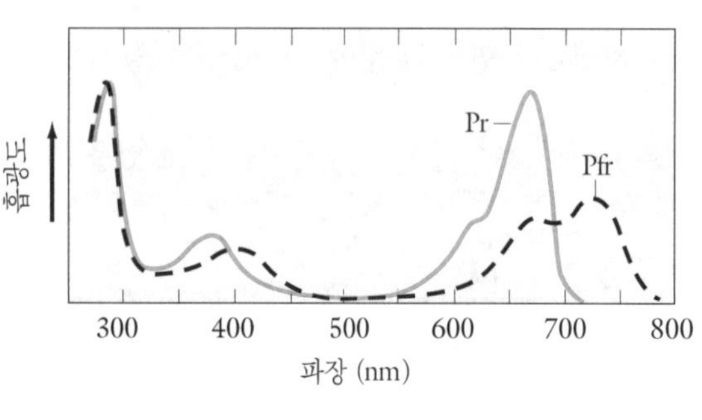

〈그림 18-3〉 정제된 피토크롬의 흡수스펙트럼

스펙트럼의 적색/근적외 파장 지역에서뿐만 아니라 청색 파장 지역에서의 흡수 차이에 유의하라. 어떤 청색광의 효과는 피토크롬에 의해 매개되지만 적색광에 의한 광전환이 청색광에서보다 50배에서 100배 정도 더 효율적이다. 두 가지 형태가 모두 녹색광 지역(500~550 nm)에서 같은 정도로 흡수하기 때문에 녹색광은 색소의 상태를 변화시키지 않아 안전광(safe light)으로 사용될 수 있다.

크롬이 식물체에 존재하는 유일한 광변색성의 색소이므로 암소에서 자란 조직의 경우에 이 색소가 한 형태에서 다른 형태로 광전환되면 흡광도의 변화를 감지하는 것이 가능해야만 한다. 따라서 Hendricks와 동료들은 Pr이 Pfr로 전환되면 Pr이 최대 흡수를 보이는 적색 파장에서는 흡광도가 감소되고 근적외 파장에서는 그만큼 증가될 것으로 예측하였다. 연이은 근적외광의 조사로 적색 파장에서는 흡광도의 증가가, 근적외 파장에서는 감소가 일어날 것이다. 이런 실험을 수행하려면 밀집되어 있어 빛을 소산시키는 생체 조직 같은 시료에서도 아주 미미한 흡광도의 변화를 측정할 수 있는 특별한 종류의 분광 광도계(spectrophotometer)가 필요했다. 다행스럽게도 이런 기기가 Beltsville의 연구소의 다른 실험실에서 개발 중이었고 피토크롬의 측정에 사용하기 위해서 비교적 간단한 수정만 거치면 되었다.

예측했던 대로 1959년에 Butler 등은 암소에서 자란 옥수수의 줄기에서 광가역적인 흡광도의 변화를 실제로 보여주었다(그림 18-2). 이러한 스펙트럼의 차이 분석이 피토크롬이 실제로 존재하는 것에 대한 최초의 물리적 증거였다. 얼마 후 Siegelman과 Firer는 그 당시에 이용 가능했던 단백질 분리법을 사용하여 암소에서 자란 곡류의 유식물로부터 성공적으로 피토크롬을 분리하여 정제하였다. 이리하여 그들은 시험관 내에서 정제된 Pr과 Pfr의 흡수스펙트럼을 얻었을 뿐만 아니라 피토크롬의 광가역적인 특성도 보여 줄 수 있었다(그림 18-3). 그 이후 수년간 피토크롬이 생물계에 널리 존재하는 것을 알게 되었다. 조류와 이끼류 등에서도 발견되었고 그리고 피토크롬이 생화학적 반응과 생장 및 발달 등에 중요한 역할을 담당하는 고등 식물의 대다수에서 발견되었다. 현재에 와서는 유전자군에 의해 암호화되는 여러 종류의 피토크롬에 대해서도 알게 되었다. Butler와 그의 동료들에 의해 존재가 실증되고 1964년에 Siegelman과 Firer에 의하여 처음 분리된 그 피토크롬은 지금 A형(PHYA)으로 알려진 것이다. 이것이 황백화된 유식물에 축적되는 형태이기도 하므로 지난 40여 년 간 PHYA가 생리생화학적으로 가장 광범위하게 연구되었다. 여러 종류의 피토크롬의 존재에 대한 의미는 나중에 다루도록 하고 우선 암소에서 자란 유식물을 사용하여 연구한 결과를 바탕으로 피토크롬 체계의 생리 생화학적 특성을 살펴보도록 하자.

암소에서 자란 유식물의 피토크롬

피토크롬은 암소에서 자란 유식물에서 안정된 형태의 Pr로서 축적된다. 일단 빛에 노출되면 Pfr로 전환되며 피토크롬은 Pfr과 총 피토크롬의 감소로 이어지는 변환 과정을 거친다.

미리 예측한 바대로 피토크롬은 안정한 적색광을 흡수하는 Pr의 형태로 합성되며 종자와 암소에서 자란 유식물에 축적된다. 처음부터 암소에서 자란(황백화된) 유식물은 두 가지 이유 때문에 피토크롬의 연구에 뛰어난 실험 재료가 되었다. 첫째로 암소에서 자란 유식물에는 상대적으로 많은 양의 피토크롬이 축적된다. 둘째로 엽록소가 없기 때문에 광학적으로 조밀하며 빛을 소산하는 물질에 사용하도록 고안된 분광 광도계를 이용하면 직접적으로 조직에서 피토크롬을 측정하는 것이 가능하다. 이런 방법으로 빛 조사를 조절하면서 총 피토크롬의 양과 Pr과 Pfr의 상대적 비율의 변화를 측정할 수 있다. 이런 생체내(*in vivo*) 실험은 초기의 많은 예측들을 확인시켜 주었다.

암소에서 자란 유식물에서는 짧은 펄스(pulse)의 적색광 처리에 의해 Pr이 Pfr로 전환된다. 적색광 처리 후 바로 근적외광의 펄스를 주면 색소는 다시 Pr의 형태로 돌아간다. 따라서 근적외광은 적색광의 효과를 무효화시키게 되어 유도된 모든 생리적 반응들이 상쇄된다. 적어도 암소에서 자란 유식물에 있는 Pfr은 상대적으로 불안정하며 만일 광화학적 방법으로 제거되지 않으면 암소에서 1시간 또는 1시간 반 정도의 반감기를 보이면서 시간 경과에 따라 농도가 감소된다(그림 18-4). Pfr의 감소는 총 피토크롬 양의 감소와 일치하는데 이는 두 가지 형태의 색소가 모두 비가역적으로 화학적 분해를 거치게 되는 사실로 설명할 수 있다(그림 18-5). Pr은 암소에서 그 합성률이 Pfr의 분해율과 같아질 때까지는 축적된다. Pr을 Pfr로 전환시키는 적색광의 처리 후에는 총 피토크롬의 양이 감소되는데 이는 Pfr의 분해 속도가 Pr보다 약 100배 정도 빠르기 때문이다.

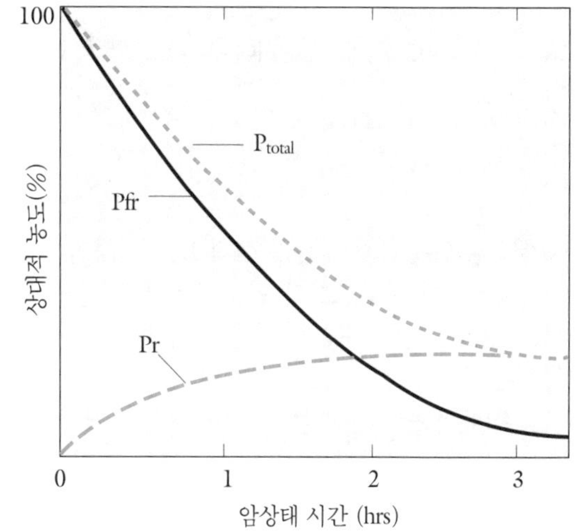

〈그림 18-4〉 황백화된 유식물 조직에서의 전형적인 피토크롬의 전환

암소에서 자란 조직을 0 시에 낮은 광량의 적색광에 짧게 노출한 후에 암소에서 방치하면서 총색소와 Pfr의 양을 분광기로 측정하였다. Pr은 차이 양으로서 계산하였다.

〈그림 18-4〉에서 볼 수 있는 또 하나의 흥미로운 특징은 외견상으로 Pr의 증가가 나타나는 점이다. 원래는 이것이 암소에서 Pfr이 Pr로 전환되어 나타나는 것으로 믿어졌지만 이제는 대부분 피토크롬의 측정시에 생기는 분광 광도계에 의한 인공산물로 받아들여지고 있다. 두 가지 형태의 피토크롬은 넓은 범위에서 서로 겹치는 흡수 스펙트럼을 가지고 있다(그림 18-3). 두 가지 스펙트럼이 서로 중복되는 탓에 순수한 적색광이나 근적외광만을 사용했을 때도 100% 전부 한 가지 형태로 전환되는 것은 불가능하다. 그 대신 충분히 높은 플루언스율의 가시광선을 조사하게 되면 Pr과 Pfr이 모두 존재하는 **광평형상태**(photoequilibrium)를 형성하게 된다. 광평형상태의 계수(ϕ)는 다음의 식과 같이 정의되며 여기서 P_{TOT}는 Pr과 Pfr의 합인 총 피토크롬의 양이다.

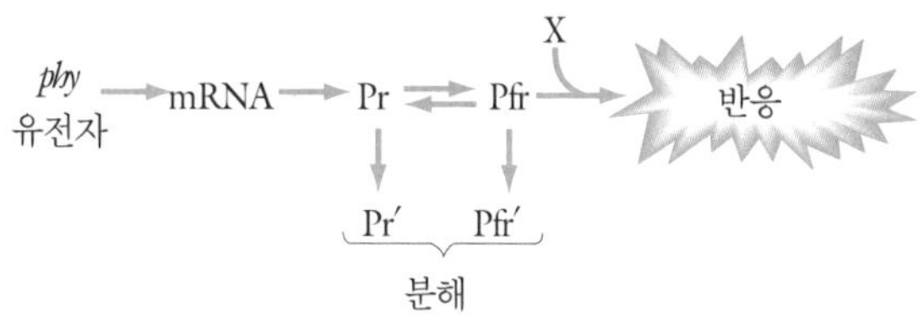

〈그림 18-5〉 피토크롬계

색소는 생리적으로 불활성 상태인 적색광을 흡수하는 형태(Pr)로 합성되어 암소에서 자란 유식물에 축적된다. 적색광(660nm)에 의하여 근적외광을 흡수하는 형태(Pfr)로 광전환되며 근적외광(735nm)의 흡수에 의해 색소는 다시 Pr의 형태로 돌아온다. 활성화된 상태인 Pfr은 생리 반응을 보이려면 어떤 아직 알려지지 않은 반응 X를 시작한다. Pr′와 Pfr′는 Pr과 Pfr이 각각 분해된 불활성 산물이다.

〈표 18-2〉 청색광, 적색광, 그리고 근적외광에 의하여 형성되는 전형적인 피토크롬의 광평형 계수(Φ)

빛	λ(nm)	Φ
청색광	450	0.4
적색광	660	0.8
근적외광	720	0.03
근적외광	756	0.013

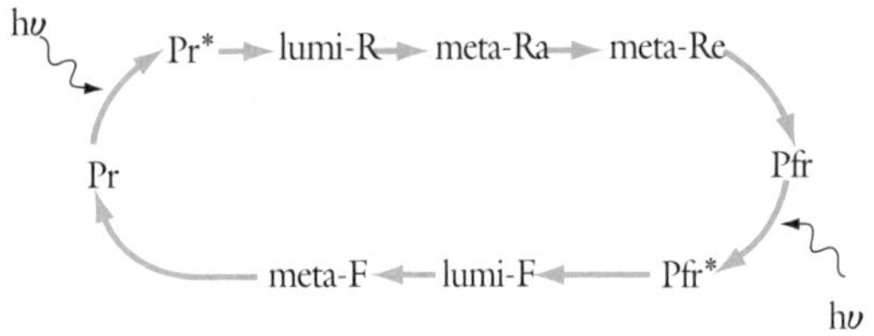

〈그림 18-6〉 피토크롬의 광전환시에 나타나는 광화학적 중간 산물들

광화학적 중간 산물들의 수명은 밀리 초로 측정되었지만 평형상태에서는 시간이 지남에 따라 각각의 중간 산물들이 일정 농도로 존재한다.

$$\Phi = [Pfr] / [P_{TOT}]$$

적색광(660nm) 처리에 의해 나타나는 광평형상태의 계수는 0.8이다(표 18-2). 다시 말하자면 660nm의 순수한 적색광 하에서도 피토크롬이 100% 전부 다 Pfr로 전환되는 것이 불가능함을 의미한다. 이 이유는 Pfr도 비록 Pr보다는 비효율적이지만 660nm에서 빛을 흡수하게 되어 20% 정도는 즉시 Pr로 재전환되기 때문이다. 마찬가지로 Pr도 소량의 근적외광(735nm)을 흡수하므로 Pr의 일부는 Pfr로 전환된다. 〈그림 18-4〉에서 Pr이 다시 나타나는 것처럼 보이는 까닭은 반응시작 시간에 적색광 펄스에 의해 Pfr로 전환되지 않은 20%의 Pr이 특이한 측정 시스템으로 인하여 보이지 않다가 차츰 다시 보이게 되기 때문이다. 빛의 종류 즉, 적색광이나 근적외광 또는 백색광처럼 양쪽의 파장이 혼합된 빛에 상관없이 광평형상태는 Pr과 Pfr의 일정한 순환에 의한 동적 과정이라는 것을 명심해야 한다.

두 가지 형태의 피토크롬은 모두 녹색 파장 지역에서는 거의 흡수를 하지 않는다(그림 18-3). 따라서 녹색광은 측정이 가능할 만큼의 피토크롬의 광전환을 유도하지 않는다고 보고 피토크롬의 연구시에 흔히 안전광(safe light)으로 사용되어 왔다. 그러나 이 장의 후반부에서는 전통적으로 안전하다고 여겨졌던 이 녹색광에 의해서 실제로 어떤 피토크롬의 반응이 일어나는 것을 보게 될 것이다.

Pr과 Pfr의 광전환 과정에서 볼 수 있는 또 하나의 흥미로운 점은 여러 가지의 중간 물질이 짧은 순간 동안 존재하게 된다는 것이다(그림 18-6). 보통 대기의 온도에서 이런 중간 물질들의 수명은 10억 분의 1에서 백만 분의 1초인 것으로 측정되었다. 그러나 저온에서는 안정화될 수 있어서 그 흡수 스펙트럼을 바탕으로 구분이 가능하다. 빛에 의해 Pr은 흥분 상태(Pr*)로 되고 암소에서 이완될 때 세 가지의 중간 물질을 거쳐서 Pfr로 바뀐다. 이 중간 물질들의 역할은 광화학 반응을 이해하는 데 도움이 된 것을 제외하고는 불분명하다. 그러나 지속적인 빛조사 하에서는 각각의 중간 물질이 색소의 순환 회로의 일부로서 적은 양이지만 명확하게 평형상태의 풀(pool)로서 존재하게 된다. 더욱이 중간 물질간의 이완 현상은 열의 소실이 수반되는 과정이다. 열의 소실에 의한 이완 현상은 광화학적으로 일어나는 Pr의 흥분과정보다 느린 과정이므로 어떤 중간 물질들은 생리적으로 상당히 의미 있는 수준에 이르기까지 축적되는 것이 가능하다. 이들 중간 물질 중 어떤 것은 또한 광반응성을 지니고 있으며 이들이 특히 장기간의 조사시 어떤 피토크롬의 반응에서는 중대한 역할을 한다고 제안되기도 하였다.

피토크롬의 화학

피토크롬은 발색단(chromophore)과 결손 단백질(apoprotein)로 구성되어 있는 색소 단백질(chromoprotein)이다. 발색단과 단백질 부위는 모두 다 Pr과 Pfr 사이의 전환시에 구조적인 변화를 거치게 된다.

피토크롬의 Pr은 667nm에서 최대 흡수를 Pfr은 730nm에서 최대 흡수를 보이는 푸른 색깔의 색소 단백질이다. 이것의 독특한 광화학적 성질은 발색단과 결손 단백질의 복잡한 상호 작용에 기인한다. 발색단은 피코시아닌(phycocyanin)과 유사한 구조로 4개의 고리 모양의 피롤(tetrapyrrole)이 열려 있는 사슬 형태(open chain)로 되어 있다(그림 18-7). 피코시아닌과는 D 고리에서 $-CH_2-CH_3$ 대신에 $-CH=CH_2$으로 치환된 것이 다를 뿐이다. 발색단의 A 고리는 티오에테르(thioether) 결합을 통하여 결손 단백질의 시스테인기에 공유 결합되어 있다.

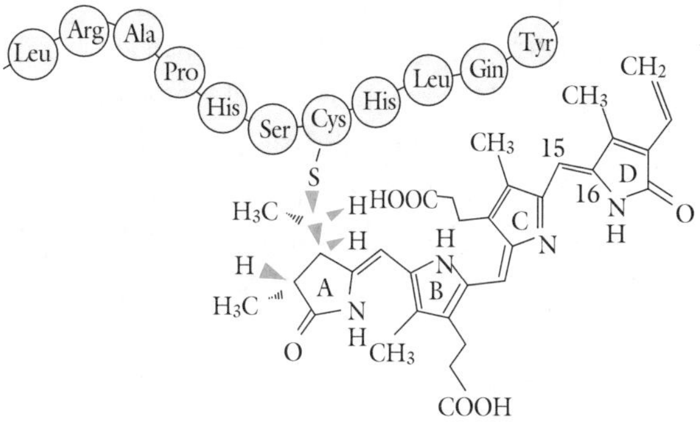

〈그림 18-7〉 피토크롬의 발색단과 이것의 결손 단백질과의 결합에 대한 가정적인 구조

발색단은 321번째의 시스테인 기에 티오에테르 결합에 의한 공유 결합으로 단백질에 연결되어 있다. 보여진 구조는 Pr이다. Pr과 Pfr 사이의 광전환에는 C-15와 C-16 메틴(methine) 브리지의 cis-trans 이성질화 반응이 관여한다.

피토크롬은 생체내에서 발색단이 각각의 단위체(monomer)에 하나씩 결합되어 있는 이합체(dimer)로 존재하는 것으로 믿고 있다. 단위체의 추정 분자량은 분해가 되지 않은 형태로서 단백질을 분리하기가 어려운 까닭으로 때에 따라 상당히 다르기도 하다. 모든 식물체의 정제되지 않은 추출액(crude extract)에는 Pr에 특이성을 지녀 그 결과 Pr을 여러 조각으로 절단하는 단백질 분해 효소(Pr-specific protease)가 함유되어 있는 것으로 보인다. 완전한 원래 상태의 단백질 분리를 하기 위한 최적 조건은 우선 피토크롬을 Pfr로 전환한 후 단백질 분해 효소의 저해제를 첨가하여 0℃의 저온에서 신속히 작업하는 것이다(Vierstra 와 Quail, 1983). 본래 상태의 단위체의 분자량은 120 kDa(호박의 경우)에서 127 kDa(옥수수) 정도로 추정된다.

가장 연구가 많이 된 귀리 피토크롬의 분자량은 124 kDa이다. DNA의 염기 서열 분석에 의하면 이 단백질은 1128개의 아미노산을 함유하는 것으로 추정된다. 발색단은 단백질의 아미노(NH_2) 말단에 있는 특이한 11개의 아미노산 서열 속에 들어 있는 321번 시스테인기에 결합되어 있다(그림 18-7). 화학적 분석 데이터에 의하면 발색단은 외부의 친수성 환경으로부터 발색단을 보호하는 접힌 단백질의 움푹한 곳에 위치하고 있다. 특히 흥미로운 점은 *hydropathy profile*이라고 하는 단백질에서 친수성 아미노산과 소수성 아미노산의 분포를 알려주는 연구 결과이다. 어떤 실험 결과에 따르면 피토크롬이 세포막과 강하게 결합되어 있는 것을 암시한다. 그러나 귀리 피토크롬의 hydropathy profile의 결과는 이 단백질이 비교적 친수성이며 막의 내재 단백질이라기보다는 용해성인 구형단백질로 보인다.

앞에서도 언급한 바와 같이 일반적으로 Pr은 활성이 없는 형태이며 Pfr의 형성으로 여러 가지 생리적 반응이 시작되는 것으로 받아들여지고 있다. 그렇다면 자연적으로 생기는 의문은 Pr과 Pfr의 구조적 차이에 관한 것과 그리고 이 차이가 생물학적 활성을 일으키게 되는 어떤 단서가 되는 것인가. 비록 발색단과 결손 단백질이 모두 구조적인 변화를 거치는 것으로 믿어지고 있지만 불행히도 두 가지 형태 사이의 광전환에 대한 정확한 본질은 아직 불분명하다. Pr과 Pfr의 발색단 간의 주요한 차이는 C와 D 고리 사이의 메틴 브리지(methine bridge)에서 cis와 trans형 간의 이성질화 반응(cis-trans isomerization)으로 보인다. 적색광이 흡수되면 상온에서는 정상적으로 일어날 수 없는 이중 결합의 회전에 필요한 높은 활성화 에너지가 제공된다.

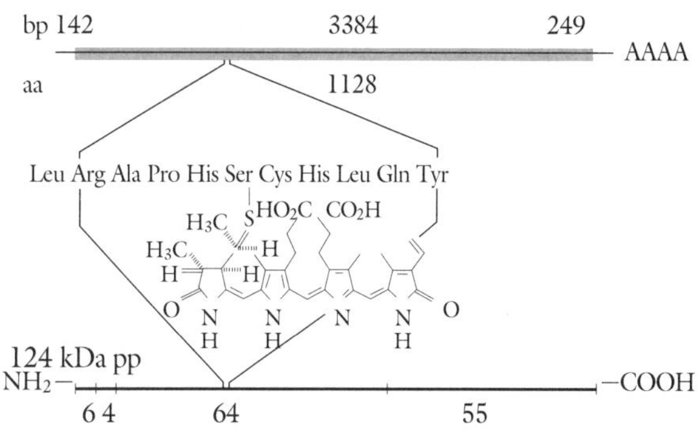

〈그림 18-8〉 귀리의 124 kDa으로 된 피토크롬 단백질의 지도와 피토크롬의 DNA 서열을 배치한 도표

피토크롬의 결손 단백질은 124 kDa의 단백질로 표시되었다. 발색단과 결합하는 아미노산의 서열 부위는 N-말기로부터 64번째의 아미노산 구역의 중간 부분 근처에 위치한다. N-말기의 일부와 카르복시 말기의 55 아미노산 부위가 표시되어 있다.

여러 가지의 증거들이 단백질도 역시 구조적 변화를 거치는 것을 암시하고 있다. 한 예로 효소 처리로 단백질의 아미노 말단으로부터 6 kDa이나 4 kDa의 조각을 제거하게 되면(그림 18-8) 피토크롬의 특성에 여러 가지 변화가 생긴다. 이 변화 중의 일부로 Pfr의 최대 흡수 파장이 약 8nm 정도 이동되며 Pr로 재전환되는 속도가 10배 정도 증가하고 Pr에서 Pfr로의 광전환에 대한 광자수율(quantum yield)이 감소하는 것 등을 들 수 있다. 외견상으로는 아미노 말단의 조각이 Pfr의 발색단과 단백질과의 결합에 영향을 미치는 구조적으로 중요한 구역(domain)인 것 같다. 이 구역은 색소가 Pfr의 형태로 있을 때보다 Pr의 형태로 있을 때 단백질 분해 효소에 의한 영향을 더 많이 받게 되고 항체에 의한 결합이 더 많이 일어난다. 반면에 카르복시 말단의 55 kDa 조각은 색소가 Pfr의 형태일 때 단백질 분해 효소의 공격에 더 약하다. 이러한 관찰들은 단백질 구조의 변화가 광화학적으로 유도된다고 가정해야만 제대로 설명될 수 있다. Pr과 Pfr 사이의 구조적 차이가 무엇이든 간에 보통 단백질을 구분하는 데 사용하는 측정 방법으로는 두 가지 형태를 구분할 수가 없으므로 그 차이는 크지 않을 것이다. 예를 들어 Pr과 Pfr의 침전 계수(sedimentation coefficient)의 차이를 이용한 원심 분리나 전기영동으로 Pr과 Pfr을 분리할 수가 없다. 단백질 구조에 있어서 이러한 변화가 어떻게 일어나며 이것이 피토크롬의 생물학적 작용에 미치는 중요성은 앞으로 밝혀야만 될 과제이다.

피토크롬의 생리적 효과

요구되는 광량의 정도에 따라 적어도 3가지 종류의 피토크롬 반응이 알려져 있다. 고전적인 저플루언스 반응(low fluence response)에는 막퍼텐셜에서부터 유식물의 발달과 개화에 이르기까지 넓은 범위의 생리 및 발생학적인 현상들이 포함된다. 비광가역적 고복사조도 반응(high irradiance reaction)도 역시 피토크롬에 의해 매개된다.

피토크롬에 의해 매개되는 효과는 그들의 에너지 요구를 기초로 하여 3가지 범주로 편리하게 나눈다(그림 18-9). Hendricks와 Borthwick 그리고 그 동료들이 발견한 고전적인 적색광과 근적외광에 의한 광가역적 반응은 **저플루언스 반응**(low fluence responses, LFRs)으로 알려진 것이다. LFRs에 필요한 광량은 10^{-1}에서 $10^{-2}\mu$mole m^{-2}사이의 적색광이다. **초저플루언스 반응**(very low fluence response, VLFRs)은 이름에 드러나 있듯이 훨씬 더 낮은 광량인 10^{-6}에서 $10^{-3}\mu$mole m^{-2} 수준의 적색광에 의해 유도된다. **고복사조도 반응**(high irradiance reactions, HIRs)은 보통 FR이나 청색광으로 수 시간 또는 그 이상의 지속적인 조사를 필요로 하며 실제 광도에 의해 반응이 좌우된다.

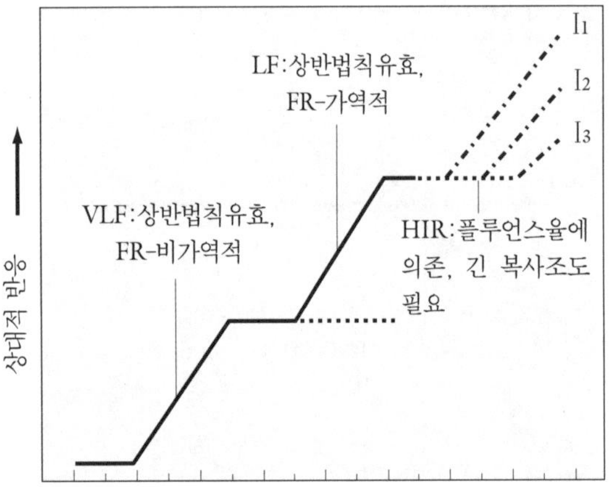

〈그림 18-9〉 초저플루언스(VLF), 저플루언스(LF), 고복사조도(HIR) 피토크롬의 반응들을 적색광의 플루언스 함수에 대한 도표적 예시

VLF와 LF 반응은 짧은 펄스(1초)에 의해 강화될 수 있다. HIR은 그림에 보여준 것처럼 플루언스와 시간에 의존적이다. 플루언스율은 $I_1 < I_2 < I_3$의 순서이다.

저플루언스 피토크롬 반응

종자의 발아 경작지나 자연적으로 토양이 파헤쳐진 지역에서 한꺼번에 싹이 트는 것을 보면 알 수 있듯이 대부분 종자의 발아는 빛에 의해 영향을 받는다. 비농작물인 식물 종자의 대다수는 빛에 의해 발아가 촉진되는데 이런 종자는 양성 광발아(photoblastic) 종자이다. 종자가 빛에 의하여 발아가 억제되면 음성 광발아 종자이다. 농업적으로 중요한 일부 식물 종자의 대부분은 높은 발아율을 지니도록 선택되었기에 발아가 빛에 의해 영향을 받지 않는다.

상추 종자의 경우에는 발아의 유도가 초나 분 단위 정도의 짧은 빛 처리로 충분하지만 털부처꽃(*Lythrum salicaria*), *Epilobium cephalostigma* 등의 종자는 발아되려면 수 시간이나 며칠간의 계속적이거나 간헐적인 빛 처리가 필요하다. 어떤 경우에도 피토크롬이 주로 관여하는 것 같다. 토양층에서 빛은 급속히 약화되는데 예를 들면 1mm 정도의 고운 입자의 토양층을 통과하는 빛은 1% 이하이며 그것도 700nm보다 긴 파장의 빛만 통과된다. 따라서 발아하기 위하여 빛이 필요한 종자의 경우 대부분 발아가 억제되기 위해 땅속 깊이 묻혀 있을 필요가 없다. 그러나 *Sinapis aventis*와 같은 종자는 극소량(Φ=0.05)의 Pfr로도 발아가 촉진되며 덮여 있는 토양층의 두께가 8mm 정도일 때도 발아가 일어난다.

야생귀리(*Avena fatua*)와 같이 음성 광발아 종자인 경우에서 발아를 억제시키려면 일반적으로 장시간 동안 높은 플루언스율에 노출시켜야 한다. *Phacelia tanacetifolia*와 같은 종자에서는 적색광도 효과가 있지만 근적외광과 청색광이 가장 효과적이다. 종자의 발아가 광억제되는 현상은 고복사조도 반응의 한 예일 것 같다.

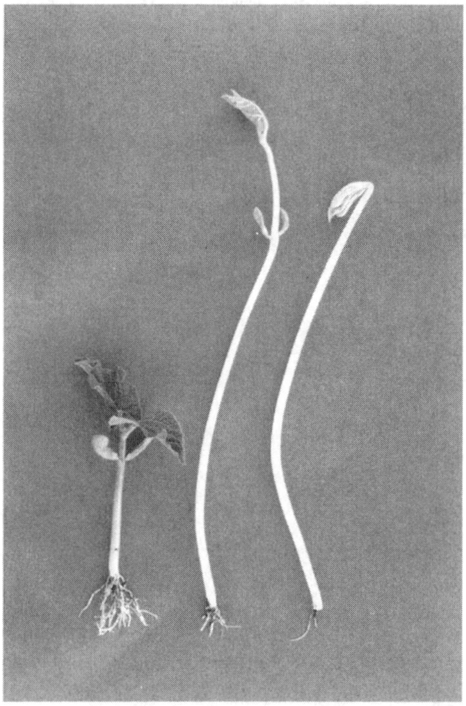

〈그림 18-10〉 대두 유식물의 광형태 발생
왼쪽의 유식물은 정상적인 빛 하에서 자란 것이고 오른쪽의 유식물은 암소에서 자란 것이다. 가운데 유식물은 매일 5분간의 약한 적색광에 노출된 것이다.

유식물 발달 초등 학생들도 다 아는 바와 같이 암소에서 자란 식물은 이상한 모양을 하고 있다(그림 18-10). 종에 따라 구체적인 내용은 다르겠지만 일반적으로 쌍떡잎 유식물의 경우 줄기가 아주 가늘고 긴 모양에 잎 바로 아래쪽이 현저하게 휘어져 있다. 잎 자체의 발달도 제한되어 아직도 배속에 있을 때처럼 작은 채로 서로 붙어 있다. 엽록소가 없기에 유식물은 희거나 노란 색을 띤다. 초본 유식물의 잎은 계속적으로 신장은 하지만 잎이 빽빽하게 말려 있다. 초본 유식물에서는 첫번째 마디사이나 중배축(mesocotyl)이 암소에서는 지나치게 신장하며 변형된 형태의 잎인 자엽초는 느리게 자라게 된다. 암소에서 자란 식물들이 나타내는 이런 일반적인 상태를 황백화(etiolation)라고 한다. 황백화의 다른 특징으로 엽록체의 발달이 중지되는 것과 많은 효소들이 낮은 활성을 보이는 것 등을 들 수 있다.

쌍떡잎 유식물의 경우 하배축의 신장, 어린 눈의 훅(hook) 열림과 잎 확장 등이 가장 많은 관심을 끌었다. 백색광을 조사하게 되면 하배축의 신장이 느려지고 훅이 차츰 펴지며 상배축의 신장이 가속화된다. 또한 잎이 펴지면서 확장되어 완전히 발달하게 된다. 엽록체의 발달도 진행되어 엽록소가 축적되면서 잎이 녹색으로 바뀌게 된다.

이런 반응들이 생태적으로 왜 중요한지를 추론하기는 어렵지 않다. 식물체는 근본적으로 광합성을 하는 생물이다. 종자는 빛 환경하에서, 종자에서 발생한 유식물이 자라 광합성에 의해 에너지와 탄소원의 공급을 스스로 할 수 있을 때까지 이들의 발달을 지탱하는 데 충분할 만큼만의 한정된 영양조직을 지니고 있다. 암소에서는 종자의 한정된 저장물이 고갈되기 전까지 여러 개의 미성숙한 잎으로 구성된 어린 눈이 빛이 있는 곳에 도달하여 광합성을 수행할 수 있게 될 가능성을 최대화하기 위해 그 저장 영양소를 줄기축의 신장에 다 사용하게 된다. 일단 빛이 있는 곳에 정착하면 남아 있는 저장 영양소를 잎의 확장이나 엽록체 발달 등등과 같은 광합성 조직의 발달에 투자한다. 따라서 유식물의 발달에 있어서 피토크롬의 역할은 유식물에게 토양 표면에서 이들의 상대적인 위치를 알려주는 것이다.

〈표 18-3〉 피토크롬에 의해 매개되는 반응들의 몇 가지 예

광주기성 개화 유도
잎의 수면 운동
굴광성 민감도
종자 발아
어린싹 훅 열림
잎과 자엽의 확장
엽록체 발달
엽록소 및 카로테노이드 합성
안토시아닌 합성
효소 활성화
단백질 합성
mRNA 전사
엽록체의 감광성 운동
표면전위 (근단)
막 횡단 전위

황백화된 유식물의 뚜렷한 형태적 변화 외에도 피토크롬은 〈표 18-3〉에 나타나 있는 예와 같은 형태적, 생화학적, 생물리적인 수준에서 여러 가지의 다른 변화도 매개한다.

LFRs는 그 반응이 가장 명백한 곳, 즉 주의 깊게 통제된 실험실 조건을 가진 곳에서 연구되었다는 점을 알고 있는 것은 중요하다. 모든 처리와 조작들이 낮은 플루언스율로 광화학적인 활성이 없다고 믿어지는 안전한 녹색광 하에서 수행되었다. 처리된 빛은 백색광이 아니고 필터를 거쳐서 비교적 순수한 적색광이나 근적외광으로만 한정되어 있다. 끝으로 광 처리 시간이 보통 1분에서 3분 정도로 아주 짧고 처리 후 식물체는 바로 암소로 되돌아가 발달 반응을 거치게 된다. LFRs은 따라서 짧은 시간 동안에 최대 수준의 Pfr을 가진 상태의 식물에서 유도된다. 그런 다음 활성형인 Pfr에 의해서 생리 반응이 이끌어지게 된다. 어떤 생리 작용에 피토크롬이 관여하는지를 검사하는 주요 기준이 되는 것이 LFRs의 전형적 특징인 짧은 시간의 적색광과 근적외광의 처리에 의한 반응의 가역성이다. 피토크롬은 유일하게 알려져 있는 이러한 특징을 가진 광생물적 시스템이다. LFRs은 또한 Pr과 Pfr 간의 광평형 상태를 만들어 내게 되는 수준까지의 광량에서는 역비례 관계로 조사 시간과 복사조도에 좌우된다. 그러나 일단 Pr과 Pfr의 광평형 상태가 성취되면 LFRs은 플루언스율에 좌우되지 않는다.

대부분의 LFR 실험에 있어서 FR 단독 또는 R과 교대로 조사된 후 마지막 FR에 의하여 일어나는 반응의 수준은 대개 암소에 방치된 대조구에서보다 높다. 다시 말하자면 FR에 의한 완전한 광전환은 결코 일어나지 않는다. 이 이유는 Pr과 Pfr의 흡수 스펙트럼이 겹치기 때문이다(그림 18-3). Pr과 Pfr의 흡수 스펙트럼이 근적외광 지역에서 겹치게 되므로 Pr도 소량의 FR을 흡수하게 된다. 따라서 가장 순수한 FR에 의해서도 대개 1에서 3% 정도인 소량의 Pr이 Pfr로 전환된다. 이 정도의 Pfr이면 보통 낮은 수준의 반응을 시작하기에 충분하다.

생물전기 퍼텐셜과 이온 분포 대부분의 피토크롬에 의해 매개되는 발달 반응에는 수 시간 또는 며칠이 걸리지만 어떤 반응은 수 초 또는 수 분밖에 걸리지 않는다. 전부는 아니지만 대부분의 이런 빠른 반응은 생물전기 퍼텐셜(bioelectric potential)이나 이온 유동(ion flux)과 같이 막과 관련이 있는 것으로 보인다.

피토크롬이 조직의 전기적 성질에 영향을 미치는 것을 암시하는 초기의 증거로 피토크롬이 뿌리 정단부(근단, root tip)의 표면 전하에 영향을 미친다는 Tanada의 보고(1968)가 있다. 그는 암소에서 키운 보리의 근단이 음으로 하전된 표면(negatively charged surface)을 띠게끔 특별히 준비한 유리 비커 내에서 자유로이 떠다니는 것을 관찰하였다. 적색광을 잠깐 조사하면 30초내로 근단은 유리 표면에 달라붙게 되고 연이어서 근적외광을 처리하면 유리 표면에서 떨어지게 된다. M. Jaffe는 이것이 피토크롬에 의하여 유도된 근단 표면 퍼텐셜의 변화와 서로 상관 관계가 있는 것을 보여주었다. 잠깐 동안의 적색광 처리는 양의 표면 퍼텐셜(positive surface potential)을 발생시켜 근단이 음전하를 띤 유리 표면에 달라붙게 하고 근적외광의 처리는 음의 표면 퍼텐셜(negative surface potential)을 발생시켜 떨어지게 한다. I. Newman(1981)에 의하여 귀리 자엽초에서도 적색광과 근적외광이 표면 전하에 미치는 영향이 알려지게 되었다.

피토크롬에 의하여 조절되는 막전위 퍼텐셜은 다양한 재료를 사용하여 여러 다른 실험실에 의해서도 보고가 되었다. 결과들이 완전히 일치하지는 않지만 대부분의 경우에 있어서 적색광 처리 후 5에서 10초 사이에 막의 탈분극(depolarization)이 유도된다(그림 18-11). 연이은 근적외광의 처리에 의해 천천히 정상 분극으로 돌아오거나 소폭의 과분극(hyperpolarization)이 유도된다. 현재로는 이러한 효과들이 피토크롬이 세포막에 직접적으

로 작용하여 일어나는 것인지 또는 2차 신호전달자 시스템이 관여하는지는 알려져 있지 않다.

가장 먼저 그리고 가장 자세히 피토크롬이 막과 관련하여 미치는 영향을 조사한 연구는 *Mougeotia*에서 엽록체의 회전에 관한 것이다. 이 사상형의 녹조류는 세포당 단 하나의 편평한 엽록체를 가지고 있는데 이들은 긴축을 따라서 회전할 수가 있어서 들어오는 빛에 대해 정면으로 또는 모서리로 향하게 된다(그림 18-12(A), (B)). 엽록체 위치의 재배열은 피토크롬에 의하여 매개되며 적색광이 가장 효과적이고 근적외광에 의해 가역적으로 되돌아간다. 일련의 멋들어진 실험 과정에서 W. Haupt는 세포내의 특정 부위를 조사하면서 적색광과 근적외광의 미세 평면편광을 사용하여 엽록체의 회전에 관여하는 피토크롬은 엽록체 자체에 있는 것이 아니고 세포막 바로 안쪽의 위치한 세포질의 바깥 부분에 위치한다는 것을 발견하였다. Haupt는 또한 편광에 의한 엽록체의 재배열이 세포의 장축에 대한 편광의 방향성에 의존하는 것을 알게 되었다. 예를 들면 적색광의 편광면이 세포의 장축과 평행할 때 가장 효과적이었다(그림 18-12(C)). 적색광의 효과를 반대로 바꾸는 근적외광은 편광면이 적색광의 편광면과 수직 방향일 때 가장 효과적이었다(그림 18-12(D)). 이러한 결과들은 피토크롬 분자가 세포질내에서 특정 방향으로 배치되어 있으며 Pfr의 배열 방향(orientation)이 Pr의 배열 방향과 수직 방향임을 제시한다.

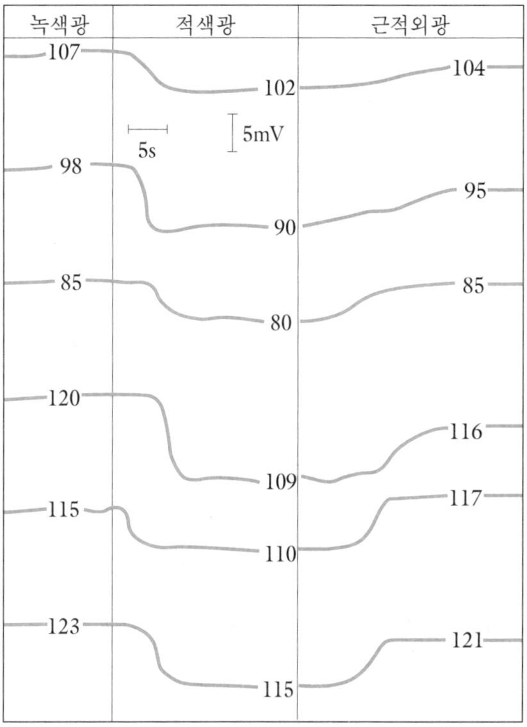

〈그림 18-11〉 녹색광, 적색광, 근적외광을 순서대로 처리한 6 개의 귀리 자엽초 유조직 세포에서의 막퍼텐셜 기록표
각 처리 후 평균 퍼텐셜 값이 숫자로 표시되어 있다.

피토크롬 자신이 원형질막 부위에서 엽록체로 이동하는 일이 없는 한 피토크롬과 막 사이를 연결하는 신호전달 과정이 존재해야만 한다. 한 가능성으로 아마도 칼슘이 피토크롬의 2차 신호전달자로 작용하여 엽록체의 배열 위치를 조절하는 세포내골격(cytoskeleton)과 상호 작용하는 것이다. 적색광의 처리에 의해 *Mougeotia* 세포내로 Ca^{2+}의 유입이 촉진된다. 게다가 칼슘의 이온운반물질(ionophore)인 A23187을 세포의 특정 부위에 처리하면 엽록체의 재배열이 촉진되는데 이것은 용액 속에 칼슘이 있을 때만 가능하다. 유사하게 K^+의 이온운반물질인 발리노마이신(valinomycin)을 처리하면 아무런 효과도 없다. 따라서 Pfr이 세포내로 칼슘의 유입을 촉진하여 엽록체의 재배열을 일으키는 것으로 보인다.

생물전기 퍼텐셜(bioelectric potential)의 변화는 세포막을 통과하는 이온의 이동과 연관된 전기 화학적 현상이다. 예를 들어 녹두(mung bean)의 근단에서 Jaffe는 적색광에 의해 유도되는 표면 퍼텐셜의 양전하 증가가 수소 이온의 유출과 동반되는 것을 알게 되었다. 피토크롬과 이온의 이동간의 상관 관계는 또한 잎의 수면(nyctinastic) 운동에서도 드러났다. 이 운동들은 19장에서 다루게 되겠지만 이것이 피토크롬과 이온 이동에 관련이 있기에 여기서 간략히 다루고자 한다. 어떤 종들에서 쌍을 이루고 있는 잎이나 소엽은 일반적으로 낮 동안에는 수평으로 펴진 상태이며 어두워지면 접히게 된다. 이런 식물들은 잎이나 소엽의 기저부에 엽침(pulvinus)이라고 하는 구근 모양의 부위를 가지고 있다. 이 엽침의 윗면과 아래 면에 있는 세포의 부피가 차별적으로 변하여 모양이 바뀌면 잎의 운동이 유도된다. 이런 운동 세포(motor cell)의 부피와 모양의 변화는 주로 K^+, Cl^-과 말산(malate) 등의 용질이 신속히 재분포된 결과로 나타나게 되는 삼투압에 의하여 추진된다. Ruth Satter와 그녀의 동료들은 이러한 기관에서 K^+의 이동이 피토크롬에 의해 조절된다고 보고하였다(19장 참조). 그러나 피토크롬이 직접적으로 K^+의 이동을 조절하는 것으로 보이지는 않는다. K^+은 피토크롬에 의하여 매개되는

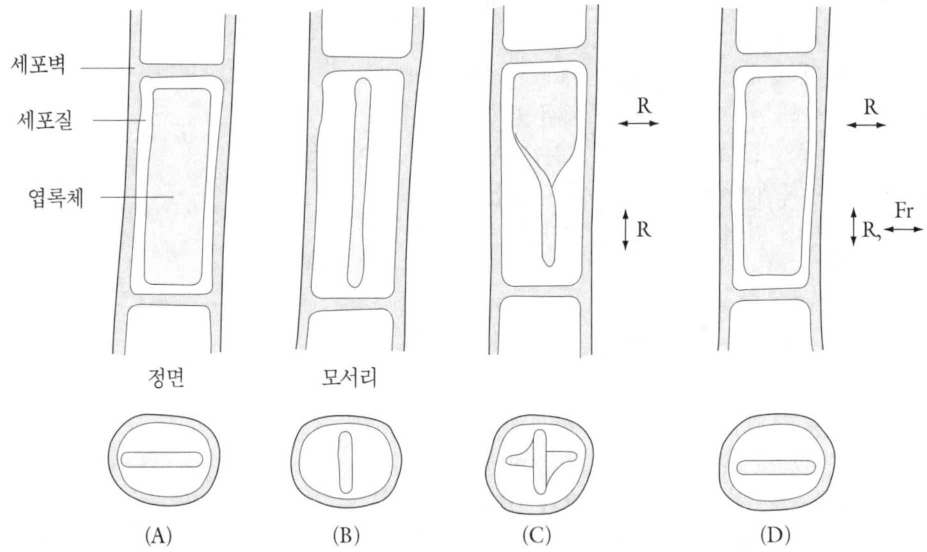

〈그림 18-12〉 *Mougeotia* 엽록체를 가지고 수행한 Haupt의 실험 도식도
*Mougeotia*는 각각의 세포에 한 개의 판 모양의 엽록체를 가지고 있는 사상형의 녹조류이다. (A)와 (B)는 정면에서와 모서리에서의 엽록체 모양을 나타내고 있다. (C)와 (D)에서 화살표는 적색광(R)과 근적외광(FR)의 편광을 주었을 때 편광면을 표시한다.

H^+의 유출의 결과로 열리는 전기적으로 작동하는 K^+ 통로를 통하여 이동한다. 피토크롬의 역할은 아마도 세포막에 붙어 있는 ATPase-양성자 펌프를 활성화시켜서 막을 탈분극시키며 그 결과로 K^+ 통로를 여는 것 같다. 수면 운동에 있어서도 Ca^{2+}이 역시 2차 신호전달자로 관여하는 것으로 보이는 증거들이 있다. 실제로 Ca^{2+}/칼모듈린(calmodulin)이 여러 가지의 피토크롬에 의해 매개되는 반응에 관여하는 것으로 보인다. Ca^{2+}이 매개자로서 관여하는 것으로 보이는 피토크롬 반응들은 보통 빛에 의해 유도되는 Ca^{2+}의 유입이 동반되며 칼모듈린 저해제에 의하여 차단된다. 그러나 피토크롬이 식물 세포내의 유동성 Ca^{2+}의 양을 증가시키는지는 아직 확인이 되지 않았다.

초저플루언스 반응

여러 연구들에 의해 암소에서 자란 유식물이 아주 낮은 수준의 빛에 반응할 수 있음이 드러났다. 예를 들어 적색광은 곡류의 유식물에서 연이어 처리한 굴광성 유도광에 대한 민감도를 증가시킨다. 그러나 이 반응의 포화광의 세기는 Pr에서 Pfr로의 전환 측정이 가능한 빛의 세기의 100분의 1 정도에 지나지 않는다. 낮은 플루언스의 근적외광도 적색광과 마찬가지로 굴광성에 대한 민감도를 증가시키는 것으로 보아서 이 반응은 1%보다 더 작은 양의 피토크롬이 Pfr로 전환되면 포화되는 것 같다. D. F. Mandoli와 W. R. Briggs(1981)는 전통적으로 안전하다고 믿었던 약한 녹색광에 노출되는 것만으로도 암소에서 자란 귀리 유식물의 신장 반응이 유도되거나 심지어는 포화 상태에 이르는 것을 발견했다. 이들은 중배축 신장의 저해를 유도하는 데 필요한 Pfr은 0.01% 정도밖에 안 되는 것으로 추정하였다. 이러한 광에 대한 극도의 민감성으로 인하여 VLFRs의 연구는 기술적인 면에서 힘들다. 예를 들면 VLFRs는 광가역적이 아니다. VLF 반응이 피토크롬에 의해 매개된 것으로 여겨지는 주요한 증거는 이 반응의 작용 스펙트럼이 Pr의 흡수 스펙트럼과 유사하다는 것이다. 그러나 이 현상은 식물 발달의 실험적 광조절의 문제들에 대하여 복잡하지만 흥미로운 문제들을 제기하고 있다.

고복사조도 반응

자연 상태에서 식물은 비교적 긴 시간 동안 높은 복사조도에 노출되어 있다. 장시간 동안의 비교적 높은 에너지의 상태인 이러한 조건하에서 광형태 발생적 프로그램이 최대한 발현하게 되어 잎의 확장이나 줄기의 신장과 같은 반응들이 훨씬 더 현저하게 일어난다. 이러한 빛 의존적인 반응들이 고복사조도 반응(HIRs)이라고 알려져 있다. HIRs는 일반적으로 다음과 같은 특징을 지닌다. (a) 최대 반응이 일어나려면 고복사조도에서 오래 동안 노출되어야 한다. (b) 반응의 크기는 플루언스율과 조사 시간의 함수로 나타난다(즉 Bunsen-Roscoe의 역비례 상호 법칙이 적용되지 않는다). (c) LFRs과는 달리 HIRs은 적색광과 근적외광에 의하여 완전한 광가역성을 보이지 않는다.

HIRs은 붉은 양배추 유식물에서 안토시아닌의 합성에 대한 연구로 처음 알려졌다(Siegelman and Hendricks, 1957). 황백화된 유식물에서의 다른 반응들처럼 안토시아닌의 축적이 시작되는 것은 피토크롬에 의한 고전적인 LFR이다. 그러나 적색광과 근적외광에 의한 가역성은 조사 시간이 짧을 경우에만 한정된다. 조사 시간이 길어지면 안토시아닌의 축적에 대한 작용 스펙트럼의 피크는 적색광의 효율성이 떨어지면서 근적외 파장으로 옮겨진다. 이 긴 시간 동안 비춘 근적외광의 효과는 충분히 긴 시간 동안 빛을 처리하여 Pfr이 급속히 분해되어 그 풀이 완전히 고갈되는 것이 방지되어서 Pfr이 오래 동안 낮은 수준으로 유지되기 때문이라고 해석되고 있다.

HIRs은 줄기 신장, 잎의 확장, 그리고 종자의 발아 등과 같이 LFRs에 속하는 여러 가지 반응에도 관여하는 것으로 보인다. 그러나 HIRs은 식물의 종이나 생장 조건에 따라서 현저히 다른 작용 스펙트럼을 나타낸다(그림 18-13). 예를 들어 황백화된 유식물은 청색광, 적색광, 그리고 근적외광에서 반응을 보인다. 탈황백화가 진행되면 근적외광에 민감한 HIR이 적색광에 민감한 HIR로 전환된다. 그렇게 되면 당연히 빛 환경하에서 자란 녹색 조직은 근적외광보다 적색광에 더 크게 반응한다. 수수 유식물의 안토시아닌 합성과 같은 경우에는 청색광-UV-A에만 반응한다.

피토크롬이 HIRs의 광수용체인가? 적색광과 근적외광의 효과로 보아 피토크롬이 광수용체일 것으로 보이지만 피토크롬 반응만의 특징인 광가역성이 고복사조도 반응에서는 확실히 결여되어 있다. 그럼에도 불구하고 HIRs을 피토크롬의 농도, Pr과 Pfr 간의 회전율, 광화학 반응 과정의 평형 상태에서 중간 산물의 양, 그리고 피토크롬 시스템의 다른 특징 등으로 설명하기 위해서 여러 가지의 이론적인 모델들이 개발되었다. 그러나 어떤 모델도 HIRs의 모든 특징, 특히 청색광-UV-A 스펙트럼에서의 작용을 만족스럽게 설명하지 못하고

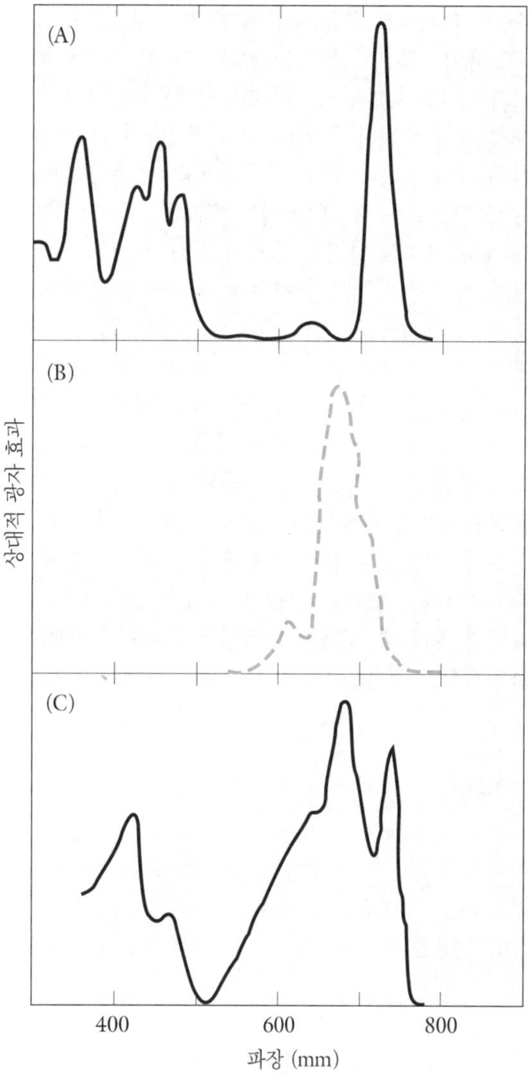

〈그림 18-13〉 지속적인 빛에 의한 줄기신장의 억제에 대한 작용 스펙트럼

(A) 황백화된 상추 유식물, (B) 명소에서 자란 흰겨자(*Sinapis alba*), (C) 암소에서 자란(황백화된) 백색 겨자

있다. 작용 스펙트럼의 차이에 바탕을 두고 최소한 세 가지 범주로 HIRs이 인지되고 있다. (a) 청색광-UV-A, 적색광, 근적외광의 작용, (b) 청색광-UV-A와 적색광의 작용, (c) 청색광-UV-A만의 작용. 이런 차이점들을 설명하기 위해서는 적어도 2개의 광수용체, 즉 피토크롬과 청색광 겸 UV-A 수용체가 동시에 관여해야 할 것이라고 일반적으로 받아들여지고 있다.

K. M. Hartmann은 상추 유식물이 지속적인 빛 조건하에서 하배축의 신장이 억제될 때 나타나는 작용 스펙트럼상에서의 716nm 피크가 피토크롬에 의한 것이라는 강력한 증거를 제시하였다(그림 18-13(A)). 정말로 이 정교한 실험에서 Hartmann은 658nm 또는 766nm의 빛을 유식물에게 조사하였다(Hartmann, 1967; Cosgrove, 1986). 이 파장이 선택된 이유는 이 파장에서 각각 Pr과 Pfr에 의한 흡수가 일어나지만 Pr과 Pfr의 흡수 스펙트럼이 최소한으로 중복되기 때문이었다. 658nm와 766nm의 빛을 따로 주었을 때 하배축 신장의 억제가 일어나지 않았지만 동시에 같이 주었을 때는 716nm의 빛만 주었을 때처럼 효과적으로 억제가 일어났다. 그 비결은 658nm와 766nm에서 동시에 조사되었을 때의 Pfr의 비율(Pfr/P_{TOT})이 716nm에서 형성되는 Pfr의 비율(Pfr/P_{TOT})과 같은 수준이 되게 복사조도를 맞추었다는 것이다. Hartmann의 논제는 766nm의 빛에서는 피토크롬이 거의 완전히 불활성인 Pr형으로 바뀌어 효과가 없다는 것이었다. 반면에 658nm의 빛은 피토크롬을 거의 다 Pfr의 형태로 바꾸지만 분해 반응에 의하여 급속히 없어지므로 초기에는 저해 작용을 보이지만 곧 효과가 없어지게 된다. 716nm의 빛은 Pfr의 작용과 분해가 경쟁하여 균형 상태를 이룬 중간 수준의 Pfr을 형성하기에 효과적이 된다. 따라서 716nm의 빛은 오래 동안 지속되는 빛 하에서 가장 효율적인 농도의 Pfr을 유지한다.

적어도 일부 시스템에서는 별개의 독립된 청색광-UV-A 수용체가 고복사조도 반응을 조절하는 데 피토크롬과 상호 작용을 한다는 증거가 있다. 빛 조건하에서 자란 오이, 상추, 토마토 등의 유식물에서 하배축 신장의 억제가 청색광 의존적인 것은 청색광과 백색광의 동시 조사로 확인해 볼 수 있다. 이 조건하에서 총 피토크롬에 대한 Pfr의 비율은 얼마 변하지 않지만 백색광만 처리했을 경우에 비해 줄기 신장이 더 억제된다. 다른 시스템의 예로 수수 유식물의 경우 피토크롬(즉 적색광과 근적외광에 의해 가역적인)에 의한 안토시아닌 합성의 조절은 지속적인 청색광이나 백색광의 처리 후에야 효과적이다.

또 다른 시스템의 예로 야생형 애기장대에서 하배축 신장은 지속적인 Fr이나 청색광, UV-A 또는 적색광에 의해 저해된다. 피토크롬의 양이 적은 애기장대의 돌연변이체로 *hy-1*과 *hy-2*의 두 가지 종류가 알려져 있다. 이 돌연변이체의 경우 청색광과 UV-A에 대한 반응성은 그대로인 데 반해 Fr과 적색광에서의 반응성은 완전히 소실된다. 끝으로 완전히 암소에서 자란 유식물의 경우에는 피토크롬에 의해 안토시아닌의 합성이 유도되지 않는다. 그러나 지속되는 청색광의 처리 후에는 피토크롬의 특징인 적색광과 근적외광에 의한 가역성이 명백히 나타난다. 이러한 결과들은 어떤 HIRs의 경우에는 별개의 청색광-UV-A 수용체가 작용하며 이것이 피토크롬과 협동적으로 작용할지도 모른다는 가설을 강력히 뒷받침한다.

녹색 식물의 피토크롬

녹색 식물에 있는 피토크롬은 황백화된 조직에 있는 것과 다르다. 황백화된 조직에서 발현되는 피토크롬의 형태는 단지 다섯 가지 유전자 산물 중의 하나에 지나지 않는다. 다른 네 가지의 유전자 산물인 피토크롬은 암소에서 자란 조직이나 빛 조건하에서 자란 조직 모두에서 낮은 수준으로 발현된다.

피토크롬이 자연광 조건에서 광형태 발생을 지시하는 능동적 역할을 한다는 가정은 재미있는 질문을 유발한다. 만일 Pfr이 녹색 식물에서 황백화된 조직에서처럼 빨리 분해된다면 어떻게 식물들은 지속적인 광 조건하에서 활성화된 피토크롬을 적당한 수준으로 유지하게 되는가? 생리적인 그리고 생체를 가지고 한 분광 분석 실험을 토대로 오래 전부터 빛 조건하에서 자란 녹색 식물의 피토크롬이 황백화된 조직의 피토크롬과 다르다고 주장되어 왔다. 그렇지만 최근에 들어서야 이 주장을 뒷받침하는 직접적인 분자 수준상의 증거가 나오기 시작했다.

녹색 식물에서 피토크롬에 대한 연구는 낮은 농도와 적색광과 근적외광 지역에서의 엽록소의 흡수와 형광에 의한 강한 간섭 등의 이유 때문에 전통적으로 어려운 일이었다. 이제는 추출액으로부터 신속하게 엽록소를 제거하는 과정을 통하여 엽록소의 간섭은 부분적으로 방지할 수가 있어서 시험관에서의 분광 분석이 가능하다. 또 다른 방법으로 빛 조건하에서 자란 유식물에 카로테노이드의 합성을 저해하는 농약인 노르플루라존(Norflurazon)을 처리하면 엽록소의 광탈색화(photobleaching)가 일어나 생체에서의 분광 분석이 가능하다.

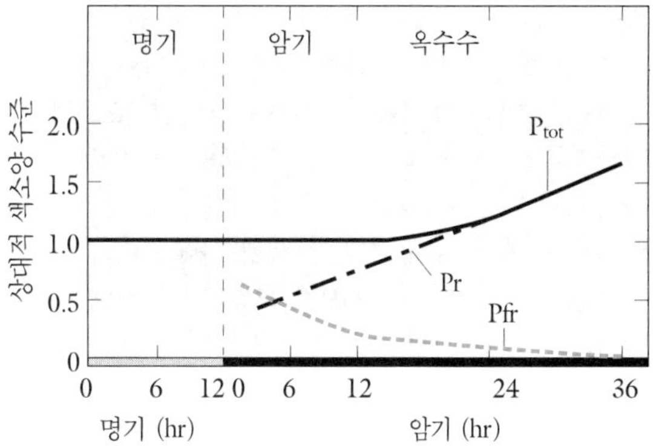

〈그림 18-14〉 엽록소의 축적을 차단하는 농약이 처리된 옥수수 유식물에서 피토크롬의 전환 동력학

피토크롬의 양은 지속적인 백색광 아래에서 9일간 생장시킨 후 암소에서 추적하였다.

여러 가지의 증거로 인하여 녹색 조직의 피토크롬이 암소에서 자란 조직의 피토크롬과 구별된다는 초기의 주장이 확인되었다. 빛 조건하에서 자란 귀리 조직의 피토크롬은 황백화된 조직의 것(124 kDa; 666 nm)에 비하여 분자량(약 118 kDa)이 작고 Pr의 최대흡수 파장이 652 nm로서 더 짧다. 게다가 빛 조건하에서 자란 귀리 조직의 피토크롬은 황백화된 조직의 피토크롬을 이용하여 만든 항체에 대한 인식을 하지 못하여 항체 형성에 의한 침전 반응(immunoprecipitation)이 나타나지 않는다. 광전환(Pr에서 Pfr로, 또는 역방향으로의)의 동역학은 유사해 보이지만 녹색 조직에서의 Pfr이 훨씬 더 긴 반감기를 보인다. 예를 들어 M. Jabben은 빛 조건하에서 엽록소의 축적을 방지하는 농약인 SAN 9789를 처리한 옥수수의 유식물에서 피토크롬의 전환을 측정하였다. 농약을 처리하여 지속적인 광 조건하에서 자란 유식물에서 Pfr의 반감기는 약 8시간으로 1 시간에서 1시간 반 정도인 황백화된 유식물에서의 것보다 훨씬 길었다(그림 18-14).

암소에서 자란 유식물에서 축적되는 불안정한 형태의 피토크롬을 Ⅰ형(Type Ⅰ) 피토크롬이라고 하며 녹색 조직에 있는 더 안정된 형태의 것을 Ⅱ형(Type Ⅱ) 피토크롬이라 한다. 그러나 DNA 재조합 기술을 이용한 최근의 연구에 따르면 Ⅱ형 피토크롬은 차등적으로 조절되는 작은 유전자군에 의하여 암호화되는 여러 형태로 존재하는 것으로 알려져 있다. 가장 잘 조사된 유전자군은 5개의 유전자(*phyA*, *phyB*, *phyC*, *phyD*, *phyE*로 표시)로 되어 있는 애기장대의 것이다. 이중 *phyA* 유전자가 암소에서 자란 조직에서 발현되며 불안정하며 암소에서 축적되는 Ⅰ형 피토크롬(PHYA)을 암호화한다. PHYA는 빛 조건하에서는 축적이 되지 않는데 *phyA*의 전사가 PfrA(근적외광을 흡수하는 형태의 PHYA)에 의해 저해되기 때문이다. 나머지 Ⅱ형 피토크롬의 유전자(*phyB*, *phyC*, *phyD*, *phyE*)는 빛 조건하에서나 암소에서 모두 낮은 수준으로 발현되며 이들의 산물(PHYB–E)은 빛 조건하에서 안정하다.

녹색 식물에서 더 안정한 형태의 Pfr로 전환되는 서로 다른 형태의 피토크롬이 존재함은 앞서의 질문에 대해 적어도 부분적인 대답이 되는 것 같다. 녹색 조직에서 Pfr의 분해는 Pr의 합성과 균형을 맞출 정도로 느려서 지속적인 빛 조건하에서 안정된 피토크롬의 풀을 유지할 가능성이 아주 높다. 그렇다면 식물은 왜 여러 가지 형태의 피토크롬을 필요로 하는가? 다시 표현하자면 황백화된 식물에서는 왜 지나친 양의 분해되기 쉬운 PhytA가 축적되는가? 이 질문에 대한 답은 아직 없지만 H. Smith가 재미있는 주장을 내 놓았다. Smith는 (1) 발아하기 위해서는 적색광이 필요한데 땅속 깊이 묻혀 있어서 발아가 되지 않은 종자들과 (2) 유식물이 토양 표면 근처에 도달하여 빛을 감지하기 위하여 피토크롬이 사용되는 이미 발아된 유식물의 두 가지 경우에 PhytA가 축적된다고 지적하였다. 따라서 이런 조건들 아래에서 축적되는 다량의 PhytA는 주로 빛의 질보다는 유무 여부를 감지하는 민감한 안테나로서 기능을 발휘하는 것으로 보인다. 일단 종자나 유식물이 적당한 빛에 노출되면 과다한 양의 분해되기 쉬운 피토크롬은 사라진다. 이로 인해 더 안정한 Ⅱ형 피토크롬이 R-FR 비율을 모니터하여 위에서 설명한 바와 같이 적절한 발달 과정을 감독하게 된다. 이런 각본을 뒷받침할 수 있는 직접적인 증거를 얻기는 어렵지만 이것이 피토크롬에 대한 연구를 실험실로부터 실제세계로 가져가는 중요한 첫걸음이 될 것이다.

마지막으로 전에도 말한 바와 같이 Pr이 생물학적으로 불활성형이고 Pfr의 생성에 의하여 발달 과정이 시작된다는 것이 피토크롬에 대하여 공인된 교조(dogma)이다. 이 교조를 뒷받침하는 많은 증거들이 있지만 일부 연구자들은 Pr이 적어도 빛 조건하에서 자란 식물의 줄기 신장에 있어서는 더 활성형이 아닌가라는 의구심을 가지고 있다. 최근의 연구에서 적색광 하에서 자랄 경우에는 애기장대 유식물의 정상적인 수직 생장이 현저히 바뀌는 것을 보여 주었다. 적색광 하에서 자란 유식물은 생장의 방향이 더 무작위적이었다(정상적인 수직 생장은 음성 굴중성의 보기이다(19장 참조). 반면에 광화학적 기능을 지닌 피토크롬이 결여되어 Pfr을 만들 수 없는 돌연변이체는 빛 처리의 종류에 상관없이 정상적인 수직 생장을 보인다. Liscum과 Hangater는 유전적인 분석을 토대로 피토크롬 B가 Pr의 형태로 있을 때만 정상적인 수직 생장이 일어난다고 결론지었다. 물론 무작위적 방향의 생장이 아닌 수직 생장이 활성적인 반응이라는 가정하에서이다. 다른 식물의 반응도 같은 방법으로 Pr에 의한 것인지는 앞으로 밝혀야 할 과제이다.

자연 조건 아래에서의 피토크롬

피토크롬에 대한 보다 어려운 문제의 하나가 이들이 다양한 시간에 따라 다양한 플루언스율에 지속적으로 노출되는 자연 환경 아래에서 어떻게 기능을 발휘하는가이다. 자연광의 환경에는 피토크롬이 해석할 수 있는 정보가 들어 있을까?

피토크롬에 대한 정보의 대다수는 짧은 기간의 빛 처리를 한 황백화된 유식물의 연구, 즉, LFRs에서 나온 것이다. 그러나 식물체는 물론 실험실에서의 경우를 제외하고는 간간이 적색광이나 근적외광이 쪼여지는 검은 상자 안에서 자라지는 않는다. 발아되는 유식물이 토양 표면에 도달하면서 감지하는 빛은 의심할 여지 없이 존재하는 대부분의 Pr을 Pfr로 전환시켜서 탈황백화 과정을 시작하게 하는 고전적인 LFR을 작동시킬 것이다. 또한 Pfr의 감소를 촉진시켜 총 피토크롬의 함량을 낮출 것이다. 그렇다면 높은 플루언스율의 태양광에 계속적으로 노출되어 있는 녹색 식물에서 만일 피토크롬이 정말로 어떤 역할을 한다면 그 기능이 무엇인지에 대한 의문이 생긴다.

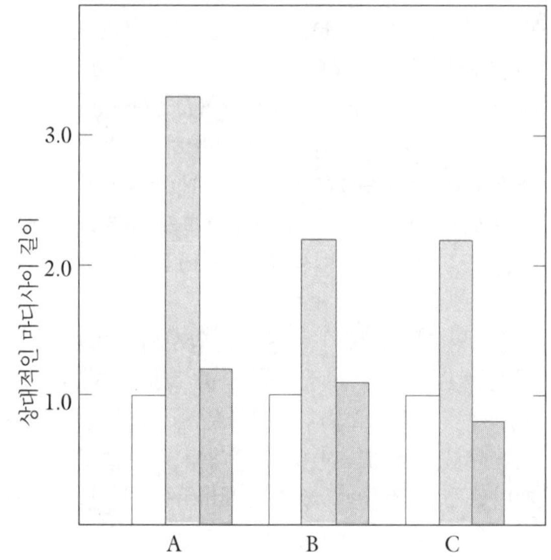

〈그림 18-15〉 일몰시에 근적외광(녹색 막대) 또는 근적외광–적색광(회색 막대)의 처리가 해바라기(A), 강낭콩(B), 나팔꽃(C) 줄기의 마디사이의 길이에 미치는 영향

광처리는 백색 형광등하에서 8시간의 광주기가 끝나고 5분간 진행되었다. 마디사이의 길이는 전혀 처리를 받지 않은 대조구(흰색 막대)에 대한 상대 값이다.

녹색 식물에서의 반응은 황백화된 유식물에 비해 때로는 현저히 다르다. 정량적인 면에서 녹색 식물은 적색광에 더 민감하다. 예를 들어, 하배축 신장의 억제에는 빛 조건하에서 자란 겨자 유식물에서보다 암소에서 자란 유식물의 요구 플루언스율이 더 높다. 앞서 고복사조도 반응을 논의할 때 탈황백화 현상이 근적외광에 대한 민감성으로부터 적색광에 대한 민감성으로 전환되는 것과 동반되어 일어나는 것을 지적하였다. 실제로 높은 수준의 근적외광이 대부분의 녹색 식물에서 신장 생장을 촉진한다.

빛 조건에서 자란 식물에 대한 많은 연구들의 결과는 신장의 생장이 부분적으로는 Pfr의 농도나 Pfr/Pr의 비율(Φ)에 의하여 결정되는 것을 암시한다. 이를 암시하는 가장 초기의 결과는 일몰(end of day)의 처리를 조작하는 다음의 실험에 의한 것이다. 여러 가지 변종의 대두, 해바라기, 그리고 나팔꽃에 백색 형광등 아래에서 8시간 광주기의 처리가 끝나는 때 FR이나 FR에 이어 R의 처리를 하였다(그림 18-15). 광주기가 끝날 때에 적색광의 처리는 암주기의 시작시에 높은 함량의 Pfr을 가지고 있어 줄기의 생장이 강하게 억제되었다. Pfr의 수준을 감소시키는 빛의 처리는 생장을 억제하는 효과를 감소시켰다. 다시 말하자면 두번째 마디사이의 신장 생장의 정도는 암주기 시작시에 존재하는 Pfr의 비에 의하여 결정되었다. 신장 생장의 조절은 R과 FR에 의해 가역적 반응을 보였다. *Synningia*와 *Fuchsia*를 가지고 한 다른 실험들에 의해 정상적인 광주기가 끝날 때에 낮은 수준의 Pfr을 이끄는 조건들에 신장 생장이 의존한다는 유사한 결과가 나타났다.

이와 같은 실험들에 의하여 녹색 식물에서 피토크롬의 작용과 이들이 식물의 생존 전략에 중요한 역할을 하는지에 대해 관심을 가지게 되었다. 대부분의 관심은 자연광 스펙트럼의 분포가 가장 두드러지게 바뀌는 수관(canopy) 아래에서 식물의 생장에 집중되었다. 수관 아래에서 빛의 스펙트럼에는 위층을 덮고 있는 잎의 엽록소에 의해 대부분 흡수되어진 청색과 적색 파장의 밴드가 현저히 결여되어 있다. 반면에 엽록소는 근적외광에 투명하여 근적외광의 약화는 거의 완전히 반사에 의해 일어난다. 따라서 수관 그늘에 의한 효과는 근적외광에 대한 적색광의 광도의 비(R/FR 또는 ζ, 그리스말 제타)로서 나타낼 수 있다. 구름이 없는 맑은 날의 ζ값은 대개 1.05에서 1.25 사이에 있다. 물론 수관을 투과한 빛의 ζ값은 수관의 성질과 밀도에 따라 변하게 되며 대표적인 값들이 〈표 18-4〉에 기재되어 있다. 이런 값들은 모두 ζ가 조금만 변하여도 Pfr의 비율이 비교적 크게 변하는 범위 안에 있다(그림 18-16). 이런 관계로 피토크롬이 그늘에서 빛의 성질을 감지하는 훌륭한 센서가 될 수 있다.

〈표 18-4〉 수관층을 통과한 빛의 R/FR(ζ) 근사치

수관	R/FR
밀	0.5
옥수수	0.20
오크(oak) 삼림지	0.12－0.17
단풍나무 삼림지	0.14－0.28
가문비 숲	0.15－0.33
열대 다우림지	0.22－0.30

이제는 실제로 식물이 그늘에서의 빛과 투과되지 않은 태양광의 특징적인 차이를 감지할 수 있는 것을 보여주는 좋은 증거가 있다. 실험실에서나 생장 발육기(growth chamber) 내에서 전체 광주기 동안에 백색 형광등(ζ=2.28)에 여러 가지 수준의 근적외광을 보충해 줌으로써 그늘에서의 빛을 흉내낼 수 있다. 이 때 흉내낸 빛의 유형이 바뀌더라도 광합성을 유도하는 빛(PAR)의 조도는 일정하게 유지할 수 있게 한다. 따라서 생장과 형태 발생의 어떤 차이도 각각의 경우에서 측정된 R/FR 비율로 추정할 수 있는 피토크롬의 광평형 상태에서의 값(Φ)에 기인하게 된다. 명아주의 유식물을 이렇게 자라게 했을 때 줄기 신장률의 로그 값은 Φ에 직선적인 관계를 나타내었다(그림 18-17). 빛의 질에 대한 반응은 아주 빨리 일어날 수도 있어서 명아주의 경우 FR을 원래의 배경 빛에 첨가한 후 7분 이내에 줄기 신장률의 증가를 관찰할 수 있다.

물론 날마다의 자연 태양광 스펙트럼의 에너지 분포에도 실질적인 변화가 있게 마련이다. 태양이 지평선에 걸쳐 있는 해뜰 때와 해질 무렵에는 ζ값이 낮의 대부분

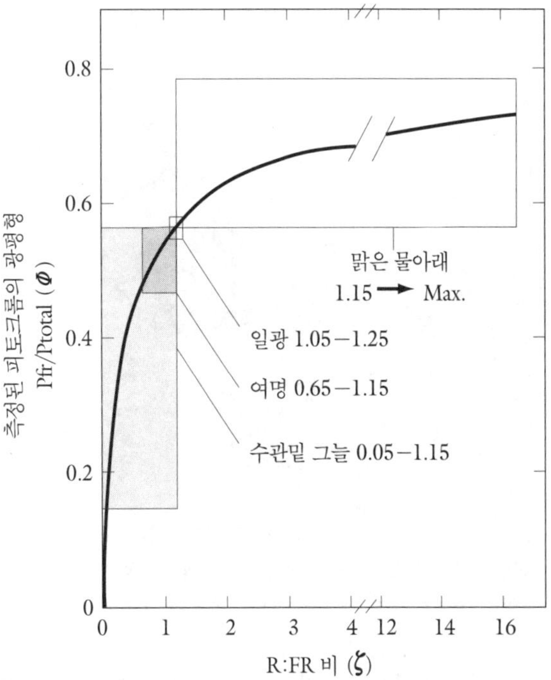

〈그림 18-16〉 R : FR비(ζ)와 피토크롬의 광평형 계수와의 관계
네모로 표시된 지역이 실제 생태적 조건하에서 관찰된 ζ의 범위를 나타낸다.

(A)

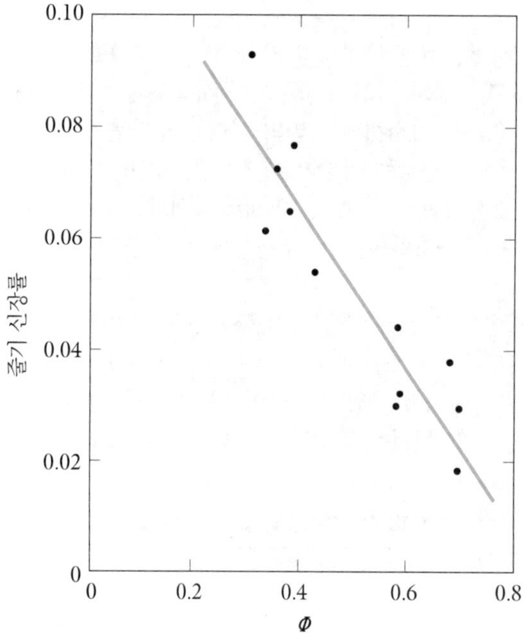

(B)

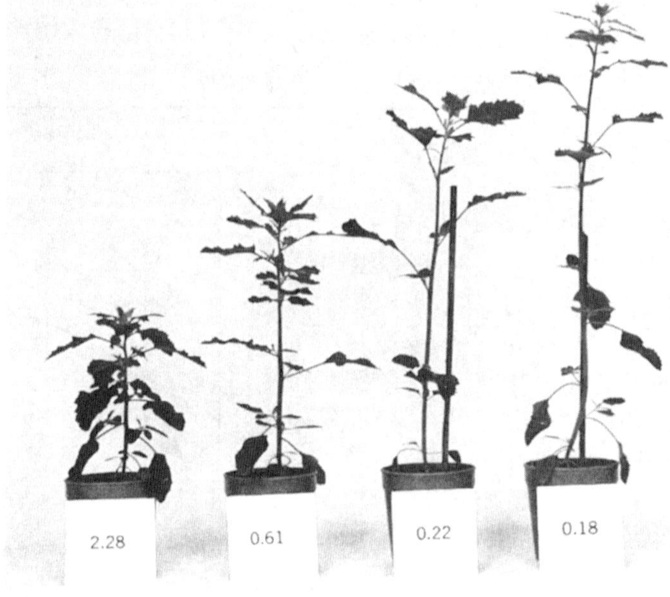

〈그림 18-17〉 빛에서 자란 유식물의 광형태 발생

(A) 모방된 그늘진 빛 아래에서 9일간 자란 명아주에서 Pfr의 함량(*Φ*)과 줄기 신장률과의 관계. (B) 모방된 그늘진 빛 아래에서 14일간 자란 명아주의 유식물. 그늘진 빛은 표시한 R:FR비(*ζ*)를 제공하기에 충분한 양의 근적외광을 추가하여 조작하였다.

과 비교할 때 상대적으로 많이 감소하게 된다. 예를 들면, 한 연구에서 해질 무렵의 *ζ*값이 한낮에 비해 14~44% 정도 감소하는 것으로 드러났다. 피포호박(*Cucurbita pepo*)은 해질 무렵 때의 적색광이나 근적외광에 대한 반응을 자세히 조사해 보면 광주기가 끝날 때 Pfr의 형태로 유지되는 피토크롬의 비율의 감소가 발달 유형의 급격한 변화와 연관이 있는 것을 알게 된다. *Φ*값이 높다가(약 0.65~0.75) 아주 낮아지면(약 0.03) 줄기와 잎자루의 신장이 두드러지며 잎의 확장과 분지는 줄게 되고 엽록소 함량도 줄어든다. 이러한 실험들이 물론 피토크롬의 광평형 상태와 빛 환경의 변화에 대한 형태 발생적인 반응의 일상 관계를 증명하지는 않는다. 그러나 식물들이 실제 자연 환경에서 일어나는 것과 유사한 스펙트럼의 에너지 분포의 변화에 반응하는 능력을 가지고 있다는 것을 보여준다. 현 상태에서 피토크롬이 일몰의 끝과 그늘에 대한 신호를 감지하는 광수용체일 가능성은 아주 높아 보인다.

피토크롬의 작용 메커니즘

피토크롬은 여러 단계에서 작용하는 것으로 보인다. 그중 막의 특성이나 mRNA의 전사 조절에 관한 연구 기록이 가장 잘되어 있다.

세포나 세포 아래 단계에서의 인과관계를 알아내는 일은 최상의 조건하에서도 어려운 일이다. 피토크롬의 경우처럼 자극에 의하여 이렇게 복잡한 효과들이 얽혀서 나타나는 상황에서 1차 작용을 찾아내기는 더 기가 막히게 어려운 일이다. 비록 Pfr이 여러 많은 발달적 사건에서 공통적인 개시자(initiator)이지만 이어지는 대사적이고 생화학적인 일련의 현상들은 반응에 따라 식물의 종류에 따라 혹은 발달 단계에 따라서 현저히 달라질 수 있다. 예로서 Pfr의 1차 작용이 HIRs에서와 LFRs에서 같다고 할 수 있을 것인가 혹은 피토크롬이 다른 방법으로 유사한 반응을 유도한다고 할 것인가?

반응 시간의 차이에 의해서도 추가적으로 복잡해진다. 어떤 효과는 수 초내로 나타나는 반면에 어떤 것들은 수 시간 내지 수일이 걸리기도 한다. 그러나 이러한 복잡성에도 불구하고 두 가지의 공통된 테마가 있다. 하나는 많은 Pfr의 효과가 세포막의 특성의 변화에 의한 것으로 설명될 수 있다. 미모사와 자귀나무에서 피토크롬에 의해 유도되는 소엽의 운동에 대한 초기의 연구와 근단의 표면 전하의 변화를 보여준 Tanada의 교묘한 실험은 모두 세포막에서의 급격한 이온 분포의 변화를 보여준 것이다. 호르몬의 조절 작용을 매개하는 데 있어서 때로는 이온 통로의 조절을 통한 이미 알려진 막의 역할을 감안한다면 만일 피토크롬이 막과 연관된 활성에 영향을 미치지 않게 되는 것이 오히려 놀라울 것이다.

두번째의 테마는 Pfr이 유전자의 발현을 조절한다는 것이다. 피토크롬에 의해 유도되는 아주 다양한 발달적인 변화를 감안한다면 어느 순간에서는 새로운 유전 정보의 전사가 작용해야만 될 것으로 기대된다. 1960년대 중반에 H. Mohr에 의해 처음 제안된 유전자 활성화의 가설은 최근의 현대 분자생물학적 기술의 발달에 의해서 겨우 시험해 볼 수 있었다. 1993년과 1997년 사이에 피토크롬의 단백질을 암호화하는 5개의 유전자 중에서 적어도 3개의 돌연변이(*phyA, phyB, PhyD*)와 발색단의 생합성과 연관된 2개의 돌연변이(*hy1, hy2*)를 찾게 되었다. 이러한 돌연변이와 다른 다양한 피토크롬과 연관된 현상의 돌연변이의 영향을 밝히게 되는 것이 피토크롬에 의한 신호 전달 과정을 알게 되는 중요한 첫걸음이 될 것이다.

피토크롬과 세포막

피토크롬에 의해 빨리 유도되는 대부분의 현상은 피토크롬이 막의 특성에 영향을 미치기 때문이라고 쉽게 해석할 수 있기 때문에 가장 명백한 첫번째의 질문은 피토크롬 분자가 세포막에 붙어 있는가 여부이다. 이 문제에 대한 해답을 얻기 위한 두 가지의 방법이 있다. 첫째로 시도된 방법은 세포를 분획하여 각각의 분획구에서 양파장 차이 분광계(dual-wavelength difference spectrophotometer)를 사용하여 피토크롬의 활성에 대한 검사를 하는 것이다. 만일 피토크롬이 한 군데 혹은 여러 군데의 막에 위치하면 그 분획구에서 높은 자체 활성이 나타날 것이다. 이 방법으로 접근한 결과 피토크롬은 세포질의 수용성 부위뿐만 아니라 색소체(백색체와 엽록체를 모두 포함), 미토콘드리아, 소포체, 핵, 그리고 세포막이 포함되는 세포의 거의 모든 분획구와 연관된 것으로 보고되었다.

분획 실험의 결과에는 문제점이 많았다. 예를 들어 암소에서 자란 식물에서 추출한 피토크롬의 대부분은 수용성인 반면에 적색광을 조사한 식물에서 추출한 피토크롬의 반 이상이 입자성 분획으로 침전될 수 있다. 더욱이 어떤 특정한 막 부위에 우선적으로 연관되어 있는 것 같지도 않았다. 대부분의 경우에 있어서 어떤 특정 분획구에서의 피토크롬의 고유 활성도(specific activity)가 그 분획구가 있던 조파쇄액(crude homogenate)에서의 활성도와 거의 같거나 작았다. 이러한 결과는 피토크롬이 세포의 파괴 후 단순히 비특정 표면 결합에 의해서 소기관에 붙을 경우에만 기대할 수 있다. 또한 피토크롬의 hydropathic profile을 보면 피토크롬이 수용성 단백질일 것 같은 사실과도 일치한다. 반면에 적어도 75% 이상의 미토콘드리아와 연관된 피토크롬은 단백질 분해 효소에 의하여 분해가 되지 않는 것을 보면 막과 밀접한 관계가 있음을 암시한다.

세포내에서 피토크롬의 분포는 면역세포화학(immunocytochemistry)을 이용해서도 연구되었다. 이 기법에 의하면 광학이나 전자 현미경으로 검사하게 될 고정된 물질이 피토크롬에 대한 항체와 반응하여 탐침하는지를 검사하게 된다. 항체는 퍼옥시다제(peroxidase)라는 효소나 항원-항체의 복합체를 바로 눈으로 볼 수 있게 하는 다른 표지를 달게 된다. 암소에서 자란 귀리의 자엽초 유조직(parenchyma) 세포에서는 피토크롬이 골고루 세포질에 분포되어 있는 것으로 보이지만 일부는 세포막이나 소포체 또는 핵막과 연관되어 있는 것으로도 보인다. 이 접근 방법에는 피토크롬의 세포내 위치가 고정 과정에서 영향을 받지 않을 것이라는 가정은 말할 것도 없이 여러 기술적인 어려움이 있지만 그래도 그 결과는 대체적으로 분획 연구의 결과와 일치한다.

면역세포화학적(immunocytochemical) 연구의 흥미로운 결과의 하나는 피토크롬의 분포가 적어도 부분적으로는 피토크롬의 형태에 의해 결정된다는 점이다. 빛을 조사하지 않은 자엽초 세포에서 Pr은 균등히 분포하고 있지만 Pfr은 그렇지 않다. 조사에 의하여 Pfr이 형성되면 수 초 내로 Pfr은 격리되어 세포내의 어느 특정 지역에 모이게 된다. 유사한 현상이 완두의 상배축 조직에서도 관찰되었다. 이 결집된 피토크롬의 위치와 기능을 밝히려는 시도는 실패로 끝났지만 적어도 우리가 알고 있는 소기관이나 막과는 연관되어 있지는 않다. 그러나 세포내에서의 Pfr의 격리는 시험관내에서 관찰된 Pfr이 탐침 부분에 더 많이 존재하는 결과와 서로 관련이 있는 것으로 보인다. 이 두 가지 현상은 모두 광가역성을 보이며 따라서 같은 생화학적 현상의 결과일 수도 있다.

분리한 소기관에 피토크롬이 연관되어 있으므로 이 분리된 소기관들이 R/FR에 의해 광가역적인 기능을 가지는지 검사하는 것은 간단한 문제이다. 이런 실험들이 분리한 미토콘드리아, 색소체, 퍼옥시솜, 핵 등을 사용하여 성공적으로 수행되었다. 특히 분리한 미토콘드리아에서의 연구가 가장 많이 이루어져 NADP의 환원, 칼슘의 수송, ATPase의 활성 등에서 광가역성을 보이는 것으로 알려져 있다. 이러한 기능들은 원래의 내생적인 피토크롬, 즉 소기관과 같이 추출된 피토크롬과 외부에서 첨가된 피토크롬의 두 가지에 의해 다 나타난다.

모든 증거를 고려해 볼 때 피토크롬은 내재성 막단백질이 아닌 것으로 보인다. 그러나 막의 특성을 바꾸는 만큼 피토크롬이 막과 느슨히 연관되어 있거나 아직 밝혀지지 않은 중간 단계에 있는 신호 전달 고리를 통하여 작용할 것이다.

피토크롬과 유전자 작용

밖으로 드러나는 발생학적 현상들은 유전자 발현의 변화에 바탕을 둔 것이라고 믿는 것이 생물학에서는 거의 당연시된다. 피토크롬이 중요한 발생학적 현상인 종자의 발아, 탈황백화, 줄기정단(vegetative apex)에서 꽃대정단(flowering apex)으로의 전환 등에 관여하는 것은 자연적으로 피토크롬이 유전자 발현의 변화에 관여하는 것을 제시한다. 이 때문에 어떤 특정 유전자의 산물 즉 단백질과 궁극적으로 mRNA의 양의 변화가 당연히 피토크롬에 의해 조절될 것으로 기대된다.

단백질 수준에서의 피토크롬의 조절은 1960년에 콩의 유식물에서 glyceraldehyde-3-phosphate dehydrogenase의 활성이 적색광과 근적외광에 의하여 가역적으로 조절된다고 보고한 A. Marcus에 의해 최초로 알려졌다. 그 이후로 대부분의 경우에는 피토크롬에 의한 것으로 그 활성이 빛에 의하여 조절되는 효소와 단백질의 수가 60개가 넘는다. 9년 후에 M. Jaffe는 완두 싹에서 적색광 처리를 한 후 24시간 후에 RNA의 양이 증가되는 것이 피토크롬에 의존적인 것을 보고하였다. 다른 연구자들도 여러 가지 RNA의 양적 변화나 전사 저해제인 액티노마이신 D(actinomycin-D)의 처리로 빛에 의하여 매개되는 효과들이 저해되는 것들을 보고하였다.

그러나 고등 식물에서 유전자의 빛조절이 일어나는 것에 대한 직접적인 증거는 1970년대 후반에 mRNA의 분리와 생체외 번역(*in vitro* translation)이라는 기술이 개발된 후에야 나왔다. 1985년까지 E. M. Tobin과 J. Silverthorne은 그들의 유전자가 빛 조건하에서 자란 식물과 암소에서 자란 식물에서 서로 다르게 발현되는 9가지의 동정된 단백질과 다수의 미동정된 단백질을 찾게 되었다.

현재까지 연구된 피토크롬에 의해 조절되는 유전자들의 대다수가 엽록체의 단백질을 암호화하는 핵에 있는 유전자라는 사실이 신기하다. 가장 많이 연구된 두 가지가 Rubisco(ribulose-1,5-bisphosphate carboxylase/oxygenase)의 작은 소단위체(small subunit)와 광수확엽록소 a/b 결합단백질(LHCP)이다. Rubisco는 광합성(10장)에서 카르복실화 반응(carboxylation) 단계를 촉매하는 수용성의 엽록체 효소로서 아주 다량으로 존재한다. 이것은 각각 8개의 동일한 큰 소단위체(LSU)와 작은 소단위체(SSU)로 구성되어 있다. LSU는 엽록체의 게놈에 의해 암호화되며 엽록체에서 합성되는 반면 SSU는 핵 속의 유전자에 의하여 세포질에서 선구체 단백질의 형태로 합성된다. LHCP는 광합성(9장)시에 빛을 모으는 안테나 복합체(antenna complex)의 주성분이다. SSU처럼 LHCP의 결손단백질(apoprotein, 엽록소 a/b 결합단백질로도 알려져 있음)도 핵 유전자에 의해 암호화되며 세포질의 리보솜에 의해 합성되어 엽록체로 수송된다.

초기 연구의 결과로 보리 유식물에서 빛에 의해 Rubisco 단백질의 증가가 촉진되는 것이 알려졌다. 그 후에 E. M. Tobin은 명소와 암소에서 자란 개구리밥(*Lemma gibba*)에서 분리한 poly(A) RNA의 생체외 번역을 통하여 이런 변화가 피토크롬에 의존해서 번역되는 SSU mRNA의 증가 때문이라는 것을 밝혔다. 개구리밥과 보리에서 엽록소 a/b 결합단백질이 유사하게 증가되는 사실이 미국의 Tobin과 독일의 K. Apel과 동료들에 의하여 보고되었다. 핵유출(nuclear runoff) 실험에 의하여 피토크롬이 이 두 가지 단백질의 유전자를 전사 수준에서 조절하는 것이 확인되었다. 핵유출 실험에서 빛 처리 직후에 핵을 분리하여 방사성을 띤 RNA의 선구물질, 즉, ^{32}p-uridine-triphosphate를 넣고 배양하였다. 핵을 분리하기 직전에 이미 전사가 시작된 전사체(transcript)들만이 방사성을 띠도록 조건을 맞추었다. 그러면 어떤 특정 유전자로부터 전사되는 RNA의 양을 방사성을 띠게 된 전사체와 그 유전자를 함유하고 있는 것으로 알려진 cDNA의 혼성화 반응을 통하여 측정할 수 있게 된다. 이런 실험의 결과로 Pfr이 위에서 언급한 두 가지 유전자의 전사 속도를 증가시키는 것을 확인할 수가 있었다.

모든 유전자들이 피토크롬에 의해 활성화가 촉진되지는 않는다. 피토크롬에 의하여 오히려 전사가 억제되어 전사체가 감소되는 중요한 유전자들을 적어도 두 가지는 들 수 있다. 하나는 protochlorophyllide를 chlorophyllide로 환원시키는 데 관여하는 효소인 NADPH-protochlorophyllide oxidoreductase의 유전자이다. 이 경우에는 번역될 수 있는 mRNA의 수준이 적색 섬광 처리 후 1시간 이내에 감소되며 연속적인 빛 하에서 낮은 수준으로 유지된다. 적색광의 효과는 근적외광에 의하여 상쇄될 수 있다. 빛 하에서 관찰되는 이 효소의 활성 감소가 적어도 부분적으로는 mRNA의 감소로 설명될 수 있다.

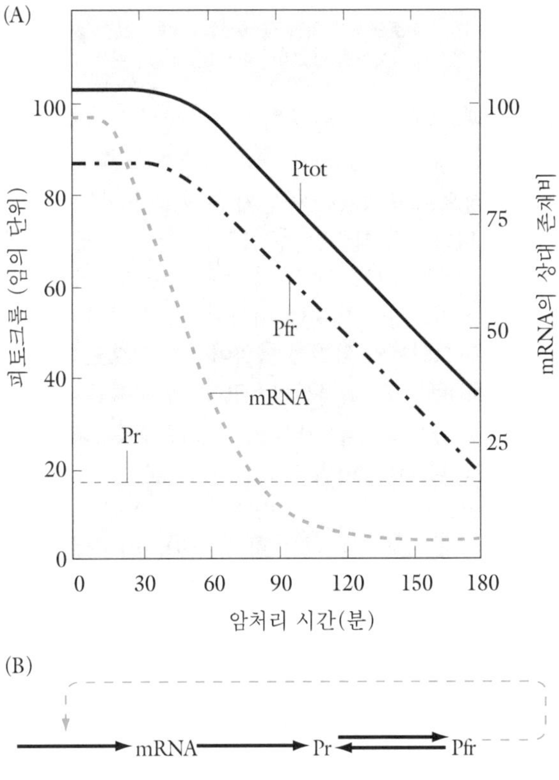

〈그림 18-18〉 피토크롬에 의해 유도되는 피토크롬 mRNA의 감소

(A) 5분간의 적색광 처리 후 암소에서 피토크롬 mRNA의 동역학이 Pfr과 총 피토크롬이 소실된 양과 비교한 것이다. (B) Pfr에 의한 피토크롬 mRNA의 음성적 저해를 보여주는 도식 그림.

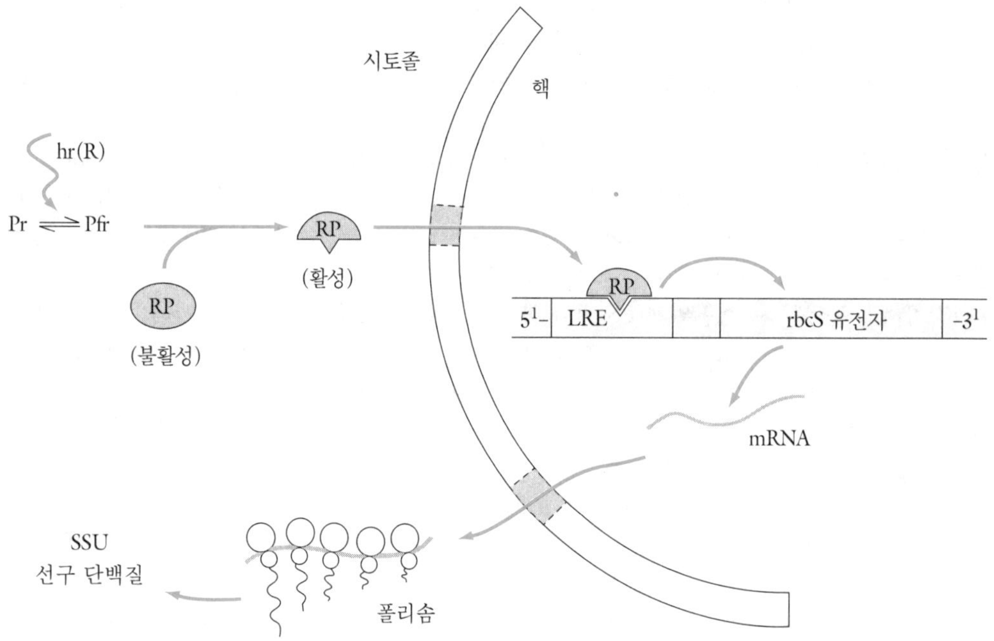

〈그림 18-19〉 피토크롬에 의한 Rubisco의 작은 소단위체(small subunit, SSU) 유전자(rbcS)의 조절의 도식 모델
Pfr은 핵 안으로 들어가서 빛조절인자(LRE)에 결합하는 조절단백질(RP)을 활성화한다. LREs는 rbcS 유전자의 5'-말단 방향으로 프로모터 지역에 위치한다. LRE는 유전자의 전사를 촉진하고 만들어진 mRNA는 세포질로 나가서 SSU 단백질의 선구체를 번역하게 된다. SSU 선구체 단백질은 엽록체로 수송되어 공정 과정을 거친 후 대아 단위체와 결합하여 활성을 지니게 되는 Rubisco를 형성한다.

음성적으로 조절되는 두번째 보기로서 피토크롬의 유전자 자신을 들 수 있다. 불과 5초 정도의 짧은 적색광 처리에 의하여 황백화된 유식물에서 번역 가능한 피토크롬의 mRNA량이 급속히 감소하게 된다. mRNA의 수준은 15분간의 지체 후에 1시간내로 50% 감소하며 2시간 후에는 95% 이상이 감소된다(그림 18-18(A)). 비록 근적외광 처리만에 의하여 이룩된 Pfr의 양이 상당한 양의 mRNA의 소멸을 유도하기에 충분하지만 mRNA의 감소가 근적외광의 처리에 의하여 가역적으로 일어날 수 있다. 따라서 피토크롬이 일종의 되먹임 억제(feedback inhibition)에 의하여 자신의 mRNA의 전사를 스스로 조절하는 것으로 보인다(그림 18-18(B)).

현대 분자생물학적 기법의 도움으로 피토크롬이 유전자의 발현을 전사 수준에서 조절하는 것이 분명히 밝혀졌다. 그러나 Pfr이 어떻게 유전자의 전사를 조절하는지는 분명치 않다. 어떤 연구의 결과로는 Pfr이 광조절인자(light-regulated elements, LREs)라는 DNA의 특정 서열 부위에 결합하는 다른 단백질(2차 신호전달자?)을 활성화하는 것으로 보인다(그림 18-19). LREs는 유전자의 프로모터(promoter) 지역의 아래쪽에 위치한 짧은 DNA의 서열을 일컫는다. 조절 단백질이 LRE에 붙게 되면 유전자의 전사가 촉진되며 그렇지 않으면 전사가 일어나지 않는다. 특히 두 가지 유전자, 즉 Rubisco의 소단위체(rbcS)와 LHCP 결손단백질(cab)의 유전자에서 LREs가 찾아졌다. 흥미롭게도 rbcS LRE는 또한 다른 유전자도 조절하는 것으로 보인다. 예를 들면 rbcS유전자의 LRE는 만일 원래는 빛에 대한 반응성이 없는 보고유전자(reporter gene)가 염색체상에서 LRE 지역으로 삽입되면 빛에 대한 반응성을 갖게 한다.

또 다른 재미있는 연구의 결과로 D. Ernst와 D. Oesterheldt는 분리한 호밀의 핵에 피토크롬을 첨가하였을 때 시험관에서의 전사율이 증가되는 것을 보고하였다. 이러한 관찰 결과는 피토크롬과 핵이 직접적으로 상호 작용을 할 수 있으며 매개 단백질이나 2차 신호전달자가 필요 없을 가능성을 제시한다.

이러한 최근의 여러 발견에도 불구하고 유전자 조절에 있어서 피토크롬의 분자적 작용을 밝히는 것은 이제 겨우 긴 여행의 첫걸음일 뿐이다. 발달 분자생물학에 대하여 아직까지 배워야 할 것이 많으며 잎의 확장이나 줄기의 신장에 한 가지 유전자만 관여하는 게 아니다. 위의 예와 또 다른 복잡한 발생학적 현상들은 수많은 유전자들이 적당한 순간에 적당한 조직에서 발현되어 그 산물들이 조화롭게 만들어지는 것을 필요로 한다. 우리가 이러한 복잡한 공간적 시간적 상호 작용을 이해하게 될 때에야만 자연 광조건하에서 식물의 반응을 조절하는 피토크롬의 진정한 역할을 알게 되기 시작할 것이다.

청색광 반응

앞에서 설명한 청색광과 UV-A에 의해 조절되는 고복사조도 반응(HIR) 외에도 청색광과 UV-A에 의해 특정적으로 활성화되는 다른 반응들이 존재한다(Senger, 1987).

청색광과 UV-A에 대하여 민감히 반응하는 것은 특히 하등 식물과 곰팡이의 특성으로 청색광 수용체가 진화적으로 더 원시적인 것을 암시한다. 이것은 고등 식물에도 남아 있어서 굴광성(하등 식물과 곰팡이에게 있어서도 역시 두드러진 반응임), 줄기의 신장, 기공의 열림, 플라빈 함유 효소(flavoenzyme)의 활성화 등을 포함한 여러 반응들을 조절한다.

과거에는 Pr과 Pfr이 청색파장 부위에서 차등적으로 흡수되기에 줄기 신장과 같이 청색광에 의해 조절되는 반응들을 피토크롬에 의한 것으로 설명된다고 논쟁이 되었지만 고에너지 반응에서처럼 여러 가지의 증거들이 다른 광수용체에 의한 것임을 뒷받침하고 있다. (1) 어떤 유식물에서는 적색광과 청색광이 각각 다른 기관에 의해 감지되는 반면에 다른 유식물에서는 발달 과정에서 적색광에 대한 반응성은 남아 있지만 청색광에 대한 반응성은 없어진다. (2) 또한 동력학적인 차이가 존재한다. Cosgrove는 1981년에 아주 민감한 변환기(transducer)를 이용하여 빠른 생장 반응을 측정한 결과 청색광에 의한 줄기 신장은 60초내에 일어나지만 적색광의 경우는 15분에서 90분 정도 지나야 일어나는 것을 알아냈다. (3) 청색광의 존재하에서 피토크롬의 광평형상태(Φ)가 0.74로 유지될 수 있게 하는 높은 플루언스율의 황색광 아래에서도 하배축의 신장이 낮은 플루언스율의 청색광에 의해 억제되었다.

마지막으로 확실히 청색광의 영향을 받는 안토시아닌(anthocyanin)의 합성이 청색광 수용체와 피토크롬의 상호 작용에 의해 조절되는 것으로 보인다. 이 경우 전형적으로 비교적 긴 시간 동안의 청색광 처리가 선행되지 않으면 피토크롬에 의한 조절 효과가 나타나지 않는다(표 18-5). 피토크롬과 상호 작용을 하는 청색광 수용체의 실체는 아직 알려져 있지 않다. 플라빈 단백질(flavoprotein)인 크립토크롬(cryptochrome)일 수도 있고 굴광성에 관여하는 청색광 및 자외선A 수용체일 수도 있다.

UV-B 반응

많은 식물의 반응은 태양빛 스펙트럼상의 자외선B 파장에 있는 빛의 영향으로 일어난다.

자외선이 안토시아닌(anthocyanin)의 축적을 증가시키는 효과는 1930년대 중반부터 알려져 왔다. 나중에 자외선을 흡수하게 되는 유리창을 통과하여 들어오는 태양광이 그냥 들어오는 광에 비해 덜 효과적인 것을 알게 되었다. 이 효과는 마침내 1971년에 Wellmann이 파슬리(parsley, *Petroselinum crispum*)의 세포현탁 배

〈표 18-5〉 수수(*Sorghum vulgare*) 유식물에서 안토시아닌 생합성의 광조절에 있어서 피토크롬과 청색광 수용체의 상호 작용

종자를 파종 후 5일 후부터 처리하였으며 안토시아닌의 함량은 510nm에서의 흡광도를 표시한 것이다.

처리구	안토시아닌 함량
27 hrs R	0.0
27 hrs Fr	0.0
3 hrs B+24 hrs dark	0.19
3 hrs B+5 min R+24 hrs dark	0.19
3 hrs B+5 min Fr+24 hrs dark	0.19
3 hrs B+5 min Fr+5 min R+24hrs dark	0.19

양액과 유식물에서의 플라보노이드(flavonoid) 합성이 UV-B(280~320 nm)에 의하여 유도되는 것을 보여주게 됨으로써 밝혀졌다. 290에서 300nm 사이의 파장에서 최대의 효과를 보였고 320nm 이상의 파장에서는 거의 효과가 없었다. 1986년까지 Beggs 등은 자엽, 하배축, 유식물의 뿌리, 그리고 세포 배양액 등을 사용하여 11종의 고등 식물에서 UV-B에 의해 안토시아닌과 플라보노이드의 생합성이 유도되는 것을 보여 주었다.

수수에서의 작용 스펙트럼을 보면 290, 385, 그리고 650nm에서 3개의 피크가 나타난다. 피크가 385와 650nm에서의 작용은 뒤이은 근적외광의 처리로 되돌릴 수 있지만 피크가 290nm인 경우에는 그럴 수 없었다. Yatsuhashi 등은 385와 650nm인 피크에서의 작용은 피토크롬에 의한 것이고 피크가 290nm인 것의 작용은 자외선B 수용체에 의한 것이라고 유추하였다. 파슬리에서 플라보노이드의 생합성은 세 가지 색소 즉 피토크롬, 별개의 청색광 수용체, 그리고 UV-B 수용체의 상호 작용에 의한 것으로 보인다. UV-B 시스템은 반드시 필요한 선결 조건으로서 피토크롬이나 청색광 수용체는 UV-B 처리가 선행되지 않으면 효과가 없다.

UV-B 수용체의 실체는 아직 알려져 있지 않다. 피토크롬의 단백질 부위가 UV-B를 흡수하는 까닭으로 피토크롬이 제시된 적도 있지만 위에서의 결과로 보아 가능성이 적다. 콩과식물의 경우 자외선에 의해 유도되는 플라보노이드의 합성이 미생물에서 UV 손상시에 생기는 광활성화(photoactivation)를 연상시키는 방법으로 청색광에 의해 역전되므로 DNA자체가 UV 수용체인 것을 암시한다. 하지만 작용 파장의 피크가 정상적인 UV-B 작용에 의한 것보다 좀더 짧은 방향에 위치한다. UV-B 수용체의 실체는 앞으로 밝혀져야 할 과제이다.

제 19 장

식물의 운동—공간에서의 적응

일반적으로 운동 능력은 식물과 관련 있다고 보기보다는 동물의 특징으로서 인식되어 있다. 그러나, 놀랍게도 운동은 녹색 식물의 생활에 영향을 끼친다. 고등 식물의 운동은 동물에서와 같은 이동을 수반하지 않을 뿐만 아니라 그렇게 극적(dramatic)이지도 않다. 식물의 운동은 대체로 느리고 계획적인데, 이것은 식물의 공간 적응을 결정하는 중요 요인이 된다. 부주의하게 수평으로 놓여 있는 식물들은 그들의 뿌리와 줄기를 수직 방향으로 돌릴 것이다. 집에 있는 식물들은 창문으로 들어오는 빛을 얻기 위해 줄기의 방향을 돌릴 것이다. 잎은 하루 24시간을 통해서 주기적으로 펼쳐졌다가 다시 움츠러지는 반복 운동을 하는 데 반해, 식물의 나머지 부분은 하늘 위에서 움직이는 태양을 향해 따라 움직인다. 파리지옥풀은 자기의 잎을 움직여 운이 나쁜 곤충을 재빨리 덮쳐서 닫는다. 대부분의 식물 운동이 비교적 천천히 이루어지고 있음에도 불구하고, 영양소와 물의 섭취, 최적의 햇빛 흡수 및 질소원 획득(파리지옥풀의 경우)을 위해서 식물 각 기관의 위치를 변화시킴으로써 중요한 기능을 수행하고 있다.

식물 운동 메커니즘의 차이에 근거하여, 우리는 식물에서 두 가지 중요한 운동 종류를 인식하고 있다. **생장 운동**(growth movement)은 *비가역적*이다. 그것은 하나의 기관내에서 혹은 두 개의 다른 기관내에서 차등 생장의 결과로서 나타난다. **팽압 운동**(turgor movement)은 *가역적*인데, 이것은 흔히 엽침 조직으로 불리는 특별한 기관내에서—어떤 세포의 단순한 부피 변화의 결과로 일어난다. 각 운동 그룹은 또다시 세분되어, **전두 운동**(nutation), **굴성 운동**(tropism) 및 **경성 반응**(nastic response)으로 나누어진다. 선회 운동이란 용어는 공간에서 식물의 기관—가장 전형적으로 줄기 정단(apex)의 규칙적인 회전 운동 또는 나선형 운동을 말한다(Brown, 1993). 선회 운동은 끈질기게 관찰하거나 혹은 연속적인 사진 촬영에 의해서 보통 명백히 알 수 있게 된다. 굴성 반응은 자극의 방향과 관련이 있다. 이 반응은 자극에 대해 같은 방향, 역방향 또는 특별한 각도로 나타난다. 이런 반응의 예로는 굴광성(phototropism, 빛에 대한 반응), 굴중성(gravitropism, 중력), 굴수성(hydrotropism, 물) 및 굴촉성(thigmotropism, 접촉)이 있다. 경성 반응은 자극의 방향과 관련이 있는지 명백하지 않다. 경성 반응의 방향성은 조직내에 선천적으로 결정되어 있으며, 여기에는 상편 생장(epinasty, 아래로 굽혀지는 것), 하편 생장(hyponasty, 위로 굽혀지는 것), 수면 운동(nyctinasty, 주기적인 잎의 수면 운동), 감진성(seismonasty, 기계적 충격에 대한 반응), 감온성(thermonasty, 온도 자극 반응), 감촉성(thigmonasty, 접촉 자극 반응) 등이 있다.

이 장에서는 가장 많이 연구된 세 가지 식물 운동에 초점을 둘 것이다. 여기에는

- 굴광성, 특히 광수용체(photorecepter)의 특성과 신호전달 사슬에서 옥신의 역할
- 굴중성, 굴중성 유도 자극의 성질과 중력 인지 메커니즘의 특성에 관한 간단한 논의를 포함하여, 줄기와 뿌리에서의 굴중성의 특별한 특성, 그리고 차등 생장 반응에 있어서 옥신과 칼슘의 역할
- 경성 운동, 운동 기관(motor organ)의 구조 그리고 수면 운동과 감진성에서 K^+ 유출(flux)의 역할이 포함된다.

굴광성

굴광성은 초본식물의 자엽초에서 가장 광범위하게 연구되어졌다. 자엽초는 빛이 오는 쪽으로 굽는데, 이것은 슈트 정단부에서 빠져나오는 옥신의 이동이 빛에 민감하기 때문이다. 자엽초 조직내에 형성된 빛 세기의 차이가 그 조직내에 측면상으로 옥신의 재배치를 초래하는데, 즉 많은 양의 옥신이 상대적으로 복사조도가 적은 쪽으로 이동을 한다. 이 결과 발생되는 차등 생장률로 인해 슈트 축이 빛의 방향으로 휘어진다.

대부분의 사람들은 열린 창문으로 들어오는 빛의 방향 쪽으로 집안에 있는 식물의 줄기가 휘어지는 것을 흔히 보아왔는데 이 흔한 현상의 예가 **굴광성**(phototropism)이다(그림 19-1). 굴광성은 전형적인 식물 생리학적 문제이다. 그것은 19세기 중반 이래로, 특히 독일에서 식물학자의 관심을 끌어왔다. 출간된 〈식물에서의 운동의 힘〉(1881)이라는 책에서 굴광성에 대한 Darwin의 연구는 기재적이고 분류학적 내용의 생물학을 주로 연구했던 영어-사용권 국가의 식물학자들이 지닌 편견을 물리쳤으며, 식물의 기능 중 동적(dynamic)인 면에 대한 관심을 북돋우었다. 굴광성은 초기의 식물생리학 연구사에서 중요한 역할을 하였으며, 그 굴광성 과정의 성질에 대한 논쟁은 심지어 오늘날까지도 계속되고 있다. 굴광성은 고등 식물은 물론 하등 식물과 균류에서도 일어나는데, 이것은 빛 환경 속에 식물의 광합성 기관을 존재하게끔 하는 생존에 필수적인 것이 된다.

본질적이고 지적인 분야 이외에도, 굴광성은 일부의 식물 기능에서 매우 기본적인 분야를 연구하기 위한 유용한 모델 시스템을 제공해 준다. 굴광성 자극을 받은 초본류의 자엽초에서 나타나는 세포 신장으로부터 Went는 식물 호르몬을 발견하게 되었다(16장). 자엽초는 세포 신장 조절 연구에 있어서 매우 유용한 시스템 중의 하나이다. 굴광성은 또한 청색광 반응의 한 예이며, 그것은 청색광 수용체 연구에 관심을 가진 사람들에게 매력적인 특징을 주고 있다. 그 반응은 신속하고, 용이하게 정량화될 수 있으며, 실험실에서 쉽고, 빠르게 자라는 어린 유식물에서 일어난다.

굴성 반응에는 양성과 음성 반응이 있다. 만약 식물이 자극의 방향으로 반응을 하면, 그것은 양성이라 한다(예, 광원 방향 쪽으로 반응). 만약 자극 방향과 반대로 자라면, 그것은 음성이다. 굴광성 반응이 양성인가 아니면 음성인가는 대체로 기관의 특성 또는 나이에 의존한다. 예를 들면, 줄기와 다른 공중 기관은 대부분 양성 굴광성인 반면, 대부분의 기어오름성 식물의 덩굴손은 음성 굴광성이다. 잎은 보통 **경사굴중성적**(plagiotropic)인데, 이것은 잎이 빛에 대해 중간 각도로 자리잡음을 의미한다. 뿌리는 그와 반대로, 비록 일부는 약한 음성 반응을 나타낼지라도 대체로 비굴광성적(nonphototropic)이다. 담쟁이(*Hedera helix*)의 줄기는 그늘을 선호하는 유년기 동안에는 음성 굴광성이나 늙은 가지는 양성 굴광성이다. 담쟁이 잎 모양을 한 좁은잎해란초(toad flax, *Cymbalaria muralis*)의 줄기는 수정이 된 후에는 음성 굴광성이 된다. 이러한 흥미 있는 행동은 성숙중인 종자의 꼭지를 그 식물이 발견되는 담 벽면의 틈 사이로 옮기게 하는 데 도움이 된다.

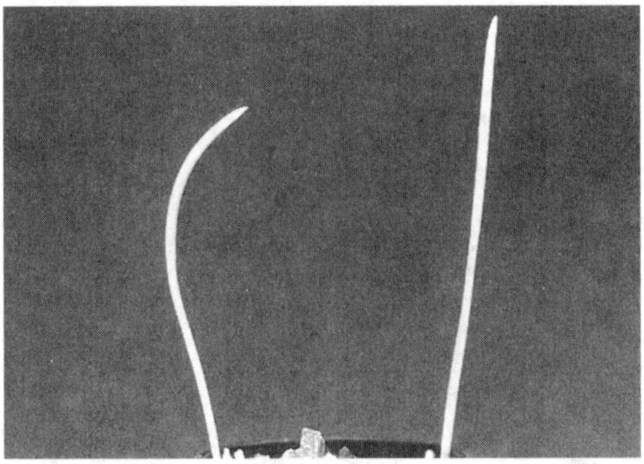

〈그림 19-1〉 귀리 자엽초의 굴광성 반응
왼쪽: 90 분 동안 오른쪽으로부터 오는 청색광의 단일 측면광을 받은 채로 암소에서 자란 유식물. 오른쪽: 빛을 받지 못한 대조구.

굴광성은 종종 단일 방향광(unilateral light)에 대한 반응으로서 정의되고, 그것은 실험실에서 행하여진다. 그러나, 정상적인 환경하에서 휘어지는 반응은 모든 방향의 빛을 받는 식물에서 일어날 것이다. 그러므로 플루언스율은 똑같지 않게 분포하는 것이 요구된다. 예를 들면, 양쪽 면 모두에 빛을 비춘 초본 식물 자엽초의 실험에서, 그 기관의 양쪽 면에서 최소 20% 정도의 플루언스율 차이가 나면 휘는 반응이 유발될 것이다(그림 19-2). 그래서 빛은 자엽초 기관내에 플루언스율 기울기를 주면서, 단일 측면 방향(이것은 대부분의 실험 경우

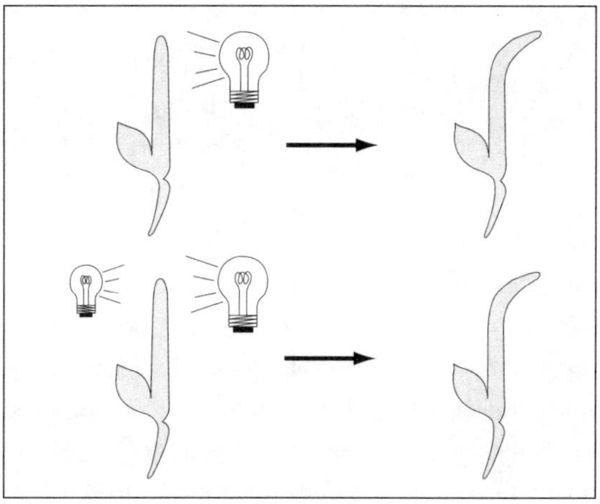

〈그림 19-2〉 굴광성 반응은 줄기 혹은 자엽초 축 내에서 빛 세기 기울기가 일어날 때는 언제나 발생한다.

임), 양쪽 방향, 모든 방향, 심지어는 윗 방향으로부터도 비추어 줄 수 있다. 그러므로 *굴광성은 플루언스율 기울기에 대한 생장 반응이다.*

자엽초와 같은 기관내에서 빛 세기 기울기의 정도는 입사광의 차이는 물론 조직내의 광학적 성질에 의해 좌우된다. 식물 기관내에서의 빛 세기 기울기는 기관내의 가리움(screening)에 의해 증대될 수 있다. 즉, 광수용체를 포함해서 식물 색소는 빛이 기관을 통과할 때 빛 세기를 약하게 한다. 빛은 또한 세포내에서 흩어지고, 반사되며, 회절되어서 약화될 수 있다. 그러므로 개개의 세포들을 가로지르는 빛 세기의 기울기는 미세 광섬유 탐침에 의한 측정 결과 5 : 1에서 50 : 1로 다양하게 나타난다. 더욱 복잡한 문제는, 자엽초와 같은 기관이 도광관(light pipe) 처럼 기능을 하는 것으로 보인다는 점이다. 예를 들면, 자엽초 정단부에 빛이 비춰지면 빛은 자엽초를 통해서 더 멀리 떨어진 이 기관 아래쪽의 세포로 전달된다. 그러므로 굴광성적 자극을 준다는 것은 반드시 간단한 문제만은 아니다. 빛과 조직이 갖는 광학적 특성 사이에서의 복잡한 상호 작용은 실험 자료의 해석뿐만 아니라 실험 설계에 있어 중요한 어려움을 이끌어낸다.

굴광성 신호 인지

광수용체 외부 자극에 대한 다른 모든 반응처럼, 굴광성은 3 단계로 생각할 수 있는데 즉, 신호 인지, 신호 전달, 그리고 식물 반응이 그것이다. 빛이 굴광성 자극이기 때문에, 우리는 광수용체가 여기에 관여한다고 결론지을 수 있다. 그러나 초본 식물 자엽초의 굴광성이 청색광에 대한 고전적인 생리적 효과일지라도, 광수용체의 정체는 수년 동안 활발하게 논의된 주제였다. 1930년대 이래로, 수많은 생물체에서 작용 스펙트럼(action spectrum)이 반복해서 측정되었으나 대부분 귀리와 옥수수의 자엽초 및 *Phycomyces* 곰팡이의 포자낭 자루에 대해서 기록되어 왔다. 귀리와 *Phycomyces*의 작용 스펙트럼은 실제로 거의 동일하였는데, 이것은 그들이 공통의 광수용체를 공유하고 있음을 나타내는 것이다. 모든 다른 굴광성 작용 스펙트럼도 서로 유사하여 청색 파장대 근처인 475nm와 450nm에서 2개의 피크(peak)를 보이고 420nm에서 작은 피크 또는 쇼울더(shoulder)를 보인 점에서 일치하고 있다(그림 19-3(A)). 게다가, 370nm 근처의 UV-A 영역에서 큰 작용 피크가 나타난다. 귀리와 *Phycomyces*의 굴광성 작용 스펙트럼은 280nm 지역에서 추가로 피크를 보였는데, 이것은 광수용체가 피토크롬과 유사한 색소 단백질임을 암시하는 것이다. 이 작용 스펙트럼은 굴광성 관련 광수용체로서 카로틴(carotene)과 플라빈(flavin) 또는 플라빈 단백질(flavoprotein)을 가능성 있는 두 후보 물질로 제시하는

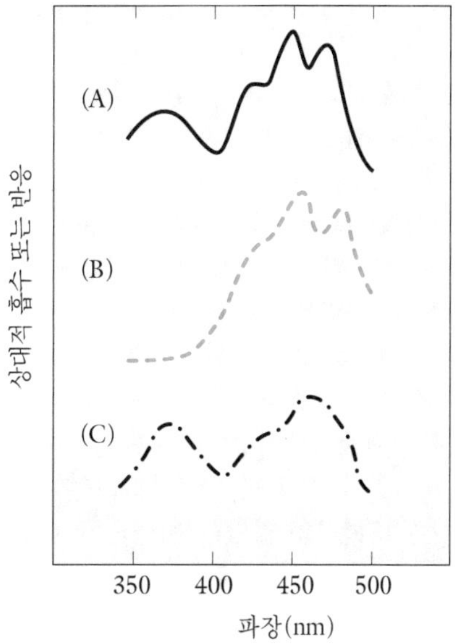

〈그림 19-3〉 귀리 자엽초의 굴광성에 관한 작용 스펙트럼(A)과 카로틴의 흡수 스펙트럼(B) 및 리보플라빈의 흡수 스펙트럼(C)의 비교

것이다.

처음에는 카로테노이드가 광수용체라고 하였는데 여기에는 몇 가지 이유가 있었다. 카로테노이드는 거의 일반적으로 생물체에서 발견되는, 보편적인 색소이다. 카로테노이드는 식물 조직 안에 존재하며 굴광성에 예민한 감수성 지역과 카로테노이드의 흡수 스펙트럼이 똑같이 특징적인 3개의 피크 구조를 가지고 있고, 또한 이것은 청색광 스펙트럼 지역에서의 굴광성 작용 피크와 잘 일치되고 있다(그림 19-3(A)와 19-3(B)의 비교). 그러나 카로테노이드는 300~400nm 범위에서 효과적으로 빛 흡수를 하지도 않고 그리고 370nm 근처의 작용 피크를 설명할 수도 없다.

1940년대에, 광수용체가 리보플라빈(riboflavin)과 같은 플라빈(flavin) 분자일 것이라는 사실이 제시되었다. 플라빈 역시 많은 생물체에 존재하고 있으며 전자 운반체인 flavin mononucleotide(FMN)과 flavin-adenine dinucleotide(FAD)에서 보결 원자단(prosthetic group)으로서 매우 흔히 발견된다. 리보플라빈은 청색광을 흡수할 뿐만 아니라 370 nm 영역에서 피크를 보였다(그림19-3(C)). 그러나 실온의 수용액에서 청색광 흡수대가 보다 더 넓고 작용 스펙트럼상에서 특징적인 3개의 피크 구조가 부족하다. 카로틴과 플라빈 혼합물의 흡수 스펙트럼이 굴광성 작용 스펙트럼과 잘 일치하기 때문에, 2개의 색소 사이의 상호 작용 가능성이 매력적인 대체 가설로 오랫동안 생각되어 왔다.

그러나 최근 연구에서, 광수용체로서 카로테노이드의 역할이 다소 배제되었다(Palmer et al., 1996). 옥수수 유식물에 제초제 SAN9789(norflurazon)을 처리하거나 돌연변이를 유도시켜서 효소 phytoene desaturase를 억제하면, 카로테노이드가 검출되지 않는다. 그러나 카로테노이드 결핍 돌연변이체와 norflurazon으로 처리한 유식물은 청색광에 대한 정상적인 굴광성 반응을 나타냈다. 또한 카로테노이드 결핍-*Phycomyces* 곰팡이 돌연변이체에서도 정상적인 굴광성 반응이 나타났다. 놀랍게도 이 최근 연구는 40년 전에 보고되었던 결과 즉, 카로테노이드 결핍 옥수수 돌연변이체와 알비노(albino) 보리 유식물에서 강한 굴광성 반응이 나타났다는 보고를 확인시켜 주었다(Galaton, 1959).

카로테노이드-플라빈 논쟁은, 최근에 애기장대에서 굴광성 돌연변이체 분리로 인해 해결되는 방향으로 가는 듯이 보인다(Liscum and Briggs, 1995). *nph1, nph2, nph3, nph4*로 기재되는 4개의 돌연변이체(굴광성을 보이지 않는 하배축을 지님)에서, 단일 측면 방향으로 오는 청색광에 대해 반응을 나타내지 않았다. 또한 *nph1* 돌연변이체에서는, 보통 원형질막에 결합되어 있으며 청색광이 비춰질 때 빠르게 인산화되는 120 kDa 단백질이 결여되어 있다. 이 단백질과 인산화 반응은 외떡잎, 쌍떡잎 등의 다양한 식물 종뿐만 아니라 야생형(*NPH1*)의 *애기장대*에서 검출되었다. 이런 사실은, 이 단백질이 굴광성 관련 광수용체의 결손 단백질이고 인산화 반응에 의한 이 단백질의 활성화가 신호 전달 사슬에서의 첫번째 단계일 것이라는 점을 제시해 주었다(Briggs and Liscum, 1997).

NPH1 발색단(chromophore)의 성질은 아직 정립되지는 않았으나, 플라빈 또는 프테린(pterin) 아니면 두 가지 모두일 것 같다(7장). 한 가지 사실은 분명하다. 잠정적인 굴광성 관련 광수용체는 생화학적으로 그리고 유전적으로 볼 때 크립토크롬(CRY1)과 구별된다(7장). 첫째로, CRY1은 75 kDa 의 세포질 단백질인 반면에 NPH1 단백질은 120 kDa의 원형질막 단백질이다. 크립토크롬-결핍 돌연변이(*hy4*)를 나타내는 애기장대 유식물에서는 청색광에 의한 통상적인 하배축 신장 억제가 나타나지 않지만, 정상적으로 굴광성 반응은 나타난다. 바꿔 말하면, 굴광성을 보이지 않는 돌연변이체 *nph1*은 하배축 신장에 대해 정상적인 억제 현상을 보였다. *hy4*와 NPH1 돌연변이 현상 모두를 나타내는 유식물은 청색광에 의해서 하배축 신장이 억제되지 않았을 뿐만 아니라 굴광성도 나타나지 않았다(Briggs and Liscum, 1997). 분명히, 크립토크롬과 잠정적인 굴광성 관련 광수용체는 유전적으로 차이가 나는, 두 개의 서로 다른 청색광에 대한 광수용체이다.

플루언스 반응 곡선 어떠한 굴광성 관련 분야도, 광량과 반응 사이의 관계를 정의하려는 시도만큼 그 과정의 복잡성을 나타내는 분야는 아마도 없을 것이다. 굴광성은 대부분의 광생물학적 반응과는 매우 다르게, 오히려 의문스러운 '플루언스와 반응 곡선'의 관계에 의해 그 성격이 특징지어진다. 일반적으로 플루언스 반응 곡선

은 식물에 일정한 플루언스율(fluence rate)를 유지시켜 주되 그러나 빛의 노출 시간(presentation time)을 다르게 하여 줌으로써 얻어진다. 〈그림 19-4〉는 세 가지의 서로 다른 플루언스율의 수준에서 귀리의 굴광성에 대한 플루언스-반응 곡선을 나타내고 있다. 〈그림 19-4〉에서 가장 아래에 표시된 곡선(곡선 c)은 플루언스의 증가에 대한 기본적 반응의 특징을 보여주고 있다. 이 경우에 초기에 첫 굴성 증가가 나타나는데, 이를 1차 양성 굴곡(first positive curvature)이라 한다. 플루언스가 증가하면서, 굴곡은 다시 감소하는데, 심지어 광원 방향에서 멀어지는 쪽으로의 휘어짐을 초래하기까지도 한다. 이런 감소와 음성적 반응을 1차 음성 굴곡(first negative curvature)이라고 한다. 1차 음성 굴곡은 빛으로부터 멀어진다는 의미에서의 음성적이 아니라 단순히 양성적 반응의 감소를 의미하는 것임을 주목해야 한다. 1차 음성 굴곡 지역 후에, 반응 곡선은 다시 증가를 하여 2차 양성 굴곡을 만든다. 일부 경우에서는, 2차 음성 굴곡 및 심지어 3차 양성 굴곡 반응이 보고되기도 하였다.

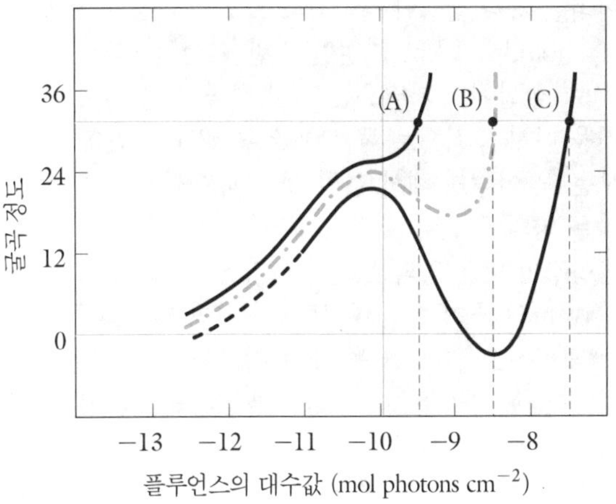

〈그림 19-4〉 세 가지의 다른 청색광 플루언스율에서 귀리 자엽초 굴광성에 대한 빛 세기 반응 곡선

(A) 1.4×10^{-13}mol cm^{-2} s^{-1}. (B) 1.4×10^{-12}mol cm^{-2}s^{-1}. (C) 1.4×10^{-11}mol cm^{-2}s^{-1}. 수직의 실선은 1차 양성 굴곡의 피크를 표시하는 것이다. 3 개의 수직 점선은 30°의 2차 양성 굴곡을 일으키는데 요구되는 광량을 나타내고 있다. 곡선 (A)와 (B)는 1차 양성 굴곡 반응 지역에서 그들의 유사성을 강조하기 위해서 수직 방향으로 맞비교되었다.

1차 양성 굴곡 지역의 곡선은 세 종류의 플루언스율에서 모두 일정하지만, 1차 음성 굴곡과 2차 양성 굴곡은 일정하지 않음을 주목해야 한다. 이것은 Bunsen-Roscoe 상반(reciprocity) 법칙이 1차 양성 굴곡에 적용됨을 나타내는 것으로서 굴광성의 1차 양성 굴곡 반응은 플루언스율과 빛 노출 시간의 곱에 따른다는 것이다. 그러나, 이 상관 법칙은 1차 음성 굴곡과 2차 양성 굴곡에는 적용되지 않는다. 실제로, 3 개의 곡선을 조사하면 2차 양성 굴곡은 광량보다는 노출 시간에 대한 함수로 표현된다는 결론을 얻게 된다. 예를 들어, 30°의 2차 양성 굴곡을 나타내기 위해서는 플루언스율과 관계없이 약 1,000초의 시간이 필요하다는 것이다. 상관 법칙은 일반적으로 한 개의 광수용체가 관여하는 것을 의미하고 있기 때문에, 2차 양성 굴곡에 이 법칙이 적용되지 않는다는 것은 2차 양성 굴곡에는 한 개 이상의 광수용체가 관여한다는 사실을 제시하는 것이다. 그런데 한편, 1차와 2차 양성 굴곡에 대한 작용 스펙트럼을 조사한 결과, 그것들은 동일하게 나왔다. 그러므로 이 사실은 두 굴곡 반응에는 동일한 하나의 광수용체가 관여하고 있다는 것을 의미하는 것이다. 그래서, 2차 양성 굴곡의 복잡성이 일차적인 광작용(photoact) 보다는 오히려 신호 전달 사슬에서 계속적으로 일어나는 사건들에 기인되고 있음에 틀림없는 것 같다.

굴광성에서의 신호 전달

F. W. Went와 그 동료들은 자엽초 신장 생장에 대한 정단부(apex)의 영향을 연구하였는데, 같은 시기에 뿌리 신장에 대한 뿌리 정단부의 역할 연구라는 유사한 실험이 독일의 N. Cholodny에 의해 수행되었다. 1924년에 Cholodny와 1926년에는 Went에 의해서, 정단부가 각 기관의 신장 지역에 있는 세포의 신장에 영향을 끼칠 수 있다는 각각 독자적인 결과가 발표되었다(Weevers, 1949). 1920년대에 그들의 이런 생각은 굴광성을 설명하려는 시도에서 관심을 끌게 되었다. Cholodny-Went 가설은, 빛을 한쪽 방향으로 조사하면 각 기관의 정단부 근처에 있는 내재성 옥신이 빛의 반대 방향인 측면으로 *재분포*된다는 것을 진술하고 있다. 이러한 옥신의 비대칭 분포는, 옥신이 기관의 기부(base) 방향 쪽으로 이동하고 있는 동안에 유지된다. 그러므로 빛이 조사되지 않은 그늘진 지역에 있는 세포들은 더 많은 양의 옥신을 받아 밝은 쪽의 세포들보다 더 생장하도록 자극을 받는다.

이러한 차등 생장이 광원 쪽으로의 굴곡을 일으키게 한다.

Cholodny-Went 가설을 위한 실험적 근거는, 원래 Went의 한천을 이용한 옥신 확산 실험에서 유래되었다. Went 실험에서 자엽초는 먼저 한쪽 방향의 빛에 자극을 받게 한다. 그런 다음 자엽초 정단부를 분리해 내고 이것을 다시 수직으로 둘로 쪼갠 후, 2개의 반쪽들을 한천 조각 위에 놓아 밖으로 확산되어 나오는 옥신을 한천에 모은다. 이렇게 해서 한천 조각에 수집된 옥신 양이 귀리 굴곡 실험에 의해 분석되었다(16장). Went는 상당히 많은 양의 옥신이 자엽초 정단의 밝은 쪽 부분보다 어두운 쪽 부분에 모여 있음을 확인하였는데, 이것은 단일 방향광이 많은 양의 옥신을 자엽초의 그늘진 면으로 이동시켰음을 의미하는 것이다.

Went의 초기 실험 후 10년이 지난 뒤에, Cholodny-Went 가설에 반대 또는 지지하는 증거가 실린 많은 논문이 모아졌고, 최소한 두 개의 새로운 대체 가설이 굴광성 반응 동안에 일어나는 차등 생장에 대한 설명을 제시하였다. 한 가설은, 옥신의 비대칭적 분포는 빛을 받는 면에서 옥신이 불활성화되기 때문이라고 설명하였다. 이 가설은 빛이 생체외에서 리보플라빈이 있을 때 IAA의 파괴를 촉진한다는 결과와 빛 자극을 받지 않은 자엽초와 비교했을 때 빛 자극을 받은 자엽초에서 전체 옥신의 양이 약간 적다는 Went의 초기 실험 결과에 의해 지지를 받았다. 그러나, 그 후 실험 결과에서 생체내에서는 굴광성 자극이 옥신의 총 생산량을 눈에 띄게 감소시키지 않음을 보였다. 두번째 가설은, 20세기 초반에 A. H. Blaauw에 의해 제시되었는데, 굴광성은 옥신의 비대칭적 분포에 의해서 일어나는 것이 아니라 이른바 **빛 생장 반응**(light growth response)이라는 가설로서 청색광에 의한 세포 생장의 직접적인 억제가 굴성 반응에 관여한다는 것이다. 이들 가설이 제안되었던 그 당시에는 호르몬 모델이 더 인기 있었기 때문에, Blaauw의 빛 생장 반응 모델은 비교적 주목을 받지 못하였다. 그러나, 최근에는 Blaauw의 모델에 관심을 갖게 되었고 우리는 나중에 이 문제를 다룰 것이다.

빛 처리로 굴성 자극을 받은 자엽초에 ^{14}C-IAA를 가함으로서 옥신의 비대칭 분포를 입증하려 했던 많은 시도가 성공하지 못하였기 때문에 Cholodny-Went 가설의 타당성에 대한 의문이 제기되었다(굴중성, 이것 또한 옥신의 측면 재배치에 의해 기인하는데, 이런 굴중성 자극을 주고 수행한 실험에서도 비슷한 문제에 봉착하였다). 그러나, 이 문제들은 대체로 빈약한 실험 기술 때문일 것으로 간주되었다. 즉, 조직에 의해 흡수된 대부분의 방사선 표지-옥신이, 옥신 이동 흐름(auxin transport stream)에 합류하지 못한다는 것이 현재 명백해졌기 때문이다. 이런 비확산 옥신을 고려하였을 때, 옥신 이동에서 분명한 차이가 탐색될 수 있었다(Briggs, 1963; Gillespie and Thimann, 1961). 예를 들면, 옥수수 자엽초의 정단에 ^{14}C-IAA를 공급했을 때 방사능의 약 65%가 그늘진 면에서 발견되었다. 자엽초의 정단 아랫부분에 처리하면 현저한 비대칭 분포가 나타나지 않는다.

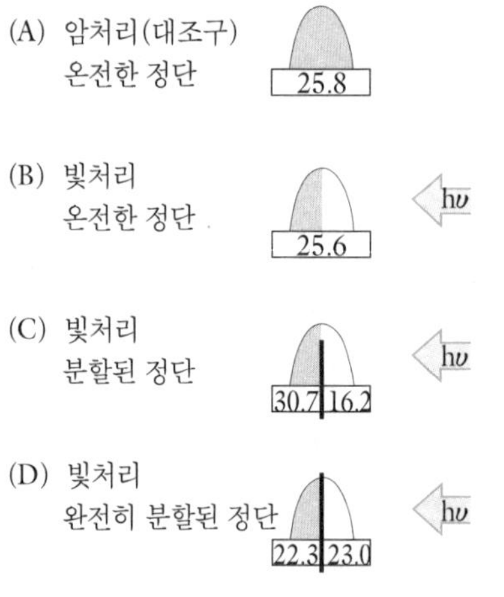

〈그림 19-5〉 굴광성 자극 후의 분리된 옥수수 자엽초 정단에서 확산 옥신의 비대칭적 분포

(A, B) 온전한 대조구 정단. (C) 정단부 제일 끝 부분만 정단 조직이 연결되어 있도록 부분적으로 분할된 정단. 현미경용 커버 유리가 측면 확산에 대한 장벽 역할을 하도록 삽입된다. (D) 정단이 완전히 분할되어서 확산 장벽이 정단 전체에 걸쳐 있다. 숫자는 귀리 굴곡에 관한 생물 검정법을 이용하여서 굴곡 정도에 근거한, 3시간 경과 후의 한천 조각에 수집된 옥신의 양을 표시하는 것이다. 이 값은 3개의 정단 조직으로부터 얻어진 옥신(A, B)과 6개의 반쪽 정단 조직에서 얻어진 옥신(C, D)을 의미한다.

Cholodny-Went 가설은 이 가설의 강력한 대변자인 W. R. Briggs와 그의 동료에 의해 체계적으로 재평가되었다. Briggs는 옥수수의 자엽초에서 옥신 생성이 정단부의 1~2mm 안에 한정되어 있음을 확인하였다. 굴광성 자극 동안에 측면상의 재분포는 아마도 거의 정단의 1.5mm 안에서 일어난다는 것이다. 더 나아가, 굴광성적 자극(2차 양성 굴곡을 자극하기 위해 필요한 빛 세기 이상을 포함하는)은 확산 이동되는 옥신의 양을 감소시키지 않는다. 그러나 Went의 초기 실험과는 달리, Briggs는 정단을 잘라서 굴광성 자극을 주기 전에 한천 조각에 그것을 놓았다. 그 결과(그림 19-5)는 분명히 다음과 같았다. 자엽초 정단부의 제일 끝 부분에서만 정단 조직이 겨우 서로 연결되어 있도록 정단부를 부분적으로 분할하고 나서 단일 방향광(unilateral light)을 비춰주면, 그늘진 면에서는 옥신의 양이 증가하는데 그 반면에 빛을 받는 면에서는 옥신의 감소가 일어난다. 그러나, 회수되는 옥신의 총 양은 실제로 동일하게 유지되었다. 정단부 전체를 분할해서 옥신의 측면 이동이 방해된 경우에는 그런 비대칭 분포가 관찰되지 않았다. 이 결과는 분명히 Cholodny-Went 가설의 기본적인 이론, 즉, 한쪽 방향의 빛은 자엽초의 그늘진 부분으로 옥신을 우선적으로 이동시킨다는 것을 지지하였다.

그러나 옥신의 비대칭 분포가 실제로 자엽초의 굴광성 굴곡에 관여하는지는 의문이다. 이 물음에 대한 답을 위해서는 다음과 같은 사실을 확립하는 것이 요구된다. (1) 자엽초내 옥신의 농도가 자엽초의 생장에 제한적인 요인으로 작용하는가 하는 점, (2) 옥신의 비대칭 분포가 옥신이 자엽초의 아랫부분으로 이동될 때까지 유지될 수 있는가 하는 점, (3) 옥신 농도의 차등이 관찰 기록된 생장의 차이를 초래하기에 충분한가 하는 점. Briggs와 그의 동료들은 옥수수 자엽초의 생장에 대한 외부 옥신 처리 효과의 연구에서 이 질문에 답을 하였다(Baskin et al., 1986). 다양한 IAA 농도를 라놀린 연고(lanolin paste)에 혼합시킨 다음 이것을 자엽초 정단의 한쪽 면 혹은 양쪽 면에 조그만 점 모양으로 발랐다. 대조구 실험에서 라놀린 연고 자체는 자엽초의 생장에 어떠한 영향도 미치지 않음을 확립시켰다. 그러나 정단부의 한쪽 면에 IAA-라놀린 혼합물 처리 시, 1차 양성 굴곡과 비슷한 굴곡이 유발되었다. IAA에 의해 유도되는 굴곡 동안 자엽초 양쪽 면에서 조심스럽게 신장을 측정한 결과, 오로지 처리된 면만이 대조구에 비해 더 촉진이 일어났다. 더욱이, 빛 자극을 준 뒤 바로 빛을 받은 면에 125 ng의 IAA를 처리하면 청색광에 의해 나타나는 굴광성 굴곡이 완전히 없어진다는 것을 확인하였다. 이 연구의 결과는, 내재성 옥신이 생장을 제한한다는 것과 IAA-라놀린 처리 지점 아래에는 옥신의 측면 확산이 나타나지 않는다는 첫째와 둘째 질문에 대한 답을 보여주는 것이었다.

이제 하나의 질문이 남았다. 굴광성 자극에 의해서 유도된 옥신 농도의 차등이 자엽초 양쪽 면에서의 생장률을 변화시키는 데에 충분한가? 하는 것이다. IAA 용액에서 배양한 분리된 자엽초 절편의 직선적-생장은 로그 척도로 표시한 IAA 농도와 함수 관계에 있다. 이것은 의미 있는 생장률의 차이를 생기게 하기 위해서는 큰 농도 차이의 호르몬이 요구된다는 것을 나타내는 것 같다(Firn and Digby, 1980 ; Trewavas, 1981). 빛의 자극을 받은 자엽초의 한천-확산 실험에 의하면 실제로 그늘진 면과 밝은 면 사이의 차이가 최대로 2 : 1 정도로 나타난다. 그러나, Baskin 등(1986)은 자엽초의 빛을 받는 면과 그늘진 면 모두에서 옥신의 농도 기울기가 균등함을 지적했다. 이것은 기울기상의 진정한 크기를 과소 평가한 것이다. 더욱이, 정단이 제거된 식물의 잘린 표면에 직접 IAA를 처리한 귀리 굴곡 실험과 IAA에 의해 유도된 온전한 옥수수 자엽초의 굴곡 실험 모두가 직선적 비례 관계의 호르몬 농도 의존성을 나타내었다(16장, 그림 16-2).

굴광성 연구에 대한 또 다른 방법으로서, 자엽초의 생장 속도를 측정하기 위해 표지 구슬(marker bead)과 연속-시간 사진술(time-lapse photography)을 이용하였다. 자엽초를 따라 작은 유리 또는 styrene 구슬을 놓음으로써, 굴곡을 일으키는 자엽초에서 빛을 받는 면과 그늘진 면의 신장률을 동시에 측정할 수 있게 된다(그림 19-6). Cholodny-Went 가설은 그늘진 면의 신장률은 증가하고 빛을 받는 면의 신장률은 감소한다고 예언했다. 빛을 받는 면에서의 급속한 신장 정지는 모든 생장속도 실험에서 일관된 특징으로 나타났다. 그늘진 면에서, 얻어진 결과는 일치하지 않아서 — 신장률이 증가하거나, 변하지 않은 채 유지되거나, 또는 짧은 기간 감소 후의 증가 등 여러 형태로 일어난다. 청색광과 적색광 모두가 부분적으로 자엽초 신장을 억제한다고 알려졌기 때문에, 빛을 받은 면에서는 신장률이 감소하고

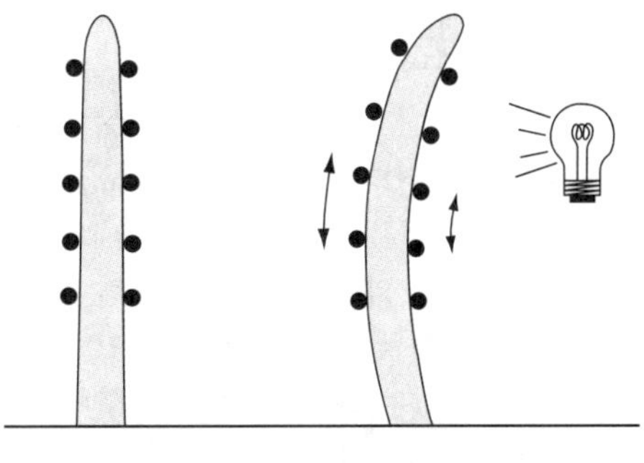

〈그림 19-6〉 자엽초 신장률을 측정하기 위한 유리 혹은 styrene 구슬(bead)의 이용

구슬이 자엽초에 달라붙어서 세포가 신장함에 따라 그 위치가 변하게 된다. 이것을 사진으로 촬영하여 생장률을 계산한다.

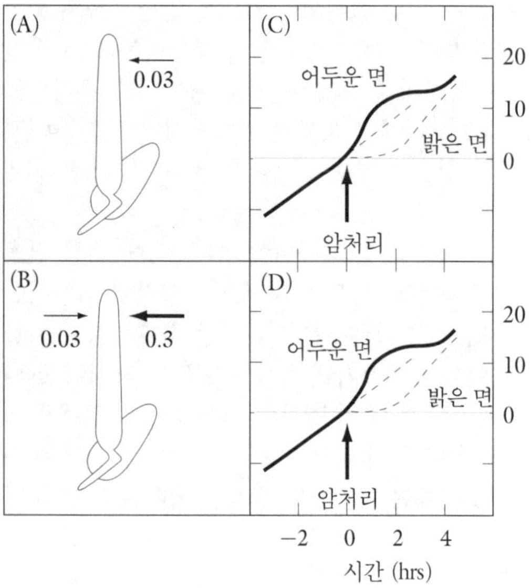

〈그림 19-7〉 굴광성을 일으키는 생장 동력학

귀리 자엽초에 각 표시된 빛 세기로 한쪽 방향의 청색광(A)와 (C) 또는 양쪽 방향의 청색광(B)와 (D)을 비춰준다. 이 두 가지 처리는 굴광성적인 굴곡 반응을 촉진한다. 자엽초에 한쪽 방향으로 빛을 비춰주었을 때 0.03μmol m^{-2} s^{-1}의 빛 세기는 빛을 받은 쪽의 생장을 현저하게 억제하였으나, 양쪽 방향에서 낮은 세기의 빛을 받는 동안에는 그런 반응을 보이지 않았다. 수직 화살 표시는 빛을 준 시점을 나타낸다.

그늘진 면에서는 변하지 않은 실험 결과는 Blaauw의 빛-생장모델을 지지하는 것으로 보였다. Blaauw의 모델은 청색광에 의해 신장이 억제되기 때문에 청색광은 굴광성을 유도한다고 보며, 자엽초에서 일어나는 빛 기울기는 광억제의 기울기를 만든다는 것이다. 그러나 Blaauw 모델을 부정하는 논쟁의 두 가지 계열의 논란이 있다. 0.003μmol m^{-2}s^{-1}의 청색광을 한쪽 방향에서 비추면 세포 생장은 현저하게 억제되지만, 그보다 높은 세기의 빛과 함께 양쪽 방향에서 비추면 0.003μmol m^{-2}s^{-1}의 청색광에 의한 생장 억제 효과가 나타나지 않는다(Macleod et al., 1985)(그림 19-7). 이러한 결과는 Blaauw 모델이 예측했던 것처럼 양면에 있는 세포들이 독립적이 아니라는 것을 보여준다. 굴광성 자극을 받은 기관의 세포 신장은 각 세포가 직접 받는 빛의 세기와 기관내 세포들에서 나타나는 빛 세기의 구배에 의존한다는 것이다. 다른 실험들은 두 가지 현상 즉, 빛에 의존하는 생장 억제와 굴성 반응이 분리될 수 있음을 보여 주고 있다. 만일 자엽초에 굴광성 자극이 있기 전에 생장 억제 반응을 포화시킬 정도의 적색 또는 청색광을 자엽초에 균일하게 비추면, 자엽초의 빛을 받는 면의 생장억제는 그늘진 면의 생장 증가율에 의해 보상된다.

대체로 Cholodny-Went 가설을 지지하는 증거는, 최소한 짧은 시간 동안 낮은 플루언스율로 자극을 받는 자엽초에서 — 즉, 초본류 유식물의 1차 양성 굴곡에서 — 는 무리가 되는 것 같았다. 비록 애기장대 돌연변이체와 같은 굴광성 돌연변이 식물이 신호 전달 사슬에 관한 우리의 이해에 도움을 주고 있지만, 청색광이 옥신을 측면상으로 재배치시키는 메커니즘에 관해서는 아직 알려지고 있지 않다. 앞에서 설명한 것처럼, NPH1 단백질의 인산화가 신호 전달 사슬의 첫번째 단계가 된다. 다른 *nph* 돌연변이체(*nph2-4*)는 그 외의 단서를 제공할지도 모른다. 예를 들면, *nph4* 돌연변이체는 굴중성과 굴광성을 약화시킨다는 점에서 나머지 3개와 다르다. 이 두 반응은 모두 옥신에 의해 중재되는 차등 생장 반응이기 때문에, 아마도 *NPH4* 유전자 산물은 신호 전달 사슬의 마지막에 가까운 반응에 영향을 미치는 것 같다. *nph2*와 *nph3*는 굴광성만을 약화시키지만 두 개의 돌연변이체 모두 잠정적인 수용체 단백질을 적당량 포함하고 있으며, 그리고 청색광에 의해 인산화된다. 그러므로 이 돌연변이체들은 신호 전달 사슬의 중간 어딘가에 영향을 주는 것으로 생각된다(Briggs and Liscum, 1997).

마지막 관심사는 빛을 받고 자란 식물에서의 굴광성인데, 이런 굴광성의 과정에 관해서는 비교적 알려져 있지 않다. 18장에서 논의된 피토크롬처럼, 굴광성에 대해 우리가 알고 있는 대부분의 것은 황백화된 어린 식물을 가지고 실험실에서 수행한 연구에서 나왔다. 그러나 빛을 받고 자란 오이와 해바라기 유식물을 일정한 빛 조건에 놓으면, 이들 식물에서 자엽 중의 하나를 단순히 그늘지게 함으로써 줄기의 굴곡이 유도될 수 있고

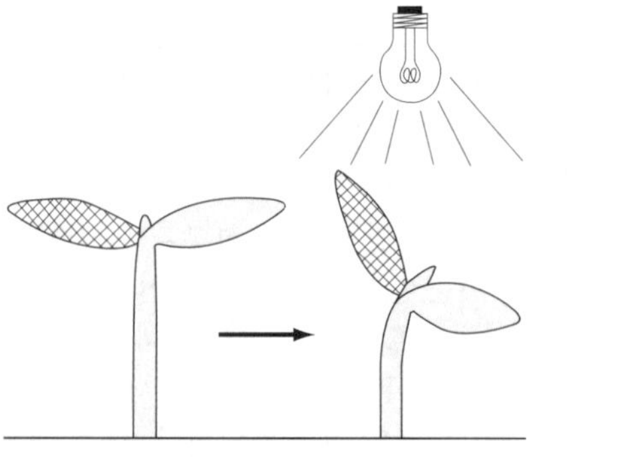

〈그림 19-8〉 오이(*Cucumis sativus*) 유식물에서 이 식물의 자엽을 그늘지게 함으로써 유도한 굴곡(curvature) 현상

왼쪽 자엽이 알미늄 호일로 감싸진 후 이 어린 식물에 8시간 동안 백색광을 균일하게 비춰주었다.

(그림 19-8), 그리고 해바라기 유식물의 굴광성 반응은 잎이 제거되면 현저하게 감소된다. 최소한 오이의 굴광성 반응은 그것이 청색광보다 적색광에 의해 유도된다는 점에서 기본적인 굴광성 반응과 다르다. 이것은 피토크롬에 의해 중재되는 반응으로 보이며 빛을 받은 자엽의 아래에 존재하는 하배축의 신장 억제와 관계가 있다. 오이와 해바라기 반응 모두는 잎이 생장 반응에서 요구되는 중요한 옥신 공급원이라는 사실 때문이다. 또 오이와 흰 겨자(*Sinapis alba*)에서도 청색광을 하배축에 직접 비춤으로써 기본적인 굴광성 반응이 유도되는 것을 보았다. 분명한 것은 탈황백화(deetiolated) 식물에서 줄기 생장 조절은 여전히 다룰 부분이 많다는 것이다.

굴중성

중력은 근관(root cap)에 있는 녹말-함유 세포들에 의해 뿌리에서 인지된다. 굴중성은, 굴광성과 같이, 옥신의 이동에 의한 재분포에 의하여 일어나는 차등 생장 반응이다.

굴중성(gravitropism)은 아마도 대부분의 사람들에게 있어 가장 확실하고 분명하며 친숙한 식물 현상 중의 하나일 것이다(그림 19-9). 모든 초등 학생들이 아는 것처럼 줄기는 항상 위로 자라고 뿌리는 항상 아래로 자란다. 그러나 정말 그럴까? 숲이나 정원을 가로질러 무심코 걷다보면 이 관점이 단순하지 않음을 볼 수 있다. 대부분의 나무나 관목의 곁가지는 위로 자라지 않는다. 다시 말해 그것들은 어느 정도 수평 방향에서 벗어나 자란다. 또한 딸기(*Fragaria*) 식물의 포복줄기와 애기미나리아재비(*Ranunculus*)는 흙 표면을 따라 수평으로 자란다. 흙을 파면 우리는 뿌리줄기(지하 줄기)와 많은 뿌리들이 수평으로 자라는 것을 발견할 수 있다. 많은 축 늘어진 꽃들은 특정의 방향성을 가진 생장을 보이지 않고, 단순히 자신의 무게에 의해 아래로 늘어져 있다.

식물의 기본적 축인 줄기와 뿌리는 중력과 평행한 방향으로 자신들을 배열시켜 놓는다. 그런 배열을 정상 굴중성적(orthogravitropic)이라고 한다. 지구의 중심부 쪽으로 자라는 기본 뿌리는 양성 굴중성(positive gravitropism)을 나타낸다. 지구의 중심과 반대쪽으로 자라는 줄기는 음성 굴중성(negative gravitropism)을 나타낸다. 중력에 대해 직각 방향으로 자라는 포복줄기, 헛뿌리 및 일부 곁가지는 횡굴중성적(diagravitropic)이라 한다. 중간 각도로 향하는(수직에 대해 0°~90° 사이) 기관들을 경사 굴중성적(plagiogravitropic)이라고 말한다. 곁가지와 곁뿌리는 주로 경사 굴중성적이다. 중력에 대한 감수성이 없거나 조금 나타나는 기관들을 비굴중성적(agravitropic)이라고 한다.

양성과 음성의 굴중성 생장 반응은 식물에 대한 유리한 점이 매우 명확하다. 종자가 토양에서 무작위적인 방향으로 분포하여 존재하지만, 생존을 하기 위해서는 광합성하는 줄기가 태양 빛을 잘 받기 위해 땅 위로 자라야만 한다. 뿌리계는 식물을 흙에 고착시키고, 영양소와 물을 충분히 공급받기 위해 토양을 파고들어야 한다. 그러므로 1차 뿌리는 흔히 강력한 음성의 정상 굴중성을 나타낸다. 그러나 2차 뿌리(즉, 첫번째의 곁뿌리)는 보다 더 수평으로 자라는 경향이 있는 반면 3차 뿌리는 대체로 비굴중성적이다. 이런 중력 반응의 구성은 뿌리가 이용 가능한 공간을 효율적으로 확보하게 하여 토양 중의 물과 영양소를 효과적으로 흡수하도록 한다(그림 19-10). 비슷한 방법으로 줄기에서도 양성의 정상 굴중성, 횡굴중성, 그리고 경사 굴중성 반응 등이 나타나서 광합성을 위해 햇빛을 더 효과적으로 획득하게 한다.

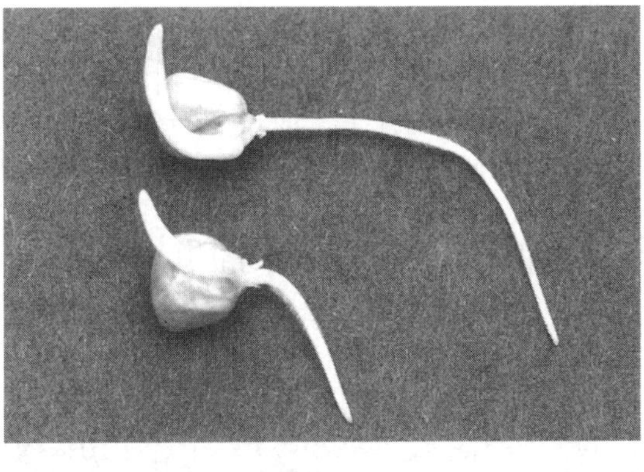

〈그림 19-9〉 옥수수 어린 식물의 굴중성
암소에서 자란 4일된 어린 식물을 3시간 동안 수평 위치로 놓는다. 이후 슈트는 음성 굴중성을 그리고 뿌리는 양성 굴중성을 나타내고 있음을 보아라.

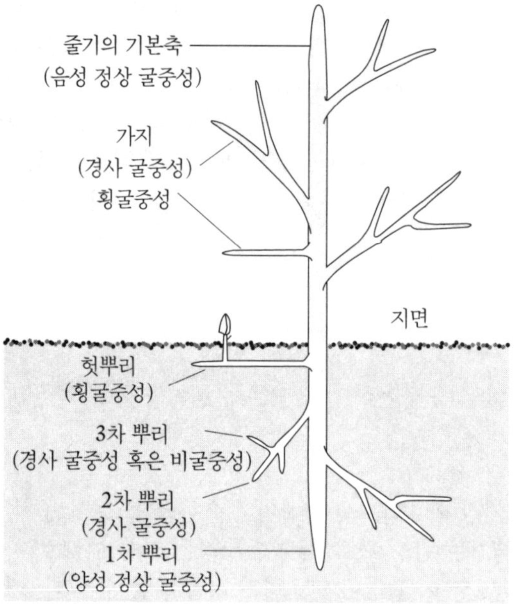

〈그림 19-10〉 슈트와 뿌리에서 보이는 여러 굴중성의 모식도

중력 인지

외부 자극에 의해 유도되는 굴광성이나 다른 반응들처럼, 굴중성은 인지, 신호 전달, 반응의 3 과정으로 나뉘어진다. 그러나 다른 자극과 달리, 중력은 항상 존재하고 변하지 않는다. 예를 들면, 온도처럼 그 크기가 변화하지 않는다. 또한 중력은, 여명이나 황혼 때와 같이 빛이 사라지거나 다시 나타나는 것처럼 생성과 소실이 일어나지 않는다. 더욱이, 중력은 한쪽 방향의 자극이 아니며 중력에는 기울기를 일으키는 요소도 없다. 줄기와 뿌리의 아래 부분은 윗부분과 같은 중력의 힘을 받는다. 결과적으로, 중력은 세포 안의 구조 또는 어떤 구조의 움직임—즉, 세포내에 최초의 불균형을 정립하고, 그것이 압력으로 해석되는 움직임—에 의해 검출될 수 있다. 중력인지에 관련된 구조물이 무엇이든 간에 그것의 질량과 움직임은 중력 반응의 속도 및 감수성과 일치되어야 하며, 거기에는 압력 신호를 차등적인 생장 반응으로 전환시키는 메커니즘이 있어야 한다.

중력 자극 감수성 중력 자극(자극의 양)은 자극의 세기와 자극이 주어진 시간의 곱으로 다음과 같이 표현된다.

$$d = t \cdot a$$

여기서 a는 중력(g)에 기인한 질량 가속도이며, t는 자극이 주어진 시간(s, 초) 이고, 또한 d는 선량($g \cdot s$)이다. 굴중성 굴곡을 유발하기 위해 요구되는 최소의 선량을 역치 선량(threshold dose)이라고 한다. 역치 선량은 생물종이나 실험 조건에 따라 다양하다. 귀리 자엽초에서 측정된 d 값은 240g · s(22.5℃)에서 120g · s(27.5℃) 범위로 나타났지만, 뿌리에서 굴중성 반응을 유도하는 데에는 30g · s(즉, 30초 이내에 1g의 가속도)이어도 충분하다. 중력 자극을 정의할 때는 3개의 다른 매개 변수 즉, 노출 시간(presentation time), 반응 시간(reaction time) 및 역치 강도(threshold intensity)가 있다.

측정이 가능한 굴곡을 유도하는 데 필요한 자극의 최소 지속 시간을 노출 시간이라고 한다. 비록 90°에서 1g의 자극이 거의 표준이기는 하지만, 자극의 세기가 또한 정의되어야만 한다. 1g의 힘은 수평 위치로 줄기와 뿌리를 놓음으로써 간단히 얻게 된다. 갓 뿌리의 노출 시간은 12초, 귀리 자엽초는 30초로 측정되었다(Volkmann and Sievers, 1979). Pickard(1973)는 만약 자극이 매 5초마다 반복되어진다면, 극히 짧은 1초간의 자극도 귀리 자엽초에서 굴곡을 유도할 것이라고 보고했다. 이것은 "어떤 누적 성질을 지닌 수용 과정(accumulative receptive process)은 식물이 방향을 돌리는 순간에 작동을 한다."라는 사실을 제시하는 것이다(Pickard, 1985).

노출 시간은 반응 시간과 혼동하지 말아야 한다. 즉, 반응 시간은 자극에 노출되어 실제로 굴곡이 일어나는 사이의 간격을 말하는 것이다. 반응 시간에는 비대칭 생장 반응을 유도하는 데 필요한 일련의 신호 전달 체제가 포함된다. 전형적으로, 굴곡이 측정되기 전에 10분 정도가 요구되는데 이런 반응 시간은 식물 종이나 실험 조건에 따라 몇 분에서 몇 시간까지 다양하다. 정교한 electronic position-sensing transducer를 사용한 실험에서, 옥수수 자엽초의 굴곡은 수평으로 놓은 지 약 1.5분 안에 측정되는 반면에 중배축의 굴곡은 3.5분이 지나야 측정된다(Bandurski et al., 1984).

반응을 일으키는 데 필요한 최소 자극 세기를 역치 강도(threshold intensity)라고 한다. 역치 강도가 다양한 실험 조건하에서 여러 식물 기관에서 측정되었다. 그 결과는 매우 일관적이며 뿌리가 줄기보다 더 민감함을 나타내었다. 식물 회전기(clinostat) 실험에서, 귀리 자엽초와 뿌리의 역치 강도는 각각 1.4×10^{-3}g와 1.4×10^{-4}g로 나타났다(Shen-Miller et al., 1968). 살유트 7호(Salyut 7) 우주선에서 행하여진 실험에서 상추 유식물의 하배축과 뿌리에서 계산된 값은 각각 2.9×10^{-3}g와 1.5×10^{-4}g이다(Halstead and Dutcher, 1987). 많은 식물들이 중력 자극에 매우 민감한 것은 분명하다.

조직의 감수성 뿌리에서 굴중성에 대한 감수성이 나타나는 곳은 뿌리골무(root cap)이고, 이 뿌리골무는 뿌리 끝을 감싸는 골무 형태의 세포 집단이다(그림 19-11). 관례에 따르면, 뿌리골무의 기능은 다음 두 가지로 생각되고 있다. 즉, 뿌리골무는 뿌리 정단 분열 조직을 물리적으로 보호하며, 이 뿌리골무의 표면부 세포에서 점액성 다당류를 분비하여 생장중인 뿌리가 자라는 통로에 윤활유 역할을 한다. 또한 세번째 기능으로서 중력 인지 작용을 함이 최근에 뿌리골무를 외과적으로 제거한 실험들에 의해 확립되었다. 뿌리골무의 제거시에도 뿌리의 신장은 방해되지 않으나, 어떤 굴중성 반응은 완전히 소실된다. 뿌리골무가 제거된 뿌리는 약 24시간 후에 중력 감수성이 회복되는데, 이것은 새로운 뿌리골무의 재생성과 관련이 있는 것이다. 그러나 재미있는 사실은 뿌리골무가 제거된 옥수수 뿌리는 중력이 거의 없는 우주 공간에서는 5일 내지 7일 동안에 뿌리골무가 재생되지 않았으나, 같은 기간에 지상의 옥수수 뿌리에서는 뿌리골무가 잘 재생되었다. 이것은 흥미로운 수수께끼를 불러일으킨다. 뿌리골무의 재생은 그 자체가 중력에 대한 반응을 암시하는 것이기 때문에, 그렇다면 이 현상은 과연 뿌리골무가 제거된 뿌리 역시 중력을 감지한다는 것을 의미하는 것일까(Evans et al., 1986)?

줄기에서 중력을 감지하는 장소는 뿌리에서와 같이 그렇게 분명하지는 않다. 지금까지 행하여진 다양한 실험 결과는, 굴광성에서와 같이 중력 감수성은 초본류 자엽초의 경우에서 보면 정단 부분에 국한되어 있지 않지만 그 정단 지역에서 가장 크게 나타남을 보여주고 있다. 실제로 대부분의 줄기는 정단 부분이 가장 민감하며, 만일 정단 부분이 제거되어도 일부의 중력 감수성은 남아 있게 된다. 특히 쌍떡잎 식물에서 정단 부분의 높은 감수성은 정단부의 높은 생장력을 반영하는 것이다. 굴중성은 차등 생장 반응이므로, 중력 감수성은 생장이 거의 끝난 지역에서는 기대될 수 없다. 생장률에 거의 영향을 주지 않은 채로 표피 세포층이 벗겨진 하배축은 중력에 반응하지 않는다는 보고가 있다(Firn and Digby, 1980). 이 결과는 중력 인지 장소가 하배축의 표피 세포층이라는 것을 암시하는 것이다. 또한 Firn과 Digby는 중력 신호가 종단면을 따라 전달된다는 아무런 증거를 보이지 못하였는데, 이것은 중력 인지 장소와 반응 장소가 서로 떨어져 있지 않다는 것을 시사하는 것이다. 이러한 결

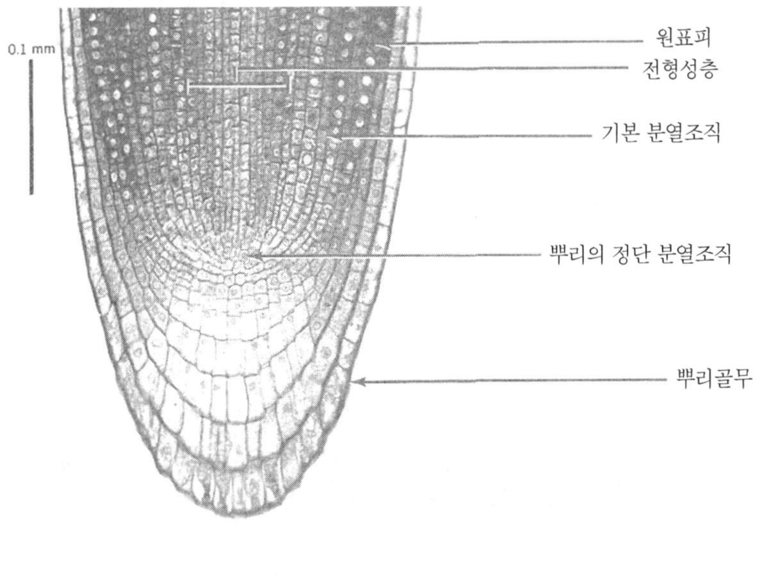

〈그림 19-11〉 뿌리골무 구조를 보여주고 있는 양파(*Allium sp.*) 뿌리 정단부의 종단면

론은 다음에 설명된 자엽초와 뿌리를 이용한 연구에서 나온 일반적인 결론과는 일치하지 않는다.

중력 인지 메커니즘 일찍이 지적했던 것처럼 식물 기관이 위와 아래 사이를 구별하는 것은, 생리적으로 비대칭이 조성된 세포내에서 어떤 구조물의 침강(sedimentation)과 밀접한 관계가 있음에 틀림없다. 여기서 다시, 동물에 기초한 모델이 금세기의 전환점에서 도입되었으며 이것은 그 후 식물 생리학자들의 사고를 지배하여 왔다. F. Noll은 1892년에 식물이 일부 동물과 유사한 방법으로 중력을 감지한다고 처음으로 제시하였다(Weevers, 1949). 갑각류, 연체동물 및 다른 많은 무척추동물들은 감각털(sensory hair)이 일렬로 배열되어 있으면서 신경이 분포한 조그만 **평형낭**(statocyst)이라고 불리는 중력 감지 기관을 갖고 있다. 이 평형낭 안에는 **평형석**(statolith)으로 불리는 약간의 작은 모래 입자 혹은 칼슘 카보네이트 입자가 있는데, 이것들은 중력에 의해 아래로 움직인다. 평형낭의 자세가 변하면 평형석 역시 그 위치가 움직여지는데, 이때 감각털이 휘어지면서 활동전위를 중추신경계에 전달하여 그 변화를 알린다.

1900년대에 G. Haberlandt와 E. Nemec은 중력에 대한 식물 반응을 설명하기 위해 각각 독자적으로 평형석 이론을 적용하였다(Weevers, 1949). 그들은 주의 깊은 세포학적 연구에 기초하여서, 평형석과 같은 기능을 하는 녹말 입자가 특수화된 조직에서 발견되었다고 제안하였다. Haberlandt와 Nemec에 따르면, 평형낭은 침전할 수 있는 녹말 입자를 함유하고 있는 세포라는 것이다. 이런 평형낭을 포함하고 있는 조직이 **스타텐키마**(statenchyma)로 알려져 왔다. 대부분의 녹말 입자가 발견되는 뿌리골무를 제거하면 굴중성 반응이 없어진다는 Darwin과 다른 사람들의 연구 결과로, 평형석 가설이 지지를 받았다. 그럼에도 불구하고, 그 가설은 일반적으로 받아들여지지 않았으며 10년이 넘게 많은 연구자들이 그 이론을 증명 또는 반증하는 시도를 하였다.

현재, 우리는 평형석이 단순히 녹말 입자가 아니라 **녹말체**(amyloplast)로서 이해하고 있다(그림 19-2). 한 녹말체는 공통의 막 안에 간직되어 있는 녹말 입자의 집단이다. 녹말체 안에는 1개 내지 8개의 녹말 입자가 존재하며 각 평형낭 안에는 12개 정도의 많은 녹말체가 들어 있다(Wilkins, 1984). 이것은 녹말 저장 기관의 특징인 하나의 커다란 입자와 비교된다. 모든 세포내에 있는 모든 녹말체가 쉽게 이동하는 것은 아니다. 사실상의 평형석 역할을 하는 것은 주로 높은 굴중성 감수성이 있는 지역에서만 검출된다. 이런 곳으로는 뿌리골무의 중심부에 액포가 거의 없는 세포 집단—**중축**(columella)—과 그리고 줄기에서는 유관속 조직을 둘러싸고 있는 내피 세포(endodermal cell) 지역(**녹말 초**)이 있다(움직일 수 있는 녹말체가, 부분적으로는 그들이 중력에 매우 민감하다고 생각되는 조직에서 발견되고 또 한편으로는 그것이 잠정적인 평형석을 포함하고 있기 때문에 평형석으로 기능을 수행한다고 추정하는 것에 대해 약간의 논쟁은 있다). 움직일 수 있는 녹말체는 중력에 반응하는 초본류 줄기의 마디에 있는 운동 기관인 **엽침**(pulvini)과 지상부 기관의 내부 피층 세포에서도 발견된다.

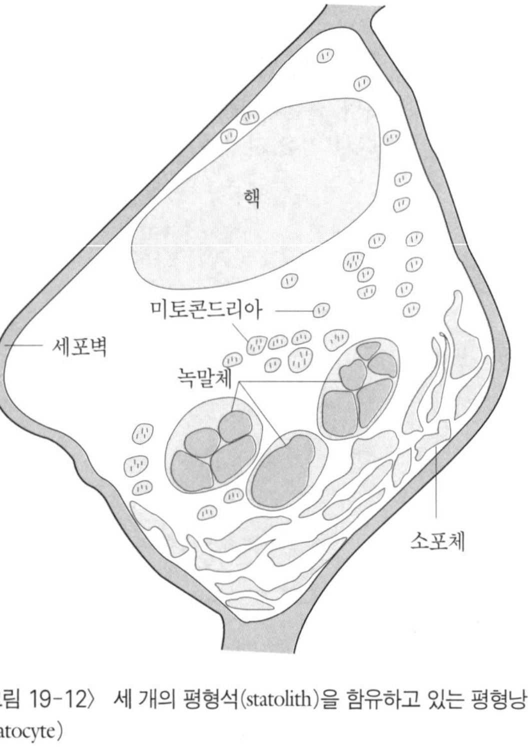

〈그림 19-12〉 세 개의 평형석(statolith)을 함유하고 있는 평형낭(statocyte)

입자 침전을 포함하는 어떠한 중력-감지 메커니즘도 입자의 침전 속도와 감수성은 알려진 반응의 속도와 감수성과 일치해야 한다고 생각하고 있다. 1960년대에 L. J. Audus는 다양한 세포 소기관에 관해 주의 깊은 실험을 착수했다(Audus, 1969). Audus는 모든 세포 소기관 중 녹말 입자만이 알려진 노출 시간 동안에 점성이 있는 세포질내를 이동할 수 있는 질량과 밀도를 가졌다고 결론지었다. 초미세 구조 실험에 의하면, 소포체와 같은 다른 세포 소기관도 중력 자극이 주어진 세포내에서 움직일 수 있다고 알려졌지만, 이런 움직임은 녹말입자의 침전 후에 일어나는 것으로 생각되었다.

비록 녹말-평형석 가설에 대한 직접적인 증거가 없을지라도, 이 가설을 지지하는 많은 증거들이 있다. 이 증거들을 요약하면 다음과 같다.

1. 중력에 반응을 하면서도 녹말 입자나 녹말체를 갖고 있지 않는 식물 종에 대한 기록은 없다. 조류(algae)와 곰팡이와 같은 하등 식물에서는 여분의 탄수화물이 녹말로 저장되지 않는다. 이 경우에는 어떤 다른 물질이 평형석 기능을 할 것이다. 예를 들면, *Chara*라는 조류에서 녹말 입자의 역할은 바륨황산염(barium sulphate)의 입자로 대치된다.
2. 녹말의 침전율과 노출 시간 사이에는 밀접한 관계가 있다. 예를 들어, sweet pea(*Lathyrus odoratus*)에서 온도가 30℃에서 10℃로 내려갈 때 침전 시간과 노출 시간이 동시에 감소한다. 이런 감소는 세포질 점성 증가와 관련이 있을 것이다.
3. 호르몬 처리 또는 돌연변이에 의한 녹말 손실은 중력 반응 상실을 수반한다. 예를 들면, 35℃에서 시토키닌 또는 지베렐린을 처리한 갓(cress) 유식물(*Repidium sativum*)의 뿌리는 29시간내에 녹말이 없어진다. 처리된 뿌리의 생장률은 약간 감소했으나(0.48 mm h^{-1} 대 0.64 mm h^{-1}), 중력에 대한 반응은 완전히 사라졌다(Iversen, 1969). 뿌리에 다시 물과 빛을 공급하면 20에서 24시간 후에 녹말체와 중력 반응성이 동시에 회복되었다.
4. 돌연변이 옥수수인 *amylomaize*는 야생형에 비해 아주 작은 녹말체를 생성한다. 녹말체의 침전 속도와 침전율에 대한 연구에서 자엽초의 굴곡 정도는 녹말체의 크기와 밀접한 관계가 있었다(Hertal et al., 1969). 또 다른 옥수수 돌연변이체인 hcf-3는 광합성을 수행할 수 없기 때문에 저장 배유가 고갈되었을 때 잎 기저부에 있는 평형낭에서 녹말을 형성할 수 없다(Miles, 1981). 이런 유식물에 설탕이 공급되지 않으면 중력에 반응하지 않으나, 그러나 설탕이 투여되면 녹말체와 중력 감수성이 회복된다.

위에서 기록된 것처럼, 그런 유용한 증거는 녹말-평형석 가설을 지지하고 있으나, 모든 실험 자료가 다 일관성이 있는 것은 아니다. 녹말이 없는 애기장대 돌연변이체는 뿌리골무와 하배축에 녹말을 함유하지 않지만, 여전히 굴중성 반응이 나타난다(Casper and Pickard, 1989). 또 다른 연구에서, J. Kiss 등(1997)은 서로 다른 녹말 함량을 지닌 애기장대의 뿌리와 하배축에서의 굴중성 반응을 비교했다. 중간 정도의 녹말 함량을 가진 돌연변이체(야생형의 50%)에서는 굴곡이 감소되었다(야생형의 80%). 그러나, 심지어 녹말이 완전 결핍된 돌연변이체(야생형의 0%)의 하배축에서도 약간의 굴곡이 나타났다(야생형의 38%). 위와 같은 결론을 근거로 해서 볼 때, 녹말 자체가 굴중성 반응을 위해 요구되는 것이 아니라, 녹말은 최대의 감수성을 위해 요구되는 것이라고 제안되었다(Kaufman et al., 1995).

굴중성에서의 신호 전달

비록 많은 모델이 제안되었지만, 평형석의 침강이 세포 또는 조직내에서 어떻게 생리적 불균형을 초래하는지는 잘 알려지지 않고 있다. 대부분의 모델은 평형석의 위치 변화가 아니라 움직임, 그 자체가 중요하다는 데 일치했다. 즉, 보다 더 인정받고 있는 관점은 평형석이 움직이면서 막이나 다른 세포 구성물에 압력을 가한다는 것이다. 식물에서 압력에 대한 감수성이 있는 막에 대한 직접적인 증거는 없지만, 그런 가운데서도 원형질막이거나 소포체가 제안되어 왔다. 원형질막과의 상호 작용은 원형질연락사를 통해 변화된 수송을 초래할 수 있다. 뿌리골무의 중축 세포와 같은 일부 평형 세포에는 보다 많은 수의 원형질연락사가 있다. 또 한편, 원형질막과의 상호 작용은 호르몬 대사를 조절하는 특정한 효소들의 활성화를 이끌 수가 있다. 그러나 가장 많은 주목을 끄는 것은 소포체이다. 미세구조 연구에 의하면, 소포체는 옥수수와 잠두(*Vicia faba*)의 뿌리가 수평으로 놓여 있을

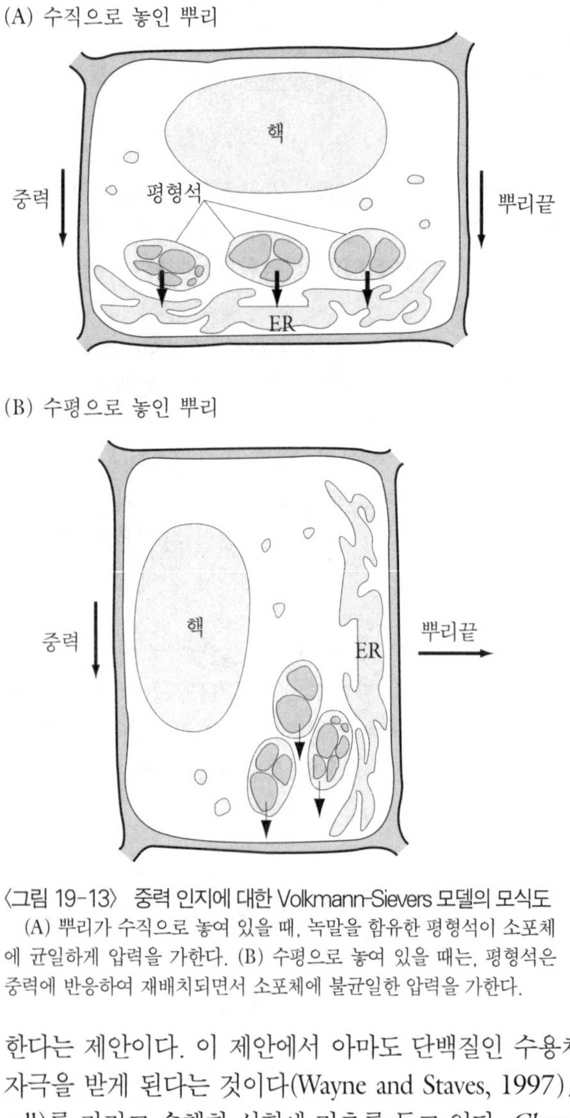

〈그림 19-13〉 중력 인지에 대한 Volkmann-Sievers 모델의 모식도
(A) 뿌리가 수직으로 놓여 있을 때, 녹말을 함유한 평형석이 소포체에 균일하게 압력을 가한다. (B) 수평으로 놓여 있을 때는, 평형석은 중력에 반응하여 재배치되면서 소포체에 불균일한 압력을 가한다.

때 침강하는 평형석에 의해 위치가 변한다. 소포체는 수직으로 놓여 있는 옥수수 뿌리의 세포내에서는 무질서하게 분포하지만, 수평으로 놓여 있는 위치에서는 녹말체에 의해 세포의 아랫부분으로 내려가게 된다.

옥수수와 잠두와는 달리, 수직으로 놓여 있는 갓(*Lepidium*)과 완두(*Pisum sativum*)의 뿌리골무에서 소포체는 보통 아래쪽 세포벽 부근에 위치한다. 이 뿌리를 다시 수평 위치로 놓으면 녹말체는 아래로 침강하지만 소포체는 제자리에 남아 있다. Volkmann과 Sievers(1979)는 갓 뿌리에서 녹말체와 소포체의 상대적인 위치를 설명한 중력 인지 모델을 수립하였다. 이 모델에 따르면(그림 19-13), 소포체에 대한 녹말체의 압력은 일차적인 신호 변환기로 작용한다. 수직 위치에서 소포체에 대한 평형석의 압력은 모든 평형낭에서 동등하다(그림 19-13(A)). 수평 방향으로 다시 놓으면(그림 19-13(B)), 녹말체는 평형낭의 윗부분에 존재하는 소포체로부터 멀어지나 아랫부분에 존재하는 소포체에는 계속해서 압력을 가한다. Volkmann-Sievers 모델은 거의 녹말체의 움직임을 요구하지 않으며, 반응을 유발하기 위해서는 빠른 노출 시간과 수직에서 약간 벗어난 적은 각도(말하자면, 10°)가 필요하다는 점과 일치한다. Volkmann-Sievers 모델을 일반적으로 적용하기에는 어려움이 있다. 특히, 갓에서 발견되는 소포체의 분포는 몇몇 종의 뿌리골무에서 발견된다. 그러나 다른 식물 종들은 위에서 언급한 것과는 다르다.

압력 전달 주제에 대한 흥미로운 또 다른 내용은, 중력 수용체가 원형질막과 세포벽 사이의 연결부에 존재한다는 제안이다. 이 제안에서 아마도 단백질인 수용체는, 원형질체 전부가 중력에 대한 반응으로 정착될 때, 자극을 받게 된다는 것이다(Wayne and Staves, 1997). 이 제안은 조류의 일종인 *Chara*의 절간세포(internodal cell)를 가지고 수행한 실험에 기초를 두고 있다. *Chara*의 세포는 녹말이나 평형석을 가지고 있지 않으나, 그럼에도 불구하고 중력은 세포질 유동(cytoplasmic streaming)에서 극성을 유발한다. 수압(hydrostatic pressure)이 중력 힘을 모방할 수 있으며 유사한 극성을 유발한다는 사실이 알려졌다. 다양한 조건하에서 수압을 가할 때, Wayne과 그 동료들은 *Chara*의 세포가 위쪽, 아래쪽을 감지하기보다는 압축(compression)을 감지함으로써 중력을 인지한다고 결론지었다. Wayne과 Staves(1997)는 자신들의 '중력 압력 가설(gravitational pressure model)' 이 고등 식물에 적용될 뿐만 아니라, 비록 정상 세포보다는 덜 효율적이지만, 녹말을 갖지 못한 돌연변이체가 중력에 반응할 수 있는 이유를 설명할 수 있다고 주장하였다. 평형석의 존재는 단순히 세포질의 비중을 증가시켜서 그로 인해 정상 세포에서 중력 감지의 효율성을 증대시키는 것이다. 이런 도전적인 아이디어는 중력 감지 역학과 신호 전달의 초기 단계에 대한 흥미와 연구를 더욱 더 자극시키게 된다.

굴중성의 생장 반응

굴중성의 초기 신호 전달에 대해 거의 알려진 것이 없지만, 굴곡을 발달시키기 위해 차등 생장이 일어나야 하는 것은 분명하다. 굴광성 반응에서와 같이, 비대칭 옥신 분포를 설명하는 Cholodny-Went 가설은 60년 이상 굴중성에 대해 생각과 연구를 집중하도록 시켜왔다. 따라서 이 가설은 수평 방향으로 놓여 있는 줄기나 뿌리에서는 기관의 아랫면으로 옥신의 측면 이동이 일어난다고 설명하고 있다. 굴광성과 비슷한 방식으로, 옥신의 분포는 음성 굴중성 기관(예, 자엽초와 줄기)이 위쪽으로 굽는 것처럼, 아래쪽의 생장률을 더 촉진하게 된다. 뿌리와 같은 양성 굴중성 기관에서는, 아래쪽 부분의 높은 옥신의 농도는 상대적으로 윗부분에 비해서 아래쪽의 신장을 억제하는 것으로 생각된다. 이제 줄기와 뿌리의 반응을 따로따로 논의할 것이다.

자엽초와 줄기 중력 자극을 받은 자엽초에서 옥신의 비대칭 분포에 관한 연구는, 이전에 굴광성에 대해 기술한 것과 비슷한 '한천 조각을 이용한 확산 실험' 에 주로 기초하였다. 1920년대 말, H. Dolk는 수평으로 놓인 자엽초의 절편에서 확산된 옥신의 대략 2/3는 아래 반쪽에서 모아진다는 것을 입증하였다. 이것은 많은 연구자들에 의해 확인되었다. 아마도, M. Wilkins와 그 동료들이 행한 실험 결과가 옥신의 측면 분포에 대한 가장 분명한 증거를 제공하는 것 같다(Wilkins, 1984). 이 실험에서, 미량의 3중수소(tritium)로 표지된 IAA(5-3H-LAA)가 옥수수 자엽초의 정단에 비대칭적으로 처리되고, 어느 정도 시간이 경과한 후 자엽초를 세로로 이등분하여 두 개의 반쪽에서 방사능의 양을 측정하였다. 실험 결과, 자엽초가 어떠한 굴광성 자극도 없이 수직으로 있을 때는 방사능의 90%가 처리된 지점의 아래 반쪽 부분에 남아 있었다. 그러나, 수평으로 있을 때에는 단지 2/3만 남아 있고 나머지 1/3은 아래 반쪽으로 이동하였다. 이러한 IAA의 재분포 양상은 방사능 면역 검정법으로 확인되었으며(Mertens and Weiler, 1983), 이 과정은 전적으로 대사 에너지에 의존하는 것으로 알려졌다.

위에서 서술한 것과 같은 결과에도 불구하고, 굴중성에 대한 Cholodny-Went 가설의 유효성은 굴광성 경우에서와 같이 의문점이 제기되었다. Digby와 Firn(1979)은 중력 자극을 받는 옥수수 자엽초의 윗면과 아래 면에서 생장률 차이를 분석했다. 초기 단계에는 아래 면의 생장률이 거의 두 배로 증가하는 반면에 윗면의 생장률은 빠르게 0 값으로 떨어졌다. 생장률에 있어 그런 불균형적 차이는 Cholodny-Went 가설에 의해 예측되지 않았었고, 다른 사람들은 옥신 비대칭 분포의 크기가 그와 같은 생장률의 큰 차이를 설명하기에 충분한지 이의를 제기하였다. 이러한 의문은 굴광성에 대해서도 제기되었다(앞의 논의를 참조). 옥신 농도의 증가에 비례적인 굴곡 반응에 기초를 둔 Briggs의 반론은 굴중성에도 잘 적용이 된다.

정단에서 합성되는 옥신의 비대칭 분포는, 비록 그것이 유일한 요인이 아닐지라도, 옥수수와 귀리 자엽초의 굴중성 반응에서 중요한 역할을 하는 것으로 보인다. 반면, 쌍떡잎 식물의 줄기에서 굴중성 반응은 매우 극적이나 충분히 이해되지 않고 있다. 방사선 동위 효소로 표지된 IAA와 2,4-D의 측면 이동은 해바라기와 녹두 하배축에서 잘 관찰되었으나, 빛을 받은 상배축에서는 발견되지 않았다(Phillips and Hartung, 1976). Mertens와 Weller(1983)는 면역 검정법 기술을 사용하여 수평으로 놓여 있는 해바라기 하배축에서 내재성 IAA의 분포를 조사했으나 의미 있는 IAA의 재분포 현상은 발견하지 못했다. F. B. Salisbury와 그 동료들은 해바라기와 대두 하배축의 윗면과 아랫면을 옥신 용액에 담갔을 때 이들이 서로 다르게 반응하는 것을 관찰하였다(Salisbury et al., 1988). 그들은 모든 세포가 같은 농도의 옥신에 노출되었기 때문에, 하배축이 옥신 농도에 반응하는 것이 아니라 옥신에 대한 세포들의 감수성 차이 때문에 반응하는 것이라고 말했다.

그러나 여전히, 옥신은 쌍떡잎 식물의 중력 반응에 요구되는 것으로 생각되고 있다. S. Iwami와 Y. Masuda(1974)는 오이 하배축의 정단을 제거하면 굴중성 반응이 감소한다는 것과 이 감소 현상이 IAA 처리에 의해 회복될 수 있음을 발견하였다. 정단을 제거시켜서 내재성 옥신 공급이 고갈된 해바라기 하배축을 적어도 3시간 동안 수평 방향으로 놓았을 경우, 굴중성 반응은 보이지 않았다. 그러나, 만약 옥신이 수직 방향으로 이 유식물의 자세를 복원시킬 때 공급되면, 굴성 굴곡 반응이 발달한다(Brauner and Hager, 1958). 생리적 차이를 유도하기 위해서 옥신이 꼭 있어야 하는 것은 아니지만 생장 반응을 완성하기 위해서는 옥신이 있어야 하는 것 같다. 더 나아가, 굴성 자극은 어떤 방식으로든 하배축에 의해 '기억되는 것' 으로 생각된다.

초본 식물의 줄기 특별히 흥미롭고 농업적으로도 중요한 굴중성 반응은, 폭풍이나 큰비에 의해서 쓰러진

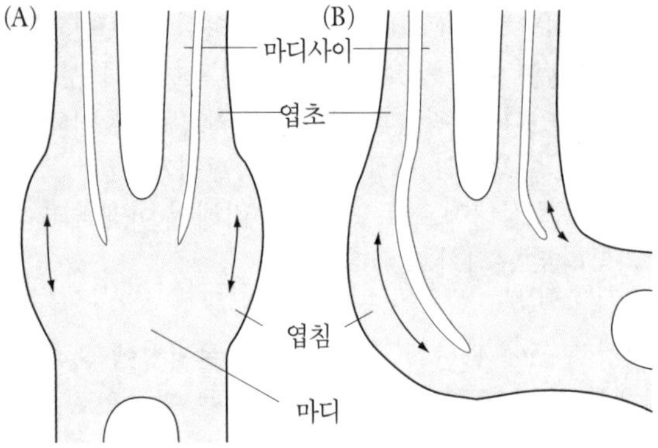

〈그림 19-14〉 초본 식물의 엽초(leaf-sheath)에 있는 가엽침(false-pulvinus)의 모식도

(A) 수직 방향의 줄기. (B) 중력 자극을 받은 줄기. 화살표는 엽침의 양쪽 면에 있는 세포의 상대적인 생장을 나타낸다.

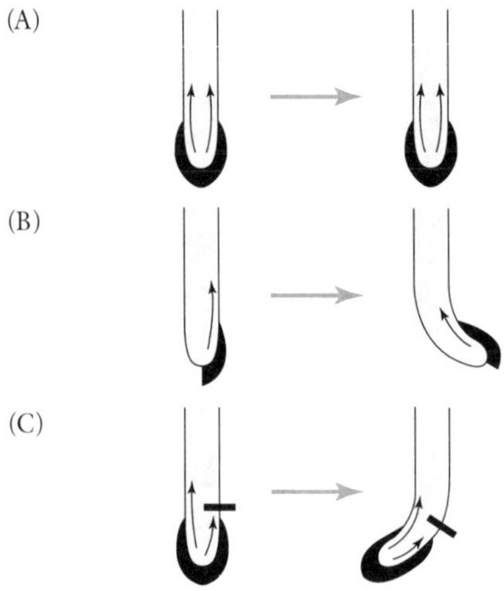

〈그림 19-15〉 수직으로 놓여 있는 뿌리에서의 굴곡 반응에서 억제 물질을 분비하는 뿌리골무의 역할

화살표는 뿌리골무로부터 뿌리의 신장 지역으로 이동하는 억제 물질의 흐름을 나타낸다. (A) 대조구 뿌리; 뿌리골무가 온전한 상태이다. 억제 물질이 이동하며 뿌리 생장은 균일하다. (B) 뿌리골무가 뿌리의 한쪽 면에서만 제거되어 있다. 이때 뿌리는 뿌리골무가 남아 있는 쪽으로 자란다. (C) 현미경용 덮개 유리 조각이 억제 물질의 흐름을 차단하기 위해 뿌리 한쪽 가로 삽입된다. 유리 조각이 없는 쪽으로 뿌리가 생장한다.

곡류와 기타 다른 초본류의 줄기에서 아주 잘 보인다. 초본류 잎의 아래 부분은 마디에 끼워져서 줄기를 잡아주는 엽초(sheath)를 형성한다. 엽초의 아래 불룩하게 부풀은 기저부(마디사이의 바로 윗부분에 해당)는 유사엽침(psuedopulvinus) 혹은 가엽침(false pulvinus)이라고 부른다. 가엽침은 중력을 감지하고 반응을 하는 독립적인 기관이다. 전형적인 엽침과는 다르게, 초본류 줄기의 가엽침(가엽침은 팽압에 의해 가역적으로 작용하는 운동 기관(motor organ)으로 다음 장에서 설명되고 있음)은 굴중성 반응에 관여하며 비가역적인 세포 신장을 한다. 초본 식물 줄기가 쓰러질 때 정단 가까이에 있는 어린 엽침은 차등적인 세포 신장을 하여, 아랫면에 있는 세포는 활발하게 신장하는 반면에 윗면의 세포는 거의 신장하지 않거나 심지어 압착된다(그림 19-14).

유관속 조직 안쪽의 엽침 세포는 많은 평형석을 가지고 있으며, 줄기가 수평 방향으로 기울어질 때마다 신속하게 아래로 움직인다. 그러나 대부분의 생장 반응은 엽침 아래쪽에 있는 평형낭의 바깥에 위치한 후각 세포에서 일어난다. 비록 옥신이 관여하고 있는 것으로 믿어지지만, 어떻게 차등 생장이 일어나는지는 잘 알려져 있지 않다. 귀리 엽침(45일된 수직 줄기)의 유리 IAA(free IAA) 함량은 대략 60~70ng/g · dry weight이다(Kaufman and Song, 1987). 24시간 동안 중력 자극을 가한 후, 유리 IAA 함량은 420ng으로 증가하고 그중에서 2/3가 엽침의 아랫면에서 발견되었다. ^{14}C-IAA를 이용한 방사능 추적실험 결과, 중력 자극을 받은 엽침 조직에서 아래쪽으로 가로지르는 옥신의 이동이 발견되지 않았으므로, 옥신의 차등 분포는 측면 이동에 기인되는 것은 아니다. 아랫면에서 다량의 유리 IAA가 존재하는 것은 증가된 IAA 합성 또는 저장되어 있던 결합 IAA로부터의 방출에 의한 것 때문일 것이다. 또한 유리 지베렐린과 결합 지베렐린 양의 변화도 발견되었는데, 이는 또한 지베렐린도 초본 식물 줄기의 굴중성에 관여하고 있다는 것을 의미한다.

뿌리 뿌리의 굴중성 반응에 호르몬이 관련된다는 사실은 오랜 기간 동안 논쟁거리가 되어 왔다. 그 한 이유는, 정상적인 뿌리 생장에서 호르몬의 역할이 거의 알려지지 않았기 때문이다. 뿌리 굴중성에 관한 대부분의 이론에서 옥신이 크게 부각되고 있는데, 이것은 그렇게 높지 않은 옥신의 농도조차도 뿌리의 생장을 억제한다는 사실에 근거하고 있다. 사실상, 뿌리의 굴중성에는 억제 물질이 관련되어 있다는 많은 증거가 있다. Wilkins와 그의 동료들은 뿌리골무가 단지 옥수수 뿌리의 한쪽 면에서만 제거되었을 때, 뿌리는 뿌리골무가 남아 있는 나머지 쪽으로 굽는다는 것을 보였다(그림 19-15). 마찬가지로 불투과성의 장벽이 뿌리골무와 신장 지역 사이의 한쪽 면에만 삽입하였을 때 뿌리는 그 장벽으로부터 멀어지는 굴곡을 나타내었다. 이러한 생장 양상은, 뿌리

의 신장 지역으로 이동되어 그곳에서 뿌리 생장을 억제하는 확산 이동성이 있는 억제 물질의 공급원이 바로 뿌리골무임을 나타내는 것이다.

억제 물질의 본질은 무엇인가? Cholodny-Went 가설에 따르면 그 억제 물질은 옥신이며 이런 관점은 지지하는 많은 증거가 있다(Moore and Evans, 1986). 통상적으로 자엽초와 줄기의 신장을 촉진하는 농도인 10^{-6}M 또는 그보다 높은 농도의 옥신을 처리하였을 때 뿌리 생장이 억제된다는 사실이 잘 알려져 있다. 그러나, 옥신이 뿌리 끝에서도 생성된다는 보고가 일부 있지만, 뿌리에 존재하는 옥신의 일차적인 공급원은 줄기이며 옥신은 극성 이동에 의해 뿌리 끝까지 수송되는 것으로 보인다.

그러나 굴중성 반응에서 초기 사건 중의 하나는 신장 지역에서 일어나는 신속한 비대칭적 수소 이온의 방출이다. 이것은 pH 지시약인 bromcreosol purple 염색약을 함유한 한천 위에 뿌리를 올려놓음으로서 쉽게 입증된다. 산성도의 증가를 나타내는 의미인, 붉은색에서 노란색으로의 색깔 변화는 중력 자극을 받은 뿌리의 위쪽에서만 나타났다. 이런 관찰은 옥신 작용을 설명하는 산성 생장설과 아래쪽 면의 신장 억제를 보여주는 측정 결과와 일치한다. 게다가, 굴중성적 굴곡과 비대칭적 양성자(수소 이온) 방출 역시 옥신 이동 억제제(TIBA, NPA)에 의해서 방해된다.

뿌리에 IAA를 비대칭적으로 처리하면, 처리한 쪽으로 굴곡 반응이 일어난다. 또한 외부에서 처리한 옥신의 비대칭적 분포가 발견된다. 즉, 3배 이상의 많은 옥신이 위쪽 방향보다는 아래쪽으로 이동한다. 물론 중요한 의문점은, 중력 자극이 뿌리내의 내재성 옥신 함량의 비대칭성을 유도하는가 하는 점이다. 이 질문에 대한 답은 아직 결론이 나지 않았지만, 옥수수와 잠두의 수평 뿌리에서 옥신 함량의 기울기가 나타나지 않았다(Mertens and Weiler, 1983).

옥신 이외의 또 다른 억제자들이 제안되었다. 그 하나의 가능성이 에틸렌이다. 만약 옥신이 뿌리의 아랫면에 축적되면, 그것은 에틸렌의 합성을 자극할 수 있다. 흔히 뿌리 생장을 억제하는 옥신의 농도는, 에틸렌 합성 억제제가 있을 때는 오히려 생장을 촉진한다. 또 다른 가능성 있는 억제제는 앱시스산(ABA)이다. ABA는 뿌리골무에 존재하는데, 이런 ABA를 만약 외부에서 처리하면 신장을 억제하며, 이 ABA는 수평으로 놓여 있는 뿌리의 아래 면에 축적된다. Wilkins(1984)는 굴중성이 ABA에 의존한다는 관점을 강하게 주장하였다. 그러나 이 관점은 여러 면에서 도전받아 왔다(Moore and Evans, 1986). 생리적 농도(0.1μM) 수준에서 ABA의 초기 효과는 오히려 뿌리 신장을 자극한다. ABA는 비교적 높은 농도와 오랫동안 노출시켰을 때에만 억제 현상을 일으킨다. 게다가, 돌연변이체 옥수수와 fluridone-처리 옥수수 유식물의 뿌리에서는 ABA가 검출되지 않았는데도 정상적인 굴중성 반응이 나타났다. 현재까지도 비록 옥신 관련성이 여전히 고려되고 있지만, 뿌리 굴중성에 있어서 호르몬의 역할은 불분명한 상태이다.

굴중성에서 칼슘의 역할

여러 연구자들은 자엽초와 뿌리에서 굴중성 반응의 일차적인 작용자로서 칼슘의 역할을 강조하였다(Moore and Evans, 1986). K. Goswami와 L. J. Audus(1976)는 중력 자극을 받은 해바라기의 하배축과 옥수수 자엽초의 윗면에 방사능으로 표지된 칼슘(^{45}Ca)이 차등 축적된다고 설명했다. 또한 굴광성 자극을 받은 기관에서 칼슘의 재분포가 한 시간내에 일어난다는 것이 관찰되었다. 칼슘과 옥신 사이의 연관도 잘 보고되고 있다. 외부에서 IAA를 비대칭적으로 처리한 후에도 칼슘의 재분포가 일어났으며, 이 현상은 수평으로 놓인 기관에서 옥신 이동 억제제인 NPA로 처리할 때 방해받게 된다. 이 결과들은 조직화학적 기술을 사용한 R. Slocum과 S. Roux(1983)에 의해 귀리 자엽초에서 확인되었다. 칼륨 안티몬산염(potassium antimonate ; $KSb(OH)_6$)을 함유한 혼합액으로 조직을 고정시킴으로써, 결합하지 않은 칼슘은 신속하게 칼슘 안티몬산염(calcium antimonate)을 형성하는데, 이것은 침전이 되고 조직 절편내에서 보게 된다. Slocum과 Roux는 중력 자극을 받은 후 10분 이내에 상표피 조직과 유조직 세포내에서 칼슘이 분포한다는 증거를 발견하였다. 유리 칼슘의 킬레이트 화합물(chelator)인 EGTA로 전처리하면, 칼슘 재분포와 굴중성 반응이 방해를 받는다. 게다가, 자엽초의 중력 반응은

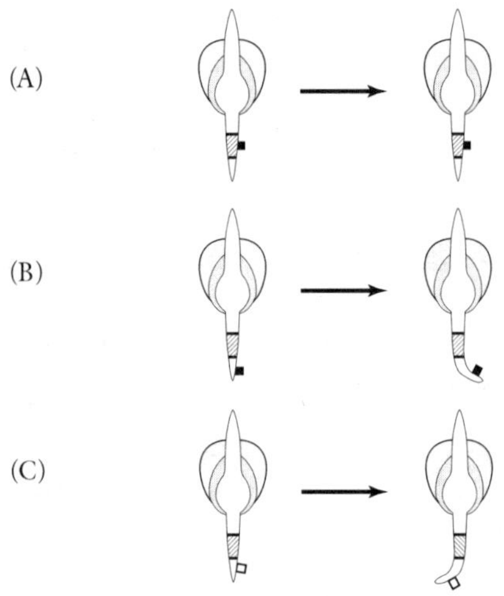

〈그림 19-16〉 칼슘에 대한 옥수수 원뿌리의 생장 반응

(A) 뿌리의 신장 지역 한쪽 면에 놓여진 칼슘을 함유한 한천 조각은 아무런 효과를 보이지 않는다. (B) 칼슘을 함유한 한천 조각이 뿌리 정단에 놓였을 때, 뿌리는 칼슘원이 있는 방향으로 자란다. (C) 칼슘 킬레이트 화합물인 EGTA를 함유한 한천 조각이 뿌리를 반대 방향으로 자라도록 유도하고 있다.

칼슘 결합 단백질인 칼모둘린(calmodulin)의 억제제인 chloropromazine 처리에 의해 방해받는다. 이 사실은, 중력에 대한 반응이 어느 한 단계에서 Ca^{2+}/calmodulim 복합체를 포함하고 있음을 암시하는 것이다.

뿌리 굴중성에 관한 실험들에 의해서 칼슘 역할이 설득력을 갖게 되었다. M. L. Evans 실험실의 연구는, 10mM $CaCl_2$를 함유한 한천 조각을 비대칭적으로 옥수수 뿌리에 처리하면 옥수수 뿌리의 굴곡이 유도된다는 것을 보여주었다. 그러나 이 현상은 한천 조각을 뿌리 정단부에 적용했을 때에만 해당된다(그림 19-16). 뿌리에서 칼슘의 이동은 뿌리골무 쪽으로만 일어나는 것 같으며 — 그 이동은 만약 뿌리골무가 제거되면 방해받게 되며 — 그 이동은 뿌리의 아랫면 쪽으로 향하게 된다(Moore and Evans, 1986). 더욱이, 칼슘은 뿌리골무 세포를 통해서 이동하는 것이 아니라 뿌리골무를 덮고 있는 두꺼운 점액질층을 통해 이동하는 것으로 보였다. 이 점액질층의 중요성은, 만약 이 층을 제거하면 뿌리가 중력에 대해 민감하게 반응하지 못한다는 사실에 의해 알 수 있다(Evans et al., 1986; Moore and Evans, 1986). 중력 자극을 받은 자엽초와 뿌리에서 칼슘의 비대칭적 분포 방향이 옥신과 반대임을 주목하여라. 이들 두 기관에서 칼슘은 오목한(concave) 면 쪽으로 이동한다. 그러므로 수평으로 놓인 뿌리에서 칼슘은 뿌리골무의 아랫면에 쌓이기 위해 아래로 이동하나 자엽초에서는 위쪽 면으로 이동한다.

Moore와 Evans는 중력에 의해 유도되는 칼슘의 재분포를 기초로 하여서, 뿌리 굴중성을 설명하기 위한 모델을 제시했다(그림 19-17). 수직으로 놓인 뿌리에서, 칼슘은 뿌리골무의 주변 세포로부터 이들을 둘러싸고 있는 점액질층으로 분비된다. 이 분비는 일정하다. 그래서 뿌리 끝 정단부를 가로지르는 칼슘의 구배는 없으며 뿌리는 계속해서 아래로 자라게 된다. 또한, 뿌리골무에서 뿌리 끝으로 대칭적인 옥신의 흐름이 일어난다. 뿌리가 수평으로 놓여 있을 때는, 뿌리를 가로질러 전기 화학적인 기울기가 형성된다. 이 전기 화학적인 기울기는 적어도 뿌리의 윗면에서 일어나는 양성자(H^+)의 분비에 의해 부분적으로 기인되는 것이다. 또한 수평으로 놓였을 경우, 중축 조직(columella tissue)내에서 칼슘이 정단부 쪽으로 이동(acropetal movement)한다. 이 칼슘 공급원이 알려지지 않았으나, 칼슘은 평형석과 소포체의 상호 작용에 기인하여 소포체에서 방출된다. 전기 화학적 기울기는 점액질층을 통해 칼슘을 아래로 이동시켜 뿌리의 아랫면으로 되돌아가게 한다. 그러므로 칼슘은 뿌리골무와 뿌리의 신장 지역 아랫면을 따라 축적된다.

뿌리의 아랫면에 축적된 칼슘이 차등 생장 반응으로 어떻게 전환되는지는 분명하지 않지만, 두 가지 가능성이 있다. 첫째는, 칼슘이 옥신의 수용부(sink)로서 작용하여 그로 인해 뿌리 아랫면으로 옥신을 끌어들여 옥신의 농도가 증가하여 생장을 억제한다는 것이다. 이것은 Cholodny-Went 가설을 다시 다듬은 설명이다; 즉, 옥신의 비대칭은 칼슘의 비대칭에 의해 유도된다는 것이다. 그러나, 뿌리에서 내재성 옥신의 비대칭을 지지하는 증거가 없기 때문에 이 가능성은 없어 보인다.

두번째 가능성은, 칼슘이 옥신에 대한 조직의 감수성을 증진시킨다는 것이다. 옥신은 칼슘이 고갈된 뿌리에서는 신장을 억제하지 않는다고 한다. 이 관찰 결과에 의하면, 중력에 의하여 옥신의 비대칭이 일어날 필요가 없다. 그 대신에, 칼슘 비대칭만으로도 차등적인 옥신 작용을 일으켜서 그로 인해 생장 반응을 유도한다는 것이다.

비록 부분적으로는 추상적이긴 하지만, 뿌리 굴중성에 대한 Moore-Evans 모델은 다양한 관찰 결과뿐만 아니

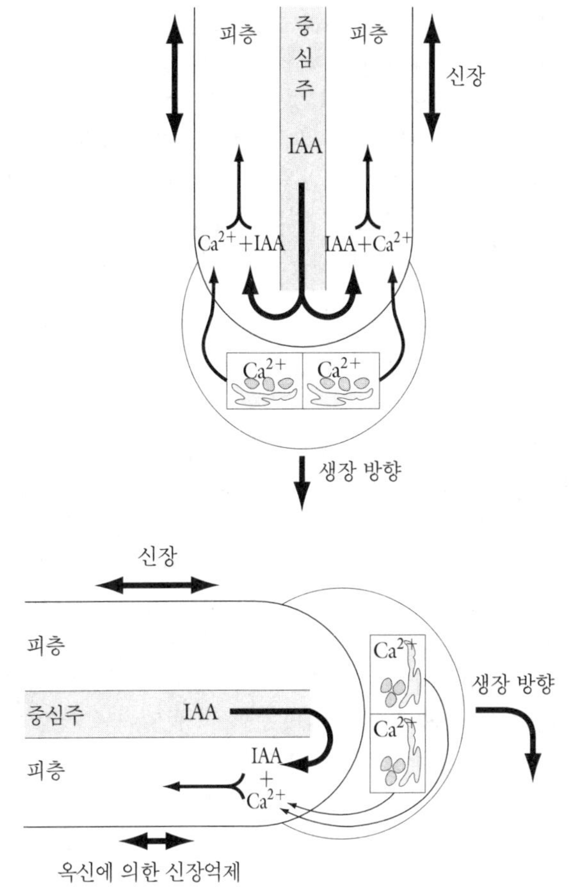

〈그림 19-17〉 뿌리 굴중성에 관한 Evans-Moore 모델
수평 자세로 있는 뿌리 방향이 평형석의 위치를 변화시켜서, 그 결과 칼슘의 흐름을 뿌리 아랫면으로 향하도록 촉진한다. 이 때 고농도의 칼슘이 옥신 농도를 높게 하여서 아랫면의 세포 신장을 억제시킨다.

라 중력 반응을 보이는 뿌리에서 옥신의 농도 기울기가 존재하지 않는다는 보고와 일치한다. 그러나 한편, 옥신에 대한 조직의 감수성과 칼슘 사이의 관계를 실험적으로 입증하여야 할 것이 남아 있다. Moore-Evans 모델은 의심할 여지 없이 칼슘의 농도 기울기의 작용과 뿌리의 굴중성 메커니즘에 관한 연구를 더욱 촉진할 것이다.

무중력에서의 식물

굴중성은 우주 비행을 하고 있는 동안의 무중력 환경에서도 발현되는가? 중력 자극이 제거되었을 때 식물은 어떻게 자신을 적응시키는가? 이러한 질문들은 미래에 장기간의 우주 비행시 나타날 식물의 발달에 관심을 둔 과학자들에게는 특별히 관심거리가 되며, 그러한 곳에서 우주 비행사는 생명 유지 시스템의 일부로서 혹은 신선한 음식의 공급을 위해서 식물을 키우는 것이 필요하게 될 것이다.

우주의 무중력 상태에서, jackpine 소나무(*Pinus sylvestris*)와 밀의 유식물은 정상적으로 수직적인 생장 형태를 유지하고 있다. 즉, 뿌리와 줄기 모두는 어린 배의 뿌리와 자엽초가 똑바로 곧게 확장된 것처럼 곧게 자란다(Halstead and Dutcher, 1984, 1987). 그러나, 토마토 유식물은 어린 배의 특징적인 모양을 유지한 채로 말발굽 형태로 자란다. 또한, 무중력 환경에서 완두 유식물의 생장은 완두 배의 아크(arc) 모양을 반영하고 있었다. 외부 중력 자극이 없는 환경에서, 어린 유식물들의 공간적 적응은 일차적으로 종자내 배의 모양과 위치에 의해 결정되는 것으로 보인다. 달리 말해서, 거꾸로 아무 영향이 주어지지 않았을 경우, 유식물의 각 부분은 그것들이 있는 그대로의 모습으로 단순히 계속 자란다는 것이다. 유일한 생장 결정 인자는 종자가 발아하는 곳에 있는 기질인 것 같다. 어린 식물의 축은 그 식물 축의 형태와는 관계없이 기질 면 위에서 유지된다.

경성 운동

굴성 운동과 같은 방향성을 보이는 운동 이외에도, 많은 식물과 식물 기관, 특히 잎은 경성 운동을 보여주고 있는데, 여기에서는 운동 방향이 자극이 지니는 방향성 요소와 관련되어 있지 않다. 경성 반응은 차등 생장을 포함하고 있으며, 이 경우에 그 운동은 영구적인 성질을 나타낸다. 그러나 이 운동은 또한 특수하게 분화된 운동 기관(motor organ) 내에서 나타나는 팽압 변화에 의해 초래되는 가역적인 운동이다.

상편 생장(epinasty)과 감온성(thermonasty)은 차등 생장을 수반하는 전형적인 경성 반응의 예이다. 상편 생장은 식물 기관이 아래로 굽는 것으로서, 보통 잎자루와 잎의 끝 부분이 땅 쪽으로 향하게 된다. 그러나, 그것은

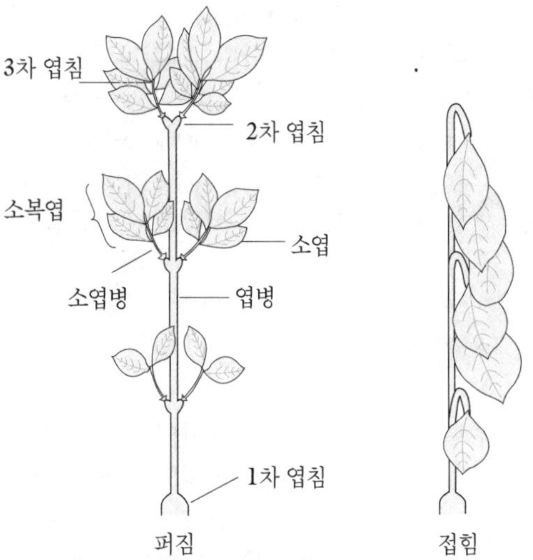

〈그림 19-18〉 엽침의 위치를 나타내고 있는 *Samanea samanan* 식물의 잎
닫혀진 소엽이 엽병과 평행하게 위로 접혀 있다.

중력에 대한 반응이 아니라 잎자루의 위와 아래 면에서 일어나는 옥신의 균등하지 않은 흐름에 의존하여 나타나는 것으로 보인다. 상편 생장은 또한 에틸렌이나 과다한 양의 옥신에 대한 흔한 반응이다. 하편 생장(hyponasty)으로 불리는 반응은 덜 흔하지만 이것은 지베렐린에 의해 유발될 수 있다. 감온성(thermonasty)의 전형적인 예는 튤립(tulip)과 크로커스(crocuse) 같은 일부 꽃잎의 반복적인 개폐 운동을 들 수 있다. 그러나, 그것들의 반복적인 특성에도 불구하고 감온성 운동은 영구적이며 꽃잎의 두 면에서 일어나는 차등 생장의 결과로 나타난다.

가장 극적인 경성 운동은 모두 팽압 운동으로서, 이것들은 대체로 3가지 종류로 분류되고 있다. (1) 수면(nyctinastic) 식물에서 나타나는 느리며 주기적인 잎의 수면 운동, (2) 한정된 종 내에서 일어나는 매우 빠른 감진성 운동(seismonastic movement), (3) 기어오름성 식물과 덩굴 식물에서 실 모양의 부속 돌기가 보이는 감촉성(thigmonastic) 또는 굴촉성(thigmotropic)적인 휘는 운동(curling)이 있다. 수면 운동과 감진성 반응은 엽침(pulvinus, 복수형=*pulvini*)이라고 불리는 특수화된 운동 기관에서의 차등적인 팽압 운동에 의해 일어난다. 엽침은 콩과식물(Leguminoseae)과 괭이밥과(Oxalidaceae) 식물과 같이 복엽을 가진 식물에서 흔히 보이는 구근 모양의 조직이다(그림 19-18; 19-19). 그것은 엽병(일차 엽침, *primary pulvinus*), 엽(이차 엽침, *secondary pulvinus*), 소엽(삼차 엽침, *teritiary pulvinus*)의 기부에서 발생한다. 엽침은 크고 얇은 세포벽을 가진 많은 운동 세포(motor cell)를 포함하고 있는데, 그것은 팽압의 가역적인 변화에 의해 잎의 위치를 바꾼다.

수면 운동

수면 운동(nyctinastic, 그리스 어; nyctos=밤, natos=닫힘의 합성어)은 낮과 밤에 따라 위치가 변화하는 잎에서 확실히 알 수 있다. 전형적으로 잎과 소엽은 낮 동안에는 수평 위치(즉, 잎이 펴진 자세)로 열려 있고 밤에는 보다 수직 방향(닫힘 자세)으로 접혀 있다. 보통 콩과식물의 첫번째 잎에서 특히 강한 수면 운동이 나타나며 또한 *Coleus* 식물과, 정원 및 실내의 식물에서도 볼 수 있다. 이런 수면 운동에 관한 관찰의 역사는 고대 그리스의 Pliny의 기록까지 거슬러 올라간다. 스웨덴의 식물학자 C. Linnaeus(1775)는 수면 운동(nyctinastic movement)을 기술하기 위해 '식물의 수면(plant sleep)' 이라는 용어를 만들어 냈고, 이것은 일반적으로 오늘날까지 이용되고 있다(Sweeny, 1987).

수면 운동은 다윈을 포함한 18, 19세기의 여러 식물학자들에 의해 연구되었다. 그러나, 그 과정은 이중의 복엽(compound leave)을 지닌 콩과식물의 한 종인 *Samanea saman*에서 Ruth Satter와 그녀의 동료들에 의해 가장 광범위하게 연구되었다(그림 19-18). *Samanea*에서 쌍을 이룬 소복엽(pinna)과 소엽(pinnule)들은 그것들이 서로 접혀서 닫혀 있는 동안에는 분리된다. 또한 *Samanea*에서 쌍을 이룬 기관은 아래쪽으로 접히나(basipetally), 미모사(*Minosa pudica*)와 자귀나무(*Albizzia julibrissin*) 같은 다른 종에서는 소엽 쌍이 위쪽으로 접힌다(acropetal). 미모사, 비단나무 및 *Samanea*의 이중 복엽은 모두 3개의 엽침을 가지고 있지만, 단엽을 가진 콩은 단지 2개만을 갖는다. 일반적으로 가장 빠르고 또한 극적인 변화가 나타나는 것이 2차 엽침이며, 그래서 그것이 가장 광범위하게 연구되었다. 그것들은 또한 비교적 커서(*Samanea*의 경우에 직경 2~3 mm, 길이가 4~7 mm) 그 굴곡 변화를 육안으로 쉽게 볼 수 있다.

모든 경성 반응은 엽침내에서의 가역적인 팽압 변화에 좌우된다. 전형적으로 엽침은 원통형 모양으로서 중앙에는 뚜렷한 관다발 중심이 있는데, 이는 위쪽과 아래쪽으로 굽는 작용을 용이하게 해준다(그림 19-19(A)). 이 관다발에는 후벽 조직에 의해 둘러싸인 물관과 체관이 있다. 그 관다발 조직은 엽침 내부에서 직선형으로 배열되어 있으며, 아마도 엽침의 유연성을 촉진하는 것 같다. 관다발 중심의 바깥에는 10~20층의 유조직 세포를 함유하고 있는 피층으로 구성되어 있다. 이 피층의 바깥쪽 세포들은 얇고 탄력성 있는 벽을 가지며 운동이 일어나는 동안 크기와 모양이 크게 변하는 것으로 보인다. 이 세포들은 **운동 세포**라고 부른다. 운동 세포의 크기와 형태의 변화가 바로 잎 운동의 원인이 된다.

엽침의 바깥쪽 면(adaxial side)과 안쪽(abaxial) 면은 각각 **신장 지역**(extensor)과 **수축 지역**(flexor)으로 알려져 있다(그림 19-19(B)). 신장 지역에서, 세포들은 팽압을 얻어 소엽이 열리고 팽압을 잃게 되면 닫히게 된다. 수축 지역에서는, 팽압이 감소하여 열리게 되고 증가하게 되면 닫힌다. 엽침 조직에서 신장 지역과 수축 지역의 상대적 위치는 서로 반대가 되며, 이것들에 의해 잎은 상향적으로 혹은 하향적으로 닫히게 된다. 그러므로, 신장 지역의 운동 세포가 팽창하고 수축 지역의 운동 세포가 수축되면 엽침이 곧게 되어 소엽은 열리거나 혹은 서로 떨어져 펼쳐진다.

경성 운동은 청색광, 생리적 활성형의 피토크롬 및 내재적인 리듬 등에 민감하다. 비록 신호 인지 메커니즘과 그들 세 가지 자극이 어떻게 상호 작용하는가에 대해 알려져 있지 않지만, 자극 수용체와 자극 반응계(운동 세포)가 엽침 조직내에서 기껏해야 몇 개의 세포 사이를 둔 채로 같이 존재한다는 것은 분명하다. 피토크롬이 잎의 수면 운동을 조절하는 내재적 시계를 조정할 수 있다는 사실이 알려져 있다. 피토크롬과 내부 리듬에 관한 주제는 다음 장에서 논의될 것이다.

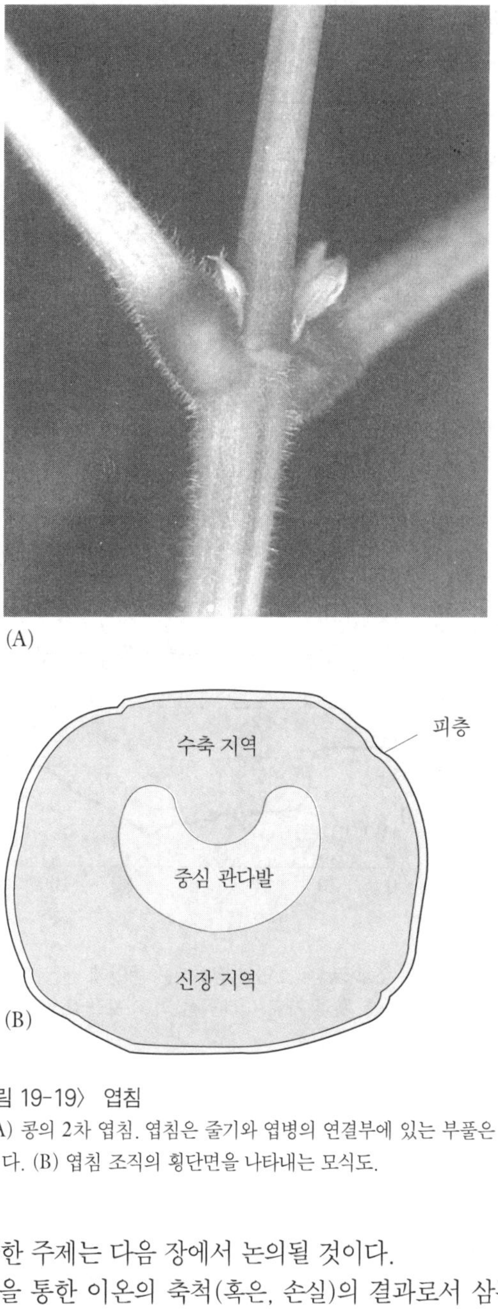

〈그림 19-19〉 엽침

(A) 콩의 2차 엽침. 엽침은 줄기와 엽병의 연결부에 있는 부풀은 지역이다. (B) 엽침 조직의 횡단면을 나타내는 모식도.

자극의 본질에 관계없이, 운동 세포의 부피 변화는 세포막을 통한 이온의 축척(혹은, 손실)의 결과로서 삼투적인 물의 흡수(또는, 손실)에 기인한다. 어떤 이온이 교환되는가, 그것들은 어떻게 이동되는가, 그리고 이온 이동을 위해 작용하는 힘은 무엇인가? 이런 물음들에 대한 해결이 조직화학적 및 방사화학적 방법과 X-선 분석과 결부된 주사 전자현미경 관찰 등을 포함하는 다양한 기술에 의해 이루어지고 있다. 이제까지 연구된 모든 수면 운동성 식물내의 잎 운동은 엽침의 신장 지역과 수축 지역 사이에서 일어나는 대량의 칼륨 이온(K^+)의 재분포와 연관되어 있는 것으로 알려지고 있다(그림 19-20). 팽창된 신장 지역 세포에서는 원형질내 높은 K^+ 농도가 존재하고 세포벽과 세포 밖에서는 K^+이온 농도가 낮게 나타난다. 콩에서 삼투압 변화의 30%는 K^+ 이동으로 설명할 수 있다. K^+ 이온의 이동으로 증가된 양전하는 일차적으로 염소 이온(Cl^-)이나 말산(malate)과 구연산(citrate)과 같은 작은 유기 음이온에 의해 중화된다.

운동 세포와 세포질 밖 아포플라스트 사이에서의 K^+ 교환은 원형질막에 있는 통로를 통해 이루어진다. *Samanea*의 운동 세포에서 분리한 원형질체를 이용한 조각-고정 실험에 의하면 막의 극성이 K^+의 유입과 유출을 조절한다고 한다. K^+이 이동하는 동안, 운동 세포의 원형질막 사이에는 pH 기울기가 형성된다. 예를 들어, 콩 잎이 위로 움직이는 동안에 신장 지역의 운동 세포는 팽창하고 신장 지역 아포플라스트의 pH는 감소를 한다. 양성자의 방출은 막에 있는 ATPase 양성자 펌프에 의해서 이루어지는 것이 거의 확실하다. H^+과 K^+ 사이의 양적 관계는 아직 조사되지 않았지만, 양성자 방출은 K^+의 흡수를 일으키는 데 필요한 전기 화학적 기울기를 아마도 형성할 수 있을 것이다.

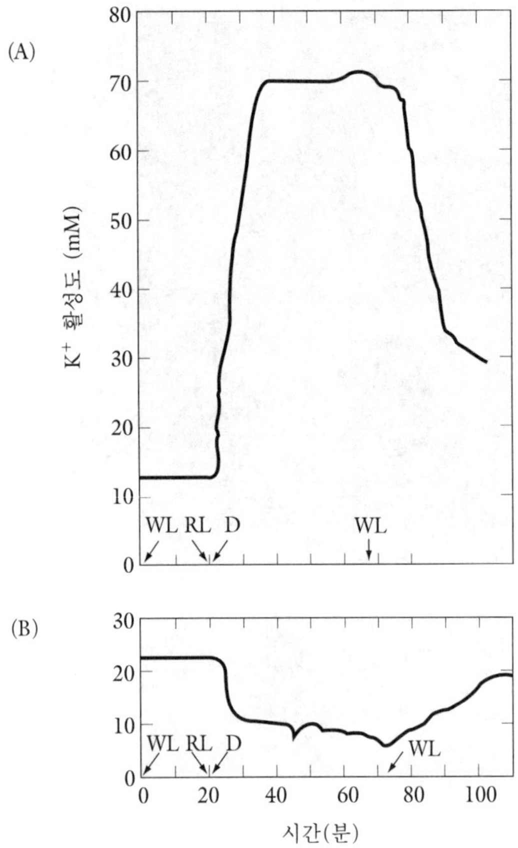

〈그림 19-20〉 *Samanea* 소엽이 닫혀지는 동안에 신장 지역 세포(윗곡선)와 수축 지역 세포(아래곡선)의 아포플라스트에서의 K^+ 활성도

K^+ 통로와 H^+-펌프의 두드러진 역할이 운동세포 움직임에 대한 최근의 단순한 모델에 도입되었다(Statter and Galston, 1981 ; Morse et al., 1990). 이 모델이 〈그림 19-21〉에서 제시되고 있다. 이 모델에 의하면, 빛신호는 피토크롬(혹은 크립토크롬)을 활성화시키고, 이것은 이노시톨 인지질(inositol phospholipid)의 회전율을 촉진시킨다. 최근 실험에서는, *Samanea* 식물에서 엽침이 열리는 것을 자극하는 빛이 또한 phosphatidylinositol 4,5-bisphosphate(PIP_2)의 함량 수준을 감소시키고, 2차 신호전달자인 inositol 1,4,5-triphosphate(IP_3)의 수준을 증가시키는 것으로 나타났다(Morse et al., 1990). 또한 일시적인 **diacylglycerol**(DAG)의 증가도 있었다. 이런 변화는 동물체에서 보통 발견되는 것과 비교시 질적으로는 유사하나 양적으로는 적다. 그러나, 이 분석은 운동 세포는 물론 관다발, 후벽 조직 및 표피 조직을 포함하는 전체 엽침을 다루었다.

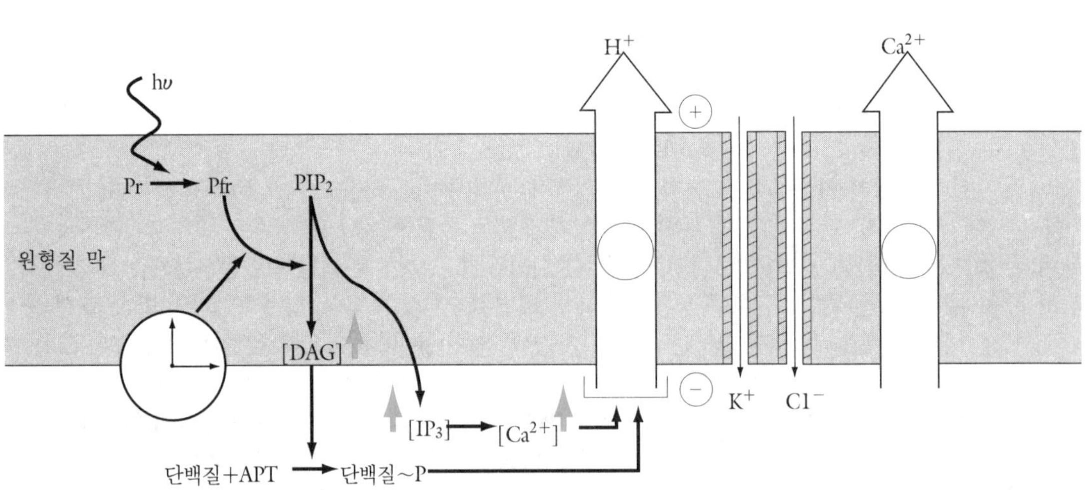

〈그림 19-21〉 수면 운동 식물의 잎 운동에서 피토크롬, 생체시계, 그리고 inositol triphosphate 시스템 사이의 상호 작용에 관한 모델

그러므로 만약 보다 작은 대상이 되는 운동 세포 집단만을 다룬다면, 그 변화는 상당히 클 것이다. 만약 이노시톨 인지질(inositol phospholipid) 대사가 동물에서와 같이 식물에서도 작용을 하면, DAG는 특정 단백질을 인산화하기 위해 단백질 키나아제를 활성화시킬 것으로 예상된다. IP_3는 비록 세포내 그 위치가 알려져 있지 않지만, 유리 칼슘의 방출을 촉진할 것이다. 인산화된 단백질과 유리 칼슘의 일시적인 증가는 양성자 펌프를 활성화시켜서 양성자 방출을 촉진한다. 이 결과로 생긴 전기 화학적 기울기는 K^+과 다른 이온의 흡수를 촉진하고, 이렇게 흡수된 이온은 다시 삼투적인 물의 흡수와 운동 세포의 팽창을 촉진하게 된다. 칼슘 이온을 방출하는 칼슘 펌프의 존재는 칼슘 이온의 항상성 회복을 도와주게 된다.

그렇지만 이 모델의 많은 세부 사항, 특히 식물에서 이노시톨 인지질 회로의 기능이 해결되어야 할 문제로 남아 있다. 여전히, 식물 세포는 실제 필요한 모든 요소를 포함하고 있는 것으로 알려져 있으며 이 모델은 아직까지 엽침에서 관찰된 사실과 일치하고 있다. 앞으로 커다란 진전이 예상되며, 특히 동물 세포의 전기생리학적 연구의 중요한 수단인 patch-clamp 기술이 지금은 식물 세포 원형질체에도 적용될 수 있게 되었다(5장 참조). 이러한 'state-of-the-art technique' 은 대략 1984년 이래로 식물 세포만을 위해 사용되어 왔으나, 이미 이것은 이온 통로 연구에 있어 그 유용성이 입증되었다.

감진성

엽침을 가지고 있으면서 경성 운동을 보이는 일부의 콩과식물들은 또한 기계적 자극에 대해 반응을 나타낸다. 이 현상이 감진성(seismonasty)으로 알려져 있다. 감진성 식물들이 접촉 자극에 반응하기 때문에, 때때로 그 것들은 감촉성(thigmonastic) 식물이라고도 한다. 그러나 감진성 식물들은 진동 혹은 바람, 떨어지는 물방울, 절단에 의한 상처와 강한 열이나 불을 포함한 광범위하고도 다양한 자극에 반응한다.

감진성 식물들 중 가장 잘 알려진 예가 열대성 관목인 미모사(*Mimosa pudica*)이다(그림 19-22). 그러한 반응이 생존에 유리한지는 분명하지 않다. 누군가 이런 식물들은 건조한 곳이나 건조한 바람에 노출되는 나지에서 자라기 때문에, 잎이 접혀지는 현상이 수분의 손실을 막게 해주는 수단이 될 수 있음을 제안했다. 또 다른 사람은 그것이 큰 초식 동물이나 곤충으로부터의 방어 수단임을 의미한다고 제안했다. 그러나 한 가지 분명한 사실은, 이 반응이 매우 빠르다는 것이다. 엽침이 직접적으로 자극받을 때에는, 1초 이내에 굽혀지는 반응이 시작된다.

물론, 감진성 식물에서 궁극적인 반응인 잎 운동은 수면 운동처럼 엽침내 운동 세포의 움직임이 관련되고 있다. 그러나, 감진성 반응에는 세 가지 중요한 특징이 있는데, 그것들은 신호 전달의 초기 단계에서 중요한 역할을 한다. 이것들 중 첫번째는 반응의 신속성이다. 둘째는 감진성은 '실무율의 법칙(all or none principle)' 을 따른다는 것이다. 자극의 강도와 반응 크기 사이의 관계가 분명하지 않다. 세번째는 흥분 상태가 자극이 가해진 지점으로부터 다른 곳으로 전달된다는 것이다. 이런 특징들은 동물의 신경 전달과 비슷하여서, 식물도 활동 전위의 변화 형태로 자극을 전달하는 것으로 예상할 수 있도록 하였다. 게다가, 실제로 미모사 식물의 어떤 부위가 자극을 받고 엽침 쪽으로 그 자극을 전기적 파동 형태로서 전달할 수 있다는 것이 확증했다(Fromm and Eschrich, 1990). 비록 식물은 신경 조직을 갖고 있지 않지만, 체관이 신호 전달을 위한 도관으로서의 기능을 수행할 수 있는 것으로 보인다. 엽병의 자극은 빠른 탈분극을 일으키고 약 2cm s^{-1}의 속도로 체관을 따라 하향적으로 전달된다. 체판(sieve plate)을 통하여 원형질이 연속되는 특징을 보이는 체관의 독특한 구조는 전기 신호 전달에 적합한 것으로 보인다. 활동 전위(action potential)의 출현 양상이 양성자의 신속한 흡수와 관련이 있는데, 이 사실은 양성자가 탈분극에 관여한다는 것을 암시하는 것이다. Fromm와 Eschrich는, 활동 전위가 엽침에 도달하면 그로 인해 K^+과 당류가 아포플라스트로 빠르게 옮겨지게 된다고 믿었다. 뒤이어서 물이 빠져 나옴에 따라 운동 세포의 부피가 줄어들게 된다.

다른 연구자들은, 미모사와 다른 식물 종의 체관액에서 분리해낸 물질을 줄기의 절단부 끝에 바르면 미모사 엽침의 접힘이 촉진되는 것을 발견했다. 이 활성 물질은 갈산(gallic acid)의 glycosylated 유도체(4-0-(β-D-

〈그림 19-22〉 소엽이 펼쳐져 열린 상태(왼쪽)와 닫혀진 상태(오른쪽)에 있는 감진성 식물인 미모사(*Mimosa pudica*)
오른쪽에 있는 식물은 연필을 가지고 줄기를 짧게 두드린 자극을 준 후 약 10초 만에 촬영한 것이다.

gluco-pyranosyl-6′-sulphate))로서 확인되었다. 'Turgorin'이라 불리는 이 물질이 수면 운동을 보이는 14종의 고등 식물로부터 분리되었다. Schildknecht와 Meir-Augenstein(1990)은 turgorin이 동물의 신경 전달 물질인 아세틸콜린과 유사한 방식으로 활동 전위를 일으킬 것이라고 제안했다.

제 20 장

시간의 측정 : 광주기성과 리듬 현상

식물이 시간을 측정할 수 있다는 것을 비전문가가 믿기에는 정말로 어려운 사실이나 여러 식물 행동 분야들이 그러한 시간 측정 개념 말고는 설명될 수가 없다. 다양한 식물 종들이 일년 중 어느 특정 시기에 일제히 꽃을 피운다는 점이 바로 그 한 예가 된다. 장미는 항상 여름철에 꽃이 피며, 국화는 가을에 꽃을 피운다. 실제로 일부 식물의 개화는 매년 예측할 수 있어서, 정원사는 수세기 동안 계절의 흐름을 정확하게 나타내는 꽃 달력(floral calendar)으로서 꽃을 그들의 정원에 가꾸어 왔다. 지구의 북반구에서, 다년생 식물은 눈(bud)의 휴면을 유도하기 위한 신호로서 가을철의 짧은 낮의 길이를 감지하는데, 그로 인하여 겨울철과 같은 불리한 환경을 맞이할 준비를 한다. 앞으로 다가오는 계절에 대한 가장 확실한 지침을 주는 것은 바로 낮의 길이며, 낮 길이(daylength)를 측정하는 생물의 능력을 **광주기성**(photoperiodism)이라고 한다. 그러나, 광주기성은 **생체시계**(biological clock)로서 알려진 보다 더 근본적인 시간 측정 메커니즘이 겉으로 나타낸 것 중의 하나일 뿐이며, 이것은 잎의 수면 운동의 일주기(daily) 리듬성에서 보여지고 있다.

이 장에서 우리는 아래의 내용을 조사할 것이다.

- 단일 식물, 장일 식물 및 또 다른 반응을 하는 식물 사이에서의 차이점을 포함한 광주기성; 암주기(dark period)의 중심적인 역할; 광주기 인식 과정의 본질; 그리고 이해하기 어려운 개화 호르몬에 관한 논의
- 내부 생체시계에 의한 생물학적 과정의 시간 조절
- 모래시계 가설과 생체시계의 기능을 포함하고 있는 광주기성에서의 시간 측정
- 춘화 처리 — 일년생 및 이년생 식물에서 개화를 위한 저온 요구성
- 자연계에서 광주기성의 중요성에 관한 간단한 논의

광주기성

광주기성 연구는 식물이 영양 생장 상태에서 꽃피는 상태로 전환되는 현상에 초점을 맞추어 왔는데, 이것은 식물의 일생 중에서 가장 극적이며 또한 신비스러운 사건 중의 하나이다. 광주기성은 괴경의 발달, 낙엽 및 휴면 현상과 같은 식물 발달의 여러 분야에 영향을 끼치나 가장 관심을 끄는 것은 개화에 대한 것이다.

비록 위도에 따른 낮 길이(daylength)의 변이가 식물의 분포에 영향을 준다는 것이 오래 전에 제시되었지만, 최초의 계획적인 실험은 1912년에 프랑스 과학자에 의해 수행되었다. J. Tournois는 홉 식물(*Humulus*)과 대마(*Cannabis*) 둘 모두가 온실에서 겨울철에 일찍 꽃을 피우는 것을 발견하였다. Tournois는 환경 조건으로서 온도, 습도, 그리고 빛 세기를 줄이고 나서, 1914년에 낮 길이의 단축 혹은 밤 기간의 연장이 일찍 꽃피는 현상에 관련이 있음을 주장하였다. 불행히도, 일차 세계 대전으로 인해 Tournois는 계속 살지 못하고 그의 실험은 끝이

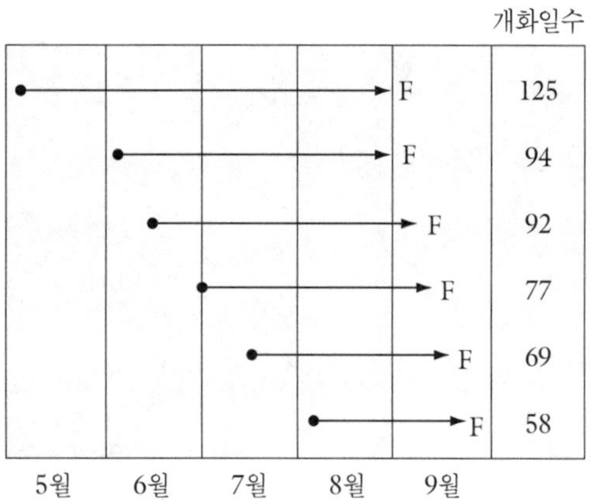

〈그림 20-1〉 9월 콩
3개월에 걸쳐 파종된 콩(*Glycine max*, cv. Biloxi) 모두가 3주 이내인 9월에 꽃을 피웠다.

났다. 동시에, H. Klebs는 돌나물과의 식물인 *Sempervivum funkii*를 연구하고 있었다. *Sempervivum*은 겨울철 온실에서 영양 생장하는 로제트(rosette)형으로서 자란다. 인조 빛을 이용하여 정상적인 낮 길이를 유지해 줌으로써, Klebs는 줄기 신장을 촉진시키고 개화를 유도할 수 있었다. 그의 실험으로부터, Klebs는 낮의 길이가 자연계에서 개화를 시작하게 한다고 하였다. 그러나, 그 후에 W. W. Garner와 H. A. Allard가 개화에 대한 낮 길이의 자세한 효과를 입증하였으며, **광주기성**(photoperiodism)이라는 용어를 처음 만들었다.

거대 담배와 9월의 콩

W. W. Garner와 H. A. Allard는 워싱톤 D.C. 근처에 있는 미국 농무성 소속의 과학자들이다. 그들 연구의 최초 핵심 내용은 Maryland Mammoth라고 불리는 담배(*Nicotiana tabacum*)의 돌연변이 품종이었다. 야외에서, Maryland Mammoth 식물은 커다란 잎을 가진 채로 매우 키가 크게 자랐다. 이런 특성은 명백히 그 당시(1920년대 초)에 담배 산업에 커다란 이점이 되었으나, 이 식물은 그 지역 위도에서 정상적인 생육 기간 동안에 꽃을 피우지 못한다는 사실에 의하여 육종 노력이 좌절되었다. 그러나, 온실에서는 매우 작은 식물조차도 겨울과 이른 봄에 꽃을 피운다. 이것으로 보아 분명하게 개화는 단순히 식물의 나이 문제만은 아니었다. Garner와 Allard에게 또 다른 관심거리가 되는 문제는 콩(*Glycine max*)에서의 개화에 관한 것이었다. Biloxi 품종의 씨가 5월에서 8월 사이의 3개월에 걸쳐 파종되었을 때, 모든 식물은 3주 안에 즉, 9월에 개화되었다(그림 20-1). 가장 늦게 파종된 식물이 개화하는 데 단지 58일 걸린 반면에 가장 먼저 파종된 식물은 125일이 소요되었다. 그래서 다시 한 번, 모든 식물은 나이에 관계없이 꽃을 피우기 위해서는 어떤 신호를 단순히 기다리고 있는 것으로 생각되었다.

Tournois처럼 Garner와 Allard는 '개화 신호' 로서 환경 조건(영양, 온도, 그리고 빛 세기)의 다양한 변인들을 하나씩 제거하여(일부는 비의도적으로), 최종적으로 개화는 상대적인 낮과 밤의 길이에 의해 조절된다는 결론에 이르게 되었다. 미리 정해진 시간에 차고와 같은 어두운 빌딩 안과 밖에서 조잡하지만 효과적인 식물 화분대를 이용하여, Garner와 Allard는 여러 다른 식물 종들의 개화 특성에 관한 기록을 낮 길이 관점에서 기술하였다(Garner and Allard 1920, 1923). 그들은 철새의 이동도 역시 낮 길이가 중요한 열쇠가 될 것임을 제안하였는데, 이것은 현재 잘 기록되어진 사실이다. 우리는 지금에 와서, 광주기 조절이 개화 현상에만 국한된 것이 아니라, 많은 식물과 동물의 행동 분야에 있어서도 기본적인 조절 요소임을 알게 되었다.

광주기 반응 유형

광주기 반응은 일반적으로 세 가지 기본적인 종류가 있는데, 그 중에서 처음 두 가지가 가장 흔하게 연구되었다. 바로 그것들은 **단일 식물**(short-day plant, SD plant), **장일 식물**(long-day plant, LD plant)과, **중일 식물**(day-netral plant, DNP)이다(표 20-1, 그림 20-2). 단일 식물은 24시간 주기내에서 낮의 길이(daylength)가 어떤 특정 시간(임계광기)보다 짧아졌을 때에만 개화하는 식물이다. 장일 식물은 낮의 길이가 특정 시간보다 길어졌을 때 꽃을 피우는 식물이며, 반면에 중일 식물은 낮 길이에 관계없이 꽃을 피운다. 장일 식물과 단일 식물 부류내에서는 또한 **절대적**(obligate; qualitative) **조건**과 **임의적**(facultative; quantitative) **조건**이 있다. 꽃을 피우기 위해서는 특정한 광주기를 절대적으로 요구하는 식물을 **절대적 광주기형**이라 한다. 그 예가 흔한 도꼬마리

(*Xanthium strumarium*) 식물인데, 이것은 *절대적인 단일 식물*이다. 이는 도꼬마리가 만약 알맞은 짧은 광기를 받지 못한다면 절대로 개화하지 않는다는 것을 의미한다. 그와 반대로, 밀(*Triticum* sp.)이나 호밀(*Secale cereale*)과 같은 대부분의 봄 곡류는 임의적인 장일 식물이다. 비록 봄 곡류가 연속적인 단일 조건하에 있어서도 꽃을 피우지만, 그 개화 현상은 장일 조건하에서는 더욱 극적으로 촉진된다. 그러나, 어떤 특정 식물이나 품종에서는 절대적인 반응과 임의적인 반응이 항상 엄정하게 지켜지는 것은 아니다. 광주기 요구는 온도와 같은 외적 조건에 의해서 때때로 변화된다. 예를 들면 어떤 식물은 어느 한 특정 온도에서는 절대적인 광주기형을 보이나, 다른 온도에서는 임의적인 광주기형을 보인다.

이들 세 가지 기본적인 부류 이외에도 일부 조합을 이루면서 단일과 장일 조건에 반응하거나, 혹은 그 반응이 온도와 같은 일부 환경 조건에 의해 변화되는 여러 종류의 다른 반응 예가 있다(Salisbury, 1963; Vince-Prue, 1975). 예를 들면 *Bryophyllum* 속에 있는 여러 식물 종들은 **장일-단일-식물**(long-short-day plant, LSD plant)로서, 그것들은 일정한 날수의 단일 조건에 앞서 특정 기간 동안의 장일 조건을 받아야만 꽃을 피우게 된다. **단일-장일-식물**(short-long-day plant, SLD plant)인 흰 클로버(*Trifolium repens*)는 그 반대의 경우이다. 겨울 곡류와 같은 일부 식물은 광주기에 반응을 하기 전에 저온 처리가 필요하며, 반면에 다른 것들은 어느 온도에서는 절대적인 광주기성이 되며 또 다른 온도에서는 임의적인 광주기성이 된다. 약간의 식물은 고도로 특수화된 조건을 요구한다. 예를 들면 **중간일장 식물**(intermediate-daylength plant)은 단일과 장일 사이의 중간에 해당하는 낮 길이(daylength)에만 반응하여 개화하며, 낮 길이가 너무 길거나 또는 너무 짧으면 영양 생장 단계로 계속 남아 있게 된다. **양쪽성 광주기성**(amphophotoperiodism)으로 불리는 또 다른 형태의 반응 유형이 *Madia elegans*(tarweed) 식물에서 나타난다. 이 경우 개화는 중간적인 낮 길이(12 내지 14시간) 조건에서는 지연되나, 8시간 낮 길이 아니면 18시간 낮 길이 조건하에서는 신속하게 개화가 이루어진다.

〈표 20-1〉 중요한 광주기성 반응 유형을 나타내는 대표적인 식물

단일 식물	
Chenopodium rubrum	붉은 명아주
Chrysanthemum sp.	국화
Cosmos sulphureus	노랑 코스모스
Euphorbia pulcherrima	포인세티아
Glycine max	콩(soybean)
Nicotiana tabacum	담배(Maryland Mammoth)
Perilla crispa	자주 perilla
Pharbitis nil	나팔꽃
Xanthium strumarium	도꼬마리
장일 식물	
Anethum graveolens	딜(dill)
Beta vulgaris	근대
Hyoscyamus niger	검은 사리풀
Lolium sp.	호밀
Raphanus sativus	무
Secale cereale	봄호밀
Sinapis alba	흰겨자
Spinacea oleracea	시금치
Triticum aestivum	봄밀
중일 식물	
Cucumis sativus	오이
Gomphrena globosa	글로베 아마란스
Helianthus annuus	해바라기
Phaseolus vulgarus	덩굴 강낭콩
Pisum sativum	완두콩
Zea mays	옥수수

세 가지 기본적인 반응 유형 외에도 많은 수의 식물에서 나타나는 여러 가지 교묘한 변이가 있다. 그런 예는 이 책에서는 제시하지 못하지만, Salisbury(1963)와 Thomas and Vince-Prue(1997)가 그것들에 관해 알려진 광주기성 특성과 함께 방대한 목록을 제공해 주고 있다. 그러나, 식물에서 광주기성 생리에 대하여 알려진 것의 대부분은 비교적 소수의 단일 식물과 장일 식물에서 얻어진 것이다.

임계 낮 길이

단일 식물과 장일 식물 사이의 차이점이 낮 길이에 절대적인 기준을 두지 않는다는 것을 이해할 필요가 있다. 예를 들면 도꼬마리와 검은 사리풀(*Hyosccyamus niger*) 모두는 하루 중 12시간에서 15시간의 낮 길이를 가질

〈그림 20-2〉 단일 식물(나팔꽃)과 장일 식물(사리풀)이 각각 단일 조건과 장일 조건에 대한 개화 반응

단일 조건에서 나팔꽃과 장일 조건에서의 사리풀이 현저하게 꽃을 피우는 것(화살표)을 주목해 보아라. 또한 사리풀이 단일 조건에서는 로제트형 상태로서 남아 있는 것을 주목해 보아라. 두 광주기 조건하에 있는 각 종의 식물은 같은 나이를 가진 식물이다.

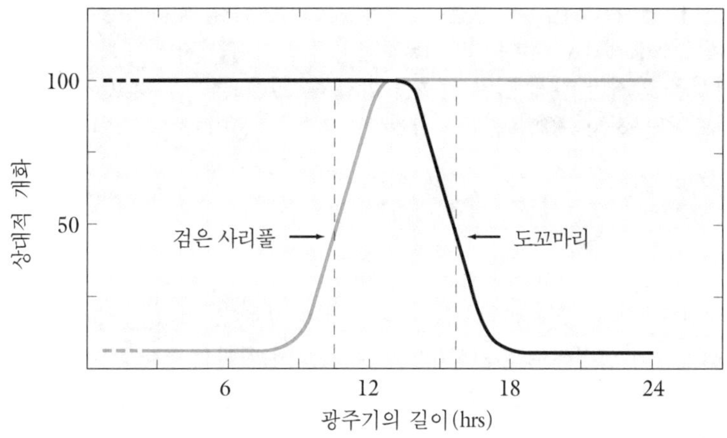

〈그림 20-3〉 단일 식물인 도꼬마리(*Xanthium strumarium*) 집단과 장일 식물인 검은 사리풀(*Hyoscyamus niger*)에서 임계 낮 길이의 개념을 보여주는 설명도

임계 낮 길이는 수직 점선으로 표시되고 있다. 도꼬마리는 낮 길이가 그 식물의 임계 낮 길이보다 짧을 때 개화하고 검은 사리풀은 낮 길이가 그것의 임계 낮 길이보다 더 길 때 개화함을 주목해 보라.

때 개화한다는 것을 생각해 보자(그림 20-3). 그렇지만 도꼬마리는 단일 식물로 분류되고 있고 검은 사리풀은 장일 식물로 간주되고 있다. 식물이 단일 식물 혹은 장일 식물 중 어느 것으로 결정되는가 하는 것은 상대적으로 임계 낮 길이(critical daylength)에 대한 그 식물들의 행동에 좌우된다. 낮 길이가 어떤 최대 임계치보다 짧을 때 꽃피는 식물을 단일 식물이라고 한다. 반면에 최대 임계값보다 낮 길이가 길어야만 개화하는 식물을 장일 식물이라고 한다. 그래서, 단일 식물인 도꼬마리의 임계 낮 길이는 15.5시간이 되며, 이것은 이 식물이 하루 중의 낮 길이가 15.5시간이 안 될 때는 언제나 꽃을 피우게 된다는 사실을 의미한다.

장일 식물인 사리풀의 임계 낮 길이는 11시간이며, 이 식물은 하루 중의 낮 길이가 그 값을 초과하게 될 때에 꽃을 피우게 된다. 명백히, 어떤 추가적인 정보 없이 단순히 식물이 개화하는 조건하에 있는 실제의 낮 길이가 그 식물의 반응 유형을 나타내는 것은 아니다. 이런 관찰에 따른 자연적인 추론은, 비록 단일 식물이 봄과 가을에 개화하는 경향이 있고 그리고 장일 식물이 한여름에 꽃을 피우는 경향이 있을지라도, 단일 식물 혹은 장일 식물로서의 분류가 반드시 식물이 개화하는 시절을 나타내는 것만은 아니라는 사실이다.

광주기성 유도

많은 식물들이 성공적으로 꽃을 피우기 위해서는 적어도 꽃 원기(floral primordia)가 발달할 때까지는 어느 정도 연속적으로 적절한 광주기에 노출되어야 한다. 그러나 일부 다른 식물들은, 일단 한번이라도 적당한 광주기에 노출되었을 경우, 그 식물이 적절하지 못한 광주기로 되돌아간다 하더라도 꽃을 피우게 된다. 그런 식물들을 우리는 개화에 **유도된** 것이라 부르며 이 때의 적절한 광주기 처리를 **개화 유도** 처리라고 한다. 유도 현상은, 비록 그 비밀이 풀리지 않고 있지만, 유도된 상태의 생리적 성질에 대한 흥미 있는 질문을 일으킨다. 분명히 생리적 변화는 유도된 식물에서 일어났을 것이며, 이런 변화는, 비록 꽃이 피게 되는 줄기 정단에서 해부학적 및 형태학적 변화가 명백하지 않더라도, 지속될 것이다. 이 유도 현상은 실험적으로도 유용하게 이용될 수 있다. 도꼬마리가 광주기 연구에 넓게 사용되는 이유 중의 하나는 장일 조건으로 복귀시킨 식물에서조차도 단 한 번의 단일 주기 처리로서 비가역적으로 개화를 유도할 수 있다는 점이다. 이처럼 유도에 대한 극단적인 민감성이 흔하지는 않으나, 다른 단일 식물 즉, 나팔꽃(*Pharbitis nil*), 개구리밥(*Lemna purpusilla*) 및 붉은 명아주(*Chenopodium rubrum*)와 장일 식물인 딜(dill ; *Anethum graveolens*)과 호밀(*Lolim temulentum*)에서 보고되었다.

유도 현상은 실무율을 따르는 과정이 아니며, 어느 정도 점진적으로 이루어질 수 있다. 비록 도꼬마리가 단 한 번의 유도 주기에 반응을 하지만, 꽃 원기의 발생은 만약 여러 주기가 주어지면 보다 신속하게 그리고 보다 많이 이루어지게 된다. 그러나 다른 식물들은 비유도 광주기 간섭을 받음에도 불구하고 유도 광주기의 총합으로, 즉 단편적인 유도 현상을 나타낸다. 예를 들면, *Plantago lanceolata*는 개화를 유도하기 위해 보통 대략 25일간의 장일(long day)의 역치 값을 필요로 한다. 단지 10일간의 장일이 주어진 식물은 영양 생장형 상태로 남아 있게 되나, 10일간의 장일과 10일 동안의 단일(short day) 후에 다시 15일간의 장일이 주어지면 개화가 유도된다. 이 식물은 중간에 단일 조건에 의해 간섭을 받지만 전체 장일 날수를 합칠 수 있는 능력을 갖고 있는 것이다. 중간에 비유도 광주기 기간이 있음에도 불구하고 30일까지는 합칠 수 있는 식물이 보고되었다(Vince-Prue, 1975).

암기의 중심적 역할

Garner와 Allard는 그들의 최초 출판물에서, 식물은 낮과 밤의 상대적인 길이에 반응을 한다고 제안하였다. *빛*(*light*)과 *지속*(*duration*)이라는 뜻의 그리스어가 합성된 광주기성(photoperiodism)이라는 용어는, 식물이 낮 길이의 지속 시간을 측정한다는 것을 함축하고 있기 때문에 오해하기 쉬울 것으로 판명된다. 실제로, 식물은 낮과 밤의 상대적인 길이를 측정하는 것도 아니고, 광주기(photoperiod)의 길이를 측정하는 것도 아니다. 식물은 암주기(dark period)의 길이를 측정한다. 이것은 1938년에 K. C. Hamner와 J. Bonner의 실험에 의하여 정교하게 입증되었다(그림 20-4). 24시간의 명암 주기하에서, 도꼬마리는 8.5시간 이상의 암주기에서는 개화하였으나, 16시간의 빛과 8시간의 암주기에서는 영양생장 상태로 남아 있었다(그림 20-4(A), (B)). 4시간 빛과 8시간 암주기의 경우에서, 식물은 4시간의 광주기가 15.5시간의 임계 광주기보다 훨씬 짧았음에도 불구하고 영양 생장형을 유지하였다(그림 20-4(C)). 그와는 달리, 16시간 빛과 32시간의 암주기는 비록 광주기가 임계 낮 길이를 초과하였지만 신속하게 개화를 유도하였다(그림 20-4(D)).

위와 같은 결과는 두 가지 결론을 이끌어 냈다. 첫째, 낮과 밤의 상대적인 길이가 광주기성을 결정하는 요소가 아니라는 사실이다. 왜냐하면, 낮과 밤의 비율이 〈그림 20-4〉에서 (B), (C) 및 (D)의 경우 모두 같은데 그 결과는 다르기 때문이다. 둘째, 중요한 것은 암주기의 길이라는 점이다. 이들 실험에서 일치하는 사실은, 도꼬마리 식물이 암주기가 8.5시간을 초과할 때는 언제나 꽃을 피우며, 암주기가 8.5시간보다 적을 때는 언제나 영양 기관으로 남아 있다는 것이다. Hamner와 Bonner는 짧은 순간의 빛을 쪼여 암주기를 방해함으로써, 암주기의 중요성을 확인하였다(그림 20-4 (E)~(H)). 9시간-암주기의 개화 효과는 암주기를 짧은 순간의 빛 처리에 의해 교란시킴으로써 무효화될 수 있다(그림 20-4(G)). 그러나 긴 광주기가 짧은 암주기에 의하여 간섭받는 경우에는 아무 효과가 없다(그림 20-4(H)). 장일 식물을 가지고 행한 실험도 비슷한 결과를 얻었는데, 장일 식물은 일부 최대 임계치보다 더 짧은 암주기를 요구한다. 장일 식물에서, 비유도성의 긴 암주기의 중간에 짧은 순간의 빛 처리는 암주기를 최대치보다 더 단축시켜 개화가 일어나도록 한다. 바로 이 점에서 광주기성이 낮 길이 그 자체에 별로 관계가 없다는 사실이 분명해진 것이다. 오히려, 광주기성은 명암 기간의 타이밍과 지속성에 대한 반응이다(Hillman, 1962 참조). 그래서, 단일 식물의 임계 낮 길이는 실제로 충분한 기간의 암주기를 포함하는 정상적인 24시간 주기내에서의 최대 일장을 나타내는 것이다. 장일 식물의 경우 긴

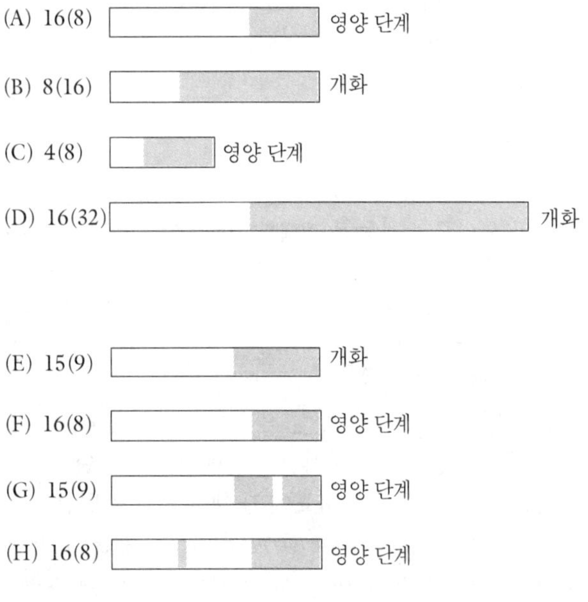

〈그림 20-4〉 단일 식물인 도꼬마리(*Xanthium strumarium*)에서 암주기의 중심적 역할

광주기 영역이 표시되고 있다. 괄호 안에 있는 숫자는 암주기의 기간을 나타낸다. 식물이 암주기가 9시간 또는 그 이상 동안 방해받지 않을 때에만 꽃을 피운다는 사실에 주목해 보아라.

암주기는 억제 효과를 지니며, 임계 낮 길이는 개화하기에 충분하도록 짧은 암주기를 유지하는 24시간 주기 안에서 최대가 된다.

짧은 순간 빛 처리(light-break)시의 빛의 세기는 매우 높을 필요는 없다. 도꼬마리 식물에서는 1 촉광 정도의 낮은 빛으로 1분 정도 비춰주어도 개화가 억제된다. 심지어 밝은 달빛도 일부 단일 식물의 개화를 지연시키는데 충분할 수 있다. 이런 사실로 인하여 잎의 수면 운동과 개화 조절 사이에서의 한 가지 가능성이 있으면서 흥미 있는 관계가 발생하게 된다. 적어도 일부 식물의 경우에서 잎의 수면 운동은 잎을 식물체에 들어오는 달빛과 평행하게 재배치하도록 도와주어서 시간-감지 메커니즘에 그것의 영향을 감소시키는 것이 있을 수 있다는 것이다.

광주기 신호의 인지

식물의 어느 기관이 광주기 신호를 인지하는 것일까? 물론 영양 생장으로부터 생식 생장으로의 실제적인 변화는 분열 조직 부위에서 일어나는데 — 이것은 줄기 정단에서 시작하여 나중에는 곁눈에서도 나타난다. 그러나 예상과는 달리, 광주기 신호는 줄기 정단이 아니라 잎에서 인지된다. 이 사실은 다양한 방법으로 입증되었다. 초기 실험의 일부는 러시아 생리학자인 M. Chailakhyan에 의해 이루어졌다. 그는 단일 식물인 국화가, 잎이 제거된 줄기 정단이 계속해서 장일 조건에 있는 반면에 잎 부분은 단일 조건에 노출되었을 경우에 개화가 일어남을 보고하였다. 이 조건이 반대로 되었을 때, 즉 잎이 제거된 줄기 상단이 단일 조건에 있고 잎 부분이 장일 조건에 노출되었을 때는 그 식물이 영양 생장을 유지하고 있었다(그림 20-5).

비록 이 실험에서 식물은 아직 곁눈을 지니고 있었지만, 곁눈이 제거되는 경우 개화 현상이 성공적으로 유도되었다. 나중의 실험에서, 한 개의 잎을 제외하고 모든 잎이 제거된 *Perilla*와 도꼬마리 같은 식물들도 남아 있는 잎이 적절한 광주기를 받게 된다면, 개화가 유도될 수 있음이 알려졌다. J. A. D. Zeevaart는 개화가 유도된 식물로부터 잎이 분리된 다음, 그 잎이 개화가 유도되지 않은 식물에 접목되면, 이 때 그 잎은 비유도 식물에서 개화

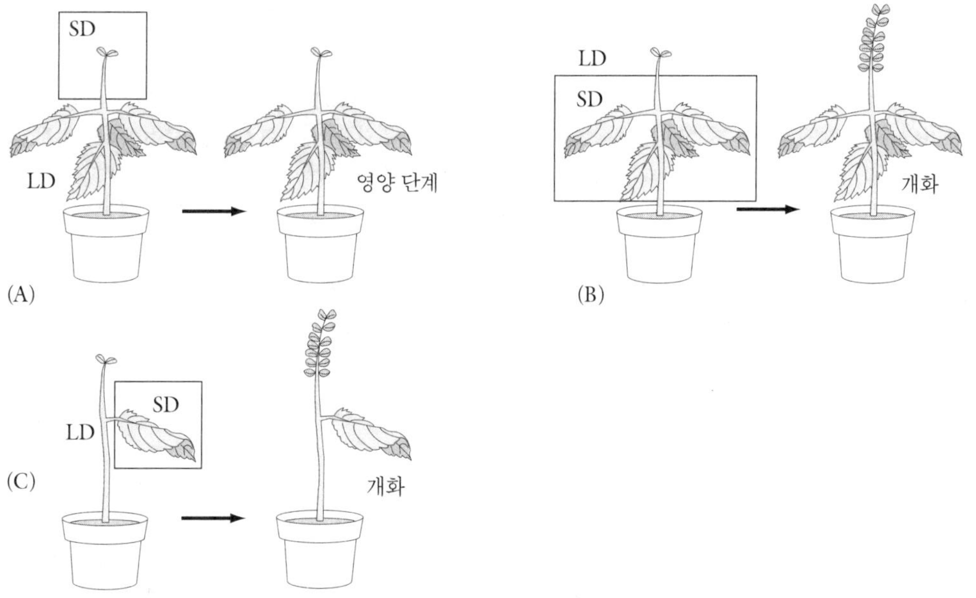

〈그림 20-5〉 단일 식물인 *Perilla*에서 광주기 자극을 인지하는 데 있어서의 잎의 역할
(A) 줄기 정단이 단일 조건을 제공하기 위해서 덮혀 씌워진 반면에 잎은 장일 조건하에 노출되었을 때 식물은 영양 생장을 한다.
(B) 잎이 단일 조건에 놓여지고, 그러나 분열 조직은 장일 조건에 남아 있을 때에는 식물은 꽃을 피운다.
(C) 단지 한 개의 잎이 단일 조건에 있을 때도 개화 현상은 일어난다.

반응을 이끌어낸다는 사실을 보여주었다(Zeevaart, 1958). 끝으로 Zeevaart는 개화를 유도하기 위해서 잎이 식물에 꼭 달라붙어 있어야 할 필요는 없다는 것을 또한 입증하였다. 단일 식물인 *Perilla*의 분리된 잎이 단일 조건에 노출되고 난 후 다시 개화가 유도되지 않은 식물에 접목되었을 때, 잎을 접목받은 식물은 심지어 장일 조건하에 남아 있을 때조차도 꽃을 피웠다.

이러한 잎의 감수성은 나이에 따라 다양하다. 국화, *Perilla*, 그리고 콩에서 활짝 펴진 가장 어린 잎이 가장 민감함이 보고되었다. 가장 감수성이 큰 잎만 제외하고 모든 잎이 제거된 도꼬마리를 이용한 실험에서, 최대 감수성은 잎의 크기가 마지막 최대 크기의 절반에 해당할 즈음에 나타나는데, 이 시기는 잎의 확장이 급격하게 일어나는 때이다. 이런 관찰 결과 두 가지의 결론이 나오게 되었다. 첫째, 잎은 광주기 신호를 인지하는 데 있어 독립적이라는 점, 둘째, 잎은 광주기 신호 정보를 줄기 정단으로 전달하는 신호사슬 반응을 시작하게 한다는 것이다.

피토크롬의 역할

만약 잎이 광주기 자극을 받아들인다면, 그 경우 잎은 시간을 측정할 수 있어야만 한다. 어떻게 잎이 시간을 측정하는지는 분명하지 않으나, 우리는 피토크롬이 관련되어 있을 것이라는 점을 알고 있다. 이것은 또 다른 분야로서, 이 경우에 빛이 일으키는 현상이 특히 유용함이 입증되어 왔다. 광주기성이 암주기의 길이에 대한 반응이긴 하지만, 암주기의 길이는 광주기 사이의 시간 측정에 의해 정의됨을 배웠다. 달리 말해서, 암주기의 길이는 빛이 사라지는 신호와 빛이 들어오는 신호를 측정함에 의해 결정된다. 도꼬마리와 같은 단일 식물의 경우에, 개화 유도성의 긴 암주기 중간에 짧은 순간의 빛 처리는 시간 측정 과정을 방해하는, 때아닌 '빛-켜짐' 신호로서 해석된다. 짧은 순간의 빛 처리는 유용한데, 왜냐하면 그것은 약한 빛 세기로 짧게 비춰주는 것과 함께 효과적이며 한 개의 유도된 잎에 적용할 수가 있다. 그래서 짧은 순간의 빛 처리는 작용 스펙트럼을 측정함으로써 광주기성과 관련된 색소의 본질을 탐구하기 위한 기회를 제공해 주고 있다.

1940년대 후반에 여러 단일 식물과 장일 식물에 관한 초기의 작용 스펙트럼은, 660 nm 근처의 적색광이 '짧은 순간의 빛 처리(light-break)'로서 가장 효과적이었음을 보여주었다. 그리고 나서, 종자 발아에 있어 광가역성(photoreversibility)이 입증된 거의 같은 시기에 H. A. Borthwick와 그 동료들은 도꼬마리 식물에서 적색광에 의한 개화 억제 현상이 근적외광에 의해 반전되는 것을 보고하였다(Borthwick et al., 1952). 이러한 적색광, 근적외광의 광가역성은 명백히 광주기 시간 측정 과정에서 피토크롬의 관련을 나타내는 것이다. 피토크롬의 역할은 이 시점에서 아직 명확하지 않지만, 피토크롬 돌연변이 애기장대 식물을 이용한 최근의 연구에 근거할 때, PHYA가 어떤 특정한 조건하에서 장단일 식물의 개화를 촉진하기 위해 요구된다는 것이 제안되었다(Coupland, 1997). 이와는 달리 PHYB는 개화를 억제하는 것으로 보인다. 그러나 피토크롬은 완전한 해답이 되지 못하였는데, 그 이유는 다른 자료에 의하면 피토크롬은 또한 내부 생체시계에 관계한다는 것이다. 이런 이유로 생체시계에 관해 조금 더 논의한 후에 이 장의 나중 부분에서 광주기성에서의 시간 측정에 관한 논의를 다시 할 것이다.

빛 요구성과 개화 호르몬

광주기의 인지가 잎에서 일어나며 개화는 분열 조직에서 나타난다는 단순한 관찰 결과에 의하면, 개화 자극이 두 개의 서로 떨어진 기관 사이에서 전달되어져야만 한다는 사실이 논리적으로 요구된다. 분열 조직 발달에 대한 그 자극의 심대한 영향 때문에, 이 개화 자극은 일반적으로 그 본질상 호르몬일 것으로 추정된다.

비록 단일 식물이 한 번의 긴 암주기에 반응해서 꽃을 피운다 할지라도, 가장 효과적인 것은 광주기에 앞서 개화 유도 암주기가 먼저 선행되어야 한다는 것이다. 전처리 성격의 명암 요구성의 기능은 아직 명확하지 않은데, 그 이유는 이 요구성이 식물 종과 실험 조건에 좌우되면서 현저하게 달라지기 때문이다. 한 번의 유도 암주기로 최대 개화를 위해서, 도꼬마리는 8시간 내지 12시간의 빛을 필요로 한다. 나팔꽃은 적어도 6시간의 빛을 요구한다. *Kalanchoe*와 같은 다른 식물에서는, 하루에 몇 초간의 빛 조사만으로도 개화를 유도하기에 충분하였다. 보다 긴 광주기가 필요한 경우는, 광합성 산물이 암주기 동안에 시작되는 어떤 과정에 요구되고 있기 때문일 것이다. 매우 짧은 순간의 빛이 효과적일 경우는, 분명히 광합성 작용이 관련되지는 않을 것이며, 이런 빛 요구성에 대해 다른 설명을 찾아보아야 할 것이다.

많은 경우에서, 개화 유도 암주기 후에 또한 높은 광량이 중요하다는 사실이 입증되었다. Carr(1957)는 유도(postinductive) 후 광기(light period)가 광합성 산물의 흐름을 만들어, 이로 인해 잎에서 빠져나온 개화 자극의 이동을 증진시킨다고 제안하였다. 그러나, 일부의 결과는 이동 효과로서 쉽게 설명이 되지 않았다. 또한 개화 자극이, 만약 암주기가 너무 길어지면 잎에서 파괴되거나 혹은 불활성화된다는 것을 암시하는 증거들도 있다. 결론적으로, Salisbury(1963)는 빛이 잎에서 개화 자극을 안정화시키거나 혹은 불활성화를 막는 데에 필요하다고 제안하였다. 실제로 대부분의 자료는 Vince-Prue(1975)가 제안했던 것처럼, 이 두 가지의 견해가 합쳐진 형태를 지지하고 있으며, 유도 후 빛 요구성의 효과는 잎에 있는 불활성화 장소로부터 개화 자극을 빠르게 벗어나게끔 이동시키는 데 있는 것 같다.

1936년에 러시아의 식물생리학자인 M. Chailakhyan이 최초로 개화 자극이 호르몬일 것라고 제시하였고, 이것의 이름을 플로리겐(florigen)이라 하였다(Chailakhyan, 1968). 불행히도, 플로리겐을 분리하고 동정하려는 많은 시도가 성공을 거두지 못하였기 때문에, 개화 호르몬의 존재에 관한 대부분의 증거는 생리적 실험 결과에 의존하는 간접적인 것이었다.

그 후 Chailakhyan과 많은 연구자들은 개화 자극이 접목을 통해서 전달될 수 있음을 밝혔다. 여러 개체의 도꼬마리 식물이 차례로 연속해서 접목되었을 때, 만약 한 개체가 단일 조건에 의해 개화가 유도된다면 모든 개체들이 꽃을 피울 수 있게 된다(그림 20-6). 단일 식물인 담배와 장일 식물인 검은 사리풀(*Hyoscyamus niger*)과 같이, 동일 과(family)에 속하는 구성원들 사이에 그리고 Solanaceae 과에서도 상대적으로 쉽게 접붙일 수가 있다. 그러한 동반자 관계에서, 검은 사리풀은 만약 담배가 단일 조건하에 놓여진다면 그 사리풀은 단일 조건에서 개화를 하게 되며, 만약 담배가 장일 조건하에 있게 되면 개화하지 않게 된다. 거꾸로, 담배가 장일 조건에 놓여 있는 검은 사리풀에 접붙여졌을 때에는 그 담배가 장일 조건하에서 꽃을 피운다.

일부 초기 실험에서, 플로리겐은 옥신처럼 살아있지 않은 세포 사이의 연결을 통해서 전달될 수 있다고 제안되었으나, 이것은 사실이 아님이 입증되었다. 해부학적 연구를 포함하여 보다 조심스러운 실험에 의하면, 자극의 전달은 단지 조직 연합(tissue union)이 확립되었을 때에만 일어난다는 것이다. 결론적으로, 많은 성공적인 식물의 종간(interspecific) 그리고 속간(intergeneric) 접붙이기는 위에서 언급한 담배와 검은 사리풀의 결과와 비슷한 결과를 얻었다. 이런 결과로 인해 최종 광주기 유도 산물은 서로 다른 광주기성을 갖는 식물 종류내에서도 생리적으로 같은 활성을 지니며, 이것은 아마도 중일 식물의 개화 자극과 동일한 것으로 간주되고 있다.

다른 식물 호르몬들의 일반적인 성질을 생각해 보았을 때, 똑같은 개화 자극이 모든 광주기성 식물에 작용한다는 것은 놀랄만한 일이 아니다. 그러나, 해결되지 않은 중요한 질문이 남아 있는데, 그것은 이 개화 호르몬의 화학적 정체에 관한 것이다. 이 질문에 대한 한 가지 접근법은, 비유도된 식물에 개화를 일으키는 추출물을 꽃피는 식물로부터 얻어내는 것이다. 그리고 나서 계속 그 추출물을 분류하여 활성 물질을 동정해 내는

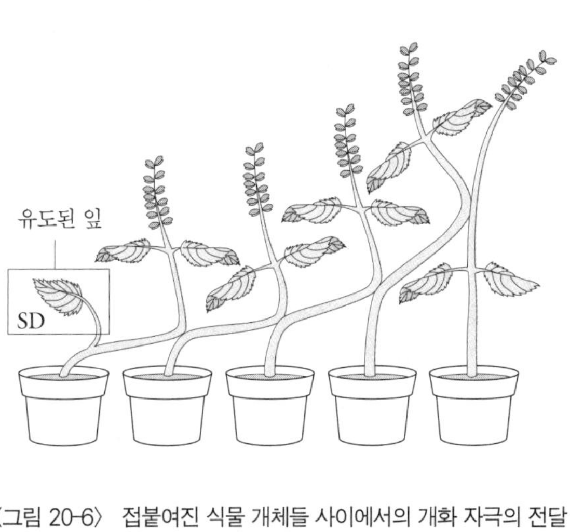

〈그림 20-6〉 접붙여진 식물 개체들 사이에서의 개화 자극의 전달
여러 식물이 서로 접근되어 접붙여졌으며, 그리고 마지막 개체가 꽃 피우도록 유도되었다. 이 때 모든 식물이 개화를 하였는데, 이것은 개화 자극이 한 개의 유도된 잎으로부터 모든 식물로 전달되었음을 나타내는 것이다.

것이다. 불행히도, 여러 시도가 있었지만, 극히 제한적인 결과만을 얻었을 뿐이다. 현재까지 가장 성공적인 시도 중의 하나는, Lincoln 등(1961)이 냉동 건조된 도꼬마리 식물에서 얻은 메타놀 추출 물질을 장일 조건에 놓여진 또 다른 살아 있는 도꼬마리 식물의 잎에 처리하였을 때 약한 개화 반응을 일으킨 것이었다. 다른 시도들은 거의 성공하지 못하였으며 어떤 실험도 재현성 있는 결과를 얻지 못하였다.

플로리겐을 동정하려는 또 다른 시도는 이미 알려진 식물 호르몬에 초점을 두고 있었는데, 그 중 여러 호르몬은 다양한 식물 종에서 개화 행동을 변화시키는 것으로 알려졌다. 옥신, 시토키닌, 그리고 에틸렌 등은 여러 식물에서 개화를 촉진하거나 혹은 억제하는 것으로 보고되었다. 일반적으로, 이들 호르몬은 고농도가 요구된다는 것이며, 그 결과는 흔히 그렇게 극적이지 못하며 결정적인 평가 수단으로서 늘 간주되지 않는다는 것이다. 한 가지 명심할 사실은 외부에서 가한 호르몬이, 특히 고농도의 경우, 자주 비정상 상태를 일으킨다는 것이다. 개화에 대한 이들 호르몬의 많은 효과들은 극도로 간접적이다.

여러 종류의 식물 호르몬 중에서, 단지 지베렐린만이 다양한 식물 종에서 일관성 있게 개화를 유도한다고 알려져 있다. Lang(1957)은 희석된 지베렐린 용액(기본적으로 GA_3를 포함하는)을 반복해서 일년생 장일 식물인 사리풀, *Salmolus parviflorus* 및 끈끈이대나물(*Silene armeria*) 등의 정단에 처리하면, 이들 식물이 단일 조건에 있을 때에도 개화 반응이 유도됨을 보고하였다. 이 사실은 지베렐린이 플로리겐과 같은 것임을 의미하는가? 이 질문에 대한 답은 명백히 부정적이다. 우선, 지베렐린 처리에 대한 반응으로 개화 현상이 출현하는 것은 거의 전적으로 장일 식물에만 국한되는데, 이 식물들은 보통 단일 조건하에서 로제트형으로 자란다. 이것은 일년생 장일 식물과 개화하기 전에 저온 처리를 요구하는(춘화처리, 21장) 이년생 식물을 포함하고 있다. 예를 들면, 당근, 배추 및 이년생 검은 사리풀 등은 첫해의 생육 계절 동안 로제트형으로 자라며 영양 생장형으로 남아 있게 된다. 그런 다음, 분열 조직이 겨울의 저온 환경에 놓이게 된다. 이듬해 봄에, 줄기는 급속한 마디사이 신장을 하게 되고 식물은 장일 조건에 반응하여 꽃을 피우게 된다. 장일 조건에 놓여 있지만 어떠한 저온 처리도 없을 경우, 외부에서 가해진 지베렐린은 줄기 신장과 개화를 촉진한다. 그래서 지베렐린은 이년생 식물에서 저온 처리를 대신할 수 있거나, 혹은 일년생 장일 식물의 긴 장일 요구성을 대신할 수 있을 것으로 생각된다. 그러나, 지베렐린은 장일 조건에 놓여 있는 대부분의 단일 식물(예, 도꼬마리 혹은 Biloxi 콩)에서는 개화를 유도하지 못한다. 일부의 장일 식물 또한 지베렐린에 대해 반응하지 않는 것 같으나 이것은 주로 지베렐린에 대한 다양한 감수성 때문인 것으로 보인다. 예를 들면, Grand Rapid 상추(*Lactuca sativa*)는 GA_1과 GA_3에 반응을 하나, GA_2와 GA_4에는 반응하지 않는다. 대부분의 초기 실험은 극히 일부의 지베렐린 종류, 주로 GA_3를 가지고 수행하였다. 이들 일부 실험을 보다 많은 종류의 지베렐린을 가지고 다시 반복해서 실험한다면, 긍정적인 반응 결과들이 나올 확률이 클 것이다.

단일 조건에 있는 로제트형 식물에 가해진 지베렐린의 중요한 효과는 정단 분열 조직 바로 아래 지역에 있는 세포의 분열을 촉진하는데, 이것은 난쟁이 품종의 줄기와 기타 다른 신장 중인 줄기에서 많이 보인다. 또한 내재성 지베렐린 함량이 광주기성 유형에 관계없이 장일 조건에 놓여 있는 식물에서 높게 존재한다는 사실이 발견되었다. 줄기 신장과 개화 현상은, 심지어 이년생 식물에서조차도, 식물의 발달 사건과는 독립적이라는 것에 주목해 보아야 한다. 지베렐린의 작용이 특별히 개화 유도 그 자체보다는 줄기 신장에 더 관련되어 있을 가능성이 높다(Zeevaart, 1984).

한 가지 흥미 있는 가설이, 아직 결정적으로 시험되지는 않았지만, Chailakhyan에 의해서 제기되었다. Chailakhyan은 개화가 지베렐린과 가상의 물질인 안테신(anthesin)이라는 두 가지 호르몬의 조절을 받는다고 제안하였다. 지베렐린은 단일 식물에서 개화를 촉진하지 않기 때문에, 그는 단일 식물이 충분한 지베렐린을 가지고는 있으나 안테신이 결핍되어 있다고 제안하였다. 안테신의 합성은 단일 조건에 의해 촉진된다. 장일 식물은, 그와는 달리, 충분한 안테신을 가지고 있으나 지베렐린 함량은 충분하지 않다. 그래서 지베렐린 합성이 장일 조건에 의해 촉진된다고 한다. 따라서, 중일 식물은 낮 길이에 관계없이 개화를 하는데, 왜냐하면 그것들은 충분한 수준의 두 호르몬을 합성할 수 있기 때문이다.

온도와 광주기성

온도는 여러 방법으로 광주기성 시간 측정에 영향을 끼칠 수가 있다. 어떤 경우에, 개화 반응은 단순히 특정 온도에서 증진되는 데 반해, 다른 식물들은 고온과 저온에서 각기 다른 반응 유형을 나타낸다. 온도와 광주기 사이에서 가장 극적이고 잘 연구된 상호 작용 중의 하나는 겨울형 일년생 식물과 이년생 꽃피는 식물에서의 저온 요구성이다. 그 두 경우에서, 저온 처리가 없을 경우 개화가 지연되거나 억제된다.

춘화처리(vernalization)라는 용어는 개화를 서두르기 위해서 낮은 온도 처리를 사용하는 것을 말한다. 발아중인 어린 식물, 특히 겨울형 곡류의 저온 처리에 최초로 사용하였지만, 이 용어는 현재 광범위하게 해석되어 목본 다년생 식물과 이년생 식물의 저온 요구성 등의 개념도 포함하고 있다. 춘화처리가 개화 행동과 관련되기 때문에, 우리는 여기서 특별히 춘화처리를 다루고자 한다. 저온 현상으로서의 춘화처리는 21장에서 보다 자세히 논의할 것이다.

겨울 곡류는 통상적으로 단 한 번의 생육 기간 동안에 꽃을 피우지 않으나, 그 이듬해에 꽃을 피우고 작물을 수확하기 위해서는 가을에 심어져야 한다. 봄 곡류는 그것들이 심겨진 같은 해에 꽃을 피우고 낟알을 생산해야 한다. 겨울 곡류에서 춘화처리에 관해 전반적으로 잘 연구된 것 중의 하나는, 영국에서 F. G. Gregory와 O. N. Purvis 그리고 그 동료들에 의해 수행되었다. 봄 호밀(*Secale cereale* var. Petkus)은 전형적인 임의적 장일 식물이며, 장일 조건하에서 7번째 잎이 만들어진 후에 꽃이 피기 시작한다. 그러나, 단일 조건하에서는 적어도 22번째 잎이 만들어지기 전까지는 꽃이 피지 않는다. 정상적인 온도(18℃를 말함)에서 발아되고 생장한 겨울형은 장일 식물이 아니며, 광주기와 관계없이 22번 잎이 발생한 후에만 개화를 한다. 그러나, 만약 발아된 겨울형 어린 식물이 수주일 동안 저온처리(약 1℃)에 놓여지면, 그 식물은 봄 호밀처럼 장일 조건에 반응하여 일찍 개화한다. 비슷한 반응 유형이 이년생 식물인 검은 사리풀에서도 발견되었다. 일년생 사리풀은 단일 조건에서 로제트 습성으로 자라는 전형적인 장일 식물이나, 장일 조건하에서는 줄기 신장이 확장되고(추대, bolting) 꽃을 피우게 된다. 이년생 사리풀은 장일 식물로서 추대현상이 일어나고 개화를 하기 위해 저온 요구를 한다는 점에서 일년생 사리풀과 차이를 보인다. 겨울 곡류들이 임의적인 춘화처리 요구성을 갖고 있는 반면에, 사리풀은 강제적인 혹은 절대적인 요구를 한다는 점을 주목해야 한다.

비록 춘화처리가 장일 광주기성 요구에 흔히 연관되어 있지만, 또 다른 결합의 경우도 알려져 있다. 일부 중일 식물은 저온 요구성을 보이고 있으나, 일단 저온 요구성이 만족되면, 개화는 광주기에 관계없이 진행된다. 단일 식물인 국화의 여러 변종들은 춘화처리를 요구한다. 풍경초(*Campanula medium*) 역시 장일 조건하에서 로제트형으로 자라는 단일 식물이다. 줄기의 신장과 개화는 단일 혹은 저온처리에 의해 유도된다. 지베렐린은 춘화처리가 가능한 장일 식물(21장 참조)에서 보통 저온처리를 대신할 수 있으며, 많은 다른 장일 식물에서는 장일 조건을 대신할 수도 있다. 예외는 있지만, 지베렐린은 보통 단일 식물에서 단일 조건을 대신하지는 않는다. 그 한 예외가 풍경초인데, 이 경우 지베렐린은 장일 조건하에서는 줄기 신장을 유도하나, 개화는 유도하지 않는다. 여기서 공통의 주제는 로제트 습성을 깨뜨리기 위한 욕구가 있다는 것이다. 전체적으로 볼 때 줄기 신장과 개화 현상은, 서로 분리되어 있으나 밀접하게 연관된 그런 유전자의 조절을 받는 각각 별도의 과정이라는 견해가 가능성 있어 보인다. 어떤 경우에서도, 줄기 신장은 개화에 앞서 일어나야만 하며 지베렐린에 의해 조절받는 것은 개화 현상이 아니라 바로 줄기 신장이다.

생체 시계

수면 운동과 광주기성을 포함하는 식물 행동의 많은 분야는, 내부에 있는 시간 측정 시스템, 혹은 생체 시계에 의해 조절받는 것으로 보여지는 주기적인 진동을 나타내고 있다.

생체 시계(biological clock)에 대해 오랫동안 관찰된 바 있는 그러면서 동시에 극적으로 묘사되고 있는 한 현상은, 앞 장에서 설명한 바와 같은 24시간 주기(일주기성)를 갖는 잎의 상하 운동(수면 운동)이다. 어떻게 보면 수면 운동은 외부 조절(즉, 낮과 밤 주기로 이루어진 일주기성 변화)을 받는 것으로 생각된다. 그러나, 내재적 시간 측정기가 관련될 가능성이 최초로 프랑스 천문학자인 M. De Mairan에 의해 1792년에 제기되었다. De Mairan은 감수성이 큰 식물(*Mimosa*)에서 잎 운동이, 심지어 식물을 수일 동안 암소에 갖다 넣어도 계속된다는 것을 발견하였다. 그 이후 J. G. Zinn(1759년에)과 A. P. De Candolle(1825년에)에 의해 계속된 연구들은 De Mairan의 발견을 확인하였다(Sweeny, 1987). 호기심을 가진 채, De Candolle는 연속 광조건하에서 잎이 최대로 열리는 시간 간격은 자연 환경 조건하의 24시간보다는 오히려 22시간 혹은 23시간이었음을 발견하였다. 이 발견의 중요성이 올바르게 평가되기까지는 거의 한 세기가 걸렸다.

잎 운동에 관한 연구는 18세기 후반부를 거쳐 19세기 초까지 계속해서 식물학자와 식물생리학자에게 관심거리가 되었다. 대부분의 연구는 잎 운동이 광범위하게 출현한다는 현상과 그것들은 연속적인 광조건 혹은 연속 암조건에서도 지속된다는 것을 단순히 확인하는 것이었다. 1863년에 J. von Sachs는 잎 운동과 온도 변동과의 사이에는 상호 관계가 없음을 보고하여, 잎 운동의 원인으로서 온도 요인을 제거하였다. 실험상에서 예상되는 한 가지 어려움은, 주기적인 현상에 관한 연구가 24시간의 연속 추적을 요구한다는 점이다. 1875년에 W. Pfeffer는 잎의 위치를 자동으로 연속해서 기록하는 장치를 고안해 냈다. Pfeffer는 가는 실을 이용하여 잎을 자동 기록침(stylus)에 붙여서, 그로 인해 탄소로 코팅된 회전 드럼상에 잎의 위치를 기록하였다. 이 장치가 일부 개선되어, 오늘날까지도 때때로 사용되고 있다(그림 20-7). 그러나 현재는 잎의 위치를 기록하기 위하여 저속도 촬영술이 보다 흔하게 이용된다.

1875년부터 1915년에 이르기까지 거의 40년 동안, Pfeffer는 보통의 흔한 가든 콩 식물인 덩굴강낭콩의 잎 운동에 관한 여러 논문을 발표하였다(그림 20-8). 그는 잎 운동의 리듬을 잃어버린 식물(오랜 기간 동안 연속 광조건이나 연속 암소에 간직한 식물)이 만약 새로운 명-암 사이클 조건에 놓여지면 다시 운동을 되찾는다는 사실을 보고하였다. 만약 새 사이클이 자연 환경이 나타내는 낮-밤 사이클과 반대가 되면, 잎 운동도 또한 거꾸로 된다. Pfeffer는 연속 광조건 혹은 암조건하에서 지속적으로 나타나는 잎 운동은 '학습된' 행동이라고 결론지었다. 다른 사람들은 과거의 어떤 명-암 사이클에도 관계없이 연속적인 광조건하에서 수면 운동은 분명히 24시간 주기의 진동과 반대로 된다고 보고하였다. 끝으로 Pfeffer는 잎 운동이 내재적인 것이며 아마도 유전되는 행동일 것이라는 주장을 하였다.

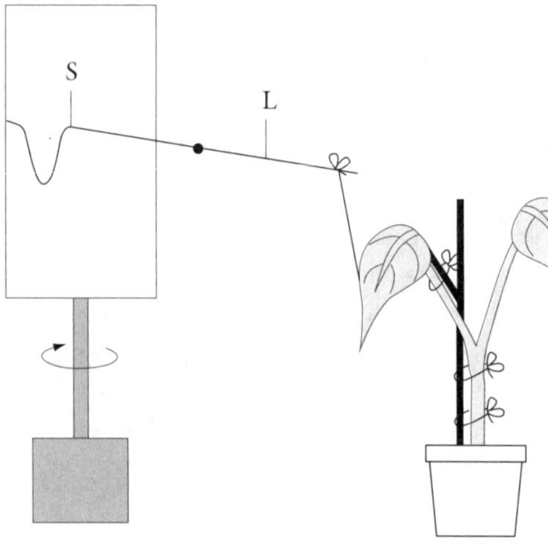

〈그림 20-7〉 잎 운동을 기록하기 위하여 Bünning과 다른 사람들이 사용한 드럼 기록장치의 원리를 보여주는 설명도
자동 기록침(S)이 정밀하게 균형을 이룬 지지대(L)에 연결되었고, 이것은 다시 잎의 주맥에 붙여진다. 잎이 그 위치를 변화시킬 때, 자동 기록침이 회전하는 드럼상에 그 추적을 그린다.

1920년대에, 빛과 온도와 같은 실험 환경 조건을 일정하게 유지시켜 주는 기술의 개선은 잎 운동을 이해하는 데 중요한 진보를 갖다 주었다. 한 가지 중요한 관찰이 독일에서 Rose Stoppel에 의해 이루어졌다. 일정 온도에서 암소에 콩을 계속 두었을 때, Stoppel은 잎이 거의 수직 방향으로 최대로 접혀지는 밤 자세(night position)가 매일 정확히 24시간을 두고 같은 시간(오전 3시와 4시 사이)에 나타난다는 것을 관찰하였다. Stoppel은 만약 어떤 환경 요소가 사실상 하루 24시간을 기준으로 해서 시계를 설정해 놓는데 작용을 한다면, 내재성 생체 시계는 그처럼 정확해질 수 있다고 생각하였다. Stoppel은 이 요소를 **X** 요소(factor X)라고 하였다.

생체 시계의 본질은 미묘한 대기 요소(atmospheric factor)가 식물에 영향을 끼치는지를 측정하도록 임무가 부여된 두 젊은 식물학자들의 연구를 통해서 최종적으로 명백해졌다. E. Bünning과 K. Stern은 Stoppel의 X 요소에 관심을 가지고 있었으며, 그들은 일정한 온도 조건을 얻기 위해서 Stern의 감자 저장소 안에 콩과 기록 장치를 설치하였다. Stoppel처럼, Bünning과 Stern은 잎이 최대로 접혀지는 밤 자세가 매 24시간마다 출현하였으나, 놀랍게도 Stoppel의 실험 경우보다 7시간 내지 8시간 늦게 나타났음을 발견하였다. Bünning과 Stern은 곧바로 이 현상이 식물에 물을 줄 때와 기록 장치를 손볼 때에 사용하였던 매우 약한 세기의 적색광 때문이라고 생각하였다. Stoppel은 아침에 일찍 자신의 실험 장소에 가서 그 진행 과정을 관찰하였으나, Bünning과 Stern은, Stern의 감자 저장소가 실험실에서 거리상으로 어느 정도 떨어져 있었기 때문에, 오후 늦게 그 실험 장소를 방문하게 되었다. 흥미롭게도, 그 당시에 중심적 이론은 적색광이 식물의 형태 발생에 아무런 효과가 없다는 것이었다. Bünning과 Stern은 그 이론이 옳지 않다고, 즉 약한 적색광조차도 명백히 잎이 최대로 젖혀지는 순간이 항상 16시간 후에 나타나도록 잎 운동을 동조시킨다고 결론을 내렸다. 실제로, 적색광이 제거되었을 때, 잎이 최대로 접혀지는 주기는 이미 24시간이 아니라 25.4시간이 되었다(그림 20-9). 바로 적색광이 X 요소인 것이었다.

(A)

(B)

〈그림 20-8〉 수면 운동
덩굴강낭콩 유식물의 제일 엽이 낮에는 수평 자세(A)를, 그리고 밤 동안에는 수직 자세(B)를 나타내고 있다.

생체 시계의 언어

시간에 대한 생체 리듬을 그래프로 표시하면 물리적 파동 현상을 닮은 반복적인 양상을 나타낸다. 결과적으로, 이런 물리적 진동을 기술하는 용어의 대부분이 생물학적 주기를 설명하는 데 이용되고 있다. 그러나, 처음에는 단순한 주기적 현상과 내재성 리듬 사이를 구별하는 것이 필요하다. 예를 들면, 광합성에 의한 탄소 흡수는 주기성을 나타내는데, 그 이유는 이것이 빛에 의해 일어나고 낮 길이는 시간상으로 주기적이기 때문이다. 그래서, 광합성은 낮 시간 동안에만 활성을 보이며 외부 요인(빛)의 변동에 의해 조절받는다는 점에서 일주기성(diurnal)이라 한다. **내재성 리듬**(endogenous rhythm)의 핵심은, 그것이 일정한 환경 조건(보통 연속 광 혹은 연속 암 환경)하에서 적어도 여러 사이클을 지속한다는 것이다. 항상 일정한 조건하에서 나타나는 리듬성을 **자유-계속**(free-running)이라 한다.

한 사이클을 완성하는 데 요구되는 시간을 **주기**(period, τ; tau)라고 한다(그림 20-10(A)). 주기란 쉽게 말해서 한 정점(peak)에서 다음 정점까지 도달하는 데 요하는 시간이나 그것은 반복되는 사이클 상에서 서로 비교가 되는 두 점에도 똑같이 적용이 된다. 일정한 리듬은 그것의 **자유-계속 주기**(free-running period)의 길이에 따라 관례적으로 분류된다. 그래서 개일(概日 ; circadian) 리듬은 대략 24시간의 주기를 갖는다(circa = about + diem = day). 콩잎의 운동은 일주기성 운동이다. 왜냐하면 그 운동 주기의 길이가 대략 25.4시간이기 때문이다. 보름달에서 다음 보름달까지의 시간, 즉 대략 28일의 길이를 **월주기성**(lunar) 리듬이라 하며, 일년 길이의 주기를 **년주기성**(annual)이라 한다. 또 흥미 있는 것은 실제적으로 24시간 이내의 주기(분 혹은 시간 단위로 측정된)

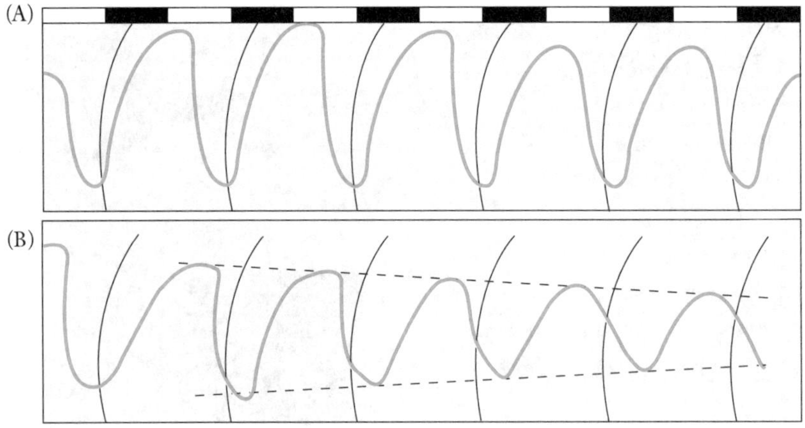

〈그림 20-9〉 덩굴강낭콩(*Phaseolus vulgaris*)의 잎 운동은 내재성 리듬을 나타내고 있다.

(A) 교대로 반복되는 낮과 밤 주기에서의 6일간의 제일 엽의 잎 자세 기록. 그림 위에 표시한 밝고 어두운 막대 표시는 각각 낮과 밤 주기를 나타내는 것이다. 수직선은 한밤중(midnight)의 시각을 나타낸다. 하나의 주기는 24시간이다. (B) 연속광 조건하에서의 자유-운행 리듬. 첫번째 주기 후에, 한 주기의 길이가 25.7시간으로 확대되었다. 이런 연속광 조건하에서 잎 자세의 변화 크기(점선)가 시간 경과에 따라 점차 감소하고 있음을 주목해 보아라.

를 지닌 대사 활동의 리듬 현상이다. 이들은 **울트라디안**(ultradian) 리듬이라 한다.

리듬상에서 최대와 최소치의 차이, 혹은 정점과 정점 사이의 차이를 **진폭 크기**(amplitude)라고 한다(A)(그림 20-10(A)). 자유-계속 개일 리듬의 진폭 크기는 시간이 경과함에 따라 감소한다. 어떤 경우에 이 진폭 크기의 감소는 장기간의 암조건하에 놓여 있게 됨으로써 저장 에너지의 감소에 기인하여 나타나는 것으로 생각되는데, 왜냐하면 그 식물에 설탕을 공급시 적어도 잠시 동안 이 크기가 유지될 수 있기 때문이다. 그러나, 그 생체 시계는 자주 끊어지는 것 같으며 리듬을 다시 시작케 하기 위해서 외부 신호가 요구된다. **상**(phase)이라는 용어는 두 가지의 약간 다른 의미를 가지지만 거의 같은 뜻으로 사용된다. 리듬 사이클 상에서 나머지 다른 부분과 그 관계가 구분되는 어느 특정 주어진 지점을 상이라 한다. 정점(예, 잎이 최대로 접혀지는 밤 위치, 최대 개화 시점)의 위치는 상 관계에서 가장 흔한 기준점(reference point)이 되는데, 왜냐하면 그것은 보통 가장 쉽게 확인될 수 있기 때문이다. 예를 들면, 〈그림 20-10(A)〉에서 두 개의 리듬이 대략 6시간에 의해 상으로 나타나고 있다. 상은 밤 단계 혹은 낮 단계와 같이, 사이클의 인위적인 부분을 표현하는 데 또한 이용된다.

내재적인 개일 리듬에 관한 논의는 두 가지의 시간틀, 즉 **태양 시간**(solar time)과 **개일 시간**(circadian time, CT)이 포함되고 있다는 점에서 때때로 복잡해진다. 태양 시간은 정상적으로 하루 24 시간을 기준으로 하고 있다. 그와는 달리 개일 시간은 자유-계속 주기에 근거를 두고 있다. 이때 한 사이클은 태양 시간 관점에서 볼 때 그 실제적인 길이에 관계없이, 24시간의 길이를 말한다. 그러므로 개일 시간에서의 매 한 시간은 자유-계속 주기의 1/24이 된다. 그래서 만약 자유-운행 주기가 30시간이면, 암소에서 각각 0시, 15시, 그리고 30시에 일어나는 사건은, 개일 시간상으로는 CT : 0, CT : 12, 그리고 CT : 24시에 일어나는 것이 된다. 개일 시간 척도는

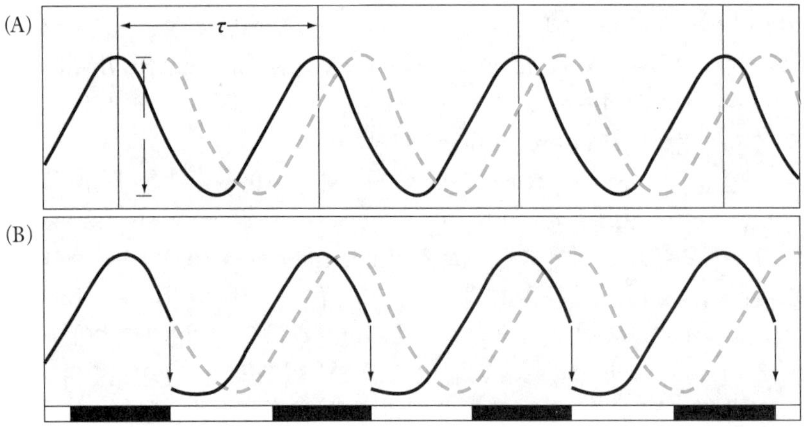

〈그림 20-10〉 개일(circadian) 진동의 예

(A) 주기(τ)와 진폭 크기(A)를 갖고 있는 두 개의 리듬. 두 리듬에서 비록 주기와 크기가 같더라도, 그 두 개는 약간 상이 다르다. (B) 자유-운행 리듬과 동조 현상(entrainment). 28시간의 주기(점선)를 지닌 자유-운행 리듬이 일주기성 빛 신호에 의해 24시간 주기로 동조되고 있다. 밝은 막대와 어두운 막대 표시는 낮과 밤 조건을 나타내는 것이다.

각 실험 사이에서의 상 관계를 평가하는 데에 혹은 서로 다른 주기를 갖는 리듬을 평가하는 데에 유용하다. 끝으로, 정상적인 낮-밤 환경 주기에서 낮에 일치하는 자유-운행 사이클의 상은 **주체적 낮**(subjective day)이라 하며, 그리고 정상적인 밤 주기에 일치하는 상은 **주체적 밤**(subjective night)이라고 한다.

콩잎의 리듬 운동은 태양의 낮-밤 사이클에 연관되어 있거나 혹은 동조되어 있다(그림 20-10(B)). 적색광 신호에 리듬이 연결되어 있을 때, Stoppel과 Buenning의 실험에서도 똑같은 연관이 분명하다. 개일 리듬이 규칙적인 외부 환경 신호에 연관되어 있는 것을 **동조**(entrainment)라고 한다. 리듬을 동조시키는 신호를 흔히 시간 수여자(*zeitgeber*)라고 한다(독일어. *zeit*＝시간＋*geben*＝주다).

개일 리듬, 온도 그리고 빛

많은 개일 리듬은 현재 여러 생물에서 기술되고 있다. 여기에는 꽃피는 식물뿐만 아니라, 단세포성 편모충류, 조류(algae), 곰팡이, 갑각류, 곤충, 그리고 사람을 포함한 포유 동물들이 포함되어 있다. 꽃피는 식물에서 알려진 리듬 종류만 해도 여러 페이지 분량에 해당된다. 〈표 20-2〉는 간추린 목록을 보여주는 것이다. 참고적으로, 보다 확대된 목록은 Sweeny(1987)에 의해 제공되었다.

만약 식물이 어떤 종류의 내부 시계를 갖고 있다면, 그것은 무엇이며 어디에 있고 어떻게 작동하는가? 불행히도, 생체 시계에 관련된 많은 양의 문헌이 있음에도 불구하고, 그 질문들에 대한 대답은 쉽게 손에 넣을 수 없다. 생체 시계의 비밀을 해명하는 데 있어 어려운 점은 여러 곳에서 나타난다. 그 중의 하나는 생체 시계가 전적으로 생체 내부에 존재하는 것으로 보이며 외부로부터의 조작에 일반적으로 예속되지 않는다는 것이다. 이것은 시계가 대부분의 실험 전략에 쉽게 따르지 않는다는 것을 의미하는 것이다. 왜냐하면, 이런 실험들은 대개 실험자가 여러 방법으로 그 시스템을 조절하고 조작할 수 있어야 함을 요구하고 있기 때문이다. 또 다른 어려운 점은, 시간 측정 메커니즘의 일부인 진동과 기본 진동자의 출력 결과에 반응하는 '시계바늘'에 해당되는 것들을 쉽게 구별해 내는 능력이 없다는 점이다.

대부분의 화학 반응과 생장 반응 및 다른 생물학적 반응들은 Q_{10} 값이 거의 2를 보이는, 온도에 대한 반응을 보이고 있다. 이것은 온도가 10℃ 증가하면 대략 반응 속도가 두 배로 증가함을 의미하는 것이다. 온도의 감소는 또한 같은 정도로 반응 속도를 감소시킨다. 대부분의 경우, 그와 같은 온도 감수성은 생물체에 의심할 여지없이 장점으로 작용한다. 그러나, 생체 시계의 정확성은, 만약 그것이 국부적인 환경에 의해 발생된 무작위적인 온도 변동에 자주 민감하게 반응하면, 심각할 정도로 변화된다. 생체 시계의 정확성이 떨어지면, 개일 리듬의 주기 길이는 상대적으로 온도에 둔감해진다. 이 전형적인 예가 콩의 잎 운동이다(Bünning, 1956). 어린 식물을 종자 시기 때부터 암소에 길렀을 때, 잎 운동은 작아지게 되고 자연 환경 주기에 동조되지 않는 경향이 있다. 단 한 번의 짧은 섬광(zeitgeber)도 잎 운동을 커지게 하고 또한 자연 주기에 동조시키게 된다. Bünning 실험에서, 동조된 운동은 15℃의 온도에서는 28.3시간의 주기를 그리고 25℃ 온도에서는 28시간의 주기를 나타낸다. 비록 이 자료가, 개일 리듬이 온도에 둔감하다는 것을 암시하는 것처럼 보이지만, 이것은 정확한 사실이 아니다. 어린 식물을 20℃에서 15℃로 옮겼을 때, 최초의 주기는 29.7시간이었다. 다시 어린 식물을 20℃에서 25℃로 이동시켰을 때는 23.7시간의 주기를 가졌다. 그러나, 이들 주기는 단지 첫번째 사이클 혹은 두번째 사이클 동안만 지속되었을 뿐이며, 그 후에는 주기가 대략 28시간으로 복귀되었다. 명백히 개일 리듬은 온도-민감성을 보이나, 일부 메커니즘은 온도 변이에 대해 재빠르게 보상을 한다. 결과적으로, 대부분의 개일 리듬의 Q_{10} 값은 거의 1이 된다(Sweeny, 1987). 진폭의 크기도 온도에 의해 영향을 받으나, **온도-보상**(temperature-compensation)은 대부분의 개일 리듬에서 분명히 주기

〈표 20-2〉 고등 식물에서의 일주기성 리듬

리듬	생물 종
수면 운동	많은 식물 종
기공 열림	바나나, 담배, 콩
줄기 생장	토마토, 명아주
CO_2 생성	난 꽃
기체 흡수	건조 양파 종자
막전위	시금치 잎
mRNA 발현	완두

에 특징적으로 나타난다.

생체 시계 혹은 내재성 리듬의 작용은, 어떤 기능이 하루 중의 어떤 특정 시간에 일어나도록 확실히 해준다. 예를 들면, 콩에서 시계의 진동은 낮 동안에는 잎을 수평으로 세우게 하고 밤 동안에는 잎을 닫게 하는 것을 결정해 준다. 내재성 리듬의 주기는 고정되어 있으나, 그것은 24시간-태양 주기보다 상대적으로 '빠르거나' 혹은 '느리거나' 한다. 더욱이 24시간-태양 주기내에서 매일 낮과 밤의 지속 시간은 계절에 따라 끊임없이 변화한다. 그렇다면, 생물체는 자신 속에 있는 변화하지 않는 내재적 주기성을 계절에 따라 변화하는 낮 길이에 어떻게 일치시킬까? 어떻게 이들 리듬의 상(phase)이 유지될까? 이에 대한 해답은 동조 현상(entrainment)에 있다. 실제로 동조 현상은, 우리가 매일 밤 알람 시계의 시간을 설정하는 것처럼 생체 시계의 진동을 하루 기준으로 해서 앞 또는 뒤로 이동시키는 수단인 셈이다. 동조 현상은 또한 실험자들에게도 유용하다. 왜냐하면, 그것을 통해 개일 리듬을 실험실에서 조작할 수 있기 때문이다.

동조 현상은 태양 주기성(solar periodicity)에만 국한되는 것은 아니다. 그 한계내에서, 리듬은 낮-밤 사이클을 24시간보다 더 짧게(18~20시간) 혹은 더 길게(30시간 혹은 그 이상) 동조될 수 있다. 극단적으로 길거나 짧은 사이클에 동조되는 일은 드물다. 그러나, 리듬이 시간상으로 앞으로 혹은 뒤로 이동되는지, 그리고 또한 얼마나 이동되는지를 연구함으로써 보다 유용한 정보가 나오게 된다. 보통 실험에서는 연속 암조건에서 이미 설정된 자유-운행 리듬 기간 동안 여러 다양한 시간에서 짧은 빛 처리(통상적으로 1 시간 혹은 그 보다 작게)를 하고 있다.

그리고 나서 뒤이어 나오는 다음 피크의 시간이 빛 처리를 주지 않은 대조구와 비교된다. 예를 들면, 붉은 명아주 유식물 집단이 다양한 길이를 갖는 암기에 단 한 번 노출되었을 때, 그들의 개화 능력은 적어도 3 사이클 동안은 리듬을 갖고 변동을 한다(그림 20-11). 이 경우에, 보통의 소등(light-off) 신호는 리듬을 이동하게 하며 점등(light-on) 신호(예, 암기의 길이)의 시간은 식물이 개화할 것인지 아닌지를 결정하게 된다. 그러나, 만약 암주기 동안에 짧은 빛 처리가 여러 다양한 시간에 주어진다면, 그 빛 처리는 시계를 재설정시키거나, 혹은 리듬의 상을 옮기게 한다. 이 결과가 〈그림 20-12〉에서 보여진 것과 같은 상 반응 곡선(phase response curve)이다. 이 곡선에 의하면, 주체적 밤 상에서 일찍 주어진 빛 처리는 대조구와 비교할 때 상대적으로 첫번째 피크(peak)와 그 다음 피크의 지연을 초래시키고 있음이 입증되고 있다. 주체적 밤 중간 지점 부근에서는, 주체적 밤 후반부에 빛 처리시 그 다음에 나타나는 피크들이 대조구에 비해 상대적으로 앞서 나오게끔 유도하는, 그러한 상도약(*phase jump*)이 존재한다. 주체적 낮 동안에 주어진 짧은 빛 처리는 상(phase) 관계에 대해 아무 효과가 없음을 유의해야 한다. 이와 비슷한 상 반응 곡선이 다양한 여러 개일 리듬에서 입증되었으며 동조현상을 설명하는 데 도움을 주고 있다. 상의 재배치(rephasing)는 적어도 리듬의 재배치를 요구하는 방식으로 완성된다는 사실이 특징으로 나타난다. 그래서 주체적 밤 초반부 동안에, 빛 처리는 명백히 지연된 소등 신호 혹은 *해질녘*으로 해석되며 내재성 리듬의 상은 그에 따라서 조정을 받게 된다. 빛 신호가 나중에 도달할 때에는, 그 지연은 빛 신호가 이른 점등 신호, 혹은 해뜰 새벽녘으로서 해석되는 순간까지 증가될 것이다. 이런 연유로 해서 리듬이 앞서 진행케 된다. 이런 방식으로 상-변화는 리듬을 각 지역의 태양 주기의 시간에 동

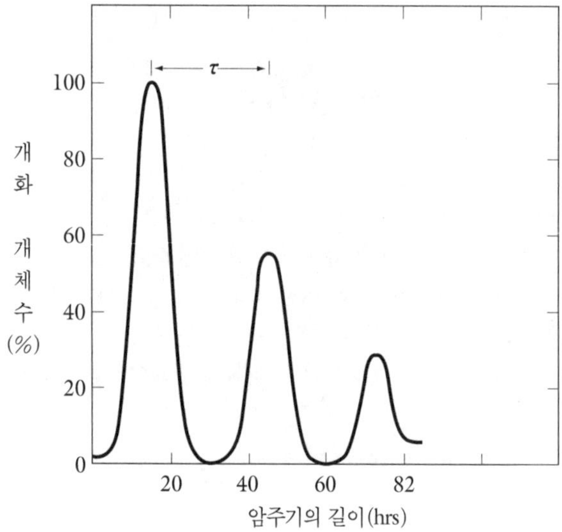

〈그림 20-11〉 단일 식물인 붉은 명아주에서 개화는 단 한 번의 암주기(dark period) 길이에 리듬있게 반응을 한다.

붉은 명아주의 유식물 집단은 그림에서 표시된 것과 같이 다양한 길이를 갖는 암기에 단 한 번 노출되었다. 자유-운행 주기성(τ)은 대략 30 시간이다. 진폭 크기는 시간 경과에 따라 감소하는데, 그 이유는 유식물들이 길어진 암 기간 동안 탄소원 공급이 고갈되기 때문이다. 그러나, 진폭 크기는 포도당을 유식물에 공급해 줌으로써 유지시킬 수 있다.

조시키거나 혹은 일정하게 조정한다.

비슷한 상 반응 곡선이 곤충의 탈피 현상, 쌍편모조류인 *Gonyaulax*의 생물 발광 현상, 그리고 고등 식물에서의 개화와 CO_2 방출 등과 같은 여러 다른 현상에서도 적용될 수 있다는 관찰 결과는, 유사한 생체 시계가 다양한 생물에서 비록 그 메커니즘은 다를지라도 존재한다는 사실을 나타낸다.

비록 빛이 개일 리듬을 재설정하는 데 있어서 명백한 역할을 하지만, 여기에 관련된 광수용체는 모든 생물에 있어서 같은 것은 아니다. *Gonyaulax*, 원생동물인 *Paramecium*, 곰팡이 그리고 곤충 등에서 보이는 리듬의 작용 스펙트럼은 모두 청색광 지역에서 커다란 피크를 나타내고 있는데, 이 사실은 청색광 수용체인 플라보 단백질이 관련되어 있음을 의미하는 것이다. 그러나, 여러 고등 식물에서는 피토크롬이 관련되어 있는 것으로 생각된다. 예를 들면, 암소에서 자란 콩에서의 리듬의 설정과 *Samanea* 잎 운동에서의 상-설정은 모두 짧은 적색광 및 근적외광 처리에 의해서 전형적인 피토크롬 광가역성을 나타내고 있다. 그러나, *Bryophyllum* 식물 잎에서의 CO_2 방출 리듬과 같은 경우에는 적색광으로 리듬이 재설정될 수 있으나, 이 효과가 근적외광 처리로 반전되지 않는다. *Bryophyllum* 시스템에서 근적외광 효과는 리듬을 모두 제거시킨다. 이것은 피토크롬 효과라고 할 수 있지만, 여러 실험에 의하면 상-설정에 관한 빛의 조절은 직접적인 과정이 아니다.

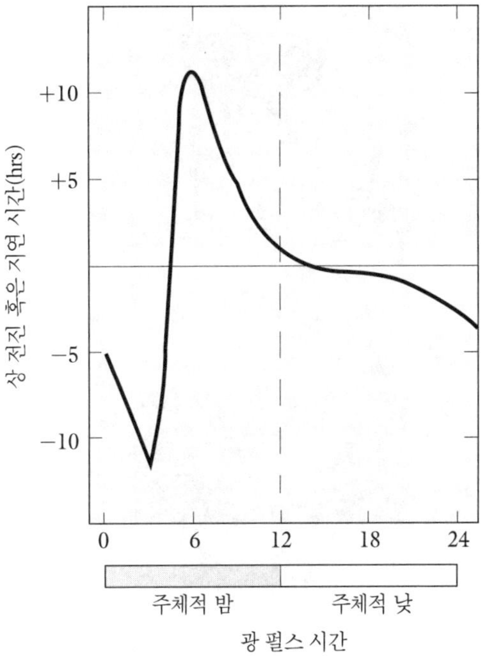

〈그림 20-12〉 상 반응 곡선

주체적 밤의 초반부에서의 점등 신호(light-on)는 다음 피크의 출현 시간을 지연시키는 결과를 초래하며, 주체적 밤의 후반부에서 빛 점등 신호가 주어진 경우에는, 다음에 오는 피크가 일찍 시작된다. 주체적 낮 동안에 주어진 점등 신호는 리듬의 상(phase)에 거의 아무런 효과를 끼치지 못한다.

광주기성에서 시간 측정

이제 우리는 식물이 어떻게 광주기의 시간을 측정하는가?라는 문제에 대해 생각해 볼 수 있게 되었다. 광주기 시간 측정을 설명하기 위해 두 가지 가설이 제기되었다. 한 가지 가설은 내부의 생화학적 시계 작동을 제안하고 있으며, 반면에 Bünning에 의해 최초로 제시된 나머지 가설은 광주기 시간 측정을 개일 리듬과 연관시키고 있다.

단일 식물의 개화는 임계 암주기의 길이에 의해 결정된다는 발견으로, 임계 암주기의 길이는 오히려 단순히 어떤 대사 물질의 출현 혹은 소실에 의해 측정될 수 있을 것이라는 가능성이 생각되었다. 이런 생각이 모래시계(그림 20-13)와 연관되었는데, 이 경우를 보면, 모래가 다 빠져나갔을 때 시간 측정을 다시 시작하게 하기 위해서는 이 기구를 거꾸로 놓아야 한다. 그래서, 그 가설은 '모래시계' 가설로서 알려졌다.

피토크롬이 짧은 순간의 빛 처리 현상과 관련이 있는 광수용체라는 것을 작용 스펙트럼이 보여주었을 때, 광주기의 끝에 존재하는 Pfr이 개화를 억제한다고 결론짓는 것이 합리적이었다. 그래서 임계 암주기의 길이는 플로리겐의 합성이 일어날 수 있도록 Pfr이 어떤 임계값(적어도 단일 식물에서) 밑으로 떨어지는 데 요구되는 시간을 나타내는 것이다. 개화 유도성이 긴 암주기의 중간에 짧은 적색광 처리시의 효과는 단순히 Pfr 함량 수준을 증가시키는 것으로 보였으며, 충분한 플로리겐이 생성되기 전에 시간 측정을 다시 시작하게 하는 것 같다.

모래시계 가설이 관심을 모으고 있는 반면에, 그것은 또한 해결보다는 많은 문제를 일으키는 것처럼 보였다.

〈그림 20-13〉 모래시계
모래시계 가설에 따르면, 임계 암기는 마치 모래시계에서 모래가 위 부분에서 아래로 빠져나오는 것처럼, 시스템에서 Pfr이 다 분해되는 데 필요한 시간을 나타낸다.

〈그림 20-14〉 개구리밥(*Lemna* sp.)
개구리밥 속(genus)의 식물은 가장 작은 꽃을 피우는 식물이다. 각각의 잎 모양의 엽상체(frond)는 약 1 내지 2 mm 크기이다. 꽃은 엽상체 끝에서 만들어지며 그리고 단지 웅성과 자성 부분만으로 구성된다(꽃잎 혹은 꽃받침은 없다). 이 식물에는 단일 식물 종과 장일 식물 종이 있다.

예를 들면, 분광 광도법에 의한 측정 결과에 의하면 Pfr의 반감기는 1.0 내지 1.5 시간이었는데, 이것은 대부분의 임계 암기의 길이를 설명하기에는 너무 짧은 시간이었다. 더욱이, 피토크롬 붕괴에 있어서 어떤 특징적인 차이점도 여러 광주기성을 갖는 황백화된 어린 식물에서 발견되지 않았다. Pfr의 소실률 역시 적어도 두 단일 식물(도꼬마리와 명아주)에서 아직은 높은 온도 의존성을 갖고 있으며, 온도는 임계 암주기의 길이에 거의 영향을 주지 못하는 것으로 알려졌다. 흥미롭게도 25℃에서 18℃로 온도가 감소되면 또 다른 단일 식물인 나팔꽃에서 임계 암주기의 길이가 거의 두 배가 된다. 이와 비슷한 온도 변화에 의해 장일 식물인 사리풀에서는 임계 암주기가 현저히 단축된다. 식물의 녹색 조직에 있는 피토크롬이 황백화된 조직에 있는 피토크롬과 다르게 행동한다는 최근의 발견으로, 피토크롬 전환(reversion)과 시간 조절에 관한 생각이 다시 평가되었다. 그런 사이에, 모래시계 가설과 일치하는 일부 자료가 있지만, 대부분의 자료들은 명확히 광주기성과 개일 리듬 생체 시계와의 상호 작용에 더 많은 지지를 보내고 있다.

여러 실험 전략들이 개화에서의 리듬성을 입증하기 위해 이용되어 왔다. 물론, 애로 사항은 잎 운동이나 CO_2 방출과는 다르게 개화는 연속적인 과정이 아니라는 것이다. 한 가지 예는 앞 절에서 소개된 단일 식물인 붉은 명아주(*Chenopodium rubrum*)의 개화 현상이다. 명아주 어린 식물은, 이 식물의 나이가 단지 4.5일 되었을 때 단 한 번의 암주기 처리에 의해 개화가 유도될 수 있다(King and Cumming, 1972). 암주기 전과 후에 유식물을 연속광 조건에 놓아둔다. 암주기의 길이가 변화할 때, 처음 8 내지 10시간 동안의 빛은, 단일 식물을 이용한 실험에서 예상되었던 것처럼 개화를 억제하였다. 그 후, 유식물의 개화 능력은 30시간의 자유-운행 주기를 지닌 채, 적어도 3 사이클 동안 리듬 양상을 나타내었다(그림 20-11). 약간의 실험 전략을 변화시켰어도, 본질적으로 똑같은 결과가 도꼬마리, 콩, 나팔꽃, 그리고 좀개구리밥 식물을 포함한 다양한 식물 종에서 얻어졌다.

이런 결과는, 암주기 말기에 점등(light-on) 신호가 내재적인 개일 리듬의 상-변화와 어떻게 상호 작용하는가에 좌우되면서 개화를 촉진하거나 혹은 억제한다는 사실을 암시하는 것이다. 1936년에 최초로 광주기성이 개일 리듬과 연관되어 있다는 것을 제안했던 Bünning

은 바로 그러한 상호작용을 제기했었다. 그는, 리듬은 두 단계 — 즉, 빛을 좋아하는 단계인 **친명기**(photophile)와 빛을 싫어하는 **친암기**(scotophile)로 구성되어 있고, 이 두 단계가 대략 매 12 시간마다 교대로 반복된다는 것이다. Bünning의 가설에 따르면, 친명기 동안에 식물에 들어오는 빛은 개화를 촉진하는 반면에 친암기에서의 빛은 개화를 억제한다. 대부분의 실험 상황에서, 식물이 연속광 조건하에 놓여졌을 때, 친명기는 아마도 주체적 낮에 해당하고 친암기는 주체적 밤에 해당하는 것 같다.

비록 많은(그러나 모두는 아니지만) 실험의 결과들이 Bünning의 가설로서 설명될 수 있지만, 리듬 상(rhythmic phase)에 대한 광주기적 시간 측정의 밀접한 의존성을 지지하는 증거가 수생 단일 식물인 개구리밥 식물을 이용한 실험에서 나왔다(Hillman, 1964)(그림 20-14).

실험 생물로서 개구리밥은 포도당을 공급하여 주었을 때, 암소에서 종속 영양적으로 생장을 하는 유일한 장점을 제공하고 있다. 이것은 암주기의 시작과 끝을 표시해 주는 짧은 빛 처리 — 즉, 최소한의 광주기에 의해서 긴 광주기가 제거될 수 있으며 시간 조정이 제어될 수 있다는 것을 의미하는 것이다. 개구리밥에서 개화를 유도하기 위해 요구되는 것은 매 24시간마다 단지 두 번의 15분간의 광주기가 필요할 뿐이다(그림 20-15).

그러므로, 연속광 조건에서 13시간 암조건 : 0.25시간 광조건 : 10.5시간 암조건 : 0.25시간 광조건의 스케쥴로 옮겼을 때, 개구리밥은 개화를 하게 된다. 그러나, 10.5시간 암조건 : 0.25시간 광조건 : 13시간 암조건 : 0.25시간 광조건의 스케쥴에서는, 식물은 영양 단계로 남아 있게 된다. 두 스케쥴 사이에서의 차이점은 단지 연속광 조건 후의 첫번째 암주기의 길이일 뿐임을 주목해야 한다. 비록 각 스케쥴이 13시간의 개화 유도 암주기를 포함하고 있지만, 개화는 단지 긴 암기가 먼저 출현할 때에만 유도되고 있다.

명백히 개구리밥은 짧은 빛 처리를 두 개의 다른 암주기의 시작과 끝으로서 인식하고 있었으나, 식물이 어느 것이 어느 것인지를 어떻게 알 수 있을까? 연속광 조건에 있는 다른 식물처럼, 개구리밥은 비리듬성을 보이는데, 즉 리듬의 크기는 리듬이 완전히 사라질 때까지 감소된다. 식물을 암소에 이동시켜 놓으면 리듬은 다시 시작한다. 개화는 첫번째 암주기가 임계 밤 길이를 초과할 때에만 일어나기 때문에, 첫번째 암주기(그리고 그 후부터는 매번 교대로 나타나는 주기)가 '밤' 으로서 인식되었음에 틀림없을 것이다. 연속광 주기 후의 소등 신호는 리듬을 시작하게 하며, 첫번째 암기(CT 0 에서 12)는 항상 친암기 혹은 '밤 시기' 가 된다는 사실은 일반적인 법칙으로 여겨진다. 두번째 단계(CT 12에서 24)는 친명기이거나 혹은 '낮 시기' 가 된다. 후속 실험에서 Hillman은, 개화는 단지 임계 밤 길이보다 더 긴 암주기가 그 식물의 내재적인 개일 리듬에서의 친암기 또는 밤 시기와 일치할 때에만 일어난다는 것을 확인하였다. 이러한 해석은 꽃피는 식물에게만 국한되는 것은 아니며 — 최소한의 광주기는 곤충과 조류(bird)에서도 광주기적 효과 측면에서 비슷한 반응을 이끌어내는데, 이런 사실을 주목해 보는 것은 흥미로운 일이다.

개일 리듬 생체 시계는 명백히 광주기적 시간 측정에 중요한 요소이나, 오늘날의 실험은 아직도 단일 식물과

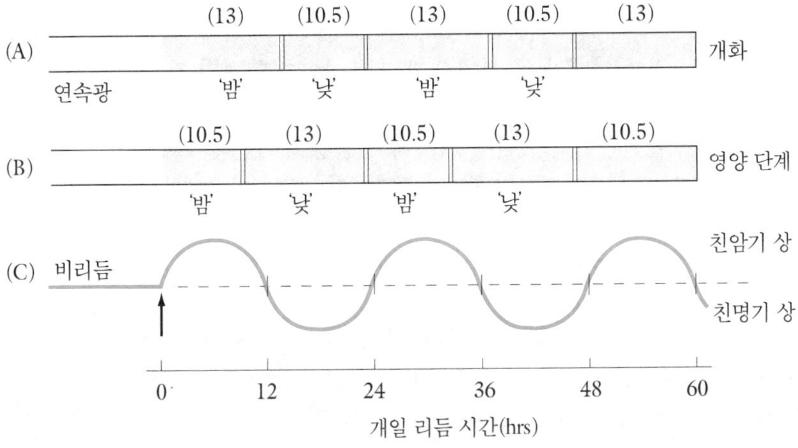

〈그림 20-15〉 단일 식물인 개구리밥에서 광주기 개요와 개화의 조절

개구리밥은 연속광 조건하에서 비리듬성을 나타낸다. 첫번째 소등(light-off) 신호(화살표시)는 리듬을 시작하게 한다. 첫번째 상이 혐광기 단계이기 때문에, 개구리밥은 첫번째 암기를, 그것의 길이에 무관하게, 밤으로서 인식한다. (A) 만약 '밤' 에 해당하는 암기가 임계값을 초과하게 되면 식물은 개화를 하게 되며, 그렇지 않을 경우(B), 식물은 영양 생장형으로 남아 있다.

장일 식물 사이의 차이점을 설명하고 있지 못하며, 임계 밤 길이의 측정과 생체 시계가 어떻게 연관되는지도 설명하지 못하고 있다. 또한, 식물에서 생체 시계의 위치와 그것의 정확한 본질은 아직도 해결되어야 할 중심 과제로 남아 있는 실정이다.

광주기성과 리듬에 대한 유전학적 접근

광주기성과 생체리듬에 관한 생리, 생화학이 지난 70년 동안 활발하게 연구되었다. 그 중 각각의 현상은 많은 모델 시스템을 통해서 잘 설명되어 왔으나, 그 안에 숨겨져 있는 메커니즘에 관해서는 알려진 것이 거의 없다. 광주기성과 내재적 리듬 모두는 기본적으로 시간 측정의 문제로서, 이것은 전통적인 생화학 내용의 틀 안에서는 쉽게 상상될 수 없는 개념이다. 이 막다른 상태에 대한 해결이 최근, 광주기성과 리듬 연구를 유전학적 접근을 통해서 찾으려고 시도되어 왔다.

유전적 접근의 논리는, 만약 어느 단계의 수준에서 시간 조정에 영향을 끼치는 돌연변이체가 분리 동정될 수 있다면, 야생형 유전자가 분리될 수 있으며 그 유전자 산물도 시간 조정 메커니즘에 있어서 그것의 역할에 관한 실마리를 위해 분석될 수 있다는 것이다(Thomas and Vince-Prue, 1997). 식물 발달의 광주기적 조절에 영향을 미치는 유전자는 새롭고 희한한 것은 아니다. 특히 개화 유전자는 수년 동안 식물 육종 프로그램의 한 부분이 되어 왔다. 그러나, 대부분의 유용한 작물에서 광주기에 대한 둔감성과 광주기성에 의한 이른 개화 현상 때문에, 대다수의 재배 작물은 광주기에 민감한 것들을 배제시키는 쪽으로 육종되어 왔다. 단지 두 개의 작물 — 완두와 밀 — 에서만 관심을 별로 끌지 못한 채 광주기 과정에 관한 유전학이 다루어 졌다(Thomas and Vince-Prue, 1997). 흥미롭게도, 완두와 밀 모두는 임의적인 장일 식물이다. 완두에서, 광주기적 시간 측정과 개화의 시작에 영향을 주는 여러 유전자들이 동종되었다. 특히 그 중의 하나인 *fsd*(flowering short day) 유전자는 식물체로 하여금 강제적인 단일 식물로서 행동하도록 유도하는 열성 돌연변이 유전자이다. 이 돌연변이체가 장일 조건하에서 야생형 식물체와 접목되었을 때, 그 돌연변이체는 꽃을 피우게 된다. 이런 결과는, 야생형이 어떤 전달될 수 있는 개화 촉진 물질을 제공하고 있다는 사실을 나타내면서, 앞에서 설명하였던 접목 실험을 재확인하는 것이 된다.

최근에 많은 수의 개화 유전자가 분리 동종된 애기장대에서 개화 유전자에 대한 관심이 고조되었다. 애기장대는 8시간 내지 10시간의 임계 광주기를 갖는 임의적인 장일 식물이다. 장일 조건하에서, 이 식물은 4개에서 7개의 잎을 지닌 채 로제트형에서 꽃을 피운다(약 3주). 단일 조건하에서는, 개화는 20개의 잎이 생성될 때까지 지연된다(7주 내지 10주). 또한, 개화는 청색광 혹은 근적외광에 노출되었을 때도 촉진되는데, 이것은 광주기 현상에서 피토크롬의 역할을 반영하는 것이다. 애기장대에서의 연구는 개화 시간에 관한 돌연변이 — 즉, 일찍 혹은 늦게 개화를 야기시키는 돌연변이에 대해 초점이 맞추어졌다(Coupland, 1997). 여기서 개화 시간은 경과된 시간(예를 들면, 꽃피기까지의 날수)을 말하는 것이 아니라, 줄기에서 개화 현상이 출현하기 전에 생성된 로제트 잎의 수를 의미한다.

예상했던 바와 같이, 피토크롬에 영향을 주는 돌연변이체는 역시 개화에도 영향을 끼친다. *hy1* 돌연변이체는 피토크롬의 발색단(chromophore) 합성에 결손이 있다. 기능적인 광수용체가 없는 경우에, *hy1* 돌연변이체들은 신장된 하배축을 보여주나, 그것들은 또한 장일과 단일 조건 모두에서 야생형보다 일찍 꽃을 피운다. 돌연변이체들이 두 조건 모두에서 일찍 개화하기 때문에, 그것들은 여전히 광주기에 반응을 나타낸다.

여러 광주기 돌연변이체들이 역시 분리 동정되었다. 이것들은 본질적으로 광주기에 둔감하며 야생형 식물보다 일찍 혹은 늦게 개화를 하는 돌연변이 식물이다. 일찍 개화하는 타입은 *elf3*(early flowering 3)이다. *Constans*(*co*)와 *gigantea*(*gi*)는 늦게 개화하는 타입으로서, 낮 길이에 둔감한 돌연변이체이다. *co*와 *gi* 둘 모두는 장일 조건하에서 개화가 지연되나, 단일 조건하에서는 개화 시간에 아무런 효과가 없다. 야생형 유전자 *CO*와

GI 모두가 클론되었으며 어느 정도 자세히 연구되었다(Coupland, 1997). 이 단계에서 *GI* 유전자는 같은 경로 상에서 *CO* 유전자 앞에서 작동하며 장일 조건하에서 개화 촉진은 전사된 *CO* mRNA의 양에 좌우되는 것 같다.

elf3 돌연변이체 식물은 특히 흥미 있는데, 왜냐하면 그것은 내재적 생체 시계와 상호 작용하는 것으로 보이기 때문이다. 이런 결론은 애기장대에서 개일 리듬에 의해 조절되는 두 가지의 다른 현상(즉, 잎 운동과 엽록소 a/b 결합 단백질(CAB))에 대한 *elf3*의 효과에 근거한 것이다. *elf3* 유전자는, 동조된 식물이 연속광 조건으로 옮겨졌을 때 개화 현상을 앞당길 뿐만 아니라, 잎 운동과 *CAB* 유전자 발현 모두에서 리듬을 잃게 한다. 신기하게도, *CAB* 발현 리듬은 만약 동조된 식물이 연속 암조건으로 옮겨진다면 소실되지 않게 된다. 이것은 *ELF3*가 내재성 생체 시계 성분 자체의 합성을 지시하는 것이 아니라, 어떤 방식으로든 생체 시계를 최초의 광 수용 혹은 점등 신호에 연관됨을 나타내는 것이다.

광주기 신호 전달 사슬과 내재성 생체 시계는 특히 고전적인 생리학과 생화학에 의해 연구되기가 어렵다는 것이 입증되었다. 아직 초기 단계이긴 하지만, 분자 유전학적 접근법이 이미 70년 이상 연구자들이 다루지 못했던 메커니즘에 대한 통찰력을 제공해 주고 있다. 이들 전통적인 문제에 관한 앞으로의 해결 전망이 매우 기대되고 있다.

자연계에서의 광주기성

시간은 모든 것이 한 번에 발생하지 않도록 하는 자연계의 보장 방법이다(작자 불명).

광주기성은, 식물이 자신의 생활사를 일년간의 시간(자연의 계절) 흐름에 동조시키기 위한 욕구의 달성을 거의 확실히 반영하고 있다. 열대 지방 이외에서는, 하루의 낮 길이는 계절 변화에 대한 가장 믿을 만한 예언자가 된다(그림 20-16). 광주기성은 계절에 따른 낮 길이 변이가 뚜렷한 아열대 지역과 온대 지역에 있는 식물들에게 보다 더 중요하다. 그러나 많은 열대 식물조차도, 적도에서 불과 5° 혹은 10° 지역내에서 일어나는 작은 낮 길이 변화에 반응을 한다. 이 사실은 광주기 반응이 식물 종을 어떤 특별한 위도에 묶어 놓는다는 것을 의미하는가? 아마도 그렇지는 않을 것이다. 왜냐하면, 임계 광주기는 단지 낮 길이에 대해 상한(단일 식물의 경우)과 하한(장일 식물의 경우)만을 설정하기 때문이다. 그것을 넘어서, 광주기에 대한 개화와 기타의 다른 반응은 보통보다 광범위한 한계내에서 출현할 수 있다. 더욱이, 식물 집단은 유전적으로 위도에 적응할 수 있어서 **생리적 생태형**(physiological ecotype)을 발생시키는 증거도 있다. 자작나무, 명아주, 나도수영(*Oxyria digyna*), 그리고 도꼬마리를 포함하는 다양한 종에서, 서로 다른 임계 낮 길이에 의해 특징지어지는 잘 알려진 생태형 혹은 광주기성 종이 있다. 일반적으로, 임계

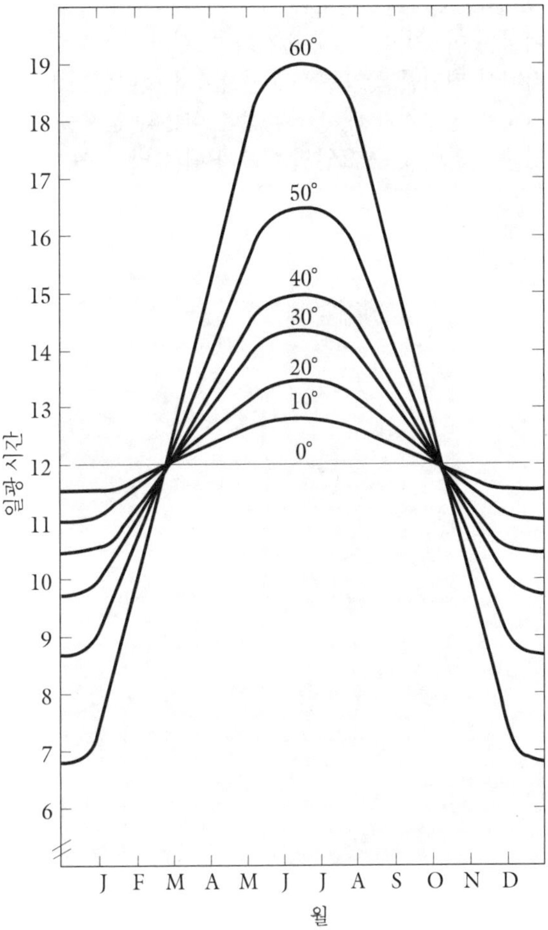

〈그림 20-16〉 위도와 일년 중의 달의 함수로서 나타낸 낮 길이(일장)

낮 길이는 매달 20일에 일출과 일몰 사이의 시간으로 표시한 것이다.

낮 길이는 식물체가 보다 북쪽의 위도에서 채집될 때 더 길어진다. 대부분의 경우에 임계 낮 길이는 그 위도에서 가을 서리에 손상을 입기 전에 일정한 시간대에 개화하도록 유도하는 것으로 보인다.

광주기성은 다른 식물과의 경쟁을 감소시키기 위해서 그 식물의 시간적 지위(temporal niche)상에서 개화하도록 도움을 주거나, 혹은 불리한 겨울 환경의 맹공격이 있기 전에 생식 발달을 완성하도록 도움을 주고 있다. 많은 식물에서 여러 이유로 발아 과정이 일정하지 않게 된다. 만약 개화 현상이 전적으로 식물 크기에 의존한다면, 일찍 개화를 펼치기 위하여 균일하지 않은 발아 현상이 예상될 것이다. 타가 수분(cross-pollination)이 요구되거나 혹은 장점이 될 정도로, 광주기에 의해 동조된 개화 현상은 최대로 수분이 일어나는 집단이 되게 하거나 개화를 특별한 수분 매개 곤충의 출현과 연계되게끔 도와준다.

광주기 및 식물의 지리적 분포에 대한 광주기의 효과는, 흔한 돼지풀의 경우에서 설명되듯이 인간에 대한 직접적인 영향을 줄 수 있다. 돼지풀은 임계 낮 길이가 약 14.5시간인 일년생 단일 식물이다. 북쪽으로 가면 갈수록, 여름의 낮 길이는 더 길어진다. 예를 들면, 캐나다의 Winnepeg의 위도(50°N)에서, 낮 길이는 대부분의 6월과 7월에는 16시간을 초과하며 그리고 8월 중순까지는 14.5시간 아래로 떨어지지 않는다(그림 20-16). 일년 중 그 시간에 개화하도록 유도된 돼지풀은, 이른 가을 치명적인 서리가 오기 전에 꽃을 피우고 성숙한 종자를 만들기 위한 충분한 시간을 갖지 못하게 된다. 돼지풀은 단지 종자로만 번식할 수 있기 때문에, 그것은 보다 남쪽의 Ontario, Quebec 지역과 해안 지역에 풍부하게 분포한다. 대부분의 서부와 중부 캐나다에 걸쳐 있는 농업 지역에서는 이 종이 드물게 발견되며, 단지 분산되어 분포할 뿐이다. 적어도 이 지역에 있는 건초열 환자는 심한 앨러지성 돼지풀 꽃가루의 불편함에서 벗어나게 되는데, 이 꽃가루는 남쪽에 있는 이웃 사람을 전염시키게 된다. 이것은 광주기가 돼지풀과 같은 식물의 분포를 제한하는 유일한 요소가 된다는 것을 제시하는 것은 아니지만, 명백히 의미 있는 요인의 일부가 됨을 암시하는 것이다.

제 21 장

온도와 식물의 발달

화학적 기계의 보편적인 특징의 한 가지는 온도에 민감하다는 것이다. 온도는 빛, 물과 더불어 식물을 둘러싼 물리적 환경에서 가장 중요한 요소 중 하나이다. 온도는 식물의 생장(growth), 발달(development), 지리적 분포, 심지어는 생존에 막대한 영향을 미칠 수 있다. 자연의 모든 화학적 기계 — 모든 개개의 효소 반응, 모든 대사 기능, 모든 생리적 과정 — 에는 작동할 수 없는 상한과 하한의 온도가 있으며 최대의 속도로 작동되는 최적 온도가 있다. 온도는 또한 세포의 구조(특히 막의 구조와 성질)에 영향을 주고, 식물 종들의 공간과 시간에 따른 분포를 제한하며 특정 발달 과정의 방향에 영향을 준다.

이 장에서는 온도가 식물의 생장, 발달, 분포에 영향을 미치는 방법 중 중요한 몇 가지를 소개할 것이다. 특정 주제로 다음이 포함된다.

- 식물의 한 환경 요인으로서 온도에 대한 간략한 설명
- 특히 자연 환경에서 온도의 영향과 함께 식물의 물질 대사와 생장에 미치는 온도의 영향
- 식물의 발달에 미치는 온도의 영향, 특히 개화 행동에 영향을 미치는 춘화처리(vernalization)와 눈과 종자의 휴면에 미치는 온도의 영향

많은 발달 반응들이 온도와 다른 요인들 사이의 복잡한 상호 작용에 의해 일어나므로 이에 대해서도 논의할 것이다. 식물의 '정상적인' 생장과 발달에 있어서 온도의 역할 외에도 극단적인 온도는 식물에게 자주 중요한 스트레스가 된다. 이 문제는 다음 장(22장)에서 더 논의할 것이다.

식물 환경으로서의 온도

대부분의 지구 표면에서 접하게 되는 온도 범위는 일반적으로 생물이 생존하는 데 여러 가지 이유로 인해 적절한 것으로 생각된다. 우선적으로 생물학적 과정이 일어날 수 있는 온도는 물이 어는 점인 최저 온도와 단백질이 비가역적으로 변성되는 최고 온도 사이(13장, 〈그림 13-6〉 참고)로 한정된다. 개개의 효소 반응이나 다수의 효소가 촉매하는 대사 과정에 적용되는 **주요 온도**(cardinal temperature : 최저, 최적, 최대)내인 이러한 두 극단의 온도 범위내 개체나 종들은 생장하고 생존한다.

녹색 식물은 아마도 열대 지역에서 처음 진화되었을 것으로 생각하는데, 이는 따뜻했기 때문(물론 한 가지 요인이 되었겠으나)이 아니라 그곳의 온도가 상대적으로 안정했기 때문이었을 것이다. 차츰 더 다양한 일별 · 계절별 온도 변화에 적응하게 되면서 식물은 온대와 극지방으로 점진적으로 이주하였다. 현재 녹색 식물은 일 년 중 대부분이 거의 빙점이거나 빙점 이하의 온도인 남극 대륙이나 북반구 툰드라 지역과 여름철 온도가 흔히 50℃에 근접하거나 초과하는 캘리포니아의 데드 밸리(Death Valley)처럼 지구상에서 가장 뜨거운 곳과 같은 극

단적인 지역에서도 발견된다. 온도에 대한 생존 범위에 따라 크게 생물을 분류할 수 있다. 0℃와 10℃ 사이의 낮은 온도 범위에서 최적의 생장을 하는 생물을 **호저온성 생물**(psychrophile)이라고 하며(여기에는 주로 조류(algae), 곰팡이류, 그리고 박테리아 등이 포함된다), 대부분의 고등 식물은 최적 온도가 대략 10℃에서 30℃ 사이인 **호중온성 생물**(mesophile)에 속한다. **호열성 생물**(thermophile)은 30℃에서 65℃ 범위에서 잘 생장하는데, 심지어 남세균은 85℃에서도 자란다고 보고되어 있다. 이러한 온도 범위는 수분을 함유하고 활발히 생장하는 생물에 적용된 것으로 수분 함유량이 5% 정도까지 낮은 대부분의 건조한 종자는 상당기간 동안 더 넓은 범위의 온도에서도 생존할 수 있다.

식물의 생장과 분포에 미치는 온도의 영향

온도는 식물의 분포를 제한하는 중요한 요인이다. 분포 한계는 중요한 대사 과정의 온도 특성을 반영한다.

고등 식물이 생장할 수 있는 온도 범위는 일반적으로 0℃에서 45℃ 사이이다. 이러한 상한선과 하한선 내에서 적당한 온도 범위는 극히 종의존적이다. 예를 들면, 밀의 최적 생장 온도는 20℃에서 25℃ 부근이지만 여러 가지 밀의 재배종은 0℃ 부근에서 40℃까지 생장할 수 있다. 열대 지방에서 기원한 옥수수의 최적 온도는 30℃에서 35℃이며 12℃~15℃ 이하에서는 자랄 수 없다. 양갓냉이(*Lepidium sativum*)는 낮은 온도(2℃)에서도 생장하지만 최적 생장 온도는 28℃이다. 일반적으로 생장에 최적인 온도는 그 종이 원래 자라고 있었던 지리적 위치와 관련이 있다. 따라서, 따뜻한 지방이 원산지인 식물은 추운 지방이 원산지인 식물보다 높은 온도에서 더 잘 자란다. 생리나 물질 대사에 대한 온도의 영향은 나아가 **생물 지리학**(biogeography)이라고 하는 식물의 분포에도 영향을 미친다. 온도가 물질 대사에 미치는 영향은 식물의 분포에 제한을 가할 뿐만 아니라 때로는 경제적인 면에도 상당히 중요하다. 예를 들면, 목화는 남부지방에서 재배하는 작물인 이유가 일부는 북위도 지역의 밤 동안의 서늘한 온도가 목화의 섬유 세포벽이 두꺼워지게 하는 악영향을 미치기 때문이다(Roberts et al., 1992). 옥수수를 재배할 수 있는 북쪽 한계는 생장할 수 없는 최저 온도에 의해 결정된다.

해안과 사막

캘리포니아의 워싱턴 카네기 연구소의 O. Björkman과 동료들이 수행했던 실험에서 온도가 식물의 생장과 분포에 미치는 영향에 대한 확실한 예를 볼 수 있다(Björkman et al., 1973a). 이 연구가 극단의 온도를 가진 환경 속에서 식물이 마주치게 되는 문제들과 식물들이 여기에 대처하는 몇 가지 방법들을 설명하고 있기 때문에 여기에 소개한다. 북부 캘리포니아의 서늘한 해변 지역의 자생종과 뜨겁고 건조한 사막인 데드 밸리의 자생종 등의 다양한 종들을 두 지역과 유사하게 조성된 실험용 정원으로 옮겨 심었다. 데드 밸리에 해당하는 지역은 여름철 기온이 보통 50℃에 이르는 Furnace Creek에 위치하였다. 이렇게 높은 온도는 대부분의 생물에게 치명적이다. 반면에, 해변에 해당되는 장소로 조성된 곳의 일일 평균 최고 온도는 20℃ 이하였다.

양 지역의 식물에게 물과 영양소가 제한 요인이 되지 않도록 물과 비료를 공급하였고, 생장과 생존과 관련하여 수행능력을 일정한 간격으로 측정하였다. 생장 반응을 기준으로 식물은 세 그룹으로 나눌 수 있다. (1) 여름 기간에 생존하지 못하는 식물들, (2) 여름 기간 동안 생존하지만 느리게 생장하는 식물들, (3) 여름 기간 동안 가장 빠르게 생장하는 식물들(표 21-1).

서늘한 해변 지역의 거의 모든 자생종들은 사막의 높은 온도에서 생존할 수 없었다. 연구된 식물 중에서 오직 데드 밸리에 살며 다년생 C4 낙엽수인 *Tidestromia oblongifolia*만 여름철 사막의 온도에서도 잘 생장할 수 있었다. 놀랍게도 *Tidestromia oblongifolia*는 해변의 서늘한 온도에서는 생존할 수 없었다. 반대로, 해변 지역의 자생종인 일년생 C3 식물 *Atriplex glabriuscula*는 해변에 조성된 정원에서 잘 생장했으나, 사막에서는 물을 충분히 주어도 죽었다. C4 식물인 *Atriplex lentiformia*의 두 클론—남부 캘리포니아의 해변 지역이 원산지인 것과 데드 밸리의 자생종—도 연구되었다. 데드 밸리에 해당하는 정원에서 사막이 원산지인 클론은 해변이 원산지인 클론보다 생체량의 생산이 더 늘었다. 해변에 해당하는 정원에서 두 클론의 상대적인 반응은 그 반대였다.

좀더 주의깊게 조절된 환경에서 온도에 대한 식물의 반응을 평가하기 위해 환경이 조절되는 장소에서 추가 실험이 진행되었다(Björkman et al., 1973b). 온도 변화에 대한 *A.glabriuscula*와 *T. oblongifolia*의 상대적 생장 반응이 〈그림 21-1〉에 나타나 있다. 해변이 원산지인 *A.glabriuscula*는 낮과 밤의 온도가 각각 25℃와 17℃일 때 최대 생장률을 보였다. *A.glabriuscula*는 낮 온도가 35℃를 넘을 때는 생장이 급격히 감소하였다. 반대로, *T. oblongifolia*는 가장 더울 때(44℃ 낮/30℃ 밤) 가장 많이 생장했으며, 낮 16℃/밤 10℃의 조건하에서는 거의 생장하지 않거나 전혀 생장하지 않았다. 모든 실험에서 물과 영양소는 제한 요인이 되지 않았고 잠재적으로 스트레스가 될 다른 요인(바람, 염, 포식자)도 제거되었다. 따라서 서늘한 해변과 뜨거운 사막과 같이 대조적인 서식지에서 자라는 능력이 두 종 *A. glabriuscula*와 *T. oblongifolia*에서 서로 다른 것은 일차적으로 두 식물의 생장에서 온도에 대한 의존성이 원래 다르기 때문일 것이다(Björkman et al., 1973b).

데드 밸리와 같이 극단적으로 높은 온도하에서 *T. oblongifolia*가 살 수 있는 것은 무엇 때문인가? *T. oblongifolia*가 고온에서도 뛰어난 광합성능을 가지는 것과 어느 정도 연관이 있는 것 같다. *T. oblongifolia*와 *T.glabriuscula*의 광합성능이 온도 변화에 따라 변하는 정도(그림 21-2)는 온도에 따라 상대 생장률이 변하는 정도와 매우 비슷하다(그림 21-1). 해변의 C3 식물인 *A.glabriuscula*는 낮거나 적당한 온도에서 높은 광합성률을 보이지만, 생장률처럼 40℃ 근처에서 급격하게 감소한다. 대조적으로 *T. oblongifolia*는 광합성이 낮거나 중간 정도의 온도에서는 저조했으며 45℃에서 50℃에는 최고에 도달했다. *T. oblongifolia*는 C4 식물이기 때문에 사막의 조건에서 C3 식물인 *A.glabriuscula*보다 더 잘살 것으로 생각된다. 이렇게 일반화할 수 있는 물질 대사적인 몇 가지 근거를 앞서 10장에서 논의하였다. 자연 환경에서는 수분의 이용 효율(water use efficiency)이 향상된 것이 요인이 되겠지만 이주된 식물의 실험에서처럼 식물에게 물을 충분히 공급했을 때는 크게 중요한 요인이 되지 않았을 것이다. 더군다나 *T. oblongifolia*는 C4 식물임에도 불구하고 사막의 여름 기후에서 생존하지 못하는 다른 *Atriplex* 종보다 더 잘 생존했다. 마지막으로, 두 속간의 차이는 광합성 대사에만 한정된 것이 아니라 온도에 따른 호흡 반응도 광합성만큼 큰 차이가 있다.

〈표 21-1〉 고온의 사막과 서늘한 해변 지역에 심은 몇몇 *Atriplex*와 *Tidestromia* 종의 생장 반응

여름 생장	데드 밸리 지역	해변 지역
1. 생존 불능	*A.glabriuscula*	*T. oblongifolia*
2. 느린 생장	*A. lentiformis* (해안종) *A. lentiformis* (사막종)	
3. 빠른 생장	*T. oblongifolia*	*A.glabriuscula* *A. lentiformis* (해안종) *A. lentiformis* (사막종)

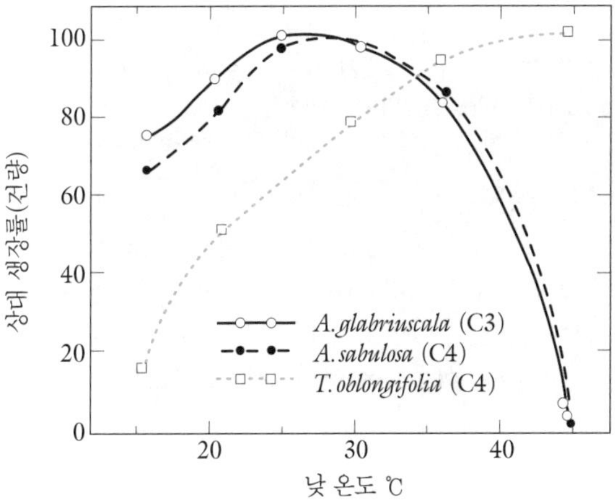

〈그림 21-1〉 온도에 따른 *A. labriuscula*와 *T. oblongifolia*의 일일 상대 생장 속도 (O.Björkman et al., 1973a 자료)

*T.oblongifolia*의 더 나은 능력은 CO_2가 세포내의 광합성 장소로 확산되는 것을 의미하는 기공 전도도나 광합성능을 제한할 것으로 예상되는 다른 요인들의 차이에서 비롯되는 것은 아니다. *T. oblongifolia*의 광합성 기구(아마도 호흡 기구도 마찬가지로)는 내재적으로 고온에서 안정한 것으로 보인다. 이것은 고온과 저온에서 자란

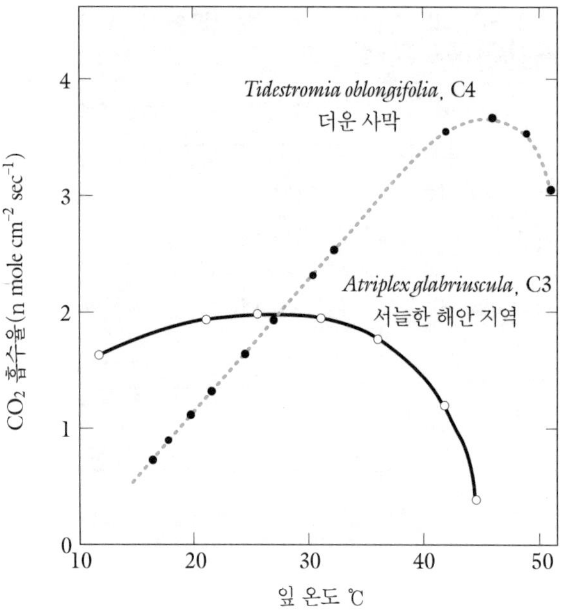

〈그림 21-2〉 강한 빛조건 하에 있는 *A. glabriuscula*와 *T. oblongifolia*의 광합성의 온도 의존성
CO_2 농도와 기공 전도도는 동일하다(O. Björkman et al., 1973b)

각종의 식물의 광합성을 비교하면 드러난다. *A. glabriuscula*가 17℃에서 자랐을 때 광합성의 최적 온도는 약 25℃였지만, 약 40℃에서 자랐을 때는 광합성의 최적 온도가 더 높은 쪽으로 약간 이동되었으며 그 최대 광합성은 낮은 온도에서 자란 식물의 약 절반 정도로 감소했다. 생장 온도에 대한 *T. oblongifolia*의 반응도 비슷했다. 낮은 온도에서 생장할 때 광합성의 최적 온도는 정상적인 42℃에서 30℃로 변했다. 그러나 낮은 온도에서 생장한 식물의 최대 광합성은 42℃에서 생장한 식물에 비해 6배 정도 감소했다. 분명히 제대로 작동하는 광합성 기구를 조립할 수 있는 능력이 두 종이 어떤 장소에서 생존할 수 있는가를 결정하는 데 중요한 요인이 된다.

다른 종들은 온도에 대하여 더 유연하게 적응한다. 예를 들면, Björkman의 연구에서, *A. hymenelytra*, *Nerium oleander*, *Larrea divaricata* 등의 여러 종들은 생장률이 *A. glabriuscula*나 *T. oblongifolia*만큼 크지 않지만 사막이나 서늘한 해변 지역에서 모두 생존할 수 있었다. 사실 이런 종들은 기온이 덜 극단적인 봄이나 가을 동안에 생장이 대부분 일어났다. 세 식물에서 모두 낮거나 높은 온도의 조절된 환경에서의 생장은 광합성 최적 온도를 15℃ 정도 바뀌게 하였다(Björkman, 1980). 그러나 더욱 중요한 사실은 광합성의 최고 속도가 크게 변하지 않았으며 단지 최적 온도만 변했다는 것이다. 따라서 어떤 식물들은 광합성과 온도에 대하여 표현형상으로 상당히 유연하여 더 넓은 범위의 기후 조건에서도 생존할 수 있게 된다. 한 가지 기후나 어떤 조건에 제한되어 있는 식물들은 대사 반응에 있어서 동일한 유연성을 나타내지 않는다.

산의 경사면

온도와 환경간의 관계에 대한 또 다른 예는 고도가 높아짐에 따라 온도가 내려가는 산의 사면에서와 같이 고도에 따른 식물의 분포를 들 수 있다. 고도에 따라 온도가 내려가는 것을 단열 감소율(adiabatic lapse rate)이라 한다. 공기는 위로 올라가면 팽창하고 냉각된다. 단열이라는 용어는 열교환 없이 냉각되는 것을 말하며, 공기가 상승하면서 생기는 냉각은 전적으로 압력이 낮아질 때 공기의 부피가 팽창함으로써 일어난다. 단열 감소율 때문에 온도 기울기가 안정되어서 산 위의 찬 공기가 아래로 내려와서 계곡의 따뜻한 공기와 교환되지 않는다. 건조한 공기의 단열 체감률은 약 1℃/100 m 정도로 일정하게 변한다. 수증기가 응결될 때 열을 방출하기 때문에 습한 공기의 체감률은 건조한 공기의 체감률보다 작고 변이가 심하다(그림 21-3).

Rundel은 하와이에서 고도경사에 따른 C3와 C4 초본 식물의 분포에 대해 연구했다(Rundel, 1980). Rundel은 1400m 근처에서 C3와 C4 식물의 분포가 극적으로 바뀌는 것을 발견했다. C4 초본은 1400m 아래의 건조하고 따뜻한 곳에 많이 있었던 반면에 1400m 이상의 차고 습한 환경에서는 C3 초본이 우세하였다. 우점종이 변하는 평균 고도는 일년 중 가장 따뜻한 달의 일일 최고 온도가 약 21℃되는 높이였다. 이것과 유사한 C3와 C4 초본의 분포가 아프리카와 코스타리카에서의 고도에 따른 연구와 북미에서의 위도에 따른 분포 연구에서도 보고되었다. 위도에 따른 연구에서 전이 온도는 약간 낮아지지만 여전히 같은 원리가 적용될 수 있다.

식물 분포에 차이가 나는 이유에 대한 정확한 생리적 근거는 아직 완전히 이해하고 있지 못하지만, 이러한 종류의 연구들은 C4 광합성 회로를 가지는 식물들이 뜨겁고 건조한 환경에서 유리하다는 일반론을 지지해 주는 근거를 제공한다. 반대의 경우인 낮은 온도는 농업에 있어서 중요한 대부분 종들의 북방 한계선을 결정하는 중요한 인자이다. 온도와 같은 단 하나의 환경 변수를 기준으로 분포가 분명히 경계진다고 생각하는 것은 너무 단순화시킨 것이지만, 온도가 중요한 역할을 하는 것은 분명하다.

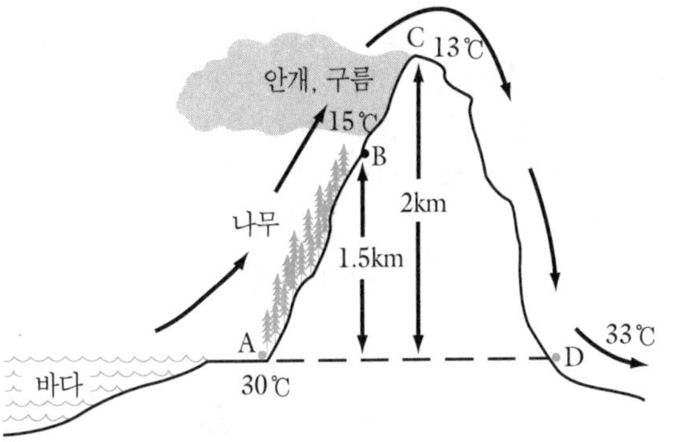

〈그림 22-3〉 산의 바람이 넘어오는 사면과 넘어가는 사면의 단열 감소와 기온

불포화 공기는 A 지점에서 B 지점까지 1℃/100 m의 단열 하강률로 상승한다. B 지점에서 공기는 수증기로 포화되어 0.4℃/100 m의 단열 하강률로 더 느리게 식는다. 공기가 D 지점까지 내려갈 때는 건조 단열 하강률이 적용되며 포화되어 있지 않다. 록키 산맥에서 부는 치누크(chinook) 바람이나 알프스 산맥에서 부는 푀엔(Foehn)이 온도를 상승하는 것은 이런 이유 때문이다.

발달에 미치는 온도의 영향

열대 지방의 온도는 비교적 안정하지만, 온대나 양극에 가까운 지역에서 자라는 식물들은 일별과 계절에 따라 다소 예측 가능한 온도의 변화를 겪는다. 식물들이 그들의 발달과 생존 전략에 이러한 정보를 포함시키는 방법을 진화시켜 왔다는 것은 크게 놀랄 일이 아니다. 식물들은 정상적인 생장과 발달을 하기에는 불리한 기간 동안의 생존에 필수적인 눈, 괴경(tuber), 종자의 휴면을 보장하고, 자신들의 개화 행동을 변형시키기 위해 이러한 정보를 사용한다.

온도와 개화 반응

특히 식물의 개화 행동과 관련하여 온도와 광주기간에 상호 작용하는 예가 많이 있다(Salisbury, 1963 ; Hillman, 1962). 대부분의 경우 상호 작용은 임계 광주기의 길이가 상대적으로 약간 변하거나, 극단적으로 높거나 낮은 온도에서 개화가 낮의 길이에 대해 완전히 무관하게 되거나 꽃을 못 피우게 하는 경향으로 나타난다. 그러나 양적이나 질적인 면에서 낮은 온도를 겪어야 꽃이 피는 식물들도 있다. **춘화**(vernalization)라고 하는 이 현상은 20장에서 간략하게 소개되었다.

춘화는 특정적으로 일정 기간의 낮은 온도에 노출된 것에 의해 개화가 촉진되는 것을 말하며, 식물의 발달에 미치는 낮은 온도의 여러 가지 다른 영향과 혼동해서는 안 된다. 이 용어 자체는 러시아어인 *yarovizatsya*를 번역한 것이며 '만든다' 또는 '되게 하다' 라는 접미사와 봄의 기원(러시아어로 *yarov* ; 라틴어로 *ver*)의 합성어이다(Hillman, 1962). 1920년대에 러시아인 Lysenko에 의해 만들어진 춘화는 저온 처리에 의해 개화 행동면에서 겨울 밀이 봄 밀처럼 되는 능력을 의미한다. 이런 반응은 수 년 전부터 농학자들에 의해 실제로 관찰되어 온 것이었으나, 1918년에 Gassner가 겨울 밀에 필요한 저온처리가 종자가 발아하는 동안 충족될 수 있다는 것을 보이고서야 과학계의 주목을 받았다. Lysenko는 이 효과가 겨울 밀이 봄 밀로 유전적으로 전환된 것이라고 확신하였기에 상당한 오명을 얻게 되었다. 철저히 불신을 받았던 획득 형질의 유전에 대한 라마르크설을 택했던 그의 입장은 소련에서 1950년대까지 생물학의 교리처럼 받아들여졌다. Lysenko의 견해가 공식적인 정설이 된 것은 소련의 생물학에 상당한 영향을 미쳐 수십 년간 소련의 농업에 아주 불리하게 작용하였다.[1)]

1) 춘화의 이야기는 과학이 정치적 이데올로기에 말려들게 되었을 때 어떤 일이 일어날 수 있는지를 보여 주는 전형적인 예이다. 흥미가 있는 학생은 과학의 역사에서 이 불행한 에피소드를 멋지게 기록해 놓은 Joravsky의 책, *The Lysenko affair*(Chicago : University of Chicago press, 1970)를 참고하시오.

춘화의 발생　춘화는 겨울 일년생과 이년생 식물에 가장 흔히 일어난다. 전형적인 겨울 일년생 식물들에는 보통 '겨울' 곡물(밀, 보리, 호밀)이 속한다. '봄' 곡물은 일반적으로 봄에 파종되어 생장기가 끝나기 전에 꽃이 피고 수확용 종자를 맺는다. 겨울 종들을 봄에 파종하게 되면 보통 개화하지 못하거나 정상적인 생장기내에 익은 곡식알은 만들지 못한다. 겨울 곡물은 가을에 파종한다. 겨울 곡물은 발아하여 작은 유식물로 겨울을 나고, 봄에 생장을 다시 시작하여 보통 한여름에 수확된다.

춘화와 광주기에 대해 가장 철저하게 이루어진 연구들 중 하나는 1930년대 초에 Gregory와 Purvis에 의해 호밀(*Secale cereale*)의 Petkus 품종에서 이루어졌다. Petkus 호밀의 봄 품종은 양적 장일 식물(long-day plant, LDP)이다(20장 참조). 단일 조건에서는 약 22개의 잎이 생성되기 전까지 꽃이 피지 않으며, 전형적으로 4.5개월의 기간이 걸린다. 그러나 적당한 장일 조건에서 봄 품종은 2달 만에 단지 약 7 개의 잎이 생성된 후에 꽃이 피기 시작한다. 반대로 겨울 종은 장일식물이 아니다. 겨울 품종이 정상 온도에서 발아하게 되면 낮 길이에 상관없이 4~5 개월을 소요하며 꽃이 서서히 핀다. 그러나 가을에 파종하면 겨울 품종은 겨울을 나는 동안 저온처리를 받게 된다. 겨울 품종이 봄에 생장을 시작하면, 봄 품종과 동일하게 광주기에 대해 반응한다. 겨울을 지내는 동안 거치게 되는 저온 처리 효과는 또한 종자를 춘화 처리, 즉, 발아된 종자를 1℃ 정도에 몇 주 동안 유지하면 얻을 수 있다(Purvis, 1934). 적어도 겨울 일년생 식물의 경우에는 저온 처리만으로는 빠른 개화를 촉진할 수 없다는 것에 유의해야 한다. 춘화의 효과는 오히려 유식물로 하여금 광주기에 민감하게 만드는 것이다.

이년생 식물은 한 번만 꽃을 피우고 열매를 맺는 일임 식물(monocarpic)로 보통 겨울의 저온처리를 지난 다음 두번째 해에 꽃을 피우고 죽는다. 전형적인 이년생에는 여러 가지 종류의 사탕무와 무(*Beta vulgaris*), 양배추와 그 유사종(*Brassica oleraceae*), 당근(*Daucus carota*), 미나리과(Umbellifereae)의 다른 종류들, 디기탈리스(*Digitalis purpurea*), 몇 종의 사리풀(*Hyoscyamus niger*) 등이 있다. 이년생 식물은 자라고 있는 식물에 낮은 온도를 처리하면 일련의 광주기 반응을 자극하게 된다는 점에서 겨울 일년생 식물들과 공통된 특성을 가지고 있다.

이년생 식물은 첫해에 마디사이가 짧은 특징을 갖는 전형적인 로제트(rosette)형으로 자란다(그림 21-4). 겨울 동안에 잎은 죽지만 정단 분열 조직을 포함하고 있는 정단부는 보호된 채로 남아 있게 된다. 이듬해 봄에는 **추대 형성**(bolting)이라고 하는 줄기의 길이 생장이 왕성하게 일어나서 그 후에 꽃이 피게 된다. 이년생 식물에 있어서 저온 처리는 정성적이며 절대적으로 필요한 것이다. 저온 처리가 안되면 많은 이년생 식물들도 무한정 꽃이 피지 않는 로제트 형으로 남아 있을 수 있다. 일부 이년생 식물들은 춘화 처리 후에 낮의 길이와 무관한 반응을 나타내기도 하지만, 일반적으로 겨울 일년생 식물이든 이년생 식물이든 춘화 반응을 보이는 식물들은 장일 개화 식물처럼 반응하는 경향이 있다. 그러나 이 법칙에 대한 예외로 다년생 식물이자 단일 식물(short-day plant, SDP)인 국화(*Chrysanthemum morifolium*)가 있다. 국화속(*Chrysanthemum*)의 몇 가지 종들은 정량적인 단일식물처럼 반응하기 위해서 춘화 처리가 필요하다. 다년생 식물로서 국화속은 보통 매년 춘화 처리가 필요하다(Schwabe, 1950). 완두와 시금치 같은 다른 많은 식물들도 저온 처리를 통해 이른 개화를 유도할 수 있지만 이것이 절대적으로 필요한 것은 아니다.

〈그림 21-4〉 배추에서의 춘화와 줄기 신장
왼쪽 : 배추는 5℃에서 6 주 동안 춘화 처리되었다. 중간 : 식물에 5 $\times 10^{-4}$ M의 지베렐린이 함유된 용액을 매주 분사하였다. 오른쪽 : 대조 식물은 로제트 형태로 남아 있다. 춘화 처리 외에는 모든 식물들이 16시간의 광주기를 갖는 온실 속에서 재배되었다.

유효 온도　춘화에 유효한 온도 범위는 종에 따라서 그리고 처리 기간에 따라 크게 변한다. Petkus 호밀의 경우, 유효 온도 범위는 −5℃부터 +15℃까지이며 +1℃와 +7℃ 사이의 넓은 최적 온도 범위를 갖는다. 이러한 한계내에서 춘화 처리 효과는 처리한 기간에 비례한다. 춘화 처리를 1℃~2℃에서 1~2 주일 정도로 짧게 처리하면 개화는 급격히 촉진되고, 같은 온도에서 약 7주 처리하면 최대로 효과적이다(그림 21-5). 유효 온도 범위내에서는 처리 기간이 짧을수록 최적 온도가 올라간다. 더 높은 유효 범위내에서 낮은 온도에서 더 긴 시간 동안의 처리가 필요한 것은 아마 춘화 상태에 도달되게 하는 대사 반응이 더 느리게 진행되기 때문일 것이다.

개화와 같이 춘화 처리 상태도 대부분의 종에 있어서 대체로 영구적이어서, **유도된**(induced) 상태로 된다. 춘화 처리된 장일식물 사리풀속(*Hyoscyamus*)은 10개월 이상 단일 상태에 두어도 장일 처리에 반응하는 능력을 잃지 않는다. 반대로 저온 처리를 필요로 하는 모든 식물은 **탈춘화**(devernalization)될 수 있다. 저온 처리 직후 고온 처리하면 춘화 처리가 무효화될 수 있다. 예를 들면, 춘화 처리된 겨울 밀의 유식물을 30℃ 정도에서 3~5일 동안 두게 되면 개화는 일어나지 않게 된다. 그런데 대부분의 식물의 경우에 춘화나 탈춘화가 되지 않는 '중립' 온도가 존재한다. Petkus 호밀의 경우에 중립 온도는 약 15℃이다. 춘화 처리된 Petkus 호밀의 종자는 몇 주 동안 건조시키거나 저온 처리 후 일정기간 동안 무산소 상태에 두면 탈춘화될 수도 있다.

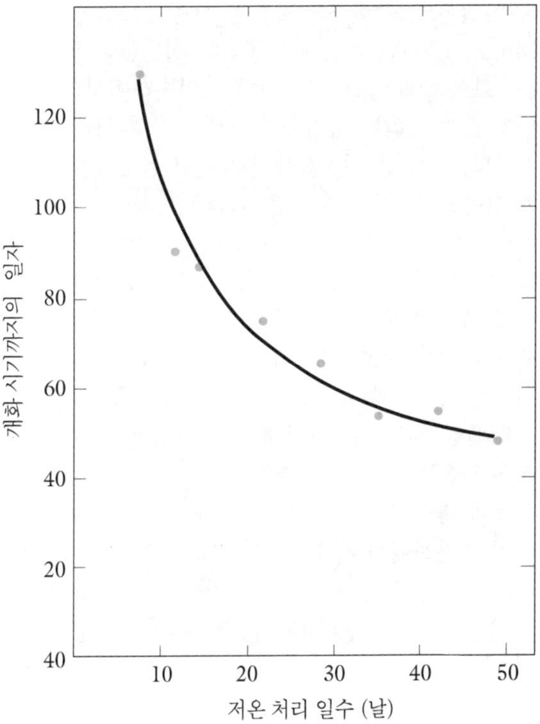

〈그림 21-5〉 Petkus 호밀(*Secale cereale*)의 춘화
표시한 시간 동안 처리하여 1℃의 습기 있는 모래에서 종자를 발아시켰다. 저온 처리 후 모든 종자들이 같은 시기에 온실에 돌려 보내지도록 저온 처리 시간을 조정했다. 꽃이 피기까지 걸리는 일수는 저온 처리의 길이가 길어질수록 줄어들었다.

자극의 감지 춘화 처리는 활발하게 자라는 식물에게만 효과적이며, 건조된 종자에 대한 저온 처리만으로는 충분하지 않다. 따라서, 겨울 곡물은 배(embryo)가 물을 흡수하고 발아 과정이 시작되어야 춘화될 수 있다. 다른 식물들, 특히 이년생 식물들은 춘화되려면 최소한 어떤 크기 이상이 되어야 한다. 예를 들면, 사리풀속은 10일간 자라기 전에는 춘화 처리에 반응하지 않으며 30일 정도 되어야 최대 반응을 보이게 된다. 어느 경우든 저온 처리는 줄기의 정단 분열 조직 부위에만 효과적으로 보인다. 이것은 수분을 흡수한 배에 부분적으로 낮은 온도를 처리하거나 춘화 처리함으로써 증명할 수 있다. Gregory와 Purvis의 초기 연구는 분리한 호밀의 배를 배양한 정단부만으로도 춘화에 민감하다는 것을 보여 주었다. 따라서, 비교적 적은 몇 개의 분열 조직 세포에서 만들어진 유도된 상태는 식물의 발달 과정 동안 유지될 수 있다. 그러나 대부분의 이년생 식물은 종자 상태에서는 유도된 상태로 될 수 없다. 잎이나 심지어 분리된 뿌리도 어떤 경우에는 자극 감지가 가능하다는 보고가 일부 있기는 하지만, 대부분의 이년생 식물들의 경우 자극을 감지하는 부분은 겨울을 나는 줄기의 정단부이다.

춘화 자극의 본성 분리된 배를 사용한 실험은 배에 탄수화물이 공급되고 유산소 상태에서만 춘화 처리가 효과적이어서 이 과정이 에너지가 대사 과정인 것을 암시한다. 그러나, 여전히 유도된 상태의 본성은 알려져 있지 않다. 분열 조직 자체가 자극을 인지하는 부분이기에 전달 가능한 호르몬이 필요한 것 같지는 않다. 저온에 의해 유도된 분열 조직 세포의 생리적 또는 유전적 상태의 영구적인 변화는 세포 분열에 의해 딸세포로 전달될 수 있다. 이 주장을 지지하는 몇 가지 근거가 있다. Petkus 호밀이나 국화속(*Chrysanthemum*)과 같은 식물은 춘화가 유도된 분열 조직으로부터 바로 나온 세포에서 만들어진 조직만이 춘화된다. 만약 하나의 정단부에 부분적으로 저온 처리가 되면 그 부분은 개화되지만, 저온 처리를 받지 않은 다른 모든 눈은 영양 상태를 유지한다.

다른 실험들, 특히 사리풀속을 사용한 실험들에서는 춘화 상태가 접붙임을 통해 전이된다는 것이 증명되었다. Lang의 1965년 논문에 성공적인 실험들의 예가 표로 제시되어 있다(Lang, 1965). 이런 실험들은 접붙임을 통한 '화성소(florigen)'의 전이와 비슷하여서(20장), 춘화 처리되지 않은 접붙인 식물의 개화를 유도할 것이다. 만약 춘화 처리된 사리풀속 식물을 춘화 처리하지 않은 식물에 접붙이면, 두 식물 모두 장일 조건하에서 개화할 것이다. 이런 전이는 접붙인 식물이 살아 있어야 이루어지며, 전달체와 수용체 사이의 광합성 산물의 이동과 함께 협동하여 이루어지는 것 같다.

이런 실험들로부터 Melchers는 버날린(vernalin)이라 부르는 전이되는 춘화 자극 물질이 존재한다고 제안했다. 버날린은 화성소와 마찬가지로 많은 시도에도 불구하고 분리되지 않았으며 여전히 가상적인 물질로 남아 있다. 불행하게도, 버날린 이야기는 해석이 어느 정도 잘못되어 나온 것이다. 접붙이기 실험은 모두 장일 처리를 하여야만 춘화된다. 이 실험들은 '버날린' 자체가 전달되는 것과 춘화 처리되지 않는 쪽이 장일하에서 춘화 처리된 쪽으로부터 전달되어 오는 개화촉진 자극 자체에 대해 반응할 가능성을 명확히 구별할 수 없다.

지베렐린이 저온 처리에 대한 반응에 관여한다는 사실 때문에 춘화 과정은 더 복잡해진다(그림 21-4). 이 사실은 1957년에 Lang이 단일 조건하에서 정단부에 10 ㎍의 GA_3을 반복 처리하여 춘화 처리하지 않은 사리풀속 식물과 몇 가지 다른 이년생 식물의 개화를 유도하여 극적으로 보여주었다(Lang, 1957). 개화가 유도되지 않는 장일 조건하에서 지베렐린을 처리한 도꼬마리와 다른 단일식물에서는 개화가 촉진되지 않았다. 뒤이어 저온 처리가 필요한 몇 종에서 지베렐린이 저온 처리에 반응하여 증가되는 경향이 밝혀졌다.

이런 결과들로부터 다음과 같은 의문이 생긴다. 버날린과 지베렐린은 같은 물질인가? 여러 가지 이유로 그렇지 않을 것 같다. 춘화가 일어나는 몇 가지 식물에 필요한 저온 처리와 일부 장일식물에 필요한 장일 처리를 지베렐린이 대신할 수 있고, 춘화 처리를 하는 경우에는 저온 처리와 장일 처리 모두를 지베렐린이 대신할 수 있는 것으로 보인다. 지베렐린이 저온 처리나 장일 처리를 성공적으로 대신하여 개화를 촉진할 수 있었던 사실상 모든 경우에 추대 형성 — 로제트 영양 생장 단계에서 줄기의 급격한 생장 — 이 관여하는 것을 주목해야 한다. 영양 생장 단계에서 이미 줄기가 신장되어 있어서 **땅위의 줄기가 있는**(caulescent) 장일식물의 경우에는 지베렐린의 효과가 거의 없다. 더욱이 반응하는 식물의 생육 양상은 줄기의 신장이 낮은 온도에 의해 촉진되느냐 또는 지베렐린 처리로 촉진되느냐에 따라 상당히 차이가 난다. 낮은 온도 처리 후에는 줄기의 신장이 시작됨과 동시에 꽃눈이 확연히 나타나기 시작한다. 반면에 지베렐린을 처리한 뒤에는 영양 기관인 지상부를 만들기 위해 줄기가 먼저 신장된다. 꽃눈은 한참 후에야 나타난다. 이 문제에 대한 한 가지 해결책이 Chailakhyan에 의해 제시되었는데, 그의 안테신(anthesin) 가설(20장에 설명되었음)을 수정하여 버날린이 단순히 지베렐린의 전구체라고 제시하였다. 춘화 처리가 필요한 식물에 저온 처리하면 버날린이 축적되지만 지베렐린으로 전환시키기 위해서는 장일 처리가 필요하다는 것이다. 불행하게도 이런 가설은 안테신이나 버날린이 모두 가상적 존재이기에 별로 만족스럽지 못하다. 분명한 것은 꽃의 유도에 대한 조절은 오늘날 식물 생리학자들이 당면한 가장 도전해 볼 만한 문제들 중 하나라는 것이다.

눈의 휴면

온대 지방의 전형적인 다년생 낙엽 식물의 생장은 주기적으로 보통 일년을 주기로 활발한 생장이 중단되는 시기를 거친다. 늦여름이나 초가을에 형성되는 눈은 휴면 상태로 겨울을 지내고 보통 봄이 돌아와서 더 알맞은 온도 조건이 될 때까지 생장을 재개하지 않는다. 따라서 눈의 휴면은 겨울 같은 불리한 환경하에서도 식물이 생존할 수 있게 해 주는 방어 기구이다. 생존을 확실히 하기 위해서는 불리한 상황이 벌어지기 전에 휴면 기구가 작동되어야만 한다. 이것은 식물이 기후의 변화를 예견할 수 있어야만 한다는 것을 의미한다. 동시에 정상적인 생장과 발달을 지탱하기에 적당한 환경 조건이 될 때까지 눈의 휴면이 깨어지지 않도록 하는 메커니즘이 제대로 작동해야 한다. 예를 들면 겨울에 때이른 따뜻한 기간 동안 눈의 휴면이 너무 일찍 깨어지면 심각한 결과가 초래된다. 다시 말하면 휴면은 단순한 비활동기만이 아니다. 휴면은 환경의 여러 요인에 의해 시작되고 유지되며 궁극적으로는 개체의 특정 대사 변화에 의해 깨어지는 정확하게 조절되어 일어나는 현상이다.

휴면(dormancy)이란 무엇인가? 이 용어는 일반적으로 눈, 종자, 괴경, 구경 등의 조직이 적당한(즉, 생리적) 온도에서 적절한 수분과 산소가 공급되더라도 자라지 않는 것을 일컫는다. 불행히도, 휴면이라는 용어는 그 뜻이 일정치 않아 혼동을 일으킨다. 무활동, 휴식, 진정한 휴면, 강요된 또는 강제된 휴면 같은 용어들이 여러 권위자들에 의해 다양한 단계와 조건을 설명하는 데 사용되어 왔다. 이런 문제의 일부는 휴면이 진행중인 과정으로 정도의 차이가 있기 때문이다. 예를 들면 막 휴면에 돌입한 눈은 생장이 재개되도록 비교적 쉽게 자극을 받을 수 있다. 반면에, 완전한 휴면에 도달된 눈의 휴면을 타파하고 생장이 재개되도록 하려면 아주 철저한 처리를 해야만 한다. 조직의 내재 요인이나 환경적 제한의 결과로 생장이 재개되지 않을 수도 있다. 대부분의 경우 휴면 상태의 유도, 유지 그리고 탈피에는 내재성 인자와 외재성 인자들이 서로 상호 작용하는 것 같다.

휴면 연구는 다음의 세 가지 중요한 문제에 초점이 맞추어졌다. (1) 휴면의 개시를 자극하는 환경 신호는 무엇이며 어떻게 인지되는가? (2) 활성 감소는 어떤 대사 변화 때문인가? (3) 적절한 시기에 생장을 재개시키는 신호는 무엇인가?

눈의 휴면은 잎의 탈리, 형성층 활성의 감소, 추위에 순응 등(22장에서 더 논의될 것)과 동반하여 일어난다. 눈의 휴면은 늦여름에 낮의 길이가 짧아지면 시작되는 전형적인 단일 반응으로 보인다(20장). 대부분의 경우 피토크롬이 관여하고 잎이 광주기 자극을 감지한다. 그러나, 자작나무(*Betula pubescens*) 한 가지의 경우는 반응이 정단아(apical bud)에 한정되어 있는 것으로 보인다.

호르몬 수준의 변화가 휴면과 일치하여 감지되지만, 이런 변화들이 원인성인지 아니면 단순히 생장이 감소된 결과인지 분명하지는 않다. 몇 종에서는 눈의 생장이 중지되고 휴면이 시작되기 전에 지베렐린과 옥신 수준의 감소가 일어났다. 1940년대 후반에서 1950년대까지 많은 연구자들이 휴면이 시작된 조직의 추출액이 생장 억제 활성을 크게 증가한다고 보고했다. 실제로 이런 실험들의 결과로 앱시스산(abscisic acid, ABA)이 발견되었다(16장). 처음에는 '도민(dormin)'(즉, 휴면을 유도하는)이라 부르던 ABA 수준의 증가가 눈의 휴면을 시작하게 하는 중요한 원인이 되는 인자로 생각되었다. 일부 실험에서 ABA 처리가 목본 가지 눈의 휴면이 탈피되는 것을 억제하거나 지연시켰다. 그러나, 기체-액체 크로마토그래피(gas-liquid-chromatography, GLC)와 같은 더 세밀한 분석 기술에 의한 최근의 결과는 내부 ABA의 역할에 대해 부정적이다. 여러 종에서 잎과 눈의 ABA 함량은 휴면의 시작과 함께 사실상 감소한다. ABA의 수준이 휴면과 관계한다는 것에 맞지 않는 증거가 상당히 많이 있다(Phillips et al., 1980). 다른 억제 인자들이 관련되어 있을 수도 있지만, 만약 그렇다면, 이들의 실체가 무엇인지는 아직 알려져 있지 않다.

비생장기 동안 눈의 생리적 상태에 대해서는 거의 알려져 있지 않다. 이러한 눈은 온도와 산소 및 물의 공급이 적합하더라도 호흡 활성이 낮고 생장하지 않는 특징을 보인다. 눈은 사실상 마디 사이가 길어지지 않고 잎이 확장되지 않은 분열 조직이다. 전체는 눈비늘(bud scale)이라 부르는 변형된 잎들로 둘러싸여 있다(그림 21-6). 눈비늘은 눈을 단열로 보호하고 건조되는 것을 방지하는 보호 기능을 한다. 눈비늘을 제거하면 호흡률이 상당히 증가하는 것으로 보아 눈비늘은 호흡을 감소시키는데도 기여한다. 핵산과 단백질 합성의 저해제들이 일부 눈의 휴면이 개시되는 것을 막을 수 있다는 오래된(1960년대까지 거슬러 올라가는) 증거들로 보아 휴면에 새로운 유전 정보의 전사가 관여한다는 것을 암시한다. 최신의 DNA 재조합 기술이 눈의 휴면 연구에 유용하게 적용될 수 있을 것이다.

저온 단일 처리에 의해 휴면이 유도될 수 있지만, 온도의 주 역할은 휴면의 탈피로 보인다. 많은 경우에 활발한 생장이 재개되기 전에 일정한 저온 기간이 필요하다. 다시 말해서, 대부분의 휴면하고 있는 눈에서 세포들이 분열하고 커지기 위해서는 저온 상태(chilly)가 꼭 필요하다. 휴면을 탈피하는 데 필요한 저온 상태에 대한 연구는 주 상업적인 과실수와 장식용 낙엽수에서 이루어졌다. 반구에서는 저온 상태의 필요성이 주로 재배의 남방 한계선을 결정하기 때문이다. 열매를 맺게 될 꽃눈이 전해의 여름에 생기기 때문에 과실수에는 이 과정이 특히 결정적이다. 겨울을 지내면서 저온 상태의 요구를 만족시키면 이듬해 봄에 과실수는 계속 발달하게 된다.

빙점 근처나 빙점보다 약간 높은 온도가 휴면을 벗어나는 데 가장 효과적인 것으로 보인다. 필요한 저온의 정

〈그림 21-6〉 월계수(*Laurus noblis*)의 곁눈
눈을 둘러싸서 보호하고 있는 두드러진 눈비늘을 주목해 보라.

도는 종, 재배종, 심지어는 눈의 위치에 따라 다르다. 사과(*Malus pumila*), 배(*Pyrus communis*), 벚나무(*Prunus* sps.)와 같은 종들은 휴면을 타파하기 위해서 약 7~9 주간 7℃ 이하의 온도에 노출되어 있어야 한다. 어떤 종들은 22주 이상(미국 자두, *Prunus americana*)이 필요하거나 4~6주 정도의 짧은(살구나무, *Prunus ameniaca*) 기간이 필요하다. 감나무(*Diospyros kaki*)는 저온에서 단 4일간만 있으면 되므로 다른 과실수보다 훨씬 남쪽에서도 잘 자랄 수 있다. 온대 지방의 겨울철의 온도는 자주 널리 변하지만, 휴면하는 조직에게는 일반적으로 별 문제가 아니다. 대부분의 경우 눈과 다른 휴면 조직은 추운 기간을 헤아릴 수 있어서 적합한 양의 저온 처리가 축적될 때까지는 생장을 재개하지 않는다.

단풍나무의 종, 생태형(ecotype) 또는 유전 혈통에 따라 필요한 저온의 양은 많이 바뀐다. 남부 캐나다에서 채취한 당단풍나무(*Acer saccharum*)의 휴면을 깨는 데는 저온에 노출된 기간이 12주 이상 필요하지만, 이 식물 분포의 남방 한계선 근처의 더 따뜻한 지역에서 채취된 당단풍나무는 저온에 단지 몇 주만 있으면 된다. 붉은 단풍나무(*Acer rubrum*)의 유식물에서도 비슷한 결과가 나왔다(Perry and Wang, 1960 ; Taylor and Dumbroff, 1975).

종자 휴면과 발아

종자는 많은 면에서 눈과 비슷하여 합쳐서 종피(seed coat)라 부르는 여러 겹의 막으로 둘러싸인 작은 배축(약간의 저장 조직과 함께)으로 되어 있다. 종피는 눈비늘처럼 보호 기능을 한다. 종피는 흔히 물의 흡수와 산소의 교환을 막아 발아를 억제하고, 배의 팽창을 물리적으로 제한하며, 어떤 경우에는 배의 생장을 억제하는 저해물질을 함유하고 있다. 종피 파상법(scarification)이라는 과정으로 종피를 물리적으로 파괴하거나 제거함으로써 이러한 제한들은 제거될 수 있으며, 많은 종자의 발아를 촉진할 수 있다. 실험실에서는 종피 파상법을 줄이나 사포로 할 수 있다. 자연 상태에는 모래에 의한 마모, 미생물의 작용, 종자가 동물의 내장을 통과함으로써 이 일이 이루어진다. 종피는 아주 단단하기도 하다. 예를 들면, 나팔꽃, 면화, 일부 열대성 콩과식물의 종자는 진한 황산에 1시간까지 담가 두면 발아의 균일성과 발아율이 높아진다. 동물의 내장을 통과함으로써 일어나는 종피 파상법은 틀림없이 내장의 산성 조건 때문에 일어날 것이다.

종자의 휴면은 눈에서와 같이 생리적 · 환경적 제한 때문에 배가 생장하지 않는 상태를 말한다. 위에서 언급했던 것처럼, 물이나 산소가 종피를 투과하지 못하는 등이 이런 제한에 포함된다. 일부 식물, 특히 콩과의 종자는 수분 함량을 조절하는 특수한 구조를 가지고 있다. Hyde는 루피너스(*Lupinus arboreus*) 종자에서 습도에 의해 작동되는 밸브의 기능을 하면서 종자의 물 흡수를 제한하는 구조를 기술하였다(Hyde, 1954). 물은 파상되지 않은 종피를 통과하지 못하기 때문에, 물이 들어갈 수 있는 유일한 통로는 힐룸(hilum)이라 부르는 조그만 구멍이다(그림 21-7). 종자의 수분 함량이 공기보다 높을 때, 힐룸은 열려 물이 방출되도록 하고 종자는 건조된다. 그러나 종자 밖의 습도가 내부보다 높을 때, 힐룸을 둘러싸고 있는 세포가 부풀게 되어 구멍이 닫혀 물의 유입이 차단된다. 게다가, 종자가 건조하게 되면 종피의 물에 대한 투과도도 감소하며 종자의 휴면도 증가한다. 어떤 종자들은 육부 마개(strophiola plug)라 부르는 마개로 막혀 있는 구멍을 가진 것도 있으며, 물과 산소가 들어오려면 이 마개가 물리적으로 제거되어야만 한다.

종피가 가스 교환 특히 산소의 유입도 방해한다는 증거가 상당히 있다. 이미 언급한 바와 같이 종피를 제거하면 종종 호흡에 의한 산소의 소비가 상당히 증가한다. 종피의 산소 투과도가 측정되었는데 측정한 종자의 투과도는 일반적으로 매우 낮았다. 그러나 한정된 산소 투과도가 휴면의 일차적인 원인인지는 분명하지 않다. 상황의 복잡성과 해석상의 문제가 도꼬마리(cocklebur)의 연구에서 잘 드러나 있다.

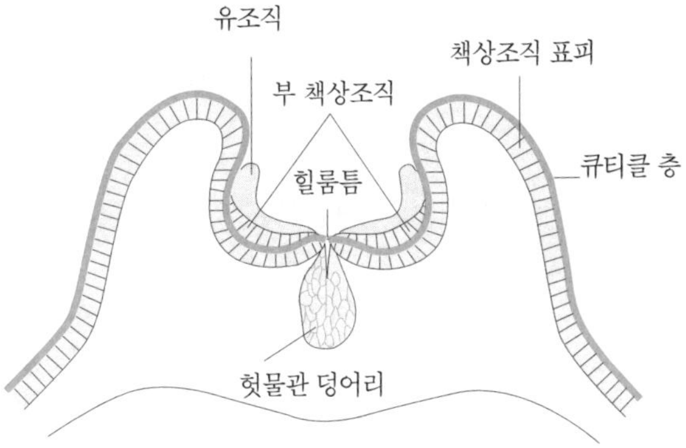

〈그림 21-7〉 종자로부터 물의 소실을 조절하는 흡습성 밸브인 힐룸(hilum)이 보이도록 자른 *Lupinus arboreus*(lupine 나무)의 종자 단면도

부(副)책상조직(counter palisade)은 큐티클의 바깥쪽 표면에 있는 두꺼운 벽을 가진 세포들의 집단이다. 종자의 수분 함량이 공기 중의 수분 함량보다 높을 때는 힐룸틈이 열리고 물이 헛물관 덩어리(tracheid cluster)로부터 빠져나간다. 공기 중의 수분 함량이 종자내보다 높을 때는 부(副)책상조직 세포들이 부풀게 되고 종자가 다시 수화되지 않도록 보호하기 위해 힐룸틈이 닫힌다.

도꼬마리는 위쪽의 휴면 종자와 아래쪽의 휴면하지 않는 2개의 종자를 가지고 있다. 위쪽 종자의 휴면은 종피를 제거하거나 온전한 종자에 높은 산소 분압을 처리하면 깨진다. 휴면 종자의 제한된 종피 투과성은 배에 산소 공급을 제한해서 발아를 막는다고 추론된다. 이런 결론을 의심케 하는 여러 가지 다른 관찰 결과가 있다. 예를 들면 산소에 대한 종피의 투과성을 측정하면 휴면 종자와 휴면하지 않는 종자 사이에 차이가 없다. 더구나 종피를 통한 산소의 확산율이 측정된 배 내부의 산소 소비량을 충족시키고 남을 정도이다. 분명히 도꼬마리속의 위쪽 종자의 휴면은 산소에 대한 종피의 투과성이 제한되기 때문이 아니다.

그렇다면 위쪽의 휴면 종자를 발아시키는데 왜 높은 산소 분압이 필요한가? 종피는 산소의 흡수에 대한 장벽이 아니라 배로부터의 억제제를 제거하는 데 방해되는 장벽으로 보인다. 밀 자엽초의 길이 생장 실험에 도꼬마리속 종자의 수용성 추출액을 시험한 것을 토대로 이 추출액에는 미확인된 두 가지 억제제가 존재하는 것으로 밝혀졌다. 동일한 두 가지 억제제가 분리된 배를 축축한 배지에 두었을 때 확산되어 나오는 물질로부터는 발견되었지만, 완전한 종피로 둘러싸인 종자로부터 확산되어 나오는 물질에서는 발견되지 않았다. 따라서 휴면 종자의 발아는 이런 억제제의 존재로 인해 방지되며, 종피는 이런 억제제가 새나가지 못하게 하는 장벽으로 작용하는 것 같다. 산소가 필요한 것은 아마도 높은 산소 분압이 억제제를 일부 산화적으로 분해시켜 추출되는 억제제의 양을 감소시키는 관찰 결과로 설명할 수 있다.

종자의 휴면에 대한 억제제의 역할도 아직 명확하지 않다. 옥신이나 지베렐린 같은 호르몬과 함께 많은 종류의 억제제가 종자와 열매 및 기타 다른 종자의 산포 물체에서 발견되었다. 이런 억제제에는 호르몬(ABA), 불포화 락톤(coumarin), 페놀 화합물(ferulic acid), 여러 아미노산 및 사과와 장미과(*Rosaceae*)에 속하는 다른 종자의 특징인 시안화물을 형성하는 화합물(cyanogenic compound, 즉 cyanide를 방출하는 화합물) 등이 포함된다. 그러나 억제제가 존재한다고 해서 휴면에 대한 억제제의 역할이 증명되는 것은 아니다. 억제제는 배의 생장에 직접적으로 관여하지 않는 조직에 국한되어 있을 수도 있고, 격리되어 있을 수도 있어서 발아 방지에 어떤 역할을 한다는 것이 배제될 수 있다. 억제제의 역할을 지지하는 증거는 위에서 기술한 도꼬마리속의 경우와 같이 일반적으로 침출 실험에 한정되어 있다. 어떤 경우에는 침출시킨 종자를 억제제에 노출시킴으로써 다시 휴면에 들어가게 할 수도 있다. 억제제가 발아를 조절하는 데 능동적인 역할을 하는지를 분명히 입증하기 위해서는 종자 내의 억제제의 양이 휴면의 개시 및 종결 여부와 관련되는지를 밝혀야 한다(Wareing, 1965). 휴면에 대한 억제제의 관련성을 논한 엄청난 양의 문헌에도 불구하고, 역할을 지지해 주는 결정적인 증거는 거의 없다. 현재로서 억제제에 의해 휴면이 시작되고 유지된다는 증거는 여전히 정황적이다.

종자의 휴면과 발아는 빛과 호르몬에 의해서도 영향을 받는다. 빛의 역할에 대해서는 18장에서 설명했다. 호르몬 지베렐린과 ABA의 역할은 17장에서 논의하였으므로 여기서는 더 이상 논의할 필요가 없을 것이다.

온도와 종자의 휴면 온도는 대부분의 종자에 있어서 휴면을 종결하는 데 중요한 영향을 미친다. 충분히 물을 흡수한 종자에 있어서 변동하는 온도나 저온은 휴면을 종결시키는 것으로 알려져 있다.

변동하는 온도 대부분의 종자는 비록 충분히 수화되었더라도 항상 온도에서는 발아하지 않는다. 대신에 종자는 일주기적인 온도의 변동을 필요로 한다. 필요한 최고와 최저 온도 사이의 차이는 종종 크지 않으며, 그 범위는 종에 따라 2~3℃ 정도에서부터 약 5℃~10℃ 정도이다. 예를 들면 넓은잎소루쟁이(*Rumex obtusifolia*)는 온도 차이가 약 10℃이고, 고온이 일주기에서 16 시간 지속될 때 90% 이상 발아된다(Totterdell and Roberts, 1980).

변동하는 온도에 대한 반응은 복잡하여 거의 이해되지 못하고 있다. 넓은잎소루쟁이의 경우, 고온이 15℃ 이상일 때만 온도 변동 처리가 효과적이다. 또한 고온이 하루 중 8시간 주어질 때면 90% 발아를 유도하는데 단지 5℃의 온도 차이가 필요하다. 어떤 경우에는 변동하는 온도의 효과가 배 자체에 국한되는 것으로 드러났지만, 변동하는 온도의 효과는 기계적이라고 보고되었다. 많은 경우에 이 효과는 종피로부터 종자를 방출시키거나 강제되어 있는 휴면으로부터 종자를 방출시키는 일종의 종피 파상법과 같은 것이다.

낮은 온도 막 땅에 떨어진 많은 초본과 목본 식물의 종자들은 오래 지속되는 저온 처리 후에야만 생장이 유도되는 사실이 오래전부터 알려져 있었다. 이런 식물에는 단풍나무(*Acer*), 개암나무(*Corylus*), 장미과(*Rosaceae*)에 속하는 많은 속(배, *Pyrus*; 사과, *Malus*; 산사나무, *Crateagus*) 등이 포함된다. 일반적으로 필요한 기간 동안 저온 처리한 뒤에도, 배가 발생하고 유식물이 발달하기에 더 좋은 온도가 될 때까지 종자는 발아하지 않는다. 대부분의 경우 이런 요구 조건 때문에 늦여름이나 가을에 뿌려진 종자는 봄이 될 때까지 발아하지 않는다.

발아에 필요한 요구를 충족하는 저온에 노출시키는 것을 **저온전처리**(pre-chilling) 혹은 **층화**(stratification)라 한다. 층화라는 용어는 종자를 축축한 모래나 물이끼(peat moss)에 층층이 뿌리고 발아를 유도하기 위해 몇 주에서 몇 달 동안 저온에 노출시켜 놓는 원예 실행 과정에서 유래했다. 종자를 휴면으로부터 깨어나게 하는 데 필요해서 미리 저온전처리하는 것을 이 장의 앞 부분에서 논의한 것과 같이 이미 발아한 유식물에 저온을 처리하는 것인 춘화와 혼동하지 말아야 한다.

눈의 휴면 타파와 같이 종자의 휴면을 깨는 것도 빙점에 가까운 10℃ 이하의 온도가 가장 효과적이다. 대부분의 종에 있어서 최적 온도는 5℃ 부근이다. 같은 종자군에서 온도 효과는 저온 처리의 길이와 함수 관계에 있다(그림 21-8).

저온 처리 기간 동안 종자는 약간의 대사상의 변화를 거치는 것으로 예측되지만, 이런 변화의 본성은 분명치 않다. 탄소와 질소가 배유에서부터 배(embryo)로 재배치되고, 억제제의 양이 감소하며, 지베렐린과 시토키닌 함량이 증가하는 증거들이 있다. 다른 저온 체계에서처럼 지베렐린의 처리가 많은 종자들의 저온 요구를 적어도 부분적으로 대체할 수 있다.

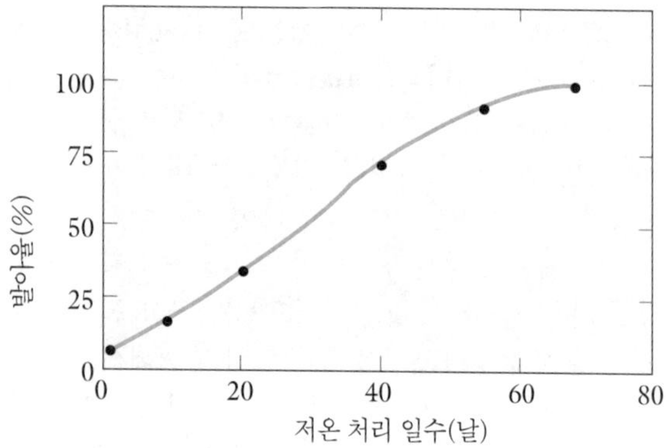

〈그림 21-8〉 저온 처리에 의한 사과 종자의 휴면 탈피
습하게 유지한 종자를 표시한 기간 동안 4℃에 두었다.

온도 변화에 대한 반응

재배자들은 밤 동안 온실의 온도를 낮추는 것이 식물의 생장에 긍정적 효과를 미친다는 사실을 오래 전부터 알고 있었다. 이런 효과는 특히 1940년대에 Went와 그의 동료들의 연구에 의하여 특히 잘 기록되었다(Went, 1961). Went는 26℃ 또는 18℃의 일정한 온도에서 재배한 토마토는 생장이 나쁘고 26℃의 경우에는 열매를 맺지 않는다는 것을 발견했다. 낮 동안은 26℃, 밤 동안은 18℃로 변하는 조건에서 재배된 식물은 왕성하게 생장하고 최대수의 열매를 맺었다. 낮과 밤의 온도 변동이 효과를 거두기 위해서는 낮과 밤의 주기와 일치해야만 한다. 만약 온도 변동 주기가 반대로 되면, 즉 밤 주기 동안에 고온이 주어지게 되면 생장은 26℃의 일정한 온도에서 보다 더 나쁘게 된다. 이런 현상을 설명하기 위해 Went는 **온도 주기성**(thermoperiodism)이라는 용어를 사용했다.

모든 식물은 아니지만 대부분의 식물이 유사하게 온도가 변동하는 체제하에서 더 잘 자란다는 것이 지금은 알려져 있다. 꽃의 생성에 주로 영향을 미치는 광주기와는 대조적으로 이런 식물에서 온도 주기는 주로 영양 생장에 영향을 미친다. 감자와 담배 같은 몇 가지 식물들의 경우 밤 동안의 낮은 온도로 인해 뿌리 생장이 우선적으로 일어나기 때문에 뿌리에 대한 줄기의 비가 감소하게 된다.

온도 차이의 영향에 대한 다른 예는 튤립(*Tulipa*)과 *Crocus* 같이 백합과(Liliaceae)에 속하는 식물의 꽃의 운동에서 나타난다. 이런 식물들의 꽃은 일반적으로 낮 동안에는 열려 있고 밤에는 닫히며, 이런 운동은 빛에 의해 단지 약간의 영향을 받을 뿐이다. 대신 화피(perianth) 부분 또는 화피편(tepal)[2]이 온도 변화에 반응한다. 이것은 화피편의 안쪽(adaxial)과 바깥쪽(abaxial)에 있는 세포의 생장 반응의 차이와 관계가 있는 **온도 경성**(thermonasty)의 한 형태이다.

Wood에 따르면 두 표면(화피편의 안쪽과 바깥쪽)에서 최적 생장 온도는 약 10℃가 차이 난다(그림 21-9)(Wood, 1953). 온도가 증가하면 꽃이 열리는 것(그림 21-9(A))은 안쪽 표면에 있는 세포의 생장률이 일시적으로 급격하게 증가하는 것과 관계가 있다(그림 21-9(B)). 반대로 온도가 떨어진 뒤에 꽃이 닫히는 것(그림 21-9(C))은 바깥쪽 표면에 있는 세포의 생장률이 증가하여 일어난다(그림 21-9(D)). 다른 연구자들은 *Crocus*는 단

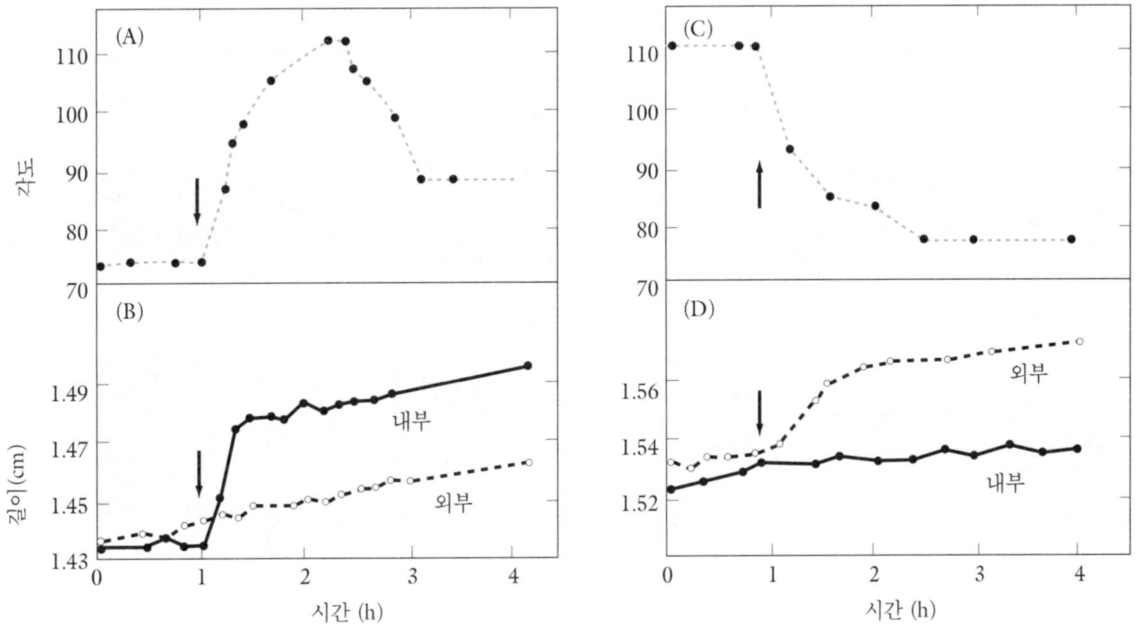

〈그림 21-9〉 *Tulipa* 꽃의 개화와 생장률 차이에 미치는 10℃ 온도 변화의 영향
(A)와 (B) 7℃에서 17℃로 온도를 높였을 때의 효과. (C)와 (D) 20℃에서 10℃로 온도를 내렸을 때의 효과. 온도 변환 시점은 화살표로 표시되어 있다. (A)와 (C)는 꽃잎이 열리고 닫히는 것을 각각 보여 주며, (B)와 (D)는 화피편의 안쪽과 바깥쪽 표면에서의 세포의 생장을 나타낸다.

---

2) 화피편(tepal)은 꽃받침(sepal)과 꽃잎(petal)이 비슷하게 생겼고 서로 구분이 되지 않을 때 전체를 지칭하는 용어이다.

지 0.2℃ 정도의 온도 증가가 있은 뒤에, 튤립은 1℃ 내지 2℃의 온도 증가가 있은 뒤에 꽃이 열린다고 보고했다. 꽃이 피는 데는 최저 한계가 있어서 예를 들면, *Crocus*는 8℃ 이하에서는 꽃이 피지 않는다. 매우 추운 봄에는 꽃이 피지 않을 것이다.

제 22 장

식물 스트레스 생리

앞 장에서는 정상적인 환경 조건에서의 식물의 생장과 발달에 초점을 맞추었다. 그러나, 식물은 정상이 아닌 극단적인 환경에 자주 직면하게 된다. 북반구 고위도 온대 지방의 교목과 관목은 겨울철에 극도의 저온에 노출된다. 고산 식물은 차갑고 건조한 바람과 강한 자외선에 노출된다. 그리고, 농작물은 장기간에 걸쳐 건기를 겪기도 하며 이들의 뿌리는 토양 속에 들어 있는 고농도의 염에 접하게도 된다. 최근에는 인간 활동을 통해 발생되는 토양, 수질 및 대기 오염 물질 또한 식물이 대처해야 하는 추가적인 환경 요인이 되고 있다. 환경 변인이 극단적으로 변하면 식물에게 스트레스가 되는 조건이 형성되어 식물의 생리와 발달 그리고 생존에 중요한 영향을 미칠 수 있다.

환경 스트레스에 대한 식물의 반응에 관한 연구는 오랫동안 식물 환경 생리학자와 생리 생태학자에게 중요한 주제였다. 식물이 스트레스에 대해 반응하는 방식은 식물들의 지리적 분포와 환경 변화에 따른 반응 양식을 설명하는 데 도움이 된다. 스트레스는 항상 생산성을 감소시키기 때문에, **스트레스 반응**(stress response)은 농학자에게도 중요하다. 건조와 염 및 생산을 제한하는 여러 다른 요인들을 견딜 수 있는 스트레스 내성 재배종을 육종하려고 시도할 때 스트레스 반응을 이해하는 것은 반드시 필요하다. 끝으로, 스트레스 환경은 식물의 기능을 변동시키기 때문에, 식물생리학자들이 기초생리학과 생화학에 대해 연구하는 데 매우 유용한 도구가 된다.

이 장에서는 식물이 그들이 살고 있는 환경에서 직면하는 몇 가지 스트레스에 대해 살펴볼 것이다. 이 장에서 다루게 될 중요한 주제는 다음과 같다.

- 생물학적 스트레스의 개념과 식물이 스트레스 조건에 일반적으로 어떻게 반응하는가
- 줄기와 뿌리의 생장에 미치는 수분 결핍이나 건조의 영향, 수분 스트레스 상태에서 받는 손상의 본질, 그리고 식물이 어떻게 기공 전도도를 감소시키고 세포의 삼투 성질을 조절하여 수분 결핍에 반응하는가
- 식물에 대한 저온 스트레스의 위협과 초본 식물과 목본 식물이 어떻게 순응하여 저온 손상을 피할 수 있는가
- 열쇼크 단백질의 합성을 포함하여 막과 대사에 미치는 고온 스트레스의 영향
- 고농도의 염 환경, 해충, 질병, 환경 오염에 대한 식물의 반응

스트레스란 무엇인가?

생물학적 스트레스는 쉽게 정의할 수 없지만 생물체에게 부정적인 영향을 의미한다.

스트레스 환경과 스트레스에 대한 식물의 반응을 기술하는 데 사용되었던 용어는 수년간 논쟁거리가 되어 왔다. **스트레스**(stress)는 근본적으로 역학적 개념으로, 공학자와 물리학자들에 의해 물체에 가해지는 단위 면적당

〈표 22-1〉 식물이 겪게 되는 중요한 환경 스트레스

고온(열)
저온(냉해, 결빙)
수분 과다(홍수, 산소 결핍)
수분 결핍(건조, 낮은 수분 퍼텐셜)
염분
복사 에너지(가시광선, 자외선)
화학 물질(살충제, 중금속, 대기 오염 물질)
생물(병원체, 경쟁)

힘으로 정의되었다. 물체는 스트레스에 반응하여 변형(strain)되거나 크기(dimension)가 변한다. 이 스트레스-변형의 상관 관계는 하중을 받은 고무줄이 늘어나거나 금속 막대가 구부러지는 것과 같은 물리적인 예에서 쉽게 알 수 있다. 가해진 힘으로서의 스트레스와 크기의 변화로서의 변형은 역학계에서 쉽게 정량할 수 있다.

생물학적 의미로 스트레스를 정확하게 정의하는 것은 어렵다. J. Levitt는 물리학적 용어가 생명체에 적용될 수 있고, 또 적용되어야 한다고 주장했다(Levitt, 1972 ; Turner and Kramer, 1980 참조). 그러나, 실제로 스트레스에 대한 생물학적 개념은 더 일반적인 의미를 갖는다. 예를 들면, 생태계 수준에서는 식물체가 가지고 있는 유전적 잠재력 이하로 생산성(즉, 탄소 획득)을 제한하는 모든 외부 억제 요인이 스트레스로 고려될 수 있다(Grime, 1979). 농업과 같은 특별한 상황에서는 최적 환경에서의 식물의 유전적 잠재력을 측정하는 데 수학적 모델을 사용할 수 있으므로 이러한 접근법은 유용할 것이다. 그러나 유전적 잠재력을 측정하기 위한 실제적인 수단이 없으면, 이러한 기준에 따라서 스트레스의 영향을 판단하는 것은 훨씬 더 어려워진다.

환경 스트레스를 측정할 때, 연속적인 환경변화의 차이에서 어느 때의 조건이 스트레스가 되는지에 대한 문제에서 또 다른 어려움이 생겨난다. 예를 들면, 식물 종들은 각각의 최적 환경이 매우 다양하고, 극단적인 온도, 수분 퍼텐셜, 염 환경에 대한 민감성도 매우 다양하다(표 22-1). 이렇게 다양한 연속선상의 어느 지점에서 온도나 토양 수분 퍼텐셜이 스트레스가 되는 것일까? 이에 대해 스트레스 생리학 분야에서 연구하고 있는 모든 과학자의 지지를 받는 명쾌한 대답이나 용어는 없다(Jones and Jones, 1989).

아마도 가장 유용한 생물학적 스트레스의 정의는 '기능이 이루어지는 정상적인 체계를 저해하는 부정적인 힘이나 영향'이라고 할 수 있을 것이다(Jones and Jones, 1989). 이 정의조차도 '정상적인' 것인가에 대한 해석은 매우 주관적이며 종이나 심지어 생태형 사이에서도 다를 수 있기 때문에 문제가 있다. 스트레스에 대한 이러한 정의는 스트레스 환경의 영향이 식물체에게 해롭거나 잠재적으로 해로울 것이라는 것도 암시한다. 몇몇 스트레스 생리학자들은 이 정의가 스트레스를 받게 되는 환경에서 식물이 생장할 수 있게 하는 적응 메커니즘(adaptive mechanism)에 대해 문제를 불러일으키기 때문에 너무 제한적이라고 느끼고 있다. 스트레스는 환경이나 생물과 함수 관계를 가지는가? 예를 들어, 사막이나 북극 툰드라의 극단적인 환경이 그곳에서 정상적으로 자라고 있는 식물체에게 스트레스가 되는가? 이러한 환경들이 단지 몇 종에게만 스트레스가 되고 다른 종들에게는 스트레스가 되지 않는가? 아마도 이 장에서 논의되는 환경 스트레스의 예들이 이러한 의문에 대해서 약간의 이해를 줄 것이다.

스트레스에 대한 식물의 반응

식물은 여러 가지 방식으로 스트레스에 반응할 수 있다. 식물은 스트레스가 약할 때 생장이 정지되므로 스트레스의 영향을 피하지 못하면 존재하는 스트레스에 대처할 수 없어서 손상을 입게 된다. 다른 방법으로는 물질 대사상의 특별한 변화로 인해 식물체가 스트레스의 영향을 피하거나 견딜 수 있게 되기도 한다.

어떤 식물은 스트레스에 의해 손상을 입는다. 이것은 식물체가 한 가지 이상의 물질 대사적 기능 장애를 나타낸다는 뜻이다. 만약 스트레스가 보통 강도이고 짧은 기간 주어지면, 손상은 일시적이며 스트레스가 없어지면 식물체는 회복된다. 만약 스트레스가 너무 심하면, 꽃피는 거나 열매 맺는 것을 방해하거나 생존의 위협을 받는다. 단명인 사막 식물같은 일부 식물은 한꺼번에 스트레스로부터 도피한다. 단명 식물(ephemeral plant)은 우기

후에 매우 빨리 발아하고 성장하며 개화한다. 그래서 단명한 식물은 적당한 습기가 있는 기간 동안 생활사를 마치고 건기가 시작되기 전에 휴면 종자를 형성한다. 북극 지방의 많은 일년생 식물들도 마찬가지로 짧은 여름 동안 생활사를 빨리 마치고 종자의 형태로 겨울을 지낸다. 단명한 식물은 사실상 건조 스트레스나 저온 스트레스를 거의 겪지 않기 때문에 **스트레스 탈출자**(stress escaper)라고 한다.

많은 식물들은 **스트레스 회피**(stress avoidance)나 **스트레스 내성**(stress tolerance)을 통해 스트레스에 저항하는 능력을 가지고 있다. 회피 메커니즘이란 스트레스가 환경에 존재하더라도 그 충격을 감소시키는 것이다. 예를 들면 알팔파(*Medicago sativa*)는 지하수반까지 뿌리를 깊이 내림으로써 성체로서 건조한 서식지에서 살 수 있다. 이로 인해 알팔파는 뿌리를 얕게 내린 다른 식물들이 가뭄을 겪는 조건에서도 적당한 양의 물이 공급되게 한다. 다른 식물들에는 물을 저장하기 위한 물질의 일이나 증발을 감소시키는 두꺼운 큐티클이나 **엽모**(pubescence, leaf hair)가 있는 잎을 발달하거나, 수분을 보존하거나 수분 손실을 감소시키기 위한 다른 변형이 생긴다. 광합성을 하는 육질의 줄기와 단순한 가시 형태로 줄어든 잎을 가진 선인장은 건조 회피자의 또 다른 예이다. 대부분의 건조 회피자들이 실제로 건조를 겪는다면 심각하게 손상을 입을 것이다.

내성은 식물이 스트레스와 열역학적 평형을 이루게 되는 것이다. 즉 식물체의 내부 조건이 식물체 외부의 조건과 평형을 이루는 것이다. 예를 들면, 건조 내성은 식물이 원형질이 손상되지 않은 상태로 탈수를 극복해야 하며, 원형질이 재수화(rehydration)될 때 정상적인 생장과 발달을 할 수 있는 능력을 보유하고 있어야 한다. 내성을 가지는 종에 대한 극단적인 예는 소생 식물(resurrection plant)이라는 양치 식물과 현화 식물의 100 종 이상의 다양한 집단에서 볼 수 있다(Gaff, 1977). 대부분의 식물의 영양 기관은 약한 건조 조건에도 내성이 없지만, 소생 식물의 잎은 수분 함량이 7% 정도로 될 때까지 공기 건조가 되어도 손상되지 않고 살아남는다.

설명해야 할 학술 용어로 **적응**(adaptation)과 **순응**(acclimation)의 2가지가 있다. 둘 다 특별한 스트레스에 대해 내성을 갖게 된다는 의미이다. 적응은 스트레스 환경에서 생물체의 적합성을 증가시키는 유전되는 구조나 기능상의 변형을 말한다. 크레슐산 대사(crassulacean acid metabolism, CAM) 식물에서 나타나는 형태적 · 생리적 변형(10장)은 적응의 한 예이다. 반면에 순응은 한 개체의 일생 동안 일어나는 유전되지 않는 생리적 변형을 의미한다. 이러한 변형들은 저온(chilling temperature)이나 느리게 진행되는 건조와 같이 단계적인 스트레스에 노출될 때 유도되며, 스트레스 환경에서도 개체가 살아남고 번식할 수 있게 한다. 물론 순응 능력의 정도는 유전형질이지만, 스트레스에 대한 반응으로 생겨난 특이한 변화는 다음 세대로 전달되지 않는다. 이년생 식물과 겨울 곡물 종이 가지는 겨울철에 살아 남는 능력은 저온에 대한 순응의 한 예이다. 이러한 저온 스트레스에 순응하는 과정을 **경화**(hardening)라고 하고, 순응한 식물체를 보통 **경화되었다**고 한다. 따라서 동해에 경화된 식물체는 저온에 순응한 것으로 겨울철의 결빙 스트레스를 극복할 수 있고 가뭄에 경화된 식물은 수분 스트레스를 극복할 수 있다.

마지막으로 사용에 관한 다른 논란에 **전략**(strategy)이라는 용어가 있다. 전략은 종종 식물체가 특정한 스트레스에 성공적으로 반응하는 방식을 설명하는 데 사용된다. 일부 생리학자들은 전략이 의식적인 계획을 암시하며 목적론적[1)]이라는 이유로 이 용어의 사용을 반대한다. 그러나, Jones와 Jones가 지적한 것처럼, 전략이라는 용어는 생물체로 하여금 특정한 환경에서 생존할 수 있게 해 주는 유전적으로 프로그램되어 있는 일련의 반응에 대해 적절하게 설명한다(Jones and Jones, 1989).

수분 스트레스

수분 결핍 스트레스는 지속적으로 식물의 생존을 위협하지만, 많은 식물들은 강우량이 불충분하고 토양의 수분 함

1) 목적론은 자연적인 변화가 목적에 따라 이루어진다고 보며, 궁극적인 원인을 규명하는 학설이다. 목적론적 주장은 자연과학에서는 부적당하다고 간주되고 있다.

〈그림 22-1〉 미국 남서부에 있는 사막의 관목
사막 지역에 있는 식물들은 강우량이 부족하고 건조한 바람 때문에 자주 수분 스트레스를 겪는다.

량이 낮은 지역에서도 살아 남을 수 있도록 형태적 · 생리적인 변형을 이끌어낸다.

수분 스트레스는 과다한 수분이나 수분 결핍으로 인해 일어난다. 수분 과다의 한 예는 홍수이다. 홍수 스트레스는 우선적으로 뿌리에 공급되는 산소의 양을 감소시키기 때문에 가장 흔한 산소 스트레스가 된다. 산소가 감소됨으로써 차례로 호흡, 영양염의 흡수 및 뿌리의 다른 중요한 기능이 제한된다. 수분 결핍으로 인한 스트레스가 훨씬 더 흔하며 **수분 결핍 스트레스**(water deficit stress)가 정확한 용어이지만, 보통 단순하게 **수분 스트레스**(water stress)라고 줄여서 말한다. 자연 환경에서 수분 스트레스는 보통 강우량이 부족해서 생겨나며, 강우량이 부족한 환경을 가뭄(drought)이라고 하므로, 이 스트레스를 대개 **가뭄 스트레스**(drought stress)라고 한다(그림 22-1). 실험실에서는 잎의 증산을 통해 수분을 많이 잃게 하여 수분 스트레스를 촉진할 수 있다. 이러한 조건을 보통 **탈수 스트레스**(desiccation stress)라 한다. 또한 수분 스트레스는 이 장의 뒷부분에서 논의하게 될 **염 스트레스**(salt stress)와 **삼투 스트레스**(osmotic stress)의 구성 요소이기도 하다. 수분 스트레스에 있어서 모든 변인들을 통틀어 나타나는 공통된 특징은 낮은 수분 퍼텐셜($\boldsymbol{\Psi}$)이다.

세포막과 수분 스트레스

수분 스트레스로 인해 생기는 손상은 탈수가 세포 원형질에게 미치는 불리한 영향과 관계가 있다. 예를 들어, 수분을 제거하면 원형질체의 부피가 줄어듦에 따라 용질의 농도가 증가하게 되어 심각한 구조적 · 대사적 결과를 초래할 수 있다. 막과 단백질의 완전성 또한 탈수에 의해 영향을 받게 되고 이어서 대사상의 기능 장애가 일어나게 된다.

막이 손상되는 상세한 내용에 대해서는 아직 밝혀져 있지 않지만, 막으로부터 수분을 제거하면 정상적인 이중막 구조가 깨어져 인지질의 극성 머리 부위를 따라 물이 찬 채널이 생긴다. 다시 말하면, 탈수가 일어나면 막에 비정상적으로 구멍이 많아진다. 막이 재수화되면 이러한 채널을 통해 세포의 각 구획들 사이나 세포로부터 세포외 공간으로 많은 양의 용질이 새어나가게 된다. 지질 이중층내에 스트레스가 주어지면 막 단백질도 치환될 수 있다. 이것은 용질을 새어나가게 하는 동시에 막의 선택성(selectivity)의 상실, 세포 구획화의 붕괴 및 막에 있는 효소의 활성을 잃게 한다.

많은 연구에 의해 탈수되면 막의 손상 이외에도 세포질과 세포 소기관의 단백질의 활성이 상당히 감소하거나 완전히 변성되는 것이 보여졌다. 원형질이 탈수됨에 따라 세포내의 전해질의 농도가 높아지면 막 구조의 완전성과 단백질 분자의 안정성을 더욱 잃게 만든다. 이러한 모든 현상들은 재수화되었을 때 세포내의 물질 대사를 전반적으로 붕괴시키는 결과를 초래한다.

광합성과 수분 스트레스

광합성은 특히 수분 스트레스에 민감하다. 광합성은 두 가지 경로로 수분 스트레스에 의해 영향을 받을 수 있다. 첫째, 일반적으로 기공이 닫힘으로 인해 엽록체가 대기의 이산화탄소를 공급받지 못하게 된다. 둘째, 세포의 낮은 수분 퍼텐셜은 광합성 기구의 전체적 구조에 대해 직접적인 영향을 준다. 기공 닫힘에 있어서 수분 스트레스의 기능은 다음 절에서 논의할 것이다.

낮은 수분 퍼텐셜이 광합성에 미치는 직접적인 영향에 대해서는 탈수 조건에 있는 해바라기(*Helianthus annuus*) 잎에서 분리된 엽록체를 대상으로 깊이있게 연구되었다(Rao et al., 1987). 해바라기는 기공 닫힘이 광합성에 미미한 영향을 주기 때문에 이러한 연구를 하기에 유용한 것으로 증명되어 있다. 그 이유는 엽록체의 광합성 활성에 미치는 직접적인 영향이 CO_2의 요구량을 감소시켜 잎 내부의 CO_2 수준을 상대적으로 높은 상태로 유지하기 때문이다. 잎의 수분 퍼텐셜이 약 -1.0 MPa 이하인 해바라기 잎에서 분리된 엽록체에서는 전자전달 활성과 광인산화 모두가 감소된다. 이러한 영향은 틸라코이드 막과 ATP 생성 단백질(CF^0-CF^1 복합체 ; 9장 참조)이 손상되었음을 나타낸다. 게다가, 낮은 수분 퍼텐셜의 이러한 저해 효과는 탈수된 잎에서 생겨날 고농도의 마그네슘에 의해 더 커진다(Rao et al., 1987).

수분 결핍에 대한 기공의 반응

따뜻하고 건조한 공기가 주변 환경으로 이동하면 급히 습도가 떨어지고 온도가 올라가서 식물은 종종 심한 수분 결핍을 겪게 된다. 그 결과로 잎과 잎을 둘러싸고 있는 공기 사이의 증기압차가 극심하게 증가하여 증산속도가 증가한다(3장). 증기압 차가 커지면 토양도 더 건조해지게 된다. 증발은 토양의 표면에서 일어나기 때문에, 건조한 공기가 들어오면 특히 뿌리가 얕은 식물의 수분 흡수에 있어 중대한 결과를 초래한다.

식물은 일반적으로 잎의 표면에서 증산을 통해 수분을 잃어버리는 속도와 뿌리에 의해 수분이 재공급될 수 있는 속도를 맞추기 위해 기공을 닫음으로써 심한 수분 결핍에 대해 반응한다. 사막, 온대, 열대 서식지의 식물을 포함하여 지금까지 연구된 모든 식물들의 기공은 주위의 습도에 따라 개폐되는 것으로 드러났다(Mansfield and Atkinson, 1990). 표피 세포와는 달리 공변 세포의 표면은 두꺼운 큐티클로 보호되어 있지 않다. 따라서, 공변 세포는 수분을 대기로 직접 잃게 된다. 만약 공변 세포로부터 수분이 증발되어 소실되는 속도가 아래쪽에 있는 엽육 세포로부터 수분을 재공급 받는 속도를 초과하면 공변 세포는 부피가 줄어들게 되고 기공이 닫힐 것이다. 따라서 공변 세포는 잎과 대기 사이의 증기압 차에 대해 직접적으로 반응할 수 있게 된다. 공변 세포로부터 수분이 직접적으로 증발함으로써 일어나는 기공의 닫힘을 수동 수압성 닫힘(hydropassive closure)이라고 한다. 수동 수압성 닫힘에는 공변 세포내의 물질 대사가 관련되지 않고 단순한 삼투압계처럼 수분의 유실에 대해 반응을 한다(2장).

또한 기공 닫힘은 능동 수압성(*hydroactive*) 과정에 의해 서로 조절되는데 능동 수압성 닫힘은 물질 대사에 의존하며, 기공을 열리게 한 이온들의 유입이 역이동하는 과정이 반드시 관여한다(8장). 능동 수압성 닫힘은 엽육 세포 속의 수분 퍼텐셜의 감소로 유발되며 앱시스산(ABA)과 다른 호르몬들이 관여하는 것 같다. 1960년대 후반에 발견된 이후로 ABA는 수분 스트레스로 일어나는 기공의 닫힘에 있어서 두드러진 역할을 하는 것으로 알

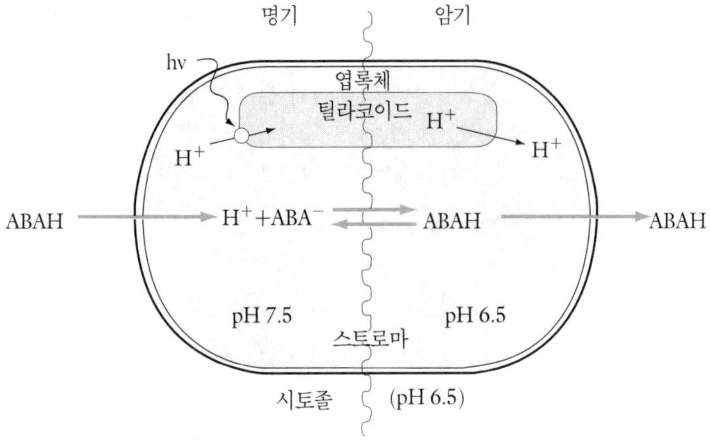

〈그림 22-2〉 엽록체내에서의 ABA의 저장
빛이 있으면 광합성으로 인해 양성자가 틸라코이드 내부로 들어와서 스트로마와 세포질 사이에 pH 기울기가 형성된다. pH 기울기 때문에 ABAH는 엽록체 안으로 이동하여 엽록체내에서 ABA^-로 해리된다. ABA^-는 막을 잘 통과하지 못한다. 밤 동안에 양성자는 다시 스트로마로 새나가고, pH 기울기가 없어져서 ABAH는 다시 세포질로 이동한다.

려졌다. ABA는 수분 스트레스를 받아 시든 잎에 축적되며, 외부에서 ABA를 처리하면 기공이 열리는 것이 강하게 억제된다. 더군다나 *flacca*와 *sitiens*로 알려져 있는 토마토의 두 가지 돌연변이체는 정상적인 수준의 ABA를 축적할 수 없으므로 모두 매우 빠르게 시든다. 그러나, 수분 스트레스를 받은 전체 식물에서 일어나는 기공 닫힘에 있어서 ABA의 정확한 역할을 명백하게 분석하는 것은 어려웠다. 왜냐하면, ABA는 어디에나 있으며, 스트레스를 받지 않은 조직 속에도 흔히 고농도로 들어 있기 때문이다. 또한 초기의 일부 연구들은 ABA 함량의 증가가 검출될 수 있기 전에 기공이 닫히기 시작한다는 것을 제시하였다.

충분히 물을 공급한 대부분의 식물에서 ABA는 엽육 세포의 세포질에서 합성되는 것으로 보이지만, 세포내의 pH 차이 때문에 엽록체에 축적된다(그림 22-2). 낮은 pH에서 ABA는 양성자가 결합된 ABAH 형태로 존재한다 이 형태는 대부분의 세포막을 자유로이 통과한다. 해리된 형태인 ABA^-은 막을 쉽게 통과하지 못하는 하전된 분자이기 때문에 막 불투과성이다. 따라서 ABAH는 낮은 pH를 가진 세포 구획으로부터 높은 pH를 가진 세포 구획으로 확산되는 경향이 있다. ABAH 중 일부는 확산된 장소에서 ABA^-으로 해리되어 갇히게 된다. 활발하게 광합성 중인 엽육 세포의 세포질은 약산성(pH 6.0~6.5)이 되고 엽록체의 스트로마는 알칼리성(pH 7.5~8.0)인 것은 잘 알려진 사실이다(9장 참조). 만약 스트로마의 pH가 7.5이고 세포질의 pH가 6.5라면, 엽록체의 ABA의 농도는 세포질보다 약 10배 정도 높은 것으로 계산되었다(Milborrow, 1984).

현재의 모델에 따르면, 잎에서 수분 스트레스의 초기 감지는 앞서 기술한 대로 수분 스트레스가 광합성에 미치는 영향과 관련이 있다. 엽록체에서의 전자 전달과 광인산화가 억제되면 틸라코이드 루멘 속에 양성자가 축적되지 못하고 스트로마의 pH가 낮아진다(Cowen et al., 1982). 동시에 엽육 세포를 둘러싸고 있는 아포플라스트의 pH가 증가한다(Hartung et al., 1988). 그 결과 형성된 pH의 기울기는 엽육 세포로부터 아포플라스트로 ABA의 방출을 촉진하고, 아포플라스트에서 ABA는 증산류를 따라 공변 세포로 운반된다(그림 22-3).

ABA가 공변 세포에서 팽압을 어떻게 조절하는지는 아직 밝혀지지 않고 있다. ABA가 공변 세포로 들어갈 필요가 없고 원형질막 바깥쪽 표면에 결합하여 작용한다는 것을 제시하는 증거가 있다. 공변 세포가 주위의 엽육 세포들과 원형질 연락사로 연결되어 있지 않아 심플라스트로는 연결되어 있지 않다는 것에 유의하라. 따라서 ABA는 심플라스트를 통해서가 아니라 단지 아포플라스트 공간을 통해서만 공변 세포에 도달할 수 있다. 아마도 ABA는 원형질막에 있는 높은 친화력을 갖는 결합 부위와 상호 작용을 할 것으로 추정되지만(17장) 그러한 부위가 존재하는지는 아직 확인되지 않았다. 그렇지만 ABA가 원형질막의 양성자 펌프를 방해하여 그 결과로 K^+의 유입이나 또는 공변 세포로부터 K^+의 유출을 촉진시킨다는 유력한 증거가 있다. 어떤 식이든 공변 세포는 팽압을 잃게 될 것이고 기공이 닫히게 될 것이다.

위에 언급했던 것처럼, 시든 잎에는 다량의 ABA가 축적된다. 그러나 대부분의 경우에 기공의 닫힘은 ABA의 농도가 많이 증가되기 전에 시작된다. 이러한 현상은 저장되어 있던 ABA가 초기에 기공 닫힘이 일어나는 것을 설명할 수 있을 정도로 이른 시기에 충분한 양으로 아포플라스트로 방출되는 것으로 설명되며 아포플라스트의 ABA 농도는 적어도 두 배로 늘어난다. 이어서 ABA의 합성이 증가되어 기공이 계속적으로 닫혀 있게 된다.

기공 닫힘이 잎의 수분 결핍의 인식이나 잎에서 나오는 신호에 항상 의존하지는 않는다. 어떤 경우에는 잎 엽육 세포에서 측정될 만큼의 팽압이 감소되기 전에 토양 건조에 반응하여 기공이 닫힌다(Mansfield and Atkinson, 1990). 여러 연구는 뿌리에서 기원하여 기공까지 정보를 전달하는 앞먹임(feed-forward) 조절 시스템을 제안하였다(Blackman and Davies, 1985 ; Zhang and Davies, 1987). 이 실험들에서 뿌리가 두 개의 토양 용기에 동일하게 나누어서 식물을 키웠다(그림 22-4). 그런 다음 한쪽 용기에는 물을 주지 않아 수분 결핍을 유도하고 다른 한 쪽은 정기적으로 물을 공급하고 대조구 식물에는 양쪽 용기 모두 정기적으로 물을 공급했다. 그리고 ABA의 수준, 수분 퍼텐셜, 팽압 같은 요인들에 따른 기공의 개폐에 대해 반쪽만 물을 준 식물과 두 쪽 모두 물을 준 식물을 비교했다. 기공의 개폐를 측정하는 수단인 기공 전도도는 뿌리에 물을 공급하지 않은 지 며칠 내에 전형적으로 감소하지만(그림 22-5), 잎에서 측정 가능한 정도의 수분 퍼텐셜의 변화나 팽압 감소는 나타나지 않았다. 닭의장풀(*Commelina communis*)을 대상으로 한 실험에서는 건조한 용기에 심겨 있었던 뿌리와 잎의 표피 세포에서 ABA의 함량이 상당히 증가하였다(그림 22-6). 더군다나 ABA는 뿌리가 건조한 공기에 노출될 때에도 증산류를 따라 뿌리에서 잎으로 쉽게 이동된다(Zhang and Davies, 1987). 이러한 결과들은 토양 수분 퍼텐셜에 대한 정보를 잎까지 전달하는 일종의 초기 경보 시스템에 ABA가 관여한다는 것을 보여주는 좋은 증거가 된다.

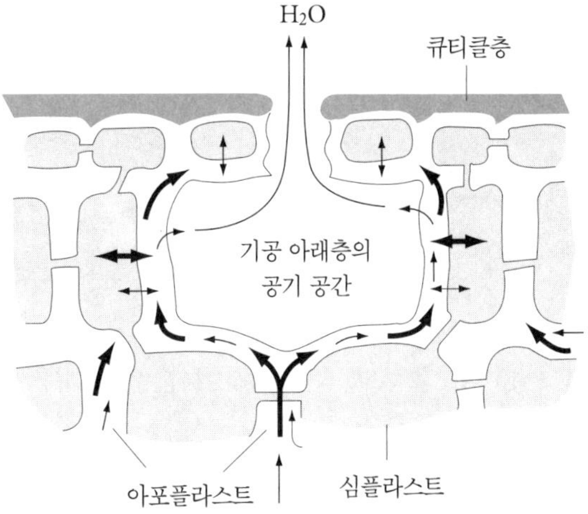

〈그림 22-3〉 아포플라스트에서 ABA의 이동

뿌리에서 합성된 ABA는 증산류(가는 화살표)를 따라 잎의 엽육 세포로 운반(굵은 화살표)된다. ABA는 광합성을 하는 엽육 세포의 엽록체와 평형을 이루거나 아포플라스트 경로로 기공의 공변 세포로 운반된다.

ABA 외의 호르몬도 수분 스트레스를 받은 뿌리와 잎 사이의 신호 전달 작용에 관여한다. 반쪽만 물을 준 옥수수를 대상으로 한 실험에서도 닭의장풀을 대상으로 한 실험과 비슷한 결과가 나왔다(Blackman and Davies, 1985). 주목할 만한 한 가지 예외는 잎의 ABA 함량이 증가하지 않았다는 것과 잎에 시토키닌의 처리로 기공 닫힘이 일어나지 않는다는 것이다. 적어도 닭의장풀에서는 건조 중인 뿌리로부터의 시토키닌의 이동이 감소되어서 기공이 닫히는 것 같다.

수동 수압성과 능동 수압성 기공 닫힘은 모두 잎에서의 과다한 증산 작용에 의한 물 손실 또는 치명적이지는 아니지만 만성적인 토양수 결핍 환경하에서 식물이 물 이용에 대한 잠재적인 문제를 예견하도록 하는 메커니즘이다. 지난 십년간 이 분야에서 상당한 진전이 있었음에도 불구하고 아직 수분 스트레스시 기공의 개폐 여부와 식물의 반응에 대해 연구되어야 할 것이 많이 있다.

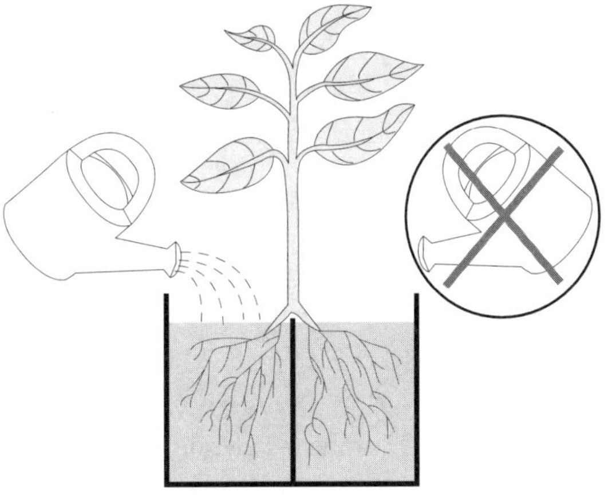

〈그림 22-4〉 건조한 뿌리가 ABA의 합성과 기공 닫힘에 미치는 영향을 검증하기 위한 실험 장치

한 개의 식물 뿌리를 두 개의 용기에 동일하게 나눈다. 한쪽 용기에는 잎이 완전히 팽팽한 상태로 유지하도록 물을 공급하고, 나머지 용기에는 물을 공급하지 않는다. 뿌리에 물을 공급하지 않으면 잎이 스트레스를 받지 않더라도 기공이 닫힌다.

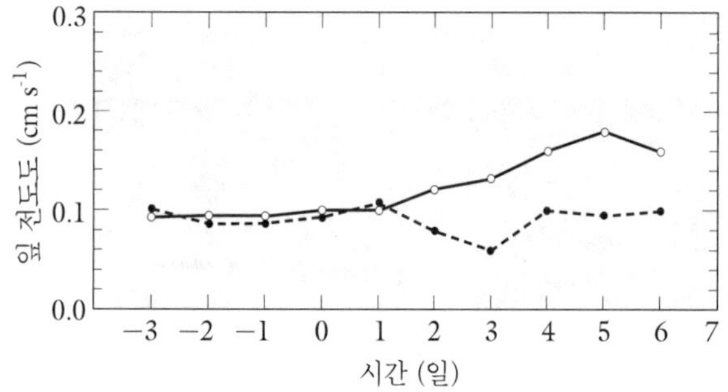

〈그림 22-5〉 뿌리를 분리한 식물을 대상으로 한 실험에서의 기공 닫힘

옥수수를 〈그림 22-4〉에 보여준 것처럼 키웠다. 대조구 식물체(흰 원)는 양쪽 뿌리 모두에 물을 주었다. 실험구 식물체(검은 원)의 뿌리 중 반쪽은 0일째부터 물을 주지 않았다. 기공의 열림은 잎의 전도도로 측정하였으며, 수분 스트레스를 받은 뿌리를 가진 식물체에서는 기공의 열림이 감소하였다.

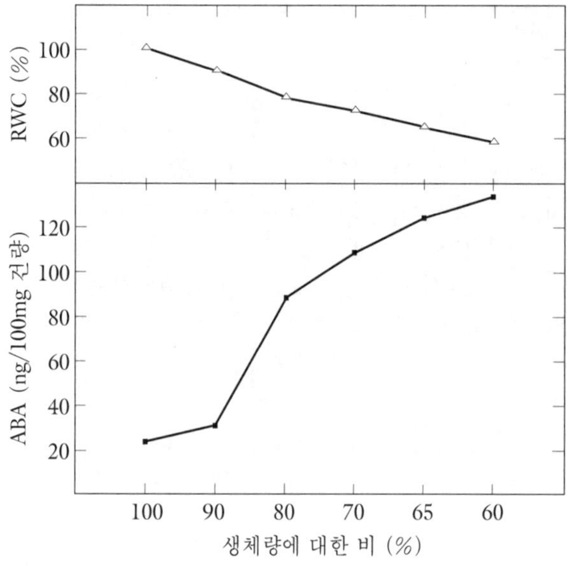

〈그림 22-6〉 공기 건조가 닭의 장풀 ABA 함량에 미치는 영향

뿌리 끝을 공기로 건조시켰을 때의 상대적 수분 함량(RWC)이 위 곡선에 나타나 있다. 아래 곡선은 생체량이 감소함에 따라 ABA 함량이 극적으로 증가하는 것을 보여 준다.

삼투 조절

많은 식물에서 나타나는 수분 스트레스에 대한 또 다른 뚜렷한 반응은 용질이 축적되어 나타나는 삼투 퍼텐셜의 감소이다. 이러한 과정을 **삼투 조절**(osmotic adjustment)이라고 한다. 탈수나 세포의 부피 감소로 용질의 농도가 약간 증가되었지만 삼투 조절은 특별히 스트레스로 야기된 물질 대사의 결과로 일어나는 용질 농도의 순수한 증가를 의미한다. 삼투 조절은 잎의 수분 퍼텐셜을 보다 더 음의 값으로 만들어서 잎으로의 물의 이동이 유지되도록 도와주어 그 결과로 잎의 팽압을 유지하게 한다.

삼투 조절이 이루어지는 동안 용질은 서서히 축적되고, 삼투 조절로 인한 삼투 퍼텐셜의 감소는 비교적 작아서 1.0 MPa 미만이다. 그럼에도 불구하고, 비교적 낮은 수분 퍼텐셜에서 팽압을 유지하는 데 있어서 용질의 역할은 수분 스트레스에 대한 순응에서 상당히 중요하다. 일단 물의 공급이 회복되면, 삼투 조절은 약간 시들었던 잎의 팽압이 회복되도록 도와주는데도 중요한 역할을 한다. 잎의 팽압을 유지하도록 도와줌으로써 삼투 조절은 또한 약한 수분 스트레스 조건에서 식물체가 기공을 열어 광합성에 필요한 CO_2를 계속 흡수할 수 있게 한다.

삼투 조절에 관여하는 용질에는 무기 이온(특히 K^+), 당, 아미노산류가 포함된다(그림 22-7). 특히 스트레스에 민감한 아미노산은 **프롤린**(proline)이다. 다수의 식물은 잎에서 글루타민으로부터 프롤린을 합성한다. 프롤린의 역할은 토마토 세포의 배양 실험에서 밝혀졌다. 고농도의 폴리에틸렌 글리콜(polyethylene glycol, PEG)에 넣어 수분(삼투) 스트레스를 받은 세포들은 처음에는 팽압이 감소되고 빠르게 프롤린을 축적하는 반응을 보였다. 그러나 프롤린의 축적이 계속됨에 따라 팽압이 점차적으로 회복되었다(Handa et al., 1986). 당 알코올(sugar alcohol)인 **소비톨**(sorbitol)과 **베테인**(betaine, N. N. NH-trimethyl glycine)이 흔히 축적되는 다른 용질들이다. 삼투 조절에 관여하는 대부분의 화학 물질들은 공통적으로 정상적인 물질 대사 과정을 심하게 방해하지 않는 성질을 가진다.

삼투 조절은 수분 스트레스에 대한 일반적인 반응으로서 나타나지만, 모든 식물 종이 용질의 농도를 조절할 수 있는 것은 아니다. 한편으로 사탕무(*Beta vulgaris*)는 많은 양의 베테인을 합성하여 **삼투 조절자**(osmotic adjuster)로 알려져 있다. 반면에 동부(*Vigna unguiculata*)는 삼투 조절이 거의 일어나지 않아서 **삼투 비조절자**(osmotic nonadjuster)로 알려져 있다. Cowpea는 대신에 매우 민감한 기공을 가지며 기공을 닫아 상대적으로 높은 수분 퍼텐셜을 유지하여 탈수를 피하게 된다. 그러나 적어도 순 탄소 획득 측면에 있어서는 기공이 닫히는 것에 비하여 삼투 조절을 하는 게 장기적으로는 잇점이 없다는 사실이 흥미를 끈다. 사탕무는 낮은 수분 퍼텐셜

〈그림 22-7〉 삼투 조절에 관여하는 전형적인 세 가지 용질

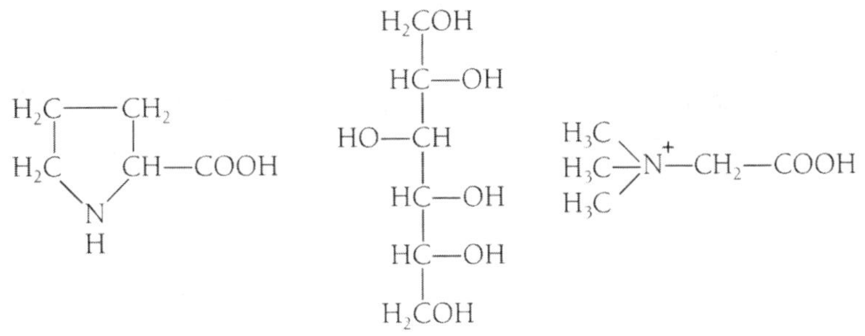

프롤린 소비톨 글리신 베테인

에서도 광합성을 계속할 수 있는 반면에, cowpea에 비한 그 장점은 일시적이다. 하루나 이틀 후에는 과다한 수분 소실로 삼투 조절이 효과가 없게 되어, 장기적으로 보면 사탕무의 탄소 동화는 감소한다.

슈트와 뿌리의 생장에 미치는 수분 결핍의 영향

수분 결핍으로 나타나는 초기 영향 중 하나는 영양 생장이 감소하는 것이다. 슈트의 생장 특히, 잎의 생장은 뿌리의 생장보다 일반적으로 더 민감하다. 예를 들면, 수분을 공급하지 않은 옥수수를 대상으로 한 실험에서는 조직의 수분 퍼텐셜이 −0.45 MPa에 도달했을 때 잎의 확장이 상당히 감소되었고 −1.00 MPa에서 생장이 완전히 저해되었다. 동시에 뿌리 조직의 수분 퍼텐셜이 −0.85 MPa에 도달할 때까지 뿌리는 정상적인 생장을 유지했고 수분 퍼텐셜이 −1.4 MPa로 떨어져서야 생장이 완전히 멈추었다(Westgate and Boyer, 1985). 잎의 확장이 감소되면 더 적은 엽면적을 가지게 되고 증산이 줄기 때문에 수분 스트레스 조건에서는 식물에게 유리하다.

일반적으로 세포의 확장(expansion)에 미치는 낮은 수분 퍼텐셜의 영향은 생장 부위의 세포가 팽압을 잃게 되어 나타난다고 알려져 있다. 세포벽의 스트레스 완화가 일어난 다음 세포벽의 팽압이 완전해지도록 물이 세포벽 안으로 이동하여 세포의 확장이 일어난다는 것을 보여 주었던 15장의 내용을 기억해 보라. 따라서 수분 공급이 제한되었을 때 나타나는 초기의 결과로 생장이 감소되는 것은 놀랄 만한 것이 아니다. 생장중인 어린 식물에 수분 결핍이 일어나면 팽압을 감소시켜 잎의 확장을 지연할 것이다. 불행하게도, 이 설명이 명쾌하지는 않은데 스트레스를 받은 식물에서 세포의 생장과 팽압 사이의 직접적인 상관 관계가 항상 존재하지는 않는다. 비록 확장이 저해되고 토양의 수분 함량이 감소하더라도, 팽압은 흔히 수분 스트레스에 반응하여 변화가 없거나 측정 가능한 정도로 현저히 감소하지는 않는다. 이러한 관찰은 수분 퍼텐셜이 감소할 때 생장중인 세포에서 일어나는 용질의 축적이나 삼투 조절에 의해 설명될 수 있다. 삼투 퍼텐셜의 감소는 수분이 세포 안으로 이동하여 팽압을 유지하도록 도와주는 것 같다. 그러나 삼투 조절만으로 완전히 해결되지는 못한다. 세포들이 팽압을 유지할 수는 있지만, 최대 확장 속도를 유지하기에는 불충분하다.

만약 팽압이 조절 요인이 아니라면 수분 결핍이 세포의 확장을 제한하는 이유는 다른 곳에서 찾아야만 한다. Westgate와 Boyer는 물관부와 잎 사이에 공급되는 물의 문제일 것이라고 제안했다(Westgate and Boyer, 1985). 그들은 옥수수의 잎이 수분 스트레스에 대해 반응하여 수분 퍼텐셜이 감소할 때 물관부의 수분 퍼텐셜도 감소한다는 것을 발견했다. 잎으로의 물의 이동은 물관부와 잎 사이에 유지되는 수분 퍼텐셜의 차이에 따라 좌우된다. 물관 속의 수분 퍼텐셜이 낮아지면 물관부 대 잎의 수분 퍼텐셜 차이가 줄게 되고 잎으로의 물 공급이 차단될 것이다. 즉 잎의 팽압을 유지할 수 있을 만큼의 물은 충분하지만, 세포 확장을 유도할 정도의 물이 존재하는 것은 아니다.

다른 연구에 의하면 생장률이 감소하기 시작하고 그 때의 수분 퍼텐셜이 세포벽의 특성에 더 직접적인 영향을 미칠 때까지는 수분 스트레스를 겪는 조직 속의 용질의 농도가 측정 가능할 정도의 증가를 보이지 않았다(Matthews et al., 1984 ; Van Volkenburgh and Boyer, 1985). 〈식 15. 5〉에서는 생장이 세포벽의 신장력(m)과

팽압(P) 및 역치(Y)의 차이에 따라 좌우된다는 것을 보여주었다. 즉, dV/dt=*m*(P−Y). 수분 스트레스는 분명히 *m*을 감소시키고, Y를 증가시킨다. 두 변화 모두 세포의 신장 속도를 감소시키는 동일한 효과를 나타낼 것이다. *m*이 감소하는 것은 스트레스를 받은 조직의 세포벽 속으로 양성자의 배출이 감소되는 현상으로 설명할 수 있다. Y의 변화는 틀림없이 복잡한 세포벽 구조의 변형이 요구되지만, 이러한 변화의 본성은 알려져 있지 않다.

엽면적 조절

앞서의 논의는 주로 활발히 생장을 하고 있는 슈트와 잎에 대한 것이었다. 목화(*Gossypium hirsutum*)처럼 지속적인 수분 스트레스를 겪게 되는 많은 성숙한 식물들은 오래된 잎의 노쇠를 촉진하고, 잎이 탈리하는 반응을 보이게 된다. 목화의 경우 심한 스분 스트레스가 주어지면 줄기 정단부의 가장 어린 잎만 남아 있게 된다. **엽면적 조절**(leaf area adjustment)이라고 부르기도 하는 이러한 과정은 수분 이용이 한정된 시기 동안 엽면적과 증산을 줄이기 위한 또 다른 메커니즘이다. 싹이 살아 있기만 하면, 스트레스로부터 벗어나게 될 때 새로운 잎이 만들어진다.

위에서 언급한 것처럼, 뿌리는 일반적으로 슈트보다 수분 스트레스에 덜 민감하다. 외견상 뿌리에서의 삼투조절은 잎에서 가능한 것보다 훨씬 더 낮은 수분 퍼텐셜에서도 수분 흡수를 유지하고 생장을 유지하기에 충분하다. 상대적인 뿌리 생장은 실제로 낮은 수분 퍼텐셜에 의해 증대되며, 뿌리/슈트 비는 뿌리의 비율이 커지는 쪽으로 변하게 된다. 물의 공급이 고갈되어지면서 뿌리/슈트 비의 증가는 뿌리가 많은 양의 토양에 도달해서 더 많은 양의 물을 가져오게 하는 근계의 능력을 향상시키기 때문에 분명히 이로운 점이 있다.

뿌리/슈트 비의 변화는 광합성 산물의 많은 부분이 뿌리로 분배되는 방향으로 공급원/수용부(source/sink) 상관 관계의 변화를 가져온다. 그러나 뿌리로의 탄소 운반은 광합성이나 잎에 저장된 저장 산물의 이동에 의해서 가능한 정도까지만 지속될 수 있다.

온도 스트레스

식물체는 극단적인 온도에 대해 넓은 범위의 감수성을 보인다. 어떤 종은 극심하지 않은 저온에서도 죽거나 손상을 입는 반면, 어떤 종은 적절히 순응하면 영하 수십 ℃의 결빙 온도에서 살아 남을 수 있다. 고온 스트레스는 독특한 스트레스 단백질의 합성을 유도하기도 한다.

각 식물체는 생장과 발달에 필요한 특정한 온도 범위를 가진다(21장). 각 식물은 가장 효율적으로 생장하고 발달하는 최적 온도와 상한 및 하한 온도를 가진다. 온도가 양쪽 한계에 가까워질수록 생장이 감소하고, 그 한계를 넘어서면 전혀 생장하지 않는다. 열대림의 비교적 안정한 기후를 제외하고는 환경에 따라 하루 또는 계절을 주기로 온도가 이러한 한계를 자주 벗어난다. 예를 들어 사막의 경우에는 낮 동안은 덥고 건조하지만 밤에는 대기 중에 습기가 없어서 많은 양의 열이 대기로 재방사되기 때문에 온도가 낮아진다. 하루 동안 얻은 열의 대부분이 밤마다 대기 중으로 방사되는 높은 산에서도 식물들은 사막과 비슷한 온도 변화를 겪게 된다. 북반구의 온대림과 한대림에 자생하는 식물들은 겨울철마다 −70℃나 낮은 온도에서 살아 남아야만 한다.

식물들이 어떻게 극단적인 온도에 반응하는지는 오랫동안 식물학자들의 마음을 사로잡아 왔다. 우리는 이 절에서 식물의 손상을 유발하는 극단적인 세 가지 온도(냉온, 결빙 온도, 고온)를 고려해 볼 것이다.

냉해 스트레스

많은 식물들 특히, 온대 자생 식물들은 결빙하지 않는 낮은 온도에 노출될 때에도 손상을 입는다(Lynch, 1990). 옥수수, 토마토, 오이, 콩, 목화, 바나나(*Musa* sp.) 같은 식물들은 특히 민감하여 10~15℃ 이하의 온도에 노출될 때 손상의 징후를 보인다. 사과(*Malus* sp.), 감자, 아스파라가스(*Asparagus* sp.) 같은 몇몇 온대 식물도 빙점 이상의 온도(0~5℃)에서 손상을 입는다.

겉으로 드러나는 냉해(chilling injury)의 징후는 식물 종이나 나이 및 저온에 지속적으로 노출된 기간에 따라 다양한 형태로 나타날 수 있다. 유식물은 전형적으로 잎의 신장이 줄어들고, 시들며, 황백화 현상을 보인다. 극단적인 경우에는 조직의 황화나 괴사가 일어나며 식물체가 죽게 되기도 한다. 어떤 식물에서는 생식적 발달이 냉온에 특히 민감하다. 예를 들면, 벼를 수술의 생성(anthesis) 시기(개화기, floral opening)에 냉온에 노출시키면 불임 꽃이 생긴다.

냉온 민감성 조직이 냉해를 입게 되면 원형질 유동의 손상, 호흡과 광합성 및 단백질 합성의 감소, 단백질 합성 양상의 변화를 포함하여 광범위한 물질 대사 장애가 나타난다. 실제로, 냉온 민감성 조직이 저온에 노출된 뒤에는 세포의 거의 모든 생화학적 면이 손상을 입는다. 이렇게 다양하게 나타나는 반응에 대해 두 가지 설명이 가능할 것 같다. 냉온 민감성 식물들에게는 여러 개의 저온 민감성 부위가 있거나, 전체의 물질 대사 과정에 영향을 미치는 한 개의 중요한 부위가 있는 것이다(Lynch, 1990). 많은 지지를 받고 있는 설명에 의하면 저온이 세포막의 물리적 상태에 가역적인 변화를 일으킨다는 것이다. 결과적으로 대부분의 냉온 민감성에 대한 연구는 지질의 물리적 성질 변화와 이러한 변화가 막의 기능에 미치는 영향에 초점을 맞추고 있다.

1장에서 논의된 것처럼, 막 지질은 기본적으로 16개나 18개의 탄소 원자로 구성된 지방산을 두 개 가지고 있는 디아실글리세리드(diacylglyceride)로 구성되어 있다. 어떤 지방산은 불포화 상태이며, 이것은 한 개 이상의 탄소간 이중 결합(–CH=CH–)을 가지고 있다는 것을 의미한다. 반면에 다른 지방산은 수소로 완전히 포화(–CH_2–CH_2–)되어 있다. 포화 지방산 — 그리고 그 지방산을 함유한 지질 — 은 불포화 지방산보다 더 높은 온도에서 응고하기 때문에 막 지질에서의 불포화 지방산과 포화 지방산의 상대적 비율은 막의 유동성에 상당한 영향을 미친다. 막이 액상에서 겔(또는 반결정체) 상태로 변하는 것은 급격한 전이에 의해 나타나며, 이것은 여러 가지 물리적 방법에 의해 확인될 수 있다. 이러한 전이가 일어나는 온도를 **전이 온도**(transition temperature)라고 한다.

냉온 민감성 식물은 포화 지방산의 비율이 더 높아서(표 22-2) 전이 온도가 더 높다. 예를 들면 냉온 민감성 식물인 녹두의 미토콘드리아 막의 전이 온도는 14℃이다(Raison and Orr, 1986). 녹두의 유식물은 15℃ 아래에서 잘 생장하지 못한다. 반면에 냉온 저항성 종은 포화 지방산의 비율이 낮아서 전이 온도가 더 낮아진다. 저온에 순응하는 동안 불포화 지방산의 비율은 증가하고 전이 온도는 낮아진다(Rasion and Orr, 1986 ; Willians et al., 1988).

저온에서 액상의 막이 반결정체 상태로 전이될 때의 순 영향은 앞서 설명한 수분 스트레스의 영향과 비슷하다. 막 채널의 구조가 파열되어 세포내 구획이 사라지고, 용질이 새어나가며 호흡 기구를 구성하고 있는 내재성 단백질과 광계 및 다른 막을 기반으로 하는 대사 과정이 영향을 받는다. 냉온 저항성 종이나 냉온에 순응된 식물의 막은 더 낮은 온도에서도 막의 유동성을 유지할 수 있어서 중요한 세포의 기능이 손상되지 않고 보호될 수 있다.

〈표 22-2〉 냉온 민감성과 냉온 저항성 조직에서 분리한 미토콘드리아 막 지질의 불포화/포화 지방산의 비율

냉온 민감성 조직		
덩굴강낭콩(*Phaseolus vulgaris*)	슈트	2.8
고구마(*Ipomoea batatas*)	덩이줄기	1.7
옥수수(*Zea mays*)	슈트	2.1
토마토(*Lycopersicon esculentum*)	풋과실	2.8
냉온 저항성 조직		
꽃양배추(*Brassica oleracea*)	눈	3.2
순무(*Brassica campestris*)	뿌리	3.9
완두(*Pisum sativum*)	슈트	3.8

J. M. Lyons et al., *Plant Physiology* 39: 262, 1964.에서 인용한 자료

결빙 스트레스

북반구 온대, 아북극대, 고산 지대의 겨울을 나는 교목과 관목은 흔히 결빙 스트레스를 겪게 된다. 예를 들면 낙엽송의 일종인 *Laryx dahurica*는 온도가 종종 −65에서 −70℃에 이르는 시베리아의 가장 북쪽에 위치한 삼림에서 생존한다. 가장 저온에 강한 식물들이라도 생장이 활발한 시기 동안 빙점이나 빙점 바로 아래의 온도에 노출되면 상당한 손상을 입거나 죽게 된다. 예를 들면 겨울 호밀(*Secal cereale*)의 유식물의 경우 보통 영하 4 내지 5℃ 이상이면 생존할 수 있다. 그러나 5℃ 근처의 온도에서 생장하여 순응된 호밀의 유식물은 영하 28~30℃ 정도의 낮은 온도에서도 생존할 수 있다.

늦 봄이나 초 가을의 서리에 견딜 수 있는 능력에 따라 작물의 성공여부가 결정되는 기준이 되는 농업에서는 결빙 온도에 대한 내성이 중요하다. 식물이 어떻게 이런 저온에 순응할 수 있는지를 제대로 이해하기 위해서는 결빙이 식물체의 어디에서 어떻게 일어나는지 그리고 어떻게 손상을 주는지를 먼저 이해하는 것이 도움이 된다.

식물 세포에 결빙 손상을 일으키는 것은 저온 자체가 아니라 저온으로 인해 형성되는 얼음이다. 예를 들면, 종자나 곰팡이의 포자와 같이 탈수된 조직은 절대 영도(0 K)에 가까운 온도에서 장기간의 저장을 해도 살아남는다. 게다가, 완전히 수화된 비내한성 세포도 액체 질소(−196℃)에 담그는 것과 같은 급속 냉동 후에도 살아남을 수 있다. 이것은 물이 유리질화되어서 기본적으로 얼음 결정을 형성하지 않은 채 고체가 되거나, 결정이 형성되더라도 너무 작아서 세포의 구조에 역학적 손상을 일으키지 못하게 되기 때문이다. 세포가 다시 생존하기 위해서는 정상적인 온도로 되돌아올 때도 얼음 결정이 형성되거나 커지는 것을 피하기 위해 유사하게 빠른 속도로 다시 데워져야 한다. 액체 질소에 저장하는 것을 **극저온 저장**(cryogenic storage)이라고 하며, 흔히 곰팡이의 세포나 인공 수정을 할 목적으로 정자를 저장하는 데 이용한다.

만약 세포나 조직의 결빙 속도가 분당 10℃ 정도로 느리게 이루어진다면, 물이 가장 순수한 원형질체의 바깥쪽에 얼음이 생길 것이다. 원형질의 물은 세포 밖으로 이동되어 세포 외부에 추가로 얼음 결정을 만들게 된다. 세포 외부의 얼음으로 식물 세포가 죽지는 않게 되며 조직은 손상되지 않고 다시 데워질 수 있다. 중간 정도의 결빙 속도(분당 10℃~100℃)에서는 원형질체내에 얼음 결정이 형성될 것이다. 세포내에 얼음이 형성되면 세포의 미세 구조를 파괴시켜서 세포는 죽게 된다.

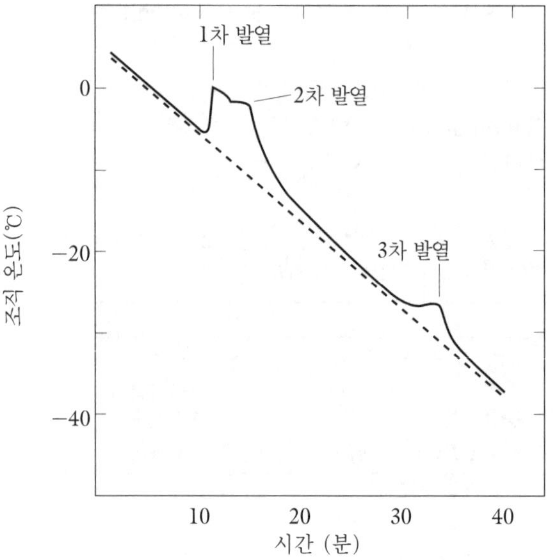

〈그림 22-8〉 목본 식물의 줄기를 조절된 상태에서 냉각시킬 때 나타나는 조직의 온도

물이 얼음으로 결정화될 때 방출되는 열(융해열) 때문에 조직의 온도가 주위의 온도보다 상당히 증가하는 지점에서 발열이 있게 된다.

결빙에 대한 열분석 목본 조직의 결빙을 측정하는 데 편리한 방법 한 가지는 **열분석**(thermal analysis), 즉 얼음이 형성될 때 방출되는 열(숨은 융해열)을 측정하는 것이다. 열분석은 작은 열전기쌍 탐침(thermocouple probe)을 습기찬 나무 가지의 수피 아래에 끼워 넣고 다른 한 개의 열전기쌍을 보통 대조구로서 목본 조직의 건조한 표본에 끼워 넣어 진행한다. 그런 다음 주위의 공기 온도가 점차적으로 낮아지는 동안 표본 조직의 온도를 기록한다. 열분석 결과는 〈그림 22-8〉에 나타낸 것처럼 대기의 온도에 대한 조직의 온도 변화의 함수로 나타낼 수 있다. 표본 조직이 초기에 뚜렷이 얼음을 형성하지 않은 상태에서 물의 빙점 아래까지 냉각되는 것을 주목하라. 어는점 아래의 온도에서 얼음을 형성하지 않는 것을 과냉각(supercooling)이라고 하며, 후반부에서 더 자세히 설명할 것이다. 약 −6에서 −8℃ 사이에

서 표본 조직의 온도가 급격히 증가하는데 이것을 발열(exotherm)이라고 한다. 첫번째 발열은 물관부의 물관요소의 아포플라스트 공간과 피층, 수피, 체관부 등의 세포내 공간에서 얼음이 형성되는 것—즉, *세포 외부의 결빙*—을 나타낸다. 아포플라스트 조직의 수분 속에 용해되어 있는 용질이 비교적 적고, 조직 수분의 어는점이 일반적으로 순수한 물보다 단지 십 분의 2 내지 3도 정도 낮기 때문에 얼음은 아포플라스트 공간에서 최초로 형성된다.

같은 온도에서 얼음의 증기압은 액체인 물의 증기압보다 훨씬 더 낮기 때문에, 아포플라스트 속에 얼음이 형성되면 아포플라스트와 주위 세포 사이의 증기압의 기울기 경사가 생긴다. 얼음이 얼지 않은 세포질의 수분은 이 기울기를 따라 세포에서 아포플라스트로 이동하고, 이미 존재하는 얼음 결정에 보태어져 얼음의 크기가 커진다. 그 결과로 〈그림 22-8〉에서 뚜렷히 보이는 피크인 두번째의 세포 외부 발열이 일어난다. 세포의 수분이 아포플라스트 공간으로 계속 이동되는 것은 두 가지 중요한 결과를 낳는다. 첫째, 수분이 손실되어 세포질의 용질 농도를 효과적으로 증가시켜서 어는점이 1~2℃ 정도 낮아진다. 둘째, 수분이 아포플라스트로 이동하면서 원형질의 점진적인 탈수를 일으킨다. 그러므로, 세포내에 얼음이 형성되지 않는 상태에서는 결빙 스트레스의 영향이 수분 스트레스의 영향과 매우 비슷하게 된다.

목본 조직에서의 초저온 과냉각 과냉각(supercooling)은 얼음 형성을 시작하는 데 반드시 필요한 핵응결 물질이 조직 수분에 함유되어 있지 않기 때문에 일어난다. 부언하면, 특히 인접한 조직으로부터 얼음 결정이 확산되어 오는 것이 방지될 수 있다면, 아주 적은 부피의 물에서는 얼음의 핵형성이 쉽게 일어나지 않는다. 핵응결 물질이 없는 순수한 물이 과냉각될 수 있는 최저 온도는 −38℃이다. 이 온도에서는 핵응결 물질의 유무에 관계없이 자발적인 얼음의 핵형성이 일어난다. 조절된 결빙 조건하에서 목본성 조직은 자주 −15℃까지 과냉각된다.

어떤 조직들, 특히 침엽수 종의 영양아(vegitative bud)와 사과나 다른 낙엽 과실수의 꽃눈은, 눈비늘(bud scale)과 인접한 조직 속에 얼음 결정이 형성되더라도 −40℃ 정도의 낮은 온도까지 **초저온 과냉각**(deep supercool)될 수 있다(Burke et al., 1976). 물관부 조직에서 −47℃까지 과냉각된 것이 기록상 가장 낮은 온도이다. 초저온 과냉각이 모든 식물에서 일어나는 것은 아니지만, 온대 지역과 수목 한계선에서 자라는 목본 종의 겨울을 나는 줄기에서 관찰되었다(George et al., 1982).

초저온 과냉각은 단지 일정 온도까지만 유효한 결빙을 효과적으로 회피하는 메커니즘이다. 초저온 과냉각은 이러한 메커니즘이 식물의 지리적 분포를 제한하는 것 같다. 왜냐하면, −40~−50℃ 범위의 온도가 조직 수분의 자발적인 핵형성이 일어나는 한계와 매우 가깝기 때문이다. 이런 조건에서 핵형성이 일어날 때 세번째 저온 발열이 열분석 곡선에 나타난다(그림 22-8). 세번째 발열은 *세포 내부에* 얼음이 형성되었음을 나타내며, 위에서 기술한 것처럼 얼음이 형성된 세포는 죽게 된다. 미국 북동부와 캐나다 동부에 있는 낙엽수림의 북방 한계선은 매년 적어도 한 번은 최저 온도가 −40℃가 될 것으로 예측되는 지역에 속해 있다는 것에 주목하라. 목부 방사유조직 세포가 죽은 뒤에는 흔히 과일나무 내부 섬유가 검게 되는(black heart) 손상의 원인이 되는 미생물들이 침입한다.

목본 조직의 순응 자작나무(*Betula papyrifera*), 사시나무(*Populus tremuloides*), 버드나무(*Salix* sp.) 같은 아한대 낙엽성 교목과 관목은 겨울철의 빙점 이하의 온도에서도 순응할 수 있기 때문에 모두 북극권 근처에서도 생존이 가능하다. 만약 이런 식물들이 정상적인 생장기 동안 결빙 온도에 노출된다면 손상을 입거나 죽을 것이다. 봄이나 여름 동안의 약한 서리조차도 활발히 생장하고 있는 이들 식물에게는 치명적일 수 있다. 그러나, 이들 종의 순응된 줄기는 −196℃(액체 질소) 정도로 낮은 온도에서도 뚜렷한 손상없이 생존할 수 있다. 이들 종의 순응된 줄기는 초저온 과냉각을 겪지 않으며 세번째 저온 발열 현상을 보이지도 않는다.

결빙 스트레스에 대한 목본 조직의 순응은 자연계에서 흔히 볼 수 있는 현상이지만, 순응이 되는 정확한 메커니즘은 잘 알려져 있지 있다. 목본 조직의 순응은 뚜렷이 두 단계로 일어난다는 것이 알려져 있다(그림 22-9). 목본 조직의 순응은 생장이 느려지는 가을에 시작되며, 잎이 노쇠되어 떨어지기 전에 일어난다. 순응의 첫번째

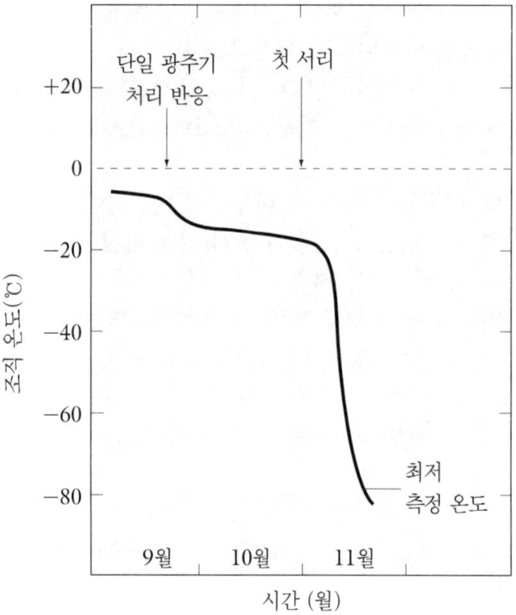

〈그림 22-9〉 목본 식물 줄기에서의 저온 순응
곡선은 일년 중 시간에 대한 함수로서 생존할 수 있는 가장 낮은 온도를 나타낸다. 생존 가능 온도가 낮의 길이가 짧아지는 것과 첫서리 시기와 일치하여 상당히 낮아지는 것을 유의하시오.

단계는 단일에 의해 유도되고 피토크롬의 조절을 받는다고 생각된다. 이 단계에서의 순응은 장일과 이른 서리에 의해 저해받을 수 있다. 첫단계는 아마 잎에서 합성되어 겨울을 나는 줄기까지 운반되는 내성 강화 인자와 관계가 있을 것이다. 이러한 인자의 본질은 밝혀지지 않았지만, 주로 초본 식물에 대한 연구를 바탕으로 앱시스산이 관여하는 것으로 생각된다.

순응의 두번째 단계는 겨울을 나는 줄기가 첫 서리가 일어나는 저온에 노출되어 시작된다(그림 22-9). 이 단계에서 수많은 물질 대사의 변화가 관찰된다. 유기 인산의 수준이 증가하고 전분이 당으로 많이 바뀐다. 당단백질이 축적되어 일반적으로 원형질은 탈수에 더 큰 저항성을 가지게 된다. 완전히 순응된 세포는 자연에서 보통 겪게 되는 온도보다 훨씬 더 낮은 온도에 견딜 수 있다.

초본 조직의 저온 순응 최근 몇 년 동안 저온 순응에 대한 연구는 그 대상으로 초본 식물, 캘러스(callus) 배양체, 세포 현탁 배양체 및 분리된 원형질체까지 관심을 두어 왔다. 초본 식물 세포와 조직은 결빙 온도가 아닌 저온에서 수일이나 수주간 노출하면 결빙 내성이 두드러지게 증가한다. 앞서 기술한 것처럼 호밀(*Secale cereale*) 같은 초본 유식물은 순응하여 −30℃ 정도의 낮은 온도에서 내성을 보인다. 호밀, 알팔파(*Medicago*), 시금치(*Spinacea oleracea*) 같은 초본 식물에 대한 연구는 순응되기 전이나 순응되는 동안, 그리고 순응된 후에 나타나는 물질 대사적 · 분자 수준의 현상들을 추적할 수 있게 해 주고, 내성 강화 과정에 관계하는 물질 대사적, 유전적 인자들을 찾는 데 도움이 된다.

저온 순응에는 빛과 광합성에 의해 제공되는 에너지가 필요하며, 유전자 발현의 변화가 외견상 동반한다. 순응이 되는 동안 단백질 합성이 증가되면서 이들의 질적인 변화도 일어난다. 알팔파의 순응 기간 동안에는 여덟 개의 새로운 단백질이, 시금치에서는 세 개의 새로운 단백질이 관찰되었으며, 모두 새로운 mRNA 의 전사로부터 일어났다. 이러한 단백질들의 본질과 역할은 아직 확인되지 않았다.

ABA가 초본 조직의 저온 순응에 관계할 것이라고 믿을 만한 좋은 이유가 있다. 여러 종에서 저온 순응하는 동안 내부 ABA의 수준이 증가되는 것이 관찰되었고, 그 증가량은 저온 내성 품종이 저온 민감성 품종보다 더 많았다. 더구나 완전한 식물체나 캘러스 또는 현탁 배양체에 ABA를 처리하면 상당한 수준의 저온 내성을 유도할 수 있다(Mohapatra et al., 1988). 알팔파의 유식물과 현탁 배양된 겨울 평지(*Brassica napus*) 종자의 세포에서 ABA를 처리했을 때가 정상적인 저온 순응 처리를 했을 때에 비해 생존율이 50~60% 증가되었다. 또한 ABA는 새로운 단백질의 합성을 유도한다. 알팔파에서 유도된 단백질 중 몇 가지는 ABA 처리에 의해서만 특이하게 나타나고, 나머지 단백질은 저온이나 ABA 처리중, 어느 경우에서도 나타난다(Mohapatra et al., 1988). 현탁 배양한 유해 세포의 경우에는 저온 순응된 경우와 ABA를 처리했을 때 두 경우 모두 20 kDa 단백질을 합성하는 mRNA의 전사가 유도되었다(Johnson-Flannagan and Singh, 1987).

고온 스트레스

사막 지역과 반건조[2] 농경지에서 자라는 식물들은 일상적으로 높은 수준의 복사광(radiation), 낮은 토양 수분, 그리고 높은 잠재 증산율이 동반되는 고온을 겪는다. 이와 같은 환경에서는 복합 스트레스들 중에서 개별적인 스트레스가 미치는 영향들을 구별하기는 어렵지만, 이런 지역에서는 고온이 생존은 아니더라도 분명히 식물의 생산성에 영향을 미치는 주된 요인이 된다(21장).

강한 태양 복사광과 고온 조건하에서 식물이 직면하는 한 가지 문제는 잎에 의한 에너지의 흡수로 잎의 온도를 주위 온도보다 5℃ 이상까지 쉽게 올라가게 할 수 있다. 대부분의 식물들은 잎을 좀더 수직 방향이 되게 하거나 초본 식물의 경우처럼 잎이 긴 축을 따라 감겨서 과열을 피한다. 다른 형태적 적응으로는 반사시키는 잎의 털(엽모, pubescence)과 빛을 반사해서 에너지의 흡수를 줄이는 왁스로 덮인 표면, 또는 엽면 경계층(boundary layer)의 두께를 최소화하여 대류와 전도에 의한 열의 소실이 최대가 되도록 작고 가장자리가 들쑥날쑥한 잎 등을 들 수 있다. 이와 동일한 변형은 잎으로부터 열이 소실되는 데 중요한 역할을 하는 증산에 의한 수분 소실을 줄이는 데에도 도움이 된다는 것에 주목하라.

식물 생장의 상한 온도는 21장에서 간략히 논의되었다. 비록 *Tidestromia oblongifolia* 같은 식물과 일부 사막의 초본은 50℃ 또는 그 이상의 온도에서도 생존할 수 있지만(21장 ; Larcher et al., 1989), 잎의 온도가 50 내지 55℃를 초과하였을 때 생존할 수 있는 관다발 식물은 거의 없다. 관다발 식물들 중에서 온도 내성이 가장 큰 것은 용설란류과 선인장류의 식물로 모두 건조하거나 반건조 환경에서 자생하는 다육 식물의 과(family)에 속한다. 이 두 과에 속하는 많은 수의 종들이 60℃ 또는 그 이상의 온도에 견딜 수 있고, 어떤 종은 74℃나 되는 높은 온도에서도 짧은 기간(1 시간) 동안 생존할 수 있다(Nobel, 1988).

세포막과 물질 대사에 미치는 고온의 영향 대다수 식물의 경우에 고온의 한계는 효소의 비가역적 변성에 의해 결정된다는 것이 전통적인 견해이다. 효소의 기능은 분명히 결정적인 역할을 하지만, 최근에는 고온 손상의 주요한 원인으로서 막 성질의 변화 쪽에 더 관심을 가지게 되었다. 예를 들면 용설란이나 선인장과 온화한 온도에서 자란 C3 식물 사이의 주요한 차이점의 하나는 고온 내성 종의 막 지질에 포화 지방산의 비율이 높다는 것이다. 고온에서 막의 유동성은 증가되어 투과성이나 막 단백질의 촉매적 기능과 연관된 문제를 일으킬 수 있다. 포화가 많이 되면 막의 유동성을 감소시켜 더 높은 온도에서도 소수성 상호 작용의 세기가 유지된다. 따라서 막의 안정성과 지질과 내재성 막 단백질 사이의 상호 작용이 모두 유지된다(Raison et al., 1980 ; Quinn, 1988).

고등 식물 엽록체의 틸라코이드 막에서의 반응이 고온 손상에 가장 민감하며, 그 결과 광합성의 효율에 영향을 미친다. 세 가지 계열의 증거들이 특히 광계 Ⅱ와 이와 연관된 산소-발생 복합체(9장)가 손상되기 쉽다는 것을 암시한다. 첫째, 산소-발생 복합체는 열에 의해 직접적으로 불활성화되므로, 광계 Ⅱ로 전자를 넘겨주지 못하게 된다. 둘째, 고온은 틸라코이드 막의 유동성에 영향을 주어 색소-단백질 복합체의 측면 분포를 흐트러뜨린다. 이런 변화는 전자 전달과 광인산화의 효율을 방해하는 것으로 추정된다. 셋째, 고온에 대한 광합성의 제한은 일반적으로 잎에서 쉽게 측정이 가능한 엽록소 형광의 두드러진 증가라는 특징을 보이는데 이렇게 형광이 증가하는 것은 광계 Ⅱ의 에너지 전달 메커니즘에 불가역적 손상이 일어났음을 반영한다. 결과적으로 광계 Ⅱ에 의해 광화학적으로 사용될 수 없는 흡수된 에너지의 증가분이 빛으로 재방사되어야만 한다. 용설란(*Agave*), *Atriplex*, 덩굴강낭콩(*Phaseolus vulgaris*) 등의 유식물을 치사 수준에 못 미치는 고온에 단기간 순응시키면 엽록소의 형광이 급격히 증가하는 온도가 5℃ 정도나 상승하게 된다. 또 다른 연구들은 Rubisco와 다른 탄소 고정 효소들의 활성이 고온에서 심각하게 저해되는 것을 제시하였다.

열 충격 단백질 대부분의 생물들은 고온에 단기간 노출되면 대부분의 단백질 합성이 억제되며 **열 충격 단백질**(heat shock proteins, HSPs)이라고 하는 분자량이 낮은 새로운 단백질군의 합성이 유도된다. 이 흥미로운 단백질들은 원래 초파리에서 발견되었지만 그 후에 여러 동물, 식물, 미생물 등에서도 발견되었다. 정상 생장 온도

---

2) 사막이라는 용어는 보통 일년 중 적어도 일정 기간이 뜨겁고 건조한 장소를 의미하는 인간 중심적인 용어이다. 건조와 반건조는 연중 강우량을 기준으로 한 분류이다. 건조 지역은 연중 강우량이 250mm 이하이며 반건조 지역은 강우량이 250~450mm 사이이다.

〈표 22-3〉 식물에서 나타나는 주요 열 충격 단백질(HSP)과 이들의 추정되는 기능

각 군은 전형적인 분자량에 의해 나누어졌다. 각 군에 속한 단백질의 번호와 정확한 분자량은 식물 종에 따라 다양하다.

HSP 군	추정 기능
HSP 110	미상
HSP 90	수용체 단백질 보호
HSP 70	ATP-의존성 단백질의 조합이나 해체 반응; 단백질의 변성이나 응결로부터 보호(분자 사프론). 세포질, 미토콘드리아 및 엽록체에서 발견됨.
HSP 60	여러 개의 단위체 단백질들이 적당히 조합되도록 지시하는 분자 사프론. 세포질, 미토콘드리아 및 엽록체에서 발견됨.
LMW HSPs (17~28 kDa)	대부분은 기능이 알려지지 않음. LMW(저분자량 HSPs는 '열 충격 미립자' 라고 하는 집합체를 가역적으로 형성한다. 세포질과 엽록체에서 발견됨.
우비퀴틴	단백질 분해에 관련된 다른 단백질의 목적지 수송에 관여하는 8 kDa의 단백질

Vierling, 1990 자료 참조

보다 5℃ 내지 15℃ 높은 온도에서 15분에서 서너 시간 정도 노출시키면 보통 HSPs가 완전히 유도된다. HSPs는 스트레스를 받지 않은 조직에서는 존재하지 않거나 매우 낮은 수준으로 존재한다. 초기에 HSPs에 대한 관심은 HSPs의 유전자 조절 연구에 집중되었다. 그러나 HSPs에는 생리학적 흥미를 끄는 여러 측면이 있다.

고등 식물에는 대략적인 분자량을 기준으로 구별되는 세 가지 부류의 열 쇼크 단백질들—HSP90, HSP70 및 분자량이 17에서 28 kDa의 범위에 있는 이질적인 집단—이 존재한다(표 22-3)(Vierling, 1990). 특히 HSP70은 식물과 동물에서 구조적 유사성이 매우 높아서 약 70%가 동일하다. 또 다른 단백질인 **우비퀴틴**(ubiquitin)도 열 스트레스를 받은 모든 진핵 생물체에서 나타나며 HSP라고 생각된다. 우비퀴틴은 단백질 분해에서 표지 단백질로서 중요한 역할을 한다. HSPs는 핵, 엽록체, 미토콘드리아에서뿐만 아니라 세포질 전체에서 발견된다. 또한 HSPs가 유도되는 데에는 갑작스러운 온도 상승이 필요하지 않다. 자연조건에서처럼 정상적인 생장 조건에 비해 점진적으로 약간 더 온도가 상승하는 조건에서 자란 식물에서도 HSPs가 검출되었다.

비록 HSPs의 유전학과 그 발현의 조절이 이제 서서히 밝혀지고 있지만, 세포에서 이들의 정확한 역할은 아직 거의 알려져 있지 않다(표 22-3). HSPs는 갑작스런 온도의 증가 후에 매우 빠르게 합성된다. 3~5분 이내에 새로운 mRNA의 전사가 검출되며, 30분 이내에 새로 합성된 단백질의 대부분이 HSP이다. 정상적인 온도로 돌아온 몇 시간 이내로 HSPs는 더 이상 생산되지 않고 단백질 합성도 정상적 패턴으로 돌아온다. HSPs 출현 속도는 이들이 빠른 온도 변화의 해로운 영향에 대해 세포를 보호하는 중요한 역할을 할 것이라는 것을 제시한다. 예를 들면 HSP70은 사프론(charperone) 분자 또는 **사프로닌**(chaperonin)으로서의 기능을 하는 것으로 보인다. 사프로닌은 세포에 정상적으로 존재하는 단백질 부류로서, 다단위체의 단백질들이 제대로 조합되도록 이끌게 된다. 예를 들면 엽록체 속에 존재하는 사프로닌으로 Rubisco의 대소 단위체들이 기능적인 효소로 조합되게 도와주는 루비스코 결합 단백질이 있다. HSP70는 열 스트레스를 받는 동안 다량체의 분해와 변성을 방지하는 기능을 하는 것으로 제시되었다. 동시에, 우비퀴틴의 수준이 증가하는 것은 열 쇼크에 의해 손상된 단백질을 제거하는 것에 대한 요구가 증가된 것을 반영한다(Vierling, 1990).

새로운 단백질이 유도되는 것은 열 충격에만 국한되지 않는다. 저온, 수분 결핍, ABA 처리, 염분, 산소 결핍, 폴리에틸렌 글리콜(polyethylene glycol) 용액에 의해 인위적으로 유도된 삼투 스트레스를 포함한 다른 스트레스들도 모두 새로운 부류의 단백질의 합성을 유도한다. 이러한 **스트레스 단백질**(stress protein) 중 일부는 HSPs와 비슷하지만, 합성된 단백질의 형태는 조직의 유형과 생장 조건 및 식물 종에 따라 다양하다. 따라서 새로운 단백질의 합성은 스트레스에 대한 일반적인 반응으로 나타나지만 보편적인 유형의 스트레스 단백질은 없다.

염 스트레스

근계(rhizosphere) 속의 고농도 염은 수분 결핍과 이온 독성을 통한 스트레스를 일으킨다. 염을 배제하는 것과 삼

투 조절을 하는 것은 둘 다 고농도의 염 환경에서 내성을 가지는 데 중요한 역할을 한다.

식물 환경에서 무기 이온의 농도는 결핍으로부터 과잉 상태에 이르기까지 광범위하게 변할 수 있다. 이온 결핍은 기술적으로는 낮은 염 스트레스의 한 가지 형태이지만 일반적으로는 영양소의 문제로 나타나며 앞서 4장에서 이미 논의되었다. 실제로 **염 스트레스**(salt stress)라는 용어는 특히 이온의 과잉 상태만을 의미하지만, 그렇다고 확실히 Na^+와 Cl^-에만 국한되는 것은 아니다.

지구상에는 고농도의 염이 자연 환경의 일부인 넓은 지역이 있다(Fitter and Hay, 1987). 해안 염습지는 대개 조수의 범람을 받기 쉬운 강어귀의 저지대에 특징적으로 나타난다. 약 3%의 염화나트륨이 들어 있는 해수는 소량의 다른 이온들과 함께 460 mM Na^+, 50 mM Mg^{2+}, 540 mM Cl^-도 함유한다. 해수는 −2.7 MPa 정도의 용질 퍼텐셜을 가진다. 그러나 염습지의 실제 염도는 해발 고도나 바다로부터의 거리, 해수와 담수의 혼합 정도, 증발량(염농도를 증가시키는 원인이 됨), 강수량(염농도를 감소시키는 원인이 됨)과 같은 여러 요인들에 의해 결정된다. 높은 염도는 내륙 사막의 특징이기도 한데 이곳에서는 증발량이 강수량을 초과하여 새나가는 양이 극히 적어서 염이 토양 속에 축적된다. 사막의 토양은 전형적으로 Na^+, Cl^-, Ca^{2+}, $SO_4{}^{2-}$, 탄산염 등의 농도가 높다. 또한 높은 염도는 Great Salt Lake와 사해(Dead Sea)처럼 내륙의 호수 연안 근처에서 나타나며, 이러한 곳에서는 배수구가 없기 때문에 수분이 증발함에 따라 염이 축적된다.

〈그림 22-10〉 대규모의 관개는 농경지의 염 함량을 상당히 증가시킨다.

고농도의 염 토양에 속하는 세번째 경우로 아주 관개가 많이 된 농업지를 들 수 있다(그림 22-10)(Flowers et al., 1977). 관개는 특히 건조지에서 많이 이루어지므로, 이곳에서는 **증발산**(evapotranspiration)이라고 부르는 증발과 증산이 혼합된 대규모의 수분 손실이 일어난다. 그 결과 관개수를 따라 운반된 염이 토양에 농축된다. 농업지의 염퇴적은 해당 토양분만큼이 결국 생산을 할 수 없게 되는 심각한 결과를 낳는다. 예를 들면 중국에서 7백만 헥타르 이상이 염류지로 분류되며, 대부분이 몇 세기 동안의 관개로 초래된 것이다(Sun, 1987). 불행히도 경제적으로 중요한 대부분의 작물종은 염분성 토양 조건에 매우 민감하다. 이 때문에 염류화를 줄이려는 노력의 일환으로 집약적인 관개수 관리가 이루어졌고 높은 염분 내성을 가지는 변종을 육종하기 위해 노력하게 되었다.

고농도의 염 토양에서 생장하는 식물을 **염생 식물**(halophyte)이라고 한다(그림 22-11). 여기에는 유럽과 북미의 염습지에서 자라는 *Suaeda maritima*(명아주과, Chenopodiaceae)와 marshgrass(*Spartina* sp.) 같은 식물들이 포함된다. 가장 내성이 강한 염생 식물은 NaCl의 농도가 200~500 mM에서도 계속 생장한다. 일부 염생 식물은 **염 조절자**(salt regulator)이다. 망그로브(*Rhizophora mangle*) 같은 염 조절자는 염분을 흡수하지 않고 뿌리로부터 능동적으로 염분을 배출한다. 다른 염 조절자는 염을 흡수하지만 잎에 있는 특화된 염선(salt gland)을 통해 많은 양의 염을 배출한다. 배출된 염은 잎 표면에서 결정화되어 더 이상 식물체에게 유해하지 않게 된다. 염선을 통한 배출은 매우 특정적이어서 Na^+, Cl^-, $HCO_3{}^-$은 농도 기울기를 거슬러 우선적으로 배출되며, 반면

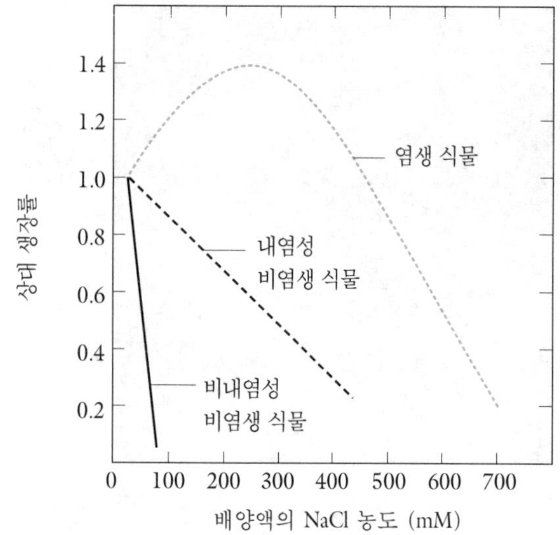

〈그림 22-11〉 염분 농도에 따른 내염생 식물, 염분 내성이 있는 비염생 식물, 및 염분 내성이 없는 비염생 식물 들의 전형적인 생장 반응

에 Ca^{2+}, NO_3^-, SO_4^{2-}, HPO_4^- 같은 이온들은 농도 기울기를 거슬러 체내에 남아 있다. 한 연구에서는 *Aeluropus litoralis*가 잎 건량 1 g당 하루에 8970 μmol(8970 μmol g^{-1} dry weight of leaf d^{-1})의 속도로 염을 배출하는 것으로 추정하였다(Pollak and Waisel, 1970). 반면에, 염 축적자(salt accumulator)는 토양의 수분 퍼텐셜이 낮은 조건에서 세포의 팽압을 유지하기 위해 높은 이온 흡수율에 의존한다. 예를 들면, *Atriplex*에 속하는 몇 종의 잎의 수분 퍼텐셜은 −2 MPa 정도로, 비염생 식물의 −0.2～−0.3 MPa에 비해 낮다. 세포질의 Na^+와 Cl^- 이온의 농도는 낮게 유지되는 반면에 여분의 이온은 액포에 축적된다. 가장 내염성이 강한 염생 식물조차도 절대적인 염생 식물이 아니라는 사실이 흥미롭다 — 실제로 지금까지 연구된 거의 모든 종들은 염 농도가 낮은 환경에서도 잘 자란다.

이와 대조적으로 반응하는 것으로는 비염생 식물(glycophyte)이라고 하는 민감한 비염생 식물이 있다(그림 22-11). 덩굴강낭콩, 대두(*Glycine max*), 벼(*Oryza sativa*), 옥수수(*Zea mays*)와 같이 농업적으로 중요한 많은 종들이 비염성 식물이다. 비염성 식물은 아주 낮은 염에서만 견딜 수 있어서 50 mM 미만의 NaCl 농도에서도 회복할 수 없는 손상을 입을 수 있다. 토마토(*Lycopersicon esculentum*), 목화(*Gossypium hirsutum*), 사탕무(*Beta vulgaris*), 보리(*Hordeum vulgare*), 밀(*Triticum aestivum*) 같은 다른 비염생 작물종은 훨씬 더 높은 수준의 염에서 내성을 가진다. 보리는 농업적으로 중요한 곡물 중 가장 내염성이 강해서 다른 작물에게는 부적당한 관개지에서도 잘 자란다. 그러나 보리와 밀의 품종들은 염 스트레스에 대해 다양한 정도의 민감성을 보여준다. 이것은 선별적 육종 프로그램에 의해 내염성이 향상될 가능성을 보여준다(Yeo and Flowers, 1989).

염 스트레스는 세 가지 수준에서 식물체에게 손상을 줄 수 있다. 첫째, 고농도의 염 특히, 높은 나트륨(Na^+) 농도는 토양의 구조를 변화시킨다. 토양의 다공성이 감소되기 때문에, 토양의 공기 유통과 수분 전도도(hydraulic conductance)에 부정적인 영향을 줄 수 있다. 둘째, 고농도의 염은 수분 스트레스와 복잡하게 연결되어 있다. 고농도의 염은 생리적 가뭄(physiological drought)의 한 가지 형태인 낮은 토양 수분 퍼텐셜을 발생시켜서 식물체가 물과 영양소를 점차적으로 얻기 어렵게 한다. 건조와 고농도의 염은 공통된 삼투 스트레스의 요인을 가지기 때문에 비슷한 반응을 일으킨다. 예를 들어 과잉의 염을 뿌리로부터 배출시키는 염생 식물은 고농도의 염 환경에 순응하여 삼투 조절에 의해 내부 수분 퍼텐셜을 낮게 유지할 것이다. 염생 식물에서 삼투 조절에 기여하는 용질인 프롤린(proline), 베테인(betaine), 소비톨(sorbitol) 등은 수분 스트레스에 대한 반응으로 축적되는 용질이다. 대개 식물의 물질 대사와 생장 그리고 생존에 미치는 고농도 염에 의한 삼투 영향과 보다 더 직접적인 과잉 이온의 영향간의 차이를 실험에 의해서 구별하기는 어렵다.

비염생 식물이 손상을 입는 세번째 유형은 특정한 이온 특히, Na^+과 Cl^-의 독성 효과와 관계가 있다. 손상을 입게 되는 자세한 메커니즘은 아직 모르지만, 과다한 Na^+이 막에 문제를 일으키거나, 효소의 저해 또는 전반적인 대사 기능의 장애를 일으킬 수 있다. 고농도의 염은 비염생 식물의 생장을 억제하고 탄소 동화를 감소시키는 것으로 알려져 있다. 탄소 동화가 감소하는 것은 광합성의 감소와 유지 호흡의 증대가 복합적으로 작용하기 때문이다. Na^+은 비염생 식물의 뿌리 세포 속으로 농도 기울기를 따라 수동적으로 들어간다. 내부의 Na^+ 농도는 Na^+을 활발히 배출하는 나트륨 펌프의 도움으로 낮게 유지된다. 염의 농도가 높은 환경에서 유지 호흡 부분이 증가되는 이유의 일부는 뿌리 밖으로 나트륨을 배출하는 데 드는 에너지의 소비가 증가되었다는 것을 나타낸다.

물론 이온은 독자적으로 작용하지 않으며, 특히 Na^+과 Ca^{2+} 사이에는 강한 상호 작용이 있다. 어린 보리와 옥수수 및 다른 식물에서 NaCl의 독성은 Ca^{2+} 수준이 증가됨으로써 감소될 수 있다. 외관상으로 Na^+은 뿌리의 막에 결합되어 있는 Ca^{2+}과 치환되는데, 이러한 영향은 과량의 Ca^{2+}을 공급함으로써 극복될 수 있다. 결과적으로 Na^+의 흡수는 감소된다.

염 내성에 대한 생리학과 분자생물학은 최근에야 관심을 끌기 시작했다. 다른 스트레스처럼 염 스트레스도 단백질 합성 양상에 변화를 일으키므로 새로운 유전자가 전사되거나, 적어도 어떤 유전자의 산물은 증가하고 다른 유전자의 산물은 감소하는 것을 제시한다. 내염성 세포에 ABA를 미리 처리하면 새로운 단백질이 유도되며 NaCl에 순응하는 능력이 향상된다. 전부는 아니지만 염과 ABA에 의해 유도된 단백질들 중 일부는 동일하다.

염에 의해 유도되는 유전자 발현이 세포 현탁 배양체와 온전한(intact) 뿌리 체계에서 연구되어 왔다. 더 동질적인 체계(homogeneous system)를 제공하면서 더 분화된 조직에서 부딪치게 되는 일부 어려움을 피하기 위해서 배양 세포가 연구되었다. 반면에 뿌리는 증가된 염도에 가장 먼저 대처해야 하는 기관이다. 높은 농도의 NaCl이나 폴리에틸렌 글리콜(PEG)을 처리한 담배 세포에서 여러 폴리펩티드가 높은 수준으로 축적되는 것이 발견되었다(Singh et al., 1985). 특히, 26 kDa의 폴리펩티드는 고농도의 NaCl이나 PEG 모두에 의해 유도되었다. 이 폴리펩티드가 여러 요인들에 의해 유도되는 낮은 수분 퍼텐셜이나 삼투 충격 상태에서 흔히 나타나기에 **osmotin**이라고 부른다. 순응된 담배의 세포 배양에서는 osmotin이 액포에 축적되어 세포 전체 단백질의 12%까지나 차지하기도 한다(Singh et al., 1987). Osmotin은 토마토의 특히 뿌리 속에 들어 있는 정상적인 구성 성분이며, 스트레스를 받지 않은 식물체에서는 아주 적은 양으로 존재한다. 그러나 171 mM NaCl을 첨가하면 8시간내에 뿌리 속의 osmotin은 상당히 증가한다. Osmotin의 mRNA는 NaCl을 처리하여 배양한 토마토 세포에서 적어도 100배 증가하며, 이것은 염스트레스에 대한 반응이 유전자의 전사 수준에서 일어난다는 것을 암시한다(King et al., 1988).

Osmotin의 증가는 염과 삼투 스트레스에 대한 훨씬 더 뚜렷한 생화학적 반응 중의 하나이다. 그러나 토마토의 몇 가지 변종에서는 osmotin의 수준과 염 내성 사이에 뚜렷한 상관 관계가 없으므로 순응이나 내성에 있어서 osmotin이 어떤 특이적 역할을 할 것이라고 단정하기는 어렵다. 염분 스트레스와 내성 그리고 고농도의 염에 의한 손상이 여러 가지 요인 때문에 생기는 문제라는 것은 분명하다. 대개 낮은 수분 퍼텐셜이나 다른 이온들과의 복잡한 상호 작용에 의한 영향으로부터 고농도의 염이 미치는 영향을 분리하는 것은 어렵다. 내염성의 메커니즘을 이해하는 것은 염 민감성 농업 작물의 내염성을 높이는 생리학적 특성에 대한 연구를 하는 데 있어서 중요한 첫 단계가 될 것이다.

곤충과 질병

식물체는 항상 초식 곤충과 잠재적인 병원성 미생물에 노출된다. 농부와 정원사는 동의하지 않겠지만, 대부분의 식물들은 질병에 대해 놀랄만한 저항성을 나타낸다. 식물들은 초식 동물을 저지하고 미생물이 침입하여 퍼지는 것을 제한하기 위해 여러 가지 전략을 만들어 내었다.

7장과 14장에서는 식물이 통칭 **피토알렉신**(phytoalexin)으로 알려진 이소플라보노이드(isoflavonoid)와 다른 이차 대사 산물을 생산하여 곤충과 질병을 방어하는 것에 대해 살펴보았다. 그러나 피토알렉신은 식물이 공격을 받을 때 준비하는 복잡한 방어 전략의 일부분일 뿐이다.

과민 반응

곤충이나 잠재적인 병원성 미생물에 의해 위협을 받는 식물은 전형적으로 세포벽의 조성과 물리적 성질을 변화시키며, 침입하는 병원체와 병원체가 침입한 부위의 괴사된 상처들을 격리시키고 제한하는 이차 대사 산물을 생합성하여 대응한다. 이러한 반응들을 총괄적으로 **과민 반응**(hypersensitive reaction)이라고 한다.

과민 반응은 보통 바이러스, 박테리아, 균류 및 선충류에 의해 활성화되며, 주로 병원체의 일반적인 특이성 범주에 들어 있지 않은 식물에서 일어난다. 과민 반응은 복합적이며 원인이 되는 대상의 특성에 따라 변할 수는 있지만, 일반적으로 적용될 수 있는 보편적인 특징을 가지고 있다. 어떤 경우든지 초기의 사건은 방어 관련 유전자의 활성화와 그 산물인 **병원 발생성 단백질**(pathogenesis-related(PR) protein)이 합성되는 것이다. PR 단백질에는 병원체에 의해 분비되는 단백질 분해 효소를 무기력하게 만드는 단백질 효소 저해제와 미생물의 세포벽을 분해시키는 β-1,3-글루카나아제(β-1,3-glucanase)와 키티나아제(chitinase) 같은 분해 효소가 포함된다. 또한 병원체의 생장을 제한하는 이소플라보노이드들과 다른 피토알렉신들의 생합성에 필요한 효소를 합성하는 유전자가 활성화된다. 세포벽의 구조적인 지지를 제공하는 히드록시프롤린(hydroxyproline)이 풍부한 당단백질과 함께 리그닌, 칼로스, 슈베린 같은 부착물은 세포벽을 강하게 하고, 세포벽은 침범하는 병원체의 공격을 덜 받게 한다. 끝으로, 감염된 세포들은 **예정된 죽음**(programmed death)을 시작하며 이 과정이 진행된 결과로 감염된 부위에서 괴사 상처가 형성된다. 세포의 괴사는 병원체를 격리하여 병원체의 발달과 식물체 전체로 퍼지는 것을 늦춘다. 이러한 과민 반응을 구성하는 요소들이 어느 정도까지는 연속적인 사건들인지 또는 병행적으로 일어나는 사건들인지 아직 명확하지 않다.

비병원성 유전자

식물체는 어떻게 잠재적 병원체를 인식하고 방어 반응을 시작하는 것일까? 과민 반응은 발달 반응의 한 가지 형태이기 때문에, 우리는 신호 탐지와 일련의 신호 전달 사슬(transduction chain)이 관계한다고 가정해야 한다. 감염에 대한 식물체의 취약성을 설명하려는 시도에 의해 질병이 유전적 바탕을 가진다는 것이 밝혀졌다. 병원체와 식물체는 모두 그들의 상호 작용의 특성 — 질병이 발생(virulent)할 것인지 발생하지 않을 것인지(avirulent) — 을 결정하는 유전자를 가지고 있다. **유전자 대 유전자**(gene-for-gene) **가설**에 따르면, 병원성 미생물은 **비병원성 유전자**(avirulence (*avr*) gene)를 가지며, 숙주 식물은 이에 상응하는 **저항 유전자**(resistances (*R*) gene)를 지닌다. 질병은 병원체의 *avr* 유전자가 결여되거나 식물체가 *R* 유전자 자리에 열성 대립 유전자를 지니고 있을 때에만 발생한다. 병원체의 *avr* 유전자와 식물의 *우성*(*dominant*) *R* 유전자가 만나면 과민 반응이 시작된다(Yang et al., 1997).

많은 *avr* 유전자들이 세균과 곰팡이들로부터 분리되었지만, 그 산물의 특이적 기능은 밝혀지지 않았다. 한 가지 가능성으로 *avr* 유전자가 **유인체**(elicitor)라고 하는 물질을 만들어 내는 데 필요한 효소를 부호화하고, *R* 유전자가 유도체들을 인식하는 수용체를 부호화할 수 있다. 유도체들(라틴어, elicere : 유인하는)은 숙주 식물 속에서 과민 반응을 일으키는 병원체로부터 분리된 대사 산물들이다. 여러 가지 유도체들이 동정되었고, 동정된 유도체들 중 대부분은 주로 세균과 곰팡이의 세포벽에 연결되어 있는 미생물의 세포외 산물이었다. 예를 들면, 곰팡이의 유도체에는 β-글루칸(β-glucans), 키토산(chitosan, chitin 단위체)[3] 및 아라키돈산(arachidonic acid, 불포화 지질)이 포함된다. 다른 유도체들로는 여러 가지 다당류와 당단백질 그리고 작은 펩티드 등이 있다. 식물 세포벽 펙틴의 분해로 초기에 생기는 펙틴의 단편이나 기계적 손상도 과민 반응을 이끌어 낼 수 있다.

식물 세포에서 유도체들의 인식은 분명히 원형질막에서 일어난다. 과민 반응에 관여하는 많은 요소들이 차별

---

3) 대부분의 곰팡이의 세포벽에서 중요한 탄수화물은 셀룰로오스보다는 키틴(chitin)이다. 키틴은 셀룰로오스와 비슷하게 미세 원섬유를 형성하는 N-acetylglucosamine의 다량체이다.

적인 유전자의 활성화를 일으키기 때문에, 이 정보를 핵으로 중계하기 위해서는 어떤 형태로든 신호 전달 과정이 필요할 것으로 예상된다. 보편적인 신호 전달 인자들이 다양하게 제시되었으며, 여기에는 pH의 변화, 이온의 유출(특히, 칼륨과 칼슘)이 포함된다. 예를 들면 배양된 세포가 곰팡이의 유도체로 자극 받을 때 Ca^{2+}의 일시적인 흡수(그리고 K^+의 유출)가 관찰되었다(Hahlbrock et al., 1995). 게다가 세포내의 Ca^{2+} 수준을 조절하여 방어 반응을 일으키는 유전자의 발현을 조절할 수 있다. 따라서 방어 반응은 Ca^{2+} 투과 운반체(ionophore)를 통해 Ca^{2+} 흡수의 자극으로 활성화되거나 Ca^{2+} 통로의 차단으로 저해될 수 있다. 유도체를 처리한 세포에서 일어나는 다른 반응들에는 단백질의 인산화와 산화적 폭발(oxidative burst)로 알려진 활성산소 종(O_2^-과 H_2O_2)의 생성이 포함된다. 이렇게 다양한 신호들의 정확한 역할과 이 신호들이 신호 전달의 연속 과정 가운데에서 어떻게 상호 작용을 하는지는 밝혀져 있지 않고 많은 실험실에서 활발히 연구되고 있는 주제이다.

체성 획득 저항성

과민 반응과 관련되어 있는 몇 가지 이차 대사 산물은 다른 세포와 조직에 신호를 보내어 이차 감염에 저항할 준비를 하게 하는 초기의 경보 체계를 구성하는 것 같다. 과민 반응이 초기에는 침입당한 부위에 있는 소수의 세포에 국한되어 나타나지만, 여러 시간에서 수일에 걸쳐 병원체에 대한 저항 능력은 식물체 전체에 점차적으로 번져 나간다. 실제로 초기 감염에 대해 식물체는 일반적인 면역 능력을 천천히 발달시키면서 반응한다. 이러한 현상을 **체성 획득 저항성**(systemic acquired resistance, SAR)이라고 한다(Ryals et al., 1996).

SAR가 일어나는 과정은 여전히 잘 알려져 있지 않지만 신호 전달 경로에 관여하는 한 가지 성분은 살리실산(salicylic acid)인 것으로 보인다(그림 22-12 ; Durner et al., 1997). **살리실산**(2-hydroxybenzoic acid)은 진통제의 성질을 지닌 천연적 이차 대사 산물이다. 북미 인디언과 유라시아의 원주민은 오래 전부터 아픔이나 통증을 경감시키기 위해 살리실산 배당체(glycoside)인 살리신(salicin)이 들어 있는 버드나무 껍질(*Salix* sps.)을 사용해 왔다.

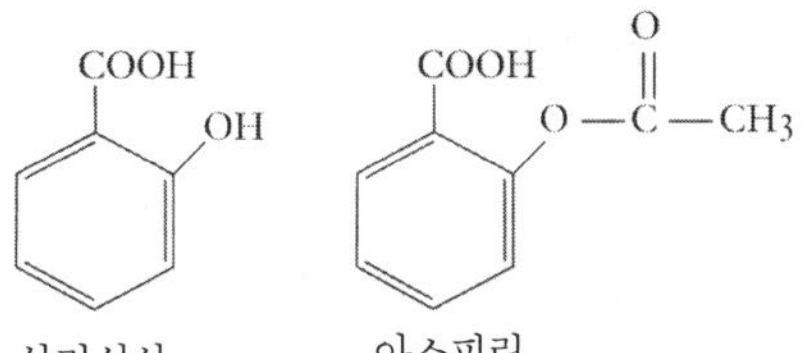

〈그림 22-12〉 살리실산과 살리실산의 상업적인 유도체인 아세틸 살리실산의 화학적 구조
살리실산은 식물의 면역 전략에 관여한다.

살리실산이나 살리실산의 아세틸 유도체(아스피린)는 담배에 처리했을 때 PR 유전자의 발현이 유도되며, 담배 모자이크 바이러스(tobacco mosaic virus, TMV)에 대한 저항성이 커지는 것을 알게 된 1990년 초에 와서야 살리실산과 병원체에 대한 저항성 사이의 상관관계가 명확해졌다. 그 이후에 다양한 식물들이 감염된 후 식물체의 감염 부위뿐만 아니라 떨어진 부위에서도 살리실산의 수준이 증가하는 것이 관찰되었다(그림 22-13). 예를 들면 담배 식물이 TMV로 감염되었을 때, 살리실산의 수준이 감염된 잎에서는 20 배 증가하였고 감염되지 않은 잎에서는 5 배 증가하였다. 게다가 PR 단백질은 살리실산과 병행하여 증가한다. 살리실산의 수준이 증가하는 것은 대개 SAR가 일어나는 것보다 먼저 일어난다. 또한 높은 수준의 살리실산과 SAR을 보여 결과적으로 병원체에 대한 저항성이 강화된 애기장대의 돌연변이체나 형질 전환 식물들이 존재한다.

반대로 인위적으로 낮은 수준의 살리실산을 갖게 처

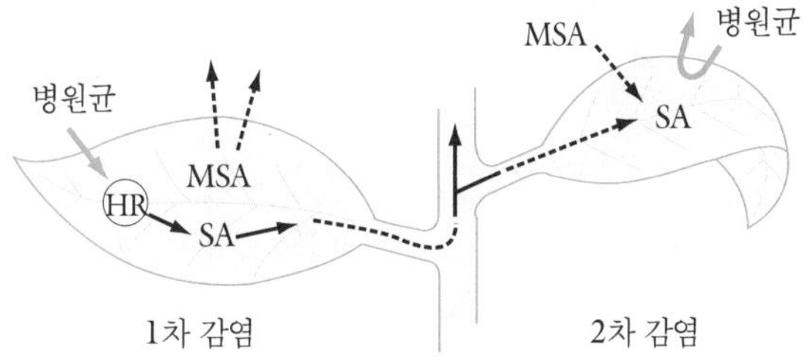

〈그림 22-13〉 조직성 획득 저항성(SAR)에서 살리실산의 추정 역할
처음 식물체에 감염된 병원체(1차 감염)는 국부적인 과민 반응(HR)과 살리실산(SA)의 합성을 자극한다. 살리실산은 체관을 통해 식물체의 다른 부위로 이동되며 그곳에서 다른 병원체에 의한 2차 감염을 막는다. 살리실산은 다른 경로로 메틸살리실산(methylsalicylic acid, MSA)으로 전환될 수 있다. MSA는 약간 휘발성이 있으며 기전성 신호 물질로서 작용할 수 있다.

리된 식물들은 일반적으로 SAR을 나타내지 못한다. 예를 들면 박테리아는 살리실산 수산화 효소(salicylate hydroxylase)를 지정하는 *nahG* 유전자를 가진다. 박테리아의 *nahG* 유전자로 형질 변환된 애기장대 식물체는 살리실산의 함량이 낮거나 전혀 가지지 않게 된다. 또한 *nahG* 유전자로 형질 변환된 식물은 SAR을 나타내지 못하고 병원체의 공격에 대해 방어하는 능력을 가지지 못한다. 또한 살리실산의 수준은 살리실산의 생합성 중 첫단계를 촉매하는 페닐알라닌-암모니아 리아제(phenylalanine-ammonia lyase, PAL)의 직접적인 저해에 의해서도 감소될 수 있다. PAL이 억제된 애기장대는 질병에 대한 저항성을 잃어버리지만, 살리실산을 처리함으로써 저항성이 회복될 수 있다(Durner et al., 1997). 이 같은 결과를 근거로, 살리실산이 식물의 방어 반응에서 중요한 역할을 하는 것은 분명하다. 그러나 살리실산이 SAR을 일으키고 유지하는 메커니즘은 아직 밝혀지지 않았다.

자스몬산

최근의 실험을 근거로 보면, **자스몬산**(Jasmonate) 특히, 자스몬산의 메틸 에스테르 화합물인 **메틸 자스몬산**(그림 22-14)도 식물체에서 곤충과 질병 저항성을 매개하는 것으로 나타났다(Creelman and Mullet, 1997 ; Wasternack and Parthier, 1997). 자스몬산은 식물체 전체에서 생기는 것으로 나타나며 특히 활발히 생장하는 어린 조직에서 높은 농도로 나타난다. Methyl jasmonate는 *Jasminium* 정유(essential oil)의 주요 성분이며, 곰팡이의 배양 여과액에서 고농도의 자스몬산이 분리되었다.

자스몬산은 분리된 보리 잎 절편의 노쇠를 촉진하는 능력으로 처음 알려졌으나, 세포 배양에서 피토알렉신의 생합성이 자스몬산의 함량과 관련되었기에 질병 저항성에 있어서의 역할이 제시되었다. 현재 자스몬산은 상처가 난 식물과 유인체(elicitor)를 처리한 식물에서 축적된다고 알려져 있다. 또한 자스몬산은 항균 성질을 띠는 단백질을 합성하는 여러 개의 유전자를 활성화시킨다.

살리실산과 자스몬산은 곤충과 질병 저항성에 대한 작용면에서 일부 비슷한 점이 있지만 몇 가지 중요한 차이점도 있다. 예를 들면, 애기장대의 두 가지 곰팡이 저항성 유전자에 대한 연구에서, 두 가지 유전자 중 한 가지 유전자의 발현은 살리실산에 의해 유도되었지만 자스몬산에 의해서는 유도되지 않았다. 반면에, 다른 한 가지 유전자는 자스몬산으로 유도되었지만 살리실산으로는 유도되지 않았다. 외견상으로 하나는 살리실산에 의해 매개되고 다른 하나는 자스몬산에 의해 매개되는 적어도 두 개의 방어 경로가 있는 것으로 보인다.

자스몬산은 겨우 십년 전부터 광범위하게 연구되어, 이것이 어떻게 유전자 발현을 조절하는지에 관해서는 아직 거의 알려지지 않았다. 그러나 자스몬산은 불포화 지방산인 리놀렌산(linolenic acid)으로부터 합성되기에, 자스몬산이 2차 전달자의 형태로 기능을 한다는 것이 제안되었다(Creelman and Mullet, 1997 참조). 식물의 막은 인지질의 형태로 리놀렌산을 풍부하게 제공할 수 있는 공급원이다. 유도체는 원형질막에 있는 수용체와 결합할 수 있을 것으로 생각된다. 유도체-수용체 복합체는 옥신(auxin)에 대해 제안된 것과 비슷한 방식으로(그림 17-20 참조) 막에 결합하는 포스포리파아제(phospholipase)를 활성화시켜 리놀렌산을 방출한다. 리놀렌산은 산화하여 자스몬산이 되고, 이것이 유전자 발현을 조절하는 작용을 하게 된다.

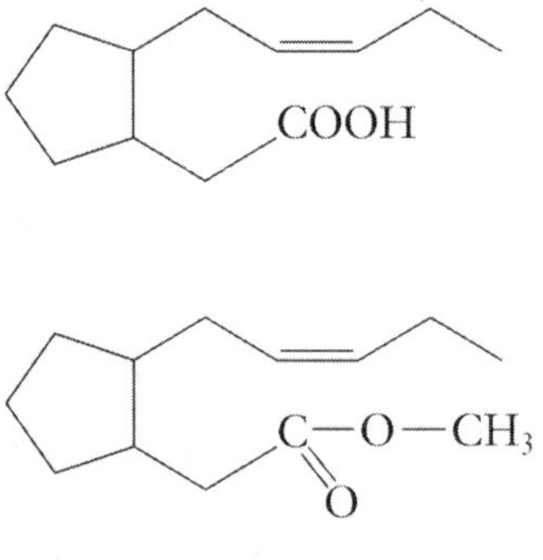

〈그림 22-14〉 자스몬산(위)과 ethyl jasmonate(아래)의 화학적 구조

자스몬산은 리놀렌산(18:3)으로부터 합성된다.

또 하나 매우 흥미롭지만 자스몬산의 양상을 약간 복잡하게 만드는 점은 자스몬산의 작용이 곤충과 질병 저항성에 국한되지 않는다는 것이다. 유전자 발현에 미치는 자스몬산의 영향을 통해 다른 여러 가지 생리 과정이 바뀐다. 이러한 생리 과정에는 종자와 화분의 발아, 영양 단백질 저장, 뿌리의 발달, 덩굴손의 감기는 것 등이 있다. 이러한 영향 중 대부분은 자스몬산이 에틸렌과 연합하여 작용하는 것으로 보인다. 자스몬산의 폭넓은 영향은 자스몬산이 식물 호르몬으로 승격되어야 한다는 제안을 나오게 하였다.

환경 오염 물질

환경 오염은 역사적으로는 자연 재앙이 아니지만, 식물에게 비교적 새로운 스트레스가 되고 있다. 오염 스트레스는 그 성질상 일차적으로 화학적인 것이며, 중금속, 탄소, 질소, 황의 기전성 산화물 및 광화학적 산물의 독성 효과가 이에 포함된다.

오늘날 우리는 환경 오염 — 토양 오염, 물 오염, 공기 오염 — 에 대해 많이 듣고 있다. 그런데 오염 물질이란 정확하게 무엇일까? 오염 물질은 아마 공기의 형태로 가장 쉽게 설명될 수 있을 것이다. 공기는 대기 즉, 지구를 둘러싸고 있는 무색, 무취, 무미의 기체 혼합물로 정의된다. 공기는 주로 질소, 산소와 소량의 이산화탄소로 구성되어 있다. 그러나 공기는 탄소, 황, 질소의 산화물을 포함한 다른 기체들도 함유하고 있다. 이러한 기체의 대부분은 많은 양의 재와 함께 화산 분출과 삼림의 화재와 같은 자연적인 원천으로 생긴다. 공기는 (사막과 황무지로부터 생겨난) 먼지와 **휘발성 유기 탄화수소**(volatile organic hydrocarbon, VOC)도 함유한다 VOC에는 산업 활동과 화석 연료의 연소로 인해 생기는 수많은 부산물이 포함된다. VOC의 또 다른 중요한 출처는 식생(vegetation)이다. 식물들은 에틸렌, 알코올, 이소프렌, 이소프렌형 모노테르펜(monoterpene)들과 다른 여러 탄화수소를 대기로 방출한다(Sharkey, 1996). 이러한 자연적인 불순물(contaminant)들은 지속적으로 대기 중에 존재하지만, 농도면에서는 일반적으로 식물과 다른 생물체에게 부정적인 영향을 미치지 않는다. 공기 불순물의 농도가 생물체에게 부정적인 영향을 미치게 되는 수준에 도달하면 오염 물질(pollutant)이라고 한다. 오염 물질이 미치는 영향의 정도는 단순히 불쾌한 냄새에서부터 상당할 정도로 생물체의 복지와 생존을 위협하는 상태까지 이른다. *그러므로 오염 물질은 생물체에게 부정적인 영향을 미치는 공기, 물, 토양의 불순물이라고 할 수 있다.* 오염 물질들은 자연 발생적일 수도 있지만, 대부분은 **인위적으로 발생되는 것**(anthropogenic) 즉, 인간 활동의 결과이다.

환경 오염은 지난 수십 년 동안 위험한 수위에 도달하여 이제 삼림의 건강 상태과 농업 생산에 상당한 영향력을 미치게 되었다. 식물이 대처해야 하는 오염 물질의 중요한 두 가지 범주에 주로 토양과 물에서 발견되는 중금속과 광화학적 반응에 의해 대기에서 형성되는 독성 기체가 들어간다.

중금속

4장에서 논의했던 것처럼, 식물들은 생장과 생존에 비교적 적은 수의 원소가 필요하다. 그러나 자연계의 토양은 다른 많은 원소를 함유하고 있으며, 뿌리 세포막의 선택성에도 불구하고 이들이 식물 조직에서 미량 검출되기도 한다. 이러한 원소의 대부분, 특히 카드뮴, 납 비소와 같은 중금속들은 높은 독성을 나타낼 수 있다. 게다가 4장에서 논의된 것처럼 구리, 니켈, 아연과 같이 식물이 필요로 하는 미량 원소도 과량으로 존재할 때는 독성을 나타낼 수 있다.

토양의 중금속 수준을 비정상적으로 높이는 자연적인 지구화학적 작용이 일어나는 지역이 국부적으로 있고 그곳에서도 번성하는 종들이 있다. 불행하게도 토양 속에 중금속이 널리 축적된 것은 20세기 산업 활동의 결과이며 점점 문제거리가 되고 있다. 광산 폐기물, 제지 과정, 대기 방출물의 침전은 모두 환경의 중금속 수준을 높이고 더 확산시키는 데 기여하고 있다.

다른 스트레스와 마찬가지로, 식물의 중금속에 대한 감수성도 종에 따라 현저하게 다르다. 많은 종들이 비소나 셀레늄, 니켈, 크롬, 시안화금, 카드뮴 및 다른 금속이나 비금속[4)]이 많이 들어 있는 토양에서 잘 자란다. 대

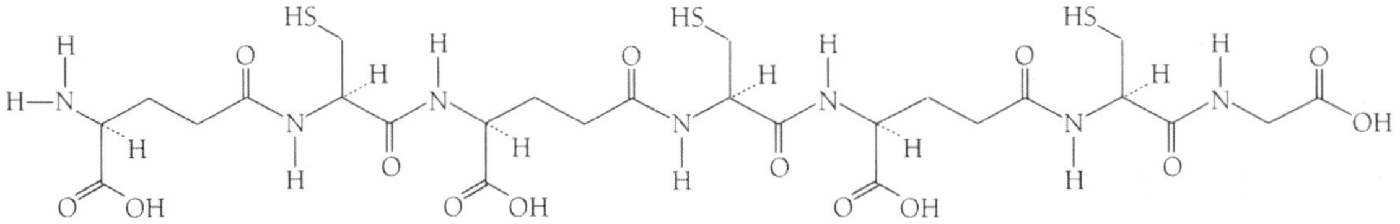

〈그림 22-15〉 금속-결합 단백질인 (γ-glutamylcysteinyl)$_3$-glycine의 구조

개 중금속은 뿌리 세포막의 정상적인 선택성(5장) 때문에 회피되어 흡수되지 않는다. 어떤 종들은 비내성 종에게는 치명적인 수준까지 중금속을 흡수해서 축적한다. 이 같은 종을 **축적 종**(accumulator species)이라고 하며 진정한 내성(*tolerance*)을 가진다고 할 수 있다. 축적 종의 예로는 종자 건량의 10%까지 셀레늄을 축적할 수 있는 *Astragalus*(콩과)와 *Stanleya pinnata*(십자화과)에 속하는 몇 종이 있다. 식물이 보통 함유하는 니켈의 농도가 건량 1g당 0.05μg Ni 정도의 범위인 데 비해 니켈이 풍부한 토양에서 자라는 많은 토속종은 건량 1g당 1000μg 이상의 Ni을 함유한다. *Viola calaminaria*는 아연(Zn), 납(Pb)을 g건량 당 10,000μg 넘게 축적한다는 보고가 있다(Peterson, 1993).

식물들이 어떻게 이같이 높은 수준의 독성 원소에 견딜 수 있을까? 두 개의 주요 전략이 있는 것으로 보이며 모두 독성 원소를 유기 분자와 결합시켜 무독성화하는 것과 연관이 있다. 많은 식물들은 주로 시스테인이나 메티오닌 같은 황-함유 아미노산이나 아세트산, 말산 또는 시트르산 같은 유기산과 금속을 결합시켜 저분자량의 유기금속 화합물의 형태로 붙잡아 둔다. 다른 많은 식물들은 **피토킬레이틴**(phytochelatin)이라고 하는 황이 풍부한 작은 폴리펩티드를 합성한다(Grill et al., 1985). 피토킬레이틴은 (γ-glutamic acid-cysteine)$_n$-glycine(n=2－8)의 일반적인 구조를 가진 특이한 단백질이다(그림 22-15). 피토킬레이틴의 특별한 구조는 글루탐산(glutamate)과 시스테인 사이에 펩티드 결합이 이루어질 때 단백질의 특징인 α-카르복실기보다는 곁사슬인 r-카르복실기를 이용함으로써 생긴다. 이러한 결합 배열은 피토킬레이틴들이 리보솜에서 합성되지 않으며 유전자의 직접적인 산물이 아니고 생합성 경로의 생성물이라는 것을 제시한다. 피토킬레이틴의 구조는, 식물체에서 가장 풍부한 티올(thiol) 화합물(-SH 화합물)이자 트리 펩티드인 **글루타치온**(glutathione ; GSH=γ-glutamyl-cysteinyl-glycine)의 구조와 비슷하다. 글루타치온은 활성 산소 종에 의해 발생되는 과산화물을 무독화시키는 데 중요한 역할을 한다. 또한 글루타치온은 식물이 황 화합물을 공급받을 때 축적되어서 글루타치온이 시스테인의 저장고로 이용된다는 것을 의미한다. 황이 부족할 때에는 글루타치온이 천천히 분해되어 황의 공급원으로 사용된다(Schmidt and Jager, 1992).

카드뮴, 구리, 수은, 납, 아연 및 다른 금속이나 비금속 원소들이 독성 수준으로 존재할 때에만 상당한 양의 피토킬레이틴이 발견된다. 피토킬레이틴이 시스테인의 티올기를 이용하여 금속 원소를 쉽게 붙잡아두는 것은 거의 확실하지만, 그 역할은 분명하지가 않다. 피토킬레이틴은 세포질에서 금속과 결합하여 금속을 액포로 운반하는 셔틀로 작용할지도 모른다. 일단 액포 속에 들어가면, 산성 pH 때문에 금속이 떨어지고 펩티드를 다시 세포질로 돌려보낸다. 금속은 그 다음에 대개 액포 속에 고농도로 존재하는 유기산에 의해 고립된다(Steffens, 1990).

대기 오염

식물체에게 영향력을 미치는 주된 기전성 오염 물질들에는 CO_2, CO, SO_2, NO_x(질소 산화물 대부분 NO와 NO_2), 불소화물과 그리고 peroxyacetyl nitrate(PAN)와 오존(ozone) 등의 여러 가지 광화학적 유도체가 속한다. 이러한 기체들 중 몇 가지는 화산 분출과 다른 자연 현상에 의해 만들어지지만, 현재 대기 중에 있는 막대한

4) 비금속(metalloid)은 비소처럼 금속과 비금속의 특성에서 중간적인 성질을 가지는 원소이다.

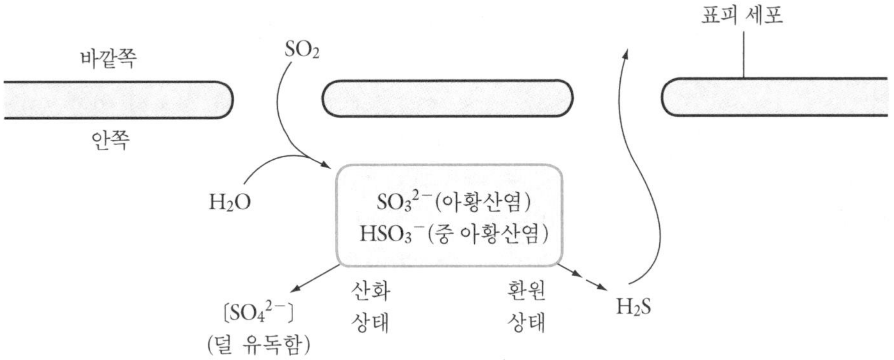

〈그림 22-16〉 잎에서의 오염 물질인 이산화황의 유입과 무독성화

양의 이런 오염 물질들은 사람의 활동에 의해서 만들어진다. 탄소, 황, 질소의 산화물은 주로 자동차에서 화석 연료를 연소시켜 발생하며, 또한 제련소와 화력 발전소에서도 발생한다. 불소화물은 흔한 미네랄 성분으로서, 알루미늄 광석의 환원이나 인산을 생산하는 동안 HF 형태로 방출된다.

대부분 오염 물질들의 영향은 종의 감수성, 오염 물질에 노출된 강도와 지속 기간, 바람, 강우 및 다른 기상 요인에 따라 매우 변동이 심하다. 캘리포니아의 로스앤젤레스 내만과 유럽의 Ruhr Valley 같은 지역은 지리적 특징이 공기층을 가두어서 확산되고 희석되는 것을 막기 때문에 일시적인 오염에 특히 큰 영향을 받는다.

SO_2, NO_x 같은 기체상의 오염 물질은 CO_2와 동일한 확산 경로를 따라 열린 기공을 통해 잎으로 들어간다. 따라서 식물들은 기공이 열리게 되는 낮 동안 이러한 오염 물질에 가장 큰 영향을 받는다. 일단 잎 안에 들어가면, SO_2와 NO_x는 둘다 아포플라스트 내의 물로 쉽게 용해되어 각각 아황산과 중아황산(bisulfite) 이온(SO_3^{2-}, HSO_3^-)이나 아질산과 질산 이온(NO_2^-, NO_3^-)을 형성한다. 아황산과 중아황산, 아질산 이온은 고농도에서 독성을 띤다. 질산 이온도 아주 높은 농도에서는 독이 되지만, 낮은 농도에서는 질산과 아질산 이온 모두 질소 환원을 통해 대사된다. 농도가 지나치게 높지 않으면 대부분의 잎들은 아황산과 중아황산 이온을 독성이 낮은 황산 이온으로 산화시켜서 무독화시킨다(그림 22-16). 대기에서처럼 낮은 농도에서는 SO_2가 실제로 식물체의 필수 영양소인 황을 공급할 수 있다. 이러한 이유 때문에 산업화된 지역에서는 황의 결핍을 찾아보기 어렵다.

SO_2에 의해 손상을 입는 주 부위는 엽록체와 광합성인 것으로 보인다. 공기 중의 SO_2 농도가 $0.035\mu L\ L^{-1}$ 정도로 낮을 때 엽록체 막의 파괴가 일어난다. 더 높은 농도에서는 원형질막과 다른 막들을 손상시키고, 효소(Rubisco와 PEP carboxylase)를 저해하며, 대체로 대사 작용을 방해한다. 엽록체 막과 엽록소가 파괴되어 잎의 가장자리와 엽맥 사이의(intercostal) 부분에서는 백화 현상과 괴사 같은 눈에 띄는 손상이 나타난다(그림 22-17). 밥나무종과 겨울 곡류와 같은 감수성 작물 종의 생산량은 SO_2의 평균 농도가 $0.01 \sim 0.02\mu L\ L^{-1}$를 초과하면 줄어든다. 그러나 그 영향은 최대 노출의 강도나 지속 기간에 크게 좌우되기 때문에 이러한 수치는 단지 근사치에 해당한다.

〈그림 22-17〉 이산화황은 호박잎의 가장자리와 엽맥 사이에 괴사를 일으킨다.
선진국에서는 자동차 배기 제어 기술의 발달로 인해서 이산화황의 손상을 입는 경우가 드물다.

식물에게 미치는 **peroxyacetyl nitrate**(PAN)의 영향은 1945년에 로스앤젤레스 지역에서 상추와 시금치 같은 잎 작물에 은청동색 광택(silvery-bronze glazing)이 나타나 처음 관찰되었다. PAN은 주기적으로 거대한 도

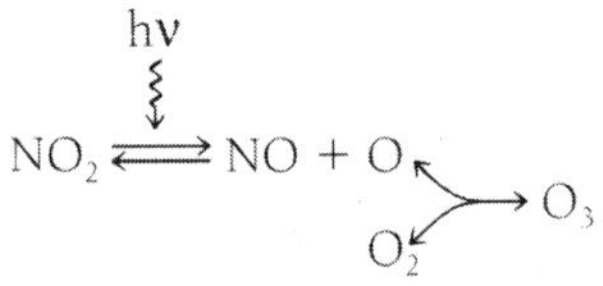

〈그림 22-18〉 오존의 형성

오존은 NO_2가 태양광의 작용으로 NO로 변환될 때 형성된다. 방출된 산소 원자는 산소 분자와 반응하여 오존을 형성한다. 이 반응은 가역적이고 일반적으로 평형이 이루어진다. 휘발성 유기 탄소가 존재하면 이것이 NO와 반응하여 역반응을 막아 오존은 축적된다.

시와 산업 지역의 공기에 생기는 산성을 띠며 눈에 염증을 일으키는 스모그의 성분이다. PAN은 산소와 NO 및 자동차의 연소시 발생하는 휘발성 불포화 탄화수소 혼합물에 UV와 가시 광선이 작용하여 광화학적으로 형성된다. PAN의 임계 농도에 대한 자료는 비교적 드물다. 도시 지역에서 일반적인 농도는 $0.01 \sim 0.02 \mu L\ L^{-1}$이며, $0.21 \mu L\ L^{-1}$ 정도의 높은 농도도 보고된 바 있다. $0.02 \sim 0.1 \mu L\ L^{-1}$의 범위의 농도에서 1~2 시간 동안 있게 되면 민감성 종에게 손상이 일어나고, $0.1 \mu L\ L^{-1}$ 이상의 농도에서는 세포의 괴사가 일어나 잎에 큰 구멍이 생기게 한다. 이러한 세포의 괴사가 잎에서 나타나는 은청동빛 광택의 원인이 된다. 물질 대사나 생장 및 생식에 미치는 PAN의 영향에 대해서는 알려진 바가 거의 없다. PAN은 실험실에서 제작하기 어려우며, 폭발성이 매우 높은데다 연구하기에 위험한 물질로 알려져 있다.

오존(ozone, O_3)은 또 다른 광화학적 오염 물질로서 PAN보다 훨씬 더 심각한 문제를 야기한다. 우리는 7장에서 간략하게 성층권 오존의 유해한 자외선을 걸러주는 데 이로운 역할에 대해 논의하였다. 그러나 지상에서 오존은 전적으로 또 다른 문제거리가 된다. 오존은 매우 반응성이 커서, 대류권(지상)의 오존은 식물에게 상해를 일으키는 주된 원인으로 현재 인정되고 있다. 대류권의 오존은 태양광이 이산화질소에 작용하여 형성된다(그림 22-18). 휘발성 유기 탄화수소가 일산화질소와 반응하여 역반응을 막기 때문에 오존은 축적된다. 오존으로 인한 손상으로 나타나는 첫 가시적인 증상은 일반적으로 잎에 작은 황화나 흰 반점 또는 상처가 생기는 것이다.

다른 기체처럼 오존도 열린 기공을 통해 잎으로 들어간다. 일단 잎으로 들어가면, 오존은 아포플라스트 내의 물에 용해되어 빠르게 분해되어 여러 가지 독성이 높은 산소성-자유 라디칼(HO_2^-, O_2^-, O^-, OH^-)을 발생시킨다. 자유 라디칼은 반응성이 매우 커서 불포화 지방산과 술프히드릴기(sulfhydryl group)를 공격하기 때문에 유독하다. 지방산의 산화는 막을 파괴시키고 투과성을 변화시킨다. 단백질에서 술프히드릴기의 산화는 Rubisco를 포함한 여러 효소의 활성을 잃게 하는 결과를 가져온다. 그러므로 오존은 세포와 세포 소기관의 미세구조를 파괴시키고 광합성이나 호흡 같은 중요한 대사 경로를 저해한다. 오존으로 인한 손상이 미치는 주 영향은 눈에 띄는 손상을 일으키는 농도 이하의 오존 농도에서도 탄소 동화를 감소시켜 삼림의 쇠퇴와 농작물의 생산성을 감소시키는 것이다. 오존으로 인해 생기는 손실은 북미 대륙에서만 연간 수천만 달러로 측정된다. 예를 들면 강낭콩같이 색깔을 띤 콩은 특히 오존에 민감하다. 세인트 클레어(St. Clair) 호와 이리(Erie) 호 사이 지역의 남서부 온타리오(Ontario)에서 대량으로 재배하던 유색 콩은 오존의 수준이 증가함으로써 현재 이 지역에서 거의 재배되지 않고 있다.

제 23 장

식물생리학과 생명공학

가장 넓은 의미로 보면, 생명공학은 농업과 산업 공정에 생물체의 이용을 개발하기 위해서 생물학, 화학, 공학에 걸친 원리를 사용한다. 인간이 소비하는 좋은 상품을 생산하기 위해 생명체를 이용하는 것은 새로운 것이 아니고 그 기원이 수천 년 전에 확립되었다. 미생물의 활동을 통해 맥주, 포도주, 치즈 및 빵을 만드는 것은 모두 고대로부터 시작되었다. 19세기 말까지, 에탄올, 아세톤 및 아세트산과 같은 화학적 원료는 미생물의 발효에 의해 만들어졌다. 20세기 중반까지, 미생물에 의한 발효는 하수와 토양 폐기물을 처리하는 데에도 사용되었다. 현재 미생물의 대량 배양은 항생제와 다른 여러 가지 상업용품을 생산하는 데 널리 사용된다.

전통적 생명공학에서 가장 명백한 식물의 산물은 식품이다. 수세기에 걸쳐, 사람들은 생산량과 질에서 식용이 가능한 작물을 선택하는 법을 배워왔다. 새롭고 더 나은 변종을 만들어내기 위해 식물 육종이 도입되었다. 원시인들은 식물을 다른 용도로도 사용했다. 초기에는, 식물이 연료와 의복으로 사용되었으나, 시간이 지남에 따라 의복에 사용되는 식물성 염료, 약초, 양념, 약품, 향료, 고무, 조미료, 기름, 왁스 등과 다른 여러 산물들을 제공하였다. 한 작물의 예를 들자면 옥수수는 가축과 인간이 먹을 식량을 공급하기 위한 양만큼이나 많은 양이 산업의 원료로서 경작된다. 옥수수로부터 뽑은 전분과 기름은 아이스크림, 풀, 플라스틱, 의약품, 페인트, 화장품과 같이 수천 가지의 다양한 산업 생산품에 사용된다.

만약 생명공학이 그토록 오랫동안 우리와 함께 있어 왔다면, 왜 지금에서야 대중의 주목을 받고 있는가? 대답은 분자생물학의 혁명 때문이다. DNA 기술의 진보로 서로 다른 생물간에 유전자를 옮길 수 있게 되어 자연에서는 생겨날 가능성이 전혀 없는 새로운 특성의 조합으로된 생물을 창조하게 되었다. 이러한 진보는 근본적인 생물학적 문제에 대해 연구가 이루어지던 실험실에서 원래 발전되었다. 이 새로운 기술은 지금 산업에 이용되고 있고, 엄청난 경제적인 잠재력을 가지고 있다.

이 새로운 기술 분야에서 식물생리학자는 직접적인 역할을 담당한다. 작물의 생산량을 증가시키거나 제초제와 병원균에 대해 식물의 내성을 증가시키는 것, 영양 번식을 증진하거나, 식물 세포 배양으로 의약품과 다른 유용한 이차 산물을 생산해 내는 일에서, 식물 생물공학은 생화학, 생리학 및 발생학적 조작을 필요로 한다. 이 장에서는 다음의 문제를 다룰 것이다.

- 식물 생명공학의 혁명에 있어서 근본적인 기술로서 조직 배양, 원형질체 융합, DNA 재조합
- 생명공학의 혁신에 있어서 식물생리학의 역할과 잠재력을 보여 주는 몇 가지 식물 생명공학의 예

식물 생명공학의 방법

현대 식물 생명공학은 분자 유전학과 DNA 재조합 기술의 진보에 기반을 두고 있지만, 식물생리 연구에 엄청난 영향을 미쳤던 조직 및 세포 배양과 식물 세포 원형질체의 개발이라는 두 가지 다른 방법론이 발전되어 촉진되었다.

조직과 세포 배양

앞서 15와 16장에서 논의했던 조직 배양은 인공 배지 위에서 식물 조직을 무한히 유지하는 기술이다. 1930년대 초에, Phillip White는 작은 집단의 식물 세포를 분리하여, 인공 배양에서 탈분화된 캘러스 상태로 무한히 유지할 수 있다는 것을 보여 주었다. White의 초기 실험 이후로, 거의 모든 종류의 식물 조직에서 배양이 가능하게 되었다. 단일 집단의 세포에서 처음 유도된 캘러스는 이차 배양되어 증식될 수 있으며, 많은 경우에 뿌리와 지상부의 재분화가 시작될 수 있도록 유도되어, 결국 완전한 기능을 가진 식물 개체를 형성한다.

조직 배양은 흔히 한천(agar)이 포함된 고체 배지 위에서 이루어지지만, 액체 배양액에서도 배양될 수 있다. 만약 배양체를 물리적으로 흔들거나 회전시키면, 몇몇 세포들은 떨어져서 작은 덩어리나 개별적인 세포로 자란다. 빛, 영양분 및 호르몬이 적당한 조건하에서, 배양 중인 몇몇 세포들은 정상적인 식물 배와 형태적으로 유사한 작은 세포 덩어리로 자란다. **체세포 배**(somatic embryo)[1]라고 부르는 이 세포 덩어리는 외관상 정상적인 발육 프로그램을 거쳐서 정상적인 식물과 구별되지 않는 식물 개체가 된다. 체세포 배는 1958년에 액체 배양으로 당근 세포를 연구하던 F. C. Stewart에 의해 처음 보여지게 되었다. 실험실에서의 체세포 배에 대한 연구는 식물 재생에 있어서 실제적인 경험뿐 아니라 식물 발달의 여러 면에 귀중한 통찰력을 제공하였다. 체세포 배의 이용으로 인해 **인공 종자**가 개발되었다. 인공 종자는 젤라틴성 기질 속에 싸인 체세포 배로 구성되어 있다. 아직까지 상업적인 가치는 없지만, 인공 종자는 값비싼 교배 야채 작물과 장식용 식물을 저경비와 대규모로 증식시킬 수 있는 가능성을 안고 있다.

원형질체와 세포 융합

원형질체는 셀룰라아제와 다른 세포벽 분해 효소로 세포벽이 제거된 식물 세포이다. 결과적으로 세포벽이 없는 세포는 구형을 이루며 단단한 세포벽의 보호를 받지 않게 되었으므로 배양액의 높은 삼투 퍼텐셜에 의해 깨지지 않도록 보호되어야만 한다. 많은 경우에, 원형질체는 거의 모든 식물 조직으로부터 분리될 수 있으며, 지속적인 세포 분열 능력을 유지한다. 벽 형성을 막지 않으면 세포벽은 분해 효소를 제거한 후 몇 시간내에 다시 형성된다. 재생된 세포는 분열하고 캘러스를 형성하여, 종자를 맺는 식물 개체로 재생할 수 있다(그림 23-1). 원형질체로부터 완전히 재생된 종에는 감자, 담배, 고추, 토마토 등이 있다. 불행하게도 외떡잎 식물은 쌍떡잎 식물처럼 원형질체 배양이 잘 되지 않으며 중요한 곡물들을 원형질체로부터 완전히 재생하는 것은 아직 이루어지지 않고 있다.

세포벽에 의한 제한이 없어져 식물 세포 생물학에 대한 많은 근본적인 연구가 촉진되었다. 아마도 가장 중요한 것은 원형질체의 융합 능력에 의해서 체세포 잡종, 즉 생식 세포가 아니고 영양 세포와 관련된 잡종이 만들어지는 것이다. 영양 세포의 융합은 유전적으로는 교배가 불가능한 종들 사이에서 잡종을 만들 수 있게 한다. 더구나 식물은 모계 유전되는 세포질성의 엽록체와 미토콘드리아의 게놈을 가지고 있다. 엽록체의 아트라진(atrazine) 저항성 유전자와 미토콘드리아의 세포질성 자성 불임 유전자와 같은 일부 유전자들은 이론적 면에서 뿐만 아니라 실제적으로도 중요하다. 고전적 교배에서 필요한 적기의 값비싼 역교배가 없이도 원형질 융합으로 새로운 세포질-핵 조합을 만들어 낼 수 있다. 마지막으로, 다음 절에서 논의되겠지만, 세포벽의 결여는 식물 세포 속으로 유전자를 직접 전달하여 식물체의 유전적 형질 전환을 용이하게 한다.

DNA 재조합

DNA 재조합(DNA recombination)은 한 게놈의 DNA를 다른 게놈의 DNA 속으로 삽입하는 것을 의미한다.

---

1) *체세포*는 영양 세포 또는 무성 세포를 의미한다. 그래서, 체세포 배는 유성생식 단계를 거치지 않고 형성된다.

DNA 재조합은 새로운 발견이 아니며, 아마도 DNA 존재만큼이나 오래된 것이다. 그러나 자연에서 재조합은 매우 비슷한 DNA 분자들 사이에서만 일어나고, 같은 세포 안에 이들 분자들이 함께 있을 때만 일어난다. 따라서, 자연에서의 재조합은 매우 근접한 종 사이에서만 일어나서, 유전적 정보의 다양화에 별 영향을 주지 않았다.

이와 대조적으로, 새로운 DNA 재조합 기술은 시험관 내에서 이루어져서, 과학자들로 하여금 자연적인 유전적 장벽을 벗어나 완전히 다른 종들의 DNA를 재조합할 수 있게 하였다. 더구나 숙주 DNA 속에 삽입하기 위한 특정 DNA 서열이나 유전자를 선택하는 것이 전통적인 식물 육종보다 더 빠르며, 잠재적으로 더 효율적이다. 외부 유전자를 인공적인 방법으로 게놈 속에 넣었기 때문에 그 결과로 만들어진 식물을 **유전적으로 조작되었다**(genetically engineered)고 한다.

원리면에서 유전공학 기술은 비교적 간단하다(그림 23-2). 다음의 세 가지 필수적인 구성 요소 (1) 원하는 유전자를 함유한 '외부' DNA의 공급원, (2) 유전자를 옮겨주는 운반체(vector), 그리고 (3) 숙주 식물 속에 운반체를 넣기 위한 도구가 필요하다.

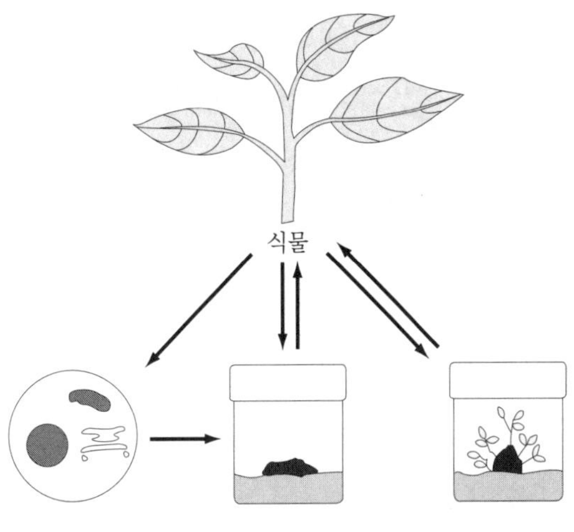

〈그림 23-1〉 미세번식과 식물배양의 여러 방법들

유전자를 분리하는 주요 방법에는 두 가지가 있다. 첫번째 방법에서는 우선 관심이 있는 유전자를 함유하고 있는 DNA를 **제한 효소**(restriction endonuclease)를 사용하여 작은 단편(**제한 단편**)으로 자른다. 제한 효소는 4~8개 누클레오티드의 특정한 서열을 인지하여 두 가닥으로 된 DNA를 자르는 박테리아로부터 분리한 효소이다. 효소들이 세포의 게놈 DNA를 완전히 절단하기 때문에, 이 방법은 엄청난 수의 DNA 단편을 만들어 내게 된다. 이들 단편들 중 대부분은 보통 전사되지 않는 부위나 유전자의 일부분만을 포함한다. 그러나 박테리아의 종에 따라 다른 특이성을 가진 많은 제한 효소가 있기에, 특정 유전자를 포함하고 있는 DNA 단편을 생산하는 효소를 찾는 것은 어렵지 않다. 두번째 방법은, 세포에서 분리한 mRNA를 이용하여 직접 **상보적 DNA**(complementary DNA; cDNA)를 합성한다. cDNA는 mRNA 를 주형으로 사용하는 효소인 **역전사 효소**(reverse transcriptase)에 의해 합성된다. 이 방법은 각각의 DNA 조각들이 그 세포내에서 활발하게 전사되는 유전자라는 장점을 가진다.

다음 단계는 원하는 DNA를 보통은 플라스미드(plasmid)라고 하는 두 가닥으로 된 작은 환상의 박테리아 DNA인 벡터 속으로 삽입하는 것이다. 동일한 제한 효소로 플라스미드를 자른다. 이 처리로 플라스미드 DNA의 잘려진 끝이 삽입될 DNA의 끝에 상보적으로 남게 되며, 두 개의 DNA 분자를 함께 섞고 두 DNA의 끝을 **DNA 리가아제**(DNA ligase)라는 효소로 연결한다. 그 결과 생긴 '외부' 유전자를 포함하고 있는 재조합 플라스미드는 이후에 숙주세포 속에 도입될 수 있다.

식물체 속으로 외부 유전자를 도입하는 데 가장 널리 사용되는 벡터는 16장에서 간략하게 설명한 근두암종(crown-gall)을 형성하는 박테리아인 *Agrobacterium tumefaciens*의 **Ti 플라스미드**이다. *A. tumefaciens*는 천연적인 유전 공학 매개자이다. *A. tumefaciens*의 종양(tumor)을 유발하는 Ti 플라스미드는 T-DNA라고 알려진 부분을 포함하고 있다. T-DNA는 감염시 보통 숙주세포의 DNA 속에 삽입된다. T-DNA는 감염된 조직을 종양 모양의 혹으로 전환하는 종양 유도 유전자를 가지고 있다. Ti 플라스미드를 DNA 벡터로 사용하기 위해서 보통 종양을 유도하는 유전자를 제거하고 클로닝한 유전자로 교체하여 종양 유도를 방지한다. 이 때문에 숙주세포를

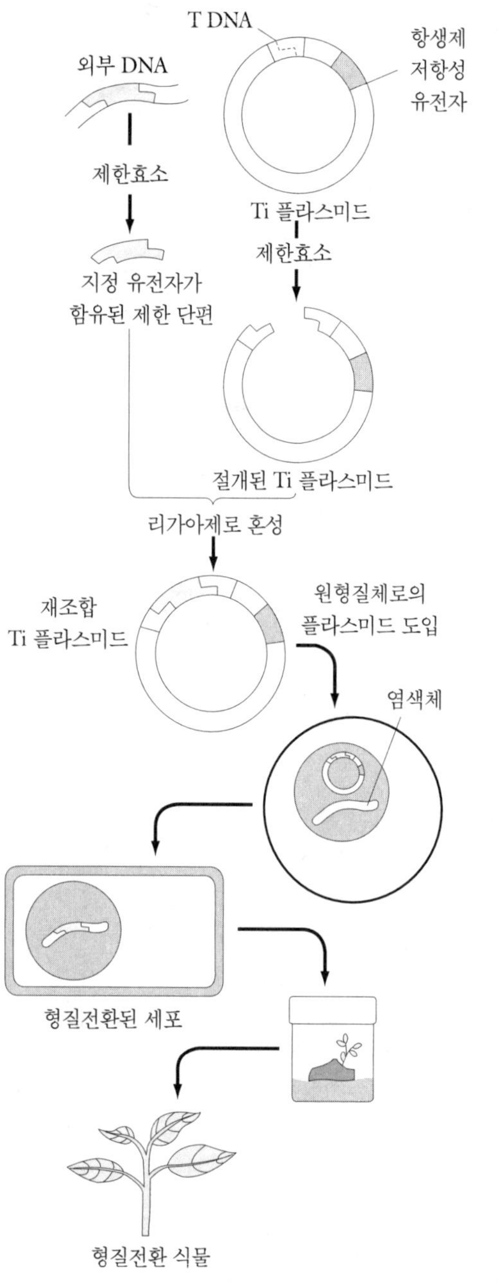

〈그림 23-2〉 외부 유전자로 식물을 형질전환하기 위한 유전공학적 이용

감염하여 형질 전환시키는 능력은 유지하지만 종양을 유발하지 않는 박테리아가 된다. 벡터 플라스미드에는 항생제 내성을 가진(일반적으로 kanamycin 내성) 유전자가 포함되어 있어서 형질 전환된 세포들을 선택할 수 있게 된다.

*A. tumefaciens*와 원형질체를 함께 배양하거나 잎 조각에 *A. tumefaciens*를 감염시킴으로써 식물은 형질 전환된 첫번째의 경우에는, 활발히 세포 분열중인 원형질체를 재조합 플라스미드를 가진 박테리아로 접종한다. 2~3일 후에, 박테리아는 항생제로 죽이고, 원형질체는 소캘러스(microcalli)라고 부르는 작은 세포 덩어리로 발달되게 한다. 그 다음에 소캘러스를 항생제(예를 들면, kanamycin)가 함유된 배지로 옮긴다. 형질 전환된 세포에서 유도된 캘러스만이 내성 유전자를 가지고 있어서 항생제를 함유하고 있는 배지 위에서 살아남게 된다. 두번째 경우에는 표면을 멸균한 잎(또는 다른 적당한 조직들)에서 잘라낸 작은(100 mm^2) 조각들을 *A. tumefaciens*과 함께 배양하여 박테리아가 절단 표면의 상처난 세포를 감염시키도록 한다. 그런 다음 항생제 처리로 박테리아를 죽이고 형질 전환된 세포들을 선택한다. 원형질체나 잎조각 모두의 경우에서 마지막 단계는 뿌리와 줄기를 형성하도록 생장 배지의 영양과 호르몬 균형을 조절하는 것이다. 그 결과는 새로운 유전자를 가지고 발현시키는 형질 전환된 식물로 정상적인 유성 생식을 통해 자손에게 그 유전자는 전달된다.

형질 전환 벡터로서의 *A. tumefaciens*의 주 결점은 숙주의 범위가 한정되어 있다는 점이다. 외떡잎 식물로 성공한 보고가 있기는 하지만 현재로는 단지 쌍떡잎 식물의 몇 과(科)에서만 이 방법에 의해 효율적으로 형질 전환할 수 있다. 다행히 숙주세포나 조직으로 유전자를 직접 전달하는 다른 방법들이 있다. 폴리에틸렌 글리콜(PEG)이나 전기장(electroporation, 전기천공법)의 처리로 세포에 DNA 단편이 유입될 수 있다. 이 두 가지 처리는 일시적으로 세포의 투과성을 높힌다. 다른 경우로 원형질체 속에 직접 DNA를 미세주입(microinjection)하거나 DNA 입자 총으로 주입하여 성공적인 형질 전환을 하기도 했다(Klein et al., 1987). DNA 입자 총으로 쏘는 경우, 표면에 플라스미드 DNA가 덮힌 미세한 입자(거의 1μm)는 변형된 0.22-캘리버소총에 의해 400 ms^{-1}의 속도로 가속된다. 이 속도에서 입자는 세포벽과 원형질막을 통과하여 DNA를 세포 속으로 옮긴다.

식물 생명공학의 진보와 잠재력

생명공학은 식물을 번식시키고, 효과적인 잡초 조절 방법을 디자인하며, 병원체와 해충에 대항하여 작물을 보호하기 위한 새로운 방법을 내 놓았다.

미세번식

식물 조직 배양 기술의 성공으로 대규모의 식물 종 복제가 가능해졌다. 공간적이나 기술적 지원과 재료면에서 상대적으로 적은 투자를 하여, 문자 그대로 수 많은 고품질의 유전적으로 동일한 식물을 만드는 게 가능하다. 이 과정을 **미세번식**(micropropagation)이라고 한다. 가장 자주 사용되는 방법은 정단 우성을 감소시키며, 곁눈(axillary bud)이 발달 촉진하는 배지 위에 분열 조직을 두는 것이다. 새로운 지상부가 나오면 분리하여, 더 많은 곁가지(axillary shoot)를 생산하도록 이차배양하거나 뿌리 발달이 촉진되는 배지에 두어 밖에 옮겨 심을 수도 있다. 또 다르게는 조직을 나중에 뿌리나 지상부를 형성하도록 유도하는 캘러스 배양에 사용할 수 있다.

미세번식은 바이러스와 다른 병원체를 제거하기 위한 효과적인 방법이 될 수 있어서, 상업성이 있는 다량의 병원체가 없는 번식체도 생산할 수 있다. 조직 배양에 의해 처음 대량 생산된 식물은 무바이러스 *Cymbidiums*(난초)였으며 이 기술은 보통 영양 번식되는 감자, 백합, 튤립 등의 다른 종에서도 유용한 것으로 밝혀졌다. 예를 들면, 감자는 덩이줄기에 난 씨눈을 통해 영양 번식하는데 이 때문에 바이러스가 다음 세대에 쉽게 옮겨진다. 분열 조직 배양으로부터 감자의 미세번식은 무바이러스 계통을 분리하는 데에 효과적인 방법인 것으로 밝혀졌다.

미세번식은 이제 수목종을 생산하는 데에도 광범위하게 사용된다. 여기서 번식체는 주로 곁눈과 부정아를 배양해서 생산된다. 캘러스를 유도하여 새로운 싹을 분화시키는 방법은 거의 사용되지 않는다. 비슷한 방법이 사과, 복숭아, 배 등의 품종에 성공적으로 적용되었다. 대부분의 온대성 과일들은 거의 이형 접합성이기 때문에 종자로부터 육종되는 것이 아니라 영양 기관의 꺾꽂이로 번식한다. 현재, 많은 기업형 실험실에서 미세 절단체를 뿌리내리게 하는 것은 일상적인 과정이다. 1983년까지 네덜란드의 재배자들은 미세번식으로 2천 100만 개체 이상의 식물을 생산했다(Jones, 1985).

조직 배양에서 얻은 묘목들은 아마도 동일한 무성 체세포로부터 복제된 것이라는 사실에도 불구하고, 재생된 식물들은 형태와 생리적 면에서 상당한 변이를 나타낼 수 있다. 이것을 **체세포 클론 변이**(somaclonal variation)라고 한다. 체세포 클론 변이가 왜 일어나는지는 불분명하지만, 배양 조건에 따라 나타나는 자발적인 유전적 변이와 관련이 있다. **체세포 클론 변이**는 가끔씩 변이체들이 질병에 저항성을 나타내거나 농업적으로 유용한 몇 가지 다른 형질을 나타내기에 가치가 있다.

식물 보호

근대 농업과 관련된 높은 수준의 생산성은 대부분 잡초와의 경쟁과 바이러스, 곰팡이, 해충 등에 의한 공격에 대항하여 작물을 보호하는 정도에 의해 좌우된다. 1940년대 말부터 잡초, 병원균, 해충은 광범위한 제초제와 살충제의 사용으로 억제되어 왔다. 이러한 농업 화학제가 식품에 일부 따라와서 소비자와 생태계에 미치는 잠재적 해에 대한 심각한 의문이 제기되고 있다. 유전 공학의 출현은 이러한 잠재적으로 위험한 화학적 방제에 의한 해충 퇴치의 의존을 낮추고도 해충으로부터 식물을 보호할 수 있는 새로운 방법을 제시한다.

제초제 저항성 잡초는 농업 경제에 있어서 주요한 요인이다. 잡초에 의한 생산량의 감소는 연간 120억 달러를 초과한다. 농부들은 잡초의 효과적인 억제를 위해 제초제에 점점 더 의존하고 있고, 잡초의 증식을 막는 데에 매년 팔십 억 달러를 추가로 쓰고 있다. 제초제의 과용은 여러 가지 바람직하지 않은 부작용을 가져오는

데, 그 중 간과할 수 없는 것이 제초제 저항성을 나타내는 종의 수가 극적으로 증가하는 것이다(Holt et al., 1993). 이 이유는 제초제를 반복적으로 사용함으로써 저항성 있는 잡초 군락에 유리하도록 선택압을 증가시키기 때문이다. 1960년대 초부터 지금까지 120종 이상이 여러 가지의 제초제에 내성을 가지는 것으로 판명되었다(표 23-1). 57종은 트리아진(triazine) 제초제에 저항성을 가진 생물종을 가진 것이 드러났다. 이런 자료가 수집된 이후로 이 숫자는 확실히 더 커지고 있다.

트리아진 제초제(아트라진, 시마진)는 광계 Ⅱ에 있는 32-kDa의 D1 단백질에 결합하여 전자 전달을 억제한다(9장). 트리아진 제초제에 대한 저항성은 두 가지 형태가 알려져 있다. 트리아진 제초제는 주로 뿌리를 통해 흡수되는데, 옥수수나 수수(*Sorghum*)와 같은 몇몇 작물의 뿌리는 **글루타치온-S-전이효소**(glutathione-S-transferase)를 가지고 있어 제초제를 글루타치온과 결합하여 제초제를 재빨리 무독화시킨다. 이런 이유로, 옥수수와 수수의 경우에 트리아진은 중요한 선택적 제초제이다. 그러나, 비름속과 명아주속과 같이 널리 분포된 많은 잡초종들에서 트리아진 저항성을 가진 생물종이 생겨났다. 거의 모든 경우에서 저항성은 광계 Ⅱ에 있는 D1 단백질을 지정하는 *psbA* 유전자의 돌연변이 때문이다. D1 단백질의 아미노산 1개가 세린에서 글리신으로 바뀌면 트리아진에 대한 단백질의 친화력은 1000배 떨어진다.

트리아진 저항성이 있는 잡초는 해결해야 할 문제로 계속 남아 있을 것이다. 반면에 만약 트리아진 저항성을 다른 유용한 작물로 전할 수 있다면 이익이 될 수 있다. 불행히도, D1 단백질은 엽록체 게놈에 암호화되어 있어서 엽록체 DNA를 형질 전환하는 데 겪는 어려움 때문에 트리아진 저항성 작물의 개발은 잘 진행되지 못했다(Mazur and Falco, 1989). 한 경우로, 잡초의 일종인 *Brassica campestris*의 저항성을 경제적으로 중요한 *Brassica napus*(canola, 지방 종자인 유채)로 전달하는 데 전통적인 식물 육종법이 사용되었다. 그 결과 얻어진 유채 생물종은 트리아진 저항성이지만, 그 생산량은 비저항성 생물종보다 약 20% 떨어졌다. 글루타치온-S-전이효소의 유전자를 도입하여 저항성 생물종을 조작하려는 시도는 제한적인 성공을 거두었다.

글리포세이트(glyphosate)는 잔여 토양 활성이 적으며 그 적용 범위가 넓은 제초제이다. 글리포세이트는 체관속에서 쉽게 운반되어 다년생 잡초에 특히 효과적이다(11장). 글리포세이트는 방향족 아미노산(트립토판, 페닐알라닌, 티로신)의 합성 중 한 단계를 매개하는 엽록체 효소인 **5-엔올피루빌시킴-3-인산 생성효소**(5-enolpyruvyl-shikimate-3-phosphate synthase ; EPSPS)의 활성을 억제한다(14장). 이 합성 경로는 식물과 미생물에서만 나타난다. 그래서 글리포세이트는 사람에게 많이 유독하지는 않다. 이런 특성으로 중요한 작물 중 글리포세이트 저항성이 있는 품종은 상업적으로 중요하다.

글리포세이트 저항성을 조작하기 위해 두 가지 방법이 적용되어 왔다. 담배, 토마토, 페튜니아 등은 박테리아 *Salmonella typhimurium*의 돌연변이 유전자로 형질 전환되었다. 글리포세이트에 대한 친화력이 감소된 EPSPS를 지정하는 이 유전자는 형질 전환 식물의 글리포세이트 내성을 증가시켰지만 불완전했다. 다른 실험에서는 강력한 프로모터에 연결시킨 EPSPS 유전자로 페튜니아를 형질 전환하여 EPSPS가 과발현되었다. 그 결과 형질 전환 식물은 형질 전환되지 않은 대조구에서 치사량의 거의 4배에 해당하는 글리포세이트 양에 견딜 수 있었다.

글리포세이트-내성이 있는 대두는 *Agrobacterium*으로부터 분리된 저항성 EPSPS 효소를 사용하여 조작되었다. 'Roundup-ready' 라는 상표로 판매되고 있는 저항성 작물은 현재 미국과 캐나다 전역에서 재배되고 있다. 1996년에 아이오와주에서만 거의 백만 에이커의 'Roundup-ready' 대두가 재배되었고 1998년까지는 미국의 대두 경작 면적의 절반 이상이 유전적으로 조작

〈표 23-1〉 잡초에서 나타나는 제초제 저항성

저항성은 식물군집이 야생형의 식물을 죽이는 양보다 충분히 더 많은 양의 제초제에 견딜 수 있는 능력이 있다는 것을 의미한다.

제초제의 종류	최초로 검출된 연도	저항성을 가진 종의 수
광합성 억제제		
Bypyridiliums	1976	18
요소대체물질	1983	7
트리아진	1968	57
우라실	1988	2
아미노산 합성 억제제		
ALS 저해제	1986	8
옥신 유형 억제제		
페놀아세트산	1962	6
다른 제초제		23
합 계		121

된 작물로 경작될 것이다.

유전자 조작의 목표가 되고 있는 다른 제초제에는 화학적으로 이질적인 집단(sulfonylurea, imidazolinone 및 triazolopyrimidine)인데 동일한 조작 부위 **아세토히드록시산 생성효소**(acetohydroxyacid synthase, ALS)를 가지고 있다. 식물과 미생물에서만 발견되는 이 효소는 곁사슬을 가진 아미노산(이소루신, 루신 및 발린) 합성의 초기 단계를 촉매한다. 담배의 *Hra* 계통은 돌연변이 ALS 유전자를 가지며 야생형보다 술포닐요소(sulfonylurea)에 1000배 이상의 저항성을 보인다. 야생형 식물들이 이런 유전자로 형질 전환되며 저항성을 가지게 된다(그림 23-3). 토마토, 사탕무, 목화 그리고 알팔파를 포함한 다른 종들은 돌연변이 유전자로 성공적으로 형질 전환되어 여러 수준의 제초제 저항성을 보인다.

〈그림 23-3〉 제초제 저항성으로 형질 전환된 canola(*Brassica napus*)의 야외 실험

Canola는 아세토히드록시산 생성효소(ALS)를 술포닐요소에 반응하지 않는 형태의 효소가 되도록 암호하는 유전자로 형질 전환되었다. 형질 전환된 식물과 유전적으로 정상적인 식물의 반응을 야외에서 실험하였다. 유전자 조작된 식물(오른쪽)은 정상적인 식물(왼쪽)에서 생장을 저해하는 술포닐요소에 대해 저항성을 보였다.

곤충과 질병 저항성 세계적으로 연간 작물 생산량의 10 내지 15% 이상이 곤충과 식물의 질병으로 손실된다. 이것은 천억 달러 이상의 경제적인 손실일 뿐 아니라, 식량 생산의 상당한 손실을 의미한다(Brears and Ryals, 1994). 분명히, 초식성 곤충과 질병의 방제는 세계 농업의 우선 과제이다. 전통적인 살충제는 해충뿐만 아니라 이로운 곤충도 죽이기 때문에 만족스런 방제 방법이 아니다. 따라서 살충제는 천적에 의한 해충 방제를 방해하고, 더 중요하게는 수분매개자를 죽이게 된다. 예를 들면, 현재 북아메리카의 많은 과수원에는 수분(pollination)이 일어나는 시기 동안 꿀벌 통을 넣어 둘 필요가 있다는 것이 밝혀졌는데, 그 이유는 장기간 살충제를 사용함으로써 자연적인 꿀벌의 개체군이 10분의 1로 줄었기 때문이다.

질병 저항성을 식물에 조작해 넣기 위해 몇 가지 전략이 개발되었다. 한 가지 전략은 자연 방어 체계에 의지하는 것이다. 과민 반응(22장)이 일어나면 발병과 관련이 있는(pathogenesis related, PR) 단백질의 합성을 담당하는 일련의 mRNA가 특징적으로 전사되는 것을 상기하라. 이들 PR 단백질들 중 하나가 **키티나아제**(chitinase)인데, 이 효소는 곰팡이의 세포벽의 중요한 성분인 키틴(chitin)의 가수 분해를 촉매한다. 특히 액포와 아포플라스트 속에 들어 있는 키티나아제의 수준은 곰팡이에 감염되면 증가한다. 덩굴강낭콩(*Phaseolus vulgaris*)에서 분리된 키티나아제 유전자가 담배와 유채에 성공적으로 클로닝되었다(Broglie et al., 1991). 두 경우 모두 형질 전환된 식물은 토양 속의 곰팡이 병원균에 대해 증가된 저항성을 나타냈다. 형질 전환된 식물은 유식물의 사망률이 감소하였고, 증상의 발현이 지연되었다(그림 23-4).

곤충 저항성을 조작하기 위한 또 다른 접근은 자연적으로 발생하는 박테리아의 엔테로톡신(enterotoxin)을 이용하는 것이다. 박테리아 *Bacillus thuringiensis*(Bt)는 곤충의 유충에 의해 섭취되면, 곤충의 장 속에 있는 수용체와 결합하는 단백질을 만들어 정상적인 소화를 방해한다. 다양한 스트레인의 Bt는 조명나방(European corn borer), 감자잎벌레(Colorado potato beetle) 또는 솜바구미(cotton boll weevil)와 같은 여러 가지 곤충에 대해 효과적이다. 그러나, 포유 동물들은 장 속에 Bt의 단백질이 결합하는 수용체를 가지고 있지 않기 때문에 사람에게는 무독한 것으로 생각된다. 따라서 수년간 Bt 스프레이는 가정의 정원에서 사용될 수 있었고, 제한적으로 농업에 사용될 수 있었다. 그러나 Bt 유전자(*Cry1Ab*)는 현재 옥수수, 감자, 목화 등과 같이 경제적으로 중요한 작물에 클로닝되었다. Bt 유전자는 식물 속에서 발현되어, 정상적인 식물 단백질과 함께 Cry1Ab 단백질을 생산한다. 곤충이 식물을 공격하면 Cry1A 단백질을 섭취하기 때문에 유전적으로 조작된 품종을 재배하는 농부들은 더 이상 해충을 방제하기 위해 살충제를 살포할 필요가 없다.

Bt로 조작된 작물을 상업적 규모로 경작하자 곤충 저항성에 대한 몇 가지 우려가 생겼다. 대상 해충은 이들이 식물을 뜯어먹을 때 Cry1A 단백질에 지속적으로 접하기 때문에 곤충 개체군내에서 저항성이 선택될 가능성이 높다. 이런 우려를 없애기 위해서 대규모 경작자들은 조작된 계통과 동일한 비조작 작물을 나란히 경작하도록 권유를 받는다. 조작되지 않은 식물을 먹은 곤충으로 인해 곤충 개체군내에서 취약한 유전자가 계속 남아 있게 된다.

식물체내의 질병 저항성을 증가시키기 위한 다른 가능한 전략으로 '백신 접종'의 형태가 있다(Abel et al., 1986). 배양된 담배 세포를 *Agrobacterium*의 Ti 플라스미드를 사용하여 TMV 코드 단백질을 만드는 cDNA로 형질 전환시켰다. 형질 전환한 세포로부터 재생된 식물들은 TMV코드 단백질과 mRNA를 모두 발현하였으며 형질 전환한 식물들은 TMV에 대한 감염이 적게 생겼다. 형질 전환한 식물의 60% 이상이 TMV로 감염되었을 때, 증상이 나타나지 않았고, 증상이 나타나더라도 더 늦게 나타났다. 바이러스 코드 단백질의 존재가 어떻게 감염에 대항해서 식물을 보호하는지는 모르지만 이 전략은 이 후에 토마토, 알팔파, 벼를 포함한 다른 작물들을 바이러스의 감염으로부터 보호하는 데 사용되고 있다.

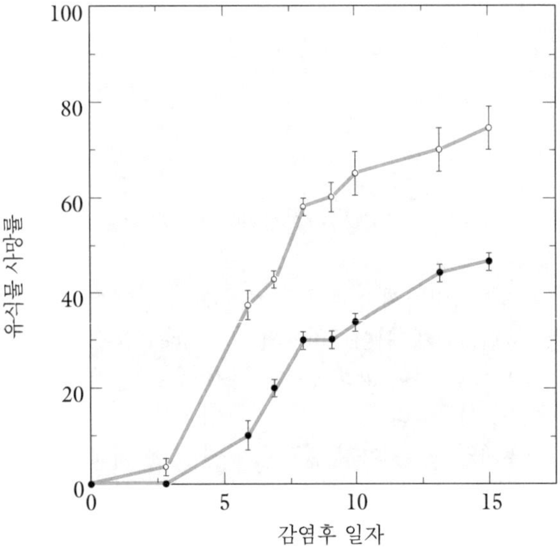

〈그림 23-4〉 형질 전환된 canola의 질병 저항성

Canola(*Brassica napus*)는 덩굴강낭콩의 키티나아제 유전자로 형질 전환되었다. 토양을 곰팡이로 접종시켰을 때, 형질 전환된 식물(검은 점)은 대조구(흰 점)보다 유식물의 사망률이 낮은 것으로 나타났다.

식물 물질 대사

새로운 생명공학에 의해 나타난 초기 결실 중의 하나는 생산물의 증가이다. 지난 30~40년 동안 집중적인 식물 육종 프로그램으로 인해 곡물의 양과 질이 모두 현저히 향상되었다. 이른바 '녹색 혁명'이라고 부르는 이 프로그램은 특히 개발도상국에게 이득을 줄 것으로 기대되었다. 현재 곡물 생산에 있어서 더 이상의 증가는 식물의 유전적 조작을 통해서 이루어질 것으로 기대된다. 실제로 몇 가지 발전이 이루어져 병원균과 질병에 대한 저항성을 가지도록 조작한 만큼 생산성을 향상시킬 것이다.

생명공학자들이 마주치는 도전 중의 하나는 순 탄소량 획득을 증가시키기 위해서 광합성을 변형시키는 것이다. 깊이 연구된 한 가지 방법은 카르복실라아제 활성의 감소 없이 Rubisco의 산소화 효소 활성을 감소시키는 것이다. 그러나, 현재 생화학적 증거로 보면 이것이 가능하지 않다(Somerville, 1990). 또 다른 가능성은 호흡을 낮게 유지하도록 해서 탄소 소모를 감소시키는 것이다. 문제는 광합성과 호흡이 서로 관계되어 있을 뿐만 아니라 질소와 황의 동화 및 다른 중요한 물질 대사 경로와 연관된 복잡한 경로라는 것이다. 순 탄소 획득량을 결정하는 데에 단일 유전자가 관련되어 있는 것이 아니며, 이 과정들에 대한 우리들의 생리 생화학적 기본 지식이 불충분하다. 생명공학을 통해 탄소 획득을 향상시키려면 관련된 물질 대사 과정에 대해 더 철저히 이해할 때까지 기다려야만 할 것이다.

생명공학에 대한 잠재력이 유망한 또 다른 영역은 박테리아에 의한 질소 고정을 향상시키거나 심지어 현재로는 박테리아와 공생 관계가 불가능한 식물에 질소 고정을 조작하여 질소 비료에 대한 의존도를 낮추는 것이다. 이것도 역시 서로 다른 두 개의 생물에 흩어져 있는 수많은 유전자들이 관련된 복잡한 문제이다(6장). 그러나 최근 몇 년내에, 분자 기술을 적용하여 질소 고정 체계가 어떻게 작동하는지에 대해 좀더 자세히 알려지고 있다. 질소 고정의 향상은 질소 고정균과 숙주식물 사이의 복잡한 상호 작용에 대해 우리들이 좀더 이해하게 되면 미래의 흥미로운 과제가 될 것이다.

식물의 생산물

연료 화석 연료의 세계 공급량이 급격히 감소하고 있는 것은 분명하다. 심지어 저장량이 바닥나기 전에, 남아 있는 저장량을 채굴하는 데 드는 에너지 비용이 채굴하게 될 연료의 에너지 함량을 초과하는 지점에 도달할 것이다. 명백히 대체 공급원을 찾아야만 한다. 명백한 공급원은 풍부하고 공짜인 태양 에너지이며, 최상의 태양 에너지 전환자는 녹색 식물이다.

식물체나 생물량으로부터 에너지를 얻는 방법에는 몇 가지가 있다. 가장 효과적인 방법은 통제된 조건하에서 증기나 전기를 생산하기 위해서 생물량을 직접 연소시키는 것이다. 다른 과정으로 생물량을 각각 기름과 가스로 전환시키는 열분해(pyrolysis)와 기체화(gastification)가 있다. 그러나 이 과정은 반응을 진행하는 데에 고온이 필요하며 유용성이 제한된다. 예를 들면, 기체화는 낮은 산소와 1,500℃ 이상의 온도에서 수행된다.

생체는 무기 상태에서 박테리아의 분해에 의해 메탄으로 전환될 수도 있다. 그 결과물은 부피비로 거의 2 : 1인 메탄과 CO_2의 혼합물이다. 다른 방법으로, 곡식의 낟알과 다른 전분 저장물들은 효모의 발효에 대해 쉽게 에탄올로 전환될 수 있다. 태양 에너지를 전환하는 데 가장 우수한 식물이기에 에탄올 발효에 가장 좋은 재료는 사탕수수(*Saccharum officinarum*)이다. 에탄올 발효를 가장 많이 하는 나라는 브라질이다. 1980년대 중반까지 브라질은 에탄올로부터 전체 액체 에너지 필요량의 20% 이상을 생산하고 있었다(Calvin, 1985). 다른 이익도 있어서 과량의 전기를 생산하도록 충분한 증기가 정제 과정에서 생산되며, 버개스(bagasse; 사탕수수 등을 짜고 남은 찌꺼기)라고 하는 당정제 과정의 부산물은 덩어리로 압축되어 발전소의 연료로 사용될 수 있다. 이런 전기 중 일부는 사탕수수 경작에 필요한 비료 생산에 사용될 수 있다. 에탄올(29 $MJkg^{-1}$)의 에너지 함량은 원유(42 $MJkg^{-1}$)보다 다소 적으나 사탕수수가 재생산이 가능한 형태로 연료를 생산한다는 사실이 이를 충분히 보상한다.

연료의 또 다른 공급원은 많은 식물들의 씨앗 속에 저장된 기름이다. 예를 들면, 해바라기씨의 기름 함량은 무게의 약 40~45%이고, 경유 대신에 농장 기계에 직접 사용할 수 있다(Calvin, 1985). 식물 기름은 에탄올보다 훨씬 더 많이 환원되어 있어서 에너지 함량이 연료 기름의 에너지 함량에 더 가깝다. 예를 들면 해바라기 기름의 에너지 함량은 37 $MJkg^{-1}$이다. 대부분의 다른 식물 기름은 트리글리세리드이기 때문에 연료로 직접 사용할 수 없다. 이런 식물 기름은 글리세롤과 지방산을 분리하는 과정을 먼저 거쳐야만 한다. 경유의 대체연료로서의 식물 기름은 몇 가지 장점을 가지고 있다. 재생산이 가능해서 에너지 함량도 높고 깨끗하게 연소된다.

식용유 종자기름용 작물 생산은 북아메리카의 농업 경제에 주요한 부분이 대부분이다. 대부분의 기름은 요리에 사용되지만, 점차로 더 많은 부분이 산업용으로 이용되고 있다. 식용유의 인기 있는 공급원 중 하나는 유채 씨앗이다. 자연적인 지방 종자인 유채는 비교적 22개의 탄소로 되어 있는 불포화 지방산으로, 특이한 나쁜

맛을 내며 에루크산(erucic acid)의 함량이 높다. 심장병과 연관이 있는 상업적으로 canola라고 하는 유채의 한 품종은 전통적인 식물 육종 방법으로 에루크산의 함량이 거의 0에 가깝다. 생명공학자들은 현재 재조합 DNA 기술을 사용하여 canola를 재조작하고 있다. 이 기름 함량을 15~25%로 증가시키며 스테아르산의 함량을 증가시키는 것이 목표의 일부이다. 스테아르산은 18개의 탄소로 구성되어 있는 포화지방산으로 보통은 고비용의 수소화(hydration) 과정을 거치지 않고도 실온에서 마가린을 굳게 하는 데 사용할 수 있다. 이미 상업적으로 이용되고 있는 Canola의 또 다른 품종은 라우르산(lauric acid) 함량이 높다. 라우르산은 12개의 탄소로 구성된 포화지방산으로, 비누, 세제, 특수 캔디 제품에 사용된다. 에루크산은 선박의 윤활제와 같은 산업적인 용도로 상용될 잠재성을 가지고 있기 때문에 다른 연구 그룹은 유채 속의 에루크산을 다시 늘리는 시도를 하고 있다. 미래에는 농부들이 비전통적이지만 특수한 시장의 수요를 맞추기 위해서 자신의 작물들을 변형시킬 것이 분명하다.

생분해성 플라스틱 박테리아인 *Alcaligenes entrophus*는 **polyhydroxyalkanoate**(PHA)를 합성하는 약 90종의 박테리아 중 하나이다(Poirier et al., 1995). PHA는 여분의 탄소가 남아 있지만 생장이 제한될 때에 박테리아 세포내에 축적되는 열가소성 플라스틱의 한 그룹이다. PHA의 중요한 기능은 생장을 제한하는 조건이 없어지면 탄소와 에너지를 공급하기 위해 분해될 수 있는 저장 탄소인 것으로 보여진다. 40개 이상의 PHA가 조사되었는데, 이중 가장 널리, 철저하게 규명된 것 중의 하나가 **polyhydroxybutyrate**(PHB)이다. PHB는 세 개의 효소에 의해 아세틸-CoA로부터 합성된다(그림 23-5). 최근에 세 개의 효소를 암호화하는 박테리아의 유전자가 애기장대에서 클로닝되었다. 그 결과로 애기장대에서 박테리아에서 발견되는 PHB와 크기와 모양이 비슷한 PHB 함유물이 축적되었다(Poirier et al., 1995). 흥미롭게도 유전자들이 색소체내에서 발현되면 PHB 양(건량의 14 퍼센트)은 세포질에서 발현될 때보다 100배가 많았다. 이 차이는 아세틸-CoA로부터의 지방산 합성이 식물에서는 색소체내에서 일어나기 때문이다. 그러므로 아세틸-CoA를 통한 탄소의 흐름은 세포질내에서보다 색소체내에서 훨씬 더 크다.

왜 PHA 플라스틱을 생산하도록 식물을 조작하려고 하는가? 물론 플라스틱은 내구성과 분해가 되지 않는 것으로 유명하다. 이런 특성은 플라스틱이 많은 산업적 응용과 소비재를 만드는 데에 이상적인 재료가 되게 하지만, 동시에 자원과 환경 문제를 발생시킨다. 플라스틱은 북아메리카 전역 도시 쓰레기의 약 1/5을 차지하며 플라스틱의 대부분이 중국에는 쓰레기 매립지로 가게 된다. 위에서 언급한 대로 광범위한 박테리아가 PHA를 탄소원으로 사용하며 PHA를 분해하는 데 필요한 효소를 가지고 있어서 PHA를 100% 생분해할 수 있다. Hydroxybutyrate와 hydroxyvalerate(5탄소 단위체)가 결합된 PHA 중합체가 박테리아의 발효에 의해 최근에 상업적으로 생산되고 있다. 발효 과정은 큰 산업적인 생산 시설과 상당한 에너지가 필요해서 비용이 많이 든다. 반면에 식물은 전분이나 기름과 같은 다량의 다른 생산물을 생산하는 데에 상대적으로 낮은 비용이 드는 것으로 알려져 있다. 유채(*Brassica napus*, *Arabidopsis*와 가까운 종), 해바라기(*Helianthus*), 대두(*Glycine max*)와 같은 기름 종자 작물도 상업적인 규모로 PHA를 생산할 수 있다.

식물에 의한 PHA 합성의 또 다른 가능성이 *pha*B와 *pha*C 유전자로 목화(*Gossypium hirsutum*)를 형질 전환시킴으로써 보여졌다(John and Keller, 1996). 3-케토티오라아제(3-ketothiolase)는 대부분의 식물 세포질 속에 이미 존재한다. 이 경우에 유전자들은 섬유나 종자 털세포 안에서 발현된다. 섬유 세포강 속에 축적된 PHB의 양은 많지 않았지만(섬유 무게의 0.34 %), 섬유의 온도 특성을 변형시키기에 충분했다. 형질 전환한 섬유는 정상적인 섬유보다 열 전도가 낮아서 절연성이 증가되는 특성을 보였다. 이런 조작된 '폴리에스테르-면혼합체'의 개발의 진행은 섬유 산업에 중요한 영향력을 미칠 수 있을 것이다.

그외 산물들 일차 대사와 관련된 탄수화물, 아미노산, 지방산과 다른 화합물 외에도 식물은 다수의 이차 대사 산물을 생산한다(14장). 이차 대사 산물에는 알칼로이드, 다른 약물, 껌, 수지, 필수 기름과 식물체내에서의 역할이 잘 알려지지 않은 다양한 화학물질이 포함된다. 이들 중 많은 것들이 수세기 동안 사람들에 의해 이용되어 왔다. 식물은 기원전 2700년경부터 중국에서 의학적 목적으로 사용되었다. 1820년까지 미국 약전(藥典)

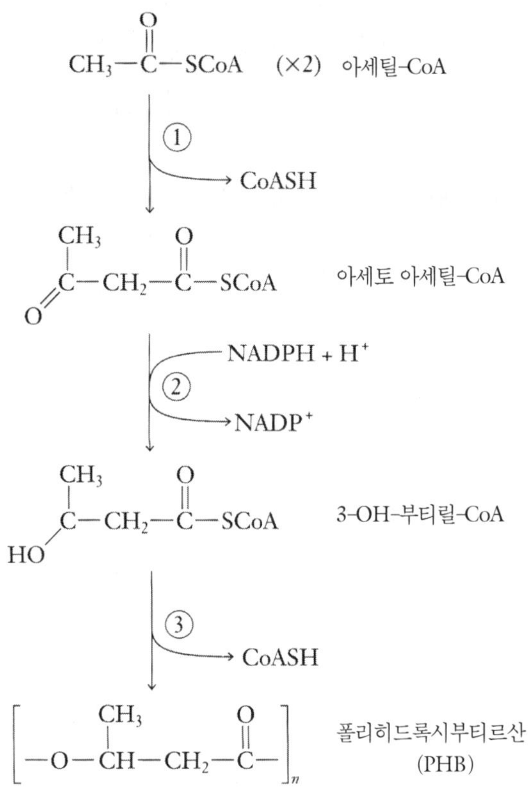

〈그림 23-5〉 폴리히드록시부티르산(PHB)의 생합성
3-케토티올라아제(1)는 아세토 아세틸-CoA를 형성하기 위해 두 개의 아세틸-CoA가 농축되도록 촉진하고, 아세토 아세틸-CoA 환원효소(2)에 의해 3-히드록시부티릴-CoA로 환원된다. 그런 다음, 3-히드록시부티릴-CoA는 PHA 생성효소(3)에 의해 중합된다. 세 개의 효소를 지정하는 유전자는 각각 *phaA*, *phaB*, *phaC*이다.

에 올라 있는 약물의 70%가 식물에서 기원된 것이었다. 많은 약물들이 화학적으로 제조되는 오늘날에도 약물의 약 25%는 식물에서 유래된 것이다. 아직까지 발견되지 않고 이용되지 않은 많은 약물들이 있다. 의약적 관심이 잠재적으로 높은 분야 중 하나는 고등 식물로부터 항암제 약물과 관련이 있다. 이러한 관심은 태평양 주목(*Taxus brevifolia*)의 내껍질에서 수확된 디테르페노이드(diterpenoid)인 택솔(taxol)이 유방암과 난소암에 항암제로 작용할 가능성이 있다(Stierle et al., 1993)는 최근의 발견 때문에 늘어났다. 천연약물은 제조된 약물보다 때론 선호되는데, 그 이유는 낮은 비용으로 더 많이 합성 약물에 비해 더 높은 순도로 생산할 수 있기 때문이다. 또 다른 즐거운 가능성은 약물과 다른 이차 산물이 세포 배양이나 조직을 통해 더 낮은 비용으로 대량 생산될 수 있다는 것이다.

약물 외에도 산업 화학원료로서의 잠재성을 가진 다양한 식물 화학물질이 있다. 이 화학물질들 중 많은 것이 산업계의 관심을 막 끌기 시작하고 있지만, 약물처럼 조직 배양으로 이들 화학물질의 효율적인 대량 생산이 심각히 고려되고 있다.

마지막으로, 세포와 조직 배양에 대한 대체 수단으로서 유전자가 조작된 식물은 사람에게 흔한 질병에 대항하는 백신을 적은 비용으로 생산하는 매체 역할을 할 수 있다(Mason and Arntzen, 1995). 재조합된 백신이 효모와 다른 미생물내에서 생산되고 있지만, 앞서 언급한 것처럼, 발효 과정과 뒤이은 항원의 정제 과정이 필요하기 때문에 이러한 백신들은 비싸다. 식용 식물 조직을 통해 백신을 입으로 투여하는 것은 비용 면에서 매우 효율적인 대체 수단으로, 특히 백신이 시급하게 필요한 개발도상국에게 혜택이 될 것이다.

첫 시도로서 B형 간염의 표면 항원을 지정하는 유전자가 성공적으로 담배(*Nicotiana tobacum*)에서 클로닝되었다. (담배는 유전적 조작이 쉬우며 모델 실험실 식물로서 많이 사용되기 때문에 선택되었다.) 유전자가 발현되었을 뿐만 아니라 항원 단백질이 합성되어 면역학적인 활성형으로 조립되었다. 더 최근에 Norwalk 바이러스 표면 단백질(NVCP)을 암호화하는 유전자가 감자(*Solanum tuberosum*)에서 성공적으로 클로닝되었다(Mason et al.,

1996). Norwalk 바이러스는 사람에게 급성 위염을 일으키는 흔한 병균이다. 클로닝된 유전자는 괴경에서 발현되었고, NVCP는 바이러스 같은 입자 형태로 자가 조립되었다. 조작된 감자 괴경을 쥐에게 먹였을 때 쥐는 NVCP에 대항하는 항체를 생산하는 반응을 보였다. 구강을 통한 왁찐의 접종은 일반적으로 효과가 적고 주사보다 더 많은 양을 복용해야 하기에 쥐에 의해 생산되는 항체의 양은 적었다. 그럼에도 불구하고, 이러한 결과들은 식물에서의 백신 생산의 적합성과 구강 전달을 통한 효과적인 면역에 대한 가능성을 모두 보여준다. 이 체계는 인간에게는 아직 검증되지 않았고 여전히 해결해야 할 문제도 남아 있다. 예를 들면 어느 식품이 가장 효과적인 전달 매체가 될 것인가(바나나가 가장 선호되는 후보이다.)? 또는 구강용 백신들이 일반적으로 음식이나 물을 통해서 퍼지지 않는 질병을 보호할 수 있는가? 이 일은 이제 초기 단계이지만, 우리가 미래에 식물생리와 생명공학에 기대되는 흥분을 유발할 진보의 대표적인 예이다.

참 고 문 헌

제2장

Boyer, J. S., E. B. Knipling. 1965. Isopiestic technique for measuring leaf water potentials with a thermocouple pshychrometer. *Proceedings of the National Academy of Sciences USA* 54:1044-1051.

Green, P. B., R. W. Stanton. 1967. Turgor pressure: Direct manometric measurement in cells of *Nitella*. *Science* 155:1675-1676.

Scholander, P. F., H. T. Hammel, E. D. Bradstreet. 1965. Sap pressure in vascular plants. *Science* 148:339-346.

Slatyer, R. O., S. A. Taylor. 1960. Terminology in plant-soil-water relations. *Nature* 187:922-924.

Zimmermann, U., E. Steudle. 1974. The pressure-dependence of the hydraulic conductivity, the membrane resistance and membrane potential during turgor regulation in *Valonia utricularis*. *Journal of membrane biology* 16:331-352.

제3장

Brouwer, R. 1965. Water movement across the root. *Symposium of the Society for Experimental Biology*. 19:131-149.

Dittmer, H. J. 1937. A quantiattive study of the roots and root hairs of a winter rye plant (*Secale cereale*). *American Journal of Botany* 24:417-420.

Dobbs, R. C., D. R. M. Scott. 1971. Distribution of diurnal fluctuations in stem circumference of Douglas fir. *Canadian Journal of Forest Research* 1:80-83.

Hall, N. S., W. F. Chandler, C. H. M. van Bravel, P. H. Ried, J. H. Anderson. 1953. A tracer technique to measure growth and activity of plant root systems. *N. C. Agriculture Experiment Station Technical Bulletin No. 101.* 40 pp.

Hayward, A. T. J. 1971. Negative pressure in liquids: can it be harnessed to serve man? *American Scientist* 59:434-443.

Kavanagh, K. L., J. B. Zaer. 1997. Xylem cavitation and loss of hydraulic conductance in western hemlock following planting. *Tree Physiology* 17:59-63.

Kramer, P. J. 1983. *Water Relations of Plants.* New York: Academic Press.

Milburn, J. A., R. P. C. Johnson. 1966. The conduction of sap. Ⅱ. Detection of vibrations produced by sap cavitation in Ricinus xylem. *Planta* 69:43-52.

Nobel, P. S. 1991. *Physicohemical and Environmental Plant Physiology.* New York: Academic Press.

Scholander, P. F., H. T. Hammel, E. D. Bradstreet, E. A. Hemmingsen. 1965. Sap pressure in vasculr plants. *Science* 148:339-346.

Schulze, E.-D., J. Cermǻk, R. Matyssek, W. Penka, R. Zimmermann, F. Vasicek, W. Gries, J. Kučera. 1985. Canapoy transpiration and water fluxes in the xylem of Larix and Picea trees-A comparison of xylem flow, porometer and cuvette measurements. *Oecologia* 66:475-483.

Sperry, J. S., J. R. Donnelly, M. T. Tyree. 1988. Seasonal occurrence of xylem embolims in sugar maple (*Acer saccharum*). *American Journal of Botany* 75:1212-1218.

Sperry, J. S., N. M. Holobrook, M. H. Zimmermann, M. T. Tyree. 1987. Spring filling of xylem vessels in wild grapevine. *Plant Physiology* 83:414-417.

Sperry, J. S., T. Ikeda. 1997. Xylem cavitation in roots and stems of Dougals-fir and white fir. *Tree physiology* 17:275-280.

Tyree, M. T., J. S. Sperry. 1988. Do woody plants operate near the point of catastrophic xylem disfunction caused by dynamic water stress? *Plant Physiology* 88:574-580.

Tyree, M. T., J. S. Sperry. 1989. Vulnerability of xylem to cavitation and embolism. *Annual Review of Plant Physiology* 40:19-38.

Tyree, M. T., P. Yianoulis. 1980. The site of water evaportion from sub-stomatal cavites, liquid path resistances and hydroactive stomatal closure. *Annals of Botany* 46:175-193.

Weaver, J. E., R. W. Darland. 1949. Soil-root relationships of certain native grasses in various soil types. *Ecological Monographs* 19:303-338.

Zimmermann, M. H. 1983. *Xylem Structure and the Ascent of Sap*. Berlin:Springer-Verlag.

제4장

Arnon, D. I., P. R. Stout. 1939. The essentiality of certain elements in minute quantity for plants with special reference to copper. *Plant Physiology* 14:371-375.

Brown, P. H., R. M. Welch, E. E. Cary 1987 Nickel: a micronutrient essential for higher plants. *Plant Physiology* 85:801-803.

Brownell, P. F., C. J. Crossland. 1972. The requirement for sodium as a micronutrient by species having the C4 dicarboxylic photosynthetic pathway. *Plant Physiology* 49:794-797.

Brownell, P. F., J. G. Wood. 1957. Sodium as an essential micronutrient element for *Artiplex vesicaria* Heward. *Nature* 179:635-636.

Boyer, T. C., A. B. Carlton, C. M. Johnson, P. R. Stout. 1954. Chlorine-A micronutrient element for higher plants. *Plant Physiology* 29:526-532.

Dalton, D. A., S. A. Russell, H. J. Evans. 1988. Nickel as a micronutrient element for plants. *BioFactor* 1: 11-16.

Downs, R. J., H. Hellmers. 1975. *Environment and the Experimental Control of Plant Growth*. New York: Academic press.

Freifelder, D. 1985. *Principles of Physical Chemistry with Applications to the Biological Sciences*. 2nd ed. Boston: Jones and Bartlett.

Hewitt, E. J. 1963. Mineral nutrition of plants in culture media. In: Steward, F. C. (ed.), *Plant Physiology. A Treatise*. Ⅲ. *Inorganic nutrition of Plants*. New York: academic Press. pp. 97-134.

MacDonald, I. R., P. C. DeKock, A. H. Knight. 1960. Variations in the mineral content of storage tissue disks maintained in tap water. *Physiologia Plantarum* 13:76-89.

Marschner, H. 1986. *Mineral Nutrition of Higher Plant*. London:Academic Press.

Mishra, D., M. Kar. 1974. Nickel in plant growth and metabolism. *Botanical Review* 40:395-452.

Römheld, V. 1987. Different strategies for iron acquisition in higher plants. *Physiologia Plantarum* 70:231-234.

Römheld, V., H. Marschner. 1986. Evidence for a specific uptake system for iron phytosiderophores in roots of grasses. *Plant Physiology* 80:175-180.

Steward, F. C. 1968. *Growth and Organization in Plants* Reading, Mass.: Addison-Wesley.

제5장

Azecon, R., J. M. Barea, D. S. Hayman. 1967. Utilization of rock phosphate in alkaline soils by plants inoculated with mycorrhizal fungi and phosphate solubilizing bacteria. *Soil Biology and Biochmistry* 8:135-138.

Chrispeels, M. J., C. Maurel. 1994. Aquaporins: The molecular basis of facilitated water movement through living plant cells. *Plant Physiology* 105:9-13.

Clarkson, D. T. 1991. Root structure and sites of ion uptake. In: Y. Waisel, A. Eshel, U. Kaflafi, 1991, *Plant Roots; The Hidden Half*. New York: M. Dekker, pp. 417-453.

Epstein, E. 1961. The essential role of calcium in selective cation transport by plant cells. *Plant Physiology* 36:437-444.

Epstein, E. 1972. *Mineral Nutrition of Plant: Priciples and Perspectives*. New York: Wiley.

Flegmann, A. W., R. A. T. George. 1975. *Soils and Other Growth Media*. London:Macmillan.

Harold, F. M. 1986. *The Vital Force: A Study of Bioenergetics*. New York: Freeman.

Higinbotham, N., B. Etherton, R.J. Foster. 1967. Mineral ion contents and cell transmembrane electropotentials of pea and oat seedling tissue. *Plant Physiology* 42:37-46.

Hoagland, D. R., T. C. Broyer. 1936. General nature of the process of salt accumulation by roots with description of experimental methods. *Plant Physiology* 11:471-507.

Jackson, R. M., P. A. Mason. 1984. *Mycorrhiza*. London: E. Arnold.

Marschner, H. 1986. *Mineral Nutrition of Higher Plants*. London: Academic Press.

Peterson, C. A., M. E. Emanual, G. B. Humphreys. 1981. Pathyway of movement of apoplastic fluorescent dye tracers through the endodermis at the site of secondary root formation in corn (*Zea may* cultizar Seneca Chief) and broad bean (*vicia faba* cultivar

Windsor). *Canadian Journal of Botany* 59:618-625.

Stout, P. R., R. Overstreet. 1950. Soil chemistry in relation to inorganic nutrition of plants. *Annual Review of Plant Physiology* 1:305-342.

Sze, H. 1984. H^+-translocating ATPases of plasma membrane and tonoplast cells. *Physiologia Plantarum* 61:683-691.

제6장

Abrol, Y. P., M. S. Kaim, T. V. R. Nair. 1986. Nitrogen redistribution and its loss in wheat. In: H. Lambers, J. J. Neeteson, I. Stuhlen (eds.), *Fundamental, Ecological and Agricultural Aspects of Nitrogen Metabolism in Higher Plants.* Dordrecht:Martinus Nijhoff.

Atkins, C. A., 1984. Leghaemoglobin and *Rhizobium* respiration. *Annual Review of Plant Physiology* 35:443-478.

Atkins, C. A., 1991. Ammonia assimilation and export of nitrogen from the legume nodule. In: M. J. Dilworth, A. R. Glenn, (eds), *Biology and Biochemistry of Nitrogen Fixation.* Amsterdam: Elsevier. pp. 293-319.

Bauer, W. D. 1981. Infection of legumes by rhizobia. *Annual Review of Plant Physiology* 32:407-449.

Bormann, F. H., G. E. Likens. 1979. *Patterns and Process in a Forested Ecosystem.* Berlin; Springer-Verlag.

Bowsher, C. G., D. M. Long, A. Oaks, S. J. Rothstein. 1991. The effect of light/dark cycles on expression of nitrate assimilatory genes in maize shoots and roots. *Plant Physiology* 95:281-285.

Conrad, R., W. Swiler. 1980. Contribution of hydrogen production by biological nitorgen fixation to the global hydrogen budget. *Journal of Geophysical Research* 85:5493-5498.

Dénarié, J., J. Cullimore. 1993. Lipo-oligosaccharide nodulation factors; A new class of signalling molecules mediating recognition and morphogenesis. *Cell* 74:951-954.

Diaz, C. L., L. S. Melchers, P. J. J. Hooykaass, G. J. J. Lugtenberg, J. W. Kijne. 1989. Root lectin as a determinant of host-plant specificity in the *Rhizobium*-legume symbiosis. *Nature* 338:579-581.

Egeraat, A. W. S. M. van. 1975. The possible role of homoserine in the development of *Rhizobium leguminosarum* in the rhizosphere of pea seedlings. *Plant and Soil* 42:381-386.

Evans, H. J., R. H. Burris. 1992. Highlights in biololgical nitorgen fixation during the last 50 years. In:G. Stacey, R. H. Burris, H. J. Evans (eds.), *Biological Nitrogen fixation.* New York: Chapman and Hall, pp. 1-42.

Franssen, H. J., J.P. Nap, T. Bisseling. 1992. Nodulins in root nodule development. In: G. Stacey, R. H. Burris, H. J. Evans (eds.), *Biological Nitrogen Fixation.* New York:Chapman and Hall, pp. 598-624.

Hageman, R. H., D. Flesher. 1960. Nitrate reductase activity in corn seedlings as affected by light and nitrate content of nutrient media. *Plant Physiology* 35:700-708.

Haynes, R. J. 1986. *Mineral Nitrogen in the Plant-Soil System.* New York; Academic Press.

Heidstra, R., W. C. Wang, Y. Yalcin, S. Peck, A. M. Emons, A. Vankammen, T. Bisseling. 1997. Ethylene provides positional information on cortical cell division but is not involved in nod factor-induced root hair tip growth in rhizobium-legume interaction. *Development* 124:1781-1787.

Heytler, P. G., G. S. Reddy, R. W. F. Hardy. 1984. In vivo energetics of symbiotic nitrogen fixation in soybeans. In: P. W. Ludden, P. J. Burris (eds.), *Nitrogen Fixation and CO_2 Metabolism.* New York: Elsevier, pp. 283-292.

Huber, S. C., M. Bachmann, J. L. Huber. Post-translational regulation of nitrate reductase activity: a role for Ca^{2+} and 14-3-3 protein. *Trends in Plant Science* 1:432-438.

Layzell, D. B., S. Hunt, G. R. Palmer. 1990. Mechanism of nitrogenase inhibition in soybean nodules. *Plant Physiology* 92:1101-1107.

Malhi, S. S., W. B. McGill. 1982. Nitrification in three Alberta soils; effect of temperature,moisture and substrate concentration. *Soil Biology and Biochemistry* 14:393-399.

Nutman, P. S. 1976. Alternative sources of nitorgen for crops. *Journal of the Agricultrual Society*, pp. 86-94.

Oaks, A., B. Hirel. 1985. Nitrogen metabolism in roots. *Annual Review of Plant physiology* 36:345-365.

Pate, J. S. 1973. Uptake, assimilation and transport of nitrogen compounds by plants. *Soil Biology and Biochemistry* 5:109-119.

Pate, J. S., C. A. Atkins, R. M. Rainbird. 1981. Theoretical and experimental costing of nitrogen fixation and related processes in the nodules of legumes, In: A. H. Gibson and W. E. Newton, (eds.), *Current Perspectives in Nitrogen Fixation*. Canberra: Australian Academy of Sciences. pp. 105-116.

Rolfe, B. G. 1988. Flavones and isoflavones as inducing substances of legume nodulation. *BioFactors* 1:3-10.

Simpson, R. J. 1986. Translocation and metabolism of nitrogen: whole plant aspects. In: H. Lambers, J. J. Neeteson, I . Stulen (eds.), *Fundamental, ecological and agricultural aspects of nitrogen metabolism in higher plants*. Dordrecht: Martinus Nijhoff, pp. 71-96.

Smit, G., T. J. J. Logman, M. E. T. I. Boerrigter, J. W. kijne, B. J. J. Lugtenberg. 1989. Purification and partial characterization of the *Rhizobium leguminosarum* bv. viciae Ca^2-dependent adhesin, which mediate the first step in attachment of cells of the family Rhizobiaceae to plant root hair tips. *Journal of Bacteriology* 171:4054-4062.

Sprent, J. I., P. Sprent. 1990. *Nitrogen Fixing Organism. Pure and Applied Aspects*. London: Chapman and Hall.

Triplett, E. W. 1996. Diazotrophic endophytes: Progress and prospects for nitrogen fixation in monocots. *Plant Soil* 186:29-38.

van Miegrgroet, H., G. M. Lovett, D. W. Cole. 1992. Nitrogen chemistry, deposition, and cycling in forest. Summary and conclusions. In: D. W. Johnson, S. E. Linberg (eds.) *Atmospheric Deposition and Forest Nutrient Cycling*. New York: Springer-Verlag, pp. 202-207.

Vitousek, P. M., H. A. Mooney, Lubchenco, J. M. Meillo. 1997. Human domination of earth's ecosystem. *Science* 277:494-499.

Werner, D. 1992. Physiology of nitrogen-fixing leume nodules: Compartments and functions. In: G. Stacey, R. H. Burris, H. J. Evans (eds.), *Biological Nitrogen Fixation*. New York: Chapman and Hall, pp.399-431.

제7장

Ahmad, M., A. R. Cashmore. 1993. *HY4* gen of *A. thaliana* encodes a protein with characteristics of a blue-light photoreceptor. *Nature* 366:162-166.

Ahmad, M., A. R. Cashmore. 1996. Seeing blue: The discovery of cryptochrome. *Plant Molecular Biology* 30:851-861.

Caldwell, M. M., A. H. Teramura, M. Tevini. 1989. The changing solar ultraviolet climate and the ecological consequences for higher plants. *Trends in Ecology and Evolution* 4:363-367.

Cashmore, A. R. 1997. The cryptochrome family of photoreceptors. *Plant, Cell and Environment* 20:764-767.

Ebel, J., H. Greisebach. 1988. Defence strategies of soybean against the fungus *Phytophthora megasperma* f.sp. *glycinea:* A molecular analysis. *Trends in Biochemical Sciences* 13:23-27.

Galland, P., H. Senger. 1991. Flavins as possible blue light photoreceptors. In: M. G. Holmes (ed.), *Photoreceptor Evolution and Function*. New York: Academic Press, pp. 65-124.

Galston, A. W., R. S. Baker. 1949. Studies on the physiology of light action. II. The photodynamic action of riboflavin. *American Journal of Botany* 36:773-780.

Holmes, M. G. 1984. In: Smith, H., M. G. Holmes. *Techniques in Photomorphogenesis*. London: Academic Press.

McCrea, K. D., M. Levey. 1983. Photographic visualization of floral colors as perceived by honeybee pollinators. *American Journal of Botany* 70:369-375.

Swain, T. 1965. Nature and properties of flavonoids. In: Goodwin, T. W. (ed.), 1965, *Chemistry and Biochemistry of Plant Pigments*. London and New York: Academic Press.

Takeda, J., S. Abe. 1992. Light-induced synthesis of anthocyanin in carrot cells in suspension. IV. the action spectrum. *Photochemistry and Photobiology* 56:69-74.

Warpeha, K. M. F., L. S. Kaufman, W. R. Briggs. 1992. A flavoprotein may mediated the blue light-activated binding of GTP to isolated plasma membranes of *Pisum sativum* L. *Photochemistry and Photobiology* 55:595-603.

제8장

Assmann, S. M., E. Zeiger. 1987. Guard cell bioenergetics. In: E. Zeiger, G. D. Farquhar, I. R. Cowas (eds.) *Stomatal Function*. Stanford, CA: Stanford

University Press. pp. 163-193.

Bidwell, R. G. S. 1979. *Plant Physiology*. New York: Macmillan.

Butterfass, T. 1979. *Patterns of Chloroplast Reproduction*. Vienna: Springer-Verlag.

Canvin, D. T. 1990. Photorespiration and CO_2-concentrating mechanisms. In: D. T. Dennis and D. H. Turpin (eds.), *Plant Physiology, Photochemistry and Molecular Biology*. England: Longman Scientific & Technical, pp. 253-273.

Coombs, J., A. D. Greenwood. 1976. Compartmentation of the photosynthetic apparatus. In: J. Barber (ed.), *Topics in Photosynthesis. Vol. 1. The Intact Chloroplast*. Amsterdam: Elsevier/North-Holland Biomedical Press, pp. 1-51.

Hartung, W., J. W. Radin, D. L. Hendrix. 1988. Abscisic acid movement into the apoplastic solution of water-stressed cotton leaves. Role of apoplastic pH. *Plant Physiology* 86:908-913.

Heldt, H. W. 1976. Metabolite transport in intact spinach chloroplasts. In: J. Barber (ed.), *Topics in Photosynthesis. Vol. 1. The Intact Chloroplast*. Amsterdam: Elsevier/North-Holland Biomedical Press, pp. 171-214.

Hughes, J. E., D. C. Morgan, P. A. Lambton, C. R. Black, H. Smith. 1984. Photoperiodic time signals during twilight. *Plant, Cell and Environment* 7:269-277.

MacRobbie, E. A. C. 1987. Ionic relations of guard cells. In: E. Zeiger, G. D. Farquhar, I. R. Cohen (eds.), *Stomatal Function*. Stanford, CA: Stanford University Press. pp. 125-162.

Meidner, H., D. Mansfield. 1968. *Physiology of Stomata*. New York: McGraw-Hill.

Menke, W. 1962. Structure and chemistry of plastids. *Annual Review of Plant Physiology* 13:27-44.

Nobel, P. S. 1991. *Physicochemical and Environmental Plant Physiology*. New York: Academic Press.

Outlaw, W. H., Jr. 1987. An introduction to carbon metabolism in guard cells. In: E. Zeiger, G. D. Farquhar, I. R. Cohen (eds.), *Stomatal Function*. Stanford, CA: Stanford University Press. pp. 115-123.

Schroeder, J. I., B. U. Keller. 1992. Two types of anion channel currents in guard-cells with distinct voltage regulation. *Proceedings of the National Academic of Sciences, US* 89:5025-5029.

Sharpe, P. J. H., H. Wu, R. D. Spence, 1987. Stomatal mechanics. In: E. Zeiger, G. D. Farquhar, I. R. Cohen (eds.), *Stomatal Function*. Stanford, CA: Stanford University Press. pp. 91-114.

Tenhunen, J. D., O. L. Lange, M. Braun, A. Meyer, R. Losch, J. S. Pereira. 1980. Midday stomatal closure in *Arbutus unedo* leaves in a natural macchia under simulated habitat conditions in an environmental chamber. *Oecologia* 47:365-367.

Terashima, I., T. Saeki. 1983. Light environment within a leaf. I. Optical properties of paradermal sections of Camellia leaves with special reference to differences in the optical properties of palisade and spongy tissues. *Plant and Cell Physiology* 24:1493-1501.

Vogelmann, T. C., J. N. Nishio, W. K. Smith. 1996. Leaves and light capture: light propagation and gradients of carbon fixation within leaves. *Trends in Plant Science* 1:65-70.

Willmer, C. M. 1983. *Stomata*. Essex: Longman Group, 166 pp.

Zeevaart, J. A. D., R. A. Creelman. 1988. Metabolism and physiology of abscissic acid. *Annual Review of Plant Physiology* 39:439-473.

Zeiger, E. 1983. The biology of stomatal guard cells. *Annual Review of Plant Physiology* 34:441-475.

Zeiger, E., C. Field, H. A. Mooney. 1981. Stomatal opening at dawn: Possible roles of the blue light response in nature. In: H. Smith (ed.), *Plants and the Daylight Spectrum*. London: Academic Press, pp. 391-407.

Zeiger, E., M. Iino, T. Ogawa. 1985. The blue light response of stomata: Pulse kinetics and some mechanical implications. *Photochemistry and Photobiology* 42: 759-763.

Zhirong, D., K. Aghoram, W. H. Outlaw. 1997. In vivo phosphorylation of phosphoenolpyruvate carboxylase in guard cells of *Vicia faba* L. is enhanced by fusicoccin and suppressed by abscisic acid. *Archives of Biochemistry and Biophysics* 337:345-350.

Ziegler, H. 1987. The evolution of stomata. In: E. Zeiger, G. D. Farquhar, I. R. Cohen (eds.), *Stomatal Function*. Stanford, CA: Stanford University Press. pp. 29-55.

제9장

Åkerlund, H-E. 1993. Function and organization of

photosystem II. In: C. Sundqvist, M. Ryberg (eds.). *Pigment-Protein Complexes in Plastids: Synthesis and Assembly.* New York: Academic Press, pp. 419-447.

Andersen, B., H. V. Scheller. 1993. Structure, function, and assembly of photosystem I. In: C. Sundqvist, M. Ryberg (eds.). *Pigment-Protein Complexes in Plastids: Synthesis and Assembly.* New York: Academic Press, pp. 383-418.

Anderson, J. M., B. Andersson. 1988. The dynamic photosynthetic membrane and regulation of solar energy conversion. *Trends in Biochemical Sciences* 13:351-355.

Bennett, J. 1991. Protein phosphorylation in green plant chloroplast. *Annual Review of Plant Physiology and Plant Molecular Biology* 42:281-311.

Demming-Adams, B., W. W. Adams. 1996. The role of xanthophyll cycle carotenoids in the protection of photosynthesis. *Trends in Plant Sciences* 1:21-26.

Demming-Adams, B., A. M. Gilmore, W. W. Adams. 1996. *In vivo* functions of carotenoids in higher plants. *FASEB Journal* 10:403-412.

Green, B. R., D. G. Durnford. 1996. The chlorophyll-carotenoid proteins of oxygenic photosynthesis. *Annual Review of Plant Physiology and Plant Molecular Biology* 47:685-714.

Hankamer, Bz., J. Barber, E. J. Boekema. 1997. Structure and membrane organization of photosystem II from green plants. *Annual Review of Plant Physiology and Plant Molecular Biology* 48:641-671.

Hill, R. 1939. Oxygen produced by isolated chloroplasts. *Proceedings of the Royal Society of London, Series B* 127:192-210.

Hind, G., A. T. Jagendorf. 1963. Separation of light and dark stages in photophosphorylation. *Proceedings of the National Academy of Sciences USA* 49:715-722.

Jagendorf, A. T., E. Uribe. 1996. ATP formation caused by acid-base transition of spinach chloroplasts. *Proceedings of the National Academy of Sciences USA* 55:170-177.

Larsson, U. K., C. Sundby, B. Andersson. 1987. Characterization of two different subpopulations of spinach light-harvesting chlorophyll a/b-protein complex (LHCII): Polypeptide composition, phosphorylation pattern and association with photosystem II. *Biochimica Biophysica Acta* 894:56-68.

Leegood, R. C., R. Malkin. 1986. Isolation of subcellular photosynthetic systems. In: M. F. Hipkins, N. R. Baker (eds.), *Photosynthesis Energy Transduction: A Practical Approach.* Oxford: IRL Press, pp. 9-26.

Markwell, J. 1986. Electrophoretic analysis of photosynthetic pigment-protein complexes. In: M. F. Hipkins, N. R. Baker (eds.), *Photosynthesis Energy Transduction: A Practical Approach.* Oxford: IRL Press, pp. 27-49.

Mitchell, P. 1961. Coupling of phosphorylation to electron and hydrogen transfer by a chemiosmotic type of mechanism. *Nature* (London) 191:144-148.

Nicholls, D. G. 1982. *Bioenergetics.* New York: Academic Press.

제10장

Bidwell, R. G. S. 1983. Carbon metabolism of plants: photosynthesis and photorespiration. In: Steward, F. C. (ed.), *Plant Physiology. A Treatise. Vol VII: Energy and Carbon Metabolism.* New York: Academic Press, pp. 287-458.

Bowes, G., W. L. Ogren, R. H. Hageman. 1971. Phosphoglycolate production catalyzed by ribulose diphosphate carboxylase. *Biochemical Biophysical Research Communications* 45:716-722.

Buchanan, B. B. 1980. Role of light in the regulation of chloroplast enzymes. *Annual Review of Plant Physiology* 31:341-374.

Canvin, D. T. 1990. Photorespiration and CO_2-concentrating mechanisms. In: D. T. Dennis and D. H. Turpin (eds.), *Plant Physiology, Biochemistry and Molecular Biology.* London: Longman Scientific & Technical. pp. 253-273.

Chatterton, N. J., J. E. Silvius. 1979. Photosynthate partitioning into starch in soybean leaves. I. Effects of photoperiod versus photosynthetic period duration. *Plant Physiology* 64:749-753.

Decker, J. P. 1955. A rapid postillumination deceleration of respiration in green leaves. *Plant Physiology* 30:82-84.

Decker, J. P. 1970. Early history of photorespiration. *Bioengineering Bulletin* 10.

Edwards, G. E., D. A. Walker. 1983. *C3, C4 Mechanisms, Cellular and Environmental Regulation of Photosynthesis.* Oxford: Blackwell Scientific Publications.

Fock, H., J. Mahon, D. T. Canvin, B. R. Grant. 1974. Estimation of carbon fluxes through the photosynthetic and photorespiratory pathways. In: R. L. Bieleski, A. R. Furguson, M. M. Cresswell (eds.), *Mechanisms of Regulation of Plant Growth.* Bulletin 12, pp. 235-242. Wellington: The Royal Society of New Zealand.

Hatch, M. D., C. R. Slack. 1966. Photosynthesis by sugarcane leaves. A new carboxylation reaction and the pathway of sugar formation. *Biochemical Journal* 101:103-111.

Jiao, J., R. Chollet. 1991. Posttranslational regulation of phosphoenolpyruvate carboxylase in C4 and crassulacean acid metabolism in plants. *Plant Physiology* 95:981-985.

Khayat, E., C. Harn, J. Daie. 1993. Purification and light-dependent modulation of the cytosolic fructose-1,6-bisphosphatase in sugarbeet leaves. *Plant Physiology* 101:57-64.

Kluge, M., M. Böcher, G. Jungnickel. 1980. Metabolic control of Crassulacean acid metabolism: evidence for diurnally changing sensitivity against inhibition by malate of PEP carboxylase in *Kalenchoe tubiflora* Hamet. *Zeitschrift für Pflanzenphysiologie* 97:197-204.

Kluge, M., I. P. Ting. 1978. *Crassulacean Acid Metabolism: Analysis of an Ecological Adaptation.* Berlin: Springer-Verlag.

Kortschack, H. P., C. C. E. Hartt, G. O. Burr. 1965. Carbon dioxide fixation in sugarcane leaves. *Plant Physiology* 40:209-213.

Lea, P. J., R. D. Blackwell, K. W. Joy. 1992. Ammonia assimilation in higher plants. In: K. Mengel, D. J. Pilbeam (eds.), *Nitrogen Metabolism of Plants.* Oxford: Clarendon Press, pp. 153-186.

Leegood, R. C., D. A. Walker, C. H. Foyer. 1985. Regulation of the Benson-Calvin cycle. In: J. Barber, N. R. Baker (eds.), *Photosynthetic Mechanisms and the Environment.* Amsterdam: Elsevier, pp. 189-258.

Lorimer, G. H., H. M. Miziorko. 1980. Carbamate formation in the ε-amino group of a lysyl residue as the basis for the activation of ribulosebisphosphate carboxylase by CO_2 and Mg^{2+}. *Biochemistry* 19:5321-28.

Nimmo, G. A., M. B. Wilkins, C. A. Fewson, H. G. Nimmo. 1987. Persistent circadian rhythms in the phosphorylation state of phosphoenolpyruvate carboxylase from *Bryophyllum fedtschenkoi* leaves and its sensitivity to inhibition by malate. *Planta* 170:408-415.

Osmond, C. B., O. Björkman. 1972. Simultaneous measurement of oxygen effects on net photosynthesis and glycolate metabolism in C3 and C4 species of *Atriplex. Carnegie Institution of Washington Yearbook* 71:141-148.

Portis, A. R. 1990. Rubisco activase. *Biochimica et Biophysica Acta* 1015:15-28.

Preiss, J. 1988. Biosynthesis of starch and its regulation. In: J. Preiss (ed), *Biochemistry of Plants. Vol. 10. Carbohydrates.* New York: Academic Press. pp. 181-254.

Raghavendra, A. S., V. S. R. Das. 1978. The occurrence of C4-photosynthesis: A supplementary list of C4 plants reported during late 1974 — mid-1977. *Photosynthetica* 12:200-208.

Winter, K., J. H. Troughton. 1978. Carbon assimilation pathways in *Mesembryanthemum nodiflorum. Zeitschrift für Pflanzenphysiologie* 88:153-162.

제11장

Cronshaw, J. 1975. P-proteins. In: S. Aronoff, J. Dainty, P. R. Gorham, S. M. Srivastava, C. A. Swanson (eds.), *Phloem Transport.* New York: Plenum. pp. 79-115.

Dickson, R. E. 1991. Assimilate distribution and storage. In: A. S. Raghavendra (ed.), *Physiology of Trees.* New York: Wiley, pp. 51-86.

Eschrich, W. 1975. Sealing systems in phloem. In: M. H. Zimmermann, J. A. Milburn (eds.), *Encyclopedia of Plant Physiology.* New Series. Berlin: Springer-Verlag, Vol. 1, pp. 39-56.

Evert, R. F. 1982. Sieve-tube structure in relation to function. *BioScience* 32:789-795.

Evert, R. F. 1990. Dicotyledons. In: H.-D. Behnke, R. D. Sjolund (eds.), *Sieve Elements. Comparative Structure, Induction and Development.* Berlin: Springer-Verlag, pp. 103-137.

Fisher, D. B. 1978. An evaluation of the Münch hypothesis for phloem transport in soybean. *Planta* 139:25-28.

Giaquinta, R. T. 1983. Phloem loading of sucrose. *Annual Review of Plant Physiology* 34:347-387.

Geiger, D. R. 1986. Processes affecting carbon allocation and partitioning among sinks. In: J. Cronshaw, W. J.

Lucas, R. T. Giaquinta, 1986, *Phloem Transport.* New York: Alan R. Liss. pp. 375-388.

Geiger, D. R., S. A. Sovonick, T. L. Shock, R. J. Fellows. 1974. Role of free space in translocation in sugar beets. *Plant Physiology* 54:892-898.

Gunning, B. E. S. 1976. The role of plasmodesmata in short distance transport to and from the phloem. In: B. E. S. Gunning, A. W. Robards (eds.), *Intercellular Communication in Plants: Studies on Plasmodesmata.* Berlin: Springer-Verlag, pp. 203-227.

Hall, S. M., D. A Baker. 1972. The chemical composition of *Ricinus* phloem exudate. *Planta* 106:131-140.

Hendrix, D. L., S. C. Huber. 1986. Diurnal fluctuations in cotton leaf carbon exchange rate, sucrose synthesizing enzymes, leaf carbohydrate content and carbon export. In: J. Cronshaw, W. J. Lucas, R. T. Giaquinta, (eds.) *Phloem Transport.* New York: Alan R. Liss, pp. 369-373.

Ho, L. C. 1988. Metabolism and compartmentation of imported sugars in sink organs in relation to sink strength. *Annual Review of Plant Physiology and Plant Molecular Biology* 39:355-378.

Lichtner, F. T. 1984. Phloem transport of xenobiotic chemicals. *What's New in Plant Physiology* 15:29-32.

Madore, M. A., W. J. Lucas. 1986. Characterization of the source leaf symplast by means of lucifer yellow CH. In: J. Cronshaw, W. J. Lucas, R. T. Giaquinta, (eds.) *Phloem Transport.* New York: Alan R. Liss, pp. 129-133.

Mortimer, D. C. 1965. Translocation of the products of photosynthesis in sugar beet petioles. *Canadian Journal of Botany* 43:269-280.

Richardson, P. T., D. A. Baker, L. C. Ho. 1982. The chemical composition of cucurbit vascular exudates. *Journal of Experimental Botany* 33:1239-1247.

Sauer, N. 1997. Sieve elements and companion cells—extreme division of labour. *Trends in Plant Science* 2:285-286.

Smith, J. A. C., J. A. Milburn. 1980. Phloem turgor and regulation of sucrose loading in *Ricinus communis* L. *Planta* 148:42-48.

Stadler, R., N. Sauer. 1996. The *Arabidopsis thaliana AtSUC2* gene is specifically expressed in companion cells. *Botanica Acta* 109:299-306.

Thorne, J. H. 1986. Sieve tube unloading. In: J. Cronshaw, W. J. Lucas, R. T. Giaquinta, 1986, *Phloem Transport.* New York: Alan R. Liss, pp. 211-224.

Turgeon, R. 1996. Phloem loading and plasmodesmata. *Trends in Plant Science* 1:418-422.

Tyree, M. T., A. L. Christy, J. M. Ferrier. 1974. A simpler iterative steady state solution of Münch pressure-flow systems applied to long and short translocation paths. *Plant Physiology* 54:589-600.

Van Bel, A. J. E., Y. V. Gamalei, A. Ammerlaan, L. P. M. Bik. 1992. Dissimilar phloem loading in leaves with symplasmic or apoplasmic minor-vein configurations. *Planta* 186:518-525.

Walker, J. T. S., R. Thaine. 1971. Proteins and fine structure components in exudate from sieve tubes in *Curcurbita pepo* stems. *Annals of Botany* 35:773-790.

Waring, P. F., J. Patrick. 1975. In: J. P. Cooper (ed.) *Photosynthesis and Productivity in Different Environments.* Cambridge: Cambridge University Press.

Weatherly, P. E., R. P. C. Johnson. 1968. The form and function of the sieve tube: A problem in reconciliation. *International Review of Cytology* 24:149-192.

Wright, J. P., D. B. Fisher. 1980. Direct measurement of sieve tube turgor pressure using severed aphid stylets. *Plant Physiology* 65:1133-1135.

Wyse, R. E., E. Zamski, A. D. Tomos. 1986. Turgor regulation of sucrose transport in sugar beet taproot tissue. *Plant Physiology* 81:478-481.

Zimmerman, M. H., H. Ziegler. 1975. Appendix III. List of sugars and sugar alcohols in sieve-tube exudates. In: M. H. Zimmermann, J. A. Milburn (eds.) *Transport in Plants I. Phloem Transport. Encyclopedia of Plant Physiology,* New Series. Vol. 1. New York: Springer Verlag. pp. 480-503.

제12장

ap Rees, T. 1990. Carbon metabolism in mitochondria. In: D. T. Dennis, D. H. Turpin(eds.) , *Plant Physiology, Biochemistry and Molecular Biology.* Essex Longman Scientific and Technical, pp.106-123.

Beck, E. 1985. The degradation of transitory starch in chloroplast. In: R. L. Heath, J. Preiss(eds.) *Regulation of Carbohydrate Partitioning in Photosynthetic Tissue.* Rockville, MD : American Society of Plant physiologists, pp. 27-40.

Bewley, J. D., M. Black. 1985. Seed. *Physiology of Development and Germination*. New York : Plenum Press.

Graham, D. 1980. Effects of light on "dark" respiration. In: D. D. Davies(ed.), *The Biochemistry of Plants. Vol. 2. Metabolism and Respiration*. New York:Academic Press, pp.525-579.

Lambers, H. 1985. Respiration in intact plants and tissues. Its regulation and dependence on environmental factors, metabolism and invaded orgnisms. In: R. Douce, D. A. Day(eds.), *Higher plant Cell Respiration. Encyclopedia of Plant Pysiology, New Series* 18:418-473.

Lambers, H. 1990. Oxidation of mitochondrial NADH and synthesis of ATP. In: D. T. Dennis, D. H. Turpin(eds.), *Plant Physiology, Biochemistry and Molecular Biology*. Essex: Longman scientific and Technical, pp.124-143.

Mcnulty, A. K., W. R. Cummins. 1987. The relationship between respiration and temperature in leaves of the arctic plant *Saxifraga cernua*. *Plant Cell and Environment* 10: 19-325.

Moore, A. L., Siedow. 1991. The regulation and nature of the cyanide-resistant alternative oxidase of plant mitochondria. *Biochemica et Biophysica Acta* 1059:121-140.

Plaxton, W. C. 1996. The Organization and regulation of plant glycolysis. *Annual Review of Plant Physiology and Plant Molecular Biology* 47:185-214.

Rhoads, D. M., L. McIntosh. 1991. Isolation and characterization of a cDNA clone encoding an alternative oxidase protein of *Sauromatum guttatum*(Schott). *Proceedings of the National Academy of Science USA* 88:2122-2126.

Siedow, J. N., D. A Berthold. 1986. The alternative oxidase: A cyanide-resistant respipatory pathway in higher plants. *Physiologia Plantarum* 66:569-573.

제13장

Anderson, A. B. 1990. *Alternatives to Deforestation: Steps toward Sustainable Use of the Amazon Rain Forest*. New York: Columbia university Press.

Bolton, J. K., R. H. Brown. 1980. Photosynthesis of grass species differing in carbon dioxide fixation pathways. V. Response of *Panicum maximum*, *Panicum miloides*, and tall fescue(*Fescuca arundinacea*) to nitrogen nutrition. *Plant Physiology* 66:97-100.

Chabot, B. F., D. J. Hicks. 1982. The ecology of leaf life spans. *Annual Review of Ecology and Systematics* 13:229-259.

Duncan, W. G. 1971. Leaf angles, leaf area, and canopy photosynthesis. *Crop Science* 11:482-485.

Ehleringer, J., I. Forseth. 1980. Solar tracking by plants. *Science* 210:1094-1098.

Farquhar, G. D., T. D. Sharkey. 1982. Stomatal conductance and Photosynthesis. *Annual Review of Plant physiology* 33:317-345.

Kuppers, M. 1984. Carbon relations and competition between woody species in a central European hedgerow. Ⅲ.Carbon and water balance at the leaf level. *Oecologia* 65:94-100.

Lambers, H. 1985. Respiration in intact plants and tissues.Its regulation and dependence on environmental factors, metabolism and invaded orgnisms. In: R.Douce, D.A.Day(eds.), *Higher Plant Cell Respiration. Encyclopedia of Plant Physiology, New Series* 18:418-473.

Musgrave, M. E., J. Antonovics, J. N. Siedow. 1986. Response of two pea hybryds to CO_2 enrichment: A set of the energy overflow hypothesis for alternative respiration. *Proceedings of the National Academy of Science USA* 83:8157-8161.

Pearcy, R. W., J. Ehlenger, H. A. Mooney, P. W. Rundel. 1989. *Plant Physiological Ecology: Field Methods and Instrumentation*. London, New York: Chapman and Hall.

Wilson, S. 1982. Response to selection for dark respiration rate of mature leaves in *Lolium perenne* and its effects on growth of young plants and simulated swards. *Annuals of Botany*(London) 49:303-312.

제14장

Balandrin, M. F., J. A. Klocke, E. S. Wertele, W. H. Bollinger. 1985. Natural plant chemicals: Sources of industrial materials. *Science* 228:1154-1160.

Benveniste, P. 1986. Sterol biosynthesis. *Annual Review of Plant Physiology* 37:275-308.

Blytt, H. J., T. K. Guscar, L. G. Butler. 1988. Antinutritional effects and ecological significance of dietary condenced tannins may not be due to binding and inhibiting digestive enzymes. *Journal of Chemical Ecology* 14:1455-1465.

Caldwell, M. M., R. Robberecht, S. D. Flint. 1983. Internal filters: Prospects for UV-acclimation in higher plant. *Physiologia Plantarum* 58:445-450.

Gershenzon, J., R. Croteau. 1991. Terpenoids. In: G.A.Rosenthal, M.R.Berenbaum(eds.), *Herbivores: Their Interaction with Secondary Metabolites. Vol.1. The Chemical Participants.* 2nd ed. San Diego: Academic Press, pp.165-219.

Harborne, J. 1988. *Introduction To Ecological Biochemistry.* 3rd ed. New York: Academic Press.

Hartmann, T. 1991. Alkaloids.In:G.A.Rosenthal, M.R.Berenbaum(eds.), *Herbivores: Their Interaction with Secondary Metabolites. Vol.1. The Chemical Participants.* 2nd ed. San Diego: Academic Press, pp.79-121.

Malcolm, S. B. 1991. Cardenolide-mediated interactions between plants and herbivors. In: G. A. Rosenthal, M. R. Berenbaum(eds.) *Herbivores: Their Interaction with Secondary Metabolites. Vol. 1. The Chemical Participants.* 2nd ed. San Diego: Academic Press, pp.251-296.

Misawa, M., A. E. Goodbody. 1996. In: F. DiCosmo,. M. Misawa(eds.), *Plant Cell Culture Secondary Metabolism:Toward Industrial Application.* Boca Raton: CRC Press, pp.123-138.

Olezek, W. 1996. Alfalfa saponins: Structure, biological activity, and chemotaxanomy. In: G, R. Walker, K. Yamasaki(eds.), *Saponins Used in Food and Agriculture.* New York: Plenum Press, pp. 155-170.

Seigler, D. S. 1991. Cyanide and cyannogenic glycosides. In: G. A. Rosenthal, M. R. Berenbaum(eds.), *Herbivores: Their Interaction with Secondary Metabolites. Vol. 1. The Chemical Participants.* .2nd ed. Śan Diego: Academic Press, pp.35-77.

Southon, I. W., J. Buckingham(eds.), 1989. *Dictionary of Alkaloids.* London: Chapman and Hall.

Voet, D., J. Vote. 1990. *Biochemistry.* New York: Willy.

제 15장

Cosgrove, D. J. 1987. Wall relaxation and the driving forces for cell expansive growth. *Plant Physiology* 84:561-275.

Lockhart, J. 1965. An analysis of irreversible plant cell elongation. *Journal of Theoretical Biology* 8:264-275.

McDaniel, C. N. 1991. Early events in flowering. A black box with a bright future. *The Plant Cell* 3:431-433.

Meeks-Wagner, D. R. 1993. Gene expression in the early floral meristem. *The Plant Cell* 5:1167-1174.

Murphy, T. M., W. E. Thompson. 1988. *Molecular Plant Development.* Engliwood Cliffs: Prentice Hall.

Owens, s. J. 1992. Pollination and fertilization in higherr plants. In: C. Marshall, J. Grace(eds.), *Fruit and Seed Production: Aspects of Developmental, Environmental Physiology and Ecology.* Cambridge: Cambridge University Press.

van den Berg, C., V. Willemsen, W, Hage, P. Weisbeek, B. Scheres. 1995. Determination of cell fate in the *Arabidopsis* meristem by directional signalling. *Nature* 378:62-65.

제 16장

Ackerson, R. C. 1984. Abscisic acid and precocious germination in soybeans. *Journal of experimental Botany* 35:414-421

Clouse, S. D., D. M. Zurek, T. C. McMorris, M. E. Baker. 1992. Effect of brassinolide on gene expression in elogation soybean epicotyls. *Plant Physiology* 100:1377-1383.

Engvild, K. C. 1986. Chlorine-containing natural compounds in higher plants. *Phytochemistry* 25:781-791.

Epstein, E., K-H. Chen, J. D. Cohen. 1989. Identification of indole-3-butyric acid as an endogenous constituent of maize kernels and leaves. *Journal of Plant Growth Regulation* 8:215-223.

Galston, A. W., M. E. Hand. 1949. Studies on the physiology of light action. I. Auxin and the light inhibition of growth. *American Journal of Botany* 36:85-94.

Galston, A. W., R. Kaur-Sawhney. 1987. Polyamines as endogenous growth regulators. In: P. J. Davies, (ed.), *Plant Hormones and their Role in Plant Growth and Development.* Dordrecht: Kluwer Academic Publishers, pp. 280-295.

Gianfagna, T., J. A. D. Zeevaart, W. J. Lusk. 1983. The effect of phtoperiod on the metabolism of deuterium -labeled GA53 in spinach. *Plant Physiology* 72:86-89.

Gilmour, S. J., J. A. D. Zeevaart, L. Schwenen, J. E. Graebe. 1985. The effect of photoperiod on gibberellin metabolism in cell-free extracts from spinach. *Plant Physiology* S77, 92.

Jacob, W. P. 1070. Regeneration and differentiation of

xylem around a wound. *International Review of Cytology* 28:239-273.

Leuba, V., D. LeTourneau. 1990. Auxin activity of phenylacetic acid in tissue culture. *Journal of Plant Growth Regulation* 9:71-76.

Li, J., P. Nagpal, V. Vitart, T. C. McMorris, J. Chory. 1996. A role for brassinosteroids in light-dependent development of *Arabidopsis. Science* 272:398-401.

MacMillan, J., N. Takahashi. 1968. Proposed procedure for the allocation of trivial names to the gibberellins. *Nature* 217:170-171.

Mandava, N. B. 1988. Plant growth-promoting brassinosteroids. *Annual Review of Plant Physiology and Plant Molecular Biology* 39:23-52.

Metzger, J. D. 1987. Hormones and reproductive development. In: P. J. Davies, P. J. (ed.), *Plant Hormones and their role in Plant Growth and Development.* Dordrecht: Kluwer Academic Publishers, pp. 431-462.

Metzger, J. D., J. A. D. Zeevaart. 1980. Effect of photoperiod on the levels of endogenous gibberellins in spinach as measured by combined gas chromatography-selectedion current monitoring. *Plant Physiology* 66:844-846.

Phinney, B. O. 1984. Gibberellin A1 dwarfism and shoot elogation in higher plants. In: A. Crozier, J.R. Hillman(eds.), *The Biosynthesis and Metabolism of Plant Hormones.* Cambridge University Press, pp. 17-41.

Smart, C. M., S. R. Scofield, M. W. Bevan, T. A. Dyer. 1991. Delayed leaf senescence in to bacco plants transformed with *tmr* gene for cytokinin producton in *Agrobacterium. The Plant Cell* 3:647-656.

Somerville, S., C. Somerville. 1996. Arabidopsis at 7: still growing like a weed. *Plant Cell* 8:1917-1933.

Suge, H. 1985. Ethylene and gibberellin: Regulation of internodal elongation and nodal root development in floating rice. *Plant and Cell Physiology* 26:647-656.

Thimann, K. V., F. Skoog. 1934. Inhibition of bud development and other functions of growth substances in *Vicia faba. Proceedings of the Royal Society* (London). B114:317.

Trewavas, A. 1981. How do plant growth substances act. *Plant Cell Environment* 4:203-228.

Trewavas, A. 1991. How do plant growth substances work? Ⅱ. *Plant, Cell and Environment* 14:1-12.

Trewavas, A., R. E. Cleland. 1983. Is plant development regulated by changes in the concentration of growth substances or by changes in the sensitivity to growth substances. *Trends in Biochemical Sciences* 8:354-357.

Yang, T., D. M. Law, P. J. Davies. 1993. Magnitude and kinetics of stem elongation induced by exogenous indole-3-acetic acid in intact light-grown pea seedlings. *Plant Physiology* 102:717-724.

제17장

Abel, S., A. Theologis. 1996. Early genes and auxin action. *Plant Physiology* 1119-17.

Adams, D. O., S. F. Yang. 1977. Methionine metabolism in apple tissue. Implication of S-adenosylmethionine as an intermediate in the conversion of methionine to ethylene. *Proceedings of the National Academy of Science USA* 76:170-174.

Baulcombe, D. C., D. Buffard. 1983. Gibberellic-acid-regulated expression of α-amylase and six other genes in wheat aleurone layers. *Planta* 157:493-501.

Behringer, F. J., D. I. Cosgrove, J. B. Reid, P. J. Davies. 1990. Physical basis for altered stem elongation rates in internode length mutants of *Pisum. Plant Physiology* 94:166-173.

Boss, W. F. 1989. Phosphoinositide metablism: Its relation to signal transduction in plants. In: Boss, W.F., D.J. Morr (eds.), *Second Messengers in Plant Growth and Development.* New York: A.R. Liss, pp. 29-56.

Chandler, P. M., J. A. Zwar, J. V. Jacobsen, T. J. V. Higgins, A. S. Inglis. 1984. The effects of gibberellic acid and abscisic acid on α-amylase mRNA levels in barley aleurone layers: Studies using an α-amylase cDNA clone. *Plant Molecular Biology* 3:407-418.

Chen, C-M. 1982. Cytokinin biosynthesis in cell-free system. In: P. F. Waring (ed.), *Plant Growth Substances.* London: Academic Press, pp. 155-164.

Cleland, R. E. 1987. Auxin and cell elongation. In: P. J. Davies (ed.), *Plant Hormones and their Role in Plant Growth and Development.* Boston: Martinus Nijhoff, pp. 132-148.

Cohen, J. D., R. S. Bandurski. 1982. Chemistry and physiology of the bound auxins. *Annual Review of Plant Physiology* 33:403-454.

Cosgrove, D. J., R. E. Cleland. 1983. Cell wall yield

properties of growing tissue: Evaluation by in vitro stress relaxation. *Plant Physiology* 78:347-356.

Crozier, A., D. M. Reid. 1971. Do roots synthesise gibberellins? *Canaian Journal of Botany* 49:967-975.

Epstein, E., J. D. Cohen, R. S. Badurski. 1980. Concentration and metabolic turnover of indoles in germinating kernels of *Zea mays. Plant Physiology* 65:415-421.

Erion, J. L., J. E. Fox. 1981. Purification and properties of a protein which binds cytokinin-active 6-substituted purines. *Plant Physiology* 67:156-162.

Flores, S., E. H. Tobin. 1987. Benzyladenin regulation of the expression of two nuclear genes for chloroplast proteins. In: J. E. Fox, M. Jacob (eds.), *Molecualr Biology of Plant Growth Control.* New York: A. R. Liss, pp. 123-132.

Galston, A. W., J. Bonner, R. S. Baker. 1953. Flavoprotein and peroxidase as components of the indoleacetic acid oxidase system of peas. *Archives of Biochemistry and Biophysics* 49:456.

Gil, P., Y. Liu, V. Orbovic, E. Verkamp, K. L. Poff, P. J. Green. 1994. Characterization of the auxin-inducible *SAUR-ACI* gene for use as a molecular genetic tool *in Arabidopsis. Plant Physiology* 104:777-784.

Goldsmith, M. H. M. 1977. The polar transport of auxin. *Annual Review of Plant Physiology* 28:439-478.

Higgins, T. J. V., J. V. Jacobsen, J. A. Zwar. 1982. Gibberellic acid and abscisic acid modulate protein synthesis and mRNA levels in barley alueurone layers. *Plant Molecular Biology* 1:191-215.

Hooley, R. 1982. Protoplasts isolated from aleurone layers of wild oat (*Avena fatu L.*) exhibit the classic response to gibberellic acid. *Planta* 154:29-40.

Jacobs, M., S. F. Gilbert. 1983. Basal localization of the presumptive auxin transport carrier in pea stem cells. *Science* 220:1297-1300.

Jacobs, W. P. 1979. *Plant Hormones and Plant Development.* Cambridge: Cambridge University Press.

Jones, A. M., E. M. Herman. 1993. KDEL-containing auxin-binding protein is secreted to the plasma membrane and cell wall. *Plant Physiology* 101:595-606.

Libbenga, K. R., A. M. Mennes. 1987. Hormone binding and its role in hormone action. In: P. J. Davies (ed.), *Plant Hormone and their Role in Plant Growth and Development.* Boston: Martinus Nijhoff, pp. 194-221.

Lieberman, M., L. W. MApson. 1964. Genesis and biogenesis of ethylene. *Nature* 204:343-345.

Liu, C., Z. Xu, N-H. Chua. 1993. Auxin polar transport is essential for the establishment of bilateral symmetry during early plant embryogenesis. *The Plant Cell* 5:621-630.

Leyser, O. 1997. Auxin: Lessons from a mutant weed. *Physiologia Plantarum* 100:423-430.

Marmé, D. 1989. The role of calcium and calmodulin in signal transduction. In: W.F. Boss, D. J. Morrê (eds.), *Second Messengers in Plant Growth and Development.* New York: A.R. Liss, pp. 57-80.

Milborrow, B. V. 1974. Biosynthesis and abscisic acid by a cell-free system. *Phytchemistry* 13:131-136.

Milner, P. A., B. E. Causier. 1996. G-protein coupled receptors in plant cells. *Journal of Experimental Botany* 47:983-992.

Mundy, J. 1984. Hormonal regulation of α-amylase inhibitor synthesis in germinating barley. *Carlsberg Research Communications* 49:439-444.

Napier, R. M., M. A. Venis. 1995. Auxin and auxin-binding proteins. *New Phytologist* 129:167-201.

Neil, S. J., R. Horgan. 1985. Abscisic acid production and water relations in wilty tomato mutants subjected to water deficiency. *Journal of Experimental Botany* 36:1222-1231.

Nowacki, J., R. S. Bandurski. 1980. Myo-inosotolesters of indole-3-acetic acid as seed auxin precursors of *Zea mays. Plant Physiology* 65:422-427.

Okada, K., J. Ueda, M. K. Komaki, C. J. Bell, Y. Shimura. 1991. Requirement of the auxin polar transport system in early stages of *Arabidopsis* floral bud formation. *The Plant Cell* 3:677-684.

Polya, G. M., P. J. Davies. 1983. Resolution and properties of a protein kinase catalyzing the phophrylation of a wheat germ cytokinin-binding protein. *Plant Physiology* 71:482-488.

Rayle, D. L., R. E. Cleland. 1970. Enhancement of wall loosening and elongation by acid solution. *Plant Physiology* 46:250-253.

Rayle, D. L., R. E. Cleland. 1992. The acid growth theory of auxin-induced cell elongation is alive and well. *Plant Physiology* 99:1271-1274.

Reinecke, D. M., R. S. B. Andurski. 1987. Auxin

biosynthesis and metabolism. In: P.J. Davies (ed.), *Plant Hormones and their Role in Plant Growth and Development.* Boston: Martinus Nijhoff, pp. 24-42.

Rubery, P. H., P. A. Sheldrake. 1973. Effect of pH and surface charge on cell uptake of auxin. *Nature* (New Biology) 244:285-288.

Sato, T., A. Theologis. 1989. Cloning them RNA encoding 1-aminocyclopropane-1-carboxylate synthase, the key enzyme for ethylene biosynthesis in plants. *Proceedings of the National Academy of Science USA* 86:6621-6625.

Stuart, D. A., R. L. Jones. 1977. The roles of extensibility and turgor in gibberellin-and dark- stimulated growth. *Plant Physiolgy* 59:61-68.

TAng, Y. W., J. Bonner. 1947. The enzymatic inactivation of indoleacetic acid. *Archives of Biochemistry and Biophysics* 13:11.

Tepfer, D. A., D. E. Fosket. 1978. Hormone mediated translational control of protein synthesis in cultured cells of *Glycine max. Developmental Biology* 62:486-497.

Vanderhoef, L. N., R. R. Dute. 1981. Auxin regulated wall loosening and sustained growth in elongation. *Plant Physiology* 67:146-149.

Vanderhoef, L. N., C. A. Stahl. 1975. Separation of two responses to auxin by means of cytokinin inhibition. *Proceedings of the National Academy of Science USA* 72:1822-1825.

Van der Straeten, D., L. Van Wiemeersch, H. M. Goodman, M. Van Wiemeersch, H. M. Goodman, M. VAn Montagu. 1990. Cloning and sequence of two different cDNAs encoding 1-aminocyclo-propane-1-carboxylate synthase in tomato. *Proceeding of the National Academy of Science USA* 87:4859-4863.

Venis, M. A. 1985. *Hormone Binding in Plants.* London: Longman.

Venis, M. A. 1995. Auxin binding protein is a red herring? Oh no it isn't! *Journal of Experimental Botany* 46:463-465.

Zeevaart, J. A. D., T. G. Health, D. A. Gage. 1989. Evidence for a universal pathway of abscisic acid biosynthesis in higher plants from ^{18}O incorporation patterns. *Plant Physiology* 91:1594-1601.

제18장

Beggs, C. J., Wellmann, H. Grisebach. 1986. Photocontrol of flavonoid biosynthesis. In: R. E. K. Kendrick, G. H. M. Kronberg, (eds.), *Photomorphogenesis in Plants.* Dordrecht: Martinus Nijhoff, pp. 467-499.

Butler, W. l., K. H. norris, H. W. Siegelman, S. B. Hendricks. 1959. Detection, assay, and preliminary purification of the pigment controlling photoresponsive development of plants. *Proceedings of the National Academy of Sciences USA* 45:1703-1708.

Chory, J. 1997. Light modulation of vegetative development. *The Plant Cell* 9:1225-1234.

Colbert, J. T., H. P. Hershey, P. H. Quail. 1983. Autoregulatory control of translatable phytochrome mRNA levels. *Proceedings of the national Academy of Sciences USA* 80:2248-2252.

Cosgrove, D. J. 1981. Rapid suppression of growth by blue light: Occurrence, time course, and general characteristics. *Plant Physiology* 67:584-590.

Cosgrove, D. J. 1986. Photomodulation of growth. In: R. E. Kendrick, G. H. M. Kronenberg, (eds.), *Photomorphogenesis in Plnats.* Dordrecht: Wartinus Nikhoff, pp. 341-366.

Downs, R. J., S. B. Hendricks, H. A. Bothwick. 1957. Photoreversible control of elongation of pinto beans and other plants under normal conditions of growth. *Botanical Gazette* 118:199-208.

Drumm, H. H. Mohr. 1978. The mode of interaction between blue(UV) light photoreceptor and phytochrome in anthocyanin formation in the *Sorghnm* seedling. *Photochemistry and Photobiology* 40: 261-266.

Ernst, D., D. Oesterheldt. 1984. Purified phytochrome influences *in vitro* transcription in rye nuclei. *EMBO Journal* 3:3075-3078.

Furuya, M. 1989. Molecular properties and biogenesis of phytochrome I and II. *Advances in Biophysics* 25:133-167.

Hartmann, K. M. 1967. Ein Wirkungsspectrum der photomorphogenese unter Hochenergiebedingungen und seine Interpretation auf der Basis des Phytochrome (Hypokotylwachstumshemmung bei *Lactuca* sativa L.). *Zeitschrift für Naturforschbung* 22b:1172-1175.

Holmes, M. g., H. Smith. 1977. The function of

phytochrome in the natural environment. I. Characterisation of daylight for studies in photomorphogenesis and photoperiodism. *Photochemistry and Photobiology* 25:533-538.

Hughes, J. E., D. C. Morgan, P. A. Lambton, C. R. Black, H. Smith. 1984. Photoperiodic time signals during twilight. *Plant, Cell and Environment* 7:269-277.

Jaffe, M. J. 1968. Phytochrome-mediated bioelectric potentials in mung bean seedlings. *Science* 162:1016-1017.

Liscum, E. R. P. Hangarter. 1993. Evidence that the red-absorbing form of phytochrome B modulates gravitropism in *Arabidopsis thaliana. Plant physiology* 103:15-19.

Mancinelli, A. 1980. The photoreceptors of the high irradiance responses of plant phtomorphogenesis. *Photochemistry and Photobiology* 32:853-857.

Mandoli, D. F., W. R. Briggs. 1981. Phytochrome control of two low-irradiance responses in etiolated oat seedlings. *Plant Physiology* 67:733-739.

Mohr, H., W. Shropshire. 1983. An introduction to photomorphogenesis for the general reader. In: W. Shropshire, H. Mohr. *Photomorphogenesis. Encyclopedia of Plant Physiology*, NS. vol. 16A, pp. 24-38.

Moses, P. B., N. -H. Chua. 1988. Light switches for plant genes. *Scientific American* 258(April):88-93.

Newman, I. A. 1981. Rapid responses of oats to phytochrome show membrane processes unrelated to pelletability. *Plant Physiology* 68:1494-1499.

Quail, P. H., H. P. Hershey, K. B. Idler, R. A. Sharrock, A. H. Cristensen, B. M. Parks, D. Sommers, J. Tepperman, W. B. Bruce, K. Dehesh. 1991. In: B. Thomas, C. B. Johnson (eds.), *Phytochrome Properties and Biological Action*: Berlin, Heidelberg: Springer-Verlag, pp. 13-38.

Rüdiger, W. 1986. The chromophore. in: R. E. Kendrick, G. H. M. Kronenberg (eds.) *Photomorphogenesis in Plants*. Dordrecht: Martinus Nijhoff, pp. 17-33.

Serlin, B. S., S. J. Roux. 1984. Modulation of chloroplast movement in the green alga *Mougeotia* by the Ca^{2+} ionophore A23187 and by calmodulin antagonists. *Proceedings of the National Academy of Sciences USA* 81:6368-6372.

Siegelman, H. W., E. M. Firer. 1964. Purification of phytochrome from oat seedlings. *Biochemistry* 3:418-423.

Siegelman, H. W., S. B. Hendricks. 1957. Photocontrol of anthocyanin formation in turnip and red cabbage seedlings. *Plant Physiology* 32:393-398.

Smith, H. 1983. Is Pfr the active form of phytochrome? *Philosophical Transactions, Royal Society of London*, Series B, 303:443-452.

Tanada, T. 1968. A rapid photoreversible response of barley root tips in the presence of 3-indoleacetic acid. *Proceedings of the National Academy of Sciences USA* 50:376-380.

Thomas, B. H. Dickinson, 1979. Evidence for two photoreceptors controlling growth in etiolated seedlings. *Planta* 146:545-550.

Tobin, E. M., J. Silverthorne. 1985. Light regulation of gene expression in higher plants. *Annual Review of Plant Physiology* 36:569-593.

Vierstra, R. D. 1993. Illuminating phytochrome functions. There is light at the end of the tunnal. *Plant Physiology* 103:679-684.

Vierstra, R. D., P. H. Quail. 1983. Purification and initial characterization of 124-kilodalton phytochrome from *Avena. Biochemistry* 22:2498-2505.

Vince-Prue, D. 1991. Phytochrome action under natural conditions. In: B. Thomas, C. B. Johnson (eds.), *Phytochrome Properties and Biological Action*. Berlin, Heidelberg: Springer-Verlag, pp. 313-319.

Yatsuhashi, H. T., Hashimoto, S. Shimizu. 1982. Ultreviolet action spectrum for anthocyanin formation in Broom sorghum first internodes. *Plant Physiology* 70:735-741.

제19장

Audus, L. J. 1969. Geotropism. In: M. B. Wilkins (eds.), *Physiology of Plant Growth and Development*. London: Mcgraw-Hill, pp. 205-242.

Bandurski, R. S., A. Schlze, P. Dayanandan, P. B. Kaufman. 1984. Response to gravity by *Zea mays* seedlings. I. Time course of the response. *Plant Physiology* 74:284-288.

Baskin, T. I., Briggs, W. R. Iino, M. 1986. Can lateral redistrribution of auxin account for photrophism of maize coleoptile? *Plant Physiology* 81:306-309.

Briggs, W. R. 1963. Mediation of phototropic responses of corn coleoptiles by lateral transport of auxin. *Plant Physiology* 38:237-247.

Briggs, W. R., E. Liscum. 1997. The role of mutants in the search for the photoreceptor for the phototropism in higher plants. *Plant, Cell and Environment* 20:768-772.

Brauner, L., A. Hager. 1958. Versuche zur Analyse der geotropischen Perzeption. I. *Planta* 51:115-147.

Casper, T., B. G. Pickard. 1989. Gravitropism by a starchless mutant of *Arabidopsis*: implications for the starchstatolith theory of gravity sensing. *Planta* 177:187-197.

Digby, J., R. D. Firn. 1979. An analysis of the changes in growth rate occuring during the initial stages of geocurvature in shoots. *Plant, Cell and Environment* 2:145-148.

Evans, M. L., R. Moore, K. H. Hasenstein. 1986. How roots respond to gravity. *Scientific American* 255(6):112-119.

Firn, R. D., J. Digby. 1980. The establishment of tropic curvatures in plants. *Annual Review of Plant Physiology* 31:131-148.

Fromm, J., W. Eschrich. 1990. Seismonastic movements in Mimosa. In: R. L. Satter, H. L. Gorton, T. C. Vogelmann, (eds.) *The Pulvinus: Motor Organ for Leaf Movement.* Rockville, Md: American Socisty of Plant Physiologists, pp. 25-43.

Galston, A. W. 1959. Phototropism of stems, roots, and coleoptiles. In: W. Ruhland (eds.), *Handbuch der Pflanzenphysiologie*, pp. 492-592. Berlin: Springer-Verlag.

Gillespie, B., K. V. Thimann. 1961. The lateral transport of indoleacetic acid-C^{14} in geotropism. *Experimentia* 17: 126-129.

Goswami, K. K. A., L. J. Audus. 1976. Distribution of calcium, potassium and phosphorous in *Helianthus annuus* hypocotyls and *Zea mays* coleopyiles in relation to tropic stimulation and curvature. *Ann. Bot.* 40:49-64.

Halstead, T. W., F. R. Dutcher. 1984. Experiments on plants grown in space: Status and prospects. *Ann Bot.* 54(Suppl. 3):3-18.

Halstead, T. W., F. R. Dutcher. 1987. Plants in space. *Ann. Rev. Plant Physiol.* 38:317-345.

Hertal, R., R. K. de la Feunte, A. C. Leopold. 1969. Geotropism and the lateral transport of auxin in the corn mutant amylomaize. *Planta* 88:204-214.

Iversen, T. H. 1969. Elimination of geotropic responsiveness in roots of cress (*Lepidium sativum*) by removal of statolith starch. *Physiologia Plantarum* 22:1251-1262.

Iwami, S., Y. Masuda. 1974. Geotropic response of cucumber hypocotyls. *Plant Cell Physiol.* 15:121-129.

Kaufman, P. B., I. Song. 1987. Hormones and the orientation of growth. In: P. J. Davies, *Plant Hormones and Their Role in Plant Growth and Development.* Dordrecht: Kluwer Academic Publishers, pp. 375-392.

Kiss, J. Z., M. M. Guisinger, A. J. Miller, K. S. Stackhouse. 1997. Reduced gravitropism in hypocotyls of starch-deficient mutant of *Arabidopsis. Plant and Cell Physiology* 38:518-525.

Liscum, E., W. R. Briggs. 1995. Mutations in the *NPH*1 locus disrupt the perception stimuli. *Plant Cell* 7:473-485.

Macleod, K., J. Digby, D. B. Firn. 1985. Evidence inconsistent with the Blaauw model of phototrophism. *Journal of Experimental botany* 36:312-319.

Mertens, R., E. W. Weiler. 1983. Kinetic studies on the redistribution of endogenous growth regulators in gravi-reacting plant organs. *Planta* 158:339-348.

Miles, C. D. 1981. The relationship between geotropic response and statolith in a nuclear mutant maize. In D. J. Carr (ed.), *Abstracts of the XIII Interantional Botanical Congress*, Sydney, Australia, p. 250.

Moore, R., M. L. Evans, 1986. How roots perceive and respond to gravivity. *American Journal of Botany* 73:547-587.

Morse, M. J., R. C. Crain, G. G. Cote, R. L. Satter. 1990. Light-signal transduction via accelerated inositol phospholipid turnover in *Samanea* pulvini. In: D. J. Morre, W. F. Boss, F. A. Loewus (eds.), *Inositol Metabolism in Plants.* New York: Wiley-Liss, pp. 201-215.

Palmer, J. M., K. M. Warpeha, W. R. Brigger. 1996. Evidence that zeaxanthin is not the photoreceptor for phototropism in maize coleoptile. *Plant Physiology* 110:1323-1338.

Phillips, I. D. J., W. Hartung, 1976. Longitudinal and lateral transport of [3,4-^{3}H] gibberellin A_1 and 3-indole(acetic acid-2-^{14}C) in upright and geotropically responding green internode segments from *Helianthus annus. New Phytol.* 76:1-9.

Pickard, B. 1973. Geotropic response patterns of the *Avena* coleoptile. I. Dependence on angle and duration of stimulation. *Can. J. Bot.* 511003-1021.

Pickard, B. 1985. Early events in geotropism of seedling shoots. *Ann. Rev. Plant. Physiol.* 36:55-75.

Salisbury, F. B., L. Gillespie, P. Rorabaugh. 1988. Gravitropism in higher plants shoots. V. Changing sensitivity to auxin. *Plant Physiology* 88:1186-1194.

Satter, R. L., A. W. Galston. 1981. Mechanisms of control of leaf movement. *Ann. Rev. Plant Physiology.* 32:83-110.

Schildknecht, H., W. Meir-Augenstein. 1990. Role of turgorins in leaf movement. In: R. L. Sctter, H. L. Gorton, T. C. Vogelmann (eds.), *The Pulvinus: Motor Organ for Leaf Movement.* Rockville, Md: American Society of Plant physiologists, pp. 205-213.

Shen-Miller, J., R. Hinchman, S. A. Gordon. 1986. Thresholds for georesponse to acceleration in gravity-compensated *Avena* seedlings. *Plant Physiology* 43:338-344.

Slocum, R. D., S. J. Roux. 1983. Cellular and subcellular localization of calcium in gravistimulated oat coleoptiles and its possible significace in the establishment of tropic curvature. *Planta* 157:481-492.

Sweeny, B. 1987. *Rhythmic Phenomena in Plants,* 2nd ed. New york: Academic press.

Trewavas, A. 1981. How do plant growth substances work? *Plant Cell Environ.* 4:203-228.

Volkmann, D., A. Sievers. 1979. Graviperception in multicellular organs. In: W. Haupt and m. E. Feinleib (eds.), *Physiology of Movements, Encyclopedia of Plant Physiology,* NS. Vol. 7, pp. 573-600. Berlin: Springer-Verlag.

Wayne, R., M. P. Staves. 1997. A down to earth model of gravisensing or Newton's Law of Gravitation from the apple's perspective. *Physiologia Plantarum* 98:917-921.

Weevers, T. 1949. *Fifty Years of Plant Physiology.* Waitham, Mass:Chronica Botanica.

Wilkins, M. B. 1984. Gravitropism. In: M. B. Wilkins (ed.), *Advanced Plant Physiology.* London: Pitman, pp. 163-185.

제20장

Borthwick, H. A., S, B. Hendricks, M. W. Parker. 1952. The reaction controlling floral initiation. *Proceedings of the National Academy of Sciences USA* 38:929-934.

Bünning, E. 1956. Endogenous rhythms in plants. *Annual Review of Plant Physiology* 7:71-90.

Carr, D. J. 1957. On the nature of photoperiodic induction. IV. Preliminary experiments on the effect of light following the inductive long dark period in *Xanthium Pennsylvanicum. Physiologia Plantarum* 10:249-265.

Chailakhyan, M. K. 1968. Internal factors of plant flowering. *Annual Review of Plant Physiology* 19:1-36.

Coupland, G. 1997. Regulation of flowering by photoperiod in *Arabidopsis. Plant, Cell and Environment* 20:785-789.

Garner, W. W., H. A. Allard. 1920. Effect of the relative length of day and night and other factors of the environment on growth and reproduction in plants. *Journal of Agricultural Research* 18:553-606.

Garner, W. W., H. A. Allard. 1923. Futher studies in photoperiodism the response of the plant to relative length of day and night. *Journal of Agricultural Research* 23:871-920.

Hamner, K. C., J. Bonner. 1938. Photoperiodism in relation to hormones as factors in floral initiation and development. *Botanical Gazette* 100:388-431.

Hillman, W. S, 1964. Endogenous circadian rhythms and the response of *Lemna purpussilla* to skeleton photoperiods. *American Naturalist* 98:323-328.

King, R. W., B. Cumming. 1972. Rhythms as photoperiodic timers in the control of flowering in *Chenopodium rubrum. Planta* 103:281-301.

Lang, A. 1957. The effect of gibberellin upon flower formation. *Proceedings of the National Academy of Sciences USA* 43:709-717.

Lincoln, R. G., D. L. Mayfield, A. Cunningham. 1961. Preparation of a floral initiating extract from *Xanthium. Science* 133:756.

Vince-Prue, D. 1975. *Photoperiodism in Plants.* New York: McGrow-Hill.

Zeevaart, J. A. D., 1958. Flower formation as studied by grafting. *Mede-delingen landbouwhogeschool Wageningen.* 58:1-88.

Zeevaart, J. A. D., 1984. Photoperiodic induction, the floral stimulus and flower-promoting substances. In: D. Vince-Prue, B. Thomas, J. E. Cockshull (eds.), *Light and Flowering Process*. London: Academic Press, pp. 137-142.

제21장

Bewley, J. D., M. Black. 1982. *Physiology and Biochemistry of Seeds. Vol. 2. Viability, Dormancy and Environmental Control*. Berlin:Springer-Verlag.

Björkman, O., 1980. The response of photosynthesis to temperature. In: J. Grace, E. D. Ford. P. G. Jarvis (eds.), *Plants and Their Atmospheric Environment*. Oxford: Blackwell Scientific Publications, pp. 273-301.

Björkman, O., M. Nobs, H. Mooney, J. Troughton, J. Berry, F. Nicholson, W. Ward. 1973a. Growth responses of plants from habitats with contrasting thermal environments. Transplant studies in the Death Valley and the Bodega Head Experimental Gardens. *Carnegie Institution of Washington Yearbook* 73:748-757.

Björkman, O., B. Mahaall, M. Nobes, W. Ward, F. Nicholson, H. Mooney. 1973b. Growth responses of plants from habitats with contrasting thermal environments. An analysis of the temperature dependence of growth under controlled conditions. *Carnegie Institution of Washington Yearbook* 73:757-767.

Hyde, E. O. C. 1954. The function of the helium in some Papilionaceae in relation to the ripening of the seed and permeability of the testa. *Annals of Botany* 18:241-256.

Lang, A. 1957. The effects of gibberellin upon flower formation. *Proceedings of the National Academy of Sciences USA* 43:709-717.

Perry, T. O., C. W. Wang. 1960. Genetic variation in the winter chilling requirement for data of dormancy break for *Acer rubrum*. *Ecology* 41: 790-794.

Phillips, I. D. J., J. Miners, J. R. Roddick. 1980. Effects of light and photoperiodic conditions on abscisic acid in leaves and roots of *Acer pseudoplatanus*. *Planta* 149:118-122.

Purvis, O. N. 1934. An analysis of the influence of temperature during germination on the subsequent development of certain winter cereals and its relation to the length of day. *Annals of Botany* 48:917-955.

Robert, E. M., N. R. Rao, J-Y. Huang, N. L. Trolinder, C. H. Haigler. 1992. Effects of cycling temperatures on fiber metabolism in cultured cotton ovules. *Plant Physiology* 100: 979-986.

Rundel, P. W. 1980. The ecological distribution of C4 and C3 grasses in the Hawaiian Islands. *Oecologia* 45:354-359.

Schwabe, W. W. 1950. Factors controlling flowering of the chrysanthemum. I. The effects of photoperiod and temporary chilling. *Journal of Experimental Botany* 1:329-343.

Taylor, J. S., E. B. Dümbroff. 1975. Bud, root, and growth regulator activity in *Acer saccharum* during the dormant season. *Canadian Journal of Botany* 53:321-331.

Totterdell, s., E. H. Roberts. 1980. Characteristics of alternating termperatures which stimulates loss of dormancy in seeds of *Rumex obtusifolius* L. and *Rumex crispus* L. *Plant, Cell and Environment* 3:3-12.

Wareing, P. F. 1965. Endogenous inhibitors in seed germination and dormancy. In: W. Ruhland (ed.), *Handbuch der Pflanzenphysiologie. Encyclopedia of Plant Physiology. Berlin*: Springer-Verlag, XV(2):909-924.

Went, F. W. 1961. Temperature. In: W. Ruhland (ed.), *Handbuch der Pflanzenphysiologie. Encyclopedia of Plant Physiology*. Berlin: Springer-Verlag, XVI:1-23.

Wood, W. M. L. 1953. Thermonasty in tulip and crocus flowers. *Journal of Experimental Botany* 4:65-77.

제22장

Blackman, P. G., W. J. Davies. 1985. Root to shoot communication in maize plants of the effects of soil drying. *Journal of Experimental Botany* 36:39-48.

Burke, M. J., L. V. Gusta, H. A. Quamme, C. J. Weiser, P. H. Li. 1976. Freezing and injury in plants. *Annual Review of Plant Physiology* 27:507-528.

Cowan, I. R., J. A. Raven, W. Hartung, G. D. Farquhar. 1982. A possible role for abscisic acid in coupling stomatal conductance and photosynthetic carbon metabolism in leaves. *Australian Journal of Plant Physiology* 9:489-498.

Creelman, R. A., J. E. Mullet. 1997. Biosynthesis and action of jasmonates in plants. *Annual Review of Plant*

Physiology and Plant Molecular Biology 48:355-381.

Durner, J., J. Shah, D. F. Klessig. 1997. Salicylic acid and disease resistance in plants. *Trends in Plant Science* 2:266-274.

Fitter, A. H., R. K. M. Hay. 1987. *Environmental Physiology of Plants.* 2nd ed. New York: Academic Press.

Flowers, A. H., P. F. Troke, A. R. Yeo. 1977. The mechanism of salt tolerance in halophytes. *Annual Review of Plant Physiology* 28:89-121.

Fowden, L., T. Mansfeld, J. Stoddart. 1993. *Plant Adaptation to Environmental Stress.* London: Chapman and Hall.

Gaff, D. F. 1977. Desiccation tolerant vascular plants of southern Africa. *Oecologia* 31:95-109.

George, M. F., M. R. Becwar, M. J. Burke. 1982. Freezing avoidance by deep undercooling of tissue water in winter-hardy plants. *Cryobiology* 19:628-639.

Grill, E., E. L. Winnacker, M. H. Zenk. 1985. Phytochelatins: The principal heavy-metal complexing peptides of higher plants. *Science* 230:674-676.

Grime, J. P. 1979. *Plant Strategies and Vegetation Processes.* Chichester: Wiley.

Hahlbrock, K. D., D. Scheel, E. logemenn, T. Nurnberger, M. Papniske, S. Reinold, W. R. Sacks, E. Schmelzer. 1995. Oligopeptide elicited defense gene activation in cultured parsley cells. *Proceedings of the National Academy of Sciences USA* 92:4150 -4157.

Handa, S., A. T. Handa, P. M. Hasegawa, R. A. Bressen. 1986. Proline accumulation and the adaptation of cultured plant cells to stress. *Plant Physiology* 80:938-945.

Hartung, W., J. W. Radin, D. L. Hendrix. 1988. Abscisic acid movement into the apoplastic solution of water-stressed cotton leaves. *Plant Physiology* 86:908-913.

Johnson-Flannagan, A. M., J. Singh. 1987. Alteration of gene expression during the induction of freezing tolerance in *Brassica napus* suspension cultures. *Plant Physiology* 85:6909-6705.

Jones, H. G., M. B. Jones. 1989. Introduction: some terminology and common mechanisms In: H. G. Jones, T. J. Flower, M. B. Jones (eds.), *Plant under Stress.* Cambridge: Cambridge University Press, pp. 1-10.

King, G. J., V. A. Turner, C. E. Hussy Jr., E. S. Wurtle, S. M. Lee. 1988. Isolation and characterization of a tomato cDNA clone which codes for a salt-induced protein. *Plant Molecular Biology* 10:401-412.

Larcher, W., M. Holzner, j. Pichler. 1989. Temperature resistance of graminoids from a dry valley of the central alps. *Flora(Jena)* 118:115-131.

Levitt, J. 1972. *Responses of Plants to Environmental Stress.* New York: Academic Press.

Lynch, D. V. 1990. Chilling Injury in plants: the relevance of membrane lipids. In: F. Katterman (ed.), *Environmental Injury to Plants.* New York: Academic Press, pp. 17-34.

Mansfield, T. A., C. J., Atkinson. 1990. Stomatal behavier in water stressed plants. In: R. G. Alscher, j. R. Cumming(eds.), *Stress Responses in Plants: Adaptation and Acclimation Mechanisms.* New York: Wiley-Liss, pp. 241-264.

Matthews, M. A., E.Van Volkenburgh, J. S. Boyer. 1984. Acclimation of leaf growth to low water potentials in sunflower. *Plant, Cell and Environment* 7:199-206.

Mohapatra, S. S., R. J. Poole, R. S. Dhindsa. 1988. Abscisic acid-regulated gene expression in relation to freezing tolerance in alfalfa. *Plant Physiology* 87:468-473.

Nobel, P. S. 1988. *Environmental Biology of Agaves and Cacti.* Cambridge: Cambridge University Press.

Peterson, P. J. 1993. Plant adaptation to environmental stress: metal pollutant tolerance. In: L. Fowden, T. Mansfield, J. Stoddart (eds.), *Plant Adaptation to Environmental Stress.* London: Chapman and Hall, pp. 171-188.

Pollak, G., Y. Waisel. 1970. Salt secretion in *Aeluropus litoralis* (Willd.) Parl. *Annuals of Botany* 34:879-888.

Quinn, P. J. 1988. Effects of temperature on cell membranes. In: S. P. Long, F. I. Woodward (eds.), *Plants and Temperature. Symposia of the Society for Experimenttal Biology* 42:237-258.

Raison, J. K., G. R. Orr. 1986. Phase transitions in Liposomes formed from polar lipids if mitochondria from chilling-sensitive plants. *Plant Physiology* 81:807-811.

Raison, J. K., J. A. Berry, P. A. Armond, C. S. Pike. 1980. Membrane properties in relation to the adaptation of plants to temperature stress. In: N. C. Turner, p. J. Kramer (eds.), *Adaptation of Plants to Water and High Temperature Stress.* New York: Wiley, pp. 261-273.

Rao, I. M., R. E. Sharp, J. S. Boyer. 1987. Leaf magnesium alters photosynthetic response to low water potentials in sunflower. *Plant Physiology* 84:1241-1219.

Ryals, J. A., U. H. Neuenschwander, M. G. Willits, A. Molina, H.-Y. Steiner, M. D. Hunt. 1996. Systemic acquired resistance. *The Plant Cell* 8:1809-1819.

Schmidt, A., K. Jäger. 1992. Open questions about sulfur metabolism in plants. *Annual Review of Plant Physiology and Plant Molecular Biology* 43:325-49.

Sharky, T. D. 1996. Emission of low molecular mass hydrocarbons from plants. *Trends in Plant Science* 1:78-82.

Singh, N. K., A. K. Handa, P. M. Hasegawa, R. A. Bressan. 1985. Proteins associated with adaptation of cultured tobacco cells to NaCl. *Plnat Physiology* 79:126-137.

Singh, N. K., C. A. Bracker, P. M. Hasegawa, A. K. Handa, S. Bruckel, m. A. Hermodsson, E. Pfankoch, F. E. Regnier, R. A. Bressan. 1987. Characterization of osmotin. *Plant physiology* 85:529-536.

Steffens, J. C. 1990. Heavy metal stress and the phytochelatin response. In: R. G. Alscher, J. R. Cumming (eds.), *Stress Responses in Plants: Adaptation and Acclimation Mechanisms.* New York: Wiley-Liss, pp. 377-394.

Sun, H. 1987. Good crops from salty soils. In: S. Witter, Y. Yu, H. Sun, L. Wang (eds.), *Feeding a Billion. Frontiers of Chinese Agroculture.* East Lansing: Michigan State University Press, pp. 83092.

Turner, N. C., P. J. Kramer (eds.), 1980. *Adaptation of Plants to Water and High Temperature Stress.* New York: wiley.

Van Volkenburgh, E., J. S. Boyer. 1985. Inhibitory effects of water deficit on maize leaf elongation. *Plant Physiology* 77:190-194.

Vierling, E. 1990. Heat shock protein function and expression in plants In:R. G. Alscher, J. R. Cumming (eds.), *Stress Responses on Plants: Adaptation and Acclimation Mechanisms.* New York: Wiley-Liss, pp. 357-375.

Wasternack, C., B. Parthier. 1997. Jasmonate-signalled plant gene expression. *Trends in Plant Science* 2:302-307.

Westgate, M. E., J. S. Boyer. 1985. Osmotic adjustment and the inhibition of root, stem and silk growth at low water potentials in maize. *Planta* 164:540-549.

Williams, J. P., M. U. Kahn, K. Mitchell, G. Johnson. 1988. The effect of temperature on the level and biosynthesis of unsaturated fetty acids in diacyglycerols of *Brassica napus* leaves. *Plant Physiology* 87:904-910.

Yang, A. R., Shah, D. F. Klessig. 1997. Signal perception and transduction in plant defense responses. *Genes & Development* 11:1621-1639.

Yeo, A. R., T. J. Flowers. 1989. Selection for physiological characters-examples from breeding for salt tolerance. In: H. G. Jones, T. J. Flowers, M. B. Jones (eds.), *Plants Under Stress. Biochemistry, Physiology and Ecology and Their Application to Plant Improvement.* Cambridge: Cambridge University Press, pp. 218-234.

Zhang, J., J. Davies. 1987. Increased synthesis of ABA in partially dehydrated root tips and ABA transport from roots to leaves. *Journal of Experimental Botany* 38:2015-2023.

제23장

Abel, P. P., R. S. Nelson, B. De, N. Hoffman, S. G. Rogers, R. T. Fraley, R. N. Beachy. 1986. Delay of disease development in transgenic plants that express the tobacco mosaic virus coat protein. *Science* 232:738-741.

Brears, T., J. Ryals. 1994. Genetic engineering for disease resistance in plants. *Agro-Food Industry Hi-Technology* July/Aug:10-13.

Broglie, K., I. Chet, M. Holliday, R. Cressman, P. Biddle, S. Knowlton, C. J. Mauvais, R. Broglie. 1991. Transgenic plants with enhanced resistance to the fungal pathogen *Rhizoctonia solani. Science* 254:1194-1197.

Calvin, M. 1985. Fuel oils from higher plants. In: K. W. Fuller, J. R. Gallon (eds.), *Plant Products and the New Technology.* Oxford: Clarendon Press, pp. 147-160.

Holt, J. S., S. B. Powles, J. A. M. Holtum. 1993. Mechanisms and agronomic aspects of herbicide resistance. *Annual Review of Plant Physiology and Plant Molecular Biology* 44:203-229.

John, M. E., G. Keller. 1996. Metabolic engineering in cotton: Biosynthesis of polyhydroxybutyrate in fiber cells. *Proceedings of the National Academy of Sciences USA* 93:12768-12773.

Jones, M. G. K. 1985. New plants through tissue culture.

In: K. W. Fuller, J. R. Gallon (eds.), *Plant Products and the New Technology*. Oxford: Clarendon Press, pp. 215-228.

Klein, T. M., E. D. Wolf, R. Wu, J. C. Stanford. 1987. High velocity microprojectiles for delivering nucleic acids into living cells. *Nature (London)* 327:70-72.

Mason, H. S., C. J. Arntzen. 1995. Transgenic plants as vaccine production sytems. *Trends in Biotechnology* 13:388-392.

Mason, H. S., J. M. Ball, J.-J. Shi, X. Jiang, M. K. Estes, C. J. Arntzen. 1996. Expression of Norwalk virus capsid protein in transgenic tobacco and potato and its oral immunogenicity in mice. *Proceedings of The National Academy of Sciences USA* 93:5335-5340.

Mazur, B. J., S. C. Falco. 1989. The development of herbicide resistant crops. *Annual Review of Plant Physiology and Plant Molecular Biology* 13:142-150.

Poirier, Y. C., Nawrath, C. Somerville. 1995. Production of polyhydroxyalkanoates, a family of biodegradable plastics and elastomers, in bacteria and plants. *Bio/Technology* 13:142-150.

Somerville, C. R. 1990. The biochemical basis for plant improvement. In: D. T. Dennis, D. H. Turpin (eds.), *Plant Physiology and Plant Molecular Biology*. Essex: Longman Group, pp. 490-501.

Stierle, A., G. Strobel, D. Stierle. 1993. Taxol and taxane production by *Taxomyces andreanae*, an endrophytic fungus of the Pacific yew. *Science* 260:214-216.

찾아보기

〈ㄱ〉

가뭄 스트레스 452
가소성 357
가엽침 404
가인산 분해 236
간극 연결 28
갈락토오스 26
갈락투론산 26
감온성 408
감진성 411
감진성 운동 408
감촉성 408
개일(槪日) 425
개일 시간 426
개화 유도 417
거울상체 353
건량 288
겔 21
결손단백질 140
결합수 34
결합 옥신 342, 370
경계층 51
경사 굴중성적 390, 397
경성 반응 389
경화 451
곁눈 315
고무 273
고복사조도 반응 372
고유 단백질 20
골지체 21
공급원 219
공동 수송 96
공동 현상 61
공변 세포 30, 48, 152
과냉각 460
과민 반응 468
과분극 336, 374
관다발 부름켜 30
관상 요소 54
광가역성 366, 420
광계Ⅰ 177
광계Ⅱ 177
광독립 영양 생활형 165
광량 135
광보상점 258
광산화 133
광수용체 137, 366
광의존 반응 165
광인산화 181
광자 131
광자 플루언스 135
광자 플루언스율 135
광주기성 413, 414
광질 135
광평형상태 369
광합성 산물 208, 213
광합성 탄소 산화회로(PCO) 197
광합성 탄소 환원 190
광합성 활성방사 135
광형태 발생 366
광호흡 196
괴사 74
구리 73
구타 273
구획화 147
굴광성 390
굴성 운동 389
굴중성 397
굴촉성 408
굴화성 302
균근 103
균사 가지체 103
그라나 틸라코이드 161
극성 34
극성 이동 343
극성 화학삼투 확산설 344
극저온 저장 460
극핵 301
근두암종 325
근적외광 124
글라이포세이트 231
글루타민 119, 120
글루타치온 472
글루타민 합성 효소 119, 162
글루타치온-S-전이효소 480
글루탐산 120
글루탐산 생성 효소 119, 162
글루탐산 생성 효소 회로 119
글루탐산 탈수소 효소 120
글리세르 알레히드-3-인산 191
글리옥시솜 23, 248
글리옥실산 회로 23, 248
글리포세이트 231, 480
기공 48, 150
기공 전도도 159
기공 증산 48
기질 241
기질 수준 242
기질 수준 인산화 238
길이 288
깁스의 자유 에너지 167
꽃가루 302
꽃 발달 301
꽃의 환기 작용 301

〈ㄴ〉

난핵 301
내막 241
내생균근 103

내재 단백질 20
내재성 리듬 425
내체 297
내초 300
내피 57
냉해 459
Nernst의 방정식 94
Nernst 퍼텐셜 95
년주기성 425
노둘린 118, 119
노쇠 325
녹말 가인산분해효소 236
녹말체 22, 400
녹말 초 400
눈비늘 443
능동성 수압 닫힘 159
능동 수송 90
능동 수압성 453
니코틴 284, 286

〈ㄷ〉

다량 원소 73
단명 식물 450
단백질 80
단백질 인산화 효소 184, 334
단백질체 22
단백질 키나아제 334
단순 확산 90
단열 감소율 438
단위 결실 317
단일 식물 414
단일-장일-식물 415
단일항 상태 132
대체 산화 효소 247
대체 호흡 경로 247
대포자 모세포 301
데스모튜불 28, 224
데옥시리보핵산 21, 290
도민 443
도킹 단백질 358
독립 영양 69
동시 수송 97
동조 427
동화 267
동화 작용 267
DNA 리가아제 477
DNA 재조합 476
디쿠마롤 281

〈ㄹ〉

라멜라 161
라이시미터법 49
레그헤모글로빈 117
로테논-비감수성 탈수소 효소 246
루멘 21, 54, 161
Rubisco 활성화 효소 195
르페노이드 348
리간드 81
리그닌 27, 281
리더 서열 292
리보솜 23
리보핵산 21, 290
리불로오스-1, 5-이인산 191
리스케 철-황 단백질 180
리파아제 248

〈ㅁ〉

마디 32
마디사이 32, 298
막간 공간 241
막횡단 단백질 20
막횡단 전위 93
말론산 282
말산 생성 효소 248
말토오스 235
망간 73
망상형 56
매트릭 퍼텐셜 42, 295
매트릭 힘 295
메발론산 269
메발론산 생합성 과정 269
메스칼린 284
메틸 자스몬산 470
모래 88
모상체 30
모세관 상승 59
모세관 현상 57, 59
몰리브덴 73
몰리브덴-철 단백질 114
몰분획 40
무기화 126
무방사 전이 133
무산소증 70
물관부 31
물관 요소 54
물관절 31
물분해 복합체 180
물이용 효율 204
물질 대사 267
뮤시겔 299
미량 원소 73
미생물 공생자 109
미세번식 479
미세 섬유 25
미세 소관 24
미세 증식 324
미세 필라멘트 24
미소체 23
미토콘드리아 22
미토콘드리온 240
밑씨 301

〈ㅂ〉

바나드산염 156
바닥 상태 132
박테로이드 114
반감기 116
반세포 31, 217
반응 중심 178
반응 중심 엽록소 178
발달 287
발색단 140, 370
발열적 168
발효 240
방사선 자동 사진법 190
배 29, 294
배당체 274
배반 294
배분 227
배유 294
배유성 종자 294
배축 294
백색체 22
버개스 483

버날린 331, 442
번역 292
번역후 프로세싱 292
베타시아닌 145
β-산화 248
β-아밀라아제 235, 236, 263
β-1→4-글루칸 25
베탈라인 145
베테인 456
벽공 28
벽공막 28
벽공쌍 28, 54
변형 45, 450
병원 발생성 단백질 468
보조 세포 152
보충 대사 반응 경로 251
복사조도 135
부병 83
부식토 88
부착력 59
부피 유동 37
부피 탄성률 45
부피수 37
분비 소낭 22
분열 조직 29, 295
분지 효소 210
분할 227, 229
분화 287
불완전화 316
붕소 73
브라시노라이드 331
브라시노스테로이드 311, 331
브라신 331
비굴중성적 397
비배유성 종자 294
비병원성 유전자 468
비산소성 176
비순환적 광인산화 181
비순환적 전자 전달 181
비열 35
비염생 식물 466
비올라크산틴 353
비올로젠 염색액 188
비표면적 88
빛 생장 반응 394
뿌리골무 299
뿌리압 57
뿌리원기 101
뿌리혹 109
뿌리혹 세균 109~113
뿌리혹 형성 111

〈ㅅ〉

사다리형 55
사포닌 274
사프로닌 464
산성 생장설 357
산성 전화효소 225
산소성 233
산소성 광합성 176
산화적 인산화 245
산화제 173
산화-환원쌍 172
산화-환원 퍼텐셜 172
살리실산 469
3중항 상태 133
삼투 비조절자 456
삼투 스트레스 452
삼투압 39
삼투압계 39
삼투 조절 456
삼투 조절자 456
삼투 퍼텐셜 39
삼투 현상 37
상 426
상대 생장률 306
상대 습도 51
상반 393
상 반응 곡선 428
상배축 295
상보적 DNA 477
상편 생장 329, 407
색소 132
색소 단백질 139, 366, 370
색소체 22
생리적 가뭄 466
생리적 생태형 433
생물 검정법 313
생물량 483
생물 지리학 436
생물학적 질소 고정 109
생산력 255
생식핵 302
생장 287
생장 운동 389
생장 호흡 256
생체 시계 424
생체 에너지론 165, 166
생체량 288, 483
생물량 483
생체시계 413, 424
생체이물 화합물 231
생태형 444
선회병 75
설탕 인산 포스파타아제 210
설탕 인산 생성 효소 210
섬유 30, 54
섬유 단백질 23
섬유소 25
세포 17
세포 골격 24
세포 소기관 19, 21
세포벽 신장 304
세포벽 신장력 304
세포벽압 43
세포벽 풀림 304
세포수 288
세포외 기질 25
세포질 19
세포판 27
세포확장 304
소비톨 456
소수성 결합 19
소포자 모세포 301
소포체 21
수경 재배 70
수관 263
수동성 수압 닫힘 159, 453
수분 302
수분 결핍 스트레스 452
수분 스트레스 452
수분 전도도 466
수분 퍼텐셜 41
수소 결합 34
수송 단백질 91
수송 세포 31
수송 소낭 21

수압 전도도 62, 303
수용부 219
수직 방향 297
수직 분열 299
수축 지역 409
수화 외피 36
수확 지수 227
숙신산-우비퀴논 산화-환원 효소 244
순응 451
순화 324
순환적 광인산화 181
슈베린 58
슈트 29, 294
슈트 정단 분열 조직 295
스타텐키마 400
스테로이드 269, 272
스테롤 272
스테아르산 163
스트레스 449
스트레스 내성 451
스트레스 단백질 464
스트레스 반응 449
스트레스 이완 304
스트레스 탈출자 451
스트레스 회피 451
스트로마 161
스트로마 틸라코이드 161
스파르트산 아미노기 전이 효소 122
스펙트럼 광자 플루언스율 135
스펙트럼 에너지 분포 135
스펙트럼 에너지 플루언스율 135
스펙트럼조성 135
슬리이브 28
습도 51
시간 수여자 427
CBF-1 단백질 336
시스터네 22
시안 배당체 276
시킴산 경로 278
시토졸 21
시토크롬 복합체 177
시토크롬 c 산화 효소 244
시토크롬 c 환원 효소 244
시토키닌 311, 323
시토키닌 산화효소 351
시트르산 242
시트르산 생성 효소 242
시트르산 회로 234, 241
식물 엑디손 273
식물철운반자 82
신장 지역 409
신장력 304
신호 인지 333
신호 전달 333
심플라스트 28
심플라스트 경로 223
쌍떡잎 식물 294

〈ㅇ〉

아데노신 3인산 170
아데닌 누클레오티드 운반체 245
아데닐산 고리화효소 334
아미노기 전이 121
아미노기 전이 효소 121
아밀로오스 235
아밀로펙틴 209, 235
아세토히드록시산 생성효소 481
아스파라긴 121
아연 73
아쿠아포린 91
아포플라스트 29
아포플라스트 경로 222
안테나 엽록소 178
안테신 422, 442
안토시아니딘 143
안토시아닌 143
알란토산 122
알란토인 122
알칼로이드 284
α-글루코시드 가수분해효소 236
α-산화 248
α-아밀라아제 235, 363
α-케토글루타르산 120
암모니아화 반응 108
압력통 60
압력 퍼텐셜 42
압류설 220
액틴 24
액포 21
액포막 21
앱시스산 311, 327
양성 굴중성 397
양성자 구동력 95, 174
양성자 펌프 95, 174
양자 131
양파장 차이 분광계 383
어린눈 294
어린싹 29
에너지 과흐름 248
에너지 플루언스 135
에너지 플루언스율 135
ACC 생성 효소 355
에테폰 329
ATP 가수 분해 효소 95
ATP 생성 효소 245
ATPase-양성자 펌프 175
에틸렌 311
엑손 290
X 요소 424
NADH-우비퀴논 산화 환원 효소 244
NAD^+-말산 효소 251
엔탈피 167
여름철 가지마름병 83
역수송 96
역전사 효소 477
역치 강도 399
역치 선량 398
연화 43
열매 302
열발생 247
열분석 460
열성 33
열역학 166
열적 불활성화 132
열전도율 35
열 충격 단백질 326, 463
열 충격 프로모터 326
염색질 21, 290
염색체 21
염생 식물 465
염선 465
염소 93
염 스트레스 452, 465
염 조절자 465
엽록소-단백질(CP) 복합체 178
엽록체 22
엽면적 조절 458

엽면적 지수 263
엽모 451
엽상체 148
엽액 299, 314
엽육 32
엽육 세포 48, 150, 199
엽침 375, 400, 408
영구시듦률 65
영양 69
영양막 71
영양소 고갈 지역 104
영양 화분관핵 302
예정된 죽음 468
5-엔올피루빌시킴-3-인산 생성효소 480
오존 474
5탄당 인산 경로 238
오파인 325
옥살로아세트산 122, 199, 200
옥살산 242
옥신 311
옥신-결합 단백질 336
온도 경성 447
온도 계수 253
온도-보상 427
온도 주기성 447
온실 효과 136
올레오솜 21
왁스 48
완전화 316
외떡잎 식물 294
외막 241
외생균근 103
외종피 294
외초 297
요소 유도체 187
용액 재배 70
용질 퍼텐셜 42
우레이드 85
우비퀴틴 464
우산이끼 148
운동 기관 404
운동 세포 97, 408
울타리 조직 엽육 세포 32
울트라디안 426
원기 29
원자 방출 분광광도법 72
원자 흡광 분광광도법 72
원절 55
원필라멘트 24
원핵 109
원형질 분리 44
원형질 연락사 28, 100, 333
원형질체 17
월주기성 425
유관속초 199
유근 29, 294
유년기 323
유도 301
유도 공명 133
유리 세포 배양 324
UV-B 수용체 366
유액 273
유연 벽공쌍 55
유연성 역치 304
유익원소 74
유인체 145, 468
유입 339
유전 상수 36
유전자 대 유전자 468
유전자 발현 290
유조직 30
유조직 세포 54
유지 호흡 256
유출 339
유출가설 63
육부 마개 445
융해열 35
음성 굴중성 397
응집 36
응집력설 57, 59
이노시톨 인지질 410
inositol triphosphate 시스템 338
이량체 114
이산화탄소 보상 농도 196
이소시트르산 분해효소 248
이소프레노이드 269
이소프렌 269, 348
이소플라보노이드 145
이액순위 89
이온운반물질 375
이중층 19
이질소화 효소 84, 109
이차 대사 물질 268
2차벽 25
2차 생장 30
이차 식물 몸체 299
2차 신호전달자 333, 334
2차 양성 굴곡 393
이형 세포 116
이화 267
이화 작용 267
익스텐신 27
인 21
인공 종자 476
인산 가수 분해 효소 185
인지질 19
인트론 290
인피 섬유 30
일차 대사 물질 268
1차벽 25
1차 벽공역 28
일차 생산력 255
1차 생장 30
일차 순생산력 256
일차 식물 몸체 30, 299
1차 신호전달자 334
1차 양성 굴곡 393
1차 음성 굴곡 393
일차 총 생산력 255
임계 낮 길이 417
임계 농도 76
임계 독성 수준 85
잎 원기 295
잎의 광합성능 262
잎자루 32
잎차례 298

〈ㅈ〉

자발적 168
자스몬산 470
자엽 294
자웅동주 317
자웅이주 317
자유-계속 425
자유-계속 주기 425
자체 촉매 193

작용 스펙트럼 134, 366
잡색체 22, 140
장일 식물 414
장일-단일-식물 415
저온전처리 446
저플루언스 반응 372
저항 유전자 468
적색광 124
적응 451
전기 음성도 33
전달 세포 217
전두 운동 389
전략 451
전령 RNA 290
전류 213
전사후 조절과정 350
전색소체 22
전이 온도 459
전자기 스펙트럼 129
전자 수송 사슬 234
전자 전달 사슬 243
전형성능 288
절대 생장률 306
절대적 414
절대적 광주기형 414
접합자 29, 302
접합체 339
정단 분열 조직 29
정단 생장 113
정단 우성 315
정상 굴중성적 397
정지 부위 300
젖관 273
제아틴 323
제초제 187
제한 단편 477
제한 효소 477
조각-고정기록 90
조면 소포체 21
조직 29
조효소 A 241
종속 영양 69
종피 내벽 225
종피 파상법 444
주요 온도 435
주체적 낮 427
주체적 밤 427
주피 294
중긴 라멜라 26
중간일장 식물 415
중간점 전위 172
중력 압력 가설 402
중심 액포 21
중심주 31, 57
중일 식물 414
중축 400
중합체 덫 224
증기 밀도 50
증기압 50
증발산 465
증발열 35
증폭 334, 335
G-단백질 334
지베렐린 311, 317
지상 295
지질 단일층 21
지하 발아 295
진폭 크기 426
진핵 109
진흙 88
질산염 환원 효소 84
질산화 반응 108
질소 고정자 108
질소 순환 107
짝짓기 인자 174
짝풀림인자 100

〈ㅊ〉

착화합제 81
천공판 55
철 단백질 114
철운반체 81, 82
청색광 펄스 159
체관 31, 213
체관부 31
체관부 적재 220, 222
체관부 하적 220, 222
체관 세포 31
체관 전류 220
체관 요소-반세포 복합체 222
체관부 요소 216
체관절 31, 216
체관 지역 216
체성 획득 서항성 469
체세포 배 476
체세포 클론 변이 479
체판 216
체효과 151
초과산화물 불균등화 효소 372
초저플루언스 반응 372
초저온 과냉각 461
촉진 확산 90
최고 온도 260
최저 온도 260
최적 온도 260
추대 320
추대 형성 440
축적비 92
축적 종 472
춘화 439
춘화처리 423
충격 단백질 326
측면 분열 조직 30
측면이소성 182
측면확산19
층화 446
친명기 431
친암기 431
침니 88
침윤 42, 294
침윤 압력 295

〈ㅋ〉

카로틴 140
카르복실 반응 197
카스파리선 57
카페인 284, 286
칼로오스 219
칼모듈린 334, 337
캐스케이드 334
캘러스 조직 324
캘빈 회로 190
캡형성 290
코데인 286
코돈 290
코르크 부름켜 30

코르크 조직 30
코카인 286
콜로이드 88
콜히친 284
쿠마린 280, 332
큐티클 48
큐티클층 증산 49
큐틴 48
Q 효소 210
크레슐산 대사 205, 451
크리스테 241
크립토크롬 142, 159, 366
크산토필 140
키네틴 323
키티나아제 481
킬레이트 81

〈ㅌ〉

타이밍 135
탄닌 282
탄소 경제 256
탈리 315
탈리층 315
탈분극 374
탈분화 288
탈수 스트레스 452
탈질산 반응 108
탈질소균 108
탈춘화 441
태양 반점 137, 184
태양 시간 426
테르페노이드 348
테르펜 269
토노플라스트 21
통과 세포 101
통로 단백질 91
투과막 39
튜불린 24
트란스-신남산 332
트리아진 제초제 187
트리테르펜 269
티슬관 39
Ti 플라스미드 477
티오레독신 195
틴달 효과 88
틸라코이드 161

〈ㅍ〉

팔미트산 163
팽압 33, 43
팽압 운동 389
팽창 43
퍼옥시다아제 281
퍼옥시솜 23, 197
펌프 92
페놀화합물 278
페레독신-NADP^{+} 산화-환원 효소 180
페리박테로이드 막 114
페오피틴 179
펙틴 물질 26
펩티드 호르몬 334
평형낭 400
평형석 400
폐색 61
포도당 신생합성 23, 249
포르피린 138
포린 241
포스포리파아제 C 338
포스포리파아제 A_2 358
포스포엔올 피루브산 122, 200
포스포엔올 피루브산 카르복실라아제 200
포장 용수량 64
포토리아제 142
포화 증기압 50
폭 288
폴리솜 292
폴리아민 311, 330
폴리페놀 산화효소 83
표면 단백질 20
표면 장력 37
표면 퍼텐셜 374
표적 세포 334
표준 자유 에너지 변화 168
표피 30, 297
푸지콕신 156
프로모터 326
프롤린 456
프룩탄 227
프테린 143
플라보노이드 112, 143, 282
플라보놀 143
플라본 143
플라스미드 118
플라스토글로불리 162
플라스토퀴논(PQ) 179
플라스토퀴놀(PQH2) 179
플로리겐 421
플립플롭 19
P-단백질 215
피롤 고리 138
피루브산 237
피루브산 탈수소 효소 241
피코빌린 139
피토알렉신 145, 467
피토크롬 124, 140, 366
피토킬레이틴 472
피토페리틴 162
피톨 138

〈ㅎ〉

하배축 295
하적 100
하편 생장 408
한계 덱스트린 235
한계 덱스트린 가수분해효소 236
한계 원형질분리 44
할로겐화물 73
합성 과정 269
항상성 158
해당과정 234, 237
해면 엽육 세포 151
해면 조직 엽육 세포 32
핵 19
핵공 21
핵막 21
향유 272
헛물관 31, 54
헤미셀룰로오스 26
형질 전환 325
호르몬 309
호르몬-수용체 복합체 334
호분층 294
호열성 생물 436
호저온성 생물 436

호중온성 생물 436
호흡 지수 234
화분관 302
화성소 331
화학 삼투설 96, 173
화학적 독립 영양 생물 108
화학 종속 영양 생활형 165
화학 퍼텐셜 39
확산 37
확산 계수 38
환기 작용 301
환상 박피 213
환원제 173
환원 퍼텐셜 238
활동 전위 411
활면 소포체 21
황백화 75
횡굴중성적 397
효소 복합체 27
후각 조직 30
후벽 세포 30
후벽 조직 30
휘발성 유기 탄화수소 471
휴면 443
휴지 상태 294
흡수성 수소화 효소 117
흡수 스펙트럼 133
흡열적 168
홍분 상태 132
히스톤 290
힐룸 445

INDEX

2,3,5-triiodobenzoic acid 343
2-hydroxybenzoic acid 469
3-enolpyruvylshikimate-5-phosphate synthase 278
4-chloroIAA 312
4-chloroindoleacetic acid 312
5-enolpyruvyl-shikimate-3-phosphate synthase 480
α-amylase 235
β-glucosidase 236
β-oxidation 248

〈A〉

abscisic acid(ABA) 311
abscission 315
abscission layer 315
absolute growth rate(AGR) 306
absorption spectrum 133
ACC synthase 355
acclimation 451
accumulation ratio 92
accumulator species 472
acetohydroxyacid synthase 481
acid growth theory 357
acid invertase 225
actin 24
action potential 411
action spectrum 134, 366
activase 195
active transport 90
adaptation 451
adenylate cyclase 334
adhesion 59
adiabatic lapse rate 438
aerobic 233
agravitropic 397
aleurone 294
alkaloid 284
allantoic acid 122
allantoin 122
allocation 227
alternate oxidase 247
alternative respiratory pathway 247
ammonification 108
amino-acyl transfer RNA 292
aminotransferase 121
amplication 334
amplification 335
amplitude 426
amylopectin 209, 235
amyloplast 22, 400
amylose 235
anabolic 267
anabolism 267
anaplerotic pathway 251
annual 425
anoxia 70
anthesin 422, 442
anthocyanidin 143
anthocyanin 143
anticlinal 297
anticlinal division 299
antiport 96
apical dominance 315
apical meristem 29
apoplast 29
apoprotein 140, 370
aquaporin 91
arbuscle 103
asparagine 121
aspartate aminotransferase 122
atomic absoption spectrometry 72
atomic emission spectrometry 72
ATP(adenosine triphosphate) 115
ATP synthase 174, 245
ATPase 95
autocatalysis 193
autotrophic 69
autoradiography 190
auxin 311
auxin-binding protain 336
avirulence (*avr*) gene 468
axil 314
axillary bud 315

〈B〉

bacteroid 114
bast fiber 30
beneficial element 74
betacyanin 145
betaine(N.N.NH-trimethyl glycine) 456
betalain 145
bilayer 19
bioassay 313
bioenergetics 165, 166
biogeography 436
biological clock 413, 424
biological nitrogen fixation 109
blind stagger 75
bolting 320, 440
bordered pit pairs 55
bound auxin 342
bound water 34
boundary layer 51
branching enzyme 210
brassin 331
brassinolide 331
brassinosteroid 311, 331

bud scale 443
bulk flow 37
bulk water 37
bundle sheath 199

〈C〉

caffeine 284
callose 219
callus tissue 324
calmodulin 334, 337
Calvin cycle 190
canola 277
canopy 263
capillarity 57, 59
capillary rise 59
carbon economy 256
cardinal temperature 435
carotene 140
cascade 334
Casparian band 57
catabolic 267
catabolism 267
cavitation 61
CBF-1 protein 336
cell expansion 304
cell organelle 21
cell plate 27
cellulose 25
central vacuole 21
chalcone synthase 282
channel protein 91
chaperonin 464
chelate 81
chelating agent 81
chemical potential 39
chemiosmotic hypothesis 96
chemiosmotic polar diffusion hypothesis 344
chemismotic hypothers 173
chemoautotroph 108
chemoheterotrophic lifestyle 165
chemotropism 302
chilling injury 459
chitinase 481
chloroplast 22
chlorosis 75
Cholodny-Went 393
chromatin 21, 290
chromophore 140, 370
chromoplast 22, 140
chromoprotein 139, 366, 370
chromosome 21
circadian 425
circadian time, CT 426
cisternae 22
citrate synthase 242
citric acid cycle 234, 241
clay 88
CoA 241
cocaine 286
codeine 286
codon 290
cohesion 36
cohesion theory 57, 59
colchicine 284
collenchyma 30
columella 400
companion cell 31, 217
compartmentation 147
complementary DNA(cDNA) 477
conjugate 339
corpus 297
cotransport 96
cotyledon 294
coumarin 280, 332
coupling factor 174
Crassulacean acid metabolism(CAM) 205, 451
critical concentration 76
critical daylength 417
critical toxicity level 85
crown gall 325
CRY1 142
cryogenic storage 460
cryptochrome 142, 366
cuticle 48
cuticular transpiration 49
cutin 48
cyanogenic glycoside 276
cytokinin 311
cytokinin oxidase 351
cytoplasm 19
cytoskeleton 24
cytosol 21

〈D〉

day-netral plant(DNP) 414
dedifferentiate 288
deep supercool 461
demotubule 224
denitrification 108
denitrifier 108
deoxyribonucleic acid(DNA) 21, 290
depolarization 374
desiccation stress 452
designed leakage hypothesis 63
desmotubule 28, 224
development 287
devernalization 441
dhurrin 276
diacylglycerol(DAG) 410
diagravitropic 397
dicot 294
dicoumarol 281
dielectric constant 36
differentiation 287
diffusion 37
diffusion coefficient 38
digitonin 275
digitoxin 275
digoxin 275
dimer 114
dinitrogenase 84, 109
dioecious 317
diterpenoid acid 348
DNA 21
DNA ligase 477
DNA recombination 476
docking protein 358
dormancy 443
dormin 443
drought stress 452
dry weight 288
dual-wavelength difference spectrophotometer 383

〈E〉

ecotype 444
ectomycorrhizae 103
egg nucleus 301
electron transport chain 234
electhomagnetie spectrum 129
electronegativity 33
elicotor 145, 468
embolism 61
embryo 29, 294
embryonic axis 294
enantiomer 353
endodermis 57
endogenous rhythm 425
endomycorrhizae 103
endoplasmic reticulum(ER) 21
endosperm 294
endospermic seed 294
endothelium 225
energy fluence 135
energy overflow 248
ent-gibberellane 317
ent-kaurene 348
entrainment 427
ephemeral plant 450
epicotyl 295
epidermis 30, 297
epigeal 295
epinasty 329, 407
ethephon 329
ethylene 311
ethylene-forming enzyme 355
eukaryotic 109
evapotranspiration 465
evocation 301
excited stae 132
exon 290
extensin 27
extensor 409
extracellular matrix(ECM) 25

〈F〉

facilitated diffusion 90
factor X 424
false pulvinus 404
far-red light 124
Fe protein 114
fiber 30, 54
field capacity 64
first messenger 334
first negative curvature 393
first positive curvature 393
flaccid 43
flavone 143
flavonoid 112, 143, 282
flavonol 143
flexor 409
flip-flop 19
floral development 301
floral evocation 301
florigen 331, 421
free cell culture 324
free-running 425
free-running period 425
fresh weight 288
fructan 227
fruit 302
fusicoccin 156

〈G〉

GA_{12}-7-aldehyde 348
galactose 26
galacturonic acid 26
gap junction 28
gel 21
gene expression 290
gene-for-gene 468
generative nucleus 302
gibberellic acid 318
gibberellin 311, 317
Gibbs free energy 167
girdling 213
glucan 25
gluconeogenesis 23, 249
glucosinolate 277
glutamate 120
glutamate dehydrogenase(GDH) 120
glutamate synthase(GOGAT) 119, 162
glutamate synthase cycle 119
glutamine 119, 120
glutamine synthetase(GS) 119, 162
glutathione 472
glutathione-S-transferase 480
glyceraldehyde-3-phosphate(G3P) 191
glycolgsis 234, 237
glycophyte 466
glycoside 274
glyoxylate cycle 23, 248
glyoxysome 23, 248
glyphosate 231, 480
Golgi Complex 21
gravitational pressure model 402
gravitropism 397
greenhouse effect 136
gross primary productivity(GPP) 255
ground state 132
growth 287
growth movement 389
growth respiration 256
guard cell 30, 48, 152
gutta 273

〈H〉

habituated 324
half-life 116
halide 73
halophyte 465
hardening 451
heart rot 83
heat of fusion 35
heat of vaporization 35
heat shock promoter 326
heat shock proteins(HSPs) 326, 463
hemicellulose 26
heterotrophic 69
heterocyst 116
high irradiance reaction 372
high irradiance reactions(HIRs) 372
hilum 445
histone 290
homeostatic function 158
hormone 309

hormone-receptor complex 334
humidity 51
humus 88
hydration shell 36
hydraulic conductance 62, 303, 466
hydroactive 453
hydroactive closure 159
hydrogen bonding 34
hydropassive closure 159, 453
hydrophobic bonding 19
hydroponics 70
hyperpolarization 336, 374
hypersensitive reaction 468
hypocotyl 295
hypogeal 295
hyponasty 408

〈I〉

IAA oxidase 346
imbibition 42, 284
imperfect flower 316
incipient plasmolysis 44
indole-3-acetic acid(IAA) 311, 339
indole butyric acid 312
indole-3-acetaldehyde dehydrogenase 340
indole-3-acetonitrile 341
indole-3-pyruvate decarboxylase 340
induction 301
inductive resonance 133
inositol phospholipid 410
inositol triphosphate system 338
input 339
integral protein 20
integument 294
intermediate-daylength plant 415
internode 32
intrinsic protein 20
intron 290
ionophore 375
irradiance 135
iso-pentenyl transferase 326
isocitrate lyase 248
isoflavonoid 145
isoprene 269, 348
isoprenoid 269
isothiocyanate 79

〈J〉

Jasmonate 470
juvenile phase 323

〈L〉

lamella 161
lateral diffusion 19
lateral heterogeneity 182
lateral meristem 30
latex 273
laticifer 273
leader sequene 292
leaf area adjustment 458
leaf area index(LAI) 263
leaf photosynthesis capacity 262
leaf primordia 295
leghemoglobin 116
length 288
leucoplast 22
ligand 81
light compensation point 258
light growth response 394
light quality 135
light quantity 135
light-dependent reaction 165
lignin 27, 281
limit dextrin 235
limit dextrinase 236
lipase 248
lipid monolayer 21
liverwort 148
long-day plant(LD plant) 414
long-short-day plant(LSD plant) 415
low fluence responses(LFRs) 372
lumen 21, 54, 161
lunar 425
lyotropic series 89
lysimeter method 49
lysophospholipid 358

〈M〉

macronutrient 73
maintenance respiration 256
malate synthase 248
malonic acid 282
matric force 295
matric potential 42, 295
maximum temperature 260
megaspore mother cell 301
melvalonic acid pathway 269
meristem 29, 295
mescaline 284
mesophile 436
mesophyll 32, 150
mesophyll cell 48, 199
metabolism 267
microbody 23
microfibril 25
microfilament 24
micropropagation 324, 479
microspore mother cell 301
microsymbiont 109
microtubule 24
middle lamella 26
midpoint potential 172
mineralization 126
minimum temperature 260
mitochondria 22, 240
mitochondrion 240
MoFe protein 114
mole fraction 40
monocot 294
monoecious 317
motor cell 97, 408
motor organ 404
mRNA 290
mucigel 299
mycorrhiza 103

〈N〉

N-1-naphthylphthalamic acid 344
N^6-furfurylamino purine 323
NADH-ubiquinone oxidoreductase 244

naphthylphthalamic acid 336
nastic response 389
necrosis 74
negative gravitropism 397
net primary productivity(NPP) 256
nicotine 284, 286
nitrate reductase 84
nitrification 108
nitrogen cycle 107
nitrogen-fixation 108
node 32
nodulation 110
nodule 109
nodulin 118
nonendospermic seed 294
nonoxygenic 176
nuclear envelope 21
nuclear pore 21
nucleolus 21
nucleus 19
nutation 389
nutrient depletion zone 104
nutrient film 71
nutrition 69

〈O〉

obligate; qualitative 414
oleosome 21
opine 325
optimum temperature 260
organelle 19
orthogravitropic 397
osmdtic potential 39
osmometer 39
osmosis 37
osmotic adjuster 456
osmotic adjustment 456
osmotic nonadjuster 456
osmotic pressure 39
osmotic stress 452
osmotin 467
output 339
ovule 301
oxaloacetate 122, 200
oxidant 173
oxidative pentose phosphate pathway 238
oxidative phosphorylation 245
oxygen-evolving complex(OEC) 180
oxygenic photosynthesis 176
ozone 474

〈P〉

palisade mesophyll 32
palmitate, C16 163
parenchyma 30
parenchyma cell 54
parthenocarpy 317
partitioning 227
passage cell 101
patch-clamp recording 90
pathogenesis-related(PR) protein 468
pectin substance 26
perfect flower 316
perforation plate 55
peribacteroid membrane 114
pericycle 300
peripheral protein 20
permanent wilting percentage 65
peroxidase 281
peroxisome 23
peroxyacetyl nitrate 473
petiole 32
Pfr 367
phase 426
phase response curve 428
phellem 30
phellogen 30
phenolic 278
phenylacetic acid 312
phenylalanin ammonia lyase 280
pheophytin 179
phloem 31
phloem loading 220
phloen unloading 220
phosphatase 185
phosphoenol pyruvate carboxylase (PEPcase) 200
phosphoenol pyruvate(PEP) 122, 200
phospholipase A2 358
Phospholipase C 338
Phospholipase A_2 358
phospholipid 19
phospholytic 236
photoassimilate 208, 213
photoautotrophic lifestyle 165
photoequilibrium 369
photomorphogenesis 366
photon 131
photon fluence 135
photoperiodism 413, 414
photophile 431
photoreceptor 137
photoreceptor 366
photoreversibility 366, 420
photosynthetic carbon reduction (PCR) 190
photosynthetically active radiation (PAR) 135
photosystem Ⅰ(PS Ⅰ) 177
photosystem Ⅱ(PS Ⅱ) 177
phototropism 390
physiological drought 466
physiological ecotype 433
phytoalexin 145, 467
phytochelatin 472
phytochrome 140, 366
phytoecdysone 273
phytoferritin 162
phytol 138
phytosiderophore 82
phytotropin 343
pit 28
pit membrane 28
pit pairs 28, 54
plagiogravitropic 397
plagiotropic 390
plasmodesmata 28, 100, 333
plasmolysis 44
plasticity 357
plastid 22
plastoglobuli 162
plumule 29, 294
polar 34
polar nuclei 301
polar transport 343

pollen grain 302
pollen tube 302
polyamine 311, 330
polyhydroxyalkanoate 484
polyhydroxybutyrate 484
polymer trap model 224
polyphenoloxidase 83
polysome 292
porin 241
porphyrin 138
positive gravitropism 397
positive surface potential 374
post-transcriptional processing 350
post-translational processing 292
Pr 367
pre-chilling 446
pressure bomb 60
pressure potential 42
pressure-flow hypothesis 220
primary growth 30
primary metabolite 268
primary pit field 28
primary metabolite 268
primary plant body 30, 299
primary productivity(PP) 255
primary wall 25
primodium 29
porductivity 255
programmed death 468
prokaryotic 109
proline 456
promoter 326
proplastid 22
protein body 22
protein kinase 184, 334
protein kinase C 338
protofilament 24
proton motive force 95, 174
proton pump 95, 173
protoplast 17
psychrophile 436
pterin 143
pubescence(leaf hair) 451
pulvini 400
pulvinus 375, 408
pump 92
pyrethroid 271
pyrrole ring 138
pyruvate 237
pyruvate dehydrogenase 241

〈Q〉

quantum 131
quiescent 294
quiescent zone 300

〈R〉

radiationless transfer 133
radicle 29, 294
reaction center 178
reciprocity 393
red-light 124
redox couple 172
redox potential 172
reducing potential 238
reductant 173
relative growth rate(RGR) 306
relative humidity, RH 51
resistances (R) gene 468
respiratory quotient(RQ) 234
restriction endonuclease 477
reticulate 56
reverse transcriptase 477
rhicadhesin 113
rhizobia 109~113
ribonucleic acid(RNA) 21, 290
ribosome 23
ribulose-1,5-bisphosphate carboxylase-oxygenase(Rubisco) 191
Rieskc 80
Rieske iron-sulphur (FeS) protein 180
RNA 21
root cap 299
root pressure 57
root primordia 101
rosette 27
rotenone-insensitive dehydrogenase 246
rough ER 21
rubber 273

〈S〉

salicylhydroxamic acid 247
salt gland 465
salt regulator 465
salt stress 452, 465
sand 88
sapogenin 274
saponin 274
saturation vapor pressure 50
SAURs 360
scalariform 55
scarification 444
sclerenchyma 30
sclerid 30
scotophile 431
scutellum 294
second messenger 333, 334
secondary growth 30
secondary metabolite 268
secondary plant body 299
secondary wall 25
secretory vesicle 22
seismonastic movement 408
seismonasty 411
selectively permeable membrane 39
senescence 325
shikimic acid pathway 278
shoot 29, 295
shoot apical meristem 295
short-day plant, SD plant 414
short-long-day plant, SLD plant 415
siderophore 81
sieve area 216
sieve cell 31
sieve effect 151
sieve plate 216
sieve tube 31
sieve tube member 31, 216
signal perception 333
silt 88
simple diffusion 90
singlet state 132
sink 219
sleeve 28
smooth ER 21

solar time 426
solute potential 42
solution culture 70
somaclonal variation 479
somatic embryo 476
sorbitol 456
source 219
specific heat 35
specific surface area 88
spectral composition 135
spectral energy distribution(SED) 135
spectral energy fluence rate 135
spectral photon fluence rate 135
spongy mesophyll 32, 151
standard free energy change 168
starch phosphorylase 236
statenchyma 400
statocyst 400
statolith 400
stearate, 163
stele 31, 57
steroid 272
sterol 272
stoma 48
stomata 150
stomatal transpiration 48
strain 45, 450
strategy 451
stratification 446
stress 449
stress avoidance 451
stress escaper 451
stress protein 464
stress relaxation 304
stress response 449
stress tolerance 451
stroma 161
strophiola plug 445
suberin 58
subjective day 427
subjective night 427
subsidiary cell 152
substrate-level phosphorylation 238
sucrose phosphate phosphatase 210
sucrose phosphate synthase(SPS) 210
summer dieback 83
sunfleck 137
supercooling 460
superoxide dismutas 83
superoxide dismutase(SOD) 185
surface tension 37
symplast 28
symport 97
systemic acquired resistance(SAR) 469

〈T〉

tannin 282
target cell 334
temperature-compensation 427
tensile strength 37
terpene 269
terpenoid 348
testa 294
thallus 148
thermal analysis 460
thermal conductivity 35
thermal deactivation 132
thermal property 33
thermogenesis 247
thermonasty 408, 447
thermoperiodism 447
thermophile 436
thigmonastic 408
thigmotropic 408
thiocyanate 79
thioglucoside 277
thioredoxin 195
thistle tube 39
threshold dose 398
threshold intensity 399
timing 135
tip growth 113
tissue 29
tonoplast 21
torus 55
totipotent 288
trace element 73
tracheary element 54
tracheid 31, 54
transamination 121
trans-cinnamic acid 332
transduction 333
transfer cell 31, 217
transition temperature 459
translation 292
translocation 213
transmembrane potential 93
transmembrane protein 20
transport protein 91
transport vesicle 21
trichome 30
triplet state 133
triterpene 269
tropism 389
tryptophanamino transferase 340
tubulin 24
tunica 297
turgid 43
turgor movement 389
Turgorin 412
turgor pressure 33, 43
turgorin 411
Tyndall effect 88

〈U〉

ubiquitin 464
ultradian 426
uncoupler 100
unloading 100
uptake hydrogenase 117
ureide 85

〈V〉

vacuole 21
vanadete 156
vapor density 50
vapor pressure 50
vascular cambium 30
vegetative tube nucleus 302
vernalin 331, 442
vernalization 423, 439
very low fluence response, VLFRs 372
vessel element 54
vessel member 31
violaxanthin 353

volatile organic hydrocarbon 471
volumetric elastic modulus 45

〈W〉

wall extensibility 304
wall extension 304
wall loosening 304
wall pressure 43
water deficit stress 452
water potential 41
water stress 452
water use efficiency 204
wax 48
width 288

〈X〉

xanthopyll 140
xenobiotic chemical 231
xylem 31

〈Y〉

yield threshold 304

〈Z〉

zeatin 323
zeitgeber 427
zygote 29, 302
α-ketoglutarate 120

역자 약력

권덕기(식물생리학)
경북대학교 사범대학 과학교육과 생물학 전공(1976)
미국 California 대학교(Santa Cruz) Ph. D.(1990)
경북대학교 사범대학 과학교육학부(생물교육 전공) 부교수(현재)
공저 : 〈생명의 신비〉(2000)

박연일(식물생리학)
서울대학교 자연대학 식물학과(1986)
서울대학교 대학원 식물학과 석사(1988)
서울대학교 대학원 생물학과 Ph. D.(1993)
호주 CSIRO, ANU 및 스웨덴 우메오 대학교 연구원(1994~98)
충남대학교 생물학과 조교수(현재)

전성수(식물생리학)
서울대학교 자연과학대학 식물학과(1981)
서울대학교 자연과학대학 식물학과 석사(1983)
미국 Brandeis 대학교 생물학과 Ph. D.(1992)
미국 Brown 대학교 생화학과 연구원(1993)
네덜란드 Utrecht 대학교 분자생물학과 연구원(1997)
서울대학교 생명과학부 연구원(현재)
역서 : 〈게놈〉(2001)

진창덕(식물생리학)
서울대학교 사범대학 생물교육과(1975)
서울대학교 대학원 식물학과 Ph. D.(1987)
미국 Texas 주립대학교(Austin) 식물학과 연구원(1993~94)
강원대학교 자연과학대학 생명과학부 교수(현재)
역서 : 〈분자로부터의 생명과학〉(1987)

홍영남(식물생리학)
서울대학교 문리과대학 식물학과(1964)
독일 Freiburg 대학교 Ph. D.(1978)
독일 Freiburg 및 Würzburg 대학교 객원교수(1989)
서울대학교 자연과학대학 생물학과 교수(현재)
역서 : 〈생물물리학〉(1984), 〈식물생리학〉(1988), 〈생물학〉(1993), 〈이기적 유전자〉(1993), 〈생명과학의 이해〉(1996)

식물 생리학

2001년 2월 20일 초판 1쇄 발행
2004년 2월 20일 초판 3쇄 발행

지은이 윌리엄 G. 홉킨스
옮긴이 권덕기 · 박연일 · 전성수 진창덕 · 홍영남
펴낸이 정 진 숙
펴낸곳 (주) 을유문화사

역자와의 협의하에 인지생략

서울특별시 종로구 수송동 46-1
전화 (02) 733-8151~3, 734-3515
FAX : (02) 732-9154
E-Mail : eulyoo@chollian.net
홈페이지 : www.eulyoo.co.kr
ISBN 89-324-5075-7 93480

* 파본은 바꾸어 드립니다. 값 23,000원